Child and Adolescent Development in Your Classroom
Topical Approach, 3e

教室里的儿童发展
写给教师的有效教学清单
（第三版）

［美］克里斯蒂·伯金（Christi Crosby Bergin） 著
戴维·伯金（David Allen Bergin）

朱旭东 袁丽 刘梦婷 等 译

中国人民大学出版社
·北京·

译者序

党的二十大报告就教育强国、科技强国、人才强国做出了重要部署，强调全面建设社会主义现代化国家必须坚持教育优先发展、科技自立自强、人才引领驱动。教师是教育高质量发展的第一资源，是科技自立自强的关键支撑，是人才队伍建设的重要保障。这启示我们要办好人民满意的教育，就必须培养高质量教师队伍，办好职前师范教育、加强职后教师专业发展。在教师教育学科体系中，有大量的学术成果在讨论"我们需要什么样的老师"等目标导向的问题，无论是舒尔曼关于教师知识的维度的论述，还是朱旭东对教师全专业属性的构建，都是从教师角度进行学理层面的探讨。关注教育自身发展只是教师教育的一个方面，更重要的方面是学生或儿童。教师教育要回应"培养什么人、怎样培养人、为谁培养人"等教育根本问题，需要教师具备正确的学生观/儿童观，以及与学生/儿童相关的知识。因此，教师教育需要关注儿童发展科学，帮助教师更好地开展有效课堂教学、促进儿童全面发展。

教师要掌握儿童全面发展的规律，当然需要相应的阅读材料，同时，将儿童全面发展与教师专业发展的场域如教室结合起来讨论，会更有益于教师开展课堂教育教学。我们之所以选择翻译并出版本书，正是因为本书契合了这一观点。我们了解到，能够相对完整地涵盖关于儿童发展的所有重要主题的著作并不多，而本书则是其中的一本，它精选了许多课堂中常见的、对教师有帮助的、有足够深度的儿童发展主题，这些主题能够帮助教师走进儿童发展科学，并将这些认识转化为课堂应用方法。我们还发现，本书在撰写中具有一定程度的循证特征，它引入了大量最新科学研究结果，这从其引用和参考了几千篇高水平期刊文章这一点上就可以看出来，它充分利用了已有的研究结果和结论，搭建起了研究与课堂应用间的坚实桥梁，一定程度上解决了学术研究与一线课堂教学脱节的问题。值得一提的是，本书打破了传统教科书依照主题或时间单独论述的逻辑，采用主题跨章节的结构逻辑，以理清儿童不同方面的发展历程和未来发展方向，把握儿童全面发展的最佳契机。

本书的翻译是教育部高等学校人文社会科学重点研究基地北京师范大学教师教育研究中心的一项研究成果。我们组建了一个人数众多的翻译团队，为确保翻译的准确性和连贯性，翻译团队成员齐心协力进行了多轮校稿、交叉译审。

具体分工如下：

前言由付钰负责翻译，主要介绍了本书的写作背景、主要内容、创作目的以及主要特点。

第一章由齐文文、郑壹允、张丽翻译。本章主要介绍了关于儿童发展的科学的研究方法，论述了基因和环境的相互作用及其对儿童发展的影响，并介绍了风险因素和保护因素。

i

其中，第一节主要介绍了关于儿童发展的概念、理论以及主要研究方法；第二节介绍了先天和后天因素，即基因和文化对群体差异的协同作用；第三节介绍了贫困、产后抑郁症等风险因素对儿童成长的影响和可增强儿童韧性的保护因素。本章启发教师在教学中要努力了解每个儿童带给班级的文化优势，思考儿童在课堂上是否存在文化不匹配，分析每个儿童的风险因素和保护因素，并通过增加保护因素来增强其韧性。

第二章由李秀云、范学荣、刘梦婷翻译。本章主要描述了儿童的大脑发育、身体发育，以及当代儿童健康面临的挑战。其中，第一节主要介绍了儿童大脑发育的特点、年龄趋势和个体差异；第二节讲述了儿童成长和运动发育的年龄趋势和个体差异；第三节讲述了当代儿童健康所面临的挑战，如睡眠不足、饮食失调和滥用药物等。本章启发教师要掌握儿童大脑发育的规律和特点，要关注儿童成长和运动发育的特点，要合理应对儿童健康所面临的挑战。

第三章由张瑶、刘小蕾、史志乐翻译。本章比较了经典的学习和认知理论，主要包括行为主义、皮亚杰的认知发展理论和维果茨基的社会文化理论。其中，第一节主要介绍了巴甫洛夫的经典条件反射和斯金纳的操作性条件反射；第二节主要阐述了皮亚杰提出的认知发展理论，并详细讨论了认知发展的四个阶段；第三节主要介绍了维果茨基的最近发展区和支架这两个概念。本章启发教师在教学过程中，要顺应儿童的发展进行教学，并鼓励儿童积极探索、自主学习；同时，教师需要基于学情，必要的时候在儿童的最近发展区提供支架，帮助儿童实现向更高的层次跃升。

第四章由郭潇、邱晨晨翻译。本章探讨了儿童信息加工能力、记忆、推理和问题解决能力的发展，并将主要的学习和认知理论应用于数学教学案例中。其中，第一节主要介绍了信息加工能力是如何随着年龄增长而变化的，以及信息加工能力存在的个体差异；第二节论述了记忆的年龄趋势，并向儿童传授有效记忆策略；第三节介绍了推理和问题解决能力的年龄趋势、影响推理发展的各方面因素、提升推理和问题解决能力的相关策略；第四节将主要的学习和认知理论应用于数学教学中。本章启发教师要思考如何提高儿童的信息加工能力、记忆能力、推理能力、问题解决能力等，并将学习和认知理论应用于教学中。

第五章由赵荻、胡艺曦翻译。本章主要介绍了智力和天资的内涵，以及它们如何与成绩产生关联。其中，第一节主要界定了智力的内涵、个体差异和群体差异；第二节讨论天资与专长的个体差异和群体差异及其如何得到发展；第三节梳理了成绩的个体差异和群体差异及相关的学校因素。本章启发教师正确认识儿童在智力、天资和成绩等方面存在的差异，反思自身教学实践，着力提高每个儿童的认知能力。

第六章由何兰芝、山丹翻译。本章介绍的主要是依恋、气质和人格发展的年龄趋势、个体差异、群体差异及其影响因素。其中，第一节主要介绍了依恋的内涵、类型、年龄趋势和内部工作模式，依恋的个体差异和群体差异；第二节主要介绍了气质特征，人格类型，气质和人格的年龄趋势、个体差异和群体差异。本章启发教师要理解依恋、气质和人格对儿童发展的影响，了解自己和儿童的依恋模式，以调整师生关系和互动模式，并根据儿童的气质和人格类型运用适当的教学方法，进而做到因材施教。

第七章由张芬、刘亚旭、赵隽咏翻译。本章主要介绍了自控力、有效管教、教养方式及它们对课堂教学的启示。其中，第一节介绍了自控力的年龄趋势、个体差异和群体差异；第二节介绍了有效管教的目标、类型和原则；第三节介绍了教养的四种方式和群体差异。本章启发教师要重视培养儿童的自控力，区分教养的类别及主要特点，并根据实际采取恰当合理的管教方式。

第八章由董秋瑾、李昕航、周诗怡翻译。本章主要内容包括情绪的类型及影响，情绪调节和理解他人情绪的年龄趋势、个体差异和群体差异等。其中，第一节主要讲述的是儿童情绪的类型、产生情绪的原因以及情绪对儿童学习和思维的影响；第二节主要介绍了情绪调节的策略、年龄趋势、个体差异和群体差异；第三节主要讲述的是理解他人情绪的年龄趋势、个体差异和群体差异。本章启发教师在课堂中要正确识别和理解儿童情绪的发展，注重调动积极情绪，通过多种策略促进情绪调节，培养儿童的情感采择能力。

第九章由蔡畅、汪卓、韩浩文翻译。本章主要是关于儿童的社会认知能力方面的内容，介绍了如何培养儿童的社会认知能力、幽默感以及如何发展道德。其中，第一节主要介绍了心理理论，包括心理理论的年龄趋势、个体差异、群体差异；第二节讨论了幽默感，涉及幽默作为一种社会认知游戏的作用以及个体差异、群体差异；第三节主要讲述的是关于儿童的道德判断以及如何在课堂中发展儿童的道德。本章启发教师要关爱儿童、善于引导，通过创造积极的课堂氛围等方法，培养儿童的社会认知能力。

第十章由王照萱、焦牧洋、陈林翻译。本章主要介绍了儿童的亲社会行为和反社会行为，主要包括其定义、特征、年龄趋势、个体差异和群体差异等，旨在通过帮助儿童增加亲社会行为，减少反社会行为、攻击性行为，更有效地解决冲突，为儿童营造和平、友善、有利于学习的教室环境。其中，第一节主要介绍了亲社会行为及其强化；第二节主要介绍了反社会行为和攻击及其干预措施；第三节主要介绍了儿童间的冲突及其解决策略。本章启发教师要增加儿童的亲社会行为，减少儿童的反社会行为和攻击性行为，以及提高儿童的冲突解决能力。

第十一章由王正阳、娄慧慧、范奭琛翻译。本章的主要内容是教室中的同伴地位，理解教室中的友谊和同伴网络以及游戏能够起到的帮助作用。其中，第一节主要介绍了同伴地位的个体差异和群体差异，以及同伴地位的课堂启示；第二节主要讲述了教室中友谊和同伴网络的个体差异与群体差异以及其对课堂的启示；第三节介绍了课堂中游戏的类型、游戏的年龄趋势、游戏中的个体差异与群体差异以及游戏对课堂的启示。本章启发教师应评估儿童在同伴中的受欢迎程度，分析其对于儿童发展的意义，并帮助不受欢迎的儿童；同时理解友谊的重要性和游戏所扮演的角色，并且主动在教室里开展游戏性学习，促进儿童发展。

第十二章由靳伟、郑旭滢、姚倩翻译。本章主要介绍儿童语言和读写能力发展的年龄趋势、个体差异和群体差异，以及不同心理学理论流派指导下的读写教学。其中，第一节主要讲述语言的类型与儿童语言的发展；第二节介绍了儿童读写能力的发展；第三节介绍了不同理论对读写教学的影响。本章启发教师应重视儿童语言与读写能力的发展，并学会使用不同心理学流派的理论来帮助自我提升语言与读写教学实践。

第十三章由周凌仪、卢璐翻译。本章主要讨论了影响儿童在校表现的两个其他因素：一是自我概念，包括性别认同和种族认同；二是动机。其中，第一节主要介绍了自我系统是如何运作并促进儿童形成积极的自我概念的；第二节讨论了性别认同和种族认同如何影响儿童的学校表现，如何构建性别和种族歧视最小化的教室环境；第三节主要讲述了如何运用激励原则来提高儿童的动机水平。本章启发教师可以通过提高学习者的社交和学术能力提升学习者的自尊，通过合理使用多元文化课程和合作学习促进学习者形成积极的社会认同，通过帮助儿童设定高质量目标并培养自我效能感等方式提升儿童的学习动机。

第十四章由李珂、刘璇翻译。本章主要探究了儿童生活环境中的三个方面——家庭结构、儿童保育和媒体——是如何影响儿童发展的，并提供帮助学生将负面影响降至最低的方法与策略。其中，第一节主要介绍了不同的家庭结构对儿童产生的影响，并为教师创建能够支持来自不同结构家庭的学生学习的课堂、促进家长参与提供方法指导；第二节主要介绍了母亲就业及儿童保育情况对儿童的影响；第三节主要评估了媒体对学生的正面与负面影响，并介绍了帮助学生降低负面影响的方法。本章启发教师应该关注家庭结构、儿童保育和媒体等环境因素对儿童发展产生的影响，促进家长参与儿童教育，保护儿童免受媒体的负面影响。

本书由朱旭东、袁丽、蒋元群、靳伟、范学荣五位专家审译，由刘梦婷负责全书组稿、统稿。

在此，要感谢所有参与本书翻译的成员，以及为了本译著的出版而辛勤付出的各位专家同人，也衷心感谢中国人民大学出版社王雪颖编辑对本书的出版给予的支持。由于翻译团队成员能力有限，在翻译过程中难免存在瑕疵，敬请谅解，欢迎提出宝贵意见。期盼本书能为教师、教师教育者、教育管理者以及广大家长朋友带来一些启示。

译者
2022 年岁末

前　言

理解儿童发展对成为一名好教师而言非常重要。在第十章中，你将认识乔希（Josh），他是温茨（Wentz）老师25年教师生涯中最难相处的孩子之一。他打架、撒谎、逃学、反抗权威、不完成作业，甚至与少年法庭的法官争辩。而后，乔希被停学回家。他的母亲滥用药物，而他的父亲易怒且爱惩罚人。其他学生都害怕乔希。当我们校对这本书的第一版手稿时，温茨老师正在克里斯蒂（Christi）的儿童发展班学习，她开始把书中的一些概念用在课堂以及她和乔希的相处上。温茨老师开始对如何帮助乔希更有信心了，随后，乔希开始完成功课，并在班级里变得乐于助人。温茨老师表示，了解儿童发展知识使她在观察学生方面更有洞察力，因此她也成为一个更好的老师和更好的人。

这本书是为有志于未来从事幼儿或青少年教育的教师设计的。不同学段的教师群体需要通过合作为学生提供从学前到高中各阶段无缝对接的教育。如果所有学段的教师一起研究儿童发展理论，那么他们将会建立起对儿童的共同理解，从而促进儿童获得成功。

这本书是关于儿童发展的。然而，它也有一些涉及传统意义上教育心理学的内容。因此，对于将儿童发展和教育心理学结合为一门课程的教师教育项目来说，这本书是最合适不过的。

我们的目标：促进优秀教学

如果说教育中有一颗"银弹"*，那么它就是教学质量。好教师不仅会提高所有学生的成绩，还能缩小学生间的成绩差距。一位优秀的教师甚至能影响孩子的一生。如果儿童成长过程中幸运地遇到更多优秀教师，就意味着他会受到更好的教育。

如何成为一名优秀的教师？一条关键途径是学习儿童发展科学，并知道如何在课堂上加以应用。这为教师提供了解决问题所需的信息，能帮助他们更好地教育每个孩子。要想取得成功，教师就必须理解每个孩子，把他们看作一个个不断学习、有情感且处于关系中的人。本书的目标就是帮助教师创建促进儿童发展的课堂。

一本与众不同的书

本书是以研究为基础的，它结合了最新的科学研究成果，并总结了同行评议期刊上的

---

* 银弹（silver bullet）意为"杀手锏"。——译者注

几千篇论文。我们致力于让未来的教师能够接触到从婴儿到青少年的所有年龄段学生的日常语言和真实故事。尽管仍有许多基于研究的儿童发展教科书有此要求,但理解本书并不需要之前学习过心理学课程。那么本书为何与众不同呢?答案是它搭建起了研究与课堂应用间的坚实桥梁。

课堂应用

2007 年,美国国家儿童健康与人类发展研究所(NICHD)和国家教师教育认证委员会(NCATE)联合发表报告指出,儿童发展课程没有始终如一地提供关于发展概念的现实例证,也没有将概念与课堂情境充分联系起来(NICHD & NCATE,2007)。本书旨在通过以下措施来克服这个问题:

- 对应每个主题,提供教师可以在课堂上使用的基于研究的策略。
- 提供真实课堂片段,用于说明概念。
- 涵盖教师非常感兴趣但没有出现在传统的儿童发展书籍中的主题(例如,纪律、师生关系、情绪如何影响学习)。
- 在第四章和第十二章中,明确了理论与数学教学以及读写教学之间的联系。
- 每章结尾都有一个练习专栏——"对实践的反思",要求教师反思他们在课堂上的行为及其对孩子的影响。

本书以儿童为中心,把儿童的发展作为首要内容,为读者提供基于研究和理论的发展心理学知识,同时提供了强大的实践技能,使教师能在课堂上对这些知识加以应用。

差异

本书强调多样性。每个主题都讨论了个体差异和群体差异。理解差异有助于教师针对经验和文化背景迥异的学生采用截然不同的教学方法。本书开头介绍了文化,在后续章节中涉及相关内容时将继续加以讨论,而不只是在单一章节中作为一个独立的主题呈现。

本书结构

关于儿童发展的教科书要么按时间顺序编排,要么按主题编排。我们结合这两种方式,采取了主题跨章节的结构,但在各章内部强调了发展随年龄变化的趋势。我们采取这种方法是因为,虽然对教师而言,了解特定年龄阶段学生的特点很重要,但是如果要促进学生获得最佳发展,那么了解他们的发展历程和未来发展方向更为关键。此外,即使是同一教室中的同龄学生,其发展也可能明显处于不同阶段。

本书分为五部分。

(1)第一部分"儿童发展的基础",涉及儿童发展的基本问题。这一部分将介绍儿童发展研究中的关键主题和该领域的科学基础,也将讨论与教师有关的重要生物学主题。

(2)第二部分"儿童的认知",介绍关于学习和认知的主要理论与研究,包括记忆和问题解决。这一部分将这些理论应用到数学教育中,对理论应用进行了建模,还讨论了智力、学业成绩和专长的发展。

(3)第三部分"儿童的情感",介绍课堂上的依恋、自我控制和情绪调节。

(4)第四部分"儿童的社会性",介绍社会认知(如心理理论、道德判断和幽默)、亲社会与反社会行为、冲突解决、同伴互动以及游戏等。

（5）第五部分"儿童的整体性"，强调与儿童发展相关的其他领域间的相互关系。语言、读写、自我系统和动机是生理、认知、情感和社会行为交互作用的结果。本部分还介绍了儿童发展的环境背景。

内容的平衡

没有一本书能够涵盖关于儿童发展的所有的重要主题，也因此无法满足所有读者。过于追求满足每个人的喜好可能会导致"一寸深，一里宽"* 的结果。对任何作者来说，权衡书中应该包括哪些内容以及应该去掉哪些内容都是一个两难的问题；对本书来说，协调好这一问题尤其艰难。我们希望这本书篇幅适宜，同时提供对教师有用的、有足够深度的课堂应用方法。我们还纳入了传统教科书中没有的与教师有关的主题。我们不得不省略某些内容来讨论课堂应用方面的内容。

我们选择放弃关于胎儿期发育和其他一些话题的讨论，以便为自控、自律以及关于社会情感发展等更广泛的内容留出空间，因为教师对学生的社交和情感发展的促进作用可能远大于教学质量的影响（Reyes，Brackett，Rivers，White，& Salovey，2012）。此外，尽管学习关于儿童社交和情感发展的相关知识是教师的首要需求之一，但 2014 年 9 月 8 日美国儿童和家庭管理局（U. S. Administration for Children and Families）发布的备忘录表明，只有 20% 的幼儿教师在过去的一年中接受过以儿童社交和情感发展为主题的培训。教师需要更多的信息来帮助学生在课堂上表现良好，并在情感和社会性上进行适当调整。因此，虽然我们不能声称本书已经涵盖了每一个教师都认为重要的内容，但它为你根据需要加以选择提供了儿童发展方面的坚实基础。

未来的教师有时认为学习发展理论毫无意义。这至少有两个原因：其一，很少有书籍能够明晰地将理论与实践联系起来；其二，理论一般在开篇章节中讨论，与对应的研究或实践相分离。为了弥补上述缺陷，我们让理论贯穿全书。第三章和第四章对直接应用于课堂实践的学习和认知理论进行了广泛的讨论。第十二章回顾了这些理论，并将其直接应用于读写教育。在其余每一章中，插入的专栏都介绍了该章主题的相关理论和理论家。

本书的学习特点

本书的结构具有便利读者学习的特点。这些特点是以源于教育心理学领域的原则为基础的。

一致的章节结构

各章结构一致，有利于读者理解本书内容。第二章至第十四章一般以以下结构展开：
　　[主题]的年龄趋势
　　[主题]的个体差异
　　　个体差异的稳定性
　　　个体差异会带来什么影响？什么因素会导致个体差异？

---

* 一寸深，一里宽（inch deep, mile wide）意为"只有广度，没有深度"。——译者注

［主题］的群体差异
［主题］的课堂启示

特殊功能

此外，本书的教学方法的特点是有利于促进深度学习。因为功能过多会干扰读者，所以我们只保留重要功能。本书的教学功能包括：

- "思考"栏目的问题被分散在每章。这些问题要求读者对当前内容进行加工，并应用于现实问题或个人经历。这些问题可作为短篇论文作业的主题或者用于"思考-分组讨论-分享"（Think-Pair-Share）这一形式的课堂活动。
- "大脑研究"专栏分散在每一章中，总结了与该主题相关的神经科学最新知识。
- "课堂片段"贯穿整个叙述过程，而不是放在专栏里，这样不会干扰阅读的连续性。它们是描述儿童行为的简短、真实的例子，以此说明知识的关键点并激发读者的兴趣。
- "年龄趋势总结"出现在章节的末尾，它们对关键阶段的发展变化进行了快速总结。
- "对实践的反思"出现在章节的末尾。要求教师反思他们在课堂上的行为如何影响学生的发展。这些反思将对正在进行专业实习的准教师和一线教师有直接的帮助。对于没有教学实践经验的读者来说，可以促使他们反思自己过去作为学生的经验，当正式开始教学时，反思可以为他们的教学提供借鉴。
- "理论与理论家"专栏出现在大多数章节中。该专栏中一般会介绍一个与主题相关的有影响力的理论家及其理论概要。有的教师的课程聚焦于理论，有的则更关注以儿童为中心。为了适应这两种偏好，本专栏为你提供了灵活的选择，你可以重点关注其中一些而直接忽略另一些。
- "发展中的挑战"专栏出现在几个章节中。本书侧重于学生的一般性成长，但是教师也经常要面对成长困难的学生。这些专栏讨论与所在章主题相关的成长问题。只有一部分学院和大学开设了关于典型和非典型成长的单独课程，而其他学院没有。你可以根据自身情况选择关注或忽略这部分专栏信息。

学习辅助

每章提供以下学习辅助来促进学习：

- 在每章的开头提供了本章的大纲和学习目标清单。
- 关键术语在正文中加粗，其定义在页边空白处。*
- 前几章中与主题相关的内容会交叉引用，以便读者将当前主题与前几章的知识联系起来。
- 每章末尾均有"本章总结"。

附带的教与学的补充

教师和学生可以通过本书获得完整的补充资料包。

本书作为第三版，可以为读者提供 MindTap 的使用权限，这是一个结合综合性电子档

---

* 中文翻译后，关键术语在正文中加粗，定义放在页下脚注中。——译者注

案袋、高度个性化、完全可定制的学习平台。MindTap 可以用来帮助职前教师：
- 了解、记住并理解成为一名好教师的关键概念；
- 应用概念、开发课程和工具以及在课程中展示关键领域的能力，使之达到美国国家和州的教育标准；
- 为进行职业积累并最终取得教师资格证做准备，开启成功的教学生涯；
- 培养在实践中进行反思的思维习惯。

当职前教师沿每一章的学习路径行进时，他们会体验到支架式的学习过程，并遵循布鲁姆（Bloom）的目标分类学提升思维技能（见图 0-1）。这一学习路径通过以下方式增强他们的信心并提升其能力：

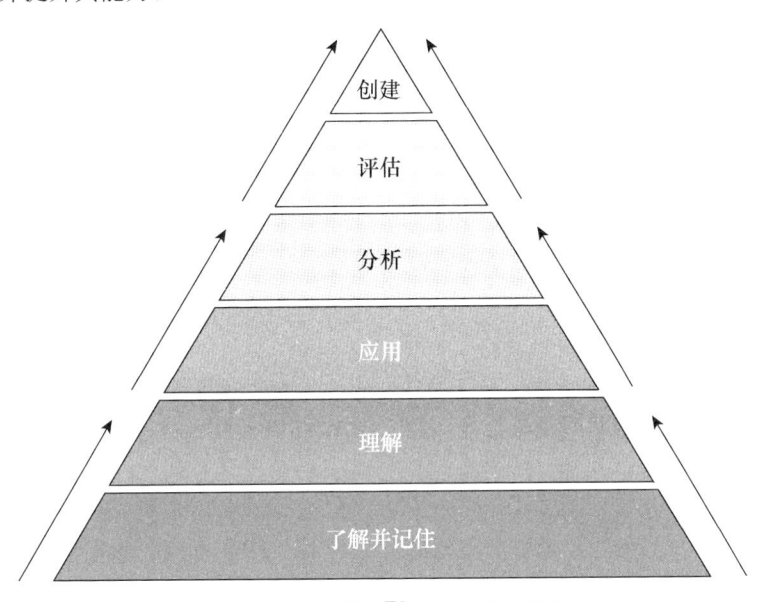

图 0-1 MindTap™：个人学习经验

MindTap 助力职前教师沿着布鲁姆修订的目标分类学不断提升思维技能。

资料来源：Anderson L W, Krathwohl D. A taxonomy for learning, teaching, and assessing: A revision of Bloom's taxonomy of educational objectives. New York: Longman, 2001.

- 使他们理解章节主题，并在观看真实课堂视频时激活他们之前的知识，然后回答书中的问题；
- 通过"你明白了吗？"检验他们的理解情况，使用不同类型问题自动对即时反馈进行评分；
- 在微案例情境中应用概念，即分析典型的教与学的场景，然后对场景中出现的问题做出合理的反应；
- 反思并解释他们在微案例情境中所做的选择。

MindTap 通过评估和反馈帮助你调整和改进教学。你将能够评估学生的计划，使授课时教学内容清晰，且能够帮助不同学生学习。MindTap 将通过以下方式帮助你更深入地学习：

- 通过学生进度应用程序实时显示成绩。你和你的学生始终可以访问数据。
- 明确美国国家教育标准，并在成果库中展示其与学生学习活动的一致性。你也可以将所在州的标准或任何其他期望的成果添加到成果库中。

- 可点击MindTap课程中所有标准或结果，生成学生表现报告。
- 你能够编辑现有的或创建自己的MindTap活动，依据国家标准或其他当地研究成果来评估学生。这些活动将符合你添加到MindTap成果库中的任何国家标准或研究成果。

MindTap可以轻松地融入你现有的学习管理系统中。MindTap旨在让你通过定制学习路径的所有方面来改进课程，从而节省你的时间。你可以更改学生学习活动的顺序，隐藏不想在课程中开展的活动。最重要的是，你可以创建自定义评估，并在你的课程中添加任何标准或课程相关内容（如YouTube视频、Google文档）。请访问www.cengage.com/mindtap了解更多信息。

教师手册

教师手册提供了真实的案例研究，涉及多个章节的主题。你可以要求你的学生解释情境并应用其内容。它们可以用于扩展讨论或论文写作。教师手册还为每个章节提供了多种实地观察活动，这些活动要求学生积极地将内容与现实经验联系起来。这些活动可用于实地观察、实验室会议、日志记录或小组讨论。如果你的课堂上没有实践环节，那么这些活动也适用于观察家人和朋友。为促进课堂讨论或完成作业任务，教师手册中有附加的"思考"栏目，并列出了其他资源及其网络链接。

试题库

你可以通过电子设备或计算机测试程序Cognero获得试题库使用权。通过从现有的问题数据库中选择、编辑问题或编写新的问题，你能在几分钟内生成测试卷。

课件

这些与每一章配套的生动课件将通过直接使用课本中的图像、数字和表格提供概念范围，帮助你完成授课。

由Cognero提供支持的圣智（Cengage）学习测试

Cognero是一个灵活的在线系统，你可以执行以下操作：编写、编辑和管理来自多个圣智学习解决方案的测试库内容；快速创建多个测试版本；在LMS、教室或任何你希望的地方开展测试。

本版新增

第三版保留了前几版的主要优势——运用强大的研究基础，为如何将研究运用于真实的课堂实践提供指导，并以有序的、可读性强的方式呈现。然而，本版也有一些新的特性和优化功能。

最新研究

各章增加了800多条引文。各主题在加入最新研究成果后，进行了如下修订和更新：
- 第一章：遗传估计；文化影响；族群人口普查数据；思维缺陷的避免；常见风险因素和保护因素；穷学生与富学生的成绩对比；低收入个体的优势。
- 第二章：儿童不良经历对大脑发育的影响；音乐训练是促进大脑发育的环境刺激因

素；幼儿的运动发育和运动发育迟缓的标志；运动指南和活动不足率；儿童肥胖率；肥胖对学业成绩的影响；不同年龄的睡眠需求以及睡眠不足情况的增加；男孩中的身体发育不良；药物滥用的比例、方式及种族差异；低出生体重的原因和干预。

- 第三章：应用行为分析的运用；建构主义教学成果；智能手机作为文化工具；基于最近发展区的教学。
- 第四章：执行功能要素的最新观点；认知灵活性；注意力控制和对教师关注学生注意力的课堂启示；执行功能与贫困的关系及其与成绩差距的联系；儿童失忆症；小学科学思维；中学计算思维；推理前件的重组部分及更多对课堂的启示；有关推理的最新内容，特别是对婴儿推理研究的迅速发展揭示了婴儿比过去认为的更擅长推理。
- 第五章：流体智力和晶体智力；智力的遗传性；音乐和智力；男孩及其空间能力；测试偏向；给黑人学生配备黑人教师或非黑人教师与天才培养之关系；有关专家教师的新研究和案例；教师评价与学生标准化成绩测试中表现的高相关性；性别和成绩；测试效果及其使用方法；作业效果；留级；学习障碍。
- 第六章：依恋的前因反映了应重新重视儿童的自主性；依恋的干预；父子依恋；依恋的深远影响机制；师生关系的成就效应；人格在生命中的变化；缺失遗传性问题。
- 第七章：使用社交媒体来学习；自控力预测幸福感；改善自控力的策略；体罚；针对不当行为的协作性和主动性解决方案；学校惩罚中的种族差异；管教差异；教养中的种族差异；集体主义和个人主义文化；儿童虐待。
- 第八章：最新的情感功能的相关内容；抑郁和焦虑两种显著共存情感的最新功能；数学焦虑；青春期尴尬；军人子女面临的挑战。
- 第九章：婴幼儿心理理论（ToM）；青少年心理理论；道德认同；婴儿的公平感；说谎的年龄趋势；道德判断行为的差异。
- 第十章：创造儿童的亲社会认同；婴儿攻击的前兆；网络欺凌；减少校园欺凌的方法。
- 第十一章：感觉受欢迎度以及为什么一些具有攻击性的儿童拥有同伴地位；功能性攻击；教室座位安排对同伴地位的影响；合作学习中的社交技能训练；对学校中的性少数（LGBTQ）青年群体的支持。
- 第十二章：失聪和听力困难儿童的语言发展；语码转换；学术语言；仅仅通过言语学习与通过言语和手势学习的比较；教师期望效应；与印刷品接触；书写；以 Twitter 为读写范例；阅读障碍。
- 第十三章：高质量的目标和目标设定；激发情境兴趣的方法；关联性对激励学生的重要性；自我概念的性别差异；性别角色游戏；中小学生的目标设定和成绩；课堂中的自主性支持。
- 第十四章：地理因素影响结婚率；祖父母离婚对子女和孙辈的影响；未成年母亲的子女；女同性恋母亲的孩子；婚姻冲突的影响；父母参与子女教育的影响；学业社会化；关于育儿的讨论；教育性和非教育性电子媒体的使用；视频游戏的使用和使用多种媒体的后果；媒体使用对相关攻击性的影响；媒体的限制性使用；多任务问题；如何选择教育类应用程序。

视觉学习辅助

为了向读者直观地传达重要的概念，我们制作了 30 个新的图表*。图的说明提供了一些

---

* 原文如此，疑有误。——译者注

问题，以促进读者进行思考和讨论。新的图表包括：

1. 同卵和异卵双胞胎之间的相关性（第一章）
2. 社会经济地位对儿童入园成绩的影响（第一章）
3. 黑人学生-白人学生成绩差距和富学生-穷学生成绩差距（第一章）
4. 初学者项目的长期结果（第一章）
5. 对冒险活动看法的年龄差异（第二章）
6. 大脑可塑性（第二章）
7. 蔬菜饮食指南（第二章）
8. 青少年睡眠不足的时间趋势（第二章）
9. 运动促进大脑功能发展（第二章）
10. 课间休息的应用行为分析（第三章）
11. 最近发展区教学（第三章）
12. 认知灵活性的年龄趋势（第四章）
13. 执行功能的个体差异（第四章）
14. 记忆随年龄增长的趋势（第四章）
15. 学校教育提升儿童的思维测试成绩（第四章）
16. 视觉空间游戏能发展数学技能（第四章）
17. 基因和环境导致的智力差异（第五章）
18. 智力的弗林效应（第五章）
19. 各国和地区 4 年级学生在国际数学和科学趋势研究项目（TIMSS）中的科学成绩（第五章）
20. 对易怒新玩伴的依恋和反应（第六章）
21. 师生关系与人格共同影响不良行为（第六章）
22. 分组统计的离校休学率（第七章）
23. 教师对白人男生和黑人男生不当行为的反应（第七章）
24. 尴尬的年龄趋势（第八章）
25. 数学焦虑与成绩（第八章）
26. 青少年和成年人的心理理论测试（第九章）
27. 学步期儿童有一种公平感（第九章）
28. 说谎的年龄趋势（第九章）
29. 想"成为帮手"的孩子（第十章）
30. 依据学校氛围预测欺凌（第十章）
31. 伪成熟与青少年受欢迎度的关系（第十一章）
32. 支持性教师对社交排斥的缓冲作用（第十一章）
33. 手势帮助儿童理解数学中的等式概念（第十二章）
34. 手势促进学习（第十二章）
35. 从幼儿园到 12 年级阅读和数学能力的年均增长率（第十二章）
36. 学生从 2 年级到 12 年级平均每分钟阅读的单词数（第十二章）
37. 自我概念六个领域的性别差异（第十三章）
38. 目标设定与成绩（第十三章）
39. 6 年级教师用来帮助学生设定几何学习目标的表格（第十三章）

40. 未成年母亲与成年母亲的子女在数学与阅读成绩方面的差异（第十四章）
41. 不同受教育程度群体的离婚率（第十四章）
42. 青少年使用的社交媒体（第十四章）
43. 酒精和成年人视频游戏的使用（第十四章）
44. 媒体使用的性别差异（第十四章）

致　谢

　　本书中描述儿童行为的小故事都是真实的课堂经历，它们都基于我们自己的观察以及学生和同事的叙述。我们原本应该鸣谢所有故事的作者，包括书中故事旁边的短小片段和诸如此类非正式描述的作者，但是出于保护儿童、教师和学校隐私的更高道德目的，我们仅仅在此处列出资料提供者的名字：

　　艾莉森·奥斯默斯（Alison Ausmus）、凯文·毕晓普（Kevin Bishop）、卡罗琳·博斯韦尔（Carolyn Boswell）、拉斯·克兰（Russ Crane）、杰里·克罗斯比（Jerry Crosby）、布里塔尼·迪克曼（Brittany Dickman）、艾米·德巴克（Amy DeBacker）、诺拉·达菲（Nora Duffy）、凯蒂·哈姆（Katie Hams）、詹妮弗·格林威（Jennifer Greenway）、托德·古斯托（Todd Gutschow）、斯坦·赫纳基（Stan Hernacki）、贝萨尼·辛茨（Bethany Hintz）、J. D. 亨特（J. D. Hunter）、珍妮弗·库尔特（Jennifer Kurt）、米歇尔·朗（Michelle Long）、克拉丽莎·蒙兹（Clarissa Montz）、利亚·摩根（Leah Morgan）、迈克尔·诺曼（Michael Norman）、凯瑟琳·奥图尔（Kathleen O'Toole）、瓦沙蒂·拉哈曼（Vashanti Rahaman）、桃乐茜·罗德-柯林斯（Dorothy Rohde-Collins）、格温·罗什（Gwen Roush）、艾米丽·西蒙（Emily Simon）、芭芭拉·齐默尔曼（Barbara Zimmerman）。

　　我们在所有的片段中都使用了化名。由于篇幅所限，我们也在一定程度上对故事做了调整或缩短篇幅以适应各章的目标。我们感谢每一位敏锐的儿童观察者为帮助下一代教师理解学生所做出的贡献。

　　许多审稿人提供了极好的指导，并对本书结构和内容的完善做出了重要贡献。特别感谢纳尔逊·科恩（Nelson Cowan）对第四章的建议和以下审稿人：

　　布伦诺大学奥古斯塔学院（Brenau University-Augusta）的比莉·布罗默（Billi Bromer）、麦迪逊维尔社区学院（Madisonville Community College）的埃普·格蕾丝（April Grace）、明尼苏达大学克鲁克斯顿分校（University of Minnesota Crookston）的玛丽莲·格雷夫（Marilyn Grave）、曼哈顿维尔学院（Manhattanville College）的卡琳·侯斯（Caryn Huss）、南卡罗来纳大学（University of South Carolina）的马修·欧文（Matthew Irvin）、得克萨斯州农工大学圣安东尼奥分校（Texas A&M University-San Antonio）的詹姆斯·朱利卡（James Jurica）、摄政大学（Regent University）的库尔特·克雷塞格（Kurt Kreassig）、麦克莱斯特学院（Macalester College）的蒂娜·克鲁斯（Tina Kruse）、得克萨斯州中部学院（Central Texas College）的劳拉·兰佩（Laura Lamper）、得克萨斯女子大学（Texas Woman's University）的伊丽莎白·麦卡罗尔（Elizabeth McCarroll）、富兰克林学院（Franklin College）的贝丝·摩尔（Beth Moore）、沃尔维克社区学院（Wor-Wic Community College）的米歇尔·莫里斯（Michelle Morris）、埃尔金社区学院（Elgin Community College）的道恩·芒森（Dawn Munson），南达科他州立大学（The University of South Dakota）的丽莎·纽兰（Lisa Newland），加州州立大学斯坦尼斯洛斯分校（California State University, Stanislaus）的格雷斯·帕拉迪斯（Grace Paradis），北湖学院（North Lake College）的雷切尔·鲍威尔（Rachelle Powell），得克萨斯州农工大学-科珀斯克里斯蒂分校（Texas A&M University-Corpus Christi）的贾娜·桑德斯（Jana Sanders），北卡罗来纳大学夏洛特分校（University of North Carolina at Charlotte）的莉迪亚·史密斯（Lydia Smith），温斯顿-塞勒姆州立大学（Winston-Salem State University）的道恩·塔法里（Dawn Tafari），北艾奥瓦大学（University of Northern Iowa）的米歇尔·提奇（Michelle Tichy），德尔塔州立大学（Delta State University）的梅里德特·凡·纳曼（Merideth Van Namen），密苏里大学（University of Missouri）的史蒂芬·惠特尼（Stephen Whitney），泽维尔大学（Xavier University）的维多利亚·扎斯卡瓦格（Victoria Zascavage）。

在圣智学习集团，我们感谢奇瑞·安·纳卡马鲁（Cheri-Ann Nakamaru）、布雷迪·戈尔登（Brady Golden）、德鲁·肯纳利（Drew Kennerley）和朱丽叶·怀特（Julia White）出色的编辑洞察力，海伦·布鲁诺（Helen Bruno）和萨门·伊克巴尔（Samen Iqbal）的设计和制作，乔舒亚·泰勒（Joshua Taylor）的增补制作以及安德鲁·米勒（Andrew Miller）的营销。

目　录

第一部分　儿童发展的基础

第一章　看待儿童的方式 … 3
　一、儿童发展的科学 … 3
　二、先天和后天 … 11
　三、风险和韧性 … 20
　四、入学准备和学前教育案例的课堂启示 … 28
　本章总结 … 33

第二章　身体发育与健康 … 35
　一、大脑 … 35
　二、成长和运动发育 … 45
　三、当代健康挑战 … 62
　本章总结 … 76

第二部分　儿童的认知

第三章　经典的学习和认知理论 … 81
　一、行为主义 … 81
　二、皮亚杰的认知发展理论 … 90
　三、维果茨基的社会文化理论 … 104
　四、学习理论与认知理论的比较 … 112
　本章总结 … 116

第四章　信息加工、记忆和问题解决 … 118
　一、信息加工 … 118
　二、记忆 … 130
　三、推理和问题解决 … 140

  四、理论运用：数学案例 ····· 148
  本章总结 ····· 157

第五章　认知能力：智力、天资和成绩 ····· **159**
  一、智力 ····· 159
  二、天资和专长 ····· 174
  三、成绩 ····· 180
  本章总结 ····· 192

第三部分　儿童的情感

第六章　依恋与人格 ····· **197**
  一、依恋 ····· 197
  二、气质和人格 ····· 214
  本章总结 ····· 231

第七章　自控力和管教 ····· **233**
  一、自控力 ····· 233
  二、有效管教 ····· 242
  三、自控力培养：教养方式对我们的启示 ····· 261
  本章总结 ····· 268

第八章　情绪发展 ····· **271**
  一、情绪 ····· 271
  二、自我情绪调节 ····· 276
  三、理解他人的情绪 ····· 297
  本章总结 ····· 306

第四部分　儿童的社会性

第九章　社会认知 ····· **311**
  一、心理理论 ····· 311
  二、幽默 ····· 321
  三、道德判断 ····· 328
  本章总结 ····· 345

第十章　社会行为 ····· **347**

一、亲社会行为 ··· 347
　　二、反社会行为和攻击 ··· 357
　　三、冲突解决 ·· 377
　　本章总结 ··· 384

第十一章　同伴、朋友和游戏　　387
　　一、同伴地位 ·· 387
　　二、友谊和同伴网络 ··· 399
　　三、游戏 ··· 413
　　本章总结 ··· 423

第五部分　儿童的整体性

第十二章　语言和读写　　427
　　一、语言发展 ·· 427
　　二、读写 ··· 446
　　三、理论付诸实践：读写案例 ·· 462
　　本章总结 ··· 467

第十三章　自我系统和动机　　469
　　一、自我系统 ·· 469
　　二、社会认同：性别和种族 ·· 477
　　三、动机 ··· 487
　　本章总结 ··· 500

第十四章　儿童生活的环境：家庭结构、儿童保育和媒体　　502
　　一、家庭结构 ·· 502
　　二、母亲就业与儿童保育 ·· 516
　　三、电视与其他媒体 ··· 527
　　四、结语 ··· 539
　　本章总结 ··· 542

第一部分　儿童发展的基础

第一章
看待儿童的方式

是什么因素塑造了今天的你？你的答案是否强调你的基因、家庭、学校和受教育经历？这些因素让你与同龄人相似还是不同？在本章中，我们将讨论科学研究如何回答这些问题。阅读完本章后，你将能够：

(1) 描述儿童发展的科学研究方法。
(2) 认识到基因和环境如何相互作用从而影响发展。
(3) 认识风险因素（risk factor）并培养保护因素（protective factor）。
(4) 使用风险因素和保护因素分析幼儿园的影响。

一、儿童发展的科学

> 一个18个月大的男孩被留在托儿所。他妈妈来时，他跑向她，想要妈妈抱抱。她抱了一下就把孩子放下了。他哭了起来，叫嚷着要抱抱。妈妈转过身，孩子哭得更厉害了。她故意拒绝抱他，她说她不想让孩子太依赖自己，"他是一个男子汉"。她不希望孩子因为想要安全感而变得弱小。她说，如果宠溺孩子，孩子就可能会"变得女性化"。［转引自 Smyke（1997）。］

你可能会对这位母亲关于过度依赖和女性化的原因的看法感到好笑或愤怒。你认为安全感对**幼儿**①有害吗？当他哭泣时，你可以通过抱他"宠坏"一个孩子吗？你认为该怎样对待哭泣的孩子是你的个人理论。在本章中，你将了解基于调查研究的儿童发展理论，这将使你更了解自己的个人理论，并对其中一些观念的准确性产生质疑。这样你就可以为你的学生提供最好的课堂。

随着科学家们不断探索儿童发展的基本原则，儿童发展理论通过严谨而系统的研究发展起来。你可能会问："是否会有所谓的一般原则？每个孩子不都是独一无二的吗？"虽然每个孩子都是独一无二的，但仍然存在适用于所有儿童的发展原则。这些原则是什么呢？答案就取决于你的儿童发展理论。

1. 儿童发展理论概述

发展**理论**②只是一组原则，用于解释儿童发展的某些方面。理论帮助你解释在儿童发展

---

① 幼儿（toddler）：1至3岁的儿童，他们刚刚学会走路，往往步履不稳。
② 理论（theory）：用于解释人类发展特定方面的一套有组织的概念或原则。

过程中观察到的现象,并提出促进其发展的最佳方式。在后面的章节中,你将了解有关儿童发展的主要理论和一些有影响力的理论家。下面,我们简要介绍这些理论。

关于儿童发展的观点随着时间的推移而发生变化。例如,在20世纪初期,许多心理学家认为,儿童天生具有一些能力,这些能力随着儿童日益成熟就会自然呈现(Collins,2002)。持自然成熟观的学者认为,无论孩子的经历如何,都是基因决定着每个孩子如何随时间变化。

持环境论的心理学家则强调环境的作用,并声称儿童的发展是由家庭和文化中的经验驱动的。早期的环境论者倾向于认为儿童是相对被动的,因为他们受到环境的影响,就像艺术家手中的黏土一样。后来,出现了一种新的观点,认识到儿童通过思考自己的经历积极促进自我成长。我们将在第三章讨论的关键人物让·皮亚杰(Jean Piaget)就是这种观点的主要支持者。

表1-1概述了当代儿童发展理论。这些理论对推动儿童发展的因素的理解有所不同。一些理论强调先天因素是行为的动因,而另一些理论强调环境(即后天因素)的作用。这些理论解释儿童发展的不同方面,在是否将儿童视为自身发展的主动者方面也存在差异。请花几分钟时间浏览这张表,比较相关理论,无须费力记住,因为我们将在后面的章节中更详细地讨论每种理论。当你看完这本书时,你可以重新浏览此表进行回顾。

表1-1 儿童发展主要理论概述

主要理论及主要理论家	基本目标	强调所有儿童的一般年龄趋势 vs 强调儿童个体是如何变得不同的	驱动儿童发展的因素	强调先天因素 vs 强调后天因素	理论诠释的发展领域
生物生态学模型 尤里·布朗芬布伦纳(Urie Bronfenbrenner)(第一章和第十四章)	突出多层次因素对孩子的影响	兼有	遗传和环境共同影响发展。不指定特定进程	兼有	各个方面
民族学 康拉德·洛伦茨和尼古拉斯·丁伯根(Konrad Lorenz and Nikolaas Tinbergen)(第六章)	了解不同物种的行为功能	重点关注物种的发展趋势,而非个体差异	由进化驱动发展的基因决定过程。行为被纳入物种的基因之中,因为它使得物种成功繁衍。比较人类和动物的行为。强调先天行为	先天	依恋、情绪、侵略性、语言
行为主义 斯金纳(B.F.Skinner)(第三章和第七章)	解释习得行为	重点关注个体差异,认为个体差异是不同的强化经历所导致的	孩子是被动的;强化和惩罚推动发展。得到强化的行为更有可能再次发生。重点是可观察的行为。思维、认知和内心体验等概念被忽略了。有助于管理儿童的行为问题	后天	任何习得的行为。不能解释与生俱来的行为,比如微笑,或为什么有些行为总是被强化
社会认知(或社会学习)理论 阿尔伯特·班杜拉(Albert Bandura)(第三章和第十三章)	解释行为和认知的获得,如态度变化	强调个体差异,特别是行为和态度的变化,而不是发展趋势	行为主义/学习理论的扩展。儿童从榜样或其他被强化的人身上学习。这要求孩子们能记住和解释他们观察到的事物,这就是认知的过程。儿童积极地解释强化	后天	任何习得的行为

续表

主要理论及主要理论家	基本目标	强调所有儿童的一般年龄趋势 vs 强调儿童个体是如何变得不同的	驱动儿童发展的因素	强调先天因素 vs 强调后天因素	理论诠释的发展领域
认知发展理论 让·皮亚杰（第三章）	解释逻辑思维和道德判断的发展	十分强调儿童的一般发展趋势，划分了基于年龄的认知发展阶段	先天的认知成熟过程（伴随着一些社会互动）推动发展。儿童通过探索积极建构自己的知识。虽然有不同的文化经验，但能力是相似的。成熟过程限制着逻辑推理能力，因此儿童的认知发展是阶段性的	先天的成熟过程（伴随着社会影响）	知识、逻辑推理
社会文化理论 列夫·维果茨基（Lev Vygotsky）（第三章）	解释知识和语言能力的获得	不强调一般发展趋势。个体差异是独特社会经历的结果	通过与他人的互动来发展。认知发展是协同的（并非仅在儿童内部）。儿童的思想是将与他人的对话加以内化的结果。发展离不开社会文化互动	后天	知识、具有文化价值的技能、语言
信息加工理论 众多理论家（第四章） 社会信息处理 肯尼思·道奇（Kenneth Dodge）（第十一章）	逐步的信息加工过程	儿童的一般发展趋势是更快、更有效地加工信息的结果。个体差异是个体先天能力和经验（即先验知识）不同的结果	儿童像计算机一样接收感官输入的信息并加以处理，然后用输出做出响应。这种观点主要关注孩子思维的发生，也关注来自环境的输入。研究的内容很窄（即信息的逻辑处理）。根据具体的加工信息问题，促进生成有针对性的调整方案	兼有	问题解决、记忆、决策、执行、注意、攻击性
心理动力学 西格蒙德·弗洛伊德（Sigmund Freud）（第九章）	解释人格和神经问题	强调基于年龄的性心理发展阶段。个性差异是早期亲子互动的结果	父母如何强化儿童的驱动因素会影响人格。儿童人格可能在某个特定的心理发展阶段固化。新心理动力学强调行为的目标是调节和维持与他人互动的和谐。早期的亲子互动被内化并影响儿童以后的经验。强调心理的隐性作用	兼有	人格、依恋、情绪、道德、幽默、无意识

理论对教师很重要，因为它们为课堂实践相关决策提供指导，也指导着研究。实际上，你的所有教育行为都基于你自己的教学理论。如果你认为孩子通过模仿专家学得最好，那么你的理论就不同于那些认为孩子最好通过自己尝试来学习的人。在发展科学中，研究结果用于检验和改进理论。在下一节中，我们将解释儿童发展理论所依据的研究方法。

2. 研究方法

为什么老师需要了解研究方法？美国联邦法令要求教育工作者使用"科学研究"为教学相关决策提供指导。为了提供帮助，联邦教育部建有一个名为 What Works Clearinghouse（有效教学策略网）的网站。设想你是一名幼儿教师，想要尝试一个新的阅读计划，以帮助双语学生学习阅读，或者你可能是一名高中老师，正在寻找相关课程，以帮助有困难的青少年阅读者。假设你所在的委员会正在为你的学校设计一个欺凌预防项目。在以上任一角色中，你都可以创建一个信息搜集中心。它会告诉你是否存在关于该项目的研究、研究的水平以及该项目的有效性。在本节中，我们将向你介绍研究方法的基础知识，以便你学会评估研究质量——对教师来说，这是一项非常重要的专业技能。下面，让我们看看三种基本的研究设计：实验设计、非实验相关设计和定性设计。

实验设计

虽然人们通常使用术语"实验"来指代任何类型的研究，但对于心理学家而言，该术语具有特定的含义。在一个简单的实验中，你可以在学习者的环境中做一些更改并测量结果。例如，教师可以尝试不同的语音策略，看看学生是否更容易学会阅读。这种非正式的实验可能很有用，但无法确定结果的原因，如使阅读技巧提高的因素。为了确定这些原因，科学家们通常使用**对照实验**①。

在对照实验中，学习者至少分为两组：**干预组**和**对照组**②。干预组受到干预，但对照组没有，以比较两组的结果。例如，要确定语音项目是否能提高阅读技巧，你可以将一半的1年级学生安排在语音课程中，另一半安排在一门不同的课程中。如果语音课程的学习者与对照组相比拥有更好的阅读技能，那么你就有证据表明语音课程可能有效。

然而，如果语音项目中的学习者"更聪明"或者已经拥有比对照组更好的技能，那么该怎么办？对于一个因果实验来说，要证明是干预措施而不是其他因素导致了结果，如阅读技能得到提高，就应当使对照组的所有属性都与干预组相似。为了提高群体相似的可能性，研究人员采取**随机分配**③的方法。这意味着每个学习者都有相同的机会被安置在干预组或对照组中。即使是随机分配，你也可能得出结论，语音课程更有可能使孩子能够读写，但并不能让所有孩子都具有读写能力。因此，研究的只是可能性，而不是确定性。

非实验相关设计

研究不能总是借助实验，因为实验可能是不道德的或不切实际的。例如，你想了解产前接触酒精对儿童的影响，从而随机分配一些孕妇每天喝五瓶啤酒，而其他母亲不喝酒，这样做是不道德的。在这一情况下，就可以使用非实验相关设计，由研究人员在不进行干预的情况下测量自然变量（变量是儿童或环境的可以测量的属性，例如每天的酒精盎司数）。例如，研究人员可能会测量母亲在怀孕期间的饮酒量，并将其与孩子的阅读能力进行比较，以此来确定这两个变量是否相关。

相关性是对两个变量之间关系的度量。**相关系数**④或 r 表示关系的统计强度。完全正相关或 $r=+1.00$ 意味着两个变量之间是线性关系（见图1-1）。也就是说，如果你知道一个

---

① 对照实验（controlled experiment）：对随机分配到干预组和对照组的人的结果进行比较。
② 对照组（control group）：在实验中未受到干预的组，以便与干预组进行比较。
③ 随机分配（random assignment）：每个研究参与者都有同等的机会被分配到干预组或对照组。
④ 相关系数（correlation coefficient）：衡量两个变量之间关系的变量。

变量的值，就可以准确地预测另一个变量的相应值。正相关意味着一个变量的值越大，另一个变量的值就越大。例如，父亲受教育水平越高，儿童的阅读能力就越强。如果是完全负相关，那么$r=-1.00$。负相关意味着一个变量的较高值与另一个变量的较低值相关。例如，较高水平的母亲产前饮酒量预示着较低的儿童阅读能力。强相关可以是正相关（例如+0.60），也可以是负相关（例如-0.60）。如果变量之间没有关联，那么$r=0$。相关系数不是百分比，0.40 的相关系数并不意味着 40% 的比例。

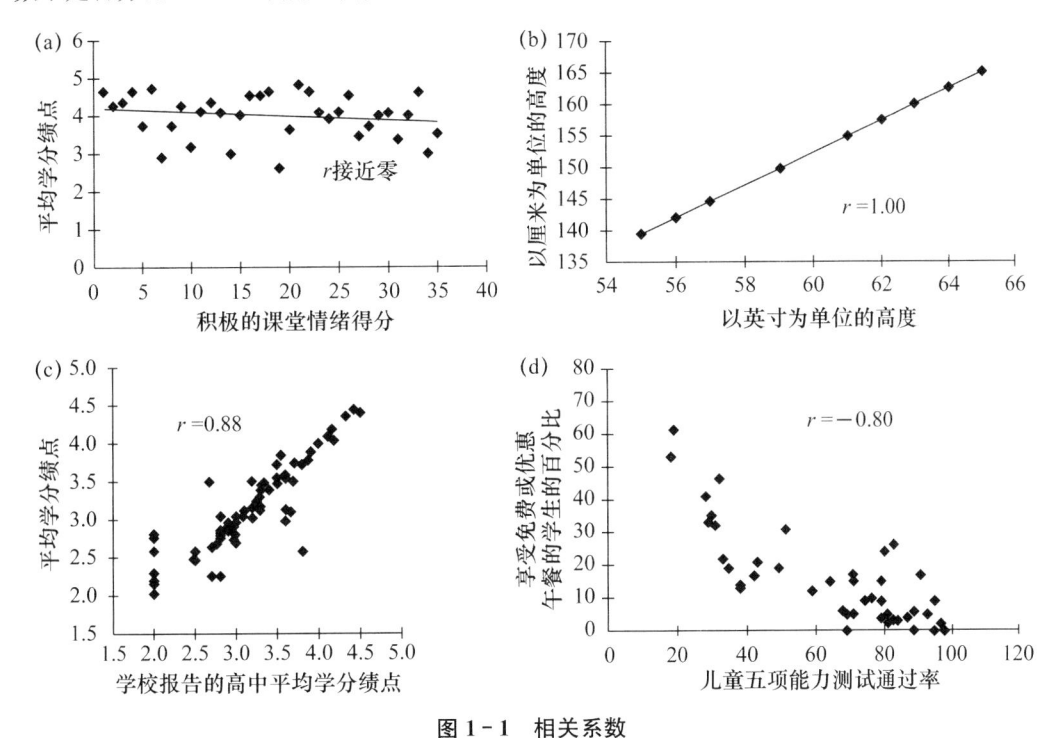

图 1-1 相关系数

盖住图中"r"的值，你能大致猜一猜它是什么数值吗？向朋友解释相关性，然后考一考他。

儿童发展研究中任何两个变量之间的相关系数很少接近 1.00。实际上，甚至很少大到 0.50，并且通常认为 0.35 的相关性就足以引起注意了。这是因为重要的儿童研究结果受到许多变量而不仅仅是研究中测量的变量的影响。例如，良好的阅读能力不是单一变量的结果，如智力水平、父母参与情况或有效学习。反之，任一上述变量（以及许多其他变量）都会影响阅读能力。

> **思考**
>
> 对从罗马尼亚孤儿院收养的儿童的研究表明，儿童被收养之前在孤儿院度过的时间越长，认知能力就越低（O'Connor et al., 2000）。它们之间是正相关还是负相关？你会怎么绘图呢？

定性设计

在实验和相关研究中，科学家用数值表示变量，如父亲受教育水平和儿童的阅读能力，然后使用统计数据来分析它们之间的关系。这是一种定量研究方法。相比之下，**质性研究**[①]涉及访谈、对自然行为的观察以及通常以文字而非数字报告形式呈现的数据。研究人员可

---

① 质性研究（qualitative research）：即非定量研究，其特点是会利用研究人员（而不是测试或问卷）收集数据。可能涉及观察和访谈。

以花费数小时到数年的时间来观察年轻人并与他们进行互动,以准确地讲述他们的故事。例如,在一项研究中,研究人员调查了当学生对科学概念有所了解时的情感,尤其是自豪感(Bellocchi & Ritchie,2015)。另一项研究探究了幼儿园学生对"聪明"是否意味着服从教师的认识(Hatt,2012)。像这样的质性研究可以深入挖掘学习者的思想和行为,在这一点上量化设计难以实现。

研究随时间如何变化

假设你想知道孩子的攻击性是如何随着年龄而变化的。你可以跟踪研究一组孩子12年,评估同一孩子在4岁、10岁和16岁的情况。这是一个**纵向研究设计**①。如果你不能等待12年怎么办?你可以同时评估4岁、10岁和16岁的群体,从而不需要跨时间研究就能知道是否不同年龄的孩子的攻击性存在差异。这是一个**横向研究设计**②。横向研究设计是指在一个时间点收集不同年龄组的研究对象的数据,纵向研究设计则在多个时间点收集来自同一研究对象的数据。

上述两种研究设计都有优势和局限。例如,通过纵向研究,你可以确定不同时间有利于改善儿童生活的可能因素。但是,可能需要很长时间才能获得预期的结果,并且很难让儿童多年间都参与其中。实验可以确定导致特定结果的原因;然而,有时它们不符合道德或实际,因此无法进行相关研究。定性研究可针对一小部分年轻人的生活提供丰富的描述和深刻的见解,但可能难以代表其他大多数年轻人。由于每种设计都有局限性,因此成熟的科学领域使用多种研究方式。

除了研究设计之外,当你阅读研究结果时还需要理解其他四个关键问题:(1)因果关系;(2)测量;(3)可推广度;(4)效应量。我们接下来会讨论这些。

因果关系

大多数关于儿童发展的研究都是相关性研究。因此,理解它们的局限性很重要:它们无法证明一个变量是另一个变量的原因。如果变量A和B是相关的,那么A可能导致B,B也可能导致A,或两者可能互相影响,抑或C可能导致A和B。例如:(1)不友善的母亲可能导致孩子不友善;(2)不友善的孩子可能会导致母亲不友善;(3)二者可能是**双向的**③,这意味着不友善的儿童和不友善的母亲相互影响;(4)第三个变量,如不友善的父亲或不友善的遗传倾向,可能导致儿童和母亲不友善。

人们常常错误地假设相关性研究的因果关系。例如,多年前,研究发现,在阅读时,阅读能力差的阅读者会比优秀的阅读者做出更不稳定的眼球运动,于是有人通过使用特殊设备、聘用受过专门训练的教师等进行干预,试图帮助阅读能力差的阅读者改善眼球运动(Stanovich,1992)。但后来研究发现,不稳定的眼球运动不会导致阅读问题,而是阅读问题导致眼球运动不稳定,因为具有阅读障碍的读者难以识别单词并理解其含义。就这样,数百万美元被浪费在错误的特殊干预上。这个案例给我们的关键启示是,尽管这些研究可以告诉你两个变量之间存在相关性,但你不能假设它们之间的因果关系。作为一名教师,你可能需要为你的学校选择课程或项目,因此请考虑你需要哪类证据来证

---

① 纵向研究设计(longitudinal research design):数据从相同的个体身上收集两次或更多次,中间间隔一段时间(例如数月或数年)。

② 横向研究设计(cross-sectional research design):在同一时间点对两个或更多年龄组收集数据以调查年龄变化趋势。

③ 双向的(bidirectional):变量A影响变量B,而变量B也影响变量A。

明你选择的合理性。What Works Clearinghouse 优先考虑相关性研究的对照实验，因为政策制定者通常对项目是否会导致特定结果感兴趣。当科学家使用"预测"、"关联"、"相关"和"有关"等术语时，他们通常指的是相关性研究。请在本书中注意这些术语。

测量

研究人员以多种方式测量儿童发展，包括行为观察、教师或家长评价、自我报告，以及激素水平或脑图像等生理标记。每种形式的测量都有劣势和优势。例如，自我报告（当受访者告诉你他们的想法或填写调查表时）可以让你了解受访者的思维，但儿童和青少年可能存在偏见，从而出现沟通困难或误解等问题。研究人员的直接观察可能更客观，但它们代价高昂，可能无法捕捉到罕见但重要的行为，例如学校中的打斗，并且可能因观察者的在场而改变儿童的行为。如果在人工控制的环境中观察学习者，则结果可能不适用于真实情境。对家长或教师进行问卷调查代价不高且易于管理，但可能存在偏见，可能与年轻人的自我报告不同。同样，一个成熟的科学领域会使用多种方法来弥补任何单一方法的缺陷。

效度和信度是描述一种测量方式到底有多好的两个指标。**效度**①是指测试或测量的准确性：它是否真正测量了它所要测量的东西？测量的效度取决于其使用目的。例如，能力测试可能对确定学生是否掌握了所在年级的内容有效，但不适用于决定哪些学生将从特殊教育中受益。

信度②是指测试或测量的一致性。一种可靠的测量方式可以在不同时间产生几乎相同的结果，因此你在今天测量可以获得与在下星期测量相同的结果。在相同条件下，即使由两名不同的教师管理，可靠的测量也会产生相同的结果。规模小的测试信度不那么可靠，因此在设计测试时，使用 20 个项目会比 10 个更好。如果测试信度不够，则测试无效。

效度和信度很重要，因为许多决策都是在测量的基础上做出的。这些决策包括谁应接受特殊教育服务，谁进入哪些大学，以及对特定孩子应使用什么教学策略。你应该始终对测试是否有效且可信提出疑问。例如，通过智商测试选拔资优学生的效度如何？用于决定谁已准备好上幼儿园的入园测试是否有效？你的课堂测试是否有效且可靠，足以用于成绩评价？

可推广度

一项研究不可能覆盖所有学习者，但研究样本或子组（subgroup）的目的是将结果推广到更大的群体。当仔细选择学习者样本来代表较大的群体时，研究结果应该适用于较大群体中的其他学习者。过去，大多数研究都关注白人中产阶级学习者，并不清楚相关结果是否可以推广到其他学习者群体。近几十年来，研究人员一直在对低收入的学习者、有色人种学习者以及北美以外的学习者进行抽样调查，以便使结果更具普遍性（Hagen，2007）。

限制可推广度的一个因素是**同辈效应**③。所谓同辈，是指出生时间大致一样，共同经历某一独特政治、经济和社会发展趋势的群体。同辈效应，也称代际效应，是由群体成长的特定时代引起的结果。一些群体会被贴上标签，如婴儿潮一代和千禧一代。儿童的智力（第五章）、人格（第六章）和攻击性（第十章）都存在同辈效应。也就是说，今天

---

① 效度（validity）：一种测量在多大程度上评估了为特定目的而应该测量的内容。
② 信度（reliability）：测试或测量的一致性。
③ 同辈效应（cohort effect）：一种对发展产生影响的因素，它是在特定群体成长的特定时期产生的。（有研究者将 cohort effect 译为"群伙效应"。——译者注）

的孩子和过去几代人相比,平均智力水平更高,但他们更焦虑、神经质,攻击性更强。对一个群体开展的研究可能难以推广到其他群体。

效应量[①]

效应量的概念对教师来说变得越来越重要,因为我们越来越强调提高考试成绩并提倡使用循证课程。效应量度量的是两个变量之间关系的强度,或者一个干预因素比另一个干预因素更有效多少。有效教学策略网报告了干预措施的效应量,以帮助你做好课堂实践决策。例如,你可以比较不同课程的效应量,以帮助双语学生或有困难的青少年学习阅读。

效应量以十进制数表示。0.10 至 0.20 的效应量通常被认为是小的,0.25 至 0.40 为中等,0.50 至 0.80 或更大的数值被认为是大的,超过 1.0 的任何效应量都非常大,但这个标准不是绝对的。若一项干预措施的效应量为 0.30,则意味着如果在 100 名学生中排名第 50 位的学生接受干预的话,那么他的排名将上升到第 39 位(Cooper, 2008)。表 1-2 显示了不同领域干预措施的效应量。

表 1-2 不同领域干预措施的效应量

干预措施	效应量
医疗(危及生命的疾病)	0.08~0.47
医疗(非危及生命的疾病)	0.24~0.80
社会技能培训、药物滥用预防、职业教育、校内干预项目	0.27~1.20
家长参与教育	0.14~0.30
主动学习(与被动讲座相比)	0.47
学习技巧和策略	0.59~0.69
阶段性练习而非大量练习(填鸭式)	0.71
直接指导	0.59
探究式教学	0.31
合作学习	0.41
留级(让学生再读同一年级)	−0.16(结果更差)

资料来源:据 Freeman 等(2014)、Hattie(2009)、Jeynes(2012)、Kim 和 Hill(2015),以及 Lipsey 和 Wilson(1993)整理而得。

效应量是否有意义取决于具体情况。如果风险很高,那么即使是很小的效应也很重要。例如,服用阿司匹林预防心脏病发作的效应量仅为 0.07,或者在使用阿司匹林后心脏病发作的人与不服用阿司匹林的人之间的差异为 3%~4%(Lipsey & Wilson, 1993),但许多医生都推荐使用阿司匹林治疗以挽救生命。同样,虽然母亲的敏感性对依恋的影响较小,但如果你孩子的情绪健康受到威胁,你就可能会认为它很重要。作为一名教师,如果结果很重要,且没有更有效的替代方案,那么即使效应量很小,你可能也会做出简单易行的改变,希望以此来改善课堂实践。因此,效应量的重要性需要根据具体情况进行判断。

相关研究的一个主要议题是基因和环境对儿童发展的相对贡献或效应量。这是一个对先天因素和后天因素进行对比的问题。先天影响是指儿童基因对其发展的影响。后天影响是指儿童所处的自然环境和社会环境对其发展的影响。了解先天因素和后天因素对发展的影响非常重要,因为这种理解将帮助你为学习者营造最佳环境。在下一节中,我们将深入探讨先天与后天的平衡。

---

① 效应量(effect size):衡量两个变量之间关系的强弱程度,或干预组与对照组之间差异的大小。

二、先天和后天

　　克丽丝特尔（Crystal）和加斯（Garth）是幼儿园同一个班里的双胞胎。加斯喜欢强调他在体育和学习方面的优势。他说："我在上一场比赛中进了个球，但克丽丝特尔一个也没进。"他还说："我的老师总说我读得很好，但她却得帮助克丽丝特尔。"但是，加斯没有因为在学校表现好而受到表扬，他的妹妹却得到了表扬；事实上，她因为阅读能力提高获得了一个手镯。当妈妈去学校接他们时，她总是要求看看加斯的功课，但只是告诉克丽丝特尔她看起来很可爱。加斯在所有学科都做得更好些，他可以读写出自己的名字；克丽丝特尔不爱阅读，甚至连自己的名字都写不好。他们的老师对这些差异感到困惑。妈妈解释说，克丽丝特尔一直喜欢打扮，对读书不感兴趣。她说，克丽丝特尔"生来如此"，这就暗示了她认为这对双胞胎的差异是来自遗传。但是妈妈似乎没有注意到她在以不同的方式对待她的孩子。

　　克丽丝特尔和加斯的差异是来自遗传（先天因素）还是因为母亲对待他们的方式（后天因素）不同，抑或两者兼而有之？生物生态学模型（The Bioecological Model）（见专栏1-1）能帮助解决这个问题。在模型中，先天因素是指影响生物的因素中最核心的因素，包括基因；后天因素是指学习者本人以外的各个因素，包括亲子关系、同伴互动、学校经历和文化。在本节中，我们将讨论基因和文化——生物生态学模型中的两极——如何影响儿童发展。

1. 先天：基因在个体差异中的作用

　　行为遗传学[①]主要研究基因和环境如何使人与人之间产生差异。根据行为遗传学，任何特征的差异都来源于三个因素（Pike，2002）：（1）基因；（2）共享环境（shared environment，SE）；（3）不共享环境（nonshared environment，NSE）。

　　基因和遗传力

　　遗传力（heritability）是对由基因引起的群体中某一性状变异量的统计估计。遗传力常常会被误解，因此请记住，它不是对遗传对性状的影响的百分比的估计。相反，它指的是由基因引起的变异量。因此，如果白人中产阶级青少年的智力遗传率是0.50的话，那么该群体中50%的智力变异是由基因造成的，其余的变异是由环境造成的。

专栏 1-1　　　　　　理论与理论家

生物生态学模型

　　生物生态学模型出现了一种思维方式的转变，不再认为先天因素或后天因素相互竞争，而是认为在儿童发展过程中先天因素与后天因素相互作用，共同产生影响。生物生态学模型由俄罗斯籍心理学家尤里·布朗芬布伦纳（Urie Bronfenbrenner，1917—2005）提出，他指出，儿童受到社会、经济和政治力量及其家庭的多重影响。该模型用代表一个嵌套系统的同心圆表示（见图1-2）。每个系统都是生态层面的，并且以生物为核心，因此得名生物生态学模型。儿童处于核心地位，因为模型中任何因素的影响都会被孩子

---

① 行为遗传学（behavioral genetics）：研究基因和环境如何导致个体之间的行为差异的科学。

的特征的改变所反映（Bronfenbrenner & Morris，2006）。儿童的特征可以是生物学的（例如，低出生体重），也可以是心理学的（例如，性情或智力）。

下一级是微系统（microsystem）。此系统包括与孩子相关的互动、活动和孩子间的关系，例如家庭、学校、社区和同伴。中间系统（mesosystem）是由两个或多个微系统组成的系统，例如家庭和学校。外系统（exosystem）指的是两个环境之间的联系，其中一个环境不包含孩子，但间接地影响孩子，例如父母的工作场所。

宏系统（macrosystem）是指文化，它包含微系统、中间系统和外系统的特定模式。文化决定了在其他层面哪些是可以接受的东西、哪些是可能的东西。公共政策可以被认为是宏系统。例如，福利政策可能不会直接影响儿童，但会通过改变儿童保育环境来影响他们（Yoshikawa & Hsueh，2001）。时间系统增加了时间维度。它指的是特定儿童生命历程的变化和一致性，以及某一历史时期的同辈效应。

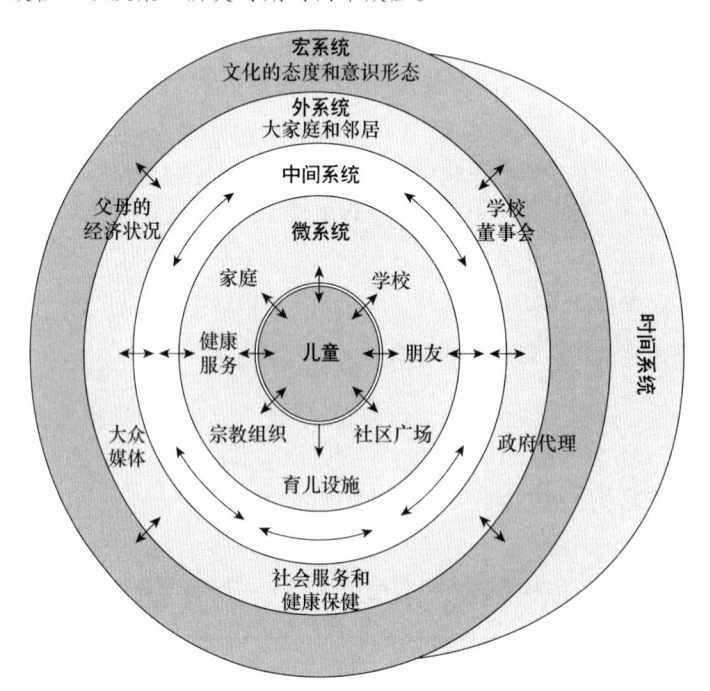

图 1-2　生物生态学模型

根据生物生态学模型，儿童被嵌入一系列越来越远端的影响中（Bronfenbrenner & Morris，2006）。

这些生态系统形成了对儿童发展从近到远的影响层次。近端过程存在于直接环境中，例如亲子互动；它们是影响力最大的过程（Bronfenbrenner & Morris，1998；Rosa & Tudge，2013）。该模型的一个关键命题是儿童和环境都会影响这些近端过程。

在后面的章节中，你将看到每个层次如何影响儿童成长。我们暂且用药物滥用做个例子。儿童层面：儿童的决策技巧、对药物滥用的态度和儿童的遗传因素都与药物滥用有关。微系统：在父母滥用药物且家庭环境不正常的家庭中，儿童滥用药物的比例较高。在关怀学生的学校里，儿童滥用药物的比例较低。中间系统：如果儿童来自一个不健全的家庭，他们就更容易进入一所没有关爱的学校（Ennett et al.，2008）。外系统：在允许成年人使用药物的社区中，儿童滥用药物的比例更高（Coate & Grossman，1985）。这种模型的一个

> 启示是，如果干预措施能针对儿童环境的多个层次进行，那么它将是最有效的。因此，有效的药物滥用干预措施将改变儿童对药物的态度，改变父母的药物使用理念，创建更有爱心的学校，并改变社区对药物的接受程度。

科学家是如何做出这样的估计的呢？他们比较了具有不同遗传相关性的儿童，如双胞胎、收养的兄弟姐妹和同父异母或同母异父的兄弟姐妹。一种常见的方法是比较同卵双胞胎（identical twins）与异卵双胞胎（fraternal twins）。同卵双胞胎100%的基因相同。异卵双胞胎约50%的基因相同，不是双胞胎的兄弟姐妹也是如此。同父异母或同母异父的兄弟姐妹大约有25%的基因相同。收养的兄弟姐妹和继兄弟姐妹在遗传上是无关的。

如果基因影响某一特征的变异，那么相同基因更多的兄弟姐妹应该更加相似。这意味着同卵（单卵）双胞胎应该比异卵（双卵）双胞胎更相似，有血缘关系的兄弟姐妹应该比收养的兄弟姐妹更相似。这是诸多研究一致发现的模式（见图1-3）。最近对数千种性格特征的研究发现，平均遗传率为49%（Polderman et al.，2015）。对特定性格特征的研究发现，害羞40%~50%是可遗传的，认知能力约47%是可遗传的，精神状况约46%是可遗传的，反社会行为约40%是可遗传的（Bouchard，2004；Polderman et al.，2015）。因此，对遗传力的估计会由于不同的性格特征和不同的被研究群体而不同。

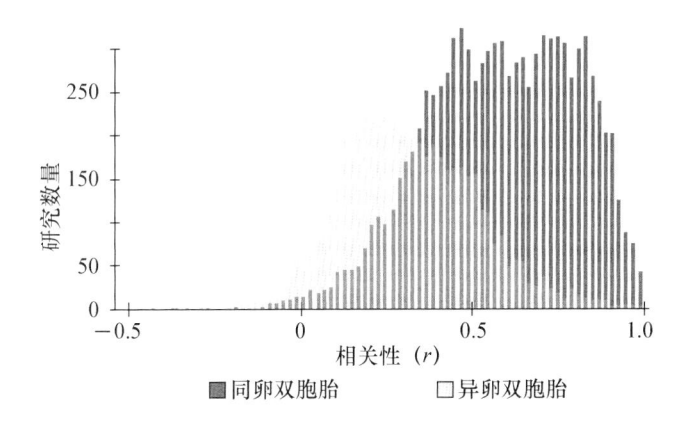

图1-3 同卵和异卵双胞胎之间的相关性

该图描绘了来自2 748项研究的数据，这些研究调查了许多不同性状的双胞胎之间的相关性。同卵双胞胎的相关性比异卵双胞胎更接近1.0。平均而言，是同卵双胞胎还是异卵双胞胎在不同环境中更相似？
资料来源：Polderman等（2015）。

共享和不共享环境

在家庭成员中，环境的影响可能共享，也可能不共享。

共享环境[①]是指任何使居住在同一家庭中的成员变得相似的因素。共享环境对精神疾病（10%~30%）和性格特征的影响是中等的。然而，共享环境对犯罪、酗酒和大学入学率的影响很大（Burt，2009；Pike，2002）。

不共享环境[②]是指使生活在同一家庭中的兄弟姐妹彼此之间存在差异的因素。学习者的同伴是不共享环境的重要组成部分。想象一下，当加斯进入高中时，他有一些朋友喜

---

① 共享环境（SE）：使得居住在同一家庭中的个人彼此相似的因素。
② 不共享环境（NSE）：使同一家庭中的个体彼此不同的因素。

欢音乐并劝他加入爵士乐队。克丽丝特尔可能有朋友劝她加入学校足球队。这些同伴的影响会使他们发展出不同的才能，并形成不同的社交网络，使他们更加不同。不共享环境的影响往往大于共享环境（Burt，2009；Pike，2002）。你觉得这违反直觉吗？如果假设兄弟姐妹共享相同的家庭环境，那么的确如此；但兄弟姐妹真的共享相同的家庭环境吗？

> **思考**
> 谁是更准确的观察者，是研究人员还是父母？请记住，观察者在特定环境中观察孩子的时间通常是有限的，而父母要在不同的环境中观察孩子很多年。这会让他们成为更好的观察者吗？和老师相比，他们又如何呢？

家庭属于共享环境还是不共享环境？

家庭环境主要是不共享环境。这至少有以下两个原因。首先，家庭不会以同样的方式影响所有的孩子。例如，在一个母亲酗酒的家庭中，孩子们可能会有不同的反应。一个可能成为家庭的看护者，另一个可能成为药物滥用者。这是一个不共享环境因素，因为结果是兄弟姐妹之间存在差异。请注意，不共享环境由结果定义，而不是由你认为环境是否相同所决定。

其次，家庭是会改变的。父母苦心经营家庭，第一个孩子可能生活在贫困环境中，接受的是低成本的儿童保育。第二个孩子出生时，可能会受母亲的产后抑郁症影响。第三个孩子可能在10年后出生，此时整个家庭欣欣向荣，父亲完成了大学学业，母亲的养育方式变得更加温暖，全家搬到了一个有好学校的高收入社区。如果父母离婚，则一个孩子可能在双亲家庭中生活14年，而另一个孩子在双亲家庭中可能只生活4年。这些孩子即使是兄弟姐妹，也并没有在相同的家庭环境中长大。

遗传力估计的问题

估计遗传力、共享环境和不共享环境对儿童发展的影响存在几个问题。一是它们依赖群体某一特征的变化。如果这一特征（如有两只眼睛）没有变化，那么**遗传力估计**[①]将为零，因为就这一特征而言同卵双胞胎之间的相似性不比陌生人高。然而，这种特征受到强大的遗传力控制（Sternberg，Grigorenko，& Kidd，2005）。遗传力只能告诉你群体中有多少属性的变异是与基因有关的，而不是遗传能够控制多少特征："遗传力并不意味着遗传决定论"（Plomin，2013，p.110）。

行为遗传学的另一个问题是：它们假设基因和环境分别影响儿童。这是错误的，因为基因和环境是相关的（Price & Jaffee，2008；Reiss，2005）。例如，聪明的父母可能有聪明的孩子，既可能因为他们传递了聪明的基因，也可能因为他们提供了能刺激智力发育的家庭成长环境。此外，聪明的孩子可以通过书籍或观看教育类电视节目提高智力。最后，父母可以教给聪明的孩子们先进的概念。因此，**基因-环境相关性**[②]（gene-environment correlation）可以通过多种方式发展。因为基因和环境可能在所有这些方面都是相关的，所以很难分辨到底是基因还是环境导致了最终智力的差异。

在最好的情况下，遗传力、共享环境和不共享环境对儿童发展的影响程度只能粗略地

[①] 遗传力估计（heritability estimate）：可归因于遗传影响的群体（非个体）特征的变异量。标记为 h^2。
[②] 基因-环境相关性（gene-environment correlation）：基因影响儿童经历的环境，而环境又进一步刺激基因的发展。

加以估计，难以用精确的数字来描述基因和环境对儿童成长的影响程度。当你在后面的章节中读到遗传力时请记住这一点。接下来我们讨论基因如何影响行为。

基因如何影响行为？

你的**基因型**①（genotype）是你每个细胞中的基因组，这些基因组会被直接遗传给后代。你的**表现型**②（phenotype）是你可观察到的特征。你的基因表现出来了吗？基因型是否成为表现型取决于环境。例如，具有抑郁基因的个体，如果有悲观的母亲或重大生活压力的话，就可能会感到抑郁（Haeffel et al., 2008; Monroe & Reid, 2008）。基因型和环境都对表现型有限制。基因限制可能非常广泛。第六章中有关于基因、环境相互作用的更多信息。

基因不会决定或导致行为的产生（除了罕见疾病），但基因会影响其发生的可能性。例如，基因并不决定克丽丝特尔或加斯的阅读能力，但基因决定了蛋白质的形成。基因是染色体上的DNA区域。当环境（在细胞水平上）要求提供信息时，该基因被激发。这通常通过化学物质（例如激素）来完成。反过来，化学水平会受到生理和心理环境的影响。没有行为得自遗传；能遗传的是特定蛋白质的潜在行为结构，它可以调节神经系统、激素和其他身体过程。例如，与行为问题相关的DRD4基因可能会抑制大脑中化学物质的影响，这可能会削弱儿童对纪律威胁的反应，但这并不会直接导致不良行为（Bakermans-Kranenburg, Van IJzendoorn, Pijlman, Mesman, & Juffer, 2008）。行为倾向可能与许多不同的基因有关，个体基因仅能解释人们行为变化的一小部分（Chabris, Lee, Cesarini, Benjamin, & Laibson, 2015）。

人类基因组包含约20 000个蛋白质编码基因（Plomin, 2013），除了约2%的DNA物质与类人猿不相同以外，其他所有的DNA物质都与类人猿相同（Johnson, Smith, Pobiner, & Schrein, 2012）。绝大多数人类的DNA都是相同的；你和地球上的其他人有大约99.9%的相同基因，剩下的0.1%的基因创造了人类的多样性（Quartz & Sejnowski, 2002）。自由变异的基因称为**分离基因**③（segregating genes）。当我们说同父同母的兄弟姐妹有50%的相同基因时，意味着有50%的基因是分离基因，即同父同母的兄弟姐妹之间实际上只有0.05%的遗传差异。

这意味着基于遗传的个体差异很小（Bjorklund & Pellegrini, 2000）。自然选择保留了由这些遗传差异产生的所有优良的表现型。任何有助于生存的属性都会迅速传播到整个物种中。因此，对于生存而言重要的属性将具有比对于生存不重要的属性更少的遗传变异。

基因组如此之少，人类如何才能比类人猿具有更强的适应能力和智能，并且彼此之间如此不同？部分答案是，您的DNA决定了大脑的结构，使其更适应环境。自然选择倾向于保留适应性强的器官。如果你的人格、行为和语言都由DNA精密地确定，那么你的适应能力就会降低，而且需要更多的DNA。相反，由于经验，您的神经系统会进行生物学上的调整和改变（见第二章）。大脑总体上的结构是由基因编程的，但经验可以永久地改变大脑的精细结构和化学机制。因为人类天生具有适应性，所以你应该能预见到同父同母的兄弟姐妹（像克丽丝特尔和加斯）之间的差异，这些差异来自不共享的或独特的环境经历（例如疾病、养育的质量、学校教育）。这就是行为遗传学家的发现。

---

① 基因型（genotype）：直接遗传并传递给后代的基因。
② 表现型（phenotype）：一个人可以观察到的特征。
③ 分离基因（segregating genes）：可自由变化并决定个体差异的基因。

2. 后天：文化在群体多样性中的作用

> **思考**
>
> 哪些文化和亚文化影响了你自己的经历、信仰和价值观？你的同学是否能分享你的文化？你能找出你们的亚文化之间不同和相同的地方吗？

你不仅是基因的产物，而且是你所生活的文化环境的产物。根据生物生态学模型，基因和文化共同发挥作用，形成人与人之间的差异。基因在细胞水平上运行，位于模型的最内层；而文化在模型的最外层运行，基于大型群体而发挥作用。

什么是文化？

文化是一群人所共有的价值观、信仰、制度和行为的模式，这种模式与其他群体的模式不同，并且代代相传（Cohen，2009）。文化决定了物理环境（如学校建筑的类型）、社会环境（如男女混合课堂）、育儿习俗（如打屁股）以及关于儿童本质的信念（如他们天生就顽皮或友好）。文化也会影响孩子与父母和同龄人相处的时间。你可能会惊讶地发现，你关于是小班教学还是大班教学更适合孩子的观念在很大程度上取决于你的文化背景。在希望儿童发展独立性的文化中，例如美国，小班教学更受到重视；但是在希望儿童发展集体性并学习成为集体的一部分的文化中，大班教学更受到重视，比如日本。

文化可以指整个国家这样的大群体，也可以指一个国家内较小的子群体；每个国家都有基于种族、阶级、地区和宗教的不同亚文化。我们每个人都参与多种文化，我们也在接受新文化的方方面面。例如，美国的墨西哥移民可能更喜欢他们的传统语言、食物和音乐，但他们也接受当地的语言、食物和音乐。欧洲裔美国白人也可以参与多种文化，如欣赏黑人嘻哈音乐和品尝拉丁美洲食物。

种族

种族指的是拥有共同文化遗产和（或）共同祖先的群体。美国由许多不同的种族组成。总的来说，非白人群体有时被称为 **ALANA**[①]（非裔、拉美裔、亚裔和美洲原住民）。2010年美国人口普查局估计族群人口如下：非西班牙裔白人占64%；非裔美国人占13%；拉美裔美国人占16%；亚裔美国人占5%；美洲印第安人、阿拉斯加原住民、夏威夷原住民和其他太平洋岛民占1%；两种或多种族人占3%[*]。预计美国人口将从2014年的约3.19亿增加到2060年的4.17亿。美国人口普查局预计，到2060年，美国全国的儿童将有56%的是ALANA和29%的是拉美裔（2014年这一比例分别为38%和17%）。每个主要种族群体都有不同的亚群体。例如，在拉美裔中，波多黎各人、萨尔瓦多人和墨西哥裔美国人之间存在文化差异。在亚裔美国人中，华裔、印度裔和菲律宾裔之间存在差异。在非裔美国人中，几个世纪以来一直在美国的非裔美国人和最近从非洲移民的非裔美国人间存在差异。

种族会影响孩子在学校的成绩（见第五章）。例如，图1-4显示了美国国家教育进步评估（The National Assessment of Educational Progress）中得分的群体差异，这通常被称为国家的成绩单。西班牙裔和非裔美国学生在K12学校教育阶段的平均成绩低于白人和亚裔美国学生（García & Jensen，2009；Planty et al.，2009）。白人和少数族裔学生的成绩差异通常被称为成绩差距，这种差距早在3岁时就出现了（Burchinal et al.，2011）。

为什么有些族群的学习者成绩更低？接下来我们将讨论两种解释：文化资本和文化不

[①] ALANA：美国人口最多的非白人族群的缩写，包括非裔、拉美裔、亚裔和美洲原住民。

[*] 原文如此，疑有误。——译者注

匹配。在第五章，我们会讨论其他的解释。

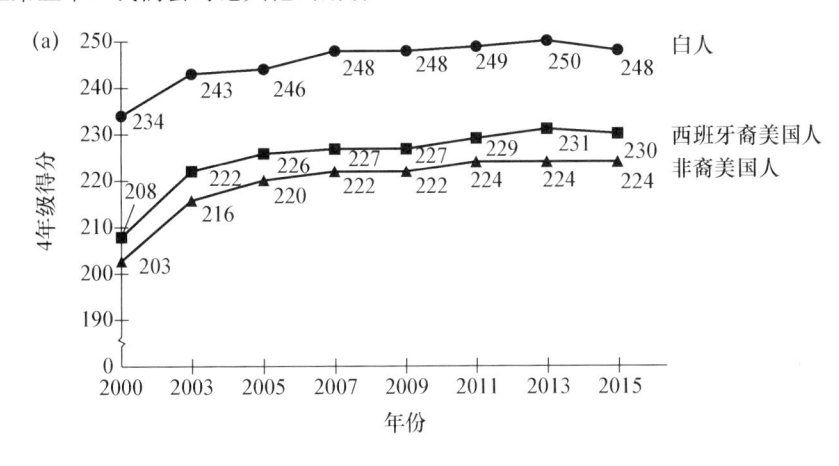

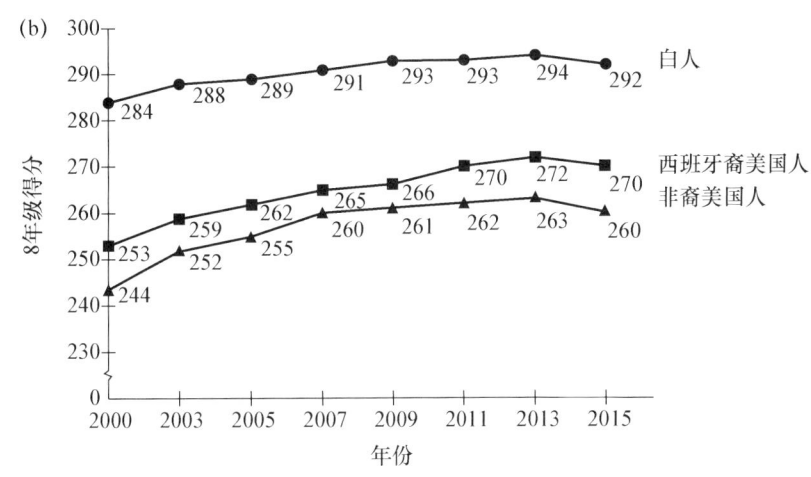

图 1-4 美国不同族裔 4 年级和 8 年级的学生在美国国家教育进步评估中的平均数学成绩

曲线图描绘了白人学生与非裔和西班牙裔学生之间的成绩差距。
资料来源：2015 年数学评估国家评分差距（www.nationsreportcard.gov）。

文化资本

金融资本（financial capital）是指可以用于投资从而获得财富的金钱和财产。**文化资本**①（cultural capital）是指可以"投资"并传递给下一代从而获得收益的知识和关系（Lareau & Calarco, 2012）。在学校环境中，文化资本包括关于如何报名参加体育活动和俱乐部、如何表达和书写正式的英语、如何学习考试、如何申请特殊教育服务、如何寻找导师、如何进入大学等的知识。自身具有学校相关知识或父母具有相关知识的学生在学校环境中拥有文化资本。幸运的是，对于家庭不能提供文化资本的学生，作为老师的你可以为他们提供。这一点很重要，因为拥有文化资本的学生往往比其他学生有更高的成绩（Jaeger, 2011）。

文化资本还包括人际关系。一项经典研究发现，中产阶级家庭的父母往往认识教师、资源专家、校长、辅导员和特殊教育工作者，因为他们是朋友、亲戚和邻居。相比之下，工薪阶层的父母往往认识建筑工人、便利店收银员和工厂工人（Lareau, 1989）。因此，中

---

① 文化资本（cultural capital）：使人们能够在其文化中获益的知识和社会关系。

产阶级家庭拥有更多与学校相关的社会关系。学生与这样一些人建立关系时，就拥有了学校的文化资本。这些人能帮助他们获得机会（如特殊的学前教育项目）或进入优秀机构（如精英大学），能为他们提供支持，充当成功的榜样，并提供合理的建议。

在美国，文化资本与社会阶层有关。学校往往是中产阶级机构，会奖励以中产阶级方式行事的父母和学生。中产阶级的父母往往比低收入家庭的父母更有能力参加家长会、辅导孩子的家庭作业和在学校做志愿者。中产阶级的父母试图通过交谈、笔记和电话来影响教师；许多父母自信而执着，但乐于合作。有人说："我尽量不经常提要求。因为如果你那样做，就会被忽略。最好是将你的'弹药'留到'你真正需要'的事情上"（Lareau & Calarco, 2012, p.73）。工人阶级和贫困的父母不太可能试图影响教师。

文化不匹配

一些族群在学校会经历文化不匹配。**文化不匹配**[①]（cultural mismatch）是指家庭与学校之间不兼容的模式。文化上的不匹配可能很微妙，比如你在与其他人交谈时的身体距离，或者更明显地，如对守时的重视程度。文化不匹配还包括语言和叙事风格。

语言

学生可能会说一种不同于在学校使用的语言。学生使用语言的方式也可能与老师、教科书或考试有关。非裔美国人的方言英语（vernacular English）就是一个例子，它涉及学校语言的不同发音和语法。我们将在第十二章讨论这种方言。

叙事结构

在美国学校文化中，故事会按照传统的叙述形式，讲述谁参与、发生了什么，以及是何时发生的。典型的故事按时间顺序叙述一系列事件，直到高潮发生和问题得到解决。我们可以想想灰姑娘这样的童话故事。然而，并非所有文化都有这种故事概念。例如，日本的儿童故事可能类似于俳句（Haiku）——一种简洁、短小、内敛的诗歌形式。他们可能将两个或三个类似的事件合并为一个故事，并要求简洁。非裔美国人的儿童故事可能会将多个事件编织成一本冗长无序的流水账，其方式堪比爵士乐（Bliss & McCabe, 2008; Gardner-Neblett, Pungello, & Iruka, 2012）。这些不同的故事编排方式在他们的文化内部并没有错，但可能超出一些老师的预期，从而被老师认为是错的。

文化的课堂启示

> 索尼娅（Sonia）是墨西哥裔美国人。她的母亲希望她在学校取得好成绩，但不知道如何提供帮助。索尼娅的朋友不好好学习；他们一起逃过课，也惹过麻烦。在学校，没有人与她谈论她的未来，也没有人对墨西哥文化发表过积极的看法。事实上，老师和非墨西哥裔的同龄人对她的种族都持否定态度。毫不奇怪，虽然她在8年级之前的成绩很好，但她在高中的成绩却很差。[改编自Phelan, Davidson和Cao（1991）。]

索尼娅正在经历文化不匹配，她认为学校与她的世界毫无关系。文化不匹配让人感受到压力。它会导致学生无法适应学校和特殊的教育环境。产生这种情况的部分原因是来自不同文化背景的教师和学生可能会相互误解。作为一名教师，你需要注意不要把自己的文化作为"标准"，不要把和你不一样的学生视为不合标准。当人们认为他们自己的群体是最好的，而相异的群体较差或有缺陷的时候，他们便陷入了所谓的缺陷思维（deficit think-

---

[①] 文化不匹配（cultural mismatch）：家庭和学校之间不兼容的模式。

ing）。缺乏文化资本，在学校经历文化不匹配以及成为缺陷思维的目标的学生可能需要支持。你可以采取以下措施来提供帮助：

- 了解学生的文化资本及其对他们学业成绩的影响。例如，当在社会研究课上要求学生制作法国旅行手册时，一些学生可以在家中使用计算机、高速互联网、彩色打印机，并询问去过法国旅行或讲法语的亲戚。他们的小册子使他们看起来比其他可能同样擅长写作、使用图书馆、提问但资源更少的学生更"聪明"。芝加哥的一项研究发现，当学术导师通过指导高中学生完成大学申请过程并提醒他们需要完成的任务来提供文化资本时，学生更有可能进入大学，特别是弱势学生（Stephan & Rosenbaum, 2013）。你需要为没有文化资本或物质资源的学生提供在课堂上取得成功的方法。
- 当你考虑文化资本时一定要小心，因为它可能导致突出孩子缺陷的错误观点。想想你的学生的优势和他们的文化背景。例如，拉丁裔美国儿童可能会产生特别强烈的家庭联系感，并且比欧洲裔美国儿童更有可能通过做饭、打扫房间和照顾小孩来帮忙做家务（Telzer & Fuligni, 2009）。
- 充分了解并接受学生的语言和方言，同时教授标准英语，使他们在学校和职业生涯中取得成功。这将在第十二章进行讨论。当被直接问到"你明白吗？"时，英语水平有限的学生想表现他们的能力，所以他们即使听不懂，也可能会说听懂了。一些学生说他们是猜的，原因是他们不想寻求帮助（Monzó & Rueda, 2009）。因此，你需要有洞察力。
- 了解学生的叙事风格，不要假定不一样的风格"没有意义"。但也要教授学校的叙事文体，这样你的学生才能在学校取得成功。
- 在家庭和学校之间架起桥梁。例如，在幼儿园的游戏环节，厨房区域应有学生家庭文化中熟悉的东西，如玉米饼或皮塔饼，而不仅仅是汉堡包和煎饼。要能够谈论移民母国的时事，因为他们的亲属可能正在经历这些事件（选举、自然灾害、武装冲突等）。
- 不要无视种族差异。一位校长告诉我们，他不会聘请一位无视种族差异的老师。为什么呢？因为这种观点对当已导致不平等的种族结构全盘接受，而不是对之进行反思，并且不承认不同肤色儿童的独特经验（Morris et al., 2015）。

你不可能了解所有学生的不同文化价值观和实践，但真正尝试理解和重视不同的观点将有助于你克服课堂上的不匹配。虽然处理文化和种族差异很重要，但不要因为某些群体的平均考试成绩低于其他群体，就对学生抱有成见或降低期望值。应通过你和每个学生的经历了解你的学生，而不是基于对他们种族的一般印象。

3. 基因和文化的协同作用

回想一下生物生态学模型，其观点是多层次的影响因素如基因和文化等综合作用，才能决定儿童的发展结果。"生物生态学模型的基础是一个基本的理论原则：遗传物质不会产生特定的特征，而是与环境经验相互作用，决定发展结果"（Bronfenbrenner & Ceci, 1994, p.571）。文化（宏系统）决定了哪些基因将通过文化表现出来。例如，重度嗜酒是部分可遗传的，但在宗教家庭和酒精消费较少的社区遗传率较低（Dick & Rose, 2002）。特征的遗传力可能有赖于文化使特征显现出来。

有些环境无论儿童的基因型如何，都有使其面临不良后果的风险；而另一些环境则保护儿童，从而促成最佳结果。接下来我们将讨论风险因素和保护因素。两个风险因素（risk factor）将被用作例子：社会经济状况是影响大部分儿童的文化（在宏系统中）的一部分，而母亲抑郁影响近端过程（proximal processes）（在微系统中）并且促成个体儿童之间的差异。其他风险因素和保护因素将在后面的章节中讨论。

三、风险和韧性

> 凯瑟琳（Kathleen）是一个活泼爱笑的小孩，她有五个宠爱她的哥哥姐姐。但是她的父亲为了一个十几岁的女友离开了家庭，她的母亲因此开始大量饮酒但否认自己是酒鬼。凯瑟琳的哥哥姐姐一直照顾她，直到他们高中毕业后相继离开家。在青少年时期，当她的母亲生病时，凯瑟琳成了她母亲的看护人。她的一个哥哥也在过了拘留期后回到家中生活。凯瑟琳在外貌上很整洁但并不时髦。她就读于一所办学成果不怎么样的市中心高中，在课堂上她注意力集中，按时完成作业，并取得了好成绩。老师很喜欢她。同时她也是学校合唱团和教会青年团体的成员。凯瑟琳对她的母亲和她自己的未来感到沮丧和焦虑，但她默默忍受。通过努力，她获得了护士学校的奖学金。近30岁时，凯瑟琳结了婚，有了两个孩子，成为一名职业护士。

为什么有些孩子，比如凯瑟琳，即使生活不好，他们的表现似乎也很好？这需要用风险因素和韧性来解释。**风险因素**（risk factor）[①]是儿童本身或环境所具有的可能造成不良后果的因素。风险因素包括：生物学因素，如低出生体重；认知因素，如智力低下；社交或情感因素，如攻击性人格或抑郁；家庭成员，如酗酒的父母；社区成员，如邻里暴力。在生物生态学模型中，微系统中的风险因素（例如育儿质量）比宏系统中的风险因素（例如邻里暴力）具有更大的影响，但是任何级别的风险因素都可能破坏儿童的发展。常见的儿童发展的风险因素包括[②]：

不积极的母子互动	父母对孩子的消极态度
较少的母爱	体罚
虐待	母亲工作时间长
较低的家长受教育水平	家长监控较少
乏味的家庭环境	父母之间的冲突或分离
较低的家庭收入——靠社会福利度日	父母有多个性伴侣
无技能的户主	过度陪伴孩子
父母过度焦虑或抑郁	家庭成员过多
反社会的父母	搬家频繁
低出生体重	被寄养在另一个家庭中
低智力	负面的、给人很大压力的生活事件
父母滥用药物	转学
单亲	与教师的关系不佳
父母婚姻状况的变化	接触过暴力或冲突事件

---

① 风险因素（risk factor）：与消极的儿童结果相关的变量。
② 这份清单源自多项研究，以下仅列举少数：Brennan, Hall, Bor, Najman 和 William（2003）；Cooper, Osborne, Beck 和 McLanahan（2011）；Crosnoe et al.（2010）；Evans, Li 和 Whipple（2013）；Heberle, Thomas, Wagmiller, Briggs-Gowan 和 Carter（2014）；Kujawa, Proudfit, Laptook 和 Klein（2015）；Lucio, Hunt 和 Bornovalova（2012）；Miller 和 Chen,（2010）；Miller 等（2011）；Scher 和 Mayseless（2000）；Ziol-Guest 和 McKenna（2014）。

你也许认识像凯瑟琳这样有韧性的孩子——尽管存在风险因素，但他们在学校里仍取得了成功。韧性（resilience）①是指适应逆境并保持积极状态的能力，包括从创伤中恢复的能力。

1. 保护因素

有韧性的孩子在他们的生活中通常有一个或多个保护因素。**保护因素**（protective factor）②可降低儿童在面临风险时产生不良后果的可能性，它包括以下内容③：

- 高品质的养育——尤其是温暖的、有教养的母亲。
- 高智商，较强的阅读能力及较好的成绩。
- 特殊才能，积极参与课外活动。
- 与父亲或类似父母的角色（如最喜欢的老师或亲戚）的亲密关系。
- 社交能力、外向性格和同伴的接纳。
- 参与宗教。

教师可以成为儿童的一个保护因素吗？下面是奥利·尼尔（Olly Neal）的故事，他是20世纪50年代种族隔离期间在阿肯色州（ArKansas）长大的非裔美国人。

> 在高三期间，有一天，奥利·尼尔逃课了。当他在图书馆闲逛时，看到一本书，这本书的封面上有一个很吸引人的女人。他想读这本书，但是又不敢借出去，因为他的朋友们可能会发现他正在读。他说他想以打架和骂人而不是读书闻名，所以他偷走了这本书。几周后，当他把书放回到书架上时，他注意到了同一作者的另一本书。他也偷了这本，最后他读了非裔美国作家弗兰克·耶比（Frank Yerby）的四本书。奥利·尼尔由此爱上了阅读，后来考上了法学院，并成为阿肯色州上诉法院的上诉法官。他在第13次高中聚会时才第一次知道自己偷书故事中不为人知的部分。
>
> 原来，他偷第一本书时，图书管理员就已经注意到了，但她意识到了奥利·尼尔偷书的原因，并因此开车去孟菲斯买了耶比的另一本书，然后将新书放在他能找到的书架上。她去了孟菲斯三次。她的奉献也影响了奥利法官的女儿，后者获得了遗传学博士学位。[改编自 Kristof（2012）、Taing（2009）。]

这名学校图书管理员是奥利法官的一个保护因素。许多教师在帮助学生在学校取得成功时，都发挥着类似的保护作用。

即使是韧性强的孩子也可能会出现抑郁、焦虑或与压力相关的健康问题。也就是说，保护儿童免受一个负面问题的影响并不一定能保护他们免受所有负面问题的影响。高风险儿童在学业成绩方面比在社交或情感健康方面更有韧性。例如，凯瑟琳在学校表现很好，但在青春期和成年期仍然在沮丧中挣扎。

通过本书，你将具体了解风险因素和保护因素是如何影响孩子的。你之前可能了解过

---

① 韧性（resilience）：尽管身处逆境或面临风险仍能积极成长。
② 保护因素（protective factors）：使风险儿童较小可能遭遇不良后果的因素。
③ 有很多研究描述了保护因素，仅列少数如下：Bernat、Oakes、Pettingell 和 Resnick（2012）；Burchinal、Roberts、Zeisel 和 Rowley（2008）；Criss、Pettit、Bates、Dodge 和 Lapp（2002）；Crant 等（2000）；Hardy、Steelman、Coyne 和 Ridge（2013）；Kim-Cohen、Moffitt、Caspi 和 Taylor（2004）；Luthar（2006）；Pearce、Jones、Schwab-Stone 和 Ruchkin（2003）。

与本研究不相符的事例。这是因为研究告诉我们大多数孩子可能会面对什么,而不是每个孩子肯定会面对什么。例如,根据入学时儿童的风险因素来预测他们在学校中可能出现的问题,其准确率大约为 75%(Pianta,Nimetz,& Bennett,1997)。虽然这个准确率很高,但显然还有例外的情况。

通常单个风险因素的效应量很小,因为一个特定儿童的发展是一系列复杂的风险因素和保护因素共同作用的结果。儿童面临的风险因素越多,出现一个或多个问题的可能性就越大。考虑多种风险因素可以比考虑单一风险因素更好地预测儿童的发展结果。

2. 风险累积

风险因素通常同时产生,因为它们是彼此相关的。例如,在对 4 年级、5 年级和 6 年级非裔美国学生的研究中发现,包括未婚母亲、母亲较低的受教育程度、贫困、多兄弟姐妹、母亲产后抑郁症、过多贫穷同学等在内的风险因素相关性较强,相关系数为 0.79~0.97(Burchinal et al.,2008)。这意味着具有其中一个风险因素的儿童可能也有其他的风险因素。

当风险因素累积时,它们会产生更强的影响。例如,一项研究发现,幼儿园中每一个额外的风险因素都预示着儿童到 5 年级时出现不良行为、成绩不及格与学业成绩差的概率更高(Lanza,Rhoades,Nix,& Greenberg,2010)。在年龄较大的青少年(11~17 岁)中,一项研究发现,风险因素越多,青少年出现焦虑、抑郁、多动症(ADHD)和滥用药物的现象的可能性就越大(Roberts,Roberts,& Chan,2009)。同样,一项对 95 000 名青少年的研究发现,约有 48% 的青少年经历过至少一次重大创伤(例如父母离婚、虐待、被忽视、目睹暴力、父母在监狱服刑),22% 经历过两次或两次以上创伤。经历过两次或两次以上创伤的青少年有慢性健康问题和留级的可能性是没有经历过创伤的青少年的两倍(Bethell,Newacheck,Hawes,& Halfon,2014)。而只经历过一次创伤并不意味着这些问题不发生。其他研究发现,根据学生面临的风险因素的数量可以预测学生的攻击性,缺课次数,不良行为,平均学分绩点,以及数学、阅读和社会研究测试成绩[①],如图 1-5 所示。

风险因素可能存在于儿童本身,也可能存在于社会环境中。生物风险包括低出生体重、神经系统问题、产前使用药物以及未进行母乳喂养。社会风险包括较低育儿质量、母亲抑郁和父母离婚。其中一些风险因素比其他风险因素更能发生作用。在寻常儿童中,尽管存在严重的生物问题延缓儿童发展的特例,但社会风险因素在预测结果方面通常比生物风险因素更为有效(Rouse & Fantuzzo,2009)。兼具社会风险和生物风险的儿童最有可能出现行为上的问题,如严重的攻击性(Belsky,Bakermans-Kranenburg,& Van IJzendoorn,2007;Brennan et al.,2003)。你可能认为拥有零风险因素是理想的,但有证据表明,如果儿童没有任何需要克服的东西,他们就不太可能拥有韧性;适当的逆境(不要太多),可能会使儿童在成年期健康状况更佳(Seery,2011)。

---

① 参见 Burchinal 等(2008);Dearing,McCartney 和 Taylor(2009);Fantuzzo,LeBoeuf 和 Rouse(2014);Gutman,Sameroff 和 Eccles(2002);Lengua,Bush,Long,Kovacs 和 Trancik(2008);Yumoto,Jacobson 和 Jacobson(2008)。

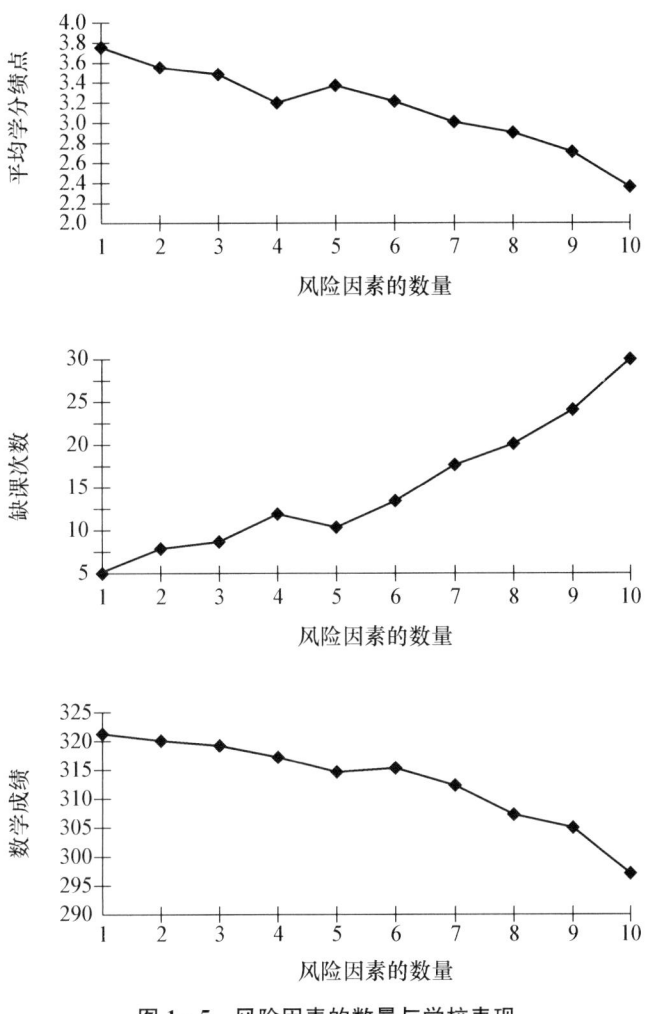

图 1-5 风险因素的数量与学校表现

风险因素包括母亲受教育程度低（高中或以下）、母亲抑郁、母亲未婚、家中有三个或三个以上孩子、从事非技术性工作、生活在高度贫困社区等。

资料来源：Gutman，Sameroff，Eccles（2002）。

教师应当关注的三个关键点是：（1）当风险累积时，学生不良行为发生的可能性会急剧上升。（2）如果学生的生活中只存在一种或两种风险因素，那么他们可能会表现良好。（3）高质量的社会环境可以形成保护因素。在阅读本书中关于风险因素和保护因素的内容时，请牢记这些要点。

3. 成长的稳定性

儿童早期的风险或韧性是否会影响成年期？总的来说，成长具有稳定性，因为环境中的风险因素和保护因素往往是稳定的。

儿童期风险的稳定性

儿童的风险状况是相当稳定的。然而，尽管风险因素普遍稳定，但一些孩子的生活环境确实发生了变化。婚姻状况的改变、新工作、搬到不同社区以及宗教皈依等这些主要的家庭转折点改变了孩子的生命历程。一个孩子可能本来发展得不好，但在境况极大改善时会发生戏剧性的逆转。另一个孩子可能本来成长得很好,但经历了生活上的重大创伤如父母的死亡后,可能无法康复。一些寻常的变化也会改变孩子的风险,例如搬家、父母伴侣的更替、父母吸毒以及收入减少(Ackerman, Brown, & Izard, 2004a)。间歇性风险(如陷入贫困与摆脱贫困),与稳定、持久的风险一样有害(Ackerman, Brown, & Izard, 2004b)。

定型化(canalization)① 可在短时间内保护儿童免受早期风险因素的影响。定型化是指尽管环境差异很大,但基因将发展趋势限制在有限的结果范围内。例如,无论父母是否帮助儿童在婴儿期练习走路,儿童在约 13 个月时都能学会走路。尽管早期可能使发展被抑制,但定型化往往会促使孩子们"自我矫正"。有这样一个例子,我们的一个儿子在出生 2 周后因胃功能异常不得不开始禁食,体重很低。通过手术治疗后,他很快就"自我矫正",恢复了正常体重。

与社会、情感或认知发展相比,定型化对身体发展的影响更大。例如罗马尼亚孤儿被收养后在身体发育方面比在社会行为、语言或认知能力方面更容易达到平均水平(如第十四章所示)。

早期经历的重要性

早期经历很重要,因为它影响着后期的机会和对后期经历的看法。例如,假如艾哈麦德(Ahmad)在走廊上撞了 15 岁的杜安(Duane)。如果杜安在蹒跚学步时接受的是充满敌意和愤怒的父母的教育,他就很可能会认为艾哈麦德是故意撞他的。他会打艾哈麦德。他的攻击性会使其他年轻人避开他,这将阻碍他发展更好的社交技能。相反,如果杜安在蹒跚学步时经历过富有同情心的养育,则他很可能会认为艾哈麦德的碰撞是一次意外,对艾哈麦德和蔼可亲,并被其他年轻人发现,这将为他发展更好的社交技能提供机会。根据他早期的经历,杜安可能走上截然不同的发展道路。

尽管早期经历对后期经历有影响,但儿童在任何年龄段都是灵活的,能根据环境自我调整。在某些情况下,儿童可能会因为早期遭受严重的剥夺而伤痕累累,但总是可以改善的,尽管这种可能性比较小。因此,对任何年龄的儿童,了解其过去及当前的风险状况和保护因素的概况都是重要的。接下来我们将讨论两个最强大的风险因素即母亲抑郁和贫困的影响。

4. 作为风险因素的母亲抑郁

如果母亲被临床诊断患有抑郁症,她可能会感到悲伤,对日常活动失去兴趣,感到疲劳,并无法清晰思考。这可能会对她的孩子产生影响。研究表明母亲抑郁与儿童的生理和认知问题有关,如发育停滞、行为出现问题、睡眠不良、游戏受限、语言能力差、心率高、大脑功能异常。母亲抑郁也与儿童的社交和情绪问题有关,如易怒、抑郁、警惕、对他人没有反应、对心理干预反应迟缓、多动症(注意缺陷/多动障碍)、自杀倾向、攻击性和社交退缩②。

一些消极的社交和情绪影响最早出现在孩子两个月大的时候。这种情况出现在不同的家庭中,从低收入的十几岁母亲的子女到中产阶级成年母亲的子女(Dawson et al.,

---

① 定型化(canalization):尽管存在环境差异,但基因对发展的限制或引导将儿童发展结果控制在有限的范围内。

② 有许多研究支持这一结论,仅列举少数如下:Claessens, Engel 和 Chris Curran (2015);Dawson 等 (2003);Kersten-Alvarez 等 (2012);Lesesne, Visser 和 White (2003);Mennen 等 (2015);Shaw, Gilliom, Ingoldsby 和 Nagin (2003);Wachs, Black 和 Engle (2009);Weinberg 和 Tronick (1998)。

1999)。随着母亲的抑郁症逐渐转好，儿童的问题行为也会逐渐消失（Nicholson, Deboeck, Farris, Boker, & Borkowski, 2011）。效果取决于母亲抑郁症的严重程度和持续时长。然而，早期效应可能是持久的。母亲在孩子生命最初几年的抑郁对孩子青春期的影响仍然很明显，即便到孩子的青春期时母亲已经康复（Karevold, Rxysamb, Ystrom, & Mathiesen, 2009）。有趣的是，一些患有抑郁症的母亲的孩子会照顾他们沮丧的母亲——正如凯瑟琳所做的那样（Champion et al., 2009）。

母亲的抑郁症为何会产生如此深远的影响？可能是由于与母亲的抑郁症相关的其他因素的叠加影响，如离婚、婚姻冲突和受教育程度低等。也许孩子们会通过模仿他们沮丧的母亲来"捕捉"情绪的消极性。抑郁的父母在他们孩子身上诱发和强化了抑郁情绪（Webster-Stratton & Herman, 2008）。也许抑郁症会对母子关系产生不良影响，抑郁的母亲往往更具攻击性，更挑剔，对孩子的关注也更少（Dix & Meunier, 2009; Milan, Snow, & Belay, 2009）。在生物生态学模型中，亲子互动是对儿童发展影响最大的因素。

那么是否存在保护因素？如果孩子有以下情况，那么尽管母亲抑郁，他们也不太可能出现行为问题：

- 积极的母子关系——尽管母亲有抑郁症，但她热情而敏感（Pargas, Brennan, Hammen, & Le Brocque, 2010）。
- 富裕。抑郁但高收入的母亲更容易关注孩子（NICHD ECCRN, 1999; Petterson & Albers, 2001）。
- 家中有一个精神健康、无忧无虑的父亲（Field, Hossain, & Malphurs, 1999; Radke-Yarrow, Cummings, Kuczynski, & Chapman, 1985）。
- 高智商（Pargas et al., 2010）。
- 作为教师的你能够创造的温暖有爱、积极正面的课堂环境（Yan, Zhou, & Ansari, 2015）。

大多数关于母亲抑郁症的研究都是非实验性的，这使得引发抑郁症的原因难以确定。是母亲抑郁导致孩子的问题，还是孩子的问题导致母亲抑郁？实验研究有助于回答这个问题。事实证明，帮助抑郁的母亲提高育儿技能的干预措施能使孩子获得更好的结果。这表明母亲的抑郁会导致孩子的问题（Baydar, Reid, & Webster-Stratton, 2003; Field, 1998）。

5. 作为风险因素的贫困

贫困是影响儿童发展的另一个强大而常见的风险因素。全世界约有五分之一的儿童生活在贫困地区，是老年人数量的两倍（Hernandez, Denton, & Macartney, 2008）。大约37%的儿童在童年或青春期的某个时候会经历贫困（Ratcliffe & McKernan, 2010）。2015年，美国联邦政府将年收入低于24 250美元的由一对父母和两个孩子组成的家庭定义为贫困家庭。

贫困通常被广泛地用来指极低的社会经济地位，而不是严格按照美国联邦政府的定义来加以界定。社会经济地位（socioeconomic status, SES[①]）由父母受教育程度、职业和收入决定。根据社会经济地位，家庭被划分为低、中或高三个层次。你可能认为收入是社会经济地位的关键组成部分，但正如你将在后面几章中了解到的，家长受教育程度更加影响

[①] 社会经济地位（socioeconomic status）：基于父母的受教育程度、收入和职业地位的分类，通常简单地区分为低、中、高三个层次。

孩子的发展。社会经济地位影响你对许多事情的思考和做法。你什么时候开始考虑上大学（什么类型的大学）？你参加过什么运动？你吃什么食物？你考虑做什么工作？低社会经济地位和高社会经济地位的人可能会以不同方式回答这些问题。

低社会经济地位是许多问题的风险因素。例如，低社会经济地位与诸如药物过敏、呼吸疾病、蛀牙、肥胖和受伤或感染并发症等健康问题有关。这些健康问题一直延续到成年期（John-Henderson, Stellar, Mendoza-Denton, & Francis, 2015）。低社会经济地位也与社会情绪问题有关，如抑郁、犯罪行为、精神问题、自控力低下，尤其是具有攻击性。低收入人群（尤其是在受挫时）更倾向于表达愤怒（Park et al., 2013）。低社会经济地位也与认知问题有关，如口头表达能力弱、智力低下、记忆力差和成就感低（如图 1-6 所示）。即使是并不贫困的劳工阶级家庭，其子女的成绩也往往低于中产阶级家庭（Roksa & Potter, 2011）。贫穷会损坏儿童的自我调节能力，从而降低儿童的成绩（Blair & Raver, 2015）。我们将在后面的章节中继续探讨这个主题。

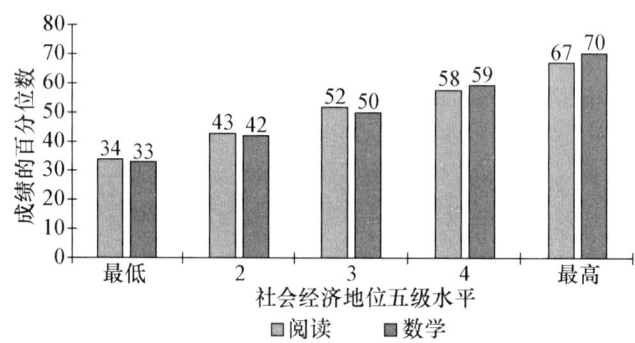

图 1-6　社会经济地位对儿童入园成绩的影响

这张图描绘了 6 600 名五个等级的社会经济地位的儿童在幼儿园的阅读和数学成绩。
资料来源：Larson, Russ, Nelson, Olson, Halfon (2015)。

你之前了解到的黑人和白人之间的成绩差距，虽然很大，但也有所下降。相比之下，贫富差距在扩大（如图 1-7 所示）。为什么会这样？一种可能是因为收入不平等的急剧上升，使不同家庭在学校教育支出上产生了巨大的差距（Reardon, 2013）。贫富差距的影响不仅体现在考试成绩上，还体现在大学入学率和课外活动上。

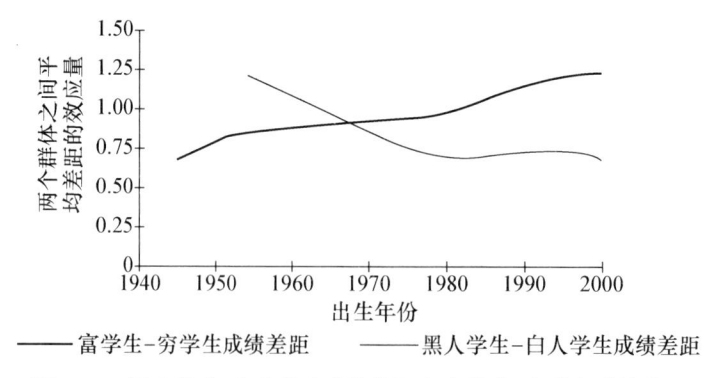

图 1-7　黑人学生-白人学生成绩差距和富学生-穷学生成绩差距

这张曲线图描绘了黑人学生与白人学生之间的成绩差距和富学生与穷学生之间的成绩差距的大小。哪些群体的变化更大？怎么解释这个现象？
资料来源：Reardon (May 2013)。

有证据表明，家庭收入的增加，即使这些钱不是自己赚取的而是来自赌场或扶贫计划，也会改善孩子的表现，如更高的学业成绩、更少的行为障碍、更强的责任心和与父母更和谐的关系，以及父母更少的吸毒和饮酒行为（Akee, Simeonova, Costello, & Copeland, 2015；Duncan, Morris, & Rodrigues, 2011）。

如果你在一所私立精英学校任教，那么你会发现高收入阶层也并不完美，财富也会给孩子们带来风险。高社会经济地位青年的精神压力、成绩压力和吸毒率均高于市中心的青年，也更焦虑和抑郁（Luthar & Latendresse, 2008）。此外，社会经济地位较高的个人往往缺乏同情、慷慨、值得信赖和乐于助人等品格，甚至捐赠给慈善机构的收入比例要低于社会经济地位较低的人（Kraus, Piff, Mendoza-Denton, Rheinschmidt, & Keltner, 2012）。正如一位研究人员所说："要富有同情心，你必须仔细关注他人的想法、感受和言论。这一点富人做得没有穷人好"（De Angelis, 2015, p. 65）。儿童可能在中等收入地区生活得最好，但在富裕地区生活得不好（Caspi, Taylor, Moffitt, & Plomin, 2000）。所以，有着和教师差不多的薪资可能是你正确的选择。

> **思考**
> 斯坦福大学为有孩子的研究生设立了一个住房项目。许多儿童在那里生活多年，父母压力大，收入远低于贫困水平。你怎么预测这些孩子的表现？请权衡风险因素和保护因素。

贫穷是如何产生这些影响的？

这里提出两个主要模型来解释贫困对儿童的诸多影响。

家庭投资模型

根据家庭投资模型，贫困会抑制家庭对儿童投入文化或金融资本，这导致家庭健康状况较差，家庭学习环境质量低下（Duncan & Brooks-Gunn, 2000）。家庭学习环境包括花在阅读上的时间、学前体验、语言刺激、智力测验和读书量、去博物馆或剧院的次数，以及日常饮食。根据家庭学习环境的质量反过来可以预测拉美裔、非裔美国人和白人儿童的成绩和行为问题（Bradley, Corwyn, Burchinal, McAdoo, & Garcia Coll, 2001；Linver, Brooks-Gunn, & Kohen, 2002）。

家庭压力模型

根据家庭压力模型，贫困与给父母造成压力的情境有关，例如缺乏食物、单亲、离婚、频繁搬家和失业。这会导致抑郁、婚姻冲突和其他问题。这些问题又会导致育儿质量下降（Bradley & Corwyn, 2002）。家庭或工作压力往往会导致父母在情感和身体上都疏远儿童（Repetti, Wang, & Saxbe, 2009）。拉美裔、非裔美国人和白人家庭都适用于这一家庭压力模型（Lugo-Gil & Tamis-LeMonda, 2008；Raver, Gershoff, & Aber, 2007；White, Liu, Nair, & Tein, 2015）。

上述两个模型可能都真实存在，家庭压力模型可以更好地解释行为问题，而家庭投资模型可以更好地阐释学业问题（Gershoff, Aber, Raver, & Lennon, 2007）。

除了家庭投资模型和家庭压力模型的解释之外，贫困的影响可能是由其他简单的风险因素累积造成的。贫困儿童面临着更多的风险因素，如家庭暴力和父母婚姻不稳定、低质量的育儿方式、看电视过多、污染、铅、父母吸烟以及其他各种因素（Dilworth-Bart & Moore, 2006；Evans, 2004）。贫困儿童的主要风险因素包括单亲、频繁搬迁和压力（Adam, 2004；Blair et al., 2011）。另一个风险因素是家庭混乱，包括争吵、拥挤和家庭惯例

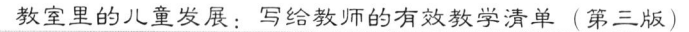

的缺失。事实上，当用数据分析家庭混乱水平对儿童的影响时，可以发现贫困对儿童的影响几乎消失，这表明家庭混乱可能是贫困影响儿童的一个关键因素（Evans, Gonnella, Marcynyszyn, Gentile, & Salpekar, 2005）。

种族与贫困

在美国，尽管大多数贫困儿童是白人，但有色人种儿童比白人儿童更容易陷入贫穷。例如，大约77%的非裔美国儿童会遭遇贫困，而仅有30%的白人儿童会遭遇贫困（Ratcliffe & McKernan, 2010）。比起其他种族，非裔美国人的家庭更有可能一直贫困下去（Wagmiller, 2015）。

贫困的课堂启示

贫穷的孩子比富裕的孩子更容易产生问题，从而影响其在学校的成绩。然而，请记住，这只是一种可能性，而不是命运。许多贫穷的孩子在学校一样可以学得很好。让我们听听一个在贫困中长大的成年人的故事。

> 贫穷就像地心引力一样把你往下拉向地面。你没有办法通过"艰苦的工作"跳得足够高，以克服重力。单靠努力不会让你飞起来。我意识到人们对我母亲产生负面评价是因为她没有工作。我认同那些认为我母亲懒惰和不负责任的人，同时也想保护她，让她免受那些评价带来的痛苦，因为我爱她，我也看到了她所做的一切善事和她内心的智慧，她是个美丽、聪明、有趣的人。[改编自 Summer（2003, pp. 3, 33-34）。]

这本书是由一个曾经贫穷的女孩写的。她小时候无家可归，但后来上了哈佛。她是如何在学校取得成功的（而且写得这么好）？可能有一些保护因素抵消了贫困对她的影响。

家庭保护因素包括已婚母亲、高智商母亲、充足的家庭照顾、满足基本需要的收入、稳定的家庭和社会支持。个人保护因素包括乐观、幽默感、情绪能力和智力（Bradley & Corwyn, 2002; Dearing, McCartney, & Taylor, 2001）。你如何成为学生的保护因素？

（1）强化他们的保护因素，突出他们的优势，像凯瑟琳这样的孩子就有非凡的技能。去挖掘这些优势，要知道许多低社会经济地位孩子还在照顾父母或抚养年幼的兄弟姐妹。

（2）教授一门参与式课程。低社会经济地位儿童较少接触学术内容，一部分原因可能是低社会经济地位学生因特殊原因耽误了课程。

（3）不要等着孩子们求助。低社会经济地位学生不太可能请求或要求教师的帮助，因此你可能需要成为一名观察者并在适当的时候提供帮助，而不是等待他们的请求（Calarco, 2011）。

本书的每一章都将为你提供新的工具，以帮助你成为学生的保护因素。高质量的学校经历可以弥补贫困儿童入学准备的不足。事实上，这也是一些幼儿园的目标。

四、入学准备和学前教育案例的课堂启示

一些学前教育计划如开端计划（Head Start）旨在为有低成绩风险的儿童提供比预期更好的入学准备，或者换句话说，成为一个保护因素。由于风险的累积，针对单一因素的干预措施并不成功（Masten & Reed, 2002）。因此，针对面临风险的儿童的幼儿园通常会提供超越传统幼儿园的服务项目，如家长教育和职业培训。这些幼儿园一般针对低收入家庭儿童或低出生体重儿童（见第二章）。

尽早让孩子处在积极的发展道路上非常重要。在开端计划开始的几年中，有一种常见但错误的信念，即大部分孩子的大脑发育关键期在6岁甚至3岁时就已经结束。实际上，干预可以发生在孩子的整个生命周期，只是年幼孩子的变化更快。利用学前教育促使贫困儿童做好入学准备涉及本章的每一个重要主题——儿童发展的科学、先天-后天的平衡，以及风险和韧性。因此我们将以此为例说明以怎样的方式来思考儿童会影响到你的教学经历。

1. 学校入学准备

学校入学准备是指孩子具备接受正式教学的技能，例如，能够遵循指示，有自制力，认识字母、基本数字和颜色。然而，只有10%的教师认为孩子知道字母表并且能够数到20才能为上幼儿园做好准备，60%的教师认为儿童需要能自我控制，也就是说，能够遵循指示而不是搞破坏（Blair，2002）。有趣的是，几个国家的几项大型研究表明，数学技能如认识数字，对预测以后学业成绩的效应量为0.34（Duncan et al.，2007）。早期的数学分数对预测后期阅读和数学分数具有大致相同的准确性；并且相比早期阅读成绩，早期数学分数能更好地预测后期阅读成绩，这真是令人惊讶。但这并不意味着社交和情感技能对于孩子们以后在学校如何和睦相处并不重要。事实上，你将在后续章节中了解到这些技能也是非常重要的，只是学前数学知识是预测后期成绩的一个特别重要的因素。

幼儿在入学准备方面各不相同。有些儿童进幼儿园时可以达到5年级孩子的阅读水平或能够数到100，但其他儿童完全没有阅读技能而且不能数到10。有些孩子进入幼儿园时就具有良好的自我调节能力，能够集中注意力、控制自己的情绪，并与老师和同龄人保持积极的社交互动；但也有孩子自我调节能力较差（Blair & Raver，2015）。自我调节能力被认为是入学准备的一个关键方面。它一定程度上解释了为什么有些孩子在幼儿园表现良好，而有的孩子有一些社会和行为问题，并且这些问题与几年后的低成绩有关（Sabol & Pianta，2012）。幼儿园老师称，大约16%的孩子进入幼儿园后难以适应，另有32%的孩子有一些问题，其余的孩子则做得很好（Rimm-Kaufman, Pianta, & Cox，2000）。低社会经济地位是导致孩子没有做好入学准备的一个风险因素，但如果他们有高效的教师和父母支持他们的学习，那么低社会经济地位儿童也会表现良好（Crosnoe & Cooper，2010；Crosnoe et al.，2010）。

衡量学校入学准备情况

美国有些州要求对幼儿园入学准备情况进行基本学业技能测试，涉及如关于字母、数字或形状的知识。许多测试不符合效度和信度的标准，但仍被学校使用（La Paro & Pianta，2000）。一些专家反对将通过这些测试作为孩子入学的标准，因为得分较低的孩子最需要上学，也因为有条件的父母会阻止孩子按时入学，让他们推迟入学，这样他们就会成为班上的佼佼者。这夸大了幼儿园的作用，将过多的学业课程推给了更年幼的孩子（Shepard，1997）。

许多地区将年龄作为入学的门槛。那么父母是应该让自己9月生日的孩子成为班上最小的，还是等到下一年入学，让自己的孩子成为班上最大的？研究表明，低龄就进入幼儿园的儿童在高中时表现更好（Vecchiotti，2003）。很早上1年级的学生可能在阅读和数学方面落后于同年级中较大的孩子，但这种影响在小学中段就消失了（Morrison, Griffith & Alberts，1997）。此外，年幼的孩子在1年级结束后接受测试时，比在幼儿园的同龄人更优秀。学校让孩子更聪明。有些父母让他们的孩子晚一年开始上幼儿园，因为他们认为这会给孩子带来学业上的好处，然而有证据表明，事实并非如此，这样做甚至可能造成不利影响（Martin，2009）。因此，入学年龄不是学业成功与否的有效预测因素。

应该为没有做入学准备的孩子做些什么？

这个问题的答案取决于你的儿童发展理论。成熟论者（maturationist）认为，入学准备取决于遗传时间表。因此，等待孩子在生物学上成熟是合乎逻辑的答案。将某些孩子留在幼儿园而不是让其上1年级的做法证明这种观点在学校里是很普遍的。相比之下，环境论者（environmentalist）会认为，入学准备是由应使儿童具有相应的经验这一观点驱动的，因此，提供学前教育以使儿童具有相关经验将是合乎逻辑的答案。这些观点的不同之处源于先天与后天之争。

> **思考**
> 如果环境质量影响孩子的入学准备状态，那么在入学测试中表现不佳的孩子是否不宜入学？请描述一年中家庭环境对不同背景的儿童入学准备的影响。

相关研究对这种争论有什么看法？成熟论者的观点受到两方面研究的削弱。首先，孩子继续留在幼儿园不能获得学业回报，如果孩子得到提升，则他们会学得更多（Hong & Yu，2008b）。其次，家庭环境的质量会影响入学准备状态。一项对双胞胎的研究表明，共享环境对儿童的入学准备影响很大，甚至超过基因或非共享环境的影响（Forget-Dubois et al.，2009；Lemelin et al.，2007）。影响入学准备的环境方面包括母亲的教育、学前教育经历和家庭书籍。通过提供丰富的学前教育经验，可以提高面临风险的儿童的入学准备水平（Huang & Invernizzi，2013）。

2. 针对风险儿童的学前教育研究

帮助贫困儿童做好入学准备的一种方法是提供公共资助的学前教育，如开端计划和学前项目。

开端计划

最著名的学前教育计划是开端计划。开端计划的加入资格由家庭收入决定。作为美国联邦政府专门针对贫困儿童的最大的专项计划，它提供健康、教育和社会服务支持。大多数课程是半天，并持续一个学年。参与开端计划的大多数孩子都是3岁或4岁。大约三分之一的开端计划儿童是非裔美国人，三分之一是拉美裔，另外三分之一是白人，只有少量儿童是其他种族（Administration for Children & Families，2007）。

开端计划的效果如何？20世纪90年代及之前的证据表明，开端计划与短期认知收益相关，但这种短期认知收益随着时间的推移逐渐减少（Lamb，1998）。参加了开端计划的儿童在学校的表现也比没有上学前学校或上其他学前学校的孩子差，但差距很小（Lee, Brooks-Gunn, Schnur, & Liaw, 1990）。因为开端计划的影响微小，所以为了扩大影响力，一些项目被扩展到3年级并向前延伸到幼儿时期，如设置了早期开端计划（Early Head Start）。

这些创新有帮助吗？科学家们使用随机实验来回答这个问题。在国会授权的国家实验中，研究人员总结道：

> 开端计划对3岁儿童和4岁儿童的认知发展以及健康、成长等领域都有积极影响。而且对于3岁儿童而言，开端计划对其社会情感领域发展也有积极影响。但是，在4岁就进入开端计划项目的益处到了1年级基本上就没有了。对于3岁就参加开端计划项目的儿童来说，几乎更是没有持久的益处，尽管参与该项目可能会改善1年级学生

的亲子关系——这是研究儿童长期发展时的一个潜在的重要发现（Puma et al.，2010，p. xxxviii）。

这一结论表明，开端计划对改善学生入学准备状态的作用不尽如人意，并且只能持续几年。以前的研究也表明，开端计划的影响期仅限于几年（例如，Goodson，Layzer，St. Pierre，Bernstein，& Lopez，2000；Love et al.，2005；Puma，Bell，Cook，Heid，& Lopez，2005）。

学前项目

为大量贫困儿童提供服务的小学通常能提供补偿性的幼儿园课程。有些是由 Title 1——一项为贫困学生比例高的学校提供资助的联邦计划——资助的。它们往往拥有比其他幼儿园甚至开端计划更高学历的教师（Lee，Loeb，& Lubeck，1998）。一些学前教育课程会让学生在入学时拥有更好的技能，但其影响很少持续到 1 年级以后（Gormley，Gayer，Phillips，& Dawson，2005；Weiland & Yoshikawa，2013）。通过对学前项目的回顾发现，在 11 项成果中，唯一可靠的长期影响是较低的留级率（Gilliam & Zigler，2000）。例如，在马里兰州，在 10 年级之前，学前项目参加者中 44% 的人曾经留过级，而未参加学前项目的学生的留级率为 64%。然而，也有一些研究发现，学前教育对减少违法行为和提升教育成就会产生积极的长期影响。例如，在芝加哥，20 岁以前，参加过学前教育的孩子相比未参加过学前教育的孩子更有可能完成高中学业（56% vs 47%），而且犯罪被捕率也更低（13% vs 22%）（Reynolds，Ou & Topitzes，2004）。有些学前课程也会对 3 年级以上的数学和阅读成绩产生影响，但影响非常小（Gilliam & Zigler，2000）。学前课程对行为问题、父母参与、自尊或健康几乎没有影响。影响效果可能取决于学前教育的教学质量。一项针对 2 700 多名学龄前儿童的研究发现，花大量时间自由游戏的儿童的学习收获比长时间接受教师教学的儿童的学习收获小（Chien et al.，2010）。游戏很重要，但有效教学也很重要。

总而言之，研究表明，开端计划和学前教育项目具有较小的短期影响。一旦接受干预的孩子进入学校，他们的考试成绩就会下降，反而对照组的孩子的学习成绩往往会上升（Barnett，1995；Magnuson et al.，2004）。全日制学前教育与半日制学前教育的效果相似；接受过全日制学前教育的孩子的学习优势在小学 3 年级就会慢慢消失（Cooper，Allen，Patall，& Dent，2010）。

强化模型项目具有更强的效果，效应量为 0.15～0.43（Magnuson，Meyers，Ruhm，& Waldfogel，2004；Reynolds et al.，2004）。强化模型项目也往往有更广泛的组成部分，例如，在婴儿期就开始训练而不是 3 岁时才开始，并在大学儿童保育机构聘用训练有素的工作人员等。中学和高中阶段的研究已经证实了强化模型项目的积极影响（Dearing，McCartney & Taylor，2009；Vandell et al.，2010）。其中最成功的是初学者项目，该项目每天提供 8 小时的优质教育，为期 5 年，并在入学的前 3 年提供顾问教师家访服务。研究人员对参加该项目的儿童和一个对照组的儿童一直跟踪调查到了成年期。调查结果表明该项目提高了认知和学术能力，减少了抑郁，提高了大学入学率和毕业率，扩大了高技能就业，增加了收入，但在使用非法毒品方面没有差别（Campbell et al.，2012；McLaughlin，Campbell，Pungello，& Skinner，2007；Pungello et al.，2010）（见图 1-8）。芝加哥的强化模型项目研究中也发现了类似的影响（Reynolds，Temple，Ou，Arteaga，& White，2011）。长期表现优异的儿童是那些在小学后持续接受干预的儿童。他们要么继续接受干预计划，要么进入了高质量的小学（Reynolds et al.，2004，2011）。

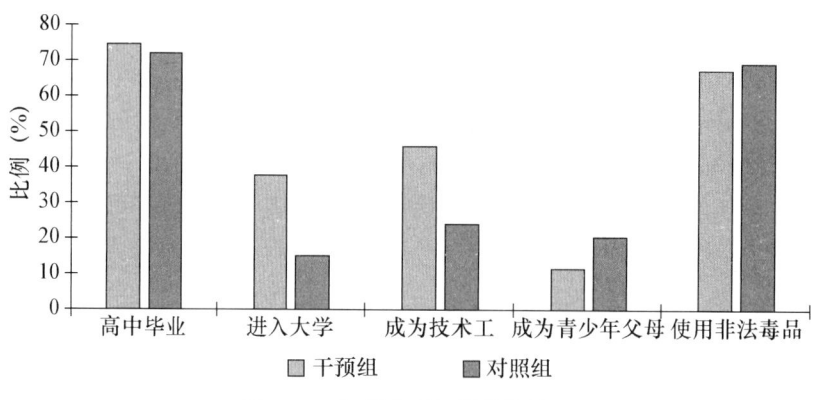

图 1-8 初学者项目的长期结果

婴幼儿被随机分配到初学者项目或对照组。两组均长时间纵向随访。结果表明，该项目对儿童发展的某些方面产生了长期影响。两组的结果有何不同？两组中哪些结果更高或更低？

资料来源：Pungello 等（2010）。

总之，学前教育如果质量高、强度大，则可以促进高风险儿童的发展。与白人儿童相比，这种教育对非裔美国儿童和西班牙裔儿童的影响可能最大（Bassok，2010；Tucker-Drob，2012）。有些方案比其他方案更有效，但即使是成功的方案，对儿童成绩的影响也会随着时间的推移而减弱，不能完全弥补贫困儿童和优势儿童之间的差距。虽然影响小，但它们对个人和社会都有重要的好处。从长远来看，如果学前教育项目能减少对特殊教育的投入，降低犯罪率和改善成年人就业，那么这也算是物有所值了。学前教育可以适当改善儿童发展的结果表明，家庭教育之外的教育也非常重要（Rutter，2000）。你可以通过提供最佳教育环境来促进高风险学生的发展。

对实践的反思

我的教学

教师在课堂上应用研究成果时，了解儿童发展科学是很重要的。他们还需要了解影响儿童和青年的从基因到文化的多种因素。教师如何认识儿童将影响他们是否能促成积极成果，增强学生的韧性。你可以用以下问题思考你看待儿童的方式：

（1）我的课堂实践和我所认为的理想课堂反映了我对儿童发展的看法是什么样的？

（2）我对孩子的学业成绩、运动能力或社交能力的遗传基础有何假设？在培养这些领域的能力方面，我作为教师的角色是什么？

（3）我是否认真关注了有效干预的信息？我能否看出信息是否是基于研究得到的以及研究有没有认真实施？我有没有考虑因果因素是否可以确定，结果是否应该推广应用到我的学生身上，以及效应量是否足够大？

（4）当我使用测试信息时，我是否会仔细考虑信度及其使用的效度？

（5）在生物生态学模型的每个环中，哪些因素影响了学生？每个孩子带到班级来的个体优势和文化优势是什么？

（6）我的学生的文化资本是什么？我能做些什么来提供文化资本？我的作业是否有利于拥有文化资本的学生？

（7）我是否避免了根据种族、收入或语言对孩子做出假设？

(8) 我的学生在学校很舒服吗？我的学生和课堂之间是否存在文化上的不匹配？我真为不同文化的优势而感到开心吗？

(9) 我的每个学生的风险因素和保护因素是什么？我是否通过增加其保护因素来增强其韧性？

(10) 我课堂上有风险的低收入家庭儿童的学习时间是否与更富裕的同龄人一样多？我对他们抱有适当的期望吗？

(11) 我所在的学校对入学准备的看法是什么？（是成熟论者的观点还是环境论者的观点）。我们是否在学生需要入学的时候因为其年龄不符或入学测试结果不良而不让孩子入学？我所在的地区和学校正在做什么来改善学龄儿童的入学准备？

本章总结

1. 儿童发展的科学

- 关于儿童发展有许多不同的理论。理论的区别主要在于是强调生物过程（即成熟论者）还是强调环境（即环境论者）。
- 研究设计包括实验、相关性研究和定性研究。实验可使用随机分配和控制组对因果关系做出强有力的断言，而相关性研究却不能。纵向设计记录随时间的变化，而横向研究模拟随时间的变化。
- 进行可信、有效的测量是研究和教育的基础。
- 研究应精心设计，以应用到各种儿童身上。近几十年来的研究已经包含了比过去更多样的人群。
- 效应量是指组间差异的大小，或变量之间的相关性的强弱，它可以帮助你判断研究结果的重要性。

2. 先天和后天

- 生物生态学模型表明，嵌套系统会影响儿童的发展，其中家庭等近端过程对孩子的影响是最大的。
- 行为遗传学家将任何特征的变异归因于遗传力、共享环境或非共享环境。对其相对贡献的估计基于间接方法，例如比较双胞胎或收养的兄弟姐妹。
- 基因对儿童发展的许多方面做出了贡献，但通常环境的贡献更大。
- 家庭可以是一个非共享的环境，因为每个孩子对家庭环境的反应不同，而且家庭会随着时间而变化。
- 基因型是否成为表现型取决于环境。基因不会对行为或大脑进行精细编程，这使得适应成为可能。
- 基因和环境相互作用。基因-环境相关性意味着儿童可以选择与其遗传倾向相匹配的环境。文化可以影响基因型是否显现。
- 在美国，亚裔儿童往往成绩最高，其次是白人儿童、非裔儿童，然后是拉美裔儿童。但是，在族群内部，不同的儿童的学业成绩存在很大差异，合理的解释包括文化资本和文化不匹配（例如语言和叙事风格）。

3. 风险和韧性

- 风险因素可预测儿童的不良表现。社会风险因素通常比生物风险因素更为强大。单一风险因素不太可能很好地预测不良表现。风险因素倾向于累积，这大大增加了出现不良结果的可能性。保护因素可增强风险儿童的韧性，从而可降低其出现不良结果的可能性。

- 发展总体上是稳定的，因为早期发展会影响后期发展，而且风险因素在整个儿童期都趋于稳定。尽管存在早期风险，但定型化会导致儿童"自我矫正"到典型的发展轨迹。定型化在个体生命的头两年是最强的，对身体发育的影响也是最强的。

- 母亲抑郁和贫困是影响儿童发展结果的主要风险因素。两者都可能通过影响亲子互动的质量来影响儿童。贫困也可能通过限制父母在孩子身上的投入、导致家庭的混乱和带来压力影响儿童。

4. 入学准备和学前教育案例的课堂启示

- 入学准备是指儿童入学前须具备的、能帮助儿童在学校取得成功的社交和情感技巧，及基本知识。许多孩子还没有为上学做好准备，但因为入学测试或年龄不达标而不让孩子上学并不能促进他们的发展。

- 针对低社会经济地位家庭儿童的大规模社区学前教育（如开端计划和学前项目）通常具有积极的促进短期认知的效果，但是很少或没有长期影响，尽管参与者不太可能留级。相比之下，密集的、高质量的课程可以产生长期的好处，但参与者在进入学校后不会继续获得学业上的益处，而且他们的表现仍然低于平均水平。长期益处包括更多的教育、更好的就业和更高的收入。

第二章
身体发育与健康

你是否应该关心学生的身心健康,如营养是否充足,是否坚持体育锻炼,是否滥用药物和是否有充足的睡眠?我们认为在本章的最后,你必然会坚定地回答"是"。在读完这一章后,你将能够:

(1) 描述从婴儿期到青春期的大脑发育,并分析课堂中的经历可能如何影响学生的大脑结构;

(2) 发现运动技能方面的个体和群体差异如何帮助学生在课堂上取得好成绩并营造促进身体健康的环境;

(3) 描述当代儿童面临的三种健康挑战——睡眠不足、肥胖和其他饮食失调问题、滥用药物和接触毒品。在此基础上,提出应对这些挑战的策略。

一、大脑

> Z老师所在幼儿园的所有学生都可以获得免费早餐,早上8:45吃早餐,午餐是12:40。虽然他们已吃过早餐,但不吃不喝的四个小时对于幼儿来说太过漫长,于是Z老师决定10:30为儿童提供一些零食。她表示:"这对孩子们来说具有重要影响,具体表现为幼儿在任务中更加专注,他们更想尽最大努力完成任务,并且在午餐前的自由时间孩子们也较少发生冲突。我简直无法相信这些零食带来的改变。"

显而易见,学生都是以生物形式存在的个体。但是教师却往往像Z老师最初那样,忽视学生的生理需求。心理学家亚伯拉罕·马斯洛(Abraham Maslow)表示,首先要满足儿童的基本生理需求才能让他们进入班级学习(见专栏2-1)。因此,满足大脑的需求极其重要,因为大脑能够调节学习、行为以及其他生理功能。

科技使神经科学家们能够观察大脑的工作,人们对大脑的兴趣也由此而生。神经科学是研究大脑中的认知、记忆和情感如何发展的科学。神经科学中最重要的发现之一是大脑由经验建构,这意味着作为教师,你与学生互动的方式能够促进他们大脑的发展。在我们讨论这是如何发生的之前,让我们先来看看大脑是如何运作的。

1. 大脑的结构与功能

大脑的基本单位是神经细胞或者说神经元。人的大脑中大约有1 000亿个神经元(Beatty, 2001)。如图2-1所示,一个神经元包括三个部分:细胞体(与人体中其他细胞一样，细胞体中含有细胞核）、树突（接收信息的基本单位，接收其他细胞携带的信息）、轴突（发送信息的基本单位，发送给神经元或其他肌肉细胞）。

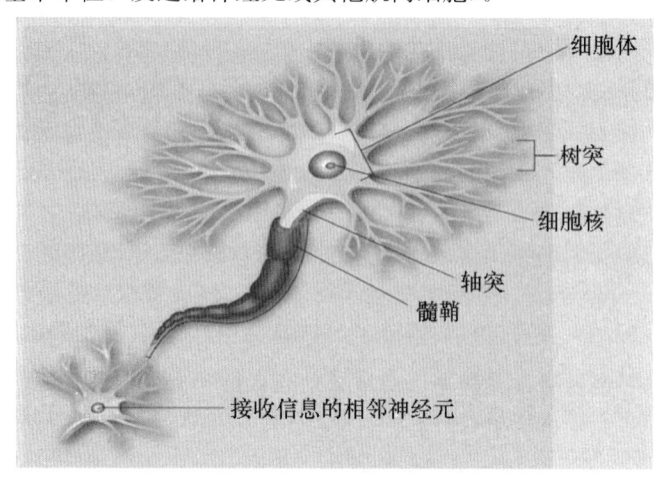

图 2-1 神经元解剖图

注意髓鞘，这是神经元的重要组成部分。神经元漂浮在含神经递质的化学基质中。

神经元通过电信号相互交流。这些电信号受**髓鞘**①影响。髓鞘是一种脂肪物质，在轴突周围形成一个绝缘鞘。髓鞘能使电信号更加有效，同时提高信号的传送速度。一些疾病如多发性硬化症（Multiple Sclerosis，MS）会损害髓鞘，这可能导致肌肉无力或思维迟钝。

神经元之间的交流通过突触中的化学物质来完成。一个**突触**②可以分为三部分：神经元的发送端、接收端以及它们之间的部分。电信号的刺激导致神经元释放出一种叫做**神经递质**③的化学物质，神经递质能被传递给另一个神经元。这些都在突触中发生。一些你常听说的神经递质有多巴胺、血清素、去肾上腺素、去甲肾上腺素。一个神经元能够接受成千上万突触的输入。大脑中有 100 万亿个突触（Beatty，2001）。这些突触是许多药物产生作用的地方，包括一些被滥用的药物（如海洛因），还有一些用于治疗精神疾病的药物，例如，常被用来治疗多动症的利他林，会抑制多巴胺和去甲肾上腺素的活性。

专栏 2-1　　　　　理论与理论家

马斯洛需求层次理论

亚伯拉罕·马斯洛（1908—1970）出生于一个犹太家庭。父母从俄罗斯移民到美国，他们没有受过良好的教育。马斯洛是家中 7 个孩子中年龄最大的。父母一直鼓励他在学校要出类拔萃，但他没有做到。相反，他成绩一般，但却酷爱阅读，这也许能够解释为什么他进入威斯康星大学之后学习心理学。1937 年他成为其故乡纽约州布鲁克林大学的教授。

马斯洛是人本主义心理学的领袖，持有与他那个时代流行的两种理论——弗洛伊德心理学和行为主义——截然不同的观点。人本主义心理学强调成长和实现，马斯洛想知道是什么使得人们精神健康而不是出现精神疾病。他研究特殊人群，例如亚伯拉罕·

---

① 髓鞘（myelin）：脂肪物质，在轴突周围形成的绝缘涂层，使轴突能够有效地发挥作用。
② 突触（synapse）：神经元之间交流或神经元与其他类型细胞间交流的连接点。
③ 神经递质（neurotransmitter）：一种使神经元通过突触进行交互作用的化学物质。

林肯（Abraham Lincoln）、简·亚当斯（Jane Addams）和阿尔伯特·爱因斯坦（Albert Einstein）。他的研究使他发展出需求层次的概念。

马斯洛的需求层次理论通常被描述为一个金字塔（如图2-2所示）。金字塔的底部是人类最基本的生理需求，如空气、水、食物、睡眠等。下一层次为安全需求，包括心理安全（比如稳定、安全和秩序）和生理安全。然后是社会需求，即爱与归属的需求。接下来是自尊，比如来自他人的赞美与自尊，最高层次是自我实现的需求。

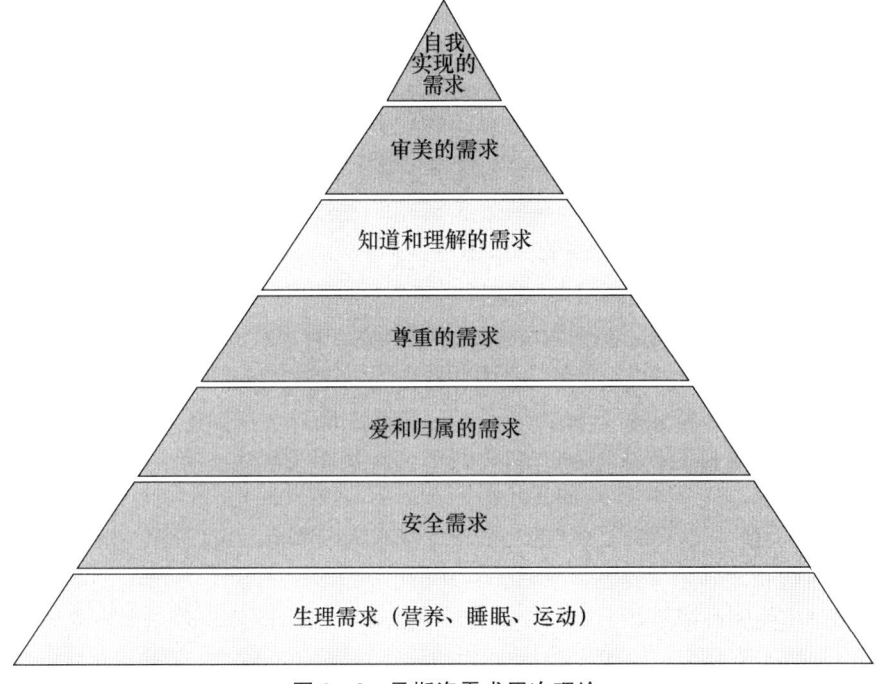

```
           自我
          实现的
           需求
         审美的需求
       知道和理解的需求
         尊重的需求
       爱和归属的需求
         安全需求
    生理需求（营养、睡眠、运动）
```

图2-2 马斯洛需求层次理论

你能识别出你现在处于金字塔的哪个部分吗？你的哪些需求得到了最大程度的满足？哪些是你现在迫切需要满足的？基于马斯洛需求层次理论，向你的学生提出这些问题。

自我实现①是自我潜能实现的过程，但并不是以自我为中心的状态。相反，追求自我实现的人关注的是影响人类福祉的问题。追求自我实现的人是不炫耀的、有道德的、富有同情心和创造力的人。然而，他们也并非完美的人，他们也不是时时刻刻都展现出这些特质。大多数人很难达到自我实现，也许只有不到5%的人能够真正做到这一点。自我实现需要漫长的过程，马斯洛认为大学生还太年轻，不能达到这一层次（Maslow，1970, p.150）。

根据马斯洛的观点，你的学生首先关注的是他们最低层次的需求是否得到满足，当这一层次的需求得到满足后，它就变得不再重要，下一个层次的需求将会变得迫切。在生理需求得到满足之后，安全需求就变得迫切；当安全需求得到满足后，爱和归属的需求又变得迫切，依此类推。与此相反，当基本的需求没有被满足时，儿童就无法达到更高层次的需求。需求不是"全或无"，而是一个渐进的过程。换言之，一个孩子并非要100%满足低层次的需求才能提出下一层次的需求。满足需求的动机也能促使一个孩子追求更高层次的需求。

---

① 自我实现（self-actulization）：以关注社会的方式实现个人潜能的过程。

> 根据马斯洛的观点,未获满足的需求是不当行为和精神疾病的源泉。例如,饥饿的学生会变得精力分散、自私、好斗,正如Z老师的学生一样。爱和归属的需求未获满足的大龄青年则可能会加入暴力团伙。
>
> 对马斯洛的观点有不少抨击和质疑之声。许多人认为其不够科学,因为是由马斯洛来判定哪些人是达到了自我实现的人,并且由他来回顾这些人的人生故事。此外,即使人的最低需求没有得到满足也能够像达到了自我实现的人一样行事,比如在第二次世界大战期间的集中营里,许多人食不果腹,但仍能够保持创造力、同情心和坚守伦理道德。
>
> 尽管存在诸多批判之声,马斯洛需求层次理论对于教师而言仍具有借鉴意义。依据马斯洛的观点,儿童的天性是好的,学生在教室中出现错误行为,很多时候是由于孩子的需求未被满足。在马斯洛看来,你不需要控制学生消极的冲动,而是要去满足学生的基本需要,这样你的学生想成为什么样的人就能成为什么样的人。儿童在学校要想取得好的成绩,就必须有充足的食物,得到休息和关爱。这就是为什么了解孩子的生理及社会情感需求将有助于你成为一个更高效的教师。

大脑中有大量的神经元,分布在大脑两边或者说左右半球。左半球偏向于语言、分析和顺序的处理,右半球偏向于空间、整体和整合的处理(Hopkins & Cantalupo,2008)。每一个半球中都有许多特定的区域,然而,这并不是说某一单独的区域就能实现复杂的功能,就像记忆或语言的产生不是大脑某一单独区域能实现的一样。相反,它们通常是两个半球在交互系统上同时作用而产生的(Blumstein & Amso,2013;Cabeza & Moscovitch,2013)。大脑中某一特定区域的功能取决于它属于哪个系统以及它在该系统的位置。以下我们简要地描述几个关键的区域:

- 脑干(中脑和后脑)是下脑的一部分,在进化意义上被认为是一个古老的区域。脑干能调节身体的基本功能,比如睡眠-觉醒周期(Joseph,2000)。女性怀孕6周以后,胎儿脑干就开始发育。下丘脑位于中脑,能协调内脏器官、荷尔蒙、体温、饥饿、情绪等许多其他的活动(如图2-3所示)。

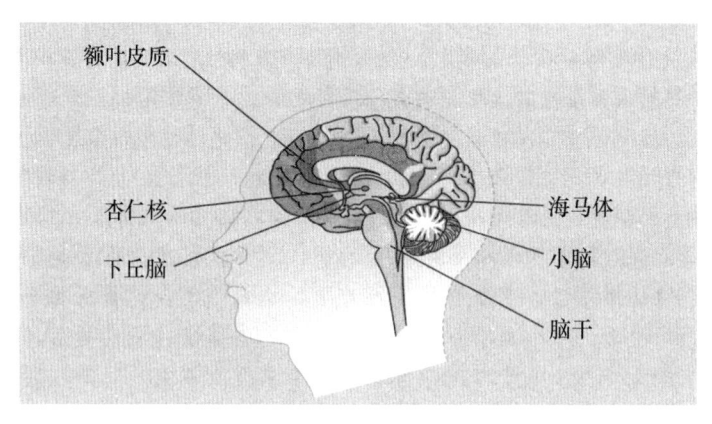

图2-3 大脑

请注意你前额后面的前额叶皮质,这是大脑中最后成熟的一个区域。

- 边缘系统是一组环状结构,像甜甜圈一样位于脑干上方;它被称为大脑的奖励中枢,因为涉及注意力、动机、情感的发展。边缘系统的重要结构包括海马体、扣带回和杏仁核。

海马体主管记忆,扣带回负责发展解决问题的能力,而杏仁核掌控情感。
- 小脑在大脑后部,由大量神经元组成格状架构,主要掌控运动、肌张力、注意力以及在错误中学习的能力的发展,与大脑皮质一起协调人体动作,比如讲话。
- 大脑皮层像帽子一样覆盖大脑的其他区域。大脑皮层需要很多年才能发育完善。大脑皮层能够实现语言以及抽象思维等复杂功能的协调。大脑皮层包括四个脑叶或者区域:额叶、顶叶、颞叶和枕叶。对教师来讲,了解额叶的功能极其重要。
- 额叶是大脑皮层中最大的区域,与其他动物相比,人类大脑的额叶部分偏大,表现出不均衡性(Rubenstein,2011)。额叶能够在你阅读文章时组织信息,抵制注意力的分散,抑制冲动。额叶的前部称为前额叶,在工作记忆和情感发展中极其重要,这一点将在后续章节中讨论。前额叶占据了整个大脑皮层的1/3,它指导大脑的活动,像交响乐的指挥(Huey,Krueger,& Grafman,2006)。

一个任务激活了大脑前额叶时,也就激活了小脑。这就是为什么认知问题和动作问题常常是伴随在一起的。举个例子,患有多动症的学习者有一半以上平衡感较差或书写能力较弱(即动作问题),有阅读障碍或者患有孤独症的孩子常常被发现有运动问题。因此,许多(但并非所有)课堂上有认知问题的孩子也可能有动作问题(Roebers & Kauer,2009)。

年龄不会改变大脑的整体结构,但会改变大脑的精细结构和功能,下面让我们来看一下大脑发育的年龄趋势。

2. 大脑发育的年龄趋势

大脑的发育是有顺序的。大脑中首先成熟的区域是动作技能区和基本知觉区,比如视觉区。其次是语言区,最后是前额叶。随着髓鞘增长、功能专门化、连接建立、突触修剪等,大脑各区域逐渐成熟(Johnson,Grossmann,& Kadosh,2009)。在整个童年期,大脑的体积也在不断增长。大脑皮质发育在女孩11岁和男孩15岁的时候达到高峰,小脑发育的高峰期是在此后的几年间(Giedd et al.,2009)。

婴儿期与学步期(0~2岁)

胎儿期,即出生前,大脑的发育至关重要。成年人大脑中的大多数神经元在出生前就形成了。随着神经元增多或迁移到不同区域,在女性怀孕后几周胎儿大脑会发展一些特定的功能(Nowakowski & Hayes,2002)。这个过程中大脑发育会因女性孕期感染、营养不良或者酗酒而走上"歧途"。大脑甚至在孩子出生前就已经会学习,例如婴儿会学习识别母亲的声音(Joseph,2000)。

这一时期巨大的变化体现在突触爆炸式的增长上。突触的大量增长也就是**突触形成**[①],是在孩子出生前3个月到2岁之间(如图2-4所示)。孩子在出生后脑细胞的数量不会大量增长,但是在细胞中有许多神经元分支和突触建立连接。**髓鞘形成**[②]是在怀孕后的3个月,动作和运动区需在出生后的几年内形成(Blakemore & Choudhury,2006)。髓鞘形成建立了大脑中关键区域的连接。

大脑的"燃料"是葡萄糖。出生时,婴儿葡萄糖的消耗水平约是成年人的2/3,但增长较为平稳。葡萄糖的消耗显示大脑能量的消耗。

---

① 突触形成(synaptogenesis):从妊娠期的第三个阶段(每个阶段为三个月)到2岁,儿童大脑中的突触连接突增。

② 髓鞘形成(myelination):髓磷脂的发展。

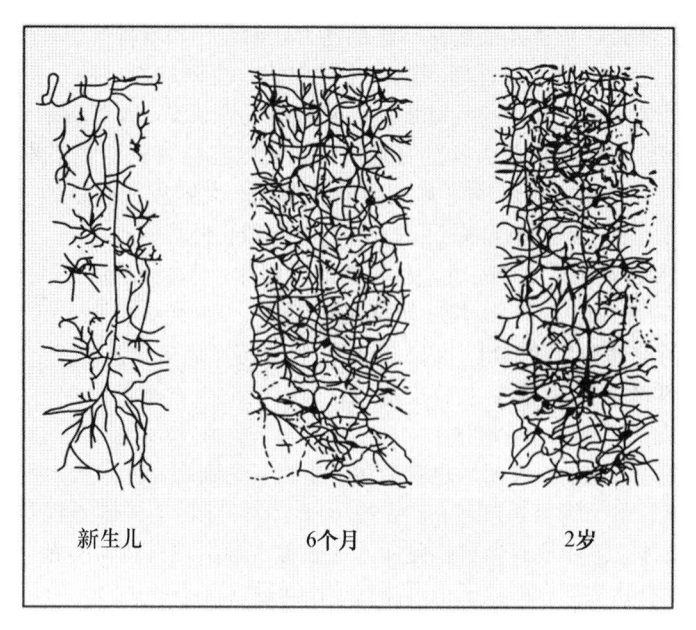

图 2-4 突触形成

神经元的明显增加是在儿童 2 岁前,这使得大脑可以基于经验来塑造。

儿童早期（3~5 岁）

大脑对葡萄糖的消耗量持续增长,因此到 4 岁时,儿童**葡萄糖率**①和大脑皮质的血流量是成年人的两倍（Chugani,1998）。这是因为大脑皮质的发育需要的能量急剧增加,相反,儿童期脑干所需的葡萄糖却是比较稳定的。

前额叶皮质中的许多区域变得越发互相联通,这与幼儿在集体生活中遵守规则的能力的增强、保持坐姿和举手等习惯的养成有关（Bunge & Zelazo,2006）。由于突触形成,在儿童进入幼儿园之后,大脑中形成比出生时更多的突触,甚至比现在作为成年人的你还要多。为什么儿童的突触会比你的多呢？那是因为你的神经元分支已经被"修剪"过了,然而"修剪"并非随机进行的,而是基于经验。当足够的电信号传递给突触时,突触在适宜的化学环境下得到巩固。当一些神经元一起重复地受到刺激时,就会形成固定的回路,而那些未使用的就被"修剪"了。你可能听过这样一种说法:"神经元彼此连接并相互作用。"当你和你的学生互动时,特定的神经元就会建立连接,你会影响相关的脑细胞建立连接,最终,你也将在塑造学生的大脑方面做出贡献。

儿童中期（6~12 岁）

在 9 岁至 10 岁之间,儿童大脑中葡萄糖率趋于稳定,是成年人的两倍,之后开始逐渐下降。在青春期开始时,前额叶皮质会出现第二次突触形成,然后在青春期之后趋于平稳（Blakemore & Choudhury,2006）。由于这种剧烈的运动,许多神经科学家认为生命的前十年是大脑发育的**敏感期**②（见第六章）。毋庸置疑,早期经验塑造了大脑,但重要的是要记住,大脑发育不只是在儿童早期,在儿童中后期仍持续进行（Fox,Levitt,& Nelson,2010）。

---

① 葡萄糖率（glucose rate）：葡萄糖的消耗速度,它预示着大脑中能量的使用。
② 敏感期（sensitive period）：生物学意义上的特定时间段,在这一期间孩子很容易发展特定的能力,过了敏感期之后改变的可能性较小。

青春期（13~19岁）

大脑在青春期变得更为高效，16~18岁时葡萄糖率下降到成年人水平，显示出能量的消耗逐渐减少。有三个关键改变使大脑更加有效：(1) 大脑不同区域间的联系更为通畅紧密；(2) 继续"修剪"——前额叶突触减少至成年人水平；(3) 前额叶皮质髓鞘增加。轴突在4~17岁之间变得越来越厚，尤其是在言语和运动技能区域。厚的轴突和髓鞘形成使得信息的传递越来越快、越来越精准（Giedd et al.，2009；Paus，2005）。在青春期中期，你的学生已有成年人般成熟的记忆力和信息处理能力。

青少年的大脑中也发生了化学变化，一些神经递质减少，多巴胺却会增加（Bjork，Lynne-Landsman，Sirocco，& Boyce，2012）。多巴胺通过改变对奖赏的感觉来影响动机，比如快速驾驶或者听嘈杂的音乐，包括人类在内的许多动物的未成年群体会增加其社会交际，寻求冒险和刺激，或许正是由于这些化学物质的改变。图2-5显示了对冒险的正面看法在青春期随着年龄的增长先增加后减少，在20岁时达到顶峰（Shulman & Cauffman，2014）。这种增长有助于青少年离家独立，但过量会导致问题。多巴胺还与精神疾病相关，例如抑郁症（见第八章），很多精神疾病就是出现在青少年时期。冒险和精神疾病的结合常常导致人们对青少年持消极的刻板印象，认为青少年大脑发育不完善。但也有不少心理学家对此表示反对，认为青少年吸毒、犯罪、生活混乱是由于对成年人的模仿（Males，2009）。

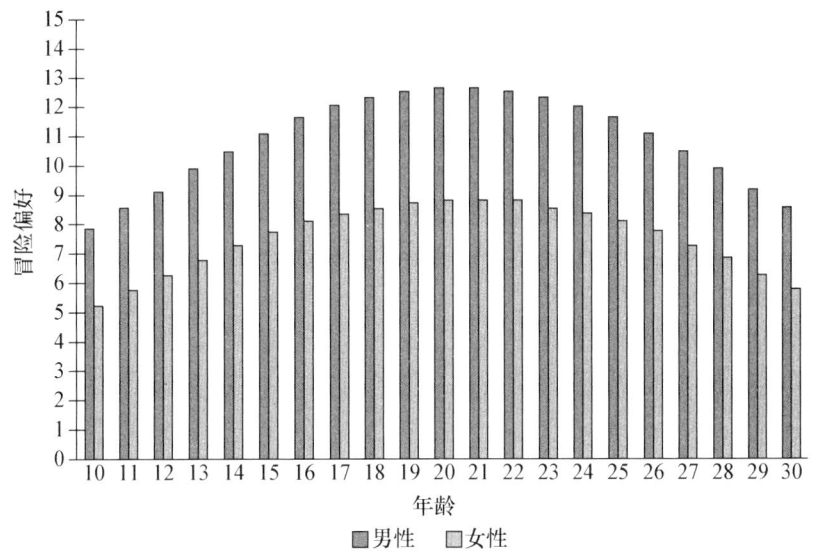

图2-5 对冒险活动看法的年龄差异

这幅图显示了不同年龄受访者对某项活动（例如骑自行车下楼、在波浪滔天时冲浪、酗酒）是"好主意"还是"坏主意"的评分。得分越高，说明对危险行为越积极。积极看待冒险行为的年龄高峰是什么时候？女性和男性有何不同？

资料来源：Shulman 和 Cauffman（2014）。

然而，青少年的大脑发育在该时期是面临挑战的。多巴胺在青春期早期（16岁之前）不断增长，但是前额叶的发育在20岁中期才能渐趋成熟。前额叶负责管理思维的过程，比如推理、抑制冲动、协调动作、控制情绪、平衡冒险与长远规划。你能发觉其潜在的问题吗？青少年在具有成年人一般的自控力之前，可能将危险行为视为一种极大的奖励（Bjork et al.，2012）。例如，当一群男孩子讨论比赛从体育场露天看台上骑车冲下去时，他们的脑中浮现的是："太有趣了，我们一起来做吧！"然而成年人的大脑中出现的则会是："这或许会有点意思，但是不值得冒险，会伤到脖子。"

像你这样的成年人的大脑，是否已经发育完善了呢？有关动物的研究显示，成年人的大脑仍在继续发育，这是学习的结果，大脑可以生长突触、树突以及像血管一样的支持性组织（Kolb & Whishaw，1998）。然而，早期的生活经验对大脑产生的影响要大得多，因为它直接决定了大脑的基本架构。

> **思考**
>
> 青少年倾向于在自控力得到完全发展之前把危险行为视为极大的奖励，这对许多社会政策的制定颇有意义。请讨论这将如何影响以年龄为基础的政策，比如年轻人到什么年龄才能取得驾照、买酒、参加选举、参军或作为成年人因犯罪而受审？

3. 大脑发育的个体差异

我们讨论了大脑的结构和一般年龄趋势，似乎大脑的发育是相似的，但是尽管对于不同的儿童，大脑的容量、形状和特定结构的位置存在普遍的相似性，然而，在突触的"修剪"、髓鞘的形成和其他因素上存在个体差异。

大脑发育的个体差异是什么？

大脑的不同或许能够解释智力的不同，也就是说，越聪明的人神经系统的反应越快，并且在解决问题的过程中大脑消耗的葡萄糖越少（Sternberg & Kaufman，1998）。大脑的差异还能解释社会性和情感能力的差异。为了帮助你理解这些，让我们来看看压力反应和行为抑制，因为这些是你在后续章节中要学习的特征的基础。

压力反应

当一个儿童感到有压力时，下丘脑会分泌一种激素，导致身体释放**皮质醇**①。皮质醇反过来会改变儿童的能量水平、情绪、学习和免疫功能。由于神经元的密度和大脑中化学物质的数量不同，每个儿童的应激反应也有差别。这些大脑差异可能是由**不良的童年经历**②引起的，这些不良经历包括在第一章中提到的风险因素，如贫穷、歧视、虐待、父母吸毒、暴力或消极的家庭环境（Shonkoff et al.，2012）。

压力反应不足的儿童更冲动，更具攻击性和犯罪倾向，也容易患多动症（Blair, Granger, & Razza, 2005；Van Goozen, Fairchild, & Harold, 2008）。他们不像其他孩子那样容易感到压力，所以他们不会因为自己行为不当的消极后果而退缩。压力反应过度的孩子往往会抑郁、焦虑、厌食。他们在面对轻度压力事件时皮质醇水平更高，比如和父母讨论如何在6分钟内完成家庭作业（Granger, Weisz, McCracken, & Ikeda, 1996）。平衡是理想状态，适量的皮质醇能够使儿童集中注意力并控制其思想和情绪。

行为抑制

压力反应过度的儿童会表现出行为抑制，或者倾向于回避陌生人、新事物。在社交场合，行为抑制通常被称为羞怯。轻度压力下，表现出行为抑制的孩子会心跳加速、瞳孔放大、肌肉紧张，皮质醇要高于其他儿童（Schmidt & Fox，2002）。当你看见一些害羞的学生在教室中畏畏缩缩时，或许他们的心跳正在加速。

行为抑制和大脑差异有一定关系，表现出行为抑制的儿童早在4个月大时大脑右半球就比左半球出现更多电信号活动（Hane, Fox, Henderson, & Marshall，2008）。大脑右半

---

① 皮质醇（cortisol）：身体产生的一种激素，作为对压力的回应。
② 不良的童年经历（adverse childhood experience，ACE）：早期的不良经验会造成长期的、强大的压力，这会给大脑结构和健康留下不可磨灭的印记。

球活跃的幼儿和母亲分离时会哭泣,长大一些后会成为害羞的学习者,当他们不得不在班级演讲时,心跳会加速(Davidson,2000)。相反,左半球活跃的儿童往往会比较外向,左边额叶倾向于发展积极的情绪,并乐于接受新鲜事物。

总之,脑功能的个体差异和智力、压力处理、与陌生人交往以及其他结果有关,接下来让我们来讨论大脑的差异来自哪里。

是什么预示了大脑发育的个体差异?

大脑差异发生在婴儿期并且有生物学基础,所以你可能认为这是基因所致。然而这不一定是真的。其也可能是经验的差异造成的。大脑随经验发生调适,经验又形成生物学特点。先天和后天都影响大脑的发展。

基因

在接下来的章节中,你会了解到大多数特质都有遗传特性。假定遗传影响大脑的差异,那么大脑60%~80%的区域的形成都来自遗传(Giedd et al.,2009)。然而正如第一章所讲,不会有足够的基因来精确形塑大脑中上万亿的突触。相反,基因使大脑产生过量的突触并对这些突触进行修剪。突触产生的目的是捕捉经验,并将其编入大脑的架构,这通常是较为有效的——因为如果所有重要连接必须在基因中精确编码,那么所需基因会更多。

经验

大脑随经验而改变的能力,被称为**大脑可塑性**①。相比人类,在动物身上对大脑可塑性的研究更多。例如,猴子大脑皮层中的不同区域与其每一个手指是息息相关的,假如一只猴子缺失了一根手指,那么大脑皮质将会重组,缺失手指所对应的大脑皮层中的神经元群会对相邻手指产生回应(Beatty,2001)。同样,当猴子被训练从茶杯中取物时,该手指所对应的大脑皮层的区域将会增加。人类的大脑也会对经验做出反应——杂技演员或者音乐家的技能所对应的大脑区域具有较高的密度(Paus,2005)。同理,盲人大脑中的视觉区域会被调整转而处理其他事务(Amedi,Merabet,Bermpohl,& PascualLenone,2005)。大脑皮质的大部分都不是仅专注于某一特定功能,其也能适应其他功能。

是否达到某一年龄后大脑就不再对经验做出反应呢?大脑的可塑性处于一个微妙的、逐渐消减的过程。一些神经科学家预测使大脑更有效率的"修剪"是以大脑可塑性的消减为代价的。随着时间的推移,学习变得越来越难(Tomas & Johnson,2008)。这也是为什么早期的匮乏会产生持续的影响,哪怕后期再进行干预。大约在10岁,这种可塑性渐渐消失。例如,相比大脑中语言区域在10岁后受损,大脑中语言区域在10岁之前受损语言技能要恢复得更好。10岁之后,语言获得能力并没有完全消失,但是发展的潜力却慢慢降低。儿童大脑的可塑性使他们在学习代数或第二语言时较成年人更有成效(Luna,2004)。然而,请记住,大脑的可塑性在某种程度上是贯穿终生的,否则你现在就不可能了解儿童的发展。

形塑大脑的经验包括生物因素。我们将在本章的后面部分讨论运动、营养、睡眠和药物使用等对形塑大脑的作用。经验也包括社会因素(Fox et al.,2010)。在其他章节你也会学习到依恋或者压力等经验对大脑的影响。与作为教师的你息息相关的另一个社会因素就是环境是否具有刺激性。

刺激性的环境能够促进大脑的发展。在经典实验中,赫布(Hebb)和他的学生发现,与在刺激性环境中成长的幼鼠相比,喂养在实验室的笼子中的幼鼠解决问题的能力更差。在他分别7岁和5岁两个女儿的热情帮助下,"更具有刺激性的环境"是他家的自由活动区

---

① 大脑可塑性(brain plasticity):大脑通过经验改变其结构和功能的能力。

域（Forgays & Forgays，1952；Hebb，1949）。其他研究者后来在猴子、小鸡、老鼠、松鼠和猫身上都发现了相似的研究结果，虽然他们精心制作了带有玩具的笼子而不是让这些动物在房间中自由活动，但结果依然如此。动物的大脑在刺激性的笼子中有更大的化学活性，如较厚的皮质、较多的突触、更多的细胞、较多的血管、较多的树突，这些都与在枯燥的笼子中被隔离圈养的动物的大脑形成了鲜明对比。

刺激性环境能够促进人类大脑发展（如图2-6所示）。例如，受过高等教育的人大脑的语言区域的树突比其他人多（Kolb & Whishaw，1998）。这些结果在与音乐有关的研究中得到了证实。受过音乐训练的儿童能在大脑的感觉和运动区域建立起更多的联系，其负责听觉的大脑系统更高效，从而其也更擅长阅读、学习语言、记忆和集中注意力（White，Hutka，Williams，& Moreno，2013）。在一个实验中，给予4～6岁儿童4周的音乐训练，在短暂的训练结束时以及一年以后可以检测到大脑功能的变化（Moreno，Lee，Janus，& Bialystok，2015）。这一结果也说明了时机的重要性，在7岁之前学习乐器的人与年龄较大后学习乐器的人有不同的大脑架构，儿童期的音乐训练对于儿童来说影响是终生的，即使成年后长时间不再进行乐器演奏（White et al.，2013）。

图2-6 大脑可塑性

对于教师而言，关于大脑最重要的经验是：大脑可以通过使用而发生改变，良好的教育能更好地塑造大脑。

不幸的是，儿童期的不良经历也会对大脑造成终生影响，慢性压力导致焦虑、恐惧、冲动，并影响未来处理压力的能力。这些也会导致儿童记忆力变差，并在学校中出现学习和行为问题（Shonkoff et al.，2012）。在第十四章你会了解到在非刺激性的孤儿院中成长的儿童，其大脑活动较正常儿童来说偏少，这或许是由于突触被过度修剪（Nelson，2007）。

关键结论是大脑是由基因和经验塑造随着时间的推移而形成的，基因决定了大脑的结构，经验调整了大脑回路的形成。

4. 大脑发育的课堂启示

"基于大脑的教育"这一运动正变得越来越流行，许多人声称神经科学的发展带来了教育的变革。有讽刺意味的是，这项运动导致了一些无科学依据的方法，比如开发大脑的"一边"或者进行与大脑特定区域有关的学习。对声称基于大脑的教育需要谨慎。有些说法是真实的，然而有些实验也显示，对于伴之以"大脑扫描显示……"等语句的不充分的解释，人们太容易轻信（Weisberg，Keil，Goodstein，Rawson，& Gray，2008）。神经科学的权威具有诱惑性，有时能够使一些信息看起来比实际上更合法或者更有用（Beck，2010；Lindell & Kidd，2013）。

尽管如此，神经科学显示出脑功能在某些方面与学业成绩有关系。例如，具有数学天赋的 8 年级及 9 年级学生，其大脑两个半球之间有更多的联系，与普通学生相比，其脑半球传递更多的信号（Singh & O'Boyle，2004）。问题是神经科学家并不知道是什么使大脑产生了这种能力，以及如何在其他儿童身上激发这种能力，或者说这对课堂教学意味着什么。换言之，神经科学家并不知道怎样充分地运用脑功能来帮助教师设计特定的教育实践（Ansari & Coch，2006；Varma，McCandliss，& Schwartz，2008）。然而，这对于作为教师的你有诸多启示：

（1）为你的学生提供最佳经验，因为经验可以形塑大脑。不幸的是，神经科学不能准确地告诉你什么是最佳的课堂经验。大脑发育良好的老鼠所处的"刺激性"环境仅仅是模仿它们所生存的自然环境。这可能意味着"丰富"的环境对于儿童来说是完美的，但事实上，"过于丰富"的环境对于儿童来说刺激太多，容易分散注意力。

（2）保持大脑营养良好。在一天中你的学生需要大量的氧气（伸展、运动）和葡萄糖来为大脑提供养料。本节开篇时提及，Z 老师发现提供零食能够提高幼儿专注完成任务的能力，中学阶段的老师需要关注并保持学生的营养，因为很多青少年常常不吃午餐。

（3）通过营造良好的、可预测的环境来降低学生的压力。过大的压力会干扰学生学习，并导致其产生攻击性行为和负面情绪。与正常儿童相比，皮质醇长期过高的儿童会在认知、动作、社会性等方面发展迟缓（American Academy of Pediatrics，1999）。

（4）让儿童重复练习重要技能，以巩固突触间的连接。

（5）通过强调对学习与适当行为的奖励充分利用他们对奖励的强烈反应。通过强调学习和适当行为对高年级青少年未来的影响充分激发他们的计划和推理能力。

（6）提倡高质量的儿童早期教育。前十年是孩子大脑发育的关键期。当儿童进入小学时，一半的时间已经逝去，对于许多前五年生活在非刺激性环境中的孩子来说，这段时间里孩子们的学习热情可能会得到更充分的发挥。学前儿童有学习语言、数学、音乐和艺术的能力，要用适当的方式进行教育。

儿童早期大脑发育的重要性应该予以重视，但有时却被夸大了。学前教育受益于媒体对儿童早期大脑发育的关注，及其对为儿童提供高质量教育项目的推动。然而，补救也是可能的，对于年龄稍大的处于困境中的孩子来说，同样需要高质量教育项目的帮助。

总体来说，神经科学的观点是，行动、思想、经验都能够形塑大脑，而不是仅有基因严格决定大脑的发展。在第一章中你学习了基因和环境影响大脑发育，第六章中你将了解新近的研究成果，它显示经验能够改变基因，所以敬请持续关注。关键信息是，在你的课堂中发生的事能改变学生大脑的发育，现在让我们来看看身体发展的其他方面对课堂的启示。

二、成长和运动发育

> 4 岁的本（Ben）对妈妈说："我现在都长大了。"妈妈有点惊讶，问他怎么知道自己长大了。他回答说："因为我可以独自过马路，我可以自己开灯，我的胳膊上长出了跟爸爸一样的毛毛，所以我长大了。"

本现在 16 岁。他比小时候重 100 磅，长高了 4 英尺。他不仅可以碰到电灯开关，而且他现在的协调能力足以让他接通电路。他不仅可以过马路，现在还能开车。然而，由于尚未达到青春期的最后阶段，他仍然没有"长大"。未来两年，他将会长得更高，肌肉量也会更大。在本节中，我们将讨论正常的成长与运动发育。

成长指的是身高、体重和身体组成的变化。运动发育是指控制力和运动的熟练程度的变化。起初，婴儿的运动控制力很弱，但他们的精细运动技能会逐渐发展，包括轻微的肌肉运动，如捡起豆子等动作。他们还将发展粗大运动技能，包括大量的肌肉运动，如走路或投掷等。

1. 成长和运动发育的年龄趋势

成长速度随年龄而变化。美国疾病控制与预防中心（CDC）公布的成长表显示了每个年龄段的平均身高和体重。图2-7显示了这种成长过程。运动协调能力也随着年龄的增长而提升。

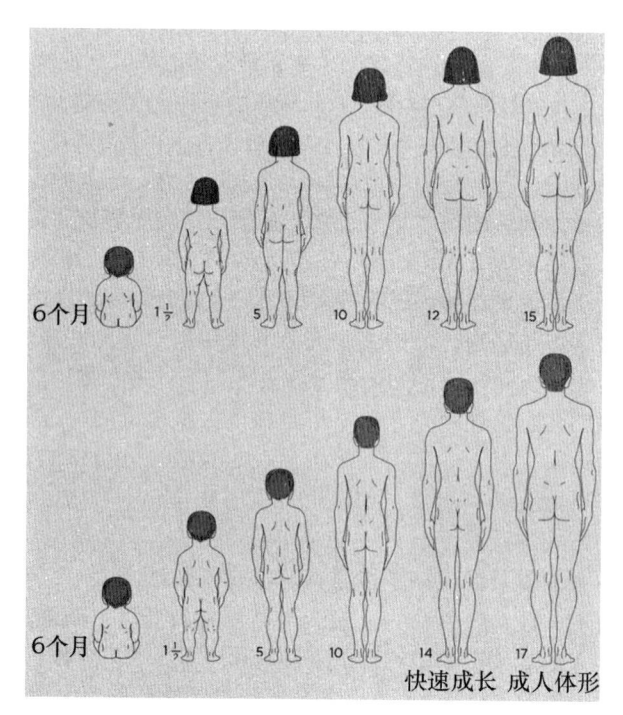

图2-7 男孩与女孩的成长过程

你注意到比例、体型和尺寸发生了什么变化？
资料来源：转引自 Tanner（1973）。

婴儿期与学步期（0～2岁）

怀孕的最后3个月是胎儿快速成长的重要时期，因为其身体主要结构大多已经开始运转。正常新生儿的体重可能在5.5到10磅之间，但出生体重无法预测成年人体形。例如，我的一个儿子出生时非常大，体重达9.3磅，但他长大后的身高仅达到平均水平。

婴儿期的成长是显著的。出生后，婴儿每个月的体重增加1磅多，因此5个月大的婴儿体重较出生时已然增加了一倍。婴儿第一年增高约10英寸，第二年增高约5英寸（Rogol, Roemmich, & Clark, 2002）。

婴幼儿的运动发育也十分显著。新生儿无法抓住你放在他面前的玩具,也无法自己坐起来,但到了 2 岁,他们就能够走路了,也可以弯腰捡起地上的豆子。表 2-1 列出了这种显著的运动发育。

表 2-1　婴儿时期到 10 岁的运动里程碑

年龄	精细运动技能	粗大运动技能
2~3 个月	● 用手臂挥动或做击打动作 ● 尽力抓握,但协调性差	● 俯卧时能抬起头* ● 从俯卧到侧卧
4~6 个月	● 手变得松散* ● 伸手抓取物体 ● 用全部手指将物体握在手掌中(手掌尺骨抓握) ● 把手指放在躯干中央*	● 俯卧时保持整个上身直起* ● 可在没有帮助的情况下坐起 ● 可触碰双脚玩耍 ● 从俯卧到仰卧*
6~10 个月	● 双手使用协调,并在双手间传递物体* ● 在胸前撞击物体* ● 用食指点戳 ● 用 4 根手指翻动小物体*	● 爬行或慢慢移动* ● 可在没有帮助的情况下坐起,再接着躺下* ● 从仰卧到俯卧 ● 扶着物体时能站立起来,然后拉拽着保持站立*
10~14 个月	● 用拇指和食指拾起小物件(钳状抓握)* ● 用杯子喝水 ● 翻页 ● 堆叠两个立方体 ● 将一个积木放入杯中*	● 爬上楼梯 ● 站立* ● 在别人的帮助下步行,接着独立行走*
15~24 个月	● 使用勺子或叉子 ● 模仿涂鸦,然后自发涂画* ● 堆叠 2 个立方体,然后是 3 个或更多* ● 将 10 个积木放入杯中 ● 用 4 根手指握住铅笔,抓着它握成拳头。由肩膀控制铅笔移动	● 蹲下来拾取物品 ● 用手扶着上楼梯* ● 倒着走* ● 奔跑,但仍比较僵硬* ● 爬上家具 ● 踢球 ● 用高过头顶的动作投球
2~3 岁	● 堆砌 3 个积木,然后是 4 个积木* ● 用勺子吃东西 ● 把分散的东西聚拢 ● 将黏土揉成形状 ● 比拟水平线和垂直线,然后是圆形* ● 绘制有头部及其他一个身体部位的人*	● 蹲下玩耍 ● 双脚交替上楼梯* ● 下楼梯 ● 向前跑 ● 双脚跳跃 ● 开始单脚站立 ● 骑没有踏板的玩具
3~4 岁	● 拧下盖子 ● 抓住铅笔尖 ● 书写可辨识的字母。字母比较大,大写,不一致,并且越到单词的末尾写得越大 ● 以 6 个部分或 1 个简单的十字来绘制"蝌蚪"人* ● 画画 ● 用剪刀剪 ● 按中号按钮*	● 下楼梯 ● 单脚跳 ● 骑带踏板的玩具 ● 爬上和爬下家具 ● 开始抓住一个弹跳球 ● 不用扶独自上楼梯

— 47 —

续表

年龄	精细运动技能	粗大运动技能
5~7岁	• 拉拉链和系鞋带 • 能够学习弹钢琴或拉小提琴 • 用手指和拇指控制铅笔。用肘部控制铅笔移动。 • 更规范地写字和画画,但写字仍不稳定且不一致。字母写得越来越小。一定程度上掌握了大写字母,但在3年级阶段小写字母仍然比较困难,尤其是带斜线或曲线的字母	• 单脚跳 • 双脚交替蹦跳 • 跳绳 • 在平衡木上行走 • 能更顺畅地投球、抓球和踢球 • 开始参加有组织的游戏(如跳房子)和体育运动(如足球或棒球) • 通过培训,掌握滑冰、滑雪、骑自行车和其他专业技能
10岁	写字时通过旋转前臂、更少弯曲食指来控制铅笔。在4年级左右学会正确控制字母间距	充分参与体育运动;可以做与成年人相同的活动,但力量较小,协调性较差

资料来源:Payne和Issacs(1994)、Johnson和Blasco(1997)。

注:*这是大致的年龄发展趋势。请勿使用此表来诊断发育迟缓。

儿童早期(3~5岁)

与婴儿相比,学龄前儿童的成长较慢。他们的成长速度减慢到每年只长高2至3英寸,增重5磅(如图2-8所示)。大多数儿童在3~4岁时的身高比出生时翻了一倍(Rogol et al.,2002)。与出生时的体型不同,4岁儿童的体形与成年时期体形密切相关($r=0.80$)(Tanner,1985);也就是说,身材高大的4岁儿童很可能成为高大的成年人。

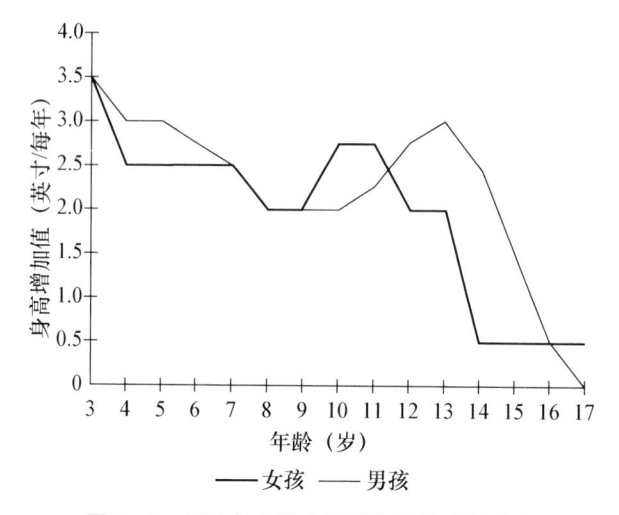

图 2-8 男孩与女孩在不同年龄的成长速度

观察儿童阶段的成长变化比例,你能得出什么结论呢?女童和男童的成长模式在几岁时出现差异?女孩和男孩分别在几岁时进入青少年发育突增期?

资料来源:www.cdc.gov/growthcharts。

粗大运动技能和精细运动技能不断完善;5岁时,孩子们可以扔球和堆叠立方体。然而,变化最明显的运动发育可能是走路的质量。学步期儿童的摇摆步行在4岁前变得稳定、顺畅,近似成年人步行的质量。

儿童中期(6~12岁)

儿童中期的成长不如婴儿时期那么显著,但男孩和女孩在青春期前每年都平均增高2至3英寸,增重5至6磅(Rogol et al.,2002)。另外,长高的速度临近青春期时就会减缓。

在儿童中期，精细运动技能的质量会大幅提高。这就是为什么 1 年级学生写字与年龄较大的孩子有明显不同（见图 2-9）。在跳跃、投掷、平衡和悬吊等粗大运动技能方面，儿童的速度、敏捷性和控制力都有进步，尽管并不十分显著（Malina, Bouchard, & Bar-Or, 2004）。教 1 年级学生的话，你会发现一个有趣和可爱的现象，那就是他们离开座位的频率。他们很难在在座位上保持平衡的同时举手。到儿童中期，他们才会更好地有意识地协调肢体，从而保持平衡、接球或写下自己的名字（Thelen, 1995），他们的协调能力也才足以使他们参与棒球和其他规律性运动，如跳房子和贴标签等。

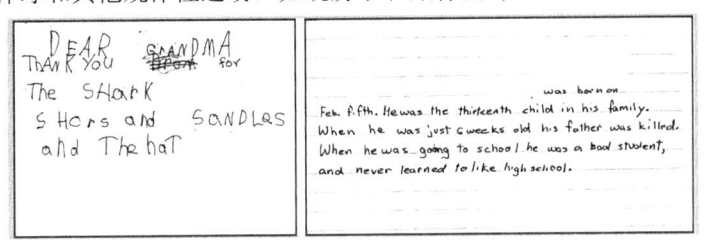

图 2-9 书写示例

这些是同一个男孩在 6 岁和 10 岁的书写示例。第一张便签写的是：Dear Grandma, Thank you for the shark shorts and sandals and the hat（亲爱的祖母，谢谢你给我的鲨鱼短裤、凉鞋和帽子）。他的书写在 4 年间发生了什么变化呢？

许多人认为，在所有年龄段中，儿童在学龄前是最活跃的。实际上，身体活动在儿童中期最为活跃。有研究用绑在手臂和腿上的运动记录器（测力计）记录从幼儿到青年各个人群的全天候运动情况，结果表明，运动从婴儿期开始增加，在 7~9 岁时达到峰值，随后降低（如图 2-10 所示）。

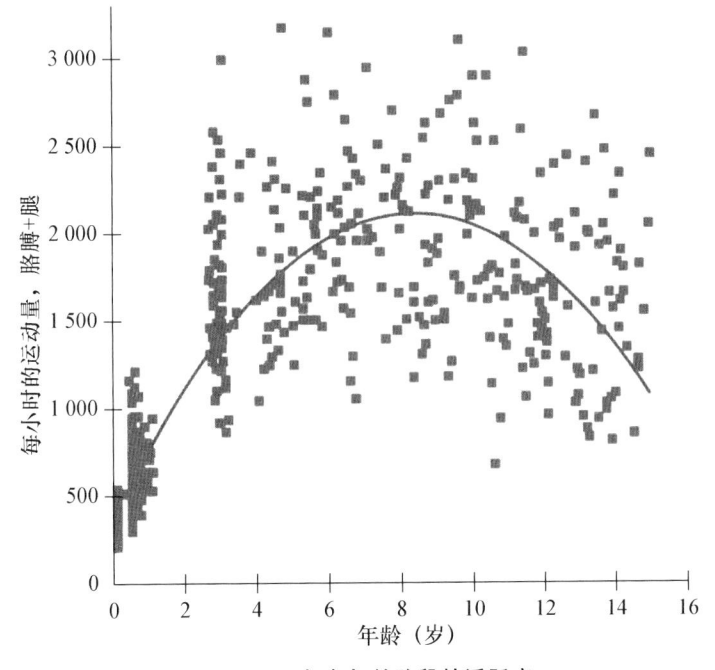

图 2-10 各个年龄阶段的活跃度

图中的点代表儿童，点的分布展现出大范围的个体差异。曲线代表各个年龄的平均水平。平均来看，几岁儿童最为活跃呢？

资料来源：Eaton，McKeen 和 Campbell（2001）。

青春期（13～19岁）

青少年会经历发育突增（如图2-8所示）。青少年发育突增的时间和速度各不相同。这时的发育突增差异与最终成年时的身高无关。也就是说，过早进入发育突增期的青少年成年时个子不一定高。

青春期

发育突增[①]是青春期的特点之一，进入该阶段，儿童身体会发生很多变化，包括：

- 飞速生长；
- 肌肉和脂肪比例改变。男孩获得的肌肉更多，而女孩获得的脂肪更多（Ogden, Yi, Freedman, Borrud, & Flegal, 2011）；
- 发展主要性别特征，如男性睾丸和女性卵巢；
- 性成熟，指女孩的初次月经，或男孩的第一次射精；
- 发展第二性征（Shirtcliff, Dahl, & Pollak, 2009）。女孩遵循这样的顺序：痤疮、乳房发育、身高增加、阴毛、体重增加，最后是月经初潮。男孩遵循这样的顺序：睾丸生长、身高增加、阴毛、力量突增、初精、声音变化，最后是面部毛发。对男孩来说，青春期也会带来激素变化，心血管能力增强，从而使其运动技能得到提高。

> **思考**
>
> 儿童活动发展的高峰是7～9岁，这也是多动症确诊的主要阶段。你该怎样看待这种过度活跃的状态？是将其视为正常还是视为病态？针对该年龄阶段儿童的学校课程该如何构建？

青春期是一个持续数年的渐进过程。青春期不像打开了一个开关那么突然，也不仅仅是女孩的初潮或男孩的初精，它开始得更早。新生儿的性激素水平激增，几个月后会下降并持续数年保持不变。直到6～11岁，大概在4年级时，肾上腺功能开始出现，这代表着肾上腺的成熟。这些腺体分泌雄激素。在肾上腺素分泌期间，儿童会出现体臭、油性皮肤，长出阴毛；出现一个小的发育突增期，并伴随有外生殖器的改变。接着，激素逐渐平稳，直到性腺初育引发激素再次上升到成年人水平。性腺初育带来睾丸或卵巢的最终成熟，分泌雌激素（女孩）或雄激素（男孩）。

身高也可能突然增加，初潮或初精也可能突然到来。还伴有其他变化，如乳房或睾丸生长，而这一过程往往会持续3至5年。儿童的成长节奏或速度各异（Marceau, Ram, Houts, Grimm, & Susman, 2011）。一般来说，女孩的初潮出现在12～13岁，男孩的初精出现在14～15岁（Chumlea et al., 2003; Rogol et al., 2002）。因此，我们可以认为，青春期开始于6～8岁，结束于15～22岁。同龄的青少年在青春期的发展存在很大差异。

2. 成长和运动发育的个体差异

上文描述的成长和运动发育的年龄趋势是指不同年龄儿童状况的平均值，但儿童之间存在很大差异。例如，大多数儿童在12个月大的时候学会走路，但在9到17个月之间任一时候学会走路都是正常现象。我们的第一个孩子8个月大时就开始走路，而第二个孩子直到14个月才开始走路——整整相差了6个月！

---

① 发育突增（puberty）：儿童进入成年期时发生的身体变化，包括第一和第二性征及生育能力的发育。

成长和运动技能的个体差异会带来什么影响？

你可能会认为越早学会走路的人越聪明，但事实并非如此。只要是在正常年龄范围内即可，运动发育早并不表示智商高。但若儿童未能在正常年龄范围内发育，或形成了不寻常的运动模式，可能就意味着他们存在认知问题。

运动、认知和社交问题可能会同时发生，因为它们有同样的潜在神经根源，例如你之前了解到的多动症与运动技能间的联系。此外，严重的运动发育迟缓可能导致其他方面的发育迟缓，因为孩子们通过运动来了解世界。例如，一个正在走路的婴儿从他处得到一个物体，他能够触碰、敲打和探索这个物体，并与看护人分享，而同龄的仍在爬行的婴儿却无法做到（Karasik，Tamis-LeMonda，& Adolph，2011）。因此，运动技能可以使儿童与他人建立联系。运动技能也使得习得谈话、阅读和写作等对于获得好的学业成绩而言非常重要的技能成为可能。这也是儿科医生通常会在检查时比照运动发展指标（motor milestone）的原因。

儿科医生也会定期对儿童进行检查。这是因为当儿童未能在正常年龄范围内成长时，可能出现了问题。一类成长问题是儿童出生时很小，这可能会导致后期的学校问题。这一内容将在专栏2-2中讨论。另一类问题是青春期来得过早或过晚。

专栏2-2　　　　　发展中的挑战

低出生体重

低出生体重（low birth weight，LBW）定义为小于5.5磅（2 500克）。大约8%的婴儿是LBW，其中14%是非裔美国婴儿，还有6%~8%为其他种族[①]。最常见的造成LBW的原因是在妊娠37周前出生或早产。然而，无论是否早产，婴儿都可能会出现因胎龄而发育迟缓（small for their gestational age，SGA）的问题。LBW和SGA婴儿比早产但体型正常的婴儿存在更大的风险。LBW、SGA和早产都存在风险，而且它们经常一起发生。

LBW产生的其他常见原因还包括母亲在怀孕期间滥用药物、母亲年龄过小，或怀有双胞胎（FIFCFS，2009）。然而，大约40%的早产和/或SGA婴儿问题产生的原因尚不清楚。一些科学家认为，原因可能在于母亲怀孕期间压力过大（Coussons-Read，2012）。而压力可能是由经历过的歧视、家庭暴力，以及对照顾婴儿存在担忧等原因造成的。

婴儿出生时体重过轻的后果为何如此严重？LBW、SGA和早产与许多发育问题有关，包括[②]：

- 某些身体部分尺寸略小，包括进入青春期时的头部大小。
- 延缓运动发育，有些孩子可能会后期赶上，但运动迟缓通常出现在学龄期。
- 社会情感问题，特别对男孩而言，容易出现如控制情绪和行为困难、自尊心弱、被同伴排斥等问题。
- 认知问题，如智商低、记忆力差、反应速度慢、注意力不集中等。
- 学校问题，如数学和阅读测试成绩低、学习障碍（特别是数学）、留级和特殊教育安置。

[①] 更新数据见 www.childstats.gov。
[②] 有许多研究证明了这些结论，这里列出一些例子：Aarnoudse-Moens，Weisglas-Kuperus，van Goudoever 和 Oosterlaan（2009）；Basten，Jaekel，Johnson，Gilmore 和 Wolke（2015）；Clark，Woodward，Horwood 和 Moor（2008）；Goosby 和 Cheadle（2009）；Li-Grining（2007）。

虽然有些问题可能在青春期早期才会变得更加明显（Rose & Feldman，2000；Taylor，Klein，& Hack，2000），但从婴儿期到青春期都可察觉到这些问题。

出生体重越轻，出现这些问题的可能性就越大（Aarnoudse-Moens，Weisglas-Kupe-rus，van Goudoever，& Oosterlaan，2009）。也就是说，出生体重为1.5磅的婴儿的在校成绩往往低于出生体重为3.5磅的婴儿。他们也更容易出现严重的身体问题，如头部出血或肺疾、髓鞘和大脑发育不成熟等（Clark，Woodward，Horwood，& Moor，2008）。

然而，并非所有LBW婴儿、SGA婴儿或早产儿都会出现问题。由于新生儿医学的进步，即使儿童出生时的体重非常低，成年后也可能十分健康（Rickards，Kelly，Doyle，& Callanan，2001）。在一项研究中，32%的体重不超过1.5磅的婴儿没有出现明显的问题（Taylor，Klein，Minich，& Hack，2000）。但如果LBW儿童既有身体问题又有冷漠的父母，他们的情况就会更糟（Landry，Smith，Miller-Loncar，& Swank，1997）。

如何帮助LBW儿童？ 一个良好的家庭环境可以弥补LBW的缺陷（Goosby & Cheadle，2009）。如果LBW儿童有回应性强、敏感度高的看护人和刺激性强的家庭，那么他们可能会成长得很好。因此，帮助LBW儿童的方法之一是提高育儿质量，但这一举措应尽早实行，因为在进入学校时学业成绩的差距已然显现。

提高育儿质量是很困难的。即使资金充足的密集型项目在长期内也可能只产生非常小的影响（McCormick et al.，2006）。然而，在挪威的一项实验中，父母被教会"读出"他们早产的孩子行为背后的原因，并根据这些线索与之进行互动（Landsem et al.，2015）。与其他早产儿相比，这些儿童在7～9岁时能够更好地集中注意力，在学校出现的困难更少，并且需要特殊服务的可能性更低。一些更简单的项目也证实了帮助LBW婴儿或早产儿茁壮成长的希望的存在性。其中有一个叫做"袋鼠护理"（Kangaroo Care）的项目。小小的婴儿被放在母亲胸前，肌肤直接接触，就如袋鼠一般，而不是被放在保温箱中（Baley et al.，2015）。另一种方法是按摩婴儿（Field，Hernandez-Reif，& Freedman，2004）。母乳喂养是另一种简单但特别重要的早产儿干预措施。

对教师的启示。 一些LBW儿童在学习时可能难以理解算术、掌握新概念或灵活思考。这些困难早在幼儿园就会发生，并且随着高中愈加复杂的学校作业而持续甚至变得更糟（Aarnoudse-Moens et al.，2009；Goosby & Cheadle，2009）。这些学生可能需要更多时间完成课堂任务，在组织工作方面需要帮助。然而，并非所有的LBW学生都会遇到这些困难。其他风险因素，如受教育程度低的单身母亲，比低出生体重的影响更大（Breslau，Johnson，& Lucia，2001；Goosby & Cheadle，2009）。此外，更多的学生接受特殊教育是由于负面环境，而不是LBW。

思考

不同国家低出生体重与在数学、阅读、拼写及自控力方面表现更差之间的效应量为0.43～0.76（Aarnoudse-Moens et al.，2009）。这意味着什么？你是否应该假设在你的学生中，低出生体重儿将会出现课堂问题？请用第一章所学到的关于研究和效应量的知识来论证你的答案。

在同龄人中，更早成熟的女孩更容易出现行为问题，她们会感到沮丧、出现社交焦虑、滥用药物现象，并认为自己没有晚成熟的女孩那么有吸引力（Blumenthal et al.，2011；

Ge & Natsuaki，2009）。早熟女孩可能会与年龄较大的男孩交往、约会，甚至发生混乱的性行为。不过，早熟的女孩在学业成绩上跟同龄人并无任何区别。女孩较晚成熟也容易出现问题。相比同龄人，晚熟的女孩更有可能患上抑郁症。

早熟和晚熟对男孩来说也是一个挑战，但这种影响效果更弱，持续时间更短。例如，晚熟的男孩外在形象不好，但这在青春期后期会有所改善。同样，早熟和晚熟的男孩相比同龄人更容易感到沮丧，也更容易犯罪（Negriff & Susman，2011）。

早熟主要会对问题儿童产生负面影响。也就是说，早熟未必可能会造成不好的后果，但它会对那些面临风险因素的儿童产生更大的危害，这些风险因素包括严苛的父母、贫困的社区环境、不良的朋友等（Negriff & Susman，2011）。

作为一名教师，你可以告诉那些提前进入青春期的儿童："差异"只是暂时的，他们的同伴之后也会发生跟他们类似的变化，以此减少他们的失落。你可能还需要处理那些发生在你学生身上的性骚扰。最重要的是，你应该把他们当作孩子看待；即使他们看起来更像成年人，也不要期待他们像成年人一样具备各种应有的能力。一个11岁的孩子即使完全发育了，也仍然只有11岁。

什么因素会导致成长和运动技能方面的个体差异？

有许多因素会影响成长和运动发育。在此我们主要讨论四个因素：基因、锻炼、营养和亲子关系。

基因

从1925年开始，阿诺德·格塞尔（Arnold Gesell）逐渐确定了幼儿正常成长和运动发育的顺序（Gesell，1933）。今天儿科医生仍在使用的运动发展指标正是以此为基础的。格塞尔是一个成熟主义者，也就是说，他相信运动发育完全由遗传基因所控制，环境并不会加快或者减慢运动发育的速度。

对这种成熟主义观点，有一些研究给予了支持。例如，霍皮族曾通过将婴儿固定在摇篮板上来限制婴儿的运动，但这并没有延迟婴儿运动技能的正常发育（Thelen，1995）。此外，在第一章中我们已经了解到成长完全是一个强限向发育过程。当一个孩子因为生病或营养不良导致一定程度的成长减缓时，只要存在的问题得到解决，他就能和同龄人一样快速成长。但是，极端的成熟主义观点并不是完全正确的。虽然基因可能决定了身体发育的基本顺序，但儿童还是会受到环境影响。例如，年复一年的营养不良将长期阻碍成长。因此，下一节会讲到环境对身体发育的影响。

锻炼

像格塞尔这样的狂热的成熟主义者认为，在孩子发育到足以学习技能之前，对他们加以训练是没有任何意义的。为了验证这一观点，默特尔·麦格劳（Myrtle McGraw）在1935年对约翰尼（Johnny）和吉米（Jimmy）开展了著名的双生子实验。这对双胞胎在家中排行第六和第七。他们的家庭是一个美国爱尔兰天主教家庭，住在五间"黑暗、通风不良的房间"里，仅由厨房里的一个煤炉供暖，是典型的中产阶级城市住房（McGraw，1935，p.35）。孩子们在街上玩耍，这一家人在外人看来是快乐和聪慧的。在孩子1个月到26个月大的时间里，每周有5天麦格劳都将这对双胞胎带到她的实验室。在实验室里，当吉米被放在婴儿床上时，约翰尼接受了特殊的运动技能训练。所以，约翰尼比吉米更早学会了够取物品、游泳、攀爬滑梯及轮滑这些技能。然而，吉米在与约翰尼差不多年龄时也学到了一些技能，如走路、坐立、骑三轮车。此外，吉米在比约翰尼更大一些时学习相同技艺，如轮滑，学习速度跟约翰尼相比更快一些。

这个实验的结论是，你可以通过训练来加速儿童的运动发育，但程度有限。年龄较大的孩子将以更快的速度发展运动技能，并且无论是否接受培训，一些技能都得等到生理成熟才能掌握。从我们的开场故事来看，不管本如何努力，在他 14 岁的时候都无法成功完成引体向上。一年后，经过青春期，他的肌肉数量增加，可以做七次引体向上。因此，锻炼和成熟都发挥着作用。

锻炼不仅能提高运动技能，还可以提高力量和耐力，塑造健康的骨骼和肌肉，增加积极情绪，减少焦虑和压力。它可以促进孩子与其他孩子的交往，提高孩子的自尊和吸引力。但是，也有可能造成过度锻炼。以培养精英、国家级儿童运动员为目的而进行的高强度训练可能会给儿童造成压力并破坏同伴关系，还可能延缓成长、推迟女孩的青春期（Georgopoulos et al.，2010），造成运动过度的伤害（DiFiori et al.，2014）。

不幸的是，很多孩子都缺乏锻炼。大约 20 年前，美国卫生局局长（the U. S. Surgeon General）将缺乏身体锻炼称为一种主要流行病，目前这种情况愈加严重（Morrow, Jackson, & Payne, 1999）。一个新名词甚至应运而生：运动障碍症（exercise deficit disorder）（Faigenbaum, Best, MacDonald, Myer, & Stracciolini, 2014）。许多婴儿因为越来越"受保护"而被剥夺了锻炼的机会，这意味着他们大部分时间待在婴儿座椅、折叠式婴儿车和其他限制其移动的工具中。许多学龄前儿童在学校长时间坐着（W. H. Brown et al., 2009）。学龄儿童每天超过 2 小时的久坐行为容易造成超重、健康状况不佳、自尊心弱、学业成绩低等问题（Tremblay et al.，2011）。超过 70% 的 6～17 岁儿童不符合国家体育活动指南的要求。该指南提出，每天进行 60 分钟的有氧运动，足以让你出汗或喘粗气（DHHS, 2008）。一些年轻人通过游戏和团队运动的方式来获得充足的锻炼。

营养

营养不良是全世界导致发育迟缓的最常见的原因。营养不良会延迟青春期，而肥胖会加速青春期。这意味着超重的青少年会比其他年轻人更早发展出第二性征。营养不良还与智力低下、学业成绩差、烦躁、冷漠有关（Wachs, 2000）。营养不良会影响脑细胞的生长、神经递质和髓鞘的形成。

铁和蛋白质缺乏是影响大脑发育的常见原因。在美国，幼儿和少女最容易出现缺铁症；他们当中约 9% 出现贫铁。贫铁婴儿在智力测验中的得分比其他婴儿低 10 至 12 分（Rao & Georgieff, 2000）。如果在母亲怀孕期间或在婴儿早期缺乏营养，那么后果可能是永久性的，但如果营养缺乏发生在童年后期，则可通过补充铁加以弥补。这也是母乳喂养极其重要的众多原因之一。

大脑研究

锻炼塑造更好的大脑

锻炼促进大脑活动和发育（如图 2-11 所示）。研究发现，除了 IQ 和社会经济地位的影响外，活跃的、身体健康的儿童能够更好地控制他们的注意力，记忆力更好，并且测试分数高于不健康的儿童（Castelli et al., 2014；Hillman & Drobes, 2012）。尽管这些研究大多都是相关性的，但在成年人和儿童间开展的随机实验（见第一章）的结果表明，运动可以改善大脑功能。例如，在一项关于久坐的研究中，超重的 7～11 岁儿童在课外训练中每天锻炼 40 分钟，持续 12 周。3 个月后，与对照组相比，他们具有更好的认知能力、更高的数学测试分数，前额叶皮质中的活动也更为活跃（Davis et al., 2011）。为什么会有这样的结果？通过动物研究发现的一种可能性是大脑在运动后能形成更多的新神经元（Bryck & Fisher，2012）。

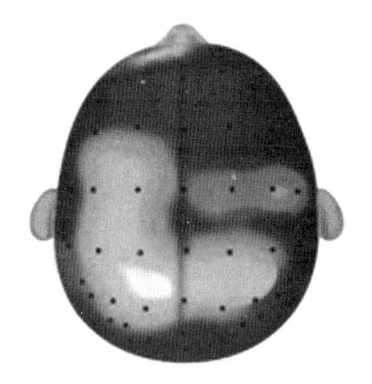

静坐后的大脑　　　　　　步行20分钟后的大脑

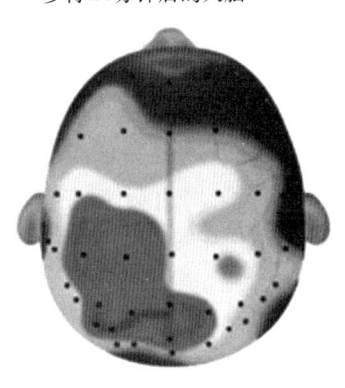

图 2-11　运动促进大脑功能发展

上图显示了 9～10 岁儿童静坐（如在教室中）与步行 20 分钟后大脑的电活动差异。步行后孩子有更好的注意控制力和考试分数。这一结论与论证学习与运动关系的研究有怎样的联系呢？这对你们教室中的学生意味着什么？

资料来源：Hillman，Ponitfex，Raine，Castelli，Hall 和 Kramer（2009）。

母乳具有独特的营养成分，可满足婴儿的需求。尽管像配方奶这样的替代品足以促进婴儿生长，婴儿也不需要母乳喂养来构建紧密的母子联系，但母乳喂养的婴儿还是具有一些优势，例如：

- 婴儿期较少出现腹泻、耳痛、哮喘等疾病，今后的生活也较少出现过敏、消化不良等问题；
- 童年后期肥胖率较低；
- 婴儿期具备更好的问题解决技能，在青年时期智力测验中得分略高（无论父母智商高低）；
- 青春期抑郁率较低。

母乳喂养为母亲带来的健康益处包括推迟月经的到来、产后体重恢复更快、癌症风险降低、骨骼更健康以及节约经济成本。

科学家们试图仿制母乳，但这些尝试并没有完全成功。母乳中含有促进大脑发育的特定脂肪酸（Soliday，2007），而配方奶喂养的婴儿大脑中含有的脂肪酸较少。实验发现，通过将这些脂肪酸添加到配方奶中，婴儿可能会发展出更好的记忆力、注意力和解决问题的能力，但这些效果不一定都会出现，并且可能存在副作用，例如提高感染的概率（Drover et al.，2009）。

世界卫生组织（The World Health Organization）和美国政府都在努力倡导母乳喂养。美国的目标是让婴儿在前 6 个月内完全依赖母乳，在 6～12 个月间可喂母乳及含铁补充剂的其他食物。但这一目标至今尚未实现。不能母乳喂养的原因有很多。此外，患有特定疾病（如艾滋病）或滥用药物的母亲不应该进行母乳喂养，因为毒素可能通过乳汁传给婴儿（American Academy of Pediatrics，2001）。

年龄较大的孩子应该吃什么保持健康？2015 年，美国政府发布了新的膳食指南以支持其"我的餐盘"（My Plate）活动（DHHS，2015）。这一活动的基本内容包括：孩子们应该多吃水果、蔬菜和全谷物，增加低脂肪肉类和乳制品的摄入，喝水而不是喝含糖饮料。（对不起，薯条、番茄酱和薯片不算蔬菜。）理想情况下，通过脂肪获得的卡路里应该低于30%。

按照这些指导原则，大多数美国儿童脂肪和糖分摄入过多，水果和蔬菜摄入不足（DHHS，2015）（如图2-12所示）。孩子长大后的饮食质量会变得更差。仅有大约27%的2~5岁儿童，以及不到10%的6~9岁儿童饮食均衡（FIFCFS，2009）。青少年时期的女孩比男孩更难获得足够的牛奶、水果和蔬菜，这可能导致她们的骨骼发育不足（Grunbaum et al.，2002），而碳酸软饮料只会使情况变得更糟，因为饮用此类饮料的少女比其他女孩骨折、患成年人骨质疏松症的风险更高（Wyshak，2000）。

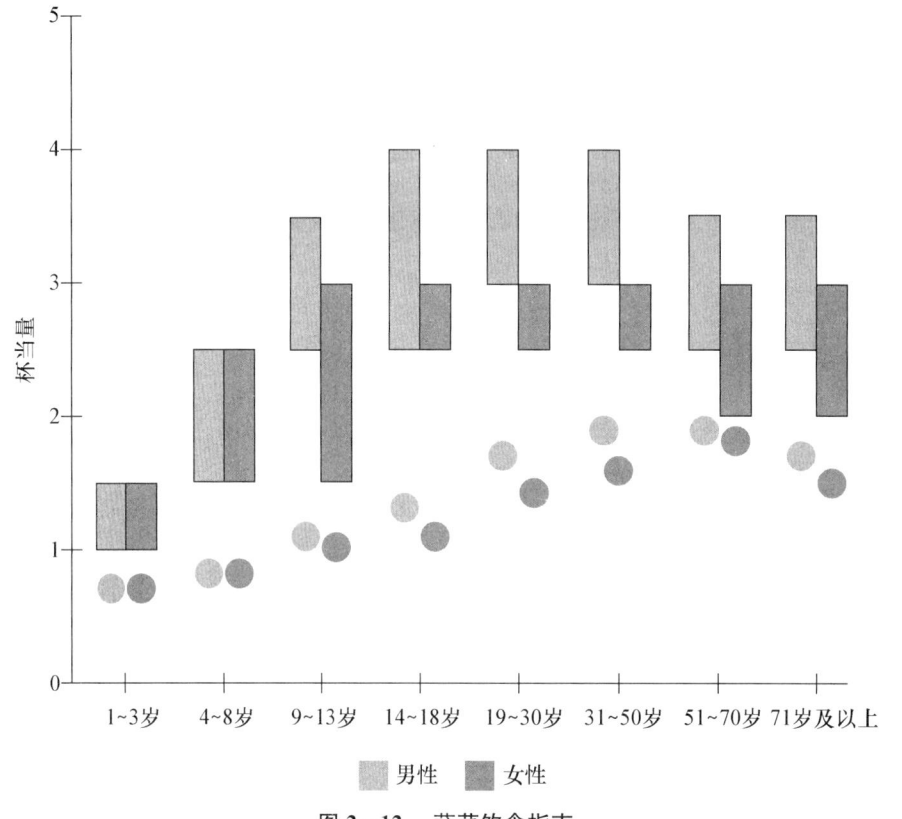

图 2 - 12　蔬菜饮食指南

竖条表示建议的摄入范围，圆圈代表平均摄入量。从平均数来看，儿童尚未按照美国联邦膳食指南的要求，摄入充足的健康食物，如蔬菜等。哪个年龄段呈现最大差距？男孩和女孩的差距一致吗？为何在一些年龄段中，对男孩和女孩会有不同的摄入建议？

资料来源：DDHS（2015）。

糖使儿童"亢奋"是一个常见的谣传。研究表明，食糖不会影响一般儿童的行为（Sciutto，Terjesen，& Frank，2000）。这是研究不断进步的表现。因为早期的相关研究发现，糖和过度活跃的行为之间存在联系。然而，后来的研究进行了控制良好的实验，其中对照组接受安慰剂而不是糖，结果没有在糖与过度活跃之间发现联系。最简单的解释是，可能是参加派对让孩子们十分激动，这并非糖的作用。但是，也可能是含糖食物中的其他化学物质引发了孩子们的一些反应，例如咖啡因或色素。

亲子关系

基因、锻炼和营养对身体发育的影响也许不会让你感到惊讶。但是，你可能会惊奇地发现，亲子关系也会影响身体发育。几十年前，约翰霍普金斯医学院的医生接收了13名3~11岁因生长缓慢而被转诊的孩子。他们的身高是正常人的30%至66%，差距巨大。他们的表达能力和行走能力发育迟缓。他们的胃部突出，却并非营养不良。孩子们几乎都偷过食物来填饱肚子（如吃一整条面包），还从垃圾桶中找食物。医生们起初怀疑是垂体问题，但后来才意识到问题出在父母身上（Powell, Brasel, & Blizzard, 1967）。这些孩子大多有滥用酒精、滥交或争吵不休的父母。

当孩子们被安置在康复医院时，他们成长迅速。他们在医院平均每月都能长高0.65英寸；典型的生长速度是每月长高0.20英寸（如图2-13所示）。他们不再偷食物，语言能力得到了发展，看起来更快乐，也更少退缩。而当孩子们回到家中时，成长速度再次放缓。在凄凉的孤儿院，孩子们也会出现类似的生长缓慢。当照看人与儿童建立起更温暖的关系或儿童被收养搬离孤儿院时，许多儿童身高迅速上升（St. Petersburg-USA Orphanage Research Team, 2008）。

成长失败也可能发生在不太极端的环境中，例如那些由母亲抚养但对母亲没有建立起安全依恋的孩子（Valenzuela, 1990）。低质量养育是导致**非器质性成长迟缓**①的关键原因。这一医学标签针对的是没有任何明显疾病却未能充分成长的儿童。存在这种状况的孩子上学后，虽然可能会在心理上赶上同龄人，但通常身材矮小（Boddy, Skuse, & Andrews, 2000）。

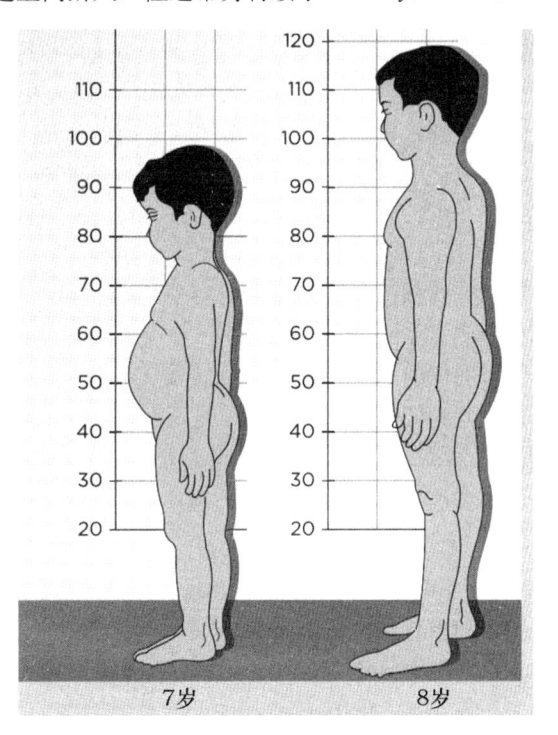

图 2-13　消极家庭环境中男孩的成长

当这个男孩被带到治疗中心的时候，他的成长发育是延迟的。7岁的他看起来比实际年龄小。他一旦被带离消极的家庭环境，就开始迅速生长。

---

① 非器质性成长迟缓（nonorganic failure to thrive）：儿童因不显著的医学原因而未得到充分发育。

不良的亲子关系与成长迟缓密切相关，也与青春期加速有关。冷酷、苛刻的家庭，父亲缺席而母亲情绪低落且容易与她的伴侣发生冲突等情形都可能造成女孩青春期提前（Archibald, Graber, & Brooks-Gunn, 2003; Belsky, Steinberg, Houts, & Halpern-Felsher, 2010）。相反，当父亲和母亲充满爱意，能够提供帮助时，女儿的青春期可能会较晚出现（Ellis & Essex, 2007）。

3. 成长和运动发育的群体差异

在成长和运动发育方面个体存在极大的性别差异，特别是在青春期之后。在身体发育方面，会有较小的社会经济状况差异和种族差异。接下来我们具体来看。

性别

生理发展方面的性别差异比本书讨论的其他任何方面的差异都要大。成长过程中的性别差异在出生前就存在。出生时女孩的骨骼比男孩多发育4到6周。随后男孩和女孩以相似的速度成长，直到青春期。男孩比女孩晚2年左右经历青春期的一些变化。

虽然男孩比女孩更多地锻炼身体、参加团体运动，但和20世纪70年代相比，现在高中参加体育运动的女孩的比例已经增长到了35%左右（对于男孩而言，这一比例为50%左右）（Bassett, John, Conger, Fitzhugh, & Coe, 2015）。这是因为男生需要更多的运动量吗？也许是这样的。之前讨论过的计量研究在运动水平方面没有发现性别差异，但是一些研究确实发现男孩比女孩更活跃（Saudino & Zapfe, 2008）。这是因为男孩有更好的运动天赋吗？最初并不是。在青春期之前，女孩和体型相似的男孩是一样强健的，只是在童年中期男孩可将石头扔得更远，而女孩则更加灵活。从4岁到14岁，男孩和女孩的力量和运动技能都在稳步提高。然而，性别差异却随着青春期的到来悄然而至。

在青春期中，男孩的力量迅速增强，而女孩的力量则没有同样程度地增强，她们的力量高峰期通常在14岁左右。青春期后，男孩拥有更强大的心脏、肺和肌肉（特别是上半身的肌肉），携氧能力也比女孩更强（Malina et al., 2004）。他们的去脂体重和骨骼量是女孩的1.5倍，但体脂含量却只有女孩的一半，而在青春期之前，男孩和女孩在以上方面十分相似（Archibald et al., 2003）。

在开场故事中，由于青春期的到来，本突然能做几次引体向上了，于是他穿着无袖T恤来炫耀他的新肌肉。我们9岁的女儿看到他鼓起的二头肌时，说道："妈妈，那个男孩真的很强壮！"妈妈眼中闪过一丝光芒："这正是他的目的。"这一点也不奇怪，因为研究发现，男孩们会因他们在力量上的增长和发育而感到快乐。相比之下，女孩往往不喜欢青春期引起的体重的正常增加（Archibald et al., 2003）。

社会经济地位

在美国，学龄儿童的运动发育与社会经济地位（socioeconomic status, SES）之间没有关系（Malina et al., 2004）。然而，营养与社会经济地位之间却存在关联。社会经济地位较低的孩子往往会吃更多的高脂肪、高糖食物。这可能是因为他们所住的社区有更多的便利店而不是超市，导致其难以买到健康食品（Morland, Wing, Diez Roux, & Poole, 2002）。

在发展中国家有多达1/3的儿童营养不良，营养不良因此也成为全世界儿童最常见的问题之一。然而，在美国，只有不到1%的家庭中儿童会挨饿。目前更普遍的是食品安全问题或者周期性地缺少优质食物的问题；这种情况发生在21%的儿童身上（FIFCFS, 2015）。

当孩子遭遇食品安全问题时会发生什么呢？与营养充足的低收入儿童相比，他们更有可能焦虑好斗、没有朋友、无法上学、容易吵架。他们也更有可能接受特殊教育，成绩较差并且留级。他们会更容易感冒、腹痛和头痛，但并不会因此而经常请假不上学（Alaimo, Olson, Frongillo, & Briefel, 2001; Council on Community Pediatrics, 2015）。饥饿可能会导致上述问题，当然这些问题和食品不健康问题也有可能是其他一些潜在问题所导致的，比如父母患有精神疾病。

种族

在美国，儿童成长也存在一定的种族差异。非裔婴儿出生时体重更低，母乳喂养的可能性低于白人婴儿或拉美裔婴儿（Ruowei, Zhao, Mikdad, Barker, & Grummer-Strawn, 2003）。然而，非裔婴儿在出生后的前几年成长得更快，并且骨骼发育往往也更快（Rogol et al., 2002）。虽然他们在童年时期会更高大一些，但这一特征在成年期便消失了。

青春期的发育也存在种族差异。非裔儿童的发育突增和青春期会早于其他种族儿童（Archibald et al., 2003; Malina et al., 2004）。在 8 岁的时候，48% 的非裔女孩和 15% 的白人女孩开始青春期发育。但她们月经初潮到来的时间差异不大。非裔、拉美裔和白人女孩的平均初潮年龄分别为 12.1 岁、12.3 岁、12.7 岁（Chumlea et al., 2003）。

在运动发育方面也存在一些种族差异。例如，非裔美国儿童会比白人同龄儿童早 2 年开始运动发育；因此，非裔儿童更早学会走路。非裔学龄儿童，特别是男孩，往往比白人孩子跑得更快、跳得更远，但在其他运动技能如投掷、平衡和仰卧起坐等方面则没有差别。目前关于比较美国境内不同种族孩子的运动发育情况的数据较少（Malina et al., 2004）。

非裔和拉美裔儿童，尤其是女孩，相比白人和亚裔儿童，运动量更少，而且参加学校运动的次数也更少（Grunbaum et al., 2002）。但我们的一位拉美裔邻居在初中曾是足球明星。所以关于统计出的种族群体趋势，存在很多例外。事实上，与孩子的社会经济地位差异相比，种族差异并不明显（Malina et al., 2004）。某些种族差异可能是社会经济地位差异导致的。住在高犯罪率社区的儿童不太可能经常运动（Gordon-Larsen, McMurray, & Popkin, 2000）。相反，无论什么种族，受过高等教育的母亲都更有可能培养出经常运动的孩子。

4. 成长和运动发育的课堂启示

有几种方法能让你帮助学生保持身体健康。一种是防止学校氛围给儿童造成压力。德国在第二次世界大战结束后，食物全靠供给，这时出现了一项著名的实验。英国研究人员额外为孤儿院 A 中的孩子们提供了 6 个月的面包和果汁，而孤儿院 B 中的儿童没有得到任何额外的食物，但孤儿院 B 中的儿童长得更为高大（Widdowson, 1951）。结果为何会这样出乎意料？原来，在实验的过程中，孤儿院 A 正好来了一位新的女校长——弗若莱·施瓦茨（Frauline Schwarz），她十分吝啬，而且在用餐时指责孩子。因此，孩子们的成长放缓了。然而，在孤儿院 A 里有 8 个她最喜欢的孩子，他们没有承受她的愤怒造成的压力，从而得以茁壮成长。这个故事告诉我们，要让类似弗若莱·施瓦茨这样的人离开你的学校，以降低学生承受的压力。我们将在第六章更深入地讨论学校氛围。

另外两种帮助学生保持身体健康的方法是补充营养和参加体育活动。你还应该了解运动发育在课堂中的作用。我们接下来对这些进行讨论。

学校营养

自 1946 年以来，美国农业部（USDA）向学校和幼儿中心提供现金补贴，以养活低收入儿童。2012年，全国学校午餐计划为1 200万儿童提供免费或低价早餐，为3 100万儿童提供低价午餐。研究表明，营养充足的学校膳食会促进低收入儿童的学习，例如提高他们的考试成绩（Weaver-Hightower，2011）。你可以按照以下准则帮助你的学生：

（1）鼓励学生每天都吃早餐，而不是仅仅在标准化测试周吃早餐。这对于低社会经济地位的学生尤其重要；事实上，有资格享用学校免费早餐的学生只有一半参加了该计划。一项针对9岁儿童的全国性研究表明，只有3/4的白人儿童和一半非裔美国儿童经常吃早餐；而该比例在19岁的年轻人中下降到1/3和1/5（Basch，2011a）。吃高蛋白早餐可以保证大脑中的葡萄糖供给，并降低随后吃不健康零食的概率。

（2）在早餐和午餐方面为你的学生提供更好的营养。支持你的学校遵守《2010年健康无饥饿儿童法案》，该法案要求更健康的学校膳食、充足的饮用水供给（而非含糖饮料）、农场直供的学校食物，以及更多的母乳喂养。仅靠学校的计划不太可能克服家庭对饮食和体重增加的影响，但这些计划有一定的帮助（Van Hook & Altman，2012）。在一个巧妙又简易的实验中，科学家们将餐厅里的食物改名为"X光透视胡萝卜"和"大力椰菜"，学生们便纷纷购买，并争先恐后地吃掉了这些以有趣名字命名的蔬菜（Wansink, Just, Payne, & Klinger，2012）。

（3）在可以售卖零食和饮料的中学，倡议将原来售卖的糖果、运动饮料或汽水等换成更健康的食物。如此一来，学生将可以通过自动售货机选择更健康的食品（Kocken et al.，2012）。虽然学校在提供更为健康的零食方面做得越来越好，但还有很多方面需要改进（AAP Committee on Nutrition，2015）。

（4）如果需要，则可以像Z老师在开场故事中所做的那样，让孩子们带上健康的零食。在课堂派对上，准备苹果片这类健康的食物，而不是纸杯蛋糕。

（5）教师自己做一个良好营养的榜样，并直接在课堂上向孩子讲授良好营养的原则。

学校的体育运动

> 在开端计划的课堂中，3岁的马克特（Markeet）在小组讨论时烦躁不安、吵闹，并且打扰其他孩子学习。作为惩罚，他的老师说："现在大家可以出去玩了，但是马克特你必须和珍妮（Jenny）老师（助手）待在一起，表现好了才能和大家一起玩。"当他们独自在房间时，珍妮老师告诉马克特："你坐着别动，双腿交叉，保持安静2分钟。如果你说话，我就重新计时。"马克特保持沉默并静坐了30秒，但紧接着就问道："我可以拿一本书吗？"珍妮老师说："不行。你知道规则的。现在我要重新计时了。"他又安静下来了，但10秒后又问道："我现在可以走了吗？"珍妮老师再次重启计时器。这种模式不断重复，导致马克特原本30分钟的外出玩耍时间，现在却只剩下了18分钟。

这是一种恰当的维持纪律的方法吗？上述方法与"2020年美国健康居民目标"相矛盾，后者要求孩子们在学校里每天接受体育教育，其中至少有50%的时间用于剧烈运动。这个目标很难实现。因为在幼儿园，孩子们往往长时间不运动（坐、躺下或站着）；即使在户外，他们也可能只在一小部分时间内积极活跃（Brown et al.，2009）。在年龄较大的孩子中，这类情况也并没有得到改善。一项针对全美数百名3年级学生的研究发现，他们平均每周只有两节体育课；在那些课上，他们只花5分钟做剧烈运动，12分钟做适度运动。大多数时候，他们做了诸如等待转身或听取指令等事情（NICHD Early Child Care Research Network，2003b）。

许多学校减少体育课和休息时间的原因至少有两个:

(1) 需要更多时间学习。这是错误的。在第十一章中,你将了解到,从学前班到高中,运动游戏和休息都可以强化学习效果。当学校的体育课时间增加一倍或两倍时,学生的考试成绩通常不会下降,反而会上升(Basch, 2011b; CDC, 2010)。积极参加体育活动的孩子有更高的考试成绩、更好的出勤率及更少的纪律问题。

(2) 预算紧缩减少了聘用体育教师、操场监督员的经费和用于运动设施的资金。在我们当地一所有着1 700名学生的高中里,只有一个体育馆和一个由储藏室改建而成的健身室。学生在高中只能上一个学期的体育课,因为学校没有足够大的空间开设更多的体育课。

你能做些什么来帮助孩子积极活动? 请尝试以下方法:

(1) 在幼儿园,向孩子们提供各种球类器具,在宽敞的空间里进行激烈的体育锻炼。孩子们在他们自发的游戏中往往更加活跃,如果他们不积极,你可能就需要发起跑步、跳跃或攀爬等活动(Brown et al., 2009)。

(2) 在小学、中学,甚至是高中,倡导日常体育教育。如果不把参加课外体育活动的学生计算在内,那么接受日常体育教育的高中生比例从1991年的42%下降到了2013年的29%。对于年龄较小的学生,可在上学时间让其开展非结构化的体育活动,如跳绳或围着操场跑步。

- 提供体育课程,强调终身开展令人愉悦的健康运动,而不仅仅是竞技体育。一些高中开设了"为生活而健康"课程,包括慢跑、骑自行车以及其他放学后学生还可以进行的运动。

- 确保体育课大部分时间内,每个孩子都是活跃的。比如,在躲避球游戏中,大部分参与者在大多数时间并没有真正参与其中,因为他们"出局了"。

(3) 不将取消体育活动作为惩罚。拒绝过度活跃的孩子进行剧烈体育锻炼不仅是不仁慈的,而且对于像马克特这样的孩子来说,反而会适得其反。

(4) 提供多种课外活动,满足不同能力学生的需求。例如,中学地球俱乐部可以徒步去探究大自然,学前班可以步行到附近的公园玩耍。

(5) 适时将体育活动纳入课堂教学中。在短暂的5到20分钟休息时间里,通过体育活动可以改善学生的情绪、注意力、完成任务的及时性及考试成绩(CDC, 2010)。例如,一位老师让她2年级的学生聚集在起跑线上。她说出一个单词,孩子们必须快步走到座位上拼写单词,然后回到起跑线准备听下一个单词。

你所在的学校可能对能够改善学生健康状况的示范项目感兴趣,这些项目可从美国疾病控制与预防中心的网站上了解到。有效的项目往往注重改善校内营养、增加体育活动,并且在课上向学生介绍健康的生活方式。通过家庭作业和家庭娱乐之夜的方式,家长也会参与其中。美国疾病控制与预防中心也发布了"学校健康指数"(School Health Index),以帮助你所在的学校评估当前的状况并更好地开展实践。

课堂中的运动技能

运动可以帮助学习。例如,与在键盘上输入相比,学龄前儿童通过写字能更好地学习字母(James & Engelhardt, 2012)。(在学习新的字母表时,例如亚美尼亚语,可能也是如此。)此外,良好的运动技能可以帮助学生在学校取得更大的成功。例如,幼儿园那些具有更优秀的精细运动技能如能堆积木和摹画线条图的孩子,在小学往往能取得更好的成绩(Gissmer, Grimm, Aiyer, Murrah, & Steele, 2010)。30%至60%的课堂活动需要运动技能,大多是使用纸和笔的精细运动技能,但也有一些不太明显的技能,如姿势控制。此外,大多数课堂学习都是通过运动输出来衡量的，例如书写、演奏乐器、制作艺术品或使用键盘（Pape & Ryba，2004）。如果孩子在这些技能方面出现了问题，那么接受学校教育将会十分困难。

幼儿确实在学习这些技能方面比较困难。在 6 岁之前，他们很难有意识地跟随小小的印刷体字母的线条变化持续转换视线并控制手的运动，这使得阅读和写作对他们来说都极具挑战性。甚至一些大孩子也存在运动问题。他们可能书写困难，不会扣扣子，不知如何使用剪刀、折纸或者打开盛放午餐的盒子，也难以在凌乱的桌子上找到一个文件夹。他们可能看起来笨拙和混乱，组建团队时他们是最后的人选。在书写时，他们不能使文字保持一条直线，可能会糊成一团。因此，要求他们同时完成听和写（例如记笔记）的任务尤其困难。运动问题可能会进一步导致语言和社交问题。

在你的教室里，可能会有孩子出现运动问题。根据《残疾人教育法》（*Individuals with Disabilities Education Act*，或 PL 101-476），有身体缺陷的儿童将在约束最少的环境中接受教育。这一环境通常指常规教室。你的学校有权聘请职业治疗师或物理治疗师，其职责是帮助有运动障碍的孩子适应你的课堂。职业治疗师将协助你布置课堂，并向有需要的儿童提供有针对性的运动机会，从而帮助他们提高运动技能。

三、当代健康挑战

我们将在其他章节中讨论几种常见的影响儿童课堂表现的健康问题，包括虐待（第七章）、多动症（第四章）、抑郁症（第八章）和性传播疾病（第十一章）。在这一章中，我们主要关注睡眠不足、肥胖和药物滥用。这些威胁儿童健康的因素是可以预防的，教师能够提供帮助。

1. 睡眠不足

> 在暑假，10 年级的杰伊（Jay）通常会熬夜到凌晨 3 点，到中午才醒。秋季开学时，他试着在晚上 10 点上床睡觉，但直到凌晨 3 点才睡着。他为开学而焦虑，这让他更难以入睡。第一个星期，他早上 6 点起床去上学，但已经精疲力竭。到了周末，为了"赶上进度"，他很晚才睡，一直睡到周六下午 3 点。这样的情况持续了几个星期。有时他会睡过头，误了课，或在上课时睡着。这让他的老师和父母很生气。他变得易怒，难以集中注意力，考试开始不及格。这让他更加焦虑、更难入睡，形成了一个恶性循环。最终他被诊断出患有多动症和抑郁症，睡眠不足导致了这些精神问题。[转引自 Dahl 和 Lewin（2002）。]

除了会导致抑郁症和多动症，睡眠不足还会引发精神疾病。睡眠不足和情绪障碍如抑郁或焦虑，是双向的，也就是说其中的任何一种都可能导致另一种的产生（El-Sheikh，Bub，Kelly，& Buckhalt，2013）。睡眠习惯不健康的儿童，如每晚睡眠不足 7 小时，或上学期间与周末相比睡眠时间相差超过 2 小时，往往比其他儿童更容易抑郁（Short，Gradisar，Lack，& Wright，2013）。睡眠不足会影响主动性、集中精力或推理的能力、信息处理的速度和准确性、记忆力、运动控制和情绪调节能力（这会让孩子变得更愚蠢、更容易发怒或伤心）。它让儿童更容易坐立不安、发怒、生病、受伤、冲动、犯错，更倾向于用药物保持清醒（如咖啡因或尼古丁）、白天困倦（如上课打瞌睡）和早上上课迟到。由于人们已经适应了睡眠不足，有些影响甚至会在他们没有意识到自己感到困倦的情况下发生（Horowitz，Cade，Wolfe，& Czeisler，2003）。

睡眠模式的年龄趋势

新生儿睡觉的时间多于醒着的时间。总的来说，孩子在2岁前大多数时间在睡觉，包括白天的小睡。到了上学的年龄，孩子们不再需要午睡；困倦的孩子可能需要晚上早点上床，但不用午睡。随着年龄的增长，年轻人的睡眠时间逐渐减少，直到他们达到成年人的水平。记住孩子睡眠需求的一种方法是"10对10"，或者10岁的孩子睡10个小时——年龄小的孩子需要的睡眠时间较多，年龄大的孩子需要的睡眠时间较少（见表2-2）。有一个重要的例外是青少年在生长高峰期需要更多的睡眠；如果不增加睡眠时间，他们就会感到疲倦。许多美国儿童睡眠不足，尤其是像杰伊这样的孩子，并且情况正变得越来越糟（如图2-14所示）。从3岁到17岁，孩子们往往在同一时间起床。然而，当他们进入青春期时，会平均晚睡2.5小时（Snell，Adam，& Duncan，2007）。青少年需要花更多时间在运动、做家庭作业和打工上面，这使他们睡得太晚。他们也比年幼的孩子更容易在夜间醒来（Owens et al.，2014）。因此，大约85%的青少年存在睡眠不足，其中10%到40%的青少年睡眠严重不足。青少年在周末常常比上学时晚上睡得晚，每周都会产生时差反应。但保持固定的作息时间可以消除这种影响。为了弥补睡眠不足，青少年可能会在周末睡得过多，这样他们的总睡眠时间就和更小的孩子差不多（Owens et al.，2014）。尽管如此，许多高中生都表现出与不同程度的睡眠障碍患者类似的睡眠不足症状。

表2-2 不同年龄的人的睡眠需要

年龄	每天所需睡眠平均小时数	
	晚上	白天
0~3个月（足月婴儿）	8~12	4~9（每天共14~17小时）
6个月	8~10	4~6（每天约两次小睡）
1~2岁	10~12	1~2（一次午睡）
3~5岁	9~11	1~2（一次午睡）
6岁	11~12	无
10岁	9~11	无
青少年期	8~10	无
成年期	7~9	无

资料来源：转引自 Iglowstein，Jenni，Molinari 和 Largo（2003）；Mindell 和 Owens（2010）；Ollendick 和 Schroeder（2003）。

睡眠障碍

有睡眠障碍的儿童，由于睡眠质量较差，或者由于经常醒来，因此，即便可以在合理的时间上床睡觉，但却不能恢复体力。儿童偶尔在夜间醒来是正常的，但过于频繁地醒来则不正常。噩梦是学龄前儿童最常见的睡眠障碍。说梦话（22%到60%的儿童）和梦游（15%到75%）在童年中期很常见。延迟的睡眠-觉醒周期（如夜猫子）是青少年最常见的睡眠障碍（7%）。总的来说，研究发现20%到40%的儿童存在睡眠问题（Mindell & Owens，2010）。

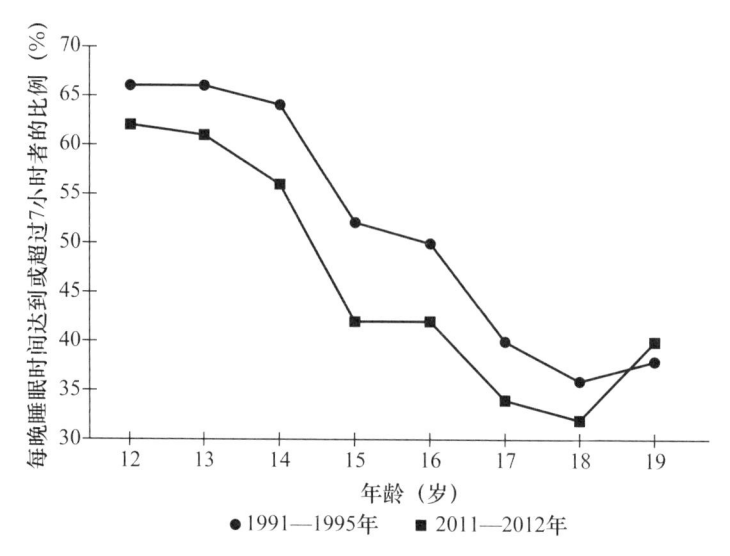

图 2-14 青少年睡眠不足的时间趋势

这幅图显示了两组青少年中每晚睡眠达到 7 小时或更长时间者的比例。图中显示的睡眠模式 20 年间是如何变化的？12 岁到 19 岁的青少年的睡眠是如何变化的？你认为 14 岁时发生的什么事情可能会与睡眠的急剧减少有关？

资料来源：数据来自 Keyes，Maslowsky，Hamilton 和 Schulenberg（2015）。

另一种常见的睡眠障碍是睡眠**呼吸暂停**（apnea）①，即在睡眠过程中反复出现呼吸暂停的情况。呼吸暂停的特征是打鼾、睡眠中感到不安或喘不过气来、张着嘴睡觉、早晨头痛、暴躁和白天嗜睡。短暂性呼吸暂停在健康人身上很常见，但暂停时间不会长到干扰睡眠的程度。在儿童中，呼吸暂停通常是由扁桃体或腺样体肿大或肥胖引起的。

睡眠呼吸暂停可能与**婴儿猝死综合征**（sudden infant death syndrome，SIDS）② 有关。婴儿猝死综合征是指婴儿突然死亡，却无法确定原因。婴儿猝死综合征通常发生在夜间，但 20% 的病例可能发生在儿童保育机构（Moon，Patel，& McDermott Shaefer，2000）。它是婴儿死亡的主要原因。婴儿猝死综合征常常发生在下列人群中：男孩、早产儿、低社会经济地位儿童、非裔和拉美裔婴儿、母亲年轻且吸烟或几乎没有产前保健的婴儿。但是，婴儿猝死综合征的起因仍然不明。如果婴儿睡在没有枕头的坚实床面上、仰卧、和父母在同一房间（但不是同一张床），那么发生婴儿猝死综合征的可能性就会降低（American Academy of Pediatrics，2011）。

改善睡眠

对睡眠的需要往往自己不能控制，但睡眠时间和睡眠周期是可以自己控制的。如果一个孩子，比如杰伊，有一个不健康的睡眠周期，他就可以在几个星期内通过每天逐渐早 15 到 30 分钟上床的方式慢慢改变（Ollendick & Schroeder，2003）。如果父母向你咨询如何帮他们的孩子睡得更好，那么你可以建议孩子这样做：（1）每周 7 天有相同的就寝时间和起床时间；（2）养成安静的就寝习惯，灯光调暗；（3）不用闹钟叫醒；（4）学龄儿童白天最多小睡 30 分钟。同时还需要消除干扰睡眠的因素，包括噪音、光线、压力、焦虑、过度疲劳、太少晒太阳以及一些药物等。干扰睡眠的因素还包括睡前一小时内吃得太多、锻炼、

---

① 呼吸暂停：一种睡眠障碍，包括反复不呼吸、打鼾或喘不过气来。
② 婴儿猝死综合征：无法确定死因的婴儿猝死。

摄入咖啡因或酒精等。咖啡因会扰乱睡眠，即使是软饮料、巧克力和非处方药中的少量咖啡因也会如此。睡前使用电子产品（发短信、看电视、玩电脑游戏）越多的孩子，睡眠越困难（Owens et al.，2014）。

睡眠不足的课堂启示

睡眠会影响学习。休息好的孩子在智力和社交方面表现得更好——他们的记忆力更好，集中注意力的时间更长，有更强的自尊心、较弱的攻击性，较少出现多动和抑郁等症状（Bates, Viken, Alexander, Beyers, & Stockton, 2002; Fredriksen, Rhodes, Reddy, & Way, 2004）。夜间睡眠充足的幼儿有更好的控制力和学习新单词的能力（Bernier, Carlson, Bordeleau, & Carrier, 2010; Gomez & Edgin, 2015）。拥有健康睡眠习惯的稍大一点的学生能够获得更好的考试成绩（Buckhalt, El-Sheikh, Keller, & Kelly, 2009）。相比之下，熬夜学习的高中生在第二天会出现更多的学业问题，如考试成绩差、理解课程内容有困难；这说明为了学习，他们应该放弃其他活动，而不是放弃睡眠（Gillen-O'Neel, Huynh, & Fuligni, 2013）。睡眠不足可能对低社会经济地位儿童和非裔美国儿童尤其有害，这些儿童也更有可能出现睡眠不足（Keyes, Maslowsky, Hamilton, & Schulenberg, 2015）。总之，充足而又高质量的睡眠是一个保护因素（第一章）。

大多数有关睡眠的研究都是相关性研究，所以其中的因果关系并不明确。也许健康的家庭生活习惯能保障儿童获得充足的睡眠，从而带来积极的结果。为了测试这种可能性，研究人员随机安排了一些幼儿不午睡，然后用一道难题来考他们。在不睡午觉的几天里，和睡午觉的日子相比，刚学会走路的孩子在解决难题时表现得更加焦虑、不开心、缺乏自豪感，当难题无法解决时，更少可能意识到这些（Berger, Miller, Seifer, Cares, & LeBourgeois, 2011）。在另一项实验中，研究人员要求家长让他们 4 年级、5 年级和 6 年级的孩子连续三个晚上比平时早睡 30 到 40 分钟（Sadeh, Gruber, & Raviv, 2003）。睡眠时间的延长使这些孩子在记忆力、运动速度和注意力方面都有提高，这一效果相当于儿童两年的发展。以上研究表明，充足的睡眠可以提高儿童的学习成绩，改善其课堂行为。

睡眠不是虚度光阴。学习有赖于睡眠；当你有机会"睡一觉"时，你会更好地记住信息并解决问题（Strickgold & Walker, 2004）。睡眠之所以能帮你记住信息，是因为记忆在睡眠中得到巩固（Rasch & Born, 2008）。如果你的学生睡眠不足，那么你能做些什么呢？以下建议可能会对你有所帮助：

（1）观察学生出现困倦的迹象，这样你就知道哪些学生可能睡眠不足。在一节 8 年级的科学课上，五个学生在上午 10 点 15 分睡觉！他们的成绩肯定不好。

（2）让家长了解表 2-1 中不同年龄段的睡眠需求。注意那些被诊断出患有多动症、学习障碍或抑郁症的学生，他们很可能会遭遇睡眠不足的困扰。如果学生在课堂上有问题，则通知家长并了解学生的睡眠模式。

（3）避免造成睡眠不足。尽早结束学校组织的开放参观或游戏练习之类的活动，让孩子们能够按时上床睡觉。布置不需要熬夜的家庭作业。

（4）避免让高中生提早上学。一般来说，当青少年从初中过渡到高中时，他们的上学时间就会提早，但他们不会提早睡觉。因此，上了高中以后，他们每晚的睡眠时间可能会减少一个小时，睡眠严重不足。在已经调整上课时间的高中，比如上学时间从早上 7:30 延迟到 8:30，青少年每周就能得到更多的睡眠，因为他们上床睡觉的时间和以前是相同的（AAP Policy Statement，2014）。

2. 肥胖和其他饮食失调

> 多诺万（Donovan）家有四个孩子。父母都肥胖。他们的冰箱里装满了汽水和热狗。最大的孩子雅各布（Jacob）又高又壮。他在高中时参加了足球队和篮球队。他的梦想是获得大学一等体育奖学金。雅各布上8年级和5年级的弟弟妹妹都很胖，也不参加体育活动。他1年级的弟弟很瘦，绰号"瘦男孩"。孩子们如果整个星期表现都很好，周五晚上就能得到奖励，去快餐店大吃一顿，还可以在家连看两部电影。奖励的真正原因是父母下班回到家后累得实在不想做饭了。

像多诺万家这样有体重问题的家庭越来越普遍。世界卫生组织宣布肥胖是发达国家最严重的健康问题之一。在美国，超重儿童的数量自1970年以来翻了两番（见图2-15）。大约8%的婴幼儿肥胖。在2~19岁的人群中，20%的人肥胖，33%的人超重（Ogden, Carroll, Kit, & Flegal, 2014）。

肥胖或超重是由体重指数（body-mass index，BMI）来定义的。BMI的计算方法是体重（公斤）除以身高（米）的平方（公斤/米^2）。对于成年人来说，超重是BMI≥25，肥胖是BMI值≥30。对于成年人来说，这意味着比理想体重至少高30磅（Grunbaum et al., 2002）。在儿童中，肥胖者的BMI相似，但存在性别和年龄差异（这些可以在CDC成长图表上找到）。

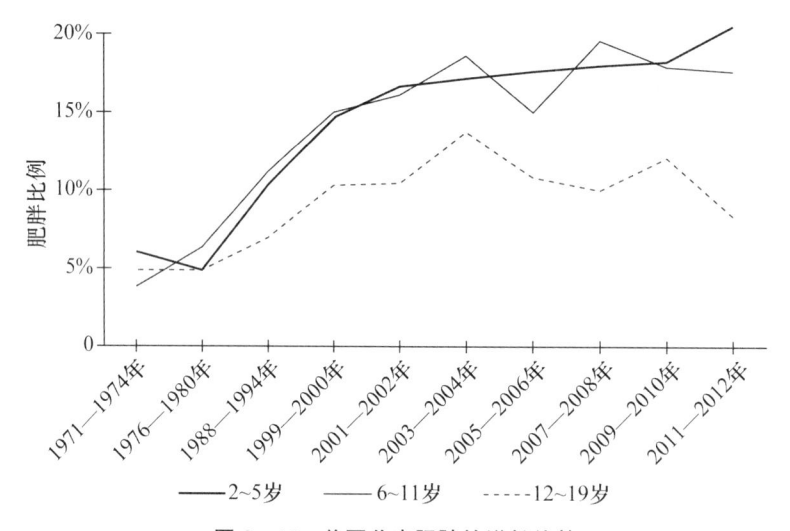

图2-15 美国儿童肥胖的增长趋势

你如何描述这40年来儿童肥胖的发展变化？肥胖的定义是BMI≥2000年CDC特定年龄段成长表中的第95百分位数。

资料来源：美国疾病控制和预防中心。

肥胖的年龄趋势

脂肪水平，或者说肥胖程度，在人的一生中会自然而然地发生变化。从出生到1岁左右，脂肪会增加，然后减少。脂肪的反弹发生在4到8岁之间，然后再次下降。人的身体在25岁左右达到消瘦的顶峰；过了这个年龄，脂肪又会增加。尽管肥胖在任何年龄都可能发生，但由于脂肪的反弹，小学阶段是一个危险时期。多诺万一家比较典型。一旦脂肪反弹，"瘦男孩"可能就和他的绰号不匹配了，会变得像他那些不爱运动的哥哥姐姐一样。

肥胖会带来什么影响?

肥胖会给儿童和成年人带来严重的健康问题。在儿童中,超重可能导致 2 型糖尿病(非胰岛素依赖型)。糖尿病的发病率急剧上升,使儿童面临动脉硬化、肾脏发生病变、罹患眼疾和死亡等风险。肥胖还可能导致女孩青春期提前、睡眠呼吸暂停、哮喘以及关节和骨骼问题(Davison, Susman, & Birch, 2003; Krishnamoorthy, Hart, & Jelalian, 2006)。

肥胖与成绩不理想有关。肥胖可能导致较差的工作记忆,较低的阅读、数学和智力测验分数。肥胖学生在考试中的得分可能比健康儿童低整整一个等级。这是否意味着肥胖会导致智力受损,反之亦然?有证据表明双向影响都存在(Khan, Raine, Donovan, & Hillman, 2014; Pontifex et al., 2014)。

肥胖还会导致社会和情感问题。肥胖儿童在课堂上更孤独、抑郁和焦虑,自控能力更差(Gable, Krull, & Chang, 2009)。即使只有 3 岁,他们也会被同龄人认为不那么可爱(Bell & Morgan, 2000)。也许正因为如此,肥胖与学龄儿童(而非学龄前儿童)较弱的自尊心有关,尤其是当同龄人取笑和父母批评孩子的体重的时候(BeLue, Francis, & Colaco, 2009)。在青春期早期,并不是所有肥胖的青少年都缺乏自尊心,只有那些存在其他风险问题如吸烟和饮酒的青少年才会缺乏自尊心(Strauss, 2000)。肥胖的女孩比肥胖的男孩更容易出现这些问题,肥胖对拉美裔和白人儿童的影响也超过了对非裔儿童的影响(Khan et al., 2014; Pontifex et al., 2014)。

什么因素会导致肥胖呢?

有许多因素与肥胖有关。以下因素能帮助解释为什么过去几十年间肥胖的人越来越多:

- 锻炼。BMI 是热量摄入(饮食)与热量输出(运动)之差的直接函数,这被称为能量方程。只要方程中有一点不平衡就会导致超重。你在前面已经了解到现在很多孩子没有得到足够的锻炼。

- 饮食。更多的家庭像多诺万一家一样经常在外面吃饭,而且吃得太多。在美国,食物的分量逐年增加,尤其是软饮料和咸零食,如饼干和薯条(Nielsen & Popkin, 2003)。而快餐的分量尤其大。可口可乐最早在 20 世纪初是装在 6 盎司的玻璃杯里的,现在它被盛在 48 盎司的杯子里。每天多喝一杯含糖饮料就会使 6 年级、7 年级学生的肥胖率上升 60%(Ludwig, Peterson, & Gortmaker, 2001)。

- 睡眠不足。睡眠时间短、晚睡的儿童比其他儿童的 BMI 更高(Snell et al., 2007)。在世界各国,如美国、中国、突尼斯和巴西,儿童的肥胖与每晚睡眠不足 10 小时有关(Cappuccio et al., 2008)。睡眠不足问题很早就出现了,而且会产生持久的影响。睡眠不足的幼儿成年后也容易超重(Al Mamun et al., 2007)。

- 看电视。看电视会降低活动量,增加卡路里摄入量。许多孩子吃饭时看电视,这种习惯容易让他们少吃水果和蔬菜,多吃比萨、咸味零食,多喝汽水(Coon, Goldberg, Rogers, & Tucker, 2001)。每天看电视超过 2 小时的儿童比同龄人更容易肥胖(Tremblay et al., 2011)。

- 父母的行为。父母通过许多方式影响孩子的身体状况,如父母本身肥胖,家庭不按时用餐,父母用餐时态度消极,或对饮食过度限制(例如,"任何时候都不许喝汽水"),那么当限制解除时,他们的孩子会更多地选择之前不被允许的不健康食物(Harrison et al., 2011)。不在家做饭的父母更容易为他们的孩子购买营养价值较低、热量较高的食物(Krishnamoorthy et al., 2006)。

肥胖的群体差异

在美国，肥胖率因种族和社会经济地位不同而不同。就过高的 BMI 而言，种族之间差异很小，亚裔儿童的肥胖率最低，拉美裔和非裔儿童的肥胖率最高（Ogden et al., 2014）。在大多数国家，社会经济地位高的儿童比社会经济地位低的儿童个子更高、体重更重。然而，在发达国家，单亲或母亲未完成高中学业的低社会经济地位儿童更容易肥胖（Strauss & Knight, 1999）。多诺万太太就没有完成高中学业。

具有讽刺意味的是，低社会经济地位的儿童更有可能面临食品安全的问题，这些儿童也更可能肥胖。在美国，高热量的食物是丰富而又廉价的。例如，一美元的饼干提供的热量要比一美元买到的新鲜水果多。尽管大多数非贫困儿童也没有得到高质量的饮食，但贫困儿童却比他们更有可能吃饼干而不是水果（DHHS, 2015）。

肥胖的课堂启示

儿童每天在学校消耗大约 40% 的他们摄入的卡路里（AAP Committee on Nutrition, 2015）。如果你的学生超重，那么做下面的事情可能会对他们有所帮助：

（1）如前所述，帮助学生减少卡路里的摄入，多做运动。例如，在适当的情况下，建议步行和骑自行车上学而不是乘坐公共汽车。

（2）教学生了解适宜的饮食数量和常见的各种健康食品。强调食物要营养丰富。然而不幸的是，学校可能会通过自动售货机、发放零食和筹款销售等方式提供不健康的食品。

（3）提倡学生在愉快的社交环境中就餐，同时延长午餐时间，让学生在健康的食物中做出选择。营养丰富的食物需要慢慢地吃。

（4）把注意力集中在健康上，而不是节食或减肥上。要让超重的学生知道，无论他们的体重如何，他们都一样受到重视。

三家美国联邦机构（美国农业部、美国疾病控制与预防中心、卫生与公众服务部）一起确定了一些健康学校的成功案例①。在这些学校，更容易获得健康的食物。有些学校设立了健康奖励，比如不是让学生参加比萨派对，而是和校长一起散步。有些学校对零食采取"只吃水果和蔬菜"的政策。还有些学校把自动售货机里的汽水和糖果全部撤掉，换成酸奶、奶酪串、水果或牛肉干。与许多人想的不一样的是，这些学校通过出售健康的食物来赚钱。

应该鼓励超重的学生节食吗？一般来说，是不应该的。饮食限制会对学生以后的饮食习惯产生负面影响。如果太过严格，节食就会让学生产生一种失败的体验，从而进一步削弱学生的自尊。而且，节食会导致生长过程中缺乏营养（Rogol et al., 2002）。相反，对肥胖的干预应该让父母学会少给食物，多给孩子其他种类的奖励，培养孩子健康的饮食习惯并减少看电视的时间。一些学生可能需要心理学家的行为疗法干预，尤其是基于家庭的疗法，而不是节食（Altman & Wilfley, 2015）。

虽然年轻人不应该节食，但很多人都在节食。在一项全国性的研究中，62% 的高中女生和 28% 的高中男生表示在过去的一个月中曾尝试过减肥。一般来说，年轻人通过多锻炼或少摄入热量就可以达到减肥的目的，但 14% 的人采用 24 小时不进食的办法，9% 的人服用减肥药，5% 的人使用呕吐的办法或吃泻药（Grunbaum et al., 2002）。有时这种减肥的

---

① 在美国疾病控制与预防中心的网站上，访问页面"让它发生！学校营养成功故事"（Making It Happen! School Nutrition Success Stories）。

尝试还会导致饮食紊乱（Rome et al.，2003）。

其他种类的饮食失调

肥胖是最常见的饮食失调。不太常见的饮食失调还有对瘦的过度追求。最广为人知的两种疾病是神经性厌食症和神经性贪食症，这两种疾病影响着1％到4％的美国人口。厌食症是指自我禁食，它很可能致人死亡。患有厌食症的年轻人往往连最轻的体重都不愿意保持，对自己的体形有一种扭曲的认识（即便不胖的时候，也会认为自己很胖），并用体重来衡量自己的价值。贪食症者也有类似的心理因素，但他们并不是体重不足。贪食症是指暴饮暴食，然后再呕吐，使用泻药，禁食或过度进行运动。当连续3个月每周至少发生两次暴饮暴食狂泻的情况时，就可以诊断为贪食症（Smolak & Thompson，2009）。贪食症不像厌食症那么明显，因为人没有变得消瘦，所以可能无法确诊。

相比男孩，这些饮食失调症在女孩中更加普遍。随着青春期的到来，女孩对自己体脂含量的增加越来越不满。在美国，女孩对体重的不满非常普遍，甚至已经成为常态。然而，也并非所有对自己身体不满意的女孩都会出现饮食失调。男孩对身体的不满往往不是希望变瘦，而是想要更发达的肌肉（Field et al.，2014）。

除了对自己的身材不满意之外，饮食失调的人还有一些其他的危险因素，主要包括变瘦的压力过大、肥胖恐惧症、节食、抑郁、自卑、不满足感、冲动、吸毒和缺乏社会支持。患有厌食症和贪食症的青少年的家庭可能太过于避免和孩子发生冲突，也可能对事情过度纠缠或对孩子过度保护，或者家庭成员缺少联系、互相敌对、毫无组织、冲突不断。饮食失调的产生可能是因为青少年试图控制自己的生活，或是为了取悦挑剔的父母而竭力做到完美（Polivy，Herman，Mills，& Wheller，2003）。女儿可能会从自己的母亲那里学到对身体的一种扭曲的认识。此外，也有可能存在饮食紊乱的遗传易感性（Striegel-Moore & Bulik，2007）。总之，并不是某种单一的危险因素导致了饮食失调，而是多种危险因素组合在一起才导致了饮食失调。

饮食失调和抑郁症、焦虑症、恐慌症的治疗方法是一样的，例如药物治疗和心理治疗，因为这些疾病可能具有相同的潜在病因（Rome et al.，2003；Stice & Shaw，2004），也可能需要住院治疗以促进体重增加。

3. 药物滥用

> 伊莱恩（Elaine）的母亲经常和她的男朋友发生肢体冲突。每当他怒气冲冲地从家里冲出去时，伊莱恩的母亲就会抽一支贝伦特（雪茄大小的大麻）帮自己平静下来。有一天，她慷慨地（在她看来）邀请了13岁的伊莱恩和她一起吸食大麻。那是伊莱恩第一次滥用药物。我们见到伊莱恩时，她已经35岁，是个瘾君子。她的七个孩子中有五个在子宫里就接触了可卡因。

药物滥用是社会上最具挑战性的问题之一。药物滥用既指使用合法的烟酒，也指使用非法药品和滥用处方药品。它们统称为ATOD（alcohol，tobacco，and other drugs，即酒精、烟草和其他药物）。

美国政府发起了一项针对高中生的全国性调查[①]，以监控他们滥用药物的情况（John-

[①] 相关数据每年都会更新。要获得最新的统计数据，并了解你所在州的具体情况，请登录 samhsa.gov，搜索"全国药物滥用情况调查"（National Survey on Drug Use）。

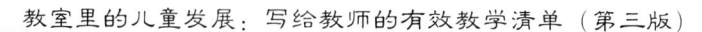

son，O'Malley，Miech，Bachman，& Schulenberg，2014）。在青少年滥用的药物中，酒精是最常见的。大约66%的12年级学生表示曾尝试过喝酒，37%的人表示上个月曾喝过酒。这就意味着，多数青少年都不是长期的饮酒者。在某一特定的时间，很多人都会戒酒，但也有一些青少年是重度饮酒者。

其次是烟草和大麻。大约34%的12年级学生曾尝试过吸烟，23%的学生曾在过去一个月内使用过某种形式的烟草（包括电子烟和水烟）。大约44%的人曾吸食过大麻，21%的人在过去一个月吸食过大麻。此外，10%的8年级学生和23%的12年级学生曾尝试过大麻以外的非法毒品，包括摇头丸、类固醇、海洛因或可卡因，8%的学生在过去一个月使用过这些毒品（Johnson et al.，2014）。使用这些非法药物的青少年可能会使用不止一种药物。也就是说，大多数吸食大麻或可卡因的年轻人也会抽烟或喝酒。然而，多数年轻人并不经常滥用药物。

药物滥用的年龄趋势

你可能认为药物滥用是青少年中才存在的问题。这不全对。中度药物滥用者通常是在青春期后期才开始滥用药物的。然而，重度药物滥用者通常在小学就开始滥用药物了（Grunbaum et al.，2002）。这就是为什么许多学校的药物干预项目在3年级至6年级就已经开始。此外，导致药物大量滥用的因素开始于幼儿时期（Dodge et al.，2009）。我们将在本节的后面部分讨论这些因素。

你可能还会认为青少年滥用药物——并做出其他危险行为（比如开快车）——是因为他们不理智，不了解其中的风险。事实上，他们的逻辑推理能力可能和成年人一样好。相反，他们之所以做出这种冒险行为，是因为他们觉得很值得，尤其是在同伴面前；同时还因为他们在模仿成年人。因此，仅仅"教育"青少年了解有关的风险是不可能阻止他们滥用药物的。

药物滥用会带来什么影响？

药物滥用在大多数国家都很普遍，但也在多数国家遭到谴责。这是因为无论是短期尝试药物还是长期大量使用，药物滥用都造成了从轻微到严重不等的负面影响。在严重的情况下，药物滥用会致人死亡。在美国，吸烟是主要的可以预防的死因，包括二手烟导致的死亡和母亲吸烟导致的婴儿死亡。中度用药也会导致身体疾病和伤害（Mokdad，Marks，Stroup，& Gerberding，2004；Windle & Windle，2003）。滥用药物会导致交通事故，这是青少年死亡的主要原因。超过30%的高中生，尤其是男孩，称他们曾与醉酒的司机共乘一辆汽车（Grunbaum et al.，2002）。

酒精和烟草的使用与成绩差有关（Busch et al.，2014）。药物滥用也与社会问题有关。滥用药物的青少年比其他青少年更容易发生危险的性行为和实施犯罪（Fisher et al.，2000）。在15岁之前过早接触毒品是成年后犯罪、患性病、辍学、婚姻产生纠纷和工作表现不佳等问题的危险因素（Odgers et al.，2008；Windle & Windle，2003）。早期滥用药物的情况越严重，出现这些问题的风险就越大。

什么因素会导致药物滥用呢？

导致药物滥用最严重的危险因素之一是父母滥用药物（Ennett et al.，2008；Windle & Windle，2003）。像伊莱恩这样的孩子会和父母一起吸毒，以此来增进感情（Lopez，Katsulis，& Robillard，2009）。还有些孩子只是观察父母的使用情况，并从父母的藏匿处获取药物。在大约30%的家庭中，香烟和酒精唾手可得。有些想"扮酷"的父母会为孩子的聚会提供酒,尽管这是犯罪行为。大多数青少年在自己家里或朋友家喝酒(SAMHSA,2008a)。因此,许多药物滥用者是在他们的父母的影响下滥用药物的。

另一个重要的危险因素是孩子的朋友是否滥用药物。这并不一定意味着孩子是由朋友带着滥用药物的。那些滥用药物的青少年选择的朋友往往也是药物滥用者。有的学校有很多滥用药物的学生,这使得选择滥用药物的人做朋友变得很容易。这并不是说同龄人从不促使其他人滥用药物。如果一个孩子有一个滥用药物的亲密朋友,那么基于选择效应,这个孩子也有较大可能滥用药物(Allen, Chango, Szwedo, Schad, & Martson, 2012; Cruz, Emery, & Turkheimer, 2012)。一旦滥用药物的团伙形成,年轻人就会相互影响,继续滥用药物。

> **思考**
>
> 具有特定基因(被称为5-HTTLPR)的儿童更有可能滥用药物。然而,即便儿童有这种基因,其如果生活在一个幸福家庭中的话,通常也不会滥用药物。有基因和家庭问题的儿童滥用药物的可能性是没有基因或家庭问题的儿童的两倍(Brody, Beach, Philibert, Chen, & Murry, 2009)。第一章第二节"先天和后天"和第三节"风险和韧性"中的哪些概念是支持或反驳这种观点的?(你可以快进到第六章的专栏6-3了解更多信息。)

另一个重要的风险因素是心理健康问题。许多滥用药物的青少年还患有抑郁症、多动症并存在品行障碍(参见第七章、第八章和第十章),特别是那些过早滥用药物的青少年。这可能是因为药物滥用与家庭暴力、严厉管教、婚姻冲突、单亲和父母有精神疾病等家庭风险因素有关(Dodge et al., 2009)。其他的风险因素还包括生活压力、学习成绩差、青春期提前、看起来比同龄人大、每周工作至少20个小时、宗教虔诚度低和自尊心不强等。面临多种风险因素的儿童更有可能成为药物滥用者。

父母是可以做到"反对药物滥用"(Lac & Crano, 2009)的。父母可以通过监控孩子、多待在家里、与孩子进行互动、树立权威(见第七章)、反对滥用药物、对药物滥用制定规则、和孩子保持安全的依恋关系(见第六章)等方式保护孩子免受药物滥用的危害。这些家长因素在保护高危社区非裔美国青年方面可能作用更加强大(Cleveland, Gibbons, Gerrard, Pomery, & Brody, 2005)。一些个人特征也可以阻止儿童滥用药物。这些特征包括有用的技能、高智商、强自制力以及密切的家校联系(Windle & Windle, 2003; Zucker, Heitzeg, & Nigg, 2011)。这些个人层面的保护因素——你作为一名教师可以施加影响——和父母的保护因素一样强大。

许多人认为学校的体育运动可以保护孩子们不滥用药物。这未必是真的。参与体育运动可使得无烟烟草、酒精和提高成绩的药物的使用量增加,吸烟量减少,但在大麻和巴比妥酸盐的使用方面没有明显的区别(Lisha & Sussman, 2010; Naylor, Gardner, & Zaichkowsky, 2001)。在一项研究中,38%的高中生说他们违反了体育协会禁止滥用药物的规定(Naylor et al., 2001)。大多数滥用药物的人没有被抓住,即使是在那些被抓住的人中,也有很多人没有受到制裁。滥用药物已经成为某些运动文化的一部分。如果队友滥用药物,那么他们更有可能滥用药物(Fujimoto, Unger, & Valente, 2012)。职业运动员为年轻人做出了滥用药物的示范。当我们和一支高中越野队讨论避免滥用药物时,他们的回答是"看看普雷方丹!"史蒂夫·普雷方丹(Steve Prefontaine)是一名以酗酒闻名的奥运长跑运动员。

药物滥用的群体差异

在药物滥用方面存在性别差异。虽然男孩和女孩中饮酒和吸烟的人数相近,但男孩比女孩更容易酗酒和使用非法药物(Johnson et al., 2014)。在药物滥用方面也存在种族差异。截至目前,在美国,白人青少年使用的合法和非法药物最多,非裔和亚裔青少年使用的合法和非法药物最少,拉美裔青少年介于两者之间。然而,在拉美裔和非裔美国青少年中,大麻的使用量有所增加,与白人青少年的差距已经缩小,拉美裔 12 年级学生现在比其他群体使用更多的非法药物(Johnson et al., 2014)。在药物滥用方面也存在细微的社会经济地位差异。高社会经济地位青少年吸烟的可能性低于低社会经济地位的青少年,但酗酒的可能性并不低。但是,种族、社会经济地位和性别差异对药物滥用的影响总体来说比较小,个人因素和父母因素的影响则更大。

大脑研究

滥用药物会损害年轻人的大脑

学生滥用药物可能是由较低的分数、缺勤和辍学以及妨碍学习的不良行为导致的(Jeynes, 2002)。这极有可能使大脑功能受损。药物滥用会影响额叶皮质和边缘系统。例如,吸食大麻会降低主观能动性、损伤短期记忆、判断力和运动协调记忆(NIDA, 2010);饮酒妨碍记忆、集中注意力和处理信息(S. Brown, Tapert, Granholm, & Delis, 2000)。事实上,年轻人可能比成年人更容易因滥用药物而导致大脑受损(Lubman, Yucei, & Hall, 2007)。请记住,髓鞘和突触会在青春期继续发育。

药物滥用的课堂启示

大多数学校都制定了相关政策,包括通知家长和警察,对滥用、持有或销售非法药物的学生予以停课或开除的处罚(IES, 2012)。然而,在全国范围内,有报告显示 29% 的青少年在一年中的某个时候曾在学校被贩卖、提供或给予非法药物(Grunbaum et al., 2002)。多达 13% 的学生在这一影响下上学(Jeynes, 2002)。然而,这一比例在不同学校之间存在巨大差异(R. Rose et al., 2003)。有些学校比其他学校更需要对药物滥用进行干预。在药物滥用方面,你能在你的学校做些什么呢?以下是一些建议:

(1)不要通过开玩笑或者自己滥用药物来让学生模仿他人接受药物。即使老师极力掩盖,学生们也会知道哪些老师吸烟、喝酒或对咖啡因上瘾。

(2)宣传戒掉包括酒精在内的药物是正常的。研究表明,大多数年轻人不滥用药物。那些认为其他人都在滥用药物的年轻人更有可能滥用药物。

(3)增强学校的纽带作用。在第六章中,你将学习如何做到这一点。那些感觉在学校受到照顾的孩子不太可能滥用酒精(Ennett et al., 2008)。

(4)倡导有效的药物滥用干预计划。我们将在后面继续讨论这个问题。

自从 1989 年《无毒品学校和社区法》(The Drug-Free Schools and Communities Act)颁布以来,几乎所有的学校都有某种类型的药物滥用干预项目。大多数项目都是为了减少药物滥用的"同伴压力",尽管"同伴压力"可能没有家庭影响那么大。最常见的项目是药物滥用抵制教育(Drug Abuse Resistance Education, DARE),几乎 75% 的小学都在开展。数十项研究表明,药物滥用抵制教育并没有能够限制药物的滥用,甚至可能适得其反(Lilienfeld, 2007),因此该项目已经被修订,关于其有效性的争论仍在继续。即使是最好的

"同伴压力"抵制项目,其对一些孩子的影响程度也仍然是有限的(Windle & Windle,2003)。

随机的药物测试会有效吗?也许会有一点作用。在36所高中开展的一项实验表明,当学校对参加体育运动和课外活动的学生进行药物检测时,16%的学生自己描述曾滥用过药物,相比之下,在没有进行检测的学校,这一比例为22%。药物检测有利的一面是它不会阻止年轻人参加课外活动,不利的一面是检测并没有削弱这些学生滥用药物的意图,也没有减少学校其他学生对药物的滥用(JamesBurdumy, Goesling, Deke, & Einspruch,2010)。

幸运的是,有一些学校实行的减少药物滥用项目是有效的。最有效的干预措施涉及生物生态模型的多个层面:个人、家庭、朋友、学校和社区等(见第一章)。这些干预措施教会儿童一些社会技能和应对策略(见第八章)。它们还鼓励父母在家制定禁止滥用药物的规定、增强家庭观念,同时还强调了学校的纽带作用。干预措施还改变了关于药物滥用的社区规范。此外,美国政府维护的一些网站列出了一些以研究成果为依据的干预项目,可以帮助你为自己的学校选择相应的项目。

> **思考**
>
> 姐妹两个人,一个8岁,另一个10岁,帮着妈妈从杂货店搬了几箱啤酒到车上。大女儿问:"妈妈,这些啤酒是聚会喝的还是你自己喝的?"女孩从她们的母亲那里学到了什么?作为一名教师,你在对女孩滥用药物的干预中起着什么作用?什么样的学校项目可能会阻止她们滥用药物呢?

产前接触药物——行为致畸因子

儿童滥用药物最严重的后果之一是,一些人即便到了20多岁还在继续滥用药物,而20多岁是生育的黄金年龄。药物是致畸因子。**致畸因子**[①]是指对发育中的胎儿有害的因素。致畸因子除了药物,还包括许多其他因素,如压力、污染物和疾病等(Hubbs-Tait, Nation, Krebs, & Bellinger, 2006)。

有些致畸因子的影响在婴儿出生时就很明显,因为它们会导致婴儿身体异常,比如四肢畸形。然而,许多致畸因子的影响在出生时并不明显。例如,酒会严重破坏突触形成(Ikonomidou et al., 2000)。虽然你表面上看不到这一点,但它会影响孩子以后的思想和行为。这种致畸因子被称为行为致畸因子。行为致畸因子可能通过在子宫中让胎儿缺氧、限制其血液流动或改变他们大脑中的神经递质来影响婴儿(Behnke et al., 2013)。

酒精是最强大、最常见的行为致畸因子之一。产前接触酒精是导致儿童智力障碍的主要可预防因素。它可以导致胎儿酒精综合征(fetal alcohol syndrome, FAS)。胎儿酒精综合征的症状是婴儿头部较小、面部异常,如上唇薄、眼睛大,有注意力和行为问题,智力低下(Williams et al., 2015)。症状较轻的儿童可能患有胎儿酒精谱系障碍(fetal alcohol spectrum disorders, FASDs)。胎儿酒精谱系障碍的症状是出生体重低(见专栏2-2)、思维迟缓、记忆力差、难以集中注意力和行为易冲动,如在课堂上不停地说话。接触酒精的儿童也可能运动发育较差,特别是精细运动技能较差,会出现书写困难。

即使母亲饮酒量正常,以及儿童未被诊断有胎儿酒精谱系障碍,酒也与这些问题有关(Behnke et al., 2013;Williams et al., 2015)。例如,在一项经典的研究中,14岁孩子

---

① 致畸因子(teratogen):对发育中的胎儿有害的因素。

在推理测试中的得分与母亲在怀孕初期饮酒的数量相关——在母亲知道自己怀孕之前（Hunt, Streissguth, Kerr, & Olson, 1995），母亲接触酒精越多，14年后孩子的反应就越快、越冲动，但这并不准确。

烟草是另一种常见的致畸因子。与酒精一样，产前接触烟草会使婴儿出生时体重较轻，出生后身材偏小。接触烟草与儿童的低自控力、多动症、强攻击性以及青少年时期的药物滥用有着密切的联系。接触烟草还与婴儿猝死综合征、语言发展低下、记忆力差、学习速度慢及智商低有关（例如，Behnke et al., 2013; Farber et al., 2015）。

产前滥用药物的影响会持续到婴儿期以后，一直到青春期和成年期。一般来说，这种影响是微小的。也就是说，大多数产前接触药物的儿童会处在"正常值"的范围内，但一般会在正常值的最底端。影响的严重程度取决于药物的接触量，以及接触是否发生在大脑迅速发育的怀孕早期。目前还没有已知的安全孕期或安全剂量。

我们已经关注到母亲在产前滥用药物对儿童所产生的影响。然而，产后（婴儿出生后）滥用药物也可能影响儿童。例如，当父母吸烟时，他们的孩子更有可能患耳部感染、感冒和哮喘，更可能旷课和存在学习问题（Farber et al., 2015）。此外，滥用药物会降低父母对孩子的护理质量。例如，可卡因会导致父母"崩溃"或一连几个小时都叫不醒，在此期间，没人与孩子说话、给孩子喂奶或进行照料。我们一起来看看珍妮的课堂行为吧！她今年4岁，她的妈妈每天都喝酒。

> 珍妮和想象中的孩子追着玩儿，和物体说话。一天，她看到房间里有一个南瓜，停下来拍了拍，问它怎么样了。她说："你是一只漂亮的南瓜——又大又肥！"有一个孩子说："没有人喜欢她，她太奇怪了。"珍妮总是一个人玩，除非有人可怜她，让她加入他们的小组，而这通常是在老师的督促下发生的。其他的孩子说，他们之所以不愿意和她玩，是因为怕伤到她。她看上去很脆弱。就她的年龄来说，她太瘦小了，行动也不灵活，而且做了矫正腭裂的手术。与其他孩子不同的是，她并不为放学回家后能看到妈妈而感到兴奋。

珍妮的问题是因为她在出生前接触药物还是因为她母亲持续滥用药物呢？可能两者都有吧（Bergin & McCullough, 2009; Yumoto, Jacobson, & Jacobson, 2008）。滥用药物的父母——即使他们只是以前滥用过药物，在生孩子之前就已经戒掉——往往情绪消极，养育能力差，这也导致了他们孩子的行为问题（Bailey et al., 2013）。

作为一名教师，你可以从中得到如下启示：（1）防止或减少学生滥用药物的一个关键目的是不让他们再成为滥用药物的父母；（2）胎儿期接触药物会对你班里的一些学生产生长期的影响；（3）父母现在和过去的药物滥用行为会影响学生在学校的成绩。如果你的学校提供药物滥用干预项目，那么请试着让家长参与到项目中。

在这一章的结尾应该明确的是，身体状况会影响孩子在学校的行为和成绩。作为一名教师，促进儿童健康对你是有利的。许多学校也认同这一点，因此，学校员工中会安排一名护士。美国的一场运动在此基础上更深入了一步，建立了学校的健康中心（其他国家的学校中已经有了这样的机构）。他们希望把医疗服务带到孩子们长时间待的地方——学校。这既降低了成本，又为患病儿童带来了好处（Lear, 2003）。例如，如果学校有健康中心，那么哮喘患儿的住院治疗费用会降低，他们缺课的次数也会减少（Webber et al., 2003）。即便学校没有健康中心，你也可以通过本章提供的建议促进学生身体健康发展。

对实践的反思

我的教学

大脑的结构会受到环境的影响，包括教室的质量。此外，儿童身体发育的其他方面也影响他们的学校体验，并同时受到学校体验的影响。为了确保你在促进学生的身体健康发展，你需要定期问问自己：

（1）我是否理解经验——比如我的教学方法或与每个学生互动的方式——会带来学生大脑的变化？我是否提供了一个刺激性的环境来促进学生大脑的发育和学生学习，而又不存在过度刺激？

（2）我是否通过接受现实和提前做准备的方式来提供一个压力相对较低的环境（见第八章）？例如，我是否提前提供了作业清单和上交日期？我是否避免公开批评和惩罚学生？

（3）我是否仔细观察我的学生，以确定他们达到了适当的生理阶段？我的学校是否对儿童的健康、视力和听力进行筛查？

（4）我是否为超重的学生、发育过早或过晚的学生提供情感支持？

（5）我的学生是否得到了足够的锻炼？我是否鼓励学生锻炼？是让学生在教室里进行体育锻炼，还是带我班级的学生出去玩？我的学校是否为步行或骑自行车的学生提供了安全措施？

（6）我是否树立了健康饮食的榜样，同时鼓励学生也这样做？我的学校提供健康食物吗？学生是否有足够的时间在一个舒适的空间吃午餐？我是否鼓励学生，尤其是蹒跚学步的孩子和十几岁的女孩，摄入足够的铁，不喝苏打水？我应该允许学生在课堂上吃健康的零食吗？

（7）我的低收入家庭学生的早餐和午餐是免费或价格有优惠的吗？如果不是上述情形，那么我能提供哪些帮助？

（8）我的学生感到困倦吗？我是否鼓励他们获得充足的睡眠？我的学校活动结束得够早吗？

（9）我是否避免了学生不恰当的模仿或与学生讨论吸烟、饮酒或药物滥用问题？我是否向学生传达了这样的信息：戒掉药物很正常（而不是以好像所有年轻人都在喝酒而且下个周末还会去喝的方式说话）？

身体发育的年龄趋势总结

	大脑发育	生长与运动发育	健康挑战
婴儿期与学步期（0～2岁）	● 大脑发育在妊娠早期开始，髓鞘形成开始于最后三个月。 ● 大规模的突触形成发生在出生之前到2岁。 ● 在出生时，婴儿的葡萄糖率约为成年人的2/3。 ● 大脑皮层的代谢活动较少，但在感觉、运动和情感区域代谢活动较多。这些区域的髓鞘在2～3岁发育完全。	● 正常出生的婴儿体重在5.5～10磅之间。出生后，婴儿每个月的体重增长超过1磅。到5个月时婴儿体重翻倍；到3或4岁时身高翻倍。 ● 精细运动技能和粗大运动技能的发展遵循着可预测的顺序。	● 新生儿的睡眠时间比他们醒着的时间多。新生儿对睡眠的需要逐渐减少，到婴幼儿期每天只需要两次小睡。 ● 婴儿猝死综合征最有可能发生在1岁以下的婴儿身上。 ● 婴儿的脂肪水平会逐步上升，直到1岁左右，然后下降。 ● 婴儿出生体重低与产前接触酒精和尼古丁等有关。

续表

	大脑发育	生长与运动发育	健康挑战
儿童早期（3～5岁）	● 5～7岁时，大脑已经发育成成年人的大小，但改进仍在继续。 ● 在4岁时，葡萄糖率和血流量是成年人的两倍。代谢活动增加始于大脑皮层。当它们变得相互联系时，孩子们就有了自我控制能力。 ● 幼儿园的儿童比成年人突触多。	● 在学龄前，幼儿每年大约长高3英寸，体重增加4磅。 ● 精细运动技能和粗大运动技能的发展遵循着可预测的顺序。	● 学龄前儿童每天需要大约11个小时的睡眠，在3～5岁时需要白天小睡一次。 ● 噩梦在学龄前儿童中很常见。 ● 大约8%的学龄前儿童肥胖。肥胖反弹可能始于学龄前。尚未发现肥胖与自卑相关联。
儿童中期（6～12岁）	● 葡萄糖率在9～10岁之间趋于平稳，而后逐渐下降。 ● 第二次突触形成期后，突触增殖也趋于平稳。 ● 大脑可塑性在10岁之后下降。	● 在青春期之前，孩子们每年会长高2.5英寸，体重增加5～6磅。 ● 运动与感知的协调性能让孩子保持平衡、接住球或写下自己的名字。 ● 运动强度在7～9岁达到顶峰。 ● 引发青春期发育的激素6～8岁时开始分泌。	● 6岁的儿童每天需要11～12个小时的睡眠。 ● 儿童在4～8岁时脂肪增加。5～7岁超重的女孩进入青春期较早。 ● 大约18%的小学生肥胖。 ● 重度药物滥用者往往始于小学。
青春期（13～19岁）	● 在16～18岁时，葡萄糖率会下降到成年人的水平——需要的能量更少。 ● 突触修剪一直持续到青春期。额叶皮质突触密度在青春期中后期稳定在成年人的水平。 ● 前额叶皮质髓鞘形成成年人化。 ● 小脑发育完全。 ● 某些神经递质的化学变化会改变动机和精神病理学。 ● 通过学习，成年人的大脑会继续生长突触、树突和支持组织。	● 发育在青春期时达到顶峰。这包括生长变快、肌肉和脂肪比例发生变化，以及男孩的力量突增。它还包括主要性征的发育（如男性的睾丸和女性的卵巢）和第二性征的发育（如阴毛、胡须和体毛，以及女性的乳房）。一般而言，女孩12～13岁会产生月经，而男孩14～15岁会形成精子。	● 青少年每天需要8～10个小时的睡眠。处于快速成长阶段或积极参加锻炼的青少年需要的睡眠时间更多。大约85%的青少年睡眠不足。 ● 大约7%的青少年睡眠延迟，这是一种睡眠障碍。 ● 大约21%的青少年肥胖。 ● 女孩对自己的身体脂肪越来越不满意；这种不满与神经性厌食症和神经性贪食症有关。 ● 大多数青少年尝试过滥用药物，但不会一直使用。 ● 行为致畸因子的影响可能仍然很明显。

本章总结

1. 大脑

● 大脑有数十亿神经细胞。神经元通过突触上的电脉冲和神经递质相互交流。神经细胞有轴突，轴突上有一层叫做髓鞘的涂层，可以加快脉冲的速度。

● 在婴儿期，大规模的突触形成导致突触的过度产生。在儿童期，一些联系得到加强，而另一些则被删除。反复激活的神经元形成稳定的回路和大脑结构。

● 大脑有两个半球和几个主要结构，如脑干、边缘系统、小脑和被分为四个脑叶的大脑皮层。前额叶皮层的功能使我们成为独一无二的人类，比如能够解决问题。
- 基因不能精确地决定大脑的结构。相反，突触形成使大脑能够捕捉经验，从而形成大脑的结构。丰富的环境可以促进大脑发育。
- 对于某些功能，大脑可塑性会逐渐丧失，但早期出现缺陷时，通常可以进行补救。

2. 成长和运动发育

- 儿童发展粗大运动技能和精细运动技能的顺序是可以预测的。
- 青春期是一个漫长而渐进的过程，包括初级和次级性别特征的发展，以及生长突然加快和身体成分的变化。
- 早熟的年轻人，尤其是女孩，有出现行为问题、滥用药物和发生性行为的风险。
- 基因和环境共同促进身体发育。你可以使运动发育加快速度，但只能在有限的范围内。
- 营养不良会导致发育不良、青春期延迟，甚至破坏大脑发育。母乳是婴儿最好的营养，能够促进儿童健康和提高儿童智力。
- 严厉或无回应的照料会损害儿童身体发育和健康。
- 大多数美国儿童摄入太多的脂肪和糖类，缺乏足够的水果和蔬菜。他们也没有得到足够的锻炼。学生良好的营养和足够的锻炼与其在学校的成功紧密相关。教师可以影响学生的营养、锻炼和运动技能。

3. 当代健康挑战

- 休息好的孩子在学校表现更好，并有更高的学业成绩。不幸的是，许多儿童特别是青少年睡眠不足。
- 许多美国儿童超重，特别是低社会经济地位的孩子。儿童肥胖会引发 2 型糖尿病，使女性青春期提前，并导致成年肥胖、学习、社交和情感问题。
- 肥胖与活动水平低、过度看电视、不良的饮食习惯以及父母的消极行为有关。
- 厌食症和贪食症是严重的饮食失调症，这些病症对女孩的折磨通常比男孩大。
- 父母和朋友对药物的滥用可以反映青少年的药物滥用情况。有相当一部分青少年在滥用药物，但他们中的大多数人在任何时候都能戒掉药物。在学生滥用的药物中，酒精是最常见的，其次是烟草，然后是大麻。重度药物滥用者通常在小学就开始接触非法药物。
- 白人青年抽烟和喝酒的人数最多，非裔美国青年最少，但拉美裔和非裔美国青年吸食大麻的人数在逐渐增多。男孩吸毒的比女孩要多，男孩酗酒的也比女孩多。
- 产前接触药物会损害婴儿健康，并对青少年时期产生消极影响。

第二部分　儿童的认知

第三章

经典的学习和认知理论

你的行为所带来的后果如何塑造你现在的学生？你最有效的学习方法是自己找出答案，还是被告知答案？在这一章中，我们将讨论关于学生如何学习的理论。读完本章后，你将能够：

(1) 描述行为主义的主要概念，并将其应用于课堂。
(2) 描述皮亚杰认知发展理论的主要概念，阐释它们如何建立建构主义，并将其应用于课堂。
(3) 描述维果茨基社会文化理论的主要概念，并将其应用于课堂。
(4) 解释本章讨论的相关理论之间的异同。

一、行为主义

在2年级的教室里，娜奥米（Naomi）完成作业后，开始读一本关于萨卡加维亚（Sacajawea）的书。这个班的学生应该在空闲时间读传记，所以老师告诉全班同学，看到娜奥米在读书，她是多么地高兴。然后，老师奖励了娜奥米一张奖券，她可以用这张奖券在周末去学校的商店买糖果、贴纸和小动物毛绒玩具。每当一个孩子在课堂上做了积极的事情，学校就会奖励他一张奖券。第二天，娜奥米在空闲时间又读了传记——其他几个孩子也纷纷效仿。

娜奥米的老师在奖励娜奥米阅读时采用了一种行为主义者的方法（behaviorist approach）。当她给娜奥米一张奖券时，她鼓励娜奥米重复这种行为，其他学生也以娜奥米为榜样。下面我们将讨论行为主义。本章我们还将讨论另外两种有影响力的理论，即认知发展理论和社会文化理论。这三种经典理论在对是什么导致孩子随着年龄的增长学习和推理能力逐渐增强的看法上存在差异。

行为主义[①]是对可观察行为的科学研究。根据行为学家的观点，对儿童行为的控制取决于环境。行为主义的代表人物约翰·华生（John Watson，1878—1958）断言：

给我一打健康的婴儿，如果他们在我营造的环境里长大，那么，我敢保证：从中随意选择一个婴儿并对他进行训练，无论他的天赋、倾向、能力、职业和他祖先的种族如何，他都能成为任何一类专家，比如医生、律师、商业巨擘，甚至是乞丐和小偷（华生，1924，p.82）。

---

① 行为主义（behaviorism）：对公开的、可观察的行为的科学研究。

你同意这种说法吗？华生夸大了行为主义的观点，即儿童成长的结果完全取决于他们所处的环境。行为主义者认为，儿童的行为不同是由于他们每个人都有自己独一无二的学习经历。

行为主义者认为，行为是后天习得的（behavior is learned）。事实上，**学习**①被行为学家定义为一种相对持久的行为变化，它是经验的结果。在数学课上，如果莫妮卡（Monica）能在课后几天或几个月做三位数加法，你就知道她已经学会解数学题。如果她不会三位数加法，你就知道她还没有学会。根据行为主义者的研究，9 个月大的孩子和 19 岁的孩子的学习原则是一样的。因此，无论是学前教育还是高中教育，下面的讨论都适用。

行为主义者使用**条件反射**②这个术语来指创造产生学习行为的环境。条件性行为和习得性行为是一样的。在本章开头的小故事中，娜奥米和她的同学在老师的引导下学会阅读传记。接下来，我们将讨论两种与课堂相关的条件反射形式——经典条件反射（classical conditioning）和操作性条件反射（operant conditioning）。

1. 经典条件反射

经典条件反射③通常被称为巴甫洛夫条件反射（Pavlovian conditioning），是以 1904 年获得诺贝尔奖的苏联生理学家伊凡·巴甫洛夫（Ivan Pavlov）的名字命名的。经典条件反射始于一种刺激，这种刺激会在未曾学习的情况下产生无意识的反应。在他最著名的研究中，巴甫洛夫把肉粉放进狗的嘴里，使其流口水。肉粉是一种无条件刺激（UCS）。唾液分泌是一种无条件的反应，这意味着它是无意识的，不是习得的，也不受狗的控制。同时，他加入了一种声音——例如，一个铃铛的声音。这是一个中性刺激，因为它与唾液分泌无关。在反复将食物和声音配对之后，狗虽然只听到了铃声，却依然流口水，此时铃声从中性刺激变成了条件刺激（CS）。在没有食物的情况下，狗一听到铃声就流口水的行为就成了条件反射。狗的行为已经发生了变化，它习得了"一听到铃声就流口水"这一行为。巴甫洛夫的研究非常有名，甚至出现在漫画中（如图 3-1 所示）。当前使用经典条件反射的研究侧重于预测，即学生观察事件之间的关系，试着将事件与结果联系起来，然后对结果进行预测（Nilsson et al., 2012; Rescorla, 1988）。因此，一种认知元素被添加到了当前的一些理论研究中。

图 3-1 巴甫洛夫的猫

巴甫洛夫对狗流口水的研究广为人知，甚至渗透到卡通文化中。猫似乎不像狗那么容易预测。

---

① 学习（learning）：行为主义者认为，可观察到的行为中相对持久的变化是经验的结果，而不是由于成熟或其他原因。

② 条件反射（conditioning）：学习或者创造有利于学习的条件。

③ 经典条件反射（classical conditioning）：一种条件作用形式，其中将中性刺激与引起非自愿反应的刺激配对，直到中性刺激成为条件刺激并引起反应。

已经习得的行为可能消退。在经典条件反射理论中，**消退**（extinction）① 是指在没有无条件刺激（食物）的情况下，反复提供条件刺激（铃声），直到条件刺激（铃声）不再引起条件反应（流口水）；也就是说，如果已有条件反射的狗反复听到铃声却没有得到食物，那么一段时间后，其听到铃声就流口水的行为将不再产生。

经典条件反射不仅发生在狗身上，而且同样适用于人。它解释了一些情绪反应产生的原因，尤其是恐惧和焦虑，如数学焦虑。如果你因为数学成绩不好而不断受到羞辱（UCS），你就可能会习惯性地将数学与羞辱联系在一起，之后一看到数学问题就焦虑（CS）。如果你因为把球弄飞了而感到丢脸，你就可能会避免打棒球，因为你会把它和尴尬（CS）联系在一起。

经典条件反射可以解释为什么有些孩子不喜欢上学。那些在学校有过负面经历的孩子，比如羞愧和尴尬，会有一种无条件的负面情绪反应，这种反应会和学校联系在一起。如果这种情况经常发生，那么仅仅是学校的景象、气味和声音就会引起手掌出汗、焦虑、羞愧或愤怒。时间长了，孩子们对学校的消极情绪就变得不受控制。这些感觉在其他学校的新情境中同样会出现。这些孩子成为父母后，可能会因为学校唤起的负面情绪而不参加返校之夜*。相比之下，那些在学校里经历过学业上的成功和亲密友谊的学生，在学校里可能会习惯性地感到幸福。读完这本书后，你将有方法让你的学生享受学校生活。

条件反射适用于各个年龄阶段的人。例如，如果你每次在婴儿伸手去拿一根彩色棍子（UCS）时，都演奏一段音乐（CS），那么之后，他们很可能会在听到这段音乐时伸出手，即使是在身边没有棍子的黑暗中（Keen，2011）。然而，与青少年和成年人相比，经典条件反射对年幼儿童的影响要小得多，这可能是因为儿童并不总是能意识到条件刺激和非条件刺激之间的这种"如果这个发生了，那个就会发生"的可能性（Hofmann, De Houwer, Perugini, Baeyens, & Crombez, 2010）。

> **思考**
> 当人们通过给狗吃饼干来训练狗翻身时，或者当他们通过给海豚吃鱼来训练海豚跳过铁环时，他们是在使用经典条件反射还是在使用操作性条件反射？请解释一下。

2. 操作性条件反射

经典条件反射侧重于自动或不由自主的行为，而**操作性条件反射**②侧重于自愿行为，如做作业或打架。操作性条件反射是指通过结果来学习自愿性行为，结果要么是强化，要么是惩罚。

强化和惩罚

强化物③是提高行为概率的因素。强化物有两种类型：积极的和消极的。"积极"指呈

---

① 经典条件反射消退［extinction（classical conditioning）］：条件刺激和非条件刺激反复不配对，直到条件刺激不再引起条件反应。

* 返校之夜（back-to-school night）：开学前或者开学第一周，中小学会邀请家长到校参观，让其了解学校的教学理念、管理方法、教学设置和安排等情况。——译者注

② 操作性条件反射（operant conditioning）：自愿行为是通过其后果来制约的。

③ 强化物（reinforcer）：提高反应概率的因素。强化物就是那些能够提高特定反应的可能性或使特定反应概率上升的任何事物或事件。

现某物,"消极"指移除某物。因此,**正强化**①通过呈现结果来提高行为再次发生的概率。教师可能会给予学生表扬、奖励、增加休息时间和良好的成绩作为正强化(Kodak, Northrup, & Kelley, 2007; Penrod, Wallace, & Dyer, 2008)。如果青少年在一个项目上努力学习,取得了好成绩,然后在另一个项目上依然努力学习,那么他们在努力学习上就得到了正强化。如果孩子们在操场上为了得到一个球而推其他的孩子,结果发现这是有效的方法,那么他们在未来就会使用"推"来得到他们想要的东西,"推"这种行为在他们身上得到了正强化。

正强化在教师身上依然有效。安东尼·约米(Anthony Yom)说,最初他并不喜欢在洛杉矶一所以拉美裔学生为主的学校教书,因为很多学生没有准备好,一些人还试图恐吓他(Lopez, 2016)。然后,2016 年,他的一个学生在微积分考试中取得了满分。这名来自移民家庭的学生将此归功于约米。其他几个学生告诉约米,他们很欣赏他的努力,认为他是一个好老师。正是由于这些正强化因素,约米继续在这所学校教书。你最后一次被你导师强化是什么时候?

负强化②会通过移除负面或令人厌恶的刺激而提高行为再次发生的可能性。安全带蜂鸣器是负强化的一个例子。驾驶员在系好安全带后,会有一些负面的东西(蜂鸣声)被移除,从而提高了目标行为(系好安全带)发生的概率,因此驾驶员会被强化以系好安全带。当人们学会逃离令人厌恶的环境时,他们正在被负强化(Gardner, Wacker & Boelter, 2009)。例如,当青少年因为作业太多而骚扰老师时,老师可能会减少作业以消除这种骚扰。当蹒跚学步的孩子哭着要饼干时,老师可能会给他们饼干来让他们停止哭泣。在这两种情况下,教师都受到了负强化,因为他们逃离了他们厌恶的环境。这就是负强化有时被称为逃避条件反射的原因。

你可能会混淆负强化和**惩罚**③,但它们是不一样的。惩罚是指降低行为发生概率的结果。它不一定是指体罚,也可以包括责骂或不得不坐在不太喜欢的座位上。惩罚通过呈现或移除某物来发挥作用。例如,请学生去办公室可能会起到惩罚的作用。剥夺学龄前儿童的户外玩耍时间会起到惩罚的作用。这些结果只有在它们真正改变了学生的行为时才能被称为惩罚,而不取决于教师的意图。

惩罚学生是明智的吗?操作性条件反射最著名的支持者之一斯金纳(B. F. Skinner, 1972)坚决反对惩罚(如专栏 3-1 所示)。斯金纳认为惩罚导致的行为不像强化导致的行为那样可预测。与其惩罚不当行为,不如强化适当的行为。但是,惩罚可以有效地阻止不当行为。我们将在第七章中讨论操作性条件反射作为一种训练形式的作用。

专栏 3-1　　　　理论与理论家

伯尔赫斯·弗雷德里克·斯金纳

斯金纳(1904—1990)是历史上最有影响力的心理学家之一。斯金纳在专门设计的笼子里研究老鼠,这个笼子后来被称为斯金纳箱。一只老鼠被放进一个装有杠杆的笼子里。如果老鼠按下杠杆,那么一粒食物将被投放到笼子里。没有人事先告诉老鼠这一点,所以它经常在随机按下杠杆之前做很多动作。在得到强化后,老鼠会一次又一次地按杠

---

① 正强化(positive reinforcement):表示提高反应概率的结果。
② 负强化(negative reinforcement):消除负面刺激从而使反应概率上升,但不是惩罚。
③ 惩罚(punishment):降低反应概率的结果。

杆，直到它不再饿为止。如果杠杆只是在亮着灯的时候才起作用，那么老鼠很快就会学会一亮灯就按下杠杆，而不是在其他时候。（斯金纳还发明了一种强化学生行为的教学机器，但它与老鼠的食物无关！）通过这些实验，斯金纳证明了强化的效果。

斯金纳认为科学的作用是预测和控制行为。行为是合法的。如果你了解所有对学生起作用的偶然事件，你就能理解学生的行为。环境是行为的主要原因，而不是像思想或感觉这样的内部事件。斯金纳认为，大脑中的内部事件并不是行为的全部原因，因为你仍然需要理解内部事件从何而来，最终的答案是环境。那么，为什么要提出内部事件的概念呢？在他去世前8天在美国心理学协会的最后一次演讲中，他激动地说没有必要用心灵的概念来解释行为。

斯金纳

斯金纳将行为主义应用于学校和其他任何可能实施强化的场景中。他甚至开始训练鸽子来引导导弹。这导致了早期太空飞行中使用动物来确定人在太空中是否会改变行为。他相信，物理和医学科学的进步永远解决不了世界上的问题，只有行为才能改变世界。为了表达这一观点，他写了一部乌托邦小说《瓦尔登湖第二》（*Walden Two*，1948）。这本书引起了许多强烈的且往往是愤怒的反应。人们将其与奥威尔在《一九八四》（*Nineteen Eighty-Four*）中描述的极权主义、希特勒的纳粹主义进行比较，因为斯金纳提倡控制行为。这对那些想要把自己看作自己命运的主人而不是被环境控制的机器人的人构成了威胁。

斯金纳在另一本书《超越自由与尊严》（*Beyond Freedom and Dignity*，1971）中谈到了对他的批评。在该书中，他提到，缺乏对控制你行为的力量的认识可能会让你感到自由，但这种感觉是虚幻的，被你不知道的力量控制是危险的。斯金纳认为，系统化控制是最好的，而不是随意性控制。值得赞扬的是，他的方法已经被用来为吸毒者、少年犯和其他在缺乏行为治疗的情况下被扔到监狱或精神病院的人创造自由。他的书提倡社会消除惩罚性的控制形式，只使用积极的强化来改变行为。

在课堂上很容易滥用强化和惩罚。两个常见的错误是忽视值得强化的行为和混淆惩罚与强化。一方面，作为强化的表扬，实际上是对那些不喜欢表扬的孩子的惩罚。当老师说："华莱士（Wallace），我很高兴看到你今天做了家庭作业！你的测验成绩也很好！"然而，华莱士可能会感到尴尬，从而选择少做作业。另一方面，作为惩罚的责骂，实际上对寻求关注的孩子是一种强化。对一些孩子来说，即使是负面的注意也会强化他们的行为。

你如何判断自己在课堂上是否正确地应用了强化和惩罚？如果结果降低了一种行为发生的概率，那么它就是一种惩罚。如果结果增加了一种行为发生的概率，它就起到了强化的作用。让我们看看它是如何在一个3年级的教室中发生作用的。

奥斯曼（Othman）不喜欢做数学作业。每当他的老师萨姆斯（Samms）布置难度较大的数学作业时，奥斯曼就会发出不适当的噪音和评论，在教室里乱扔材料和书，并制造骚乱。萨姆斯老师因奥斯曼的不端行为而将他请出教室。之后，奥斯曼每天都在数学课上恶作剧，因为这样他就会被请到一边去冷静一下。

虽然萨姆斯打算惩罚奥斯曼（减少他的不当行为），但是这种不当行为还在继续，甚至在增加，这意味着他想要的惩罚起到了强化的作用。奥斯曼被允许离开他讨厌的数学课，所以萨姆斯先生消极地强化了奥斯曼，从而增加了不当行为。

塑造

作为一名教师，你的职责之一就是让学生做出具体的行为。然而，如果一个学生从来没有表现出目标行为，比如完全参与课堂活动，你就无法强化它。那你能做什么？行为学家使用了一种叫做**塑造**①的技巧，这意味着你强化了可能会产生目标行为的举动。行为学家称之为对目标行为的逐次接近强化。例如，10 岁的道格（Doug）的字迹难以辨认，他在书写时，没有把字母 d 或 a 闭合起来，所以它们看起来像 cl 和 u。他的老师描述了她如何用塑造来帮助他：

> 每当我在道格的试卷上看到一个接近标准的"a"或"d"时，我就把它圈起来，在旁边写下"更好"。有一次，我请道格看他自己的试卷，然后告诉我他认为哪个"a"最好，哪个"d"最好。我没有评价那些写得很差的字母……三周后，他的书写有了明显的进步。我找到了他一个月前写的试卷，我们将其与他现在的笔迹进行了比较。他对此印象深刻，也意识到自己进步了很多（Krumboltz & Krumboltz, 1972, p.42）。

请注意，你可能会不经意地以不受欢迎的方式塑造学生的行为。如果你忽视学生被关注的要求，直到他们大声叫喊才会注意到他们，那么你就是在训练他们大声叫喊；你会因为忽视它而扼杀学生们安静举手的行为，从而塑造一种新的行为。

稳定和消退

只要强化系统保持稳定，行为就会趋于稳定。如果强化的东西改变了，新的行为就会出现。因此，如果娜奥米在开篇小故事中被强化在空闲时间写日记，而不是默读，那么她很可能会开始在课堂上多写少读。

有时你会对停止一种行为感兴趣。**消退**②（与操作性条件反射相关）指通过停止强化来降低一种行为发生的概率。为了消除一种行为，你需要找出强化这种行为的原因，然后将其消除。举个例子，如果萨姆斯先生忽略了奥斯曼的不当行为，那么这种不当行为可能会消失。然而，当你试图消除错误行为时，最开始的时候错误行为可能会增加，因为学生会寻求他所期望的关注。因此，当萨姆斯先生第一次忽略它的时候，奥斯曼可能会暂时强化他的不当行为，但随着时间的推移，他可能会在数学课上停止不当行为。

如果你想教授一种新行为，那么最好使用**连续强化**③——也就是说，强化每一个正确的反应，并立即强化它。然而，如果你想保持现有的行为，使其不那么容易消失，那么最好使用**间歇性强化**④——也就是说，强化一些但不是所有适当的反应。例如，赌博被强化是间歇性的，并且具有很强的抗消退性（highly resistant to extinction）。赌徒们很长一段时间没有赢，但仍继续赌博。因此，如果你想让你的学生长期保持一种行为，比如坐在指定区域的毯子上，或者每天把书带到课堂上，那么在这种行为相当稳定之后，最好偶尔强化一下，而不是每次都强化。

---

① 塑造（shaping）：对目标行为的逐次逼近的强化过程。
② 操作性条件反射消退［extinction (operant conditioning)］：停止强化后引起的反应消除或减少。
③ 连续强化（continuous reinforcement）：每一次出现正确的反应后都加以强化。
④ 间歇性强化（intermittent reinforcement）：强化发生在某些（但不是所有）反应之后。

> **思考**
>
> 老师有时会让行为不端的学生"暂停"(time-out),比如坐在一张单独的椅子上。"消退"是"暂停"的目的吗?有什么其他的条件反射原则在发挥作用吗?你的意图是增加还是减少目标行为?你认为不同年龄段的学生在"暂停"时都在想什么?用一个具体的例子来说明你的观点。

3. 行为主义的课堂启示

如果运用得当,那么行为主义将是促进学习和激励积极行为的有力工具。我们将讨论在课堂上应用操作性条件反射的一般指导方针,然后讨论从行为主义发展而来的一种具体的教学方法——直接教学。

课堂中的操作性条件反射

操作性条件反射已被有效地用于促进学生在课堂上集中注意力、积极完成作业和认真学习(Greenwood et al., 1992)。要想在课堂上成功地应用行为主义理论,请遵循以下指导原则:

(1) 识别出对你的学生有效的强化物。你对学生的关注虽不能强化全部学生,但可能会对许多学生起作用(Austin & Soeda, 2008)。一位老师发现和自己一起吃午饭对她的学生是一种强化物。另一位老师发现,帮助一个学生写一封电子邮件给他被监禁的父亲是一种强烈的强化物。获取新知识和解决问题的自豪感可能会强化学生的学习行为。不同学生的强化物可能不同。一项研究表明,当教师和小学生对贴纸、玩具恐龙和棒棒糖等17种奖励进行排名时,在教师中排名最高的奖励物在学生那里的排名并不高(Resetar & Noell, 2008)。这表明,你首先必须解决的问题是:什么才能真正强化学生的行为?

(2) 通常在3年级到12年级,分数是教师在课堂上控制的关键结果之一。分数可能起到强化或惩罚的作用,但也可能既起不到强化的作用又起不到惩罚的作用。一个学生得到C可能很兴奋,另一个学生可能很失望,还有一个可能不在乎。如果好成绩使学生努力学习,那么成绩的作用就是强化。

(3) 有意识地培养学生的积极行为。小心不要像萨姆斯老师对待奥斯曼那样错误地强化不当行为,或因忽视而抹杀一些好的行为。

(4) 专注于强化而不是惩罚。明确你想要强化的东西,比如解决问题或在失败后继续尝试。

(5) 在需要复杂技能的教学中塑造学生的行为,也就是说,强化那些可能会产生目标行为的表现。之前我们已经举了改善书写行为的例子。塑造也可以应用于教幼儿数数和指导青少年运动。例如,新手先是通过短推杆来学习高尔夫球的,然后他们改用更长的推杆,之后用铁杆打低切球,最后才是远射。与一开始就学远射的学生相比,那些技巧经过用心塑造的学生更有可能赢得最后的决赛(Martin & Pear, 2003)。

(6) 小心使用物质奖励。虽然物质奖励,比如娜奥米的老师使用的奖券,在课堂上是非常有效的,但是使用物质奖励也有一些缺点。一是奖券可能会成为老师的负担;二是学生可能会开始期待:"如果我完成了我的学习,那么我能从百宝箱里得到奖品吗?"使用自动铅笔作为奖励的老师们说,他们后来后悔了,因为他们的学生很快就会在表现良好或是取得好成绩后期待得到奖励。还有一个特别严重的缺点,即物质奖励对培养学生完成任务的内在动力收效甚微。这将在第七章中进一步讨论。

如果你在课堂上遵循行为主义的一般原则,那么学生的学习应该会有所改善。然而,你可能无法在所有情况下都应用操作性条件反射,因为你不能总是控制行为的结果。在学前教育、小学教育或特殊教育这样自成体系的教室里,你可能比在典型的中学教室里更能控制结果,因为中学生可以获得他们自己的强化物，比如食物和金钱。学校试图通过记过、打分、禁止体育运动或给予特殊荣誉来控制青少年的行为，但许多青少年并没有因此而受到强化或惩罚。而一个你能控制并且大多数学生能回应的重要的强化因素，就是你的关心。我们将在第六章进一步讨论这个问题。

当教师特意将操作性条件反射应用于儿童教育时，这被称为**行为矫正**[①]或**应用行为分析**[②]。我们中的一个人（CB）在一个项目中教授阅读，该项目对那些在常规课堂上无法学会阅读的5~12岁高风险儿童进行行为矫正。老师们和六个孩子坐在一张桌子旁，当一个孩子正确地将一个声音和一个字母配对时，老师会在孩子面前放一张卡片。当孩子们掌握了这一基本技能后，他们将学习一种稍微高级一点的技能比如组合音。掌握组合音后，他们会再次获得一张卡片。之后，如果他们能读出简单的单词，就继续奖励他们一张卡片。因此，他们的行为逐渐向阅读方向发展。孩子们每天有两次机会上交卡片换取奖品。因为部分孩子在学校经历过严重的失败，所以项目开始时，他们对此感到愤怒，经常在桌子底下踢老师。为了忽略所有的破坏性行为（消退），只对积极行为（强化）做出反应，老师们经常戴着护胫。这种方法非常成功，因为大多数学生的阅读能力很快就达到了相应年级的水平。当使用代币——孩子们通过良好行为挣得的可换取奖励的筹码——来矫正孩子们的行为时，就称对应的方法为代币法。在开场的小故事中，娜奥米的老师就使用了代币法。

应用行为分析在对患有自闭症、多动症和存在智力障碍的学生的治疗中尤其常见（Eikeseth，2009）。它也被用于改变正常发展儿童的各种行为，如更积极地参加课间体育活动（Hayes & Van Camp，2015），在换教室时动作更快一些（Hine, Ardoin, & Foster, 2015），踢足球时适当地铲球（Stokes, Luiselli, & Reed, 2010），在教室里专心听讲（Austin & Soeda, 2008）。如图3-2显示了当3年级学生在课间休息时可以通过增加步数获得小玩具奖励时，他们的体育活动是如何增加的。

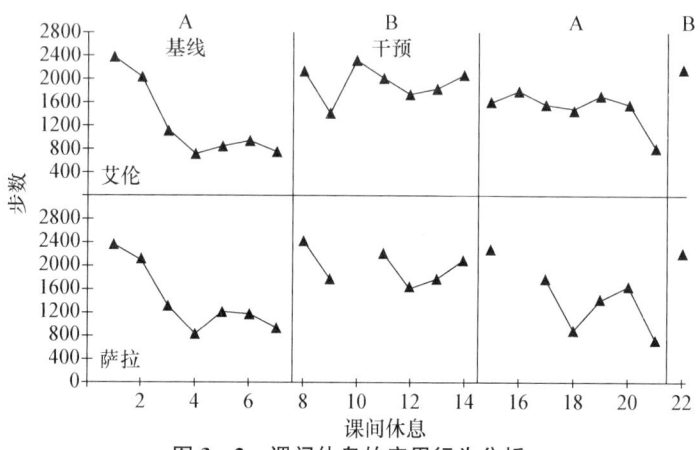

图3-2 课间休息的应用行为分析

本研究的作者希望增强3年级学生在20分钟的休息时间内活动的积极性。这些数据来自两个女孩——艾伦（Ellen）和萨拉（Sarah）。在A时段，研究人员只是观察了这两个女孩，直到她们的活动稳定下来。在B时段，他们给女孩们一个Fitbit计步器来计算步数，并为步数设定目标。他们还用小玩具来激励女孩们。这样做的结果是步数增加了。在第二次实验中的A时段，研究人员停止给予激励或目标，步数减少了。当再次给予激励和目标时，步数再次增加了。

资料来源：Hayes 和 Van Camp（2015）。

[①] 行为矫正（behavior modification）：用于改变人类行为的操作性条件反射，常见于特殊教育课堂。代币法可用作强化措施。

[②] 应用行为分析（applied behavior analysis）：根据行为主义原则，在实验中通过控制性应用改变某种行为，类以于行为矫正。

直接教学

在课堂上,除了应用这些行为主义的一般指导原则外,还有一种特殊的教学方法——植根于行为主义的**直接教学**①。直接教学分为两种。在第一种类型中,教师遵循这样的通用模式(Rosenshine,1987):

(1) 通过简短的目标陈述开始一节课。
(2) 首先简要回顾一下之前学过的相关知识。
(3) 按详细的小步骤呈现新材料,每一步之后提供练习。
(4) 给出清晰且详细的说明和解释。
(5) 问大量的问题,以确保学生已经理解。
(6) 提供系统的反馈和纠正。
(7) 确保80%以上的学生都能顺利完成初步练习。

这是在教育环境中常用的方法。当人们提到传统教学时,他们指的通常就是这种直接教学。

第二类直接教学使用准备好的脚本。一些著名的直接教学课程包括远程教学(DISTAR)、"连接数学概念"(Connecting Mathematics Concept)和"掌握阅读"(Reading Mastery)。脚本式的直接教学会给教师提供教学过程中会用到的恰当的教师用语。这两种形式的直接教学都能多次为每个学生提供及时有效的反馈,而强化应该在发现正确的反应之后立刻进行。

直接教学不依赖探索,学生所期望知道的一切都是明确教授的。教师不会依据学生的家庭生活去假设学生已经具备哪方面的知识,他们的信条是:学生不可能知道教师没有教过的知识(Adams & Engelmann,1996)。因此,低收入、弱动机或缺乏家庭支持不能作为学生学业成绩低的原因,在学生学会之前,教师应不断地给予指导。

有明确的证据表明,直接教学是有效的,尤其是对教授拆分单词、阅读理解、算术等技能和基本的科学或社会研究事实而言,虽然并非所有的人都同意(Borman, Hewes, Overman, & Brown, 2003; Dean & Kuhn, 2006; Rittle-Johnson, 2007)。直接教学对于理解教学理念也是有效的。例如,在一项研究中,研究人员教3年级和4年级的学生如何开展一项控制实验,即一次只改变一个变量,以确定哪个变量(例如,光滑与粗糙的表面,或陡坡与缓坡)导致球滚得最远(Klahr & Nigam,2004)。直接教学组中掌握"控制实验"概念的学生(77%)多于控制组(23%)。直接教学有时被错误地描述为被动学习;事实上,好的直接教学要求学生在认知上积极主动,对他们正在学习的东西进行思考。直接教学与实践活动相结合尤其有效(Lorch et al., 2010)。

一些教育学家认为,与出生于中产阶级家庭、在家里被教授知识的孩子相比,直接教学对于那些家庭贫困、需要靠自己学习知识的孩子是有效的。例如,在市中心的学校任教、教学经验丰富的非裔美国教育家德尔比(Delpit,1988)指出,就有色人种学生和贫困学生而言,因为他们缺乏特定字母发音的背景知识,也不会说和写标准英语,所以教师需要教给他们一些规则以使其体会知识的力量,而不是等待他们自己去发现。但是直接教学也受到了批评,尤其是脚本式的教学方法。有些人觉得它太过"一刀切",不顾学生之间的差异,不适合儿童发展。一些研究表明,它会导致学习的简化或创造力被抑制(Bonawitz et al., 2011; Dean & Kuhn, 2006)。一项研究发现,5年级的学生如果参加了协作互动小

---

① 直接教学(direct instruction):一种主要基于操作性条件反射的教学形式。

组,而不是直接接受指导,那么他们写关于做决定(考虑两难抉择中的每一个,叙述不同的理由,经过衡量后确定哪些是更重要的理由)的作文时表现更好(Zhang et al.,2016)。

接下来让我们来看看皮亚杰的理论,他提出了一个关于儿童学习和认知发展的不同概念,从而导致了不同的教学方法。

二、皮亚杰的认知发展理论

> 我们问维恩(Vern):为什么小船能漂浮在水面上,而比它轻的小石头却很快沉入水底了呢?他想了想说:"船比石头更聪明。聪明指什么?它不做一些自己不该做的事。"(Piaget,1929/1963,p.223.)

这是瑞士的研究者让·皮亚杰(1896—1980)对一个6岁小男孩的一段采访。为了得出这异常复杂、科学家们仍在讨论的认知发展理论,皮亚杰做了数百次像这样的采访(Müller,Berman,& Hutchinson,2013)。我们只就其中几个概念展开讨论。这里的**认知**①一词指诸如思考、解决问题、分类和记忆这样的认知过程,而认知发展则指儿童的认知能力随着年龄的增长而发生的有序变化。在皮亚杰看来,为了理解孩子的认知发展,我们不仅应该观察他们的外在行为(就像行为主义者那样),更应该思考这些行为背后的原因。他尤其关注孩子们对问题的错误回答,比如为什么石头会沉入水底而船不会。通过了解孩子们推理过程中出现的错误,皮亚杰得出了如下结论:儿童的逻辑思维结构异于成年人。

在皮亚杰的认知发展理论问世之前,人们普遍认为知识是人们在环境中对所察觉事物的简单记忆;换句话说,思维只是对观察所得的复制和储存。而皮亚杰反对这种观点。在他看来,知识不是对世界的简单复制,而是每个人根据客观事实在头脑中进行创造或建构的结果。他曾写道:"为了了解一样东西,儿童必须先通过把玩,然后才能在头脑中形成一定的概念;他必须经过代替、连接、组合、拆分,最后重新组装这样一系列过程"(Piaget,1970,p.704)。因为皮亚杰强调,每个儿童都会建构出属于他自己的知识结构,所以他被称为**建构主义者**②。在建构主义者看来,每个个体都自主地建构自己的理解,而不仅仅是复制他们所观察到的世界。皮亚杰也认为学习包括同化。**同化**③指学习者将新的概念纳入原有图式中。**图式**④指诸如意象、觉知或想法的认知结构。例如,在4年级的课堂上,老师在向学生们介绍书中关于古时俄亥俄州的开拓者时,为了检测学生们是否理解"一位沿街叫卖的小贩来到了一片远离人群的荒野里",停下来对学生进行提问:

> 老师:谁知道"远离人群"(isolated)是什么意思?(几个孩子举手了)乔治?
> 乔治(Jorge):是指那儿有很多冰(ice)吗?
> 老师:不是。莱西,你觉得呢?
> 莱西(Lacey):那儿非常非常非常冷。

---

① 认知(cognition):指诸如思考、计划、推理和记忆这样的认知过程。
② 建构主义者(constructivist):建构主义者认为知识的获得是一个建构的过程,而非单纯地复制观察到的事物。
③ 同化(assimilation):皮亚杰认为,同化是指儿童将新经验纳入已有知识结构或图式的过程。
④ 图式(scheme):一种认知结构或通过经验建构起来的理解方式。

从学生们的回答中，老师可以发现，孩子们通过自己原有的知识——对"冰"（ice）的理解，主动建构了对"远离人群"（isolated）的认识，因为学生们错误地将新词"远离人群"（isolated）同化到了原有的图式"冰"（ice）中*。

与同化相对应的概念是顺应。**顺应**①指儿童调整原有认知结构，使新的经历变得有意义的过程。下面的方框中展示了在 4 年级的课堂上，老师如何帮助学生调整他们关于"远离人群"（isolated）的原有图式。

> 老师：斯科特（Scott），你可以站起来，走到角落的水池边待一分钟吗？好的。斯科特现在就和我们"远离"（isolated）了。你们能猜到"远离人群"（isolated）的意思了吗？（所有学生都举起了手。）特雷弗（Trevor）？
> 特雷弗：和其他人分开吗？
> 老师：是的。这里指他们没有邻居，或者说没有人在他们附近生活。

根据皮亚杰的理论，任何学习行为都包括同化和顺应，虽然它们之间的量会发生改变。有些经历可能同化更多一些，而有些则是顺应多一些。举个例子：

> 曼尼（Manny）是一个处于学步阶段的儿童，他有一只猫。有一次，他见到了另一只猫，并把它纳入了其关于猫的原有图式中。因为新遇到的猫跟他的猫不同，所以他关于猫的图式拓展为小的、有四条腿的且被毛皮覆盖的动物。一天，曼尼一边喊着"喵，喵"，一边跑向一只臭鼬。他的妈妈看到了，大声喊着："不，那是只臭鼬！快离开！"

曼尼妈妈的回应让他调整并修改了原来关于猫的图式，并将其拆分为臭鼬和猫两个不同的图式。所以很多时候，虽然面对相同的情境，不同的儿童可能会建构出不同的知识结构，这是因为他们原先拥有的图式不同。

同化和顺应两个概念之间的此消彼长源于对**平衡**②的需要——一种认知平衡，让人感觉舒适的状态。皮亚杰认为随着经历的增加，人们会变得愈加困惑，也愈加希望解决这种认知冲突。个体为了达到认知平衡，会不由自主地进行同化和顺应，这会促进认知的发展。

1. 皮亚杰认知发展理论中的年龄趋势

皮亚杰认为认知发展存在阶段性，这四个阶段主要包括感知运动阶段、前运算阶段、具体运算阶段和形式运算阶段。虽然皮亚杰粗略地划分了每个认知阶段对应的年龄段，但是并不明确，因为他认为个体之间存在些许差异。所以，了解儿童的认知发展处于哪一阶段的唯一方法是观察他们的行为而非年龄。

认知发展是一个量变而非质变的过程，主要差异在于儿童的逻辑；也就是说，孩子的年龄不同，推理和解决问题的方式也会不同。比如，学步期儿童认为，当妈妈将一块饼干分成两半时，饼干变多了，这证明儿童的思维方式和青少年不同。而皮亚杰认为青少年和学步期儿童在认知能力方面最大的不同点就是前者能精确地思考一些抽象问题，这是儿童所不及的。随着儿童对具体事物认知的积累，他们对抽象概念和复杂知识的认识也会逐渐发展。现在让我们来了解一下各阶段的发展特点。

---

* 因为在英语发音中，isolated 和 ice 这两个词的读音比较相似。——译者注
① 顺应（accommodation）：皮亚杰认为，顺应是指儿童修改原有认知结构或图式以适应新经验的过程。
② 平衡（equilibrium）：一种认知平衡或认知舒适的状态。

感知运动阶段（出生至 2 岁）

婴儿从出生起便开始观察并理解这个世界。通过翻寻、吮吸、抓取和观察，他们为认知发展建立了基础，所以，在此阶段，思维和行为不可分割。婴儿的直觉是感性的，并且以行动为导向。此阶段的婴儿如果想了解一样玩具，就必须通过抓取和吮吸。

此阶段后期，婴儿开始具有**象征性思维**①——用一事物代替另一事物的能力。语言是象征性思维的重要标志，因为婴儿必须知道"妈妈"或是"橙汁"这类词汇所代表的客观事物。随着年龄的增长，儿童开始用石头代表碗碟或是用五颜六色的砖块代表汽车，这些都证明了象征性思维的发展，也使得极具象征性意义的过家家游戏成为可能。在**感知运动阶段**②，儿童能进行**延迟模仿**③，也就是说，他们能够在脑海中复现、记忆，并模仿他们曾经看到过的一些动作。这种能力也和过家家息息相关，因为这种游戏要求儿童记忆并再现他们所观察到的一些动作，比如哄洋娃娃睡觉，为模仿超人在空中飞而练习跳跃。

感知运动阶段的儿童已具备**客体永久性**④的概念，或者说，他们知道消失在他们视野中的物体依然存在。缺乏"客体永久性"意识的儿童则认为，一样东西从他们眼前消失时，就不再存在了。客体永久性意识的出现时间是可预测的。新生儿虽然会对一样玩具表现出强烈的好奇心，但当他们看不见这件玩具时，兴趣就消失了，这表明新生儿对玩具并没有留下任何印象。当婴儿长到 4～8 个月大时，他们会努力搜寻那些部分被毯子遮挡的玩具，而对于那些被全部遮掩的玩具则束手无策。当长到 8～12 个月大时，婴儿会寻找那些在他们眼前消失的玩具，只是他们经常会犯一些有趣的错：即使他们看到玩具被人从 A 处转移到了 B 处，他们依然会去最开始的隐藏地点 A 处寻找。举个例子，皮亚杰曾两次当着他 10 个月大的女儿的面，将玩具鹦鹉藏到了床垫下的 A 处，女儿杰奎琳（Jacqueline）两次都能顺利找到玩具。接着，皮亚杰再次当着女儿的面，将鹦鹉藏在了床垫下的 B 处，但是杰奎琳依然选择去 A 处寻找（Piaget，1954）。这项实验被称为"**A 非 B**"**错误**⑤。皮亚杰认为，这是因为此阶段的婴儿还没有完全具备客体永久性的意识。现在也有很多其他的解释，其中一种解释为婴儿很难抑制不去原先玩具被发现的地方寻找的冲动（Watanabe, Forssman, Green, Bohlin, & Hofsten, 2012）。

前运算阶段（2～7 岁）

运算⑥指遵循规则的心理行为，也可以被理解为符合逻辑的行为。在皮亚杰看来，处于前运算阶段的儿童还不能有逻辑地思考。在此阶段，儿童的思维还受到其他限制，所以无法多角度地看待同一事物，因为这对心智控制的要求比较高，也无法完全理解因果关系（Desrochers，2008）。皮亚杰还认为，此阶段的儿童还存在以下认知上的缺陷。

泛灵论

泛灵论⑦指认为无生命的客体具备生物性特征的想法。比如，孩子们会认为船具有智

---

① 象征性思维（symbolic thought）：用一事物代替另一事物的认知能力。
② 感知运动阶段（sensorimotor stage）：此阶段约在儿童出生后的前两年，他们依赖感官和动作图式来获得知识。
③ 延迟模仿（deferred imitation）：能够在脑海中复现，然后模仿出自己曾见过的一些动作的能力。
④ 客体永久性（object permanence）：知道消失在视野中的事物依然存在。
⑤ "A 非 B"错误（A-not-B error）：儿童虽然看到 A 处的东西被转移到了 B 处，但还是会去 A 处寻找，这对处于感知运动阶段的儿童是非常典型的。
⑥ 运算（operations）：皮亚杰认为，运算是指遵循规则的心理活动或操作。
⑦ 泛灵论（animism）：赋予无生命的客体生物性特征，比如，动机。

慧，太阳一直跟着他们，一朵花可能会感觉孤独，一些移动的东西如闪烁的火花都是有生命的。他们认为客体或自然现象（雨、风、雪）都具有一定的意图，这其中也包括了伤害人的意图。例如，因为觉得向他们吹来的树叶是在追赶自己，所以他们可能会哭泣。

缺乏层次分类的能力

层次分类①是指人们能根据不同事物的特点，将其归纳到不同的层级结构中。比如，牧羊犬既是一种狗，又是一种哺乳动物。处于前运算阶段的儿童不能将客体准确地纳入不同的层级结构中。他们在认为所有的牧羊犬都是狗的同时，也将所有的狗都当作牧羊犬看待。我们曾听到一个小孩这样纠正他的同伴："她不是女人——她是我妈妈！"这表明此阶段的儿童不具备层次分类的能力。

皮亚杰是如何知道此阶段的儿童缺乏层次分类能力的呢？他运用了类包含测试（Piaget & Inhelder，1964）。在这项测试中，皮亚杰向儿童展示了两种颜色的珠子——10颗红珠子，5颗蓝珠子，并问道："是红珠子多呢还是珠子多？"虽然答案显而易见，但前运算阶段的儿童却很可能会回答红珠子多。皮亚杰认为，这是因为此阶段的儿童不能同时区分整体的珠子是由部分的珠子（红珠子和蓝珠子）组成的，这也导致他们的思维普遍缺乏灵活性。

自我中心主义

年纪较小的儿童常**以自我为中心**②，这意味着他们经常从自我的角度看待世界，并且认为别人的想法与自己相同（Piaget，1926/1959，p.9）。你曾见到儿童拿着电话的话筒，边说"是的"边点头——即使电话另一端的人看不到他们点头的动作——吗？你曾见过儿童闭上双眼以让你找不到他们吗？学龄前儿童的自我中心主义表现为看似热闹的讨论其实是**集体性独白**③，甚至当他们轮流发言，看上去在交谈时，他们也并没有倾听同伴的发言。

皮亚杰通过"三山实验"来表现儿童的自我中心主义（如图3-3所示）。在这项实验中，学生能看到三座形状各异的山的三维模型，每个山顶上都放着不同的物体：雪、十字架

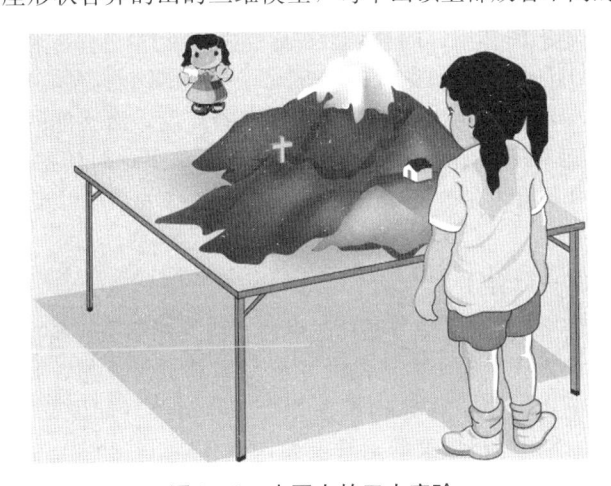

图3-3 皮亚杰的三山实验

当处于前运算阶段的儿童被要求选一张从洋娃娃的角度可以观察到的照片时，他们倾向于选择从自身角度所能看到的照片。

---

① 层次分类（hierarchical classification）：将目标对象放置在合适的上位词和下位词之间的能力。
② 以自我为中心（egocentric）：倾向于从自我角度看待世界而不考虑他人的想法。
③ 集体性独白（collective monologues）：儿童看似在和他人交谈，实际上并没有根据对方的谈话内容而改变自己的想法或交流方式。

和房子。同时，每个儿童都拿到了十张从不同角度拍摄的山的照片。这时候，洋娃娃被随机放在三山模型的不同角度，儿童则被要求选择处在不同角度的洋娃娃所能看到的图片。处于**前运算阶段**①的儿童倾向于选择从自己角度而非从洋娃娃的角度看到的图片。

缺乏守恒观念

守恒②指物体的质量、体积、数量等特性并不会因为表现形式的改变而改变，比如同一个面团被揉成球或饼时量并没有发生改变（如图3-4所示）。处于前运算阶段的儿童可能会说，面团被揉成面饼时比被揉成面球时多，因为他们只**聚焦**③在物体的表面积增加了这一点上。他们还不具有**去中心性**④或者说缺乏同时从多方面分析一项任务的能力。你可以给弟弟一个切成两半的苹果，给哥哥一整个苹果，然后看看他俩之间的对话：

> 5岁的孩子：哈哈，我的苹果比你多！
> 11岁的孩子：不，我们的苹果是一样多的。
> 5岁的孩子：不不不，我有两个，但你只有一个。
> 11岁的孩子：数量不重要，重要的是它们大小一样。
> 5岁的孩子：不是的！我有两个，所以我的更大！
> 11岁的孩子：你看，如果你把这两半苹果合在一起，它们看起来就和我的一样大了。
> 5岁的孩子：哦，我知道了。但是我还是比你多！

虽然守恒实验只是皮亚杰的工作很小的一部分，但可能是最著名的一项实验。这项实验之所以受欢迎，不仅仅是因为它可以清晰地表现出儿童思维缺乏逻辑的特点，而且还因为研究人员在重复实验的过程中也获得了不少乐趣。最为人熟知的一项测试需要两个相同的杯子以及另一个更高但口径更小的杯子。你将水小心翼翼地倒入两个相同的杯子中，直到儿童同意倒在这两个杯子中的水一样多为止。然后，你把其中一个杯子里的水倒到那个更高但口径更小的杯中，问他们："现在这两个杯子里的水一样多吗？"虽然水的量没有发生改变，但处于前运算阶段的儿童都会认为那个更高但口径更小的杯子里的水更多。因为处于这个阶段的儿童只能考虑到杯子的高度，而不能同时考虑高度和直径。而且，儿童不会**反向运算**⑤——也就是说，他们认为，如果这时候把高杯子里的水倒回原来的杯子，水的高度并不会发生改变。图3-4提供了一些关于守恒实验的例子以及不同年龄阶段孩子的认知水平。

具体运算阶段（7~11岁）

处于**具体运算阶段**⑥的儿童，思考更具逻辑性，而且能够去自我中心化，进行逆运算、分类并懂得守恒。你会发现，这个阶段的儿童会对事物进行收集、分类并分层——比如，收集邮票后根据国家进行分类，国家内部又根据主题分类（如国花、政治象征、历史事件）。此阶段的儿童也能记住祖母家的地址，如：科林斯（Collins）祖母，地球，西半球，

---

① 前运算阶段（preoperational stage）：这一阶段的儿童能运用抽象思维，但不能有逻辑地思考，尤其是在守恒运算和去自我中心化活动中。年龄为2~7岁。
② 守恒（conservation）：知道物体的质量、体积、数量等特性并不会因为表现形式的改变而改变。
③ 聚焦（center or centration）：儿童只注意到事物的某一方面而忽略其他方面。
④ 去中心性（decenter or decentration）：同时从多角度思考一项任务的能力。
⑤ 反向运算（reverse operations）：在头脑中进行反向运算或取消运算的能力。
⑥ 具体运算阶段（concrete operational stage）：这一阶段的儿童能对具体事物或经历进行逻辑思考或去自我中心化。年龄为7~11岁。

北美，美国，邮编 NJ 07649，新泽西州，果园街 400 号。这表明他们已具有层次分类能力。

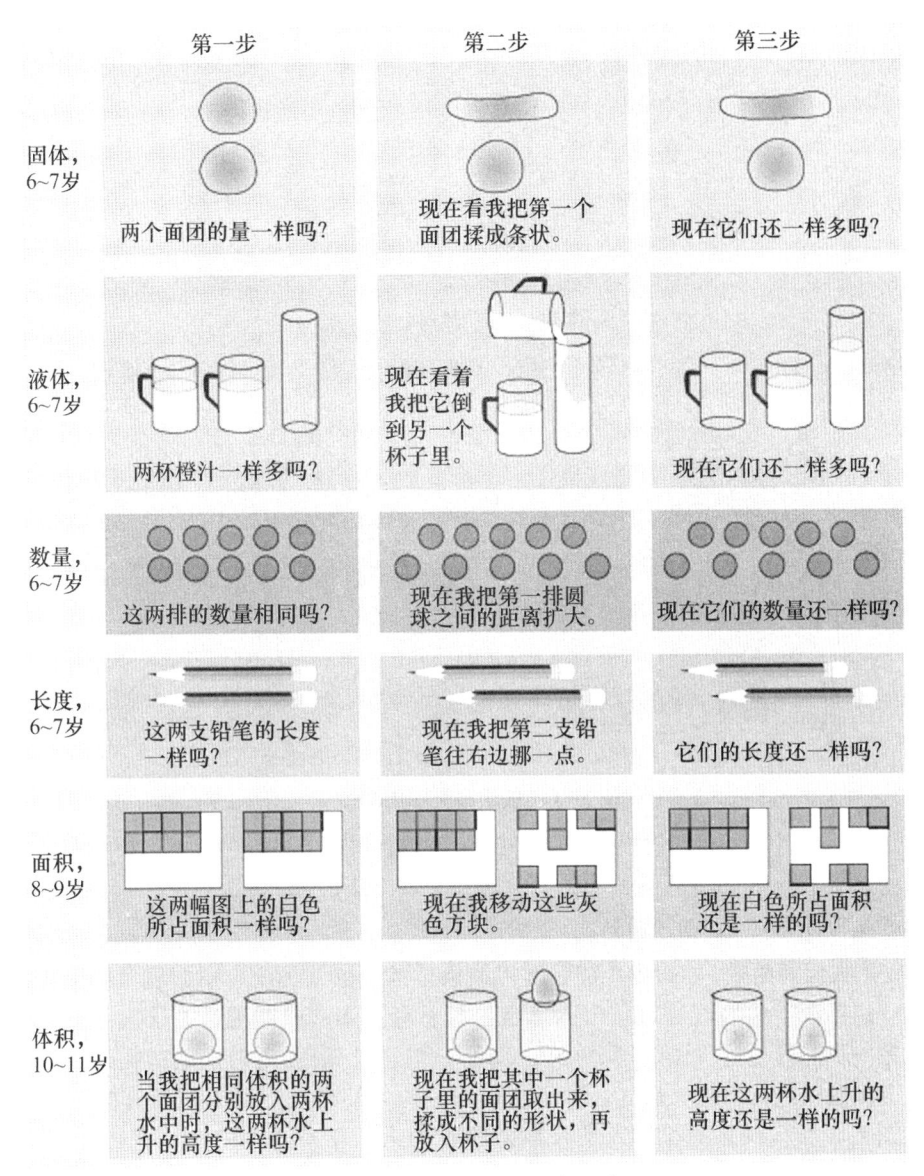

	第一步	第二步	第三步
固体，6~7岁	两个面团的量一样吗？	现在看我把第一个面团揉成条状。	现在它们还一样多吗？
液体，6~7岁	两杯橙汁一样多吗？	现在看着我把它倒到另一个杯子里。	现在它们还一样多吗？
数量，6~7岁	这两排的数量相同吗？	现在我把第一排圆球之间的距离扩大。	现在它们的数量还一样吗？
长度，6~7岁	这两支铅笔的长度一样吗？	现在我把第二支铅笔往右边挪一点。	它们的长度还一样吗？
面积，8~9岁	这两幅图上的白色所占面积一样吗？	现在我移动这些灰色方块。	现在白色所占面积还是一样的吗？
体积，10~11岁	当我把相同体积的两个面团分别放入两杯水中时，这两杯水上升的高度一样吗？	现在我把其中一个杯子里的面团取出，揉成不同的形状，再放入杯子。	现在这两杯水上升的高度还是一样的吗？

图 3-4 皮亚杰式的守恒任务

不同类型守恒任务的例子。注意观察不同年龄儿童解决问题的方式。

处于具体运算中间阶段的儿童（大约 9 岁）可以顺利完成画水杯和山的测试（Piaget & Inhelder，1956）。在画水杯的实验中，每个孩子都会看到一幅有四个水杯的图，一个水杯的杯底有水，另外三个水杯或倾斜或倒置。孩子们将被要求画出第一个杯子里的水倒到另外三个杯子里的图。而在画山的实验中，孩子们被要求在山上画树、人或房子。图 3-5 和图 3-6 是没有掌握该能力的孩子在面对此项任务时的回应。虽然此阶段的儿童相比前两个阶段思考更具逻辑性，但他们仍然不具备抽象思考的能力，这种能力只有在最后一个阶段才能得到发展。

图 3-5　摇瓶实验

将第一排图呈现给儿童，并要求其根据第一幅图，画出当瓶子状态发生变化时，瓶中水的变化情况。第二排图为处于前运算阶段的儿童所画。

图 3-6　关于房子和山的绘画

处于前运算阶段的儿童在画房子和山时，烟囱和树一般都垂直于物体表面而非水平面，这在他们的绘画作品中非常常见。

形式运算阶段（12岁之后）

处于**形式运算阶段**[①]的青少年能够进行抽象思考，也就是说，他们思考的事情，在现实中不一定存在。他们能够对自己的思维进行思考、调整或监控，关于这一点，在第四章中会进一步展开论述（Kuhn，2008）。即使一些假设-演绎类的问题前提是错误的，他们也能遵循逻辑进行推理。比如：如果所有的纽约人都是芝加哥人，所有的芝加哥人都是西雅图人，那么所有的纽约人是否都是西雅图人？年龄更小一些、尚处于具体运算阶段的思考者因为需要依赖具体的事物进行思考，所以无法识别出这个问题就是一个纯粹的逻辑性问题：如果 A 是 B，B 是 C，那么 A 是 C 吗？相反，处于形式运算阶段的思考者能够推理出 A 是 C，即所有的纽约人都是西雅图人。

处于形式运算阶段的青少年还能系统地检验解决问题的所有可能性。他们能分离变量，假设多种可能性以检验相关变量，每次改变其中一个因素，以检测所有变量，并且对结果进行测量。皮亚杰在一项测试中问孩子什么因素会改变钟摆摆动的频率或幅度（如图 3-7 所示）。这个问题所涉及的变量有绳子的长度、绳底端物体的质量、物体的起始高度、推动

---

① 形式运算阶段（formal operational stage）：儿童能对假想问题进行抽象思考，并且能系统地验证假设。年龄在12岁以上。

物体的初始力量。如果你具备形式运算能力，那么你可能会为了检测绳子长度的影响而保持其他变量不变。然后你会在改变其他变量比如物体的质量时，保持绳长和其他条件不变。在一系列的尝试之后，你会发现，只有绳长会影响钟摆的摆动频率。类似的控制变量实验在日常生活中也特别重要。比如，当车子无法发动时，如果车主直接同时更换发动机和电池，那么即使汽车可以发动了，他也可能已经支出了不必要的花销。

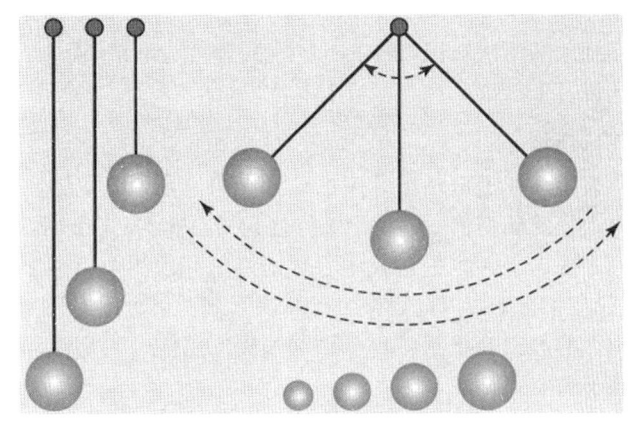

图 3-7 皮亚杰的钟摆实验

什么会决定钟摆摆动的速度？是绳长、物体的质量、初始高度，还是推力大小？形式运算阶段的学习者能每次改变一个变量，系统地测试影响摆动速度的原因。

资料来源：转引自 Inhelder 和 Piaget（1958）。

下面两个测试均可检测学习者是否具备形式运算能力（Gray，1976）。你也可以尝试一下。

测试一

以下所有句子均正确，那么什么因素会促使老鼠打架呢？

（1）老鼠不是棕色的；老鼠年龄不大；老鼠有食物；老鼠不打架。
（2）老鼠打架；老鼠没有食物；老鼠年龄较大；老鼠是棕色的。
（3）老鼠年龄不大；老鼠不打架；老鼠是棕色的；老鼠没有食物。
（4）老鼠有食物；老鼠不是棕色的；老鼠打架；老鼠年龄较大。

测试二

特雷莎（Teresa，简称 T）、卡罗尔（Carol，简称 C）、佩姬（Peggy，简称 P）和莎伦（Sharon，简称 S）将组队参加竞赛。小组可以有一个、两个、三个或四个成员。写下组合的所有可能性。用每个女孩名字的首字母进行答题。

为了成功地解答"老鼠打架"这个问题，你必须忘掉你头脑中关于老鼠行为的所有知识，只根据所给信息进行推理。不具备形式运算能力的儿童通常会根据自己的经历而非抽象的逻辑思考进行回答。他们可能会说没有食物的老鼠会打架，而这在上述第三条信息中已经被否定了。正确答案是年老的老鼠会打架。为了在第二项测试形式运算能力的项目中得分，答案必须为 14 或 15 组（正确答案是 15 组），而且必须是系统性的，参考答案为：T, C, P, S, TC, TP, TS, CP, CS, PS, TCP, TCS, TPS, CPS, TCPS。

形式运算能力对于理解科学、数学、历史、文学分析和其他学校课程而言都是非常重要的。为了理解实验过程，学生必须能够理解控制变量实验的逻辑。为了解决数理问题，学生必须进行抽象思考。比如，代数中 X 这个抽象的概念，可以代表很多不同的数字。

2. 皮亚杰理论的发展

皮亚杰的研究是极具智慧和开创性的。然而，皮亚杰的阶段论并没有被研究者们广泛接受，所以研究者们仍然在此基础上继续拓展。一些研究人员不赞同皮亚杰"知识由感官获得并且储存为具体知识，然后再进一步转化为抽象概念"的理论（Uttal, Liu, & DeLoache, 2006），他们认为儿童可能在接触具体的例子之前就已经掌握相关的抽象观念了。比如，儿童可能会运用抽象的语法知识，将 foot 的复数理解为 foots 而非 feet，即使在这之前他们从来没有听大人说过 foots。

对能力的低估和高估

近期的研究结果表明皮亚杰低估了儿童的认知能力。在第五章中，你会学到婴儿了解很多他们的世界中令人惊讶的事情——科学家称之为核心知识。在和学步期儿童的交流中，你会发现，他们已经表现出了一些去自我中心化的迹象和预测他人想法的能力。比如，一个 18 个月大的儿童躲在餐桌下，以此隐藏自己从饼干盒里拿饼干的行为。如果他不能猜测到爸爸会责怪他，那么他怎么会想到将自己藏起来呢？同样，儿童经常会表现出他们的推理能力，如 3 岁的孩子想要薄脆饼干：

> 妈妈：饼干都吃光了。
> 男孩：不，没有吃光，我还想要一些。
> 妈妈：真的吃完了！你为什么觉得饼干还有呢？
> 男孩：因为如果饼干吃完了，我就能在垃圾桶里看到空的饼干盒了。但是现在，你看，垃圾桶里什么也没有！

还有下面一段发生在学校食堂里的两个 7 岁男孩之间的对话，其中一个正在思考某个抽象概念：

> 男孩1：每个人之间都相互关联。
> 男孩2：啊？你的逻辑是什么？
> 男孩1：因为我有表兄弟，他们有表兄弟，谁谁谁有表兄弟，谁谁谁有表兄弟，谁谁谁也有表兄弟……
> 男孩2：停停停！我知道了。

同时，皮亚杰高估了青少年的认知能力。成年人也有可能自我中心化，比如下面这段发生在高中的两个 14 岁青少年之间的对话。

> 男孩：训练太累了，我已经精疲力竭了。
> 女孩：我的头发特别香，因为我新买了一瓶椰子味的洗发水。
> 男孩：如果我们坚持像今天这样训练，而且不浪费时间的话，我相信我们的速度会得到很大的提升！
> 女孩：肯德拉（Kendra）也有类似的洗发水，但我好像更喜欢她的。
> 男孩：如果我的自由泳能快两秒，我就可以进入州赛了。
> 女孩：肯德拉的爸爸就是卖这个的。他们赢得了去夏威夷旅游的机会，因为卖得最多或者类似的原因。我是说她父母。

这段看似轮流发言的对话其实是一场集体性独白，双方都在各说各话，并没有关注对方在说什么，而这在皮亚杰看来只可能发生在前运算阶段的儿童身上。

20 世纪 70 年代，研究人员发现，只要对皮亚杰所设计的实验做些小小的改变，实验结果就可能会截然不同，儿童可能会表现出反向运算、去自我中心化、运用逻辑思考并进行层次分类的能力（Donaldson，1978；Gelman & Baillargeon，1983）。比如"沉睡的牛"这项测试就是根据类包含实验改编的。在这项测试中，所有的玩具牛都要么是黑色的要么是白色的，并且全部侧放在地上，以模仿它们沉睡的样子。皮亚杰式的问题应该是："黑牛多还是牛多？"当用这种方式进行提问时，只有 25% 的 6 岁儿童回答正确。但如果在问题中多加一个词——"黑牛多还是睡着的牛多？"，那么 48% 的 6 岁儿童都能答对，仅仅改变一个词，就导致儿童的反应大为不同。另一个例子是用来检测儿童是否以自我为中心的"逃避警察"实验。在这项实验中，儿童被要求将洋娃娃藏在警察玩偶看不见的地方。为了让儿童同时考虑两个不同的视角，研究人员还设置了一堵十字架样子的隔墙（如图 3-8 所示）。这和"三山实验"类似，都要求儿童考虑另一个人的视角，但不同的是，大多数（90%）3 岁儿童能够正确地完成这项测试，而后者很少有人能完成。

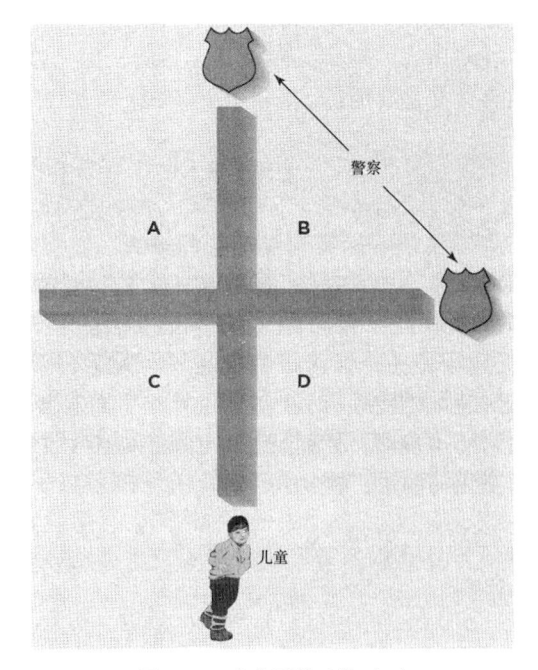

图 3-8　"逃避警察"实验

在这项测试中，孩子被要求将洋娃娃藏在两个警察都看不到的地方。虽然根据"三山实验"的结果，3～5 岁的孩子不太可能完成这个任务，但事实证明，约有 90% 的孩子成功了。

资料来源：Donaldson（1978）。

因此，皮亚杰的认知发展理论不断受到质疑，也有越来越多的研究证明儿童和成年人之间的思维逻辑差异比想象中的小，而且儿童并不像皮亚杰所认为的那么以自我为中心或缺乏逻辑（Kagan，2008）。但是我们不得不承认，如果重复皮亚杰所做的实验，那么我们会得到相似的结果。这表明儿童的认知的确存在一定程度上的不足，或者说他们的能力薄弱。他们的知识是晦暗的，他们不能自我反省或者对知识本身展开讨论。此外，儿童不能正确地使用语言可能也会导致他们不能顺利完成皮亚杰所设定的任务。

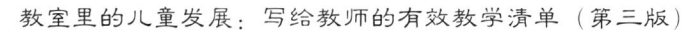

语言的首要地位

当儿童开始学习语言时，他们会更多地关注语境而非单词本身的意义。事实上，他们经常通过语境所提供的线索来学习单词。儿童需要在理解上下文的基础上理解词汇的意思。例如，一个 2 岁的孩子在母亲的指导下"自己"洗澡：

> 妈妈：用毛巾擦擦自己的嘴巴。
> （孩子照做了。）
> 妈妈：太棒了！现在擦擦自己的眼睛。
> （孩子照做了。）
> 妈妈：好，现在擦擦自己的耳朵（同时下意识地摸了摸自己的鼻子）。
> （孩子用毛巾擦了擦自己的鼻子。）

当母亲所说的话和她所做的事不一致时，孩子选择了相信母亲的行为。处于语言学习阶段的儿童为了理解单词，需要经历一个由结合语境过渡到脱离语境的阶段。在儿童能把语言放在首位之前，他们必须具备丰富的语言经验——在这个阶段，他们更注重单词的意义而非上下文语境。只有在对语言的理解充满信心，并能根据经验判断何时应更多地关注语言之后，儿童才会将语言放在首要地位。

> **思考**
> 试着做做皮亚杰的实验，它们对你而言像是带有陷阱的问题吗？对于儿童而言呢？请解释一下。

皮亚杰的大量实验都要求儿童将语言放在首要地位，而这些语言往往又与语境相矛盾。如类包含实验中的问题："珠子多还是红珠子多？"这个问题容易被孩子们理解为"红珠子多还是蓝珠子多？"，因为后者是语境所暗示的，与问题的字面意思不符。

当孩子们指出你的语言不准确时，你就知道，他们开始将语言放在首要地位了，就像下面这个发生在 8 年级教室里的例子一样：

> 老师：水在多少度以下会结冰？
> 德温（Devin）：33 度*。
> 老师：不，应该是32度。
> 德温：不是的！你刚刚问的是多少度以下水会结冰，而冰点是32度，所以应该是在 33 度以下结冰。

想象一下，在德温学了物理之后，答案会是什么！

3. 认知发展理论中的多样性

皮亚杰认为每个孩子的认知发展阶段都是可预测的，因为每个阶段的发展都需要以前一个阶段为基础。他在对儿童思考的普遍模式感兴趣的同时，忽略了个体差异。因此，对于一些孩子是否会比同龄人更早地到达某一个认知发展阶段的问题，皮亚杰并没有进行研

---

* 此处指的是华氏度。——译者注

究。接下来，可以看一段发生在 2 年级课堂上关于水的体积守恒的对话：

> 莉萨（Lisa）：高的玻璃杯里的水更多。因为它更大一些，而另一个太矮了。
> 老师：大家都赞同莉萨的观点吗？（一些同学点头说是的，一些同学摇头否定。）阿伦（Aaron），你不同意吗？
> 阿伦：两个杯子的形状不一样。第一个杯子虽然高，但是比较瘦；第二个杯子虽然矮，却比第一个杯子胖。我觉得装在这两个杯子里的水可能一样多，或许第二个更多一些。
> 老师：有多少人不仅考虑到杯子的高度，还考虑到杯子的直径？（虽然一些学生举手了，但很显然，很多 2 年级的学生才刚开始考虑这种可能性。）

皮亚杰的理论没有办法解答你课堂上莉萨和阿伦两人之间或者其他同学之间表现不同的问题。

> **思考**
> 试着讨论并比较一下在具体运算阶段实验中，儿童和那些不熟悉研究者语言或材料的成年人糟糕的表现的相同点。

皮亚杰还认为，不同文化中，人们所经历的认知能力发展阶段是相同的。虽然某些成员的发展速度跟同龄人相比或快或慢，但他们所经历的认知阶段的顺序是相同的。他相信，几乎所有文化中的每个人都能够获得具体运算能力，也就是说，他们的思考都将变得符合逻辑。但是，早期使用皮亚杰面谈法进行的研究发现，并不是所有成年人都具备这种能力。也因此，皮亚杰的研究遭到了质疑。例如，科尔（Cole，1975）曾问过一些经历过缺水的人是否觉得高瘦杯里的水比粗矮杯里的水多——事实上，两个杯子里的水是一样多的。后来的研究表明，当用人们熟悉的语言问问题时，几乎所有社群或种族都显示具备具体运算能力（Laboratory of Comparative Human Cognition，1998）。所以，当研究结果表明不同文化中的人出现逻辑差异时，不能直接说明人们之间的认知能力存在差异，因为这很可能是使用不同的研究方法导致的。

形式运算阶段却有所不同。在大多数文化中，当用皮亚杰标准实验对人们进行测试时，会发现很多人达不到这个阶段。例如，即使是在美国，很多青少年，甚至是二十几岁的人也不一定能完成形式运算的任务（比如老鼠打架测试），正确率在 30% 到 40% 之间（Dimant & Bearison，1991；Moshman，1998）。这引发了一种猜测：形式运算并不是认知发展的阶段之一，而是与学校教育有关的一种认知专业化。一些科学家甚至完全否定了皮亚杰提出的"形式运算"这个概念，因为研究表明，推理包括类比推理、法律推理、逻辑推理和科学推理等多种类型，这需要视个人在青春期和成年期所接受的专业教育而定（Moshman，1998）。高等教育对于形式运算能力的发展是必要而不充分的。

如果皮亚杰的认知理论存在问题，那么我们为什么还要继续学习它呢？这里列举两个理由：

（1）他的理论是一个很好的起点。正因为有了皮亚杰的理论，科学家们才能为了理解儿童对皮亚杰实验的奇怪反应而进一步完善其理论。以皮亚杰理论为基础的最新研究成果让我们对儿童的认知发展有了更深入的理解，这在接下来的两章中会有更详细的介绍。

（2）皮亚杰的理论在教学中运用广泛。一起看看下文中的实例吧。

4. 认知发展理论的课堂启示

皮亚杰的理论为学校教育提供了多种遗产，其中之一就是入学准备的观念（见第一章）。皮亚杰认为，每个儿童认知发展阶段的递进速率有其生理基础，不要试图加快其发展进程。事实上，皮亚杰对于那些想要加速提升儿童认知发展能力的教师感到恼火。但目前的研究既不支持以阶段论为基础的入学准备，也不支持超前教给幼童某些概念，因为他们还没有发展到适宜的阶段（APA，2015）。一些研究人员认为，过度强调入学准备会剥夺儿童一些宝贵的经验。不幸的是，皮亚杰的理论有时会被作为不教给孩子宝贵知识（比如历史）的理论基础，因为他们认为孩子对此还没有做好准备（Hinde & Perry，2007）。

发展适宜性实践

另一个基于皮亚杰的理论的概念是发展适宜性实践（developmentally appropriate practice，DAP）。这种教育方法主要针对0~8岁的儿童，强调儿童是学习的主动建构者，而非消极的知识接收者。教师的任务是创建一个可以帮助儿童在与人和物的交流互动中建构意义的环境。儿童通过积极探索和游戏进行学习。美国国家青少年教育协会（The National Association for the Education of Young Children，NAEYC，2009）曾发布了一则关于DAP的声明并做了如下说明：

（1）为了帮助孩子学习，你应该很好地了解他们，包括那些对他们产生影响的成年人。帮助他们达成有一定挑战性但努力后可实现的目标。

（2）教学应该个性化，符合孩子的年龄特征和发展水平，并契合他们所在的社会文化背景。

（3）练习应基于儿童学习和发展的理论，而不能凭空想象。

（4）设置练习以缩小儿童间的成绩差距。

DAP真的有利于儿童吗？很少有研究能直接回答这个问题。一项针对3 000多名1年级、2年级、3年级儿童的研究发现，在更适合学生发展的课堂中学习的孩子，成绩并没有比那些在传统课堂里学习的低收入家庭的孩子更好（Van Horn & Ramey，2003）。虽然学业成绩没有什么改变，但在DAP课堂上学习的孩子与后者相比，压力和焦虑更少，更加活跃，也能更好地完成重要的任务（Alford, Rollins, Padrón, & Waxman, 2015；Van Horn, Karlin, Ramey, Aldridge, & Snyder, 2005）。

建构主义教学

皮亚杰的理论的第三个遗产是建构主义教学。虽然建构主义是一种学习理论，而非教学理论或课程设计，但它已被用来指导教学的发展。皮亚杰声称学习者建构他们自己的知识，也应当被鼓励这样做。他表示，"如果过早地教给孩子一些他们本可以自己发现的事，他们就会因此失去自己去发现和完全理解这件事的机会"（Piaget，1970，p.715）。皮亚杰反对将学习视为将一个人的知识传递给另一个人，即教师将知识灌输到学生的头脑中。相反，皮亚杰坚称，孩子只有在自己动手参与的时候才能建构自己的理解；当孩子被告知事实时，他们只能对此进行机械记忆。学习是一个依赖学习者的先在经验和知识进行建构的过程。

在**建构主义教学**[①]中，教师将成年人权威最小化（但不消除）。建构主义教师不是简单

[①] 建构主义教学（constructivist instruction）：一种教学方式，运用这种教学方式的教师给学生提供经验，帮助其建构自己的知识。

地教授事实，而是提供经验，不断提问，激发探索欲望，鼓励实验和深思。这些都能促进学习者个人知识的建构。就如建构主义的数学教育工作者说的那样："皮亚杰向我们证明：儿童获得逻辑-数学知识不是通过内化外部规则的方式，而是在与环境的互动过程中构建（制作或创建）其内在的关系。因此，我们在对孩子提问后应该要求他们独立思考以找出解决问题的方案"（Kamii, Pritchett, & Nelson, 1997, p. 5）。

数学教学通常包括算法学习，而遵循算法程序能保证结果正确。例如三位数的加法运算，你通常会先将个位上的数相加，然后依次将十位上的数和百位上的数相加。一些建构主义者反对教孩子们算法，因为这可能导致学生只记住解题方法而不去真正理解其背后隐含的概念。如果学生仅仅记住了三位数相加的法则，他们就很可能会忽视数位的概念。

你可能听说过建构主义教学法的其他变体，如项目式教学法、学徒制、全语言法*、发现法、探究法、翻译法、理解性教学、5E学习环**及思想指导***。这些建构主义教学法的不同版本都具有以下相同属性：

（1）激发原有知识（帮助学生回忆他们关于相关主题的原有知识）。

（2）适当运用手工材料进行教学，尤其是面向初学者时（Kontra, Lyons, Fischer, & Beilock, 2015; Zacharia, Loizou, & Papaevripidou, 2012）。

（3）鼓励学习者将新的材料与他们熟悉的物体和事件关联起来。

（4）以学习者为中心。教师在课堂上应少说话，多听学生发言，尤其是他们提出的问题。

（5）更多地问问题而不是提供答案。多问一些能引发学生深入思考的开放性问题而非那些只有单字答案的封闭性问题。

（6）告诉学生一些可能会引起他们的困惑或他们从来没想过的信息，使其对原有图式产生进一步的思考。比如问学生："季节是如何产生的？这并非由地球与太阳之间的距离所导致。"

（7）在提问之后，给学生充足的时间思考（至少五秒钟）。

（8）无论学生的回答正确与否，都要求他们说明理由。可以问学生"你有什么证据吗？"或"你为什么会这样想？"。

（9）在学生回答之后，不直接说明对错，而是进一步提问，或者提供更多的信息让学生自我修正。

（10）使思维过程公之于众。鼓励学生说出他们的思考过程并说明他们是如何得出结论的。

（11）进行错误分析——也就是说，当儿童回答错误时，继续问他们这样回答的原因。这能让老师知道学生对知识的掌握程度。例如，为了检测一个4岁的孩子是否已经做好入学准备，测试人员问她：在三角形、正方形、圆形和长方形中，哪个图形与其他三个不同？正确答案应该是圆形，因为它没有直线和直角。但是儿童的回答是三角形。幸运的是，测试者并没有直接判定其答案错误，而是问她这么选择的原因。孩子回答道："因为其他三个图形都能很容易地被分成四份。"测试结束，孩子顺利通过了入园测试（而不是初中）。

---

* 全语言法（whole language）：根据全语言的理念，教导语言时不该将语言分割成不同的技能，然后分别教授；而应该将语言视为一个整体，让学习者能够通过亲身的经验来学习。——译者注

** 5E学习环（5E learning cycle）：以建构主义观点为基础发展而来，主要包括如下5个教学阶段：参与（engagement）、探索（exploration）、解释（explanation）、精致化（elaboration）、评量（evaluation）。——译者注

*** 思想指导（minds-on instruction）：和动手实践相比，思想指导要求学生运用高阶思维能力，比如问题解决能力。——译者注

(12) 使儿童在有意义并能促进其语言能力发展的环境中学习。这对于那些年幼的、来自移民家庭、语言能力发展不足的儿童和由于来自亚文化而很少使用抽象语言的儿童来说尤其重要。学校里充斥着大量与儿童的经验并不相符的抽象语言。那些仍未将语言放在首要地位的儿童需要在支持性的环境中学习更长一段时间。因此,那些针对初级阅读者的书通常会提供图片(背景)来帮助儿童更好地理解文字。

使思维过程公开是重要的,因为学习者的错误观念会一直被隐藏,除非你试图去理解他们的思维过程。在传统的课堂教学中,教师通常会要求学生背诵或参加测试,这只是使他们的答案并非思维公之于众。例如,威尔森(Wilson)女士正在教 3 年级的学生关于州政府的知识。在提问过程中,她发现一些学生认为,既然州由州长管理,那么就归州长所有,于是,她试着用类比的方式纠正他们:

"我们学校的领导者是谁啊?"我信心十足地问道。
"图赫(Tough)博士。"他们异口同声地答道。
"这意味着什么呢?"我进一步问道。
"学校归她所有,所以她能规定大家要做些什么……"学生们七嘴八舌的回答让我仿佛置身于满是错误观念的漩涡之中。(Ball & Wilson, 1996, pp. 160-161.)

如果威尔森不对学生的思维过程做进一步提问,她就不会发现学生的问题之所在。

但是,让学习者展露他们的错误观念并非易事。回忆一下自己曾经在课堂上不愿回答问题的经历就知道了。你曾试图避免表现自己的无知吗?你要让学生意识到该为自己的学习负责,正如建构主义者建议的那样,也最好别要求他们在真正理解之前就说出自己的思维过程,因为那会让他们拒绝将自己的思维过程公之于众,甚至拒绝寻求帮助。

有效的建构主义教学理论成果可以概括为以下几点(Boaler & Staples, 2008;Boekaerts & Minnaert, 2006):

(1) 更深层次的概念性理解;
(2) 对话题有更大的兴趣和积极的态度;
(3) 少给学生贴聪明或愚笨的标签;
(4) 相信学生能对自己的学习负责或进行调整。

皮亚杰的理论从以下三方面看过于狭隘:(1) 皮亚杰并没有说明儿童是如何从当前阶段发展到下一阶段的。在第四章你会发现目前关于不同年龄阶段儿童推理能力发展的研究结果。(2) 皮亚杰并没有说明个体间的认知能力差异。这在第五章中会进一步说明。(3) 皮亚杰虽然强调了社会文化对学习的影响,但并没有将其作为重点内容进行研究。社会文化的影响是维果茨基的研究重点,他也是一个建构主义者。

三、维果茨基的社会文化理论[①]

一天早晨,5 年级某个班正在学习长除法。绝大多数同学掌握了概念。一张新的练习卷发下来了。达赖厄斯(Darius)开始做第一道题,但很快就泄气地放弃了,并说道:"我就是不知道应该怎么做!"他的老师通过和他一起完成第一题,发现达赖厄斯掌握了题

---

① 社会文化理论(sociocultural theory):一种有关儿童学习的理论,强调社会互动、历史语境和文化的作用。该理论很大程度上以维果茨基的研究成果为基础。

目中所有组成部分的计算方法——乘法、除法和减法，但是记不住复杂的步骤。他的老师在一旁提示，但让达赖厄斯自己完成计算。只要老师以这种方式指导，达赖厄斯就能完成题目。解决了几个问题后，他的老师只在达赖厄斯明确需要的时候提供指导。当他们做到第20题时，达赖厄斯就能自己记住步骤了。

达赖厄斯在课程开始时不具备完成长除法的认知能力，但在课程结束时，他发展了这种能力，尽管还比较弱。这种新建立的能力就是他和老师互动的结果。维果茨基相信，与他人的社会互动是（儿童）认知发展的主要力量。

列夫·维果茨基（1896—1934）出生于东欧的白俄罗斯，在 37 岁死于肺结核。由于政治原因，他的著作在死后被大量禁止。但在 20 世纪六七十年代，其部分著作以英文面世。从那时起，他有关儿童认知的观点就对教育产生了实质性影响。

维果茨基有关认知发展的理论被贴上了社会文化或文化-历史的标签，因为他关注社会关系、社会互动、历史语境，以及文化之间的相互作用是如何推动认知发展的。与皮亚杰一样，他也认为知识不能直接地从教师的头脑传输进入学习者的头脑；这样只是文字的无效获得，并非理解（Gredler, 2012）。维果茨基强调，与成年人的互动会促进认知发展，当前大多数社会文化方法也强调与同龄人的互动。

1. 社会互动的角色

维果茨基认为，儿童在融入周围世界的精神生活的过程中成长。维果茨基写道："每个儿童文化发展的功能存在两个方面：第一，社会层面；第二，个人层面。第一个方面是人与人之间的，第二个方面是在儿童内部的"（Vygotsky, 1978, p.57）。也就是说，在共同活动中与更有能力的人的社会互动推动认知发展。更有能力的人和儿童从互动中共同建构技能与理解，并在随后被儿童加以内化。

不管是学步期儿童学习数数还是成年人学习解决流体力学问题，学习者首先都从观察专家怎么做开始。接下来，专家在指导学习者完成任务的过程中完成绝大部分认知工作和体力工作。学生可能表面上正在执行任务，但没有专家的帮助就无法取得进展。随着学习者的能力逐渐增强，专家开始将越来越多的责任交给技能提升的学习者。来自专家的支持减少了，但专家可能还需要时不时地给出暗示或提醒，直到学习者最终能够独立地完成任务。

当达赖厄斯逐渐可以自己解决问题时，老师把更多解决问题的责任放到他身上。这是一节课的例子。有些技能需要更长时间持续地培养。学习阅读或解决计算问题，需要几个月甚至几年和更有能力的人一起学习，才能达到熟练的程度。无论是在单一学段还是在几年的时间中教授某种技能，其机制都是一样的：一个更有能力的个体为学习者在他们的**最近发展区**[①]内提供支持。

2. 最近发展区

最近发展区是学习者可以独立完成的任务和那些在他人帮助下可以完成的任务之间的能力层次。达赖厄斯对长除法的学习发生在他的最近发展区内。没有他的老师的帮助，他

---

① 最近发展区（zone of proximal development）：学习者可以独立完成的任务和他们在更有能力的人的帮助下能够完成的任务之间的能力层次。

就会经历失败。然而，只要有一点点帮助，他就会成功。你大概可以想到很多类似走路或驾驶这样的活动，新手自己挣扎摸索时，只要一点帮助或有个"支架"，他们的表现就大幅提升。经过帮助，学习者的表现就展示出了一个新的可以达到的发展层次。更高等级的心理功能的根基就存在于日复一日的互动中。

在儿童最近发展区中教学，会给他们带来挑战，也会带来成长；教给他们已经知道的技能或容易的技能，则不会有进步（如图3-9所示）。

进入幼儿园时的知识水平（达到同学百分比%）	教授内容层面			
	1 基本数字和图形	2 图案与测量	3 位置与准确性	4 加减
<1（5%）	+	−	∅	∅
1（28%）	−	+	∅	∅
2（42%）	−	+	+	+
3（18%）	−	−	+	+
4（7%）	∅	∅	∅	∅

图3-9 最近发展区教学

有关幼儿园的研究表明：如果老师大部分时间教授的内容超出儿童入园时的知识层次，那么幼儿园结束时儿童数学得分更高。如果老师关注他们所在层次或者更低层次的内容，他们就会倒退，除非他们在开始时就有很强的数学能力。如果老师关注远远高于他们目前水平的知识内容，就不会产生效果（用∅表示）。不幸的是，大多数幼儿园教师只关注了第一层次的内容，也就是95%的幼儿园儿童已经知道的内容。

资料来源：数据来自Engel，Claessen，Finch（2013）。

> **思考**
>
> 如果一个儿童可以很容易地在课堂中拿到A，那么他或她的最近发展区起作用了吗？请解释你的答案。

3. 支架[①]

支架是对学习者在学习和解决问题方面的外部支持（Wood，Bruner，& Ross，1976），它通常包括与能力更强的他人的社会互动，但也可以包括教科书或来自电脑的提示。当专家通过把技能分成小单元和指导新手向更高层次跃升来帮助新手掌握新技能时，支架就出现了。支架可以出现在情感、身体、社交或认知领域。当达赖尼斯的老师提示他何时使用他已经掌握的基本技能时，就是在提供支架。当孩子学习骑车时，扶住自行车后部的家长也是在提供支架。提醒愤怒的运动员在和裁判说话之前数到十的教练也是。一项对37项研究的分析发现，学生学习科学得益于主张教师发挥支架作用的探究法（Furtak，Seidel，Iverson，& Briggs，2012）。探究法要求学生提出问题、收集和分析数据，并对数据规律提供解释。仅仅放任学生自我探究并不奏效，他们需要指导（Fisher，Hirsh-Pasek，Newcombe，& Golinkoff，2013；Shneidman & Woodward，2016）。从社会文化角度来看，教师的基本角色是做儿童的最近发展区内的支架，这很大程度上是通过教师的语言来进行的。

[①] 支架（scaffolding）：一个更有能力的人通过将任务或次级技能分解为更小的学习单元并指导孩子向更高层次跃升来帮助孩子掌握新技能。

4. 语言和私语

语言能提供极其有效的学习方式，其在任何文化中都是最重要的工具。例如，在第八章中，你会学到当成年人和儿童谈论情绪时，儿童会更好地察觉到他人的情绪。在第四章，你也会学到当成年人谈论一件事时，儿童会更好地记住它。这就是说感知力、记忆力和推理能力通过交谈而得到提高。

根据维果茨基的理论，语言最开始是作为儿童和他人交流的社会文化工具出现的。随后，当语言转变为**私语**①时，它就变成了控制自己想法、情绪和行为的工具（Day & Smith, 2013；Vygotsky, 1978）。私语指的是大声地和自己说话，部分像唇语或耳语似地出声，或在脑海中默默地产生。私语可以和手上的任务相关（如一个十几岁的女孩默念科学课上实验的步骤）或无关（如一个男孩打着呵欠自言自语地说"好困啊"）。

尽管所有儿童都会运用私语，但研究表明，当以下情况出现时，他们更有可能运用：（1）参与有目标导向的活动，比如面临学业任务而不是玩耍；（2）他们的任务是有挑战性的而不是容易的；（3）成年人正在给予帮助而不是控制他们的问题解决过程；（4）他们是自己独处而不是和他人一起（Winsler, Carlton, & Barry, 2000）。接下来，让我们看看私语是怎样发展的。

5. 社会文化理论中的年龄趋势

维果茨基的社会文化理论并不是阶段导向的，其表现出年龄趋势的一个方面就是私人话语。儿童从与任务无关的出声说话，发展到与任务相关、能自我调节的出声说话，之后过渡到部分无声的内部语言，如耳语和安静的喃喃自语（Winsler, Diaz, Atencio, McCarthy, & Chabay, 2000）。这种出声说话在学前阶段增加，4~6岁达到顶峰，之后被逐渐增加的无声的私语所取代。因此，私语在儿童由学前进入学校的几年中变得更加内化（Patrick & Abravanel, 2000）。

然而，青少年甚至是成年人在试图解决问题或做较难的任务时，他们会回到出声的私语阶段。我们不妨看一下上生物课的12年级学生宰恩（Zaheen）：

> 任务复杂，而房间拥挤吵闹。宰恩正在独自工作，但也出声说话。他为自己大声地读出指令："拿九支试管，并放在架子上。给每支倒入5毫升贴着标签的物质。"在接下来拿取每种物质时，他都把指令读一遍。最终，他照着说明行动。

宰恩明显地在用私语调节自己的想法和行为。同样地，当你试着掌握细节时，也可能读出文本中的一些短语，尤其是如果你正在嘈杂的地方学习。除了用私语帮助思考之外，学习者也用私语管理情绪，比如为了避免生气而转移自己的注意力（Day & Smith, 2013）。

大脑研究

私语塑造大脑

在第二章你学到了有关大脑可塑性的知识；大脑能够重新组织以弥补某些区域的缺陷。科学家通过训练那些有认知障碍（如患多动症）的儿童跟自己说话来帮助他们弥补

---

① 私语（private speech）：指出声地，或者部分出声、部分在脑海中用沉默的语言对自己说话，以帮助管理自己的行为或解决问题。

大脑缺陷（Bryck & Fisher，2012）。私语帮助儿童重新组织想法和集中注意力（Fuhs & Day，2011）。在学前课程中，私语被称作思维的工具，它们被设计出来提高认知功能，儿童被教导通过运用出声的私语来控制自己（Diamond，Barnett，Thomas，& Munro，2007）。有些研究表明，这种方法是有效的，但有些研究认为没有效果（例如，Blair & Raver，2014；Jacob & Parkinson，2015）。这种方法是基于维果茨基有关语言指导行为的观点。

6. 社会文化理论中的多样性

根据维果茨基的理论，儿童学到的东西是由儿童周围的文化决定的。也就是，儿童学习那些在他们所处的文化中被看重的知识，例如种庄稼、完成代数运算或背诵诗词。另外，儿童如何学习和获得支架是由文化决定的。例如，在一种文化中，儿童可能会被直接指导或接受正式训练，然而，在另一种文化中，他们可能参加活动却不会得到直接指导（Chavajay & Rogoff，2002）。这与那些教授移民学生的老师有关，移民学生的父母多缺乏正规的学校教育，与父母受到正规学校培养的儿童相比，这部分儿童可能更习惯以一种协作的、团队的方式去学习。

儿童能得到的思维工具是由文化决定的。**文化工具**[①]既可以是具体的物品，如尺子、书籍、电脑等，也可以是象征性的思维工具，如书面语言或计数系统。儿童的能力取决于可得到的文化工具。例如，578 乘以 264，这难吗？如果这个等式以竖式呈现，将 578 放在 264 上面，你首先计算 8 乘以 4，然后计算 8 乘以 6，依此类推，它就很可能变得容易了。你将受益于文化工具——一种由其他人开发的乘法算法，这种算法可以在学校教育中获得。

写作是一种关键的文化工具。它使得个人能够更准确、更容易地去记录和记忆。写作的体裁和种类是文化工具。例如，故事通常以时间顺序叙述，并且经常使用悬念，而科学报告注重过程分析并很少有悬念。幼小的儿童缺乏关于写作体裁的文化工具，经常在被要求写科学报告时却写成了一篇故事（Kamberelis & Bovino，1999）。他们肯定是被教授了如何写故事而不是科学报告。

书面语言是一种在学校中习得的文化工具，它跨越了多种不同语境，因为它不只是出现在学校，还出现在许多别的情境中。写作被运用在超市、饭馆、街道标语和杂志中。然而，学生倾向于把绝大多数文化工具嵌入单一的场景，而不将其迁移到其他地方。例如，我们的小女儿在烤饼干的时候问道："两个四分之一是二分之一吗？我知道在数学课上是，但在做饭时也是吗？"在另一个例子中，一个高中化学老师发现，她的学生只在她在场时使用她教的学习策略；换成实习老师时即使在同一间教室他们也不会运用（Moje，1996）。如果你想让你的学生将文化工具的运用从一种环境迁移到另一种环境中，那么你需要帮助他们看到这个工具是如何在其他环境中使用的。

一种更新的文化工具是用途很多的智能手机。例如 GPS 功能可以提高你找到某地的能力，但当你仅仅跟着导航而分不清东南西北时，它也会削弱你的空间技能。还有很多关于照片、音频和视频产品、查找信息、制作概念图及其他很多功能的手机应用，它们改变了我们彼此交流的方式和我们与世界交流的方式，改变了我们以前不得不费尽心力解决的种种问题。

[①] 文化工具（cultural tool）：那些让一种文化中的成员得以思考、建造、记录、解决问题和彼此交流的具体物品和象征性的工具。

总之，文化影响儿童学到什么、他们如何接受教育、他们得到什么工具，以及这些工具应用于何处。给你的一个提醒是，不要立即对单一文化环境中学生的能力下定论。学生可能在某些环境中显现出不熟练，但在其他环境中却很熟练。

7. 社会文化理论的课堂启示

维果茨基关于认知发展的观点对于教师而言通常至少以下四个启示：

（1）将语言用作帮学生梳理想法和巩固记忆的工具。私语应该被容忍和鼓励，尤其是对于年幼的儿童或正在处理较难问题的稍大一点的儿童。

（2）在儿童的最近发展区中教学，并运用合适的支架。确定每一位学生的最近发展区并不容易，并且这是一个移动的目标，总在变化。它需要教师关注学生并富有洞察力，不断调整对每位学生能力的判断。

（3）通过**学徒制**①和**指导型参与**②，帮助学生和成年人及同龄人一起积极观察、参与各种活动。在学徒期，初学者在发展活动中通过和提供指导及支架的更专业的人员的交流来发展能力。儿童在你的教室中就是学徒。当老师制定特定的学习计划和帮助学生理解这一计划时，老师就是学徒期中的指导者。

（4）一起组成学习共同体，每个人都对学习过程有所贡献。学习共同体中老师不是唯一拥有知识的人，每个组员都分享专门的知识。一个学习共同体内的学习者的经验属于分布式认知，思考和知识不是仅仅存在于个体的头脑中，其还存在于社会互动和他们使用、创造的人工制品中，包括书籍、电脑等（Salolnon，1993）。学生能够在某些领域变成专家，甚至比老师知道得更多；老师和其他学生也可能向他们寻求帮助。

这些教室中的启示都源于社会文化理论。另外，你可能还想运用某种源于社会建构理论的具体教学形式。

> **思考**
> 从社会文化观点看，与教师的联结以及与学校的关联会怎样影响认知发展？

社会建构主义

社会建构主义（social constructivism）③和皮亚杰的建构主义都断言，知识并不是被直接灌输进儿童的大脑中的，知识必定是建构出来的。它用"社会"这个术语，是在强调社会互动是知识建构的源头。社会建构主义者的指导包括课堂中的支架、课堂讨论和交互式教学。

课堂中的支架

让我们回顾一下，支架是指让一个更有能力的人（比如教师）帮助初学者掌握新技能。你已经看到达赖厄斯的老师是如何给他的数学技能提供支架的。支架在其他年龄段也很重要。想象你想教会学龄前儿童玩以数字为中心的棋类游戏，比如滑道梯子棋*（经典桌游）。最初你可能示范如何计数和移动玩偶，按顺序数每个方块。在一段段支架式的演示

---

① 学徒制（apprenticeship）：指学习者与专家一起积极地观察和参与，以便提高能力。
② 指导型参与（guided participation）：初学者通过专家提供的支架进行学习。
③ 社会建构主义（social constructivism）：指认为知识不是被灌输学习者的大脑而是通过社会互动建构的观点。
* 一种儿童游戏，棋盘上有滑道和梯子的图案，按投掷骰子所得点数移动，当棋子遇到梯子时往上走，从而可更快地到达终点；遇滑梯则往回走，从而拖慢进度。先到达终点者胜。——译者注

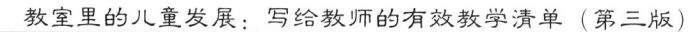

后，学生就能在没有你的帮助下一起玩了。

假如你想教高中生写研究报告。你可以告诉学生要做什么，然后放任他们运用他们已学的知识去写。但这样的方法很可能使初学者写出较差的报告。一个更好的方法是用支架帮助学生在与他人的互动中建构并分享关于高质量写作的理解。一种支架方法是将任务分解成小单元。因此，你可能需要学生选择主题，然后阅读参考书并做好笔记，之后写出探究的问题或论文的主题陈述，接着列出文章主要部分的大纲，依此类推。在论文的每个阶段，你都应检查学生的作业并进行点评。社会建构主义也包括同伴间的互动，所以你可以让学生提供对彼此手稿的评价。不同年龄的学生，从学龄前到研究生，都能从支架中获益。

支架可以是间接或直接的。一项研究表明，当学生缺乏理解而寻求帮助时，有经验的老师会通过仔细地展示解决过程来给他们提供支架，有时也会让同伴帮助指导他们（Turner et al.，2002）。教师不告诉学生如何解决问题，但是会提出问题并给出提示，直到学生理解所教的内容。接下来的例子是一位音乐老师在钢琴课上用指令的方式给10岁的劳伦（Lauren）提供支架：

> 劳伦正在学习一首复杂的钢琴奏鸣曲，它有困难的节奏和很多和弦，有些需要她跨越六个键伸展小手。刚看到谱子时劳伦觉得很兴奋，但她在尝试读谱时很快就变得沮丧了。她重重地弹钢琴，手法一团糟，说着"我放弃了！"老师让她用左手弹四个和弦的单个拍子。老师示范了第一个和弦，并让她重复。之后的每个和弦，老师都这样做。之后她让劳伦连续演奏四个和弦，并在必要的时候示范。在劳伦掌握了这四个和弦之后，老师让她闭上眼睛演奏几次。当劳伦完成时，老师热烈地祝贺她，并向她解释说，如果把事情分解成许多小步骤，所有的事就会变得容易起来。劳伦自豪地笑了。

在这个例子中，老师让劳伦仅仅关注一只手，每次弹一个拍子。这种提供支架的方法用了不到五分钟，但它改变了劳伦对她掌握奏鸣曲的能力的整个看法。

课堂讨论

通过课堂讨论，学生在最近发展区内共同建构理解并取得进步。当学生大声表达想法时，他们可能发现并改正错误。深入讨论需要学生认同、反对和批评彼此的推理，这就是社会建构主义的社会层面。在建构主义者的课堂上，应该有大量学生彼此之间的评论，而不是仅仅有教师给学生的评论。学生们报告说他们对这种讨论更感兴趣，也会投入更多努力（Wu, Anderson, Nguyen-Jahiel, & Miller, 2013）。

在一个建构主义的2年级课堂上，教师出了一道算术题：19＋13＝？。一个孩子给出了她的答案26，之后课堂中爆发出一阵很大声的"同意"或"不同意"的声音。这种讨论经常被看作社会建构主义的特征而受到赞美。但是学生觉得它怎么样呢？有些喜欢，但是有些不喜欢。一位5年级学生的观点如下："我有时会感到尴尬，因为，比如……你说了什么之后，所有人都举手想说点不同的，或他们都不同意你说的。这会让你感觉想找个地缝钻进去"（Lampert, Rittenhouse, & Crumbaugh, 1996, p.742）。

如果学生在建构主义的课堂讨论中感到被嘲笑、受戏弄、显得傻，他们就很难完全参与。教师必须努力营造一个支持性环境，并在不压制的情况下保持话语的文明。这就意味着保持一种中立的立场，运用温暖的语调，并提供支持性评论。这也意味着要训练学习者做到谦和地讨论。

在建构主义环境中，孩子们有机会一起工作，这样他们就会面对不同的观点。不同能力水平的学生被放在一起学习时,水平高的学生将通过向他人做出解释来澄清他们的观点,而水平较低的学生将面临挑战,因为他们必须理解稍微高于自己思维水平的东西。然而,你不能仅仅因为学生在讨论某个主题就认为他们是在学习;即使他们在完成任务,他们的谈话也可能不会产生理解。在第十一章,你会学习如何有效地实施小组合作。

交互式教学

维果茨基的社会建构主义原则最著名的应用之一是**交互式教学**[①]。研究表明,这种教学方式是有效的(Palincsar & Brown, 1984; Spörer, Brunstein, & Kieschke, 2009)。交互式教学将学生置于教师的角色。它在阅读理解中得到了最多的应用。学生组成2~6人的小组阅读文本,教师提供支架。教师先让学生陈述他们关于话题的已有知识,并根据题目推测文章内容。之后一个学生被指定为小老师。当全组读完文章之后,作为小老师的学生就主要观点提出问题,总结全文,澄清任何不清晰之处,然后对接下来的内容做出推测。教师为小老师提供支架,并做出反馈。最终教师让组员继续为彼此提供支架。

接下来是7年级学生查尔斯(Charles)参与交互式教学的例子(Palincsar & Brown, 1984, pp.138-139):

第一天

[文本]发现于东南部各州的水蛇比铜斑蛇长。它栖息在潮湿地带,与铜斑蛇和响尾蛇一样,都属于颊窝毒蛇。它们的眼睛和鼻孔之间有对热变化很敏感的凹陷,这可以在靠近热血动物时帮它们进行识别……

查尔斯:在东南部发现的蛇,包括铜斑蛇、响尾蛇和毒蛇,它们有……我好像没做对。

老师:哦,你是想了解颊窝毒蛇吗?一个关于颊窝毒蛇的以"为什么"开头的好问题是什么呢?

查尔斯:(没有回答。)

老师:"为什么这些蛇被叫做颊窝毒蛇"这个问题怎么样?

查尔斯:为什么他们想知道它们被叫做颊窝毒蛇?

老师:再试一次。

查尔斯:为什么颊窝毒蛇有凹陷?

老师:"为什么他们管这种蛇叫颊窝毒蛇"怎么样?

查尔斯:为什么他们管这种蛇叫颊窝毒蛇?

老师:你说对了!很好。

交互式教学对阅读理解有益,因为像查尔斯这样的学生常常意识不到他们没有真正理解阅读材料。甚至在我们调查的百余名大学生中,只有一小部分曾经在课上问过关于澄清晦涩文章的问题,尽管所有教科书(除了本书)都有晦涩难懂的文段。

除了阅读之外,你还可以在其他学科进行交互式教学。例如,学习历史时就可以采用学生-教师的角色,将总结、提问、澄清和推测用于阅读历史材料。

建构主义方法的注意事项

皮亚杰和维果茨基都展示了建构主义的学习理论。因其建立的典型性,该理论并不能

[①] 交互式教学(reciprocal teaching):指学生轮流充当教师的角色。在小组中由一个学生充当教师进行总结、提问、澄清,并推测文段内容。

转化为建构主义教学案例。很多老师认为建构主义的方法一定包括活动、小组讨论、互动游戏和其他行为上的活动指令。他们觉得讲座、书籍、文案和在线展示是过于被动的方法。他们也假定，建构主义指令一定是基于发现学习，学生要自己发现事物。这未必正确。一个建构主义的教师帮助学生理解新知识，并将其组织起来，与学生以前所学知识相结合。类似于讲座的被动的方法可以促进这些过程，而亲身实践得到经验这种主动的方法则可能无法促进这一过程。认知活动而不是行为活动才是重要的。学生要通过思考学习。

一些教师对实施建构主义课程有些担心，因为他们认为这与他们需要帮助学生准备的能力考试和大学入学考试格格不入。然而，研究表明，基于建构主义方法的课程的确给学生提供了在标准化考试中取得好成绩的技能（McCaffrey et al., 2001; National Mathematics Advisory Panel, 2008）。从小组讨论到个人系统性的回答，任何种类的活动只要让学生在认知上更活跃，就能提高学业成绩（Freeman et al., 2014）。

四、学习理论与认知理论的比较

尽管约翰·华生（行为主义者）、皮亚杰和维果茨基是同时代的人，但他们针对儿童如何学习和如何发展认知提出了不同的理论。他们理论中的某些方面是不相关的，因为他们强调的是不同的问题。例如，行为主义和社会文化理论对认知发展中的年龄趋势甚少提及，转而关注学习的过程，例如强化和支架。与之形成鲜明对比的是，皮亚杰对学习的过程或儿童如何从一个阶段过渡到另一个阶段说得很少，但他极其强调认知发展中的年龄趋势。

这三种理论在某些方面是一致的，而在其他方面则互相冲突。皮亚杰和维果茨基都被看作建构主义者的原因是，他们都认为儿童是建构或共同建构自己的知识的积极参与者。行为主义对儿童的心理角色有更消极的看法。为了和维果茨基的社会建构主义进行区分，皮亚杰的建构主义有时也被称为认知建构主义或个人建构主义。然而，当研究者区分建构主义不同分支时，很多教育者将皮亚杰的认知建构主义和维果茨基的社会建构主义混在一起。

皮亚杰的认知发展理论与另外两种理论有两个不同之处：第一，行为主义和社会建构主义都强调来自成年人的直接教导，但皮亚杰强调通过探究来实现自我导向的学习。第二，皮亚杰更强调心智成熟。换句话说，皮亚杰相信心智成熟是学习的先决条件，而不是学习的结果。相反，维果茨基认为，学习和教育导致心智成熟。维果茨基相信，对于儿童已经达到的认知发展（阶段）水平再加以指导是无效的；好的指令促进发展（Vygotsky, 1978）。当你读第一章有关学校阅读的内容时，你会发现研究支持维果茨基在这一问题上的观点。

行为主义是在课堂中应用最普遍的理论之一。所有课堂都用到强化和惩罚，不管是不是有意为之。行为主义在促进学习和改变行为方面非常有力。然而，儿童也可以在不接受直接强化的情况下学习。他们可以从观察他人被强化的过程中进行学习，就像在开篇的小故事中，娜奥米因在空闲时间拿出书来读得到奖励，之后其他几名孩子模仿她。儿童能通过观察他人迅速加以学习，甚至小到6个月的孩子也是如此。行为主义的一个修正是社会认知主义。这一理论在专栏3-2中有提到，在第十三章中也有深入讨论。

社会认知理论使行为主义更接近皮亚杰，因为现在儿童被视为能通过心理过程积极影响自己的发展。他们根据模型和自己的信心来关注、解释和选择要模仿的行为。修正后的理论更类似于维果茨基的观点，强调学习的社会性。当新的研究对儿童如何发展这一问题有了很好的了解后，这三种理论就都变得离彼此更近，但目前没有一种理论可以将它们有效地统一起来。

尽管主要的理论在看待发展的驱动力时各不相同，但每种理论都具有某种程度的真理性——同时又是不完整的。就像行为主义者说的，强化的确导致学习。而皮亚杰认为，儿童最初被鼓励探索世界，他们也的确建构了自己的知识。或如社会建构主义者所认为的，儿童的确通过社会建构和与他人对话进行学习。

然而，建构主义和行为主义可能导致两种非常不一样的教学方法——直接教学和发现式学习。哪种教学方式是最有效的呢？如果仅仅应用一种方法，并且考试分数是外在的衡量标准，那么有证据显示直接教学会显得更有效，尤其是对较弱的学生，以及在教授基本技能时（Kirschner, Sweller, & Clark, 2006）。但这个论题是有争议的。有一种将建构主义的有用要素结合起来的混合法，如把合作学习和让学生大声阐释他们的想法结合起来，但这可能过于理想化。我们将会在第四章就数学教学和在第十二章就读写教学进行阐述时，比较这些方法的更多细节，这样你就可以判断在你的课堂中如何将每种方法应用到合适的地方。

专栏 3-2　　理论与理论家
社会认知理论

在开篇的小故事中，娜奥米的老师想让孩子们在空闲时间里阅读自传，所以她向全班宣布当她看到娜奥米在阅读时非常高兴，并奖励了她。接下来的几天中，其他孩子也在空闲时间阅读自传。这件事揭示了两点：(1) 儿童可以通过观察他人而不是直接被强化进行学习。(2) 儿童的学习可能不会立即引起行为的改变，学习的效果可能1天后或多年后才显现出来。例如，埃琳娜（Elena）的妈妈6岁时，住在墨西哥，观察祖母如何做玉米粽（tamales），但是并不被允许帮忙。在15岁时她自己做玉米粽。尽管九年里没有任何行为改变，但她通过观察进行了学习。这些对你来说可能理所当然，但它们给行为主义带来了挑战。回想一下，行为主义者将学习定义为行为的改变。和其他人一道，阿尔伯特·班杜拉（Albert Bandura）对此提出了质疑。

阿尔伯特·班杜拉1925年出生于加拿大阿尔伯塔省（Alberta）一个叫蒙代尔（Mundare）的小镇。当行为主义盛行时，他变成了一名心理学家。班杜拉开始研究儿童如何通过观察进行学习。他最著名的研究也许就是波波玩偶实验。波波是一个4.5英尺高的充气玩偶，重量集中在底部，并在击打时回弹。在图3-10中，儿童观察大人攻击性地对待波波玩偶的行为（Bandura, 1965）。成年人喊叫、以拳猛击、踢，并用棒子击打。儿童接着被邀请单独与波波玩偶玩耍。观察过成年人攻击性行为的儿童比对照组的儿童更容易对波波玩偶进行攻击。事实上，他们的攻击性很多情况下和成年人一样。儿童已经从榜样身上学到了攻击性。

班杜拉的波波玩偶实验让他出名了。事实上，他在酒店登记时被前台询问："你是做波波玩偶实验的心理学家吗？"班杜拉回答道："恐怕那会成为我的遗产。"前台回答道："那得给您换一个更好的房间！"（Bandura, 2007）所以作为心理学家还是有额外收获的。

班杜拉发展了一种解释人们如何通过观察进行学习的理论。他最初叫它社会学习理论，因为它为斯金纳的学习理论加入了社会维度。社会学习理论声称，在直接强化的基础上，儿童的行为也可以在其观察到其他人被强化时改变，用心理学术语来说即"替代性强化"。在第八章你会了解到，神经科学表明，从出生时起儿童的大脑就被设计成模仿别人的形式。

图 3-10 班杜拉波波玩偶实验

儿童观看反映成年人攻击性的影片后，在自由玩耍时模仿那些攻击性行为。

随着班杜拉研究的深入，他的理论在更贴近认知的同时与社会的关系也更加紧密。他的研究表明，儿童的信念和预期很大程度上影响着他们的行为。因此，像皮亚杰一样，班杜拉开始认为能够通过心理过程主动影响儿童的发展，他们关注、解释并选择要模仿的行为。今天，班杜拉的理论被称作社会认知理论。

在社会认知理论中，关键的心理过程是**自我效能感**①。自我效能感指你对于完成某种行为的信念。这是你对自己能力的判断。自我效能感有力地影响着社会和学习领域的行为。一个相信攻击有效并对攻击有着较高的自我效能感的男孩，趋向于做出更有攻击性的行为。一个在数学方面有自我效能感的男孩，会在面对困难的数学问题时更加努力，并取得更好的成绩。

自我效能感与替代性强化息息相关。学生看到与自己相似的人因为强化而获得成功时，被强化的行为会产生更大的自我效能感。例如，高中生以观察同伴成功解决问题的方式学习物理，就比他们仅仅看专家在指导过程中做出的示范要好（Craig，Chi，& VanLehn，2009）。这意味着自我效能感并不仅仅是一个人之前成功和失败的反映。因此，你增强学生自我效能感的一种方式就是树立一个与之相似的成功榜样。高自我效能感与更高的目标、乐于接受挑战以及更好的表现相关联（Bandura，2012）。在第十三章我们会讨论你可以用于增强学生的自我效能感从而增强课堂中的学习动机的方法。

对实践的反思

我的教学

行为主义、认知发展理论和社会文化理论都包含对课堂的重要应用。根据这三种理论判断你是否在推进教学，定期问你自己：

---

① 自我效能感（self-efficacy）：相信自己有能力完成一项任务的信念。

（1）我是否知道能用到学生身上的所有强化物？这些强化物促进学生的学习了吗？我是否错误地强化了不合适的行为？

（2）我是否避免了使用惩罚？如果我的确使用了惩罚，那么它实际上有助于制止错误行为吗？（如果没有，它就可能实际上强化了错误行为。）

（3）我是否使用了直接教学？我的学生从中获益了吗？

（4）我对于如何思考问题建构了模式吗？我知道我的学生模仿的是哪种思考问题的模式吗？

（5）我是否通过提供指导性的经验、鼓励尝试、提出问题和创造语境帮助学习者建构自己的理解？我是否在提出促进思考的问题之前等待了至少5秒？我问了开放性的问题吗？我是否讲得少听得多？

（6）我是否进行了错误分析？当学生出现错误时，我是否尝试去理解他们为什么会出错而不仅仅是更正他们？

（7）我是否让学习嵌入有意义的语境？我是否运用情景支持学习以便让学习者不需要仅仅依赖语言学习？（这对较小的儿童尤其重要，特别是对于英语学习者或较大的语言能力欠缺的青少年。）

（8）我是否将新材料和学生熟悉的物体、事件相联系？我是否在合适的时候尤其是在教初学者时使用亲手制作的材料？

（9）我是否让思考过程（而非仅仅是答案）公之于众？我是否鼓励学习者不论答案正确与否，都对其答案进行证明？

（10）我是否尽可能让学习者自主选择一些他们的学习活动？我是否依从学习者的引导？我是否会跟进他们的问题？

（11）我是否知道承担特定任务的学生的最近发展区？我是否帮助每个人在其最近发展区内学习？

（12）我是否在学生解决困难问题时鼓励他们使用私语？

（13）我是否给学生提供支架，帮助学生掌握次级技能以便每个学生都能成功？

（14）我是否在我的课堂中利用机会进行交互教学？

学习与认知的年龄趋势总结

	行为主义的观点	皮亚杰的观点	维果茨基对私语的观点
婴儿期与学步期 (0~2岁)	● 新生儿是受制约的。行为主义者几乎没谈到认知发展中的年龄趋势。 ● 经典条件反射和操作性条件反射原理都适用于这一年龄段和其他年龄段的儿童	● 感知运动阶段大致是从出生到24个月。在这一阶段，思想和行动是不可区分的。心理图式基于感觉和运动的输入。 ● 4~8个月，儿童发展出客体永久性意识。 ● 8~12个月，他们在搜寻中可能犯"A非B"的错误，在到12个月的时候才成功实现搜寻。 ● 儿童发展象征性思维。他们开始用象征的方式玩角色扮演游戏。 ● 在这一阶段的最后，他们能够习得延迟模仿	● 维果茨基理论的原则，比如在最近发展区内的支架，适用于所有年龄的群体。然而，私语将随年龄改变。 ● 在婴儿期，成年人的语言将支持对儿童行为的管理。 ● 学步期儿童开始运用私语来规范他们自己的行为

续表

	行为主义的观点	皮亚杰的观点	维果茨基对私语的观点
儿童早期（3~5岁）	● 语言习得为条件作用提供额外通道	● 前运算阶段相当于2~7岁。这一阶段，儿童能够进行象征性思维，而不是有逻辑的或心理的操作。 ● 他们不理解因果关系或者层次分类。 ● 他们表现出泛灵论、自我中心主义、聚焦等特征。 ● 他们不能进行反向运算	● 出声的私语在4~6岁达到巅峰
儿童中期（6~12岁）	● 即使在年长的孩子中推迟，自我控制能力的增强也会让强化更有效	● 具体运算阶段发生在7~11岁。儿童能够保存并掌握一些前运算思维的限制。 ● 他们对日常事物进行推理，但仍然不擅长抽象思维	● 私语在这一时期变得更为内部且沉默，更与任务相关联
青春期（13~19岁）	● 青少年自行接触强化源（例如食物、钱），这也限制了成年人对他们行为的控制	● 形式运算阶段发生在12岁到成年。一些但非全部的青少年有能力掌握正式的抽象逻辑。他们可以遵循清晰的逻辑，即使前提并不是真的，也能用假设演绎法进行推理。 ● 他们可以系统地形成关于问题可能的解决方法的看法。 ● 他们能分离变量并检验假说	● 私语通常是发生在暗处或无声的。然而，当任务非常难时，青少年和成年人都会出声地自言自语

本章总结

1. 行为主义

行为主义是关于可观察的行为的科学。对行为的控制总是处于一定的环境中。对于行为主义者而言，学习（也叫条件作用）等同于行为改变。

经典条件反射包括无意识的行为。一个非条件刺激唤起非条件反应，引发非条件反射的非条件刺激与一个刺激物相连接，直到这个刺激物可以唤起同样的反射。这种条件反射可以通过停止非条件反射和条件刺激的配对而中止。

操作性条件反射涉及有意识的行为。强化可提高行为发生的概率，惩罚则可降低其概率。负强化指的是用去除令人反感的刺激的方式提高行为发生的概率。

塑造是用来训练那些非自发行为的，它通过逐步强化不断接近目标行为。

连续强化是最好的训练新行为的方式。间歇性强化是维持现有行为的最佳方式。当强化停止时，消退就会发生。

教学被看作对强化物的安排。一种对操作性条件反射的应用就是直接教学。它对基本技能和基础概念的教学很有效，尤其是对于高风险的学生而言。

斯金纳是最有名的行为主义者之一。他想要运用科学的方法严格控制人们的行为，以使社会变得更好。

2. 皮亚杰的认知发展理论

皮亚杰理论中的关键概念是儿童积极地建构知识而不是被动地复制他们察觉到的事物。儿童在将新知识同化进已有心理结构或者顺应已有心理结构以适应新知识时建构知识。这些过程导致认知平衡或均衡。

皮亚杰认为儿童通过对数量加以区分发展逻辑推理能力，发展结果遵循普遍的阶段理论。皮亚杰相信成熟与经验导致认知发展。

研究表明，皮亚杰低估了幼儿的认知能力，并高估了青少年和成年人的认知能力。小一点的儿童可能在皮亚杰的标准任务中无法表现出守恒的意识，这不是因为他们无法进行逻辑思考，而可能是因为存在某种语言障碍。

因文化不同而各异的正式学校教育与形式运算思维的差异有关。

建构主义的指令是皮亚杰理论的衍生物。建构主义的教学可以包括动手体验、刺激发现、提出问题、教师遵循学习者的引导、指导发现学习和使思考过程公开。

3. 维果茨基的社会文化理论

维果茨基强调社会和文化对认知发展的影响。与他人进行社会互动有助于促进认知能力提高。学习者的能力最初是人际的，之后才变成个人的。文化决定着学习者学到什么、教学如何展开和学习时可以用到的学习工具有哪些。

私语是典型的幼儿出声自语，之后变成内在的、沉默的自语，但即使是青少年也会用听得见的自我言语去解决困难问题。

一个更有能力的人通过给学习者搭建支架来支撑他们的学习。当学习者变得更加专业时，更有能力的人提供的支持会越来越少。

最近发展区是学习者自己独自能完成的和在更有能力的人的帮助下才能够完成的之间的能力层次。维果茨基认为，教学发生在最近发展区内。

课堂指导可能强化交互性教学，以及在最近发展区内搭建支架。在课堂中维果茨基观点的应用被称作社会建构主义，皮亚杰观点的应用被称作认知建构主义。这两种方法有重合。

4. 学习理论与认知理论的比较

社会认知理论包括行为主义的要素，它也强调替代性强化的作用和学习中的自我效能感。

皮亚杰和维果茨基的理论被看作建构主义，但直接教学则不是。

行为主义和社会文化理论都强调成年人对儿童的直接教学；皮亚杰则强调儿童通过探索来进行自我导向的学习。

第四章

信息加工、记忆和问题解决

你遇到过特别擅长记忆和解决问题的人吗？你或许想知道怎样帮助学生最大限度地提升这些能力。在你读了这章之后，你能够：

（1）探讨信息加工能力是如何随着年龄增长而变化的，以及信息加工能力的个体差异，并将这些概念应用到提高学生的信息加工能力上，包括那些患多动症的学习者。

（2）理清记忆的年龄变化趋势，并向学生传授有效记忆策略。

（3）分析你的学生是否具备与其年龄相称的推理能力，制定计划以期提升学生们的推理能力，并使用证据来支持你的计划。

（4）将主要的学习认知理论应用于教学中，并使用数学案例。

一、信息加工

> 在一个高中班级里，学生被要求默读一篇选自《萨勒姆的女巫》（*The Crucible*）的文章，在阅读完毕后他们会书面回答五个问题，这些问题有关主题、象征和每个角色的道德行为。教师为确保他们理解以上指令，进行了简单的小测验，测验后学生开始阅读。尼克（Nick）是一个阅读困难者，教师偶尔会在理解一些困难的单词上给予他帮助。在他尽力完成文章的阅读后，他问教师："我们应该写些什么？"

为什么尼克（Nick）忘记了教师的指令？一个可能性是其工作记忆容量有限。尼克需要在记住他应该写什么的同时完成一些困难的任务，例如进行单词编码和文本理解，这会加重尼克的工作记忆负担，而工作记忆是**信息加工模型**①的关键组成部分。

信息加工模型描述了学习者如何接收、处理和存储信息。它阐明了儿童认知发展的过程，这一点在你在第三章所阅读的三种经典的理论——行为主义、认知发展和社会文化理论——中并没有说清楚。例如，行为主义忽略了思维，皮亚杰没有清晰地解释儿童如何从一个认知阶段发展到下一个认知阶段，维果茨基的社会文化理论没有详细阐明在最近发展区中发展是如何发生的。相反，信息加工模型阐述了学习者如何在信息加工方面做得更好。

1. 信息加工模型的组成

信息加工模型有不同的版本。我们将要讨论的是较为普遍的三层模型（Öztekin，Dava-

---

① 信息加工模型（information-processing model）：一种认知模型，侧重于研究儿童如何获取、存储和使用知识。

chi，& McElree，2010）。它的关键组成部分如图 4-1 所示，接下来将逐一对各部分进行描述说明①。

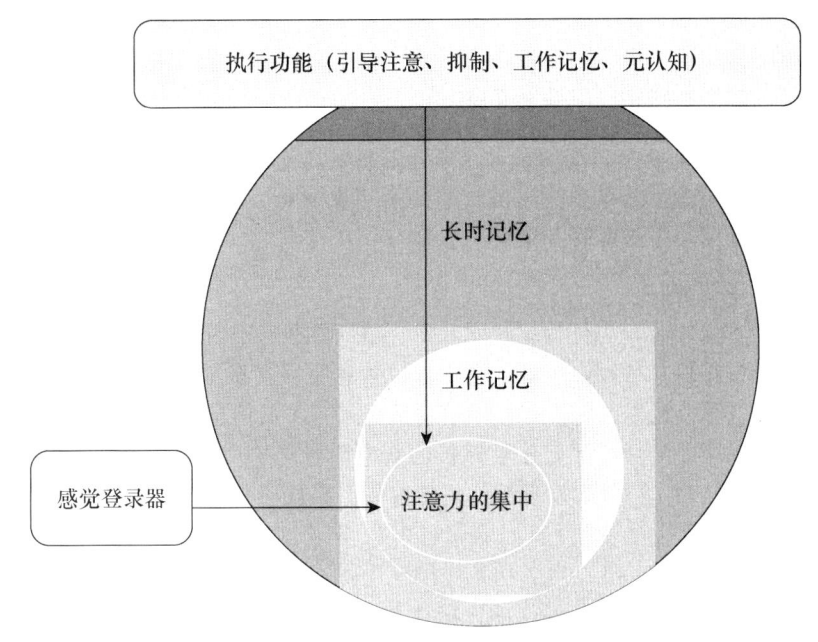

图 4-1 信息加工的三层模型

在处理此图时，你的工作记忆（短期存储和在线处理）正处于活跃状态。你的执行控制功能控制着你的注意力，抑制无关信息和进行元认知。

感觉登录器

当你看到、听到、感觉到、品尝到和闻到时，信息进入了你的**感觉登录器**②。感觉登录器接收大量的信息，但是只能存储非常短的时间（可能只有几秒）。当你阅读这本书时，你的感觉登录器可能在接收以下信息：你所阅读书页不同部分的不同色彩、你对所穿的衣物的感觉、你可能正在咀嚼的食物、你的想法、房间里的噪声等。你无法记住这些信息中的大部分，这一事实说明了信息存储时间的短暂性。

长时记忆

长时记忆③指的是时间相对长久的信息存储，也被认为是知识。信息虽然可能会被存储在长时记忆中，但很多都会丢失。稍后我们将讨论一些策略，它们能够提高你长期记住信息的概率。科学家们不知道长时记忆的容量是否有限制。你可能在某些课堂上感到认知超载，获得太多的知识确实是不太可能的。

执行功能

执行功能④指的是大脑对信息加工过程的控制。大脑必须控制注意力并专注于一个任务，

---

① 科学家对什么是最好的模型并没有达成共识，因此，我们采用了一个通用的简化版本来帮助你理解课堂上发生的学习行为。
② 感觉登录器（sensory register）：信息加工模型的组成部分，在这里来自环境的初始刺激被短暂地保存起来。
③ 长时记忆（long-term memory）：相对长久的信息存储，持续时间很长，容量非常大甚至可能是无限的。
④ 执行功能（executive functions）：大脑对信息加工过程的控制。

如在推理期间保存信息，从长时记忆中检索信息，监控行为序列，检测错误并进行更正以及将正在进行的功能转换到更紧急的功能。执行功能对于自我控制和高级认知活动——任何需要付出努力、进行复杂思考的活动——都至关重要。让我们来看看一些重要的执行功能。

工作记忆

感觉登录器中被关注到的信息会进入工作记忆[①]。工作记忆包含你在特定时刻进行处理的少量信息。这些信息来自你对当时的经历的感觉〔例如，观看《坦克大决战》（*Battle of the Bulge*）的视频〕，或者可以从你的长时记忆中提取（例如，回忆你所了解的有关《坦克大决战》的信息），或者同时来自以上两者。工作记忆允许你在处理其他信息期间保留一些信息。例如，你可以将正在观看的内容与你对《坦克大决战》的了解进行比较。因此，工作记忆是思维发生的地方。

工作记忆的容量相对较小且持续时间较短。成年人的工作记忆容量只有一到四个信息组块，仅仅只能被记住几秒钟，而对于幼儿来说信息组块甚至更少（Cowan，2010）。这意味着，你可以通过重复或以某种方式使用信息条目来将少量信息保存在工作记忆中。例如，你可能在没有任何中断的情况下记住足够长的新电话号码并直接拨出去。但如果将七位数字分成更少的信息条目，你就会发现记住它更容易。想象一下你想要记住 882－2014。如果 882 是你所在城镇的常见前缀，并且如果你在 2014 年从高中毕业，那么电话号码实际上只包含两个信息组块——882 和 2014。在工作记忆中保存两个组块要比保留七个信息条目容易得多。用信息组块的方式也可以帮助你记住其他类型的信息。例如记单词的时候，如果将它们放在有意义的句子中，则会变得更容易。

研究人员如何获知工作记忆的容量？一种方法是采用记忆广度任务（memory-span task）。记忆广度是指你可以将快速呈现的信息条目按照确切的顺序回忆起来的数量。当将数字（例如 5、1、3）作为需要记住的事物时，这种方法可称为数字广度（digit span）。也有一些测试使用无意义的词语，如"woog"、"spleg"和"symo"。空间工作记忆通过使用图像迷宫回忆路线之类的任务进行测试。针对 3~6 岁儿童的一项复杂任务是，要求他们以逆序记住单音节单词列表（如 nest，fire，hole，hand）（Noël，2009）。最复杂的任务（称为存储和加工任务）是要求你记住数字或单词，同时还要加工其他信息，例如 5 秒计数到 100。对于尼克来说，教师布置的课堂任务相当于存储和加工任务。

认知灵活性

认知灵活性[②]（也称注意力转移）是指能够改变观点和适应不断变化的需求。科学家测量这一点的一种方法是维度变化卡片分类任务（Dimensional Change Card Sorting task）。在该任务中，把根据颜色、事物类别或数字分类的卡片（例如，一张卡片上有 3 辆红色卡车，另一张卡片上有 2 辆蓝色卡车）分发给儿童，要求他们按一个维度排序，然后按另一个维度进行切换和排序。他们可以根据准确性和速度获得相应的分数。提高切换频率可以增加任务难度。认知灵活性能够支持创造力和问题解决能力的发展。

抑制控制

抑制控制[③]是指防止加工无关信息或抑制某种反应的能力。科学家测量这种能力的一

[①] 工作记忆（working memory）：信息加工模型的组成部分，在这里信息条目被临时保存以进行编码或处理。

[②] 认知灵活性（cognitive flexibility）：从一种认知活动或视角转换到另一种认知活动或视角的能力（也称注意力转移）。

[③] 抑制控制（inhibitory control）：抑制加工无关信息或抑制某种反应的能力。

方法是向儿童展示带有月亮和星星的黑色卡片或带有黄色太阳的白色卡片，儿童必须在展示太阳卡片时说夜晚，在展示月亮卡片时说白天。

抑制控制包括**选择性注意**①，它可以帮助你抵抗注意力的分散。至少有三个原因使得你能够注意到特定信息（Downing, 2000; Raymond, Fenskey, & Tavassoli, 2003）：(1) 它是新的；(2) 它与你正在积极加工的东西有关；(3) 它具备情感上的重要性。例如，如果你大声喘息，你就会立即引起全班的注意。

你通过感觉登录器获取的大部分信息都会被遗忘，因为你并没有注意到它们。注意力充当记忆的守门人，只有那些受到关注的信息才会被记住（Barrouillet & Camos, 2012）。

执行功能可以将你的注意力从一项任务转移开，激活另一项任务。案例中尼克之所以无法记住任务表，是因为他不太会从"阅读任务"转移开，激活已经被淡化的"指令记忆任务"。

元认知

有时你会想到你的思维，这被称为**元认知**②。元认知是指对自己的学习过程以及如何对其进行管理的认识。元认知被用于选择解决问题的策略，回答"你知道什么和你怎样知道"的问题。当你完成本书某一页的阅读后，突然意识到你没有加工过某个单词时，这就是元认知在起作用。计划和使用有效的学习策略也是元认知的一部分。

两种类型的元认知对于学习很重要。元理解（metacomprehension）是指在你理解某事时的判断。即使是大学生在这方面也存在困难。你可以通过总结所阅读的内容来提高元理解能力（Dunlosky & Lipko, 2007）。元记忆（metamemory）是指你对自身记忆的认识以及对自身如何存储信息和从中检索信息的认识。当儿童意识到学习准确的历史事实比学习历史要点需要更多的努力或者故事比列表更容易记住时，他们就拥有了元记忆。元记忆能力更好的儿童更善于回忆，能使用更有效的记忆策略（Pierce & Lange, 2000）。

你可能已经注意到这些执行功能之间的重叠。对于这些执行功能之间的区别有多大，目前科学家们存在不同的意见，但都认为它们是紧密关联的（Diamond, 2013; Jacob & Parkinson, 2015）。例如，工作记忆容量与注意力控制相关。能保持更大工作记忆容量的学龄前儿童特别擅长控制他们的注意力，并且他们到了青少年时期后很可能在抑制控制测试中能够快速准确得分（Eigsti et al., 2006）。当你阅读本书时，如果你有更大的工作记忆容量，那么你将更快地摆脱干扰并让注意力重新集中到阅读上来（Fukuda & Vogel, 2011）。

2. 信息加工的年龄趋势

婴儿出生时即具备各种基本的信息加工能力，并且这些能力会随着年龄的增长不断提升。其中一些能力在6年级达到成年人水平，另外一些在青春期达到成年人水平，还有一些直到成年后还会一直提高。

婴儿期和学步期（0～2岁）

因为髓鞘形成、知识和语言的限制，幼儿的信息加工速度相对较慢。你是否注意到从痛苦的事情（比如捏手指）发生到婴儿哭有一个短暂的延迟？由于髓鞘形成不完全，婴儿接收信息比你更慢。此外，语言会影响信息加工的速度，因为语言可以组织信息进行存储

---

① 选择性注意（selective attention）：注意与任务相关的输入，同时抑制不相关的输入。
② 元认知（metacognition）：关于反思、监控和管理其他认知的认知。

和检索①。反过来，信息加工的速度也限制了工作记忆。随着每个相关影响因素的提升，工作记忆的容量也会增加。

儿童早期（3～5岁）

在学前阶段，信息加工速度继续提升，执行功能提高显著。事实上，你可以在一年的时间内来评估提高的程度（Clark et al.，2013）。这一点在本章前面介绍的维度变化卡片分类测试中表现得很清楚。回想一下，首先要求儿童按一个维度（如颜色）进行分类。在对几张牌进行分类之后，要求他们换一个维度（如形状）进行分类。对世界各地的3岁儿童来说，即使你告诉他们应该按照新规则（形状）进行分类，他们通常也仍会按旧规则（颜色）来进行分类。为什么完成这项任务如此困难？因为他们必须注意到指令，并将新规则存储到工作记忆中，同时抑制其原始反应。大多数儿童在4～5岁时能够完成这个任务，完成之前描述的"白天/黑夜"卡片任务的时间可能更早一些（Best & Miller，2010）。认知灵活性的年龄趋势如图4-2所示。但是，抑制控制对幼儿来说仍然是挑战（Diamond，2013）。

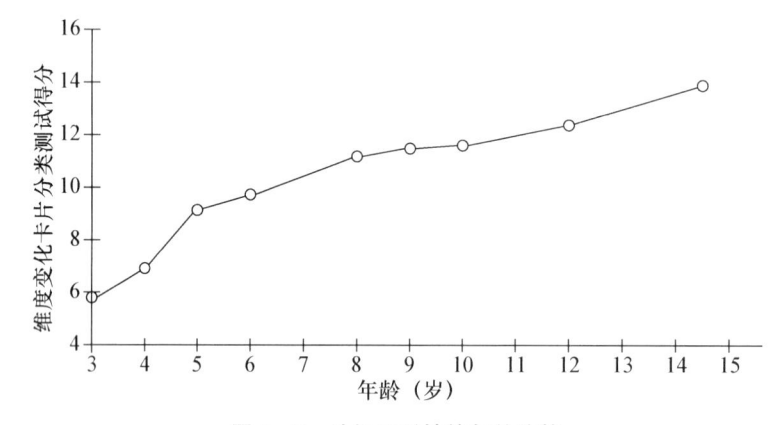

图4-2 认知灵活性的年龄趋势

随着年龄的增长，儿童在维度变化卡片分类测试中表现得越来越好。在什么年龄增长得更快？（比如，哪条线最陡）？

资料来源：Zelazo等（2013）。

儿童中期（6～12岁）

在儿童中期，信息加工速度继续提高，尽管提高的速度最终会减慢。图4-3呈现了信息加工速度在5岁到18岁之间增长的情况。（例如，如果你立刻想到了这是一个二次函数，那么你是正确的，争取到了额外分数。）

在这一阶段工作记忆显著提高（Cowan et al.，2010）。在简单的记忆广度测试中，儿童的表现大约在2年的时间里会得到改善，3岁的儿童可以记住1个数字或单词，5岁的儿童可以记住2个数字或单词，7岁的儿童可以记住3个，9岁的可以记住4个，11岁的可以记住5个，13岁的可以记住6个，15岁的可以记住7个（Kemps，De Rammelaere, & Desmet，2000）。在更复杂的任务中，儿童能够加工的信息组块的数量会稳步增加，直到达到成年人的容量水平，这个数量大约是4个。

抑制作用继续发展，尽管它的发展速度低于儿童早期。一种测量的方法是使用联想任务（Best & Miller，2010），该任务要求儿童在计算机屏幕上出现指示符"go"时按下某个

---

① 检索（retrieval）：找到长时记忆中的条目并把它们放在工作记忆中。

第四章 信息加工、记忆和问题解决

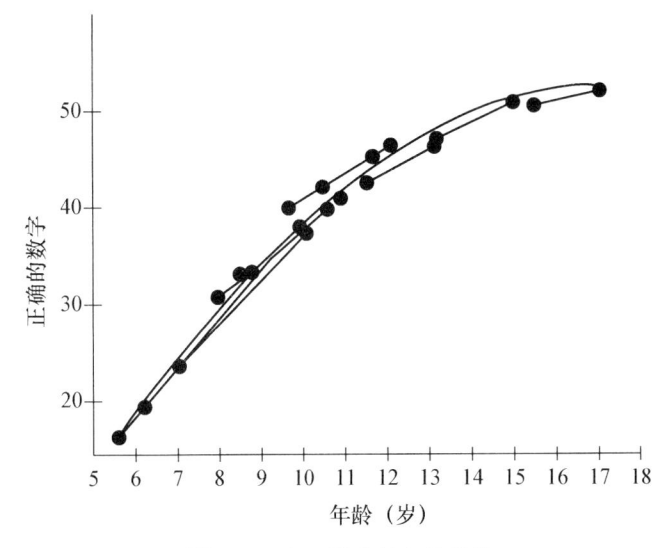

图 4 - 3 加工速度的年龄趋势

给孩子们 6 行数字，比如 8、9、5、3、9、7，要求他们圈出相同的数字。在三分钟内可以完成的行数即是处理速度。你能在这张图中描述处理速度随年龄增长的情况吗？工作记忆的曲线往往具有相同的形状（例如，Dempster, 1981）。试着让不同年龄的孩子做这个测试，看看你是否能够获得相似的年龄趋势。如果你需要测试聪明的青少年，则请准备大约 60 行数字！

资料来源：Kail 和 Ferrer（2007）。

键（例如，除了 X 之外的所有字母），但当指示符"not-go"出现时不按。认知灵活性也在 4 岁到 14 岁之间稳步提高，之后趋于平稳。工作记忆改善的一部分原因是儿童能够更好地控制注意力。图 4 - 4 表明儿童的工作记忆容量变得更大，注意力的控制变得更加有效，随着年龄的增长记忆容量逐渐释放。工作记忆改善也部分归因于更快的加工速度。在案例中，尼克在进行任务转换时所遇到的困难在小学儿童中更为典型，2 年级学生记忆更新能力正处于发展阶段（Barrouillet, Gavens, Vergauwe, Gaillar, & Camos, 2009），而年龄大一点的儿童应该不会有困难（Barrouillet, Gavens, Vergauwe, Gaillard, & Camos, 2009）。

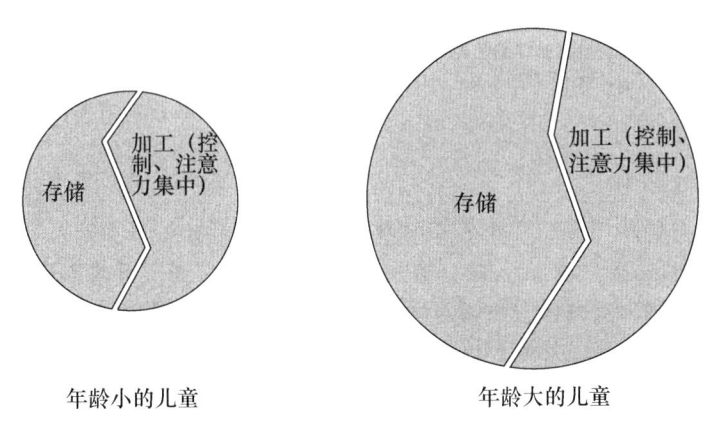

图 4 - 4 工作记忆容量

如较大的饼状图所示，工作记忆能力随着年龄的增长而提高。与此同时，处理信息所需要的能力的重要性在降低。

青春期（13~19岁）

我们很遗憾地告诉你，进入青春期后信息加工速度会停止提升，并在18岁后开始变慢（Coyle，Pillow，Snyder，& Kochunov，2011）。因此，如果你教高中，那么你可能会遇到信息加工速度比你快的学生。与年幼的孩子相比，这种速度的提升会为形式运算思维的发展和更好的运动表现、更好的推理能力和冲动控制提供支持。

青少年会在要求使用策略、结合新信息、监测进展的复杂工作记忆任务中表现得越来越好，并在30岁左右达到顶峰（Hartshorne & Germine，2015）。然而，在简单的工作记忆任务中，例如识别你曾经见过的面孔，儿童早在9到10岁就已达到成年人的水平。

其他执行功能在该阶段也会得到提升。青少年更善于控制自己的思想。他们在抑制控制测试中表现得加工更快、更准确，并且会在十几岁时达到峰值（Sinopoli，Schachar，& Dennis，2011）。对一般青少年来说，任务切换（例如，通过新规则对卡片进行分类）很容易。但是，与使用旧规则相比，他们使用新规则进行卡片分类的速度较慢。一个可以测试青少年的执行功能但难度更大的测试是斯特鲁普测试（the Stroop test）（如图4-5所示）。别担心你的一切都在走下坡路，知识量会在中年后期达到顶峰（Hartshorne & Germine，2015）。

图4-5 斯特鲁普测试

大声朗读第一组单词并自己计时。说出第二组单词的颜色并计时。（你必须抑制技能良好的阅读者自动阅读的倾向。）两组之间的时间差异就是你的"抑制控制"分数。让朋友和不同年龄的孩子都来尝试一下。或者可以在线试试，各种各样的斯特鲁普测试网站都可以进行自动计时。你也可以尝试用"汉诺塔"（Tower of Hanoi）在线测试来评估工作记忆。

大脑研究

成熟的大脑有更好的执行功能

信息加工与大脑发育有关。随着在童年时期大脑通过突触修剪和髓鞘形成不断成熟，执行功能水平和知识量都在稳步提升。执行功能的改善被认为是由于前额叶皮质（prefrontal cortex）和扣带回（cingulate gyrus）的成熟。在第二章中，你了解到这些大脑区域发育缓慢，在青春期或青年期会逐渐成熟。当婴儿运用其执行功能（例如，注意某事或参与第三章中描述的"A非B"任务）时，大脑活动往往是整球性的。而当青少年运用他们的执行功能时，前额叶皮质的特定区域被激活，这表明他们的大脑更有条理和更有效率（Best & Miller，2010 Richards et al.，2010）。多动症儿童的前额叶皮质活动水平低于正常年龄。

3. 信息加工的个体差异

对于不同的学习者，信息加工模型中同一组成部分虽然都会随着年龄增长而提升，但也呈现出个体差异。也就是说，一些学习者比同龄人能够更快地进行信息加工而且其执行功能具备更高的水平。在案例中，尼克与其他同学相比在执行功能上存在困难。

信息加工的个体差异在婴儿时期表现得很明显（Holmboe et al.，2010）。例如，当向5个月的婴儿展示一个新物体（如指偶）时，你会发现有些婴儿在非常短暂地看了玩偶之后便将注意力转移到其他事物上，而有些婴儿会看得更久。"目光短暂停留"的婴儿拥有更快的加工速度和更大的记忆容量。在接下来的童年时期，他们具备更好的执行功能、语言能力、记忆力和智力（Cuevas & Bell，2014；Rose，Feldman，& Jankowski，2015）。从婴儿期到青春期后期，这些个体差异趋于稳定（Miyake & Friedman，2012）。然而，青春期的个体差异大于儿童早期。到了青少年时期，两个同龄的学生在信息加工技能上可能表现得完全不同（Kuhn，2006）。

虽然用于测试信息加工能力的实验室任务（例如斯特鲁普测试）看起来微不足道，但任务的执行情况预示了学习者经过较长时间在现实世界中所取得结果的巨大差异。更快的加工速度和更好的执行功能与学业成绩相关联。例如，具有较强的信息加工能力的学习者更善于解决数学问题、理解他们所阅读的内容，并且能在标准化考试中获得更高的成绩。这种模式在多个年龄段和多个国家都存在①。确实，执行功能构成了入学准备技能的核心，如专注力、注意力和遵循指令的能力。这些能力可能比智力或预读技能（pre-reading skills）更能促成学业成功（Diamond，2013）。在幼儿园就具备这些技能的儿童将在未来取得更大的收获（Li-Grinning，Votruba-Drzal，Maldonado-Carreño，& Haas，2010）。信息加工能力差的学习者如尼克，在学校学习过程中可能会遇到更多的困难，因为学校的任务越来越需要这些能力。

信息加工能力也与学校中的情感和社交技能有关。注意力控制和其他执行功能较差的学生往往会存在更多问题，如焦虑、抑郁、冲动、具有攻击性和出现不经思考的行为等（Khurana et al.，2015）。

专栏 4-1　　　　　　发展中的挑战

多动症②

在8年级的历史课上，克莱登（Clayton）本应该完成一份活页练习题。他一边看练习题，一边不停地轻敲铅笔和用拇指敲桌子。他从座位上下来扔掉一张纸；他在教室里走来走去，轻拍另一个学生的肩膀；他坐了下来，但几分钟后就起来阅读门边张贴的课堂规则；他又坐了下来，但很快走过去和他的朋友交谈；他的老师叫他回到座位上，克莱登只在老师站在他旁边的时候才不间断地做两分钟练习。

克莱登患有多动症，这是儿童期最常见的神经行为障碍。大约9%的学龄儿童患有多动

---

① 许多研究包括大型的全国性研究都发现了这一点，只将少数列在这里：Brock，Rimm-Kaufman，Nathanson 和 Grimm（2009）；Grimm，Steele，Mashburn，Burchinal 和 Pianta（2010）；Swanson（2008）；Wanless 等（2011）；Welsh，Nix，Blair，Bierman 和 Nelson（2010）。

② 多动症（attention-deficit/hyperactivity disorder，ADHD）：一种神经行为障碍，以过度活跃、低冲动控制和注意力不集中为特征。

症，男孩的发病率是女孩的3倍（Akinbami, Liu, Pastor, & Reuben, 2011; Getahun et al., 2013）。每个人的注意力分散程度各不相同，但被诊断为患有多动症的学习者在持续注意能力方面处于最低水平（Forster & Lavie, 2015）。

尽管多动症的平均诊断年龄在8岁到10岁之间，但在3岁时就可以得到可靠的诊断（Getahun et al., 2013）。对大多数儿童（70%）来说，多动症病症会持续到成年，但多动的表现会在儿童时期逐渐减少。

什么可能导致多动症？基因和环境都有可能导致多动症。这意味着多动症是家族遗传病症，遗传率估计为70%；然而只有小部分的影响（1%至3%）与基因组模式相关（Nikolas, Klump, & Burt, 2015）。这种令人费解的不匹配表明了基因与环境的相互作用（如第一章所示）。也就是说，多动症在同时具有遗传易感性和环境风险因素的儿童身上发生的可能性要大得多，它并非仅仅是遗传因素导致的（Pennington et al., 2009）。例如，母亲在怀孕期间吸烟并且具有遗传倾向的孩子特别容易分心（Wiebe et al., 2009）。

与多动症相关的产前问题包括母亲在怀孕期间感到有压力、使用烟草或酒精，以及新生儿出生体重低（Schneider & Moore, 2000）。多动症也与养育质量有关。母亲患有慢性抑郁症、焦虑症或其他情绪障碍的孩子患多动症的可能性高出四倍。继父母家庭、领养家庭、养父母或单亲家庭，经常搬家的家庭和消极的、充满冲突的家庭中儿童的患病率也较高（Lesesne, Visser, & White, 2003）。与父母缺乏安全依恋关系的儿童更容易出现多动症症状（如第六章所示）。

儿童患有多动症这个问题为什么非常重要？患有多动症的儿童早在3岁时就可能有认知和行为问题（Loe et al., 2008）。他们更有可能吸毒、受到伤害，也更有可能在青少年时期盗窃、攻击他人和使用武器。在学校里他们可能会表现不佳，因为他们很难遵守课堂规则（Harstad et al., 2014）。他们更有可能留级或辍学。虽然多动症的症状随着年龄的增长而减少，但学业上的问题往往会持续存在并可能会增加（Barkley, 2006）。

练习**包容**[①]——你如何帮助患有多动症的学习者？包容是指创造一个学习者完全受欢迎的学习环境，以满足不同学习者的特殊需求。因为多动症很普遍，所以你可能需要练习包容以面对像克莱登这样的学习者。首先，弄清楚学习者有没有类似多动症的睡眠不足现象（Bonuck, Freeman, Chervin, & Zu, 2012）。如果排除了睡眠不足的因素，那么你可能会被要求提供证据作为诊断的一部分。教师对多动症的评估可能会比父母的评估更有效（Mannuzza, Klein, & Moulton, 2002）。

如果学习者患有多动症，那么研究表明以下行动可能有所帮助：（1）让学习者在两个可接受的任务之间进行选择；（2）将学习者的兴趣纳入任务中；（3）使学习者远离可能使其分散注意力的对象或同学；（4）在短时间内给出指令而不是给予冗长的任务清单；（5）表扬良好的行为和取得的成绩；（6）确保学习者得到定期锻炼，这有助于大脑集中注意力（Harrison, Bunford, Evans, & Owens, 2013）。如果他们没有分散他人的注意力，则不要试图过度控制他们的行为。患有多动症的学习者如果做点动作（如拍脚或摇椅子），往往会在任务上表现更好（Sarver, Rapport, Kofler, Rasiker, & Friedman, 2015）。

请遵循本章所讨论的关于在课堂中如何促进学习者进行信息加工的指导原则，第七章也提供了帮助学习者控制冲动的建议，此外，你还可以参与包括父母和顾问在内的治疗计划。

[①] 包容（Inclusion）：创造使有特殊教育需求的学生能够充分参与学校生活的学习环境。一些团体（例如联合国教科文组织）将这个词的使用范围从残疾学生扩大到边缘群体，如宗教少数群体或贫困儿童。

治疗通常包括行为治疗和/或药物治疗。行为治疗通常涉及应用行为分析（如第三章所示），以及旨在改变想法的疗法（如"我需要在行动前暂停"）。药物可减少烦躁和冲动行为，但一项大型随机实验表明，长远来看，药物不会减少学业或行为问题（Molina et al.，2009）。因为所有药物都有副作用，所以药物治疗是有争议的。这些副作用可能包括生长缺陷、肌肉抽搐、睡眠障碍、缺乏激情以及可能提高自杀概率（National Institute of Mental Health，2008）。美国食品和药物管理局（The U.S. Food and Drug Administration）要求在多动症药物包装上标明警示。尽管存在这些问题，药物治疗仍然很普遍，而且在越来越多地被使用，甚至在治疗学龄前儿童多动症时也是如此。美国儿科学会（The American Academy of Pediatrics）建议为父母和孩子提供包括药物和行为矫正的综合治疗（American Academy of Pediatrics，2011b）。

当学生在教室里被安排完成一项需要集中注意力的任务时，他必须忽略干扰，并且必须抑制无关信息。2岁的阿基瓦（Akiva）非常擅长这种选择性注意：

> 在幼儿园，教师正在给学生上一堂关于秋天叶子的课，呈现了一些叶子的图片和样本。两个孩子正在房间里推椅子、脱鞋、跳来跳去。这两个孩子引起了其他幼儿的注意，但不包括阿基瓦。她丝毫没有受影响地听着老师讲课，不时轻声模仿老师说的单词，例如"漂亮""金色""飘落"，仿佛房间里其他什么事都没有发生。

与阿基瓦相比，其他一些同学被教师描述为"注意力不集中，容易分心，无法集中注意力，做白日梦"。无法控制注意力是多动症的一个决定性特征（如专栏4-1所示）。科学家认为，糟糕的执行功能是某些形式的多动症的核心问题（Nigg，2010）。不过，心不在焉是常见的，你的工作记忆容量越大，你在要求不高的任务中走神的可能性就越大——所以不要总认为做白日梦是一个问题（Levinson，Smallwood，& Davidson，2012）。

什么可以预测信息加工的差异？其中一个影响因素是基因。执行功能在儿童时期具有非常高的遗传力指数（Engelhardt，Briley，Mann，Harden，& Tucker-Drob，2015）。但是，这并不意味着执行功能不受经验影响。遗传力是对在特定时间点接受测试的儿童可能可以归因于基因的变异数量的估计，但并不能说明是否可以被改变。正如你在第二章中所读到的，大脑是由经验塑造的。

一个重要的经验是儿童家庭的质量（如图4-6所示）。敏感、支持度高和为孩子提供刺激认知和语言发展活动的父母更可能拥有信息加工能力更强的孩子（Fay-Stammbach，Hawes，& Meredith，2014；Meuwissen & Carlson，2015）。例如，一项全国性的研究发现，儿童4岁时父母养育子女的质量可以预测他们当时的执行功能和记忆能力，以及3年级时的阅读和数学测试成绩（Friedman et al.，2014）。阿基瓦的母亲曾是一名教师，她创造了一个稳定和富有刺激活动的家庭。在专栏4-1中，你了解到了多动症与家庭环境的几个方面有关，有可能是因为基因与环境的相互作用（如第一章所示）。也就是说，当那些具有高遗传倾向的孩子处在一个父母养育不到位、家庭矛盾不断、争吵不休的环境中或者更多时间被托管在儿童保育机构时，更容易导致其执行功能发展低下。

除了家庭环境外，发生着信息加工活动的课堂环境也影响着儿童和青少年大脑的发展。接下来我们来讨论这个问题。

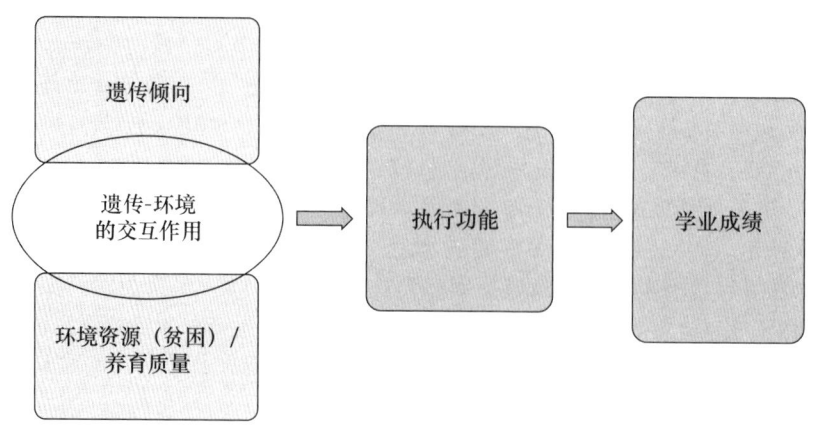

```
     ┌──────────┐
     │ 遗传倾向  │
     └──────────┘
          ╲
       ┌─────────┐      ┌──────────┐      ┌──────────┐
       │遗传-环境│ ───▶ │ 执行功能  │ ───▶ │ 学业成绩 │
       │的交互作用│      └──────────┘      └──────────┘
       └─────────┘
          ╱
     ┌──────────┐
     │环境资源（贫困）│
     │ /养育质量 │
     └──────────┘
```

图 4-6　执行功能的个体差异

孩子的执行功能受到基因和环境相互作用的影响，而基因和环境反过来又影响孩子的学业成绩。在其他章节中，你将学习与执行功能相关的养育质量的几个方面。这些内容包括敏感性（与敌意相对）和依恋安全性（security of attachment）（见第六章），阅读和与孩子交谈（见第十二章），在具有挑战性的任务中为孩子提供支架（见第三章），提供一个富有刺激活动的家庭环境和采用权威型的教养方式（见第七章）（Deater-Deckard, 2014）。你能解释基因和环境如何相互作用从而影响孩子的执行功能吗？

4. 信息加工的课堂启示

信息加工能力会影响学生在课堂上的学业和社交是否能够获得成功。完成学业任务需要很强的信息加工能力，例如正确拼写单词同时牢记正在撰写的文章的要点。在大脑中所进行的数学计算也是如此：需要翻译成另一种公式语言，或计算得出结论（Fenesi, Sana, Kim, & Shore, 2015）。

图 4-6 呈现了用于解释收入与成绩差距的一个假设。也就是说，由于压力和有限的资源（如第一章所示），贫困可能会降低子女养育的质量，这可能会影响儿童的执行功能，从而影响学业成绩。例如，在一项研究中，家庭在儿童 1 个月和 24 个月时的贫困状况预测了他们在 3 年级时的执行功能问题，并在控制智商变量后预测到他们在 5 年级时数学和阅读测试成绩较低（Crook & Evans, 2014）。你是否注意到当生活不顺利时，你难以清晰地思考或记住事情。当你感到有压力、悲伤、睡眠不足或身体不适时，执行功能会受到损害，这对你的学生来说也是一样的（Diamond, 2013）。

像尼克那样难以进行任务转换的学生，会忘记冗长的指示，忘记单词中的字母或句子中的单词，容易分心或不容易接受既定的安排，无法完成多步骤的任务，或虽然举手但当被叫起时又忘记了答案，他们可能只具备有限的信息加工能力。如果你遇到这样的学生，那么作为教师的你可以做一些努力来帮助他们取得成功。

减少工作记忆和执行负荷

当学生的工作记忆容量过载的时候，他们无法加工新信息。为了减少工作记忆的负荷，你可以：

（1）限制你的语言表达。如果你在提供了重要信息后仍继续说话，那么重要的信息将被遗忘。你需要以学生能够充分进行加工的速度呈现信息。

（2）减少课堂上的干扰。注意力被分散可能是因为来来往往的人、粘贴的公告甚至是视觉上会造成轰炸效果的装饰品。例如，在一项实验中，相对于在简朴的房间中，幼儿园的儿童在一个装饰繁复的房间里会不专注于任务而且学得更少（Fisher, Godwin, & Seltman，2014）。

（3）增加学生的专业知识。信息加工越自动化，执行功能占用的空间越少。如果阅读对你来说是自动进行的，那么你就不会被尼克案例中的任务难倒。但对于年少的初级阅读者和像尼克这样年龄稍长的苦苦挣扎的阅读者来说，这些任务会成为压倒性的困难。

（4）提供外部的信息准备。幼儿园老师可能会在墙上张贴有信息的图片。小学教师可能会在黑板上写道："读20分钟。写下你所读内容的摘要。如果需要，则请参考样本。"中学教师可能会提供部分笔记（即课程的大纲，但不提供详细信息），这可以让学生有足够的工作记忆空间来处理信息。

（5）将问题分解为可以按顺序执行的较小的子任务。在数学和科学学科的教学中，可以提供公式或算法。

想象一下你在教11年级学生物理，这些学生具有成年人般的工作记忆能力和信息加工速度。你问他们："如果物体在一半的时间内再次移动相同的距离，物体的加速度会是多少？"解决这些需要同时处理三个或四个变量的复杂问题会影响他们的工作记忆。然而，如果你的学生知道速度等于距离除以时间（$V=d/t$），他们就可以确定新的速度是多少。然后，他们可以将速度作为单个变量应用于计算加速度，这是时间1和时间2之间的速度之差（$A=V_1-V_2$）。这些公式解决了整道题目。教儿童掌握专业知识时需要做到的一点是为他们提供工具，将较大的问题分解成适合他们处理水平的小问题。

集中注意力

选择性注意被认为是学习的一扇门（Bahrick & Lickliter，2014）。如果学生能够更好地控制注意力，他们的学业成绩就更高（Claessens & Dowsett，2014）。在教学过程中，你需要学生集中注意力、抵制分心、避免心不在焉。虽然这些简单的技能在婴儿期就已掌握，但只有通过练习才能得到增强。随着时间的推移，这些简单的技能就会发展成复杂的技能，比如进行计算机编程或阅读狄更斯（Sörqvist & Marsh，2015）。

为了实现有效的教学，你需要吸引学生的注意力并使其将注意力保持在重要的信息上，尤其是当你教导那些难以控制自己注意力的学生时。这有助于明确学习目标并提醒学生目标是什么。儿童通常不了解学习任务的目标，而了解目标对于他们知道要注意什么以及是否达到了目标至关重要（Barker & Munakata，2015；Chevalier，2015）。让学生休息一会儿做做体育运动也会对他们有帮助。运动20分钟后，学生会表现得更加专注（Pontifex et al.，2014）。

加强执行功能

就像通过锻炼增长肌肉一样，运用执行功能可以使这些功能变得更强大。你可以按照以下指导原则来增强学生的执行功能：

（1）养成健康的习惯，特别是保持充足的睡眠、良好的营养和身体健康（如第二章所示）。执行功能需要大量的葡萄糖（这是大脑的燃料，你无疑会记得第二章所讲到的）。当疲倦或饥饿时你不能清晰思考的原因之一就是你的大脑已经耗尽了燃料。大脑的葡萄糖在睡眠和进食后会得到补充（Gailliot，2008）。身体健康也与更好的大脑功能有关，更健康的儿童具有更快的信息加工速度、更好的记忆力和执行功能，注意力也更集中（Chaddock-Heyman，Hillman，Cohen，& Kramer，2014）。有氧运动和有意识的运动，如武术和瑜伽，可以改善儿童的信息加工能力（Diamond & Lee，2011）。

（2）通过日常活动帮助学习者练习使用执行功能，例如即使他们想停下，也要求他们坚持坐直或继续活动。但是请注意，你有可能会让执行功能负担过重，学生有时可能需要恢复性休息（Kaplan & Berman，2010）。

（3）帮助幼儿提高与执行功能相关的语言能力。在第三章中你了解到了私语可以帮助孩子调节他们的思想和注意力。音乐练习也被证明可以提高语言能力和执行功能，可能这是因为音乐、语言和执行功能共享相同的大脑资源（Moreno et al.，2011）。

（4）让学生思考他们的思维过程或者练习元认知，教师可以引导的问题包括："你怎么知道……？你是如何提升自己对数学（或历史或科学）的思考水平的？你会怎么做呢？你从完成这项任务中学到了什么？我注意到你删除了很多内容，你怎么知道它需要修正？"

从信息加工的角度来看，认知发展是知识增加以及处理速度和执行功能提升的结果。更多的知识提高了信息加工的其他组成成分的水平，因为充分的知识储备和自动化的学习可以释放信息加工的资源并加快加工的速度。更多关于这方面的知识是下一节的重点。

> **思考**
>
> 一项对患有多动症的瑞典儿童的研究发现，在5周内每天玩一个专门设计的电脑游戏40分钟后，执行功能会增强（Klingberg et al.，2005），其效应量为0.93。多动症药物的效应量为0.4到1.2。你认为这意味着什么？你会使用哪种干预手段？为什么？

大脑研究

大脑可以被塑造

你能通过训练学生的执行功能来提高他们的大脑发育水平吗？科学家们正试图通过两种方法来进行——这两种方法都被用于一般儿童和患有多动症、语言发育迟缓或低社会经济地位的儿童。一种方法是使用计算机程序集中训练儿童某些特定的技能。例如，程序可能会要求孩子们记住一个物体在4×4网格上的位置，或者在许多图形中找到匹配的图形。这种方法已用于4岁儿童至成年人。它起作用了吗？它提高了在实验室中测试的执行功能水平，显著的效应量从0.40到1.80不等。然而，没有有力的证据表明它能提高课堂表现，或者它的效果会长期持续下去，科学家们正在研究这一问题（Bryck & Fisher，2012；Jacob & Parkinson，2015；Shipstead, Hicks, & Engle，2012）。

第二种方法是改进课堂的结构、纪律和情感支持。这种方法起作用了吗？虽然只在幼儿时期进行过测试（3~7岁），但这已经与更好的执行功能和学业技能联系了起来（Bryck & Fisher，2012；Jacob & Parkinson，2015）。如何做到这一点是本书下面内容的重点，请继续关注！

二、记忆

> 格莱泽先生（Mr. Glazer）要求他的6年级学生通过每周若干次大声背诵含义来学习新词汇。他们还做了一张要求将含义和单词连线的学习表。在一周结束时，格莱泽先生让学生自己用背诵的新词汇来造句。

格莱泽先生所做的事是帮助他的学生将词汇存储在长时记忆中。长时记忆中的信息可以在无意中存储，例如与朋友交谈；也可以有意识地存储，例如为了考试而学习。刻意地努力去记住被称为记忆。学校教育活动通常需要记忆,就像这些6年级学生正在做的那样。虽然教育并不是仅仅需要记忆,但记忆对许多类型问题的解决和许多概念的理解来说都是必需的。

1. 记住了吗?可能记住了,可能没有

在本节中,我们将讨论记忆的局限,学习者可以使用策略克服这些局限并记住重要信息。

记忆错误

记忆不是对象、事件或经验的精确副本。记忆有两种类型:精确痕迹(verbatim traces),即详细准确的记忆;**模糊痕迹**①,它们是一般的、模糊的记忆,或经验的概要。你能逐字逐句地记住上周讲座的内容吗?可能不记得了,但是你可能还记得它的要点。你的大多数记忆都是模糊而非精确的记忆。这似乎并不理想,但实际上模糊痕迹对大多数人来说已经足够。

你可能已经努力教会学生一些东西(一段音乐、颜色的名称、解剖学术语),他们一度看起来学会了但是后来又忘记了。精确记忆比模糊记忆更容易被遗忘。如果你对班上两名学生的代数测试分数(例如97和84)进行了精确记忆,那么记忆情况很快就会恶化,以至于你无法记住确切的分数,但你可以记住哪个学生考得更好。像你一样,儿童只有经常应用细节才能记住它们。

人们发生遗忘至少存在以下三个原因:

(1)消退。如果不运用,记忆就会随着时间的推移而消退。

(2)检索失败。学习者可能会知道某些知识,但在考试期间大脑一片空白,因为他们无法在需要时检索信息。

(3)**干扰**②。新知识会使旧知识的检索变得困难,反之亦然。例如凯文是一位英语使用者,他知道"embarrass"的意思是"尴尬"(旧知识)。在西班牙语课上,他得知"embarazada"意味着"怀孕"(新知识),但由于"尴尬"这个词的干扰,他难以记住新的含义。当他做了一些令人尴尬的事情时,他说,"Estoy embarazado",不幸的是,这意味着"我是一个怀孕的男孩"(增加了他的尴尬)。

虽然忘记你想记住的信息是令人沮丧的,但科学家们认为,在某种程度上忘记对你有好处。忘记痛苦的经历或失败会让你感到更快乐,忘记不相关、不正确或过时的信息会让你的思维变得更清晰,从而更有效率地思考(Nørby,2015)。它可以帮助你看到森林,而不是树木。

除了忘记你曾经知道的事情之外,另一种类型的记忆错误是记住从未发生过的事情,可称之为虚假记忆。我们最小的女儿记得她出生前的家庭假期。显然,她是一个早熟的孩子(实际上是她看到照片后创造了度假的"记忆"),其他孩子也会这样做。一个狡猾的研究员故意在一所幼儿园的一些孩子面前告诉另一个成年人一只逃跑的兔子正在另一间教室里吃胡萝卜。后来这些孩子中55%的人(不是那些无意中听到这个故事的孩子)报告说,他们确实看到了那只不存在的兔子(Principe,Kanaya,Ceci,& Singh,2006),也就是说,谣言导致了虚假记忆。

---

① 模糊痕迹(fuzzy traces):对经验要点的提炼,而不是精确的记忆。

② 干扰(interference):长时记忆中的现有信息妨碍了对新信息的准确检索,或者最近学到的信息妨碍了对旧信息的准确检索。

青少年和成年人也会出现虚假错误。事实上，与你小时候相比，你现在可能更容易出现虚假记忆（Brainerd，2013）。例如，研究人员将全家福修改为乘坐热气球的照片，家人却记得这件从来没发生过的事情（Garry & Gerrie，2005）。想象自己做了什么或者看别人做了什么，就可能会发生虚假记忆，好像你曾经确实做过这件事。

为什么我们会有虚假记忆？记忆中混合着现实与创作。虚假记忆源自心智失常错误，也就是说你的头脑能够理解某一种情况，但回想起的却是那些不存在但在逻辑上符合你期望的细节。学习者的记忆构建受他们先前经验的影响，因此不同的学习者可能会构建关于同一事件的不同记忆。因此学习者仅仅是用自信、细节和情感来表达某个记忆，但并不一定意味着它是事实。

有一种类型的虚假记忆是信息**来源监控**①错误，或者对其信息来源的错误记忆。这种错误需要你帮助你的学生避免。例如，儿童可能会认为他们是从教师那里学到关于历史的事实，但实际上他们是从并不非常准确的漫画中学到的（Riggins，2014）。信息来源监控对于对信息的含义和准确性进行批判性思考非常重要。对所谓的"事实"进行不同的信息源评估，是指判断它是来自超市小报、文献期刊还是来自互联网广告。

记忆策略

虽然记忆有很多错误，但如果你不太关心精确度，那么它会相当合理地运作。然而在某些情况下，你必须有意识地记住精确的细节。将信息放入长时记忆的过程称为**编码**②，编码有三种有效的策略。

（1）**复述**③。复述是指一遍又一遍地重复需要记住的信息条目，使它们在工作记忆中保持活跃状态。它比一次性接触材料（例如，一个章节阅读一次）更有效，但在复述策略下编码可能只是暂时的（Camos，2015），接下来的两个策略将更有效。

（2）组织。将相关信息条目组织起来或聚类成组有助于记忆。例如，一个学生在社会研究课上试图记住两种文明的属性，他可能会创建一个维恩图，用相交的两个圆来描述两种文明的共同属性和不同属性。

（3）**精加工**④。精加工指在你正在学习的内容和你已经知道的内容之间建立关联，因此需要认识到新的信息如何与长时记忆中的信息相匹配。你可以通过以下办法帮学生进行精加工：以"为什么"的形式提出问题，让学习者用自己的话进行阐述，在各种信息之间创造视觉和言语的连接，生成示例或者将信息加以应用。格莱泽先生让他的学生使用新词汇造句就运用了类似的方法。教师需要帮助学习者看到信息条目之间有意义的关系，或帮助他们为了记忆而建立关系。例如，为了记住地球上的纬度线（LATitude）是水平的，有些学习者可能会想到纬度听起来像梯子（LADder），并将梯子的线条形象化为纬度线。使用精加工策略的学习者往往会记住更多信息。

你如何知道策略是否成功？记忆的下一个重要步骤是自我测试。你可能有这样的经历：你确定自己已熟练掌握了内容并准备好了进行测试，但是当你实际参加测试时，你的表现并不好。这种对记忆的错误判断很常见。自我测试可以帮助学生更准确地判断他们所知道

---

① 来源监控（source monitoring）：对信息的来源的记忆。
② 编码（encoding）：形成关于信息的心理表征以便存储的过程。
③ 复述（rehearsal）：在工作记忆中内在地不断重复信息。
④ 精加工（elaboration）：一种增强记忆的方法，包括创立信息条目与视觉或言语的连接，或创造表征将两个以上的条目联系起来。

的内容——如果他们勤勉地检查他们的答案而不作弊的话（Dunlosky & Lipko, 2007）。自我测试将在本章后面的内容中再次介绍，它可以提高记忆和元记忆水平。因此，在阅读完本章之后，你可以稍后再回来进行自我测试（不将答案摆在自己面前）。

2. 记忆的年龄趋势

随着年龄的增长，儿童会更多地了解记忆，同时记忆能力也会提高。他们会更有效地使用记忆策略。让我们更详细地来看记忆的年龄趋势。

婴儿期与学步期（0~2岁）

婴儿具有一定的长时记忆。我们如何知道的呢？一名研究生——卡罗琳·罗伊-科利尔（Carolyn Rovee-Collier）——为了让她的儿子保持开心的状态以便她可以专心学习，用一条丝带把儿子的脚和一个在婴儿床上方、可以移动的物体绑在一起。当他踢腿时，物体便会移动。很快，他在丝带绑到他脚上之前就开始踢，这表明他记得一踢腿物体便会移动这件事（Vigorito & Fagen, 2015）。他的母亲在这之后加入了研究婴儿记忆的行列中。通过他们的研究，我们知道甚至在怀孕的最后一个月，胎儿会记住特定的声音或振动（Dirix, Nijhuis, Jongsma, & Hornstra, 2009）。出生后，他们更喜欢闻那些母亲在怀孕期间吃的食物的味道，这说明产前婴儿存在记忆（Mannella, Jagnow, & Beauchamp, 2001）。当展示熟悉的图片和新奇的图片时，婴儿将更多地看向新奇的图片（Richards et al., 2010）。

关于延迟模仿的研究（deferred imitation studies）表明，年龄较大的婴儿也会记住复杂的信息。在关于延迟模仿的研究中，实验者展示了婴儿不熟悉的行为，例如将玩具车放入隧道然后用杆推动它滚到隧道末端，之后再打开一盏灯。几周后，让婴儿做相同的行为。与年幼的婴儿相比，年龄较大的婴儿学得更快，记忆可以保持更长时间，同时只需要更少的训练。在9~12个月大的时候，婴儿可能会记住复杂的行为序列并保存4~6周的记忆。因此，婴儿时期长时记忆水平在稳步提升（Schneider & Ornstein, 2015）。

尽管有证据表明婴儿有记忆，但你可能不记得小时候的任何事情了。成年人可以回想起的第一个事件，其发生的平均年龄是3岁至4岁（Jack, Simcock, & Hayne, 2012）。大多数人对6岁之前只有很少的记忆。

无法记住从婴儿期到对事情的首次记忆期间所发生的事被称为**儿童失忆症**[①]。目前对儿童失忆症没有唯一的解释。一种可能性是遗忘。在5岁的时候，你可能还记得之前发生的事，但在7岁时你不会再记得，即使你被提示了相关信息仍然如此（Peterson, Warren, & Short, 2011）。随着年龄的增长，你最早有记忆的年龄也会变大，直到8~10岁，记忆才会稳定下来。这表明早期的记忆是脆弱和易消逝的。另一种可能性是语言匮乏，语言可以帮助孩子编码记忆，以便他们能够在以后告诉你发生过的事。还有一种可能性是大脑发展不成熟——虽然支持长时记忆的大脑关键结构在2岁时已经发育良好了。

儿童早期（3~5岁）

学龄前儿童往往表现出良好的长时记忆水平，但他们可能需要成年人的支持。例如，在一项经典研究中，科学家们询问3岁和4岁的孩子关于他们在几个月前进行的迪士尼乐园旅行的事情（Hamond & Fivush, 1991）。儿童能够记得有关他们旅行的大量准确信息。

---

① 儿童失忆症（childhood amnesia）：无法回忆起婴儿时期发生的事情，尤其是从出生到3岁半左右。

然而，3岁的孩子需要线索来帮助他们回忆，例如"你玩了什么游戏？"和"你吃了什么？"；4岁儿童能够更自发地进行回忆，在没有提示的情况下他们提供了更多的细节。在回忆中，成年人会为年龄较小的儿童提供更多的支架（如第三章所示），但为年龄大的儿童则提供得少一些（Schneider & Ornstein, 2015）。

儿童早期的记忆很脆弱，容易受到干扰。也就是说，学习新事物可能会覆盖他们现有的记忆（Darby & Sloutsky, 2015）。该时期儿童经常不能使用记忆策略。他们可能会使用复述，但在5岁或6岁之前不太可能使用组织策略。你可以教学龄前儿童记忆策略，但他们不太可能将其应用于训练环境之外的情况。他们看不到使用策略的价值，并且比年长的孩子需要更多的时间来学习策略。

儿童中期（6~12岁）

小学生的记忆水平至少可以通过五种方式提升。第一，他们知道得更多，他们就会在长时记忆中存储更多的信息条目。第二，如图4-7所示，他们在记住信息来源方面有了显著的提高（Riggins, 2014）。第三，他们的元记忆水平更好。也就是说，他们明白自己更容易忘记的是细节而不是要点，而且如果将细节与易于记忆的事件相联系，他们就能更好地记住细节（Friedman, 2007; Jaswal & Dodson, 2009）。例如，如果动物园的细节与他们夏天去奶奶家的旅行有关，他们就能记住去动物园的时间。第四，他们会更好地记住将来要做的事情，比如归还许可证或从图书馆借的书（Smith, Bayen, & Martin, 2010）。第五，他们在使用有效的记忆策略方面做得更好。当遇到类似记忆词汇这样的任务时，年幼的孩子不会使用任何策略，或者只能进行简单的复述。到了7岁——不能更小，儿童会周期性地转移他们的注意力来重新激活他们衰退的记忆以防止遗忘（Camos & Barrouillet, 2011）。这种注意力转移是一种执行功能。年幼的儿童在主动使用执行功能来制定记忆策略方面表现较弱。大约上3年级时，儿童将会使用组织策略（Lehmann & Hasselhorn, 2007）。他们不太可能自发地进行精加工，但会更容易运用这一策略（Waters, 2000）。

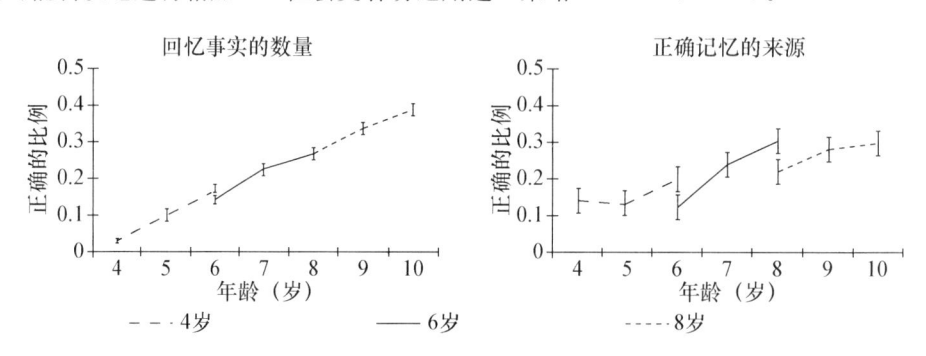

图4-7 记忆随年龄增长的趋势

由一个成年人教给孩子们一些新知识（例如，同一类山羊被称为一族）。一周后，对孩子们进行测试，请他们回忆新的事实和已经知道的事实（例如，草是什么颜色的）。他们会被问："你从谁那里学来的？"孩子对事实的记忆能力和对信息来源的监控水平是不断提高的，具有更快的信息加工速度和更好的语言技能的孩子会学得更多。

资料来源：Riggins（2014）。

最有效的记忆策略之一就是写下来，这就是你在课堂上做笔记的原因。儿童是否需要做书面笔记？这对他们真的有帮助吗？研究人员要求1~7年级的学生玩"专注游戏"，这个游戏要求他们记住图案相同的卡片翻转过来时的位置（Eskritt & Lee, 2002）。研究人员给他们分发了纸，并告诉他们可以写任何有助于他们记住每张卡片位置的笔记。无论年龄大小，只有50%的儿童选择记笔记。在记笔记的儿童中，许多人的笔记是对记忆没有帮助的。笔记能够起到帮助作用的大多是5年级、6年级和7年级的学生。因此，虽然年龄较大的儿童不太可能去记笔记，但如果他们记了则会更有效地使用笔记。

正如你所预想的那样，儿童不会逐渐自主完成从不使用记忆策略到充分使用记忆策略的过渡。相反，他们使用记忆策略的发展情况并不一致。有些儿童可能会在某个年龄找到某种策略，年龄稍长时却不再使用它，但可能又在之后重新找到这种策略。儿童可以在同一时期使用新的和旧的策略。

青春期（13～19岁）

青春期记忆水平在以下两个方面会得到提高。首先，是质量提高。青少年在精确痕迹和模糊痕迹两方面的记忆都更好（Reyna, Wilhelms, McCormick, & Weldon, 2015）。随着儿童进入青春期，他们的回忆从模糊转向生动。也就是说，9年级学生比2年级学生更能记起具体生动的细节。这样的现象发生在对单词、故事、图片和数字的记忆上（Brainerd, Holliday, & Reyna, 2004）。

其次，记忆策略的运用水平有所提升。随着年龄的增长，儿童更有可能使用精加工策略。精加工策略的发展晚于复述和组织策略，并且很少在青春期之前得到发展。然而，许多青少年甚至是大学生可能仍不会自发或有效地使用精加工策略。

另外，还有一种形式的记忆策略，它类似上面讨论的记笔记，是将你的记忆"卸载"到你的计算机上。你可能没有意识到这一点，但是当你将信息保存到计算机文件中时，与未将其保存在文件中相比，你更可能忘记这些信息。这可能是好的，它可以帮助你释放工作记忆容量，减少新信息的干扰（Storm & Stone, 2014）。但是，如果你需要记住这些信息，这就可能会很糟糕，所以当你选择将某些信息卸载到计算机上时，请保持谨慎。

3. 记忆的个体差异

上面讨论的是记忆的年龄趋势，事实上，即便是同龄的两个儿童，他们在回忆和刻意记忆方面的能力也会有所不同。让我们来看看这些差异意味着什么。

个体记忆的差异预测了什么？

之前你了解到工作记忆容量越大的学生学业成绩越高。长时记忆力较强或知识更丰富的学生也有更高的学业成绩。这是显而易见的，因为测试成绩衡量的是孩子知道多少。而不太明显的是，知道得更多也会使儿童成为更好的问题解决者，因为记忆中的知识可以应用于解决手头上的问题，比如解决数学问题或写一篇有说服力的文章。元记忆水平较好的学生也有更高的学业成绩。也就是说，他们知道如何以及何时将记忆策略应用到他们的优势上。

什么预测了个体的记忆差异？

长时记忆中的个体差异源于个体接收信息、抵抗记忆错误和有效使用记忆策略等方面的不同。这些因素与信息加工能力有关。例如，工作记忆更好的学习者能够更有效地使用记忆策略，因为这有助于他们了解更多信息（Lehmann & Hasselhorn, 2007）。另外两个可以预测记忆并且教师可以施以影响的因素是先验知识和对话。

先验知识

对某一主题具备先验知识的儿童在学习关于同一主题的新内容时会更加容易——无论该主题是蚂蚁行为、最小公分母还是《萨勒姆的女巫》。这种影响是如此强大，以至于具有先验知识的低能力学生可能比没有先验知识的高能力学生能够更有效地学习。在第五章中，你将了解到某个领域的专业知识可以弥补低智力带来的不足。正因如此，一些研究者认为，夯实学习者的知识基础是提升认知水平最有效的途径（Schneider & Hardy, 2013）。

先验知识对记忆有强大的影响，因为知识在长时记忆中被组织成了相互关联的网络。知识条目之间的联系越多越好。当知识条目通过多种联系被编码时，它们更容易被检索到，因为有更多的东西可以去激活它们。例如，你了解到墨西哥作家马里亚诺·阿苏埃拉（Mariano Azuela）写了《在底层的人们》（*The Underdogs*）这部小说，如果你和这部小说没有其他联系，你就不会记得它。但是拥有更丰富的知识网络的人可能会从墨西哥革命（Mexican Revolution）、弗朗西斯科·马德罗（Francisco Madero）、潘桥·维拉（Pancho Villa）、小说《玛丽亚·路易莎》（*Maria Luisa*）这样的相关信息中触发和《在底层的人们》的联系。同样地，如果你在美国长大，那么你可以用第一任总统、樱桃树、弗农山庄（Mount Vernon）、福吉谷（Valley Forge）等许多其他线索来触发有关乔治·华盛顿（George Washington）的信息。

这种知识网络称为**模式**①［它们有时被称为图式（schemata），与皮亚杰的图式（scheme）相似］。许多教育活动都试图为特定主题建立准确的图式，如高中阶段对英国浪漫主义诗人的学习或幼儿园里对动物伪装行为的介绍。模式的一种类型是脚本②，脚本专注于如何做某事。许多教育活动都包括编制和开发某种行为的脚本，比如计算、阅读或解决代数问题。

对话

语言是帮助学习者存储信息和创建模式的有力工具。如果你在学习者处理新对象的时候和他们讨论这些对象，学习者就更有可能记住它们（Haden, Ornstein, Eckerman, & Didow, 2001）。如果你围绕正在进行或刚结束的一个事件和学习者进行讨论，那么学习者会更好地回忆起这一事件，比如参观博物馆。

你的对话方式很重要。当成年人在学习者回忆的时候进行更加精细的叙述时，他们的记忆会发展得更好（Schneider & Ornstein, 2015）。理想情况下，你应该提出开放性的问题（例如，"告诉我……"），并就他们提出的事物展开对话。例如在一项研究中，如果母亲对她和幼儿所讨论的内容进行详细的精加工而不仅仅是重复，幼儿在 12 至 13 岁时就能比其他青少年更好地记住儿时的事（Jack, MacDonald, Reese, & Hayne, 2009）。

讨论事物可以让学生的记忆保持更长时间，也有助于他们更好地理解信息或将注意力集中在重要的特征上。因此，为了帮助你的学生记忆，请与他们讨论你希望他们记住的内容。

> **思考**
>
> 对话有助于记忆表明记忆是一种社会事件。这与维果茨基的社会文化理论有什么关系？

4. 记忆的课堂启示

许多大学生和教师对如何最好地记住重要信息抱有错误的观念（Bjork, Dunlosky, &

---

① 模式（schema）：有组织的信息网络。
② 脚本（script）：关于如何做某事的模式。

Kornell，2013）。他们中的大多数人报告从未被教过如何进行研究和学习，他们只是被要求去解决问题。那些文化资本很少的人可能甚至无法解决相关问题。你可以通过刻意教授记忆技能来改善这种状况，这样你的学生就可以学到更多东西。你可以怎么做？之前你了解到对话可以增强记忆力。此外，将言语和视觉信息结合起来也可以增强记忆力（Roediger，2008）。一张图片可能并不比1 000字（也许只有789字？）有价值，但它能够为记忆提供帮助。至少有五种方法可以帮助你的学生记忆：（1）帮助他们建立知识连接；（2）教授记忆策略；（3）增加和记忆材料的接触频率；（4）提供间隔练习；（5）进行测试。接下来我们将分别对以上几点进行讨论。

建立知识连接

之前你了解到先验知识能够促进对新信息的记忆。这是因为新旧知识之间丰富的连接网络有助于学生存储和检索信息（Bjork et al.，2013）。为了帮助学生建立知识连接，请遵循以下的指导原则：

（1）帮助学生建立广泛的知识基础。

（2）帮助学生激活相关的先验知识，向他们展示他们关于新主题的已知的内容。一种方法被称为"KWL"，它代表你知道（know）什么，你想（want）知道什么，以及你学到了（learned）什么。在教学之前询问学生他们"知道"和"想知道"的问题，而"学到了什么"的问题在教学之后提出。例如，如果你正在介绍动物的伪装行为，那么请问问儿童他们已经知道了什么。他们可能会谈论猫头鹰的颜色是雪的颜色或用于伪装的狩猎服装。之后再问关于动物的伪装行为他们还想知道什么，比如为什么斑马有条纹。这有助于他们连接旧的知识和新的知识。

（3）参考和联系其他课程或其他单元的内容。例如在历史课上，学生可以在珍珠港事件的背景下了解第二次世界大战，并将战争与大萧条（the Depression）的结束联系起来。他们还可以将第二次世界大战与战争期间出版的文献联系起来，比如斯坦贝克（Steinbeck）的小说《月落》（*The Moon Is Down*）和海明威（Hemingway）的小说《丧钟为谁而鸣》（*For Whom the Bell Tolls*），或者像尼龙这样的产品。

在过去，中学倾向于划分学科而不是建立联系。例如学生可能永远不会讨论与第二次世界大战有关的文学或流行文化。今天，一些学校正在积极尝试将不同学科的内容联系起来，例如将社会研究和英语课程结合起来。

促进使用记忆策略

学生有时必须记住词汇、历史日期或乘法表等细节信息。许多学生不知道如何记忆，尤其是幼儿。研究表明，明白如何有效教学的教师会刻意教授记忆策略（Coffman，Ornstein，McCall，& Curran，2008）。为此，请遵循以下指导原则：

（1）让你的学生知道必须记住哪些细节信息及其原因。使用"记住"和"不要忘记"之类的短语。

（2）经常要求记忆。例如，"昨天我们谈到了物态。水的三种形态是什么？"在许多文化情境中，教师要求幼儿记住诗歌、宗教文本或音乐。在一项实验中，1年级和2年级的教师接受了培训，定期要求他们的学生在科学课程中记住事实、程序和事件。除了学习科学之外，随机分配到这些有丰富记忆任务的班级的孩子一般都提高了他们的记忆能力（Grammer，Coffman，& Ornstein，2013）。

（3）让学生思考所使用的记忆策略，例如，"你是如何记住……？"。这可锻炼他们的元记忆能力。

（4）直接教授记忆策略。不幸的是，对课堂的观察显示教师很少这样做（Coffman et al.，2008）。

教授记忆策略的方法有很多种。教你的学生使用抽认卡（一种复述方法）记住乘法运算，教他们对要记住的信息条目加以组织。例如，如果了解解剖术语是按身体部位组织的，那么记住它们就更容易了。教他们使用精加工策略。例如，如果将加利福尼亚淘金热发生的时间与"旧金山49人"足球队（San Francisco Forty-Niners football team）联系起来，记住这一时间就会更加容易（该球队以1849年淘金热中的矿工命名）。

你还可以教你的学生使用**记忆方法**①来记忆州首府、词汇以及有序列表之类的信息（例如，美国总统或艺术家及其主要作品等）。有两种记忆方法，分别是**首字母缩略词法**②和**关键词法**③。

首字母缩略词法需要记住单词的第一个字母，并将它们组合成单词或短语。例如，"HOMES"用于记住五大湖，它们是休伦湖（Huron）、安大略湖（Ontario）、密歇根湖（Michigan）、伊利湖（Erie）和苏必利尔湖（Superior）。类似地，句子助记法（有时称为押韵法）使用每个信息条目的第一个字母来创建一个更容易记住的句子。例如，利用"请原谅我亲爱的萨莉阿姨"（Please Excuse My Dear Aunt Sally）来记住代数中的运算顺序——括号（parentheses）、指数（exponents）、乘法（multiplication）、除法（division）、加法（addition）和减法（subtraction）。

关键词法是一种两阶段记忆法。首先，学生选择一个发音与目标词类似的关键词。其次，学生创建将关键词与目标词联系起来的图像。例如，帕特尔小姐（Mrs. Patel）用一个关键词来帮助化学课上的2年级学生记住是阳离子还是阴离子是正的。

> 帕特尔小姐在白板上画了一幅戴着围兜的猫的画，然后她在围兜上画了一个大大的加号。一个学生带着疑惑的表情看着那幅画，然后突然笑了，说："哦！我（原本）以为是kay-shun，而不是'cat-ion'（阳离子）。我猜应该是'an-ion'（阴离子），而不是'an-yun'，呃，它们是离子！嗯，这更好理解了！"*

这幅画不仅有助于学生记住阳离子是正的，而且还解决了她在关于离子的章节中读到的关于"kayshuns"的困惑。

记忆策略比较复杂，年幼的孩子和低能力的大学生可能需要你的支架才能有效地使用它们，因此你可能需要让他们相信努力是值得的。随着时间的推移，他们将无须支持即可使用这些策略。一旦学生成为某个领域的专家，他们就不再需要辅助记忆方法了，因为信息的编码方式有很多而且很有深度。

增加和接触学习材料的活动

学生需要多次高质量的活动来充分接触、理解学习材料才能有效地记住它们。例如，格莱泽先生以三种不同的方式让他的学生和词汇接触。一项关于中学生学习南极洲相关

---

① 记忆方法（mnemonics）：改善记忆能力的技巧。
② 首字母缩略词法（acronym）：一种记忆技巧，把需要记住的多个单词的首字母组合成一个单词或短语。
③ 关键词法（keyword method）：一种记忆方法，选择一个发音与目标单词类似的关键词，然后创建一个图像将关键词与目标词联系起来。
* kay-shun 为拼读错误。——译者注

知识的研究发现，为了在 8 个月的时间内记住材料，学生必须至少进行 3 项活动以充分接触材料（Nuthall，2000）。（不要认为 3 是一个神奇的数字，或者学生只要接触 3 次就会记住所有东西）。如果材料接触只是局部的、间接的或不明确的，则需要更多的接触。需要注意的是，你应该确保学生对材料的理解是正确的，否则多次接触会使误解变得根深蒂固。

间隔练习

接触材料和练习的时间需要间隔开来。例如，格莱泽先生让他的学生用一周时间练习词汇，但他本可以紧凑地完成所有学习活动。哪一种方法更好？**间隔练习**[①]比集中练习更有效。无论是间隔练习还是集中练习，都会影响你几年后记忆信息的能力。集中的、大量的练习创造了一种学习的幻觉，但学习的材料很快就被遗忘了。它创造了一种虚假的自信，而不是真正的能力（Bjork et al., 2013）。间距效应适用于记忆事实和学习概念（Kornell & Bjork, 2008）。

对于易受干扰的幼儿，间隔输入的信息有助于减少干扰。也就是说，如果儿童在学习与旧的知识有重叠的新信息之前先巩固记忆，他们就会记得更好。在一项研究中，5 岁的儿童们被分成两组并得到了两组信息。其中一个小组是一个接一个、不间断地获取信息，另一个小组在获得两组信息之间有 48 小时的延迟。在稍后进行测试时，信息延迟（延迟包括一段时间的睡眠）的小组记忆得更好（Darby & Sloutsky, 2015）。第二章中也提到了记忆在睡眠期间会得到巩固。

你想要记住的东西越长，需要间隔的时间就越长。基于研究结果，表 4-1 给出了能够获得最佳记忆效果的间隔时间（近似）长度。但这些只是建议，而不是必须遵行的规定。如果格莱泽先生希望他的学生永久地记住词汇，那么他将需要在几个月后做一些相同的活动。此外，他可以进行测试，这是我们下一个建议。

表 4-1　长期记忆需要的近似间隔时间

记忆时间的长度	分隔练习或复习内容的间隔
1 个星期	间隔 1 天
1 个月	间隔 1 个星期
1 年	间隔 3~4 周
几年	间隔几个月

资料来源：转引自 Cepeda, Vul, Rohrer, Wixted 和 Pashler（2008）；Rohrer 和 Pashler（2007）。

对学生进行测试

最后，帮助学生记忆的第五种方法是对他们进行测试。这可能会让你大吃一惊，但测试可能比复习或其他学习策略效果更好（Bjork et al., 2013）。学生能够更好地记住他们已经过测试的内容。努力回忆测试的信息可以促进学习。它还能够帮助练习检索的技能，看护者经常用诸如"母牛发出什么声音"之类的问题来对幼儿进行非正式测试。对于年龄较长的学生，请遵循以下指导原则：

（1）告诉你的学生测试的好处。学生最常用的学习方法是重读，这不如自我测试有效。

[①] 间隔练习（spaced practice）：在一段时间内进行多次练习或学习，而不是集中在一段时间内，也可称为分布式练习。

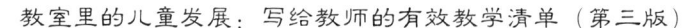

（2）经常测试。这往往会阻止学生死记硬背，促进其间隔练习，并缓解考试焦虑，因为每项考试的重要性都会降低。死记硬背可以带来良好的短期效果，但不能带来长期的好的成绩。

（3）使用复述性而不是识别性的测试，例如采用简答题而不是多项选择题。但是，多项选择测试比不进行强化记忆的测试要好。

（4）使用累积测试。如果学生知道测试将可能涵盖上次测试以前的材料，则学生更有可能将新材料与旧材料整合起来。

（5）测试结束后立即提供反馈。不要让学生巩固错误的信息。对于论文和其他开放性的问题，可以提供理想答案的模板或要求学生彼此分享他们的答案，以便他们从其他答案中进行学习。

在本章中，你学习了几种提升学生记忆的方法，帮助学生记住重要信息是教育的关键目标。让我们现在转向教育的另一个关键目标：帮助他们学会推理和解决问题。

三、推理和问题解决

> 一个3年级的老师用报纸上的杂货广告帮助学生用数学解决生活实际问题。今天报纸上刊登了两家公司的布朗尼蛋糕粉广告：10盎司的玛莎·怀特（Martha White）要0.99美元，而两份15盎司的贝氏堡（Pillsbury）要3美元。她问学生："买哪一家更合算？"一个8岁的儿童肯定地回答（当然这是个很简单的任务）："玛莎·怀特。因为这个两份只要2美元，另外一个两份要3美元。"
>
> 同一学校5年级的老师问了学生们同样的问题。而一个11岁的男孩不太自信地回答道："它们是一样的。30盎司玛莎·怀特要3美元，30盎司贝氏堡也要3美元，我说得对不对？"

大孩子的答案是对的，小一点的孩子没有考虑到便宜的那袋分量也少。为什么这些孩子用了不同的问题解决策略来得出他们的答案呢？你能如何帮助学习者更准确地进行推理呢？在探究这些问题之前，让我们讨论推理能力是什么以及推理能力是如何发展的。

推理包含了批判性思考和解决问题等重要技能。推理是目标导向的。目标可能只是理解某种事物，如为什么木头会漂起来；目标也可能很具体，例如如何回答测试卷中的17题。推理经常涉及推断，每当你跨出已有信息，得出一个新结论、运用到新情境、找到问题的解决方法时，你都在推断。因此，推断是学习的一种方法，是新知识的一种来源。推断是很多课堂活动的关键。例如，当你给儿童读一本书时，你也许偶尔会问"接下来会发生什么"。不会推断的儿童在回答这一问题时会很困难。

解决问题是一种推理，学校里需要解决的问题通常是人为编写的，教师或教科书会以限定的方式设定一系列问题，来帮助学习者得到正确答案，但这很少能帮助他们解决现实生活中的问题。例如，教科书介绍了解决某一类问题的策略，如三位数加法和物理速度问题，然后给学生出一些要求使用相同策略的实践问题……他们不用明白哪些策略是彼此相关的。这些程式化的问题在早期学习中是有用的，但真实世界中的非程式化的问题也应当被使用，这些问题需要学生利用他们所有的知识，而不仅仅是他们刚学到的策略。一位教师这样描述她的课堂：

> 为了成功设置了太多……我想让课堂对孩子们来说是安全的，没有失败——这就是

我那时的目标。现在，我想让他们在解决问题的过程中经受一些挫折。课堂不应该仅仅是平缓的，我认为这已经使孩子们得到了很大的拓展（M. S. Smith, 2000, p. 362）。

儿童有一系列的问题解决策略。发展通常发生在儿童逐渐放弃较为无效的策略并更多地使用有效、更高级的策略之时。例如，一项研究中，学生使用两种策略学习乘法：（1）从记忆中提取（2×5＝10；更高级）；（2）一个数字一个数字相加（2×5＝2+2+2+2+2＝10；较低级）。大多数儿童整个学年使用相同的策略，但是随着年龄增加，儿童会使用更高级的策略（Siegler, 2000）。高级策略更多地用于简单问题而低级策略更多地用于较困难的问题。这非常典型。儿童在简单任务上使用更快、更省力的策略，却在更困难的任务上使用更慢、更费事的策略。

学生在使用问题解决策略方面的发展可能类似重叠波浪。一些策略最开始被使用，但之后使用频率减少，而其他策略会用得更多，另一些策略的使用频率由少到多再变少，还有一些策略却几乎从未被使用过。图4-8中描述了重叠波浪模型。模型的核心是儿童知道并使用了不同策略。早些时候，你已学到这一模型同样适用于记忆策略。这个模型与皮亚杰关于问题解决能力发展的观点相违背，而儿童在不同年龄阶段使用的策略会呈现阶段性发展。

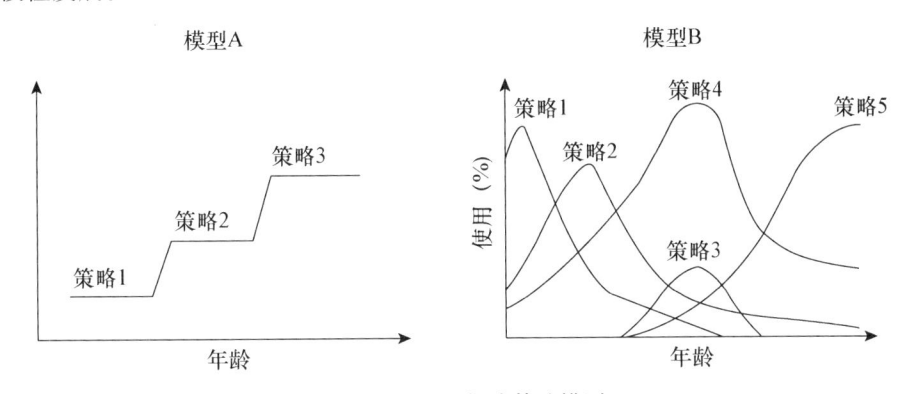

图4-8 问题解决策略模型

模型A是阶段发展式模型，在这个模型中，当儿童获得了新的、更好的策略时，他们就不再使用旧的不当策略。模型B是一个重叠波浪模型。根据这个模型，儿童在特定年龄段使用不同策略，但随着时间推移，会增加使用一些更合适的方法。研究显示，模型B更准确地描述了儿童的策略使用发展模式。

资料来源：Siegler（1995）。

1. 推理和问题解决的年龄趋势

推理能力会随着年龄发展。这是策略、知识、工作记忆能力、使用执行功能和元认知管理信息加工过程的能力等各方面不断完善的结果。

婴儿期与学步期（0～2岁）

婴幼儿使用简单的问题解决方式（如试错），他们会使用各种可能的策略直到其中一个见效。给一个9个月大的婴儿一勺食物，让他按如图4-9所示的方向抓握勺子，猜猜接下来会发生什么呢？错误的一端进入嘴里了！但通过试错，他最终还是会把食物送进嘴里。到了大概14个月的时候，他们会使用更多样的策略来把食物送进嘴里，比如将勺子放低以及旋转勺子（Keen, 2011）。

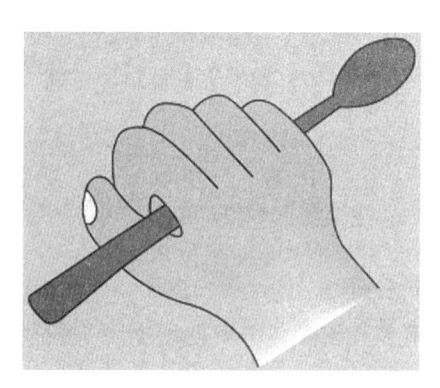

图 4-9 婴幼期问题解决策略模型

按错误的方向将勺子递给 9 个月大的婴儿时，在意识到需要不同策略之前，他们会把错误的一端放进嘴里；14 个月大的孩子则在中途就能意识到；19 个月大的婴儿在拿起勺子之前就意识到了。他们使用的策略有在拿起勺子前调转方向，或者用另外一只非惯用手抓住。可以在你认识的婴儿身上试一试。

资料来源：McCarty，Clifton 和 Collard（2001）。

婴儿可能生来就会**归纳**[①]，或是从已有经验中概括信息并运用到新情境的推理中。例如，当给 7 个月大的孩子展示好几次两个相同事物的图片（例如两条鱼、两头猪）之后，再展示两个不同事物的图片（一条鱼、一头猪）时，他们会对差异表现出兴趣。这表明，早在知道"相同""不同"概念前，他们就已经概括出了这两个概念（Ferry，Hespos，& Gentner，2015）。举另一个例子，如果给 14 个月大的儿童展示一个能发出咯咯声的玩具并告诉他们这叫"摇铃"，他们就会努力摇响另一个不同样子的也被称为摇铃的玩具（Graham，Kilbreath，& Welder，2004）。

30 个月（而非 24 个月）大的学步期儿童使用细微的语言差异来推断。如果你说"带子有条纹"，那么他们会推断有条纹的动物也是带子；而当你说"这条带子有条纹"时，他们便不再这么做（Graham，Nayer，& Gelman，2011）。他们会推断出关于带子的稳定、固有的属性（Cimpian & Markman，2011）。这意味着学步期儿童可以获取有关对象的信息，并据此对新的事物做出推断，他们也可以使用归纳来产生简单的抽象规则。

学步期儿童很招人烦的一点是，他们会不停地问"为什么"。你可能认为这简直是在"尬聊"。然而，如果他们要求你解释（例如，"为什么只有红色蜡笔"）而你的回答没有解释（例如，"因为只有红色蜡笔"），他们就会皱眉继续问"为什么"，这表明他们想要的并非仅仅是对话。儿童早在 2 岁时就在寻找关于所生活世界的逻辑因果解释，直到 3 岁都在不间断地给出解释（Wellman，2011）。事实上，你可以把这些幼儿看成自然科学家。这通常是非常愉悦的，有时候这些小科学家会发展出错误概念，而你必须帮他们改正。

儿童早期（3~5 岁）

和更小的时候相比，学龄前儿童变得更擅长归纳推理（Fisher，2015）。学龄前儿童也开始在日常行为中展现出演绎推理能力。演绎推理是一种从一系列前提出发推断出结论的推理形式。第三章给出了一个例子——一个 3 岁的小孩基于以下假设推断出一定有饼干：(1) 如果饼干没有了，妈妈就会扔掉盒子；(2) 垃圾桶里没有盒子。

学龄前儿童在证据足够的时候能进行推断。例如，想象你在一张白纸上用紫色记号笔画上一朵花。然后你向儿童展示三个带有盖子的盒子。在不打开盒子的前提下，询问儿童

[①] 归纳（induction）：一种概括、发现规则与规律的推理形式，并且经常（但不总是）通过比较和对比得出。

哪一个盒子里有画花朵的记号笔。儿童猜测后，询问他们："你是确切地知道，还是猜的？"然后每次打开一个盒子，依次呈现绿色、紫色、红色的记号笔，再重复问题。只有当三个盒子都打开后，儿童才能确定哪一个盒子装有画花朵的记号笔。一个更复杂的版本是给出四个盒子。第四个盒子装有另一支紫色记号笔。甚至当四个盒子都打开以后，儿童都不能确定哪一个盒子装有画花朵的记号笔。绝大多数学龄前儿童能完成有三个盒子的任务，70%能完成有四个盒子的任务（Klahr & Chen, 2003）。

然而，学龄前儿童的逻辑能力不是完美无缺的。当两个盒子打开，其中一个盒子出现了紫色记号笔时，学龄前儿童通常会说这就是装紫色记号笔的盒子——然而第三个还未打开的盒子中可能还有一支紫色记号笔。这种简单正面的例子抓住了儿童的注意力，导致他们忽略了这样一个事实，即第三个盒子的存在可能意味着问题仍悬而未决。甚至成年人也可能在一定程度上犯这样的错误，即这就是为什么高级的科学推理需要更广博的教育。

推理能力可以通过直接的指导获得提升。当孩子被告知为什么他们的回应是正确（或错误）的时，他们将在紫色记号笔任务上取得进步（Klahr & Chen, 2003）。并且5岁——而非4岁——的孩子即使在没有反馈的时候，也可通过简单的经验进步。比起4岁的孩子，他们通过反馈学习更快、进步更大，并且更能将进步后的能力迁移到其他相似的任务情境中。这可能是因为他们有更好的工作记忆和执行功能。

总而言之，尽管学龄前儿童在讨论推理和问题解决上有问题，但他们的行为表明他们能够推理和解决问题（Lucas, Bridgers, Griffiths, & Gopnik, 2014）。随着年龄的增长，他们的推理能力逐渐变得可靠、更加系统化，以及更加有效，但并没有阶段性的变化。他们比皮亚杰所认为的更有逻辑性（Wellman, 2011）。

儿童中期（6~12岁）

到了儿童中期，儿童能更好地区分推理、猜测和按直觉行事（Amsterlaw, 2006）。他们的私语更加内化（见第三章），尽管有的儿童在解决困难问题时仍然会大声地和自己说话。6~7岁时，儿童可以就具体物体进行"如果……那么……"这样的推理。例如，当被告知"如果有个东西是一辆车，那么它会有一台发动机"，他们可能会回答如下：

> 如果这个东西没有发动机，那么它是一辆车吗？
> 如果这个东西有发动机，那么这是车吗？
> 如果某个东西不是车，那么它有发动机吗？

这样的推理要求儿童从记忆中提取相关反例。例如，给出这样一个命题："如果一个东西是车，那么它会有一台发动机"。处在儿童中期的儿童会识别出有发动机的东西不一定都是汽车，因为他们知道轮船也有发动机。儿童持续增长的知识、提取反例的速度、不断扩大的工作记忆会帮助他们在这类任务上进行类似的推理（Markovits & Lortie-Forgues, 2011）。

到了2年级，学习者就可以进行简单的科学思维，如基于数据来概括、测试、评价假设。这些能力会在接下来的几年中大幅增强，但是，他们在系统控制变量上还是会感到很困难（Koerber, Mayer, Oserhaus, Schwippert, & Sodian, 2015）。在童年中期这段时间，学习者会更擅长进行反事实推理：这涉及想象如果过去的事变得不同的话，那么现在的世界会是怎样的（例如，如果昨晚没有刷脸书，那么你会在今天的考试中发挥更好一些吗？）。这类事实性推理对于人一生的成功非常有必要（例如，在考试中发挥更出色以及避免未来后悔）。例如，想象卡萝尔（Carol）穿着一双脏鞋子走来走去，后面留下一串脚印。问儿童:"如果卡萝尔脱掉她的脏鞋子,那么地板是干净的还是脏的?"大多数 3 岁儿童都能正确回答"干净"。然而,如果卡萝尔和马克斯(Max)同时弄脏了地板,你问同样的问题,18%的 5 岁儿童和 50%的 7~10 岁的儿童,以及大多数青少年都会正确地回答"脏"而非"干净",因为除了卡萝尔,还有调皮的马克斯(Rafetseder & Perner,2014)。

青春期(13~19 岁)

年龄更小的学习者可根据他们已有的知识和经验进行推断,而青少年可以悬置他们所知的并从数据中进行推理(Legare,2014)。这有助于青少年开发科学思维。最初,大多数青少年努力去设计一项研究,收集并分析数据,然后得出结论。例如,在一项研究中,6 年级、7 年级、8 年级的学生被要求确定在模拟中哪种因素更影响洪水:水污染、温度、土壤、海拔。电脑模拟程序可以让他们一次改变一个变量,并使其他变量保持不变。他们的结论是温度和土壤会影响洪水。体验之后,并不是所有学生都可以使用逻辑策略来找到解决办法(Kuhn,Black,Keselman,& Kaplan,2000)。然而,一些学生的确会更频繁地使用有效策略,这表明实践可以导致策略改变。年长一些的青少年,甚至成年人,在系统控制实验变量、预测需要哪类证据支持其假设方面一直存在困难。这也是成为科学家需要许多年正式训练的另一个原因。

计算思维[①]是一种解决问题的途径,它在近年来的中学职业准备教育中逐渐受到关注(Grover & Pea,2013)。它涉及将推理能力应用到真实世界和技术导向的问题中。首先,你将一个大问题分解成一些更小的问题;其次,你使用电脑在数据基础上系统地进行重复运算;最后,将它们拼接在一起得出结论。例如,在一节生物课上,学习者调查流行病如何在学校扩散。学生决定将什么数据放入模型中(例如,学校有多少学生,他们一天中进过多少间教室,等等)。他们多次运行模型,一再试验,然后评价和修正模型。这种解决问题的方式被用于绘制人类基因组图谱、分析大选趋势、建构"谷歌地球"等任务。

青少年在两种推理方面一直感到很困难:(1)论证或列举证据来支持己方观点,驳斥反方观点;(2)使用抽象假设进行推理,例如证明数学定理。这种通过抽象假设进行推理的能力出现在青春期晚期——如果有的话(Markovits & Lortie-Forgues,2011)。例如,思考这样一个假设:"如果 P 为真,那么 Q 一定为真。Q 为真。"P 一定为真吗?一些人认为是的,但事实上这并不一定。举一个具体的例子:"如果某物是一辆车,那它会有发动机。某物有发动机"。这是否意味着它就是一辆车呢?不是,该物也可能是一架飞机或一艘轮船。皮亚杰考虑了形式运算当中的抽象推理。接下来我们讨论如何提高学生的这些能力。

2. 推理和问题解决的个体差异

同一年龄的学习者的推理能力可能差别甚大。例如,一项研究显示,23%的 3 年级、4 年级学生能发现如何在一项科学实验中进行科学推理,但大多数人需要直接指导才能学会,还有一些人则永远也学不会。7%的早慧儿童在研究开始前就能这么做(Klahr & Nigam,2004)。

推理能力的个体差异会带来什么影响?

推理能力会影响学业成绩,并且在智力上发挥着极为关键的作用。这也会影响人的反社会行为。例如,在校车上史蒂文(Steven)可能因为艾伦(Ellen)大声说话而感到懊恼

[①] 计算思维(computational thinking):是一种使用计算机来广泛解决问题的思维模式。

如果他不擅长解决问题，他就可能会打艾伦。有反社会行为的儿童可能来自问题解决能力更糟的家庭（Spotts, Neiderhiser, Hetherington, & Reiss, 2001）。关于这一点你在第十章中可以学到更多相关知识。事实上，推理能力会影响各方面的行为。例如，推理能力会影响你在多大程度上能当好父母、做一位民主制度下的好公民，以及做一名好老师——老师通常会就如何教、如何测试、如何管理学习者进行推理。

什么因素导致了推理能力的个体差异？

有着更快的信息加工速度和更好的执行功能的学习者会在推理能力方面表现更出色。因此，家庭环境影响着儿童基本的、潜在的信息加工技能，从而也会影响其推理能力。父母受过大学教育的儿童在推理能力的测试中比父母受教育更少的儿童得分更高（Koerber et al., 2015）。此外，如果父母和孩子讨论如何评判证据，那么孩子在推理能力上会表现更好。他们可能使用"一些人之所以有不同观点是因为……"或者"如果……你就可以发现"这样的语句（Luce, Callanan, & Smilovic, 2013）。作为一名老师，你可以和学生用这样的风格进行对话（图4-2）。接下来让我们看一下其他课堂启示。

3. 推理和问题解决的课堂启示

推理能力增强促进学业成绩提高，因为学校许多活动（例如，解代数方程和写一篇议论文）都需要用到推理能力。K-12通用核心标准之一是让学生在基于实质主张、合理推理、相关证据进行逻辑辩论方面变得熟练。好老师不仅教学生思考什么，更会教学生如何思考。图4-10显示，学习者的推理能力会随着学校教育的深入而提升。你可以通过以下六个方面提高学生的推理能力：(1) 增加知识；(2) 进行解释；(3) 教授更有效的策略；(4) 促进辩论；(5) 使用探究式课堂；(6) 直接训练推理能力。接下来让我们详细看一看。

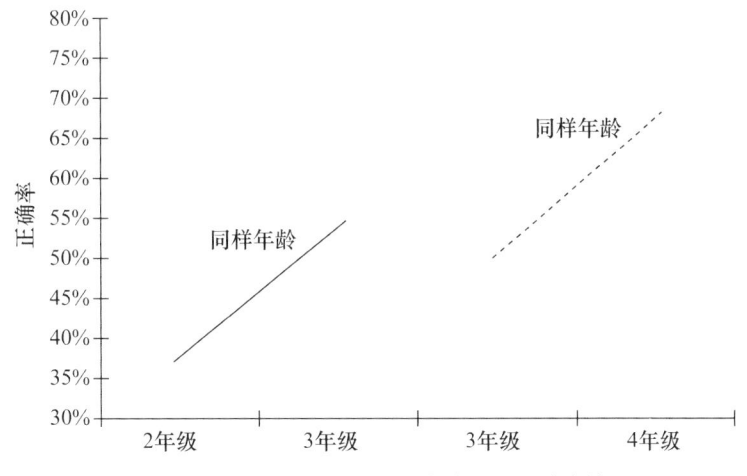

图4-10　学校教育提升儿童的思维测试成绩

两组有着相同年龄却在不同年级的儿童被进行比较（他们相对自己的年级而言要么年龄偏小，要么年龄偏大）。在校时间多一年的孩子在科学思维测试中比低年级的同龄人表现更出色。

资料来源：Koerber, Mayer, Osterhaus, Schwippert 和 Sodian (2015)。

增加知识

你能完成以下类比吗？迎风45度就像侧风之于_____。

答案是"90度"，迎风和侧风都是帆船航行中的术语。如果你不熟悉帆船，你就可能无

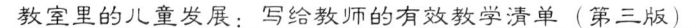

法推断出答案。类比推理在相当程度上取决于你已有的知识。事实上，任一领域的推断都取决于你在该领域已占有的知识。这是为什么缺乏学校相关知识的群体在解决学校里的任务时会感到困难的一个原因（你能辨识这是第一章中所说的文化资本的一部分吗？）一些教育者认为，教育应该更关注推理能力而非基础知识。更有效的教育者认为两者应兼顾。当然有可能增长了知识却并没有提高推理能力（Finn et al.，2014），但如果不增长知识是很难提高推理能力的。你能想象一个外科医生在关于疾病的知识没有增长的情况下提高了其诊断疾病的能力吗？

进行解释

当你让学习者解释他们的推理或者解释其他人的推理时，你会促进他们的认知发展。这看上去简单的要求迫使学习者关注是什么导致了什么并进行归纳。这也引导我们对内容进行更多探索（Legare，2014），比如经常问"如何"或者"为什么"。学龄前儿童能回答诸如"为什么他们会这么做"的问题，年龄更大的学生会回答更复杂的问题，如"为什么他们会这么想"（Wellman，2011）。寻求解释可能是促进学生推理能力提高的最重要的方式。这也同样适用于下一点，因为当学习者必须解释他们所使用的策略时，他们对策略的理解就会提升（Rittle-Johnson，2007）。

教授更有效的策略

如果遵照以下指南来做，那么你会帮助学生学习到更有效的策略。

（1）使用反馈和示范。提供关于策略是否成功的清晰反馈和让学习者观察他人的示范这两种方法都是有效的（Hattie & Timperley，2007）。例如，在井字游戏中，儿童观察了一种比他们自己所使用的更复杂的策略的示范。这种策略要寻找两条分离的获胜路径或一条岔路，这样即使你的对手堵住了其中一条，你也可以从另一条路径获胜。2年级学生和一些幼儿园的孩子能够学会这种策略，不管是直接向他们解释这种策略，还是他们自己从中推断出来（Rittle-Johnson，2007）。在另外一个例子中，当一个10年级的孩子在分析《杀死一只知更鸟》（*To Kill a Mockingbird*）的文本方面感到困难时，她的老师给她示范了他是怎样从中提取出主题和符号，并思考如何刻画其特征的。而在本书的第三章，你还学到一个学生通过观察另一个学生成功解决物理问题的过程来进行学习，并且这比观察一个专家的示范更为有效（Craig，Chi，& VanLehn，2009）。

（2）让学生反思问题，问他们"什么策略可用于解决这个问题"或"这个问题与前一个问题有何相似之处"之类的问题。进行过这种元认知策略训练的学生会发展出更好的推理能力（Kramarski & Mevarech，2003）。

（3）让学生分享和比较策略。例如，7年级和8年级学生被要求比较解决某代数问题的两个不同的策略，如 $5(y+1)=3(y+1)+8$。数学老师会问学生："描述一下你们使用的策略有何不同？""哪一个策略更有效？"这不仅可以帮学生学习抽象概念，还可以帮助其学习推理过程。然而，有两个重要的补充说明：第一，这个方法紧跟着直接教学时最有效（Rittle-Johnson & Star，2009）。第二，对于没有先验知识的学生来说，一次练习一个策略会比较理想，这样他们的工作记忆不会过载（Rittle-Johnson，Star，& Durkin，2009）。

知道如何使用解决问题的策略并不能保证学生会使用它。例如，为了确保得到物理问题的正确答案，采用的策略应是在写出数字的同时写出单位（例如，$10m/s \times 15s = 150m$），然后确保等号两边的单位可以消掉。不采取这一策略的学生认为这太费事。但作为老师，你应该让他们相信这项策略的有效性，例如给他们展示因为没有使用这项策略而导致他们自己作业出现错误的例子。

促进辩论

皮亚杰和维果茨基关于辩论可以促进推理能力发展的观点已得到研究的证实。辩论也会促进元认知。元认知技能并不一定随着青少年年龄的增长而自然发展，但它们可以在经验丰富的老师的训练下得到提高（Kuhn & Crowell，2011）。以下是促进你们班级中理性辩论的方法：

（1）要求学习者有礼貌地捍卫自己的观点。让学习者详细说明他们的理由，并使用论据支持他们、评价他们。这是一种非常有效的方法，被叫做"合作推理"，即学生参与到小组中，由学生来主导讨论，并基于大量证据和逻辑建构论据（Wu, Anderson, Nguyen-Jahiel, & Miller, 2013）。

（2）要求学生有礼貌地指出反方论据的不足，这可能比让他们解释己方立场更有效（Kuhn & Udell，2003）。

在一项研究中，老师引导6年级学生组织了以下一系列活动：对某项议题选择立场；和同伴合作收集证据论证其立场；与相同立场和相反立场的同学在网络上互发博客；进行全班辩论；最后写一篇论文（Kuhn & Crowell，2011）。和几乎仅仅就主题进行论文写作而没有丰富辩论体验的人相比，这些学生发展出了更好的推理能力。类似效果在2年级、4年级学生身上同样得到了验证（Lin et al.，2012；Walker, Wartenberg, & Winner，2013）。

使用探究式课堂

当你让学习者参与探究时，会促进他推理能力的发展。针对小一点的儿童，可以采取非正式探索和游戏的形式，或者在指导活动中增强他的推理能力。例如，你可以鼓励学习者将不同重量的物体放在斜坡上的小货车上，使用"如何使小货车跑得更远更快"的问题来引导实验。你也可以让学龄前儿童预测大物品和小物品谁更可能浮起来。他们通常会认为大一点的物品会浮起来，因为它"更强壮"。然后让学生们动手试一试。当经历了错误后，4岁儿童（不是3岁儿童）会修正他们的假设（Gropen, Clark-Chiarelli, Hoisington, & Ehrlich，2011）。

针对大一点的学生，要以科学实验的形式开展探究，这个过程中要控制变量，通过多次重复、同伴评审、使用数据而非已有信念来得出结论。然而，清晰的指导可能尤为重要。例如，纽约城市学校5年级的老师让学生在装着三种不同土壤的小杯子里种下种子（Hogan & Corey，2001），想要学生通过科学方法探究哪种土壤更适合植物生长：以相同方式对待所有植物，唯一发生变化的只有土壤；重复实验，如果土壤A里的植物死亡，那么可能是种子坏了，但如果很多植物都死了，那么可能是土壤不好。许多学生一直都未能理解这些概念：一些学生认为重复的目的仅仅是让每个人都能尝试一次；而一些人仅仅专注于自己植物的数据，而非关注整个班级的数据；另一些人则说他们已经知道哪种土壤是最好的，所以不需要实验；还有一些人将实验看作一场竞赛，看看谁会赢。这项研究，以及早先提及的洪水实验，还有许多其他实验都揭示出，为了快速学习和将学到的东西应用于新问题中，直接指导比无指导探究可能更有效（Klahr, Zimmerman, & Jirout，2011）。

直接训练推理能力

当你促进班级进行辩论，询问一些具有挑战性的问题，使用探究式课堂时，你都在训练学生的推理能力。例如，当你给学步期儿童阅读一本关于动物的书时，你可能指着一个动物说："这个有翅膀。这些动物中还有别的也有翅膀吗？"儿童必须通过归纳来探究什么是翅膀（Gentner, Loewenstein, & Hung, 2007）。一些媒体，如《芝麻街》（Sesame Street）以及《高光》（Highlights）杂志，都会有类似针对儿童的推理训练，如图4-11所示。如果儿童被教导问这样的问题，如"我需要看什么？我应该做什么才能找到答案？如何检验我的结果？"，那么经过10个45分钟的练习，儿童在智力测试上比控制组得分更高（归纳任务是众多智力测试中的一部分，因为归纳能力是智力当中非常重要的一部分）。经过这种训练后，儿童以后能在生物、地理、语法、外语等相关科目课程的学习中学得更多。效应量相当可观（0.50~0.70）并且是长时间持续的（Klauer & Phye, 2008）。

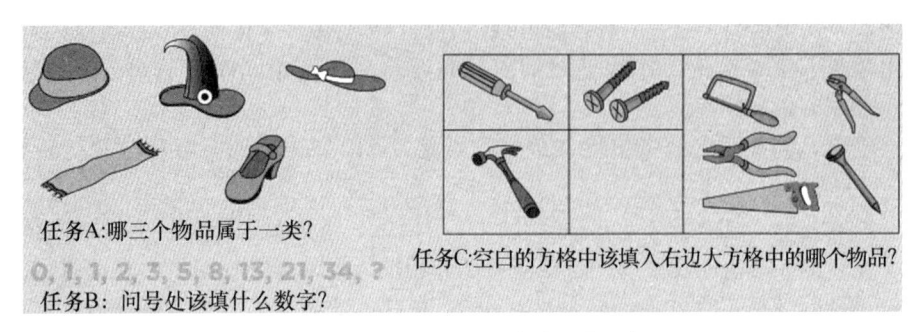

图4-11 训练问题解决能力的任务

归纳推理包括比较。通过搜索物体间的相似与相异之处或物体间的关系，儿童建立起对世界的理解。这些任务帮助儿童练习推理能力。任务A要求儿童归纳特征并分类。任务B和任务C要求儿童辨认关系。

对于大一些的儿童，你可通过让他们从错误前提中进行推理来训练对他们而言最有挑战性的技能——从抽象前提出发进行推理。例如，告诉他们"在另一个星球上，番茄酱会让东西变干净。如果番茄酱碰到了你的裙子，那么会发生什么？"当然会变得干净！这种思维训练能促进抽象推理能力发展，因为这可强化基于纯粹逻辑而非个人经验的推理。从错误前提出发进行推理是介于具体命题和抽象命题之间的一步。这种方法对9~11岁的儿童奏效，但对更小的儿童不管用（Markovits & Lortie-Forgues, 2011）。我们会在第十一章中谈谈思维游戏。

在第三章和本章，你已学到四种可应用于课堂教学的学习理论和认知发展理论。让我们通过比较这些理论在数学学习中的运用来结束对这些理论的探讨，因为提高学生的数学成绩已上升到国家的优先战略地位。在第十二章中我们会关注如何将其运用到阅读写作的学习中。即使你不教数学或读写，你也可将你的推理能力运用到其他领域中。

四、理论运用：数学案例

一个5个月大的婴儿坐在一个大盒子前（见图4-12）。他看见一只手抓着一只玩具鼠从一侧的洞中进入盒子，并将玩具鼠放入盒子中。撤出时手里变得空空如也。一块挡板上滑挡住玩具鼠。婴儿看着手拿着另一只玩具鼠进入。按道理应该多了一只玩具鼠，因为手撤回的时候也是空的。但挡板滑下后只剩下一只玩具鼠（一只玩具鼠通过一个暗门撤走）。比起之前两个玩具鼠都出现了的试验，婴儿对这个不可能事件会盯得更久一些。

我们猜想婴儿对不可能事件会看得更久，是因为他对盒子里没有两只玩具鼠感到惊讶。猩猩也有类似的反应（Beran & Beran, 2004）。这意味着婴儿和猩猩都会数数吗？他们会加法吗？到了3岁时，我们的女儿兴奋地宣布她的答案："六！我们家有六个人：三男三女！"

如果3岁儿童和猩猩可以进行一些基础计算，那么为什么儿童在学校学习数学会如此困难？在接下来的部分，我们会将你在本章及前一章学到的知识运用于数学领域。我们将介绍第五章中的一些概念。首先，让我们对数学发展进行一个总体的概览。

图 4-12 婴幼期数感

婴儿对不可能事件会看得更久一些，说明婴幼儿具有初步的数感。
资料来源：Wynn（1992）。

1. 数学发展的年龄趋势

婴儿具备直觉性的、不太精确的数感［这被称为近似数系统（approximate number system）］，这将伴随他们一生。例如，相较于上面点的数目不变仅颜色改变的屏幕，一些6个月大的孩子会盯着上面点的数目改变而颜色不变的屏幕看更久（Starr, Libertus, & Brannon, 2013）。这揭示出他们能够发现数量的变化。因为一旦婴儿到了能够接受测试的年纪，他们的数感就会呈现出来。这可能是一种生物性的、与生俱来的能力，不依赖于学习（Feigenson, Libertus, & Halberda, 2013）。然而，婴儿仅仅在小数目任务中能够成功（Desrochers, 2008）。婴儿天生的数感与其他数学概念的学习形成了鲜明的对比，如命题、百分比和代数，这些概念需要相当大的努力才能理解。

非正式数学

学龄前儿童对基本数学概念的理解被称为"非正式数学"，因为这不需要正规的学校教育。学龄前儿童拥有哪类数学能力呢？他们能理解在一个集合中增加一些会变得更多，而减少一些会变得更少。他们能区分哪个数量更大。例如，他们知道12个物体比8个物体多，即使在学会数数之前他们也能做到这一点。一般儿童从2岁开始数数。例如，22个月大的康纳（Connor）依次指着积木说"9，9，9，9"。他有将数字分配给每一个物体的概念，但他不知道别的数字名称，仅仅知道9。对数字名称的学习从2岁开始到3岁结束。到了四五岁，大多数儿童能够从1数到20甚至100，他们可能同时使用了掰手指和口头计数的方法。他们甚至可以平均分，也可以解答下面这样的简单的算术问题："如果你有4颗糖果，还有人给你3颗，那么你一共有多少颗糖果？"（Engel, Claessens, & Finch, 2013; Huntley-Fenner & Cannon, 2000）

尽管大多数儿童在进入学校前就会获得这些非正式数学能力，但低社会经济地位的儿童可能除外（Jordan, Kaplan, Olah, & Locuniak, 2006）。在第一章我们就已学到，儿童进入幼儿园时的数学能力对其学业成绩有预测作用，其预测作用甚至比阅读能力还要强（Duncan et al., 2007; Romano, Babchishin, Pagani, & Kohen, 2010）。考虑到其他学龄前儿童已经初步具备了进行数学推理的能力，低社会经济地位的儿童数学能力之所以较差可能是因为学习这些概念的机会较少。

对此你可以提供什么帮助呢？首先，和孩子进行数学对话，例如"你可以吃3块薄脆饼"或者"数一数我们需要几个杯子来装零食"。经常使用数学词汇（例如，减、更大、总计、边、短、中）会帮儿童发展出更好的数感（Jordan et al., 2012）。其次，玩数字类桌游，通过玩沿着一条数字线数数的游戏，如滑道梯子棋，或简单的过家家游戏，来帮学龄前儿童发展更好的数学能力，尤其是当你请他们说出他们转的数字并数一数他们移动的格数时（Ramani, Siegler, & Hitti, 2012）。最后，直接进行数学教学。有几种游戏类数学课程可以使用，如"小孩子大数学"（Big Math for Little Kids）、"搭积木"（Building Blocks）、"数字世界"（Number World），以及"好起点"（Rightstart）这种基于发展科学、专门为3～5岁儿童设计的课程（Clements & Sarama, 2008; Ginsburg, Lee, & Boyd, 2008）。"搭积木"课程涉及让儿童解释他们使用的策略（例如，"你是怎么知道的？"），并提供间隔练习。一些幼儿园教师抵制使用数学课程，而更喜欢在自然展开的游戏中抓住可有效开展教学的瞬间对儿童进行诱导。然而不幸的是，这样的瞬间常常被忽视，并且即使被注意到，也往往没有足够的机会提供给低社会经济地位的儿童（Ginsburg et al., 2008）。

> **思考**
>
> 与低社会经济地位的学龄前儿童相比，中等社会经济地位的学龄前儿童会有两倍的机会玩滑道梯子棋和UNO这样的卡牌游戏，然而同时低社会经济地位的学龄前儿童会有两倍的机会玩电玩（Ramani & Siegler, 2008）。这可以在多大程度上解释低社会经济地位儿童的低学业成绩？大多数文化都有能够促进儿童发展这些基本能力的游戏。那么为什么低社会经济地位的儿童不会参与其中呢？请使用第一章中的家庭投资和家庭压力模型以及文化资本来支持你的观点。

学龄数学

进入幼儿园时，大多数儿童都会数数，并能理解10以内的数（Engle et al., 2013）。他们在解决简单问题如$2+7=?$的时候，通常在策略上有如下进步：把所有数字都数一遍（1, 2, 3, 4, 5, 6, 7, 8, 9），或者从第一个数字开始数起（2, 3, 4, 5, 6, 7, 8, 9），或者从最大的数字数起（9, 8, 7）。因此，儿童使用了更复杂的策略并且在加法上变得更加迅速准确。他们开始理解位值（place value），并且大多数到2年级就能掌握（Mix, Prather, Smith, & Stockton, 2014）。如果不能，那么他们可能存在长期的数学问题，因为这对于进阶到更高级的数学学习来说非常重要（Byrge, Smith, & Mix, 2014）。

为了掌握分数和其他数学概念，儿童必须从加法转向乘法推理。可以在儿童4岁的时候教他们乘法或除法，如："如果有四条狗，每条狗都想要三份食物，那么你一共需要多少份食物呢？"通常儿童在6岁时不通过教学就会对于小数字发展出这些概念，也许是因为每次跟同伴分享时他们有了一些除法的体验。然而，理解这些概念并不意味着他们就会进行正确的计算或使用有效的策略。这需要教学和练习。在美国的学校中，类似的教学通常在 2 年级开始。在学习数学时会遇到严重困难的儿童通常在 3 年级时会被识别出来。

儿童的计数策略最终会被记忆事实取代，如 2+3=5 以及 3×4=12，叠加叠乘（5+5 和 6×6）会记得尤其快。这些事实都存储在长时记忆中，这是因为有经常性的定期练习。提取是一种非常有效的问题解决策略，因为它使问题的解决变得更快和更加自动化。接着儿童会使用已知事实来推理未知事实（9+9=18，因此 9+8 一定等于 17）。一些基本规则很容易学会，如把 1n 变成 10n 只需要放一个 0 在 n 的左边，否则 1n 永远都是 n。知道这样的基本规则使儿童不用再记忆 10 和 1 的乘法。因此，记住的事实会使推理更容易（De Brauwer & Fias, 2009；Sophian & Madrid, 2003）。

估算[①]是另一种学龄儿童需要发展的重要技能。估算通常用于日常生活，如估计每个队员需要出多少钱来购买一个总价 50 美元的礼物送给教练，而这对数学能力来说也是非常基础的。一种测量估算能力的方法是给儿童一条 0~100 的数轴上。儿童被要求指出某一数字在数轴上的位置，如 29。学龄前儿童和幼儿园的孩子通常可以精确地将数字放在 0~10 的数轴上，而 2 年级的孩子能将数字放入 0~100 的数轴上，6 年级的孩子能将数字放在 0~1 000 的数轴上。对于一些青少年来说，数轴延伸到了负数并扩大到分数。因此使用数轴的能力随着年龄的增长而提升（Siegler & Lortie-Forgues, 2014）。然而，这在每个年级也有个体差异。有更好的数轴估算能力的儿童会有更高的数学成绩（Schneider, Grabner, & Paetsch, 2009；Siegler & Booth, 2004）。数轴估算非常重要，因为这会帮儿童理解数字的含义，并促进其对学校数学的学习。

2. 不同理论对教师的启示

这个概览提出了三个问题：（1）什么造成了数学的年龄趋势？（2）什么导致了数学的个体差异？在算术方面稳定的个体差异在学步期儿童中就已经很明显（Feigenson et al., 2013），随着时间的推移，一些人掌握了微积分，但另一些人在发展基本数学能力上遭遇了失败。（3）数学应该怎么教？很明显，一些数感（例如，1+1）是核心领域，而这不需要教授。然而，更高级和更精确的数学（例如，1/5+1/6）不再是核心领域，并且经过许多年才会缓慢发展。很多东西还是需要借助正式的学校教育才能学习到。对于这三个问题，你已学到的四种理论都有不同回答。

行为主义和数学

从行为主义的观点来看，学习（或者说条件作用）从简单的刺激-反应连接开始，然后进阶到复杂的抽象推理。学生如果没有掌握低阶技能就无法解决高级问题。已有研究支持行为主义的假设：有着更强非正式数学能力的学龄前儿童，会在小学时更好地理解分数（Feigenson et al., 2013；Zhang et al., 2014），而之后他们在学习代数时也会更成功（Siegler et al., 2012；Watts et al., 2015），这对之后在更高级的数学、科学学习中获得成功也十分重要。

行为主义者倾向于在结构化课程中使用行为目标，即学生必须用具体行为把所学的知识展示出来。这些课程是分阶段的，在尝试学习更高级的技能之前必须先掌握一些基本技能。他们倾向于强调直接教学，通过不断钻研和练习来建立稳定的基本连接。一些信奉行

[①] 估算（estimation）：根据具体条件或有关知识，对事物的数量或算式结果做出大致的推断或估计。

为主义的老师会使用"疯狂一分钟"战术（mad minute）：学生在 60 秒内做尽可能多的数学题，每周都进行几次，直到技能变得自动化。研究证明，建立迅速、自动的事实库（加上其他科目的教学）对提高数学能力是有效的，这意味着它可能有助于缩小低社会经济地位儿童在数学成绩上与其他人的差距（Gersten et al.，2015）。钻研和练习不一定是非常严格和无聊的，也可以是像游戏一样的（见第十一章）。事实上，结构化的积木游戏（不是那种完全放任的玩耍）中，你让学龄前儿童用积木、乐高或其他材料模仿搭建一个模型（见图 4-13），这会提升他们的数学技能（Verdine et al.，2014）。数学教师国家协会（The National Council of Teachers of Mathematics，NCTM）已经呼吁在儿童早期对作为数学基础的空间技能进行教学。

图 4-13　视觉空间游戏能发展数学技能

结构化的积木游戏中，你让学龄前儿童模仿你所搭建的一个模型，并且要求儿童运用空间、尺寸、策略等方面的信息，遵循一个多步骤的程序。这种活动能促进数学能力的发展，并从教师那儿引出更多数学对话。几乎所有开端计划小组的儿童都可以仿建第一个模型，但是只有不到 10% 的儿童能够准确仿建第二个。

资料来源：Verdine 等（2014）。

根据行为主义的观点，学习的某些方面应该不会比另外一些方面更困难，但事实上，它们就是有难度区分的。例如，年幼的儿童理解每一个数后面都有一个数，这样一来极限的概念就不用教。然而，分数必须要教，并且大多数儿童在理解上感到困难。分数如 1/2 比 1/4 大的事实，并不能对应儿童关于数的理解——4 比 2 大，所以 1/4 应该比 1/2 更大。已有知识结构可能干扰新的学习。对此，认知发展模型相比行为主义有更好的解释。

皮亚杰认知发展理论与数学

根据皮亚杰认知发展理论，儿童自己建构知识。这意味着儿童会基于他们个人的经验自己重新发明数的概念。让儿童写 642，你可能会得到 600402，这是一个聪明的错误。儿童从他们周围世界里的多位数（例如街道地址、产品商标）中抽象出规则。他们会建构自己的位值知识，例如左边的数字大于右边的数字，有更多位的数字更大，以及零会占据一个数位（Byrge et al.，2014）。然而，当学习者用他们的先验知识同化新经验时，他们会创造出教师原本未预期的错误观点。例如，如果向 3 年级和 5 年级学生展示等式 $7+4+5=7+?$，那么他们给出的答案通常是 23 而非 9。他们之所以会犯这个错误，是因为他们在学校有大量类似 "$x+y+z=$答案" 的结构的练习。由此他们会形成错误规则，如 "所有等式都是'运算=答案'的形式"，以及"等号意味着总和"（McNeil，2014）。从建构主义的观点来看，这些错误都是聪明的，并且这也是知识建构的自然的一部分。这些错误能让你得以一窥儿童思维的过程。

建构主义或许是数学教学中最流行的方法，这在 NCTM 标准中有清晰的反映。一个信奉建构主义的老师会引导对数学概念进行"再创造"并强调用手动操作工具来揭示概念。这包括尽可能直接使用与数学相关的材料，以及强调由学生主导问题解决活动。在一门受欢迎的建构主义课程如对数字、数据、空间的调查中，算法是不受重视的。相比掌握规则和过程，学习者发展出对数学的理解才是更重要的。他们会成为灵活的策略使用者，而心算在其中扮演了中心角色。

相关研究对建构主义的这种方法有什么看法呢？研究显示，持续不断教数字会促进学步期儿童对数学概念的理解，这与皮亚杰认为数数只是一种死记硬背的技巧，是儿童的单调重复的观点相反（Baroody, Li, & Lai, 2008）。他认为，概念理解是基于逻辑能力的提高而发展的，例如分类和排序。研究也显示，学龄前儿童在没有接受直接教学的条件下能在一定程度上理解位值，但直接教学依然有帮助（Mix et al., 2014）。此外，研究显示，准确的图形，如图表或曲线，比起操作或自己建构可能更能促进儿童的数学学习。例如，一项研究中，一部分1年级学生得到一张附有数轴的加法问题的精确图片，另一部分1年级学生被要求自己来画图，如图4-14中的29+17。得到精确图片的儿童比自己画图的儿童在加法学习上表现更好（Booth & Siegler, 2008）。

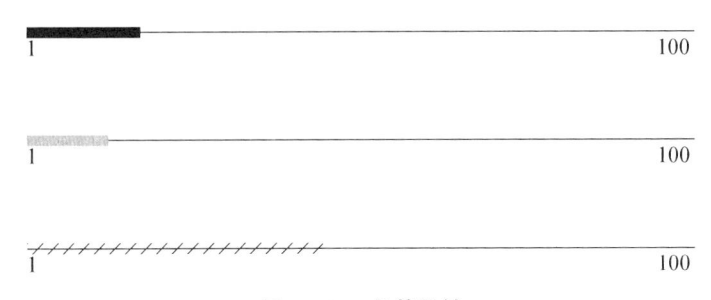

29+17=46

图4-14 估算数轴

让一个1年级的孩子用黑色在数轴上标记29，接着要求他用灰色标记17，最后让他用斜纹标记29+17。他的反应相当准确。根据前述研究，这个男孩会在学校取得更好的成绩吗？请更大或更小的孩子试一试，并且再试试0～10、0～1 000的数轴。

对于年纪大一点的学生，当比较直接教学和自我构建的教学效果时，在直接教学下他们的表现得更好。例如，如果被教会以标准运算法则写出除法式子，学生就会更准确地解决复杂的除法问题（例如，736÷32）（Hickendorff, van Putten, Verhelst, & Heiser, 2010）。在一项研究中，3年级、5年级的学生被教授等量关系（例如，4＋9＋6＝4＋?）时，一些人直接被告诉"4、9、6相加，减去4，剩下的数就是空格中的答案"，其他学生则自己构建策略，并检验答案是否正确。受过指导的学生中答对的更多，并更可能将技能迁移到新的、不同的问题上。超过1/4的儿童在构建方法上从未发展出正确步骤（Rittle-Johnson, 2007）。

这里以及其他研究揭示出非常重要的一点，就是让儿童解释他们所使用的策略是非常重要的。不考虑教学方法的话，做出解释的儿童会学到更多（Rittle-Johnson, 2007）。这意味着直接教学的策略可能不如让儿童自己主动探寻的策略重要。对所用策略进行解释的儿童在遵循老师的指导的过程中更可能构建解决问题的新方法。因此，直接教学不一定妨碍创新，它有助于避免形成错误的策略。不幸的是，研究表明，即使是最杰出的老师，也很少让学生进行解释，即使他们可能会很有效地使用一些动手活动（Silver, Mesa, Morris,

Star, & Benken, 2009）。

在一定程度上，皮亚杰关于儿童可以对数学概念进行"再创造"的观点是对的。儿童通过自身的确发展出了逻辑和数感。思维也是一种知识来源。然而，儿童不可能自己重新构建、发现数学的概念系统和复杂的定理，这两者都是有助于取得高数学成绩的文化工具。

维果茨基社会文化理论和数学

根据社会文化理论，社会互动和文化传播是知识的重要来源。一个孩子可以画出一个装有 8 条鱼的碗，然后通过划掉 3 条（它们死了）来显示还剩下 5 条。或者一个儿童可以写出 8－3＝5。后者更有效，并且能运用到其他更宽泛的情境中。文化工具可以转化思维，儿童必须学习这些工具。婴儿和学步期儿童可能可以直觉地感觉到"1"和"2"之间的差异，而要理解"3"或更大的数字的概念则需要社会互动或支架（Baroody et al., 2008）。当儿童进入学校时，我们期望他们学习用学校的文化符号系统来表征准确的数字（例如，763×1/4）和数学概念（Feigenson et al., 2013）。

作为一种文化创造，学校教学可以加速儿童数学能力的发展。这一点在巴西街头儿童小贩身上可以得到体现，他们没有接受学校教育但能在买卖中进行简单的计算，并且有 98% 的准确率。然而，将同样的问题以书写的方式呈现给这些儿童时（例如，200－35＝?），准确率降到了 37%（Schliemann & Carraher, 2002）。他们理解算术但在理解数学符号上遇到了麻烦。对未接受学校教育的街头儿童小贩和在学校学习过乘法的 2 年级、3 年级孩子问这样两个问题：

（1）一个男孩想买 3 块巧克力，每块需要 50 克鲁塞罗，他一共需要多少钱？

（2）另一个男孩想要买 50 块巧克力，每块巧克力的价格是 3 克鲁塞罗，他一共需要多少钱？

接受过学校教育的儿童在解决第一个问题时仅仅用了乘法，并且不用做任何计算就答出了第二个问题。因为他们能理解 3×50＝50×3。相反，街头儿童小贩使用加法来解决这两个问题。将 3 克鲁塞罗加 50 次是十分缓慢的，并且可能会出现错误。

社会文化理论认为数学能力的完整发展需要社会互动——要有使用的机会和观察策略的机会，以及要从专家那里获取支架。在学校，儿童应该在他们解决数学问题时倾听并使用数学对话，因为他们是通过向其他人解释他们的推理过程来进行学习的。教室中的合作学习——我们之后会在第十一章中讨论——与更好的数学成绩是相联系的（Slavin & Lake, 2008）。

信息加工模型与数学

信息加工模型关注儿童如何记忆和推理。这补充了其他理论，但排除了皮亚杰的部分理论。信息加工理论家接受皮亚杰关于儿童自己建构其理解的观点，但他们同时使用一种类似行为主义、社会文化理论的更直接的教学方法。此外，相比皮亚杰认为儿童与成年人在思维方式上有差异，这类理论家更倾向于认为儿童只是知道得更少、信息加工速度更慢、工作记忆更有限。

信息加工的各个方面都涉及数学。为了解答 2＋3＝4＋?，儿童必须通过长时记忆得到 2＋3＝5，然后把它保存在工作记忆中，同时提取关于 5－4＝? 的长时记忆。基于事实的长时记忆会帮助他们更好地针对问题进行推理。工作记忆让儿童比较过去已解决的问题和当前的问题。执行功能让他们一步一步地解决问题并灵活地选择最恰当的策略。例如，擅长数学的学生在简单问题上使用心算方法,而在更困难的问题上使用运算法则。相较于直接使用运算法则求解736÷32,他们会将问题分解为20×32=640,3×32=96,因此,23×32=736(Hickendorff et al.,2010)。元认知则对策略是否有用进行反馈。

研究显示,与年龄相关的数学能力的提高和数学能力的个体差异与信息加工模型中的每个部分都相关。例如,各年龄段中具有更好的工作记忆、更强的执行功能的学习者在加法、乘法、代数和解决词汇问题上都会更快、更准确。相反,信息加工速度慢和工作记忆有限的人在学习数学时更容易面临障碍。知识也在其中有很大贡献。懂得数字的学习者和能从长时记忆中随时提取数学事实和数学定理的年轻人往往有更高的数学成绩[①]。

这意味着作为教师的你的角色是帮学习者获得更好的信息加工技能和更多的知识。你可以通过定期练习、经常性的测试来帮助学习者记忆数学事实和解题步骤。不要在大量练习某一板块的问题后才进行下一类问题的训练,应当定期有间隔地练习各种类型的问题。拥有更多知识会帮助你的学生更好地处理问题,因为最有效的问题解决策略之一是从记忆中简单提取。你可以通过帮助学习者对问题进行归类来减少记忆负担。你可以通过直接教学和建模来教授其他策略,但你必须小心,不要让他们的工作记忆有过大的负荷,被塞满各种复杂策略(Swanson,2014)。重叠波浪模型显示,儿童会逐渐转向更有效的策略,你可以通过给学生提供反馈来促进这种转变。你也可以通过让儿童解释策略来使他们加深对自己的策略的理解,这会促进他们的元认知发展。

总之,一些数感是天生的。然而,在数学上儿童仍有许多需要学习的东西。尽管皮亚杰低估了儿童的数学能力,但他认为儿童可以自己建构对数学的理解(和错误概念)的观点是对的。与皮亚杰的理论相背,儿童不会按照我们过去所认为的从低级到高级的问题解决策略进阶模式发展,相反,表现出的是一种重叠波浪趋势。他们也并非能完全再发明整个数学符号系统;相反,如维果茨基所指出的,他们在非正式交往和正式学校环境中学习这种文化工具。行为主义者则更关注数学学习中具体的行为目标,并强调技巧和操练。行为主义者和建构主义者彼此经常意见相左,教育者们通常倾向于回避一方而支持另一方。信息加工模型则比较好地融合了两方观点。信息加工的研究者已经揭示儿童通过以下各种方式进行学习——直接的指导,反复的技能训练,从更熟练的他人那儿获得示范并在收到某项策略成功的反馈时通过推理和元认知来建构自己的知识。

如何教数学一直是一个很有争议的问题,尤其是当传统的方法(通常基于行为主义)和改革提倡的方法(通常基于建构主义)相互碰撞时。然而,当实施得好时,两种方法可能都有效。不同的数学课程基于不同的教学理论,然而研究者比较不同课程的差异时发现,不同课程下学生学业成绩的差距是很小的(小学是0.10,中学是0.03),这也许是因为大多数课程都设计得很好(IES,2011)。有效教学策略网(见第一章)已经审阅了许多课程,以帮助不同学校进行更好的决策。它也为儿童早期、小学、中学数学教学提供实践指导。教学的其他方面,如使用合作学习、提高任务完成效率、激励学生,会比课程本身更有效果(Harwell et al.,2009;Slavin,Cheung,Groff,& Lake,2008;Slavin & Lake,2008)。你会在之后的章节中学习更多,敬请期待。

[①] 许多研究都发现了这一点,其中一些如下:Bull 和 Lee(2014);Clark,Pritchard 和 Woodward(2010);Fenesi,Sana,Kim 和 Shore(2015);Geary(2011);Viterbori,Usai,Traverso 和 de Franchis(2015);Welsh 等(2010)。

对实践的反思

我的教学

有效的信息加工是增强记忆、解决问题的基础,这对在学业上取得成功至关重要。你可以影响你学生以下所列的每一种能力。思考你的课堂实践并回答以下问题:

(1) 我帮助学生在重要信息上集中注意力了吗?

(2) 我让学生的工作记忆的负荷保持在一个比较合适的程度吗?(例如,通过减少分散注意力的事物、重复关键要点、在讲到新观点时放慢速度、提供部分笔记等方法)?我是否帮他们发展出更好的知识基础以至于有的信息加工是"自动的"?

(3) 我是否准备了一些活动来训练学生的执行功能?我是否确保学生好好吃饭、睡眠充足、锻炼身体,使他们的执行功能达到最佳状态?

(4) 我是否认为大多数记忆是模糊痕迹并据此制定教学计划?当学习者需要精确痕迹时,我是否帮助他们进行记忆?我教授或使用组织、精加工和辅助记忆法等记忆策略了吗?

(5) 我是否以这样的方式教学——展示不同话题之间的联系,并帮助学生在心里建构一个丰富的信息网络?

(6) 除了内容以外,我在课堂上是否教授了如何推理、解决问题?我是否给学生提供了程式化的问题和非程式化的问题?我是否提供了练习解决问题的机会?

(7) 我是否要求学生解释或说明自己及他人思维的合理性?我是否提供反馈来促进问题解决能力的发展而非仅仅告诉学生他们对了?我是否在恰当的时候让学生在课堂上展开公开辩论?

信息加工的年龄趋势总结

	信息加工	记忆	问题解决
婴儿期与学步期(0~2岁)	● 因为髓鞘、语言、知识的限制,信息加工速度慢。 ● 婴儿能够集中注意力和抵抗分心。 ● A非B任务表明婴儿能进行抑制控制。 ● 婴儿期即表现出个体差异	● 胎儿可以记住简单的事物并保持几周。 ● 延迟模仿研究表明婴儿可以记住行为的序列并保持几周,而且他们的记忆力稳步增强。 ● 但是,由于儿童失忆症,早期事件很少能被口头回忆起来	● 婴儿可以解决基本的问题,比如试错。 ● 幼儿可以基于细微的语言差异归纳简单的抽象规则或推断事物的属性。 ● 他们试图解释和理解他们的世界
儿童早期(3~5岁)	● 加工速度提升。 ● 执行功能在3~5岁时有显著的提升。儿童开始能够完成维度变化卡片分类任务	● 3~5岁之间长时记忆有所提升,但回忆时儿童可能需要提示线索。 ● 儿童特别容易受到干扰。 ● 儿童会犯来源监控错误。 ● 儿童不擅长使用记忆策略	● 3~5岁之间,儿童通过经验或指导学习更有效的问题解决策略。 ● 他们明白推断是知识的一种来源。 ● 他们可以通过类比进行推理,以及当证据足够得出结论时在简单任务中进行演绎推理。在这一点上,学龄前儿童也是有逻辑的

续表

	信息加工	记忆	问题解决
儿童中期（6～12岁）	• 加工速度继续提升，但提升的速度放慢。 • 工作记忆容量大幅增长并且达到成年人的水平（简单任务）。 • 元记忆开始发展。 • 认知灵活性和抑制控制稳步提升	• 儿童的长时记忆比学龄前儿童发展得更好。他们拥有更大的知识网络。 • 元记忆和来源监控水平提升，可以更好地记住将要做的事。 • 能够更好地使用策略，复述最常使用，可以有效使用组织策略。他们能够进行精加工，但是需要支架。他们学习去做有用的笔记	• 孩子更能区分猜测和推断。 • 私语在问题解决过程中变得更隐蔽。 • 孩子们发展出正式的"如果……那么……"形式的推理。有更多已有知识来帮助他们举出反例。 • 他们能够进行简单的科学推理。 • 旧的策略不起作用时，孩子们更容易尝试新策略
青春期（13～19岁）	• 加工速度达到顶峰 • 工作记忆容量（复杂任务）和其他执行功能显著提升（在成年早期达到顶峰）。 • 知识增长，并在成年期晚期达到顶峰。	• 模糊和精确记忆水平提升。 • 青少年继续使用复述和组织策略，但是开始能够有效使用精加工策略。 • 特别容易受到错误记忆的影响	• 一些青少年发展出复杂的科学推理能力——通过系统性地一次改变一个因素来得出结论。 • 可以进行一些与现实世界相反的抽象假设命题推理。 • 给定一组前提，他们可以区分逻辑和非逻辑陈述

本章总结

1. 信息加工

• 信息加工框架解释了学生如何接收、存储和运用信息。信息加工的三层模型包括感觉登录器（大容量，存储时间短暂）、长时记忆（没有限制的容量，存储时间长）、工作记忆（有限制的容量，存储时间短暂）。将信息编码（存储）到记忆中通常要求集中注意力。执行功能（工作记忆、认知灵活性和抑制控制）控制信息的流动、注意力转换和元认知。

• 模型的各个组成要素存在个体差异。这些差异在婴儿时期即显现出来并且比较稳定。差异的产生是由于基因和环境（例如，父母养育的质量和家庭贫困）的相互作用。这些差异可以预测儿童学业和社会技能的发展。

• 教师应该避免让学生出现工作记忆过载的情况，并帮助他们将注意力集中在重要的细节上。教师还应该帮助学生进行执行功能练习。

• 多动症是儿童最常见的神经行为障碍，被认为是执行功能发展低下所引起的。多动症与较差的学业成绩和行为问题相关。

2. 记忆

• 记忆有两种常见的错误：（1）遗忘，这是由记忆衰退、检索失败和干扰引起的；（2）虚假的记忆，这是对没有发生的事情在心智方面的建构。来源监测错误指的是忘记了信息的来源。

• 大部分记忆是模糊痕迹记忆而不是精确痕迹记忆。为了记住细节，学生必须使用记忆策略。

• 记忆策略包括复述、组织、精加工和辅助记忆法。辅助记忆法特别适用于记忆对学生来说还没产生意义的材料。教师应该教授记忆策略。
- 先验知识有助于记住新知识和弥补智力低下的缺陷。密集的相关知识网络有助于信息的检索。模式和脚本是相互连接的信息网络，这样的网络有助于促进学习。
- 教师应该帮助学生连接知识片段，提供多样化的接触学习材料的活动，进行间隔练习和经常性的测试。教师应该和学生就需要记住的事物进行对话。

3. 推理和问题解决

- 推理通常涉及某种推断。解决问题是一种推理。学校中的问题常常是人为构造的和程式化的，而真实的世界中的问题常常是非程式化的。
- 重叠波浪模型展示了学生解决问题的能力和记忆的发展模式。
- 影响个人推理能力差异的因素包括信息加工能力、先验知识、父母教养的质量。糟糕的推理能力可能影响所有领域的执行功能，既包括学习领域也包括社会领域。
- 教师可以通过以下途径提高学生的推理技能：增加学生的知识，要求学生解释，教授有效策略（通过建模、反馈和元认知），促进课堂辩论，进行直接训练以及使用探究式课堂。

4. 理论运用：数学案例

- 数感可能是一个核心领域；它出现在婴儿期。学龄前儿童通过非正式的方式习得初步的数学概念，然而，更高级的数学能力则需要学校教育。
- 行为主义的观点是数学学习是分层级的，儿童最初通过钻研练习和直接教学来学习基本技能。皮亚杰建构主义观点认为，学生会自己建构算法。社会文化理论认为，数学是在和他人的社会互动中获得的文化工具。信息加工理论认为数学能力的年龄增长趋势和个体差异是由儿童先验知识、信息加工速度、执行功能的不同导致的。

第五章

认知能力：智力、天资和成绩

一些孩子具备学习的才能，是因为他们聪明，还是因为他们练习得更多，抑或是有其他原因？在这一章中，我们将讨论智力和天资的内涵，以及它们如何与成绩产生关联。读完这章后，你将能够：

(1) 界定智力的内涵，描述智力能对什么产生影响。
(2) 讨论天资和专长如何得到发展。
(3) 分析如何提高学生的成绩。

一、智力[①]

亚历克斯（Alex）和查克（Chuck）是两个 12 岁的男孩。他们在同一所郊区学校的两个不同的班上 6 年级。亚历克斯的老师给他们上了一节 20 分钟的同音异义词课。然后，他发了两份试卷，让学生练习同音异义词。试卷包括类似下面的选择题的内容："I took (there, their, they're) book" 和 "He began to play the (bass, base)"。亚历克斯花了 25 分钟完成了第一份试卷。这时，他发现班上的其他同学已经完成了第一份试卷并开始做第二份试卷。他在 5 分钟内迅速完成了第二份试卷。结果，第一份试卷有 3 个错误，而第二份有 6 个错误。

在自助餐厅吃午餐时，查克也要完成两份同样的试卷。查克在 4 分钟内完成了这两份试卷，在完成试卷的同时还在和朋友们说笑。他先完成了他比较确定答案的题目，然后再去完成那些他不太确定答案的题目。查克说这些试卷对 6 年级学生来说"太简单了"。然而，他不记得曾经上过同音异义词的课。

他们两人似乎都能够把注意力集中在试卷上，那么为什么亚历克斯和查克在同一任务上的表现有所不同？是因为查克读得更流利，对单词有更多的先验知识，对同音异义词记得更清楚，信息处理速度更快吗？为什么查克会有更强的阅读能力？也许，这两个男孩的智力水平不同。

你在第三章中读到的三种经典理论——行为主义、认知发展理论和社会文化理论——都没有强调个体在认知能力上的差异。认知发展理论的创始人皮亚杰对个体差异不太感

[①] 智力（intelligence）：综合思维能力，包括推理、计划、解决问题、抽象思考、理解复杂观点、适应和快速学习的能力。

兴趣，更多地关注年龄发展趋势。他注意到了孩子们在不同成长阶段发展速度的个体差异，描述了大多数儿童成长的模式，而没有关注个体之间的不同。因此，很难从皮亚杰的角度来解释亚历克斯和查克在测试中的不同表现。然而，教师们对这种差异非常感兴趣，因为在同一个教室里教智力水平差异较大的孩子是一个很大的挑战。

1. 什么是智力？

52名研究智力的专家共同署名发表了以下这个被广泛使用的定义：

> 智力是一种非常普遍的心理能力，包括推理、计划、解决问题、抽象思考、理解复杂观点、快速学习和从经验中学习的能力。它不仅仅是书本学习这样一种狭隘的学术技能或考试技巧。而且，它反映了一种更广泛和更深层次的理解我们周围环境的能力——"把握"和"理解"事物，或"弄清楚"该做什么（Gottfredson，1997，p. 13）。

你应该熟悉第四章中提到过的智力的这些属性。智力的基础是快速、准确地处理信息的能力。特别需要注意的是，工作记忆和执行功能可能是智力的核心，因为它们形成了控制注意力的能力，以及在不迷失目标轨迹的情况下在大的图景和小任务之间转换的能力（Swanson，2008）。例如，与正常班级中的同龄人相比，有天赋的1～5年级学生，由于智商高，他们的信息处理速度更快，工作记忆容量更大，包括注意力控制等方面在内的执行功能更强（Johnson，Im-Bolter, & Pascual-Leone，2003）。他们倾向于处理与比他们大1～2岁儿童的一般能力相当的信息任务。

智力的两个组成部分是流体智力和晶体智力。流体智力是推理技能在新情况下的应用，包括推理和解决问题。流体智力与工作记忆有关。利用现有知识的能力往往被称为晶体智力。晶体智力与长时记忆有关。

作为 g① 的智力

在认知测试中得分高的孩子往往在其他测试中也会得到较高的分数。这意味着大部分认知能力测试中的分数是相互关联的，如智力测试、大学入学考试（例如，SAT 和 ACT）、词汇测试、类比测试、熟练度测试等。例如，SAT 与军方的等 IQ 测试之间的相关性高达 0.82（Frey & Detterman，2004）。对于有些人而言，也会有例外，比如他们在 SAT 数学部分得到高分，但在 SAT 语言部分得到低分。然而，个别的例外不能否定在一些测试中得到高分往往伴随着在另一些测试中也得到高分这一普遍现象。

一些研究人员认为，不同测试之间存在相关性是因为一般认知能力是特殊认知能力的基础。这种一般认知能力被称为 g 或一般智力。一般智力被认为是一种不能被直接观察到的认知能力，但它可以解释各种各样的智力行为和学习。

大多数专家都认为智力可以是属于特定领域的，例如，数学、读写和社交能力等主要的领域。通过经验和练习，学生可以在某些领域拥有高水平的专业知识，而不需要较高的 g。他们在这些领域拥有较高的晶体智力。同时，一个领域的专业知识可以弥补其在这个领域较低的 g。因此，当你的学生在一个学科领域表现出较高的智力水平时，这可能是来自较高的 g 或是通过经验和练习发展出的特定领域的晶体智力。

下面我们将讨论两种适用于课堂教学的理论，它们涉及智力的不同组成部分。

---

① g：一般智力（general intelligence）。

成功智力理论（Theory of Successful Intelligence）

著名心理学家罗伯特·斯滕伯格（Robert Sternberg）扩展了智力的一般概念。他指出，智力测试可以预测学业成绩，因为这是设计它们的初衷。但它如果能成功地预测适应生活的能力，则会更有用。他将成功智力定义为"无论个人如何定义它，在他的社会文化背景下，获得人生成功所使用的一整套综合能力"（Sternberg, Grigorenko, & Zhang, 2008, p.487）。如果你是一个住在阿拉斯加的以捕鱼为生的爱斯基摩孩子，或者是一个在巴西街头以贩卖商品为生的孩子，或者是一个住在郊区、想申请就读精英大学的美国中产阶级家庭的孩子，那么你的成功可能会有所不同。成功取决于是否能够充分利用自己的优势去弥补劣势，是否能将劣势转化为优势。

根据斯滕伯格的观点，成功智力有三个组成部分：（1）分析性；（2）实践性；（3）创造性。分析性部分包括识别和定义问题、生成解决方案和评估解决行为进展的能力。它可以通过经典的智力测试来测量。智力的实践性部分包括在现实世界中把想法付诸实践，具有生活智慧，能选择与自己能力相匹配的活动和环境，以及尽可能改变环境使之与自己的能力相匹配。我们可以看看下面例子中一个6年级女孩所表现出的智力的实践性：

> 在乐队排练前，学生们急匆匆地从箱子里拿出乐器，把箱子放在教室外面的走廊上。这不仅造成了安全隐患，还造成了混乱。然而，如果学生把箱子放在他们的储物柜里，则他们需要很长的时间开锁，这会导致他们下一节课迟到。为了解决这个问题，一个6年级的女孩建议学生们把箱子放在储物柜里，但不上锁。乐队的老师们对这个建议非常满意，他们把这个女孩称为"今日女王"，因为她解决了一个他们一直没能解决的问题（尽管事后看来，解决办法似乎很明显）。

智力的创造性部分包括产生新的或不同的想法——创造、发明、发现或假设。斯滕伯格讲述了这样一个真实的故事。一家汽车企业的高管难以忍受其上司，便请一家猎头公司为他找一份新工作。他的妻子帮助他重新分析了这个问题，于是他要求猎头为他的上司找一份工作，他做到了。高管最后非常高兴，他也因此获得了他上司的职位（Sternberg, 1996, pp.208-209）。成功智力的这三个组成部分可同时运行；因此，为上司找到新工作的高管在进行创造性思维的同时，表现出了分析能力和实用的生活智慧。

斯滕伯格认为，理解智力的三个组成部分可以帮助教师认识学生的长处和短处，并有可能帮助其提高智力。当智力被认为是一个不能分解成几个组成部分的单一因素时，就像g一样，你在提高智力方面几乎无能为力。另一种试图将智力概念扩展到g之外的观点是多元智能模型。

多元智能①

霍华德·加德纳（Howard Gardner）断言，多元智能可以解释人类的能力（Gardner, 2006）。加德纳认为人有八种智能，如表5-1所示。这些智能是相当独立的，这意味着一个孩子可能某些智能很强，而另一些智能很弱。加德纳的模型部分源于他对这样一种观念的不满，即最高类型的智力是像科学家一样的推理能力——逻辑的、准确的、数学的。这就是在大多数智力测试中被测试的推理能力。

---

① 多元智能（multiple intelligences）：加德纳的智力理论，该理论认为存在多种独立的智能，而不仅仅是占主导地位的g因素。

> **思考**
> 你是否听到学习困难的孩子的父母说这个孩子很聪明?一个孩子在学校的学习上有困难,但在其他方面"聪明",这可能吗?如果智力意味着快速、轻松地学习复杂的材料,那么这如何得以成为可能?

表5-1 多元智能的描述

智能	属性	显示出该种智能的人的类型
语言	运用语言表达自己和理解他人的能力	诗人、作家、演说家、律师、记者
逻辑/数学	理解因果关系、逻辑、数字处理的基本原理的能力	科学家、数学家、工程师、计算机科学家
空间	在一个人的头脑中呈现空间世界的能力,在心理上转换空间关系、重建视觉图像的能力	水手、飞行员、雕刻家、建筑师、内科医生、航海家、画家、棋手
音乐	能够在音乐中思考,能听见、识别甚至操纵听觉模式	音乐家
身体/动觉	用整个身体或身体的一部分来解决问题、制作东西或描绘东西的能力	运动员、演员、舞蹈家、攀岩者、外科医生、机械师
自然	辨别生物(如植物和动物)、注意自然特征(如地质特征)、识别图案的能力	植物学家、厨师、农民、生物学家、博物学家
人际关系	理解他人的能力	教师、治疗师、销售员、政客
自知	理解自己的能力:知道你能做什么,你想要什么,你应该避免什么,你应该参与什么	与许多职业或活动相关

资料来源:Checkley 和 Gardner (1997)、Gardner (1999)、Torff 和 Gardner (1999)。

加德纳的理论影响了各个层次的教育工作者,使他们的课程重点从阅读、写作和算术扩展到艺术、音乐、体育和社交技能。对加德纳多元智能理论的反馈是复杂的,许多智力专家认为他的智能分类是随意的,并声称这些智能类型不是相互分离和独立的(Brody,1992;Sternberg,1988)。

前述两种智力理论是有帮助的,因为它们强调存在多种能力,而不仅仅是一般智力。然而,g 仍然很重要,因为它与学术成就有关,而学术成就受到社会的重视,并与社会经济的发展有关。稍后我们将讨论这些不同的智力观点如何应用于课堂教学。

尽管斯滕伯格的成功智力理论和加德纳的多元智能理论都对智力和课堂教学产生了影响,但是这两种理论都没有在智力测量方面发挥作用。

智力的测量

个人智力测试是指由经过训练的心理学家对孩子进行一对一的测试。进行这种测试的成本很高,因为它需要经过训练的专业人员花费几个小时的时间。群体智力测试是一种纸笔测试,可用于大型群体。它们也被称为学校能力测试或学术能力测试。进行这类测试较为便宜,而且打分也较为客观。也就是说,每一题只有一个正确答案。小组测试可以用在年龄较小的幼儿园孩子身上,但前提是你要确保每个孩子都能理解问题。作为一名教师,相较于个人测试,你更应该关注在小组测试中获得低分的情况。因为在小组测试中,孩子可能知道答案但写不正确,这会使他们感到气馁,也可能出现孩子不在乎测试的情况。

最常用的智力测试是韦氏量表(Kaufman,2000),包括韦氏学前和初级智力量表(the Wechsler Preschool and Primary Scale of Intelligence,WPPSI,用于2.5岁的儿童)、韦氏儿

童智力量表（the Wechsler Intelligence Scale for Children，WISC）和韦氏成年人智力量表（the Wechsler Adult Intelligence Scale，WAIS）。其他常用的个人智力测试有斯坦福-比奈（Standford-Binet）智力量表、伍德科克-约翰逊认知能力测试（Woodcock-Johnson）、考夫曼测试（Kaufman）和达斯-纳格列里（Das-Naglieri）认知评估系统。常见的小组智力测试包括洛奇-桑代克（Lorge-Thorndike）智力量表、欧提斯-列侬（Otis-Lennon）能力测试和认知能力测试（CogAT）。

虽然这些智力测试被广泛用于测量儿童的智力，但一些专家认为，它们实际上并不能测量智力的一些关键组成部分，如快速学习或适应能力，而是测试过去的学习成果（Sternberg，Grigorenko，& Kidd，2005）。这是一个重要的区别，因为它意味着通过测试衡量的智力是过去所获学习机会的结果，而不仅仅是天生的处理能力。

智力是用具有特定平均值和标准差的分数来体现的。大多数智力测试设定的平均分数为100分，标准差为15分。标准差描述了组内各分数的分布情况，用于计算第一章中讨论的效应量。大多数孩子的智力分数（约68%）在正负一个标准差之间，或者说在85到115之间。145分比平均值高3个标准差，获得该分数的学生智力非常高。学生的智力水平参差不齐，这就引出了下一个话题：个体差异。

2. 智力的个体差异

孩子们在解决问题、进行抽象思维、理解复杂思想和快速学习方面的能力各不相同。这些差异稳定吗？**稳定性**①是指一个孩子在某一特质上的水平是否会随着时间的推移而保持不变。就智力而言，在智力测试中得分比同龄人高的幼儿在年龄更大时是否仍然更聪明？

智力的稳定性

一般来说，智力测试分数是人一生中最稳定的心理属性之一。在一项关于智力稳定性的经典研究中，1932年6月1日入学的所有11岁苏格兰儿童都接受了智力测试。69年后，当研究人员用同样的方法对他们重新进行测试时，11岁时的得分与80岁时的得分的相关系数为0.66。这表明从童年中期到成年晚期，他们的得分相当稳定。在测试者90岁时再次进行随访，得出的相关系数为0.54（显然参与测试的人数较少）（Deary，Pattie，& Starr，2013）。

传统的智力测试不在儿童2.5岁之前进行测量，因为年幼的孩子可能不理解问题或无法回答。然而，婴儿完成适应性任务的情况确实可以预测其日后的智力水平（如专栏5-1所示）。一些婴儿可能只需要10秒，而另一些婴儿可能需要40秒才可以在注意力分散之前彻底地探索一幅新图片，或者一些婴儿可能比其他婴儿更容易记住一幅图片。适应任务更快或具有更好的识别记忆能力的婴儿在20年后的智商得分更高，这表明智力具有较高的稳定性（Fagan，Holland，& Wheeler，2007；Kavšek，2004）。适应任务更快可能预示着后来的智力水平更高，因为它反映了一般信息处理能力（如记忆和执行功能）的稳定性。

智力可以改变吗？可以，也不可以。将儿童从极度贫困的环境中（如荒凉的孤儿院）转移到富裕的环境中，可以提高他们的智力（O'Connor et al.，2000）。但旨在提高认知能力的项目，如学前教育项目（如第一章所示）或针对年龄较大的儿童的项目，通常对可测量的智力没有什么长期影响（Sternberg，Grigorenko，and Bundy，2001）。如果学前教育项目是密集的、高质量的，并专注于语言发展，则有证据表明，他们可以将智力测试分数提

---

① 稳定性（stability）：心理学家使用这个术语来描述一种特质的等级排序是否会随着时间的推移而保持不变。

高4~7分，但仅限于低收入、弱势儿童（Protzko, Aronson, & Blair, 2013）；其长期影响尚未得到明确证明。因此，通过强化干预可以在一定程度上提高智力，但随着时间的推移，如果环境没有改善，那么智力往往会衰退。但是，专业知识水平和成就可以大大提高。我们稍后将讨论这些话题。

智力的个体差异预示着什么？

一位喜剧演员曾经吹嘘她有多聪明。虽然她只有42岁，但她的阅读水平却达到了45岁！这个笑话强调了人们对智力的重视。父母总愿意相信他们的孩子有高智商。为什么人们如此痴迷于智力？智力真的会影响孩子的生活质量吗？在一定程度上，智力的确会影响学业成绩，以及生活的其他方面。然而，当你阅读这部分时，请记住，社交和情感上的幸福以及动机（在后面的章节中讨论），可能会对生活产生更大的影响。

学业成绩

学业成绩是通过成就测试和课堂成绩来衡量的。成就测试是一种衡量孩子掌握在学校所学知识的程度的标准化测试。这些考试包括艾奥瓦基础技能考试（Iowa Test of Basic Skills, ITBS）、基础技能综合考试（Comprehensive Test of Basic Skills, CTBS）、大都会成就测试（Metropolitan Achievement Test, MAT）、斯坦福成就考试（Stanford Achievement Test, SAT10，不要与大学入学考试SAT混淆）和州能力测试（state proficiency tests）。

智力测试得分一般与成就测试得分存在高相关性，相关系数为0.70~0.90。智力测试能够用来以0.5~0.6的中等相关系数预测成绩（Kaufman, Reynolds, Liu, Kaufman, & McGrew, 2012; Kubiszyn & Borich, 2003）。平均而言，智力测试得分越高的孩子在学校学到的东西越多，受教育的年限也越长。

> **思考**
>
> 在第一章中，你认识到相关性并不能证明因果关系。因此，尚不清楚以下问题：（1）高智力是否带来高成绩？（2）高成就是否导致高智力？（3）是否还有其他因素导致高智力和高成绩？根据本章和第四章，为上述选项各提供一个案例。

专栏 5-1　　　　　　　　　理论与理论家

习惯化[①]和核心知识[②]

你有没有好奇过婴儿知道什么？仅仅几个月大的婴儿不能通过访谈或问卷接受测试，所以科学家们通过习惯化来测试他们的知识。婴儿看新事物的时间长于看熟悉事物的时间。习惯化是对重复出现或持续呈现的刺激（熟悉的刺激）的注意力降低，这些刺激可能是一张脸的图片或棋盘图。当婴儿的注意力下降到他们第一次注视刺激物的时间的50%时，我们就说他们已经习惯了熟悉的刺激。然后，一个新的刺激被呈现，例如一张不同的脸或有一点不同的棋盘图。通常，当刺激改变时，婴儿的注视时间会增加。这就是所谓的**去习惯化**[③]。我们从习惯化和其他记忆研究中了解到婴儿认知能力的如下几个特点：

---

① 习惯化（habituation）：对连续出现的或重复的刺激的注意力降低。

② 核心知识（core knowledge）：在没有指导的情况下，发展较早且较容易的、先天的、提纲性的概念结构，其在正常儿童中是普遍存在的，但可能需要经验来调整。

③ 去习惯化（dishabituation）：在刺激发生变化后，已习惯化的注意力被更新。

- 婴儿有数字、大小和数量的概念。在婴儿习惯了重复呈现的相同数量的物体后，当呈现不同数量的物体时就会产生去习惯化反应（Gelman & Williams，1998）。
- 婴儿通过类别来对事物进行组织和分类。例如，3个月大的婴儿在熟悉了动物的图片后，看家具图片的时间更长（Haith & Benson，1998）。
- 婴儿能够感知因果序列（Mascalzoni，Regolin，Vallortigara，& Simion，2013）。例如，婴儿习惯了看到一辆玩具车撞向另一辆玩具车并使之移动后，当他们看到一辆玩具车撞到另一辆玩具车但后者几秒钟内都没动（启动被延迟）时，婴儿对这一新奇事件会产生去习惯化，并十分关注（Cohen，Rundell，Spellman，& Cashon，1999）。
- 婴儿知道物体是连续的和立体的。也就是说，他们明白物体不可能自发地出现或消失，也不可能与其他物体共同占据相同的空间（Baillargeon，2008）。婴儿会对不可能事件产生兴趣，比如球从固体物体中穿过并掉下来，或者桌子上的球在桌子移开后不掉下去。婴儿在约3个月大时就能理解物体的永久性，比皮亚杰认为的更早（如图5-1所示）。

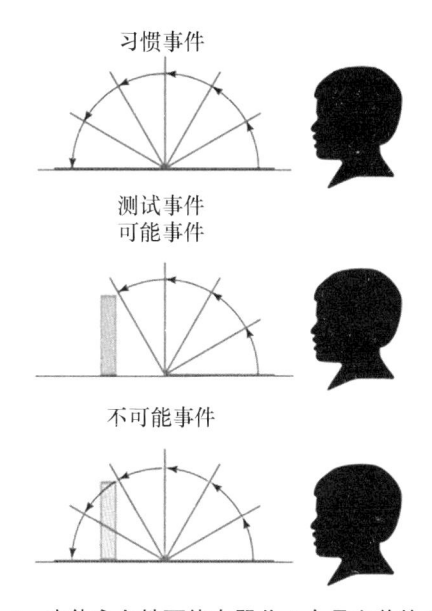

图5-1 客体永久性可能在婴儿4个月之前就已存在

在一项经典的实验中，雷尼·拜爱宗（Renée Baillargeon，1987）使用这种技术来测试3.5～4.5个月大的婴儿是否能够理解客体永久性。首先，婴儿观察到屏幕像书的封面一样来回翻动，就像第一张图那样。这个过程表明屏幕后面什么也没有，且一直持续到婴儿表现出习惯化。然后在屏幕后面放置一个盒子，当屏幕移动到盒子的位置时停止，就像中间的图一样。然后研究人员偷偷地把盒子拿开，屏幕一直往下移动，这在婴儿看来是不可能的。婴儿看最后一幅图描述的不可能事件的时间更长。

资料来源：Baillargeon（1987）。

- 五个月大的婴儿能区分液体和固体（Hespos，Ferry，& Rips，2009）。

婴儿不能正确地推理一切。例如，在某些情况下，他们对悬浮在半空中的物体并不感到惊讶（Baillargeon，Kotovsky，& Needham，1995）。然而，很明显，婴儿对这个世界的了解是惊人的，他们在出生后的头几个月里，在不接触实物的情况下就知道了世界的实在性，这表明了核心知识的存在。什么是核心知识？核心知识是指内部的想法，或概念和原则，是基因预先编程在人类大脑里的。核心知识出现得很早，在正常儿童中是普遍存在的，并且是在正常环境中形成的。它似乎并不依赖反馈或模仿。核心知识似乎可以毫不费力地获得，大概是因为概念结构已经在大脑中，这有助于孩子们在该领域习得新的内容。先天观念不容易被行为主义者或皮亚杰关于认知发展的观点解释（Baillargeon，2008；Gelman，2006）。

先天论者[1]认为，环境在核心知识中扮演的唯一角色是提供最少的经验来触发天赋观念（Newcombe，2002）。然而，大多数心理学家坚持互动论者（interactionist）的观点，即先天和后天都有作用。核心知识可能像肌肉一样具有遗传基础，但会受到经验的影响（Bremner，Slater，& Johnson，2015；Gelman & Williams，1998）。

核心知识领域很少。它们似乎包含了数感，比如理解数量，理解多或少的概念，还有你们在第四章学过的基本算术。它们还包括理解固态物体的物理运动（例如，没有支撑的物体在空间中会掉落，无外力作用下的物体不能穿透其他物体）、非固态物体的物理运动（如沙子和水）（Hespos，Ferry，Anderson，Hollenbeck，& Rips，2016）、手的物理运动（例如，如果手向后弯曲，那么看起来更长）（Longhi et al.，2015）、理解他人的想法（如第九章所示）和语言（如第十二章所示）。大多数知识领域是非核心领域，它们没有固有的结构，是通过经验获得的。这些包括阅读能力、使用计算机软件或下棋的能力。所有正常的儿童都应获得核心领域的知识，但是在非核心领域则有很大的差异。

对生活产生的效果

想想你的亲戚和朋友，是不是聪明的人在生活中更成功？这可能取决于你如何定义成功。高智力儿童更有可能成为收入更高、工作更成功的成年人（Spengler et al.，2015）。对50多项纵向研究的回顾（Strenze，2007）发现，智力可以预测三种衡量成功的指标：受教育程度（相关性＝0.56）、工作地位（0.45）以及收入（0.23）。成绩和父母的社会经济地位也可以预测这些衡量成功的指标，但与智力差不多。智力低下与较弱的心理韧性、较差的健康情况、较高的受伤和死亡率以及较高的精神疾病患病风险有关（Deary，Weiss，& Batty，2010；Der，Batty，& Deary，2009；Wraw，Deary，Gale，& Der，2015）。

什么能预测个体智力的差异？

个体智力的差异可能源于信息加工能力的差异，如工作记忆和信息加工速度，这可能是由于大脑的差异，如树突分支和髓鞘形成的不同。反过来，这些大脑差异可能是由基因引起的。大量证据表明，一般智力，或称 g，在本质上是可遗传的。遗传力的估计值在0.20到0.80之间，并随被研究群体的年龄和环境而变化（Deary，2012）。

图5-2显示了从儿童期到成年早期智力遗传力上升的模式，这虽然有些令人惊讶，但是已经被确认（Briley & Tucker-Drob，2013；Plomin，DeFries，Knopik，& Neiderhiser，2016；Tucker-Drob & Bates，2015）。这是唯一已知的遗传力随年龄增长而上升的特性。这种影响可能是由于基因-环境相关性（第一章）；也就是说，当儿童选择与他们的遗传倾向相匹配的环境时，基因的作用将被放大（Plomin et al.，2016）。

基因影响智力，环境也影响智力。你在第一章中已经了解到，存在多重风险因素的孩子的智力比那些风险因素很少的孩子要低。你在第二章中已经了解到，产前接触过致畸因子

---

[1] 先天论者（nativists）：那些认为核心领域的竞争在很大程度上是先天的，很少受到环境影响的人。

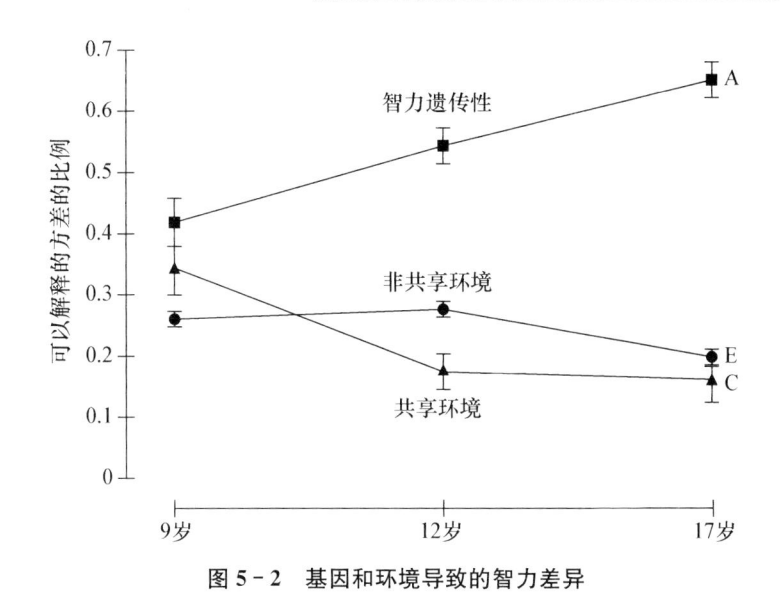

图 5－2　基因和环境导致的智力差异

这项对 1.1 万对双胞胎的元分析显示，智力的遗传力（A）在 8 年内会上升。在非共享环境（E）中智力遗传力比较稳定，在共享环境（C）中智力遗传力变小了。

资料来源：改编自 Plomin，DeFries，Knopik 和 Neiderhiser（2016）。

的儿童智力较低，营养不良的儿童智力较低（Venables & Raine，2015）。你还了解到大脑是通过经验建立起来的。在标准笼子里成长的老鼠大脑发育较差，其解决问题的能力不如关在环境丰富的笼子里的老鼠。事实上，在 1958 年的实验中，研究人员培育的老鼠在迷宫中寻找出路时有的聪明有的迟钝。他们认为这些差异是由育种引起的遗传差异。然而，当他们将迟钝的幼鼠放到丰富的环境中，而将聪明的老鼠放在刺激物少的单调环境中时，差异就消失了（Champagne，2009）。这表明遗传效应取决于环境——你将在第六章了解更多。此外，一些研究者认为基因的作用被高估了，而共享环境的作用被低估了。支持这一观点的证据是，年龄相近的兄弟可能在家庭中共享的环境更多，因此他们在智力上相比年龄相差较大的兄弟更相似（Sundet，Eriksen，& Tambs，2008）。这表明了家庭环境的重要性。

家庭环境

儿童家庭环境的质量可以用于预测其日后的智力水平（Nisbett et al.，2012）。与智力相关的家庭属性包括家庭学习资料（如书籍、杂志、电脑）、亲子对话以及旅行（如参观博物馆等）。例如，一项针对婴儿的经典研究发现，母亲与婴儿交谈的次数可以用于预测孩子 18 岁时的智力水平（Sigman，Cohen，& Beckwith，1997）。通过亲子敏感性和情感也能预测孩子日后的认知能力（Stams，Juffer，& van IJzendoorn，2002）。这种养育方式促进了儿童的安全感和自我调节能力的发展，从而影响他们应对新事物和学习的能力。请注意，这些发现是相互关联的，所以家庭和父母的这些属性可能促进儿童智力的发展，或者聪明的孩子可能促使他们的父母为其购买学习材料并提供良好的教育。

学校教育

孩子在学校的出勤情况也会影响智力。早退、长期旷课和推迟上幼儿园的学生的智力水平低于同龄学生（Ceci，2003；Nisbett et al.，2012）。一些研究表明，那些一开始智力一般但由于生病或频繁搬家而缺课的孩子，随着缺课次数增多，智力会下降。学校教育对认知能力的影响是许多专家反对使用预备测试来阻挡儿童入学的原因之一。那些被认为还没有准备好上学的孩子最需要上学。

3. 智力的群体差异

智力的差异是基于性别、社会经济地位还是基于文化？下面将讨论智力的群体差异，以及测试偏向和IQ分数上升的趋势。

性别

性别差异在一般智力得分中很少被注意到（Nisbett et al.，2012）。然而，在空间能力测试中，男孩的得分几乎比女孩高一个完整的标准差，尤其是在心理旋转（mental rotation）方面（Halpern et al.，2007）。心理旋转是根据图5-3所示的任务来测量的。事实上，有证据表明，早在3个月大时，男婴在心理旋转方面的能力就优于女婴（Quinn & Liben，2008）。这种优越的空间能力可能解释了男性在一些科学领域的更高成就。在这些领域，男孩往往比女孩有更高的测试分数，效应量从0.10到0.35不等（Ganley, Vasilyeva, & Dulaney，2014）。

为什么男孩有更优越的空间能力？一个可能的原因是他们更喜欢玩空间玩具，比如拼图和积木（Jirout & Newcombe，2015）。这种游戏训练有一定的效果。事实证明，训练可以提高空间能力，平均效应量为0.47。这种改善会持续几个月，并能够从训练转移到其他情况（Uttal, Meadow, et al.，2013；Uttal, Miller, & Newcombe，2013）。训练包括射击动作视频游戏、计算机培训和折纸（Feng, Spence, & Pratt，2007；Jaušovec & Jaušovec，2012）。空间能力很重要，因为它可能影响职业选择。空间能力强的青少年比其他学生更有可能继续在科学、技术、工程和数学领域开展研究（Wai, Lubinski, & Benbow，2009）。

> **思考**
>
> 那些学习音乐的孩子往往比其他孩子的智力更高。根据你对智力的了解，你认为更高的智力是上音乐课的原因还是结果？还可能涉及哪些其他因素？你能从基因-环境相关性的角度解释一下音乐课和智力之间的关系吗？

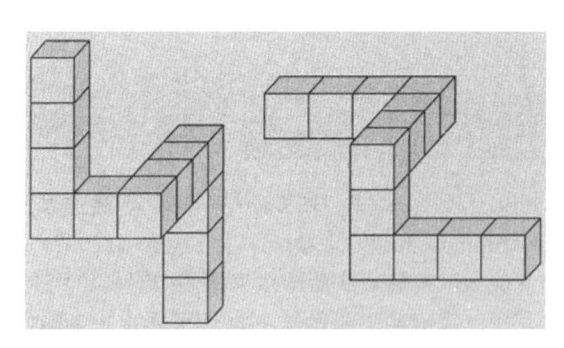

图 5-3 心理旋转的例子

孩子们会被问及左边的图形和右边的图形是否相同。这就要求他们在脑海中旋转这些图形。你能做到吗？
资料来源：Halpern（1992）。

> **大脑研究**
>
> **男孩的大脑 vs. 女孩的大脑**
>
> 男孩在高阶数学和视觉旋转方面优于女孩,这是否是因为大脑的差异?神经科学的一种理论认为,导致胎儿分化为男婴和女婴的荷尔蒙也会导致他们的大脑发育不同(Valla & Ceci, 2011)。这似乎是可信的。然而,目前没有可靠的证据表明男性和女性大脑的结构差异与特定性别的能力差异有关(Fine, 2010)。这一事实并没有阻止许多被创造出来但却是错误的、延续了刻板印象的主张,例如男性的"左脑"使他们在科学精确度上优于女性。

请记住,这些差异源于许多男性和女性的平均值,而非个体。此外,重要的是要知道,除了空间能力,其他能力性别差异很小;男孩之间和女孩之间的能力差异比男孩和女孩之间的性别差异大得多。

社会经济地位

中和高社会经济地位的儿童在智力方面的得分往往要比低社会经济地位的儿童高得多(Englund, Luckner, Whaley, & Egeland, 2004; Nisbett et al., 2012)。事实上,一项针对14 000多对双胞胎的研究发现,在2岁时,智力测试中来自低社会经济地位家庭的孩子比来自高社会经济地位家庭的孩子的得分低6分左右,到16岁时,差距约为16分(von Stumm & Plomin, 2015)。社会经济地位是如何影响智力的?在第一章中,你了解了家庭投资模型和家庭压力模型。家庭投资模型表明,孩子缺乏物质或社会资源会导致低质量的家庭学习环境(例如更少的书、更少的对话、更少的刺激和更多的惩罚),这反过来又预示着儿童更低的智力。家庭压力模型表明,低社会经济地位会导致父母养育子女的质量下降,这也预示着儿童的低智商。此外,低社会经济地位的儿童往往会面临大量影响智力的风险因素。

与贫穷有关的风险因素十分强大,以至于其能够抑制高智力的遗传性。例如,一项研究发现,在7岁的贫困儿童中,基因几乎没有造成智力的差异,但共享环境造成了60%的差异(Turkheimer, Haley, Waldron, D'Onofrio, & Gottesman, 2003)。优势儿童的情况则相反。也就是说,低社会经济地位儿童的智力遗传力更低,高社会经济地位儿童的智力遗传力更高。在另一项研究中,对于婴儿也发现了同样的模式(Tucker-Drob, Rhemtulla, Harden, Turkheimer, & Fask, 2011)。这种模式表明,当环境富裕时,遗传倾向会表现出来,但当环境非常贫困时,几乎所有人的智力水平都较低;高能力的遗传倾向往往不会表现出来。

> **思考**
>
> 想想你认识的最聪明的人。描述让你相信他聪明的品质或行为。这表明了你个人对智力构成的观点。

种族

不同种族的孩子在智力测试中的平均分不同。在美国,欧裔美国儿童和亚裔美国儿童的平均智力得分在100到102之间。非裔美国儿童是87~90分;拉美裔美国儿童的得分在白人和非裔美国人之间。记住,这些都是平均分数,而非个人得分。

如何解释种族间智力测试分数的差异？对此没有一个明确的解释（Hunt & Carlson，2007）。专家们一致认为，没有证据表明可以从基因角度加以解释（Nisbett et al.，2012）。也许这种差异是由社会经济地位造成的，因为非裔和拉美裔儿童的社会经济地位往往低于亚裔或欧裔美国儿童。也许是由于学习机会的不同：当不同群体有平等的学习机会时，种族差异可能会消失（Fagan & Holland，2007）。也许是由于刻板印象的影响，这是指一种由于害怕自己的表现会证实消极刻板印象而产生的表现不佳的倾向。这将在第十三章中加以讨论。

文化

不同的文化对不同的智力成分的重视程度各不相同。有些民族文化认为思维速度是智力的一部分，而另一些文化则认为缓慢、深思熟虑的思维是智力的一部分（Sternberg et al.，2001）。一些岛屿文化重视在没有电子设备的情况下在公海航行的能力，而大多数美国人会发现这种能力毫无用处。因此，智力是嵌在文化背景中的。

这些文化差异影响对智力的测量。简单地将测试翻译成另一种语言并不一定能使它在另一种文化中成为有效的测试。智力测试提出问题和任务。一个人能否成功解答，取决于他是否理解问题，是否已经有了处理问题的策略，或者是否已经知道答案。文化背景对智力测试的影响可以尽可能地减少，但无法消除。

规避文化差异的测试，如通用非语言智力测试（the Universal Nonverbal Intelligence Test）或瑞文渐进矩阵测试（the Raven's Progressive Matrices）（如图5-4所示），减少了对语言的依赖。举个例子，瑞文矩阵显示缺了一块的图形，并要求孩子们圈出能够填补该图形空缺的最佳图案。请注意，我们并不将其称为无文化差异测试；到目前为止，还没有这样的测试存在。即使是这个测试也需要一种从左到右、从上到下识别图形的思维模式。拥有这种思维模式并习惯于观察二维图形的儿童比没有这种经验和文化背景的儿童更具有优势。然而，一些非语言智商测试被不当地宣传为是无文化偏向的。

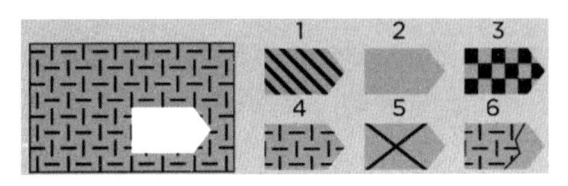

图5-4 瑞文测试项目的示例

从右边的图形中选出能够填补左边图形中空缺部分的选项。试试这个题目吧。在你看来，这是否消除了文化的影响？

资料来源：Bukatko（2008）。

测试偏向[①]

智力测试被指责存在偏向性，因为一些群体的平均得分低于其他群体。在一场考试中，由于考生的性别、社会地位、文化背景或其他与考试目的无关的属性而产生不公平的结果时，就存在测试偏向。如果测试包含特定文化的内容，它就可能是有偏向的。不同的文化对体育运动（如篮球或橄榄球）、音乐（如歌剧或嘻哈）和休闲活动（如打桥牌或打扑克）的了解可能有所不同。当测试引用特定文化的内容时，可能对某些参与测试的人员不利。

[①] 测试偏向（test bias）：测试对一组的有效性低于另一组。预测偏差是指对于两组得分相同的人，其预测结果并不相同。

今天的高质量标准化考试没有明显带有偏向的题目，因为来自不同背景的专家小组会检查每一道考试题目。然而，尽管专家们能够识别出那些可能冒犯某些群体的题目，但他们却不善于区分那些实际上带有偏向的题目。在一个案例中，一名法官审查了两项智力测试中的所有题目，在咨询了专家后得出结论，其中八道题目可能存在偏向。后来的分析显示，它们中没有一个是有偏向的——这些题目对于白人儿童和黑人儿童并没有什么不同（Warne，Yoon，& Price，2014）。识别有偏向的题目较困难，所以如今所有高质量的标准化测试都会屏蔽针对不同特定群体时答案有所不同的题目，这些不同的群体包含男性与女性、黑人儿童与白人儿童。

一种重要的测试偏向类型是预测偏差，它指的是两组在测试中得分相同的人是否被预测出会获得同样的结果，比如成绩或上大学的概率。不同的专家一致认为智力测试没有预测偏差。事实上，在一些标准化测试中，对于分数相同的黑人和白人，黑人被预测会得到更好的结果（Berry & Zhao，2015；Warne et al.，2014）。

注意，预测偏差是技术定义，与不公平不同。如果一组得分持续高于另一组，那么它不一定表明测试是不公平的。相反，它可能证明在学习机会（opportunity to learn）和学校质量方面存在不公平，历史上一直以来，非裔和拉美裔美国孩子的学习机会和学校质量都较差。但是，如果测试对某些群体的影响是负面的，那么它是否公平呢？这是教育工作者、律师、法官和立法者都在努力探究的问题。

同群效应——不断提升的智力

你可能会惊讶地发现，今天年轻人的平均智力比他们的祖父母高。研究人员詹姆斯·弗林（James Flynn）记录了全球智力得分上升的模式，这种模式现在被称为**弗林效应**[①]（Trahan，Stuebing，Fletcher，& Hiscock，2014）（如图5-5所示）。例如，美国的数据显示，1900年至2012年间，人们的智力得分提高了约30分。这是大约两个标准差的巨大进步，这意味着2012年人们的平均智力高于1900年95%的美国人（Winer，2013）。弗林（2007）研究了许多国家类似的数据，包括所谓的发达国家和不发达国家。这种效应甚至适用于婴儿和学步期儿童，他们如今在婴儿智力发展测试中的得分高于几十年前的同类群体（Lynn，2009）。弗林效应适用于所有群体，但黑人儿童的智力提高速度高于白人儿童，因此在过去几十年中，他们之间的智力差距缩小了约5个百分点（Dickens & Flynn，2006）。

然而，正如弗林（2007）所指出的那样，如果真正的智力提高如此之快，那么当代人的表现应该远远超过上一代人，祖父母应该无法在谈话或智力活动上赶上孙辈。对年轻人来说，还没有出现如此巨大的优势。他指出，在抽象推理测试中而不是其他类型的智力测试中，智力得分的上升幅度要高得多，比如"狗和兔子有什么共同之处"这个问题，正确答案是它们都是哺乳动物。这种分类思维——哺乳动物既包括狗也包括兔子——是许多科学推理的基础，这在今天比过去更普遍。弗林认为，在1900年，最常见的答案是你可以用狗来猎兔子。

没有人知道是什么导致了弗林效应，但可能的因素包括环境的变化，如营养改善、儿童疾病减少、现代生活的复杂性上升、城市化、社会经济地位提高、家庭规模缩小、正规教育增加，以及父母对儿童更加关注（Colom，Lluis-Font，& Andres-Pueyo，2005；Gauvain & Monroe，2009；Pietschnig & Voracek，2015）。

[①] 弗林效应（Flynn effect）：世界范围内智力得分的增长模式。

> **思考**
> 你的童年和你祖父母的有什么不同？你认为这些差异中哪些可能导致弗林效应？

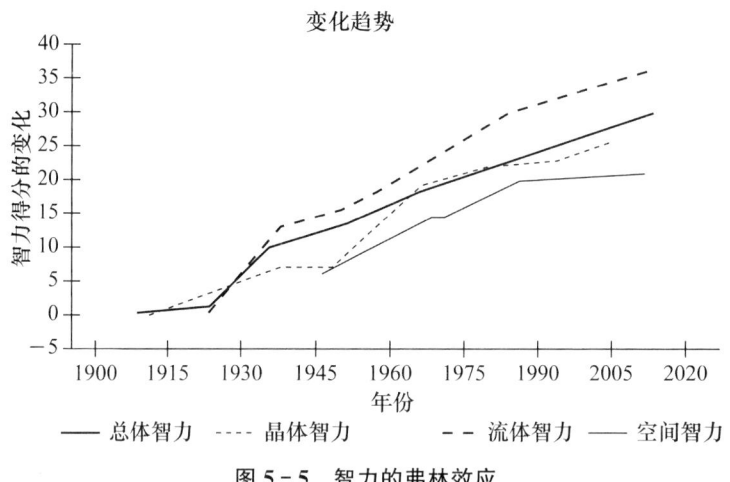

图 5-5 智力的弗林效应

这项元分析的数据显示，自 1909 年以来，人类的智力水平不断提高。哪方面的智力提高最快？
资料来源：Pietschnig 和 Voracek（2015）。

4. 智力的课堂启示

虽然你的学生的智力水平会影响他们在课堂上的表现，但重要的是认识到智力不是影响学习和成绩的唯一因素。其他影响因素包括先前的经验和知识、社会经济地位、学业成绩的文化价值、文化资本、自我控制和动机。此外，教育工作者应该了解并公开评价学生的各种能力。有时老师甚至不知道学生的天赋和技能。理解加德纳的多元智能理论可以帮助你认识和重视不同的能力。

课堂教学中的多元智能

以下是源于加德纳模型的两条建议：

（1）了解孩子们不同的智力特征。帮助个别学生发挥长处取得成功，并促进其弱项发展。举个例子，让我们来看一个学步期儿童的课堂。

> 2 岁的怀亚特（Wyatt）有很高的身体/动觉智力。怀亚特能单脚站立准确地将球踢过房间。他的同学嘉娜（Jana）做不到这一点，但是她有很高的逻辑/数学智力。她已经能准确地数到 20 了。他们老师的教学目标是帮助每个孩子更好地学习数数。他们让怀亚特把泡芙球扔进桶里，同时让他从 1 数到 10。而当嘉娜往桶里扔更多泡芙球时，他们鼓励嘉娜继续数到 25。这样既能拓展孩子的能力，又能发挥他们的长处。

（2）根据你的教学目标，设计能调动多种智力的课程。例如，假设你的教学目标是让学生理解第一次世界大战。你可以让学生写一篇分析文章，分析 1918 年流感大流行时的人口增长趋势和受害者人数，以及它们是如何影响战争、导致战争结束的。或者，学生们也可以制作追踪战争进程的地形图，在利用视觉空间和身体运动智能的同时，增进对战争的理解。你不要试图在每一节课中都运用所有的智能，但你可以在几项任务中运用各种各样的智能——只要它们能帮助达到教学目标。

以下是加德纳告诫你要避免的两种对他理论的误用：

（1）避免将智能与领域混淆。生物学是一个领域，但不存在生物智能。与掌握生物学相关的智能包括语言智能、逻辑/数学智能、空间智能和自然智能。每个领域都可以利用多种智能。此外，像空间智能这样的特定智能可以与多个领域相关，如运动、缝纫或汽车机械。

（2）避免混淆智力和学习方法。智力是一种能力，不是学习的技巧。例如，像怀亚特这样拥有身体/动觉智力的孩子，不一定能通过运动获得最好的学习效果。他们有能力以复杂的方式运动，但这并不意味着他们可以通过运动更好地了解美国的历史。

加德纳的模型很有价值，因为它扩展了理想的课程形式。传统的课程强调阅读、写作和计算，主要使用两种类型的智能：语言智能和逻辑/数学智能。学校强调写作、计算、分析、比较、对因果关系的说明和对方程式的理解，而不强调熟练的动作、创作或欣赏音乐、理解他人，这些也不是国家能力测试的一部分。一门重视多元智能的课程将支持智能的多元性。例如，每所小学将会有一名以上的流动的美术老师和一辆美术车。

你可能会教授不同智力水平的学生，他们想要利用自己的优势来完成作业。例如，在高中化学课上，一些学生问老师他们是否能用图表来做论文作业。老师表示同意，但同时让他们告诉她图表表明了什么。然后她说："好的，把这些写下来。"这通常会使那些没有语言特长的学生写出一篇更好的论文。每当她的学生要求以不同的方式做作业时，她都会问他们认为作业的目的是什么，以及他们的替代方法是否能达到这个目的。如果可以，她就让他们尝试。

智力测试和课堂

在教学中进行智力测试的两个主要目的是筛出需要特殊教育的学生——包括天才儿童和智力障碍儿童，以及筛查**学习障碍**①（如专栏5-2所示）。虽然智力测试是有用的，它能够帮助教师判断学生的情况，但不应该仅仅依据一次测试的结果做出判断。有很多这样的故事：孩子们在常规课程中表现不好，但由于他们的智力测试得分较高而无法获得补习；还有一些孩子在项目中表现出超常能力，但由于智力测试得分较低而不能获得超常教育。除了智力测试之外，还应该参考多种因素，如讨论、作业或标准化成绩测试中显示的能力。

专栏 5-2　　　　　发展中的挑战

学习障碍

学习障碍是指"在理解或使用语言（口语或书面语）时的一个或多个基本心理过程中出现的障碍。这种障碍可能表现为听、思考、语言表达、书写、拼写或数学计算上的不足"（*Individuals with Disabilities Education Act*，2004）。学习障碍在不同的州有不同的定义，但在过去，最常见的定义聚焦在智力与成绩的差异上，即主要关注低于基于孩子的可测量智力的预期成绩。这一定义是基于这样一种假设，即有学习障碍的学生在认知上不同于成绩低且智力低的学生。它也基于这样一种假设，即他们在认知上不同于那些因为

---

① 学习障碍（learning disability）：学生的学习成绩与其智力水平不符，或者是对针对其他大多数学生有效的教学缺乏反应。

缺乏指导或动机不足而获得低成绩的学生。然而，目前还不清楚这些认知差异究竟是什么。大多数研究表明，学习成绩差的学生与被诊断为有学习障碍的学生没有什么不同。

这些关于学习障碍诊断的问题引出了干预反应（response to intervention，RTI）模型（Fletcher & Vaughn，2009）。在这种模型下，如果学生不能从大多数学生所获得的教学中进行学习，他们就被诊断为有学习障碍。因此，糟糕的教学并不能成为对他们低成绩的解释，而学习障碍可能是低成绩的原因。这些有学习障碍的学生可能需要特殊的干预。

关于学习障碍的关键事实（Cortiella & Horowitz，2014）有：

- 根据美国国家教育统计中心（the National Center for Education Statistics）的数据，有学习障碍的儿童是接受特殊教育的学生中人数最多的一类。2013年，这一数字为224万人，占接受特殊教育的学生总数的35%（相比之下，自闭症学生占8%，情感障碍学生占6%）。
- 根据《残疾人教育法》，约5%的公立学校学生被认定有学习障碍。
- 近年来，有学习障碍的学生的数量有所下降。
- 2/3的有学习障碍的学生是男性。
- 有学习障碍的学生通常智力一般或高于平均水平；因此，学习障碍与智力缺陷无关。
- 学习障碍最常见的特征是阅读困难。

实践介入——如何帮助有学习障碍的学生

这个问题的答案取决于你的学生需要干预反应模型的三个层次中的哪一个。在第一层次，向所有学生提供高质量的、基于证据的教学，并经常对学生进行评估，以确保他们的学习是充分的。在第二层次，课堂上的干预被用来提高特定的低成绩学生的成绩。在第三层次，为对第二层次干预没有反应的学生提供更密集的小组或一对一服务。佛罗里达的一项大型研究表明，干预反应模型与有学习障碍的学生的数量的减少和其阅读分数的提高有关（Torgesen，2009）。然而，对该模型持批评态度的人认为，这种模型未经证实，不能说明所有学生都能从中受益；他们声称一些有智力障碍或情绪障碍的学生可能被误认为有学习障碍（Reynolds & Shaywitz，2009）。

二、天资和专长

在比尔·盖茨上8年级时，他所在的学校开办了一个计算机俱乐部。盖茨回忆说："他们在这个有趣的小房间中的电脑终端上投入了3 000美元，尔后该终端为我们所用。"从那一刻起，盖茨几乎住进了电脑室。不久，一家公司问该计算机俱乐部是否愿意试用公司的软件，以换取免费的电脑使用时间。当然可以！放学后，盖茨乘公共汽车去了这家公司的办公室，花了很长时间编写程序，一直编到晚上，以赚取他的免费电脑使用时间。1971年，盖茨和他的朋友们在7个月的时间里花费了1 575个小时在大型计算机的使用上，平均每天8个小时，每周7天。"这令我痴迷，"盖茨谈起他的高中早期生活时说，"我不参加体育运动，我晚上去那里。我们在周末编程。一周的工作时间大都多于20个小时，甚至是30个小时。[转引自Gladwell（2008，pp.50—55）。]

第五章 认知能力：智力、天资和成绩

教育的核心目标是提高学生的专长。但怎么做到这一点呢？研究表明，投入练习的时间是至关重要的，就像比尔·盖茨一样。专长需要正确地反复练习。对于游泳运动员来说，这可能意味着每一个正确的转身。对于一个正在学习说话的学步期儿童来说，这可能意味着要不停地说话，直到老师最终能够听懂。对于老师来说，这可能意味着练习上课和寻求反馈。

有些人认为专长与遗传而非实践有关。毕竟，有些孩子不是天生就有才华吗？难道他们不觉得成为专家很容易吗？答案取决于你对专长和天资的理解。

专长是指拥有高水平的技能或知识。天资也指有很高的技能水平，但它通常指自然的或天生的能力。一些科学家拒绝这种天资的概念。他们说天资不仅仅是与生俱来的，它还是刻苦练习的结果。这并不意味着儿童之间没有先天差异，而是先天差异并不是专长不同的唯一解释。

1. 天资和专长的年龄趋势

天资被定义为在某些活动中比同龄人拥有更多的技能，这种技能不会随年龄增长发生变化。在某些领域，至少需要10年的高强度实践，天资才能达到国际化的或卓越的专业水平（Ericsson & Ward, 2007）。这适用于国际象棋选手、音乐家、作曲家、作家和科学家。因此，一个人不可能在十几岁之前就达到卓越的水平，而只能在中年甚至中年以后达到。

某些天资或专长与年龄有关，因为起步较晚可能会阻碍专长向世界级水平发展。例如，一些滑冰教练认为，如果希望成为一名专业滑冰选手，那么8岁是最晚开始学习滑冰的年龄（Starkes, Deakin, Allard, Hodges, & Hayes, 1996）。所以，如果从18岁开始练习，那么10年的实践可以造就一个非常有能力的滑冰运动员，但不是一个世界级的滑冰运动员。然而，在某些领域，起步晚并不是障碍，而是必要的。例如，伟大的外科医生不会在8岁时就开始做手术。

2. 天资和专长的个体差异

从定义上讲，天资是一种个体差异。也就是说，有些孩子在某一领域比其他孩子更有天赋。让我们看看天资和专长对儿童意味着什么，以及天资可能来自哪里。

专长的个体差异预示着什么？

专长会产生一些明显的结果。比同学拥有更多专长的年轻人能表现出更高的水平。他们的技能可以使他们在音乐或技术上有新的创造，或者在科学博览会、体育比赛或智力竞赛中获胜。在SAT考试中表现出超常的语言或数学能力的孩子，到中年时更有可能发表论文或获得发明专利（Lubinski, Benbow, & Kell, 2014）。另一个结果是自我享受，因为专长可以带来内在的回报。擅长微积分的学生可能非常喜欢微分方程。擅长艺术的学生可能喜欢制作雕像。

专长的一个不太明显的结果是专长所属领域的思维和记忆能力会得到增强。例如，专业儿童棋手对象棋棋子图案的记忆比成年初学者准确率更高。研究人员向专业儿童棋手、专业成年棋手和成年初学者展示棋盘上棋子的图案，然后移开棋盘并要求参与者重现棋子的图案（Schneider, Gruber, Gold, & Opwis, 1993）。如果棋子排列为现实棋局，那么专业儿童棋手比成年初学者更能记住棋子的排列，他们与专业成年棋手记得一样好。研究人员用非棋子和随机排列的棋子重复了这项研究。专业儿童棋手和专业成年棋手、成年初学

者对相应图案的记忆同样糟糕。所以专业棋手的优势只在于有意义的棋局，他们对随机模式或非象棋项目的记忆能力并不强。

对专家的研究也表明，专家能够识别初学者无法识别的模式（Chi，2006）。他们能为问题提供更好的解决方案，而且更快、更准确。从如何解决数学问题到如何管理行为不端的学生，专家能比非专家提出更好的策略。当然，一个关键问题是，专家何以成为专家？

什么能预测专长的个体差异？

把天资作为专长的发展进行研究的人往往把能力看作实践的结果。相比之下，把天资作为天赋的某一方面进行研究的人倾向于认为能力是与生俱来的。一些人认为天资的概念是具有破坏性的，因为如果人们相信他们要么生来就有天资要么没有，那么这可能会阻止那些没有明显天资的人进行足够的练习从而成为专家。你的观点是什么？在你最有才华的朋友中，他们自己的特殊天资是习得的，还是与生俱来的？研究表明，天才是多年有意识的练习、基因、个性以及与天资有关的身体特质（高度、力量）共同作用的结果（Hambrick et al.，2014；Mosing，Madison，Pedersen，Kuja-Halkola，& Ullén，2014；Ullén et al.，2016）。教师最能影响学生的部分是有意识的练习。接下来，让我们讨论一下这个问题以及预测专长的其他因素。

刻意练习①

刻意练习对专长的发展至关重要。刻意练习是指专门为提高能力而设计的活动，并且它有如下特点：(1) 以目标为导向；(2) 需要努力和专注；(3) 要求教师组织实践、分析成效、提供反馈；(4) 包括不断细化的重复；(5) 不具有内在的激励性。

在一项经典的研究中，科学家选择了西柏林音乐学院学习小提琴的学生作为研究对象，其中包括很可能将会在德国最好的乐团演奏的卓越的小提琴家（Ericsson，Krampe & Tesch-Römer，1993）。他们几乎是在同一时间开始学习的，而且都至少花了10年的时间练习小提琴，但他们的专长、在音乐比赛中的成绩以及对音乐的了解都存在很大差异。

最好的学生更有天资吗？是的，如果你把天资定义为专长的话。然而，如果你把天资定义为天生的能力，那么就不清楚他们是否更有天资了。很明显，这两类人在刻意练习（不仅仅是玩，还有刻意的练习）方面有所不同。最好的学生练习得最多。同样的模式也出现在他们18岁之前的练习经历中（如图5-6所示）。最优秀的学生平均练习7 410小时，而成绩较差的学生平均练习3 420小时。与其说最好的学生"更有天资"，不如说最好的学生多练习了数千个小时，对吗？其他研究已经发现，高水平的专长需要扩展性的练习，就像比尔·盖茨的故事所表明的一样（Jabusch，Alpers，Kopiez，Vauth，& Altenmüller，2009）。想象一下，如果你的学生每天花4个小时学习一个主题，那会怎么样？

练习在所有领域的技能发展中都扮演着重要的角色。让我们以阅读为例。虽然阅读练习可能不具备刻意练习的所有属性，但它会影响以后的专长。有些孩子进入幼儿园前，已经和父母一起进行过1 000多个小时的故事书阅读。幼儿园的其他孩子可能只进行过10到20个小时的阅读（Adams，1990）。这些孩子在入学前的阅读技巧方面有不同水平的专长。阅读练习总量上的差异会在学校生活中体现出来。尽管5年级学生平均每年阅读100万字

---

① 刻意练习（deliberate practice）：专门为提高能力而设计的活动，这些活动通常需要一定的努力，使用专门的设施或材料，并需要专家的反馈。

左右的文本，但个体差异很大。有些人宁愿打扫房间也不愿读书。年轻人读得越多，阅读能力就越强。这种阅读练习上的差异可以解释本章开篇小故事中的亚历克斯和查克在同音异义词测试中表现出的差异。

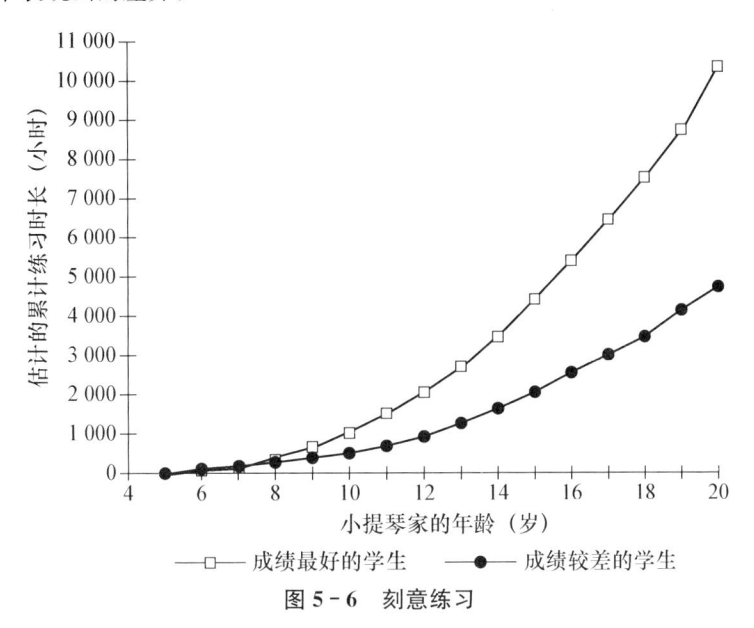

图 5-6 刻意练习

成绩最好的学生和成绩较差的学生练习小提琴的总小时数。
资料来源：改编自 Ericsson，Krampe 和 Tesch-Römer（1993）。

时间的使用

一项针对在艺术、体育、音乐、数学和科学方面有天资的青少年的经典研究发现，他们在时间的利用方面很自律（Csikszentmihalyi，Rathunde，& Whalen，1993）。例如，他们进行更高效的活动，比其他青少年花更少的时间与朋友出去玩。他们浪费的时间更少，也明白出去玩不会促进技能的发展。

基因与先天能力

一些国际象棋专家需要更多的练习时间来达到精通的层次，而一些练习国际象棋的孩子不会成为大师。对于专长来说，也许练习是必要的，但还不够（Hambrick et al., 2014）。研究表明，在某些情况下专长来自环境间的交互作用（例如，练习、向专家学习）和基于遗传的倾向（Ullén et al., 2016）。

动机

动机是发展专长的关键因素。成为专家的孩子可能有更强的动力去提高技能和更大的意愿去进行练习。虽然让一些孩子练习很难，但让有天资的孩子放弃练习可能也很难。我们认识一个在数学上有天资的 4 年级男孩，他从公共图书馆借到了代数书。他的母亲让他按时上床睡觉很费劲，因为他会央求着再做一道题。然而，研究人员还不能确定这种动机究竟来自哪里。遗传的天资和实践练习可能是有联系的。也就是说，学习最努力和最早开始学习的孩子之所以会这样做，是因为他们有更多的能力。

还记得 2 岁的怀亚特和嘉娜吗？怀亚特的父母都是运动员，三个哥哥姐姐都是狂热的足球爱好者。他从出生起就参与足球游戏。他惊人的踢腿力量是由于练习，还是因为他遗传了身体/动觉智力？同样，嘉娜的父母都是数学老师。她非凡的计数能力是因为一个与数

学相关的丰富环境为她提供了很多练习的机会吗？还是因为她继承了逻辑/数学智力？这可能是实践、基因和动机相互作用的结果（回顾第一章的基因-环境相关性）。

3. 天资和专长的群体差异

不同的文化对诸如数学或艺术等特定领域天资的重视程度有所不同。这反映在哪些天资得到发展，专长如何被教授，以及儿童在什么年龄开始练习。例如，中国儿童从小就被教导如何创作中国传统水墨画。他们描绘竹子、金鱼、公鸡等，普通的中国孩子也很擅长这种艺术（Winner，1996）。在这方面，与美国儿童相比，中国儿童表现得更有天赋，因为中国文化强调艺术，而美国文化并非如此（如图5-7所示）。类似地，和柏林或多伦多的棋手相比，莫斯科的棋手加入国际象棋俱乐部时的年龄更小，这反映了国际象棋在俄罗斯的价值（Charness，Krampe，& Mayr，1996）。与其他年轻的小提琴手相比，接受铃木小提琴教学法培训的日本儿童表现得更有天赋。在文化中受到重视的天资往往在儿童较小的时候就被发掘，儿童由此得以花更多的时间加以练习。

图5-7　6岁中国儿童的艺术作品

这是一幅典型的、并非有天赋的6岁中国儿童所画的水墨画。传统绘画是一种在中国文化中受到重视的技巧，在孩子尚年幼时被直接教授。
资料来源：Winner（1996）。

另一个关于文化如何影响天资的例子是非裔美国青年的体育运动。历史上非裔美国人对棒球非常感兴趣。20世纪70年代初，非裔美国人在美国职业棒球联盟中占据了25%的席位。到2012年，这一比例已降至9%（Lapchick，2012）。与之形成鲜明对比的是，目前美国全国篮球协会（NBA）中有80%是黑人。今天，和棒球相比，非裔美国青年更有可能发展出篮球方面的天资，因为篮球在他们当前的文化中更受重视。

4. 天资和专长的课堂启示

在学校中，天赋通常被界定为学习天才和高智商，但这只是天资的一种形式。天资可以包括任何领域的突出才能。不具备高水平一般智力的学生也可以有某些领域的专长。

尽管有证据表明，与其他有学习天赋的学生在教室中共处会使他们受益，但关于如何教育有学习天赋的学生，一直存在着分歧（Winner，2000）。基于此，大多数学校都有英才项目。你也许会被要求提名一些学生参与此类课程。注意，给每个人一个公平的机会。研究表明，拥有黑人教师且在测试中获得高分的黑人学生被给予资优服务的可能性是他们没有黑人教师时的3倍（Grissom & Redding，2016）。

无论学校是否直接支持把有天赋的学生聚在一起学习，这一情形都会在高中阶段通过诸如微积分班、大学先修课程班和荣誉班等高级班的形式间接出现。大学预科课程允许有学习天赋的学生在高中时参加高级课程的学习以获得大学学分。对于在学习上天赋异禀的学生而言，大学先修课程有助于增加他们在学校的学习乐趣。参加先修课程的学生表示，缺乏挑战性的非先修课程令人痛苦，而先修课程是他们的最爱。与不参加先修课程的天才同伴们相比，他们对学校的知识氛围更加满意，并会在未来 15 年内接受更多教育（Bleske-Rechek，Lubinski，& Benbow，2004）。因此，先修课程是一种大规模的、为学习天赋出众的年轻人提供的、与其能力相称的课程模式。

对天资的研究对你的课堂教学有一个重要启示，那就是你需要说服学生，使他们相信专长需要刻意练习。如果学生认为才能是天生的，那些生来有天赋的人不需要刻苦练习，他们就会减少努力。要反驳这种观点并帮助所有学生（无论是否有天赋）发展专长，请遵循以下指导方针：

（1）提供用于练习的时间。学生如果不投入时间，就无法获得技能。为了帮助 2 岁的怀亚特学习数学技能，他的老师除了让他投掷泡芙球之外，还为他提供了许多练习的机会，比如数零食、用木块做模型、唱歌（"五只小猴子跳上床……"）。但是，只投入时间还不足以帮助个人发展出专长。

（2）确保练习是经过深思熟虑的。给学生需要努力和专注的有挑战性的复杂任务。提供反馈，让学生了解成功需要什么。确保有充足的材料和设施可用。

（3）帮助学生获得参与刻意练习的动机。动机将在第十三章中讨论。

（4）向学生解释刻意练习的重要性。分享拥有极优秀天资且有高强度练习的人的故事——从比尔·盖茨到迈克尔·乔丹，再到莫扎特。也可以举一般人的例子，如一位老师举了一个关于在韩国出生的学生学英语的例子。这名学生在韩国上小学的时候决心学习英语，于是每天学习 7 个小时英语，最终拥有了相当熟练的语言技能！

专家教学

专家型教师是后天培养的，而非天生如此。你可以将刻意练习的准则应用到你自己的教学技能上。你的刻意练习包括参与（不仅仅是出席）研讨会、观摩其他教师的课堂、基于反思修改课程计划和练习授课。反馈对于刻意练习至关重要。因为教学往往是私人性质的，所以你们需要共同努力从观察者那里得到反馈。在中国，教师通过在其他老师面前给学生上公开课的方式进行练习（Han & Paine，2010）。他们会认真、具体地准备所要说的话和布置给学生的任务。他们预测学生可能会有的错误理解，并准备好恰当的回应策略。他们从观察者那里得到反馈，这些反馈包括对学生的反应和错误理解所进行的较长时间的讨论。

纽约市的一所学校采用了类似的方法。由几个老师共同设计一门课程，观察彼此的教学，讨论如何实施教学，改进课程后再次尝试。其中可能有 20 名教师观摩了修改后的课程并给出了反馈（Kenny，2012）。一位名叫彼得（Peter）的数学老师说，这种做法改变了他过去的教学方式："我过去习惯于直接告诉学生数学公式。一些学生学会了，另一些则没有。现在，我促使他们发现和深入理解概念，从而使他们能够推导出公式。"（请注意这句话中的建构主义。）他所有的学生都通过了国家能力考试；学生们认为考试比他们的课堂作业更容易。公开课有助于授课老师和观摩的老师提高教学能力。

表 5-2 展示了专家型教师和新手教师的差异。专家型教师倾向于关注学生的深度学习，而新手教师更关注行为（Wolff，van den Bogert，Jarodzka，& Boshuizen，2015）。专

家型教师能提高学生的成绩，而这是我们的下一个主题。

表5-2 专家型教师和新手教师的特点

专家型教师	新手教师
关注学生的学习	关注学生的行为
感知班级中个体的独特性	把班级感知为一个整体
使用独特策略以满足不同个体的学习需求	对整个班级进行统一教学
设计不同的策略，包括多种示范	使用单一策略
制定长期和短期计划	只关注短期计划
擅长使学生的思考过程外显，从而发现其理解的不足之处	忽视学生未能理解（所授内容）的表现
呈现一个关注重复主题的课堂	课堂缺乏组织，从一个主题跳到另一个主题，没有中心
觉察问题的深层结构	对问题的感知流于表面
如有需要，可对课程进行调整和修改	在授课期间难以修改教学安排

资料来源：改编自 Hogan 和 Rabinowitz（2009）；Hogan，Rabinowitz 和 Craven（2003）；Wolff 等（2015）。

三、成绩

> 11月的一个早上，在一场学生地理知识竞赛（Geography Bee）* 中，我听到出身优越的年轻人把牙买加当作太平洋的某个岛屿。之后，他们为自己的无知向老师辩解道："我们不需要在简单的记忆上浪费时间，我们更愿意把时间花在更高层次的思考上。"但是第二天下午，我注意到，学习微积分的学生表现出了令人目眩的数学技巧。再之后，当我阅读学生所写的文章并意识到即使是最优秀的学生也没有完全掌握基本的语法、标点符号用法和拼写规则时，当许多学生漫不经心地告诉我，甚至吹嘘他们从未完整地读过一本书时，我感到无比震惊（Burkett，2001，p. 310）。

以上内容来自新闻记者埃莉诺·伯克特（Elinor Burkett，2001）的观察，她曾花费一整年的时间观察明尼阿波利斯地区（Minneapolis）一所普通的城郊高中。无论教育者还是社会大众，都对如何解释极差或极好的学业成绩很感兴趣。

学业成绩[①]通常以两种方式衡量：（1）老师给的成绩等级或者平均学分绩点（grade point average，GPA）。这种成绩比较主观，因老师、学校和地区不同而有差异。也就是说，学生在某所学校或某位老师那里，可能比在其他地方更容易拿到"A"。（2）标准化测试分数。标准化测试中每个人都使用完全相同的测试材料、测试时间、考试指导和评分标准。标准化测试能够对由不同老师教授、在不同学校和地区的学生的知识掌握情况进行比较。前文提到的成绩测试，比如 ACT（American College Test）、SAT（Scholastic Assessment Test）这样的大学入学考试都是标准化测试。成绩测试不同于智力测

---

* Geography Bee 是主要针对小学生和中学生的地理知识竞赛。在美国，这一竞赛一般由4～8年级学生参加，各学校校内比赛时间为12月至次年1月；4月，来自各州100所学校的获胜者将参加州级比赛，获胜者将于5月在华盛顿参加为期2天的全国总决赛。——译者注

① 学业成绩（academic achievement）：一种基于成绩等级或标准化测试的对知识掌握情况的测量结果。

试，它们被设计用来测量学生对已经学习了的知识的掌握情况，而不是学习的能力。但两者难以区分，就像你之前学到的那样，它们有密切的关联。

在教学中，老师时常以他们自己对学生成绩的评估而非学生在标准化测试中的表现作为基础做教学计划，比如学习活动的内容、类型和难度。教师的评估准确度如何呢？基于大量研究的元分析发现，教师评定的成绩和标准化测试分数的平均相关系数为 0.63（Südkamp, Kaiser, & Möller, 2012）。这意味着二者之间有部分重叠，它们衡量的表现有一定相似性但并不等同。

1. 成绩的年龄趋势

标准化测试通常针对各年级定制，所以它们无法用于揭示年龄趋势。然而，从 6 年级到 12 年级的成绩呈下降趋势。这种下降在重要的过渡期尤为明显，比如从小学到初中或者从初中到高中的过渡期（Eccles et al., 1993; Ryan, 2001）。部分原因或许在学生身上，尤其是少数族裔学生（如第六章所示）会觉得新学校的老师对他们的关心不如以前学校的老师。还有一部分原因或许是高年级对学生个人责任感和组织能力的要求提高了——要求学生独立自主地完成家庭作业、按时上课、注意作业提交时间和按时完成任务（Gregory, 1995）。

2. 成绩的个体差异

学生的学业成绩存在差异。这种差异是相对稳定的，并且能够预测学生之后的结果，例如退学。

成绩的个体差异的稳定性

还记得在你 1 年级时成绩最好和最差的人是谁吗？如果你待在同一个学区，那么你可能会看到这些同龄人的学习状态保持到了高中。成绩等级在童年时期往往趋于稳定，无论是用平均学分绩点来衡量还是用标准测试分数来衡量（Ladd & Dinella, 2009; Mok, McInerney, Zhu, & Or, 2015）。也就是说，在某一年龄段成绩优异的儿童可能继续保持优异的成绩，但这并不意味着儿童是一成不变的。尽管学业成绩相当稳定，但一些学生的成绩还是会发生变化。

成绩的个体差异预示了什么？

一定程度上，等级和测试分数反映了有意义的知识，获得高学业成绩便是知识自身的奖励。丰富的知识帮助儿童成为更好的公民和更好的问题解决者。优异的成绩同样为接受大学教育打开了机会的大门，而高等教育则是获得需要高级训练、社会地位高的工作的一条途径。研究显示，和成绩较差的学生相比，成绩优异的学生更可能在事业上获得成功，并获得更高的收入（Lubinski et al., 2014; Ritchie & Bates, 2013）。

你也许会感兴趣的是，大学成绩同样能用于预测职业生涯的成功。大学成绩和成年人的薪水、晋升、工作表现、在研究生院的成就有从低到中等程度的关联，对专业成绩的预测力最强（Roth, BeVier, Switzer, & Schippmann, 1996）。

相反，早在小学阶段，低学业成绩就与退学存在关联。当同时存在诸如低课堂参与度和低父母期望值等因素时，这种关联尤为明显。留级也是低学业成绩的后果之一，而留级也与之后的退学有关，即使留级发生在 1 年级（Stearns, Moller, Blau, & Potochnick, 2007）。反过来，退学和更低的薪资、更高的对福利的依赖度和更高的犯罪率有关（Alexander, Entwisle, & Kabbani, 2001)。

低学业成绩还有一种特殊的形式——**学业成绩滞后**[①]，它同样和消极后果有关。学业成绩滞后是指学生获得的成绩大大低于拥有相似认知能力的其他学生。研究发现，后进生（underachievers）更少参与课外活动，更多进行约会，和父母的关系往往极其亲密或极其疏远。他们高中毕业后第一份工作的收入更低，在大学里待的时间更少，在工作中的晋升更慢，更换工作更频繁，更有可能离婚（McCall, Evahn, & Kratzer, 1992）。但是，有一些后进生在高中后可以追赶上与他们能力水平相当的同龄人。这些人可能有更高的教育抱负，父母受教育水平更高，在学校中的成绩不太差劲。他们可能是例外，对大多数学生而言，学业成绩滞后可能是长期性的。

> **思考**
> 老师给的成绩和标准化测试得分存在一定的关联，两者的差异是什么？它们测量的对象是相同的吗？智力可能会怎样影响两者之间的联系？

成绩的个体差异的影响因素

多种因素共同作用于儿童在学校的学业成绩，包括儿童自身、家庭、文化和学校等。在前几章中已经涉及一些影响因素，在后续章节中你会读到更多相关内容。例如，第六到十一章会提到有助于儿童获得更高学业成绩的影响因素，包括儿童自身的情感和社交能力。儿童的行为如在学校的不良行为、低出勤率、低作业完成度、不及格、不期望完成高中学业、脱离学校教育等也会导致学业上的失败（Lucio, Hunt, & Bornovalova, 2012）。

一些家庭特征和儿童的学业成绩有关。母亲抑郁、父母滥用药物、家庭压力和家庭投资都与儿童的成绩挂钩。频繁搬家导致换学校，也能够诱发低自我控制、更严重的注意力不集中和冲动等行为（Friedman-Krauss & Raver, 2015; Ziol-Guest & McKenna, 2014）。第一章提到风险因素的累积预示着儿童更低的学业成绩，在第六章你们将会学到亲子间的安全性依恋与更高的学业成绩相关。在第七章，你会了解到父母的教养方式和训导与儿童学业成绩相关。此外还有其他影响因素，如父母离异、社交技能和动机，这些会在之后的章节中探讨。这样，你将在全书中不断探讨家庭特征、儿童问题与儿童学业成绩的关系。

3. 成绩的群体差异

性别、社会经济地位和种族也与学业成绩有关，其中社会经济地位的影响最大。让我们从性别差异开始谈起吧。一些流行的书籍宣称男孩在学校没有得到公正对待，另一些书则认为受到不公正对待的是女孩。男女的学业成绩有何不同呢？

性别

在所有年级，女孩获得的分数往往都比男孩更高，包括数学和科学；尽管效应量很小（0.23），但它是持续的（Valla & Ceci, 2011; Voyer & Voyer, 2014）。女性在语言课程上的优势要大于在数学和科学课程上的优势。这种优势已存在一百余年，也就是说，这并非媒体炒作所说的"男孩的新危机"。女孩们往往在语言标准化测试中获得更高的分数，但男孩在一些数学考试中表现更好，尤其是 SAT 数学考试。在数学测试的高分段，男生数量更多（Stoet & Geary, 2015）。男性在数学上的优势在需要空间能力的项目上更为显著，而女

[①] 学业成绩滞后（underachievement）：在标准化测试中所获得的分数远低于认知能力相近的其他学生。

性在需要写作的项目上优势显著（Halpern et al.，2007）。和男性相比，女性通常完成更多的家庭作业，这或许可以解释在成绩上的性别差异（Gershenson & Holt，2015）。然而，性别差异通常很小，而社会经济地位的差异则很大。

社会经济地位

大量研究显示，低社会经济地位的儿童的平均成绩低于高社会经济地位的儿童（Sirin，2005）。在第一章你已经了解到，早在幼儿园时期社会经济地位的影响就已出现，并且这种影响随着年龄的增长逐渐变大。例如，在一项研究中，75%的中上收入家庭的儿童在入学前已习得非正式的算术知识（见第四章），然而低收入家庭的儿童拥有这一知识的仅占7%（Case，Griffin，& Kelly，2001）。当他们进入学校时，贫困儿童的数学和阅读能力更低，无法跟上那些不贫困的儿童（Pianta，Belsky，Vandergrift，Houts，& Morrison，2008；Votruba-Drzal，Li-Grining，& Maldonado-Carreno，2008）。这些不同可能受到母亲学历的影响，拥有大学学历的母亲，其孩子进入幼儿园时具备更强的学习技能，并且入学后能学得更多。

社会经济地位造成的成绩差距在各个国家都存在（Akiba，LeTendre，& Scribner，2007）。国际学生评估项目（The Program for International Student Assessment，PISA）在世界范围内多个国家监测发现，在美国，社会经济地位造成的成绩差距处于较为适中的水平；一些国家的差距则更大或更小。在多个国家，父母的受教育程度而非收入更能预测儿童的学业成绩。

社会经济地位是如何影响儿童的学业成绩的？在第一章提到过两种可能的解释，即家庭压力模型和家庭投资模型。社会经济地位通过父母的抚育质量、父母的收入及受教育程度所提供的机会（如买书、参观博物馆和旅行）发挥对儿童的影响作用。但是，一些高社会经济地位的家长并不为儿童提供类似经历，而一些低社会经济地位的家长却能有所提供。有助于提高学业成绩的家庭活动包括给孩子读书、讨论复杂话题、在教堂做礼拜、辅导家庭作业、去图书馆、鼓励儿童取得成就。高收入家庭和低收入家庭都可以做这些事，所以一些低社会经济地位家庭的孩子也能在学校表现优异，而一些来自高社会经济地位家庭的孩子却表现不佳。

贫困家庭中孩子的低成绩部分是因为家庭因素，还有一部分原因是在学校中拥有更少的学习机会。高质量的教师是学习机会的关键部分（O'Connor & Fernandez，2006）。贫困的孩子拥有能够有效呈现信息和利用时间的高水平教师的概率更低。优秀的教师也具备有关儿童发展的知识（Darling-Hammond，2007）——所以继续读下去吧！一所学校拥有的优秀教师比例越高，学生的测试分数也就越高。图尔克（Tuerk，2005）估计在一所有400名8年级学生的学校里，优秀教师人数每增加一个百分点，能通过能力测试的学生就会增加10~20个。

不幸的是，当一所学校中贫困生的比例上升时，由不合格的教师授课的班级数量在该地区的比例也随之上升（Tuerk，2005）。因此，教育不公平进一步扩大了高社会经济地位和低社会经济地位学生在家庭资源上的差异。在那些把优秀教师分配给最贫困学生的国家里，社会经济地位造成的学业成绩的差异则较小（Akiba et al.，2007）。

社会经济地位造成的成绩差异比黑人和白人儿童间成绩的种族差异更大（Reardon，2011），但是种族差异仍然存在，接下来我们会进一步了解这种差异。

种族

所有种族都有一些儿童在学校表现良好。但是，在第一章提到过，在美国，不同种族

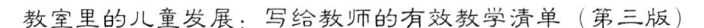

群体之间的学业成绩存在巨大的平均差异。从幼儿园到高中，平均而言，亚裔学生往往有较好的成绩，非裔和拉美裔美国学生的成绩相对较差（Palacios, Guttmannova, & Chase-Lansdale, 2008; Raudenbush, 2009），而白人学生介于前述两者之间。平均而言，17岁的非裔或拉美裔美国学生的数学和读写能力与13岁的白人学生相同（Rampey, Dion, & Donahue, 2009）。美国国家教育进步评估的实施组织对4年级、8年级、12年级学生的成绩进行了超过35年的追踪调查。调查发现，黑人和拉美裔学生的成绩从20世纪90年代末起开始提升，这使得成绩差距有小幅缩小。毕业率同样发生了变化。在全国范围内，非裔美国人的毕业率约为50%，拉美裔学生的毕业率为53%，白人学生的毕业率为75%（Orfield, Losen, Wald, & Swanson, 2004）。

成绩的种族差距引发了社会正义和公平问题。为什么会存在这种差距？数十年来，研究者试图回答这一问题，教师努力去缩小差距，而联邦政府宣布这种差距是非法的。但差距依然存在。这说明差距并非由单一的重要因素造成，而可能是多种细微因素共同作用的结果。一个原因是社会经济地位和种族相互联系。不同研究一致显示，贫困学生往往是少数族裔学生（Kim & Sunderman, 2005）。也就是说，造成成绩差距的社会经济地位因素，很大程度上也能解释成绩的种族差距。

诸如专注、坚持和组织等课堂技能也可以在一定程度上解释儿童的成绩差距。一项全国范围的针对读写能力的研究发现，具备这些课堂技能的儿童能够学得更多。非裔美国男孩往往学业成绩最差，但具备专注、坚持和组织能力的孩子可以取得与社会经济地位高的、来自具有更好的读写环境家庭的孩子相似的成绩（Matthews, Kizzie, Rowley, & Cortina, 2010）。这些课堂技能可以在家中习得，只有很少的遗传基础，因此你可以让学生在你的课堂上接受这些技能的训练（Roisman & Fraley, 2012）。通过本书你将学会如何提升学生的认知、情感和社交技能。

另一个合理的解释是，那些非裔、拉美裔、亚裔及土著美国学生占多数的学校往往过于拥挤，缺少课本，缺乏优质师资（Darling-Hammond, 2007）。少数族裔学生也可能从老师那里体验到更严厉的管教，察觉到更低的期望（O'Connor & Fernandez, 2006; Stinson, 2006; Wiggan, 2007）。例如，一项研究显示，黑人和拉美裔学生注意到老师的偏心，老师对少数族裔学生成绩的期望大大低于对能力相同的白人和亚裔学生的期望（McKown & Weinstein, 2008）。

其他的合理解释在第一章已经有过讨论。回顾一下，一个解释是不同种族的学生得到的学校文化资本不同，即学校为学生提供的学习机会和在体制内流动的能力不一样。例如，不论标准化测试分数如何，非裔、拉美裔、亚裔及土著美国学生更易从荣誉班或大学先修课程班中离开，部分原因是他们缺乏指导教师和关于学校文化资本体系如何运作的知识（Darling Hammond, 2007）。另一个解释是文化错位（cultural mismatch），即家庭和学校的语言、叙述方式不相容。那些家庭和学校文化兼容度更高的学生，在取得高的学业成绩方面占据优势。

那些能够把低社会经济地位和非裔、拉美裔、亚裔及土著美国学生教好的老师往往非常有趣而又要求极严。例如，位于洛杉矶东部的加菲尔德高中（Garfield High School）以拉美裔学生为主，它在使学生通过微积分等大学先修课程考试方面获得了巨大的成功。老师杰米·爱克兰特（Jaime Escalante）在其中发挥了巨大的作用，而他的故事被改编为电影《为人师表》（*Stand and Deliver*）。他所教的学生的学业表现超过了国内所有其他平民区的高中。"全美在微积分AB考试（一般等级考试）中取得3分及以上成绩的墨西哥裔学生中，有27%来自加菲尔德高中；在微积分BC考试（更高级的考试）中取得3分及以上成绩的墨西哥裔学生中，有22%来自加菲尔德高中"（Mathews，1988，p.301）。这一大学先修课程分数为1～5分，3分即为通过，所获的合格分数为大多数学院和大学所承认。通过发展作为教师的专长，你个人也可以帮助缩小不同群体间的成绩差距，而这也是本书想帮助你做的事情。

跨国比较

有两套标准化评估系统用于在世界范围内多个国家和地区中进行比较，分别是国际学生评估项目（PISA）和国际数学与科学趋势研究项目（Trends in International Mathematics and Science Study，TIMSS）。TIMSS每四年实施一轮，主要测试4年级和8年级学生的数学与科学成绩。PISA每三年实施一轮，评估对象为15岁学生。表5-3列出了12个参与TIMSS和PISA测试的国家和地区。根据2011年TIMSS的结果，美国4年级和8年级学生在数学和科学上的成绩超过了平均水平，但远不如大多数亚洲国家和地区与许多欧洲国家。有趣的是，对工业化国家和地区而言，学生的成绩与花费无关，美国在每个学生上的花费要高于许多在测试中取得更好成绩的国家和地区。

表5-3　12个国家和地区的数学成绩排名

国家和地区	排名		
	TIMSS 4年级	TIMSS 8年级	PISA 15岁
澳大利亚	9	8	7
芬兰	5	6	4
中国香港	3	3	2
意大利	8	10	10
日本	4	4	5
韩国	2	1	3
新西兰	11	11	6
俄罗斯	6	5	11
新加坡	1	2	1
瑞典	10	9	8
土耳其	12	12	12
美国	7	7	9

背景为灰色的数据来自TIMSS 2011和PISA 2012。表中12个国家和地区均参加了两种评估。
资料来源：OECD PISA 2012 Database和TIMSS 2011 International Results in Mathematics。

国家（地区）之间的成绩差异出现得更早。早在幼儿园时期，中国的儿童已经具备了比美国孩子更强的数学技能（Siegler & Mu，2008）。在20世纪80年代，芬兰的学校只是中等水平，但很快就在类似PISA和TIMSS的测试中达到了国际顶尖水平（如表5-4所示），这也导致了对芬兰学校的广泛关注。芬兰成功的一个关键因素是芬兰的学生学得较多，而且差异较小（大部分学生都做得较好）；而美国学生学习成绩平平且差异很大（有较大比例的低分学生）。亚洲和芬兰学生表现更好的可能原因是什么呢？研究者提出了一些可能的解释：

表 5-4　各国和地区 4 年级学生在国际数学与科学趋势研究项目（TIMSS）中的科学成绩

国家和地区	量表平均得分		4 年级学生科学成绩的分布
韩国	587	●	
新加坡	583	●	
芬兰	570	●	
日本	559	●	
俄罗斯	552	●	
中国台湾	552	●	
美国	544	●	
捷克	536	●	
中国香港	535	●	
匈牙利	534	●	
瑞典	533	●	
斯洛伐克	532	●	
奥地利	532	●	
荷兰	531	●	
英国	529	●	
丹麦	528	●	
德国	528	●	
意大利	524	●	
葡萄牙	522	●	
斯洛文尼亚	520	●	
北爱尔兰	517	●	
爱尔兰	516	●	
克罗地亚	516	●	
澳大利亚	516	●	
塞尔维亚	516	●	
立陶宛	515	●	
比利时	509		
罗马尼亚	505		
西班牙	505		
波兰	505		
TIMSS 量表得分中心点	500		
新西兰	497		
哈萨克斯坦	495		
挪威	494	○	
智利	480	○	
泰国	472	○	
土耳其	463	○	
格鲁吉亚	455	○	
伊朗	453	○	
巴林	449	○	
马耳他	446	○	
阿塞拜疆	438	○	
沙特阿拉伯	429	○	
阿拉伯联合酋长国	428	○	
亚美尼亚	416	○	
卡塔尔	394	○	
阿曼	377	○	
科威特	347	○	
突尼斯	346	○	
摩洛哥	264	○	
也门	209	○	

● 得分显著高于 TIMSS 4 年级量表中心点的国家和地区

○ 得分显著低于 TIMSS 4 年级量表中心点的国家和地区

成绩所处百分位
5th　25th　75th　95th

均值95%的置信区间（±2个标准差）

你会如何描述美国的成绩分布？
资料来源：TIMSS 2011 International Results in Science。

- 在成绩方面，亚洲的父母更强调努力而非天生的能力（如第十三章所示），所以亚洲学生学习得更多。
- 和美国相比，数学能力在亚洲更受重视，亚洲的儿童在数学练习上花费了更多的时间。与之相反，从幼儿园开始，美国老师花费更多时间在阅读而非数学上（Claessens，Engel，& Curran，2014）。

- 亚洲的儿童在学校和课堂任务中都花费更多的时间,他们也常常被送进课后补习班。恰好相反的是,和其他高分国家相比,芬兰学生在学校花费的时间更少。
- 通常那些使用高风险测试(high-stakes tests)的国家的学生有更好的学业成绩(Fuchs & Wößmann,2007;Rindermann & Ceci,2009),但芬兰在没有高风险测试的情况下获得了高分(Sahlberg,2011)。
- 在芬兰,教学是十分理想的职业。只有大概10%的求职者能进入教育领域,他们必须完成一篇基于研究的硕士论文(Sahlberg,2011)。
- 和美国相比,芬兰和亚洲教师教学的时间更短,有时间更认真地打磨自己的课程。

教师拥有教学专长也是学生能取得良好成绩的关键原因。一项经典研究比较了美国和亚洲的5年级数学课堂(Stevenson & Stigler,1992)。在亚洲的课堂上,教师带着不同尺寸的容器进教室,询问学生哪个容器可以装下最多的水。孩子们的意见无法达成一致,于是老师询问他们该如何解决这个难题,他们建议把水放在容器里加以测量。之后,学生分小组进行操作,然后一起在黑板上用图表归纳结果。教师对他们所做的进行评价,并由此介绍图表的概念,在这节课结束前再次提出最开始的那个问题。而在美国的课堂上,教师需要先把部分学生送出教室去参加乐队或其他活动后,才能和留下的学生一起上数学课。首先,他重温前一天所留作业中的一个问题,然后让学生安静思考书上的一个新任务,教师则在安静的教室中来回走动。这些差异体现了两种文化的不同特点。许多(47%)美国5年级的课堂会被无关的活动打断(例如,展示午餐的选择),然而只有0～10%的亚洲课堂会这样。

亚洲的老师一天只教课3到4小时,大概占据教学工作日50%～60%的时间。每天余下的时间用于做其他任务和精心筹备第二天的课程。亚洲的专家型教师会指导新手教师。教师也会和同事一起工作,使课程计划更趋完善。与之相反,美国的教师在课堂上花费了太多时间,只有很少的可自由支配时间。美国的课程也是"一寸深,一里宽"(an inch deep and a mile wide),也就是包含了太多的主题但都流于浅表(Stedman,1997)。

4. 成绩研究的课堂启示

我们可以从对不同国家学生的学业成绩的比较研究中加以学习。例如,美国的教师可以通过精心打磨课程来提高教学水平,但是美国的学校也不必模仿那些与自身文化不相容的国家的方式。我们也可以从关于社会经济地位和种族对成绩差异的影响的研究中获得启示。教师应该更关注学生的文化资本,找到方法去帮助那些仅拥有有限资源的学生。有时,提供文化资本就像帮助学生在下一年进入合适的班级一样简单。也可以向学生解释成为消防员、教师或者律师需要具备什么技能,或是提供诸如电脑和书本这样的学校资源从而让学生可以在学校的任务中取得成功。

研究已经识别了影响学生学业成绩的多种学校因素。在这一章前面的部分,你已经学过刻意训练和反馈对于培养专长是至关重要的。接下来,我们将对七种与学业成绩相关的其他学校因素展开讨论,这些因素分别是考试、学习技巧、任务时间、家庭作业、留级、班级规模和高风险测试。

考试

在第四章你已经学过,学生能够更好地记住他们被测试过的内容,你可以通过频繁的测试加强学生的学习(Brown, Roediger, & McDaniel, 2014)。这些测试不需要评分,但学生要努力回答,否则,当他们听到答案的时候很可能认为自己已经学会了。你可以用纸笔测试，也可以把问题投影在屏幕上，让学生用电子点击器作答。你可以在几天中使用相似但不完全相同的测试项目（间隔练习）。使用不同的词汇，这可以避免学生只记下答案而不能理解概念，并帮助他们将理解迁移到不同的情境中，这有助于提升他们的后续表现（Glass & Sinha，2013）。考试能够提高所有年龄段学生的表现（Lipowski，Pyc，Dunlosky，& Rawson，2014）。学生往往认为重复学习比考试更有效，但通常并非如此。

学习技巧

这或许会让你吃惊，但很多学生都没有形成良好的学习技巧。你可以教学生一些有效的学习技巧从而提高他们的学业成绩（Dunlosky et al.，2013；Pashler et al.，2007）。你应该教什么技巧呢？研究给出了以下建议：

（1）自我测试。这可以帮助学生确定他们是否理解并记住了所学的内容，这可能会比重复阅读对概念产生更深入的理解。延迟的自我测试是最好的。教你的学生在学习后稍等片刻再进行自我测试，而不是在学习后立即测试。

（2）间隔或分散地练习而不是填鸭式地用功。死记硬背对学习成绩的提高和长期保持没有什么作用。

（3）询问和回答与学习材料有关的复杂的或深层次的问题。例如是什么导致了 X 的发生？如果发生的是 Y 又会怎样？X 和 Y 有什么异同？例如，一个学生试图理解地球与太阳的距离不会导致地球上季节的形成，那他可能会提出类似"在北半球，冬天和夏天中午的影子有什么区别？为什么？"这样的问题。

一些常见的学习技巧，比如强调和凸显，或者仅仅是重新阅读，并不是特别有效。

任务时间

任务时间（time-on-task）或学业学习时间，是指剔除出勤时间、闲逛时间、午餐时间、休息时间、空想时间等时间之后，学生在学校用于学习的时间。因此，任务时间比为特定主题预留、分配的学习时间要短得多。在控制了先前的成绩（这一变量）后，任务时间与儿童学业成长体验有关（Pianta，Belsky，Vandergrift，Houts，& Morrison，2008）。在美国的学校里，任务时间往往很短，而且班级之间差异很大。

非任务时间（off-task time）的出现可能是因为学生无法控制他们的注意力。这也可能是学生蓄意破坏的结果，例如学生为了避免讨论课程主题而让老师谈论他/她的约会生活。非任务时间也可能是教学质量差的结果。在一所初中，我们观察到一位老师在 50 分钟的课堂上花了 40 分钟复习作业指导书，比如分析每个部分能得多少分数，如果晚了要怎么提交，等等，而没有讲授任何实质内容。相反，另一位老师让孩子们一进教室就在课桌上解决几何问题。当大多数人都完成时，她让三个学生在黑板上解同一道题。在班上，他们比较不同的方法，讨论更好的解法。老师示范如何解题，学生模仿如何解其他的题。50 分钟内只有 5 分钟时间用于讨论下一个任务。我们还观察到，在一个幼儿园，一个 3 岁的男孩被要求反复阅读一本关于飞机的书。第一位老师仅是逐字读，第二个老师则帮他数了数那一页上的 7 架飞机。第二位老师提供了更多的时间进行数学学习。一般来说，学龄前儿童会花将近一半（44%）的时间在非教学活动上，比如排队洗手（Early et al.，2010）。因此，一个关键的课堂变量——作为教师的你，将直接影响任务时间。

增加任务时间的一个方法是在放学后或在暑假提供学习指导。有证据表明，如果这些干预措施能很好地与高质量的课程一同实施，就可以提高学生的成绩（Bergin，Hudson，Chryst，& Resetar，1992；Zvoch & Stevens，2013）。

家庭作业

家庭作业对提高成绩有促进作用吗？或许不像你想的那样确切。成绩与家庭作业之间的关系很复杂，例如，勤奋而能力低下的学生可能会做大量的家庭作业，但仍获得较低的分数。一些能力强、成绩好的学生吹嘘说他们几乎不做家庭作业；他们在公共汽车或者在轻松无聊的课上便能完成作业。还有一些人上了好几门先修课程，做大量的家庭作业。总体而言，研究显示，幼儿园到6年级学生的成绩和家庭作业几乎没有关系，初中、高中学生的成绩和家庭作业始终保持正相关（Cooper, Robinson, & Patall, 2006；Eren & Henderson, 2011）。家庭作业对数学成绩的影响比对其他学科的影响更大。

如果家庭作业质量高且支持课堂学习目标，那么作业就更有效。也就是说，作业不是忙碌的工作，而是有趣且需要集中注意力进行思考的，但并不会困难到学生弄不清该做什么（Dettmers, Trautwein, Lüdtke, Kunter, & Baumert, 2010；Rosario et al., 2015）。高质量的作业可以作为强化训练。

家庭作业可能会过量。条件优越、学生成绩优异的高中被报道平均每晚留给学生的家庭作业耗时超过3小时。这些学生往往忙于学业，也被报道学习压力大、睡眠情况差、身体健康存在问题，没有足够的时间与家人和朋友在一起。正如一位学生所说的："如果我在1:30之前睡觉，那么我会觉得我在放松，或者只是在等着以后的某个晚上把自己搞得一团糟……没有休息！从来没有！"学生们把一些家庭作业描述为"浪费时间"、"琐碎"、"重复"和"无须动脑"的任务（Galloway, Conner, & Pope, 2013）。

全国家长教师委员会（Parent-Teacher Association，PTA）、全国教育协会（National Education Association，NEA）和研究人员建议，2年级学生的家庭作业应为每天花费10~20分钟，3~6年级学生的家庭作业每天花费30~60分钟较为合适（Cooper & Valentine, 2001）。他们没有对初中和高中提出具体的建议。综上所述，正如马尔扎诺（Marzano, 2007, p.71）建议的那样：

- 给年龄小的学生布置更少的家庭作业。
- 家庭作业的数量不应该成为家长或学生的负担。这可能需要教师之间的沟通。
- 家庭作业应该有明确的学习目的。

留级

学校旨在提高低分学生学习成绩的方法之一是让他们重读一个年级。有些人认为，留级是一种"时间的礼物"，使发育迟缓的儿童能够赶上他们的同龄人。其他人认为留级对儿童是一种伤害，因为它被视为惩罚，让儿童感到自卑。相关研究如何看待留级呢？

留级对之后的辍学和升入大学的更低可能性有预测作用（Alexander et al., 2001；Ou & Reynolds, 2010）。除了先前存在的问题外，留级也预示整个小学阶段中持续恶化的成绩、焦虑的加剧、破坏性行为和注意力不集中的时间增多。然而，这项研究是相关性研究，因此尚不清楚是否是留级导致了这些行为和成绩问题。

留级生更有可能是男性，并具备其他风险因素，如低社会经济地位、低出生体重和较差的社交能力（Pagani, Tremblay, Vitaro, Boulerice, & McDuff, 2001）。少数族裔学生比白人学生更有可能留级，随后辍学。

一项针对在1年级留过级的学生的研究发现，在接下来的4年里，他们的成绩有所提高，但他们的进步也被削弱了，这显示了一种失败-成功-失败的不健康模式，但他们通过3年级水平测试的可能性也更大。他们的多动症减弱了，学习信心有所增强（Hughes,

Chen，Thoemmes，& Kwok，2010；Wu，West，& Hughes，2010)。在幼儿园多待一年意味着学生毕业时可能是 19 岁，而不是 18 岁，而年龄更大是不能毕业的一个风险因素。

因此，留级作为一种代价高昂的干预措施（每年每名学生约花费 12 400 美元），大多数情况下收效甚微（Allen，Chen，Willson，& Hughes，2009；Cham，Hughes，West，& Im，2015)。无论是否留级，苦苦挣扎的学生可能都需要更集中、更有针对性的支持。

班级规模

一些研究发现，12~17 个人的小班与学生的小学和中学成绩有关。学生在小班上课时间越长，影响越大。然而，一些研究发现这种影响只发生在 1 年级，且主要是针对学习优良的学生[1]。其他研究发现，小班教学的积极影响主要存在于低社会经济地位的学生和非裔美国学生身上（Winne & Nesbit，2010)。此外，并不是所有的研究都能发现积极的影响，而且已发现的积极影响是微乎其微的（Whitehurst & Chingos，2011)。这种影响可能很小，这是因为在教师从大班转到小班时，他们并不会对自己的教学方法有多大改变（Winne & Nesbit，2010)。这种微弱的积极影响在那些无法雇用额外的合格教师（由于教师短缺）和缺少教室的地区或许无法推广。有这些限制的地区或许会通过在教室中增加教师来"缩小"班级规模，也就是用 30∶2 代替的生师比 15∶1 的生师比。在这种情况下，教师或许只是转变为一次教 30 名学生而不改变教学方法——两位教师一位做文书工作，另一位则负责教学（Graue，Hatch，Rao，& Oen，2007)。因此，小班教学可能有时会有帮助，但与提高成绩没有紧密联系（Finn et al.，2001)。

高风险测试[2]

为了提高所有学生的成绩，缩小低社会经济地位和少数族裔学生与一般学生的成绩差距，联邦政府要求学校对所有学生进行测试，以确定差距是否正在缩小，并确保所有学生在核心内容上具备相应年级水平的熟练程度。高风险测试旨在为提高成绩创造强有力的激励。根据考试成绩，一所学校会被认定为需要改进的学校或每年取得进步的学校。当一所学校被认定为需要几年甚至更长时间来改进时，可能会被施以严厉的措施，如更换教师、为学生提供转学的选择，甚至改由州政府或其他团体接管该学校。这是一个基于标准的改革范例，试图通过制定标准并让教育工作者负责实施这些标准来提高学生的成绩。

在一些州，考试对学生来说并不是高风险的，因为对于拿到低分的学生不会有什么事发生。学生们几乎没有理由为考试而努力。然而在其他州，考试对学生而言风险很高，因为如果他们没有达到特定的分数，就不能毕业或升级。

这种方法有效吗？截至目前的数据表明，美国国家教育进步评估中数学和阅读成绩有小幅提升，但这并不足以弥补成绩差距（Lee，2008)。被认定为需要改进的学校往往招收的主要是贫困的或非裔、拉美裔、亚裔及土著美国学生。相比阅读，高风险测试的方法对数学更有效，对小学生比对中学生更有效。有人认为，处于熟练边界的儿童正在慢慢发展，但拥有更高和更低成绩的学生则没有变化（Porter & Polikoff，2007)。通过提高教师资格标准、促进专业发展和增加学校资源来应对问责制测试的州取得了更大的成功（Lee，2008)。

你可以通过教授如下考试技巧为学生备考高风险测试（Kubiszyn & Borich，2003，pp.38-42)：

---

[1] 许多研究都记录了这一点，这里只能列举如下这些：Ehrenberg，Brewer，Gamoran 和 Willms（2001)；Finn，Gerber，Achilles 和 Boyd-Zaharias（2001)；Hanushek（1999)；Konstantopoulos（2008)；Nye，Hedges 和 Konstantopoulos（2001)。

[2] 高风险测试（high-stakes tests)：即用以做决定的测试，测试结果具有教育或经济方面的影响。

- 仔细遵循指导。
- 仔细阅读测试项目、段落和相关信息；这可能需要做标记、重读和反复检查。
- 妥善管理考试时间。你可以布置定时作业作为练习。
- 先尝试较简单的项目。有些学生在遇到困难项目时，会因假定自己无法离正确解答更近一步而放弃。你可以提供课堂测试的练习，这样学生就会习惯于题目不按从易到难的顺序出现的测试。
- 在选择答案之前排除明显不正确的选项。
- 如果有时间，则检查答案。
- 利用可获得的准备材料。例如，许多州有模拟测试。

但是，避免对能力测试过分强调。如果你把考试作为学习的主要原因，你就会破坏学生的学习动机。下面是一个7年级女孩的想法：

> 所有老师关心的都是能力测试。他们不在乎我们是否学到了什么。他们总是说这样的话："现在，你最好重新表述这个问题，因为如果不这样做，你就会在能力测试中丢分。"但谁在乎呢？在生活中，你需要重述这个问题吗？

总之，与学业成绩相关的学校因素包括经常考试、教授学习技巧和增加专注于任务的时间。有时布置作业是有用的。成绩差的学生留级通常与成绩提高无关。小班教学有时与更高的分数有关。高风险测试尚未被证实有很强的积极作用，尽管这种积极作用是测试的意图。在下一章中，你将看到情感上的幸福是如何影响孩子的学业成绩和其他结果的。

对实践的反思

我的教学

儿童在诸如智力、天资和成绩等认知能力上存在差异。虽然智力有一定的基因基础，但所有的认知发展都受到环境的影响，其中包括孩子受教育的质量。作为一名教师，你可以问自己以下问题，从而提高每个学生的认知能力：

(1) 我是如何定义智力的？我是否认为它是可变化的？

(2) 按照我关于学生的文化观念，聪明意味着什么？我的观点有没有把学生置于不利的境地？

(3) 我的教学和评估是否包含了分析、创造和实际应用？我重视所有类型的智力吗？哪种类型的智力和我的教学及评估模式最为适配？我怎样才能更好地顾及我所有的学生呢？

(4) 在我看来，才能的成因是什么？我重视哪些才能？我学生的家庭是否也重视同样的才能？我的学校认可除高智力以外其他形式的才能吗？我的学校是否基于多重依据将学生安排在天才教育或补偿教育的项目中？

(5) 我如何帮助学生发展天资？我是否提供了刻意练习的机会？我是否能将任务时间最大化？

(6) 如何运用刻意练习的原则来提高教学质量？我向其他人征求关于我教学的反馈意见见了吗？我是否经常反思自己的教学质量？

(7) 我是不是很小心地对待学业落后的学生？我的学校在尽力避免学生留级吗？

(8) 我是否把有效学习的技能纳入了授课内容？

(9) 我可以借鉴哪些高学业成绩国家的实践经验来提高学生的成绩，例如更强调努力而非能力，在任务上花费更多时间，与同事合作打磨课程或消除干扰？

认知能力发展的年龄趋势总结

	智力	才能和专长	成绩
婴儿期与学步期（0~2岁）	• 个体习惯化速度的差异可以预测数年后的智力。 • 关于习惯化和认知记忆的研究表明，3~5个月大的孩子已经具备多种认知能力，如客体永久性、时间感和数量感、对因果关系的理解、推理和归类	• 有些才能可能在学步期就开始显现了	• 不对婴幼儿的成绩进行测量
儿童早期（3~5岁）	• 在幼儿时期，很少有具备信度和效度的智力测试	• 才能没有年龄趋势，因为才能是指比同龄人有更强的能力。 • 一种文化所重视的才能往往在幼儿时期就被发掘，儿童会在这些才能上得到更多的锻炼	• 成绩差距在幼儿园阶段出现。 • 不对学前阶段的孩子进行评分
儿童中期（6~12岁）	• 智力测试的分数没有年龄趋势，因为智力测试是为比较同龄人而设计的。 • 在过去的几十年里，世界各地的智力测试的分数都在上升	• 在一个领域有专长的儿童对该领域的新经验比成年的新手具有更好的记忆力。 • 在某些领域，如想发展出世界级水平的专长，儿童中期是开始进入的最后时间点，但并非所有领域都是如此	• 小学阶段的小班教学可能会促使成绩略有提高。 • 国内外的趋势是从4年级开始追踪学业成绩。 • 家庭作业对小学阶段的成绩影响甚微
青春期（13~19岁）	• 智力得分在11岁以后基本上稳定，但在11岁之前最不稳定	• 专长是数年内无数个小时练习的结果，因此很少在青春期之前显现出来	• 社会经济地位和种族的不同使得成绩差距在高中阶段是最大的。 • 从小学后期到高中，成绩往往会越来越差。 • 家庭作业和初中的成绩关联很弱，和高中成绩的关联略强一些。这种关联是复杂的，（能力）较弱的学生可能做了更多的家庭作业却得到更低的分数

本章总结

1. 智力

• 智力是一种综合性的脑能力，包括推理、解决问题、快速思考和学习，以及处理抽

象和复杂问题的能力。
- 认知能力测试和学业成绩测试往往存在关联，并在一般智力（g）上有所表现。
- 根据斯滕伯格的成功智力理论，智力有三个组成部分：(1) 分析性；(2) 实践性；(3) 创造性。根据加德纳的观点，多元智能包括语言智能、逻辑/数学智能、空间智能、音乐智能、身体/动觉智能、自然智能、人际关系智能、自知智能。他的理论受到了批评，几乎没有研究支持。然而，多元智能理论有助于教师重新思考他们对能力是怎么认识的，以及他们对教什么和怎么教的决定。
- 智力是通过个人或团体测试来衡量的。智力测试平均分通常为 100 分，标准差为 15。
- 先天论者相信核心领域的先天知识如数字和语言可能是大脑中固有的。然而，核心领域内成熟的能力需要学习，这体现了一种互动论的观点。
- 通过对习惯化和认知记忆的研究，我们发现只有几个月大的婴儿的认知能力比以前所认为的要强。
- 智力受基因和环境的影响。对高社会经济地位的儿童和年龄较大的青年来说，遗传因素对智力的贡献更大。
- 更高的智力与更高的学业成绩、更高的社会经济地位和成年后更好的工作表现有关。智力保护儿童免受生活压力和不良健康的影响。
- 低社会经济地位的儿童的智力测试平均分数低于高社会经济地位的儿童。
- 一般智力几乎不存在性别差异，但平均而言，男性在空间能力测试中得分更高。
- 不同族群智力测试的成绩差异可能是社会经济地位差异、学习机会差异以及对能力重视程度的文化差异共同作用的结果。一般来说，测试是预测不同族群未来表现的良好工具。
- 弗林效应是指国际范围内智力测试分数持续上升的群体效应。
- 智力测试通常被用于评估学生是否应参与补偿教育或是天才教育，但它们不应作为项目录取的唯一依据。

2. 天资和专长

- 天资和专长都是指和同龄人相比拥有高超的技巧。刻意练习、良好的教导和反馈对发展专长都至关重要。
- 在某些领域，世界级的专长表现通常需要至少 10 年的集中训练，起步较晚可能会阻碍专长的发展。
- 天资高的学生能比同龄人更有效地利用时间，并且有更强的练习动机。
- 专家在自身专业领域内有比非专业人员更强的记忆力和模式识别能力。
- 不同文化对特定才能的重视程度以及发展幼儿才能的方式各不相同。
- 学校倾向于狭隘地看待天资，把它和高智力等同。然而，没有高智力的学生也可以在某些领域具备天资。
- 教师可以运用刻意训练的原理来发展学生的专长（例如增加任务时间并提供反馈）和他们自己的教学（例如寻求反馈并适度调整课程）。

3. 成绩

- 成绩是通过等级或标准化测试来衡量的。尽管一些学生的成绩水平的确发生了变化，但随着时间的推移，成绩往往会趋于稳定的状态。

- 高学业成绩与职业生涯的成功有关。低学业成绩则预示着留级、辍学，以及之后工作的不稳定。
- 与更高成绩相关的学校因素包括频繁地考试、教授学习技能以及提供更多任务时间。小班教学和家庭作业有时与更高的成绩相关。
- 跨国研究表明，美国学生的科学和数学平均水平较低。亚洲和芬兰学生则有更高的学业成绩。这种差异始于小学，并且可能是更多的任务时间、更多的努力和更多的教师备课时间导致的。

第三部分　儿童的情感

第六章
依恋与人格

学生与父母之间的依恋关系是否会影响他们与教师之间的关系或他们在学校的成绩？在本章中，我们将详细讨论依恋，因为它能为儿童从学前到高中的学业和社交成功奠定基础。然后我们将讨论气质，气质与依恋结合形成儿童的人格。阅读本章后，你将能够：

（1）对关于不同类型依恋的知识加以应用，并理解它们对学生幸福的意义，以促进教室里学生形成安全依恋和学校联结。

（2）分析气质和人格如何影响学生在学校的成功，并为不同人格的学生提供良好的课堂氛围。

一、依恋

奥德丽（Audrey）是一名10年级的学生，她经常去咨询师那里做长时间的咨询，当描述父母伤害她感情的经历时，她常常流泪。奥德丽最近被诊断患有多动症。她学校的辅导员确认了她的问题来自多动症，而不是她的父母。辅导员也担心她患有厌食症，奥德丽很瘦。她自豪地告诉辅导员："我不像我妈妈那么胖。"然而，奥德丽还告诉辅导员，她的父母"很棒"并且她想"像他们一样"。她的班主任说，奥德丽似乎与其他女孩没有亲密的友谊，但每隔几个月就有一个新男友。尽管她在课堂上很用功，但她的考试成绩却出奇地低。

为什么奥德丽既批评又赞美她的父母？为什么她似乎与女性朋友疏远？奥德丽令人费解的行为可以通过她的依恋史来解释。玛丽·安斯沃思（Mary Ainsworth，1973）指出，依恋①是人与人之间深刻而持久的情感纽带。通常，孩子最强烈的依恋是对父母的依恋。亲子依恋为孩子在课堂上的个性和情感健康奠定了基础。

心理学家在20世纪初就开始了解依恋的重要性。当时，孤儿院中儿童的死亡率很高——在一些孤儿院，婴儿的死亡率达到70%～100%，令人震惊（Spitz，1945）。随着条件的改善，死亡率有所降低，但许多幸存的婴儿未能正常生长（参见第二章），并在青少年时期出现认知延迟或犯罪。心理学家对这些孩子为什么表现如此糟糕感到困惑。孤儿院护理人员会有意识地轮换，这样孩子们就不会过度依恋他们，也不会经历分离带来的创伤。勒妮·斯皮茨（Renee Spitz）怀疑这种轮换可能是问题所在，她比较了两个机构。其中一

---

① 依恋（attachment）：一种深刻而持久的情感纽带，可以跨越时空将一个人与另一个人联系起来。

个是为那些因精神疾病或因犯罪而被监禁的母亲的婴儿提供的托儿所，这些婴儿在监狱里完全可以接触到他们的母亲，他们发育正常。另一个机构是一个孤儿院，为那些因贫穷而无法养活孩子的母亲的婴儿提供服务，在这里许多婴儿出现发育迟缓。根据勒妮·斯皮茨的说法，这是因为他们除了仰卧几个月之外什么也做不了——床垫上烂出了一个很深的洞，以至于他们都无法翻身（p.63）。他们的社会交往很少。在1岁的时候，他们会静静地蜷缩起来摇晃自己。他们对陌生人有奇怪的反应，要么极端友好，要么发出令人毛骨悚然的尖叫。勒妮·斯皮茨拍摄的这些孩子的影像令人伤心（你可以在YouTube上观看），并帮助人们相信，依恋是孩子的基本需求。约翰·鲍尔比（John Bowlby）和玛丽·安斯沃思的研究将在专栏6-1中讨论。

大多数孩子的依恋对象都不止一个，但他们是有高度选择性的。他们通常只依恋少数人。这些依恋一起形成依恋层次结构①，顶部是首选对象。那个首选的人通常是母亲。依恋对象也可包括非家庭成员，例如教师或保姆。我们将儿童依恋的目标称为依恋对象。

儿童表现出对依恋对象的偏好。孩子们在心烦意乱时会去找他们，抗议与他们分离，并将他们作为探索世界的安全基地②。与其他依恋者相比，幼儿更抗拒与主要依恋者分离，在他们饿了、累了或生病时尤为如此。

专栏 6-1　　　　　　　理 论 与 理 论 家

约翰·鲍尔比和玛丽·安斯沃思的相关研究

约翰·鲍尔比（1907—1990）在伦敦著名的塔维斯托克诊所（Tavistock clinic）治疗了150名儿童。这些孩子具有攻击性、破坏性，表现出偷窃行为，并且有夜惊症，他认为这是与母亲分离的结果（Bowlby，1940）。当时，从苏格兰到非洲的不同国家的学者报告了由第二次世界大战、监禁、住院和就业等导致的母婴分离的影响。鲍尔比综合其他科学家的报告，为世界卫生组织撰写了一份报告，结论是，与母亲分离的儿童会罹患身体与心理两方面的疾病。他的报告导致了医院和孤儿院在儿童护理方面的改变。他写道：

> 幼儿所需要的母爱在家庭中很容易获得，而在家庭之外很难提供……在所有的关系中，只有人类能够如此毫无保留地、如此持久地受到其他人的照料。即使是糟糕的父母也是如此——这一事实非常容易被遗忘。儿童在糟糕的家庭中也比在良好的机构中成长得更健康（Bowlby，1952，pp.67-68）。

在鲍尔比之前，心理学家认为儿童可能会过度沉溺于依恋，如他们很缠人并在分离时哭泣。否定性的词语依赖（dependent）通常被用来指代这种依恋。相反，鲍尔比认为，依恋并非仅仅是依赖的一种在成长过程中最终被摆脱的阶段性形式。他写道："虽然依赖性在出生时是最强的，并且在达到成熟之前或多或少地稳步下降，但在出生时完全没有依恋，并且在婴儿过了六个月之后才有明显的表现"（Bowlby，1969，p.228）。安全依恋可以解放儿童，这不应被视为依赖。鲍尔比塑造了当前的观点，即：(1) 依恋是一种关系的特征，而不仅是孩子单方面的；(2) 依恋是正常的；(3) 依恋是先天的，具有生物学基础；(4) 依恋对心理健康至关重要。

---

① 依恋层次结构（attachment hierarchy）：特定儿童依恋对象的纵向层次组织，顶部是首选依恋对象，自上而下分别还有主要依恋对象、次要依恋对象。

② 安全基地（secure base）：一个人能够成为让孩子产生信任和安全感的依恋对象，是由于这个人在孩子探索新环境时愿意随时待命。

第六章 依恋与人格

玛丽·安斯沃思（1913—1999）将心理学家的注意力集中在依恋安全（attachment security）的差异上。她受雇于鲍尔比，在塔维斯托克诊所工作，照顾因接受结核病治疗而与父母长期分离的学龄儿童。她注意到分离影响了孩子们的性格。20世纪50年代，安斯沃思去了乌干达（Uganda），在村庄农户家中，她对婴儿进行了观察。她对婴儿主动建立依恋关系的程度感到震惊——这些婴儿千方百计地寻求与母亲亲近，对母亲微笑，优先对母亲做出反应。几年后，她在巴尔的摩（Baltimore）再次开展了在乌干达的研究（Ainsworth, 1973）。她发现，尽管文化背景不同，但是美国婴儿的依恋行为与乌干达婴儿相同。

玛丽·安斯沃思深刻地认识到，那些孩子所表现出的强烈依恋行为，比如依附，并不属于真正意义上的安全依恋。感到快乐、安全的孩子似乎把母亲的存在视为理所当然，而焦虑的儿童似乎更依恋母亲，不愿离开母亲的怀抱去探索——焦虑的儿童的这种表现实际上是不安全的依恋。

玛丽·安斯沃思是第一批将母爱质量与安全依恋的差异联系起来的人之一。她指出，区分具有安全依恋的孩子与具有不安全依恋的孩子的是探索和团聚行为，而不是分离的痛苦。她的贡献体现为她设计了陌生情境程序——它以一种可靠的方式测量依恋，并将依恋置于科学领域。这促进了数千项关于早期依恋如何与后期发展相关的研究。

然而，孩子在准备玩耍时可能更喜欢不同的依恋对象，例如兄弟姐妹或父亲（Bowlby, 1969）。对依恋对象有强烈的偏好是正常的。事实上，对几乎所有人都表现出依恋行为，并且没有表现出明显、强烈的偏好的儿童可能存在心理问题。

为什么依恋对孩子很重要？**动物行为学**[①]（见专栏6-2）有助于回答这个问题。动物行为学试图从进化的角度描述依恋的功能。依恋有两个重要功能：

（1）通过让孩子靠近成年的保护者而为孩子提供规避风险的安全港湾。

（2）它为孩子探索外部世界提供了安全基地。

专栏6-2　理论与理论家

动物行为学和关键期

依恋行为是与生俱来的，也是普遍存在的。这表明依恋行为是孩子的生理本能。成年人不必教授依恋行为，他们只需对孩子做出回应。典型的孩子会去寻求被关爱。事实上，害怕时寻求一个依恋的对象是儿童强烈的内在反应，他们甚至可能寻求依恋虐待型的父母。

动物行为学是生物学的一个分支，其研究对象是动物行为，也有助于解释依恋。从进化的角度来看，动物（包括人类）行为的最终目的是传递基因。这意味着物种会发展出一些属性，帮助近亲存活下来，将他们共有的基因传递下去。依恋行为如与母亲亲近，能够保护幼崽，确保他们的生存和传递基因的能力（Geary & Bjorklund, 2000）。

动物行为学对儿童发展有重大启示（Hofer, 2006）。然而，动物的行为并不总是与人类的行为有关。例如，关键期可能适用于动物的依恋，但不适用于人类。

依恋中是否存在关键期？康拉德·洛伦茨（Konrad Lorenz, 1903—1989）发现幼鹅在孵化后不久就会跟随它们的母亲。如果在培养箱中饲养，它们就会跟随它们看到的第一个生物，这被称为印记（imprinting）。一旦这种情况发生，它们就不会依恋另一只鹅，

[①] 动物行为学（ethology）：生物学的一个分支，旨在了解动物（包括人类）行为的原因和功能。

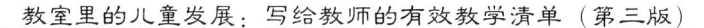

> 哪怕是它们的父母。洛伦茨认为，印记发生在孵化的几分钟内，是不可逆转的。因此，印记有一个关键期。依恋被动物学家认为是一种印记。无论父母教养方式和质量如何，人类的孩子都会对父母产生依恋，这意味着重要的只是看护者的存在（受父母教养方式和质量影响的不是依恋，而是依恋的安全性）。因为这一研究，洛伦茨和另外两位动物学家获得了1973年的诺贝尔奖。
>
> 　　洛伦茨早期对印记的研究让鲍尔比大为震撼。鲍尔比认为，生命的最初几年是人类依恋的关键期，关键期后的"好妈妈"行为无法弥补关键的婴儿时期"糟糕妈妈"或"缺位妈妈"所导致的消极影响。他只说对了一部分。研究证实，婴儿期的依恋确实可以预测日后的发展；然而，父母养育在整个童年阶段都很重要。改变依恋安全性是可能的。因此，依恋的关键期对人类而言可能并不以一种强烈的形式存在。不过，在开始的18～24个月，似乎存在一段依恋的敏感期。敏感期（sensitive period）指的是在生命中相对较短的一段时间内，体验效果最强的时期。

　　这些看起来是冲突的功能吗？孩子们想要感到安全。如果这是他们唯一的目标，他们就永远不会离开父母的陪伴。幸运的是，孩子们没有将安全作为唯一的目标，他们有好奇心，想要去探索。然而，探索使他们处于潜在的危险之中，使他们感到警惕。儿童在没有威胁的情况下把依恋对象作为安全基地，并在感到受到威胁时将依恋对象作为安全的避难所，从而平衡了警惕和好奇心。让我们来看看这些功能在不同年龄段的运作方式。

1. 依恋的年龄趋势

　　儿童的依恋行为随着年龄的增长而发生巨大变化，但依恋的作用——感觉安全，会在整个生命周期中都持续存在。

婴儿期与学步期（0～2岁）

　　婴儿害怕时会依偎在照顾者身上，高兴时会与照顾者打招呼，如爸爸对他们微笑时他们会兴奋地踢腿，这都是婴儿依恋的表现。当婴儿开始爬行或行走并寻找父母时，父母对婴儿的依恋加深。对父母而言，被孩子偏爱、为孩子所需要，是令人心满意足的。

　　婴儿在8～9个月大时会对陌生人产生警惕（Sroufe，1996）。这一变化让一些父母感到惊讶，因为在孩子很小时，被陌生人抱也很少抗议。然而，对陌生人的警惕是正常依恋发展的表现。它发生在不同文化中同一年龄的儿童身上。对陌生人的警惕通常持续几个月，在12个月左右达到顶峰，然后逐渐减弱。

　　如何接近一个提防你的小孩？首先，给孩子时间逐渐熟悉你。玩一个熟悉的游戏，比如躲猫猫，或者提供一些熟悉的东西，比如最喜欢的毯子。其次，让孩子控制互动（Sroufe，1996）。如果孩子退后，你就退后。如果孩子给你一个玩具，你就拿着它，然后把它还给孩子。最后，寻求家长的帮助。如果父母看到你很高兴，而不是担心，那么孩子更有可能对你做出积极的反应。这种效应称为社会参照（social referencing），我们将在第八章中讨论。

　　分离焦虑（separation distress）也是正常依恋发展的表现，在1～2岁之间达到高峰，然后下降。因此，当依恋对象试图离开时，大多数幼儿都会哭泣和求抱。如果依恋对象在附近，时不时可以看到或触摸依恋对象，大多数幼儿就会安心地探索新的环境。

儿童早期和中期（3～12岁）

　　通常情况下，3～4岁儿童会因长大而不再有分离焦虑。此外，3岁以后，当在次级依恋对象如兄弟姐妹或老师身边时，大多数孩子即使在陌生的地方也会感到舒适。他们需要的与依恋对象的身体接触更少；非身体接触，如打个电话，也可以让他们感到安全。到 5 年级或 6 年级时，经常寻求与依恋对象身体接触的儿童可能会过于焦虑（Crittenden，1992）。孩子们仍然想要亲近，但他们的行为通常是微妙的，可能只是在专注于另一项活动的同时向依恋的对象转移。例如，当爸爸做饭的时候，一个蹒跚学步的孩子可能正站在他的身旁敲打着锅，而她的姐姐心不在焉地走进厨房，坐在桌子旁画画。因此，依恋行为，如依附依恋对象，并不是频繁或强烈的，而依恋关系将延续发展。依恋对象的存在——实际存在，愿意交谈以及对孩子需要的感知——仍然非常重要。

青春期（13～19 岁）

青少年有时会避开他们的父母。他们经常隐瞒学校活动的信息，因为他们不希望父母出现在学校，所以聪明的老师可以直接与父母沟通。当我们 14 岁的女儿和朋友们在附近溜冰时，一看到我们朝他们的方向走去，就转身溜走了。这种在同龄人面前主动回避父母的行为通常持续 1～2 年（聪明的父母和老师知道这是正常现象）。

这种回避是否意味着青少年不依恋父母？恰恰相反，青少年产生与其年龄相适应的独立性可能是感觉到安全依恋的结果，也就是说，安全的青少年会变得独立，因为他们知道，不论他们的行为如何，父母都是可以依靠的对象。这一认识是青少年健康人格的基石。婴儿时期得到爸爸安慰的经历成为青少年的信念："爸爸永远在我身边"（Bretherton & Munholland，1999）。青少年会以靠近父母的方式去触碰安全基地。即使我们的女儿在溜冰时避开我们，在家里她也会溜进厨房，帮我们做几分钟的晚餐，然后又消失。依恋甚至持续到成年。当你遇到危机时，你可能会寻找你的依恋对象。

青少年是否会将他们的主要依恋放在同龄人而不是父母身上？大多数人不会。母亲通常是青少年的主要依恋对象（Markiewicz，Lawford，Doyle，& Haggart，2006）。但并非所有的青少年都有安全的依恋。那些感受不到父母的支持的青少年可能会把最好的朋友或男朋友/女朋友作为主要依恋对象（Freeman & Brown，2001）。接下来我们考虑安全依恋的发展。

2. 依恋的个体差异

各种类型的孩子都有依恋关系；但是，依恋质量各不相同。科学家用**陌生情境程序**（SSP）[①] 来评估依恋质量。陌生情境程序从一个孩子和父母进入一个满是玩具的陌生房间开始（Ainsworth，Blehar，Waters，& Wall，1978）。当父母坐在椅子上时，孩子玩玩具。3 分钟后，一个陌生人进入房间，与父母聊天，然后和孩子一起玩。此后每隔 3 分钟，其中一个成年人按如下顺序离开或返回：父母离开，父母返回，陌生人离开，父母离开并且让孩子一个人待着，陌生人返回，最后父母返回。整个陌生情境程序只需 22 分钟，但它提供了非常好的依恋快照（snapshot of attachment）。它揭示了孩子是否更喜欢父母而不是陌生人，以及父母的归来是否能减轻孩子的痛苦。依恋的质量主要取决于两次重聚的时刻，而不是分离的时刻。我们稍后将描述典型的儿童的反应。

陌生情境程序是评估幼儿依恋质量最常见的方法。对于达到 6 岁的儿童，它将分离时间增加到一个多小时（Stevenson-Hinde & Verschueren，2002）。然而，对于那些父母离开

[①] 陌生情境程序（Strange Situation Procedure，SSP）：是一个持续 22 分钟的实验室测试，旨在测试 6 岁以下的儿童在与亲人分离时及陌生人在场时依恋的质量。

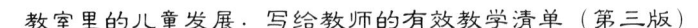

房间一个小时后没有崩溃的青少年，你如何评价他们的依恋？科学家使用的是成年人依恋访谈（AAI）① 的方法。他们询问青少年关于早期依恋记忆的问题。例如，他们要求青少年列出五个形容词，描述他们与父母的关系，并讲述支持每个形容词的具体经历。他们通过考察青少年如何连贯地谈论这种关系判断依恋的质量。另一种方法是让父母和青少年一起讨论一个情绪化的话题，比如晚上最晚几点必须回家，并观察他们是如何互动的。

使用陌生情境程序、成年人依恋访谈和其他评估方法，可以将依恋分为安全类型和三种不安全类型。这四种类型并未囊括依恋关系中的所有变化，但它们将帮助你进一步理解依恋。

安全依恋

在陌生情境程序中，具有**安全依恋**②的幼儿可以在父母在场的情况下自由探索玩具。他们与父母分开时可能会哭，也可能不会哭，但当父母不在时，他们玩得更少。当与父母重聚的时候，他们会表现出高兴的样子，并愉悦地回到父母身边，迅速得到抚慰（Ainsworth, 1979）。他们显然更喜欢他们的父母而不是陌生人。而作为学龄前儿童，比起父母不在场，他们在父母在场时更喜欢探索新环境（McElwain, Holland, Engle, & Ogolsky, 2014）。

再年长一点且有安全感的孩子被称为平衡型。他们直接询问父母是否有空，如问父母："你会离开多久？"分开后重聚时，他们十分愉悦地迎接父母，快乐地交谈，邀请父母和他们一起做游戏并且走得更近（Behrens, Hesse, & Main, 2007）。他们清楚地向父母表达积极或消极的感受，从而使愤怒和痛苦很容易消除或减轻。

有安全感的青少年则被称为自主型。在成年人依恋访谈期间，他们会共同讨论父母的积极和消极影响。他们重视关系，在与父母讨论金钱、成绩或晚上回家时间等问题发生分歧时，他们表现得很文明，最终会共同想出解决办法（Beijersbergen, Bakermans-Kranenburg, Van IJzendoorn, & Juffer, 2008）。

不安全的回避型依恋

在陌生情境程序中，具有**回避型依恋**③的幼儿会在忽略父母的情况下探索房间。他们似乎不关心父母何时离开，比起陌生人，他们对父母的喜欢也不是特别明显。当父母回来时，他们会忽略或转身离开，似乎是为了躲避父母。具有讽刺意味的是，在家里，如果父母走到另一个房间，这些孩子就会非常痛苦（Ainsworth, 1979）。

年龄大一点的具有回避型依恋的儿童被称为防御型，因为他们对父母隐瞒情绪，如愤怒，这可以防止他们被父母拒绝。分离一小时后，当父母返回时，他们可能会变得紧绷，并试图巧妙地将父母排除在他们的活动之外（Behrens et al., 2007）。他们可能会为了躲避父母而全神贯注于一个玩具，或者以此作为离开的借口。回避型儿童可能过早地对陌生人产生好感而不是警惕心。

具有回避型依恋的青少年被称为疏离型。在成年人依恋访谈中，他们忽略了关系的重

---

① 成年人依恋访谈（Adult Attachment Interview, AAI）：为了确定青少年或成年人对父母的依恋质量所进行的针对相关心理状态的长时间访谈。

② 安全（平衡、自主）依恋 [secure (balanced, autonomous) attachment]：一种以安全感、开放交流和彼此快乐为特征的依恋形式。

③ 回避（防御、疏离）型依恋 [avoidant (defended, dismissing) attachment]：一种不安全的依恋形式，其特点是焦虑、情感疏远、拒绝和愤怒。

要性。他们以极端化的方式把父母理想化，比如"我的父母是最好的"。但这与特定事件的记忆相矛盾，比如"他们把我锁在屋外"。当他们描述被拒绝的事件时，他们说"没什么大不了的"。当母亲外出一周回来后，他们也不会停下正在做的事去迎接和问候母亲（Hodges，Finnegan & Perry，1999）。他们避免与父母讨论容易引发情绪的热门话题，但一旦开始讨论，他们就会表现得非常愤怒（Allen & Land，1999）。

不安全的反抗型依恋

在陌生情境程序中，具有**反抗型依恋**①的幼儿会在父母身边徘徊，自由探索很少。他们因分离而苦恼，父母回来后也很难安抚他们。他们看起来很矛盾，因为当父母回来时，他们会去找父母，但表现出愤怒和闷闷不乐的样子。他们可能会要求父母来接他们，但随后又摔门离开，或者攻击父母。

年龄大一点的具有反抗型依恋的儿童被称为强迫型。他们用发脾气、无助、噘嘴、抱怨或其他幼稚的方式来强迫父母（Stevenson-Hinde & Verschueren，2002）。他们寻求与父母联系，但并不为此感到舒适。他们可能会表现出微妙的敌意，比如坐在父母的膝上扭动，让父母不适。经过一个小时的分离，他们可能会拥抱母亲，但稍后就会重重地拍打她（Behrens et al.，2007）。当情境发生变化时，他们在游戏中会表现出不成熟、过度活跃和不安。

具有反抗型依恋的青少年被称为矛盾型。他们过度关注父母的行踪，在有压力的情况下表达对父母的强烈需求，并且难以从困境中抽离和恢复。例如，在商场与母亲走散后，尽管找到了母亲，这些孩子仍需要很长时间才能平复下来，并担心再次失去她（Hodges et al.，1999）。他们在成年人依恋访谈中的反应是不一致的，带有杂乱无章的、过多的、不相关的细节。他们有时发泄愤怒，有时又全神贯注地取悦父母（Hesse，1999）。

混乱型依恋

那些具有**混乱型依恋**②的幼儿被一种既希望与父母在一起同时又避免与父母在一起的强烈意愿所困扰。在陌生情境程序中，当父母回来时，他们的压力剧增，行为怪异。例如，他们可能接近父母，然后又突然跑开，或者在恍惚状态中僵住。有些孩子来回摇摆，或者侧身走向父母。有时这种行为很微妙，新手很难识别。

年龄大一点的具有混乱型依恋的儿童被称为控制型，因为他们以过度兴奋或惩罚的方式来控制父母（Behrens et al.，2007）。例如，当父母回来时，他们可能会极度兴奋地又蹦又跳，他们也可能会说"不要打扰我！"因为能够掌控，所以他们显得很自信，但实际上他们是脆弱和焦虑的（Stevenson-Hinde & Verschueren，2002）。他们编造充满灾难性事件的故事，比如母亲将孩子留在家中去购物时被杀。他们的游戏充斥着不同寻常的暴力和无助的主题。

具有混乱型依恋的青少年被称为未解型（unresolved）。在成年人依恋访谈中，他们可能会报告过去的创伤及损失。他们的推理可能会中断或变得不一致。例如，他们可能会说着说着突然沉默，或者以现在时态讨论死去的父母。他们在谈论父母时可能极具敌意，或者经常说他们感到害怕（Bernier & Meins，2008）。表6-1概括了儿童时期依恋的四种基本类型。

---

① 反抗（强迫、矛盾）型依恋［resistant（coercive，preoccupied）attachment］：一种不安全的依恋形式，以夸张的情绪、黏人和强烈的依恋行为为特征。

② 混乱（控制、未解）型依恋［disorganized（controlling，unresolved）attachment］：一种不安全的依恋形式，其特点是对父母没有一贯的反应模式。

表6-1 不同年龄组儿童的依恋类型

学步期	儿童早期与中期	青春期和成年期
安全型	安全型/平衡型	自主型
回避型	防御型	疏离型
反抗型	强迫型	矛盾型
混乱型	控制型	未解型

> **思考**
> 想一想本章开篇案例中的奥德丽,她的行为与哪种依恋类型相符?用你刚刚学到的知识来证明你的结论。

依恋类型有多么稳定?

依恋类型相当稳定。这意味着你现在的依恋类型可能和你小时候的依恋类型一样。大多数幼儿在整个童年时期都会保持安全依恋或不安全依恋。然而,由于离婚等负面事件可能会降低父母的敏感度,安全依恋的孩子可能会产生不安全依恋。即使是常见的压力,例如每周10~20小时的儿童保育,有时也会导致不安全依恋(Booth-LaForce et al., 2014; Lewis, Feiring, & Rosenthal, 2000; Weinfield, Sroufe, & Egeland, 2000)。具有多种风险因素的儿童最有可能产生不安全依恋。如果家庭功能和父母的敏感性得到改善,那么随着时间的推移,儿童的依恋类型可能会从不安全向安全变化,但这并不常见(Beijersbergen, Juffer, Bakermans-Kranenburg, & van IJzendoorn, 2012)。因此,依恋通常是稳定的,但如果儿童的生活发生实质性的变化,那么依恋可能会或好或坏地改变。

成年人亲密关系中的依恋

值得注意的是,母亲在孩子3岁前对孩子的敏感性预示着这些孩子的成年依恋类型(Raby, Roisman, Fraley & Simpson, 2015)。你可能已经在朋友的亲密关系中看到了不同类型的依恋。具有矛盾型依恋的成年人往往会嫉妒,担心被遗弃和遭到反对,缺乏对伴侣的信任,却依赖对方并渴望建立关系。他们在相处中过早地分享个人信息,快速坠入爱河,经常分手并复合。具有回避型依恋的成年人往往会因亲近或分享个人信息而感到不舒服,并且不愿意长期交往。具有未解型依恋的成年人,特别是那些因受虐待而对依恋感到无所谓的成年人,在婚姻前期往往具有侵略性(Cooper, Shaver, & Collins, 1998; Crowell, Treboux, & Waters, 2002; Joel, MacDonald, & Shimotomai, 2011)。

具有安全依恋的成年人往往会形成稳定且长期的亲密关系。他们会满足于彼此信任、相互承诺和相互依赖的关系。他们是伴侣的安全基地,使伴侣能倾吐忧虑,并在痛苦时得到安慰。与具有不安全依恋的夫妇相比,具有安全依恋的夫妇争吵较少,感觉更亲密,也更少以离婚相威胁。

你的哪些朋友可能有安全的亲密关系?是那些在童年时期拥有安全依恋的人(Holland & Roisman, 2010)。然而,一个人过去对父母的依恋和当前对配偶的依恋都会影响一段关系的质量(Simpson, Collins, & Salvatore, 2011)。对配偶的安全依恋有助于补偿不安全的亲子依恋。然而,那些与父母和配偶都有着安全依恋的人往往拥有最令人满意的关系(Treboux, Crowell, & Waters, 2004)。接下来,我们来看看儿童期的依恋会带来哪些影响。

依恋的个体差异会带来什么影响?

你可能想知道为什么依恋会出现在这个关于孩子"情感"的章节中。它作为一种关系，难道不属于儿童的社会性范畴吗？这是因为依恋是人格、自我控制和情感健康的基础。依恋也能带来许多其他方面的影响。现在，让我们集中讨论课堂中很重要的两个方面——学业成绩和社交能力。

学业成绩

具有安全依恋的学生可能会充满好奇，并拥有良好的语言能力和学习技能，从而获得高分（Aviezer, Sagi, Resnick, & Gini, 2002; Granot & Mayseless, 2001）。相比之下，具有不安全依恋的学龄前儿童更有可能具有较差的预读技巧（prereading skills）和消极的阅读态度。具有不安全依恋的青少年更有可能获得较低的数学和阅读测试成绩（Bus & Van IJzendoorn, 1997; Diener, Isabella, Behunin, & Wong, 2007; Weinfield, Sroufe, Egeland, & Carlson, 1999）。这些学生往往表现出焦虑，并影响到他们的学习（见第八章），他们也很难与老师和同学相处。

社交能力

孩子们在亲子依恋中习得行为和情感技巧，这些都适用于友谊和后来的亲密关系（见图6-1）。具有安全依恋的学生比具有不安全依恋的学生更有可能拥有和谐的友谊，能与他人共情，并抵制消极的同伴压力。从幼儿园到高中，同龄人和教师更有可能认为他们具有社交能力[①]。即使在大学，具有安全依恋的新生也可能比具有不安全依恋的学生感受到更多的关怀，具备更好的社会支持系统（Grabill & Kerns, 2000）。

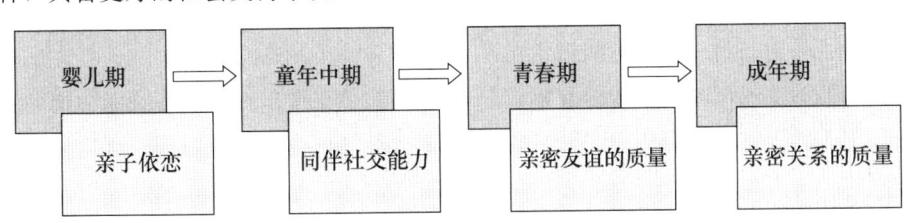

婴儿期 ⇒ 童年中期 ⇒ 青春期 ⇒ 成年期
亲子依恋　　同伴社交能力　　亲密友谊的质量　　亲密关系的质量

图6-1　早期依恋对未来社交能力的影响

明尼苏达州开展了一项著名的关于依恋的纵向研究，发现了上述的发展顺序。早期依恋会有什么长期影响？
资料来源：Simpson, Collins 和 Salvatore (2011)。

具有不安全依恋的学生更容易与同龄人建立不良关系。在一项经典研究中，一些具有不安全依恋的10岁儿童报告说他们有许多朋友，但无法具体说出其中的任何一个（Grossmann & Grossmann, 1991）。同龄人和教师往往认为具有不安全依恋的学生是易怒的、刻薄的、不诚实的、具有破坏性的、孤僻的或焦虑的。具有混乱型和回避型依恋的学生可能最容易受到严重的攻击和出现行为问题（Fearon, Bakermans-Kranenburg, Van Ijzendoorn, Lapsley & Roisman, 2010; Madigan, Brumariu, Villani, Atkinson, & Lyons-Ruth, 2015）。

其他影响

除了社交能力和学业成绩，依恋质量还会带来其他影响：

[①] 有许多研究支持这些结论，在此仅列出其中几项：Allen, Porter, McFarland, McElhaney 和 Marsh (2007); DeMulder, Denham, Schmidt 和 Mitchell (2000); Doyle, Lawford 和 Markiewicz (2009); Englund, Kuo, Puig 和 Collins (2011); McElwain, Booth-LaForce, Lansford, Wu 和 Dyer (2008)。

- 成长。不安全依恋与身体发育不良、青春期提前有关（Belsky, Houts, & Fearon, 2010; St. Petersburg-USA Orphanage Research Team, 2008）。
- 服从。具有安全依恋的学生更容易接受成年人。这并不意味着他们温顺顺从；他们可能会挑战成年人的指令，但最终他们会更适宜地提出合理的要求（Laible, Panfile, & Makariev, 2008）。
- 独立。从幼儿园到高中，具有安全依恋的学生更有可能独立工作并做出自己的决定（Sroufe, Fox, & Pancake, 1983; Weinfield et al., 1999）。
- 情感开放。具有安全依恋的学生可以表达愤怒或说"我讨厌你"，而不必担心他们会被拒绝或被遗弃。相比之下，具有回避型依恋的学生往往难以讨论情绪（Laible & Thompson, 2000）。
- 情绪调节。具有安全依恋的儿童往往有良好的情绪调节能力，这种能力早在4个月大的时候就表现出来。随着年龄的增长，他们会平静地讨论容易引发情绪的话题，接受艰难的挑战，并在沮丧时保持沉着冷静（Braungart-Reiker, Garwood, Powers, & Wang, 2001; Sroufe, 1996）。
- 压力。具有不安全依恋的学生往往会感到压力，容易兴奋和焦虑（Kerns & Brumariu, 2014）。这可以解释为什么不安全依恋容易导致健康问题（Maunder & Hunter, 2001）和睡眠问题（Bernier, Matte-Gagné, Bélanger, & Whipple, 2014）。
- 多动症。具有安全依恋的学生往往专注时间更长，具有更好的执行力和更强的认知能力[①]。无论是否确诊，具有不安全依恋的学生更容易出现多动症问题。
- 精神机能障碍和犯罪。具有不安全依恋的学生更容易滋生自杀念头，患抑郁症，出现行为障碍、滥用药物、饮食失调和焦虑[②]。例如，对60项研究进行的综述发现，早期具有不安全依恋的学生在儿童后期患有焦虑症和抑郁症的可能性大约是具有安全依恋的儿童的两倍（Madigan, Atkinson, Laurin, & Benoit, 2013）。

显然，安全依恋是儿童的重要资产，不安全依恋是一个风险因素。但是，正如你在第一章中所了解的那样，风险因素是概率而非确定性。例如，尽管具有不安全依恋的年轻人比具有安全依恋的年轻人更容易出现饮食失调，但大多数具有不安全依恋的年轻人并没有出现这个问题。儿童和青少年的发展取决于他们经历的各种风险因素和保护因素。

> **思考**
> 有些人建议新手妈妈不要孩子一哭就抱，因为这会使他们变得依赖和缠人。根据你对敏感回应的理解，这是个好建议吗？是否可能出现过度回应？这样的回应是否会塑造出一个依赖、缠人的孩子？什么因素会导致孩子依赖和缠人呢？

什么因素导致依恋的个体差异？

理想情况下，所有孩子都会享有安全依恋。而实际上，大约一半（50%～60%）儿童的依恋类型是安全型的，另外约四分之一（20%～23%）是回避型的，其余的是抵抗型

[①] 有许多研究支持这些结论，在此仅列出其中几项：Bernier, Matte-Gagné 和 Bouvette-Turcot（2014）；Clarke, Ungerer, Chaoud, Johnson 和 Stiefel（2002）；Goldwyn, Stanley, Smith 和 Green（2000）；Moss 和 St-Laurent（2001）。

[②] 有许多研究支持这些结论，在此仅列出其中几项：Allen 和 Land（1999）；Branstetter, Furman 和 Cottrell（2009）；Groh 等（2012）；Hesse（1999）；Lewis 等（2000）；Madigan 等（2015）；Morley 和 Moran（2011）。

(8%~10%)或混乱型（10%~24%）（O'Connor & McCartney, 2007）。如何让孩子具有安全依恋呢？

敏感性和支持性

具有敏感性和支持性的父母更有可能拥有具有安全依恋的孩子（Verhage et al., 2015）。当孩子感到苦恼时，敏感的父母会给予安心的回应。他们注意到孩子的信号，准确地解释信号，迅速地加以回应，并了解孩子的感受。具有支持性的父母会帮助他们的孩子探索世界。当孩子试图完成的任务超出了他们的最近发展区（参见第三章）时，父母可能会稍微调整任务，让孩子做出选择，跟随孩子的步伐，并提供鼓励、反馈和成功所需的适当帮助（Bernier et al., 2014）。父母只有在孩子表示需要的时候才这样做，而不能根据自己的主意随意施以援手。例如，一个婴儿在试图抓住一个无法触及的玩具时沮丧地哭泣着，如果父母注意到孩子的哭泣，意识到婴儿想要玩具，他们就会立即将其放到婴儿触手可及的范围内。不敏感的父母可能不会注意到哭泣声或意识不到婴儿想要什么。不具有支持性的父母可能会注意到，但不会回应孩子。再举一个例子，如果一个青少年开始表现得过于烦躁，敏感的、具有支持性的父母会注意到他行为的变化，意识到他是对即将开始的表演感到焦虑，从而帮助他做好准备。

具有回避型依恋的儿童的父母往往反应迟钝，具有侵略性，这意味着他们经常用自己的想法打断孩子的活动（Ainsworth, 1979）。例如，当婴儿全神贯注于不同玩具时，父亲可能会在婴儿前挥动玩具。当孩子在处理困难的任务需要帮助时，父母可能会退缩。具有反抗型依恋的孩子的父母往往会反应不一致或只对孩子发出的强烈信号做出反应（Stevenson-Hinde & Verschueren, 2002）。例如，一个5岁的孩子可能会出现许多疲惫迹象，但母亲直到孩子大发脾气才注意到这个问题。

其他父母行为

尽管父母的敏感性和支持性被认为是确保安全依恋形成的关键，但其他行为也很重要。具有安全依恋的孩子的父母倾向于与孩子进行公开和直接的交流，并对这一过程表现出兴趣。相反，具有不安全依恋的孩子的父母往往是消极的、沮丧的、焦虑的，对家庭生活不满意。具有回避型依恋的儿童的父母可能会生气并拒绝他们的孩子。具有反抗型依恋的孩子的父母可能相对更包容，但在对孩子的刺激和共情之间摇摆不定，可能还会不恰当地需要孩子的认可（Leerkes, Parade, & Gudmundson, 2011; Scher & Mayseless, 2000; Stevenson-Hinde & Verschueren, 2002）。

具有混乱型依恋的儿童的父母可能是最不敏感的。他们更可能是单亲父母，具有侵略性，心理上有缺陷，或是疏忽大意。然而，最重要的是，他们可能令人恐惧（Bernier & Meins, 2008; Stevenson-Hinde & Verschueren, 2002）。为什么会这样呢？父母通过可怕的面部表情、恍惚的行为，以侵略性的方式接近孩子，以及像对待杂货一样对待孩子，他们还通过虐待来恐吓孩子。孩子对养育和保护的需求是持续的，而虐待事件通常是短暂的，因此孩子为了安全而向父母求助，却反而被父母吓坏了。这种可怕的悖论导致了混乱型依恋的奇怪行为特征。父母可能会因为吸毒、抑郁、自己遭受虐待的经历、死亡或离婚导致的分离而表现出可怕的行为。

改善依恋

我们可以帮助家长为儿童创建安全依恋吗？根据随机实验研究，答案是肯定的。虽然你不能将孩子随机分配给家长，但你可以将家长随机分配到不同的培训班，并调查他们是否改变了自己的行为和孩子的依恋。提高父母敏感性的干预措施也提高了儿童的安全感，这也表明父母的敏感性会引起儿童的依恋。成功的干预措施包括对父母进行家访、进行儿童成长方面的授课，以及保持父母和孩子的身体接触（Bakermans-Kranenburg, van IJzendoorn & Juffer, 2003）。另一种方法是，在婴儿1岁前，对极其易怒婴儿的母亲进行四次家庭访问。父母学会了解婴儿的需求、识别婴儿的信号、缓解婴儿的痛苦、促进婴儿的探索而又不干扰他们。这种方法有效吗？与对照组中的具有安全依恋的婴儿（62%）相比，这一方法让更多婴儿（89%）获得了安全依恋（Cassidy, Woodhouse, Sherman, Stupica, & Lejuez, 2011）。

对父亲的依恋

大多数研究都是关于母子关系而不是父子关系的。然而，父亲通常是孩子依恋层次结构的重要组成部分。婴儿可能会抗议与父亲分离，与父亲分离时探索较少，当父亲回来时感到安慰。父子依恋的效果与母子依恋相似，但比母子依恋的影响要小。父亲可能会对孩子产生独特的影响，例如鼓励孩子更大胆地探索，因为他们的互动强调身体游戏，而母亲则倾向于强调教导和照顾（Newland, Freeman, & Coyl, 2011）。然而，在许多家庭中，父母的角色在某种程度上是重叠的。

儿童更安全地依附于具有敏感性的父亲（Lucassen et al., 2011）。超过一半的孩子与父亲有着牢固的联系。孩子可能与父亲是安全依恋关系而与母亲是不安全依恋关系，或正好相反，但他们倾向于对两者都有相同的依恋类型。对父母都有安全依恋的孩子会有最好的结果，而对父母有两种不同类型不安全依恋的孩子结果最不如人意（Diener et al., 2007）。

依恋是如何产生如此深远的影响的？

大量研究表明，依恋与许多重要结果有关——攻击性、平均学分绩点、抑郁、生长、多动症等。为什么会这样？**内部工作模式**[①]可以对此加以解释。

内部工作模式是儿童带入新情境的记忆与期待——这些记忆与期待经由儿童与依恋对象在日常生活中成千上万次的互动才得以形成（Dykas & Cassidy, 2011）。它们是我们看待自我与他人的模式。一个有安全依恋的孩子的内部工作模式是：自我是有价值的，与其他人的社交是成功的，并且自己是值得爱和信赖的。相反，一个具有不安全依恋的孩子的内部工作模式是：自我是没有价值的，而其他人则是敌对的、倾向于拒绝的或变化无常的。例如，在一项研究中，如具有安全依恋的学龄前儿童接触到了期望积极、互动愉快的新伙伴（McElwain et al., 2014），他们反应灵敏并遵守建议（例如"让我们玩玩面团"），但控制不如具有不安全依恋的孩子。然而，如果新同伴很难相处并容易生气，那么具有安全依恋的孩子会抑制他们的反应，并随着时间的推移变得对同伴更加克制（见图6-2）。他们是适应性的。学生每天都在学校展示着他们的内部工作模式，下面让我们看看具有安全依恋的儿童的内部工作模式在幼儿园的运作：

> 孩子们围成一圈坐在地板上。珍妮起身去拿纸巾。当她回来时，她对莉莉说："谢谢你帮我看着座位。"珍妮认为莉莉保留了她的座位，但实际上莉莉没有注意到珍妮刚刚离开过。

[①] 内部工作模式（internal working models, IWMs）：对自己和他人的记忆和期望，这些记忆和期望影响着孩子是接近还是回避他人，是保持积极情绪还是保持敌对情绪。

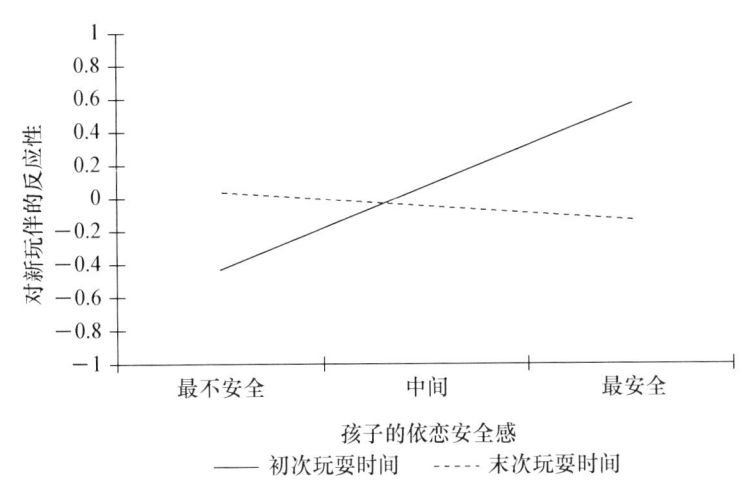

图 6-2　对易怒新玩伴的依恋和反应

在孩子们第一次玩耍时,具有安全依恋的孩子比具有不安全依恋的孩子更容易对爱生气的同龄人产生敏感反应。到第三次玩耍的时候,具有安全依恋的孩子不再对难相处的同伴更敏感;他们的反应性降低了。如果同伴并不难相处,这种抑制就不会发生。具有不安全依恋的孩子则相反,他们一开始反应较慢,但在面对一个令人生畏、爱生气的同龄人时,慢慢地会变得更积极、更听话。

资料来源:McElwain 等(2014)。

因为珍妮有一个安全的内部工作模式,她希望从别人那里得到关怀,并相应地对待别人。

虽然内部工作模式一直在发展中,但在婴儿期可能会很明显(Johnson, Dweck, & Chen, 2007)。到了 3 岁,它们已经相当稳定了。虽然改变是可能的,但是内部工作模式会抵制这种改变,一是因为内部工作模式并非有意识的,二是因为儿童的行为方式又在不断强化这种内部工作模式。与珍妮不同的是,具有不安全依恋的孩子往往会与他人格格不入,无法进行那些可能帮助他们改变内部工作模式的社交。没有安全感的青少年也会"重建"与他人互动的记忆,这些记忆比现实更消极,而具有安全依恋的青少年则有更美好的记忆偏向(Dykas, Woodhouse, Ehrlich, & Cassidy, 2012)。因此,其他人的看法成为自我实现的预言,随着孩子长大,这些预言会变得更加有效。

> **思考**
>
> 你能从行为主义者的角度解释依恋类型吗?一个行为主义者会与一个动物行为学家争辩:任何促进生存的行为都是有后果的,因此是可以使之产生条件反射的。根据你在第三章学到的知识讨论:间歇性反应的父母如何导致具有反抗型依恋儿童的产生,惩罚型父母如何导致具有回避型依恋儿童的产生?

对为什么依恋与如此多的儿童发展结果相关的另一种解释是,在婴儿期促进安全依恋形成的敏感父母在孩子的青春期仍然敏感。这种持续的好的养育方式可以提升孩子的能力,而不仅仅是形成安全依恋。研究表明:早期和当前的父母教养方式都很重要。也就是说,早期父母的敏感性和儿童的安全依恋会产生超出当前养育的长期影响(Raby et al., 2015)。一项大型的全国性研究证明,父母对 0~3 岁孩子的敏感性可以预测孩子 15 岁时的成绩和社交能力(Fraley, Roisman, & Haltigan, 2013)。

还有一种解释是,依恋影响大脑的发育。请看下面的"大脑研究"栏目。

> **大脑研究**
>
> **具有安全依恋的大脑学习更好**
>
> 依恋会影响海马体中的神经元生长——它是人脑中涉及记忆和学习的一个部分。一项研究发现,对于4岁左右的孩子而言,尽管生活在贫困中,在母亲的悉心抚育下,在约10年后,也就是13~16岁时,他们的海马体更加成熟(Rao et al.,2010)。相比之下,对老鼠的研究发现,没有母亲抚养的幼鼠的海马体更小。如果这些可怜的幼鼠后来被置于母亲的照料下,这些母亲经常舔舐和梳理它们的婴儿,那么幼鼠将会发展出学习和记忆的能力,就像那些一直接受母亲养育的其他幼鼠一样,但是它们的海马体不会生长。这可能意味着其他大脑结构会适应并代替海马体的记忆功能。因此,早期的依恋的缺乏对大脑结构有长期的影响,但随后的类似依恋体验可能会有补偿作用(Bryck & Fisher, 2012; Meany, 2010)。

3. 依恋的群体差异

依恋的性别差异很小。父母的敏感性、支持力、温暖和开放的沟通等会对男孩和女孩的安全依恋产生同样的影响。此外,男孩和女孩的依恋会产生同样的结果。然而,不同社会经济地位和不同种族儿童之间的依恋存在差异。

社会经济地位与种族

社会经济地位低和少数族裔儿童比其他儿童更容易有不安全依恋(Tarabulsy et al.,2005)。他们形成不安全依恋的概率几乎是中等社会经济地位儿童的两倍。他们也更可能有不敏感的父母(Mesman, van IJzendoorn, & Bakermans-Kranenburg, 2012)。也许这是由于家庭压力和与社会经济地位低相关的风险因素——吸毒、教育不足和父亲缺席——积累而导致的。而当父母敏感时,尽管家庭贫困或为少数族裔,儿童的安全依恋仍然能形成(Mesman et al., 2012)。

鲍尔比和安斯沃思都认为,那些试图培养出成绩优异的孩子的高收入家庭的家长会让他们的孩子处于不安全依恋的危险中,因为他们会干涉孩子。这些父母可能不明白灵敏反应[①]并不意味着完全关注孩子。例如,在一项经典研究中,高能力儿童的母亲一次只与他们互动10~30秒,对孩子做出短暂的反应,但很少花5分钟教什么东西(White & Watts,1973)。在回答完问题、给予适当帮助和加以赞赏之后,父母和孩子都回到了自己的事情上。母亲说,如果在某个特定的时刻照顾孩子不方便,那么她可以在其他时间照顾孩子。因此,这些母亲对孩子始终如一、敏感地做出反应是有限度的,没有把自己的计划安排强加给孩子。

综上所述,对依恋的群体差异的研究表明,无论是男孩还是女孩,无论是在低社会经济地位家庭长大还是在高社会经济地位家庭长大,父母教养质量都是更为重要的。无论哪个群体,如果父母是敏感的、支持的、积极的,他们的孩子就很可能具有安全依恋。

4. 依恋的课堂启示

你之前了解到,课堂上的成绩和社交能力与亲子依恋有关。它们还与师生关系和学校

[①] 灵敏反应(sensitive responsiveness):一种成年人能够准确地理解孩子的需求并迅速和适当地做出反应的互动方式。

联结有关。教师不仅仅是冷静的信息传递者,优秀的教师应该与学生建立积极的关系。

师生关系

师生关系的质量也存在差异,就像亲子关系一样。学生并不总是依恋教师,因为一些学校的组织结构为发展师生关系提供的机会太少。当师生关系和谐时,与老师相处融洽的学生在感到不安的时候会接受老师的安慰,表达情感,乐于分享,并且真的很高兴见到老师。在回避型师生关系中,学生可能表现得好像没听到老师说的话或没有注意到老师一样,在被要求到老师那里去以后很快离开,当老师试图安慰他们时,他们会走开。在反抗型师生关系中,学生可能经常表现得很沮丧,为每一个小刺激而哭泣,并要求老师给予关注,但又抵制课堂上的日常活动,比如打扫卫生。他们可能会不断寻求帮助或安慰,并且占有欲强、黏人,过度依赖老师(Howes & Ritchie, 1999; Pianta, Nimetz, & Bennett, 1997)。

安全的师生关系对学生有帮助吗?如果你与他们建立了密切、积极的关系,那么你的学生很可能拥有更高的学业成绩和社交能力。安全、积极的师生关系可以保护学生免受具有攻击性、行为不当、吸毒、暴力和早期性行为等社会问题的影响。从幼儿园到高中,学生还可以避免留级和减少对特殊教育的需求,提高平均学分绩点和考试成绩。例如,在一项研究中,师生关系良好的低社会经济地位学生在1年级、2年级时会更投入、更努力,在3年级时考试成绩更高(Hughes, Luo, Kwok, & Loyd, 2008)。在另一项研究中,对学生更加敏感和更乐于给予支持的高中教师会有学习得更多更好的学生(Allen, Pianta, Gregory, Mikami, & Lun, 2011)。与女孩相比,男孩更倾向于疏远老师,与老师的冲突也更多,然而师生关系对男孩的影响可能更大,因此可能需要特别的努力来与男孩建立联系(Spilt, Hughes, Wu, & Kwok, 2012)。

与老师的积极关系如何促进学业成绩提高?学生会因为老师而在学习活动中更投入、更积极、更努力,这反过来预示着更高的成绩(Hughes, Wu, Kwok, Villarreal, & Honson, 2012; Spilt et al., 2012)。积极的师生关系为学生提供了一个安全基地以适应学校、探索和完成困难的学校任务。敏感的教师可能更擅长在最近发展区内为学生发展搭建支架。他们还可以减少学生的焦虑,以免干扰学习,正如你将在第八章中学到的那样。(如果你认为亲密的师生关系是一个保护因素,而不良的师生关系是第一章中所提到的风险因素,则请给自己一颗星!)

学龄前儿童师生关系的效应量(见第一章)相当大,这表明它可能比你使用的课程或教学方法更重要(Cornelius-White, 2007)。对于学龄前儿童,师生互动对学业、语言和社交技能的影响大于师生比、课程、班级规模或空间和陈设等因素(Mashburn et al., 2008)。在任何年龄段,教学质量都以积极的师生关系为中心。

图6-3显示,在小学阶段,孩子们可以与不同的教师建立更好或更差的关系。研究发现:师生关系的密切程度往往从小学1年级到小学结束,直至整个中学期间稳步下降,但在高中时可能会稳定下来(Hughes et al., 2012)。如果你教高年级学生,那么你可能需要付出额外的努力来培养积极的师生关系。

你该如何与学生建立安全的关系?师生关系最有力的预测因素之一就是亲子依恋。具有不安全的亲子依恋的学生很可能会有不安全的师生关系(DeMulder, Denham, Schmidt, & Mitchell, 2000)。这是因为具有不安全依恋的学生会从老师那里汲取消极的东西。教师往往会对回避型学生发脾气并拒绝他们,视他们为挑衅。教师总是对具有反抗型依恋的学生更宽容,培养他们,把他们视为不成熟和有需要的人。相比之下,教师经常对具有安全依恋的学生敏感而热情,并期望他们表现良好(Pianta, Mashburn, Downer, Hamre, & Justice,

2008)。因此，你可能会发现与具有不安全依恋的学生建立一种积极的关系更加困难，就像在开场小插曲中的奥德丽。此外，你理解学生依恋需求的方式可能反映了你自己的依恋史（James，2012）。但是，克服不安全依恋的历史是有可能的；在一项对数千名儿童的研究中，约1/3的具有不安全依恋的儿童发展出了安全的师生关系（Howes & Ritchie，1999）。怎么会发生这种情况呢？

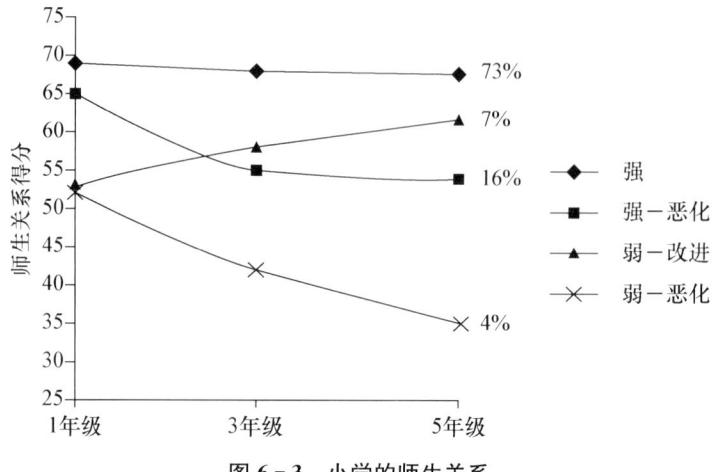

图6-3　小学的师生关系

一项大型的全国性研究发现，大多数（73%）小学生与他们的老师关系密切。然而，有16%的小学生和其老师的关系一开始很好，但随着年级的提高而变差，7%的小学生和其老师的关系开始时很差，但后来有所改善，4%的小学生和其老师的关系开始时就很差，之后还会明显恶化。总的来说，在孩子们小学毕业后，师生关系往往会趋于恶化。

资料来源：改编自O'Connor，Dearing和Collions（2011）。类似结论亦可见Spilt等（2012）。

教师的行为有助于师生关系发展。如果有爱心的教师证明具有不安全依恋的学生的内部工作模式——成年人是敌对的、倾向于拒绝的、无动于衷的——是不成立的，就可以建立健全的师生关系。如果你能与具有不安全的亲子依恋的学生（如奥德丽）建立安全的关系，那么这些学生可能会在社交和情感上做得更好，并在课堂上取得更高的成绩（O'Connor & McCartney，2007）。如果你觉得与学生有更多的联系，那么你作为老师也会更开心（Klassen，Perry，& Frenzel，2012）。为了促进与学生建立安全关系，请遵循以下准则（Bergin & Bergin，2009）：

（1）敏感，经常与学生开展积极的互动。敏感的教师能准确地发现和解释学生的迹象，对学生的苦恼做出反应，并且表现热情。

（2）通过尽可能提供选择来回应学生的学习日程。老师对学生所做的事给予一定的控制，这样学生会觉得与教师更亲近。当你无法提供选择时，请给出一个合理的理由。

（3）仔细研究本书。对儿童发展有更多了解的教师对学生更敏感。

（4）为课堂做好充分准备，对学生抱有很高的期望。这表明你关心他们的成绩。

（5）使用非强制性纪律。强制性纪律包括威胁和控制资源，如因学生行为不当而缩短其休息时间。良好的纪律有助于建立积极的关系，从而激励学生服从。你将在第七章中学习如何做到这一点。

（6）当你感受到来自某个特定学生的挑战时，尝试一些旨在修复糟糕的师生关系的干预措施。在一种被称为"储存时间"的干预中，你"储蓄"关系"资本"中的积极经验，这些经验之后可以被"吸收"（Pianta，1999）。例如，每天老师给予学生5~15分钟完全的关注，并在学生选择的活动中遵从学生的引导（这可以在健身房、空闲时间、午餐时间、课间休息或小组授课时进行）。通过这种方法，老师可以展现对学生的关注。

在学前阶段或小学传递对学生的关注最容易，初中老师也可以用自己的方式"储存时间"，比如每天放学后花半个小时打电话给一部分学生和他们的父母，告诉他们他喜欢学生上他的课。另一位高中老师给生病的学生打电话，告诉他老师和班上的其他同学很想念他。让我们看看另一位老师马里（Mali）身上发生的事情：卡莱布（Caleb）是一个学习困难的7年级学生，他一次糟糕的几何测验对马里老师提出了挑战。马里老师让卡莱布在家庭作业中完成证明题。那天晚上，马里老师给卡莱布的母亲打了电话。

> 这不是他的老师第一次打电话回家——我觉得她已经习惯了这样的电话，但这是第一次有人对她说些好听的话。我想让她知道，她儿子在课堂上表现出来的求知欲和活力提醒了我当初为什么选择教书。我告诉她，我爱我的工作，因为有像卡莱布这样的孩子。电话那头的沉默告诉我她在哭。那天晚上，我向她伸出援手，我就成了她的盟友（Mali，2012，p. 36）。

在许多学生面临着不安全依恋风险的学校，全校范围的干预措施可以为他们提供帮助。成功的干预措施让学校的所有教师始终保持积极态度，以否定学生中存在的诸如成年人对他们出尔反尔、漠不关心、一味严厉的内部工作模式（Hamre，Hatfield，Pianta，& Jamil，2014；Ottmar，Rimm-Kaufman，Larsen，& Berry，2015）。学生在学校有多种积极的关系时，就会与学校建立联结。

学校联结

学校联结①是指学生对老师和同学的依恋。学校联结包括喜欢学校和参与学校活动，这些活动往往是相辅相成的（Hallinan，2008）。学校联结保护学生不被开除和免于辍学，并促进他们取得一定的成就（Dynarski et al.，2008；Wang & Fredricks，2014）。相比之下，与学校没有联结的学生认为学校是一个不关心人的地方。他们可能会说他们没有朋友，也没有人在学校和他们交谈，他们不认识校长，他们的老师也没有注意到他们的存在或不关心他们的学习。

尽管学校联结在任何学校都很重要，但在贫困率高和其他风险因素多的学校中，这一点犹为重要（Osterman，2000）。学校联结可能特别重要，但进入中学后就不那么重要了。从小学到初中，再到高中，学校联结重要程度的下降与更低的成绩、更少的学校关注和更低的课外活动参与率等因素有关（Juvonen，2007；Skinner，Furrer，Marchand & Kindermann，2008）。对于同时经历其他变化如父母离异的学生，或有多种风险因素的学生来说，尤其如此（Burchinal，Roberts，Zeisel & Rowley，2008；Zanobini & Usai，2002）。学校联结虽然从童年到中学有所下降，但在高中时可能会稳定下来（Gillen-O'Neel & Fuligni，2013）。

K-8系统的学生不必过渡到中学/初中，他们会更好一些。为什么呢？原来，中学/初中正是学生寻求更大的自由和自主性的时候，而学校却强调教师的控制，而不强调学生的选择。具有讽刺意味的是，学生在小学毕业时的自主性往往比在中学/初中时大。此外，中学/初中的师生关系也不那么亲密和积极。有些学生认为教师不友好，有些教师认为学生不值得信任。人们喜欢把中学的消极性归咎于学生"激增的荷尔蒙"，但真正的问题可能是学校因素。其他国家的青少年不一定会减少自己与学校之间的联系。在美国，11~15岁的孩子比其他国家的孩子更不喜欢学校（Juvonen，2007）。你能做些什么来促进他们与学校之间的联系？

（1）建立安全的师生关系。学校联结的主要因素是密切的关系。当学生认为他们的老

---

① 学校联结（school bonding）：一种属于学校的一员并与同伴和教师建立良好关系网络的感觉。

师关心他们并赞美他们努力学习时,他们会更喜欢学校。这可能对那些面临辍学风险的学生尤其重要,比如那些经常搬家或是刚刚移民到美国的学生(Green, Rhodes, Hirsch, Suarez-Orozco, Camic, 2008; Gruman, Harachi, Abbott, Catalano, & Fleming, 2008)。

(2) 改善其他成年人与学生的关系,例如学生与教练或辅导员的关系。在开场的小插曲中,奥德丽和辅导员的关系帮助她感觉到与学校的联系更紧密。

(3) 倡导师生长期相处以建立关系,这可能需要几个月到几年的时间。当教师与相同的学生在一起多年时,课堂管理问题可能会减少,学习动机可能会增强,学业成绩可能会提高(Pianta, 1999)。

(4) 倡导保持学校规模足够小。高中建立学校联结的最佳规模是 300 名学生,如果提供强有力的学术课程,则其理想规模可达到 600~1 200 名学生(McNeely, Nonnemaker, & Blum, 2002)。一些中学通过创建小型学习社区,可产生小型学校的部分积极影响,这些社区也可称为团队、小组或学校内的学校(Felner, Seitsinger, Brand, Burns, & Bolton, 2007)。

(5) 好好管理你的课堂。取消过于严厉的纪律,如因相对轻微的违规行为而开除学生。当学生认为教师公平时,他们会更喜欢学校。课堂管理将在第七章中讨论。

(6) 提供课外活动。参加各种活动(如辩论俱乐部、爵士乐队、体育运动)的青少年往往不那么沮丧也不会陷入麻烦(Simpkins, Eccles, & Becnel, 2008)。学生在课外活动期间感觉比在课堂上更快乐、更有动力(Mahoney, Harris, & Eccles, 2006)。

(7) 帮助学生彼此友善,乐于助人,相互理解。如何做到这一点将在第十章中讨论。

这些因素对你们学校的少数族裔学生可能特别重要。当学校里的大多数其他学生和他们族裔不同时,少数族裔青少年不太可能感受到学校的联结(Johnson, Crosnoe, & Elder, 2001)。这是否意味着族裔隔离的学校是理想的?不,族裔隔离的学校存在各种各样的问题。这的确意味着,在多族群学校中,你需要确保所有学生都感觉到对学校的依恋。

总之,学生的依恋安全性各不相同,这会影响他们的学业成绩。家长、老师和学校都可能影响依恋的安全性。依恋很重要,因为它是儿童健康人格的基础。接下来,让我们来谈谈气质和人格。

二、气质和人格

埃里克(Eric)是一个非常害羞的小孩。他说话和走路都比较晚,但是当他开始说话时,一开口就是完整的句子。在幼儿园,他不会加入小组和小朋友们一起游戏,相反,他背靠着最远的墙壁,专心地、默默地看着大家,同时,用手不停地捻自己的一缕头发。当他违反家庭规则时,甚至在妈妈知道他犯错之前,他就开始哭泣并面壁罚站。

埃里克从未跟他的幼儿园老师说过话。在小学 1 年级的时候,他非常喜欢的小妹妹出生了。每天早上,他都会径直走到老师的办公桌前,告诉她他妹妹所做过的有趣的事情,然后回到自己的座位上,并且在一天中的其他时间里一言不发。当其他老师跟他打招呼时,他低下头,没有回应。他的 1 年级老师说:"他一点儿也不像他的姐姐!"他姐姐是活泼和外向的,经常被告知不要在课堂上说话。埃里克的老师怀疑他不像他姐姐那么聪明,尽管他的词汇量非常丰富。

几年以后,埃里克的 7 年级老师要求他和一名新学生交朋友,因为埃里克是班上最受欢迎的男孩,他很有同情心。他是课外活动的领袖,组织一大群男孩排演科幻剧(如《绝地武士》)。他在学业上也处于领先地位,并且充满自信。

> 在高中，埃里克的成绩在全国排名前1‰。他有一群好朋友，他们特别喜欢他的机智幽默。但他仍然相对安静，独自玩游戏和与朋友们一起玩游戏都能使他快乐。他有时会因为一个非常受欢迎的、外向的女孩的邀请而参加校友返校舞会。然而，他通常不去参加舞会或者有很多陌生人的大型社交聚会。

幼儿时期的埃里克具有**行为抑制**①，表现为对陌生的人、事或对象的强烈的消极反应。是他一出生时就有这种特质吗？为什么出生在同一个家庭的孩子（如埃里克和他的姐姐）会具有如此不同的人格？在一项著名的研究中，研究人员托马斯（Thomas）和切斯（Chess）在1956年观察了来自85个家庭的141名2~3个月大的婴儿（Thomas，Chess，& Birch，1970）。在追踪了这些孩子14年之后，他们得出的结论是，气质解释了为什么一些来自功能失调家庭的孩子会出现问题而其他孩子的发展情况很好。例如，冷酷、要求苛刻的父母会使孩子过分顺从或者叛逆。让我们来看看当前的研究是否支持这种观点。

气质②是指儿童对环境的反应的强度与模式的个体差异。气质通常被认为是心理特质（例如害羞）和生理特质（例如活动水平）的综合，具有遗传基础，在生命早期就存在，长期保持稳定，并且能够影响后来的人格。但这并不完全正确。气质特质存在于生命的早期，并且可以影响后来的人格，但不一定是高度遗传或稳定的。

心理学家并未就气质具有哪些特质达成一致意见，但大多数关于气质的定义中都会提及如下四个特质（Shiner et al.，2012）：

(1) 活动性（activity），指儿童的活动水平。

(2) 有意控制（effortful control），指对注意力和行为的控制，例如抑制冲动、集中注意力、遵循指令和抵制干扰。如果你能认识到这就是第四章所讲的"执行功能"，就说明你真正理解了，请给自己点个赞！它们的内涵基本相同，但概念名称不同，因为它们来自不同的研究领域（Allan & Lonigan，2011；Liew，2012），研究人格的科学家称之为有意控制，而研究认知发展的科学家称之为执行功能。

(3) 消极情绪（negative emotionality），指儿童在多大程度上容易生气、感到愤怒或恐惧，强度有多大，以及他们如何控制情绪。情绪消极的儿童往往在有意控制方面存在问题（Zhou，Lengua，& Wang，2009）。

(4) 行为抑制（behavioral inhibition）。像埃里克这样的拘谨、压抑的儿童对潜在的威胁反应强烈，因此他们对新事物持谨慎态度，而那些勇敢、无拘无束的儿童则欣然接受新鲜事物。这种相反的勇敢模式被称为"外向"。

气质是人格中活动和情感的核心。其实，人格还包括更多内容。**人格**③是指一贯的行为和特质，它有不同的层次（如图6-4所示）。气质和依恋是形成特定人格特质的基础，而这些人格特质组合形成了不同的人格类型。

你有什么样的人格呢？你可能会用几千个词来形容自己——外向、善良、有耐心、具有爆发力、健谈或者具有创造性。心理学家已经确定了五种宽泛的**人格特质**④，这些特质包括了我们用来描述成年人和儿童的大部分词汇，它们被称为五因素模型（FFM）或大五人格模型。

---

① 行为抑制（behavioral inhibition）：一种过于小心谨慎的倾向，这会限制一个人接触新的人、事或对象。
② 气质（temperament）：反应的个体差异（包括情绪、活动性或注意）以及控制反应的能力。
③ 人格（personality）：一个人区别于另一个人的一系列特质。
④ 人格特质（personality traits）：个体以某种一贯的方式去行为、思考和感觉的倾向。造成个体差异的五种特质是开放性、自觉性、外倾性、宜人性和神经质（OCEAN）。

```
        人格类型
     灵活型、过度
      控制型、
     失于控制型

         人格特质
    开放性、自觉性、外倾性、
        宜人性、神经质

            气质特征
   行为抑制、有意控制、消极情绪、活动性

        生物倾向和依恋安全性
```

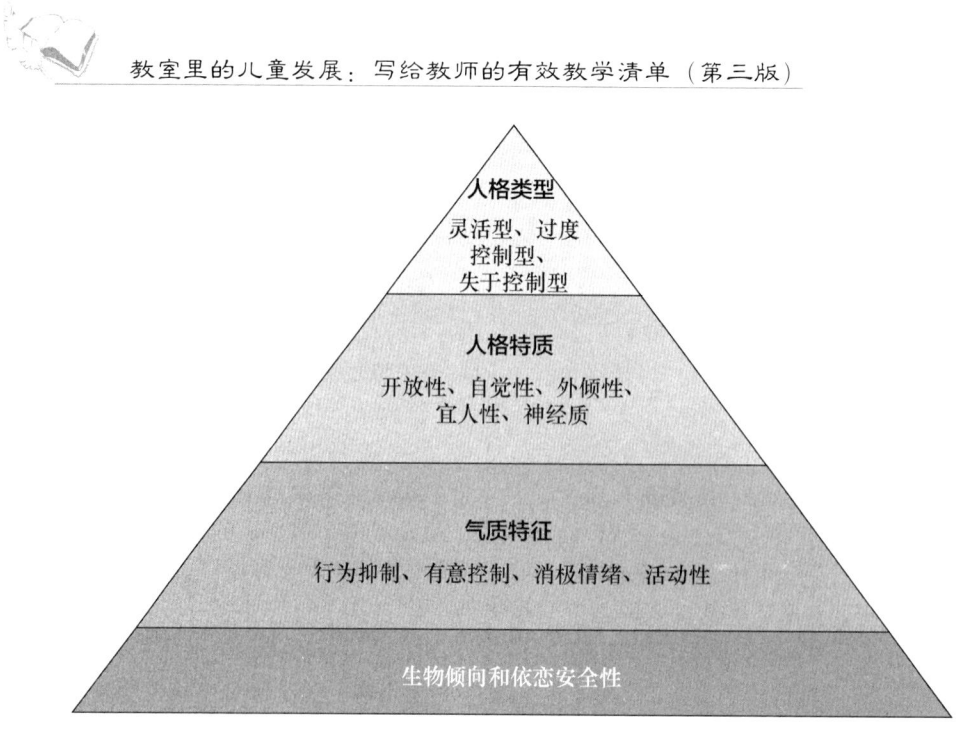

图 6-4 人格的层次结构

你能从底层开始按照这个金字塔从下往上描述自己的人格吗?

（1）**经验的开放性**①。开放的人很聪明（但并不一定能取得好成绩）、富有创造力和好奇心。他们喜欢探索新事物，善于表达和深入思考，专注于目标。

（2）**自觉性**②。认真自觉的人整洁、有序、可靠。他们能完成任务，不轻易放弃，为自己设定高标准，常常三思而后行。

（3）**外倾性**③。外向者精力充沛、健谈、寻求刺激、充满活力。他们反应快、情感外露。

（4）**宜人性**④（善解人意）。善解人意的人关心他人、热情善良、乐于助人、善于合作，他们非常受欢迎。

（5）**神经质**⑤（与情绪稳定相对）。神经质的人焦虑，过度担心，面临压力时会崩溃或生病，并且容易感觉到受伤害。

你可以借助"OCEAN"（海洋）这个词来记住这五种特质。这五种特质不能涵盖所有的人格维度，但它们具有足够大的包容性，足以预测一些重要的结果（Kline，2001）。这些特质在某种程度上是彼此独立的，也就是说，一个人可能在一种特质上得分高但在另一种特质上得分低。然而，这五种特质倾向于组合在一起而形成三种人格类型。

---

① 经验的开放性（openness to experience）：包含了好奇心、探索性、想象力、创造性、良好的自我表达和富有智慧等的一种人格特质。

② 自觉性（conscientiousness）：与缺乏方向性截然相反的一种人格特质，包括能完成任务、不轻易放弃、可靠、提前计划并井然有序。

③ 外倾性（extraversion）：与社会抑制截然相反的一种人格特质，包括精力充沛、健谈、情感外露、反应迅速、充满活力。

④ 宜人性（agreableness）：与敌对截然相反的一种人格特质，包括体贴、温暖、善良、合作、善于与人相处并受人喜爱。

⑤ 神经质（neuroticism）：与情绪稳定截然相反的一种人格特质，包括紧张、担忧、固执或面对压力时的崩溃、缺乏安全感、需要安慰。

研究发现了三种不同的人格类型①——灵活型②、过度控制型③和失于控制型④。这并不意味着人格只有三种类型，而是说这三种类型很容易识别。超过75%的儿童，不论年龄、种族和国籍，都可以很容易地被归入上述三种人格类型中的一种，其中大多数儿童属于灵活型。表6-2显示了构成每种人格类型的特质。

表6-2 人格特质所形成的人格类型

人格类型	灵活型	过度控制型	失于控制型
儿童所占比例	50%~70%	10%~30%	20%~30%
大五人格特质	高开放性 高自觉性 低神经质	低外倾性 高宜人性 高神经质	高外倾性 低宜人性 低自觉性
其他人格特质	自信、有能力、语言流利、认真专注、通情达理、遵守规则、乐于助人、不恐惧、不焦虑	乐于助人、顺从、讨人喜欢、安静、抑制、遵守规则、优柔寡断、不积极、不自信、缺乏竞争力	精力充沛、焦躁不安、反社会、冲动、好动、兴奋、优柔寡断、逞能、注意力不集中

1. 气质和人格的年龄趋势

科学家倾向于研究儿童早期（从出生到7岁）的气质和年长一点时（3岁至成年）的人格。如图6-5所示，你可能已经注意到气质与大五人格特质之间的联系：消极情绪是神经质的核心；高活动性和低行为抑制是外倾性的核心；有意控制是自觉性的核心（Andersson & Bergman, 2011; Rothbart, 2007)。

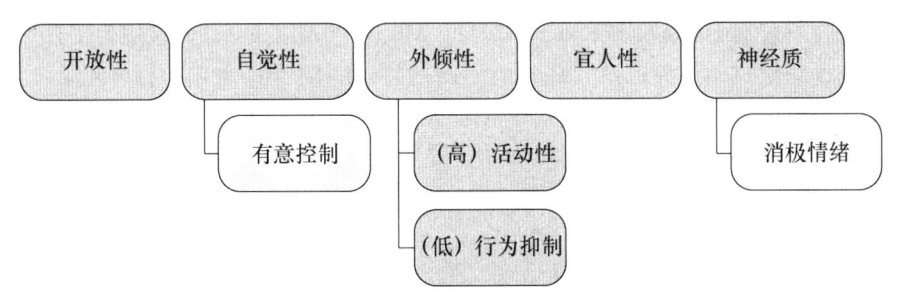

图6-5 大五人格特质与核心气质特质

阅读关于大五人格每种特质的描述，你能理解为什么每个核心气质特质会与特定的人格特质相关吗？

人格有年龄趋势。在第二章中，你已经了解到活动水平在7~9岁之前一直增加，之后开始减少。在第四章中，你已经了解到执行功能（即有意控制）随年龄增长而提高，并且在儿童早期和青春期急剧增强。在第八章中，你将了解到，随着年龄的增长，孩子能够更

---

① 人格类型（personality types）：倾向于并存的一些人格特质的集群。儿童中最常见的是灵活型、过度控制型和失于控制型三种类型。

② 灵活型（resilient）：一种人格类型，它的特点是具有高水平的开放性和自觉性，高于平均水平的外倾性和宜人性，以及低水平的神经质。

③ 过度控制型（overcontrolled）：一种缺乏灵活性的人格类型，它的特点是较高水平的宜人性和神经质，以及特别低水平的外倾性。

④ 失于控制型（undercontrolled）：一种缺乏灵活性的人格类型，它的特点是具有特别低水平的宜人性和自觉性，同时神经质和开放性也低于平均水平。

好地调节情绪，从而减少消极情绪。行为抑制在幼儿中很常见，但随年龄增长而减少。大多数存在行为抑制的儿童在4年级时就克服了学校环境的抑制作用，特别是像埃里克这样具有社交技能的聪明孩子（Murray et al.，2008）。

总体而言，从学步期到老年阶段，人格会变得更加积极（Soto & Tackett，2015）。一个例外是，在青春期早期可能会出现宜人性、开放性和自觉性的暂时下降。在成年早期，人的积极人格特质急剧增加，这可能与他们参加工作和发展亲密关系后变得成熟有关（Bleidorn，2015；Klimstra，2013）。但是，并不是所有的学生都能够发展出成熟的人格。接下来让我们来看一看个体差异。

2. 气质和人格的个体差异

托马斯和切斯认为，气质对儿童的长期发展具有很大的影响。课堂内外的研究能否证实这一点，我们将拭目以待。首先，让我们来考察一下童年时期的气质和人格是否稳定。

气质和人格的个体差异是否稳定？

个体差异的稳定性是指与同龄人相比，学生的相对位置保持不变。例如，3岁时害羞的埃里克到25岁时是否仍然比同龄人表现出更多的行为抑制？稳定性取决于：（1）特质的强度；（2）具体的特质；（3）年龄；（4）环境。特质强度高的孩子稳定性更强。例如，在一项针对15岁以下的存在行为抑制的儿童的研究中，大约15%处于极端状态的儿童随着时间的推移仍存在行为抑制，但其他的孩子则不再表现出行为抑制（Kagan，Snidman，Kahn，& Towsley，2007）。

有一些特质表现得更加稳定。活动性更稳定，消极情绪中度稳定，行为抑制不太稳定（Degnan et al.，2011；Wachs，2006）。积极的特质（如宜人性和自觉性）和类型（如灵活型）更加稳定（Andersson & Bergman，2011；Meeus et al.，2011），这是由于自然发展成熟（例如前面讨论过的年龄趋势）和儿童所在社会环境中改善他们的行为的压力。

在儿童时期，人格变得越来越稳定。依恋理论认为，可能在3岁左右，当安全依恋融入人格中时，人格就会稳定下来。研究表明，婴幼儿的人格是不稳定的（Beekman et al.，2015），但是到了儿童中期就相当稳定了。例如，一项研究发现，研究人员准确地预测出了2/3的8岁孩子到36岁时的人格（Laursen，Pulkkinen，& Adams，2002）。然而，人格是可以改变的，即使到了老年，人格也会发生改变（Specht，Egloff，& Schmukle，2011）。事实上，这正是心理治疗的目标之一。例如，托马斯和切斯讲述了一个有行为问题的学习困难学生的故事：16岁时皈依宗教使她发生了改变，到22岁时，她已经调整得很好了（Thomas et al.，1970）。

人格的稳定性取决于环境。例如，一些本来没有行为抑制的婴儿可能会因为虐待、父母之间的冲突或过度的批评而受到抑制。如果他们的父母在面对新情况时表现出焦虑而不是鼓励，这些抑制的幼儿随着时间的推移就会变得越来越抑制。相反，积极的事情会帮助一些孩子减少抑制。在稳定的环境中，人格也往往保持稳定（Wachs，2006）。总之，对于一些具有极端特质或环境有利于维持其特质的孩子，人格可能保持不变，但许多孩子的人格在童年时期都会发生变化，总体上都有所改善。

人格在各种情境下的稳定性如何？

你有没有惊讶地发现，班里胆小的学生在家里对兄弟姐妹却很蛮横？个体的人格会随着情境而改变。1971年曾有一项被称为斯坦福大学监狱实验的著名实验，该实验表明情境可以强烈地影响行为。该实验为期两周，研究人员在心理学楼的地下室里设置了一个模拟监狱，20名斯坦福大学的男生被随机分配成为囚犯或狱警，所有被选中的学生都具有稳定健康的人格。

然而一段时间后,实验被迫终止,因为本来善解人意的"狱警"变得残忍地对待"囚犯"。这个实验说明了人格是如何随情境而改变的。

人格特质和情境在任何时候都会影响孩子的行为方式。这就是说学生的人格不是一些特质的简单堆积,它取决于你所营造的课堂氛围。学完这一部分,在这一章后面的内容中,我们将讨论如何设计能够培养学生良好人格的课堂。

气质和人格会带来什么影响?

学生的人格能够影响一些重要的结果,它往往比智商和社会经济地位更重要(Meyer et al.,2001)。童年时期的人格特质与成年后的身心健康、肥胖与否、寿命长短、婚姻幸福水平和事业成功程度相关,尤其是高自觉性、高宜人性和低神经质往往与优异表现相关[①]。人格也与学业成绩和社交能力密切相关。

学业成绩

在不考虑智力的情况下,自觉性、宜人性和开放性这三种人格特质能够影响学业成绩(Noftle & Robins,2007)。事实上,自觉性的影响几乎和智力一样大(Poropat,2009)。作为自觉性的基础的有意控制,能够影响孩子3~6岁时的读写能力和数学技能、青少年时期的成绩以及大学毕业率[②]。宜人性高的学生往往平均学分绩点更高。开放性高的学生往往SAT成绩更高,但也不是肯定会高。另外两个大五人格特质是外倾性和神经质,它们与成绩没有必然的联系。高外倾性或高神经质的学生可能是好学生,也可能是差生。

人格类型也能影响学业成绩。过度控制型的学生往往能比失于控制型的学生获得更高的成绩。例如,在一项研究中,失于控制型的学生的成绩在整个小学阶段稳步下降,这种下降相当于缺失了整整一年的学习(Hart et al.,2003)(如图6-6所示)。失于控制型的学生经常会错过课堂上的很多内容,因为他们常常处于走神和混乱状态。

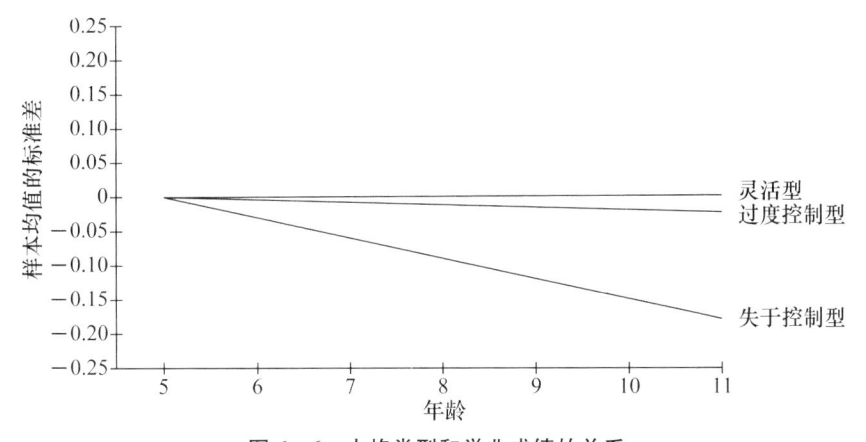

图6-6 人格类型和学业成绩的关系

在本图中,0是所有儿童的平均数。正数表示成绩高于平均水平,负数表示成绩低于平均水平。这是一项对5~11岁儿童的追踪研究,灵活型人格和过度控制型人格的儿童一直接近平均水平。随着时间的推移,失于控制型人格的孩子到底发生了什么?

资料来源:Hart 等(2003)。

[①] 许多研究支持这一结论,以下仅列举少量:Andersson 和 Bergman(2011);Chapman 和 Goldberg(2011);Hampson(2008);Jackson,Connolly,Garrison,Leveille 和 Connolly(2015);Lahey(2009);Sackett 和 Walmsley(2014);Sutin,Ferrucci,Zonderman 和 Terracciano(2011)。

[②] 许多研究支持这一结论,以下仅列举少量:Allan 和 Longigan(2011);Andersson 和 Bergman(2011);Valiente,Lemery-Chalfant 和 Swanson(2010);Véronneau,Racer,Fosco 和 Dishion(2014)。

社交能力

人格能够影响学生能否获得社交上的成功或者是否会出现行为问题。消极情绪是行为问题的风险因素。有消极情绪的学生更容易吸毒、抑郁、焦虑、具有攻击性、被同伴排斥和获得低成绩（Rothbart，2011；Sanson，Hemphill，& Smart，2004；Schmitz et al.，1999；Thomas et al.，1970）。而有意控制和行为抑制是这些同类问题的保护因素。抑制、谨慎的学生比不受约束、寻求刺激的学生更不容易受到攻击和伤害（Davies，Cicchetti，Hentges，& Sturge-Apple，2013；Schwebel & Plummert，1999）。

矛盾的是，行为抑制也可能是社交问题的一个风险因素，但是仅仅限于不合群的孩子。这是一个关键的区别，即行为抑制的孩子可能合群也可能不合群。不要忘了抑制与新奇的事物有关。行为抑制且不合群的孩子回避社交场合。行为抑制但合群的孩子避免与陌生人交往，但是乐于参加熟人的社交活动，他们只在陌生人面前显得害羞。在一项研究中，害羞的孩子在新环境中与新朋友玩耍时表现得不够自信，但是到第三次的时候，他们就已经融入群体了（McElwain et al.，2014）。我的一个孩子就是羞怯但合群的孩子，在我们搬家后的 3 个月时间里，她在新的五年级课堂上一直沉默不语，甚至在午餐的时候没有跟任何一个新同学说话，她在学校过得很不好。然而，几个月后情况发生了变化，在等校车的时候，她带领同学们玩游戏，她们已经成为了亲密的伙伴。这种区别非常重要，因为不合群的孩子可能会孤僻、被同伴排斥，而羞怯但合群的孩子拥有社交技能和朋友（Coplan et al.，2013；Schmidt & Fox，2002）。

如果孩子在 9～10 岁的时候还是非常害羞，那么行为抑制也可能会成为一个风险因素。年幼的孩子害羞通常不需要特别关注。一些表现出行为抑制的儿童在进入青春期后面对陌生人群时仍然感到轻微不舒服，就像埃里克一样，但不至于缺乏社交技能。然而，那些仍然极度害羞的孩子中，将近一半的孩子更有可能患上焦虑症（Prior，Smart，Sanson，& Oberklaid，2000）。因此，对于攻击和伤害，行为抑制是一个保护因素，只有在儿童中期仍然存在的对熟人的极度羞怯才是问题的风险因素（Coplan & Armer，2007；Sanson et al.，2004）。

抑制的反面或外倾性（也称为兴奋和活跃）也有两面性，有时是积极的，有时是消极的。下面我们来看一看彼得（Peter）的例子。

> 2 岁的彼得喜欢和其他小朋友一起玩耍。他跑向一个新的玩伴，咧嘴笑着在人家的肚子上猛推一下，等着对方向他微笑。他这样做是想说"咱们一起玩吧！"。可是，他的伙伴却哭着走开了，这让他感到非常困惑。

像彼得这样外向的孩子行为抑制程度低，活动性高，他们会毫不犹豫地迅速接触新奇的事物，并且怀着极大的乐趣进行回应（Blandon，Calkins，Keane，& O'Brien，2010）。从婴儿到 5 岁，外向的孩子更冲动、更有攻击性、更易怒，同时他们也更友好、更开朗、更有社交能力（Degnan et al.，2011）。随着年龄的增长，他们如果学会控制自己的活力，就不会像彼得那样困扰同伴了。如果接受的是低质量的教养方式，那么他们往往会出现行为问题（Davies，Cicchetti，& Hentges，2015）。

在青少年中，自觉性和宜人性高的学生往往在学校中很少出现行为问题（Caspi，1998；Laursen et al.，2002）。相反，自觉性差、宜人性低但外倾性很高的男孩比其他人更容易出现严重犯罪，比如贩卖毒品、入室盗窃和飙车（John，Caspi，Robins，Moffitt，& Stouthamer-Loeber，1994）。失于控制型的男孩往往具有攻击性，而过度控制型的男孩容易产生社会退缩（Asendorpf & Van Aken，1999；Hart，Hofmann，Edelstein，& Keller，1997）。下面让我们看看可能导致这些不同人格的因素。

什么因素会影响气质和人格？

根据依恋理论，人格主要是气质和依恋史的结果。早在 4 个月大的时候，婴儿的气质就很明显了（Kagan et al.，2007）。这是否意味着气质是遗传的呢？目前还不能确定。即使在年龄很小的时候，气质也可能是社会经验的结果。

生理学和遗传学

行为抑制这种特质已经被证明是具有生理基础的。在第二章中，你已经了解到行为抑制的孩子在遇到新情况时心率加快、瞳孔扩张、肌肉更紧张，并分泌更高水平的皮质醇（一种压力荷尔蒙）。这些生理反应来自哪里？很可能就是遗传。

人格是一个人们进行了大量遗传力研究的领域（Plomin，DeFries，Knopik，& Neiderhiser，2016）。研究表明，20%～60%的大五人格特质有可能是遗传的（Saudino & Micalizzi，2015；Turkheimer，Pettersson，& Horn，2014）。开放性、行为抑制、消极情绪、活动性和外倾性具有从中到高不同强度的遗传力。相反，其他一些特质，如积极情绪、有意控制和宜人性似乎没有多少遗传力（Bokhorst et al.，2003；Ganiban，Saudino，Ulbricht，Neiderhiser，& Reiss，2008）。宜人性受到家庭环境的强烈影响；好孩子是培养出来的，而不是天生的（Laursen et al.，2002）。

需要注意的一点是，由于**兄弟对比偏见**①，遗传力估计可能会被夸大。也就是说，很多关于儿童时期人格的研究使用了母亲的报告，而母亲往往夸大了孩子之间的差异。这会导致对遗传力的高估和对共享环境贡献的低估。但是，当观察者使用客观指标（如使用活动量表）报告时，共享环境的贡献可能很大（Ganiban et al.，2008；Saudino & Zapfe，2008）。

什么会导致这种偏见？父母可能有两个与平均水平相比不太活跃的孩子，但是他们认为一个孩子非常活跃，另一个孩子非常平静，因为他们的参照系是自己的孩子，而不是所有的孩子。兄弟姐妹间的这种比较是非共享家庭环境的一个重要组成部分，或者是造成他们之间不同的因素（参见第一章）。

需要特别注意的另一点是，即使人格特质具有生理基础，这也并不意味着它们能够被特定基因所控制。生理系统包括大脑都会随经验而改变（见"大脑研究"专栏）。因此，父母和教师都有很大的作用空间。专栏 6-3 是一项关于教养方式和基因如何相互作用的经典研究。

大脑研究

人格中的大脑差异

行为抑制的学生拥有高度活跃的右额叶。相比之下，外向的、精力充沛的学生具有高度活跃的左额叶，这与接触新事物和对反馈的积极响应有关（Degnan et al.，2011）。这些生理差异在婴儿期就已经很明显了（Hane & Fox，2006；Laurent，Ablow，& Measelle，2012）。这些大脑差异是否意味着人格在大脑中"埋藏着引线"？不是的。回忆一下第二章，大脑会随着经验而变化。例如，感觉迟钝和干涉性的母亲养育的婴儿无论他们

---

① 兄弟对比偏见（sibling-contrast bias）：家庭成员夸大兄弟姐妹之间差异的倾向，他们报告的差异往往超出经客观评估而实际存在的差异。

的大脑在生命早期是如何开始发育的，都会在 9 个月大时形成行为抑制的大脑模式（Hane & Fox，2006）。

教养方式和依恋

早期教养方式和依恋能够预测人格。我们之前已经讨论过，随着年龄的增长，孩子的消极人格特征会逐渐减少。然而，教养质量影响着这种情况发生的概率。例如，有不安全依恋且父母动辄施以惩罚、凡事皆加以控制、拒绝接纳别人的孩子随着时间的推移往往在情感方面变得更加消极（Blandon et al.，2010）。再如，有不安全依恋和攻击性、被父母过度保护的孩子随着时间的推移往往变得更加抑制并且更易产生社会焦虑（Hastings，Kahle，& Nuselovici，2014；Lewis-Morrarty et al.，2015；Volbrecht & Goldsmith，2010）。积极的方面是，由热情、反应灵敏的母亲抚养的孩子往往不会过分活跃（Blandon et al.，2010），而且能够发展出灵活型人格（de Haan，Deković，van den Akker，Stoltz，& Prinzie，2013）。

这些数据是彼此相关的（参见第一章）。因此，你可以说是孩子的人格导致了父母的行为，反之亦然。或许对于脾气暴躁或高度活跃的婴儿，父母很难给予安全依恋。然而，研究支持了安斯沃思的观点，即安全依恋主要源于父母行为的影响，孩子气质的影响只占很小的一部分，甚至不起作用。在父母的精心抚养下，随着时间的推移，许多教养困难的婴儿产生了安全依恋并且变得不再那么难以教育（Bokhorst et al.，2003；Pauli-Pott，Haverkock，Pott，& Beckmann，2007）。此外，对环境差异的敏感性与气质有关。一些孩子更容易受到环境的影响，而无论环境好坏。例如，如果妈妈感觉迟钝的话，那么有消极情绪特质的婴儿往往会长成自我控制力差的幼儿；如果妈妈感觉敏锐的话，婴儿就会长成拥有特殊自我控制能力的幼儿（Kim & Kochanska，2012）。图 6-7 给出了一个关于教养方式和人格结合起来如何影响孩子情感和幸福感的模型。

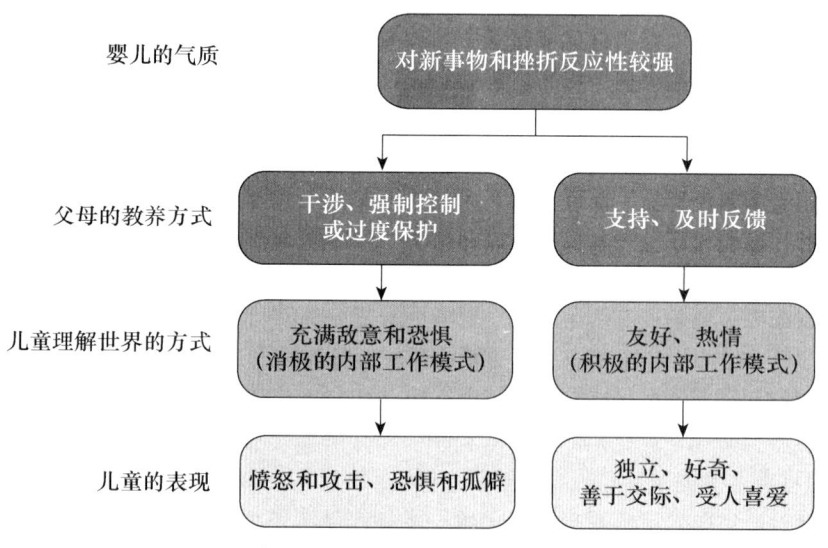

婴儿的气质	对新事物和挫折反应性较强	
父母的教养方式	干涉、强制控制或过度保护	支持、及时反馈
儿童理解世界的方式	充满敌意和恐惧（消极的内部工作模式）	友好、热情（积极的内部工作模式）
儿童的表现	愤怒和攻击、恐惧和孤僻	独立、好奇、善于交际、受人喜爱

图 6-7 气质、教养方式和儿童发展之间的关系

埃里克的成长经历遵循的是模型的哪一方面？请描述一个你所认识的其成长过程与模型的另一方面比较契合的孩子。

3. 气质和人格的群体差异

你是否听说过,有的人认为人格存在群体差异,比如男生比女生更活跃?让我们来看看研究是否证实了这一点。

性别

人格上的性别差异很小,甚至微乎其微。一个明显的例外是女孩的有意控制往往更强,也就是说女孩更不容易分心或冲动(Allan & Lonigan, 2011)。此外,父母的报告显示,男孩比女孩更活跃;运动检测仪的结果有时能够证实这一点,但并不总是如此(Saudino, 2012)。这些差异也许有助于解释为什么男孩多动症的发病率更高,或许也有助于解释为什么学龄前男孩性格更外向,青少年时期的男孩更容易发展出失于控制型人格,而女孩更容易发展出过度控制型人格(Degnan et al., 2011; Meeus et al., 2011)。还有一些性别差异已有报告,但尚未经研究证实。

社会经济地位

社会经济地位与人格类型有关。可能是因为风险因素的影响导致灵活性难以保持,随着时间的推移,社会经济地位较低的学生更容易从灵活型变为失于控制型。然而,那些社会经济地位较低的灵活型学生表现得更出色,因为人格类型像社会经济地位一样,是学业成绩的强有力的预测因素(Hart et al., 2003)。所以,帮助社会经济地位较低的学生培养灵活型人格非常重要。

专栏 6-3　　　　　理论与理论家

先天与后天的再探讨——表观遗传学(Epigenetics)

第一章已经介绍了遗传(基因)和教育(环境)的相互作用。当前,一个很有趣的科学谜题是"缺失的遗传性"(missing heritability)。通过比较双胞胎来研究遗传的科学家发现(详见第一章),遗传对发展(特别是人格形成)的贡献率很高,而研究基因组的科学家则发现遗传的贡献率很低。为什么会不一致?我们还不完全清楚,但基因和环境的相互作用至少提供了一部分解释(Manuck & McCaffery, 2014)。这种相互作用适用于人格和依恋,以及儿童发展的很多方面。这种相互作用的三个原则建立在第一章所学内容的基础之上。

(1)环境可能会影响基因是否显现。基因无法主宰自己的命运。事实上,许多基因从未显现过。基因就像一个图书馆,里面装满了有可能影响你的书籍,但是它们必须被阅读才能发挥作用(Champagne & Mashoodh, 2009)。社会经验可以决定基因是否被阅读。它是怎么发挥作用的?一种可能性通过所谓的甲基化(methylation)作用。持续的压力体验,如拥有不友善的父母,将会导致甲基与某些基因结合,从而阻止基因被阅读(如果你还记得化学课上所学的甲基,那么请给自己点个赞)。基因的甲基化可以改变大脑中的神经递质,从而改变行为。通过甲基化,社会经验在几代人的基因中成为生物性嵌入(Meany, 2010)。这就是童年的经历为什么在成年后仍会影响你——也许甚至会影响到你的孙子——的原因。这个过程称为**表观遗传**①。

(2)基因可能只有在与环境因素共同作用时才会影响儿童的发展。单靠基因很少能解

---

① 表观遗传(epigenetic):是指通过社会经验或其他机制而不是DNA变化而改变表现型(phenotype)或基因表达的过程。

释复杂的儿童行为。例如，儿童有一个叫做 DRD4 的基因。这种基因的一个版本或**等位基因**①容易使儿童产生不安全依恋，并且对一些刺激事件如与母亲分离反应过激（例如，他们的心率会加快）。具有这个等位基因的孩子是否会变得不安全或反应过激取决于母亲的敏感性（Propper et al.，2008）。如果他们的母亲是敏感的，那么他们往往不会比没有该等位基因的孩子反应性更高，并且他们往往会有安全依恋。然而，如果儿童具有风险等位基因和不良的养育方式，那么他们倾向不安全依恋的可能性是没有风险等位基因儿童的 19 倍（Bernier & Meins，2008）。其他研究发现，只有当儿童既有高风险基因，又处于糟糕的环境中时，他们才可能出现问题（Davies et al.，2015；Kim-Cohen & Gold，2009；Wiebe et al.，2009）。

（3）基因可能会使一些孩子更容易受到影响——无论好坏。具有高风险基因的儿童在不良环境中的发展可能低于平均水平，但在积极环境中的发展高于平均水平，因为他们对自身经历的反应比其他儿童更强烈（Pluess，2015）。这一概念被称为**差别感受性**②。例如，具有高风险 DRD4 等位基因的儿童，如果他们的父母不够敏感，他们就更容易出现行为问题，成绩也往往低于其他孩子。然而，如果他们的父母足够敏感、情绪积极，并且使用正面管教，那么他们往往会有更好的成绩，表现得更好（Bakermans-Kranenburg，Van IJzendoorn，Pijlman，Mesman，& Juffer，2008）。换句话说，有些孩子更容易受到父母的影响。也许这就是为什么出生在同一个家庭中的两个孩子，他们的发展会不同——因为一个孩子比另一个孩子更容易受到家庭环境的影响。

一些心理学家借用瑞典语中的表达，用"兰花似的孩子"（orkidebarn）来描述对环境更敏感的孩子，用"蒲公英似的孩子"（maskrosbarn）来描述在任何环境中都能茁壮成长的孩子。案例中的埃里克可能就是一个"兰花似的孩子"。有关他生命轨迹的研究表明，气质上存在某些问题的儿童，他们的发展不仅能够达到平均水平，而且当环境与他们的气质匹配良好时，他们可以发展得非常好（Dich et al.，2015）。

图 6-8 说明了最后两个原则。或许由于基因和环境的相关性，具有高风险基因的儿童

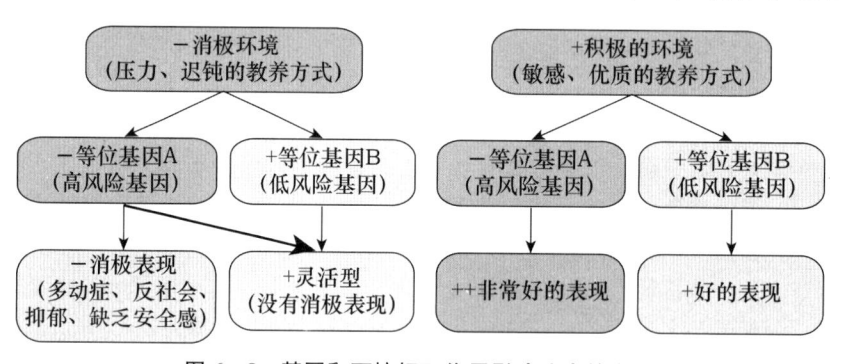

图 6-8 基因和环境相互作用影响儿童的发展

请按照上图，描述一个"兰花似的孩子"在积极、敏感的父母的帮助下是如何发展的。选择一个父母感觉比较迟钝的"蒲公英似的孩子"，也按照上图分析一下。

注：该模型已经对多种基因和儿童表现（如多动症、反社会行为、抑郁、寻求刺激和不安全依恋）进行了测试。

---

① 等位基因（allele）：基因的变异。例如，在大脑中影响多巴胺的基因可能具有不同的等位基因，一个导致高水平的多巴胺，而另一个导致低水平的多巴胺。

② 差别感受性（differential susceptibility）：在基因相同的基础上儿童在多大程度上容易因受到良好或不良环境的影响而改变。

通常都有苛刻或迟钝的父母。请注意加粗的箭头，它表明即使有不良环境和遗传风险，一些孩子仍然会发展良好。什么会导致这种可塑性？两种可能性是：1）用以帮助孩子的干预措施；2）成年人（如教师）的支持（Kim-Cohen & Gold，2009）。因此，学生的社会环境——包括你如何与他们互动——有力地塑造了他们的发展，甚至可能调整了他们的基因。

同辈效应

你是否听经验丰富的老师说过"今天的孩子跟以前的不一样"？孩子会因为出生的时代不同而形成不同的人格。整个社会的变化会导致出生群体的人格差异，一个时代出生的孩子与另一个时代出生的孩子相比，人格具有差异性。例如，在美国，从20世纪50年代到80年代间，9~17岁的青少年中，焦虑/神经质青少年所占比例稳步上升（Twenge，2000），而且增幅很大；20世纪80年代增加的数量相当于20世纪50年代精神病患儿的总数。焦虑/神经质青少年的增多可能与社会变化有关，如离婚率上升、兄弟姐妹较少、对他人的信任度降低、犯罪率升高。这是生物生态学模型中的时间系统的一个例子（参见第一章），它表明在时代变迁中，儿童会随着文化的变化而改变。

> **思考**
>
> 在人格心理学中有一句名言："每个孩子都和别的孩子一样，每个孩子都和某些孩子一样，每个孩子都和另一个孩子不一样"（这是我们用通俗的语言对人格心理学所进行的表达）。你能用依恋、气质和人格来解释这句话的内涵吗？每个孩子以什么样的方式展现出与其他孩子的相同或者不同？

总之，你班级里的学生，可能因为性别、社会经济地位和同辈效应而具有不同的人格特点。一般而言，女孩比男孩更能控制自己的注意力和行为。人格对你的课堂还有什么其他影响？你还能从课堂上发现其他什么问题？

4. 气质和人格的课堂启示

学生的人格会对他们的人际交往与学业成绩产生重要的影响。学生多样化的人格也是教学的乐趣之一。然而，如果有个别学生存在人格缺陷，如我们之前讨论的一样，那么请你尽可能建立良好的师生关系（去帮助他），因为良好的师生关系可以弥补（学生）困难型气质带来的不足。例如，一项针对自我控制能力较差的黑人、白人学生的研究表明，如果在7年级时，学生有良好的师生关系，那么，在今后的几年中，这些学生出现抑郁和不良行为的概率会大大降低。亲密的师生关系会使每一位学生受益，对于那些不良少年以及男孩来说，这种增益会更为显著（如图6-9所示）。让我们来讨论一下教师可以采用的三种方法：（1）改变你对学生人格的看法；（2）调整你的课堂，让它更适合学生的发展；（3）改变学生的人格。接下来，我们将会对每一种方法进行具体讨论。

改变你对学生人格的看法

仁者见仁，智者见智。对同一个孩子，不同的成年人有不同的看法。一项针对父母的研究表明，家长对孩子气质类型的描述带有自身气质的色彩。相对于那些有安全感的母亲，

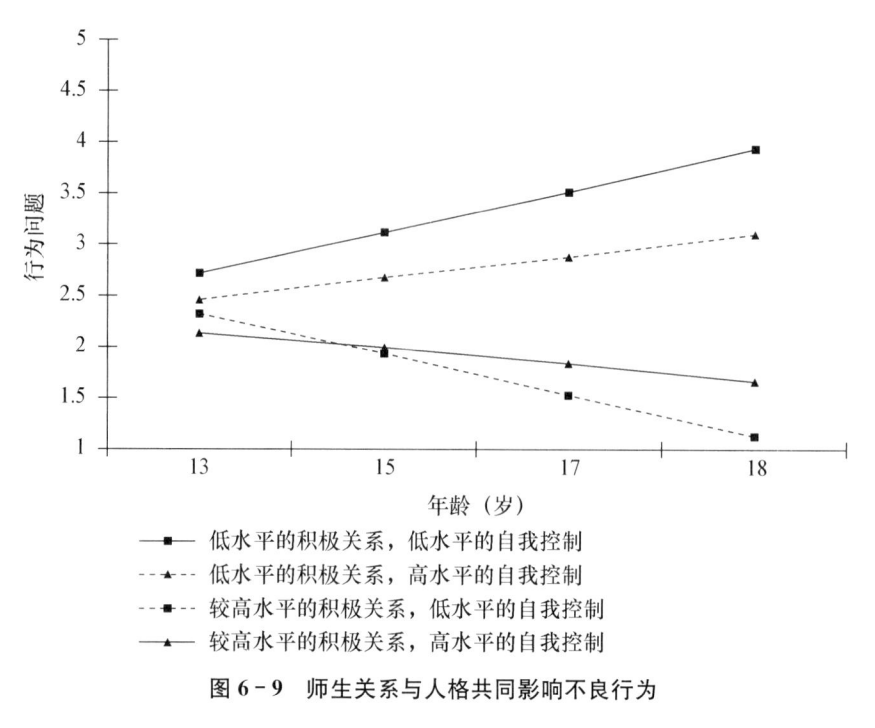

图 6-9　师生关系与人格共同影响不良行为

　　对于自我控制能力较弱（风险因素）的 7 年级学生而言，如果他们有较亲密的师生关系（保护性因素），那么随着年龄的增长，他们会表现得越来越好。

　　不安全感强烈的母亲往往觉得自己的孩子也属于困难型气质；父母一方存在抑郁、婚姻不和谐或社会支持较少等问题时，其也会认为自己的孩子存在负面的人格（Harrison & Ungerer，2002；Priel & Besser，2000）。因此，当听到父母描述自己的孩子是困难型时，很可能事实并非如此，而是父母自己存在消极偏见。这也提醒我们教师反躬自问：当我们觉得学生的人格比较顽劣时，我们是否存在偏见？我们的观点是否客观？在一个项目中，幼儿园教师被教导去改变自己对幼儿气质类型的看法，从而发现不同人格类型幼儿身上的闪光点，并通过支架式教学（参见第三章）创设一个"契合"的环境，让幼儿在挑战他们人格的情境中取得成功，比如帮助羞怯的孩子加入一个团体，使其更多地参与课堂学习并学到更多知识（O'Connor，Cappella，McCormick，& McClowry，2014）。我们接下来讨论一下创设契合的环境问题。

创设一个契合的环境

　　人格会随着环境的改变而改变。一个学生在某一位教师的课堂上可能是开放的、友善的、自觉的，但在另外一位教师的课堂上却可能不会如此。不同的教师可能会唤起同一个学生身上不同的人格特质，这取决于是否为学生创设了契合的环境。学生在课堂上的成功程度取决于学生的人格与教学环境之间的匹配或**契合度**①，而不仅仅是学生人格的影响。人格符合教师期望的学生可以获得更好的成绩，与教师和同学建立更好的关系，并且比那些不符合教师期望的学生具有更强的自尊。让我们讨论一下什么是契合度，以及如何针对活跃、羞怯两类学生创设适合的情境。

　　当学生的人格和环境要求相匹配时，就有了较高的契合度。即使学生在一种消极的气

---

①　契合度（goodness of fit）：气质与环境的要求、价值观或期望之间的匹配程度。

质特质上具有遗传倾向，较高的契合度也会导致学习者不表现或很少表现出消极的气质特质；反之，则会放大这种消极的气质特质。

为了说明契合度的概念，托马斯和切斯（1984）给出了两个气质类型为困难型的女孩的例子。其中一个女孩，她有一个温暖而坚定的父亲。直到她13岁父亲去世之前，女孩的人格都发展得很好。女孩的父亲去世后，她的母亲面对变故不知所措，觉得自己无法管教四个孩子。当契合度急转直下时，这个女孩在青春期出现了严重的行为问题。另一个女孩，有一个固执、爱指责、严厉的父亲，她变得紧张和暴躁。在10岁左右，女孩表现出了音乐天赋，父亲感到很欣慰，对女孩的态度也更加积极，甚至改变了之前认为女儿一无是处的看法，觉得女儿具有艺术气质。当契合度由差转好时，整个青春期，女孩一直在进步，到22岁时，她发展得很好。

一种观点认为，契合度是儿童的"真实人格"与成年人眼中"理想人格"之间的一致性。询问孩子的父母或者老师他们认为孩子最烦人的行为是什么，然后再根据列出的那些烦人的行为给孩子打分，你可以想象一下会有什么样的结果。认为孩子没有什么烦人行为的成年人，对于孩子来说契合度更高。你可以做同样的练习。问问自己，最让你感到厌烦的孩子的行为是什么，在你的课堂上哪些学生有这样的行为。通过这个练习，我们可以反思哪些学生适应我们的课堂，哪些学生不适应，我们需要如何进行调整。

> **思考**
> 第一章中的基因型、表现型、基因和环境相互作用等概念与契合度的概念有什么关联？差别感受性概念如何与契合度的概念相结合？

当父母和老师适合他们时，学生表现得最好。例如，如果父母特别严厉，养育困难型的孩子可能会产生更多的情绪和行为问题（De Clercq, Van Leeuwen, De Fruyt, Van Hiel, & Mervielde, 2008）。同样，相较于注重行为导向的管教方式（如提醒学生做某事），当教师使用诱发学生负罪感的管教方式时（如告诉学生你对他们很失望），有意控制低、消极情绪高的学生学习效果会更差（Viljaranta et al., 2015）。一种方法是契合的，另一种方法则是不契合的。我们将在下一章讨论有效的纪律，敬请期待！

让我们再看看埃里克。埃里克的父母很少管教他，因为他对自己就要求苛刻。在埃里克犹豫不决时，他的父母帮助他分析可能发生的事情，并耐心地引导他参与活动。在幼儿园，他紧紧抓住母亲，所以母亲每天都和他待在一起，直到埃里克说他已经准备好了让她离开——让埃里克控制分离。幼儿园老师不赞成这种做法。幼儿园老师担心埃里克学不到东西，他们给他贴纸，试图强迫他参与团体活动。然而，埃里克的母亲并不担心，因为在家里，埃里克会将他在团体活动中的一切逐字逐句地复述出来。由于父母的教养方式与孩子的气质相契合，埃里克发展了优异的学术和社交技能，并且拥有了强大的自信心。但是，埃里克并没有成为一个非常外向的孩子。良好的契合度可能会使孩子得到最佳发展，但不会使其气质向反方向改变。

针对活跃学生创设适合的情境

教师倾向于偏爱不太活跃的学生。然而，积极活跃的学生可能会有更高的考试成绩，尽管这种特质没有得到老师的重视（Lerner, 1983）。让我们来看看凯文（Kevin）的经历。

> 7年级学生凯文所在的班上有两位教师。凯文是一个好学生，但刚上课的几分钟里，他从不安静地坐在椅子上，他有时走到书架前翻阅地图册，有时玩万花筒，有时与同学谈话。凯文的这些行为惹恼了其中一位教师，他受到了教师的责骂，因此两人经常彼此心有怒气。相比之下，另一位老师欣赏凯文的好奇心和充满活力，在刚上课的几分钟里，她安排其他学生开始学习，但允许凯文在教室里"旅行"。老师和凯文达成了一个协议，作为对这一"特权"的回报，凯文在上课期间不能离开座位。

凯文的气质与第一位教师的期望相差甚远，而与第二位教师比较契合，第二位教师的课堂重视——至少是接纳了——高度活跃的凯文。为高度活跃的学生创设适合情境的指南包括：

（1）避免形成错误的假设，那些坐不住的学生不是不想学习或故意不服从你。他们可能只是觉得静坐的要求过于困难。

（2）确保高度活跃的学生有释放精力的渠道，就像凯文的第二位教师那样，给予这类学生充分的自由活动时间和空间。

（3）如果可以，那么请更多地使用计算机引导教学。那些容易分心、活动性强的学生可能会花更多的时间在计算机引导教学上，因为它类似于游戏，能即时反馈，并吸引学生的注意力。

针对害羞学生创设适合的情境

教师往往与害羞的学生关系疏远并常常低估他们的能力（Viljaranta et al., 2015）。如果你遵循以下准则，为害羞的学生创设良好的课堂情境，就不太可能发生这种情况：

（1）避免将害羞与低能力或低自尊混淆。对陌生情境的焦虑不同于对个人价值的焦虑。害羞的幼儿不大开口说话，但这可能是由于他们更愿意沉默，而不是语言发育迟缓（Watts et al., 2014）。不幸的是，美国教师往往认为害羞的学生不如精力旺盛的学生聪明（Coplan, Hughes, Bosacki, & Rose-Krasnor, 2011），就像埃里克的1年级老师所犯的错误一样。虽然害羞的学生可能不会炫耀自己的智力，但这并不意味着他们比外向的学生知道得更少。

（2）避免将害羞与糟糕的社交或情感技能混为一谈。害羞但合群的学生有朋友。但是，有些害羞的学生可能需要干预，包括：1）对不该害怕的事物感到恐惧和反应过度的幼儿；2）即使与熟悉的同龄人在一起仍然会害羞且不合群的学生；3）4年级以上仍然非常害羞的学生。我们将在第八章到第十一章讨论如何帮助他们掌握社交和情感技能。

（3）尽可能将控制的机会留给害羞的学生。允许他们按照自己的节奏适应新情境。对害羞的学生不要过分热情，也不要过度干涉或咄咄逼人。害羞是应对强烈生理反应的一种方式，就像心跳加速一样。教师的强制性介入会干扰学生渐进式的舒适的应对机制，使学生感受到更大的压力（Nachmias, Gunnar, Mangelsdorf, Parritz, & Buss, 1996）。

（4）降低害羞学生的压力，让他们反复接触新任务或新情境，并在进行小组作业时与朋友保持联系。

思考

戴维（David）是一个腼腆但合群、小心谨慎的孩子。他的弟弟劳尔（Raul）是一个善于交际、非常活泼、喧闹、爱冒险的孩子。戴维在高中时的成绩大多是A，在SAT考试中的得分是第94百分位。在同一个班级中的劳尔成绩大多是C，并且在SAT考试中的得分是第95百分位。你猜一下这对兄弟在学校里的契合度是什么样的？他们不同的学业成绩与已有的研究结论是否相符？

塑造学生的人格

具有有些人格的学生不太适合学校环境，其学业成绩较低。例如，有意控制和自觉性低的学生无法专注学习，经常被无关的事情干扰，上课走神做白日梦，遇到困难轻易放弃，对待学习只有三分钟热度。到目前为止，我们已经讨论了如何改变教师的期望并为具有挑战性人格的学生创设一个良好契合的环境。还有一种方法就是塑造学生的人格。如果是学生的人格造成了社交和学习问题，那么改变人格可能是最好的办法。那么，人格是否可以改变呢？答案是肯定的，就像前面案例中所提到的埃里克那样。你可以塑造学生的人格，发挥他们最好的特质。在其他章节中，我们将讨论如何改善学生的有意控制（第四章和第七章）和宜人性（第十章）以及减少消极情绪（第八章）。

总之，气质和人格对教师的主要启示是：（1）气质的许多方面都是不可遗传的，即使是可遗传的部分也受到环境的影响；（2）虽然人格随着时间的推移可能保持不变，但某些特质并不十分稳定；（3）消极情绪和控制力差与适应问题有关，但抑制和高活动水平可能与适应问题无关；（4）即使是具有挑战性人格的学生，如果他们的人格能够与课堂要求相契合，那么也可以培养出安全依恋、较强的社交能力，获得高学业成绩。因此，你可以帮助学生变得更具灵活性。

现在我们已经到了本章的结尾，你应该更深入地理解依恋的重要性，以及作为学生的依恋对象如何去影响他们的人格。但是，你会发现有些学生因为他们的不当行为而使你的这种努力面临挑战。如何管理学生的不当行为将是下一章的重点。

对实践的反思

我的教学

请定期反思在你的课堂实践中，是否会促进学生形成安全依恋和积极的人格特质？请回答下列问题：

（1）我和我的父母之间的依恋模式是怎样的？这种依恋模式是如何影响我对学生的期望及敏感度的？

（2）我能否觉察出我的学生和他们父母间的依恋模式，以及这种依恋模式是如何影响我们之间的师生关系的？我能否识别出学生可能存在的安全或不安全依恋？对我的学生来说，什么样的依恋行为是符合他们的年龄阶段的？

（3）我和每个学生的关系怎么样？是安全型的吗？

（4）我对每个学生都很敏感并能给予支持吗？我关心每位学生吗？基于我和学生的互动，他们会建立怎样的内部工作模式呢？

（5）我做了哪些工作来促进学校与学生建立紧密的联系？是不是大多数学生都会觉得自己在学校受到了关照？

（6）我是否了解班上每个学生的气质和人格？

（7）我的教学方法是否合适？（你可以先列出你在课堂上期望学生具备的特质，然后根据这些特质对每个孩子进行评分。）当某些非常害羞或抑制性强的学生进入一个新奇的情境时，我是否给予了他们控制权，允许他们慢慢热身后再融入这个情境中？对高度活跃的学生，我对他们的需求是否敏感？

依恋和人格发展的年龄趋势总结

	依恋行为	安全依恋的结果	气质和人格
婴儿期与学步期（0～2岁）	● 婴儿的依恋行为在 6～12 个月会表现得比较明显，在这一阶段，他们会对依恋对象微笑，并将头或身体转向他们。 ● 婴儿在 8～9 个月的时候，对陌生人的警惕心尤其明显，在 12 个月后有所减弱。 ● 内部工作模式在 12 个月时即很明显	● 良好的情绪调节能力（对挫败的容忍度、坚韧性、灵活性、依从性、热情和乐观）。 ● 更长的注意力持续时间，较少的多动行为	● 气质可能与婴儿期的人格特质一致。 ● 4 个月后可以观察到较为稳定的气质特质。 ● 但气质类型并不是很稳定
儿童早期（3～5岁）	● 3 岁以后，内部工作模式往往趋于稳定。儿童对老师及他人的依恋很可能反映了他们早期依恋的质量。 ● 3 岁后，儿童的安全基地行为就不那么容易被激活，强度也会减弱。 ● 3～4 岁时，极端的分离焦虑会有所减弱。在陌生环境中，儿童即使是跟着次要依恋对象，也会感到安全	● 良好的情绪调节能力。 ● 更长的注意力持续时间，较少的多动行为。 ● 更愿意坐在妈妈腿上看书。具有更好的前阅读技巧和阅读态度。 ● 社交能力。更容易受到老师和同龄人的喜爱。建立起更加和谐、亲密的友谊。愤怒情绪和攻击性行为减少。不会轻易挑起斗争，不会轻易欺负别人，也不太会被人欺负	● 3 岁时大五人格特质已基本确立。 ● 学龄前儿童的三种人格类型，包括灵活型、失于控制型和过度控制型已基本确立。 ● 儿童早期害羞不能预测后期的行为，但早期的消极性可以预测儿童以后的反社会行为
儿童中期（6～12岁）	● 儿童依然喜欢和依恋对象在一起，但肢体接触的需求会降低，能进行更大范围的探索，能接受更长时间的分离。 ● 依恋的行为变得更加微妙，而且在很多情况下，儿童都能获得安全感。 ● 依恋对象的存在、陪伴仍然十分重要	● 社交能力。会交到更多的朋友。愤怒、攻击、欺骗、争论、破坏、退缩和焦虑等行为会减少。被同伴嘲笑或排斥的可能性降低。不会轻易挑起斗争，不会轻易欺负别人，也不太会被人欺负。 ● 不太会黏着老师或蔑视老师。 ● 出现多动症和学业问题的可能性较小	● 儿童中期，极端的行为抑制能预测青春期时的社会焦虑。 ● 自觉性、宜人性和开放性会预测未来的成绩。 ● 每种人格类型都与某种特定的学业成绩和社交能力的模式有关
青春期（13～19岁）	● "事先商量"（touching base）行为频率降低而且变得更微妙。自我独立性源于内心的安全感。 ● 对大多数人来说，排在第一位的仍是母亲，而不是同伴。 ● 婴儿期的安全依恋在青春期会继续，除非有负面事件发生。 ● 中学不像小学那样能满足青少年依恋和联结的需求，参加课外活动变得尤为重要	● 社交能力与独立性。愤怒情绪和攻击性行为减少。不会轻易挑起斗争，不会轻易欺负别人，也不太会被人欺负。 ● 产生抑郁情绪，萌生自杀念头，出现药物成瘾、行为障碍、饮食障碍、社会退缩等情况的可能性较低。 ● 很可能取得较高的数学成绩，具有更强的阅读理解能力和更高的平均学分绩点。 ● 依恋的安全性通常与爱情的质量相关	● 人格变得更加稳定。 ● 学步期的行为抑制通常不能预测青春期的行为抑制。 ● 自觉性和宜人性可以预测未来的成绩。 ● 总之，青春期早期会向更积极的人格方向转变，可能会伴随着宜人性、开放性和自觉性暂时的下降。 ● 在成年早期，积极的人格特质会急剧提升

本章总结

1. 依恋

- 依恋会使父母和幼儿彼此亲近，大一点的孩子则会感到安全。性格学者认为，依恋有利于人们在新环境中生存下来并进行积极的探索。约翰·鲍尔比认为，依恋是每个个体健康发展所必需的、正常的且天生的需求。玛丽·安斯沃思也表明，过于黏人或回避性的行为表明依恋不够安全，抚养质量可以预测依恋的安全性。

- 依恋的质量各不相同。具有安全依恋的孩子容易安抚，情绪具有开放性，而且能够将依恋对象当作安全基地，从而去探索世界。不安全的依恋有三种类型。具有反抗型依恋的儿童情绪很夸张，并且不能将依恋对象视为安全基地。具有回避型依恋的孩子在情感上对依恋对象表现得很冷漠。具有混乱型依恋的儿童对依恋对象没有清晰的反应。依恋质量在整个童年期相当稳定，但如果风险因素发生变化，则其可能会发生改变。

- 具有安全依恋的孩子的父母通常比较敏感，能够给予孩子支持。具有反抗型依恋的孩子，其父母的反应不稳定，常常令人困惑。具有回避型依恋的孩子，其父母往往过度干涉或者不接纳孩子。具有混乱型依恋的孩子则被父母吓坏了。

- 纵观不同社会经济地位和种族的群体，具有安全依恋的儿童的比例还是存在差异的，这与看护的质量差异有关。

- 依恋的安全性可以预测儿童以后的社交能力、学业成绩等。研究者们认为依恋会通过内部工作模式对儿童的很多方面产生影响，而内部工作模式在幼儿3岁时会内化为人格的一部分。

- 学生会对敏感的、能够提供支持的教师产生安全依恋。对教师的依恋和学校联结会影响学生的社交和学业成绩。

2. 气质和人格

- 在婴儿期早期就可以观察到气质特质。目前已经确定的气质特质有四种：活动性、有意控制、行为抑制和消极情绪。

- 人格的不同方面大致可以归纳为五种人格特质：开放性、自觉性、外倾性、宜人性和神经质（OCEAN）。这五大人格特质倾向于组合在一起从而形成三种人格类型：灵活型、过度控制型和失于控制型。

- 气质和依恋是人格的基础。它们都是比较稳定的，但也是可以改变的。所以除非孩子的某种特质比较极端，而且环境有利于保持这种特质，否则人格只能是适度稳定的。

- 气质的某些方面但不是所有方面在一定程度上是可以遗传的。具体哪个方面会得到遗传，一方面会受到生理唤醒的影响，另一方面会受到依恋的影响。教养方式和文化会影响人格。

- 基因和环境对儿童的气质和依恋具有交互作用，具体表现在三个方面：(1) 环境可能会影响基因的作用能否得到显现。(2) 基因只有在与环境因素共同作用时才会影响儿童的发展。(3) 某些基因可能会使一些孩子更容易受到好的环境或不良环境的影响。

- 一些气质特质会对儿童产生长期影响。消极情绪是反社会行为的一个风险因素，而抑制则是一种保护因素。抑制与社交或情绪问题有关，但仅对那些不合群且在童年早期极

度害羞的孩子产生作用。

- 人格特质和类型与社会交往和学业能力有关。宜人性与自觉性两种特质以及灵活型人格可以预测学业成绩。
- 儿童的发展取决于儿童的气质与环境之间的契合度。气质特征符合教师期望的儿童可能会在学校取得社交和学业上更大的成功。教师可以通过提供契合度良好的课堂环境来帮助不同人格的学生。

第七章
自控力和管教

你如何帮助一个扰乱课堂秩序的学生提高自控力？为了使学习不偏离轨道，进行管教的最好方式是什么？这些都是教师每天都要面对的问题。在本章中，我们将讨论自控力、有效管教和教养/教学方式。阅读本章后，你将能够：

(1) 描述学生如何培养自控力，论述自控力为什么重要。
(2) 实施有效的课堂管理和管教以最大限度地提高学生的学习效率。
(3) 分析教养和教学方式对学生自控力的影响。

一、自控力

> 8年级的克林特（Clint）在上课前与同学说话，莱因哈特（Reinhardt）老师要求他保持安静。后来，在上课时，克林特又加入了坐在他后面的同学的谈话。莱因哈特老师告诉他要遵守课堂纪律并停止做任何小动作。克林特问道："别人也在说话，你为什么偏偏批评我？"莱因哈特老师给了他一张红牌，作为对不良行为的警告，并告诉他，如果他再次行为不端，就会把他送到校长办公室。克林特咆哮道："这太令人恶心了！"他被送到了校长办公室。
>
> 当克林特来到校长办公室时，他气得说话都结巴了。校长让他坐在走廊里平静一下。然而，克林特走开了。校长抓住克林特，开始讨论到底发生了什么。校长让克林特向莱因哈特老师道歉，他照做了。

克林特难以控制冲动或预测其行为的后果。他的自控力很差。莱因哈特老师的管教方式能否增强克林特的自控力？本章将帮助你回答这个问题，并阐明你对管教的使用如何影响学生的自控力。首先让我们讨论一下自控力是什么以及它是如何发展的。

自控力①是抑制冲动、遵守规则、忽视干扰、保持耐心并专注于任务的一种能力。具有自控力的孩子也能够调节自己的情绪。他们不会像克林特那样和老师顶嘴，而是以对方更容易接受的方式应对他们的愤怒。你可能想为克林特辩解，说他是被激怒了，但他仍表现得缺乏自控力。你将在第八章了解有关情绪调节的更多信息。在本章中，我们将重点关注控制冲动和延迟满足。**延迟满足**②意味着延迟你当下的满足，以便在长期内获得更想要的东西。

---

① 自控力（self-control）：控制自己的行为和情绪、遵守规则、抑制不恰当的行为并集中注意力的能力。
② 延迟满足（delay of gratification）：是自控力的一个方面，孩子们延迟对当前愿望的满足，以便以后获得更想要的东西。

1. 自控力的年龄趋势

在校的学生每天多次被要求控制冲动并延迟满足;幼儿被要求控制其在吃零食时站在椅子上的冲动;青少年被要求控制上课时说话的冲动。随着年龄的增长,儿童的冲动性下降,而自控力急剧提高。

婴儿期与学步期（0～2岁）

婴幼儿的行为是冲动的。例如,他们饿了,就立刻想吃东西。他们控制行为的时间以秒计算。一项研究发现,当被告知不要触摸玩具时,只有11%的14个月大的孩子可以延迟30秒再去触摸它,而65%的3岁儿童的确可以做到不触摸（Friedman, Miyake, Robinson, & Hewitt, 2011）。

儿童早期（3～5岁）

在一系列被称为棉花糖实验的经典研究中,科学家通过在儿童面前放置一些诱人的物品——例如,棉花糖或者椒盐脆饼——来测量其延迟满足的能力,并告诉孩子们可以现在选择他们不太喜欢的东西,或者等待15分钟左右选择他们更喜欢的东西（Mischel, Shoda, & Rodriguez, 1989）。这些研究已被多次重复开展。

这些研究发现了什么?年龄较大的学步期儿童可以比年龄较小的学步期儿童等待更长时间。学龄前儿童可以等待的时间更长一些。然而,尽管学龄前儿童比学步期儿童自控力更强,但他们的等待时间相当短暂,仅仅几分钟。如果喜欢的东西确实比不喜欢的东西大,那么3岁和4岁的孩子可以等待更长时间,然而东西的大小几乎不能影响2岁儿童的有限延迟（Steelandt, Thierry, Broihanne, & Dufour, 2012）。很少有4岁以下的孩子能够等待整整15分钟,这就是为什么年幼的孩子在等待零食或轮流玩玩具的时候需要你的帮助。

儿童中期（6～12岁）

上小学的孩子比学龄前儿童有更强的自控力,而且自控力随着年龄的增长而提高。在一项研究中,儿童被告知在成年人离开房间后不要偷看测试问题的答案。结果显示,大多数（78%）的1年级学生、43%的3年级学生和31%的5年级学生偷看了答案（Talwar, Gordon, & Lee, 2007）。这种要求对于大多数1年级学生而言过于苛刻,但对大多数5年级学生来说并非如此。一般而言,年龄较大的孩子在抵抗干扰任务和抑制冲动方面表现得更好（Vazsonyi & Huang, 2010）。

青春期（13～19岁）

从10岁到30岁,年轻人的冲动性持续降低（见图7-1）。自控力需要执行功能。在第四章中,你已经了解到进入青春期后执行功能会增强。这可能是因为在自控力实验期间被激活的前额叶皮层在青春期后期或成年早期发展较为成熟（Shamosh et al., 2008）。

青少年在延迟满足方面非常熟练,因而对于青少年而言,曾经在幼儿身上使用过的测试如果运用到他们身上就显得过于简单。他们需要进行更具挑战性的测试,比如,选择现在得到200美元或者一个月以后得到1 000美元（Steinberg et al., 2009）。在日常生活中,青少年很擅长延迟满足。例如,他们可以推迟与朋友闲逛以便备战大学入学考试,而上大学是为了几年以后能够成为一名工程师。然而,青少年并不擅长抵制电子产品的诱惑。研究人员发现,在短短15分钟的学习期间,青少年平均坚持学习不到6分钟就转向做其他的事情,通常是发短信之类的使用电子产品的活动（Rosen, Carrier, & Cheever, 2013）。接下来让我们来看看个体差异。

第七章 自控力和管教

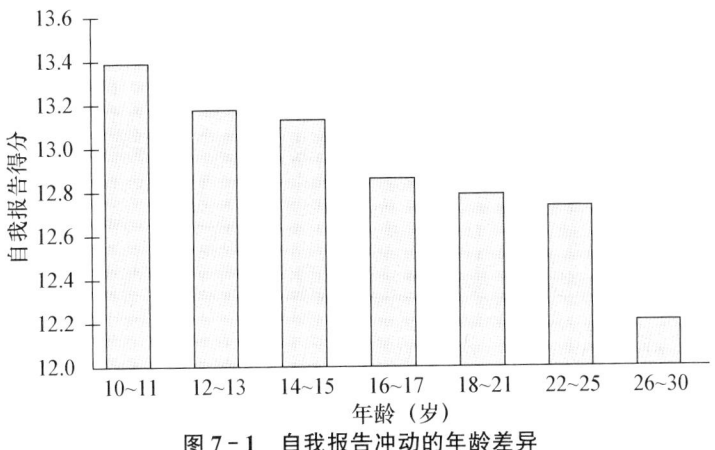

图 7-1 自我报告冲动的年龄差异

你属于哪个年龄段?
资料来源:Steinberg 等 (2008)。

大脑研究

在一些青少年的大脑中,冒险行为具有奖励性

如果由于前额叶皮质的发育成熟,自控力稳步提高,冲动性降低,那么,为什么青少年比年幼的孩子更容易冲动地接受冒险呢?答案有以下三种可能:(1)青少年喜欢冒险的名声是不应该有的,因为他们可能不会比成年人更爱冒险;事实上,他们追随的是那些也从事冒险行为的成年人(Males,2010)。(2)冲动和冒险是不一样的。青少年可能会将冒险行为作为一种选择,而不是一种冲动。(3)由于大脑的发育,和成年人或年幼儿童相比,青少年发现冒险行为更有奖励性。青少年在接受或期待奖励——例如食物(尤其是糖果)、金钱和惊险刺激——时会体验到更高的大脑激活(Galván,2013)。大脑的奖励中心比控制中心成熟得快一点。在青少年的大脑中,奖励中心已经完全成熟,而控制中心仍处于发展中,因此这些系统暂时失去平衡(Bjork et al.,2012)(见图 7-2)。如果这种对

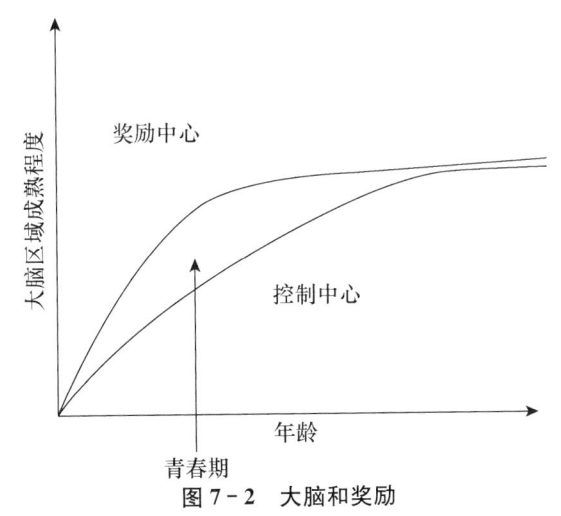

图 7-2 大脑和奖励

大脑的奖励中心(伏隔核)比控制中心(前额叶皮层)成熟得快一些。这表明在儿童早期提高自控力的重要性是什么?

资料来源:转引自 Casey,Getz 和 Galvan (2008)。

> 奖励的敏感性可以帮助青少年接近新的经验而不是规避它们，那么它可以是适应性的；但如果它导致过度冒险的行为，它就可能会带来问题。
>
> 大多数青少年不会参与冒险活动，但也有一些人会这样做，其中存在着巨大的个体差异。那些参与冒险活动的人，确实倾向于低估潜在的负面后果（例如，"没有什么不好的事情会发生"），并倾向于拥有一个非常活跃的奖励中心（例如，"这将是非常有趣的"）。在控制中心和奖励中心之间的竞争中，他们的奖励中心获胜（Bjork et al.，2012）。

2. 自控力的个体差异

即使孩子们的年龄相同，自控力水平仍然具有广泛的差异。这些差异是稳定的吗？克林特在学龄前和小学就有自控力问题吗？

时间的稳定性

集中注意力和抵抗冲动的能力是一个相对稳定的特征。例如，在一系列研究中，选择不吃一个棉花糖以便以后获得两个棉花糖的4岁儿童，在青少年时期和成年后期有更强的自控力并且不那么容易分心。他们获得了较高的SAT分数并较少滥用药物。相比之下，不能延迟满足的学龄前儿童，在青少年时期和成年期的自控力也很差。值得注意的是，在一个简单的学前任务中，延迟的秒数在一定程度上准确地预测了儿童30年后的超重情况和40年后的自控力情况（Casey et al.，2011；Mischel et al.，2011；Schlam, Wilson, Shoda, Mischel, & Ayduk, 2013）！这意味着自控力低于其他学生的学生不太可能简单地随着成长克服这个问题，可能需要你的帮助来培养自控力。

情境的稳定性

自控力因情境而不同。如果学生的注意力从诱惑中转移出来，他们就更容易抑制冲动。例如，如果有其他好玩的活动，你的学生就可能会克制自己而不接触被禁止靠近的物体，如彩色的皮纳塔*或物理课上的设备。如果孩子们想的不是吃东西而是其他的事情，例如玩他们喜欢的玩具，那么他们在吃东西前可以等待更长时间。那些特别擅长延迟满足测试的学龄前儿童会找到他们自己的转移注意力的方式，比如给自己唱歌。

看不到诱惑物会增强自控力。在延迟满足测试中，把食物放在儿童看不到的地方，如果想要他们就得提出要求，这样他们可以等待的时间比能看到食物时要长得多（见图7-3）。一些家长和教师错误地认为给孩子尝一点糖果，或者告诉他们把糖果放在心里，将有助于他们延迟满足。这实际上破坏了他们的自控力。然而，对于自控力差的儿童，是否看得到零食可能并不重要。有些孩子不管在什么情况下自控力都很差。

自控力的个体差异会带来什么影响？

自控力有助于学生从教学中获益更多。想象一下，如果学生每次一有冲动就行动，那么学龄前儿童可能会在书本上涂鸦，年轻人可能会在上课时给他们的朋友发短信，而不是参加课堂活动。因此，自控力与学业成绩和社交能力有关也就不足为奇了。

---

* 皮纳塔（pinata）：一种用彩纸做成的容器，可以做成千变万化的造型，如卡通人物、动物、小汽车等等。——译者注

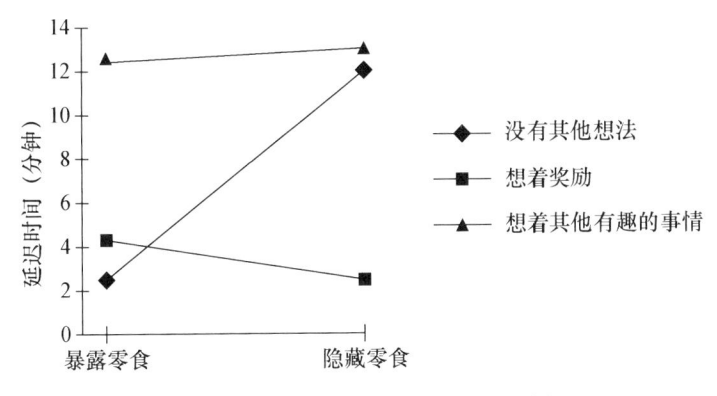

图 7-3　学龄前儿童延迟满足的分钟数

心里想着其他有趣的事情而不是零食的孩子能够延迟满足的时间最长。你能描述一下暴露零食与隐藏零食有什么不同效果吗？

资料来源：转引自 Mischel，Shoda 和 Rodriguez（1989）。

学业成绩

各个年龄段具有较强自控力的学生往往具有较高的学业成绩，这可能是因为他们在集中注意力、保持任务和忽视干扰方面的问题较少（Ponitz，McClelland，Matthews，& Morrison，2009）。事实上，一些研究表明，自控力比智力能更好地预测学生的平均学分绩点（Duckworth & Seligman，2005）。这种模式在一段时间内保持稳定：自控力较强的 4 岁儿童在 21 岁时的数学和阅读成绩高于其他学生；此外，他们更有可能在 25 岁之前从大学毕业（McClelland，Acock，Piccinin，Rhea，& Stallings，2013）。

社交能力

比起自控力差的学生，能高度自控的学生可能有更高的成绩，因为他们在学校中不会表现出攻击性，并且更不易出现行为问题。他们更多地参与课堂，更具有合作性，并且与老师和同学有更好的关系（Eisenberg et al.，2003；Valiente，Lemery-Chalfant，Swanson，& Reiser，2008）。

随着时间的推移，具有较强自控力的学生长大后会拥有更健康的身体，对药物的依赖更弱，未成年生子的可能性更低，也不太可能实施家庭暴力，经济状况更好，很少实施犯罪行为，失业的概率很低（Daly，Delaney，Egan，& Baumeister，2015；Finkenauer，2015；Moffitt et al.，2011）（见图 7-4）。相比之下，自控力差的学生往往容易犯罪。在一项研究中，自控力较差的幼儿园儿童在 12 岁之前更有可能使用酒精或毒品（Kaplow，Curran，Dodge，& Conduct Problems Prevention Research Group，2002）。由于这些重要结果与自控力有关，因此，了解哪些因素可能产生较强的自控力非常重要。

什么因素会导致自控力的个体差异？

提高自控力的最有效方法之一是进行有效管教，我们将在本章后面部分讨论。在这里，你将了解其他五个与自控力有关的因素：认知能力、练习、依恋、宗教信仰和父母监管。

认知能力——智力和抑制控制

智力较高的儿童和青少年更有可能等待更大的延迟奖励，而不是选择较小的即时奖励（Shamosh et al.，2008；Steinberg et al.，2009）。为什么会这样呢？回顾第四章和第五章可知，工作记忆和执行功能是智力的关键部分，抑制控制是执行功能的一部分。抑制控制是指抑制不恰当行为或不相关想法的能力。因此，抑制控制和智力共享相同的执行功能和大

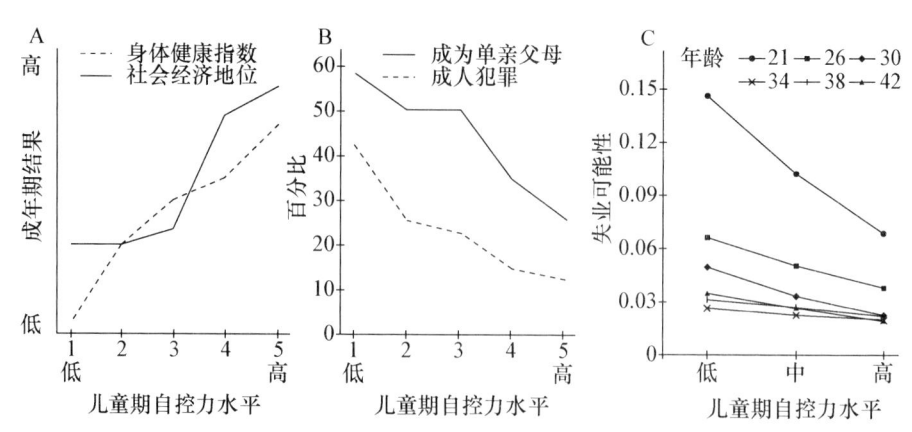

图 7-4 孩子的自控力有长期影响

本图给出了成年期结果与儿童期自控力水平的关系。
资料来源：改编自 Moffitt 等（2011）和 Daly 等（2015）。

脑回路。这种大脑功能可以来自经验（见第二章）。接下来的四个因素表明，经验能导致自控力的差异。

练习和疲劳

跟你的自控力一样，每个孩子的自控力都有限度。如果你正在努力坚持节食或下决心更努力学习，你就一定会知道这一点。事实上，自控力像肌肉，你只能施加一定的自控力，就像你只能举起一定的重量一样（Baumeister, Vohs, & Tice, 2007）。也像肌肉一样，抵制诱惑会使自控力疲劳（Hagger, Wood, Stiff, & Chatzisarantis, 2010）。因此，如果要求学生静坐并长时间在课堂上保持注意力，他们的自控力就可能会变得疲惫不堪。在没有休息的情况下使用的自控力越多，自控失败的可能性就越大。负责自控力的大脑部分在运行一段时间后能力较差（Inzlicht & Gutsell, 2007）。即使是具有与年龄相符的自控力的学生也可能需要休息，例如自由活动时间或者是喧闹时间。一个有趣的警告是，那些相信意志力是无限制的年轻人，在使用自控力后并没有表现出较弱的自控力（Job, Dweck, & Walton, 2010）。所以你可能想要保守疲劳效应的秘密！

随着时间的推移，练习得越多，自控力提高得也就越快，就像锻炼肌肉会使肌肉变得更强壮一样。例如，一位老师是这样描述她的学龄前学生在"锻炼"自控力时是如何变强的：

> 我一告诉孩子们到了上体育课的时间，他们就急切地排起队。到体育馆后，他们排队等待的时间不会超过几分钟，就会迫不及待地去玩那些诱人的器械。他们甚至不能等着传球。然而，随着一个学年的进步，他们表现得更好了。例如，几个月前，一个小女孩会推人或者伸出手去抢球或抢跳绳，如果不能马上得到她就会哭。现在，她却能够等到轮到她的时候再去玩。

这个小女孩的自控能力正在增强，部分原因是她在练习。因此，在你的课堂上，你可能希望避免不断地要求学生保持更强的自我控制能力，但是你也可能想让他们稍稍锻炼一下。

依恋

在第六章中，你了解到安全依恋可以预测儿童以后的社交能力、学业成绩和其他积极的行为，例如对成年人的依从性。这可能是由于依恋与自控力的联系。具有安全依恋、母亲敏感且积极的孩子比具有不安全依恋的孩子更容易培养自控力（Gilliom, Shaw, Beck,

Schonberg, & Lukon, 2002; Laible & Thompson, 2000)。事实上，如果母亲相对不敏感，那么那些容易生气的困难婴儿就会成长为自控力差的幼儿；但如果他们的母亲相对敏感，那么他们就会成长为具有良好自控力的幼儿（Kim & Kochanska, 2012）。（你可能会想："哦，人的敏感性不同。"你是对的！）

宗教信仰

研究表明，宗教信仰与更少饮酒、吸烟、赌博和抑郁有关。宗教信仰还能带来更多的积极影响，如系安全带、更大的幸福感、更长的寿命以及较高的学业成绩。请注意，以上的每一个结果都包含着自控力。数项研究综述发现，平均而言，有宗教信仰的年轻人自控力更强（McCullough & Willoughby, 2009）。宗教可能通过强调克己影响自控力。

父母监管

父母监管孩子的程度也对孩子的自控力有影响。对于年幼的孩子而言，父母监管包括控制孩子与谁玩耍以及限制看电视。对于青少年而言，父母监管包括了解孩子的家庭作业、花钱状况、行踪以及家庭外的行为。请注意，监管的一个关键方面是父母知情（Stattin & Kerr, 2000）。

父母对孩子的监管程度是有差异的。对于具有安全依恋的青少年，他们的父母更易知道其十几岁的孩子在做什么（Branstetter, Furman, & Cottrell, 2009）。自己有风险因素的父母不太可能监管他们的孩子。例如，单身、低社会经济地位、高中辍学、有药物滥用史、有抑郁或其他精神疾病史的父母不太可能监管他们的孩子（Evans, 2004）。

> **思考**
>
> 一些心理学家使用父母知情而不是父母监管这一术语来强调由儿童主动向父母报告信息，而不是在要求下被动提供信息。你有什么样的经历？你的父母在你小时候如何知道你在做什么？或者他们知道吗？他们的监管或缺乏监管对你的行为有什么影响？

缺乏父母监管与儿童的自控力低，以及具有攻击性、抑郁、不喜欢上学、吸毒和犯罪有关[①]。父母监管甚至与驾驶有关。没有父母监管开车的青少年更易违反交通法规或发生交通事故（Hartos, Eitel, Haynie, & Simons-Morton, 2000）。父母监管的重要性可能取决于社区。对儿童缺乏监管可能对贫困、不安全的社区尤其有害，因为在那儿青少年会在放学后随处闲逛（Pettit, Laird, Bates, & Dodge, 1997）。然而，如果孩子放学回家后没有成年人监管，那么对富裕的郊区也可能是有害的（Luthar, 2003）。

关于父母监管的研究是相互关联的。与所有相关数据一样，你可以询问下列哪个问题是排在第一位的：父母的监管是否会影响儿童的自控力？乖巧的孩子是否会让父母成为更好的监护人？研究表明，父母对青少年活动的知情，很大程度上是由于孩子们主动告诉父母他们的活动，但也可能因为父母对孩子的仔细观察和认真倾听（Crouter, Bumpus, Davis, & McHale, 2005; Stattin & Kerr, 2000）。告诉父母他们正在做什么的青少年倾向于学得更多，并且会比没有让父母知情的青少年取得更高的成绩（Cheung, Pomerantz, & Dong, 2013）。当父母不得不质疑他们的孩子，或依赖他人（例如，兄弟姐妹、邻居、教师、孩子朋友的父母）获取信息时，孩子随着时间的推移更可能铸成大错。事实上，那些

[①] 许多研究支持这一发现，以下仅列举少数：Branstetter 等（2009）；Coley, Votruba-Drzal 和 Schindler（2009）；Lac 和 Crano（2009）；Laird, Pettit, Bates 和 Dodge（2003）；Morales-Campos, Markham, Peskin 和 Fernandez（2012）；Pettit, Laird, Dodge, Bates 和 Criss（2001）。

被父母过度监控的孩子往往自尊心弱、抑郁并更可能遭遇失败。因此，有技巧的监管可能是微妙的，需要孩子和父母共同推动。现在我们已经讨论了自控力的个体差异，下面让我们将注意力转向不同群体之间的差异。

3. 自控力的群体差异

自控力存在着性别和社会经济地位的差异。在幼儿园，女孩的自控力往往比男孩强（Duckworth & Seligman, 2006; Moffitt et al., 2011）。此外，平均而言，中等或高社会经济地位的儿童比低社会经济地位的儿童具有更好的自控力，这种自控力的差异能影响学生的学业成绩和认知发展（Evans & Rosenbaum, 2008）。

自控力的群体差异也体现在文化差异上，这与权威、规则和同伴压力是一致的。亚洲文化比美国文化更重视一致性（Fischer & Schwartz, 2011）。当年轻人是来自亚洲国家的移民时，或者当他们拥有重视一致性的文化遗产时，他们会更加尊重父母的权威，并且比欧裔美国青年更少期望做出自己的决定（Hardway & Fuligni, 2006）。这可能是由于他们的文化传统更强调集体主义（见专栏7-1）。了解这些群体差异可能会提高对学生的洞察力，但你还需注意不要基于性别、社会经济地位或种族因素形成刻板印象。

4. 自控力的课堂启示

自控力差的学生可能会表现出行为不端，而且其学业成绩也很差。你可以通过以下提升自控力的策略来帮助这些学生：

（1）选择情境。帮助学生了解他们的行为会受周围环境的巨大影响，因此他们需要选择适应自己的环境。例如，寻找不会让自己分心的学习空间、与有良好自控力的朋友共度时光，或者选择老师或教练要求严厉的班级或团队。

（2）调整环境，使其更具适应性。例如，坐在教室的前面而不是后面，将手机放在不引人注目的地方，或者在学习时关闭计算机上的无线连接。

（3）专注地注视老师。

（4）改变你对某种情况的看法。例如，将错误视为关于如何改进的信息而不是具有破坏性的、无能的标志，或者将一个大的、令人生畏的项目视为一系列更小、更容易的任务。

（5）制定目标并监督实施。当你开始实施与目标不符的行为时，请阻止你自己。对于偏离轨道时该如何重回正轨应有预案。例如，"如果我开始给我的朋友发短信，我就会将手机放在另一个房间，这样我就不会被引诱去用它了"。我们将在第十三章里继续讨论目标设定问题。

> **思考**
>
> 想象一下，你的教室里有一个经常行为不端的学生。你的反应会是"我该如何帮助这个学生更好地培养自控力"吗？这是北美或欧洲教师的典型反应。他们会归咎于学生自身的不当行为。而日本教师更有可能将责任归咎于课堂内的不当行为。他们的反应可能是"我们如何才能创造出更好的团体意识，以使这个学生在课堂上更合作"（Hoffman, 2009）。根据你的反应，你所用来消除学生不良行为的策略会有所不同吗？请解释。

教师通过让学生练习、提醒学生和重复教学生何时以及如何使用策略来逐步教授上述提高自控力的策略。正如你在第四章中所了解的那样，随着时间的推移，儿童往往会逐渐以效率高的策略来取代效率较低的策略。在第八章中，你将学习帮助学生应对强烈情绪的策略，以使他们不会抨击他人。

专栏 7-1　　　　　　　　　理论与理论家
集体主义与个人主义

　　文化在影响儿童发展的方式上有何不同？其中一个区别与集体主义和个人主义有关。在集体主义文化中，群体的需求比个人的需求更重要。集体主义文化强调人与人之间的相互依赖与和谐关系（Brewer & Chen, 2007）。个人的身份源于群体，生活满意度源于尽到了对集体的义务。相比之下，个人主义文化强调独立、自力更生、个人自由、权利，主张自由高于责任。身份源于个人成就。一个人对家庭的义务是自由选择的（Giles-Sims & Lockhart, 2005）。独立意味着一个人想要成为独特的个体，成为一个能够影响结果、没有群体压力的人；相反，相互依赖意味着人们希望与群体其他成员相似，适应并植根于群体（Markus & Conner, 2013）。以下事例可以让你理解这种文化上的差异：

- 美国人接受"热烈的讨论"，在这种讨论中，人们针对彼此的观点展开争论。然而，这种讨论并不存在于日本，因为这可能会破坏群体的和谐（Nisbett, 2003, p. 73）。
- 在亚洲和太平洋岛的一些文化中，人们对年长者的尊重非常强烈，学生不太可能表达与教师不同的观点或指出教师的错误（Lee Hang & Bell, 2015）。
- 拉丁美洲人奉行家庭主义，优先考虑家庭成员间的相互依赖、支持和义务。因此，与白人或黑人青年相比，拉美裔青年更愿意在大学期间住在家中（Desmond & Turley, 2009），他们更有可能做饭、打扫卫生并且帮助兄弟姐妹（Tsai, Telzer, Gonzales, & Fuligni, 2015）。
- 欧裔美国人认为谈话有利于思考，而韩国人则认为谈话会破坏思考（Markus & Conner, 2013, p. 4）。这与使用积极的、需要学生讲话的、建构主义的教学方法相关。
- 在加纳，儿童"让我以自己的方式做事"的要求会被忽视（Marbell & Grolnick, 2012），而在美国，这往往被视为正常。

　　一些心理学家声称，北欧国家和美国的文化是个人主义的，而中国、韩国、日本、巴基斯坦和印度等亚洲国家，以及非洲和拉丁美洲国家的文化都是集体主义的（Rudy & Grusec, 2006）。但是，这种断言可能过于简单了。大多数文化都是混合体，不同国家之间的差异往往很小（Giles-Sims & Lockhart, 2005）。研究人员越来越多地批评那些认为一个群体要么是集体主义者要么是个人主义者的断言。有的群体可能重视个体自主性，同时也重视亲密关系、群体福利和合作（Tamis-LeMonda et al., 2008）。

　　然而，你可能会发现，来自集体主义文化的学生表现出较少的强烈情绪，如跳跃和大喊大叫，在课堂上的公开参与较少，他们希望你（作为权威）能做出重要决定，他们也不愿争论，特别是与权威人物争论。但是，请注意不要有刻板印象，因为这些一般模式可能并不总是适用于具体的人。

　　北美的种族心理学家普遍认为，欧裔美国人的集体主义不如北美其他种族那么强。集体主义被用来解释为什么亚裔美国儿童平均成绩相对较高：这是因为他们被家人要求在学校努力学习。似乎自相矛盾的是，集体主义也被用来解释为什么拉美裔儿童的平均成绩相对较低：这是因为家庭责任使他们偏离了学业（Desmond & Turley, 2009; Vázquez García, García Coll, Erkut, Alarcón, & Tropp, 1999）。集体主义被用来解释为什么权威型教养在其他民族中并不像在欧裔美国儿童中那样具有消极的结果；也就是说，

> 人们认为权威型的教养方式不那么有害,这是因为集体主义文化强调对权威的尊重(Rudy & Grusec, 2006)。
>
> 在第一章中,你了解到一些孩子经历了传统文化和学校文化之间的文化错位。原因之一可能是集体主义和个人主义的差异。例如,在一项著名的研究中,亚裔美国儿童更喜欢其他重要的人(如他们的父母或老师)为他们做出决定的学习情境,如要完成什么学习任务,尝试什么难度的任务等,他们也从中学到了更多东西;而欧裔美国儿童更喜欢自己做出决定的学习情境,并从这种情境中学到了更多(Iyengar & Lepper, 1999)。要成为一名高效的多元文化教师,你需要了解学生的文化,以及你自己的文化和教学风格。

作为老师的你,可以做以下的事情来构建环境以培养学生的自控力:

(1) 减少分心和干扰。例如,鼓励办公中心不要在白天使用公共广播系统;制定程序以排除诸如迟到这种常见的干扰;要先给出指示,而不是不给指令又不断打断课堂来进行说明;将诱人的物体放在学生的视线范围外,例如科学课上的玻璃烧杯,直到需要它们的时候再拿出来(Mauro & Harris, 2000)。

(2) 就像锻炼肌肉一样去锻炼学生的自控力,但不要让学生疲惫不堪。如果自控力差的孩子在一段时间内表现良好,那么可以让他进行短暂的休息。尽量让学生摆脱过度使用自控力的情境。例如,一个男孩总是接触——打、踢、捶、推——其他学生。他的老师让他排队时总是站在最前面,以抵制触摸其他人的诱惑。在走廊或自助餐厅时,老师让他把手放在口袋里。这些简单的策略有很大的帮助。

(3) 提供健康食品。自控力会消耗大脑的燃料——葡萄糖。当学生体内有足够的葡萄糖供应时,他们才会更懂得自控(Baumeister et al., 2007)。

(4) 计划在当天的早些时候进行最需要自控力的课堂活动。自控力在早晨最强,在晚上最弱(Gailliot, 2008)。(明智的父母可能知道这一点,这就是他们坚持要求孩子晚上早回家的原因!)

(5) 使用"你很有耐心"之类的陈述来传达积极的期望。一项针对学龄前男孩和女孩的随机研究发现,如果让他们想象他们是超人、超人很有耐心而且可以安静地等待时,他们就能更好地延迟满足(Karniol et al., 2011)。

(6) 将有严重自控力问题的学生转交给学校辅导员进行干预。

总之,研究表明,自控力随着年龄的增长而稳步提高。因此,与幼儿园教师相比,中学教师可以期待学生有更好的自控力。即使在同龄学生中,自控力也存在很大的个体差异。自控力的差异与信息处理能力、自控力练习和父母教养子女的方法有关。它们还与性别、社会经济地位和文化有关。提高学生自控力的最有用的办法之一就是使用有效管教。接下来我们将重点关注如何做到这一点。

二、有效管教

> 在幼儿园一间教室里,4岁的萨米(Sammy)把积木丢得到处都是。他把积木留在原地想去玩拼图。桑切斯(Sanchez)老师让他收拾干净,但是一开始他拒绝了。
>
> 桑切斯老师:"萨米,请把积木收拾好再玩拼图。"
>
> 萨米:"不。"
>
> 桑切斯老师:"我们必须把乱糟糟的东西收拾好,才能再开始新的活动。"

萨米（摇头说"不"）："不要收拾。我不要。"
桑切斯老师："这些积木很危险。有人可能会踩到它们摔跤。把它们收拾一下。"
萨米摇头说"不"。
桑切斯老师（仍然友善但是语气坚定地说）："萨米，你知道你应该收拾这些积木。我们现在就开始收拾吧。"
萨米不理她。桑切斯老师再次尝试说服他并将两块积木放进了收纳盒里。
桑切斯老师："快来。你愿意让我帮你收拾第一块积木吗？来吧。我们一起收拾。"
萨米看着她，然后默默地开始收拾起积木。
桑切斯老师："谢谢你，萨米。你真是一个乐于助人的孩子。"

这是有效管教吗？因为这样一个关于管教的小插曲，最后萨米有可能发展出更好的自控力吗？作为老师，你每天都会面对这些重要的问题，因为在教室里，不当行为太常见了。管教指的是为纠正不当行为而做出的努力；它是课堂管理的一个部分，而课堂管理既包括管教，也包括为建设班级所做出的一些努力，而这种努力正是为了避免使用管教。我们接下来将讨论管教，然后再讨论课堂管理。

大多数儿童不会一直遵守每一条规则——当你还是个孩子时，也许你也不会这么做。因此，也许你每天都需要对儿童进行管教。我们将会讨论一些你能够用于促进儿童良好行为的不同方法，但是首先还是让我们弄清楚管教的目标。

1. 管教的目标

管教的短期目标是影响儿童，让他们能够马上举止得当，但是管教更为重要的、长期的目标是灌输价值观和提高自控力。儿童要成为有责任心的成年人并对社会做出贡献，就必须学会他们文化中的价值观。儿童的价值观体系是在每天的管教经历中形成的，因为管教能使儿童懂得社会接受的行为的边界。成年人如何管教儿童会影响儿童能否学会同情和自控。

管教的目标不应只是使儿童服从，而是内化积极的价值观。**内化**[①]指的是儿童接受了社会的价值观和规则，相信这些价值观和规则是重要的且有价值的行为指导。如果儿童在即使没有人监督的情况下，也能够赞同并接受权威人士的安排，而且将其作为自己的安排，那么这种情况就称为**约束性服从**[②]。没有内化价值观的儿童，当有人看着他们的时候，他们可能表现很好；一旦权威人士不在眼前，他们就会破坏规则。在这种情况下，儿童的服从是**情境性服从**[③]，也就是说他们对规则缺乏真正的遵守。例如，如果一名学生用脚踢同学，那么不管有没有老师看着，他都没有内化不要伤害别人这条价值观。自控力不是从情境性服从中产生，而是从约束性服从中产生。

服从是对某一具体的要求或规则的顺从，或者是对一系列规矩的长期遵循。儿童对成年人的指令有四种反应方式：（1）服从；（2）直接反抗或拒绝；（3）被动的不服从，即儿童无视指令；（4）协商，它指的是儿童维护自己的安排，同时协商以达成折中的解决办法。

直接反抗是年龄较大的儿童而不是1~2岁儿童的行为问题的一种标志。尽管适应良好

---

① 内化（internalization）：儿童接受成年人的价值观和规则并将其作为自己的行为指导，即使没有监督也能够服从或表现得体。
② 约束性服从（committed compliance）：儿童接受权威人士的安排并将其作为自己的安排。
③ 情境性服从（situational compliance）：儿童服从要求，但是缺乏真诚的服从，需要来自权威人士的持续控制。

的幼儿总体表现还是积极的，但有时也会有意识地反抗（Dix, Stewart, Gershoff, & Day, 2007）。研究发现，母亲和幼儿一小时内平均争吵 20～25 次（Laible & Thompson, 2002；Laible, Panfile, & Makariev, 2008）。一项针对 1～2 岁幼儿的研究发现，幼儿 39% 的时间会在一开始不服从某项要求（Dahl & Campos, 2013）。2～5 岁的儿童直接反抗和被动的不服从会减少，但是协商在增多，这是因为儿童的社交技能得到了发展（Kuczynski & Kochanska, 1990）。那么，4 岁的萨米的反抗行为与他的年龄相符合吗？如果他持续地反抗成年人，那么他的行为就与他的年龄不符合。然而，如果他通常很顺从，并且有好的社交技能，那么就没有必要担心。

你也许会想，服从总是理想的反应，而协商在多数情况下会更适合。例如，当一个孩子被要求去清理东西，她可能会说："我拼完这个拼图就去清理。"协商，而不是不加质疑地服从，才标志着儿童平衡自主性和社会责任感的能力的出现。对父母说"不"，然后转向协商的儿童更有可能与父母形成稳定的关系，也更有可能得到更好的发展（Crockenberg & Litman, 1990）。他们也更有可能在几年后成为社交能力突出的人（Laible & Thompson, 2002）。成功的协商需要儿童具备熟练的社交技能。因此，在管教时对协商具有开放心态的成年人能够为儿童社交技能的发展提供机会。此外，成年人的管教方式也能提升儿童的社交技能和心理健康水平。

2. 管教的类型

我们将讨论三种类型的管教：诱导、心理控制和权力主张。心理控制和权力主张都与儿童负面的结果相关，而诱导则更有可能产生内化，所以我们先从诱导说起。

诱导

诱导[①]是一种管教形式。在这种管教中，成年人解释建立规则的理由，指出破坏规则的后果。当诱导伴随着好的说理时，效果更佳（Maccoby, 1992）。告诉儿童做正确的事情的理由，能帮助儿童理解规则的重要性。例如，当你说"如果每个孩子都在图书馆的书上写字，那么书上的图片就不好看了，其他人会失望"时，你就帮助了孩子理解你的理由，分享了你的目标。诱导的一种特别重要的形式是"受害者中心诱导"（victim-centered induction），在这种形式中，成年人指出儿童的行为会怎样影响他人的感受。例如，你可以说："你不让朱厄妮塔（Juanita）加入你们，真的伤害了她的感情。"

诱导与自控力、社交能力相关。接受诱导而非其他形式的管教的儿童，即使成年人不在的时候，也更有可能内化价值观和遵守规则。他们更有可能针对要求进行协商而不是反抗。他们也更有可能学会移情，友善地对待他人，较少出现行为问题（Kerr, Lopez, Olson, & Sameroff, 2004；Krevans & Gibbs, 1996；Paulussen-Hoogeboom, Stams, Hermanns, & Peetsma, 2007）。

不管儿童年龄多大，诱导都可能是最为有效的管教形式。诱导对青少年有效可以理解，那么对于 1 岁的孩子来说会怎么样呢？当一个幼儿靠近停车场时，你不是应该坚定地说"不"，而不要说"不要去那儿！你会被撞到的"吗？很显然不是这样的。关于诱导的研究主要是在幼儿身上开展的。研究表明，即使是幼儿也能从诱导中有所收获。虽然沟通的第一部分——"不要去那儿！"——对于避免一场灾难而言也许是最为重要的，但是沟通的第

[①] 诱导（induction）：一种管教形式，在这种形式中，成年人向孩子说明为什么孩子必须改变行为或者服从某项规则。

二部分——"你会被撞到的!"——也同样重要,因为它能训练将来的行为。

与诱导相反的做法是简单地说"不!"或者"住手!"来回应不当行为,它可能在阻止某项行为时有效(也可能无效),但是它无法通过说理来引导孩子。一位母亲曾为孩子的奇怪行为而担心,因为他一靠近墙壁就会受到惊吓。原来背后的原因是:无论何时,只要孩子靠近墙壁的插座,他的母亲就会打他的手或者对他吼着说"住手!"。孩子不明白这一惩罚的理由,并由此发展出了对所有墙壁的恐惧!

诱导借助于儿童的理性;与之不同的是,心理控制借助于儿童对支持和情感的需求。虽然在任何管教中成年人都会传达出一些对儿童的不支持,但是诱导中的不支持是最少的。相反,对儿童的不支持是心理控制的中心。

心理控制

心理控制[①]是另一种管教形式。在这种管教中,成年人企图通过表达愤怒和不支持、收回对儿童的爱与情感,或者通过让孩子感到愧疚来影响儿童的行为(Barber, Xia, Olsen, McNeely, & Bose, 2012; Wang, Pomerantz, & Chen, 2007)。心理控制操纵儿童的情感,试图以一种阻止儿童发展成为独立个体的方式来威胁他们。心理控制包括一系列广泛的行为,如忽视儿童,表达对儿童的不喜欢,或者责问儿童为何表现如此糟糕。例如,一位教练可能会说:"离开这儿,我不想看到你这样的表现。"心理控制包括频繁的批评,或者使儿童感到极度愧疚。例如,一位教师可能会说:"你想拉低整个班级吗?"心理控制管教下的学生容易有更多的抑郁情绪和不当行为,也会更不自信(Barber, Stoltz, & Olsen, 2005; Rakow et al., 2011)。儿童更倾向于接受诱导而不是心理控制;长大后,他们尤其反对羞辱,如"你没有其他孩子那样好"或者"你使家人蒙羞"(Helwig, To, Wang, Liu, & Yang, 2014)。

> **思考**
>
> "暂停"(time-out)是何种类型的管教?这是一种有效的管教形式吗?请结合本章你所学到的关于管教的知识回答这两个问题。

权力主张

权力主张[②]也是一种管教形式。在这种管教形式中,成年人依靠权力或者资源来控制儿童的行为,正如在本章开篇案例中莱因哈特老师处理克林特的事情一样。权力主张有四种形式:(1)体罚,例如打屁股;(2)没收物质上的东西或取消某些特权,例如从一名青少年手中收走汽车钥匙;(3)直接使用权力,例如将儿童从一场冲突中带走;(4)威胁使用上述三种形式。权力主张尤其是取消特权在学校很常见。辨别权力主张的一种简单方法就是看有没有"不然的话"这样的句子,权力主张直接地或者暗示性地体现在命令中。例如,一位教师可能会说:"不要讲话,不然的话我就搬走你的桌子。"

权力主张的代价

使用权力主张式的管教有五项严重的代价:

---

① 心理控制(psychological control):一种威胁性的管教形式。在这种形式中,成年人通过诱发孩子的愧疚感、对失去爱和认可的恐惧感来控制孩子。

② 权力主张(power assertion):一种威胁性的管教形式。在这种形式中,成年人通过强大的权力和资源来控制儿童的行为。它通常包括"要不然的话"这样的句子。

(1) 儿童变得愈加不服从。使用权力主张的成年人经常能获得即刻的服从，这就强化了成年人未来对权力主张的使用。然而，从长期来看，它会导致更少的服从（Erath, El-Sheikh, & Cummings, 2009; Gershoff, 2013）。

(2) 儿童没有内化价值观（Kochanska, Aksan, & Joy, 2007）。虽然儿童的不当行为有所收敛，但是影响该行为的情感和思维并没有发生改变。也许能取得情境性服从，但约束性服从却无法实现。

(3) 儿童厌恶管教。权力主张破坏了成年人与儿童之间的关爱和关系。如果有人胁迫你做你不想做的事情，那么你的感受如何？就像克林特一样，儿童对用权力压制自己的人经常有着负面的感受。

(4) 儿童需要越来越多的威胁。如果儿童经常在受到威胁时才服从，他们就会开始忽视温和的威胁，而只服从较强的威胁。他们在愿意服从之前，期望着明显的权力主张和威胁（Patterson & Bank, 1989）。

(5) 儿童会模仿权力主张的成年人模式对其他人进行攻击。经历过权力主张的儿童后期更有可能变得具有攻击性和实施犯罪行为（Bender et al., 2007）。这个问题特别体现在体罚上，因为体罚也是权力主张式管教的一种。

研究表明，手段强硬、权力主张式的管教会产生愤怒、憎恨型的儿童，他们可能变得具有攻击性。这种影响发生在所有年龄段的儿童身上，包括幼儿和青少年。稳定的依恋关系是一种保护因素。这意味着即使父母使用权力主张，如果他们与儿童之间有稳固的依恋关系，那么儿童也不太可能变得具有攻击性（Kochanska, Barry, Stellern, & O'Bleness, 2009）。

体罚

体罚[①]是权力主张的一种形式，是一种生理上的惩罚，如拍击身体或者打屁股。打屁股非常常见。在1~9岁的儿童的父母中，虽然许多人不会选择打孩子屁股，但仍有35%~45%的父母每周打孩子屁股（Berlin et al., 2009; Straus, Sugarman, & Giles-Sims, 1997）。大约85%的青少年反映，他们曾经在某些时候被打过屁股或者被打过耳光（Gershoff, 2013）。人们对打屁股以及其他形式的体罚是否合适持有强烈的、几乎对立的观点。那么研究是怎么说的呢？

体罚跟其他形式的权力主张一样，从长期来看，是与较少的服从相联系的（Gershoff, 2013; Lansford et al., 2009; MacKenzie, Nicklas, Waldfogel, & Brooks-Gunn, 2012）。想一想成年人之所以打儿童的屁股，就是因为他们想让打屁股作为一种惩罚以减少某种行为，这实在是很讽刺（见第三章）。

此外，随着时间的流逝，被打的儿童会变得具有攻击性和反社会。即使一开始他们并不容易犯错，从长期来看，被打的儿童也容易变得更具攻击性（Gershoff, 2013）。打屁股之外的一些体罚，包括被视为虐待的惩罚，与后期青少年对相处对象所实施的暴力行为（比如推搡、扇耳光、殴打）相关联（Swinford, DeMaris, Cernkovich, & Giordano, 2000）。在孩童时期生理上受虐待的儿童，在成为父母后更容易打自己的孩子，包括1岁大的孩子（Chung et al., 2009）。更多有关儿童虐待的信息，见专栏7-2。

当儿童进入青春期时，严厉的父母会从体罚转向冷酷的口头惩罚（如吼叫、咒骂、叫孩子"傻子"）。严厉的口头惩罚有着跟体罚相似的后果。一项研究发现，父母对13岁的孩子进行严厉的口头管教，会使孩子青春期的行为问题增多，一年以后孩子会出现抑郁

---

① 体罚（corporal punishment）：权力主张式的管教，包括伤害儿童的身体，形式从轻微的打屁股到严重的虐待。

(Wang & Kenny，2014)。美国心理协会（American Psychological Association）前主席阿兰·卡兹丁（Alan Kazdin）曾这样总结关于体罚的研究："我们不是在放弃一个有用的技巧。我们是在强调，体罚是一件糟糕的、没有效果的事情"(Smith，2012，p.60)。

你如何才能确定哪种是最好的管教方法呢？这里有三条有效管教的原则，能够指导你做决定。

3. 有效管教的原则

有效管教的第一条原则是你必须获得服从。如果你能让一个儿童今天服从你，那么这个儿童明天才更有可能服从你，旁观的学生也才可能服从你。相反，如果你在一次冲突中没有获得服从，那么下一次冲突中你就更难获得服从了，你将永远不能完全获得服从。不管你有多大的权力，你都无法强迫儿童做你想让他做的事情。你没办法让克林特或者其他孩子停止讲话。你也不能让萨米收拾积木。孩子必须选择去服从你。但是，还是有一些方法能够提高服从的可能性。

专栏 7-2　　　　　　发展中的挑战

儿童虐待

儿童虐待与管教有关，因为一半以上的儿童受身体虐待，都可能是从成年人尝试用体罚纠正其不当行为开始的(Gershoff，2013)。儿童虐待有四种形式：身体虐待、情感虐待、性虐待和忽视虐待。身体虐待指的是在身体上伤害儿童，比如用拳头打孩子或者用烟头烫孩子。情感虐待指的是非身体上的伤害，比如过度的批评、责备，或者告诉儿童不再爱或者不再需要他们。性虐待是指对孩子进行任何类型的性侵犯，包括爱抚、暴露身体部位或使儿童接触色情内容。忽视虐待是指忽视儿童或者剥夺儿童的食物、住所和必要的卫生条件。

相关情况。在美国，每年约有80万名儿童受到虐待或被忽视，1 700名左右的儿童可能死于虐待或忽视。这些数字可能令人感到痛苦，但很有可能它们被低估了，因为许多虐待不为人知。在被报告的案例中，忽视是最常见的，其次是身体虐待（见图7-5）。注意，从图7-5可以看出，多重虐待比单独的身体虐待更为常见，它很可能包括身体虐待。

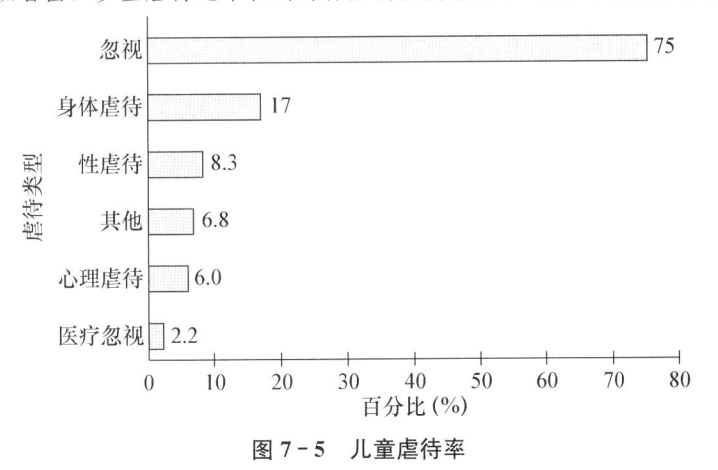

虐待类型：
- 忽视　75
- 身体虐待　17
- 性虐待　8.3
- 其他　6.8
- 心理虐待　6.0
- 医疗忽视　2.2

百分比(%)

图 7-5　儿童虐待率

这幅图描绘了2007年美国的儿童虐待情况。在所有的虐待类型中，哪一种是最常见的？第二常见的类型是什么？
资料来源：美国卫生与公众服务部（U.S. Department of Health and Human Services，2009）。

身体和情感上的虐待及忽视，既可以是从婴儿期开始的，也可以是从青春期开始的。性虐待最常发生在 4~5 岁和 14~15 岁（Snyder，2000）。一些儿童经历过一次虐待事件，而其他儿童则经历了多年的虐待。忽视是最有可能较早开始的，并且会持续很长时间。与男孩相比，女孩更有可能遭受性虐待（Dong, Anda, Dube, Giles, & Felitti, 2003）。男孩和女孩遭受其他类型的虐待的可能性相同。

谁在实施虐待？大多数儿童都认识虐待他们的人。大约 80%的虐待和忽视的实施者是父母或者继父母。唯一的例外是，性侵犯更有可能是朋友或者邻居，其次是亲戚，然后是照顾儿童的人（美国卫生与公众服务部，2009）。男人比女人更容易杀害儿童，杀害儿童的人最有可能是孩子的父亲或孩子母亲的男朋友（Fujiwara, Barber, Schaechter, & Hemenway, 2009）。

什么因素可以预测儿童虐待？因意外怀孕而出生的儿童，更有可能被虐待。有缺陷的儿童，如出生体重低、健康状况差和发育迟缓的儿童更有可能被虐待，但这并不意味着是孩子们自己招来了虐待（Sidebotham, Heron, & The ALSPAC Study Team, 2003）。陷入抑郁，或者觉得自己作为父母没有什么控制力，或者认为权力主张是最好的管教方式的母亲更有可能实施虐待（Bugental & Happaney, 2004）。报告显示，大多数（90%）遭受虐待的儿童所在的家庭有严重的经济困难（Bolger & Patterson, 2001）。这些家庭很有可能是贫穷的，居住在政府补贴的房子里，家里还有一位失业的父亲。贫困可能解释了为什么虐待会因社区而异。例如，在华盛顿特区，一个社区每1 000人中只有0.3人被证实是虐待的受害者，而另一个社区每1 000人中受害者则多达 35.4 人（Murphey & Cooper, 2015）。

儿童虐待的长期后果是什么？虐待与较低的学业成绩有关。身体受虐待的儿童跟未受虐待的同学相比，更容易分心和更难以集中注意力，这是因为他们总是在提防别人的攻击。受虐待的儿童更有可能接受特殊教育，考试成绩低或不及格，在学校有不良的习惯（Shonk & Cicchetti, 2001）。

虐待还与情感问题和社会问题有关。受虐待的儿童可能缺乏同情心，对人缺乏温情，不像未受虐待的儿童那样能够读懂别人的情感。这些儿童可能会经历糟糕的情绪管理，如沮丧或者在压力之下崩溃（Kim & Cicchetti, 2006; Teisl & Cicchetti, 2008）。受虐待的儿童往往有混乱的依恋，可能变得具有攻击性，或过度顺从而又急于取悦成年人（Cullerton-Sen et al., 2009）。儿童时期受过虐待的母亲，对婴儿有较低水平的回应和共情（Bert, Guner, & Lanzi, 2009）。

虐待还与身体发育不良、成年后的健康状况不佳有关。回忆一下你在第二章学到的关于消极的童年经历的论述。长期的、无法控制的虐待压力使得大脑发生变化，而身体和情感上的问题都有可能来自这些变化（Hanson et al., 2013; Pollak, 2008）。压力会导致慢性炎症，损害免疫系统，导致抑郁症、心脏病和哮喘等疾病（Jaffee & Christian, 2014）。

然而，有些儿童在虐待下能生活得尚可，这也是有原因的。负面结果的严重程度取决于风险因素和保护因素在儿童生活中起作用的程度，取决于虐待的严重性、频繁程度和时间的早晚，还取决于儿童能感受到多少羞辱、沮丧和多大的压力。

对教师的启示。教师是**委托报告人**①。各州的委托报告法各不相同，但要求与儿童一

---

① 委托报告人（mandated reporters）：按照法律规定，必须举报虐待和忽视儿童的嫌疑人的人。虽然美国各州法律有所不同，但是在大多数州，教师是委托报告人。

起工作的专业人员必须报告儿童受虐待的证据。学校人员是虐待报告的最大信息来源，占虐待报告人数的17%（美国卫生与公众服务部，2009）。最明显的身体虐待迹象包括瘀伤、骨折和烧伤的痕迹，因为这些情况一般不太可能在正常事故中发生。性虐待的主要证据是儿童告诉别人受虐待的事情（Goodman，Emery，& Haugaard，1998）。情感虐待和忽视则是较难发现的。儿童能准确地报告自己受虐待的情况吗？他们可以，尽管记忆容易失真（Bruck，Ceci，& Principe，2006；Goodman & Quas，2008）。人们普遍认为仿真娃娃可以帮助儿童报告虐待，但很少有证据支持这种说法，如果出现不当触摸，那么反而会增加错误报告的数量（Poole，Bruck，& Pipe，2011）。

当班上的学生需要管教时，老师一般会告知家长。然而，如果父母虐待儿童或者对儿童的管理很差，那么他们的反应可能是严厉地惩罚儿童。这可能会破坏儿童的自控力，并导致儿童怨恨教师，同时又使他们容易受到进一步的虐待伤害。因此，在需要家长协助管教学生时，需要谨慎行动。如果你怀疑存在虐待，那么请与学校辅导员合作，他们应该接受适当的关于提问的培训（Brubacher，Powell，Skouteris，& Guadagno，2015）。一些学校已经实施了儿童性侵犯预防教育项目，试图教学生如何识别虐待、什么是适当触摸、什么是好秘密和坏秘密。这些项目可能有一些积极的影响，但是证据比较少（Topping & Barron，2009）。受虐待的儿童特别容易与老师建立亲密的关系，尽管与老师建立联系可能更具挑战性（见第六章）。对老师的依恋可以培养受虐待的学生的韧性。

一个提高服从的可能性的方法是，在使用低可能性服从的要求之前，使用高可能性服从的要求，或者一些你知道儿童会遵守的要求（Lee，2005）。下面聊举一例。

杰西（Jesse）今年5岁，他的老师告诉他：不穿外套就不能去外面玩，因为外面很冷。杰西拒绝穿外套。连续几天天气都很冷，关于穿外套的冲突也在加剧。老师决定尝试使用高可能性服从的要求。杰西在被提问的时候喜欢拍手。老师说道："杰西，拍手！"他照做了，老师也拍了拍自己的手。她再一次提出拍手的要求，杰西依然照做了。老师第三次提出拍手要求，他还是照做了。她说道："杰西，穿上外套！"他穿上了外套。

高可能性服从的要求会在儿童身上产生一种合作的心态，能够提高服从低可能性服从的要求的可能性（Williams & Forehand，1984）。另一个提高服从可能性的方法是友好地提问，其前提是师生关系融洽，这就引出了下一条原则。

有效管教的第二条原则是在管教时保持积极正面的情绪和语调。如果成年人在给出命令的同时伴有积极的行动，如微笑或者夸奖儿童，命令就会更有效。处于积极情绪中的儿童更容易服从要求（Feldman & Klein，2003）。处于温暖、稳定关系中的儿童更容易以约束性服从做出回应（Kochanska，Aksan，& Carlson，2005）。保持语调积极对于管教较难相处、容易发怒的儿童尤为重要。

使管教在情感上积极并促进服从的一个方法就是跟你的学生合作。只要合理，就与学生进行合作，让他们来控制活动，而不是总把你的安排强加给他们（回忆第六章，这是一种促进和学生形成稳定关系的方法）。一个能帮助你与学生更好地合作的具体策略是少说"不"。不要说"不，你现在不可以读书"，而是说"好，只要你完成单词拼写，你就可以读书"。信息是一样的——"你必须在自由阅读之前练习拼写"，但是第二种方法承认学生的安排，具有合作性，因而更有可能获得服从。你说的"不"越多，反过来你就越经常听到它。

有效管教的第三条原则是使用最少的但足以获得服从的权力。所有的管教都涉及一些

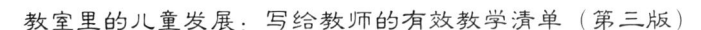

权力。但是，当权力在管教中使用得最少时，儿童更有可能相信他们之所以服从是因为他们选择去服从（Lepper，1983）。儿童可能会认为：“我这样做是因为这样做是对的，我是这样选择的”。当权力使用得过多时，儿童很有可能认为，他们之所以服从是因为教师显示了权力。儿童可能会想："我这样做是因为如果不做的话，我就会被惩罚。我不想做，但是为了避免惩罚我会去做"。在这种情况下，儿童的服从是情境性的。儿童可能会感觉，当老师不在眼前时，就能自由地改变自己的行为。

这就解释了为什么权力主张不容易产生内化。当你帮助学生以一种强调良好的行为动机的方式去思考时，你就促进了内化。例如，你可能会说，"你感觉很糟糕，因为你伤害了特蕾莎（Teresa）的感情"，而不是说，"你感觉很糟糕因为我抓住了你"。

将管教中的权力减少到最少的方法之一就是使用微妙但不明显的控制形式。比如，你可以通过耳语使得吵闹的班级安静下来，而不是用"如果不安静下来，就晚一点吃午餐"来威胁他们。同样，如果克林特正在吵闹，干扰到了旁边的学生，那么你可以站在克林特身边，然后温柔地拍拍他的肩膀，而不是在教室前排吼叫。在这两种情况下，你的行为都有可能减少噪音，但一种方法会引起学生对你的权力的关注，另一种方法则使学生对你的权力的关注最小化。

总之，有效管教能产生内化和自控力，无效的管教则会导致反抗并破坏长期的自控力。即使你在当下获得了服从，但如果你没有推进儿童的内化，那么你的管教仍是不够有效的。当然，你不会只对学生提升在教室内的自控力感兴趣，你也必须教授知识性的内容。你不能让学生的不当行为占用集体的学习时间。两个目的有效管教都会实现。

如果你本来偏向使用诱导，但因为一些儿童已经在生气和反抗了，或者一些儿童来自一些强调权力主张的家庭，并且已经适应了高水平的威胁，你又感觉自己陷入了权力主张中，那么你该怎么办呢？这时，你需要一种强有力并且能够鼓励服从的管教形式，但是这种管教形式又必须足够柔和，能够让儿童相信他们服从是因为个人选择。这种管教也能够促进积极的关系。你可以使用的方法之一就是以一种持续的方式说服儿童，直到他们服从。让我们来看一下这种管教是怎么发挥作用的。

应用有效管教的原则：持续劝说

当教室里某个学生不服从时，你可以持续地重复命令直到他服从，但是不要提高权力主张的水平（Bergin & Bergin，1999）。你没必要使用威胁或者增强敌视性的语气。相反，你要持续地以一种合理并且友好的语调提出要求。你没必要使用"要不然的话"这样的句子（不管是间接的还是直接的），比如"你最好是做这件事，要不然的话……"。避免威胁能帮助减少儿童对威胁的期待。你可以重新组织语言来重复要求，或者通过给出额外的服从理由来重复要求。你应该对儿童的协商做出回应，并且保持对协商的控制直到获得服从。之后，你可以把服从归因于儿童的好意。比如，你可以说："你真是乐于助人，我知道你想做正确的事情！"

这种**持续劝说**[①]方法的关键之处是：（1）除非你获得了服从，否则你不能放弃提出要求；（2）你没有通过提高音量或者使用威胁来升级要求。因此，你获得了服从却没有鼓励儿童期待威胁。桑切斯老师用在萨米身上的就是这种方法。那么这种方法对于年龄较大、具有反抗性的儿童是否管用呢？让我们看一个发生在问题青少年居住式矫正机构的例子吧！

---

① 持续劝说（persistent persuasion）：一种持续使用诱导但不使用权力主张，直到儿童服从的管教方式。

第七章 自控力和管教

指导老师：米歇尔（Michelle），你应该把电视关了。

米歇尔：不……

指导老师：米歇尔，你应该把电视关了，这样你才能做家务。（米歇尔无视指导老师。）米歇尔，其他女孩都在做家务。（其他女孩正站着，有的手里拿着扫把正在打扫卫生，有的看着电视。）好吧……她们本应该在做清洁。电视是在干扰大家。

米歇尔：所以呢？

指导老师：我可以帮你开始。

米歇尔：不！瘫坐在沙发上，盯着电视。）

指导老师：拜托。你知道规则。在干活的时候不可以看电视。

米歇尔：（慢慢站起来，摇摇晃晃走向电视，关掉了电视。）

当相同或者相似的规则被破坏时，你可以通过提醒儿童先前的服从来贯彻持续劝说，如"你还记得吗？昨天我让你把电视关掉，然后你就关掉了"。儿童更有可能在下一次的冲突中服从，成年人也不用花那么多力气。回忆一下，比起权力主张，采用与之相反的方法才是正确的。

你可能注意到诱导需要耐心、努力和时间。但是比起其他不太有效的管教形式，诱导形式下所需要的花在指导上的时间要少得多。我们不妨看看发生在一个名叫彼得（Peter）的5年级学生（他有攻击史）身上的案例。

施瓦布（Schwab）老师让学生拿出书。彼得拿起马库斯（Marcus）的书扔到地上，大笑起来。马库斯推了彼得，施瓦布老师吼叫道："孩子们，够了。现在站到走廊上去！"（两个人都不动。）"我说站到外面的走廊上去，我说现在，你们最好现在就给我动起来！"（两个人都不动。）

彼得："我没必要出去！"

施瓦布老师（更大声地吼道）："现在给我出去。"

彼得："不。"

施瓦布老师（仍在吼叫）："现在给我站到外面的走廊上去！"（彼得坐在椅子上，无视他的老师。马库斯走到走廊。）施瓦布老师站起来走向彼得的座位，放低声音说道："我说了站到走廊上去。"

彼得最终到走廊去了。施瓦布老师跟在后面。男孩子们开始大笑。施瓦布老师说他们最好按照她说的去做。他们低下头咯咯地笑。施瓦布老师很沮丧，她让彼得和马库斯回教室然后拿出书。他们照做了。

施瓦布老师最终获得了服从，但是她的做法占用了教学的时间，破坏了她跟彼得和马库斯的关系，也破坏了她跟班上其他孩子之间的关系。彼得和马库斯都不可能从这件事中内化合适的价值观。如果施瓦布老师使用持续劝说的方法，她就可能用相同或更少的时间和努力获得服从，并维持她在教室里的权威，营造积极的氛围。

为什么持续劝说能发挥作用？

一些老师可能不太认可萨米的老师和米歇尔的指导老师的做法，因为他们似乎都忽略了学生的不服从。但是，记住有效管教有两个目标：第一个是获得服从；第二个更为重要的目标是教授孩子自控，或者帮助孩子内化积极的价值观。桑切斯老师使用的持续劝说融合了有效管教的所有原则，能够促进内化：

（1）管教不依赖明显的权力。虽然教师的确比学生有更多权力，但是在持续劝说中，权力

的展示是微弱的、模糊的，也不足以解释学生的服从。这使得学生能够理解他们的服从是选择的结果，而不是被胁迫的结果。学生不是为了避免某项惩罚而服从，因为根本没有明确的威胁。

（2）互动不是负面的。很多时候，一位生气的老师和一名生气的学生之间的管教冲突变成为了控制而进行的斗争，如施瓦布老师和彼得，又或者莱因哈特老师和克林特。将他们的经历与桑切斯老师和萨米之间的经历进行对比可以发现：桑切斯老师和萨米都没有生气。持续劝说帮助教师在教室内保持一种积极的感受。一位教师说，直到她尝试了持续劝说，她才意识到之前她的班级已变得多么消极。她说现在她的班级变好了，她更喜欢学生了，每天放学时她也感觉不那么累了。

（3）儿童会协商。一些老师认为跟学生协商是示弱，学生就应该守纪律，因为他们是学生。但是在管教时，让学生与你进行协商有三个积极的效果：1）创造更为互惠的关系；2）提高约束性服从的可能性；3）向你提供增进对学生的理解的机会，因为你在倾听他们说话。当你的要求不合理时，协商的过程也能向你揭示这一点。一位老师发现，当他尝试解释为什么学生要服从他的命令时，他竟想不出任何一个理由。于是，他放弃了命令。

持续劝说是一种诱导的形式，它有着源于调查的坚实的理论基础。你可能找到了一些其他的、你感觉舒服的管教方法。不管你采用什么方法，请对它进行评价，确保它能在教室里强化服从、促进内化、建立情感联结。

运用有效管教的原则：技能发展

虽然持续劝说能够帮助你在积极的氛围中获得服从，但是有时候学生不良行为背后的问题是缺乏技能，而不是缺乏表现良好的动机。很多时候，学生想要表现得好，但是不知道怎么做（Greene，2011；Ollendick et al.，2015）。如果是这种情况，那么不要关注奖励和惩罚，先弄清楚学生缺乏什么技能，然后教授这些技能，这样会更有效。所缺乏的技能可能是学习上的（比如，如何写出正确的句子，或者如何对分数进行加法运算），或者是自我管理上的（比如，面对过渡期和不确定的情况时较难应对），又或者是社交技能上的。

这种方法叫做"协作性、主动性解决方案"（Greene，2011），它有三个关键要素：

- 移情。你有强烈的愿望从学生的角度去理解问题。你倾听但不批评也不给出建议。你可能会说"我还是有些困惑"，或者"关于那件事，你能再多谈谈吗？"。
- 定义问题。将你的关注引入谈话中。比如，这个问题将如何影响学生，如何影响其他人。但是请不要提出解决方法。
- 邀请。你和学生进行头脑风暴，想出现实的、令双方满意的解决方法。不要告诉学生该怎么做，而是去了解学生认为该怎么做，然后你们一起制定一个计划。你可以说"我在想是不是有这样一种方法……"。

这种方案认为学生并不缺乏表现良好的动机，它旨在维持一种积极的关系，并产生针对问题行为的解决方法。

4. 管教的群体差异

在你的成长过程中，你接受过什么样的管教？你的答案可能受你的性别、社会经济地位和文化背景的影响。在学校里，男孩比女孩遇到的麻烦更多。比如，男孩比女孩更容易休学和退学（见图7-6）。那么社会经济地位和种族又会有哪些影响呢？

社会经济地位

不同研究一致显示，低社会经济地位的学生比高社会经济地位的学生在家里更容易经历和支持权力主张或者严厉的管教,包括体罚(Evans,2004;Kochanska et al.,2007)。这适用于不同文化和不同国家(Douglas,2006;Erkman & Rohner,2006;Tang,2006)。原因之一也许是,低社会经济地位的家庭更容易生活在不安全的环境中,更容易使用权力主张式的管教来保护自己的孩子。

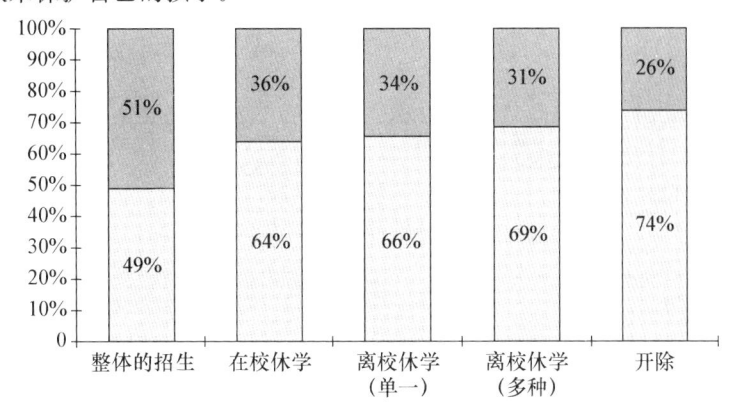

图 7-6 根据性别统计的学校管教率

(整体的招生:女性51%,男性49%;在校休学:女性36%,男性64%;离校休学(单一):女性34%,男性66%;离校休学(多种):女性31%,男性69%;开除:女性26%,男性74%)

男生差不多占学生总人数的一半,但是被开除的学生中74%是男性。
资料来源:民权办公室(Office for Civil Rights)民权数据集(Civil Rights Data Collection 2009—2010),网址为http://ocrdata.ed.gov。

种族

儿童在接受管教时的行为规则,也会因种族差异而有所不同。比如,在一些种族社区中,儿童被教导在接受管教时要直视父母的眼睛,以显示他们在注意倾听。在其他种族社区里,包括一些非裔美国社区中,直视一位权威人物是不尊敬的标志。另一个例子是,在一些(并非所有)东亚文化里,学生在受到管教时也许会微笑甚至咯咯地笑。美国的老师如果没有意识到在这种情形下微笑意味着学生承认错误,就很有可能认为孩子在嘲笑自己并很生气(Weinstein,Tomlinson-Clarke,& Curran,2004)。

体罚也会因为种族而不同。在美国,虽然打屁股与孩子身上的问题行为相联系,但比起白人和拉美裔父母,黑人父母对打屁股使用得更多,也更支持打屁股(Berlin et al.,2009;Lansford et al.,2009;Lorber,O'Leary,& Slep,2011)。在美国以外的国家中,认为男人打自己的妻子是正当行为的母亲,更容易支持把打孩子作为教养孩子的一种有用的方式(Lansford,Deater-Deckard,Bornstein,Putnick,& Bradley,2014)。你也许有来自美国亚文化的学生,或者来自其他国家的移民学生,在这些地方,体罚很常见。

理解管教中的差异非常重要,因为你的学生可能与你的背景差异很大。如果你没有意识到这些差异,你和你的学生在管教中就很有可能误解彼此。你需要找到一种让你和你的学生都感到舒适的管教方式,但这种管教方式仍然要遵守有效管教的原则,要能够促进学生提高自控力。

管教差异

在美国的学校中也有关于惩罚的种族差异。在识字能力较差的学生中,从1年级到5年级,非裔美国学生和老师的冲突会增加,这也反过来预示着学生较低的成绩(Spilt & Hughes,2015)。黑人学生,比其他学生更容易因为小的错误而被点名(Bradshaw,Mitchell,O'Brian,& Leaf,2010)。另外,从幼儿园到高中阶段黑人学生,尤其是男生,更容易从学校休学(U.S. Department of Health and Human Services,2014),见图 7-7。

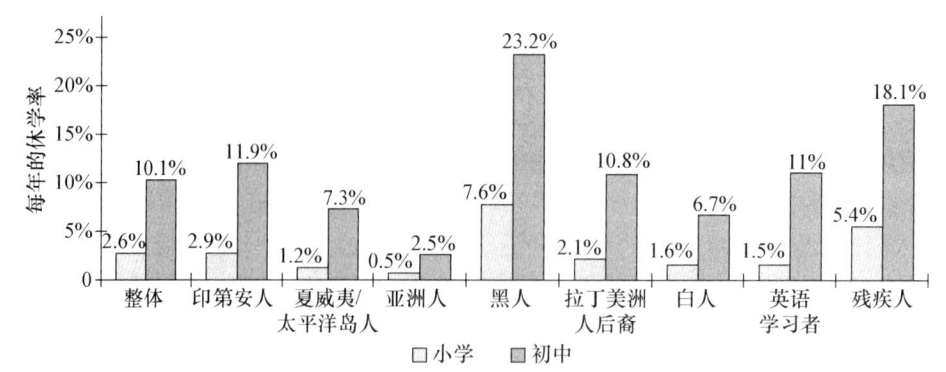

图 7-7 分组统计的离校休学率

这幅图反映了不同类型的学生离校休学的情况。学生通常是因为违反了校规、犯下了小的错误,而不是因为参与了危险行为而离校休学。开除的情况没有呈现在该图中,因为开除主要是针对更为严重的不当行为。请根据种族和残疾与否来描述休学率。根据规定,学校不得让那些因身体残疾而出现不当行为的学生休学,不过学校并不总是遵守这种规定。

资料来源:Losen, Hodson, Keith II, Morrison 和 Belway (2015)。

在高中,黑人学生的休学率也许是白人学生休学率的两倍(Gregory, Cornell, & Fan, 2011)。这就是**管教差异**①。

休学是一种有问题的干预方式,因为它使容易取得较低成绩的学生中断其正需要的教育。关于休学能否改善学习环境,也没有明确的结论。事实上,以休学为导向的学校容易有较低的教学质量,对学校的环境关注也较少(Lamont et al., 2013)。更多的休学预示着更低的成绩和更高的退学可能性(Noltemeyer, Marie, McLoughlin, & Vanderwood, 2015)。总的来说,这种管教差异导致黑人学生学习的机会更少。

教师也可能导致这种管教差异。教师反映,比起白人男性学生,他们对黑人男性学生第二次犯错感到更心烦(教师对待白人男性学生和黑人男性学生第一次犯错的反应几乎一样)。他们建议对黑人男性学生采取更严厉的管教措施(Okonofua & Eberhardt, 2015)(见图 7-8)。

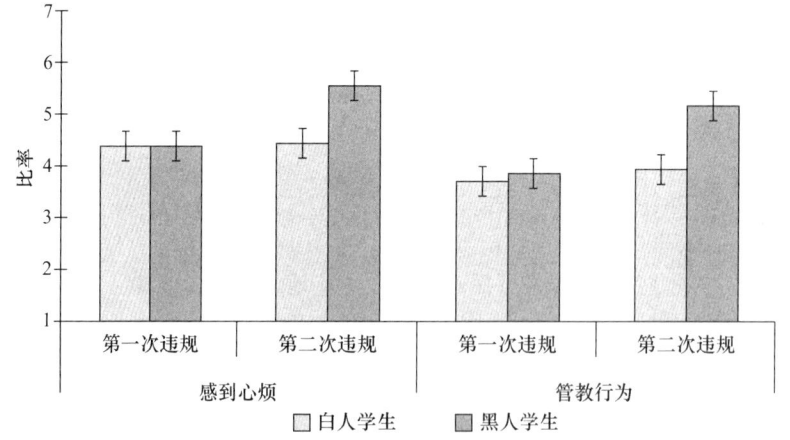

图 7-8 教师对白人男生和黑人男生不当行为的反应

上述比率反映了教师对男性学生的不当行为感到心烦的情况(左边),以及对学生的表现感到事态严重、应该加以管教的情况(右边)。注意,教师对黑人男性学生和白人男性学生的第一次违规行为的反应是一样的,但是对黑人男性学生第二次违规行为的反应则要强烈些。

资料来源:Okonofua 和 Eberhardt (2015)。

---

① 管教差异(discipline gap):基于群体、种族、性别、社会经济地位、残疾等产生的休学率的差异。

接下来，让我们讨论你该如何将关于管教的研究应用于你的教室里。在使管教差异最小化的同时，你可以应用能够提升学生自控力的有效管教。

5. 管教的课堂启示

管教学生是教师的主要任务之一。学会使用有效的管教方式非常重要。如果你使用有效的管教方式，那么即使你教的是一些非常难对付的学生，你也能减少教室里75%的不良行为（Balfanz，Herzog，& MacIver，2007）。

你怎么才能知道你的管教是否有效呢？问你自己："我教了什么？"如果答案是好的价值观和自控力，那么你就走在正确的道路上了。思考教学中的管教事件。你可能听过很多种教室管教的方法——积极的行为干预和支持、行为干预支持团队、坚定管教、有尊严的管教、正面管教，还有教师效能训练，这里只是简单说一些。在你选择一种方法之前，请确定它是否经过科学的评价（见第一章）。如果你遵循以下研究建议的指导，那么你将会成为一位有效的管教者：

（1）当在教室里决定怎么进行管教和什么时候进行管教时，请记住有效管教的如下特征：1）能产生服从；2）在语调上是积极的；3）尽可能少地使用权力。

（2）将诱导作为你的主要方法，因为它能提高学生的自控力。但是，当学生在身体上互相伤害而你又需要马上强制分开他们时，权力主张也许是合适的。

如果你选择使用权力主张，那么有一些或多或少有效的使用方法。在第三章里，你学习了行为矫正。行为矫正在一定意义上是权力主张，因为它是通过教师使用权力或者控制儿童所没有的资源来发挥作用的。但是，权力主张式的管教容易变得消极，且倾向于以惩罚为导向；而行为矫正是积极的，因为它倾向于强调强化而不是惩罚。在本章，你已经看到了权力主张的两个负面例子。一个是在开头的案例中，莱因哈特老师对克林特所做的，也就是莱因哈特老师因为克林特在课堂上讲话而给他一张红牌，后来又把他送到校长那儿去。另一个是施瓦布老师对彼得和马库斯所做的，即让这两个表现不好的学生站到走廊上去。这两个管教的例子并不成功。相反，行为矫正如果使用有效的话，能够相当成功。让我们讨论一下你应该如何在班级中使用行为矫正。

> **思考**
>
> 看看图7-9，一个13岁的女孩因为在自习课上讲话而被要求写50遍"这是一间安静的学习室"作为惩罚。这是有效管教吗？请解释你的答案。在回答这个问题时，想一想有效管教的原则。如果你的学生在自习课上讲话，那么你会怎么做？

回顾行为矫正

有一年，我的学校有一大批过度活跃、不太合作的3年级学生。校长将所有这些难以管理的孩子聚集到一起，组成了一个班级。我被安排去教这18个孩子，他们中的许多人因为过度活跃而在接受药物治疗。接下来的5个月简直是一场噩梦。每天的课堂上都充斥着打架、喊叫、摔椅子和诸如"试一试，让我做那个"的话语。好多个早晨，我一想到要去学校就忍不住哭起来。我经常打电话请病假。1月份时，我告诉校长我要放弃了，因为我再也忍受不了了。但是他说服我留下来。

我去向一位心理医生寻求帮助。他告诉我实施一些策略，将有攻击性、反社会的、极度

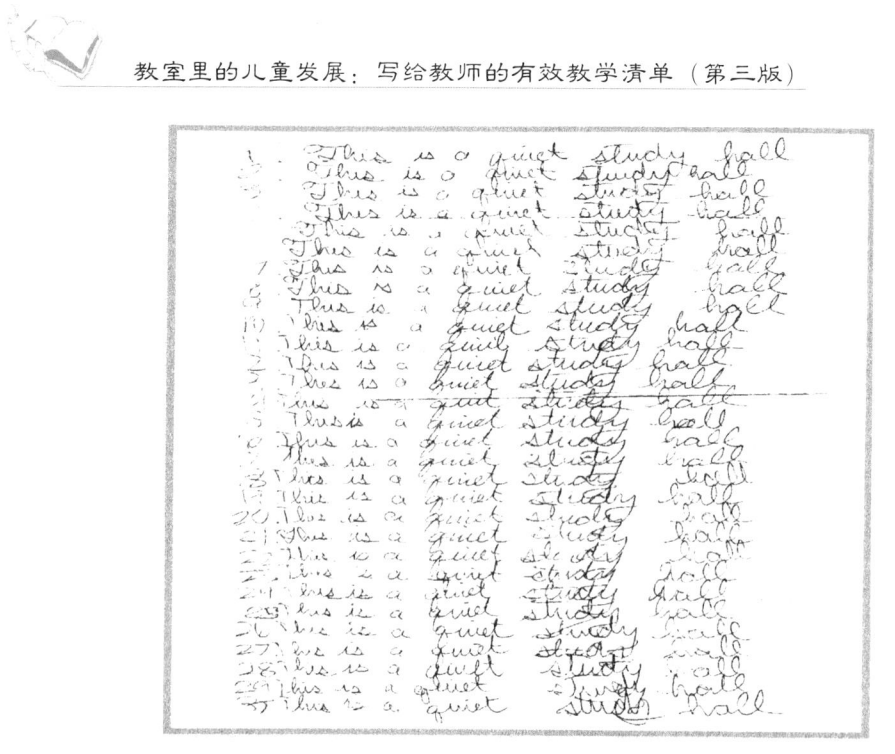

图 7-9 惩罚？

这是一个 13 岁的女孩因在自习课上讲话而受到的惩罚。这是有效管教吗？

> 活跃的学生重新引向以成绩为导向的、可为社会接受的活动中。在 3 个星期内，我的学生做起了他们的作业。在课堂上，他们学习单词、读书，帮助彼此学习。很多孩子甚至要求把学校的作业带回家去做。校长、其他的老师和我都不敢相信我们的眼睛。[转引自 Robinson，Newby 和 Hill（1981，pp. vii-viii）。]

这位心理医生帮助这位教 3 年级的老师做了什么呢？答案是：在她的教室里实施了行为矫正。行为矫正很大程度上依赖操作性条件。也就是说，当行为与某些确定的结果相联系时，行为会增加或者减少。强化指的是提高某种具体行为发生的可能性。惩罚指的是减少某种具体行为发生的可能性。

学校的心理老师和特殊教育的老师们经常使用行为矫正，因为这是一种非常有效的方法，即使是非常有挑战性的学生，也能够快速改变他们的行为。对于普通学生，你也可以成功地使用这种方法。行为矫正以谨慎、分析的方式使用时最为成功。事实上，行为矫正也叫做应用行为分析，因为你必须分析儿童的行为，以找到解决方法。为了在你的教室里有效地使用行为矫正，你需要遵循以下指导：

（1）在你开始一项干预时，记下行为的基本频率。记下问题行为出现的次数。记下行为发生之前的事情（前例），以及行为发生后的结果，因为这些结果可能会强化这项行为。接着，系统地改变前例和结果，观察会发生什么。搞清楚什么样的前例和结果组合在一起最能改变目标行为（Epstein，Atkins，Cullinan，Kutash，& Weaver，2008）。

（2）审慎地应用有效的行为矫正的原则：

- 给积极行为提供积极结果。
- 采用小幅改变的方法改变孩子的行为（即塑造）。
- 给予及时反馈。
- 保持一致。

- 设定清晰的目标。
- 提供充足的练习和预演。

（3）强化良好的行为，而不是惩罚不良行为。行为矫正的许多倡导者对使用惩罚持批判态度，因为惩罚会导致攻击、恐惧或者憎恨；它不能教会任何新的东西；它提供的是一种负面的方式，学生可能会去模仿。

（4）如果你感到必须使用惩罚，那么请明确告诉你的学生什么样的行为会导致惩罚以及会采用什么样的惩罚。一旦违反了规定，马上实行惩罚。在一种温暖的、关爱的氛围中进行这种惩罚。将惩罚和诱导结合起来；也就是，给出理由说明为什么这个行为是被禁止的。

在教室里有效地使用惩罚是极具挑战性的。让我们来看一下保罗（Paul）的例子。保罗是一个10年级的学生，他因为把一个避孕套扔到一个女生的桌子上而受到惩罚。他和他的朋友认为这很有趣。他的朋友们经常开一些不太合适的玩笑，所以他们经常被校内停课（in-school suspension）。在校内停课了三天后，今天他进入了他的社会研究课班级：

> 他的老师说："看到你终于从校内停课中出来了真高兴。"保罗微笑着说："是的，但是要不了多久我又会回去的——只有周四我可以出来。"保罗说校内停课并不是一种惩罚，相反，"除非我的朋友在那里，否则这更像是一种暂停，因为我不用看到我不喜欢的老师。老师从来不注意我们在干什么。我们只要保持安静，就可以为所欲为"。

保罗的经历呈现了一些你想要在课堂上避免的陷阱：

（1）避免通过剥夺学生学习机会的方式来惩罚学生。保罗错过了重要的教学时间。

（2）确保有目的的奖励是真正地在强化。比如，表扬是一种强化吗？它只有在提高了某种行为发生的可能性时才是强化。一些学生宁愿消失也不要在一群同龄人面前受到老师的表扬。即使老师的本意是奖励学生，但对他们来说，表扬相当于一种惩罚，或者会降低某种行为发生的可能性。

（3）避免惩罚使有意义的事情染上负面的色彩。比如，不要把家庭作业作为一种惩罚，或者把免除作业作为一种奖励。

（4）确保有意的惩罚不是强化。因为保罗和他的朋友非常享受彼此的陪伴，所以学校以为的惩罚对他们实际上是强化。对于学龄前的孩子而言，如果暂停是为了通过移除孩子的强化来源来进行惩罚，那么要确保孩子没有被有意强化或者没有帮助他逃离他想避开的情形。

暂停是一种被广泛使用的行为矫正方法，这种方法使有问题行为的孩子暂停活动，离开强化物。它不需要实施隔离；暂停通过将正常的、可能有吸引力的环境与缺乏强化物的暂停环境进行对比来发挥作用。它不会减少问题行为（Morawska & Sanders, 2011）。当孩子们被暂停的时候，他们感受如何呢？在一项研究中，2~4岁的儿童说他们感到孤独、不被老师喜欢、还感到害怕。一些孩子因为小的违规行为而被暂停，这表明暂停可能被一些学前教师过度使用了（Readdick & Chapman, 2000）。对此的一种批评是：暂停对于教授学生合理的行为没有任何作用。

将行为矫正的原则有效地运用于教室，很可能改善学生的行为。虽然行为矫正的焦点是奖励而不是惩罚，但是关于行为矫正还是有一些重要的批评。一种批评是，行为的改变可能很短暂，而且对于其他情形可能是无效的。另一种批评是，控制导致的结果可能破坏

学生的自主感受，这使得他们想要反抗。最后一种批评是，虽然行为矫正改变了行为，但态度的改变和价值观的内化也许并不能随之发生。

最后一个问题——内化的缺乏——与物质强化的使用有特别的联系。一些老师使用物质比如贴纸或者糖果来奖励良好的行为。虽然这看起来是积极的，但是可能有一些微妙的、意料之外的对内化的负面影响。在一项著名的实验中，喜欢画画的学龄前儿童被随意安排到一个因为他们的绘画而获得奖励的群体中，或者被分配到一个不会获得奖励的对照组中（Lepper, Greene, & Nisbett, 1973）。之后，那些获得奖励的孩子对画画显示出的兴趣较弱。在这项实验中，奖励似乎破坏了孩子内在的兴趣。这种效果在完成许多不同实验的儿童、青少年还有成年人身上多次出现（Lepper, Keavney, & Drake, 1996; Ryan & Deci, 1996）。这表明因为良好行为而奖励学生会破坏他们实施该行为的内在动机，也许会缩短他们的自控力发展过程。

然而，奖励只会对学生已经喜欢的活动产生破坏性影响。如果一开始没有内在兴趣，那么奖励很难破坏其内部动机。让学生做他们不喜欢的事情的话，奖励就会有用。另外，细微的强化跟物质奖励相比，不太可能破坏动机。也就是说，比起糖果和贴纸，拍拍背或者奖励性的话语不太可能破坏动机。

关于使用奖励的另外一个问题是，很难在教室里将奖励进行公平分配。不是所有值得奖励的学生都会得到认可。比如，在一所小学里，学生因为正面的特质例如关心他人、尊重他人或者富有责任感而获得奖励。他们的名字会被列在一份榜单上，从而他们可以参与某些奖项的竞争。一个行为表现非常好的孩子的名字多次上榜，但是 6 年里他从没获奖。他告诉自己的妈妈，他不知道为什么自己努力了还是没法获奖。在另一所学校，一个机敏的、表现良好的 5 年级学生告诉我们："他们只把奖励给坏孩子，这样他们就能表现得更好。我却永远得不到。"

你该如何平衡行为矫正的利与弊呢？一种方法是只在学生的行为完全失控的情况下，使用清晰的行为矫正。短期使用行为矫正，当学生行为回归正常时中止。或者一段时间内间歇地使用，同时逐渐强化诱导的使用。弄清楚潜在的问题是否源于缺乏某项需要教授的技能。你可能必须确认什么样的管教方法在你的教室里效果最好，但是记住，短期的服从不是有效管教的唯一目标；你想要的是帮助学生内化良好行为、发展自控力。

有效的班级管教是避免管教冲突的关键。如果你把班级管理得非常好，那就不太需要管教。这是下一个话题。

> **思考**
>
> 某学校有一名护士，只要拿到被没收的学生的手机，她就会用该手机给机主的所有朋友发送如下短信："我的天！找个借口离开教室，尽快在医务室与我碰面！"接下来，她就会在医务室候着，准备对前来的学生实施放学留校处罚（Mali, 2012, p. 112）。你怎么看待这种管教方式？

课堂管理

在上课铃声响起之前，卡拉汉（Callahan）老师站在所教 11 年级班级的教室门口，准备给学生上英语课。随着学生走进教室，她带着微笑喊学生的名字，一一进行问候。黑板上写着今天课程的目标及相关指导，他们一旦坐下来开始某项活动时就可以看到这些指导。卡拉汉老师一直站在门口直到铃声落下，偶尔会喊那些已经坐下来开始任务的学生。她说："琳（Lin），看到你已经开始写了，我很开心"，"格雷西拉（Graciela），你可以告诉凯拉（Kayla）从哪里开始吗？"铃声响了几分钟后，每个学生都微笑着忙于写字。

卡拉汉老师是一位有技巧的课堂管理者。随意观察的人注意不到她的技巧，因为看起来学生是自然而然地在服从。事实上，卡拉汉老师细心地组织着有吸引力的课堂程序，这些程序能够阻止不良行为、提高成绩。管教是课堂管理的一个部分，但是课堂管理并非仅仅包括管教。**课堂管理**①指的是管理课堂的方方面面，从设定更为清晰的规则到安排每天的活动以及协调教师和学生之间的情感关系。

有效的课堂管理能够在不良行为发生之前阻止它，以减少对管教的需求。当儿童觉得学校是有序的、专注于学习的，并且师生之间有积极的关系时，儿童的不良行为会减少（Wang, Selman, Dishion, & Stormshak, 2010）。管理得好的教室里的学生会有更高的自控力、参与度和成绩（Freiberg, Huzinec, & Templeton, 2009；Rimm-Kaufman, Curby, Grimm, Nathanson, & Brock, 2009）。对自己管理学生行为的能力有自信的老师，不太可能身心俱疲（Aloe, Amo, & Shanahan, 2014）。这里有一些有效管理班级的指导：

（1）确立班级日常活动的流程和惯例，如早晨的出勤、交作业、分组和分发材料，就像卡拉汉老师所做的（Emmer, Evertson, & Worsham, 2000）。

（2）提供有趣的课程（在第十三章，我们会谈论班级的兴趣）。无聊会分散学生的注意力和增加不良行为。

（3）避免开展让一些学生感到无论他们怎么努力都没法获胜的竞争性活动。要避免的活动包括奖励读书最多的人、只展示最好的作文和奖励数学解题最快的学生。

（4）设置少量的每个人都知道的清晰规则，比如"尊重他人及其财产"和"当他人在讲话的时候，安静倾听"。你也可以让学生来设定这些规则。

（5）创设一个能够培养适当行为的物理环境。这包括移除干扰物、按照能够使学生集中注意力并促进彼此合作的方式来摆放桌子、让学生和不干扰别人的同龄人坐在一块。

（6）避免负面的控制（例如，向某个学生大吼大叫，或者让某个学生感到难堪，惩罚整个班级，或者做一些嘲讽性的评论）。这些方式会有反面效果，让学生产生憎恨情绪，并分散注意力（Romi, Lewis, Roache, & Riley, 2011）。

有效的课堂管理可以在从幼儿园到高中的所有年级中实施。让我们来看一位有经验的小学老师的分享：

> 我们上课首先进行持续性默读（sustained silent reading）。我的学生走进教室，把作业放在我的桌子上让我检查，然后找个位置阅读。当他们阅读时，我检查他们的作业，记录出勤情况和午餐钱。孩子们想要读自己的书，因此他们很好地进入了状态。我也用阅读结束孩子们每一天的学校生活，但是由我大声读给他们听。为了有更多的时间朗读，孩子们的磨蹭减少了。我可以从孩子们安静下来的速度辨别出他们对我所读的书的喜爱程度。我要是早几年就开始这样做，该多好啊。

这位老师和卡拉汉老师一样，都要跟有挑战性的学生打交道，但是她们管理班级的方式却帮助她们的学生在学校体验到了成功。

擅长课堂管理的教师在学年一开始就花时间建立规则和程序。课堂管理不太有效的教

---

① 课堂管理（classroom management）：管理课堂的方方面面，包括但不限于管教。

师设定规则和程序后，没有清晰地解释和实施这些规则和程序。当教师给的规则很模糊或者教师没有教学生该怎么做时，学生就会以冲动来引导自己的行为。学生可能想要取悦教师，但不清楚他们该做什么。

课堂管理很重要，当教师能有效管理班级时，学生的学习成绩会提升。这可能是因为学生花了更多时间在学习任务上，而且，在管理良好的教室里，干扰性的问题行为也更少。

> **思考**
>
> 美国国家青少年教育协会主席参观了中国的一所学校，在那里她看到40名3岁的儿童连续40分钟笔直地坐在课桌前，观看同伴的演出。在印度，她看到60个1年级的男孩坐在地上（只有教师有一张桌子），整节课都全神贯注。在这两个班级都没有不当行为（Katz，1999）。什么能解释这些孩子的自控力呢？根据你所学的关于自控力发展、文化差异还有班级管理的知识，说说你的理解。

文化回应的课堂管理

当教师和学生对合理行为有不同观点时，文化错位容易在班级管理中发生。比如，非裔美国学生可能将中产阶级的白人教师所使用的诸如"你不觉得我们应该开始吗？"或者"你可以拿出你的书吗？"这样的"间接命令"误解为是可选择的，对于诸如"把你的书拿出来，阅读第二章"这样的直接指令，他们可能会做出更好的反应（Cartledge，Lo，Vincent，& Robinson-Ervin，2015）。

同样的学生在某一个班级里可能会有问题行为，但是在另一个班级可能就没有了，这取决于适应性。下面这些指导也许能帮助你把班级创建为一个对更多学生具有文化适应性的班级（Weinstein et al.，2004）：

（1）认识你自己的文化偏见。你对语言的使用、不敬的话语、服从、守时、班级参与、严厉等都有相应的预期，因为这些都是基于你的背景经历。

（2）使用适合学生的文化背景的管理策略。文化因偏好不同而存在差异。比如，有的文化会因个人的成绩而给予其特殊对待，有的文化则并非如此；有的文化依赖成年人的权威，有的文化则独立于权威之外；有的文化强调儿童在成年人监控下玩耍，有的文化则偏好让儿童不受监控地玩耍；有的文化强调团队工作的重要性，有的文化则青睐个人独立工作；等等。这些偏好通常都和集体主义或者个人主义的文化背景有关（见专栏7-1）。你可以通过阅读书籍、仔细观察、与家长沟通、参观社区来了解你学生的文化。同时，你可能需要塑造学生的行为，这样他们才能在学校文化氛围中有效地学习。

（3）认识惯例性偏见的不同模式，如因裤子穿得松松垮垮而惩罚一个非裔美国男生，同时却允许白人学生穿大腿上有洞的裤子（Nieto，2000）。

（4）使所有学生都感受到关怀。比起白人学生，有色人种学生不太可能感受到关怀，这会影响他们的成绩和对学校的态度。一项研究发现，原本休学的黑人高中生在参与那些专注于和他们建立积极关系的教师的课堂后，变得具有合作精神，提高了学习参与度。因此，建立积极的关系也许能够缩小教师和那些来自不同社会阶层、有不同种族背景的学生之间的距离（Gregory & Ripski，2008）。"学生在考虑你知道多少之前，想要知道你有多关心他们"（Freiberg et al. 2009，p.66）。一项针对许多研究的元分析发现，在一个学年中，与学生有高质量关系的教师，比起那些与学生没有高质量关系的教师，要少面临31%的行为问题（Marzano，Marzano & Pickering，2003）。

你的管教方式和课堂管理方式是你教学风格的基础。你可以从关于教养方式的研究中学到不同的教学风格会怎样影响你学生的自控力。

三、自控力培养：教养方式对我们的启示

> 邓洛普（Dunlop）老师是一名7年级的科学老师，他对纪律的要求非常严格。他给学生立的一个规矩是，不允许迟交作业。当安妮塔（Anita）交作业的时间延迟了一天时，邓洛普老师说："拿回去。你知道我不收迟交的作业。"安妮塔恳求他说："昨天我生病了。"邓洛普老师回答："生病不是理由，两周之前你就知道今天要交作业的。"不管安妮塔怎么解释，邓洛普老师都会反驳她，直到她失望地回到自己的座位上。
>
> 开始上课时，安妮塔看上去有些恼怒并且注意力不集中。科学课上，欧文（Owen）回答问题的时候没举手，于是邓洛普老师在黑板上写下欧文的名字。欧文玩铅笔的时候，邓洛普老师又在他名字旁边加上了标记。邓洛普老师向一名新教师建议说："你必须学会控制他们，否则就会被他们控制！"

你如何看待邓洛普老师的课堂管理方式？以权力主张的方式严格强制实施规则的教师不可能提高学生的自控力。但同时，对纪律要求松弛的老师也不利于培养学生的自控力。那么，什么样的教学风格才最有利于培养学生的自控力呢？有关教养方式的研究给出了一些答案。

1. 四种教养方式

教养方式主要从两个维度进行定义：（1）父母对孩子温和、接纳和回应的程度；（2）父母对孩子成熟行为的控制和要求的程度（Maccoby & Martin, 1983）。你可能会误以为"控制"总是消极的，例如当家长充满控制欲的时候。其实，控制还有很多积极的形式，比如引导、鼓励和组织（Grolnick & Pomerantz, 2009）。多年的研究发现，父母教养的两个维度——温和和控制——对儿童的身心健康非常重要。根据父母在这两个维度的表现水平，父母教养方式可以分成四种类型（见表7-1），接下来我们进一步解释每种教养方式及与之相关的儿童的表现。

表 7-1 基于控制和接纳的教养方式

接纳和回应		控制和要求	
		低	高
	低	冷漠型	专制型
	高	放任型	权威型

冷漠型

冷漠型①父母控制和接纳的水平都很低。他们既不给孩子设定规矩，也极少对孩子表达情感或是给予支持和回应。在儿童的日常生活中，冷漠型父母对孩子在学校的生活不感兴趣，很少与之交谈，也不会考虑他们的意见。他们常常不知道孩子在哪儿、和谁在一起。

---

① 冷漠型（indifferent parenting style）：冷漠型父母控制和接纳的水平都较低。他们很少表达对孩子的情感，对孩子的回应很少，也不怎么制定规则。他们往往是以自我为中心而不是以儿童为中心。也叫做忽视型、游离型。

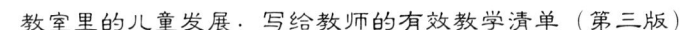

这种类型的父母不是以儿童为中心，而是以自我为中心（Maccoby & Martin，1983）。冷漠型父母也可能会非常严厉地管教孩子，但也会对孩子的诉求让步（Fletcher, Walls, Cook, Madison, & Bridges, 2008）。极端的情况下，他们相当冷漠，这可能跟严重的抑郁或滥用药物有关。

相比之下，在四种教养方式中，冷漠型父母的孩子自控力水平最低，学业成绩最差。他们还极有可能肥胖（Kakinami, Barnett, Séguin, & Paradis, 2015）。他们最有可能出现极端不良行为，包括吸烟、药物滥用、对约会对象实施暴力及不良性行为（Baumrind, 1991；Clark, Yang, McClernon, & Fuemmeler, 2015；Steinberg, Blatt-Eisengart, & Cauffman, 2006；Straus & Savage, 2005）。一项研究发现，父母对孩子的回应和要求越少，孩子出现殴打同学、携带武器到学校或用武器威胁同学的情况就越多（Jackson & Foshee, 1998）。

放任型

放任型[①]或纵容型父母对孩子的接纳与回应水平高，控制水平低。他们很少限制和控制孩子的作息安排，比如有规律的吃饭和睡觉的时间。他们很少管教孩子，避免强制要求或对孩子强加限制。比如，他们很少要求孩子服从他们的安排，但是他们对孩子非常关心和支持。

放任型父母的孩子自控力和学业成绩相对较差（Clark et al.，2015；Durbin, Darling, Steinberg, & Brown, 1993；Steinberg & Silk, 2002）。与专制型和权威型相比，放任型父母的孩子更容易出现不良行为，如吸烟、药物滥用和不良性行为。同时，他们可能很自信，具备较强的社会交往能力。他们更愿意与同伴在一起，更喜欢年轻人而不是成年人的活动，如聚会等。

专制型

专制型[②]父母对孩子的控制水平很高，接纳和回应的水平很低。在采用专制型教养方式的家庭里，规矩是不容讨论和协商的；事实上，与孩子协商总是被视为对家长权威的威胁。专制型父母不愿听孩子的想法或者给出必须要做某事的理由。他们常常说这样的话："我说这样就这样。"比起其他类型的父母，专制型父母往往更愿意施加处罚，并且实施权力主张式的管教（Maccoby & Martin, 1983）。

专制型父母的孩子基本是顺从的，通常会遵守父母给他们制定的那些规矩。以12岁的孩子为例，与其他类型父母的孩子相比，他们更自觉地拒绝酒精（Clark et al., 2015）。他们虽然会迫于压力而服从，但也许在这种压力消失时或他们长大后，他们会出现一些不良行为。他们在学校的表现非常好，但是他们普遍缺乏自信（Steinberg & Silk, 2002），也比较容易出现肥胖（Kakinami et al., 2015）。

权威型

权威型[③]父母接纳和控制的水平都很高。他们最显著的特点是支持孩子的自主性

---

① 放任型（indulgent parenting style）：放任型父母控制水平低，但是接纳水平高。他们几乎没有什么规则，避免对孩子实施控制。也叫做纵容型。

② 专制型（authoritarian parenting style）：专制型父母控制水平高，接纳水平低。他们不鼓励口头的互动，重视自己的权威，强调自己的权力。

③ 权威型（authoritative parenting style）：权威型父母控制和接纳水平均较高。他们坚持权威，执行规则，但是他们会对儿童进行回应。

(Steinberg & Silk, 2002)。权威型父母是如何做到既高度控制又仍然支持孩子的独立性和自主性的呢？他们在成熟和礼貌行为方面对孩子有明确的标准和较高的期待，但不会剥夺孩子选择的权利（Grolnick, 2003）。必要的时候，他们也通过要求和鼓励的方式强制实施规则，但是同时他们会给出这样做的理由。他们会给孩子提供作息安排，比如上床睡觉的时间。孩子和父母之间会有公开的沟通，在这个过程中鼓励语言上的互相体谅。权威型父母对孩子所说的话充满兴趣。当要求孩子对父母的要求做出回应时，父母也会尽可能地对孩子提出的合理的要求和观点做出回应（Maccoby & Martin, 1983）。

一个3年级女孩的案例可能会帮助你理解权威型父母是如何做到兼顾高度控制和高度回应的。她告诉老师她晚上8：10上床睡觉。为什么是这样奇怪的时间呢（比整点多出10分钟）？她说如果她8：00上床睡觉，那么她需要7：50就开始刷牙，这样才能按时上床睡觉，但她就会错过最喜欢的电视节目。所以把上床睡觉的时间定为8：10。她的家长既通过严格执行上床时间维持家长控制的权威，同时也满足了女儿看电视节目的心愿。

> **思考**
>
> 回想一下过去你所在学校里的两个班级，一个管理得很好，另一个管理得不好。这两个班级在哪些特性上有差异？这些差异是否会导致学生不同的学习量或引发不同的行为？你能否把教师的类型也分为冷漠型、放任型、专制型或权威型？对你的回答进行解释。

在上述四种类型中，权威型父母的孩子自控力最强，两者之间有稳定的相关性（Karavasilis, Doyle, & Markiewicz, 2003）。这类孩子的自我认知、社会竞争力以及学业成绩也是最优秀的（Fletcher et al., 2008; Padilla-Walker, Carlo, Christensen, & Yorgason, 2012; Spera, 2005; Steinberg et al., 2006）。对于父母提出的建议，孩子们会自主决策，这一点对进入青春期的孩子来说尤其重要，因为这与完善的情绪功能密切相关（Qin, Pomerantz, & Wang, 2009）。

以下四个可能的原因促成了权威性教养方式下孩子的积极成就：

（1）权威型父母用的是引导式的管教方式，这有利于培养孩子的自控力。并且，父母使用这种引导方式的同时也在控制他们自己，这就给他们的孩子做出了示范。

（2）权威型父母对孩子的观点采用温和、尊重的态度，使得孩子们也愿意接受父母的观点。

（3）权威型父母非常清楚行为的标准和规则，这使得孩子们知道在不同的情境中应该怎么做。

（4）在必要的时候，权威型父母接受协商和妥协，这培养了孩子们重要的社交能力，这一点即使对于幼儿也十分重要（Kuczynski & Kochanska, 1990）。

孩子进入青春期后，当父母和孩子一起做决定时，比父母替孩子做决定或者让孩子自己做决定更有利于培养孩子的自控力（Fletcher, Darling, Steinberg, & Dornbusch, 1995）。

父母不会只使用一种教养方式，父母的教养方式在不同阶段也会发生变化。比如，他们可能对大孩子采用权威型教养方式，但对最小的孩子采用放任型教养方式。另外，同一种类型也可能存在很大的差异。比如，有的权威型父母可能一直比较严厉，有的可能对孩子偶尔温和。并且，父母对不同的孩子也可能用不同的方式；有的可能控制得多一些，有的则可能更温和一些。不幸的是，那些与兄弟姐妹相比被区别对待的孩子，面临风险因素

和出现行为问题的可能性更大（Meunier, Boyle, O'Connor, & Jenkins, 2013）。这种偏爱会给整个家庭带来负面影响。

青春期的挑战

在不同的文化中，青少年都会发展出更强的自主愿望。不管父母的教养方式如何，11~17岁的孩子，比起小一些的孩子，都认为父母权威的合理性更小，也不觉得有义务服从父母。青少年适度反抗父母的权威是正常的，尤其是在青春期早期。然而，权威型的父母更有可能被青少年视为合法的权威——值得服从（Darling, Cumsille, & Martinez, 2008）。

相反，专制型父母的孩子进入青春期就会出现问题。专制型父母和孩子之间的权力一旦失衡，专制型父母就会失去对青少年的控制。举个例子，当儿童能够控制他们自己的活动，有了会开车的朋友，并且能够跑得更快的时候，家长就再也不能通过扣零花钱、藏车钥匙和追赶来控制他们的孩子了。当孩子进入青春期后，尽管父母还是继续坚持使用他们越来越少的控制权，但专制型父母和他们的孩子都会越来越沮丧。正如我们接下来看到的，这种沮丧在某些教养类型中更加普遍。

2. 教养方式的群体差异

宗教、社会经济地位、家庭结构和种族都可能与家庭教养方式的形成相关。权威型父母更可能是中产阶级，而不是工人阶级或穷人。他们自己的原生家庭也多是完整的，成长于单亲家庭或者继父母家庭的较少（Carlson, Uppal, & Prosser, 2000; Deater-Deckard, 2000）。父母如果缺乏稳定的关系、足够的收入和社会支持，就很难成为权威型的家长。此外，如果家长惧怕未来，认为世界并不安全，自己也不能过上体面的生活，那么他们对孩子的控制程度就会更高（Gurland & Grolnick, 2005）。因此，父母的教养方式不仅与父母的个性有关，还与他们生活的背景密切相关。

冷漠型父母的社会经济地位表现出极高和极低两个极端。在一些高社会经济地位社区，几乎没有家长在放学后监管孩子。一所学费高昂的私立学校的教师给我们讲了一个名叫肯特（Kent）的孩子的故事。

> 肯特的测试得分很高，但是他从不按时完成家庭作业，考试总是勉强及格。我给他的父母打电话，他们说给孩子请了家教，会督促他完成家庭作业的，但其实没有任何改变。肯特的父母工作很忙，以至于有的时候肯特好几天都见不着他们。我也从来没有见过他们，因为他们从不参与学校的事务。肯特开始抽烟，有的同学还见过他滥用药物。

肯特的父母费力工作，十分富有，但对孩子有着冷漠型的家庭教养方式。这种教养方式容易造成孩子滥用药物和酗酒的行为（Clark et al., 2015; Luthar, 2003）。

种族

与权威型父母相比，专制型父母会导致儿童出现更多的行为问题，学业成绩也会更差，但是相对于白人和拉美裔儿童，这种影响对黑人和亚裔美国儿童而言要小一些（Hill, Bush, & Roosa, 2003; Ho, Bluestein, & Jenkins, 2008; Pittman & Chase-Lansdale, 2001）。与欧裔美国人的父母相比，非裔美国人的父母更专制，他们更多地为青春期的孩子做决定（Gutman & Eccles, 2007）。另外，尽管专制型的家庭教养方式与拉美裔孩子的学业成绩低相关，但也与对长辈的尊重和家庭的凝聚力相关，因为拉丁美洲文化高度重视尊重长辈和家庭凝聚力。

如何解释专制型父母的种族差异呢？或许可以用社区质量来说明。那些在困难的环境下——比如社区不安全、周围有种族主义者以及社区对他们漠不关心——养育孩子的家庭为了保护孩子，对孩子的管教可能更严格（Supple & Small, 2006）。与其他种族或生活在其他社区的儿童相比，生活在高犯罪率社区的非裔美国儿童受到的专制型教养方式的负面影响反而更小一些。但是，在这些亚文化群体中，当儿童小学毕业时，专制型教养方式与抑郁和低学业成绩的相关性便会显现出来（Dearing, 2004）。

另一种解释是，父母教养方式的意义可能因文化不同而有差异（Soenens, Vansteenkiste, & Van Petegem, 2015）。比如，中国妈妈比欧裔美国妈妈或者非裔美国妈妈的控制欲更强，而且更加严厉；她们总是干涉孩子的学习，总爱批评孩子的弱点，即使是他们取得了进步（Ng, Pomerantz, & Deng, 2014；Pomerantz, Ng, Cheung, & Qu, 2014）。虽然亚裔美国高中生说他们感受到来自母亲的压力更大，但他们并不认为这样不好。相反，欧裔美国学生却说他们感受到来自母亲的压力越大，感觉获得的支持就越少（Fu & Markus, 2014）。尽管如此，在中国，父母的高控制水平与孩子的低学业成绩密切相关（Pomerantz et al., 2014）。该项研究还显示，严厉的亚裔美国家长和拉美裔美国家长比欧裔美国家长更宽容和温和一些。这种混合类型以权威型为主，带一些专制型成分，温和似乎有利于在一定程度上减少严厉带来的负面影响。

总之，与专制型相比，权威型父母的教养方式在不同种族中都能促进儿童实施被其文化所认可的行为。在严厉和非民主的家庭教养方式普遍被接受的文化中，如果适当结合一些温和的因素，儿童就可能会避免出现与专制型教养方式相关的行为问题。因此，你的学生如何对他们父母的教养方式做出反应，取决于教养方式间的细微差别和他们所生活的社区的价值观念。

3. 父母教养方式的课堂启示

关于父母教养方式的讨论得到的一条重要的经验是，管教的效果取决于它在使用时是否在成年人和儿童之间建立了一种温暖的关系。这同样适用于教学。与父母教养方式类似，教师也有控制和友善的模式。以下是对一些教师的真实描述。你能确定他们的教学风格吗？

（1）格雷厄姆（Graham）老师没有设置课堂规则，他对学生的期望值也很低。他对其他老师这样说过："规则会被这些小怪物们破坏，何必要设呢？"他不布置家庭作业，上课总是迟到。学生上课时离开，他不知道也不关心他们去哪里了。他允许学生在课堂上互相威胁，在他的课堂上发生过打架事件。在他的班级里，学生们是散漫的，也不关心自己的成绩。但是，在上格雷厄姆老师的课之前，多数学生不是这样的。

（2）辛克莱（Sinclair）老师心地善良。她希望人们都喜欢她。家长们对她提的任何要求她都会去做。她的学生控制了班级。她乞求他们好好表现，但是学生们都不听她的。她总是及时批改作业和试卷，但她的学生非常散漫，他们不关心自己的成绩，想干什么就干什么，但是他们之间的关系非常融洽。

（3）邓洛普（Dunlop）老师前面提到过，他对学生的要求很高。他的学生必须按他的要求学习。他的学生因为害怕被惩罚而不敢越界。他的教室整洁有序。他放学后仍然在教室里工作很长时间。

（4）洛布（Loeb）老师对学生的要求很高。她与大多数学生保持着很好的私人关系。

学生们感受得到她的关心，而且她在成绩和纪律上对大家一视同仁。她完全能够控制她的课堂，但她的方法甚至没有被学生们注意到。她很有条理，及时批改试卷。

你认为哪种教学方式最有效？你现在的教学风格是哪一种呢？那些对学生热情但管理松散的老师不能帮助学生发展自控力或提高学业成绩，尽管学生们也许很喜欢他们，在课堂上也很开心。严厉和过度控制学生的老师也不太可能帮助学生发展自控力或让学生喜欢上学，尽管他们可能会学习。对学生冷漠并且不控制课堂的老师教育效果最差。高效的老师就像权威型父母一样，他们的学生认为他们要求很高，做事公平，关心学生（Wentzel，2002）。

权威型教学也许对所有的学生都有益，特别是对非裔美国学生，这种管教差异与他们较少的学习机会和较弱的家校联系密切相关。如何扭转这种趋势？学生们更愿意服从权威型老师，因为他们认同这种权威的合理性。回顾第六章可知，人格会随着情境而改变。一项研究表明，平时爱挑衅老师的非裔美国学生在权威型老师的课堂上表现得更好一些。他们觉得权威型老师关心他们，他们有义务与这样的老师合作。他们对这些老师的课更关注、更投入，逃课的现象也更少。让我们听一听3个11年级和12年级的学生对他们老师的评价吧。

> 她很好，但是也很严厉……没人想或者试图和她对着干。
>
> 事实上，不是因为所有的学生都尊重他，他就必须要强制执行规则……如果他要求全班同学安静下来，以便我们能够开始课堂讨论，大家就会自动安静下来。
>
> 当她跟你严肃地谈话时，她是认真的，但随后她也会给你一个"我是站在你这边的"之类的微笑，意思是："我感同身受，但我依然是你的老师。"（Gregory & Weinstein，2008，pp.469-470.）

男性或女性、白人或黑人、亚裔美国人或拉美裔美国人都有可能成为权威的和受人尊敬的老师。

一个有经验的高中老师分享了她向权威型教师转型的故事（Armstrong，1999）。过去的几年里，她要么扮演法官，评估每一个晚交作业的学生的煽情故事，要么当一个独裁者。她决定跳出这种两难的困境。经过29年的教学，她决定在交作业的最后期限方面给学生更多的选择，只要学生的理由是合情合理的，并且作业能够达到她明确的标准即可。她会给学生一个建议的最后期限的日子，他们如果迟交了，就要给老师写张便条说明她什么时候能够收到他们的作业。一个学生写道："我真的非常抱歉我还没有完成那些作业……过去的两周我每天晚上作业都要写到9点。我想提交最好的作业……但是我不想给你带来太多不便。我周一再交你能接受吗？"（Armstrong，1999，p.50）她的学生社会经济地位低，放学后还要做一些工作，有的学生已经为人父母，多数学生会因为繁忙的日程安排而睡眠不足。满足学生的需求并没有造成混乱，相反，有助于培养更好的师生关系和能为他们自己的学业负责的更认真的学生。

这种方式不一定对每一堂课有效，但是本章中的研究表明，多数情况下，不需要为了表现出负责任的行为而对学生采取强制性的"否则就如何"这样的威胁。事实上，长期使用强制命令反而会削弱学生的自控力。与学生协商并且尊重他们的想法，同时坚持对他们的高标准，这或许才是更好的教学方式。对学生进行适当的要求和控制，同时表现出极大的热情、接纳和尊重，这样不仅会教出好的成绩，还能教会学生自我控制。

权威既适用于教师，也适用于学校。权威型学校有彼此关爱互助的教职工、稳定执行

的公平的规则。这种支持和结构的结合与学校里较低的休学率、较少的欺凌和伤害以及较少的种族歧视有关（Gregory et al.，2011；Gregory et al.，2010）。这说明对于学校来讲，既热情又严格也很重要，这跟家庭教养方式一样。

总结本章内容，你应该会清晰地理解，作为一名教师，你是促进还是削弱学生的自控力取决于你如何管教他们，以及你与他们互动的方式。自控力会影响学生控制自己情绪的能力。这是下一章的主题，也是关于儿童情绪部分的最后一章。

对实践的反思

我的教学

你是否对学生进行有效的管教以提高他们的自控力？

定期用下面这些问题进行反思，以衡量你对这些技能的掌握程度：

（1）在我的原生家庭中，我是怎么被管教的？这与我的文化背景、我自己的管教方式有什么关系？

（2）我上一次管教学生的目的是什么？我教授了什么样的价值观？在假设这是一个动机问题（学生不想服从）之前，我是否先分析了这是不是一个技能缺陷问题（学生不知道该怎么做）？

（3）在遇到纪律问题时，我是否会和学生进行谈判，寻找折中的解决办法？我期望他们即刻服从吗？是否即使在不重要的情况下，我也要求他们服从？

（4）我有没有使用一些心理控制的技巧，比如让学生感到内疚，或者对他说"我今天对你不满意"这样的话并随后冷落他？

（5）我有没有避免对学生使用"否则……就"这种句式，威胁要给予红牌警告、不让学生休息或者把学生叫到办公室？

（6）我有没有避免使用学生所期待的外部奖励？

（7）我是否向学生解释了规则，说明了错误行为的后果？我是否给出了要他们服从的理由？我是否避免在没有解释的情况下说"不"？

（8）当我要求学生服从时，我是否不停地重申命令直到他服从为止，但不会增加命令的强度或使用威胁（持续劝说）？

（9）我的学生是约束性地服从还是情境性地服从？我不在的时候他们会不会破坏课堂纪律或行为不端？

（10）即使是在管教学生的时候，我也能保持情绪积极的语调吗？我和学生的关系是否融洽？

（11）我是否承认任何人在某些情况下都可能缺乏自控力，因此在教室里要避免这样的情形发生？比如，如果某种诱惑很可能分散学生的注意力，那么我是否应该让它们远离学生的视线？

（12）我的控制或宽容是否适度？对待学生，我是热情接纳、积极回应的，还是冷漠、疏远的？

（13）我该做些什么来缩小管教差异？

（14）作为一个委托报告人，我是否了解自己的法律义务？我是否清楚我应当遵守的程序？

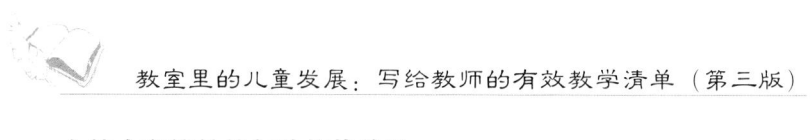

自控力和管教的年龄趋势总结

	自控力与服从	管教和教养方式
婴儿期与学步期（0~2岁）	• 婴儿几乎没有自控力或服从要求的能力。 • 服从的意识或能力是在学步期出现的。 • 学步期儿童平均每小时反抗母亲20次，很多命令都不服从。 • 学步期儿童仅是刚开始发展自控力，他们的延迟满足以秒衡量	• 管教一般来说与婴儿无关。 • 诱导有利于学步期儿童的发展，与亲社会行为的养成有关，尽管他们的语言表达能力还非常有限。 • 对所有年龄段的儿童来说，权威型教养方式都是最有益的。 • 暂停是控制行为的有效做法，但会引发幼儿的孤独感和被排斥感
儿童早期（3~5岁）	• 延迟满足以分为单位来衡量。想要的东西越大，延迟时间越长。 • 儿童能够形成自己转移注意力的策略以增加延迟满足的时间。 • 开始出现性别差异，女孩自控力更强一些。 • 儿童自控力的差异会在将来青春期和成年后表现出重要的意义。 • 无技巧性的策略如直接反抗或被动不服从减少，协商等技巧性的策略越来越多	• 有效管教的原理适用于所有年龄的孩子。 • 对于任何年龄段的孩子包括学龄前儿童，诱导都比权力主张或心理控制有效。 • 权威型教养方式是最有益的。 • 成年人使用奖赏的行为只会削弱学龄前儿童的内在动机。 • 暂停是控制行为的有效做法，但是会使儿童感到孤独和被拒绝。 • 这个年龄段的儿童是最有可能遭到性虐待的人群之一
儿童中期（6~12岁）	• 延迟满足更多地以分为单位来衡量，与学龄前儿童相比，控制冲动的能力更强。 • 这个阶段的儿童尽管注意力会被分散，但他们控制注意力的能力明显增强。 • 个体控制冲动的能力差异越来越稳定	• 有效管教的原理适用于所有年龄的孩子。 • 对于任何年龄段的孩子，诱导都比权力主张或心理控制有效。 • 权威型教养方式是最有益的。 • 在学校管教中种族差异出现了
青春期（13~19岁）	• 青春期孩子控制冲动的能力进一步增强。 • 青春期早期的年轻人更多地考虑他们的行为可能带来的近期后果。青春期后期的年轻人会考虑他们的行为可能带来的长期后果，尽管这种能力还不完善	• 有效管教的原理适用于所有年龄的孩子。 • 对于任何年龄段的孩子，诱导都比权力主张或心理控制有效。 • 权威型教养方式是最有益的。 • 当青春期的孩子发展起自己的权力来源时，以权力为导向的父母会失去对孩子的控制。 • 青少年的大脑可能会发现风险更有奖励性。 • 这个年龄段的孩子是最有可能遭到性虐待的人群之一

本章总结

1. 自控力

- 自控力是抑制冲动、控制自我行为、遵守规则的能力。它包括延迟满足的能力。
- 在自控力上有较大的个体差异，即使是在学龄前儿童身上。在儿童发展过程中，这些差异往往在儿童时期是稳定的，能够预测未来的结果，包括学业成绩和社交能力。
- 自控力的前提包括：（1）有效管教；（2）练习（但不使自控"肌肉"负担沉重）；（3）安全依恋；（4）父母的监督；（5）权威型的教养方式。除此以外，情境的结构也能影响自控。
- 女生和有较高社会经济地位的儿童，会比男生、社会经济地位较低的儿童的自控力更强一些。
- 在强调遵循规则和自我控制方面存在文化差异。比起移民，出生在美国的美国人不太强调遵循一致性。亚洲父母强调自控力以承担群体责任。
- 你可以通过教给学生自我控制的策略和精心营造良好的环境来提升学生的自控力。

2. 有效管教

- 有不同种类的服从和不服从。有效管教的目标是约束性服从而不是情境性服从。约束性服从也叫做内化。
- 诱导是一种管教方式，在这种方式中，成年人向儿童说明改变不当行为的理由。诱导似乎是最为有效的管教形式，因为它能促进内化、增强社会技能和自控力。
- 心理控制是一种管教形式，在这种形式中，成年人因为儿童的不当行为收回对儿童的关爱或者关注，并且做出批评。它和儿童较低的自尊、较高的焦虑相关，这些会影响儿童的学习。
- 权力主张是一种管教形式，在这种管教中，成年人在生理上直接控制儿童，或者通过扣留资源直接控制儿童。权力主张是一种常见的管教形式，但是它有着严重的缺陷：增加愤怒对抗，减少内化，破坏关系，示范攻击性行为，强化对更多胁迫的期待。体罚是权力主张的一种形式，与反社会行为的增加相关联。
- 身体虐待常常始于体罚。其他的虐待形式包括情感虐待、性虐待和忽视。令人担心的是，虐待很常见，并且常常由家人或熟人实施。虐待的影响取决于其严重性，但常常涉及认知、情感、社交和健康方面的问题。
- 有效管教的三条原则是：（1）获得服从，因为当下的服从预示着未来的服从；（2）使用最小的能获得服从的权力，让儿童将服从归结于他们的内在动机；（3）保持交流时语调情绪积极，无论何时只要有可能都与儿童合作。
- 持续劝说是一种管教形式，它使用上述三条原则。它包括平静地重申要求、给出服从的理由、不升级威胁，直到儿童服从为止。
- 有时候儿童想要表现好，但是不知道该怎么做。这时儿童需要的是技巧性的指导，而不是管教。
- 行为矫正在课堂上常用来控制学生的行为。它可以有效地控制行为，但是有两点需要注意：（1）奖励可能不利于儿童增强内在动机和自我控制；（2）应该避免惩罚，因为它有负面的作用。
- 课堂管理包括管教、课堂结构和惯例，在管理良好的课堂上，管教的需求会少一些。学生会花更多时间在学习任务上，会取得更高的成绩。
- 学校中惩罚的种族差异会导致管教差异，黑人学生，尤其是男生，相比非黑人学生而言，更容易被管教。

3. 自控力培养：教养方式对我们的启示

- 成年人对儿童的控制和温暖的程度、接纳和回应的水平各不相同。这两个维度结合起来形成了四种截然不同的家庭教养方式。

- 冷漠型父母控制和接纳的水平都低。他们的孩子表现最差，往往学习成绩和自控力较低，出现犯罪行为的可能性也高。
- 专制型父母控制水平很高，接纳水平很低。他们经常使用强制性的命令。他们的孩子往往受到外部的控制，成绩平平，缺乏自信。在专制型教养的负面影响的程度上，存在文化和种族差异。
- 放任型父母控制水平低，接纳水平高。他们的孩子自控力差，学习成绩差，有些轻微的违法行为，相对比较自信。
- 权威型父母控制和接纳的水平都高。他们的孩子表现最好。孩子往往在学习成绩、自信、社交能力、自控力方面表现都很好。采用这种方式的教师，可能会让学生在课堂中的表现更好，学得也更多。

第八章

情绪发展

你认识一个总是快乐并且对他人情绪敏感的学生吗？你认识一个很容易心烦意乱或经常生气的学生吗？哪个学生在课堂上更成功？在这一章中，我们将讨论学生的情绪调节（emotion competence）与你的课堂的联系。阅读本章后，你将能够：

（1）解释情绪对学生在课堂上取得成功的重要性，并创建一个情绪健康的课堂。

（2）认识到与年龄相适应的情绪调节能力，并分析如何指导你的学生更有效地调节情绪。

（3）认识到了解他人情绪的重要性，运用策略提高学生的同情能力。

一、情绪

5年级的海莉（Hailey）在开始做数学题时，找不到铅笔了。她同桌埃文（Evan）的桌子上有一支铅笔，于是海莉把它拿走了。埃文把铅笔抢了回来。海莉感到疑惑和生气，她用力打埃文，并把他的朋友罗西尼（Roshni）从椅子上推了起来。当罗西尼站起来的时候，其他的孩子也加入了混战，他们对海莉大喊："笔是他的！"海莉脸红了，对埃文大喊大叫，然后开始抽泣和打嗝。

吴（Ng）老师很快地走到海莉的身边。她虽然对海莉很生气，但她用一种安慰而坚定的语气说："好吧，现在让我们都冷静下来。罗西尼，你没事吧？"罗西尼怒视着海莉点了点头。接着吴老师对海莉说："你为什么不去盥洗室洗洗脸然后喝点水呢？这会让你感觉好一些。"海莉离开教室后，吴老师告诉学生们："没事。深呼吸，放松一下。请完成你们的作业。"全班学生的注意力都集中在作业上了，吴老师走到门口去接海莉回来。她平静地问海莉，她会给埃文和罗西尼造成什么样的感受以及她本可以有什么不同的表现。海莉开始放松下来，说话时显出和吴老师一样平静的样子。当吴老师看到海莉控制住自己的情绪时，她拍了拍海莉的背，笑着说："我知道你下次会表现得更好。现在从我的桌子上拿一支铅笔，开始做作业吧。"

海莉经常无法控制自己的愤怒，对他人的感受缺乏同情（sympathy）。她缺乏**情绪能力**①。吴老师通过处理海莉情绪爆发事件的方式帮助她培养情绪能力。像吴老师这样有影响

---

① 情绪能力（emotional competence）：是指调节自己情绪和理解他人情绪的能力，并借助于此从情绪事件中走出来，从而实现目标。

力的老师不仅能提高孩子们的学习技能，还能提高他们的情绪能力。从学前阶段到高中阶段，情绪调节是课堂成功的一个重要因素，因为情绪是行为和思维的基础。

情绪①是对重要事件的主观反应，包括生理变化、行为准备和对事件的评价②（Gross，2015）。注意这个概念包含四个部分。第一，事件必须是重要的。如果你在一个事件中没有坚定的价值立场或目标，那么你就不太可能对它产生情绪。第二，情绪涉及心率、大脑活动性、激素水平和体温等生理变化，这些都与情绪的外在表现有关，比如脸红或手出汗。第三，情绪包括为行动做好准备。第四，情绪取决于你如何评价或解释一个事件。例如，想象海莉在你的班级上，另一位老师告诉你："去年我遇到了那个捣蛋鬼，她真是太顽劣了！"你可能会对海莉感到生气。但是如果其他老师告诉你："我去年教过她。她的父亲离开了家，这个可怜的孩子由于心烦意乱而攻击其他人。"你可能会感到同情而不是愤怒。你对一件事的评价的变化会引起情绪的变化。

不同的情绪中这四个部分各有其独特的组合模式。例如，当某件事让你感到不被尊重时，如当一个学生咒骂你时，你会感到愤怒。生理上，你的脸会变红，眉毛会皱起来，心跳也会加快。你想要反击。当你把某件事评价为你的失败时，如你的学期论文得了低分，你会感到羞愧。生理上，你的脸颊发红，姿态颓靡，眼睑低垂，心跳减慢，你的笑容微弱。你想要逃避或隐藏。

1. 儿童有什么样的情绪？

早期基本情绪

一个多世纪前，查尔斯·达尔文（Charles Darwin）指出，有些面部表情是世界各地的人都能识别的（如专栏 8-1 所示）。卡罗尔·伊泽德（Carroll Izard, 2007）将达尔文的研究进一步推进并发现了六种人类与生俱来的**基本情绪**③：（1）兴趣；（2）快乐；（3）悲伤；（4）愤怒；（5）厌恶；（6）恐惧。

专栏 8-1　　　　　　　　理论与理论家

查尔斯·达尔文

查尔斯·达尔文（1809—1882）是历史上最著名的科学家之一。1872 年，在他的著作《物种起源》（*The Origin of Species*）出版 13 年后，他出版了一本关于情绪表达的书。他从动物行为学的角度分析问题。从第六章可以得知，动物行为学是一门解释动物行为的科学。达尔文在他的书中提出了一些发人深省的问题，例如：我们必须学会在悲伤、害怕或高兴时用哪种表达方式吗？是否所有的人，不管生活的地理位置或所处的文化如何，都以同样的方式表达同样的情绪？在对动物和不同文化背景下的人类进行了细致的记录之后，他得出结论：情绪表达不是后天习得的，而是与生俱来的、普遍的。人类甚至与猫、狗、马和猴子有许多共同的情绪表达方式。例如，灵长类动物表达恐惧、愤怒、悲伤和快乐的方式与人类相似。和人类一样，大猩猩也会因挠痒而发笑。达尔文认为，我们通过情绪表达在物种内部和物种之间进行交流。

---

① 情绪（emotion）：是对重要事件的主观反应，包括生理反应或可观察到的行为变化。
② 评价（appraisal）：是指赋予事件的意义。
③ 基本情绪（basic emotions）：是指生命最初几个月即出现的、普遍的、与生俱来的情绪（兴趣、快乐、悲伤、愤怒、厌恶和恐惧）。

达尔文试图解释面部表情。例如，他思考为什么当我们专注时眉毛会收缩：

> 现在，当一个头上没有任何遮挡的人（原始人类一定是这样的情况）力求在大白天（特别是天空明亮时）辨别一个遥远的对象时，他几乎总是皱起眉头以防止过多光线进入眼睛……的确，就精神状态而言，仔细观察一个遥远的事物和探究一系列不清晰的思路有许多相似之处。

达尔文由此提出，皱眉已经成为我们集中注意力的一种天生反应。

20世纪60年代，保罗·艾克曼（Paul Ekman）打算通过研究巴布亚新几内亚的一个与世隔绝的民族，证明达尔文关于普遍情绪表达的观点是错误的（Ekman，1973）。令他吃惊的是，他和后来的科学家的工作在很大程度上证实了达尔文的观点，尽管不是全部（Barrett，2006，Ekman，2016；Hess & Thibault，2009）。在不同文化中，情绪的面部表达仅有一些细微的差异。此外，除了情绪表达，文化还影响情绪的各个方面，比如我们如何调节情绪。因此，天性和教养都影响着我们的情绪生活。

达尔文是一名令同时代的人敬佩的学者，因为他感谢对他工作的深思熟虑的批评。因为生病，达尔文在家里度过了生命的后42年。赫胥黎（T. H. Huxley）说，像达尔文那样的境况会使十个人中有九个人丧失目标。而达尔文并没有萎靡不振，他写出了让人争论到下一个世纪的著作。

基本情绪出现得快且自动产生，它们可能是人类固有的，因为它们促进了婴儿的生存。例如，恐惧使婴儿远离危险，如从陡峭的楼梯上爬下来。婴儿看到父亲时所感受到的喜悦激励他们待在父亲身边。婴儿在出生后的头几个月内即表现出基本情绪。

然而，关于究竟有多少种不同的情绪还存在争议。一些科学家将伊泽德的列表扩大到包括爱、骄傲、希望、感激、同情、嫉妒和焦虑；另一些则将这个列表缩小到几个情绪维度，比如积极与消极、高激活与低激活（能量量度）。他们认为，在婴儿期，沮丧、愤怒、悲伤和厌恶都属于一种基本的负面情绪。随着儿童认知的发展、经验的积累和情绪标签的习得，特定情绪从基本的消极或积极情绪中产生出来（Barrett，Mesquita，& Gendron，2011；Lindquist，Satpute，& Gendron，2015）。例如，如果你感到消极且处于高激活状态，你会称之为愤怒。如果你感到消极但没有活力，你会称之为无聊。尽管存在这种争议，但目前大多数研究者同意达尔文的观点，即存在普遍的基本情绪（Ekman，2016）。

科学家们不同意儿童早期情绪的说法，部分原因是很难判断婴儿什么时候会有一种特定的情绪。为了阐明这一点，科学家们记录了婴儿在情绪波动情况下的面部表情，比如打针时、吃酸的东西时或看到母亲微笑时。他们开发了一个通过面部表情来测量婴儿情绪的系统。

复杂社会情绪

社会情绪①出现在学步期，包括嫉妒、尴尬、羞耻、内疚和骄傲（如表8-1所示）。嫉妒和尴尬在15~24个月之间会出现；羞耻、内疚和骄傲在30~36个月时出现。社会情绪比基本情绪复杂并且出现得更晚，因为它们需要至少四种认知能力：（1）意识到他们是独

---

① 社会情绪（social emotions）：是指比基本情绪出现得晚的复杂情绪（羞耻、尴尬、内疚、骄傲和嫉妒），也被称为自我意识或道德情绪。

立于依恋对象的个体;(2)意识到规则存在;(3)能够根据评估规则评价自己;(4)能够判断自己是否对某事造成影响。如果孩子们不相信是他们造成了什么,他们就不会感到内疚、羞耻或骄傲。例如,3岁儿童抢了一个婴儿的玩具,使婴儿哭起来,他们可能会感到内疚,但婴儿因饥饿而哭泣则不会引起他们的内疚。

表8-1 基本情绪和复杂社会情绪的出现

年龄	积极情绪	消极情绪	
出生	兴趣 满意	厌恶 沮丧	基本情绪
3～7个月	惊喜 快乐	悲伤 愤怒 恐惧	
	自我意识发展		复杂社会情绪
15～24个月		尴尬 嫉妒	
	规则和责任意识发展		
30～36个月	骄傲	内疚 羞耻	

注:你见过婴儿或幼儿表达这其中的情绪吗?他们是否符合由此处研究得出的年龄趋势?

幼儿可能有社会情绪,但他们对内疚感的判断并不总是准确的。皮亚杰设计了一种有趣的方法来测试这种能力。他给学龄前儿童讲玛丽(Mary)和约翰(John)的故事。玛丽试图帮着搬盘子,结果不小心摔坏了8个盘子。约翰不想吃豌豆,所以他把盛豌豆的盘子扔掉摔碎了。谁更淘气?大多数学龄前儿童认为玛丽比约翰淘气,因为她打碎的盘子更多。对学龄前儿童来说,更大的破坏往往意味着更多的内疚,他们可能不会考虑到玛丽和约翰的意图。

随着年龄的增长,孩子们判断内疚感的能力会增强。大多数2年级学生能准确判断玛丽和约翰之间的不同,然而还不能准确地判断羞耻和内疚。内疚源于你能控制的道德上的错误行为,羞耻源于你不一定能控制的社交错误(Tangney, Stuewig, & Mashek, 2007)。从5年级开始,判断羞耻和内疚的能力就出现了。也就是说,孩子们知道,自己可能会因为笨拙地在走廊上摔倒而感到羞耻,然而说谎之后会感到内疚。对教师来说,一个重要的教训是,年幼的孩子无法判断自己是否有过错,这可能会让他们对不是自己过错的事情感到内疚,使他们容易因不切实际的期望或错误的指责受到伤害。

2. 儿童为什么有情绪?

情绪起着重要的作用。它们帮助你集中注意力,激励你,让你采取行动。例如,恐惧使你的注意力集中在可怕的物体上,你有动力去改变行为,比如逃跑。你的心率和血流量会提高,帮助你跑得更快。在海莉的例子中,她对埃文的愤怒使她的注意力集中在他身上,促使她攻击埃文,并在生理上准备用力打他。相反,像兴趣和快乐这样的积极情绪会激励你继续而不是改变你的行为。

情绪有助于交流。婴儿一出生就用情绪进行交流。婴儿不会说话,但他们的情绪表达了他们的需要。随着儿童长大成人,他们继续用情绪来交流。海莉清楚地向埃文表达了她不希望他拿回铅笔。

社会情绪有助于你遵守社会群体的规范。内疚会促使人们弥补对他人的伤害并且抑制攻击；骄傲能促进人们取得成就；羞耻促使人们遵从社会规则。例如，在一次参观博物馆的活动中，一位老师责备一名8年级学生与朋友的交谈打断了讲解员的话，这名学生的羞愧使她在接下来的实地考察旅行中没有再不合时宜地讲话。因此，社会情绪是有帮助的。但经历太多羞愧的学生在情感上是不健康的，他们可能会变得富有攻击性并且觉得自己毫无价值。任何情绪一旦失控都可能成为问题，就像海莉爆发的愤怒一样。

3. 情绪影响学习和思维

海莉的愤怒控制了她的思维，影响了她的学习。虽然大多数情绪不像海莉的愤怒那样强烈，但情绪总是存在的，并不断地影响着人们的思维。情绪影响思维的方式多种多样：

- 正如上面所讨论的，情绪可以使人集中注意力（Huntsinger，2013）。学生更注意具有情绪意义的事物。例如，在学习公民权利的时候，学生们会将注意力集中在一场关于校园枪击事件和持枪权这一充满感情色彩的话题的辩论上。然而，太多的情绪会淹没注意力和执行功能，这一点你将在下面了解到。
- 情绪能组织回忆和记忆。学生倾向于记住伴随着强烈情绪体验的细节（Kensinger，2007）。例如，在同一门课上，相较于其他内容，学生更可能记住解剖青蛙的恶心。
- 情绪决定学生是面对还是逃避一项学习任务以及他们在学习中投入多少精力。例如，一个喜欢这个主题的学生会花费更多的精力来写一篇研究论文。

情绪对学习和思维有不同的影响，这取决于所经历的情绪是什么。下面让我们比较一下积极情绪和消极情绪。

积极情绪

积极情绪，如兴趣、快乐或兴奋，可以促进学习和提升创造力（Valiente，Swanson，& Eisenberg，2012）。快乐的学生比消极情绪下的学生更有效率，在项目和任务上表现更好，解决问题更有创造性（Nadler，Rabi，& Minda，2010）。积极情绪总是有益的吗？强烈的积极情绪会导致学生在需要进行细节性分析的任务上表现较差，比如在一些物理问题上。然而，当一项任务对个人很重要时，强烈的情绪不会对此产生干扰（Liu & Wang，2014）。在其他任务中，中性或温和的积极情绪，如兴趣或愉悦，可能是集中注意力和快速处理信息的理想选择（Rose，Futterweit，& Jankowski，1999）。因此，你的学生在强烈的积极情绪下还是在温和的积极情绪下表现更好，可能取决于任务本身。

为什么积极情绪能提高生产力和创造力？为什么温和的积极情绪能拓宽思维（Fredrickson，2001；Huntsinger，2013）？当你感觉积极时，你就会有动力去学习，接受新信息，产生新想法和参加活动。当你感兴趣的时候，你就会有动力集中注意力去实现一个目标（Gable & Harmon-Jones，2008）。积极情绪可以通过改变大脑中的神经递质来产生这些效果。积极情绪与大脑中负责工作记忆和创造力的区域多巴胺的少量增加有关（Ashby，Isen，& Turken，1999）。而相反的不同结果则与消极情绪有关。

消极情绪

消极情绪如愤怒、悲伤和焦虑，会妨碍学习。当学生感到紧张或长期存在负面情绪时，他们很难专心完成课堂任务，正如海莉那样。这可能是因为情绪调节和执行功能使用相同的大脑系统（Brock，Rimm-Kaufman，Nathanson，& Grimm，2009；Compton et al.，

2008)。回想一下,执行功能(参见第四章)和有意控制(参见第六章)可以预测学业成绩。当学生极度愤怒、悲伤或焦虑时,他们的情绪会淹没其执行功能,削弱他们集中注意力和记忆的能力(Ramirez & Beilock, 2011; Schmeichel & Tang, 2015)。例如,当海莉试图控制自己的愤怒时,她用于加工课程的工作记忆空间就会缩小。又如,高度焦虑的学生不会专注于手头的任务,相反,他们会担心无关的事情或者关注潜在的威胁,比如"如果我没能完成这项任务,我爸爸就会暴跳如雷"或者"如果我妈妈身体不好,那么会发生什么"。焦虑会让学生显得不那么聪明,因为他们的精力被焦虑的想法消耗得太多,以至于他们可能记不住学过的知识,学不会新知识或做不出正确的决定。因此,教孩子们调节情绪对于学业的成功可能和帮助他们发展更好的执行功能一样重要(Ursache, Blair, & Raver, 2012; Valiente, Lemery-Chalfant, & Swanson, 2010)。

需要注意的是,你不需要担心所有的负面情绪。偶尔的、轻微的负面情绪是有益的。例如,轻微的焦虑可以激励学生为了一次测验去学习。又如,些许悲伤可以帮助学生系统地、详细地处理信息,这在一些任务中是有帮助的,比如在生物课上作图或做核型分析。研究表明,当人们处于暂时的悲伤情绪中时,他们更不容易上当受骗,做出的刻板判断较少,并且更礼貌、更慷慨,记忆力也更好(Forgas, 2013; Sussman, Heller, Miller, & Mohanty, 2013)。因此,负面情绪可能是有益的,但如果你的学生经历强烈或长期的负面情绪,他们学到的东西就可能会较少。

我们已经讨论过情绪如何影响思维,在下一节中,我们将看到思维如何影响情绪,例如,学生可以通过对事件的思考来控制情绪。一些学生能够运用情绪来指导思维,并对情绪进行智能思考。心理学家称这种能力为**情商**[①](Mayer, Roberts, & Barsade, 2008)。这个词可能在媒体中被过度使用,它是指构成情绪能力的相同能力——准确地感知、理解、表达和调节情绪的能力。在本书中,我们将使用"情绪能力"这个术语来指代这一系列更广泛的能力。接下来让我们来了解怎样调节情绪。

二、自我情绪调节

> 肖妮(Shonese)是一个小学 2 年级的学生,她平静地走下校车,向家走去。当她看到在门口等待的妈妈时,突然大哭起来。肖妮抽泣着告诉妈妈,在校车上一些坏孩子嘲笑她的名字。肖妮的妈妈心疼地抚摸着她的背说:"冷静一下。对待这样的孩子最好的办法就是别理他们,假装什么也听不到。他们觉得没意思就不会嘲笑你了。"第二天,当嘲笑再次发生时,肖妮遵照妈妈的建议不理他们。孩子们看到肖妮毫无反应,就不再骚扰她了。

肖妮能够控制自己的情绪,直到她安全回到家,才崩溃哭泣。对比海莉和肖妮的行为,虽然肖妮只有 2 年级,但比 5 年级的海莉更善于调节自己的情绪。

情绪调节[②]是个人控制自身情绪的能力。有良好情绪调节能力的孩子能够改变情绪的强度和持续时间,以实现个人的目标。肖妮通过抑制她的难过来阻止嘲笑,吴老师

---

① 情商(emotional intelligence):是指运用情绪来引导思维和理智地思考情绪的能力,有时被更宽泛地定义为情绪能力。

② 情绪调节(emotion regulation):是指控制情绪强度及其持续时间的能力。

通过抑制她的愤怒与海莉保持良好的关系。但情绪调节并不总是去抑制情绪，它也包括维持或增强情绪（Gross，2015）。例如，罗西尼可能需要增强愤怒的情绪来反抗海莉的冒犯。

1. 情绪调节策略

肖妮的母亲给她提出建议应对困境，从而帮助肖妮调节情绪。吴老师帮助海莉提出应对策略消除愤怒：离开房间、洗脸、思考他人的感受、放松，然后再去解决从哪里拿到铅笔的问题。**应对策略**①是指当你被情绪压垮时，有意识地改变想法或行为的方法，这种改变可以是以问题为中心的，也可以是以情绪为中心的。**以问题为中心的应对策略**②是指以行动来改变情境的策略。例如，你为糟糕的成绩而感到羞愧，决定以后更加认真学习。**以情绪为中心的应对策略**③是指试图改变情绪的策略，如改变对情境的想法或寻求他人的安慰。例如，如果你为糟糕的成绩感到羞愧，那么你可能会告诉自己分数其实没那么重要，或与朋友讨论老师是多么不公平。当然，最好的策略视情况而定。在可控的情境下，以问题为中心的应对策略可能更有帮助。例如，学业成绩是可控的，你越努力，收获也就越大。在不可控的情境下，以情绪为中心的应对策略可能会更有帮助。

科学家已经发现一些策略可以帮助儿童应对日常情境下的负面情绪，如成绩糟糕、玩具被抢或被嘲笑。你会在表 8-2 中找到这些策略。一些策略被一致认为是没有建设性的，如实施侵犯或通过药物加以逃避。因此，当你无法改变现状时，重新评估往往是最好的策略。重新评估的一个关键好处是，不像其他策略消耗过多精力或依靠自控力。因此，学生需要你帮助他们控制情绪时，你应该像吴老师和肖妮的妈妈一样指导孩子选择最佳策略。学生们也会因为能够灵活地运用应对策略而感到心里好受一些（Bonanno & Burton，2013；Gross，2015）。

表 8-2　儿童常用的应对策略

建设性较少的策略	1. 什么都不做
	2. 侵犯——解决问题（如夺走铅笔）
	3. 侵犯——释放被压抑的情绪（如踢椅子）
	4. 用酒精或药物逃避情绪，或吃"安慰"美食
	5. 哭——释放被压抑的情绪
	6. 哭——期望别人的帮助
	7. 反刍（重复并沉浸于消极的想法）

---

① 应对策略（coping strategies）：是指有意识地改变想法或行为从而管理强烈的情绪的方法。它通常分为以问题为中心的应对策略和以情绪为中心的应对策略。

② 以问题为中心的应对策略（problem-focused coping strategies）：以行动为导向的策略，包括努力改变所处的情境。

③ 以情绪为中心的应对策略（emotion-focused coping strategies）：是指试图改变情绪的策略，如改变个人对情境的想法或寻求他人的安慰。

更有建设性的策略	8. 逃避情境或离开，只是走开	
	9. 跟朋友、老师、父母倾诉或祈祷	
	10. 分散自己的注意力或尽量不去想这个问题	
	11. 锻炼（减少低压情绪如悲伤）	
	12. 放松（缓解高压情绪如愤怒或焦虑）	
	13. 从朋友、老师或父母那里寻求帮助	
	14. 采取建设性行动改善现状（如对考试产生焦虑时更努力学习）	
	15. 重新评估——尝试以一种积极的方式思考，或者改变你的目标（如我没有进学生会更好，这样我会有更多的空闲时间）	

资料来源：Gross（2015）；Seiffge-Krenke，Aunola 和 Nurmi（2009）；Zimmer-Gembeck 和 Skinner（2008）。

2. 情绪伪装——掩饰

当肖妮不回应孩子们的嘲笑时，她是在练习情绪伪装。**情绪伪装**[①]是指不表达情绪或表达与真实情绪不同但容易让人接受的情绪。文化往往支配着情绪的表达，情绪伪装可以帮助孩子们融入他人的文化。例如，在课间表达愤怒是可以接受的，但在课堂上向老师表达愤怒却不能被接受。要想成功地融入任何文化中，儿童必须掌握情绪表达的规则，预想他人会如何应对自己的情绪，从而控制自己的情绪表达。虽然这是一项复杂的能力，但即使是孩子也会掩饰情绪。例如：

> 在幼儿园，4岁的杰森（Jason）用乐高积木搭了一辆汽车，并把它交给他的朋友丹尼尔（Daniel）。丹尼尔得到这辆车后很兴奋，但是当杰森走远后，丹尼尔告诉老师，他其实并不喜欢汽车。

情绪伪装可以是正面的，也可以是负面的。丹尼尔的情绪伪装是正面的，因为他在保护杰森的情感。孩子因为不诚实而表现出的情绪伪装是负面的掩饰，例如让自己看起来很无辜，以免因为行为不当而陷入麻烦。

情绪伪装与情绪调节一脉相承。达尔文认为情绪伪装抑制了情绪调节，而情绪表达加强了情绪调节（Darwin，1965/1872）。研究普遍证实了达尔文的观点。当你表达一种情绪时，面部肌肉为大脑提供反馈，然后改变你的情绪体验（Kraft & Pressman，2012）。例如，如果有一天你很悲伤，但是你假装微笑和幸福，你就会觉得幸福一点。所以谚语"假装成功，你就可以成功"或"默默忍受"适用于情绪调节。这与广为人知的火山寓言恰恰相反：如果你不释放你的负面情绪，它们就会爆炸。

3. 情绪调节的年龄趋势

在儿童期，情绪调节的能力有了极大的提高。婴儿时期情绪的应对能力还很弱，但到了10岁，大多数孩子就有了良好的情绪应对能力。

婴儿期与学步期（0～2岁）

婴儿还不会主动控制自己的情绪，但他们确实有了针对一些特殊情况的基本应对策略。

[①] 情绪伪装（emotional dissemblance）：是指对感受到的情绪无任何表现或展现与内心真实情况不同的情绪。

例如，在嘈杂的家庭聚会上，当婴儿被一个亲戚传给另一个亲戚时，他们可能有三种方式对待这样的情况：（1）吮吸他们的脸颊或安抚奶嘴；（2）假装睡觉，闭上眼睛，眉毛紧锁；（3）避开他们的目光，或看向别处（Braungart-Rieker, Hill-Soderlund, & Karrass, 2010）。当你逗婴儿玩时，他们可能会受到过度刺激。当这种情况发生时，婴儿会看向别处，以让他们的情绪回到一个舒适的状态，之后他们才会再转向你。

学步期幼儿比婴儿情绪控制得更好。这是由于大脑的成熟让他们推迟情绪的反应，使他们能够在不同情绪之间转换。早产的幼儿在出生后的前两年可能会在情感发育方面落后，但在大脑发育完全后就会和普通人无异（Malatesta, Culver, Tesman, & Shepard, 1989）。

学步期幼儿有时会伪装情绪。例如，当被迫和保姆待在一起时，一些2岁的孩子可以忍住眼泪，尽管他们的嘴唇可能在颤抖。虽然这个阶段的幼儿显示出了某种自我情绪调节能力，但往往还需要大人的帮助来更好地调节情绪。他们需要拥抱、摇摆或其他形式的抚慰，以便在心烦意乱时平静下来。这种情绪调节因为涉及照顾者和幼儿之间的伙伴关系，所以被称为引导性自我调节。

这种需要帮助才能调节情绪的情况会使幼儿面临挑战。"可怕的两个人"是真的吗？愤怒、烦躁和易怒等情绪会从4个月到2岁期间稳步增多，然后逐渐减少（Braungart-Rieker et al., 2010；Lipscomb et al., 2011）。如图8-1所示，幼儿发脾气是在16个月大时出现的，在18个月到21个月大时达到顶峰。到2岁时，幼儿脾气开始缓和，大多数孩子情绪的最坏情况都会结束。发脾气是一种对强烈悲伤的表达，并伴随着极度的愤怒（Green, Whitney, & Potegal, 2011）。此时孩子们可能会尖叫、踢、哭闹，甚至扑倒在地上。幼儿的消极情绪可能会由于父母变得更消极，因为孩子学会行走后可能会进入"雷区"。（Lipscomb et al., 2011）。

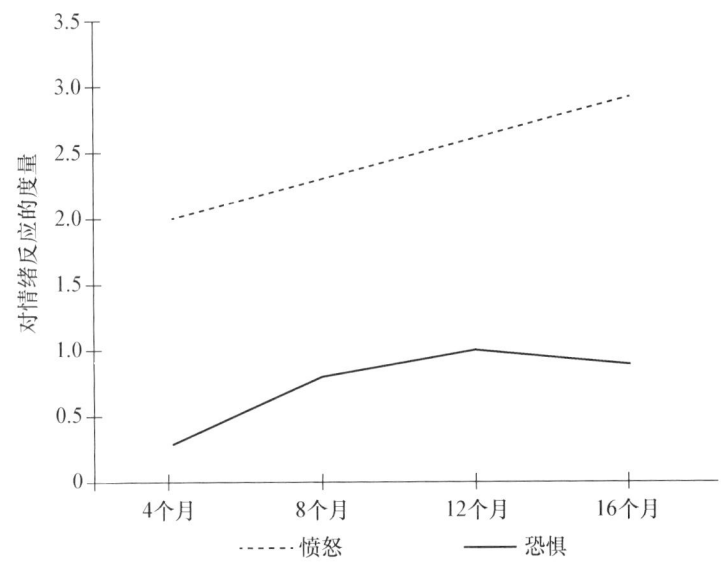

图8-1 婴儿期与学步期的负面情绪

你如何描述恐惧和愤怒发展过程的差异？什么时候会使恐惧感加剧得最厉害？它可能与对陌生人的戒心有关吗？

资料来源：Braungart-Rieker等（2010）。

儿童早期（3~5岁）

学龄前儿童越来越能够在没有成年人帮助的情况下调节自己的情绪。从2岁到5岁，

儿童总体上负面情绪水平逐步降低（Lipscomb et al.，2011）。然而，学龄前儿童偶尔会在情绪调节方面出现障碍，特别是当他们感到疲劳、有压力或饥饿时。大约80%的学龄前儿童在每个月都有可能发脾气，但每天发脾气的情形并不典型（Wakschlag et al.，2012）①。随后，发脾气的状况会继续减少，在3～5岁之间会消失。3岁或4岁时，儿童明白应对策略有助于他们调节情绪。例如，他们知道转移注意力有助于减轻悲伤。然而，这时候的孩子相比大一点的孩子而言，更倾向于采取消极的应对策略，比如发泄或跺脚（Dennis & Keleman，2009）。

尽管学龄前儿童更会掩饰情绪，但他们的能力仍然有限。例如，他们更擅长夸大情绪而不是压抑情绪，比如因为轻微的伤害而痛苦地嚎叫。当有护理者照顾时，他们可能会选择在受伤后哭泣，但如果是独自一人，他们则不会。学龄前儿童可以像丹尼尔一样，在简单的情况下"假装微笑"。然而，在更复杂的情况下，他们还不能压抑失望的情绪，假装幸福。科学家们通过给孩子们一个令人失望的礼物来研究这个问题，比如一个婴儿玩具。然后，他们要求孩子"欺骗"一个成年人，让他们认为自己得到了一份非常棒的礼物。大多数4岁的孩子还做不到，但大多数6岁的孩子可以做到（Kromm, Färber, & Holodynski，2015）。

学龄前儿童在游戏中"体验"不同的情绪时，可以培养情绪调节能力。一个女孩扮演愤怒的母亲打她的洋娃娃，然后再去安慰哭泣的洋娃娃，是在练习情绪感知和控制愤怒。当学龄前儿童用日益丰富的语言来谈论情绪时，他们是在发展情绪调节能力。

儿童中期（6～12岁）

到了1年级，孩子们可以在远离看护者的环境中调节自己的情绪，就像肖妮在校车上所做的那样，并且在整个小学阶段不断改善（Blandon, Calkins, Keane, & O'Brien，2008）。一直到他们进入青春期之前，当他们的母亲在场时，如果他们和母亲的关系是积极的，他们就会继续表现出更好的情绪调节能力（Gee et al.，2014）。他们在四个方面能更好地应对：

（1）他们很少使用社会支持，比如很少跟别人谈论他们的痛苦。社会支持的来源在某种程度上从父母转变为同龄人，但即使是12岁的孩子也很可能会转向父母寻求情感帮助。

（2）他们有更多的应对策略。从5岁开始，他们就可以使用重新评估策略（Davis, Levine, Lench, & Quas，2010）。

（3）他们能够选择最佳的应对策略，因为他们能够更好地判断自己对某一情境的控制程度。记住，在孩子无法控制的情况下，以情绪为中心的应对策略更好。

（4）他们开始更多地依赖以情绪为中心的应对策略，但他们也继续使用以问题为中心的应对策略。

8岁时，许多孩子成功通过了"令人失望的礼物"测试（Kromm et al.，2015）。情绪调节的能力在小学期间增强，孩子通常在5年级左右就能获得成年人般的情绪调节能力。因此，幼儿园孩子的情绪在很大程度上是透明的，但大多数6年级的孩子可以很容易地隐藏他们的情绪。

青春期（13～19岁）

青少年报告称，他们每天都感到压力很大，这些压力通常来自与朋友、爱人或父母的

---

① 有一种极端的发脾气，往往会持续很久，伴以攻击性行为，发作起来出人意料，针对父母之外的成年人，伴随着强烈的羞耻或内疚。这种极端的发脾气可能预示着学龄前儿童的情绪障碍（Cole, Luby, & Sullivan，2008；Wakschlag et al.，2012），并且可能需要专业人士的帮助。

关系，以及在学校取得好成绩的愿望（Gutman & Eccles，2007；Seiffge-Krenke，Aunola，& Nurmi，2009）。这可能解释了一种常见的刻板印象——青少年喜怒无常、情绪消极，这也说明青少年情绪调节能力差。这种刻板印象是真的吗？不，相关研究表明并非如此。例如，在一项经典研究中，成年人、青少年和小学生被要求佩带传呼机一周，并要在传呼机响起时随时报告他们的感受（Larson & Richards，1994）。青少年的报告反映，他们更经常地感到无聊、疲倦和犯困（见第二章）。他们还报告说，他们比父母更经常地感到社交不适，比如尴尬和孤独。这也许是因为青少年往往对社会评价反应更敏感，比如当他们认为有人在看他们时就会感到尴尬（如图8-2所示）。报告还显示，与小学生相比，他们感到特别高兴的时间较少。然而，大多数青少年的报告也反映，大多数时间他们还是相当快乐的。在一项日记研究中，青少年的良好情绪和与他人的积极互动要多于负面情绪和消极互动（Flook，2011）。

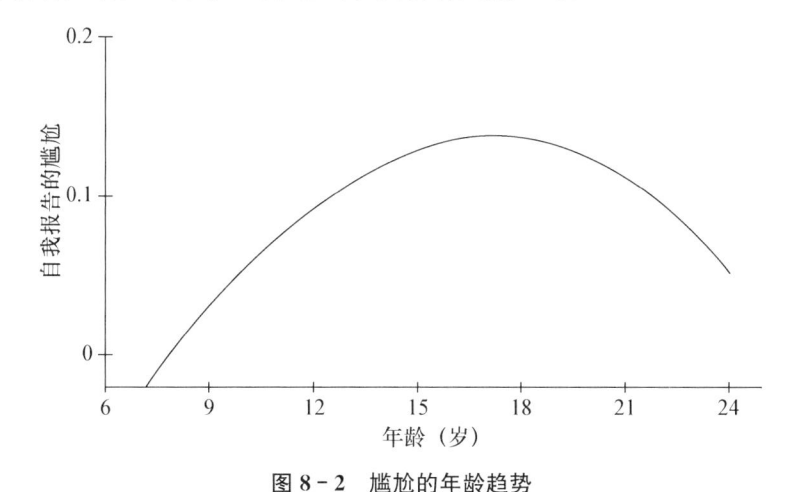

图8-2 尴尬的年龄趋势

不同年龄的青少年都参加了 fMRI 测试。他们被告知同伴可以通过扫描仪中的相机看到他们。之后他们被问到其感受如何。大约在什么年龄，参与者感到最尴尬？
资料来源：Somerville 等（2013）。

虽然大多数青少年不会喜怒无常，但还是有一些人会经常生气、焦虑、悲伤。在日记研究中，当积极情绪发生的概率超过消极情绪发生的概率时，青少年会感觉更快乐。在传呼机研究中，只有那些有大量压力源——如搬家、换新学校或父母离婚——的青少年才会喜怒无常。喜怒无常与青春期或通常被认为是青少年消极因素的"狂暴激素"无关。对中学教师来说，一个重要的教训是，你不应该简单地将青春期的消极情绪视为正常，而应该尝试去满足那些长期不快乐或喜怒无常的青少年的需要。

4. 情绪调节的个体差异

肖妮有她这个年龄段的儿童该有的很好的情绪调节能力，但海莉没有。在情绪紧张的情况下，这些女孩在情绪反应、情绪强度和恢复时间上会有所不同。情绪调节不良的学生，要么情绪太少，要么情绪太多；也就是说，他们可能过度调节或调节不足。像海莉这样缺乏情绪调节能力的学生，会经历长期的消极情绪，或者迅速从一种极端情绪转变为另一种极端情绪。

消极情绪是一种气质特质（见第六章）。在婴儿出生最初几个月时就会出现情绪调节的个体差异，并呈现稳定状态。这意味着易怒的孩子在以后的发展中不可能轻易地克服消极情绪,除非他们的环境得到了实质性的改善。这是一个问题,因为不良的情绪调节存在风险,而良好的情绪调节则起到保护作用,我们将在下面讨论。

情绪调节能预测什么?

良好的情绪调节预示着更高的学业成绩和更强的社交能力,以及更少的情绪障碍。

学业成绩

情绪调节良好的幼儿往往具有更好的语言技能(Robinson & Acevedo,2001)。除了高智商的影响之外,情绪调节良好的学生往往有更高的学业成绩(Ursache et al.,2012)。他们更注重学习过程,也更喜欢学校。他们的老师认为他们的学习能力和社交能力更强。在前面你已经了解到情绪会影响学生在课堂上的思维过程。

社交能力

具有良好情绪调节能力的学生更受老师和同龄人的喜爱(McDowell,O'Neil,& Parke,2000;Penela,Walker,Degnan,Fox,& Henderson,2015;Rydell,Berlin,& Bohlin,2003)。这是因为他们可能会利用自己的能力来保护他人的情感,比如丹尼尔假装喜欢杰森的车。这也是因为他们通常表现出更多的积极情绪而非消极情绪,从而导致更少的攻击性和更积极的行为(Bartlett & DeSteno,2006;Denham et al.,2003)。当学生处于愉快情绪中时,他们热情地回应别人,积极参与课堂活动,并为他人创造乐趣。这样会吸引同学,使互动顺利进行,友谊也就产生了。

相反,情绪调节不良的学生经常生气。他们存在被同龄人和老师讨厌的风险,因为愤怒会让同龄人不安,而且长期愤怒的学生会通过攻击来应对不良情绪。同学们更喜欢那些使用以问题为中心的应对策略的同龄人,而不是那些攻击他人的人。此外,教师更喜欢使用回避式应对策略的学生,例如从愤怒的情绪中摆脱出来(Kliewer,1991)。老师喜欢这样的学生,是因为他们不太可能在学校表现出消极情绪,且更容易相处。然而,回避策略并不总是最好的,因为学生并没有学会自立或解决问题。

情绪障碍

具有长期消极情绪的学生会以消极偏见对待新情况,并使用破坏性的应对策略。例如,海莉的消极偏见使她认为埃文拿回他的铅笔这一合理行为是对她的攻击。她怒不可遏,用身体攻击了两个同学。这种爆发性的消极情绪会导致情绪紊乱。

情绪障碍分为外化的和内化的。外化障碍[1]涉及攻击性和愤怒。有外化障碍的学生的行为表现,我们将在第十章讨论。内化障碍[2]包括退缩或悲伤。儿童时期最常见的两种内化障碍——抑郁和焦虑,将在本章后面讨论。情绪调节不良的学生既有内化障碍,也有外化障碍,比如既抑郁又好斗(Rhee,Lahey,& Waldman,2015)。教师对有内化障碍的孩子可能更少关注,因为他们通常不会干扰其他人的学习,但是这些悲伤或焦虑的学生可能需要干预。

情绪障碍很普遍。图8-3从轻度案例和重度案例两个方面展现了青少年最常见的情绪障碍的流行程度。情绪障碍问题往往交织在一起;有一种情绪障碍的学生中40%还有另一种障碍。大约22%的学生在成年前至少有一种严重的情绪障碍(Merikangas et al.,2010)。然而,大多数人并没有得到所需的治疗,以发展出更好的情绪调节能力。及早开始治疗会提高其病愈率。因此,教师应尽早解决学生的情绪问题。即使没有可诊断的障碍,情绪调节能力差的儿童也可能需要干预。下面我们来讨论如何帮助学生发展良好的情绪调节能力。

---

[1] 外化障碍(externalizing disorders):是指基于愤怒的情绪障碍,以攻击性和其他反社会行为为特征。

[2] 内化障碍(internalizing disorders):是指基于悲伤或焦虑的情绪障碍,以退缩为特征。

图8-3 青少年心理健康问题

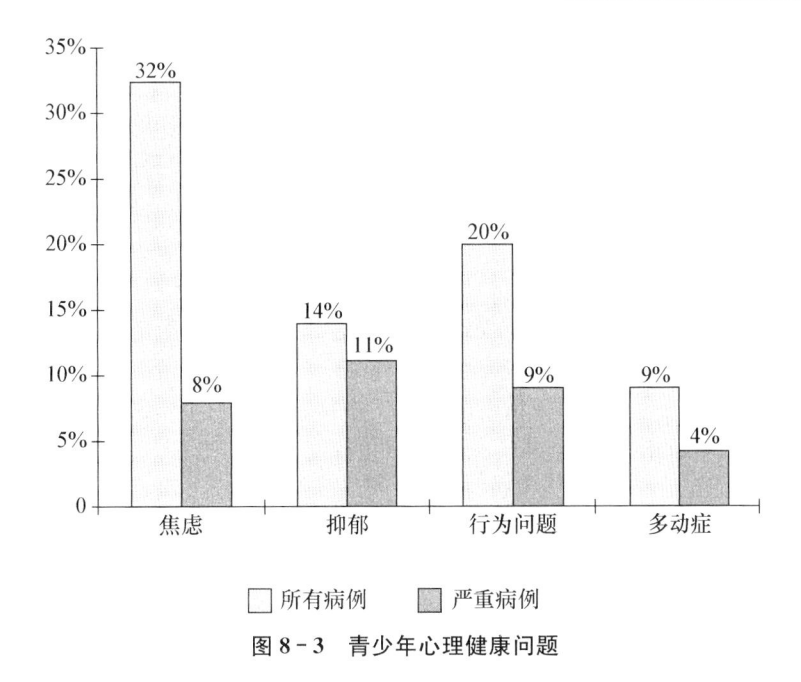

美国的一项全国性研究统计了在一定的人生阶段出现心理健康问题的青少年的百分比。
资料来源：Merikangas 等（2010）。

什么影响情绪调节？

具有更好的执行功能的学生（见第四章）也有更好的情绪调节能力。你能以多快的速度准确地进行斯特鲁普测试？在测试中，你要说出单词的颜色，而不是单词本身，这项测试能够预测你处理压力的能力（见图4-5）。这是因为良好的抑制能力和工作记忆可以帮助你控制情绪，使用重新评估策略而不是仅仅焦虑（Diamond，2013；Schmeichel & Tang，2015）。基因可能通过执行功能差异或负面情绪性的气质特质影响情绪调节（见第六章）（Clifford，Lemery-Chalfant，& Goldsmith，2015），但父母与孩子的互动方式可能有更大的影响。接下来我们讨论七种教养因素对孩子情绪的影响。

依恋

在婴儿时期的日常活动如喂养、洗澡和玩耍中，孩子们从依恋对象那里学会调节情绪。为了帮助你理解，想象两个婴儿正在和他们的母亲玩躲猫猫游戏。第一个婴儿在咯咯笑，但当游戏变得过于激烈时，他会把脸转向别处，远离母亲的目光。他的母亲没有等待他自己回到游戏中。相反，她对孩子发出的噪声感到烦躁，想尽办法试图让他回到游戏中。这种过度刺激会导致婴儿情绪受挫，并使得孩子在努力控制自己的情绪时远离母亲。母亲忽视了婴儿传递的情感信号；她太不敏感，是侵入式的。如果这个婴儿的母亲在一段时间内持续采用侵入的方式，婴儿就可能会产生愤怒的情绪和不良的情绪调节（Braungart-Rieker et al.，2010）。

思考

一位妈妈准备离开，她把4岁的孩子交给保姆照看。孩子恳求他的妈妈不要离开，但她默不作声，继续穿上外套。最后孩子喊道："我讨厌你！"妈妈叹了口气，翻了个白眼，说了句"你不能恨我，我是你的妈妈"，之后便离开了。这个孩子可能有什么类型的依恋？这会如何影响他的情绪调节？他与同龄人相处的行为会怎样？使用你在本章和第六章中学到的知识来阐明你的结论。

第二个母亲在她的孩子转身离开时停止了游戏，等着他再次面对她。她微笑着说："哦，现在你回来了！"然后他们继续玩耍。如果在把小孩刺激到几乎无法承受的程度时，大人先后退，像这位母亲一样，孩子就会学会控制紧张的情绪。许多类似的重复经历会改变大脑中的网络，从而使大脑能够很好地调节情绪。这可能是父母比较敏感的婴儿在情绪调节方面表现更好的原因（Blair et al., 2008；Braungart-Rieker et al., 2010）。研究表明，这种教养方式对困难型婴儿尤为重要（Leerkes, Blankson, & O'Brien, 2009）。

父母敏感且具有安全依恋的儿童往往具有良好的情绪调节能力（Morris, Silk, Steinberg, Myers, & Robinson, 2007）。他们知道其他人随时可以安抚他们的情绪。他们更有可能采取建设性的应对策略，以便表达自己的情绪、接受他人的情绪、处理情绪激动的情况，以及心平气和地谈论容易引发情绪的话题。青少年时期他们也不太可能变得抑郁（Allen, Porter, McFarland, McElhaney, & Marsh, 2007）。

相比之下，具有反抗型依恋的孩子更有可能调节不好自己的情绪。他们知道，除非他们的情绪达到无法承受的程度，否则其他人不会抚慰他们。例如，父母可能会忽略表明孩子处于紧张状态的蛛丝马迹，等到其大声哭泣后才试图安慰他们。这会让孩子养成迅速提高情绪的强烈程度以吸引注意力的习惯。他们会变得越来越难以安抚，也经常感到沮丧和焦虑（Thompson, 1991）。

具有回避型依恋的儿童更容易过度控制自己的情绪。他们认为，其他人不会回应他们，在情感上也难以获得其他人的支持，其他人是充满敌意的。例如，父母可能会忽视孩子的强烈痛苦。因此，儿童可能会抑制情绪，而不是寻求帮助，这会妨碍他们学习更好的应对策略（Cassidy, 1994）。他们可能会特别抑制那些让他们感到脆弱的情绪，避免情感上与他人太过亲密，表现出敌意或漠然置之。

对儿童情绪的反应

接纳和适当地回应孩子的负面情绪可以帮助他们变得更加积极（Davidov & Grusec, 2006）。例如，对婴儿哭声的适当的反应是安慰，不适当的反应可能是生气。另一个例子是，对一个因成绩不好而流泪的青少年的适当的回应可能是："我能看出来你很伤心。我们来谈谈你能做些什么。"不适当的反应可能是无视孩子的情绪（"没什么好难过的"），嘲笑或贬低孩子（"别做哭泣男孩了"），平息孩子的哭泣（"别哭了，给你吃冰淇淋"），翻白眼或大喊大叫。经常使用不适当、消极的回应的父母往往会使孩子情绪调节能力差，爱生气，形成不安全依恋，在学校表现不佳（Leerkes, Parade, & Gudmundson, 2011；Lipscomb et al., 2011；Swanson, Valiente, Limery-Chalfont, Bradley, & Eggum-Wilkens, 2014）。

适当地回应儿童旺盛的积极情绪也很重要。想象一个孩子正快乐地和朋友们在前廊上嬉闹。父母如果斥责孩子或表现出尴尬，就会使孩子的情绪变差。有些父母会很乐意让孩子玩得开心。在一项研究中，如果父母否定孩子的积极情绪，那么孩子往往会情绪调节不良和抑郁（Yap, Allen, & Ladouceur, 2008）。

大脑研究

极端压力改变大脑

在第二章中，你了解了大脑的可塑性，即大脑会适应环境。可塑性通常是一种资本，但并非总是如此。这可能会使一些儿童容易受到压力的伤害（Bryck & Fisher, 2012）。压力并非一定有害，大多数孩子能很好地应对。然而，长期的压力会损害大脑应对压力和学习的能力。因此，有压力的儿童易患身体和精神疾病（例如，抑郁、焦虑、行为障碍），他们对压力反应过度，且调节情绪的能力更差（Blair，2010；Shonkoff et al.，2012）。例如，不安全依恋的长期焦虑会改变大脑的化学反应，导致负责情绪调节功能的大脑皮质发育不良（Schore，2000）。动物研究表明，压力可以开启和关闭一些基因，如控制髓鞘形成的基因（如果你知道这是第六章表观遗传学中的内容，那么为你点赞）。

压力可能在出生之后的头两年特别有害。这种压力如果是强烈的、长期的，且儿童没有受到保护，则更有害。一个重要的保护因素是与一个支持孩子的成年人建立安全的依恋关系，帮助孩子应对压力（Shonkoff et al.，2012）。你可以成为学生的保护因素。

情绪表达

父母的情绪会影响孩子的情绪调节能力。父母经常情绪积极的话，孩子就能控制消极情绪，并有更多的应对策略。经常表现出消极情绪和具有不良情绪调节模式的父母，如经常大喊大叫或表现出抑郁情绪的父母，其子女的情绪调节能力较差。这些孩子往往有较少的应对策略，其应对策略也主要是攻击性策略，同时他们往往感到沮丧或焦虑（Blandon et al.，2008；Stocker，Richmond，Rhoades，& Kuang，2007）。

谈论情绪

与子女谈论自己和他人情绪的父母往往会让孩子更积极，而不是消极（Denham，Mitchell-Copeland，Strandberg，Auerbach，& Blair，1997）。例如，在一次冲突中，父母可能会说："阿曼德打你是因为他很生气，你和比尔玩耍，却没有叫他一起玩，他觉得被忽视了。"因此，语言是管理情绪的工具。

讨论情绪是有帮助的，原因如下：第一，父母的平静回应有助于孩子控制情绪。第二，对话为孩子提供了关于人们为什么这么做的信息，比如为什么阿曼德会打人。第三，对话可以帮助孩子学习应对策略，比如重新评估阿曼德是否有意伤害他人。第四，对话有利于增进孩子对情绪的认识，且让其有能力标记情绪。能够标记特定情绪（例如，我感觉不好，然后我变得愤怒）而非模糊的情绪（例如，我感觉不好）的学生更擅长调节自己的情绪（Kashdan，Barrett，& McKnight，2015）。也许这是因为情绪标签是一种帮助孩子"走出"情绪的工具，可以帮助孩子远距离观察与控制情绪（Bernstein et al.，2015）。第五，当成年人与孩子交谈时，孩子会感到被重视和值得被关注，从而产生积极的情绪。你有机会和你的学生谈论情绪。你如果抓住这些机会，就可以帮助他们学会调节自己的情绪。

指导

家长可以直接指导孩子使用应对策略。他们应该关注哪些情绪应对策略？安慰对婴幼儿是有效的，但在4岁以后效果较差。分散注意力，或者转移孩子的注意力，4岁前仍然有效，但在4~8岁时效果会降低。重新评估在学龄前和上学之后都是有效的。也就是说，父母指导孩子重新评估，可以使孩子学会更好地控制自己的情绪（Morris et al.，2011）。例如，当一个10岁的孩子害怕去上戏剧课时，她告诉她母亲："我有点害怕，当我在跳舞的时候，在评委面前我会忘记那些舞蹈动作。"她的母亲帮助她重新评估了情况："你现在长大了。每个人都会有忘记动作的时候。给自己一个机会！"女孩做到了，而且很喜欢去上课。父母指导其采取更有效策略（如表8-2所示）的孩子能够更好地应对压力，例如被同龄人排斥。这样的孩子也具有更好的情绪调节能力，更健康，能控制冲动，注意力集中，并具有更好的社交能力（Abaied & Rudolph，2011；Lunkenheimer，Shields，& Cortina，2007；Morris，Silk，Steinberg，Myers，& Robinson，2007）。你可以通过提供关于应对策略的建议来指导你的学生，正如吴老师对海莉所做的那样。

> **思考**
> 在父母不在家或者无法指导其调节情绪的情况下，青少年沉浸在暴力、露骨的性行为或情绪激烈的电影或视频游戏中时，这对他们来说意味着什么？

有效管教

有效管教影响儿童的情绪调节。当父母对孩子的不良行为反应过度时，孩子可能会被情绪淹没。例如，想象一下，一个蹒跚学步的孩子正兴高采烈地把柚子滚向地下室的楼梯。他有一种感觉——他做得不对，因为当他看到母亲时，他含糊地说："额，哦。"他的母亲可能使用诱导的方式。她皱着眉头，坚定地说："别这样，你会伤害它们的。让我们换个球吧。"或者，母亲可能采取权力主张。她抓住孩子，打他，并说："坏孩子！"直到孩子哭起来。在第一种情况下，孩子知道他可以对父母禁止的事采取应对策略，改正错误。在第二种情况下，孩子会发现禁止会导致压倒性情绪。过度、反复使用愤怒的权力主张教养方式的父母会使孩子难以调节自己的情绪。研究发现，这种影响从婴儿期到青春期都存在（Lipscomb et al., 2011）。

虐待

虐待影响儿童的情绪调节。有些受虐待的儿童情绪调节不足，他们感到极大的愤怒、恐惧和羞耻。他们可能会迅速从积极情绪转向消极情绪。然而，还有一些受虐待的儿童情绪调节过度，他们在情绪上毫无反应，也很难参与其中。他们面无表情或表情淡漠。

在无法得到帮助或无法远离施虐者的情况下，压抑情绪或拒绝"感觉"有助于受虐待的儿童应对情绪。然而，这种抑制妨碍了他们学习更好的策略来应对典型情绪，比如在学校里的挫折感，所以他们在无法控制紧张情绪时，就会爆发。这是一个因攻击而住院的青少年的个案（Cole, Michel, & Teti, 1994）。经过几周的良好表现，他赢得了周末回家的机会。他急切地等待着他的母亲，但母亲却没有来接他。他打电话给母亲时，母亲漫不经心地告诉他自己太忙，不能去接他了。他挂断电话时没有表现出任何情绪，好像他母亲的拒绝并没有伤害到他。不久后，当他发泄绝望和愤怒情绪时，他伤害了另一个孩子。在治疗中，他学会了一些策略来应对母亲永远不会关心他的悲伤。如果受虐待的儿童学会情绪调节的技能，他们的病情就可能会好转，不会发生情绪内化障碍（Kim-Spoon, Cicchetti, & Rogosch, 2013）。

综上所述，当成年人是敏感、安全的依恋对象，他们表达的主要是积极情绪，对儿童的情绪反应适当，与儿童谈论情绪，直接指导他们使用情绪应对策略，并运用有效的管教措施时，他们就是在为儿童提供发展较强的情绪调节能力的工具。相反，当成年人消极、严厉、拒绝或虐待时，儿童很可能会发展出较差的情绪调节能力。两个最常见的情绪调节问题就是抑郁和焦虑。

5. 抑郁和焦虑：情绪调节出错

> 4年级的谢利（Shelly）被老师形容为"安静，空间感强，对别人的感觉过于敏感"。谢利经常说她感觉不好，但是学校的护士并没有发现她身体上存在问题。谢利来自一个中产阶级的完整家庭。谢利的母亲在学校工作，她的童年受虐史使其产生了一系列的抑郁症状，并干扰了她与谢利的情感交流。谢利偶尔说希望自己死掉。谢利从幼儿园开始就有这种行为，但没有老师进行干预，为她提供帮助。

谢利有典型的**抑郁**①症状：社会退缩、注意力不集中、对学校缺乏兴趣、感觉自己没有价值。你可能在学生身上还看到抑郁的其他症状，包括食欲变化、自我批评、易怒、不讲卫生、不能静坐、频繁哭泣和睡眠不良（American Psychiatric Association，2013）。这些症状会在各个年龄段出现；然而，在青少年中，抑郁通常会导致睡眠过多，而在幼儿中，则会导致睡眠过少。每个学生都可能偶尔出现这些症状，但如果症状严重且持续至少2周，或症状较轻但持续一年或更长时间，学生就可能会出现抑郁临床症状，比如谢利。

焦虑与抑郁有一些共同的症状。焦虑是因未来的威胁或对自我意识的威胁而产生的一种无助感。不要把焦虑和恐惧混为一谈，恐惧是对当下威胁的一种回应。典型的焦虑症状包括注意力不集中和不能静坐的行为，如踢脚、缠绕头发、摸嘴、舔嘴唇、扭嘴唇、哭、嚼东西、咬指甲等。这些行为的频率和强度可能显示着学生焦虑的程度。你会在不同年龄、不同种族的人身上看到这些症状。任何学生都会偶尔感到焦虑，且足以干扰学习。然而，一些学生有导致**焦虑症**②的长期、强烈的焦虑。影响学业成绩的两种焦虑障碍是考试焦虑和数学焦虑（见专栏8-2）。

抑郁和焦虑的患病率

在图8-3中，你看到抑郁和焦虑是两种常见的情绪障碍。令人震惊的是，在某一年中，8%的美国青少年可能有严重的焦虑症，11%的美国青少年在生活的某个阶段经历了严重的抑郁症（Avenevoli, Swendsen, He, Burstein, & Merikangas, 2015）。还有更多的年轻人可能病情较轻或未确诊。学校采取大量措施来防止学生滥用药物和减少学生的行为问题，但却很少应对更普遍的抑郁和焦虑。

抑郁发作的平均年龄为11岁，这意味着半数的儿童在年龄较小时会出现抑郁（Merikangas et al., 2010）。抑郁症在婴儿中很少见，但在学龄前儿童中则常见得多。随着儿童进入学校并成长为青少年，抑郁的患病率上升，到15~17岁达到顶峰，然后下降（Gutman & Eccles, 2007）。因此，中学教师更容易观察到学生的抑郁情绪，而学前教育教师应该警惕这种情绪，因为干预越早越好（Luby, 2010）。

焦虑症出现较早，发病年龄中位数为6岁（Merikangas et al., 2010）。多达1/3的儿童在幼儿园焦虑不安，但会在小学结束时逐渐克服（Duchesne, Larose, Vitaro, & Tremblay, 2010）。不幸的是，相当大比例的儿童并没有克服它。这是最常见的儿童疾病之一，你的一些学生也很可能患有焦虑症。

专栏 8-2　　　　　　发展中的挑战

考试焦虑与数学焦虑

斯蒂芬妮（Stefanie）是10年级的学生，她从幼儿园开始就自认为是个多愁善感的人。她总是担心很多事情，尤其担心在学校表现不好。她在考试前非常紧张，担心考试不及格，甚至出现身体不适。她考试成绩不好，但由于做了家庭作业和额外的作业因此获得了足够的分数。

---

① 抑郁（depression）：是一种常见的内化障碍，悲伤的感觉至少持续2周以上，症状表现不强烈，但持续时间长。

② 焦虑症（anxiety disorder）：也是一种常见的内化障碍，患有焦虑症的儿童会对未来的威胁或自我意识受到的威胁感到焦虑。

考试焦虑是对考试情境的消极的情绪反应。它在小学初期很少见，3年级到5年级会增加，在青春期会稳定下来，在大学里则趋于下降（Hembree，1988）。一些心理学家认为，考试焦虑的这种年龄趋势表明它是后天习得的，而不是先天的。

为什么孩子的考试焦虑很重要？早在3年级时，考试焦虑就与考试分数的降低有关，而且这种联系随着年龄的增长而变得更强（Ferrando，Varea，& Lorenzo，1998）。任何人在考试中都会感到焦虑，但像斯蒂芬妮这样考试焦虑的学生会非常担心考试，这样会消耗他们大部分的工作记忆，从而减少处理考试的空间（Beilock & Carr，2005）。这种"压力下的窒息"可能是由应激激素皮质醇引起的。少量皮质醇能增强执行功能和工作记忆（见第四章），但过多则会降低工作记忆的容量（Blair，Granger，& Razza，2005）。考试焦虑不是缺乏能力，而是难以表现出能力。这一点很重要，因为教师根据考试成绩对学生的能力形成期望，而教师的期望会影响学生的表现。很明显，对于一些学生来说，考试焦虑并不一定意味着缺乏能力，因为当通过干预缓解考试焦虑时，考试分数会增加（Lang & Lang，2010）。

如何应对考试焦虑？当你有合理的期望和合理的测试时，你会帮到那些对考试感到焦虑的学生，请采取以下措施：

（1）帮助学生重新评估他们的焦虑感，让他们认为这是积极的事情。轻微的焦虑可以帮助学生集中注意力，提高表现。

（2）帮助学生体验学业成功。焦虑与考试的反复失败有关。

（3）改善测试情况。如果你给他们一些低压力的指导，给他们一些线索以触发回忆，尽量减少干扰，并进行更频繁的测试从而使测试的重要性变低，那么有考试焦虑的学生会表现得更好。

（4）训练考试技能。

（5）不要把注意力放在表现不佳上，也不要强调成绩。焦虑与强调竞争或社会比较，以及强调基于其他学生的表现的标准（即"曲线"评分）有关。

（6）避免将成功或失败归因于学生的先天能力。

（7）在测试过程中避免时间限制。定时测试会促进焦虑。

学校辅导员可能会建议额外的干预措施。一种常见的治疗方法可以帮助学生改变令人担忧的想法。例如，一个学生可能担心考试不及格，导致学业失败，从而永远找不到工作。辅导员可以这样提问："如果你考试不及格，那么最糟糕的事情可能是什么？"学生可能不得不重修这门课，但这并不意味着会找不到工作。当这种方法与教学研究或考试技巧相结合时将产生很好的效果（Tuncay，2003）。还有其他有效的治疗方法，比如在考试前写下对考试的担忧，这有助于学生在考试期间"抛开"他们的忧虑（Ramirez & Beilock，2011）。

斯蒂芬妮是如何克服考试焦虑的？关心她的老师让她去和学校辅导员谈话，后者问她"最坏的可能是什么"。她意识到考试不及格并不会毁了她的生活。她学会了应对焦虑，现在她是一名对学生考试焦虑非常敏感的老师。她不做事先没有通知的测试，并尽可能地不用"测试"这个词。她告诉她的学生："让我看看你知道什么？"

数学焦虑与考试焦虑有关。这是对数学的消极的情绪反应。尽管在其他领域的思维能力正常，但有数学焦虑的学生在数学考试中往往表现不佳。他们也倾向于避开数学课，从而在数学课上学得更少（Maloney & Beilock，2012）。

数学焦虑可能是由于缺少基础数学技能，这使学生进入更高级的课程学习时进一步落后于其他人，从而加剧焦虑。数学焦虑也可能从老师和家长那里习得。在一项研究中，如果1年级和2年级的学生有存在数学焦虑的父母帮助他们做数学家庭作业，那么随着时间的推移，孩子们的数学焦虑程度会更高。父母强化了他们的焦虑，即使父母只是在20以内的加减上帮助孩子（Maloney，Ramirez，Gunderson，Levine，& Beilock，2015）。

数学焦虑的干预措施有一些与考试焦虑相同：提高基本技能、重新评估应对策略以及写下数学焦虑（Maloney & Beilock，2012）。要让学生认识到，焦虑并不总是坏事。如图8-4所示，适度的焦虑可以集中注意力，并能激励一些儿童（Wang et al.，2015）。严重的案例可能涉及心理治疗，帮助学生理解他们的情绪，客观地描述问题，并通过逐步接触数学来面对他们的恐惧。

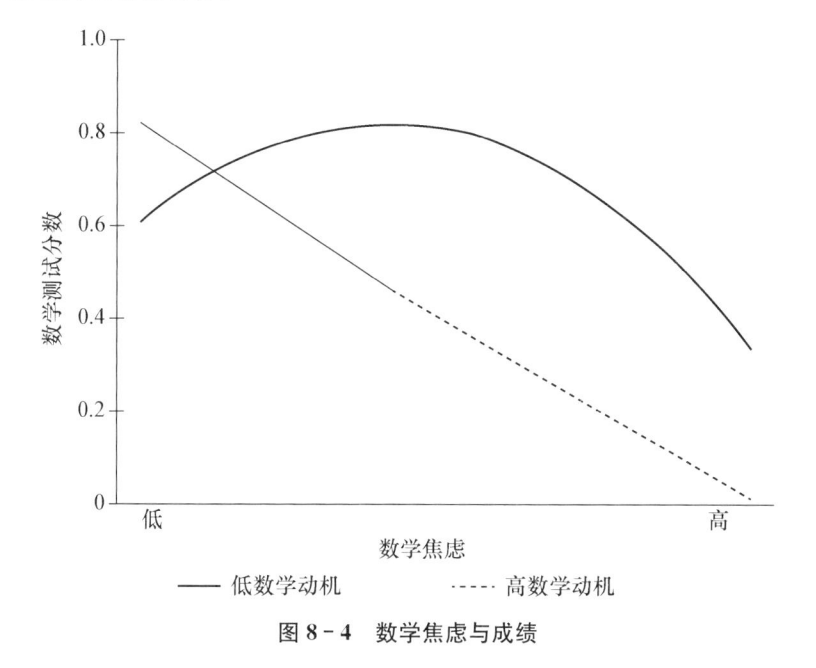

图8-4 数学焦虑与成绩

这幅图说明了"倒U定律"，即适度的焦虑对大多数学生都是有益的。这一定律适用于哪些学生群体？你如何描述焦虑与另一组的成绩之间的关系？实验对象年龄为9~15岁。动机是指相信数学是有价值和有趣的。

资料来源：Wang等（2015）。

抑郁和焦虑的前因后果

抑郁和焦虑之所以同时出现，部分是因为它们有相同的原因。两者都是情绪调节障碍。与其他儿童相比，有这些内化障碍的儿童感受到更少的幸福，更多的悲伤、愤怒和担忧。他们在调节积极情绪和调节消极情绪方面均存在困难，可能无法灵活运用不同的应对策略（Bonanno & Burton，2013；Gross & Jazaieri，2014）。所以，用以预测情绪调节不良的因素（前面讨论过）同时也是抑郁和焦虑的风险因素，即父母情绪消极，不接纳孩子的情绪，也不指导孩子如何处理他们的情绪（Katz & Hunter，2007；Stocker et al.，2007）。表8-3给出了其他重要的风险因素。

表 8-3 引发抑郁和焦虑的风险因素

风险因素	抑郁	焦虑
不安全的依恋，特别是回避型依恋或混乱型依恋	×	×
长期压力，特别是家庭关系中的压力或同伴的压力	×	×
父母的批评和对孩子失败的过度反应	×	×
有抑郁或焦虑的父母，这可能通过情绪传染和低质量的养育影响孩子（有抑郁父母的孩子的抑郁风险是一般孩子的2倍到4倍）	×	×
家庭问题，如冲突、缺乏亲密关系、严苛的纪律、忽视孩子的观点	×	
悲观的性格，如用"我很幸运"而不是"我很聪明"来解释好的情况，或用"我不够好"而不是"她不友好"来解释同学的怠慢	×	
低自尊	×	
消极的生活事件，比如家人的去世或父母离异	×	
对消极事件感觉无能为力	×	×
有抑郁的亲密朋友，因为朋友会在一起反省、推敲问题，也会一起沉溺于某一问题	×	×
使用糟糕的应对策略，例如反复思考消极事件，或听音乐以避免处理这种情况	×	×
消极情绪性的气质的遗传倾向	×	
极端的行为抑制，害羞、不合群		×

注：这些因素在研究中都得到了证实。这里只列出一部分研究：Buss 和 McDaniel（2016）；Duchesne 等（2010）；Feng 等（2009）；Gotlib, Joormann 和 Foland-Ross（2014）；Hammen（2009）；Laurent（2014）；Milan, Snow 和 Belay（2009）；Miranda, Gaudreau 和 Morizot（2010）；Schwartz-Mette 和 Rose（2012）；Van Zalk, Kerr, Branje, Stattin 和 Meeus（2010）。

第一个风险因素是最常见的因素之一（Hammen，2009）。数十项研究发现，不安全的依恋预示着从婴儿期到成年期的焦虑和抑郁（Madigan, Atkinson, Laurin, & Benoit, 2013；Madigan, Brumariu, Villani, Atkinson, & Lyons-Ruth, 2015）。这被认为至少有两个原因：（1）儿童不认为他们的照顾者随时都在，能够保护他们，从而会长期感到焦虑；（2）照顾者不敏感，没有帮助儿童学习如何调节他们的情绪（Kerns & Brumariu, 2014）。具有不安全依恋的儿童患内化障碍的可能性是正常儿童的3倍。然而，影响是可大可小的，许多有不敏感父母的儿童并没有抑郁。因此，它只是一个风险因素。

具有多种风险因素的儿童比具有单一风险因素的儿童更容易变得抑郁或焦虑。风险因素可能会累积（见第一章）。例如，侵入式、过度控制和情感上过度参与的教养方式会导致幼儿产生不安全依恋，从而导致消极的自我内部工作模式，使儿童无力应对挑战，当与消极的生活事件相结合时，会导致青少年患上抑郁（Morley & Moran, 2011）。

抑郁和焦虑可能具有潜在的遗传倾向（Rhee et al., 2015）。事实上，知名研究者认为，"从遗传学的角度来看，它们是同一种疾病"（Plomin, DeFries, Knopik, & Neiderhiser, 2016, p.7）。基因可能使一些孩子更容易受到父母教养方式或生活压力的负面影响。然而，基因本身可能不会引起内化障碍（Haeffel et al., 2008；Monroe & Reid, 2008）。回想一下你在第一章和第六章中学到的关于基因和环境如何协同工作的知识。例如，焦虑的父母往往对焦虑的儿童过度保护（Narusyte et al., 2008）。现在你可能在想："啊哈！一个典型的基因-环境相关的例子。"是这样的！此外，研究发现，具有遗传倾向的婴儿和学龄前儿童只有在他们也有抑郁、不敏感或婚姻不幸福的父母时，才会变得情绪消极（Hayden et al.,

2010；Natsuaki et al. , 2010）。相反，如果父母快乐，具有高风险基因的儿童内化障碍的患病率可能特别低，这表明他们有不同的易感性。此外，研究表明，教养质量会影响基因甲基化*，改变基因的功能，这表明存在表观遗传效应**（Dadds, Moul, Hawes, Mendoza Diaz, & Brennan, 2015）。

儿童抑郁和焦虑的后果是什么？不快乐和痛苦是足够严重的后果，但除此之外，以下障碍与其他障碍也有关，如多动症、学习障碍，以及绝大多数出现在十多岁孩子身上的饮食障碍（Rhee et al. , 2015）。抑郁的学生，尤其是男孩，可能会经常生气，表现出格。抑郁和焦虑也与疾病、失学、学业成绩低、注意力不集中、精神活动迟缓、与朋友及工作伙伴不合群、孤独和药物滥用有关①。并非所有抑郁或焦虑的学生都会有这些问题，许多人会在这些问题出现之前恢复。那些使用良好的应对策略——如运动，或与朋友一起去看电影（抑郁），或放松（焦虑）——而不是危险的逃避策略如酗酒等的人，则更有可能康复。然而，干预可能是必要的。稍后我们将讨论学校干预措施。

6. 情绪调节的群体差异

研究表明，情绪调节存在性别、社会经济地位和种族差异。此外，移民和文化也影响情绪调节。让我们先看看性别差异。

性别

早在婴儿时期，女孩们就更擅长调节情绪。在一项研究中，当母亲不回应婴儿时，6个月大的男孩比女孩明显更多地表现出愤怒、哭泣或拒绝（Weinberg, Tronick, Cohn, & Olson, 1999）。在小学阶段，女孩更擅长伪装情绪，即便不快乐时，也会显得很快乐。女孩比男孩微笑更多，这有助于调节情绪、保持愉快互动（Saarni, 1999）。

矛盾的是，尽管女孩有更好的情绪调节能力，但女孩比男孩更容易焦虑。她们患抑郁症的可能性也是前者的两倍（Hammen, 2009）。这种性别差异在儿童早期并不明显，但在7年级时就出现了，到了青春期中期就变得非常明显。为什么女孩比男孩更容易抑郁？研究结果支持两种可能性：（1）她们有更大的关系压力；（2）她们的应对方式导致抑郁（Hamilton, Stange, Abramson, & Alloy, 2014）。在一项研究中，8年级和10年级的学生报告了当天发生的最糟糕的事情。女孩们报告了人际关系事件，比如和朋友打架，而男孩们则报告了与学校有关的事件，比如测试中得了"F"或输掉了足球比赛（Hanish & Guerra, 2000）。青少年时期的女孩比男孩更有可能与家人和朋友进行消极或积极的互动（Flook, 2011）。女孩更愿意平息更多的负面事件，这也使女孩们有患抑郁症的风险。

女孩更喜欢通过反复思考当下的情境和她们的感受来调节情绪（Smith & Rose, 2011）。反省会导致抑郁。在以问题为中心的策略更有用的情况下，比如在考试拿到一个差分数之后需要的是更努力的学习，女孩还是更倾向于使用以情绪为中心的应对策略（Seiffge-Krenke et al. , 2009），这是一个缺点。

---

* 基因甲基化（methylation of genes）：是指基因化学修饰的一种形式，能够在不改变基因序列的前提下，改变遗传表现。——译者注

** 表观遗传效应（epigenetic effect）：是指基因表达发生改变但不涉及基因序列的变化，能够在代与代之间传递。——译者注

① 许多研究已经证明了这些效应，这里只列举少数：Duchesne, Larose, Vitaro 和 Tremblay（2010）；Foersterling 和 Binser（2002）；Kochel, Ladd 和 Rudolph（2012）；Pomerantz 和 Rudolph（2003）；Verboom, Sijtsema, Verhulst, Pennix 和 Ormel（2014）；Van Zalk 等（2010）。

社会经济地位

低社会经济地位的学生往往比中等社会经济地位的学生更不能调节他们的情绪,尽管差异很小。生活在贫困中的学生有更多的苦恼需要解决,往往在他们有时间应对现有压力之前又会出现新的压力源,并且帮助他们妥善应对的支持更少(Zimmer-Gembeck & Skinner, 2008)。在低社会经济地位的学生中,如果父母提供了先前讨论过的积极经验、安全依恋、家庭中的积极情绪、对情绪的讨论、指导、对情绪的适当反应以及有效的管教,那么尽管这些学生在经济上处于劣势,但他们仍能发展出良好的情绪调节能力(Raver, 2004)。

种族

美国一项全国性研究发现,黑人学生更容易患焦虑症,拉美裔学生比白人学生更容易患抑郁症(Merikangas et al., 2010)。移民青少年必须适应多种文化,从而可能会有更多的心理健康问题,但平均而言,他们在心理健康和学校行为方面与非移民同龄人相似或更好(Morris, Chiu, & Liu, 2015)。移民青少年是否会变得抑郁与两个因素有关:家庭和文化适应。像其他青少年一样,移民青少年的主要压力来源是家庭内部。如果有功能失调的家庭,他们患抑郁症的风险就会更高(Flook & Fuligin, 2008)。移民青少年还有其他压力来源:与他们的原生国家断绝了联系,在学校里要努力说英语,可能会遭遇种族歧视等(Romero & Roberts, 2003)。

文化适应①是指适应新文化。孩子们可以以不同的方式适应新文化:他们可以在接纳新文化的同时保持他们的传统文化(双文化主义);他们可以拒绝一种文化或同时拒绝两种文化。移民青少年如果成为双文化群体,就不太可能抑郁。双文化青少年往往更外向,更乐于接受新经验(Ryder, Alden, & Paulhus, 2000)。在第十二章中你将了解到,那些在保持他们传统语言的同时学习英语的孩子们生活得很好。因此,如果你的移民学生乐于接受新文化,那么帮助他们保持传统文化可能会提升他们的幸福指数。

有一个群体在以你可能不知道的方式适应新的文化,他们就是军人子女。在专栏8-3中我们会讨论这些孩子的特殊需要,以及你可以做些什么来帮助他们。

专栏 8-3   发展中的挑战

军人子女

在一次学校音乐会上,学生们演唱了《圣母玛利亚》,一个年轻女孩突然哭了起来。她的老师引导她离开舞台并安慰她。透过泪水,老师得知这首歌在她父亲的葬礼上唱过,而且这个女孩是个"金星"孩子——这个词是指父母在战争中丧生的儿童。

美国第二夫人吉尔·拜登(Jill Biden)发起的改革运动旨在让教育工作者为军人子女做更多的事情(Biden, 2016)。父母是现役军人、退伍军人或预备役军人的儿童面临着特殊的挑战,包括:(1)几个月或几年内无法见到执行任务的父母;(2)担心父母的安全;(3)在父母不在时承担成年人的责任;(4)在父母执行任务后重新整合家庭;(5)面对身体或心理上受过创伤的父母,或父母的离世。此外,军人子女经常换学校,平均在高中毕业前转学9次(Astor et al., 2012)。在一项研究中,父母是军人的青少年报告说,他们对进一所新学校、努力维持过去的友谊和结交新朋友感到压力巨大,并且因为课程内容衔接不上而在课堂上不知所措(Bradshaw, Sudhinaraset, Mmari, & Blum, 2010)。

---

① 文化适应(acculturation):是指适应新文化的长期过程。

非军人家庭也面临着一些同样的挑战（例如，警察面临伤害，没有房子的家庭经常搬家），但一般来说情况并非如此。

你如何帮助这些面临挑战的军人子女？请尝试以下方法：
- 建立他们的优势。例如，你可能会发现，由于在父母服役期间承担了成年人的责任，他们比同龄人更成熟（Bradshaw et al.，2010）。你可以利用他们的成熟，请他们承担课堂助手的特殊角色。你也可以借鉴他们在其他国家生活的经验来改善你的课程。
- 尊重他们的家人为保护他人而做出的各种牺牲。有些学校有一面"英雄墙"，墙上挂着服役家长的照片。承认军事文化中的荣誉、勇气、忠诚和正直的价值观，但不要对某项行动的价值发表意见。
- 要认识到儿童及其父母正在跨越军民社区之间的文化界限（例如语言上的差异、指令和社会地位明确性方面的不同，强调个体或是强调团队合作的区别）。
- 准备好支持那些可能存在与父母压力有关的内化障碍、外化障碍的儿童。你将在本章和第十章中学习如何做到这一点。
- 耐心对待"掉队"的家长，他们在执行任务的家长离开后可能会减少参与学校的活动。使用信息技术（如 Skype、Facebook）与执行任务的家长沟通。
- 为新来的学生提供过渡便利。例如，分配一名"导游"和好友帮助新来的学生，让他们感到舒适。使学分和课程转换尽可能顺利。帮助学生参加课外活动，即使他们是在通过测试之后才转入学校的。
- 为离校学生提供方便。例如，给他们的新老师发一份学情报告或一封信，解释学生知道或能做什么，这样学生就不会在新班级中失去动力。

美国国防部在世界各地有学校，为一小部分军人子女（大多数军人子女是在平民学校就读）提供服务。在国防部学校，尽管学生流动率很高，少数族裔学生占很大比例，但成绩相对较高，成绩差距较小，部分原因是使用了以上这些策略（Astor et al.，2012）。

你的学校可以成为军人子女的安全避难所。作为他们的老师，你是他们适应新学校的重要保障（Esqueda，Astor，& De Pedro，2012）。

7. 情绪调节的课堂启示

情绪调节技能影响学生在课堂上能否获得成功。能够调节自己情绪的学生往往会更快乐、更受欢迎，并且更能集中注意力去学习。这可能就解释了为什么一些减少学生情绪困扰的干预措施也会显著提高他们的学业成绩（Durlak，Weissberg，Dymnicki，Taylor，& Schellinger，2011）。

你已经知道，家里的负面因素预示着孩子们情绪调节能力不佳。这也会对学校有溢出效应。在家里经历消极情绪的学生往往会在学校感到苦恼，并有行为问题，例如逃课、考试不及格或不做家庭作业（Timmons & Margolin，2015）。（如果你在生物生态学模型中认识到这种溢出效应是中间系统的一部分，就表明你理解了该模型！）学生在学校或家里感受到的日常压力越大，他们的平均成绩就越低（Flook & Fuligni，2008）。你不能控制学生家里的情绪氛围，但有四种方法可以帮助学生在课堂上发展出良好的情绪调节能力：（1）谈论情绪；（2）对学生的情绪敏感；（3）直接教授情绪调节策略；（4）创建一个积极的课堂。

> **思考**
>
> 在9年级的课堂上，老师说："桑吉塔（Sangita），你在说话！我要扣你的分。"事实上，桑吉塔没有说话，她受到了错误的指责。桑吉塔感到生气。她不为自己辩护，因为她的原生文化认为孩子不能与老师争论。然而，她闷闷不乐，想着这多不公平，老师怎么不喜欢她，她如何在午餐时告诉她的朋友，等等。桑吉塔没有听剩下的课程。桑吉塔该使用什么应对策略？这对她的执行功能（见第四章）有何影响？

谈论情绪

利用一切机会谈论情绪。帮助学生标记、描述和理解他们体验到的情绪。吴老师和海莉谈了埃文对她的惊讶和愤怒，海莉应该感到内疚。这对一些需要特殊教育的学生或年龄很小的孩子尤其重要，因为他们很难辨别自己或他人的情绪。

你也可以通过课程创造谈论情绪的机会。例如，在一个实验中，当5年级和6年级的老师在教文学时，问"感觉问题"（例如，"如果……你将感觉怎样"）而不是批判性思维问题。与对照组相比，他们的学生更好地学习了内容，更积极地学习，更支持彼此，觉得教室是一个更友好的地方，从而减少了1/4的分心行为或攻击性行为（Shechtman & Yaman, 2012）。

对学生的情绪敏感

当你变得对学生的情绪更加敏感时，你就能分辨出你的学生是否有良好的情绪调节能力。你可以使用以下指导：

（1）注意每个学生在大多数时候是积极的还是消极的。长期消极或过度情绪化是不正常的，即使是2岁的孩子或者青少年。

（2）注意你的每个学生是否都有符合所属年龄段的情绪调节能力（回顾年龄趋势部分）。海莉没有与年龄相对应的情绪调节能力，但肖妮有。

（3）注意情绪障碍，尤其是抑郁和焦虑等内化障碍。虽然它们在女孩身上更常见，但也不要忽视男孩。如果你怀疑某个学生有情绪障碍，那么请通知心理导师。他们越早被发现越好，因为对年幼儿童的治疗更成功。

（4）注意学生的情绪伪装。

如果是出于好意，那么情绪伪装可能是积极的，就像丹尼尔的故事一样。然而，它也可能导致误解。例如，当你管教学生时，一些没有表现出后悔或尴尬的人可能真正认识到了错误，而一些表现出这些情绪的人可能实际上是在假装安抚你。对他们真正苦恼的事情，学生可能会假装他们并不苦恼。4年级或5年级的学生已经发展出了良好的情绪伪装能力，但即使是更年幼的学生也能对你隐藏情绪。让我们看看幼儿园的儿童。

> 一个女孩被一个男孩欺负，为了自卫她咬了他。她以前从未伤害过其他任何一个孩子，为此她心里特别难过。但是，她没有让老师看到她有多难过。老师打电话给她母亲说："这件事她处理得很好。"然而，几个小时后，当她母亲在放学后走进教室带她回家时，她突然哭了起来。

这个受伤的小孩已经忍着眼泪两个小时了。学生更容易伪装成权威人物，比如老师（Saarni, 1999）。然而，父母也不总是知道孩子的情绪。离婚的父母通常认为他们的孩子能很好地应对，因为孩子没有表现出什么，而且相对顺从。在现实中，孩子可能会因为父母离婚而抑郁或自责，但是他们又觉得表现出这些情绪太过脆弱。

搭建情绪调节教学支架

婴儿和学步期幼儿在恸哭时可能需要你的帮助来调节他们的情绪。你怎么样才能让婴儿平静下来？抱着他们走来走去是最有效的方法之一（Esposito et al., 2013）。（其实这也适用于老鼠幼崽。）请尝试以下这些老方法：（1）紧紧地将他们抱在怀里，让他们手臂放在一边，双腿弯曲，头部不要有遮盖物；（2）将他们抱在一侧，这样他们的惊吓反射就不会被触发；（3）发出"嘘"的声音；（4）在提供头部支撑的同时轻轻地摇晃或摇摆；（5）给他们一些其他刺激。在一项实验中，当医生使用这些方法时，婴儿在接受疫苗接种后平静的速度更快（Harrington et al., 2012）。

当一个幼儿发脾气时，你该如何处理？请记住，幼儿发脾气意味着强烈的悲伤，同时愤怒达到了顶峰。这时候你什么也不要做（除非孩子处于危险之中），直到孩子愤怒的高峰消退，只剩下悲伤。悲伤的孩子会寻求安慰。但是，如果你试图在愤怒高峰时安慰孩子或和孩子讲道理，则会延长孩子愤怒的时间。

你可以通过直接教授应对策略和对他们的情绪做出适当的反应来帮助年龄大一些的学生发展情绪调节能力。可以利用表8-2中更具建设性的策略。对于许多情况，重新评估是最好的策略之一，甚至可以教给5岁的孩子（Davison & Birch, 2002）。还记得吴老师是如何教会海莉处理愤怒的有效方法的吗？——去洗手间散散步，喝点水来分散自己的注意力。吴老师还教海莉，一定要克制愤怒，不要让愤怒扰乱课堂上的其他活动。想象一下，如果吴老师骂一句"我给你记过！"或者送她去办公室，就会使海莉的愤怒不断升级。她也就不能教海莉如何有效地应对愤怒了。

同样，在一节8年级的英语课上，一位老师帮助拉吉（Raj）处理了在同学面前讲读书报告的焦虑。她让拉吉慢慢深呼吸：

> 拉吉在汇报过程中扯自己的衬衫袖子，手指不断穿过头发，前后摇晃，避开教师的目光。有一次，他努力通过缓慢的深呼吸和闭上眼睛来控制自己的焦虑，直到他恢复镇静并能继续下去。

在这个案例中，拉吉比海莉大，他正在寻找自己的应对策略，比如摇晃、闭上眼睛。然而，他仍然需要老师的帮助。老师让他慢慢深呼吸以平静下来。帮助你的学生确定他们的应对策略，然后鼓励他们在需要时采取更具建设性的策略。

营造积极的课堂氛围

积极的课堂氛围有助于学生安全地交流他们的真实感受。积极的情绪也有助于在学生自控力被消耗时重新激发自我控制（Baumeister, Vohs, & Tice, 2007）。此外，积极的情绪有助于创造性地解决问题，并在某些任务中促进思考。因此，如果你让学生产生积极的情绪，就可以帮助他们提高学习成绩。研究发现，在积极的课堂上得到情感支持的5年级和6年级学生更喜欢上课，也能获得更高的成绩（Pianta, Belsky, Vandergrift, Houts, & Morrison, 2008; Reyes, Brackett, Rivers, White, & Salovey, 2012）。

你可能认为，为幼儿营造积极的课堂氛围是很容易的，但在中学教室这一目标却很有挑战性。然而，在对幼儿教室进行的六项大型研究中，教师的情感支持得分约为5分（总分7分）。分数为"7"意味着课堂气氛是积极的，也就是说，老师和孩子之间关系很好，孩子喜欢和老师在一起，彼此间消极影响很小。因此，虽然幼儿的课堂通常是相当积极的，但也有很大的改进空间（Hamre, 2014）。不管为哪个年龄段的孩子创造积极的课堂氛围，都需遵

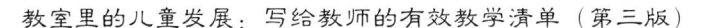

循以下指导：

（1）表达积极的情绪。学生需要看到成年人表达各种各样的情绪，但积极的情绪比消极的情绪更常见。学生可能从沮丧的老师那里学到的更少（McLean & Connor, 2015）。即使他们不开心，聪明的老师有时也会表现得很开心，他们的情绪伪装常常会改善学生们的情绪。一位1年级老师这样说：

> 课间休息时，提姆（Tim）抱怨科特（Kurt）不给他球玩。我看到科特手里拿着两个球。他不和同学们一起玩球，也不让其他人玩球。我很不高兴，因为我从过去的经验中知道科特会挑战我的权威。当我走向他时，我决定强迫自己高兴起来。我对科特微笑（尽我所能真诚地笑），请他给提姆一个球。科特开始反抗，但我一直在微笑。令人惊讶的是，我没有生气。在科特给提姆一个球后，我笑得更开朗了，说："这是一件好事！"令人惊讶的是，科特对我也报以了微笑。

（2）运用有效、正面的管教。在第七章中，你已经了解到无效的管教会损害人际关系，让学生生气。

（3）建立安全的师生关系。在第六章中，你学习了如何通过敏感地支持学生来做到这一点。课堂气氛受师生关系以及教师对学生的喜爱程度的影响。密切的师生关系可以保护那些由消极的父母养育的孩子，与父母和教师都有消极关系（即风险累积）的学生最有可能变得抑郁和失控（Wang, Brinkworth, & Eccles, 2013）。

（4）让学生在教室里开心。强烈的足以影响思考的积极情绪是非常容易诱发的。在研究中，简单的干预，如给参与者一个意想不到的奖励，就可以在实验室的实验中加快学习速度。将此应用到课堂上，当你庆祝学生实现目标或成功完成一项困难的任务时，就可以引发学生积极的情绪。偶尔，对学生的努力给予意想不到的奖励。（然而，请记住，当奖励成为常规的时候，它们就不再会引起积极的情绪。）与学生分享快乐的故事或笑话，就像皮尤（Pugh）老师在他6年级的电学课上所做的那样：

> 学生们离开座位，兴奋地用范德格拉夫机器（the Van de Graaf machine）和气球让头发竖起来。当一个男孩开始跳上跳下，请求做下一个实验时，皮尤老师说他已经"充电过猛"了。男孩和他的同学们笑了。教室里的气氛很有趣而且引人入胜。孩子们也在学习——当被问到为什么他们的头发直立时，他们可以解释静电的成因。

让学生快速思考的游戏可以是有趣和充满活力的。快速思考与更好的情绪有关（Pronin & Jacobs, 2008）。这可能就是欢快、积极的音乐有时会对测试表现产生积极影响的原因，尽管并非所有的研究都发现了这种莫扎特效应*（Mozart effect）(Schellenberg, 2005)。

我们已经讨论了你可以做些什么来提高一般学生的情绪调节能力。接下来，让我们集中讨论一下你如何帮助抑郁和焦虑的学生。

帮助抑郁的学生

抑郁的学生的成绩往往比你根据他们的智力所期望的要低。学校可以改变抑郁的发生率。美国一项大型的全国性研究发现，排除其他因素，青少年就读的学校可以预测学生是否

---

* 莫扎特的作品大多纯净、新鲜、明亮、节奏稳定，符合人体内部特有的生理规律。这种特征能够激发欢快、愉悦等正面情绪，这种正面情绪反过来又能促进认知加工水平的提高。——译者注

抑郁（Dunn，Milliren，Evans，Subramanian，& Richmond，2015）。你可以像对待任何其他学生一样，利用上一节中讨论的方法，帮助抑郁的学生发展良好的情绪调节能力和应对策略。

（1）帮助学生感觉更有能力。传授技能并提供现实的目标。为实现不切实际的目标而努力会让学生感觉能力不足。

（2）帮助学生重新评估状况。克服他们悲观的想法，提出更乐观的想法，帮助他们看到一线希望。把他们的失败和成功归因于努力，而不是天生的能力，比如"你之所以能得到B是因为你努力学习"而不是"因为你聪明"。学生如果能够解释和控制他们的成功，就会少些抑郁。

（3）帮助学生找到一种擅长或喜欢的活动来克服抑郁情绪，也可以考虑愉快的音乐、有趣的书或者体育锻炼。身体活跃的年轻人不太可能抑郁或焦虑（Monshouwer，ten Have，van Poppel，Kemper，& Vollebergh，2013）。

教师不是治疗师，你应该依靠学校辅导员来帮助那些患抑郁症风险很高的学生。研究表明，辅导员可以实施有效的学校干预措施（Munoz，Beardslee，& Leykin，2012）。这些干预措施旨在教会学生有效的应对策略和积极思考的方法。一些情绪低落的学生可能需要专业干预。药物是一种选择，但有严重的副作用；有些药物与自杀风险有关。因此，专家首先推荐心理治疗，这通常包括培训家长使用本章中所提及的技巧（Dougherty et al.，2015；Weisz，McCarty，& Valeri，2006）。一些心理学家提倡正念训练（如冥想、瑜伽），但还没有足够多的研究证明其对儿童有效（Arkowitz & Lilienfeld，2014；Greenberg & Harris，2012）。

帮助焦虑的学生

就像帮助抑郁的学生一样，你可以使用前一节讨论的方法帮助焦虑的学生发展良好的情绪调节能力和应对策略。当你提供一个可预测的课堂时，你也可以最大限度地减少焦虑，并给学生尽可能大的控制活动的权力。可预测课堂最重要的部分是一个始终如一、反应迅速的教师。当教师反应灵敏而不是批评或无视学生时，学生会更积极，也不那么焦虑（Hestenes，Kontos，& Bryan，1993）。

你也可以通过减少每天在学校的麻烦来减少焦虑。这些都是小的压力源，比如听老师对其他学生大喊大叫，因为小错误而得低分，或者不得不长时间端坐。每天的麻烦也可能与时间有关，例如没有足够的时间吃午饭、赶赴上课教室或在课间玩耍。一群优等生说，他们最关心的一个问题就是要准时上课。这对你来说似乎微不足道，但它给这些14岁的孩子带来了焦虑，因为学校很大，他们课间时间只有5分钟。关于如何减少考试焦虑和数学焦虑的建议，请参见专栏8-2。

总之，你已经了解到情绪从出生起就存在，并且起着重要的作用。然而，情绪必须得到调节。调节能力较强的学生往往会受到他人的喜爱并在学业上取得成功；调节能力较差的学生有时会出现情绪障碍，干扰课堂学习。然而，学会调节自己的情绪只是学生情绪能力的一半，他们还必须学会理解他人的情绪。

三、理解他人的情绪

> 肖恩塔（Shaunt'a）最近转到了一所新高中。她很安静，几乎没有朋友。在法语课上，一个男孩取笑她的衣服。肖恩塔表现得好像什么也没听见一样。然而，她的另一位同学德克（Dirk）知道她听到了。于是，德克说他喜欢肖恩塔的衣服，这让那个男孩不再说什么了。随后德克问肖恩塔是否想参加唱诗班表演，想以此让她感觉舒服些。

德克理解肖恩塔的感受。这种准确感知他人情绪的能力称为**情绪采择**①能力。情绪采择能力是情感能力的重要组成部分,因为它影响着一个人能否在社会环境中取得成功,其中也包括课堂。然而和其他任何能力一样,情绪采择能力既可以用在好的地方也可以用在坏的地方。骗子可以很好地解读他人的情绪,却不能分享他们的感受。当在情感采择能力中加入分享他人的感受时,我们称之为**移情**②。

当一个学生对另一个人的经历感同身受时,他可能会以以下三种方式中的一种做出回应:

(1) **同情**③,即对他人感情的关心。

(2) **个人痛苦**④,即学生关注自己的感受时产生的对他人痛苦的负面情绪反应。德克对肖恩塔表示同情,而其他同学在这种情况下感到非常不舒服,于是他们把注意力集中在自己而非肖恩塔的苦恼上。

(3) **移情痛苦**⑤,即和他人一起感到痛苦。

上述三种方式的区别很重要,因为它们有不同的结果。移情痛苦的结果可能是更进一步的友谊(Smith & Rose,2011)。同情可能会帮助陷入困境的人,就像德克一样。相比之下,个人痛苦则可能会导致对减轻自己痛苦的渴望。学生可能会通过帮助一个苦恼的人来减轻他们自己的痛苦,但是他们更有可能试图避开这个苦恼的人,就像其他同学对待肖恩塔一样(Losoya & Eisenberg,2000)。情绪采择与另外两个重要概念相关:情绪传染和社会参照。当一个人的情绪在另一个人身上引起类似的情绪时,就会发生**情绪传染**⑥。例如,一个十几岁的女孩因一个笑话而开怀大笑,她的朋友们也许不觉得这个笑话好笑,但他们也开始大笑,因为她的笑声具有传染性。这种对他人情绪的模仿是无意的,但实际上改变了你的情绪。

社会参照⑦指的是通过观察他人的情感来决定自己应该如何回应。例如,一个4岁的男孩在接近一只狗之前看了看老师的脸。老师笑了,所以孩子去摸狗。如果老师看起来很担心,孩子就会退缩。在含糊不清的情况下,孩子不知道该做什么或感觉不到什么,社会参照产生的影响尤其显著。社会参照为儿童提供了关于某一情况的信息,包括在该情况下什么样的情绪反应是合适的。

大脑研究

镜像神经元

情绪传染是如何发挥作用的呢?一种理论认为,无论你是亲自做某事还是看别人做,一些(意味着数百万个,而不是少数)神经元的反应都是一样的。所以科学家称之为镜像神经元。例如,当你笑或者看别人笑时,镜像神经元的反应方式相同(Lacoboni,2009)。

---

① 情绪采择(affective perspective-taking):是指感知另一个人的情绪。
② 移情(empathy):是指因感知他人的情绪而产生类似于他人感受的情绪状态。
③ 同情(sympathy):是一种情绪反应,包括对他人痛苦的关心。
④ 个人痛苦(personal distress):是指因他人负面情绪而产生的自我关注、厌恶的情绪反应。
⑤ 移情痛苦(empathic distress):是指一种以自我和他人为中心的体验,即承受另一个人的痛苦,并把它当成自己的痛苦来体验。
⑥ 情绪传染(emotion contagion):是指一个人的情绪通过表情、声音或手势暗示在另一个人身上产生类似的情绪。
⑦ 社会参照(social referencing):是指儿童通过观察他人的情感表达来决定他们在模棱两可的情况下应该如何应对。

> 这有助于你与其他人建立联系。镜像神经元也可以让你能够读出他人的想法（如第九章所示）和产生错误记忆（如第四章所示）。错误的记忆可能是通过想象自己做某事或者看着别人做某事而产生的。例如，在一项研究中，人们看到别人摇一瓶巧克力牛奶，然后两周后错误地记得是自己摇过瓶子（Lindner，Echterhoff，Davidson & Brand，2010）。你的大脑有时会模拟真实的体验，好在这并不经常发生，且大多数神经元不是镜像神经元，否则你将没有准确的记忆。科学家们正在努力更好地了解镜像神经元。

一个经常用于研究婴儿社会参照的有趣装置叫做视崖，这是一个断崖式的平台。爬行的婴儿被放在平台上，他们通常拒绝越过视崖，因为他们认为自己可能会掉下去。（有机玻璃盖在视崖上面，这样婴儿实际上不会真的掉下去。）悬崖可以升高，所以只有一个很小的落差，这使得情况变得模糊不清，婴儿无法确定是否可以安全穿越。在一项经典的研究中，母亲站在视崖的尽头，表现出喜悦或恐惧。如果母亲表现出喜悦，75%的婴儿就会越过悬崖。如果母亲表现出恐惧，则没有一个婴儿越过悬崖。这个实验证明了社会参照的作用，因为婴儿直接受到母亲情绪表达的影响（Sorce，Emde，Campos，& Klinnert，1985）。

1. 理解他人情绪的年龄趋势

移情、情绪传染和社会参照在所有年龄的儿童中都存在，但是随着年龄的增长，它们会发生变化。接下来让我们来看看这个发展过程。

婴儿期与学步期（0~2岁）

情绪传染在出生时就存在。婴儿大脑对情感表达的反应方式与成年人大脑相似（Leppanen, Moulson, Vogel-Farley, & Nelson, 2007）。婴儿特别注意眼睛区域的表情。在生命的最初几天，婴儿可以模仿他人的面部表情。快乐的表情尤其引人注目，大概是因为它们是社交的润滑剂（Becker & Srinivasan, 2014）。

在出生后的几个月里，婴儿可以从你的脸、声音和身体动作中辨别不同的情绪，比如快乐或悲伤（Zieber, Kangas, Hock, & Bhatt, 2014）。我们之所以知道他们可以区别情绪，是因为他们的反应不同。例如，如果你看起来悲伤，婴儿就可能会移开视线或动动他们的嘴（自我安慰的形式）；如果你看起来快乐，他们就会睁大眼睛兴奋地踢腿。我们也知道他们通过适应性研究来区分情绪（如第五章所示）。在习惯了快乐的面孔后，婴儿在看到不愉快（如愤怒、悲伤、恐惧）的面孔时，会看更长时间。但是他们不会区分不同的不愉快情绪。直到幼儿学会"悲伤"、"愤怒"和"恐惧"等词汇后，他们才会区分不同的不愉快情绪（Lindquist et al., 2015）。

很明显，婴儿对他人的情绪有反应。但是他们明白什么是情绪吗？社会参照表明他们确实明白（Egyed, Király, & Gergely, 2013）。社会参照出现在婴儿6至10个月大时。在接下来的一年里，这种情况会增加。所以在18到20个月大的时候，除非他们从父母那里看到确定的表情，否则孩子不太可能接近陌生人或像冒烟的机器人那样可怕的玩具。如果父母表现出恐惧，他们就不会接近。到了18个月大时，孩子也会表现出移情来试图安慰痛苦的人，比如拥抱哭泣的兄弟姐妹。

儿童早期（3~5岁）

学龄前儿童经常运用社会参照这一技能来判断笑话是否有趣，或者他们的行为是否可以被接受。即使成年人表达了对孩子不良行为的不满，正沉浸其中的孩子也可能故意忽略成年人的情感信息。

随着他们学会说话，学龄前儿童会更好地理解他人的情绪，因为他们可以标记和讨论情绪。随着年龄的增长，他们会使用更多的情感标签。在2岁的时候，大多数孩子能正确地使用"快乐"和"悲伤"这两个词，之后是"愤怒"，后来是"害怕""惊讶"，最后会用"厌恶"等不太常见的情绪标签。到4岁时，孩子们可以将愤怒、悲伤、厌恶和恐惧的面孔的照片放到不同的盒子里（Lindquist et al., 2015；Widen, 2013）。

到了3岁，大多数孩子都会谈论情绪的后果和原因。比如，当我们的一个儿子快3岁的时候，他说："妈妈，如果你告诉人们你爱他们，他们就会很开心！"到了4岁，孩子们知道什么样的情绪是典型的常见情绪。例如，如果得到了款待，他们就会感到快乐（Bamford & Lagattuta, 2012）。理解复杂的社会情绪的能力会在后来得到发展。到了5岁（极少数儿童会在更小的时候），孩子们会明白，如果对方表示内疚，受害者就会更加容易原谅对方，这表明他们理解了内疚的社会功能（Vaish, Carpenter, & Tomasello, 2011）。

儿童中期（6～12岁）

社会参照在儿童中期仍然存在，但是随着年龄的增长，社会参照出现的频率会降低。因为儿童主要在模糊事件中使用社会参照，而对于年龄较大的孩子来说，模糊事件越来越少。6年级的学生不会像1年级学生一样仔细观察老师的情绪反应，因为他们更了解哪些事件会让老师高兴或生气。

到了6岁，许多孩子理解了复杂的情绪标签，比如紧张、尴尬、嫉妒和痛苦。在儿童中期，他们谈论情绪时的多样性、准确性和复杂性会有所提高。例如，一个同学取笑6年级的赫克托（Hector）在数学考试中得了满分。赫克托说："我惊讶于自己居然会为成为一名好学生而感到尴尬，但我知道他只是嫉妒。"赫克托6岁的妹妹可能知道这些话的意思，但是她不太可能使用这样的技巧。谈论情绪的能力有助于年龄较大的孩子更好地理解他人的情绪。

5岁时，孩子们就知道信念或记忆会引起情绪（例如记住一只宠物死了），而在糟糕的情况下"积极思考"会引起更快乐的情绪（例如，她虽然摔断了手臂，但她变得很酷，因为朋友们可以在她手臂上的石膏上签字）。然而，直到7岁或更大一些的时候，他们才会强调是信念而非情境引发了情绪（Bamford & Lagattuta, 2012）。因此，直到儿童中期，他们才可能用重新评估的方式来处理负面情绪。

在儿童中期，儿童更善于考虑多种甚至是彼此相互冲突的情绪。例如，大多数12岁的孩子能够理解，他们在拼写比赛中拼错了一个熟悉的单词后仍然赢得了一条丝带这件事可以同时带给他们好的和坏的情绪，但只有少数6岁的孩子能够理解（Larsen, To, & Fireman, 2007）。

青春期（13～19岁）

社会参照和情绪传染都会在青春期继续存在。万圣节后的第二天，莫里（Murray）老师对他生物课上的一名学生咆哮道："清空你鼓鼓囊囊的口袋，马上把糖果递过来！"此时，社会参照出现了。其他学生很快看着莫里老师，他们注意到他的眼睛在发光，他试图抑制笑容。他们开始微笑，和莫里老师分享他们最喜欢的糖果。

思考

情绪传染对听带攻击性的愤怒的音乐的青少年有什么影响？学校活动中应该允许这些存在吗？舒缓、乐观、鼓舞人心的音乐又会有怎样的影响呢？请根据本章讨论过的研究证明你的结论。

你可能会期待青少年和小学生比学龄前儿童更有同情心，因为他们更具有解读他人情绪的能力。然而，研究并没有清楚地表明他们会对陷入痛苦的人有更强烈的感受，有些研究甚至发现他们的移情作用随着年龄的增长会有所下降（Hastings, Zahn-Waxler, Robinson, Usher, & Bridges, 2000; Zahn-Waxler, Kochanska, Krupnick, & McKnew, 1990）。也许这是移情与年龄较大的孩子日益增强的自我保护意识冲突的结果。我们来看一下发生在1年级教室里的一幕：

> 一个男孩在课堂上弄湿裤子后被送到洗手间。当他回到教室时，一个女孩大声说："我也有过这样的时候。"其他几个孩子也证实了这一点。由于其他人移情式的话语，这个男孩明显放松下来。

当同理心与潜在的尴尬冲突时，5年级或10年级的学生会做同样的事情吗？在第九章中，你会发现青少年在道德判断上常常以自我为中心。在第十章中，你会发现青少年可能选择不帮助他人，因为他们比年幼的孩子更了解帮助他人的代价。

然而，当青少年选择移情时，他们的知识会使得他们的帮助比年幼的孩子更加有效。如果他们看到同伴陷入痛苦，那么他们可以通过重新评估处境来帮助解决问题或帮助同伴应对。例如，一个女孩因为没能被选中参加学校演出而心烦意乱。一个朋友帮助她看到了不用花大量时间和脾气暴躁的导演一起排练的好处。青少年更为丰富的知识也有助于他们同情遥远国家中不幸的人的困境。他们能够有意识地想象他们看不到的其他人的感受。这就是为什么一些青少年热衷于慈善事业，比如为远方的自然灾害的幸存者筹款。

2. 理解他人情绪的个体差异

理解他人的情绪这一能力的个体差异会随着时间的推移保持稳定。也就是说，在某个年龄段特别擅长解读情感和移情的孩子以后在这方面也往往比同龄人表现更好（Losoya & Eisenberg, 2000）。德克自学龄前以来就可能一直比一般人更有同情心。对像德克这样的学生来说，这种能力有着重要的影响。

理解他人的情绪会带来什么影响？

擅长标记和解读他人情绪的学生有更高的学业成绩、更强的自控能力，更具合作性（Izard et al., 2001）。他们也会受到同龄人的追捧（Fabes, Eisenberg, Hanish, & Spinrad, 2001）。这是因为他们准确地解释了别人的观点，且很容易建立融洽的关系，就像德克对肖恩塔一样。因此德克深受同学和老师的喜爱。

相比之下，不擅长解读他人情绪线索的学生则不太受同龄人的喜爱。他们可能咄咄逼人，在教室里有行为问题（Arsenio, Cooperman, & Lover, 2000; Coie & Dodge, 1998）。他们可能会混淆悲伤和愤怒的表情，或者当别人对他们生气时，他们不会注意到。例如，一群6年级的男孩都会躲避一个反复讲同一个笑话的同学。这位同学感受不到其他男孩对他的重复感到恼火。他无法读懂情感暗示，从而导致了社会排斥。

什么因素有助于理解他人的情绪？

学生的情绪调节能力对理解他人的情绪做出了很大贡献，与情绪调节相关的父母方面的因素也是如此。接下来我们来讨论这些因素。

情绪调节

如果学生能调节自己的情绪，他们就会更理解他人的情绪、更有同情心（Denham et

al., 2003; Eisenberg et al., 1997)。当学生目睹别人的痛苦时,如果他们能保持中等强度的情绪,他们就会感到同情。但是,如果他们自己的情绪过于强烈,那么,他们只能感受到个人痛苦。

依恋

与具有不安全依恋的学生相比,具有安全依恋的学生往往更能理解和讨论他人的情绪,更能移情。因为具有不安全依恋的学生往往用个人痛苦而不是同情来回应他人的痛苦(Dykas & Cassidy, 2011; Mikulincer & Shaver, 2005)。安全依恋可能有助于移情,因为依恋能够促进情绪调节能力的提高。

思考

考虑一个你很了解的孩子。如果孩子有以下行为,你会如何应对?
(1) 收到不喜欢的礼物时表现得很恼火。
(2) 在等着拍照的时候摇摇晃晃。
(3) 赢了一场比赛就会到处吹嘘。
(4) 非常生气时会咕哝着威胁的话和摔门。
为了提高孩子的情绪调节能力,你应该如何应对?请论证你的选择。
[改编自 Saarni (1999)。]

父母对孩子情绪的反应

对孩子的消极情绪做出同情反应的父母是孩子移情的榜样(Denham et al., 1997)。然而,当孩子的消极情绪伤害到别人时,父母不应该接受。一项研究表明,父母允许他们的孩子在沮丧时表达愤怒,但如果可能伤害他人的感情,则不允许。这样做,他们的孩子会更有同情心(Eisenberg, Fabes, Schaller, Carlo, & Miller, 1991)。如果父母禁止孩子所有愤怒的表现,则孩子更容易感受到个人痛苦,而不是同情。

家庭中的情感表达

移情与家庭中的情感表达有关。如果一个学龄前儿童的母亲与孩子热情交流,很少消极地对待孩子,孩子就可能成为同情他人的青少年(Michalik et al., 2007)。相比之下,在充满负面情绪的家庭中长大的孩子可能缺乏同情心。

亲子间的情绪讨论

谈论情绪有助于孩子理解他人的情绪(Denham, Zoller, & Couchoud, 1994)。有些家庭谈论很多关于情绪的话题,而有些家庭几乎从不谈论(Dunn, Brown, & Beardsall, 1991)。关于消极情绪的对话特别有用,因为它们比关于积极情绪的对话更关注情绪产生的原因,也会涉及更广泛的词汇(Lagattuta & Wellman, 2002)。兄弟姐妹之间的冲突为谈论情绪提供了丰富的机会。兄弟姐妹之间的冲突有助于提升孩子的情感能力,但请记住,这指的是正常的家庭冲突,而不是激烈的冲突。情绪可能是消极的,但是必须控制在通过对话可以解决的范围内。

虐待

受虐待的儿童可能不会像未受虐待的儿童那样准确地解读他人的情绪。同时,他们可能会对负面情绪过于敏感。例如,被忽视的孩子更能够感知他人的悲伤,也许是因为他们的母亲容易抑郁。身体受虐待的儿童更能感知到他人微妙的愤怒暗示,并能快速识别愤怒的面孔(Frankenhuis & de Weerth, 2013; Strang, Hanson, & Pollak, 2012)。他们大脑中更多的处理能力用于处理愤怒的信号,这会干扰他们的学习任务(Strang et al., 2012)。

受虐待的儿童可能不像未受虐待的儿童那样具有同情心。他们更有可能用个人痛苦或攻击来回应同龄人的痛苦。当他们看到另一个身处痛苦中的孩子时，他们可能会嘲笑、殴打对方，或者表现得退缩。即使他们与未施虐的看护者、没有被虐经历的儿童相处了相当长的时间，这些不恰当的反应依然可能发生。相比之下，未受虐待的孩子更有可能观察、帮助或安慰其他人（Klimes-Dougan & Kistner, 1990）。

被虐待的青少年可能不想谈论情绪，特别是负面情绪（Pollak, Cicchetti, Hornung, & Reed, 2000）。一些有受虐史的青少年声称他们没有受到虐待的影响，但是其影响是通过药物滥用、与同龄人的虐待关系以及其他问题行为表现出来的。这些青少年无法承认或讨论他们的情绪。治疗的一个目的是帮助受过创伤的年轻人交流情绪。这可以帮助他们从虐待中恢复过来，发展情绪能力。

3. 理解他人情绪的群体差异

研究还没有发现不同群体在情绪采择方面的显著差异，然而可能存在微小的性别和文化差异。接下来让我们看看这些差异。

性别

女孩比男孩更有同情心吗？一些研究发现，女孩更关心他人，更擅长发现他人的苦恼，但是其他研究中没有发现性别差异（Hastings, Zahn-Waxler, Robinson, Usher, & Bridges, 2000; Saarni, 1999）。使用自我报告而非生理指标（如心率）的研究发现，女孩更有同情心，这意味着女孩可能认为她们应该更有同情心，因此报告说她们更有同情心，或者女孩可能实际上比男孩更有同情心。迄今为止最佳的总结是，有关移情的性别差异，研究者并没有得到一致的发现，但是当发现差异时，都是女孩更容易移情。总的来说，移情是好的，但是承受他人的痛苦可能使自己的幸福遭受损失。女孩易患抑郁症可能与她们更大的移情痛苦有关（Smith & Rose, 2011）。

文化

正如你所知，达尔文在一个多世纪前就认为面部表情是普遍的。最近的研究证实，人们可以通过面部表情、语调和肢体语言来解读不同文化中的情感（Ekman, 2009; Shariff & Tracy, 2011）。人们在不同文化中表达情感的方式基本相同，但是存在一些微妙的文化差异，就像同一语言的不同方言。因此，你在解读同一文化群体成员所表达的情感时会更加准确。因此，当你或你的学生必须跨越文化界限时，你可能需要努力创造情感上的理解。

4. 理解他人情绪的课堂启示

解读他人情绪的技能会帮助学生在课堂上获得成功。具有这种技能的学生往往不会有较强的攻击性，成绩更好，更受老师和同学的欢迎。有几种策略可以帮助你的学生培养对他人情绪的敏感性：

（1）使用以受害者为中心的管教方式。以受害者为中心是一种诱导方式（如第七章所示），包括向孩子指出别人对他们的不当行为的感受，这可以培养孩子们的同情心。

（2）利用情绪传染和社会参照来说明你的学生的优势，比如生动地传达他们的兴奋和你所教内容的趣味性。学生会捕捉你的情绪。学生更容易捕捉他们喜欢的人的情绪，比如他们喜欢的老师。学生也更有可能准确地解读和捕捉那些清楚而强烈地表达自己情绪的人的情绪（Zaki, Bolger, & Ochsner, 2008）。不幸的是，这也可能会产生负面影响，比如学生从老师那里感受到数学焦虑，所以在交流时要小心（Beilock, Gunderson, Ramirez, & Levine, 2010）。

（3）利用文学帮助学生想象他人的情绪。小说可以帮助学生体验对其他文化的移情，并给你一个谈论情感的环境（Kidd & Castano, 2013; Lysaker, Tonge, Gauson, & Miller, 2011）。

（4）帮助学生改善情绪调节能力。预测情绪调节的因素也可以预测情绪采择能力，这意味着你可以按照上一节中给出的建议帮助学生控制自己的情绪，更好地理解他人的情绪。

吴老师和海莉一起做了如下几件事：她与海莉建立了友好的关系，并保持了积极的课堂气氛。她接纳了海莉的愤怒，但不纵容她的行为。她让海莉去洗手间洗脸，让她冷静下来，教海莉如何应对。然后她利用这个机会和海莉谈论了情绪。她用诱导的、以受害者为中心的管教方式，指出海莉的行为如何影响了他人。因此，海莉在控制自己的愤怒和理解他人感受方面可能会变得更好。

除了刚才讨论的策略之外，还有几十个旨在帮助学生理解他人情绪的课程计划。一个是面向年幼儿童的推进另类思维策略（Promoting Alternative Thinking Strategies，PATHS）。这个项目包括 60 节课，内容涉及情感为何是可接受的、情感如何提供信息、如何识别情感以及一个人的行为如何影响他人的情感。这个项目旨在提高孩子们对自己和他人情绪的认识。PATHS 提高了学生谈论情绪的能力，减少了负面情绪，弱化了攻击性，提高了社交技能，提升了课堂参与度。该项目使原本有行为问题的儿童受益最大（Greenberg & Kusche, 2006）。

图 8-5 用直观的图片总结了你可以采用的影响学生调节自己情绪的能力和理解他人情绪的能力的方式。它还显示了与情绪能力相关的一些结果。用这幅图作为快速指南可以帮你思考如何帮助像海莉这样的学生变得更具情绪能力。

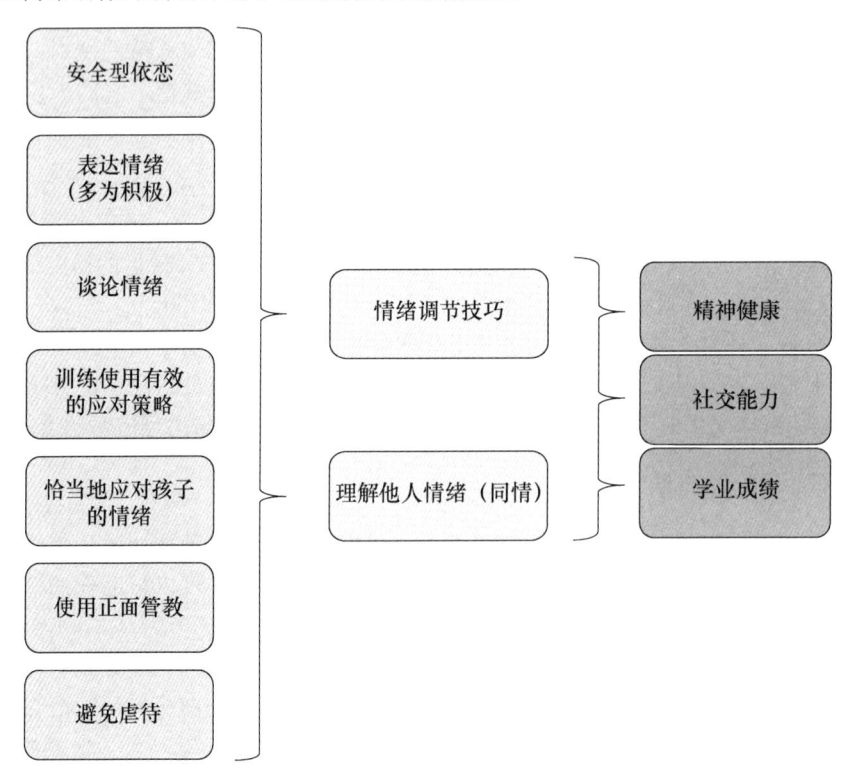

图 8-5 情绪能力模型

该模型总结了能够预测学生情绪能力（中列）的七种教师和家长行为（左列）以及与情绪能力相关的结果（右列）。请用这个模型来思考你自己的行为和你学生的情绪能力。

我们通过重申情绪能力对学校成功的重要性来结束这一章。提升学生的情绪能力是教师角色的核心，而不是一个附加因素。与那些饱受情绪问题困扰的学生相比，情绪能力好的学生更喜欢学校，能得到更高的成绩，更受同龄人和老师的喜爱。同时作为奖励，当你提升学生的情绪能力时，你不仅会成为一名更有效的老师，而且会更喜欢教学（Jennings & Greenberg，2009）。

对实践的反思

我的教学

积极的教师和良好的学校氛围有利于促进学生情绪能力的提高，可能会弥补或至少不会恶化消极家庭中学生面临的挑战。前几章已经讨论了两个与更强的情绪调节和移情相关的有利因素：

- 发展安全的师生关系。如何做到这一点在第六章中有相关阐述；
- 使用以受害者为中心的诱导管教方式。如何做到这一点在第七章中有相关阐述。

此外，为了提升学生的情绪能力，定期问自己以下问题：

（1）我的教室和学校有积极的情绪氛围吗？如果你教室里学生的情绪主要是积极的或平稳的，而不是消极的，则很明显，情绪氛围是良好的。

（2）我是否表达了中等强度的、广泛的情绪且主要是积极情绪？当我情绪激动的时候，我是否有良好的调节和应对模式？

（3）有没有采取简单的干预措施来创造积极的情绪？比如帮助学生成功完成任务，让他们想快乐的事情，或者播放积极的音乐？

（4）我是否知道每个学生特别是那些情绪调节能力较弱的学生所使用的应对策略？我是否教授适当的应对策略？我是否帮助学生从积极的角度重新评估情境，并能够对抗他们悲观的解释？

（5）当学生的情绪过度激动时，我会在他们失去控制之前快速做出反应吗？我是否能够认可他们的负面情绪（但不接受伤害行为）？

（6）我会和学生谈论他们自己和其他人的情绪吗？我是否利用学生的情绪、冲突或故事作为谈论情绪的机会？

（7）我知道我的班级或学校里有军人子女吗？我知道他们面对着什么吗？

（8）我是否注意到焦虑或抑郁等内化情绪障碍？

情绪能力的年龄趋势总结

	情绪体验	情绪调节	对他人情绪的理解
婴儿期与学步期（0～2岁）	● 新生儿会表现出痛苦、兴趣和厌恶等基本情绪。 ● 嫉妒和尴尬等复杂的情绪会在15～18个月大时出现。涉及道德判断的社会情绪（如骄傲、羞耻、内疚等）随后很快就会出现	● 新生儿通过吮吸、装睡和回避来应对强烈的情绪。 ● 蹒跚学步的孩子能够延迟情绪表达。然而，他们需要成年人的帮助来调节他们的情绪。 ● 生气从4个月到2岁逐渐增加。发脾气在16个月出现，在18～21个月达到顶峰	● 情绪传染在出生时就存在。新生儿会模仿别人的面部表情。 ● 婴儿可以区分不同的情绪，并对不同的情绪做出独特的反应。 ● 社会参照出现在8个月左右，高峰出现在22个月左右。 ● 蹒跚学步的孩子可以理解一些基本的情感词汇。先学会积极情绪的词汇，后学会消极情绪的词汇

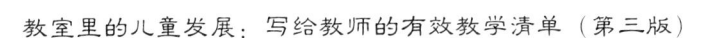

续表

	情绪体验	情绪调节	对他人情绪的理解
儿童早期(3~5岁)	● 学龄前儿童即使不对事件负责，也容易内疚。 ● 在焦虑方面出现了性别差异（女孩更焦虑）。 ● 可识别出抑郁	● 学龄前儿童能够在正常情况下调节自己的情绪。 ● 声嘶力竭的哭泣和发脾气减少了。 ● 他们可以掩饰情绪以保护别人的感情。 ● 他们更擅长夸大而不是压制情绪。 ● 他们会在假装游戏中练习情绪。 ● 学龄前儿童明白应对策略有助于缓解强烈的情绪	● 学龄前儿童经常使用社会参照。 ● 移情和情绪采择的能力会随着学龄前儿童学会标记和谈论情绪而提高。 ● 他们开始谈论别人情绪产生的原因。理解他人情绪产生的原因是通过安慰和戏弄他人表现出来的
儿童中期(6~12岁)	● 孩子们变得能够准确地判断责任及由此产生的内疚。 ● 考试焦虑一直上升，直到5年级，然后稳定下来。 ● 焦虑症的平均发病年龄为6岁，轻度抑郁症的平均发病年龄为11岁	● 与成年人无异的应对能力应该在10岁之前就已经具备。 ● 儿童能够想出更多的应对选择，并开始向同龄人寻求支持，但主要还是向父母寻求支持。 ● 判断局势可控性的能力允许他们选择最佳应对策略。 ● 他们更擅长以情绪为中心的策略，但更喜欢以问题为中心的策略。 ● 情绪伪装的能力急剧增强	● 对社会参照的使用减少了，但仍然存在。 ● 准确讨论和标记情绪的能力继续增强。 ● 评判情绪产生的原因时，孩子们开始强调他人的信念和态度。 ● 8~10岁时可以显著理解同一情境下的多种相互冲突的情绪
青春期(13~19岁)	● 青少年更容易受到社会评价情绪的影响，比如尴尬。 ● 青春期抑郁率上升。严重抑郁症的平均发病年龄为13岁。抑郁的性别差异出现（女孩更抑郁）	● 大多数青少年不会喜怒无常。 ● 尽管不像10岁时那么快乐，但青少年大部分时间都比较积极。相比父母，他们感到更无聊、更嗜睡，对社交也更加感到不适	● 对情绪传染和社会参照的使用减少，但仍然存在。 ● 青少年不会比年幼的孩子更有同情心，这可能是因为自我保护的意识增强了。 ● 青少年可能会同情远在别处的受害者

本章总结

1. 情绪

● 情绪包括生理唤醒、行为倾向和评价（或想法）。情绪的功能是集中注意力、促进行动、准备行动和交流。

● 查尔斯·达尔文认为情感表达是天生的、普遍的。婴儿早期就有基本的情绪，但是复杂的社会情绪直到学步期才会出现。

● 情绪影响记忆和思维过程。积极的情绪能够提高创造力、解决问题的能力、集中注意力的能力和信息加工速度。中性或温和的负面情绪有助于细致的分析性思维，但强烈的负面情绪会干扰思维。

2. 自我情绪调节

- 情绪调节能力是控制情绪的能力。儿童通过使用应对策略来做到这一点,其中一些策略比其他策略更具适应性。儿童也会通过情绪伪装来做到这一点。负面情绪如果不表达就会逐渐消失。
- 擅长调节情绪的孩子更受老师和同学的喜爱。他们有更好的语言技能、更好的学业成绩、更少的情绪障碍。
- 养成良好的情绪调节能力的先决条件包括提供安全依恋的父母,表达积极的情绪,避免苛刻的管教方式,直接教授应对策略,对孩子的情绪做出适当反应并与他们谈论情绪。
- 两种普遍的情绪障碍是抑郁和焦虑。它们经常一起出现。有这些障碍的儿童存在患多动症、滥用药物、学习成绩差、辍学和孤独等风险。
- 如果儿童的应对策略不佳、依恋不安全、人际关系紧张、父母抑郁或焦虑,以及遇到他们感到无助的负面生活事件,他们就可能会抑郁或焦虑。
- 考试焦虑会导致考试期间工作记忆过载。教师可以通过帮助学生体验学业成功、频繁进行评估、改善考试情况、避免定时考试、训练学生的考试策略、将失败归因于努力不够而非能力不足,以及避免学生之间的比较来尽量减少考试焦虑。数学焦虑也是与之相关的,可以用相同的方法将其最小化。
- 女孩在情绪调节和掩饰方面可能比男孩略胜一筹,但女孩会经历更多的抑郁和焦虑。
- 军人子女有一系列不同寻常的长期压力源需要应对,而且必须跨越文化界限。教师是能帮助他们调整状态的重要因素。
- 教师可以通过谈论情绪、对学生的情绪保持敏感、直接指导学生使用应对策略、适当回应他们的情绪以及改善课堂气氛来提高学生的情绪调节能力。教师可以通过减少日常麻烦和让课堂变得可预测等方法来减少学生的焦虑。

3. 理解他人的情绪

- 情绪采择能力是解读他人情绪的能力,与移情有关。这种能力存在于婴儿期,常见的技能包括情绪传染和社会参照。
- 学生可能会用同情、个人痛苦或移情痛苦来回应他人的痛苦。同情他人并善于理解他人情绪的学生更受同龄人的喜爱,也更不咄咄逼人。
- 养成良好的情感采择能力的先决条件包括良好的情绪调节能力和安全依恋。具有该能力的孩子有能够接纳他们的情绪表现且不过度反应的父母,会在家里表达积极的情感,在与兄弟姐妹发生冲突时谈论情绪,并且没有受过虐待。教师可以用同样的行为在课堂上提升学生的情绪能力。

第四部分　儿童的社会性

第九章
社会认知

你认识这样一些人吗？似乎每个人都喜欢和他们在一起，因为他们有非凡的社交技能。这可能是因为他们很擅长"解读他人"，并且幽默感十足，也可能是因为他们遵守普遍的道德准则。本章将讨论社会认知的这三个关键方面。在读完这一章后，你将能够：

（1）描述学生"阅读他人"能力的发展，以及创建培养社会认知能力的课堂；

（2）分析课堂中的幽默，以及如何利用幽默创造积极的学习环境；

（3）讨论道德是如何发展的，以及如何促进学生的道德判断。

一、心理理论

> 沃利（Wally）："今天克赖茨（Crites）老师说我没有在做数学题，就因为我当时正看着窗外。"
>
> 辅导员："她可能以为你在做白日梦。"
>
> 沃利："是的，但我没有。我在思考不会做的题目。但是我曾欺骗过她！在社会研究课上，我把书打开放在桌子上，看起来我正在读书，但我并没有！当时我正在做白日梦。"

沃利虽然只有9岁，但在与人相处上很聪明；他有良好的社会认知能力。你在第三章学到过认知是指思维过程，如推理和解决问题。**社会认知**①是指适用于社会情境的认知。学校的一个目标是帮助孩子们清晰地思考并解决问题。没有比在社会领域清晰地思考和解决问题更重要的了。在本章中，你将学习如何培养学生如下三个方面的社会认知能力：心理理论、幽默和道德判断（包括学术不诚信）。

沃利知道，如果他看上去像在读书，那么克赖茨老师会以为他正在从课本中学习知识。他巧妙地让老师误认为他在阅读，但实际上他在做白日梦。他有意操控着克赖茨老师的想法。沃利发展了一种童年中具有里程碑意义的能力，叫做**心理理论**②。

心理理论指的是理解他人有和自己不同的心理状态——信念、欲望、知识和意图——以及推断或理解他人心理状态的能力。因此，心理理论的简单定义是"解读他人"。这是一个"理论"，因为它帮助孩子解释和预测他人的行为。根据维果茨基的社会文化理论，心理

---

① 社会认知（social cognition）：应用于社会领域的思维过程。

② 心理理论（theory of mind，ToM）：推断他人心理状态如信念、欲望、知识和意图的能力，也叫"解读他人"。

理论使得向他人学习成为可能（见第三章）。

人们通常用两项错误信念测试来研究心理理论。在一项测试中，孩子们观察到乔治（George）在一个地方留下了一个物体，比如一根棒棒糖。当乔治离开时，另一个人把物体移动到一个新的位置。此时，孩子们会被问：当乔治返回时，他首先会在哪里寻找物品？在第二项测试中，给孩子们看一个盒子，比如一个蜡笔盒，然后让他们猜测里面会有什么（例如蜡笔）。孩子们会看到一些意想不到的东西在里面（例如纽扣）。然后，孩子们会被问：乔治会认为盒子里是什么？在测试中，乔治对这两个问题（例如，棒棒糖在哪里和蜡笔盒里有什么）都会有一个合理但错误的答案。

心理理论还通过外观与现实测试进行评估。孩子们看到一个具有欺骗性的物体，例如，一块看起来像石头的海绵。在玩完这个物体后，孩子们被问这个物体看起来像什么（例如一块石头）和这个物体实际上是什么（例如一块海绵）。然后孩子们会被问乔治会认为它是什么。

通常，年幼的孩子无法通过这些测试。他们认为乔治会在新的位置寻找棒棒糖，会知道蜡笔盒里的是纽扣，会认为样子像石头的物体实际上是一块海绵。要在这些测试中取得成功需要心理理论，因为孩子们必须把自己对真实情况的了解与乔治对虚假情况的认识区分开来。这种能力随着年龄的增长而发展。未能开发出适龄的心理理论是**自闭症谱系障碍**[①]的一个关键特征（见专栏 9-1）。

专栏 9-1　　发展中的挑战

自闭症谱系障碍

詹姆斯（James）是一个活泼的 2 岁孩子，喜欢吃土豆泥、玩刀剑，但他很快就变成了一个沉默寡言、郁郁寡欢的孩子，他"一直反复穿脱牛仔靴子，直到他的脚都被磨破了才停下"。他的父亲形容这种变化简直是"天翻地覆"。詹姆斯忘了他的名字。经过一对一的强化治疗（在家里，在幼儿园，在语言治疗师的帮助下），詹姆斯又开始说话了。到了幼儿园，他可以在普通的教室上课，但还要去资源室[*]，在那里有一名课内助理帮助他。到了 3 年级，他被告知患有自闭症。他勃然大怒，大喊大叫，拒不承认——然后开始接受现实。在父母和老师的帮助下，詹姆斯继续适应学校的生活——最幸运的是，还有一位朋友的帮助。他的朋友在帮助詹姆斯发展社交技能方面迈出了一大步（O'Neil，2004）。

自闭症是一种以社会认知异常为特征的疾病。自闭症儿童的病症特征范围很广，因此被称为自闭症谱系障碍。它有三个特征：社会互动障碍、语言能力差、重复性行为，比如重复挥舞手臂或来回穿上并脱下靴子。患有自闭症的儿童可能在理解他人情绪方面有困难，情绪调节能力弱，比如无缘无故地傻笑。他们可能专注于单一兴趣，比如地图或电灯开关。他们可能会发脾气、自残（如撞头），难以控制自己的动作。有些人可能对视觉、嗅觉或声音过于敏感（如狗叫声），而另一些人可能会寻求感官刺激，如闪烁的灯光（Pellicano，2013）。有些人（8%～25%）可能会伴有癫痫发作（American

---

① 自闭症谱系障碍（autism spectrum conditions，ASC）：以一系列异常明显的社会互动为特征的病症；患者一般语言能力差，具有受限制的重复性行为模式。它通常发生在认知能力较低的情况下。

* 资源室（resource room）：资源室是学校里的一个单独的补习班，在那里，有教育障碍如特殊学习障碍的学生可以得到直接的、专门的指导和学业上的救济，以及家庭作业方面的帮助。——译者注

Psychiatric Association，2013）。

大约41%的自闭症患儿认知能力低下，即智力测试得分低于70分（CDC，2009a）。他们的执行功能往往也很差（Pellicano，2007）。然而，智力和执行功能测试得分低可能是语言问题导致的。在像瑞文推理测试这样对语言能力要求不高的智力测试中，一些自闭症儿童的得分可能处于中等至高等水平（Dawson，Soulières，Gernsbacher，& Mottron，2007）。而且，自闭症患儿可能有很突出的能力，比如在很小的时候就开始阅读。他们可能对事实有很好的长期记忆。有些人具有特殊的能力，能集中注意力，抵抗干扰，在物体集合中按要求挑选出物体，如图9-1所示（Gernsbacher，Stevenson，Khandakar，& Goldsmith，2008）。

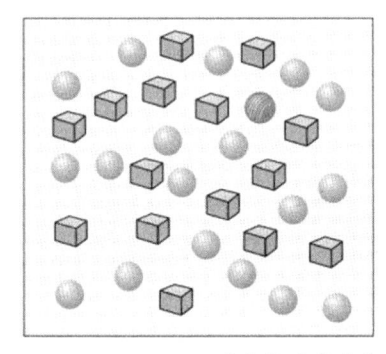

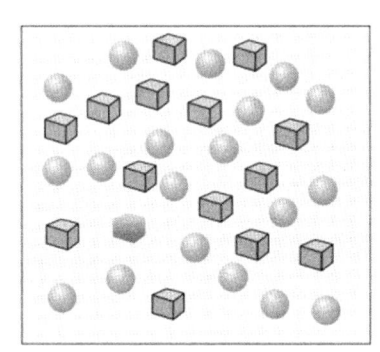

图9-1 区分自闭症儿童和非自闭症儿童的视觉搜索任务

如果让孩子们在左边找到有条纹的球，大多数孩子都会有一种"弹出来"的感觉。他们不需要检查每一个物体来确定条纹球的位置。但是，如果要求在右边的方框中找到没有轮廓线的方块，没有自闭症的儿童通常会检查每一个方块，直到找到目标为止。相比之下，自闭症儿童很容易就能在图中找到答案，并且很少受到干扰。在这类任务上，自闭症儿童的速度几乎是其他儿童的两倍。

资料来源：Gernsbacher，Stevenson，Khandakar和Goldsmith（2008）。

自闭症和心理理论

自闭症儿童无论认知能力如何，都有心理理论缺陷。在心理理论有限的情况下，儿童没有动力与他人交流，这可以解释为什么自闭症儿童有语言障碍。与其他孩子相比，他们不太可能看着别人的脸并跟随别人的目光，这妨碍了他们与他人分享关注点和经验。

阿斯伯格综合征（Asperger's Condition）

虽然针对阿斯伯格综合征不再有正式的诊断，但是它通常用来描述那些症状处于自闭症谱系高功能端的儿童的状况。这些儿童在社会交往中存在障碍，有着重复的行为模式和有限的兴趣，但在语言、认知能力、自助技能和对环境的好奇心方面没有发展延缓的现象（American Psychiatric Association，2013）。患有阿斯伯格综合征的孩子经常想要与人交往，但却不知道如何与人交往。他们可能会在话题或情感上非常执着。例如，一个患有阿斯伯格综合征的12岁孩子因为看到蠕虫在学校附近的人行道上被碾轧而悲伤，几天的时间他几乎不能思考，他泣不成声并出去保护蠕虫，甚至因为其他孩子不太关心蠕虫而与他们打架（Mazefsky，Pelphrey，& Dahl，2012）。

自闭症患病率

严重的自闭症不到3岁就能被清楚地识别出来，但也可能在更小的年龄被诊断出来，因为症状可能在1岁时就会出现（Gilga，Jones，Bedford，Charman，& Johnson，2014）。你很可能会被要求为诊断提供帮助，因为老师是自闭症症状的准确报告者。近年来，自闭症的患病率有所上升（见图9-2）。2012年，美国疾病控制与预防中心估计，每68名儿童中就有1名儿童患有某种形式的自闭症（每42名男孩中有1名，每189名女孩中有1名）。自闭症患者的增加可能是由于诊断方面的改变，也与群体效应相关，例如头胎父母年龄的上升或生活环境的恶化。有患有自闭症孩子的家庭比其他家庭更有可能生育另一个患有自闭症的孩子（Ingersoll，2011）。

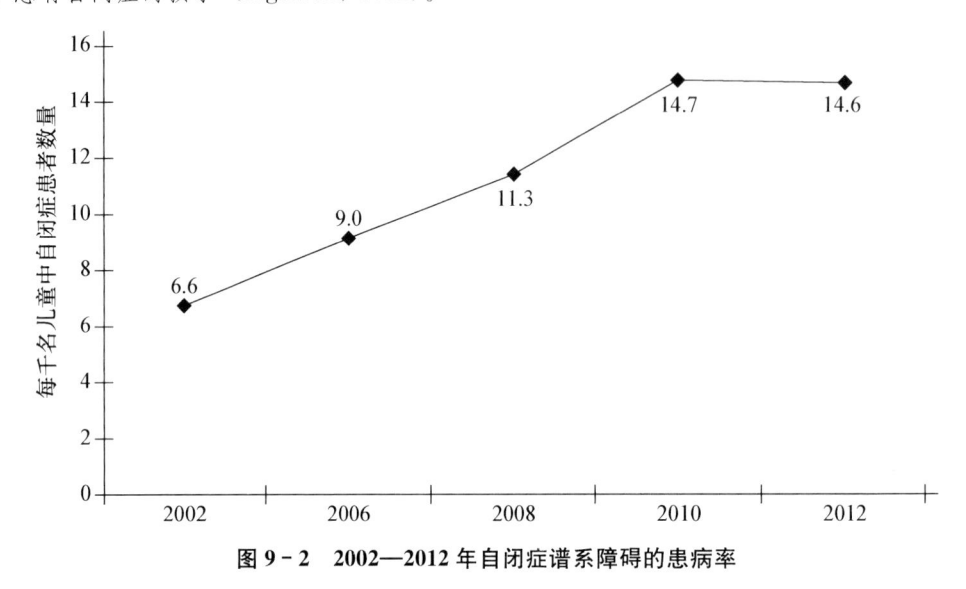

图9-2 2002—2012年自闭症谱系障碍的患病率

美国疾病控制与预防中心监测全美自闭症谱系障碍的患病率。这些是可用的最新数据。2012年的这一指标是2002年的两倍多。

资料来源：Centers for Disease Control and Prevention and the Autism and Developmental Disabilities Monitoring Network (2016)。

患有严重自闭症的儿童成年后不太可能独立生活和工作。然而，患有轻度自闭症的成年人可以独立生活并拥有成功的职业生涯，尽管他们可能有社交怪癖和移情困难。有洞察力的自闭症青少年在意识到自己的局限性时会变得沮丧，他们可能需要你的支持。

练习包容——如何帮助自闭症患者？

干预可以帮助许多自闭症儿童改善行为、提高社交和语言能力。干预开始的年龄越小，干预就会越成功；最好是从幼儿时期开始。一种常见的方法是行为矫正（也称应用行为分析，参见第三章），以减少问题行为，并教授新的技能，例如，如何交谈，如何进行眼神交流或解读他人的情感暗示。这是詹姆斯采用的方法。第二种常见的方法是在社会互动时做出高度回应，例如模仿儿童和支架合作游戏（Smith & Iadarola，2015）。有时这两种方法是结合在一起的。此外，锻炼有助于提高自闭症患儿的社交技能、减少重复行为（Pontifex et al.，2014）。

你可以通过保持物理环境的稳定来帮助自闭症儿童在你的课堂中学习（例如，不要移动椅子），还可以提供讲义和额外的写作时间，并充分利用一些自闭症儿童良好的机械记忆能力和强烈的、强迫性的兴趣（例如，恐龙、天文学、地图）（Brownell & Walther-Thomas，2001）。你也可以通过和他们谈论别人的情绪、想法和愿望来帮助他们提升心理理论，这也会帮助你的其他学生（Slaughter, Peterson, & Mackintosh，2007）。你可以帮助他们与特别热情善良、有成熟社交技能的同学建立友谊（Mendelson, Gates, & Lerner，2016）。你需要与家长和治疗师合作，为每个学生提供最佳的课堂环境。

1. 心理理论的年龄趋势

心理理论在儿童早期有显著的增长,但在年龄较大的儿童中只有轻微的增长。接下来让我们看看年龄趋势。

婴儿期与学步期(0~2岁)

婴儿的偏好可能导致形成基本的解读他人的能力(Liszkowski,2013;Ruffman,2014)。刚出生1个小时的婴儿更偏向于面向人的面部而不是其他物体。一些人认为新生儿不仅仅在寻找面孔,还在寻找可以学习的老师(Heyes,2016)。婴儿也能从别人的声音中分辨出自己母亲的声音,他们能将快乐的声音与一张快乐的脸相匹配(Flavell,1999)。婴儿会模仿他人的情绪表达(见第八章),他们会呼唤消失的人,但不会呼唤消失的物体。如果他们看到一个成年人饶有兴趣地看着一个物体,那么当这个成年人拿起另一个物体时,他们会感到惊讶(Wellman,Lopez-Duran,LaBounty,& Hamilton,2008)。这表明他们识别了别人的意图并预测了其行为。他们还可以区分有意行为和意外行为,以及区分他人没有能力帮助他们和不愿意帮助他们(Dunfield & Kuhlmeier,2010)。

你会看着别人的眼睛去推断他们在关注什么,婴儿也是如此(Jessen & Grossmann,2014)。婴儿在4个月大的时候就会被眼睛吸引,并会跟随他人的目光,饶有兴趣地看别人正在看的东西(Heyes,2016)。注视追随(gaze following)使**共同注意**①成为可能。当孩子和看护者一起看一个物体并谈论它时,就会产生共同注意。共同注意是婴儿分享看护人思想的一种基本形式。婴儿使用此技能来使他们的要求得到满足。对于他们想要却够不着的东西,他们等待,直到你与他们的目光相遇。他们希望你跟随他们的目光,理解他们的意图。

学步期儿童(1~2岁)比婴儿更擅长注视追随,但还没有完全掌握。大多数(67%~75%)2岁儿童不能成功回答图9-3所示的游戏问题"萨姆在看哪一个?",但大多数3岁的孩子都能回答这个游戏问题(McGuigan & Doherty,2002)。然而,学步期儿童能够推断

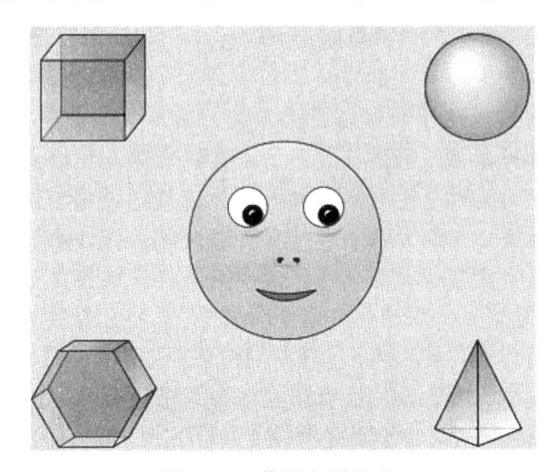

图9-3 萨姆在看什么?

孩子们被要求指出"萨姆"正在看的形状。
资料来源:McGuigan 和 Doherty(2002)。

---

① 共同注意(joint attention):孩子和另一个人一起在视觉上探索对象。

出他人的心理状态（例如，偏好）。想象一个幼儿正看着你从一个装满青蛙的盒子里拿出青蛙玩具或从几乎全是鸭子的盒子里拿出青蛙玩具。当你离开房间时，让人递给孩子一盒青蛙和一盒鸭子。你回来后默默地把手伸到2个盒子之间。孩子可能会递给你什么？青蛙还是鸭子？如果你是从一盒青蛙中取出青蛙，那么孩子给你一只青蛙或鸭子的可能性是相等的，因为你随机抽取了样本。然而，如果你把青蛙从装的几乎都是鸭子的盒子里拿出来，学步期儿童就会得出你更喜欢青蛙的结论，从而给你一只青蛙（Kushnir, Xu, & Wellman, 2010）。学步期儿童利用了一种统计模式推断你的心理状态（在第十二章中，你将了解更多关于婴儿的语言统计学习能力）。事实上，最近的研究表明，如果不需要回答问题，学步期儿童就能通过错误信念测试。例如，当一个成年人回来寻找一个物体时，尽管它被移动过，学步期儿童仍然可能会指出它的正确位置（Liszkowski, 2013）。

儿童早期（3~5岁）

儿童很少在4岁之前能通过典型的错误信念测试（Rubio-Fernández & Geurts, 2013）。然而，3岁孩子的行为表明他们有解读他人的能力。他们取笑兄弟姐妹。他们拿着毯子安慰哭闹的婴儿。他们假装受伤以获得同情（Newton, Vasudevi, & Bull, 2000）。一个3岁的孩子告诉她的母亲她生病了，还假装咳嗽，这样她就会得到一种甜味的止咳药水。实施这种欺骗需要了解他人的心理状态。

那么，为什么3岁的孩子不能通过错误信念测试呢？这是因为测试要求的语言和信息加工能力可能超过了他们的水平。随着孩子语言技能的发展，他们能够更好地谈论他人的心理状态。随着大脑前额叶皮质的成熟，儿童的执行功能显著改善（见第四章），他们也能更好地思考错误信念测试。心理理论测试要求孩子在面对矛盾的信息时记住信息（例如，乔治会认为盒子中有蜡笔，而盒子中实际上是纽扣）。5~6岁时，儿童在错误信念测试中的表现与成年人相似（Wellman & Liu, 2004）。

大脑研究

自闭症大脑之谜

自闭症患儿的大脑（尤其是大脑皮层的额叶）过大。他们的大脑在最初几年比其他孩子成长得更快。研究人员还不知道这是为什么，以及它是否是自闭症的原因或结果。基于动物研究，有一种可能性是自闭症相关基因控制着胎儿发育中神经元的迁移和大脑区域的大小。基因可以通过改变神经递质和神经元连接的数量、细胞存活率或髓化程度来影响大脑。基因还能改变神经元兴奋和突触安静之间的微妙平衡，使神经元无法轻易地从背景噪音中分辨出重要信号。自闭症的形成可能并不仅仅是因为大脑发育（Rubenstein, 2011）。关于自闭症（和多动症）的一个难题是为什么男孩更容易受到影响。一些神经科学家将自闭症描述为"极端男性大脑"（Rubenstein, 2011）。正如你在第六章中学到的，基因对发育有重要影响。为什么自闭症的相关基因会在一些易感儿童（尤其在男孩身上）中表达呢？迄今为止，这仍然是个谜。

儿童中期（6~12岁）

到儿童中期时，大多数孩子已经完全掌握了错误信念测试，但他们的心理理论仍在不断提升。孩子们能够区分有意和无意的行为，比如故意打碎盘子和不小心打碎盘子。这种能力对于道德判断是至关重要的，本章后面将对此进行讨论。孩子们也能更好地利用他人的信念进行有说服力的辩论。例如，3 年级到 6 年级的孩子更倾向于使用以信念为导向的论点来说服他们的母亲买一只鸟，比如告诉她"我会保持笼子干净"，而学龄前儿童和 1 年级的孩子则倾向于使用与信念无关的论点，比如告诉她"我想要一只鸟"（Bartsch & London，2000）。

儿童变得更善于推断故事中人物的意图（见图 9-4）。例如，孩子们可能会听过一个关于彼得（Peter）的故事。彼得心里认为他的阿姨戴着她的新帽子看起来很傻，但是却说她看起来很漂亮。他为什么这么说？或者，凯蒂（Katy）想玩秋千，但是必须经过一条恶狗才能到那里，于是她告诉妈妈她不想玩秋千。她为什么这么说？在故事中推断意图比完成简单的错误信念任务更复杂。在儿童中期，推断意图的能力稳步提高（O'Hare，Bremner，Nash，Happé，& Pettigrew，2009）。

最后，孩子们也开始明白，他们比其他人更了解自己内心的想法和感受。5 岁的孩子错误地认为父母和老师比他们自己更了解他们在想什么，但 10 岁的孩子会意识到他们是自己想法的最好判断者（Burton & Mitchell，2003）。假装学习的沃利清楚地意识到了这一点，并且利用这一点与克赖茨老师相处。

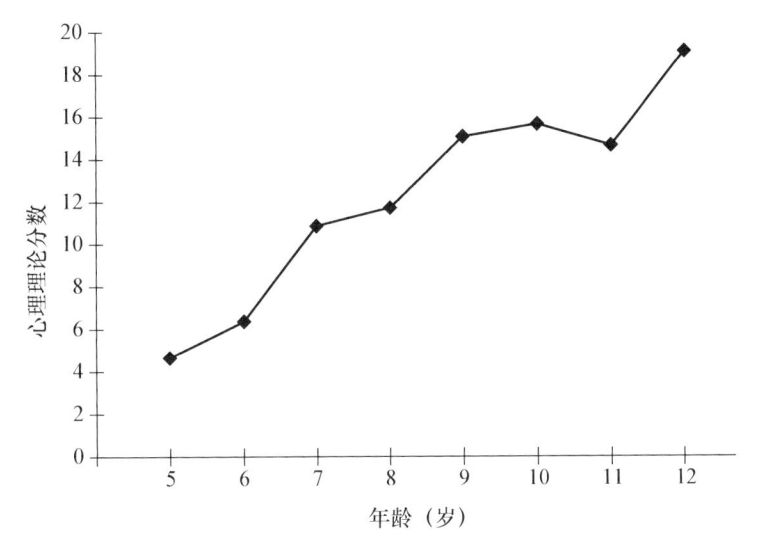

图 9-4　从故事中推断心理状态能力的年龄趋势

孩子们被要求推断为什么故事中的人物会说某些话或会做某些事情。例如，彼得认为他的姨妈戴着新帽子的样子看起来很傻，但他说她看起来很漂亮。他为什么这么说？或者，凯蒂想要玩秋千，但是必须经过一只很凶的狗才能到达那里，她告诉母亲她不想玩秋千。她为什么这么说？与几个不同年龄的孩子一起尝试这项任务，看看你是否会发现孩子推断意图的能力随着年龄的增长而稳步提高。

资料来源：O'Hare，Bremner，Nash，Happé 和 Pettigrew（2009）。

青春期（13～19 岁）

青少年在心理理论方面的持续发展使他们对反语、讽刺、幽默、谈判、咨询、争论等有了更深的理解。然而，即使是青少年有时也会在解读他人时犯错误，因此他们仍有进步的空间。可以使用不完整的图片测试青少年和成年人的心理理论（见图 9-5）。也就是说，你可能会看到一张房子的图片，然后图片被覆盖，只能看到一个角落。当你被问到另一个人可能认为这幅大部分被遮盖的图片画的是

思考

心理理论研究是皮亚杰研究的间接产物，也就是说，现代科学家正在测试他关于幼儿自我中心主义的看法是否属实。请回顾第三章中的自我中心主义。心理理论的研究是否支持皮亚杰的观点？请对此进行说明。

什么时，你很可能会认为那个人也认为它是一栋房子。因此，即使是成年人也倾向于以自我为中心去假设他们所知道的内容也是其他人所知道的（Lagattuta, Sayfan, & Harvey, 2014）。

图 9-5　青少年和成年人的心理理论测试

首先，你会看到一张房子的图片，然后将图片覆盖，使其只显示一个角（左二图）。当另一个人看到右边的 5 个选项时，他最可能从中选择哪一个作为被覆盖的图片？在朋友身上试试这个任务，看看他们是否认为他们所知道的内容也是其他人所知道的。

资料来源：Lagattuta, Sayfan 和 Harvey (2014)。

在解读他人方面，青少年常犯的两个错误是：(1) 聚光灯效应，即他们认为自己是所有人注意的中心，并错误地认为人们会记住他们的穿着或注意到他们"糟糕的发型"；(2) 透明度错觉，也就是他们认为别人可以轻易地解读他们的心理状态，例如，他们会认为别人可以看出他们在做报告时非常紧张。有时，成年人也会犯同样的错误（Gilovich & Savitsky, 1999）。

目前还不清楚心理理论的能力何时会停止发展或是否会停止发展（Apperly, Samson, & Humphreys, 2009）。一项研究将大学生与 60~80 岁的人进行比较，发现老年人的心理理论能力明显更好（Happe, Winner, & Brownell, 1998）。也许在青春期和成年早期，心理理论仍在建设中。

2. 心理理论的个体差异

所有正常的孩子最终都会通过错误信念测试。然而，有些孩子在解读他人方面比同龄人更加成熟。

心理理论的个体差异会带来什么影响？

心理理论能力可以预测语言能力的发展。4 个月大的时候，婴儿在学习时会通过观察另一个人在注视什么来了解该看什么。想象一个孩子正在看一个新奇的物体，他的父亲在看向它时会说出一个新单词（Baldwin, 2000）。是什么阻止孩子将标签贴到错误的物体上？是因为孩子追随着父亲的目光。这就是为什么共同注意是语言学习的基础。

心理理论能力也可预测社交能力的发展。心理理论能力越高的幼儿与朋友的游戏质量越高；他们更擅长联合策划（比如"假装你再次喷我"）和角色分配（比如"现在让我们成为消防员"）（Jenkins & Astington, 2000）。年龄较大的孩子也是如此。许多研究的元分析发现，从 2 岁到 10 岁，心理理论能力越强的孩子越受欢迎（Slaughter, Imuta, Peterson, & Henry, 2015）。心理理论帮助孩子在解决冲突时从别人的角度出发看待问题，考虑别人需要什么样的帮助，决定如何讲笑话，等等。为了具备社会性，孩子必须考虑别人的心理状态。

此外，心理理论能力预示着欺骗能力的发展，欺骗能力即有意地给其他人造成错觉的能力。欺骗是心理理论出现的最早的征兆之一。在一项研究中，3 岁的孩子用糖果玩捉迷藏游戏。关于糖果的位置，如果他们向成年人撒了谎，他们就可以留下它。如果大人发现了，大人就会把糖果拿走。尽管动机很强烈，但没有人能成功撒谎。然而，经过心理理论的训练，他们的欺骗能力会变得更强（Ding, Wellman, Wang, Fu, & Lee, 2015）。小孩子也渴望玩类似的欺骗游戏。当欺骗被用来让别人感觉良好，比如讲一个笑话时，它是一种积极的技巧。当欺骗涉及控制情绪时，它被称为情绪伪装——你在第八章已经学过了。

不幸的是，心理理论还会导致年幼儿童身上常见的快乐表现日益丧失。对比青少年和学龄前儿童，前者在学校舞会上蜷缩在一边，而后者在任何地方都能充满乐趣和自信地跳舞。学龄前儿童的快乐表现消失，是因为他们开始解读他人的心理状态，并了解到他人可能会负面地评价他们（Chaplin & Norton, 2015）。

在心理理论中什么因素会影响个体差异？

基因会通过影响信息加工能力和语言能力来影响心理理论能力的发展，但可能只起着很小的作用。接下来我们将讨论信息加工能力、语言能力，以及来自社会环境的三种影响。

信息加工能力

执行功能较好的儿童（见第四章），尤其是抑制控制和工作记忆能力较强的儿童，心理理论能力较强[①]。执行功能使儿童能够反思他们的想法，使他们与当时的情境保持距离，并忽略错误的信息（例如，蜡笔盒看起来会装的物品，实际上并没有装），这些都有助于心理理论能力的提高。更强的工作记忆能力可以帮助孩子们一次记住所有相关的信息。当沃利的大脑忙于做白日梦时，他必须牢记老师的期望，并使他看起来像在读书。一些研究者认为执行功能是心理理论能力的基础（Diamond, 2013）。

语言能力

语言能力与儿童是否能通过错误信念测试密切相关（Milligan, Astington, & Dack, 2007）。这一关系是双向的（见第一章），即良好的语言能力预示着儿童的心理理论能力的发展，心理理论能力同时也预示着儿童的语言能力的发展。更善于追随他人目光的婴儿更容易成为谈论心理状态的幼儿（例如，忘记、假装、想要、希望、愤怒、害怕），更容易成为更擅长执行错误信念任务的学龄前儿童（Brooks & Meltzoff, 2015）。为什么语言能力和心理理论有关？一种可能性是，与他人交谈使孩子接触到不同的观点，帮助他们了解他人的心理状态，同时也帮助他们变得口齿伶俐（Ensor & Hughes, 2008）。这可能就是为什么能用手语与他人流利交谈的聋哑儿童心理理论发展正常，而不能交谈的聋哑儿童心理理论发展明显滞后（Schick, de Villers, de Villers, & Hoffmeister, 2007）。同样，有语言障碍的儿童会推迟发展心理理论（Nilsson & de López, 2016）。缺乏与他人交谈的机会可能会使心理理论的发展变慢。

父母的"将心比心"和依恋关系

父母有时会与婴儿进行伪对话，比如"你想要……"或"你知道……"。这些是父母针对孩子的欲望和想法而发表的与心理有关的评论。这似乎是一种与婴儿对话的愚蠢方式，但这样做的父母的孩子往往有更好的心理理论和语言能力（Hughes & Devine, 2015）。心理学家称这种现象为"将心比心"。

父母的"将心比心"可能会培养孩子的心理理论能力，因为它帮助他们感知孩子的体验，敏感地做出反应，并形成一种安全的依恋关系。依恋可促进心理理论的发展。心理理论需要理解他人的情绪状态，这是从依恋关系中产生的（De Rosnay & Harris, 2002）。具有不安全依恋的孩子很难理解他人的想法，也很难理解他人的行为，这可能是因为他们的依恋对象在照顾他们时是不可预测的（Dykas & Cassady, 2011）。

[①] 许多研究支持这一结论，以下仅列举少数：Apperly, Samson 和 Humphreys（2009）；Devine 和 Hughes（2014）；Hughes 和 Devine（2015）；Hughes 和 Ensor（2007）。

谈论别人

如果父母经常谈论他人的心理状态，则孩子会有更强的心理理论能力（Hughes & Devine，2015）。对于 1 岁的孩子，父母可能主要谈论孩子自己的愿望，比如"你想喝果汁吗"等。随着孩子理解自己欲望的能力的增强，他们开始使用"我"，敏感的父母变得更具挑战性——谈论他人而不是孩子，甚至还会谈论想法和欲望（Taumoepeau & Ruffman，2008）。"她没有意识到……""他们其实是在假装……""他记得……"——这些都是家人和大一点的孩子谈论他人心理状态的方式。如果你把谈论心理状态的方式当作孩子最近发展区的学习支架（这些学习支架是随着孩子能力的提高而移动的），那么你在这方面可谓是名列前茅了！

不同的家庭在使用"思考"、"知道"、"相信"、"惊奇"和"理解"等词汇的程度上存在很大差异。让我们看看两个不同的母亲是怎样给她们学龄前的孩子读一本没有单词的图画书的。书中有一只叫卡尔（Carl）的狗在照看一个蹒跚学步的孩子。

> *妈妈 1：卡尔（狗）很高兴，因为宝宝已经洗得干干净净，穿着整洁地躺在床上。妈妈不知道他们刚刚在家里玩得很开心。*
> *妈妈 2：噢，她来了！卡尔正在等她。看呐！她在家。孩子舒服地躺在床上。*
> （Slaughter, Peterson, & Mackintosh, 2007, p. 846.）

第一个母亲谈到了卡尔和母亲的心理状态，但第二个母亲没有。这似乎很微妙，但随着时间的推移，第一个母亲对孩子使用的心理状态词汇可能比第二个母亲多出数千个。受过良好教育的母亲更多地谈论他人的心理状态，这可能解释了为什么她们的孩子有更强的心理理论能力（Jenkins, Turrell, Kogushi, Lollis, & Ross, 2003）。值得注意的是，研究人员在对学龄前儿童进行了几次训练后，就已经能够改善他们的社会认知能力。在这些训练中，研究人员给他们一些带有反馈的错误信念任务（"不，他认为盒子里有铅笔，因为……"），并阅读强调心理状态词汇的故事（Ding et al., 2015; Lecce, Bianco, Demicheli, & Cavallini, 2014）。

看到别人的反应可能有助于心理理论能力发展。盲童的心理理论能力发展往往会延迟，他们会较晚通过错误信念测试，一般在 12 岁左右才能通过（Peterson, Peterson, & Webb, 2000）。当他们听到谈论别人时，无法使用社会参照、共同注意或情感表达，这可能会使他们解读他人的能力发展延迟。

同龄人和兄弟姐妹

大家庭中的孩子的心理理论能力比其他孩子发展得更早（McAlister & Peterson, 2013）。有较大兄弟姐妹的学龄前儿童会比独生子女或年长子女接触到更多讨论心理状态的内容（Jenkins et al., 2003）。兄弟姐妹和同龄人给孩子提供了在开玩笑、冲突和玩耍中谈论他人的机会。因此，与和自己想法不同的人交流可以促进孩子的心理理论能力发展。然而，兄弟姐妹带来有益影响的主要是兄弟姐妹关系积极的家庭和中产阶级家庭（Lewis & Carpendale, 2002; Recchia & Howe, 2009）。接下来让我们看看心理理论的群体差异。

3. 心理理论的群体差异

心理理论可能还与性别和社会经济地位有关。研究普遍发现，从幼儿园到高中，女孩和男孩在心理理论测试中的表现相似，但当存在差异时，女孩会做得更好。这可能有助于解释为什么女孩在社交能力方面通常比男孩得分高。此外，在许多国家已经发现，有较高地位的工作和较高受教育水平的父母的孩子在心理理论测试中表现更好（Shatz，Diesen-druck，Martinez-Beck，& Akar，2003）。

4. 心理理论的课堂启示

理解他人心理状态的能力是儿童时期最大的成就之一。心理理论帮助学生探索他们的社会世界，包括学校。然而，学生（和教师）有时会误解他人的心理状态，尤其是当彼此文化不同时。例如，在美国中西部的一所高中，对他人意图的误解导致了黑人和亚裔美国学生之间严重的种族紧张关系（Lei，2003）。黑人女孩被他人认为很吵闹。一些旁观者认为，他们的吵闹是故意让人讨厌，是为了表达一种咄咄逼人的态度。然而，女孩们说她们只是想找乐子或表达自己。相比之下，亚裔男孩被认为过于安静。一些人认为他们的沉默是为了表达对美国文化的排斥。然而，这些亚裔男孩说，他们很安静是为了避免他们因英语不好而被取笑。老师们没有讨论这些行为上的差异，因为害怕被指责支持种族主义，但是公开的讨论可能会帮助不同的群体理解彼此的心理状态。也就是说，跨种族的心理理论教育可以改善学校的氛围。

较强的心理理论能力也可以提高个人的幸福感。在你的课堂上，心理理论越优秀的学生越有可能与同学和老师融洽相处。你可以做以下四件事来提高每个学生的心理理论能力：

（1）帮助学生发展良好的语言能力。你将在第十二章中学习如何做到这一点。

（2）与学生交流他人的心理状态。使用像"想""知道""相信""惊奇""记住""忘记""猜测""期待""有意义""忽略""假装""理解"这样的词。这些词可以在课堂上讨论相关内容时使用，比如"你认为约翰相信法国外长吗？"或"乔尔是在猜呢，还是他知道317+42=359？"，也可以在学生有冲突的时候，在课堂互动中，或者在阅读故事的时候使用。就像前面的案例中，第一个母亲带着孩子读关于名叫卡尔的狗的书一样。

（3）为学生提供与可能持不同观点的同龄人进行交流的机会。例如，你可以在非教学时间（例如，午餐）鼓励社会互动，或者你可以在教学期间组织合作学习，这将在第十一章中讨论。

（4）与学生建立一种安全、积极的关系。这一点你在第六章已经学过。安全依恋关系与更强的心理理论能力有关。

心理理论能力还能提高幽默感或使他人发笑的能力，这是课堂社交互动中最令人愉快的方面之一。

二、幽默

在7年级的代数课上，老师在白板上写了一个问题。她让学生们使用计算器来找到答案。几分钟后，她喊道："约瑟夫（Joseph），你的计算器显示什么？"约瑟夫面无表情地迅速回答说："电量不足，建议更换电池。"老师和学生都笑了。

这个班在市内最古老的一栋教学楼内上课。三楼太挤了，热得让人受不了。然而，课堂的气氛很愉快，因为他们经常使用幽默，但不是以破坏性的方式。例如，他们知道老师希望他们展示解决问题的所有步骤。他们很抗拒，因为"展示你的工作"需要付出努力。他们更喜欢走捷径。凯尔（Kyle）被叫到白板前解答问题，他采取了"特别的"步骤。在友好的戏弄中，一位同学说："凯尔好努力呀！"每个人都笑了。

许多教师认为幽默可以改善课堂气氛，提高学生的学习动力，促进学习。然而，一些教师认为学生扮小丑搞笑是破坏性的。哪种观点是正确的？让我们看一下研究结果，但首先我们将澄清一些关于幽默的基本概念。

1. 什么是幽默？

幽默是一种社会认知游戏，可以带来笑容或笑声以及娱乐感。幽默可以是故意的，也可以是无意的。幽默可以是语言的，比如笑话、双关语，也可以是非语言的，比如一张有趣的脸。

并非所有的笑容或笑声都是由幽默引起的。事实上，大多数笑声都发生在日常的社交互动中，比如"我以后会见到你们"，这不是一种幽默，但往往伴随着一阵小小的笑声（Provine，2000）。当在交往中觉得不舒服时，人们也会傻笑。只有大约15%的笑声源于幽默或笑话。因此，除了作为对幽默的回应之外，笑声还有助于在人与人之间创造积极的情感。

幽默的原因和作用

在一家医院的停车场前有一个标志，一个学龄前儿童问标志上写了什么。妈妈回答说："耐心停车*。"孩子立即问道："那么爸爸和无耐心的人在哪里停车？"成年人发现这个问题很有趣，但我们的孩子却没有（爸爸确实有点缺少耐心）。幽默的一个原因是用一种解释处理信息（例如，患者在一个地方停车，医务人员在另一个地方停车），遇到不一致的信息（例如，"耐心"这一含义），然后迅速重新解释它（Hurley，Dennett，& Adams，2011）。如果你能解释"病人"和"耐心"之间的差异，孩子的问题就会很幽默。语言和信息处理能力有限的幼儿不会觉得这很幽默。良好的心理理论能力可以帮助你进一步理解为何孩子相信爸爸比妈妈更缺乏耐心——这增强了幽默性。也就是说，认知洞察力会引发幽默。

幽默具有许多社交功能：娱乐、让别人感觉良好、挽回面子、提供信息、沟通喜欢或者不喜欢的感受、缓解尴尬以及从别人的角度去看待问题。弗洛伊德说，幽默以低危害的方式呈现敌意（见专栏9-2）。然而，幽默可能是非常有害的。反社会的幽默包括下流或粗俗的笑话，以及贬低他人的笑话。

开玩笑的戏弄

戏弄是开玩笑的、故意的和挑衅性的评论（Keltner，Capps，Kring，Young，& Heerey，2001）。它通常包括幽默嘲讽或模仿侮辱、威胁或挑战，但也可能是非语言的。戏弄通常是幽默的，为了好玩，就像凯尔的同学取笑他为解数学题采取特别的措施。就像粗暴的游戏（见第十一章）一样，可以通过其开玩笑的性质来区分戏弄和欺凌。但是，戏弄的影响可能会更大。它可以以敌对的方式使用，比如贬低某人。如果孩子被以敌对方式反复戏弄，那将构成欺凌。骚扰式的嘲笑和性嘲笑，如取笑性取向，与开玩笑的戏弄不同，已经构成了欺凌（Espelage，Aragon，Birkett，& Koenig，2008）。我们将在第十章讨论欺凌和性骚扰。

开玩笑形式的戏弄在社交互动中很普遍。它具有与其他形式的幽默相同的功能：它能加强社会联系，传达信息，并以非对抗的方式帮助解决冲突。例如，在学校的午餐室，10～14岁的女孩可能会通过戏弄一个换了新发型的朋友吸引其注意力。在小学生中，戏弄经常发生在孩子与异性交谈时。因此，戏弄被用于强化性别界限（见第十一章）。一般来

---

* 原文为"Patient Parking"。Patient 有"病人"和"耐心"两种含义。——译者注

说，孩子更有可能戏弄他们感觉亲近的人。受欢迎的地位高的儿童比地位低的儿童更容易戏弄别人（Keltner et al.，2001）。

专栏9-2   **理 论 与 理 论 家**

西格蒙德·弗洛伊德

西格蒙德·弗洛伊德（1856—1939）是历史上最著名的理论家之一，达尔文（见第八章）和斯金纳（见第三章）与弗洛伊德的生活有交集。他出生于奥匈帝国一个犹太家庭（Isbister，1985）。他很小的时候全家就搬到了维也纳，之后一直在维也纳居住，直到去世之前。（弗洛伊德40多岁时，希特勒也住在维也纳。）20世纪30年代，纳粹烧毁了他的书，并把他的姐妹送进了死亡集中营。1938年，他逃到伦敦，在第二次世界大战开始时去世。他嗜好抽烟，后来患有口腔癌，这与他的死亡有一定关联。

弗洛伊德相信，创伤的无意识记忆通常有一种能量，因为这些记忆无法以社会可接受的方式表达，所以它们会转化为身体症状，而这种能量会被封存起来。当被压抑的记忆变得有意识时，症状就会减轻。弗洛伊德通过自由联想使记忆变得有意识，在这个过程中，病人躺在沙发上，说出他们所想的一切。他把这种方法称为精神分析。

弗洛伊德对心理学做出了革命性的贡献，创造了许多术语，比如同胞竞争。他最大的贡献之一是提出了无意识的概念。他断言，无意识经常拥有被压抑的破坏性或性冲动，但偶尔也会泄露出来，比如弗洛伊德式的口误——你说了一些象征着你被压抑的无意识态度的话。例如，新郎问什么时候举行葬礼，本来他想问的是什么时候举行婚礼。

他的第二个伟大的贡献是他认为梦是有意义的。对弗洛伊德来说，梦代表着对意识隐藏的愿望的实现。即使在梦中，愿望也可能被真实愿望的符号所隐藏，这被称为弗洛伊德符号。有时它们与孩子对父亲的嫉妒和对母亲的爱有关，弗洛伊德称之为俄狄浦斯情结——以希腊人物俄狄浦斯命名，俄狄浦斯杀死了父亲，娶了母亲。

本我、自我和超我

弗洛伊德设计了一个由本我、自我和超我三部分组成的心理模型。本我在出生时就存在，由寻求快乐的驱动力构成。自我试图控制本我，他说本我就像一匹马，自我就像骑手。马为机车提供能量，但骑手决定目标并引导马。自我产生焦虑和压抑，使冲动远离意识（Freud，1905/1960）。超我是谴责自我未能控制本我的良心。道德行为是强大的超我的结果。超我是"对父亲的渴望的替代品……随着孩子的成长，父亲的角色由老师和其他权威人士承担；他们的禁令仍然很有力……并继续以良知的形式实行道德审查"（Freud，1923/1961，p.37）。因此，在弗洛伊德看来，人有双重天性——与道德无关的本能满足和道德上的超我。

幽默

弗洛伊德认为笑话就像梦一样，也有隐藏的意义。其目的可以是简单地让别人开心和大笑，也可以是冷落他们，表现出攻击性，或者是保护自己。"通过使我们的敌人变得滑稽可笑，我们以一种迂回的方式获得了战胜他的乐趣"（Freud，1905/1960，pp.102-103）。通过笑话，你可以说出一些被禁止说的话，或者用笑来发泄愤怒。笑话可以让狡猾的本我逃避自我的控制。

道德

弗洛伊德认为道德来自在家庭内部经历的情感。孩子们因为爱和依恋而认同他们的父母。孩子们把他们对父母的情感传递给其他权威人物，比如老师。情绪，尤其是负罪感，能够规范行为，因为孩子们实施道德行为是为了控制情绪（Tangney，Stuewig，& Mashek，2007）。研究支持弗洛伊德的观点，即情感和依恋是道德发展的基础。请注意，弗洛伊德的观点与皮亚杰的不同，皮亚杰认为道德是孩子通过认知发展构建的。弗洛伊德的观点和斯金纳的也不一样，斯金纳认为道德行为是通过强化习得的。

弗洛伊德在斯金纳35岁时去世。他们经常被描绘成截然相反的人。弗洛伊德关注的是意识和行为的意义，而斯金纳忽略了意识，只专注于塑造行为的环境的影响。尽管他们有分歧，但是他们都认为儿童的发展是受环境控制的。他们也都认为，人们如果没有意识到控制行为的力量，就会感到痛苦。他们都运用自己的理论来改善社会。事实上，斯金纳经常引用弗洛伊德的作品，并试图对自己进行精神分析（Overskeid，2007）。

弗洛伊德有一些牵强附会的观点，比如小男孩普遍害怕被阉割，但他理论的其他方面提供了对人性的洞察。此外，精神分析还可以有效地解决情感问题。弗洛伊德建议教师应该接受精神分析方面的分析和培训，以便适当地帮助孩子控制他们的本我（Freud，1933/1964）。你想试试吗？

2. 幽默的年龄趋势

儿童关于什么是有趣的的想法是随着年龄而变化的。你可以把孩子的幽默视为他们认知发展的窗口。例如，3个月大的孩子开始用微笑的方式回应父亲；学步期儿童在猜出一个谜语之后会露出满意的微笑；一个10岁的儿童对开玩笑的话露出微笑是认知发展的反映。孩子们创作和欣赏的是他们理解起来既不是太过容易又不是太难的幽默。当他们刚刚掌握一个概念时，他们喜欢用它来开玩笑。

婴儿期与学步期（0～2岁）

笑出现在婴儿大约4个月大的时候。婴儿的第一次笑声通常是对身体刺激的反应，比如对着肚子呵气。被挠痒痒后的笑声会在婴儿6个月大的时候出现，但到了中年，人被挠痒痒时就几乎不笑了（Provine，2000）。到12个月大时，笑声更多地来自婴儿观察到的不同寻常的行为，比如在头上戴抹布，而不是来自身体刺激。

开始使用语言的学步期儿童会发现扭曲文字很有趣，比如叫爸爸"嘟嘟"。他们可能通过叫错名字（例如，称小猫为狮子）或者提供错误信息（例如，说狮子嘶叫*或小猫用勺子喝水）来开玩笑。他们可能会"扮小丑"，也就是说，一遍遍地重复一个动作，比如奇怪地走路，以便让你发笑。在开玩笑之后，学步期的孩子可能会歇斯底里地大笑，到2岁时他们可以将这些努力标记为开玩笑（Cameron，Kennedy，& Cameron，2008）。假装游戏可能是一种玩笑，例如当一个蹒跚学步的孩子假装为你准备汤，你大声喝汤并说"非常好！"时，他会笑着冲过去做得更多。

儿童早期（3～5岁）

从3岁到5岁，孩子们发现外表的不协调和对物理世界的扭曲是幽默的，就像一头奶牛在给孩子刷牙或把兔耳贴在孩子身上一样。学龄前儿童更可能嘲笑自己的自发扭曲，而不是别人的扭曲（Bariaud，2013）。不幸的是，对于老师和家长来说，以"便便"为导向的笑话层出不穷。4岁时，孩子可能会开始有意地画有趣的图画。他们发现"欺骗"游戏非常

---

* 原文为"neigh"，指马的嘶叫。——译者注

有趣,因为他们迅速发展的心理理论使其可以故意误导他人(Poulin-Dubois & Brosseau-Liard,2016)。

儿童中期(6~12岁)

到了儿童中期,儿童认为有趣的点会有所变化(Bariaud,2013)。他们仍然会觉得夸张的动作和面部表情很有趣。然而,当他们开始理解双关语和文字游戏时,就会从学龄前儿童觉得有趣的单词扭曲转向对单词意义的解释。例如,1年级学生对"Knock knock. Who's there? Orange. Orange who? Orange you glad I knocked?"*这样的笑话很感兴趣。这样的笑话需要语音意识,这是1年级学生正在学习的内容。年纪小的孩子不懂这些笑话,年纪大的孩子不再会觉得它好笑了。许多3~7年级的学生喜欢语意不通顺的口头笑话,例如"秩序!法庭秩序!""法官大人,请给我来份黑麦火腿奶酪",而这是大多数1年级学生还没有学会的(Dowling,2013)。这就解释了为什么谜语书在小学生中很受欢迎(Semrud-Clikeman & Glass,2010)。

在4年级左右,孩子大多喜欢反社会笑话,而年幼的孩子很少听到这种笑话(Socha & Kelly,1994)。在这个年龄段,孩子们也开始理解讽刺。目睹司机撞到邮筒的人可能会说:"你是个好司机!"5岁的孩子可能会把这句讽刺的话理解为真话——他真的是个好司机。10岁的孩子意识到说话者的意思是相反的,可能会觉得很有趣。这部分是心理理论发展的结果;实际上,年龄较大的儿童对讽刺的理解程度可以用来评估其心理理论的发展水平(Peterson,Wellman,& Slaughter,2012)。

儿童对戏弄的理解在儿童中期发生了转变。由于他们并不总是能理解同龄人的玩笑,1年级的学生比3年级的学生更容易对戏弄做出负面反应。到3年级时,孩子们相当善于识别戏弄、反讽和讽刺,但直到5年级或6年级才能够清楚地表达出他们是如何识别的(Keltner et al.,2001)。孩子们也变得更善于与人交流,这样他们就不会经常说:"我只是在开玩笑。"也许正是因为这个原因,6年级学生比低年级学生更积极地看待戏弄。随着年龄的增长,孩子们会改变他们取笑的主题。例如,小学后期的孩子比小学早期的孩子对异性有更多的戏弄。

青春期(13~19岁)

在青少年中,尤其是在男孩中,奚落在各种文化中都很流行。青少年用幽默来软化命令和批评,比如对一位没有脱鞋的来访者说"谢谢你脱鞋"。他们会做出一些古怪的评论,比如"看看那只海鸥的腹肌!"(Cameron,Fox,Anderson,& Cameron,2010)。此外,青少年的幽默比幼儿的幽默涉及更广泛的社会话题。例如,许多青少年觉得达尔文奖很有趣(Northcutt,2000)。该奖项是颁发给那些因自己的愚蠢行为而死亡的人,以及"通过将自己从基因库中移除来改善基因库"的人。年幼的孩子不懂这种带有讽刺含义的幽默。青少年能够理解双关语和双重含义,比如歌曲的标题"如果我说你有一个漂亮的身体,你会反对我吗?"以及其他具有双重含义的话。

3. 幽默的个体差异

幽默在许多文化中被广泛认可,以至于指责某人没有幽默感是一种侮辱。你可能认识

---

* 这句话翻译成中文是:"敲门,敲门。那儿是谁?是橙子。橙子是谁?橙子,我敲门使你感到高兴吗?"这是一条与语音相关的笑话。——译者注

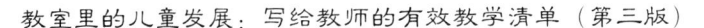

某些非常具有幽默感的人和某些不太具有幽默感的人。让我们来看看一个2岁的孩子，他的幽默感非常好：

> 阿基瓦（Akiva）递给她的老师一个玩具电话。老师把电话放在耳边说："你好？嗯，嗯，嗯，嗯，嗯，嗯，嗯。再见！"阿基瓦因为这种荒谬的谈话咯咯地笑着，她的一些同学也开始大笑。

阿基瓦一直比大多数同学都笑得更开心。她良好的幽默感可能有助于她在学校取得成功。我们继续往下看。

幽默的个体差异会带来什么影响？

幽默帮助学生以轻松的态度看待压力事件，从而帮助他们处理困难的情况（Dowling, 2013）。想象一下，两个孩子正在互相熟悉，并且一个人告诉对方他正在复读3年级；第二个孩子回答说："你一定很傻。"在一项研究中，大多数8~12岁的孩子都认为对这种压力情况的最佳反应就是使用幽默，比如，"你交朋友的方式真有趣"。不幸的是，孩子们并不擅长为自己创造幽默的反应；大多数人可以想到的唯一应对策略是忽略这句话（Lightner, Bollmer, Harris, Milich, & Scambler, 2000）。因此，儿童有时需要帮助才能将幽默作为应对策略。

幽默也有助于为社会接受。老师和同龄人都喜欢有幽默感的孩子。在一项对5 000多名2年级到12年级学生的研究中，受欢迎的领导者被描述为是具有幽默感的（Zeller, Vannatta, Schafer, & Noll, 2003）。幽默的青少年不太可能受到社会打击，但他们也更有可能偶尔在课堂上行为不端（Sletta, Sobstad, & Valas, 1995）。幽默要有效地使用，并且在适当的时候，在社会交往中是社交能力的关键组成部分。然而，反社会的、嘲弄的幽默会防碍为社会接受。因此，俏皮的幽默有助于为社会接受，但反社会的幽默则不然。

什么因素会导致幽默的个体差异？

至少有两个因素可以让一些学生拥有更好的幽默感：信息加工能力和创造力。对语言幽默的欣赏与工作记忆、语言能力、智力和认知灵活性有关（Greengross & Miller, 2011）。当玩笑涉及他人的心理状态时，心理理论能力是必需的。使用双关语，具有隐藏含义、不协调的笑话时需要了解一个人的文化背景。例如，孩子们必须理解登门拜访时对话是如何发生的，才能发现"敲门，敲门"（Knock Knock）笑话有趣。因此，理解笑话需要有相关知识和快速处理信息的能力。

在认知能力发展延迟的学生中，幽默也会延迟发展（Short, Basili, & Schatschneider, 1993）。相反，认知发展超前的学生往往具有发展超前的幽默感，就像2岁的阿基瓦一样。例如，在9年级的英语课上，老师正在解释何时使用"good"或"well"。一个男孩举起手，说道："I just use whichever sounds well"*。老师对这个聪明的男孩笑了笑，但其他许多学生都没有理解这个笑话。改变信息加工过程的治疗多动症的药物可能会降低儿童的幽默感或容易发笑的程度（Panksepp, 2000）。

幽默也与创造力有关。这是因为幽默是由不协调引发的，比如看到一个物体不处于它的正常位置或用新的视角看待熟悉的东西。产生这种不协调是一种创造性的活动，是一种精神体操。在一项研究中，被同龄人认为异常幽默的10年级和11年级学生也更具创造性（Ziv, 2013）。在第八章中，你了解到积极情绪可能会增强创造力。因此，创造力可能既是幽默的原因也是幽默的结果。

---

* 译为"哪个听起来好我就用哪个"。——译者注

4. 幽默的群体差异

幽默存在一些性别差异。在某些方面，男孩可能比女孩更幽默；例如，他们会为漫画写更有趣的字幕并且更容易笑（Greengross & Miller, 2011）。然而，他们往往更倾向于反社会的幽默。在一项针对中小学生的研究中，挠痒是女孩们一种常见的幽默来源，而其他孩子的小倒霉是男孩们常见的幽默来源（Dowling, 2013）。男孩和女孩戏弄他人的次数大致相同，但如果被戏弄的人反应消极，那么女孩更有可能退缩，说"我只是在开玩笑"，或者哄对方笑。不同的是，当被戏弄的人反应消极时，男孩可能会将戏弄升级到更高的水平，他们会笑得更开心；而当被戏弄的人对他们挥舞拳头时，他们会躲避（Eder, 1991）。在一项针对3年级学生的研究中，男孩更有可能从戏弄升级到嘲笑，特别是当被戏弄的人是女孩时（Voss, 1997）。因此，在戏弄他人时，男孩可能比女孩更过分、更频繁。

5. 幽默的课堂启示

课堂上的幽默可提高注意力，使学习变得愉快，从而创造更积极的关系以及积极的课堂气氛（Fitzsimmons & McKenzie, 2003）。幽默也可以改善学习（Banas, Dunbar, Rodriguez, & Liu, 2010; Martin, Preiss, Gayle, & Allen, 2006）。在教科书上插入漫画可以增强阅读理解能力和阅读动力（Chua, 2014）。你可以通过使自己变得幽默、接受孩子的幽默来增加课堂上的幽默。

要成为幽默的自己

幽默可能对中学教师来说更具挑战性，因为他们比小学教师更少地使用幽默。对几项研究的回顾发现，在小学高年级，幽默平均每小时发生6次，而在初中和高中每小时发生2到3次（Banas et al., 2010; McGhee, 2013）。

使用以下这些策略可以在课堂中融入更多幽默：

（1）保持积极的幽默。讽刺、反社会的幽默会破坏师生关系。基于冒犯、性、身体功能或淫秽的幽默在课堂上是不被允许的。

（2）计划好你的幽默，特别是如果你不是天生具有幽默感的话。把幽默融入课程中。练习幽默，实地测试内容，记住笑话。使用食物和玩具等道具。使用漫画和电视剪辑来说明概念或戏剧化材料。例如，当你教授新的内容时，你可以使用熟悉的电视节目中的主题音乐或衣服（Berk, 2002）。

接受儿童的幽默（适当的时候）

你不需要成为课堂幽默的主要来源。如果你鼓励你的学生，你的学生就会创造幽默。正如教师发起的幽默一样，儿童发起的幽默在小学会比在中学更常见。在一项经典的研究中，微笑或大笑在3年级教室中发生的次数是11年级的两到三倍（Fabrizi & Pollio, 1987）。

如果你想在课堂上增加孩子的幽默，请遵循以下准则：

（1）积极回应幽默。小学教师往往比中学教师更积极地回应幽默。此外，教师倾向于对与他们有更好关系的孩子的幽默言论或行为做出更积极的回应（Fabrizi & Pollio, 1987）。因此，你可能必须更加努力地去理解与你关系佳的学生的幽默。

（2）如果学生来自不同的种族，则请注意学生基于不同文化背景的幽默。

（3）邀请孩子分享幽默。我们孩子最喜欢的一位小学教师热情地鼓励孩子们在每个上学日开始时与她分享笑话。这为班级设定了积极的基调，并且是在教师设定的范围内开玩笑。

(4)清楚地区分开玩笑的戏弄和反社会幽默。一位成年人回忆起因为鼻子大而被称为"香蕉鼻子"是多么令人痛苦:"我会回家后或在学校的浴室里哭个不停"(Kowalski, 2000, p.234)。在第十章你将学习如何减少学生的反社会行为。

儿童引发的幽默有时会扰乱课堂秩序,可能需要加以限制。在中学,幽默的学生可能会大声喊出来,离开座位,不做作业,与其他学生互动。也就是说,他们非常活跃,擅长社交。到了高中,幽默的学生更善于在保持幽默的同时遵守课堂规则(Fabrizi & Pollio, 1987)。大多数由学生发起的幽默只会对课堂造成轻微的破坏。例如,约瑟夫的反应——"电量不足,建议更换电池"——在开场故事中短暂地扰乱了代数课程,但他也为课堂增添了热情。约瑟夫是一个很好的班级幽默制造者——一个令人愉快的、乐观的孩子,让教学变得更有趣。他在道德上也是一个好孩子,这是我们下一个论题。

三、道德判断

你对另一个人的印象(例如,这个人是你想要和他一起工作、结婚或是做邻居的人吗?)往往基于三个主要的维度:(1)道德品质(比如,诚实、值得信赖、公正、公平);(2)亲社会行为(比如,善良、温暖、友好);(3)能力。这些是我们评价他人时普遍依据的标准(Goodwin, 2015)。在这三个维度中,道德品质也许是大部分人最看重的(Uhlmann, Pizarro, & Diermeier, 2015)。在这个部分,我们将会探讨儿童是如何学会诚实和公平的,在第十章我们会探讨儿童是如何变得善良的。

> 我站在教室里,望着窗外。我看见鲁比(Ruby)从街上走过来,她的两边都跟着联邦警察。人群像往常一样在那里大喊大叫。一个女人朝鲁比啐了一口唾沫,但没啐到她身上;鲁比朝她笑了笑。一个男人向她挥拳;鲁比朝他笑了笑。接着她走上楼梯,停了下来,转过身,又笑了!你知道她跟其中一个警官说了什么吗?她告诉他,她每天晚上睡觉前都要为那些人祈祷,那些乌合之众!(Coles, 1986, pp.22-23.)

以上所述是一位教师对一个6岁女孩的观察,女孩名叫鲁比,是个非裔美国学生,她引发了1960年新奥尔良的学校取消种族隔离运动。当时,鲁比是整个学校唯一的学生,因为其他学生的父母把他们关在家里,她甚至受到死亡威胁。

一个6岁的孩子如何知道什么是道德上正确的,并在面临威胁(包括来自权威人士的威胁)的情况下遵循正确的道德观呢?人们对什么激发道德行为有不同的看法。

动物行为学家的观点是,人类天生就有照顾他人的倾向,因为这会促进他们的生存(Krebs, 2008)。行为心理学家认为,儿童通过模仿和强化获得价值(见第三章)。弗洛伊德的观点是,孩子认同并内化他们父母的价值观(见专栏9-2)。另一种观点是,儿童在认知发展的过程中,不是从外部学习道德,而是从内部建构关于对与错的原则。还有一个观点是关于道德判断的,也是我们接下来将要讨论的。

1. 道德判断的不同理论

道德判断①是指儿童对有关道德和法律主题进行推理的过程。道德判断与道德行为有所

---

① 道德判断(Moral Judgment):在强调规则、法律、正式义务和权威的前提下,对涉及公平等的道德困境进行推理。

不同,因为道德判断重点关注的是思考,而非行为。认知心理学家认为,随着年龄的增长,儿童关于公平的判断能力会不断提高,道德品质也会不断提升。也就是说,认知心理学家认为,儿童的道德品质与认知发展程度密切相关。皮亚杰是这一派别的代表人物。

皮亚杰的观点

皮亚杰认为,儿童不是仅仅简单地接受自己所处文化中的道德标准,而且还在与同伴的冲突中重构是非观。皮亚杰认为,公平是道德的本质。为了研究儿童关于公平的认识,皮亚杰告诉儿童一些不当行为的例子,比如一个孩子在房间里踢球时把灯打碎了,然后问儿童什么样的惩罚是公平的。通过分析儿童的回答,皮亚杰总结出儿童有两种不同的道德推理模式:

(1) 以权威为导向的他律道德阶段。在这一阶段,规则被视为固定的、不可改变的,并且应当被严格遵守。他律道德阶段的儿童遵守规则是因为有外部权威的压力,是为了避免惩罚。

(2) 自律道德阶段。这一阶段儿童的道德判断是基于互惠、互相尊重和合作,不再是基于外部的压力。

柯尔伯格的观点

遵循皮亚杰的观点,劳伦斯·柯尔伯格(Lawrence Kohlberg)建立了一个基于阶段的道德发展模型。他给孩子们一些假设的困境,让他们对行为的道德性做出判断。最著名的是海因茨困境(Heinz dilemma),它涉及偷窃:

> 在欧洲,一个女人因身患某种特殊的癌症濒临死亡。医生们认为有一种药可以救她……但是药剂师的收费是他成本的10倍,小剂量的这种药就要收取2 000美元。病人的丈夫海因茨找了身边所有能找的人借钱,但是最后他也只凑到了1 000美元……他告诉药剂师他的妻子快要死了,并请求他把药卖得便宜一点,或者以后再付钱。但是药剂师说:"不,我发明了这种药,我要从中赚钱。"于是,海因茨绝望了,他想冲进这个男人的药店,为他的妻子偷药(Colby, Kohlberg, Gibbs, & Lieberman, 1983, p.77)。

听完这个故事,儿童可能会被问到一系列的问题,比如"偷药在道德上是错误的吗?"。柯尔伯格在继承第三章讲到的皮亚杰阶段论的基础上,总结了道德判断发展的六个阶段。尽管皮亚杰没有强调道德发展的阶段性(Piaget, 1965),但柯尔伯格相信这些阶段在不同文化中以相同的顺序存在(Colby et al., 1983):

水平1　前传统道德:惩罚和服从权威

阶段1:"正确"就是服从,不违反法律,不伤害他人,不损坏他人财物。遵循行为规范的目的是避免惩罚。

阶段2:"正确"就是公平,或者在对自己有利的情况下遵守规则。遵循行为规范的目的是获利。

水平2　传统道德:法律至上

阶段3:"正确"是不辜负他人对自己的期望,忠诚,值得信赖,支持你的家人或朋友。做正确的事情的原因是想被视为一个"好"人,关心他人,并将成为他人期待的"好人"视为金科玉律。

阶段4:"正确"是自觉履行义务,为社会做贡献,维护法律(除非在极端情况下),这是"法律与秩序"阶段。遵循行为规范的目的是维持社会运转。

水平3　后传统道德：正义与权利的抽象原则

阶段5："正确"就是承认价值与规则是相对的，但应该坚持支持社会。有些绝对价值是存在的（如生命、自由）。遵循行为规范的目的是保护权利，为大多数人做最大的好事，以及履行契约的承诺。

阶段6："正确"就是遵循自主选择的伦理原则。如果伦理原则和法律冲突，则要遵循伦理原则而不是法律。遵循行为规范的目的是履行对正义、平等和尊严的普遍道德原则的承诺。

> **思考**
>
> 你同意柯尔伯格提出的阶段顺序吗？柯尔伯格在他所认为的"更高"的道德水平上有什么偏见吗？请几个朋友描述他们认识的最有道德的人的性格。这些属性是否符合柯尔伯格的或你自己的道德观念？

阶段是分层级的。也就是说，更高的阶段代表着更高水平的道德推理，因为其能自圆其说从而具有更大的哲学上的合理性（Carpendale，2000）。

对柯尔伯格的模型有一些重要的批评，其中一条就是他对道德的看法过于狭隘。阶段1、2和3被人们直观地认为是分层级的。也就是说，大多数人都同意第1阶段的推理水平低于第3阶段的推理水平，但对于柯尔伯格所称的更高阶段的排序存在分歧。此外，一些价值观是否符合这个模式还不清楚，如对长辈的义务或宗教信仰。而且，在柯尔伯格的模型中，关心他人处于第3阶段，低于维护法律和社会秩序阶段。遵守法律是否比关心他人更加高尚？这个问题与性别差异有关，我们稍后将讨论。正义与关心他人之间的争论一直是历史上重要的哲学和宗教问题，这样的争论超出了本书的范围，但很明显，尽管大多数人都同意正义是道德的重要组成部分，但柯尔伯格的道德观是有局限的（Goodwin，2015；Uhlmann et al.，2015）。

亲社会推理过程

亲社会推理[①]是一种关于两难困境而非正义与法律的困境的推理。在此两难困境中，关心他人与利己之间存在矛盾（Eisenberg，Hofer，Sulik，& Liew，2014）。许多现实情境的道德困境涉及亲社会推理，而不是道德判断。为了研究亲社会推理过程，心理学家针对儿童假设了两难情境，比如保留食物还是与他人分享，与朋友玩耍还是帮助同学备考（或者挺身而出维护被嘲笑的同伴）。一个常见的难题是生日聚会的两难情境：

> 在去派对的路上，艾玛莉（Emmalee）看到一个女孩摔倒了，伤了腿。女孩叫艾玛莉去找她的父母。但是，如果艾玛莉真的跑去找女孩的父母，艾玛莉就会迟到，错过和朋友们一起玩的机会（Carlo, Koller, Eisenberg, Da Silva, & Frohlich, 1996, p.233）。

孩子们被问到应该做什么以及为什么。此外，研究人员有时会观察儿童在日常生活中的道德行为，然后问他们为什么会这样做。基于此，心理学家总结了五种类型的亲社会推理模式：

（1）享乐主义。其重点是自我导向的结果，比如"我喜欢她"或者"她也会为我做同样的事"。

（2）以需求为导向。其重点是对方的需要，比如"她需要我的帮助"。

（3）认同。其重点是别人的认可，比如"她的父母会感谢我"。

（4）刻板观念，其重点是"好人"会做什么，以及被认为是"好人"的愿望，例如，"如果我帮忙，人们会认为我是一个好人"。

---

① 亲社会推理（prosocial reasoning）：关于道德困境的推理，在这种困境中，一个人的需求或欲望与另一个人的需求或欲望相冲突，此时，法律、规则或正式义务的约束力是最小的。

(5) 内化。关注的焦点是如何做会感觉良好，例如，"如果我帮忙，我就会感觉更好"。

这些类型的推理是分等级的，第 5 种推理被认为是比第 1 种推理水平更高的亲社会推理。这一系列的层级划分受到了批评，就像柯尔伯格的道德阶段层级划分所受到的批评一样，因为关注艾玛莉如果不帮忙的话，她自己将会有怎样的感受（第 5 级），可能并不比关注另一个女孩的需求（第 2 级）在道德上更高尚。

诚实与说谎

除了公正和公平，道德品质还包括诚实和不说谎（Goodwin，2015；Uhlmann et al.，2015）。谎言是故意的虚假陈述，而非故意的虚假陈述，如无意的犯错，就不是谎言。关于说谎的一个特例是，大多数人相信有利于他人的谎言或幽默的谎言不是不道德的，例如"我们很高兴校长今天来我们的教室"。这些谎言被称为善意的谎言、利他的谎言和人际交往小技巧。它们被视为不同于恶意的谎言或试图掩盖错误的谎言。

2. 道德判断的年龄趋势

皮亚杰（1932）研究了儿童如何理解和评价说谎。不出所料，他发现儿童理解谎言的能力随着道德判断和亲社会推理水平的提高而不断发展。接下来，让我们讨论一下道德判断的年龄趋势。

婴儿期与学步期（0～2 岁）

道德发展建立在早期的公平感之上。学步期的孩子希望资源能够平等地共享，并且会更关注不公平的事件。例如，在一项研究中，如果没有给木偶分配同样数量的饼干或者玩具，19 个月大的孩子注视木偶的时间会更长。在一项后续实验研究中，两个人中一个人帮助清理另一个人没有，两人却得到同样份额的奖励，这会引起 21 个月大的孩子的注意——更长时间的注视。他们似乎希望勤奋工作的人比懒人得到更多的报酬；也就是说，分配应该是公正的，而不是平均的（Sloane，Baillargeon，& Premack，2012）。诸如此类的研究表明，婴儿在太小还不会说话的时候，尽管还没有足够多的经验来"构建"一种道德观，但就已经具有先天的道德感（Hamlin，2013）。

图 9-6 学步期儿童有一种公平感

学步期的儿童对玩具和饼干的不平等分配注视时间更长，这表明他们期望公平。
资料来源：Sloane 等（2012）。

他们虽然可能期望公平，但却未必诚实。他们一开口就开始说谎。2 岁的孩子故意欺骗他人，比如擦掉通向藏身处的脚印，或者他们在偷看时说没有偷看（Chandler，Fritz & Hala，1989；Evans & Lee，2013），他们也有情绪伪装的能力，比如用假哭声来获得同情（见第八章）。说谎在幼儿中很正常，他们通常不理解什么是谎言。

儿童早期（3~5岁）

道德推理建立在其他技能——执行功能、解读他人的情绪和心理理论——的基础上，这些技能让学龄前儿童能够分辨是非（Decety & Howard，2013）。到3岁时，他们往往不会违反父母的禁令；如果违反了，他们就会很痛苦，并会承认自己做了错事（Emde，Biringen，Clyman，& Oppenheim，1991）。当资源分配不公平时，他们会变得不安，并试图解决不公平问题。例如，在一项研究中，一个木偶有两杯橡皮泥，另一个木偶只有一杯，4岁的孩子把橡皮泥给了拥有橡皮泥较少的木偶（Li，Spitzer，& Olson，2014）。学龄前儿童会强烈抗议违规行为并强制执行规则（"就在这里！"）。这是真的，即使是游戏规则，3岁的孩子也认为由最高权力主体颁布的规则不可改变，正如皮亚杰对他律道德阶段的描述一样（Köymen et al.，2014）。然而，到了5岁，孩子们则认为游戏规则是可以协商的。

在4岁或5岁时，孩子们开始区分社会习俗和道德。社会习俗是由文化决定的行为标准。学龄前儿童知道，违反社会习俗，如直呼老师的名字，只有在有规则禁止的情况下才是错误的，而规则是可以改变的。他们还知道，为了玩秋千而打别人是错误的，即使有人告诉他们学校有规定说这是正确的，他们也仍然这样认为（Helwig & Turiel，2011）。他们认为违反道德规范是错误的，不管规则如何，其错误是不可改变的。这与皮亚杰对5岁儿童的看法相反，他认为5岁儿童在道德判断上是以自我为中心和以外部为导向的（Thompson，2012）。

学龄前儿童不完全理解谎言是什么。他们把夸张、"淘气"的话、错误的陈述和猜测等同于谎言。他们可能认为谎言是关于消极行为的陈述，而诚实是关于积极行为的陈述（Wandrey，Quas，& Lyon，2012）。他们关于谎言的看法过于宽泛。然而，他们已经认识到"好""坏"谎言之间的区别。他们认为如果说谎是为了掩盖错误行为，这就是道德上的错误；如果是善意的谎言，则不用太过严厉地批判（Evans & Lee，2013；Jambon & Smetana，2014；Talwar & Lee，2008）。

尽管承认谎言在道德上是错误的，但是学龄前儿童还是很喜欢说谎。从学步期到学龄前这一时期，儿童更爱撒谎（Evans & Lee，2013）（参见图9-7）。科学家们用一种隐蔽的方法来检验这一点。他们把一个秘密的玩具放在幼儿身后，并说"不要转身看玩具，我很快就回来"，然后离开房间。隐藏的摄像头显示，大约80%的儿童会偷看玩具。在偷看者中，2岁到3岁的儿童承认他们偷看了，但大多数4岁到5岁的儿童会说谎，说他们没有偷看（Lee，2013）。

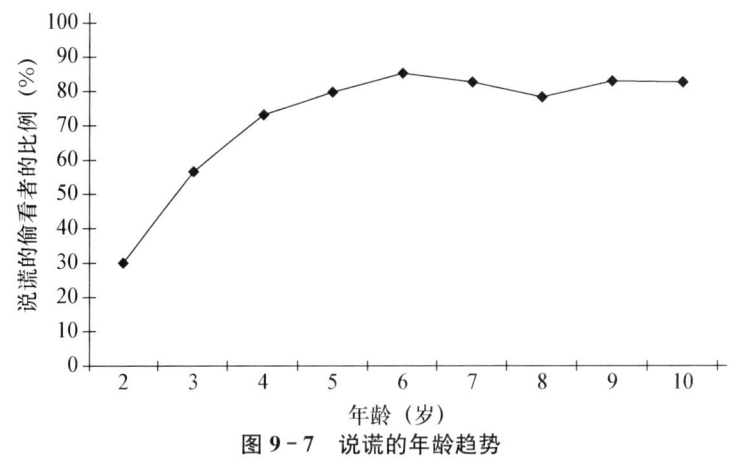

图9-7 说谎的年龄趋势

在要求孩子们不要偷看的实验中，大多数孩子偷看了，少部分孩子没有偷看。在偷看者中，说谎或否认偷看行为的比例随着年龄的增长而上升。增长最快的地方在哪里？

资料来源：Lee（2013）。

学龄前儿童并不总是能成功说谎。在上述实验中，与学龄前儿童的后续对话通常是这样的：

> 实验者：你偷看玩具了吗？
> 孩子：没有。
> 实验者：你觉得这个玩具是什么？
> 孩子：一个巴尼娃娃，因为它是紫色的。

真相往往会泄露出来，因为学龄前儿童没有足够的心理理论或执行功能来维持谎言，即使研究人员奖励他们说谎，3岁的孩子也不是很成功（Ding et. al，2015）。成功说谎的能力在3～7岁之间迅速提升，说谎的比例也是如此（Lee，2013）。

总之，儿童在3岁时表现得好像他们有某种道德感。他们能够区分社会习俗和道德问题。他们经常撒谎，但不是很成功，而且即使说谎的儿童只有3岁，他们也能意识到说谎是错误的。

儿童中期（6～12岁）

小学生能够对道德进行推理，不像柯尔伯格判断的那样严格遵守法律。例如，6～10岁的儿童可以就是否有权违反不合理的法律进行推理（Helwig & Jasiobedzka，2001）。此外，他们能自己判断出谎言在道德上是错误的，因为它们侵蚀了信任和社会公正，而不仅仅是因为权威人士禁止谎言（Carpendale，2000）。

在儿童中期，儿童在判断他人行为时更善于考虑意图。他们开始认为"亲社会的谎言"危害较小，更容易被接受。例如，萨莉亚（Sariah）对彼得（Peter）撒谎，说她病得太重不能和他一起玩，因为她想偷偷地去商店给他买礼物，这样的谎话比萨莉亚因为想为自己购物而撒谎更容易得到积极的评价。他们也认为"必要的伤害"是可以接受的，比如推开即将和另一个孩子一起摇树的朋友（Jambon & Smetana，2014）。他们能够考虑多样、矛盾的观点。到5年级时，大多数孩子都能权衡负罪感，考虑当时情境下的伤害程度、意图和控制程度。换言之，在这个年龄段，孩子们开始像法官审判罪犯那样思考。

到了5年级或6年级，他们也开始理解谎言是什么，任何有意的虚假陈述都是谎言，夸张、讽刺、挖苦都不是谎言（Talwar & Lee，2008）。谎言越不可信，学龄前儿童越容易撒这样的谎，因为他们认为那是淘气玩闹，但是年龄较大的儿童就不撒这样的谎（Carpendale，2000年）。例如，大一点的孩子会更愿意就考试成绩向爸爸撒谎，而不是对爸爸说"看到了一只像牛一样大的狗"这样的谎言，因为稍大一点的孩子知道，不可能会有比牛更大的狗。

说谎的次数在小学早期会增加，但随后会减少。从8岁到16岁，偷看考试答案的孩子说谎的可能性越来越小（Evans & Lee，2011）。逻辑精巧的谎言随着年龄增长逐渐增加。到了1年级或2年级，孩子们就有了维持谎言的执行功能，这样真相就不会泄露出来。

青春期（13～19岁）

青少年比年幼的孩子更不容易撒谎（Evans & Lee，2011）。有些人认为这是因为他们已经将道德规范内化了。柯尔伯格的观点是，青少年可能已经进入道德判断的第3阶段，大学生一般会到达第4阶段。部分成年人可以达到第5、第6阶段。因此，根据柯尔伯格的说法，青少年和大多数成年人不太可能在道德的最高层次上进行推理。研究证实，尽管3年级的儿童就能根据应得的（例如，谁最努力工作）和特殊需要分配资源（Gummerum，

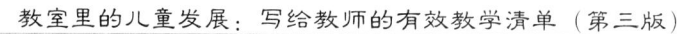

Keller, Takezawa, & Mata, 2008),但青少年在判断复杂的正义问题上比年幼的孩子做得更好(Wainryb, Brehl, & Matwin, 2005)。

与道德判断相比,亲社会推理在青少年时期没有多大提高。事实上,许多青少年在亲社会推理取向方面退步了。当涉及自身利益和他人需求之间的冲突时,青少年的推理可能会更刻板,不会比年幼的孩子更以他人为导向(Carlo et al., 1996; Eisenberg et al., 2014)。与幼儿相比,如果成本高、需求低,青少年就可能更愿意为不提供帮助找借口(Sierksma, Thijs, Verkuyten, & Komter, 2014)。一些青少年擅长为自己的错误行为或拒绝帮助他人的行为找到自私的理由,甚至在道德上为自己开脱(Bandura, 2015; Recchia, Wainryb, Bourne, & Pasupathi, 2015; Shalvi, Gino, Barkan, & Ayal, 2015)。因此,随着年龄的增长,年轻人在讨论法律和正义时可能变得更加合乎逻辑,但他们不一定更加无私。

此外,随着年龄的增长,青少年更可能在做出道德而非自私的决定后感觉良好,比如帮助朋友做家庭作业,而不是不管不顾地去打篮球(Casey et al., 2011)。尽管如此,仍有一小部分人表示,在出于自身利益行事之后感觉良好。接下来我们将探讨一下个体差异。

3. 道德判断的个体差异

> **思考**
>
> 如果随着年龄的增长,孩子们变得更擅长道德判断(正如认知发展理论家所断言的那样),那么你怎么解释那些向鲁比吐唾沫的成年人的行为呢?什么因素可能导致这种行为?

哈茨霍恩与梅(Hartshorne & May, 1928)在20世纪20年代进行了一项著名的研究,以探究宗教教育如何影响欺骗、偷窃和说谎行为。超过11 000名来自不同社区的1年级至12年级的学生在普通教室中接受了29项不同任务的测试,这些任务考察了儿童的道德行为。例如,研究人员会给孩子们提供答案,并告诉他们给自己评分(在研究人员偷偷地复制了他们原始的答案之后)。他们给孩子们做了一些运动测试,比如做引体向上,并让他们记录下自己的成绩。他们还把一个硬币放在一个拼图盒里,看孩子们是否归还了那个硬币。

这项著名的研究得出了两个主要结论。第一,宗教教育并没有阻止孩子们在面对诱惑时实施不道德的行为,这让主日学校的老师非常失望。第二,道德行为依赖情境,有些情境几乎可以引诱所有的孩子作弊说谎。例如,92%的儿童至少在规定时间的算术测试中作弊过一次。然而,作弊行为也存在较大的个体差异:一些孩子很少作弊,而另一些孩子则抓住一切机会作弊。

这些结果在今天仍然是有意义的。研究表明,诚实受到环境的影响,诚实的个体差异出现在幼儿时期。例如,在偷看玩具的研究中,1/3以上的3岁儿童承认说谎并说出了真相,但其他人没有(Talwar & Lee, 2008)。在一项对小学生的研究中,一半的人在测验中偷看,另一半则没有。在偷看者中,93%的人对此撒谎(Talwar, Gordon, & Lee, 2007)。这种道德行为的差异是由个体道德判断的差异导致的吗?也就是说,比同龄人更老练地讨论道德困境的孩子是否也更诚实、公正和富有同情心?让我们看看研究结果。

个体在道德判断上的差异会带来什么影响?

在年龄较大的儿童中,亲社会推理与道德行为没有明确的关系。在学龄前儿童中,需求导向和道德内化推理与更友善的行为有关(Carlo et al., 1996; Eisenberg et al., 2014)。道德判断与道德行为之间也没有明确的关系。具有高于平均水平的道德判断和谎言理解能力的儿童并不总是比一般儿童更诚实、公平、慷慨或富有同情心,尽管低于平均水平的道德判断能力与攻击性和犯罪行为有关(Gummerum et al.,2008;Talwar & Lee,2008)。此外,同情心出现在人生的最初几年(见第十章),但成熟的道德判断不会出现在青春期之前。即使青少年比不实施反社会行为的年幼儿童具有更高水平的道德判断能力,但是他们仍然会有反社会行为,如到商店行窃(Kuther & Higgins-D'Alessandro,2000)。

15 岁的海瑟(Heather)的行为就是这种道德判断与道德行为脱节的例证。她年纪够大了,可以思考道德问题,但她在学校作弊。她知道作弊不好,但她有取得好成绩的压力。她也对父母撒谎。她说她有是非观,但她的道德观是建立在不被抓住的基础上的。她回忆起自己喝酒的经历:"第一次喝酒的时候,我崩溃了,常常幻想自己被抓住,但当我觉得自己不会被抓住的时候,压力就减轻了很多,所以这在很大程度上取决于我是否会被抓住。"海瑟无法解释事情的对错,除了后果。她说:"我真的不太想这些东西!……我真的不知道道德从何而来"(Smith & Denton,2005,p.198)。

道德判断或亲社会推理与道德行为之间缺乏强有力的关系,这被称为道德判断-行为差距。什么可以解释这个差距?除了推理,影响道德行为的还有其他因素。当面临道德问题时,学生必须:

(1)将某一情境视为道德性质的;
(2)判断哪一种行为在道德上是正确的(这是柯尔伯格强调的);
(3)优先考虑道德价值;
(4)正直,具有勇气和能力,能够按照价值观行事。

例如,如果青少年将吸毒或性行为视为个人选择或社会习俗领域的问题而不是道德问题,道德判断与这些行为之间就没有联系。即使学生将某一情境视为涉及道德问题,并且知道什么行为是正确的,他仍然可能不在乎,或者屈从于自我利益。道德原则应该防止人们为了自己的利益而不顾他人的利益。然而,即使对成年人来说,自利也是一个强有力的动机(Shalvi et al.,2015)。

什么会带来个体在道德判断和道德行为上的差异?

在 20 世纪 20 年代的研究中,具有较高社会经济地位和较高智力的儿童作弊较少。相比之下,举止粗俗的孩子,比如不向路过的女士摘帽致敬的孩子,作弊更多。尽管没有单一变量区分作弊者,但有很多的风险因素可能导致孩子作弊。类似的因素至今仍与道德差异有关。我们下一步再来讨论这些。

心理理论

心理理论是道德判断的基础(Thompson,2012)。你是否谴责某人的错误行为(道德判断)取决于你是否认为这种错误行为是故意的(心理理论判断)。人类评估据以进行道德判断的有意或无意的心理状态的能力是独一无二的。心理理论水平更高的儿童更可能有更成熟的道德推理能力(Smetana,Jambon,Conrymurray,& Sturge-Apple,2012)。

心理理论发展更好的儿童也可能是更好的说谎者,因为说谎就是故意向别人灌输错误的信念。人们发现,孩子们在通过错误信念测试之前就会撒谎和欺骗,这意味着不诚实并不需要成熟的心理理论。然而,拥有较高水平心理理论的孩子更善于说谎,因为他们不像其他孩子那样容易泄露真相;即使受到成年人的质疑,他们也能维持自己的谎言(Talwar & Lee,2008)。一位科学家说,撒谎是心理理论在起作用(Lee,2013)。

在幼儿中,道德行为也与抑制控制有关。具有良好抑制控制能力的学龄前儿童更容易在无监督的情况下遵守规则收拾他们的"烂摊子"或在游戏中不作弊;他们在亲社会困境

中也不那么自私，比如艾玛莉为了帮助受伤的孩子错过了生日聚会。抑制控制和亲社会推理都与权威型教养方式有关。

教养质量

安全依恋和权威型教养方式都是良知发展的基础（Thompson，2012）。部分原因是温暖的亲子关系会促使孩子接受父母的影响，并接受他们的价值观（Kochanska，2002）。此外，父母采用权威型教养方式的儿童比其他儿童具有更高的道德推理水平，因为他们的父母可能使用引导启发的方法而不是权力主张（见第七章）。启发引导是一种训练形式，在这种形式中，成年人解释了规则的重要性，并指出孩子的不当行为对其他人造成的影响。与其他类型的违反规则的行为（如捣乱）相比，父母更有可能对违反道德的行为表达愤怒并使用启发引导的方法（而不是命令）来回应（Dahl & Campos，2013）。启发引导有助于道德内化，这会让孩子习得做正确的事是因为它是正确的，而不是为了避免惩罚。启发引导会引起儿童的内疚，这是一种抑制不道德行为的道德情感（Tangney et al.，2007）。对于在父母的启发引导方式下成长的孩子，如果他们在游戏中作弊、抢玩具，或者不帮助别人，那么他们更有可能会感觉不好。他人导向的引导使儿童了解到其他人的需求是重要的。

父母在涉及道德事件的非管教交流中与孩子交谈的方式也很重要。在一项研究中，7～16岁的孩子与母亲讨论了帮助或伤害朋友的事件。母亲们称赞他们的帮助，并指出帮助他人会让孩子感觉很好（Recchia et al.，2015）；作为对比，母亲们指出了有害行为的不恰当性，并找到了一种方法来肯定孩子是一个有道德的人（例如，"你通常不会那样做"，或者"你感觉不好是因为你关心别人"）。他们利用这个机会教授道德原则，帮助孩子发展**道德认同**①，这是下一个话题。

道德认同

具有强烈道德认同感的人认为道德是自我认同的核心。他们倾向于期待对自己的善行的肯定，并且更可能以道德的方式行事（Dinh & Lord，2013；Hardy，Walker，Olsen，Woodbury，& Hickman，2014）。5岁的儿童在道德认同上存在差异（Thompson，2012）。例如，在一项研究中，5岁的孩子能够报告他们是否是那种打碎东西会马上告诉别人的人，而不是试图隐藏起来，以免被人发现。2年后，那些具有高度自我认同并具有高水平道德判断能力的孩子被老师评为行为良好者（Kochanska，Koenig，Barry，Kim，& Yoon，2010）。

教育

柯尔伯格道德判断访谈的得分与教育水平有关。通常，只有大学毕业生在第4或第5阶段得分，这并不奇怪，因为分数是基于对抽象概念进行逻辑上连贯论证的能力。这是柯尔伯格模型的一个问题，因为常识告诉我们，道德和教育不是等同的。正如鲁比"未受过教育"的母亲所说，有些人"为了正确的事情而把自己的生命置于危险之中，他们可能不会说很多……他们只是做了很多"（Coles，1986）。

鲁比开始上学时不会读也不会写，在柯尔伯格道德判断访谈中可能还没有到第2阶段，但她有道德操守。皮亚杰指出："单凭智力就足以提高孩子对行为的评价，而不必让他做好事……一个聪明的骗子也许会比一个头脑迟钝但心地善良的小男孩给出更好的答案"（1965，p.116）。

---

① 道德认同（moral identity）：在多大程度上成为一个有道德的人，是一个人自我认同的核心。

宗教

柯尔伯格指出："宗教不是发展道德判断和行为的必要或极为重要的条件"（1981，p.304）。他把道德与宗教区分开来。他认为，由于所有宗教中的儿童都经历了道德判断中相同的不变阶段序列，因此宗教不能成为道德发展的源泉。在柯尔伯格的模型中，那些基于对上帝的顺从或宗教信仰为道德行为辩护的人，得分低于那些使用正义导向的推理的人。

许多成年人和青少年并不认同这一观点。研究证实，宗教信仰激发道德行为，并形成判断行为是否符合道德的基础（Cohen，2015）。鲁比说，每个星期天她都去教堂，在那里她说人们被告诫"为每个人，甚至是坏人祈祷，我也是如此"（Coles，1986，p.23）。

研究有力地将父母和孩子的宗教信仰与道德行为紧密联系起来①。父母的宗教信仰影响孩子的道德行为和孩子自己的宗教信仰。经常参加宗教活动的青少年不太可能抑郁、犯罪或使用暴力、逃课、辍学、撒谎和欺骗、过度看电视、过度玩电子游戏、看色情片、吸毒或在年轻时性活跃。他们更可能感受到关怀，花时间和大人在一起，获得更高的成绩，与父母和兄弟姐妹相处，上大学，对违法行为感到内疚，表现得友善，愿意帮助他人，从事社区服务，并表达对种族主义和贫困的关注——实际上，他们把更多的钱投入公益事业中。宗教参与尤其有助于增强城市内部青少年的韧性。

也有证据表明，一些宗教人士并不比普通人更加诚实，且更歧视威胁其价值观的人（Cohen，2015；Goldfried & Miner，2002）。有些人出于宗教目的而实施暴力行为。因此，一般来说，宗教信仰与更高水平的道德行为有关，但宗教信仰的有益效果并不适用于所有情况。

4. 道德判断的群体差异

性别和社会经济地位与道德判断有关。你能猜出是男孩还是女孩具有更高的道德判断水平吗？让我们看看研究结果。

性别

道德模范（不管女性还是男性）的属性，如诚实、忠诚或宗教虔诚，并不存在性别差异（Walker & Pitts，1998）。然而，道德推理可能存在性别差异。早期的研究表明，在柯尔伯格的模型中，女性的得分低于男性。吉利根（Gilligan，1982）在访谈女性的基础上，批评了柯尔伯格的理论是一种男性道德观，建议单独为女性设计相应的道德测试。女性更注重关怀推理，优先维持关系和满足他人的需要，而男性更注重正义推理。研究表明，女孩支持关怀推理的比例为0.28，男孩支持正义推理的比例为0.19。这意味着，尽管在道德取向上不同性别之间存在小的差异，但大多数男孩和女孩同时使用关怀推理和正义推理（Jaffee & Hyde，2000）。女孩的道德判断可能比男孩更受人际关系的影响（Eisenberg，Zhou & Koller，2001）。例如，青少年时期的女孩比男孩更有可能乐意让朋友抄作业，而不是让非朋友抄作业（Singer，1999）。男孩对朋友和非朋友的态度是一样的。具有讽刺意味的是，尽管关注正义，但经常说谎的男孩更多（Gervais，Tremblay，Desmarais Gervais，& Vitaro，2000）。

---

① 许多研究支持这一结论，其中有一些列在这里：King 和 Furrow（2004）；Loury（2004）；Petts（2009，2014）；Rostosky，Wilcox，Wright 和 Randall（2004）。

社会经济地位

柯尔伯格道德判断访谈的得分与社会经济地位相关。这并不奇怪,因为教育是社会经济地位的一个组成部分,而教育影响道德判断分数。更高社会经济地位的优势也适用于亲社会推理(Eisenberg et al., 2014)。大多数将社会经济地位和亲社会推理联系起来的研究都是在美国进行的,但在巴西也发现了同样的模式。在巴西,如果7年级和10年级学生的父母都受过高等教育,生活富裕,那么这些学生的亲社会推理得分较高(Eisenberg et al., 2001)。

5. 道德判断的课堂启示

道德教育在每一个教室里,甚至在每一个社会群体中进行。这是不可避免的,你通过你选择执行的规则和你的行为方式来影响学生的价值观。当你决定阅读什么文本,举谁为例时,你就会做出道德决定。在今天的美国学校,道德教育通常是随意的,而不是刻意的;它是隐性课程的一部分。过去人们认为道德教育应该是显性的。例如,19世纪广泛使用的教材《麦考菲读者》(*The McGuffey Readers*)就使用道德故事来教授阅读和算术。然而,在20世纪下半叶,美国学校取消了显性道德教育。最近,人们重新开始关注道德教育,部分原因在于对文明程度下降和侵犯行为增加的担忧。

许多教师对刻意的道德教育表示不满。然而,教育家、哲学家内尔·诺丁斯(Nel Noddings, 1992)认为,"不应该允许教师通过声称他们没有准备好做这项工作来逃避他们作为道德教育家的责任。所有体面的成年人都应该为这项工作做好准备。这是属于我们所有人的责任"(p. 69)。

那么,你应该如何对待道德教育呢?皮亚杰和柯尔伯格认为儿童道德是由社会互动和有原则的推理构建的。行为主义者和弗洛伊德持有不同的观点——道德是由长辈传给孩子的。"道德教育"一词通常用于指基于第一种观点的课程,而"品格教育"一词通常用于指基于第二种观点的课程(Berkowitz & Grych, 2000)。然而,这两个术语有时适用于任何旨在促进道德的教育。让我们来看看一个德育老师可能运用每种方法做些什么。

道德教育(建构道德)

柯尔伯格认为,道德教育的目的是促进道德判断的发展,而不是推动形成特定的价值观。他不赞成灌输。相反,他认为应该鼓励孩子们审视他们行为的优缺点。他认为道德教育应该促进自治。例如,强迫孩子们承认欺骗是不诚实的行为时,如果学生不真正相信这种观点,就只会教会他们在必要的时候屈从于权威。柯尔伯格后来相信,只要教师们提倡一种特殊的道德观就可以了。他们尊重孩子,认为他们是独立的道德能动者,不用权威的压迫。正义是教师应努力激发的主要道德价值(Kohlberg, 1981)。

柯尔伯格主张在中学创建"公正社区"学校。公正的学校强调道德问题的讨论和联合决策。他的方法坚持你在第三章学到的建构主义教育的原则。为了从这个角度促进道德判断,请使用以下准则:

(1)民主,合作,与学生分享权力。在成年人-学生关系中营造相互尊重的氛围。允许学生帮助制定课堂规则,并使学生在决策中有发言权。柯尔伯格主张,"公正社区"学校每周举行由10~12名学生组成的小组会议,讨论问题并达成共识,同时每周召开全校会议,讨论和表决学校的政策,例如如何处理盗窃行为。

(2)鼓励在课堂上讨论道德问题。与被动的讨论风格、简单的意见分歧或固执己见的演讲相比，在主动的讨论中学生要求澄清、辩护和反馈，能推动更高水平的道德推理。小组辩论促进了从幼儿园到大学的学生的道德推理发展（Mayhew & King, 2008; Walker, Hennig & Krettenauer, 2000）。

这种方法甚至可以用于学前班阅读故事的场景。例如，教师在给学龄前儿童读一本名著时，可以鼓励他们进行道德方面的讨论。书中有一个女巫绑架了孩子，而他们的母亲努力想把孩子们救回来。女巫告诉这位母亲，她不能进入她的房子，因为她的脚很脏。所以，这位母亲假装切断了她的脚，但实际上只是把腿藏了起来（De Vries, Hildebrandt, & Betty, 2000）。对话的方式如下：

老师：你觉得妈妈这样说可以吗？
爱德华：呃——她在撒谎。
老师：在这种情况下撒谎可以吗？
孩子们：不可以！
老师：不可以？为什么？你能告诉我为什么不好吗？
约翰：很糟糕，女巫会看着她说"你有脚"，然后她会说"是的，我知道"。那是个谎言，对吧？
阿曼达：我想她只是想欺骗女巫。我觉得她只是想让她的孩子们回来。
老师：好吧，爱德华有不同意见。告诉我们你的想法。你认为为了救回孩子撒谎没关系吗？
爱德华：嗯，不是。
老师：嗯，我们意见不同。
（改编自 DeVries, Hildebrandt, & Betty, 2000, pp.26-28。）

在这种建构主义的方法中，成年人不应该把他们的价值观强加给儿童。但是批评者指出，在建构主义实践中，成年人通常会这样做，会让学生通过回答问题来接受成年人想要传达的价值观（Goodman, 2000）。如果成年人保持真正的中立，那么儿童应该内化什么价值观呢？批评者还会进一步争辩说，要用一种传统的方法，在这种方法中，老师清楚地陈述规则（例如，"说谎是错误的，除非是对一个偷了你孩子的女巫说谎"），学生会表现得更诚实一些。

品格教育（传递道德）

与柯尔伯格相比，品格教育的支持者认为品格是诚实、善良、勇敢、礼貌和服从等美德的集合。这些美德不是先天的，而是被传递给孩子的。要从这个角度激励学生的道德行为，请使用以下准则：

（1）找出你希望学生学习的美德，并使它们成为学生和教师的明确目标。有些教师甚至把他们的目标贴在墙上。

（2）为学生提供实践美德的机会。有些人提倡以志愿或服务式学习作为一种方法，但在日常课堂活动中，学生们有很多机会变得善良、乐于助人和诚实。学生需要练习和发展那些老生常谈的道德行为剧本。

（3）表扬品行端正的学生。这可以在学校典礼上私下或公开进行。然而，请记住，对道德行为的外在奖励是强制性的，可能不会真正产生有品德的学生，尽管奖励可能会促使学生暂时遵守学校规则（见第七章）。

（4）禁止不良行为和惩罚不当行为，如作弊。但是，请记住你在第七章中读到的惩罚的代价。如果你必须使用惩罚，那么请把它和其他导向的诱导法结合起来。

（5）与学生讨论诚实，灌输诚实作为美德的价值。要求学生承诺告诉你真相会让他们更加诚实（Talwar，Arruda & Yachison，2015）。向他们保证，他们不会因为诚实而受到惩罚；如果他们认为自己会因不诚实而受到惩罚，他们就不太可能说出真相。

> **思考**
> 想象一下你的学校实施了一项道德教育计划。为了检验这个项目是否成功，你会衡量什么？在决定采纳它之前，你希望看到什么样的证据？（回顾第一章。）

（6）突出道德榜样。多利用有道德英雄与道德行为的文学作品。在一项研究中，那些听过乔治·华盛顿（George Washington）和那棵永远受苦的樱桃树的故事，并且被告知"我希望你像华盛顿一样说实话"的孩子比听过有关说谎的负面后果的故事如匹诺曹（Lee et al.，2014）的孩子更加诚实。强调诚实的行为，而不是不诚实的行为，会更有效。然而，即使是5年级的小学生，也不可能理解道德故事的主题，除非你把它说得很清楚（Narvaez，2002），或者他们可能从故事中得到不同于你的预期的信息，比如认同了坏角色。

品格教育方法的批评者认为，没有原则性反思的行为实际上是不道德的，这可能是极权主义政权的目标。机械服从不应该成为道德教育的目标，因为原则上反对压迫性规则也是道德的。支持者会反驳说，虽然基于道德原则的自我决定很重要，但是如果没有践行道德行为的习惯，那么道德判断是没有意义的。

道德教育或品格教育有效吗？

有效的道德教育应该包括道德的四个组成部分：（1）意识到道德与情境有关；（2）判断何种行为在道德上是正确的的能力；（3）渴望做合乎道德的事；（4）运用品格的力量去行动。但是，很少有项目关注所有要素。建构主义方法侧重于第1或第2部分，传统的品格教育项目侧重于第3或第4部分。

目前，除了第2部分（道德判断）之外，还没有足够的研究来了解哪种方法对这些组成要素最有效。也就是说，研究发现，道德教育提高了道德判断水平，尤其提高了年纪稍大的学生的道德判断水平（Schlaefli，Rest & Thomas，1985）。有两种最有效的方案——虽然效果仍比较小，它们分别是：（1）为他人服务（如跨年龄辅导）后的强烈的自我反省；（2）对道德困境展开的小组讨论，如在高中公民课上的讨论。在讨论了几个月的道德问题，并接触到下一个更高级的推理阶段之后，大约1/3的学生提升了道德判断阶段。如果没有这样的经验，通常需要几年时间才能实现向更高道德阶段的提升。强调道德问题的人文、文学或社会研究的学术课程，如好书计划（the Great Books program），通常不会对道德判断有很大影响。

道德教育是否会影响道德行为？对"公正社区"高中的研究发现，该类高中学生的道德推理水平高于对照学校，但青少年犯罪率没有差异（Kuther & Higgins-D'Alessandro，2000）。许多公司研发了品格教育课程，一些学校也购买了，但却没有明显的证据表明它们能增加道德行为。一项针对小学的包括七个不同项目的大型研究发现，这些项目没有带来任何影响（Social and Character Development Research Consortium，2010）。然而，你可以通过每天与学生的互动来改变学生的道德行为。

专栏 9-3　　　　　　　　　发展中的挑战

学业不诚实

在高中生物课上，一些学生在考试前拿到了期末试卷的复印件。不止一个学生向托德吹嘘，托德向他母亲提到了考试内容的情况。出于误会，托德的母亲打电话给老师，想知道为什么她的儿子没有像其他学生一样参加模拟考试。老师知道发生了什么事，但无法确定是谁作弊。根据学生对作弊者的不满，可以推断学生知道谁是作弊者，但没有人承认。下学期初，老师给全班学生安排了一场更难的考试。这对学生造成了很不好的影响，一些通过自己努力考取好成绩的学生受到怀疑，另一些诚实的孩子的成绩因考试时间滞后而下降，而其中一个作弊者在第二次考试中表现得更好。

这些学生作弊是因为他们不懂其他学生想要一个公平竞争的环境吗？如果是这样，他们就缺乏心理理论。或者，他们虽然充分意识到作弊会伤害别人，但根本不在乎？如果是这样，他们就缺乏道德原则。

你可能听过老师告诉学生："当你作弊时，你只会伤害你自己。"这不是真的。作弊是对诚实的学生的攻击。这是不道德的行为，因为它不关心他人。作弊会破坏公平、公正和信任，也会破坏考试的有效性和目的。作弊伤害了整个社会。

这个例子并不是作弊的唯一形式。在学校作弊，或者学业上不诚实，可以采取多种形式。其中包括抄袭考试答案，谎报为什么不交作业，以及抄袭他人的智力作品（或单词）等。

你怎么判断孩子是在作弊还是在撒谎？你可能无法知道。大多数成年人不擅长辨识谎言（Ekman，O'Sullivan，& Frank，1999）。同样，在考试中发现作弊也是非常困难的（Cizek，1999）。如果托德的母亲没有不小心让老师知道，托德的老师就不会知道学生作弊了。大多数作弊都没有被发现。

那么你怎么知道作弊有多普遍呢？目前还不清楚作弊到底有多普遍。大多数研究使用自我报告来确定作弊，这可能低估了真实的作弊率。在一项对 23 000 名青少年的研究中，51%的人承认他们过去一年曾在考试中作弊，28%的人至少作了两次弊，32%的人承认使用互联网抄袭（Josephson Institute of Ethics，2012）。在另一项研究中，20%～25%的 7 年级到 11 年级学生在科学展览会上说他们编造了数据，抄袭了别人的作品，或者得到了不适当的帮助（Syer & Shore，2001）。在另一项研究中，89%的高中生在过去一年曾抄别人的作业（Jensen，Arnett，Feldman，& Cauffman，2002）。因此，作弊是常见的，而且可能因任务而异，例如考试时和做项目时不同。

什么会导致作弊？
- 知道他人在作弊（O'Rourke et al.，2010；Rettinger & Kramer，2009）；
- 对作弊疏于防范；
- 认为教师不公平，设置了不合理的难度，或未教授将要考试的内容（Murdock & Stephens，2007）；
- 学习主要是为了成绩或外部奖励（例如父母的现金奖励、进入精英学院或保持运动参赛资格的愿望），而不是为了学习本身或出于兴趣（Anderman，Griesinger，& Westerfield，1998；Rettinger & Jordan，2005；Schraw et al.，2007）。

作弊的原因各不相同。一些人作弊是因为他们想要进入精英学院。"现在压力太大了。要申请大学，你得参加一项运动，还得参加其他的课外活动，要找到一份工作，你还必须在荣誉班上获得所有的 A。"其他人作弊是因为他们想从高中毕业。他们不想失败，也不想退缩（Stephens & Nicholson，2008，p.369）。

这里有三个学生对考试作弊的看法。

学生一："如果作弊能够提高成绩，那它就是个好方法。"

学生二："人人都作弊，作弊不意味着你是一个不好的人，只是说你有时需要帮助。"

学生三："我想你第一次这样做的时候，会感觉很糟糕，但后来你就习惯了。你总是告诉自己你没有做错任何事。也许你心里知道这是错的，但过一段时间后处理起来会更容易些。"

这些话来自三个即将上大学的高中学生（McCabe，1999，pp.682-683）。前两个对不诚实的容忍度非常高。第三个人对不诚实的容忍度较低，但她找到了一种安抚自己良心的方法。

在作弊倾向上存在个体差异。容忍作弊的学生，相信"其他人都在这样做"的学生，以及相信几乎没有人反对作弊的学生，更容易作弊（Jensen et al.，2002）。对自己学业能力缺乏信心的学生，关注与同伴比较的学生，感到与社会脱节的学生，平均学分绩点低或智商低以及自控力差的学生比其他学生更容易作弊（Brown-Wright et al.，2012；Jensen et al.，2002；Paulhus & Dubois，2015）。

如何减少作弊？你所营造的情境的性质对作弊有很大的影响。在一项经典的研究中（Hartshorne & May，1928），有些课堂几乎没有作弊行为，而另一些课堂中作弊行为则很普遍。你可以做以下几件事，以便在课堂上降低作弊的可能性：

（1）挑战"人人都做"的信念。定义作弊并明确作弊是不可接受的。

（2）做诚实的榜样。把你重视诚实的事实说清楚。有人指责为提高成绩不佳的学校的考试成绩老师给学生提供能力测试答案的行为。这种负面的行为示范很可能增加学生的学业不诚实行为。

（3）与学生建立一种温暖、相互尊重的关系。学生如果目睹教师不尊重学生或学生不尊重教师，则更容易作弊（McCabe，1999；Murdock & Stephens，2007）。

（4）关心学生的学习。当学生认为老师关心他们的学习时，学生就不太可能作弊（Murdock et al.，2001；Schab，1991）。

（5）避免负面竞争。当人们强调自身的提高和学习而不是比别人做得更好，或者并不注重成绩、运动参赛资格等外在奖励时，作弊的可能性较小（Anderman et al.，1998；Schab，1991）。

（6）对不诚实行为采取更重的惩罚措施。大多数被发现的作弊者都不会受到惩罚。如果高中生知道自己不会受到惩罚，并且认为老师不在乎，他们就会对作弊习以为常（Cizek，1999；McCabe，1999）。当你遇到一些看起来不像你学生写的段落或短语时，复制一些短语并将它们粘贴到互联网搜索引擎中，以检查它们的来源。

（7）公平。学生在课堂上作弊更多地是因为他们觉得自己受到了不公平的对待。提前完成作业，以便有时间诚实地学习或写作。进行公平的考试，不要考没有教过的内容。

（8）让作弊更加困难（IES，2013）。消除诱惑，认真监考，但不要让学生觉得自己像囚犯。

如果你遵循每一条准则，那么你应该能够大大减少课堂上的不诚实行为，帮助你的学生成为道德上有原则的人。

通过日常交往来教授道德

与学生互动的方式在塑造学生道德品质方面可能比道德教育更重要。与道德发展相关的最重要的教养因素包括：榜样、权威型教养方式、家长尊重孩子的民主家庭结构和启发引导方法（Berkowitz & Grych, 2000）。同样的因素也适用于你的课堂。也就是说，德育教师是道德行为的楷模。权威型教师是民主的，会与学生进行口头交流，包括讨论道德问题。他们对道德行为要求很高，设定了很高的标准，但同时也对学生很热情，并关心学生。

接下来我们将重点讨论两个在本节中尚未讨论的因素：

（1）使用诱导性的管教方式，并注意你对学生的管教要求。正如你在第七章中所学到的，诱导性的管教方式会导致内化，即学生即使在没有人关注的时候也会遵从。记住管教是一种教学行为。学生正是在管教中学习成年人的核心价值观。学生们能够推断出你反复要求的问题，比如打人是不可原谅的。你能灵活处理的问题不是核心价值观，而是可以接受的不同选择，比如是否要在回答问题之前举手。教师倾向于向学生提供关于个人问题的选择，但要说明有关道德问题的规则和命令（Killen & Smetana, 1999）。

（2）关心学生。你在第六章中学习了如何培养师生依恋和构建学校纽带。有些学校的学生很少作弊，而另一些学校的学生几乎普遍作弊。在师生关系积极、课堂气氛融洽合作的班级里，作弊倾向较低。这种学业诚信是一个道德问题，对教师来说尤其重要（见专栏9-3）。

诺丁斯（Noddings, 1992）认为，学校的首要任务不是提高学生的学术能力，而是关心学生，因为道德来自被关心的记忆。每个学生都应该感受到你和同学的关怀。下一章将讨论如何有效地鼓励学生做出友善、有益的行为，抑制攻击性以及和平解决学生之间的冲突，敬请期待。

对实践的反思

我的教学

你与学生互动的方式会影响他们的人际交往能力、幽默感和道德感。前几章已经讨论了促进社会认知的几个因素；你应该回顾其他章节中"对实践的反思"部分。它们包括：

- 与学生建立与心理理论和道德相关的安全的依恋关系（见第六章）；
- 创造积极的课堂氛围，减少作弊（见第八章）；
- 提高学生的信息加工能力，这与心理理论和幽默有关（见第四章）；
- 具有权威性和热情，鼓励交流与互动，并使用与道德相关的诱导性的管教方式（见第七章）。

此外，为了确保你正在增进学生的社会认知，定期问自己以下问题：

（1）我是否与学生讨论他人的观点、想法和信念？在这些对话中，我是否使用了"想一想"这样的词？我是否为学生提供了与具有不同观点的同龄人交流和对话的机会？

（2）我是否在课堂上用开玩笑和幽默的方式来促进学生发展创造力、解决问题的能力和积极情绪？

（3）我的学生在我的课堂上是否开始学会幽默？我有积极的反馈吗？我能对那些和我关系不好的学生的幽默做出积极回应吗？

（4）我是否鼓励同龄人之间开展关于道德问题的小组辩论，并确保讨论方式积极（即参与者要求澄清、阐述、论证和反馈）而不是让学生被动参与？

（5）当机会出现时，比如文学、历史中出现的问题或冲突爆发时，我会讨论道德问题吗？我是否让学生接触更高层次的道德推理？我是否帮助学生认识道德问题？

（6）在可行的情况下，我是否与学生分享权力？学生是否帮助制定课堂规则？

（7）我能识别出高尚或者道德的行为吗？我是否无意中助长了学生的不道德行为？

（8）我是否明确表示我重视诚实？我是诚实的榜样吗？在我的班上作弊会有严重后果吗？

（9）我知道我想传递给学生的美德吗？我是否为学生提供了践行美德的机会？我是否为学生树立了一个品德高尚的榜样，使学生明确高尚的道德是怎样的？

（10）我在课堂上给了学生照顾他人的机会吗？如果是这样的话，那么我是否培养了自我反省的能力？

（11）我应该尊重学生并赢得他们的尊重吗？我的考试、作业和课堂其他方面公平吗？

（12）我的课堂道德文化是什么？我实际上执行什么规则？它们和我声称要强制执行的一样吗？哪些违规行为会让我不安？这会向学生传达我的什么核心价值观？

社会认知发展的年龄趋势总结

	心理理论	幽默	道德判断
婴儿期与学步期（0~2岁）	● 婴儿天生就会看人脸，辨别面部表情，并会追随他人的目光。 ● 学步期的儿童能够理解他人的感受、意图和欲望。 ● 3岁以前，儿童很难完成错误信念任务以及外观与现实任务，更可能通过指、看而不是语言来传递信息	● 社交微笑大概在1岁时出现。 ● 4~6个月时婴儿就会笑。 ● 学步的孩子会因单词扭曲、不寻常的行为和假装游戏而笑。 ● 孩子们发现他们刚掌握的概念最有趣（例如，单词扭曲对刚学会语言的幼儿来说很有趣）	● 感觉到内疚并试图弥补自己的过错。 ● 期待公平与正义。 ● 皮亚杰和柯尔伯格都低估了幼儿的道德发展水平，柯尔伯格甚至没有测试过这个阶段儿童的道德认知能力。 ● 2~3岁的儿童开始尝试说谎
儿童早期（3~5岁）	● 儿童的日常行为表明他们已经有心理理论。 ● 大多数儿童在5岁时通过了错误信念测试。 ● 自闭症通常在3岁时被诊断出来	● 学龄前儿童嘲笑不寻常的外表和物理世界的扭曲。 ● 笑的原因随着年龄的增长变得越来越微妙，需要提高心理理论能力	● 3岁的儿童是"道德"的人。 ● 学龄前儿童经常使用更高级的需求导向而非仅仅是惩罚导向的亲社会推理。 ● 诚实的个体差异在3岁时就表现出来了。 ● 学龄前儿童能够区分社会习俗和道德规则。 ● 他们经常撒谎。 ● 他们把夸大和无意的错误误认为是谎言。更大程度地夸大谎言的儿童更为调皮。 ● 在4~5岁时，他们可以区分善意的谎言和反社会谎言，认为善意谎言不是淘气

续表

	心理理论	幽默	道德判断
儿童中期（6~12岁）	● 到5~6岁，儿童的心理理论已经达到成年人的水平。 ● 孩子们能更好地利用心理理论产生说服力。 ● 他们开始明白自己比别人更了解自己的内心想法和感受。 ● 他们在区分故意行为和无意行为方面表现得更好。他们越来越能理解为什么人们会说或做一些事情，比如为什么有人会说一顶难看的帽子看起来很漂亮	● 复杂的口头笑话变得有趣。孩子们喜欢双关语、文字游戏和敲门笑话。 ● 笑话和谜语书在3~5年级学生中很受欢迎。 ● 他们能更好地理解别人的意图，以便更好地区分别人是开玩笑还是认真地表达、是否在嘲笑。 ● 他们更喜欢戏弄。他们戏弄的目标多种多样——在小学高年级时，他们戏弄男性朋友或女性朋友。 ● 他们能够看到用幽默应对压力的好处，但需要帮助。 ● 到了10岁，孩子们就明白了讽刺。 ● 小学的学生和教师比中学的学生和教师更幽默。 ● 幽默的孩子很可能在课堂上表现得有些出格，因为他们是高度活跃的社交型孩子	● 儿童的道德认知水平通常在柯尔伯格的第1或第2阶段。 ● 他们可能更倾向于使用"内化"而不是使用"认同"模式的亲社会推理，但他们仍然可能用享乐主义的推理。 ● 他们能够连贯地讨论法律是好还是坏，以及善意的谎言是否可以接受。 ● 他们基于意图和损害程度，以一种深思熟虑的方式判断一种行为有多糟糕。 ● 他们对谎言的构成形成了类似成年人的概念。谎言越可信的孩子越淘气（与学龄前儿童相比）
青春期（13~19岁）	● 青少年的心理理论比年幼的孩子强，但他们依然倾向于相信别人知道他们所知道的东西。 ● 他们高估人们注意到并记住他们的一些事情（聚光灯效应）的可能性。 ● 他们高估他人理解自己的容易程度（透明度错觉）。 ● 心理理论会持续发展——年长的人比年轻的人有更高水平的心理理论	● 青少年在更广阔的世界中找到幽默，喜欢双关语和一些年幼孩子听不懂的俏皮话。 ● 情绪低落变得流行，尤其是男孩。 ● 小学的教师和学生比中学阶段的教师和学生更喜欢用幽默。 ● 幽默的学生在课堂上不再具有破坏性，因为他们已经学会了恰当地使用幽默	● 青少年已经达到皮亚杰所说的自律道德阶段。 ● 他们可能在柯尔伯格的第3阶段。只有受过良好教育的成年人才能得5分或6分。 ● 青少年可能会增强对亲社会推理的刻板印象。他们可能会稍微增加享乐主义的推理。以需求为导向的道德推理可能略有下降，显示着道德上的倒退。 ● 作弊在中学比小学更普遍

本章总结

1. 心理理论

● 社会认知是指应用于社会情境中的认知。
● 心理理论是解读他人心理状态的能力。它通常是用错误信念或外观与现实任务来测试。
● 低心理理论是自闭症谱系障碍的标志。自闭症患者通常有着低认知能力和语言障碍，

但一般都有特殊的才能。
- 具有较好心理理论能力的儿童往往具有高级语言能力，社交能力更强，更擅长欺骗。
- 基因、执行功能、语言能力、讨论其他人想法的对话、安全的依恋关系以及和兄弟姐妹或者同龄人的互动都会促进儿童心理理论能力的发展。教师可以通过这些途径促进学生心理理论能力的发展。
- 女孩和社会经济地位高的家庭养育的孩子心理理论水平比男孩和社会经济地位低的家庭养育的孩子更高。

2. 幽默

- 幽默是社会认知的一种游戏形式。它可能是由与身体相关的游戏引起的，也可能是遇到了令人困惑的信息后突然恍然大悟而产生的。幽默有多种功能，例如侮辱他人或建立社会关系。
- 戏弄是对他人开玩笑或者发表具有挑衅性的评论。它可以是身体上的，也可以是亲社会的或是反社会的。
- 具有幽默感的孩子更容易被别人喜欢。具有较好信息加工能力的人往往比同龄人更幽默。
- 课堂上的正向幽默能促进师生之间建立积极的关系，增强创造力和积极情绪。它可能对学习有积极的影响。幽默在小学比在中学更常见。
- 弗洛伊德强调潜意识的力量，认为梦是有意义的。他开发的一种治疗方法——精神分析法，现在被广泛使用。他认为笑话就像梦一样，有隐藏的意义。他认为情感和依恋是道德的基础。

3. 道德判断

- 皮亚杰认为，儿童通过与他人的社会认知冲突来建构自己的正义感，而不是采用他人的道德标准。他认为儿童会从他律道德（权威导向）阶段发展到自律道德阶段。
- 柯尔伯格认为，儿童的道德判断发展遵循一个不变的、普遍的阶段序列。最低层次是权力惩罚导向，最高层次是正义导向。但并非所有人都认可正义是最高的道德层次，他们认为还有一些别的东西比公平更有价值，比如关怀。
- 亲社会推理是指有需求冲突但不涉及法律的两难困境的推理。享乐主义模式的推理阶段被认为比内化模式的推理阶段低。
- 柯尔伯格的道德判断的得分与道德行为没有密切关系。亲社会推理与年纪较小的儿童的道德行为有关，但与年纪较大的儿童的道德行为无关。
- 有更好的心理理论、安全的依恋关系、与孩子讨论道德主题的民主型父母，道德认同高和有坚定的宗教信仰的孩子往往具有更高的道德判断水平和更好的道德行为。
- 社会经济地位较高的学生和男孩在道德判断上往往得分更高。女孩在道德判断上倾向于更关心他人，而男孩更倾向于公正。然而，男孩在诚实的行为这一项上表现并不好。
- 基于皮亚杰和柯尔伯格的观点，道德教育强调关于道德困境的同辈讨论和民主的学校。品格教育强调德行的灌输，提供实践、奖励和德行的典范。每种方法都有批评者和支持者。
- 学业上的不诚实很普遍。认为作弊没什么大不了、能力低下、观察别人作弊以及不尊重老师的学生更容易作弊。教师可以通过坚持公平、传达不诚实是不可接受的信念、强调学习的内在原因而不是外在原因、惩罚作弊以及有效地开展教学来减少作弊。
- 教师可运用启发引导、关爱学生、营造积极的课堂氛围等方法培养学生的道德行为。

第十章

社会行为

为什么有的学生友好并乐于助人,而有的却很具攻击性呢?你该如何处理这种挑战权威的、具有攻击性的学生呢?在这章中我们将探讨社会行为的三个方面——亲社会行为、反社会行为(包含欺凌)以及冲突解决。在读完本章后,你将能够:

(1) 描述亲社会行为的年龄趋势,营造增加亲社会行为的教室环境;
(2) 描述反社会行为的年龄趋势,营造减少反社会行为的教室环境;
(3) 明晰冲突解决的类型,教会学生化解冲突的技能。

一、亲社会行为

> 在一间3年级的教室中,帕特里克(Patrick)感到沮丧,他请求特德(Ted)帮他完成一项作业:"我不知道该怎么办。你能帮帮我吗?"特德说:"不!离我远点!我得把我自己的事做完。"丽齐(Lizzie)无意中听到了。她对帕特里克说:"我也不知道怎么做,但也许劳伦(Lauren)能帮我们。她总是知道该做什么。"她向劳伦寻求帮助,两人完成了作业。

教室中存在很多让学生变得友好并乐于助人的机会,丽齐就找到了这样的机会。然而,有一些孩子不仅拒绝对他人友好(比如特德),还对同学具有攻击性。丽齐比特德更有可能获得更高的分数,因为课堂成绩取决于社交能力和学术能力。一个有能力的学生通常是亲社会的,很少是反社会的。亲社会是指和他人积极互动,反社会是指和他人消极互动。你可能会错误地认为反社会就是"无社会",但并不是这样。亲社会也不意味着就是外向的。事实上,这些术语是指互动的类型而不是互动的数量。

亲社会行为是作为反社会行为的对立面被提出的(Wispe, 1972)。**亲社会行为**[①]是一种自愿有益于他人或促进和他人的和谐关系的行为,有时会和**利他主义**[②]混淆。利他主义是指牺牲自己去利他人,比如牺牲自己的时间、快乐、金钱。亲社会行为包含利他主义,但它也包含不牺牲自己利益的行为。丽齐是亲社会的,比特德更具社交能力,因为她找到了一种利于帕特里克也利于自己的方式。

[①] 亲社会行为(prosocial behavior):一种有益于他人或能促进与他人的和谐关系的自愿行为。
[②] 利他主义(altruism):一种有利于他人的行为,以牺牲自己为代价且不期望得到报酬或奖励。它是亲社会的一个子集行为。

学生会采用哪些种类的亲社会行为呢？在一项研究中，6年级的学生表示他们的亲社会的同学会做以下事情（Bergin, Talley, & Hamer, 2003）：

- 安慰不幸的同伴；
- 在运动、学业、社交方面帮助有困难的同学；
- 用他们的幽默逗别人开怀大笑；
- 分享东西，比如食物和首饰；
- 赞美和鼓励他人；
- 邀请他人加入团体并对他人友好；
- 与那些做错的人对质，站在那些被冤枉的人一边；
- 承认错误并道歉；
- 行为举止得体礼貌；
- 劝阻斗殴，主动让步以避免争斗，并在同龄人间促成和平；
- 诚实；
- 避免伤害他人情感，避免夸耀。

其他研究也发现了在2～18岁的群体中有类似的亲社会行为（Bergin, Bergin, & French, 1995; Caldarella & Merrell, 1997; Greener & Crick, 1999; Paulus, 2014）。可见，亲社会行为包含了很多积极的社会行为，包括社会习俗（比如说"谢谢"）和道德规范（如诚实）。这需要坚持自我（比如为受害者挺身而出）和向他人让步（比如主动让步以避免争斗）的融合。

1. 亲社会行为的年龄趋势

儿童会随着年龄增长变得更亲社会吗？亲社会行为出现的频率不会随着年龄的增长而增加，但是产生亲社会行为的能力却随着年龄的增长而增强。

婴儿期与学步期（0～2岁）

婴儿普遍倾向于提供帮助和分享，这一点在8个月大时就很明显了（Eisenberg, Fabes, & Spinrad, 2006; Warneken, 2015）。到9个月大时，虽然他们还没有足够的行动能力去帮助别人，但他们希望有人去帮助那些需要帮助的人，而且会在他人没有给予帮助时表现出好奇（Köster, Ohmer, Nguyen, & Kärtner, 2016）。到12个月大时，儿童与父母的分享和合作变得常见，如果没有出现这些行为则预示着某种发展障碍，如自闭症。到18个月大时，学步期儿童在未被要求的情况下会试着去帮助父母做家务。他们也在没人要求、没有奖励的情况下做一些简单的任务去帮助实验者，比如去捡一个掉落的衣架，或者在实验者手里拿着东西的时候去帮忙打开衣柜的门。他们愿意去帮助实验者，即使他们不得不暂停自己的游戏并爬过障碍（Warneken & Tomasello, 2009）。

同情也在儿童早期就开始出现了（Dunfield & Kuhlmeier, 2013）。学步期儿童一开始说话就能表现出同情和共情。他们试着去安慰悲伤和沮丧的人。在一项研究中，来自不同文化背景（柏林和德里）的学步期儿童通过分享玩具、拥抱的方式去安慰因泰迪熊的手臂掉了而哭泣的实验者（Kärtner, Keller, & Chaudhary, 2010）。在另一项研究中，在一个演员撕掉一个陌生人的相片并刻薄地对待她时，一个18个月大的幼儿会给这个陌生人一个气球去鼓励她（Vaish, Carpenter, & Tomasello, 2009）。这个被苛待的陌生人没有表现出任何的情绪，所以学步期儿童是在用他们的心理理论推断她需要安慰，这说明他们对他人的敏感程度达到了非常高的水平（Thompson, 2012）。

1岁儿童的亲社会行为具有强烈的天然倾向，这可能在接近2岁时发生变化。此时，他们会更少分享，会选择性地帮助他人，并且动机转向自利。2岁的孩子更有可能去帮助那些曾经帮助过他们的人，而不是那些没有帮助过他们的人（Dunfield & Kuhlmeier, 2010）。他们更有可能与朋友而非只有泛泛之交的人分享，同时，仅仅因为同伴提出要求就去分享的可能性也变得更小。他们更有可能去分享自己并不是特别喜欢的东西，分享开始被当作一种工具去使用，比如用于解决和同伴的争端。因此，在2岁（也许更早）时出于自己的利益和选择的需要，儿童便开始抑制分享的冲动（Martin & Olson, 2015）。

儿童早期（3~5岁）

学龄前儿童和学步期儿童相比，在表现出亲社会行为时更加具有选择性，最主要的是向朋友和家人展现出来。他们也会区别对待，3岁的孩子不会向那些无理取闹的人表示关心，比如因为一些小麻烦而不是受到伤害而哭泣的同伴（Hepach, Vaish, & Tomasello, 2013）。然而，他们和他人间是公平而平等的。当3岁的孩子需要合作赢得一样食物时，他们大多会平均地分享食物（Warneken, Lohse, Melis, & Tomasello, 2011）。当他人感到苦恼时，他们也开始真正地提供帮助。当另一个儿童哭泣时，一个学步期儿童只是会简单地一起哭，但一个4岁的孩子可能会为对方取来舒服的毯子。到4岁时，儿童能够采取多种帮助他人的行为方式。

有趣的是，具有较强亲社会性的学龄前儿童也经常具有较强的攻击性。他们是非常擅长交际的孩子，和他人间同时有许多积极和消极的互动。因此，愿意分享的学龄前儿童可能也喜欢掠夺（Hay, 2009）。到儿童中期时，儿童的行为开始分化，他们要么积极地对待他人，要么消极地对待他人。

儿童中期（6~12岁）

在儿童中期，儿童会更主动地遵守自己所在的社会组织的规范，他们更加愿意和"组内"的、熟悉的人进行分享（Warneken & Tomasello, 2009）。他们也变得更善于安慰沮丧的人。例如，相比年龄更小的孩子，6年级的儿童更善于安慰他人，他们比学龄前儿童更有能力向悲伤的同伴表达积极的情绪以使他们振作起来（Saarni, 1999）。这种技能的提高在一定程度上解释了一项基于几种文化进行的经典研究——该研究发现孩子们通常在6~8岁时就被安排去照顾弟弟妹妹（Whiting, 1983）。

小学生的亲社会行为可以变得有组织性且更有魅力。一位老师说，有一天，她看到：

> 在学校停车场上有一辆破旧的汽车被花装饰着。粉色、橙色、黄色、紫色的花被插在车的每个缝隙里，在门边的钥匙孔和裂缝、窗户、引擎盖、油箱盖……这辆车属于一位波多黎各教师。她4年级的许多学生最近刚从岛上回来。午饭时，他们偷偷溜了出去装饰他们老师的汽车（Kidder, 1989, pp. 61-62）。

青春期（13~19岁）

青少年变得更加擅长实施亲社会行为。例如，2岁的孩子会带着自己最喜欢的毯子去安慰别人，而青少年则会通过解决问题或帮助他人控制情绪来安慰他人。青少年能够在很多方面帮助他们的同龄人，比如辅导学业、在运动或有分歧时提供帮助（Bergin et al., 2003）。

尽管掌握了这些技能，但从蹒跚学步到青春期，亲社会行为的频率在自然条件下并没有提高，甚至可能在青春期早期降低，然后反弹（Carlo, Padilla-Walker, & Nielson,

2015；Eisenberg et al., 2006）然而，在涉及陌生人的实验室研究中，例如让孩子们把赢得的奖金捐给一个匿名慈善机构，年龄较大的青少年表现得比年幼的孩子更亲社会。考虑到成年人一直努力教育儿童要善良、有礼貌，亲社会行为并未增加的原因可能有哪些呢？

孩子的亲社会行为没有随年龄增长而增加至少有四个原因：

（1）成年人有时会训练孩子抑制他们天生的亲社会冲动，比如告诉他们照顾痛苦的同学是老师的工作，而不是他们的工作。

（2）孩子们在现实生活中或媒体上会发现很多反社会模仿对象，这些模仿对象削弱了他们的亲社会倾向。

（3）孩子们能更好地控制自己的情绪反应，所以他们不会对他人的痛苦做出冲动的反应。

（4）孩子们越来越意识到亲社会行为的代价，并学着去更好地保护自己的利益。毕竟，如果你把饼干送出去了，你就不会有了。

你在第九章学过聚焦于考虑"这对我有什么好处"的享乐主义亲社会推理，对一些青少年来说，这种推理的重要性可能会上升。随着亲社会行为从蹒跚学步时的普遍冲动转变为年龄更大时的可控选择，亲社会行为的个体差异变得明显。接下来我们来讨论这一点。

2. 亲社会行为的个体差异

亲社会行为在1岁时几乎没有差异，但是在2～3岁的时候，便会出现明显的个体差异并保持较强的稳定性（Romano, Babchishin, Pagani, & Kohen, 2010；Vaish et al., 2009）。也就是说，青春期比同龄孩子更多地表现出亲社会行为的孩子，其成年后也表现出更强的亲社会倾向。丽齐在经过儿童期后，可能比特德更加亲社会。值得注意的是，甚至有一项研究发现，学龄前的分享行为可以预测孩子30岁早期的亲社会行为（Eisenberg, Hofer, Sulik, & Liew, 2014），一些人在随后30年里，一直是更加亲社会的。这些个体差异对学生产生了重要影响。

亲社会行为的个体差异预示着什么？

> **思考**
> 基于你在前几章所学到的知识，你认为亲社会行为与学业成绩相关吗？（提示：参见第八章关于积极情绪的内容，或第六章关于安全依恋、宜人性的人格特质的内容）。研究表明，亲社会行为和学业成绩是相关的（见第一章）。这对于因果关系意味着什么？这可能会如何改变你的论点？

亲社会行为与学业成绩有关。亲社会的学龄前儿童往往有更强的早期读写技能（Doctoroff, Greer, & Arnold, 2006）。亲社会的幼儿在3年级的时候会有更强的阅读和数学能力（Romano et al., 2010）。处于风险中的亲社会儿童在高中毕业时不太可能留级或接受特殊教育（Jones, Greenberg, & Crowley, 2015）。在1～12年级，亲社会的学生比不太亲社会的学生在测试中得分更高（Bergin, 2014）。

亲社会行为也与幸福有关。例如，帮助父母打扫、烹饪或照顾弟弟妹妹的青少年更快乐（Fuligni & Telzer, 2013）。他们更快乐，可能是因为他们觉得自己是更好的子女和更好的兄弟姐妹。期望帮助别人的良好感觉会产生更多助人行为（Malti & Krettenauer, 2013）。亲社会的青年也更加快乐，可能是因为友善的行为可以减轻日常压力（Raposa, Laws, & Ansell, 2015）。亲社会的孩子更善于保持冷静（Miller, Kahle, & Hastings, 2015）。他们

也会更开心，因为他们被他人喜欢。

亲社会行为也与受同学和老师欢迎的程度有关。例如，在一项著名的研究中，3岁和4岁的孩子被要求把他们同学的照片放到分别代表"很喜欢""有点喜欢""不喜欢"的三个箱子中（Denham, McKinley, Couchoud, & Holt, 1990）。判断一个孩子是否被喜欢的最佳指标是亲社会行为。年龄大些的青少年也是如此。亲社会的学生可能在小学和中学更受同学的喜爱，出现抑郁、行为问题的概率更小（Bandura, Barbaranelli, Caprara, & Pastorelli, 1996）。

学生有可能过度亲社会吗？是的，当学生因父母是药物滥用者、具有抑郁情绪或在情感上依赖孩子而必须承担照顾性角色的时候，就会有上述情况。例如，母亲患有严重抑郁症的学龄前儿童可能比其他孩子更亲社会（Radke-Yarrow, Zahn-Waxler, Richardson, Susman, & Martinez, 1994）。同样，过分担心家庭成员的小学生（例如，从学校匆匆赶回家以确认他们的母亲安好）也明显比其他孩子更亲社会（Hay & Pawlby, 2003）。对他人实际上并非源于他们的错误的痛苦怀有过度的、长期的、误导性的愧疚的孩子可能是过于亲社会的。一些受虐待或被遗弃的孩子也可能变得过于渴望去讨好他人（Klimes-Dougan & Kistner, 1990）。因此，你的学生中非常高水平的亲社会行为可能是由于家庭困难情况造成的；然而，正如你接下来会看到的，在大多数家庭中，亲社会行为是正面教养的结果。

什么可以预测亲社会行为的个体差异？

亲社会行为最初是先天的和普遍的，但个体差异在生命早期就会出现。这是否意味着有些孩子继承了善良的品性？亲社会行为有着温和的基因成分（Gregory, Light-Häusermann, Rijsdijk, & Eley, 2009）。然而，正如你在第一章和第六章学到的，基因与经验是相互作用的。孩子变得更亲社会还是更少亲社会取决于他们的经验（Paulus, 2014; Van Ryzin et al., 2015）。接下来让我们讨论一下重要的经历这一因素。

情绪能力和移情

在第八章你了解到，情绪能力包括控制自己情绪的能力和理解他人情绪的能力。这两种能力都与亲社会行为有关。能更准确地理解别人情绪的孩子更亲社会（Denham, Mason, & Couchoud, 1995; Wentzel, Filisetti, & Looney, 2007）。能够控制自己的情绪，并且为了保护他人情绪而伪装自己情绪的孩子，比其他孩子更亲社会（Fabes et al., 1999）。在情绪调节上有问题的孩子（比如容易焦虑、容易反应过度）往往不那么亲社会（Carlo, Crockett, Wolff, & Beal, 2012）。

这些能力共同起作用是因为良好的情绪调节能力允许孩子们这样做，即以同情回应他人的痛苦，而不是以个人的痛苦来回应。回忆一下第八章，当孩子们对处于痛苦中的人移情时，就会用同情或个人痛苦来回应。在本章开篇的故事中，丽齐能感觉到帕特里克的痛苦并产生了足够大的同情心来帮助他。相比之下，特德似乎只感受到了个人的痛苦。

你可能认为同情会导致亲社会行为。一些研究证实了这一点，但同情与产生更多亲社会行为之间并没有显著或一致的联系（Decety & Cowell, 2014; Paulus, 2014）。相反，个人痛苦显然与较少的亲社会行为有关。你是否困惑为什么同情并不是亲社会行为的强大推动力？想想第九章中你学到的，道德推理也并不总是与道德行为联系在一起。有一些力量，比如利己主义，会与同情和道德推理相对抗，从而阻止孩子的亲社会行为。然而，当思想和心灵同时发挥作用时，孩子更有可能是亲社会的。同时具有高水平道德推理和同情心的孩子可能是最亲社会的（Malti, Gummerum, Keller, & Buchmann, 2009）。

父母反应与依恋

你在第八章学过,父母对孩子情绪的反应与孩子的情绪调节有关。因此,敏感、支持孩子的父母会有更亲社会的孩子,这不会让你感到惊讶(Davidov & Grusec, 2006; Houltberg, Morris, Cui, Henry, & Criss, 2014; Van Ryzin et al., 2015)。当父母满足孩子的情感需求时,他们的孩子就能满足别人的需求。你在第六章也学到了父母的反应与孩子的依恋类型有关。安全的依恋关系反过来又与亲社会行为联系在一起。有安全依恋关系的孩子对父母更有爱心,更乐于助人,比同龄人更亲社会(Bohlin, Hagekull, & Rydell, 2000; Eberly & Montemayor, 1998)。

父母的价值观

有些父母比其他父母更支持亲社会的价值观(Wray-Lake, Flanagan, & Maggs, 2012),他们可能会告诉孩子"要为别人挺身而出,而不要只想着自己"。有些父母重视亲社会行为,会在孩子表现出亲社会行为的时候适当给予支持,他们也更可能会有价值观相同的亲社会的孩子(Eisenberg, Wolchik, Goldberg, & Engle, 1992; Hardy, Carlo & Roesch, 2010)。例如,一项经典的研究发现,如果父母都认为亲社会行为非常重要,5年级的学生就更有可能为他人挺身而出,并且会注意不去伤害别人的感情(Hoffman, 1975)。热心肠强化了父母价值观的影响。如果父母热心肠且有亲社会价值观,那么他们的孩子比其他孩子更亲社会(Bergin, 1987)。孩子如何学习他们父母的价值观?一种解释是在管教时学会的。

管教

学生的亲社会行为既受他们所受管教的目的的影响,也受他们所受管教的类型的影响。在第七章和第九章中,你学到了在管教过程中父母传递给孩子的核心价值观建立在他们对什么感到不安的基础上。如果他们对不友善的行为感到不安,他们就表达了善良是很重要的这一观点。

父母的权威型管教(如诱导法)会产生内化(见第七章),使儿童有更多的亲社会行为(Kochanska, Koenig, Barry, Kim, & Yoon, 2010; Padilla-Walker, Carlo, Christensen, & Yorgason, 2012)。当儿童行为不端时,使用以**受害者为中心的诱导**[①]可能尤其重要。通常在以受害者为中心的诱导中,家长需做到:(1)指出孩子的不端行为会影响他人;(2)要求孩子想象自己处在别人的位置;(3)提出具体的补救措施。因此,在以受害者为中心的管教中,孩子们能学会关注他人的福利。相比之下,权力主张和心理控制则会把孩子的注意力转向自身,因为它们会引起怨恨和焦虑。

强化

回想一下第三章,行为主义认为强化会激励行为。然而,回忆一下第七章,有形的奖励有时会破坏内在的动机。这适用于亲社会行为吗?研究证实,从长远来看,有形的奖励可能会减少亲社会行为(Martin & Olson, 2015)。相反,表扬与亲社会行为的增加有关,尤其是来自德高望重的成年人的表扬(Mussen & Eisenberg, 2001)。

研究发现,大多数(但不是所有)父母都感谢和赞扬孩子们对他们的帮助(Dahl, 2015; Rechhia et al., 2014)。成年人对孩子说话的方式塑造了儿童的认同和自我定义。表扬可以帮助孩子发展出积极的道德认同(见第九章)。由于这个原因,如果赞扬是直接针对

[①] 以受害者为中心的诱导(victim-centered induction):诱导训练的一种形式,成年人指出孩子的行为会让受害者有何种感觉。

孩子而不是行为的话，那么它可能会更有力度，如"你是个好孩子"而不是"那是件好事"，告诉孩子"你可以成为一名帮助者"而不是"你可以帮助别人"（Bryan, Master, & Walton, 2014）。这个区别是细微的但也是重要的（见图10-1）。

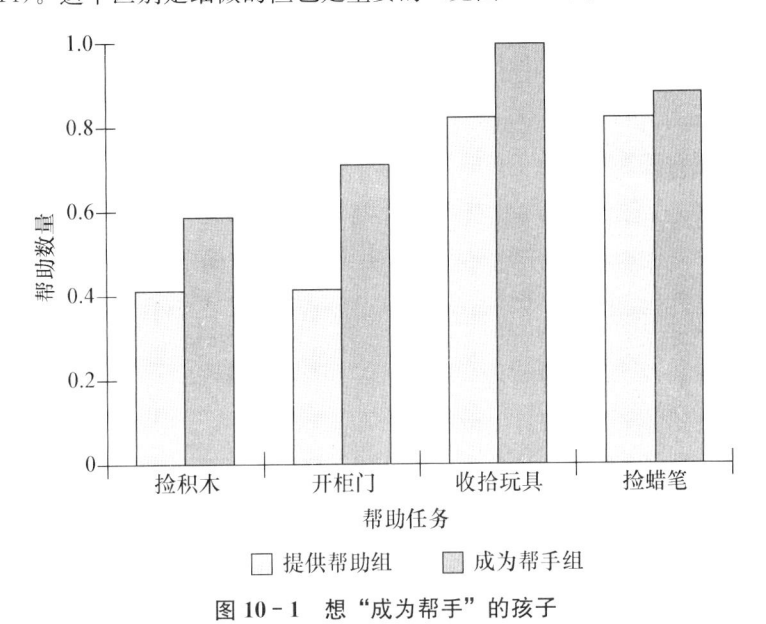

图10-1 想"成为帮手"的孩子

当4~5岁的孩子被告诉"你可以成为帮手"而不是"你可以提供帮助"时，他们更有可能去帮助他人完成以下四项任务：捡起一块积木、帮一个手里拿满东西的人开柜门、收拾玩具、捡起散落的蜡笔。
资料来源：Bryan等（2014）。

练习

许多需要做出亲社会行为的情况，不需要复杂的道德推理，只需简单的重复的习惯。在亲社会行为产生一次之后，孩子们更有可能再次表现出亲社会行为（Chernyak & Kushnir, 2013）。那些有机会练习亲社会行为的学生会变得更加亲社会（Mussen & Eisenberg, 2001）。即使是在2岁的时候，如果父母让孩子帮忙完成像叠衣服这样的任务，那么孩子也会变得比同龄人更亲社会。大一点的孩子被分配做一些有利于其他人而非仅仅有益于自己的家务活时，会变得更亲社会，感觉自己更有价值（Fuligni & Telzer, 2013; Grusec, Goodnow, & Cohen, 1997）。然而，在充满冲突、亲子关系不佳的家庭中，家务活可能会导致冲突而非亲社会行为增多。

你可能认为成年人总是会鼓励孩子去实践亲社会行为。然而，如果你仔细观察，就会发现一些成年人拒绝为孩子们提供帮助，这是因为他们自己动手更快、更容易。他们可能拒绝孩子提出的帮助洗碗、打包食品或抱孩子的要求。幸运的是，其他成年人则欣然接受孩子这样的帮助。

所有讨论到的积极的教养因素都应该结合在一起，比如热心肠的父母、亲社会的价值观、以受害者为中心的管教、表扬孩子并且为他们提供实践亲社会行为的机会。

3. 亲社会行为的性别差异

当研究者问老师或学生"谁对别人好"时，女孩比男孩更有可能被提名。女孩真的比男孩更亲社会吗？多数但并不是所有的研究发现，从学龄前开始到青春期，女孩的亲社会

行为明显更多（Caprara，Barbaranelli，& Pastorelli，2001；Davidov & Grusec，2006；Pagani，Tremblay，Vitaro，Boulerice，& McDuff，2001）。

女孩和男孩可能会因不同的原因有不同的亲社会行为。例如，在许多社会中，养育孩子是女人的职责，而从火灾中救人是男人的事。提供身体上的帮助和分享这类亲社会行为对男孩来说可能更为常见，而提供情感支持、给予信心、包容他人等也许对女孩来说更常见（Bergin et al.，2003）。

4. 亲社会行为的课堂启示

亲社会行为本身就值得在课堂上培养。你和你的学生在一个充满善意、礼貌和合作的教室中会更开心。亲社会行为也因与学业成绩相关而值得培养。而且，"入园准备"的概念部分是指拥有适当的社会行为。例如，一项大型研究发现，受尊敬的、合作的和关心他人的拉美裔学龄前儿童进入幼儿园后学业上更成功（Galindo & Fuller，2010）。亲社会行为之所以与学业成绩相关，是因为亲社会的青年更有可能表现出对学业的兴趣，更有可能独立工作，轮流做事，倾听他人和持续工作（McClelland & Morrison，2003）。

此外，如果一个学生的同学是亲社会的，那么该学生的学业成绩也会更好。在第六章中你了解到有老师关心的学生有更高的平均学分绩点，有关心他人、亲社会的同学的学生也是如此（Jia et al.，2009）。而且，有亲社会的同学是贫困学生的保护因素。例如，一项研究发现，对于来自贫困、不稳定家庭的 1 年级学生，如果他们是高度亲社会的，那么与其他贫困学生相比，他们不太可能出现课堂行为问题（Hoglund & Leadbeater，2004）。这是值得注意的，因为在学习生涯中贫困学生的行为和情感问题通常更多。

不同年级的亲社会行为模式是什么？关于中学生的报告显示，中学生在学校里不如小学生亲社会（Bergin，Wang，& Bryant，2011；见图 10-2）。

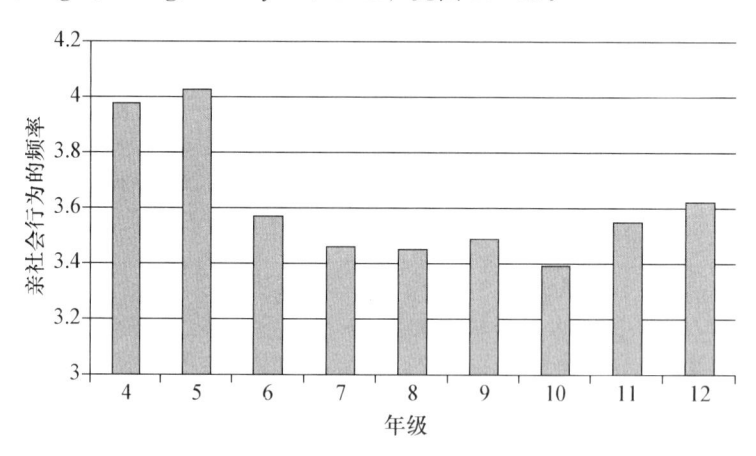

图 10-2　教室中亲社会行为的年龄趋势

3 400 多名 4～12 年级学生报告了他们同学的亲社会行为的频率。3 分意味着每月一次，4 分意味着每周一次。你能描述年龄趋势吗？

资料来源：Bergin，Wang 和 Bryant（2011）。

如何在课堂上增加更多的亲社会行为？你在前几章已经了解了部分答案：

（1）强化亲社会行为（见第三章和第七章），但应避免有形的强化亲社会行为的奖励，因为这会削弱学生亲社会行为的动机。例如，在一项经典的研究中，有形奖励削弱了 3 年级学生后来辅导 1 年级学生的意愿，并且使他们的辅导更加紧张和充满敌意（Szynal-Brown

& Morgan, 1983）。取而代之的应该是在学生表现出亲社会行为时表扬他们。

（2）提供亲社会行为榜样（见第三章）。指出在新闻报道、文学作品、电影中或在你的教室里向他人实施亲社会行为的榜样（见第三章）。目击或学习他人的善行会激发更多的亲社会行为（Schnall, Roper, & Fessler, 2010）。学生认为他们的同学越是亲社会的，他们自己可能越亲社会（Spivak, White, Juvonen, & Graham, 2015）。

（3）使用以受害者为中心的诱导方式（见第七章）。在管教中，教学生在伤害别人后如何进行弥补。这有助于减少负罪感，教会学生重视他人的幸福。它还能提供亲社会行为的实践。一项研究表明，幼儿园教师在接受训练后均采用诱导方式，幼儿的亲社会行为显著增加（Ramaswamy & Bergin, 2009）。在这种情况下，当孩子伤害了别人时，如果他已经感到内疚并试图弥补，管教就没有必要了。让我们看一看幼儿园教师凯西（Kathy）女士的做法：

> 3 岁的坦纳（Tanner）推了一下 1 岁的文斯（Vince）的肚子。文斯开始哭起来。凯西女士带着夸张的恐惧表情对坦纳说："看看文斯！你把他弄哭了。我们不该让别人哭泣！"凯西女士开始拍文斯的背，发出同情的声音，告诉坦纳："让我们努力让文斯好过一点吧。把球扔给他。这可能会使他快乐起来。"坦纳答应了，文斯不再哭了。接下来的一天，坦纳自封为文斯的帮手，在小组活动时牵着他的手，保护他不受另一个 3 岁男孩的攻击。

这种简单的以受害者为导向的训练对激发坦纳的同情心起了很大的作用，让他了解了文斯的感受，帮助坦纳变得更亲社会。

（4）提高学生的情绪能力（见第八章）。把注意力放在营造一个情绪积极的课堂上（Jennings & Greenberg, 2009）。帮助学生在教室里感受并表达感激之情。感激之情会增加对他人的亲社会行为，不论他们是否有感恩的理由（Bartlett & DeSteno, 2006；McCullough, Kimeldorf, & Cohen, 2008）。

（5）提高学生的道德推理能力和认同感（见第九章）。尽管单独的道德推理与道德行为没有紧密的联系，但与同情相结合后它会影响到亲社会行为。认同也与亲社会行为有关。

（6）与学生建立一种温暖、安全的关系（见第六章）。对老师的安全依恋与更强烈的亲社会行为有关（Bergin & Bergin, 2009）。具有情绪支持作用的课堂对于增加处于风险中的贫困学生的亲社会行为可能特别有效（Johnson, Seidenfeld, Izard, & Kobak, 2012）。

（7）支持亲社会的价值观。谈谈你的价值观，为亲社会行为树立榜样。感受到老师的关心的学生会更亲社会。表 10-1 提供了学生对关心自己的老师和不关心自己的老师的描述。请注意，学生把教学看作一种关爱的表达，即使老师倾向于认为关心学生和教学是不同的（Jeffrey, Auger, & Pepperell, 2013）。

表 10-1 学生对关心学生和不关心学生的老师的描述

关心学生的老师的行为	不关心学生的老师的行为
在学业上帮助每个学生。问我是否需要帮助，打电话给我，确保我能理解	不解释事情或回答问题，不努力帮助我
付出特别的努力，用特别的方式教学，上课有趣	放弃任务，在学生注意力不集中或感到无聊时仍然教东西
和我谈话，关注我，倾听，问问题	大喊大叫，忽视我，打断我的话

续表

关心学生的老师的行为	不关心学生的老师的行为
问我怎么了,和我谈论我的问题,表现得像一个朋友	忘记我的名字,不问我为什么难过,不在乎我是否做错了什么
赞美和鼓励,检查作业,告诉我什么时候我干得好,表扬我	把我叫到办公室,给予较低的成绩,不纠正我的作业
相信我,讲真话,信守诺言,尊重学生,避免伤害学生的感情	让学生感到尴尬、侮辱或挑学生的刺儿

资料来源:Jeffrey 等(2013)、Wentzel(1997)。

接下来让我们讨论另外两种激发你的学生亲社会行为的方法:帮助他们感受到对他人的责任,并提供实践亲社会行为的机会。然后,我们将研究如何基于学校的干预措施增加学生的亲社会行为。

帮助学生感受到对他人的责任

如果有别人可以提供帮助,学生就不会互相帮助,但他们如果是唯一在场的人,就会迅速做出反应(Plötner, Over, Carpenter, & Tomasello, 2015)。在幼儿园里,老师对孩子们的痛苦反应非常迅速,这是因为学龄前儿童除了看着一个沮丧的同伴外很难提供其他什么帮助。年龄较大的学生除非得到允许,否则不会求助于他人,因为他们如果求助于他人,就会陷入麻烦。比如,让我们看看赫思(Hessy)老师的小学教室:

> 安娜不小心把彩色铅笔掉在了地板上。学生们匆匆跑过去帮她捡。赫思老师说:"请回到座位上去。安娜自己可以收拾好。"后来,当另一个学生在作业中需要帮助时,布莱克问道:"我能帮他吗?"赫思老师说:"不用,我会帮助他的。"

赫思女士在墙上贴了一张写着教室规则的单子,上面写着"帮助他人"。然而,她拒绝了学生们主动提出的帮助,让他们觉得那不是他们的责任。学生们从这些经历中总结出了一些微妙的原则。当被问及为什么不提供帮助时,学生说当成年人能够做时,他们不应该做任何事(Caplan & Hay, 1989)。你可以告诉学生,他们对在课堂上发生在别人身上的事情有责任,并接受他们主动提供帮助的请求,即使这有时会有些不方便。

提供练习亲社会行为的机会

实践能帮助培养学生的亲社会习惯。应该给学生互相关心的机会(Noddings, 1992)。这样的机会可以是日常的事件,如赫思老师的教室发生的事情,也可以是正式的学校计划的一部分,如辅导其他学生。这样的机会也可以包括社区服务,比如食物捐助活动。大约一半的青少年在他们的社区做志愿者(Hart, Donnelly, Youniss, & Atkins, 2007)。在社区做志愿者的学生在课堂上更亲社会。他们更可能有高的平均成绩,更可能抱有理想主义,善于社交,笃信宗教(很多志愿服务都是通过教会进行的),也更可能有亲社会的父母。

志愿服务对学生有好处吗?青少年志愿服务预示着许多积极的结果,如自尊、责任、对不同群体的接纳、对社区的承诺、与学校的联系、较少犯罪、设立公民参与的生活目标,以及高级道德推理能力(Hart et al., 2007; van Goethem, van Hoof, Orobio de Castro, Van Aken, & Hart, 2014)。因为这些好处,很多高中和社会组织(比如国家荣誉协会)都要求学生提供社区服务。但是志愿服务的好处能否延伸到强制服务?强迫学生表现出亲社会行为合乎逻辑吗?也许是的。一些研究发现,强制服务与脱离学校生活后大幅度降低做志愿者的意愿相关联，但是其他人发现这是有益的（Hart et al.，2007；Planty, Bozick, & Regnier，2006；Wilson，2012）。当强制服务是一种高质量的体验时，学生受惠于此，志愿服务也是如此。

什么是高质量的体验？满足如下条件的服务才是最有益的：能满足学生的真实需求，可以与接受者互动（而不是匿名服务），服务有规律，需承担有挑战性的责任，可以选择，与服务站点的人建立良好的关系，在小组里工作（而不是单独工作），有机会反思经验（如进行课堂讨论）（van Goethem et al.，2014；Youniss, McLellan, Su, & Yates，1999）。

学校干预

学校干预旨在促进学生实施亲社会行为。一个例子是小学的关怀型学校社群计划（Caring School Community，CSC）。美国卫生与公众服务部已经承认关怀型学校社群计划为示范项目。关怀型学校社群计划有两个组成部分：(1) 通过跨年级的伙伴关系活动、学校中的家庭活动等激发一种强烈的学校社群感受；(2) 发展爱心课堂。教师被鼓励成为热心肠的、乐于提供支持的教师，鼓励运用诱导的管教方式，促进学生产生亲社会行为，鼓励运用权威型的教学风格（Solomon, Battistich, Watson, Schaps, & Lewis, 2000；What Works Clearinghouse, 2007）。在第六章到第九章中你学会了做这些事情。关怀型学校社群计划使亲社会行为增加，特别是对于贫困学生比例较高的学校。在高度关爱的学校里，最穷的学生对学校的态度和最富裕的学生一样积极。对许多研究的分析发现，从小学到高中类似的项目——即使并不以学业为重点，也可以增加学生的亲社会行为，提高其考试成绩（Durlak et al.，2011）。这样就形成了一个双赢的局面！

> **思考**
> 强迫学生参与一项活动会激发学生参与该活动的内在动机吗？在任何情况下强制服务都可以促进道德发展吗？请利用第七章和第九章所学的知识论证你的答案。

总之，你可以做几件事来帮助你的学生更亲社会，这反过来可能会帮助他们更受欢迎、在学业上更成功。你从第九章中应该就已经认识到，道德教育和品格教育有很大重合，这是因为亲社会行为包含了道德但又超越了它。道德行为是指为了做正确的事而遵守强制性的、普遍的规则。例如，诚实同时是道德的和亲社会的。然而，赞美另一个孩子不涉及道德判断，但它是亲社会的。这种友善的行为是至关重要的，因为它能增进彼此的关系和他人的幸福。接下来我们来看看有相反效果的行为。

二、反社会行为和攻击

当乔希（Josh）和母亲走进他高中校长的办公室时，母亲大声责骂乔希。她威胁乔希说："你最好停止你的所作所为！如果校长告诉我你还做了一些你没有告诉我的事情，我会让你好看！明白了吗？"被羞辱的乔希用夹杂着脏话的语言低声说："你能闭嘴吗？我能听到你的话。（我没做坏事）他们只是不喜欢我在这所学校里待着。"他的母亲随后开始大骂校长并威胁他，因为他罚乔希停课。在乔希母亲的拜访过程中，学校里的其他工作人员和一名警察也加入了这场对峙。

乔希经常在学校惹麻烦，还留过一级。乔希是一个反社会的孩子。如果你的教室里有

像乔希这样的学生，那么他们会迫使你想快点换个职业。在本节中，你将了解并学习如何帮助像乔希这样的学生。他需要你，因为他不会从母亲那里学到社交技巧。

如果一种行为令其他人厌恶、恼怒或对他人有害，那么这种行为就是反社会的。一些学生几乎每天都会惹恼同学，但从未被停过课。相比之下，乔希已经表现出更严重的反社会行为，他经常被惩罚，并且可能无法毕业。**反社会行为**①即举止不端的行为（违法、逃学、离家出走、破坏公物）、滥用药物和不当的性活动。因为这种行为扰乱了社会的运转，所以是反社会的。攻击是反社会行为的子集。

攻击和其他反社会行为是共生的，这意味着它们经常一起出现。也就是说，同一个青少年可能同时有攻击性、性滥交和吸毒等行为。然而，并非所有反社会的青少年都适用这种模式，有些人在青春期的一段时间内有轻微违法行为，但没有攻击性（Burt & Neiderhiser，2009）。攻击性和多动症也是共生的，约有一半的过度活跃的学生同时具有攻击性（Saylor & Amann，2016）。攻击性、过度活跃、注意力不集中和冲动性合在一起被称为外化障碍。你可能会感到惊讶的是，有攻击性的学生同样也具有内化障碍（见第八章），如抑郁和焦虑。严重反社会的学生可能被诊断为患有**对立违抗性障碍**②**和行为障碍**③（见专栏 10-1）。

专栏 10-1　　　　　发展中的挑战

行为障碍

阿达拉（Adara）是一个 10 年级的欺凌者。在走廊里，她对其他学生挥拳相向或故意撞他们。在课堂上，她拿同学的身体缺陷起绰号，比如"麻子脸"。她批评老师的外表和性格，比如"那件毛衣真丑"。她违反班级规则，经常迟到，并且在其他同学的笔记本上写写画画，惹同学生气。

阿达拉患有行为障碍，这是一种临床诊断，主要针对持续违反社会规范和侵犯他人权利的儿童。有行为障碍的儿童存在敌意归因偏见，很少有负罪感，同情心很弱，并且具有攻击性。行为障碍的范围涉及轻微行为（说谎、逃学、宵禁后在外面乱逛）和严重行为（强奸、身体折磨、强行入侵他人住宅或公共场所）。

对立违抗性障碍也是一种临床诊断，主要针对那些拒绝服从、对权威人士怀有敌意、不接受对自身不当行为的指责、故意惹恼他人、有口头攻击行为的儿童。相比行为障碍，对立违抗性障碍更少出现攻击性行为，更多出现的是反抗。在诊断对立违抗性障碍和行为障碍时，必须具备以下条件：反社会行为必须持续 6 个月，并且严重到足以破坏社会的运转或本人的学业（American Psychiatric Association，2013）。简单的或者普通水平的反社会行为不符合以上条件。

行为障碍有多普遍？在你的某些课堂中，可能就有存在对立违抗性障碍或行为障碍的学生。行为障碍是一种流行精神诊断，儿童的发生率为 2%～16%。在过去的几十年中，存在对立违抗性障碍和行为障碍的学生都有所增加（Achenbach et al.，2003；Farrington，2009）。男孩存在行为障碍的概率比女孩高两到三倍。

---

① 反社会行为（antisocial behaviour）：扰乱社会秩序的行为，例如攻击和犯罪。
② 对立违抗性障碍（oppositional defiant disorder）：一种临床诊断，主要针对过度违抗和有敌意并且这一现象持续至少 6 个月的孩子。
③ 行为障碍（conduct disorder）：一种临床诊断，主要针对过度违法或出现攻击性行为且这一现象持续至少 6 个月的孩子。

> 行为障碍会带来什么影响？存在行为障碍的学生没有朋友的概率可能比同龄人高四倍，他们获得的成就可能低于你根据其智力对其的预期。他们经常很鲁莽，容易受伤。对立违抗性障碍和行为障碍很容易与多动症共存，这意味着它们通常发生在同一个孩子身上（Trzesniewski，Moffitt，Caspi，Taylor，& Maughan，2006）。这些学生在成年期的表现取决于他们的行为障碍的严重程度，以及他们遇到的其他问题。与行为障碍、抑郁症或多动症斗争的男孩在成年期犯罪或患精神疾病的可能性是普通男孩的两到三倍（Sourander et al.，2007）。
>
> 什么因素会导致行为障碍？预测对立违抗性障碍和行为障碍风险的最主要因素是家庭功能失调和遗传倾向（Dodge，2009）。家庭功能失调包括父母的指责、严苛的管教、滥用药物、经常更换监护人、父母婚姻失调、反社会、酒精依赖或父母抑郁。阿达拉有几个月没有上学，因为她的母亲和阿姨正在争夺她的监护权。
>
> 学着去包容。如何帮助有行为障碍的学生？答案是应用你在本章和第七章中学到的原则。事实上，行为障碍的治疗主要侧重于训练父母做同样的事情，即强化亲社会行为，明确、持续地限制不当行为，而不是使冲突升级（Dishion & Kavanagh，2002）。除了使用幽默，阿达拉的老师决定实施这些原则。结果，阿达拉变得不再逃课，不那么有破坏性了。她甚至对她的老师变得友好和体贴：一个下雪的日子，她的老师正准备出门坐公交车时，阿达拉把她的外套给老师穿。

在第六章中，我们曾问过，你是否听过经验丰富的老师说："今天的孩子跟以前的不一样了。"我们讨论了神经质气质的人是如何增加的。有反社会行为的孩子在美国也有所增加。自20世纪50年代以来，儿童变得更喜欢争论、更加不服从，容易变得焦虑、抑郁、疲惫，更可能出现违法或攻击性行为。有更多7～16岁孩子出现临床行为问题（Achenbach，Dumenci，& Rescorla，2003）。在不同性别、种族、社会经济地位的农村和城市儿童中，反社会行为都有所增加。青少年的反社会行为在20世纪90年代达到峰值，但此后有所下降；现在，与20世纪90年代相比，青少年不太可能实施暴力犯罪、吸毒和发生性行为（FIFCFS，2009）。大多数学生并不是反社会的，他们可以获得帮助。由于第二章讨论药物滥用，第十一章讨论性行为，我们接下来将主要关注攻击。

1. 攻击的种类

攻击[①]是旨在伤害他人的行为。可以将用力量控制其他人的企图视为攻击，即使没有造成明显的伤害。攻击有不同的形式（身体、言语、社交）和不同的动机（主动和被动）。理解这些不同是重要的，因为这些不同预示着不同的结果。

身体、语言和社会攻击

身体攻击[②]是殴打、推搡或打架。**语言攻击**[③]是威胁、起外号或辱骂，例如"你的脸很丑"。身体攻击和语言攻击有时被称为直接的或外显的攻击，因为它们很容易被观察到。

社会攻击[④]涉及破坏他人的关系或打击他人的社会地位（Archer & Coyne，2005）。这可能

[①] 攻击（aggression）：意图伤害他人或者控制他人的行为，是反社会行为的子集。
[②] 身体攻击（physical aggression）：通过身体手段伤害他人的行为，例如打、推或踢。
[③] 语言攻击（verbal aggression）：通过语言手段伤害他人的行为，例如威胁和起外号。
[④] 社会攻击（social aggression）：通过操纵他人的社会关系或打击其在同辈中的社会地位伤害他人的行为，例如传播谣言或把受害者排除在社会小圈子之外。也被称为关系攻击。

包括散布谣言、拒绝与受害者交谈、以及将受害者排除在小团体之外。社会攻击可以通过肢体语言来传播，例如翻白眼。社会攻击有时被称为间接的、隐蔽的或有关联的攻击。相对于社会攻击而言，教师可能更善于发现外显的攻击，尽管有时也可能会意识到学生的社会攻击。

身体、语言和社会攻击是高度相关的（Meehan, Hughes, & Cavell, 2003; Murray-Close, Crick, & Galotti, 2006），这意味着大多数学生在使用某一种类型的攻击时，也会使用其他类型的攻击。然而，这种相关性不显著，因此学生可能在一种类型的攻击形式上有很强的攻击性，但在其他类型的攻击形式上攻击性则较弱。例如，乔希使用了所有形式的攻击；其他学生可能使用语言攻击和社会攻击，但很少使用身体攻击。

回应性攻击和欺凌

攻击可以是回应性的或主动的。**回应性攻击**[①]是由报复的想法激发的，伴随着愤怒或挫败感。**主动性攻击**[②]是实现个人目标的手段。主动性攻击有两种类型：工具性攻击和欺凌。**工具性攻击**[③]使用威胁或武力来获得某些东西，它通常是目标导向的而不是以人为导向的。例如，在学校餐厅里，安德鲁（Andrew）在吹一根吸管，发出刺耳的声音。另一个孩子扔出一个小塑料球，打在安德鲁的脑袋上。安德鲁于是停止发出噪音。这种攻击的主要目标不是伤害安德鲁，而是让噪音停止。

欺凌[④]是一种主动性攻击，目的在于恐吓和羞辱对方（Juvonen & Graham, 2014）。回应性攻击和欺凌都被认为是**有敌意的攻击**[⑤]，其目的是伤害对方。你可能会认为回应性攻击是一时的头脑发热，而欺凌则是冷酷无情。相比之下，工具性攻击并不是怀有敌意的。有时很难区分这些攻击的类型。当然，一种攻击性行为可能有多种动机。图 10-3 可以帮助你理解攻击的类型。

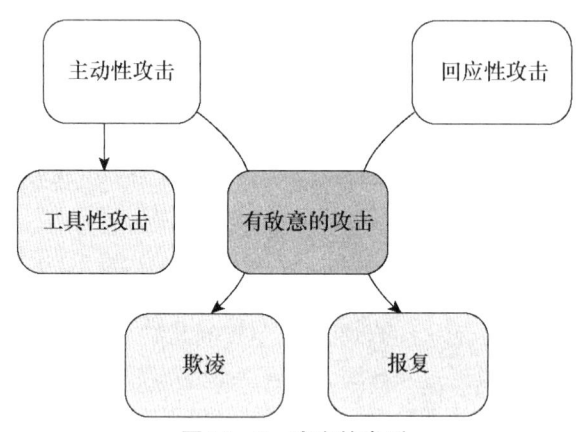

图 10-3 攻击的类型

根据是否是对挑衅的回应来定义主动性攻击和回应性攻击。两者都可能是怀有敌意的。欺凌是怀有敌意的、主动性的攻击。报复是怀有敌意的、回应性的攻击，或对挑衅头脑发热的反应。工具性攻击是主动的和非敌对的。尝试对每种攻击都举个例子，检验你的理解。

[①] 回应性攻击（reactive aggression）：旨在对挑衅行为进行报复的攻击，通常伴随着愤怒或挫败感。
[②] 主动性攻击（proactive aggression）：为实现个人目标而进行的攻击，但没有被明显激怒。
[③] 工具性攻击（instrumental aggression）：主动性攻击的一种，旨在获得物体、地盘或者优先权，但不是为了伤害受害者。
[④] 欺凌（bullying）：主动性攻击的一种，目的是恐吓或者控制他人，常常在一段时间内反复出现，涉及力量大的人伤害力量小或地位低的人。
[⑤] 有敌意的攻击（hostile aggression）：回应性的或主动性的攻击，其主要目的是伤害他人。

并非所有的攻击都是欺凌。当一种关系中存在权力不平衡，并且攻击者意图伤害、寻求权力且并不感到悔恨时，攻击就被视为欺凌（Rodkin, Espelage, & Hanish, 2015）。欺凌通常是反复发生的，尽管一次性攻击事件也可以被认为是欺凌（Juvonen & Graham, 2014）。两个体形相似的学生打一次架，不是欺凌。如果有一个体形大的学生身后跟着一群不怀好意的朋友，不断威胁一个小孩子，那么这就是欺凌。欺凌可以是心理上的而不是身体上的，例如一个地位高的学生羞辱或排斥地位低的学生。最常见的欺凌形式是取笑他人和传播谣言（Robers, Kemp, Rathbun, & Morgan, 2014）。专栏10-2讨论了欺凌对受害者的影响。

专栏 10-2　　　　发展中的挑战

受害者

1年级的艾丽娅（Arya）在年级中身材和年龄偏小，看上去容易受欺负。在开学的第一周，一个体形和年龄稍大的男孩在休息时欺负她。他把她推到操场上。艾丽娅让他停下来并且试图避开他，同时她将这件事告诉了操场的管理员，但他还是欺负她。最后，她狠狠地咬了他。欺凌结束了。显然，艾丽娅不是一个容易受欺负的孩子。

这个男孩继续欺负其他孩子，但艾丽娅没有再次被欺负。成为受害者是一种普遍的经历。在小学、初中和高中，每年大约有1/3学生都可能成为欺凌的受害者，比如被起外号或被他人从储物柜中偷走东西（Dinkes, Kemp, & Baum, 2009; Nylund, Bellmore, Nishina, & Graham, 2007; Robers et al., 2014）。

就像艾丽娅一样，受害通常是短暂的，特别是对于年幼的孩子来说。然而，多达5%～20%的学生经常受伤害（Dinkes et al., 2009; Juvonen & Graham, 2014）。受害者和欺凌者常常多年在同一间教室中，因此这些受害者可能会长期遭受侵害。当儿童从小学升入中学时，他们成为学校里年龄最小、体形最小的孩子，即使在那些通常并非受害者的孩子中，受害人数也会有短暂的激增（Nylund, Bellmore, Ni-shina, & Graham, 2007）。尽管媒体大肆炒作，但网络谣言很少见，只有约9%的青少年宣称自己是网络欺凌的受害者（Robers et al., 2014）。因此，大多数学生很少受伤害，有些偶尔受伤害，只有少数学生长期受伤害。

谁是受害者？大多数长期受害者表现出顺从的姿态。顺从的受害者往往身体较弱，缺乏安全感，没有朋友。他们可能会轻易哭泣以及过度担忧。少数受害者是有攻击性的，但往往情绪管理能力弱，性急莽撞。他们激怒了欺凌者。随着时间的推移，他们越具有攻击性，就越容易受伤害。而一些有攻击性的受害者本身就是欺凌者。随着时间的推移，他们可能会从受害者转变为欺凌者，反之亦然（Juvonen & Graham, 2014）。

什么可能导致受侵害？受害者往往没有朋友，欺凌者不需要害怕来自受害者朋友的报复，受害者往往是独自一人，这使他们容易受伤害。养育的质量也预示着受害程度的大小。受害者往往有不安全依恋（Smith & Myron-Wilson, 1998）。顺从的受害者往往有愤世嫉俗的母亲或过度保护、极其亲密的母亲，抑或是消极、冷漠的父亲。有攻击性的受害者家中往往有愤世嫉俗的、有攻击性的父母，以及被虐待或缺少父爱的过去（Ladd & Pettit, 2002; Vlachou, Andreou, Botsoglou, & Didaskalou, 2011）。

受害的结果是什么？同样的因素可能既是受害的原因，也是受害的结果。它包括抑郁、

低自尊、焦虑、没有朋友和被同伴排斥。成为受害者会增加出现这些问题的风险和自杀的风险（Kljakovic & Hunt, 2016; Kowalski, Giumetti, Schroeder, & Lattanner, 2014; Schwartz, Lansford, Dodge, Pettit, & Bates, 2015）。受害者在学校感到被羞辱、焦虑和愤怒（Nishina & Juvonen, 2005）。在第八章中，你已经知道了这些情绪会干扰学习。受害者的成绩较低，感到自己的学习能力差（Busch et al., 2014; Thijs & Verkuyten, 2008）。网络欺凌可能会使人极其痛苦，因为它可以匿名，甚至使学生即使在家里也受到伤害（Raskauskas & Stoltz, 2007）。有攻击性的欺凌-受害者会比其他受害者情况更糟，因为他们会表现出欺凌者和受害者的全部消极后果（Juvonen & Graham, 2014）。当这些受害者不能再忍受欺凌时，他们就会在学校实施更严重的暴力行为。

受害者应该寻求帮助吗？受害者可能通过寻求成年人的帮助、使自己变得有攻击性或者被动地忽视或远离欺凌者来做出回应。寻求帮助可能是好事，也可能是坏事。在需要帮助时不寻求帮助，可能会使受害者处于危险之中。然而，当受害者能够自己处理这种情况时，寻求帮助可能会导致同伴将他们视为弱者或爱打小报告的人。理想情况下，受害者只应在必要时才寻求帮助（Newman, 2008）。忽视欺凌的青少年比寻求帮助的青少年表现得更好（Waasdorp & Bradshaw, 2011）。对年轻的或缺少社会技能的受害者来说，忽视欺凌者可能很困难。请注意，艾丽娅只是在试图自己阻止欺凌之后才寻求帮助的。她没有得到帮助，所以她就像大多数年幼的孩子一样解决了这个问题——抵抗攻击。

你可以如何帮助受害者？第一步是察觉到伤害。不到50％的小学生和不到25％的中学生会自己报告受到伤害，所以你必须注意到伤害的发生（Petrosino, Gugkenburg, DeVoe, & Hanson, 2010; Troop-Gordon, 2015）。当你确认受害者后，不要仅仅告诉他或她忽视这件事或者让他们站出来面对欺凌，因为这会使事情变得更糟（Troop-Gordon, 2015）。相反，要教给他们有效（而不是发泄愤怒）的应对策略（见第八章）。帮助受害者在学校建立起友谊（见第十一章）。招募学校辅导员以帮助解决可能导致伤害的任何其他问题。

阻止欺凌文化。教导学生在看到同伴被欺负时共同站出来告诉你（你必须愿意为此做点事情），然后与受害者成为朋友。当伤害停止时，受害者的心理健康状况不一定因此改善（Kochenderfer-Ladd & Wardrop, 2001）。这意味着一些受害者需要得到帮助才能重新获得学校归属感。至于如何做，请参阅第六章。

欺凌在学校中的一种表现形式是性骚扰。例如，下面是发生在一所农村中学的事件：

> 一个男孩在高中厕所里闲逛。当其他男孩进来时，他说"我是你的丈夫"，然后打他们的臀部，或告诉他们，他们身材很好，并且他想"得到一些"。几个男孩向老师抱怨这种骚扰，但没有任何改变，所以受害者决定自己"解决这个问题"。幸运的是，在有人受伤之前，老师制止了这个男孩的行为。

大多数中学生（70％～95％）至少有一次成为性骚扰的见证者或受害者（Lichty & Campbell, 2012）。学校在法律和道义上有义务阻止性骚扰（Cornell & Limber, 2015）。最高法院（Davis v. Monroe County Board of Education, 119 S. Ct. 1661）规定，禁止学校"故意无视"已知的骚扰，因为它侵害了受害者的受教育权，实际上剥夺了受教育者平等受教育的机会。在一个案件中，一名5年级女孩告诉她的老师，一位男同学总是碰她、摸她，对她说下流的话。校长意识到了这个问题。但这个女孩仍然持续受到了3个月的欺凌。欺凌者没有受到纪律处分，他的侵犯行为一直在升级，直到该案件被诉诸法庭。法院指出，单独的人身攻击行为并不构成侵害，但持续的骚扰将构成侵害，而且学校对此应是零容忍。

学校还有法律上和道德上的义务来阻止网络欺凌。**网络欺凌**①通常以发送攻击性短信、发布诋毁性质的言论和展示不雅照片等形式通过互联网实施。例如，青少年用手机拍摄同龄人在更衣室中脱衣服的照片，并将它们发布在网站上。然而，因为学校不能超越自己的权力，无法限制校外的言论自由，所以这是一个复杂的问题。法院有时会裁定，如果网络欺凌严重干扰了学生在校的学习并侵犯了其他学生的公民权利，那么学校可以制止该行为，但并非总是如此（Hinduja & Patchin，2011）。

2. 反社会行为的年龄趋势

攻击的类型和频率随年龄而变化。对于2岁的儿童而言很正常的情况可能并不适用于14岁的青少年。接下来，让我们看看攻击的年龄趋势。

婴儿期与学步期（0~2岁）

婴儿不具有攻击性，但他们在4个月大时就有愤怒的情绪（Sullivan & Lewis，2003）。尝试拿走婴儿的食物或束缚他们的手臂时，你可能会看到婴儿的愤怒。事实上，科学家通过将婴儿束缚在汽车座椅上来研究他们的愤怒（这并不会让大多数母亲感到惊讶）。容易产生愤怒情绪的婴儿在3岁时可能比不易愤怒的婴儿更具有身体攻击性（Hay et al.，2014）。

对于同龄人的攻击，例如为玩具而打架，在12个月大的儿童中显而易见（Alink et al.，2006；Hay et al.，2011）。身体攻击在1岁到2岁期间逐渐增加。学步期儿童主要表现为短暂的工具性攻击。让我们来看看学步期儿童的教室：

> 孩子们很高兴地抓住和扔掉气球，直到佩顿（Payton）决定将黄色的气球据为己有。当卢克（Luke）抓住黄色气球时，佩顿大叫："我的！"他推了一把卢克的胸口并抢走了气球。佩顿笑了，但是卢克开始哭泣。佩顿惊讶地看着卢克，对此感到困惑。佩顿拿来自己的小口杯给卢克，想让他高兴起来。

佩顿并不打算伤害卢克，他只是想要气球。在学步期，对同伴的这种工具性攻击是正常的，它并不预示将来的行为障碍（Hay，Castle，& Davies，2000）。

儿童早期（3~5岁）

平均而言，2~4岁儿童是所有年龄组中最具攻击性的，但儿童在进入幼儿园之后，攻击性会减弱（Vlachou et al.，2011）（见图10-4）。3岁左右，身体攻击开始减少。在一定程度上，这是因为当儿童学会说话后，身体攻击被语言攻击所取代。此外，部分原因在于儿童在整体上攻击性变得更弱。语言的形成减少了对工具性攻击的需求。例如，2岁的佩顿可能会通过推卢克获得气球，但到4岁时他就可以直接问卢克要气球。当学龄前儿童在自我控制、情绪采择和心理理论等方面的能力获得发展时，他们也变得不那么具有攻击性（见第七章、第八章和第九章）。然而，大约有13%的3岁儿童仍在与同龄人进行身体对抗（Underwood，2002）。此外，学龄前儿童往往是"快乐的欺负者"，这意味着他们在成功实施攻击性行为后感到快乐（Arsenio，2014）。在年龄较大的学龄儿童中，只有反社会的儿童是"快乐的欺负者"（Shalvi，Gino，Barkan，& Ayal，2015）。

---

① 网络欺凌（cyberbullying）：通过交互式科技发生的欺凌。

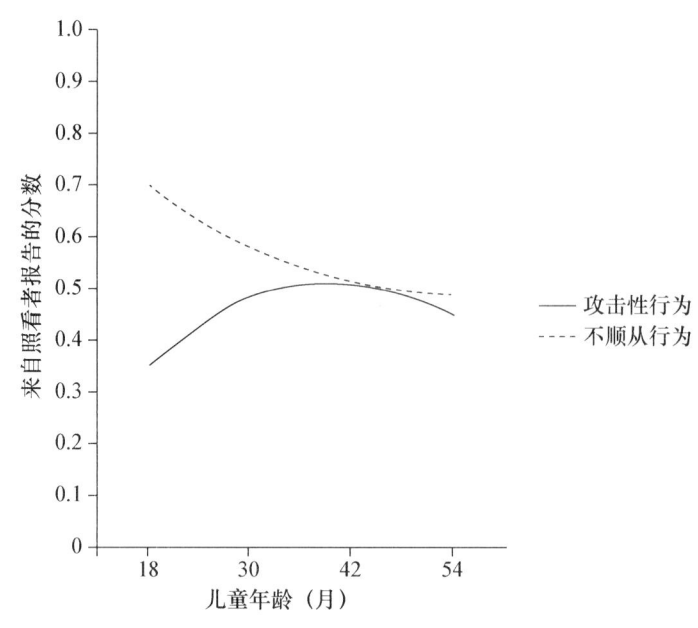

图 10-4　幼儿攻击性行为和不顺从行为的年龄趋势

攻击性行为在什么年龄达到顶峰，然后开始逐渐减少？这种模式在不顺从行为上有何不同？
资料来源：Sulik 等（2012）。

儿童中期（6～12 岁）

在儿童中期，身体攻击会变少，当成年人在场时其攻击性行为更是变得罕见（Underwood，2002）。脾气暴躁、反抗、争论、易怒在儿童 2 岁时可能被认为是正常的行为，如果这种情况在他们 8 岁时仍然存在，则表明他们存在严重的行为问题。儿童若在儿童中期仍然持续表现出频繁的身体攻击行为，就会被诊断为存在行为障碍。

在儿童中期，社会攻击可能会更加明显。一些研究人员相信，身体攻击、语言攻击和社会攻击代表了发展的连续统一体。身体攻击是最不成熟的形式，社会攻击是最成熟的形式，直到儿童在 8 岁左右明白他们可以通过操纵社会地位来伤害他人时，社会攻击才会有所发展（Bjorkqvist，2001；Vlachou et al.，2011）。因此，1 年级学生比 4 年级学生倾向于使用较少的社会攻击，而 4 年级学生使用的社会攻击又比 7 年级学生少（Xie，Farmer，& Cairns，2003）。与之相反的是身体攻击，年龄越大的孩子使用得越少，因为它被更难以察觉的语言攻击和社会攻击所取代。

虽然儿童中期儿童的攻击性通常弱于学龄前儿童，但是当他们具有攻击性时，这种攻击更有可能是有敌意的而不是工具性的。这是因为攻击的主要原因不再是对玩具的争夺，而是对自尊的威胁，这会使彼此产生敌意（Hartup，1974）。

欺凌行为在小学生入学时出现，然后在 7 岁到青春期之间减少（Rigby，2002）。然而，当儿童过渡到中学/初中时，欺凌可能会暂时重新出现（Nansel et al.，2001）。在小学，欺凌者是不被喜欢的，但到了中学，一些欺凌者可能会获得高的地位。例如，一些男性运动员是具有很高地位的欺凌者。此外，一些女孩因为行为和穿着超出她们的实际年龄而显得很酷，从而成为欺凌者。他们的社会地位使其能够远离欺凌（Juvonen & Graham，2014）。

青春期（13～19 岁）

除了中学过渡时期的暂时变化外，从婴儿期到青春期，攻击性稳步下降（Grunbaum et

al., 2002; Nansel et al., 2001)。相比之下，青少年早期的犯罪行为往往会增加，在 14~15 岁之间达到高峰，15~19 岁时有所减少（Gutman & Eccles, 2007）。

尽管总体上攻击性有所下降，但大多数青少年偶尔会有轻微的攻击性行为，比如和兄弟姐妹争吵或者给其他人起外号。有少量青少年仍然具有很强的攻击性。在一项针对全国高中生的研究中，6% 的学生在过去 30 天内携带武器上学，12% 的人在过去一年中为了争夺学校物品进行了身体上的对抗（Dinkes et al., 2009）。

这些青少年的攻击性行为可能是犯罪行为。有些行为比如打人，对于年幼的孩子来说是可以被容忍的，但对于 18 岁的青少年而言则可能会导致被捕。犯罪常见于青春期后期和成年早期。一半的罪犯在 14~17 岁之间第一次犯罪。一些研究人员认为，这是因为与其他年龄段相比，青少年的家庭会呈现出不成比例的贫困，而贫困与高犯罪率有关（Males & Brown, 2014）。

3. 反社会行为的个体差异

一些孩子比别的孩子更具有攻击性，更容易被伤害。儿童的攻击性水平是稳定的，比同龄人更具攻击性的儿童往往会在一段时间内保持这种状态。事实上，攻击性可能是最稳定的个人特质之一，它的稳定性等于或超过智力的稳定性。关于这一点，有美国和其他国家之间的跨种族案例①。

反社会行为的个体差异会带来什么影响？

大约有一半的儿童攻击性一直很低（见图 10-5）。另外 15%~20% 的儿童在儿童早期具有一定程度的攻击性，但是之后逐渐减弱直至完全没有攻击性（Pepler, Jiang, Craig, & Connolly, 2008; O'Connor et al., 2011; Xie, Drabick, & Chen, 2011）。然而，5%~

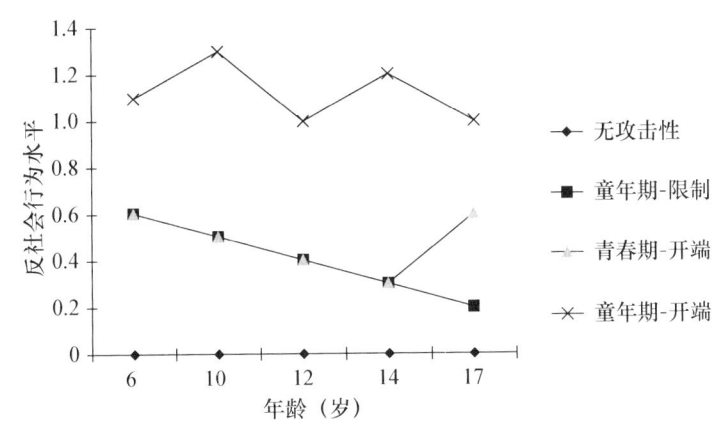

图 10-5 不同反社会行为模式儿童的发展轨迹

没有攻击性的儿童从儿童期起就很少表现出攻击性。"儿童期-限制"（Childhood-Limited）是指儿童在儿童早期具有攻击性，但攻击性会随着年龄的增长逐渐减弱。"青春期-开端"（Adolescent-Onset）是指在青春期出现短暂犯罪行为的青少年。"儿童期-开端"（Childhood-Onset）是指在儿童早期和整个儿童期持续具有攻击性的儿童。请注意这些线不交叉。即使儿童的攻击性行为随着时间的推移而增加或减少，他们也倾向于保持相对的等级。你能想到的认识的人，或文学作品、电影的人物中，有人遵循某种模式吗？

资料来源：Broidy 等（2003）、Piehler 和 Dishion（2007），以及 O'Connor, Dearing 和 Collins（2011）。

---

① 大量研究支持这个结论，这里仅列举少数：Broidy 等（2003）; Ettekal 和 Ladd（2015）; Guerra, Huesmann 和 Spindler（2003）; Hay 等（2014）; Rigby（2002）; Rubin, Burgess, Dwyer 和 Hastings（2003）。

15%的儿童从儿童早期开始就有行为问题，并在整个儿童期都持续存在。这种模式被称为"儿童期-开端"。因此，像乔希这样有攻击性的青少年，可能在学龄前便已经具有攻击性了。一些不具有攻击性的学生在青春期有短暂的反社会行为，这种模式被称为"青春期-开端"。这种情况往往发生在青春期生活压力显著增加、缺乏父母监管和与犯罪的同龄人交往且无社会监管机制之时（Aguilar, Sroufe, Egeland, & Carlson, 2000; Brennan, Hall, Bor, Najman, & Williams, 2003; Xie et al., 2011）。这些模式会对学生的学业和社会发展产生不良影响。

学业成绩

反社会行为既是学业成绩低的原因，也是其后果。也就是说，低学业成绩导致学生在学校表现不良，而在学校表现不良又导致低学业成绩。这是一种跨种族的双向效应。有大量行为问题的学步期儿童上小学时的成绩可能更低（Bub, McCartney, & Willett, 2007）。从幼儿园到高中，有攻击性的学生很可能会出现注意力不集中、阅读和学习困难、平均学分绩点和考试成绩较低等问题（如 Grimm, Steele, Mashburn, Burchinal, & Pianta, 2010; Trzesniewski, Moffit, Caspi, Taylor, & Maughan, 2006; Xie et al., 2011）。然而，与小学相比，在中学攻击性行为与成绩低的联系更为密切。

反社会行为会对学业成绩产生怎样的影响？教师很可能与反社会学生发展消极的关系（见第六章）。学生可能会减少做家庭作业，不完成课堂任务，放松在课堂学习中的努力，养成较差的学习习惯，乃至逃学（Kiefer & Ryan, 2008; Stipek & Miles, 2008）。即使在统计学上控制其他风险因素，如低智力或家庭问题，反社会学生的成绩也往往很低（Masten et al., 2005）。

社交能力

反社会行为也是社会排斥的原因和后果（Ettekal & Ladd, 2015）。有攻击性的孩子可能不会马上在教室里被排斥。然而，随着时间的推移，同龄人变得越来越难以容忍这种攻击性行为。一些有攻击性的学生，特别是女孩，会感到孤独，但大部分有攻击性的学生并不会感到孤独，实际上他们对自己吸引朋友的能力过于乐观（Nansel et al., 2001）。他们相信自己在教室里有很多朋友，但这并不是真实的。

社会排斥导致的问题之一是反社会学生没有机会发展与一般同龄人交往的社会技能，因为他们被一般同龄人忽视或者回避。反社会行为可能遵循图10-6中描述的路径发展。首先，孩子将家里有攻击性的父母和兄弟姐妹作为模仿对象，并且他们被严厉对待。孩子慢慢变得有攻击性，带着行为问题进入学校。结果，孩子成绩不佳，遭到一般同龄人的排斥。家长们不再监管孩子。之后，孩子早在10岁的时候，其交际圈就开始集中在反社会、有犯罪行为的同龄人群。轻微犯罪之后是酗酒和吸食大麻，接下来是严重的吸毒和暴力犯罪。这种发展部分是由学校促成的，因为学校往往根据学习成绩将同类学生聚集在一起，有时会产生反社会的同龄人群体。

有攻击性的儿童往往会成长为有许多问题的成年人，如犯罪、滥用药物、酒后驾驶、低龄生育、低工作地位、失业、虐待配偶、离婚和对自己子女的严厉教养（Kokko & Pulkkinen, 2000; Nansel et al., 2001; Serbin & Karp, 2003; Xie et al., 2011）。

幸运的是，儿童可以避免走上这条路；并不是所有有犯罪倾向的青少年都会成为反社会的成年人。如果他们有儿童期-开端模式，是主动的攻击者而不是回应性的攻击者，他们就更有可能成为反社会的成年人。让我们再来看看乔希。

图 10-6　反社会行为的发展路径

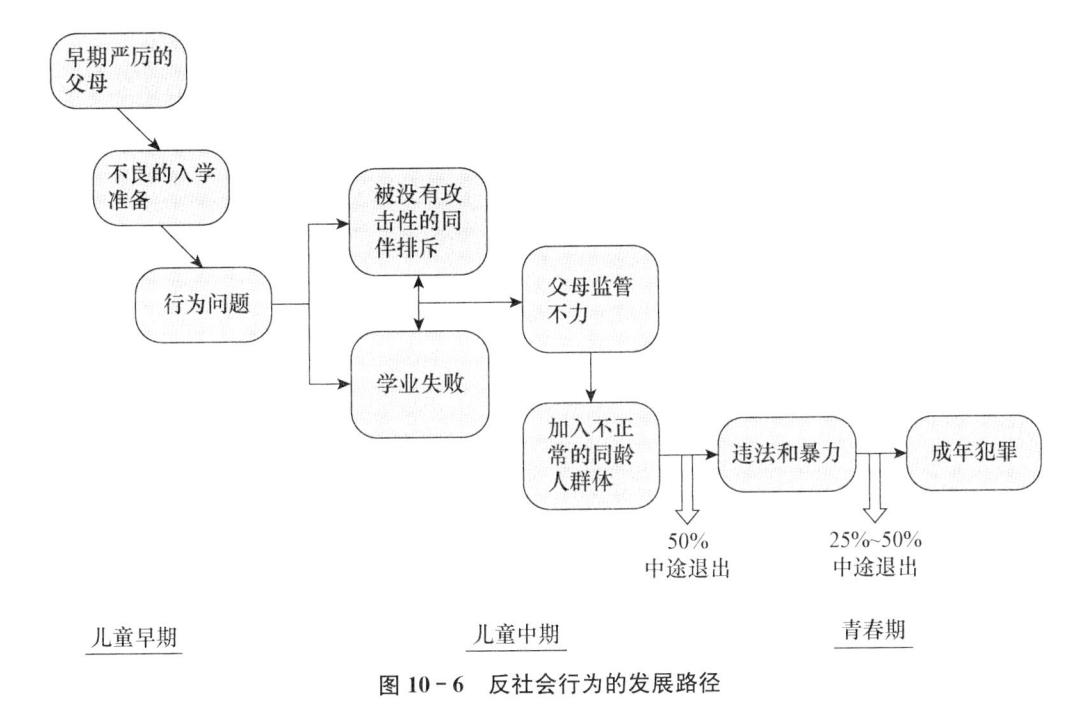

请注意学生可能会跳出这一消极发展路径的两个点：在有越轨行为的同龄人群体中，约 50% 的学生不会成为青少年罪犯，25%~50% 的违法青少年不会成为成年罪犯。

资料来源：Dodge 等（2008）、Patterson 等（1989）和 Rudolph 等（2014）。

> 乔希是一个脾气暴躁的人。一些同学为了激怒他故意叫他"胖子"。他每次都以打架来回应，所以他经常遇到麻烦。他母亲几乎不能容忍他，她说他"愚蠢""一无是处"。他的父亲在被指控"虐待"之后离开了，他因乔希抱怨他的晚餐而对他拳打脚踢。乔希是个讨厌学校的易怒的男孩，他觉得只有朋友才会接受他。他们一起抽大麻、偷东西。温茨（Wentz）是乔希的老师，她决定和他建立一种安全的关系。同时，乔希开始去教堂，在那里他视一位青年牧师为父亲。如今，已经成年的乔希是一个熟练的商人和两个孩子的父亲，身体很健康。他也离婚了，他的攻击性行为并没有完全停止。

尽管并不完美，但乔希的故事也算有一个相当幸福的结局。乔希是如何摆脱走向犯罪的道路的？如果反社会儿童至少有一些亲社会行为，并发展了令人钦佩的技能或成为健康的社交网络的一部分，他们就不太可能成为反社会的成年人（Pulkkinen，2001）。在乔希的例子中，他的老师和教堂变成了他的社交网络。作为一名老师，如果你帮助学生发展亲社会行为和能力，或者找到更好的社会支持网络，你就可以帮助他们摆脱反社会的道路。接下来，你会看到温茨老师是如何帮助乔希的。

什么因素会导致反社会行为的个体差异？

让我们考察一下反社会行为主要的四个风险因素：（1）基因和表观遗传学因素；（2）教养实践；（3）自尊；（4）社会认知。

基因和表观遗传学

在多个国家进行的双胞胎和收养研究发现，犯罪具有很强的共享环境因素（Burt & Neiderhiser，2009；Roisman & Fraley，2006）。这意味着对于兄弟姐妹而言，无论其基因之间的关系如何，都有类似程度的蓄意破坏、逃学和违法行为。相比之下，攻击性行为具有从中度到高度的遗传成分；大约50%是可遗传的。然而，遗传性在三方面表现出其复杂性：

（1）正如你在第一章中了解到的，基因和环境可能具有相关性。例如，反社会的父母可能会将其攻击性基因遗传给孩子，孩子的攻击性行为会引起父母的严厉谴责，从而造成敌对的家庭环境（Marceau et al.，2013）。

（2）环境影响基因是否得以显现（见第六章）。几项研究发现，拥有易产生攻击性行为的基因的儿童只在某些环境中才变得具有攻击性，例如有反社会的朋友、低质量的父母养育方式或父母对其不进行监管（Dick，2011；Latendresse et al.，2011）。这在婴儿和青少年中都有相应的发现（Leve et al.，2010）。值得注意的是，这些表观遗传学效应已经找到，教师可加以利用。例如，一项研究发现，具有高风险基因的1年级学生，如果有积极的师生关系，就不会表现出攻击性，但是与教师的消极关系会强化他们的攻击倾向（Brendgen et al.，2012）。

（3）基因会使一些孩子更容易受到环境的影响。例如，只有当其受到低质量的养育时，具有高风险基因（SLC6A4等位基因）的学步期儿童才更可能成长为比同龄人更叛逆的学龄前儿童；但如果受到高质量的养育，他们就不会那么叛逆（Sulik et al.，2012）。没有高风险基因的学步期儿童受养育质量的影响较小（见第六章）。这些表观遗传学效应发生在生命早期。随着孩子年龄的增长，不管他们的基因构成如何，如果他们的父母养育质量很低，那么他们都可能变得更加反社会。

> **思考**
>
> 第一章中的基因型、表现型与基因和环境相互作用等概念是如何与反社会行为相关的？科学家发现，比起其他被收养的儿童，拥有反社会亲生父母的被收养儿童更容易遭到养父母严厉的对待（Moffitt，2005）。你能把它解释为基因-环境相关性吗？

这些表观遗传效应构成了反社会行为个体差异的基础。表观遗传效应可以是暂时的，也可以是永久性的，并且可以跨代延续（Meany，2010）。单凭遗传效应无法解释过去几十年来儿童攻击行为的增加，因为还没有足够长的时间让基因进化，但表观遗传效应能够做到。

教养因素

在前面的章节中，你了解了与儿童反社会行为相关的一些教养因素。表10-2显示了哪些是保护因素，哪些是风险因素。请记住，风险因素不是确定的。例如，虽然受虐待的儿童有更强的反社会倾向，但很多人却不这样。不幸的是，风险因素趋向于累积。累积的风险因素（见第一章）——而不是单一因素——能更好地预测长期的反社会行为（Pettit，2005；Xie et al.，2011）。

> **思考**
>
> 依恋理论（见第六章）如何解释父母教养导致儿童攻击性行为的产生？社会学习理论（见第三章）又是如何解释父母教养造成儿童攻击性行为的？请对你的主张加以论证。

表10-2　反社会行为的保护因素和风险因素

保护因素	风险因素
1. 父母的温暖。父母敏感、积极的婴儿到成年早期时攻击性可能更弱	1. 所有年龄段的不安全依恋。对于双亲家庭的儿童来说这种影响更弱，因为稳定的家庭是保护因素

续表

保护因素	风险因素
2. 坚定的控制。例如，不让孩子熬夜的父母，或者不让7年级的孩子自己决定是否能约会的父母，其孩子具有更弱的反社会性	2. 权力主张式管教、打孩子，以及专制型教养方式会破坏孩子的自控力，甚至早在孩子4岁的时候就使其变得易怒、具有攻击性。安全依恋可以保护儿童免受权力主张式管教的侵害
3. 父母的参与，例如监控、关心孩子，愿意花时间陪孩子（除非父母是反社会的）	3. 忧郁的母亲。这是形成早期触发的反社会行为的特别值得关注的风险因素
4. 宗教虔诚。这也与儿童原谅攻击者而不是对其进行报复有关	4. 父母抽烟
	5. 虐待和家庭暴力

资料来源：Barber，Stolz和Olsen（2005）；Blatt-Eisengart, Drabick, Monahan和Steinberg（2009）；Bowes等（2009）；Choe, Olson和Sameroff（2014）；Degnan, Calkins, Keane和Hill-Soderlund（2008）；Goldstein, Davis-Kean和Eccles（2005）；Hay等（2011）；Joussemet等（2008）；Kochanska, Barry, Stellern和O'Bleness（2009）；Lorber和Egeland（2009）；Madigan, Brumariu, Villani, Atkinson和Lyons-Ruth（2015）；Michiels等（2008）；Snyder, Cramer, Afrank和Patterson（2005）；Sulik等（2015）；Wakschlag等（2006）。

强迫型家庭的问题尤其严重。消极的养育方式导致儿童产生攻击性行为，儿童的攻击性行为会造成父母对孩子产生敌意，而父母的敌意导致儿童更具攻击性的报复，由此形成**高压的家庭循环**①。例如，父母（或兄弟姐妹）可能会对乔希大喊大叫，成为乔希攻击性行为和愤怒的模仿对象。乔希可能会报复式地大喊大叫。父母威胁和打他的时候，这种亲子之间的互动不断恶化。乔希害怕地放弃了不当的行为，这会对父母在未来使用攻击性行为造成负面强化（见第三章）。在强迫型家庭中，父母往往会强化攻击性行为，但很少强化亲社会行为。这种高压的循环可能早在学步期就开始了（Lorber & Egeland, 2011）。兄弟姐妹也能强化这个循环，因为他们在攻击性行为和犯罪方面训练着彼此（Natsuaki, Ge, Reiss, & Neiderhiser, 2009）。通过干预，家长可以学会更加积极地对待孩子，从而改善孩子的行为（Connell, Dishion, Yasui, & Kavanagh, 2007; Dishion et al., 2008）。这意味着循环可以被打破。越早打破越好，这样儿童就不会发生儿童期-开端的攻击性行为。

自尊

你可能会认为，自卑会导致学生表现得具有攻击性。这对于某些学生来说可能部分正确。自卑与反社会行为之间存在着很弱的相关性（Donnellan, Trzeniewski, Robins, Moffitt, & Caspi, 2005）。然而，欺凌者可能有不切实际的强烈的自尊心。他们可能自恋，感觉比别人更优越，更值得被照顾，以及更讨人喜欢（Juvonen & Graham, 2014; Salmivalli, Ojanen, Haanpaa, & Peets, 2005）。他们可能通过诽谤、指责或贬低受害者来为其攻击性行为进行辩解（Madhavi et al., 2007）。欺凌者拥有很强的自尊是有道理的，因为攻击他人需要自信。欺凌者的自尊是建立在权力的基础上的。

然而，攻击性行为也可能源于自尊受到了威胁。具有强烈的自尊但自我形象脆弱的学生可能会采取积极的行动来维护自身形象（Baumeister, Bushman, & Campbell, 2000; Pauletti, Menon, Menon, Tobin, & Perry, 2012）。这些学生的自我形象有时既不切实际又显得脆弱。对于他们来说，获得尊重和钦佩是至关重要的。对教师来说，一条重要的经验是，提升学生自尊的学习项目如果仅仅让具有攻击性的学生感到更有权力施暴，就可能

---

① 高压的家庭循环（coercive family cycle）：在有敌意的家庭中消极强化的循环，消极养育导致儿童的攻击性行为，而儿童的攻击性行为导致父母对孩子怀有敌意，进而导致了儿童更多的攻击性报复。

会导致更多的攻击性行为。帮助他们学习技能和感受关怀的项目会更有成效。

社会认知——敌意归因偏见

反社会行为往往是因错误的社会认知（即对他人的错误思考）而产生的。在第九章中，你已经了解到道德判断水平低与攻击性行为有关。另一种与攻击性行为有关的社会认知是**敌意归因偏见**①，即当不清楚对方是否存在敌意时，学生会假定其有敌意。例如，1年级的学生艾伦（Allen）没有注意看路，不小心撞到了埃文（Evan）。埃文立即将艾伦扑倒在地，并试图打他一拳。埃文假定艾伦是故意撞到他的。而一个不那么有攻击性的孩子会认为这是一个意外。

有敌意归因偏见的学生（比如埃文）有许多消极的同伴互动。因此，他们在外有不好的名声，使自己模棱两可的行为也被别人理解为敌意行为。例如，一个5年级的女孩解释了有一天在学校发生打架事件的原因：

> 珍妮（Jenny）在体育馆里向凯西（Cassie）扔了个篮球。她本来应该把它传给凯西，但球却碰到了凯西身后的墙上，并反弹到她的脸上。凯西叫珍妮道歉，珍妮不肯。于是，凯西和她的朋友们扬言要殴打珍妮。至少珍妮说事实如此，但我真的不相信。而且，这也不是意外。嗯，这可能是个意外，但珍妮很刻薄。我是说，如果是我，那么没有人会认为我是故意的。但所有人都知道珍妮是故意的。

珍妮是个好斗的孩子，让别人对她产生了偏见——"珍妮很刻薄"。因此，敌意归因偏见成为自我实现的预言。有攻击性的学生通常反应过度，然后被别人攻击，这种攻击往往会证实他们所认为的"别人是有敌意的"这一信念，从而导致他们出现更多的攻击性行为。

敌意归因偏见是一种对社会情境的错误思维。是什么原因导致了这样的偏见？一种可能是缺乏安全感的依恋。你是否注意到这种偏见和第六章中的内部工作模式之间有相似之处？当父母怀有敌意和排斥时，他们的孩子可能会对他人产生消极的工作模式，所以在他们的预期中学校里的同龄人就是有敌意的（Michiels et al.，2008）。另一种可能是他们解读别人思想和情绪的能力较差（Choe，Lane，Grabell，& Olson，2013；见第八章和第九章）。社会信息处理（the social information processing，SIP）模型揭示了在孩子的大脑中发生的其他思维过程，这些思维过程决定了孩子是否会表现出攻击性行为（见专栏10-3）。

总之，反社会行为有许多风险因素。在图10-6中，我们为你提供了一个相当简单的模型，说明风险因素如何随着时间的推移而关联起来。它从严厉的养育开始，以发展成为反社会的青少年结束。现实要更复杂一些。可以将图10-6与生物生态学模型结合起来进行思考。根据生物生态学模型，在每一个时间点，儿童的攻击性都受到以下因素的影响：（1）生理因素；（2）对他人和自我的想法；（3）除了养育方式以外的社会经历，例如低质量的儿童保育；（4）文化因素，如暴力性的媒体。在预测严重的攻击性行为方面，严厉的养育方式比生理上的风险因素有更大的影响（Brennan et al.，2003）。然而，在后面的章节中，你会了解到，同龄人、媒体、儿童保育和离婚也在预测儿童反社会行为方面发挥着作用。

---

① 敌意归因偏见（hostile attribution bias）：在尚不清楚他人是否有敌意的情况下，倾向于认为他人是有敌意的。

专栏 10-3　　　　理论与理论家
社会信息处理模型

几十名学生在高中的室外庭院里吃午饭。罗布（Rob）和马歇尔（Marshall）在四处闲逛。罗布把他的苹果核扔向马歇尔，马歇尔躲开了，所以苹果核击中了凯蒂（Katie）。凯蒂立即拿起她的饮料扔向罗布，饮料溅了他一身。

凯蒂为什么要报复？部分原因是她认为罗布是故意这么做的。其他的目击者说，他们认为这是一次意外，而凯蒂是个"混蛋"。儿童的行为受到他们对情境的解释或他们的社会信息处理过程的影响。图10-7展示了一种社会信息处理模型。该图显示每个步骤都是按顺序发生的，但实际上这些步骤是快速、同时发生的，每个步骤都循环往复。大多数过程可能是无意识的。表10-3解释了模型的步骤。

图中环形流程（顺时针）：
1. 编码线索
2. 解释线索
3. 澄清目标
4. 建构或选取可能的回应
5. 根据回应做决定
6. 采取行动
7. 反馈

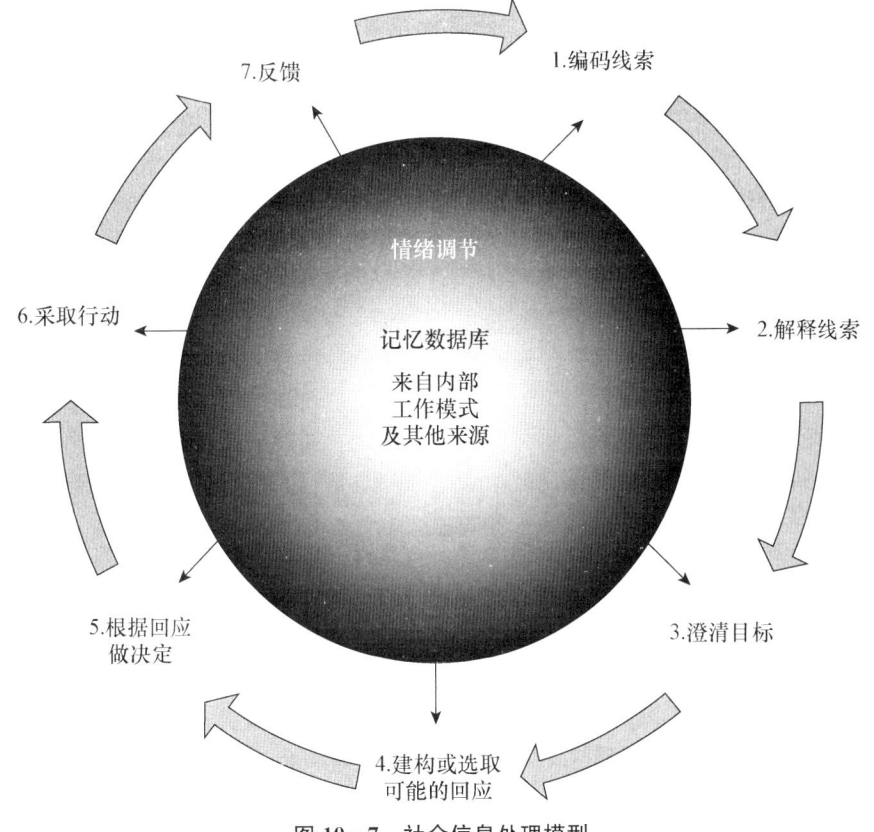

中心： 情绪调节　记忆数据库　来自内部工作模式及其他来源

图 10-7　社会信息处理模型

第2步是敌意归因偏见和心理理论产生作用之处。第5步是移情和道德判断产生作用之处。使用本章中的一个小故事，并通过这个模型理解孩子的思路。

资料来源：Crick 和 Dodge（1994）、Lemerise 和 Arsenio（2000）。

敌意归因偏见发生在步骤2，即当学生将意图归因于他人的行为时。当线索清晰时，意图很容易被归因。然而，在许多社会情境下，意图并不明确，必须加以推断。于是，学生从过去社会经历的记忆数据库中抽取资料以补充缺失的信息。通常，这种记忆数据库是很有用的，因为学生不必在每次遇到新的问题时都决定做什么。但是，如果此记忆是有敌意的，那么它就有问题。罗布扔苹果的意图对凯蒂来说并不清楚，但她认为罗布此举是有敌意的。情境越模糊,孩子们就越依赖自己的记忆数据,从而产生曲解。

社会信息处理能产生什么不同?适当的信息处理会形成社交能力,但扭曲的信息处理或偏见会导致攻击性行为。有攻击性行为的学生在多个步骤上都有偏见。他们更加关注攻击性的暗示,并将敌对的意图归咎于他人。他们可能产生更少的回应,并且这种回应更可能是具有攻击性的。欺凌者更倾向于认为攻击性行为在道德上是可以接受的,比如"打该打的人是可以的"(Paciello, Fida, Tramontano, Lupinetti, & Caprara, 2008)。他们坚信攻击的好处超过可能的惩罚。如果攻击成功,他们就可能会变得更具有攻击性。从学龄前到青春期都发现了这些信息处理偏差(Arsenio, Adams, & Gold, 2009; Dodge, Godwin, & Group, 2013; Werner & Hill, 2010)。

在积极的层面,亲社会儿童有相反的偏见模式。他们更有可能在模棱两可的情境下认定善意的意图。他们也更倾向于认为实施攻击的解决方案在道德上是糟糕的,亲社会的解决方案是最好的。即使需要与一个故意挑衅的同伴相处,他们的目标也是尽量维持关系。例如,当另一个孩子在午餐时占了他们的座位,他们更愿意保持良好的关系,而不是重新要回自己的座位。

表 10-3 社会信息处理模型的组成

步骤	描述	例子
1. 编码线索	学生读懂别人的情绪和社会情境。在任何社交场合,都有着许多需要处理的线索,因此每个学生必须选择要关注的内容	我在等待一个同学把我的试卷还给我。这名同学把试卷弄掉在了地板上
2. 解释线索	学生使用自己的心理理论和内部工作模式来推测他人的意图,并且产生情绪	他是故意这么做的,我感到愤怒
3. 澄清目标	目标由情感、指导、示范(我的爸爸会怎么做?)、文化准则、媒体影响(哈利·波特会怎么做?)等部分组成。学生可能有多个相互竞争的目标	我想与他维持关系吗?是保持平静,还是显得非常愤怒?
4. 建构或选取可能的回应	学生能从记忆中选择回应,或者产生新的行为	对他怒目而视,翻白眼; 表现得不在意; 告诉老师; 打他
5. 根据回应做决定	学生评估所选择的回应。道德判断可能会被激活。学生对每种回应的结果都有所期待,并且他们可以做到这一点。这可能是有意识的,但更可能基于曾经的记忆线索。冲动的学生可能不会考虑如何选择,而只是根据脑海中的第一反应行事	他该打,打他在道德上是可以的; 我没有足够的情绪调节能力去表现得不在乎; 我的老师不会帮忙,她不喜欢我; 我很善于打人
6. 采取行动	学生的行为可以仅仅是情绪表现(例如,怒视)或更活跃	打他
7. 反馈	学生评估结果。如果不成功,那么他们可能再次努力选择不同的策略,或者放弃目标	我感到成功。我警告他不要惹我
8. 编码线索	重新开始循环	此时老师出现

4. 反社会行为的群体差异

性别和贫困都与反社会行为有关。接下来，让我们来看看攻击性行为的群体差异。

性别

儿童发展方面，最显著的性别差异可能是男孩比女孩更有攻击性。这种差异在具有不同的社会经济地位的群体中都存在，在从英国到埃塞俄比亚再到墨西哥的诸多不同国家中也都存在（Joussemet et al.，2008；Lansford et al.，2012）。这种差异很早就有了，并持续到成年。在婴儿期，男孩表现出更多的攻击性行为前兆，如咬人、打人和愤怒（Hay et al.，2014）。到2岁时，男孩的抓、推、撞、打等行为多于女孩（Alink et al.，2006；Baillargeon et al.，2007）。性别差异随着年龄的增长而扩大。从幼儿园到高中，男孩都比女孩更有攻击性，更不诚实，更具有破坏性和犯罪倾向（Autor, Figlio, Karbownik, Roth, & Wasserman, 2015；Ho, Bluestein, & Jenkins, 2008；Xie et al.，2011）。虽然这些差异是真实存在的，但教师往往会放大这些差异，过分地将攻击性行为归因于性别（Pellegrini, 2011）。因此，你可能需要防止在课堂上产生这种偏见。

有些人认为，虽然男孩比女孩更有身体攻击性，但女孩更有社会攻击性，比如聊八卦或排斥同龄人。这种"刻薄女孩"的刻板印象从何而来？约15%的女孩专门使用社会攻击。此外，虽然女孩总体上缺少攻击性，但到了4年级，当女孩变得具有攻击性的时候，她们更容易使用社会攻击（特别是流言蜚语），而不是身体攻击（Ettekal & Ladd, 2015；Putallaz et al.，2007）。然而，许多国家的研究发现，男孩在社交上使用社会攻击的频率与女孩一样——如果不是更频繁的话（Card, Stucky, Sawalani, & Little, 2008；Lansford et al.，2012）。这是有意义的发现，因为身体攻击、语言攻击和社会攻击是高度相关的。

社会经济地位

平均而言，来自低社会经济地位家庭的学生比来自高社会经济地位家庭的学生更容易反社会（Bradley & Corwyn, 2002）。回想第二章，一个例外是高社会经济地位家庭中的学生往往会喝更多的酒，使用更多的药物。低社会经济地位家庭的学生在学龄前和开始上学时攻击性更强；在整个学龄期间，他们的反社会行为都在增加（Aber, Brown, & Jones, 2003；Hay et al.，2014）。在美国、英格兰、苏格兰和荷兰等许多地方都发现了社会经济地位与反社会行为之间的联系，但该联系并非在所有欧洲国家都存在（Rigby, 2002）。

为什么社会经济地位和反社会行为之间有联系？其中一个原因可能是暴露在暴力中的程度不同。低社会经济地位的学生比中等社会经济地位和高社会经济地位的学生倾向于更多地接触宣扬暴力的媒体，并且其生活在暴力事件发生率更高的社区，受到更严厉的养育（Dodge, Pettit, Bates, & Valente, 1995；Evans, 2004）。例如，在一项研究中，低社会经济地位的父母在与他们上幼儿园的孩子一起玩耍和阅读时，平均每2分钟就产生一次对孩子的敌意。父母越有敌意，孩子在操场玩时就越有攻击性（Snyder et al.，2005）。当父母无力应对日常开支时，感到经济压力的他们往往会对孩子更加怀有敌意（Williams, Conger, & Blozis, 2007）。这符合第一章中的家庭压力模型。有敌意的父母养育的儿童，可能会产生敌意归因偏见。在不确定的情况下，他们往往会有如心跳加速一般的更强烈的生理反应（Chen, Langer, Raphaelson, & Matthews, 2005）。这对那些既有负面情绪又面对巨

大压力的家庭来说，影响尤其巨大（Schermerhorn et al.，2013）。

许多低社会经济地位的学生并不具有攻击性。与有攻击性的同伴相比，那些没有攻击性的儿童有更温和的父母，其父母使用药物的情况更少（Ackerman，Brown，& Izard，2003）。当风险因素发生变化时，如母亲的男友到来或离开，父母药物滥用增加或减少，学生的攻击性行为可能会发生变化。

种族

在许多国家，攻击性与少数种族群体有关联。少数种族的成年人往往是被歧视者，他们收入低，受教育程度低。少数种族的儿童比其他大多数儿童更可能有着严厉的单亲家庭和其他风险因素，从而使其更具有攻击性。少数种族的儿童倾向于攻击其他少数种族的儿童（Rigby，2002）。

在美国，对数千名青少年的大量研究发现，非裔青少年比白人青少年更可能具有身体攻击性和社会攻击性（Blum et al.，2000；Putallaz et al.，2007）。尽管这种变化随着原生国不同而不同，但拉美裔青少年也是如此（Galindo & Fuller，2010）。此外，非裔青少年比白人青少年更有可能因犯罪而被捕。这在很大程度上可能是由于族裔与贫穷之间的联系造成的。也就是说，贫困青少年更有可能被捕（Males & Brown，2014）。此外，学校中的极端暴力事件（如校园枪击案），更有可能是白人男性所为（Brown，Osterman，& Barnes，2009）。

5. 反社会行为的课堂启示

> 三个女孩正围着一张桌子学习。格雷琴（Gretchen）（受害者）也加入了他们。当她走近桌子时，凯（Kay）（欺凌者）说："我都等不及下课了，我要打你，因为我恨你。"格雷琴威胁对方，要将此事告诉老师。凯回答说"告诉她吧，我不在乎"，然后把格雷琴赶走了。一位同学警告凯："你最好不要这样。你会惹上麻烦的。"格雷琴回到桌前，凯试图越过桌子打她。一位同学说："别碰她。"格雷琴告诉了老师。老师说："不用担心，如果凯伤害了你，她就会有麻烦的。"（Atlas & Pepler，1998，p.99.）

这种欺凌行为发生在一间小学教室里。小学教室里每小时可能发生多达两起攻击性事件，在餐厅里和操场上尤其常见（Grossman et al.，1997；Pellegrini & Bartini，2000）。由于攻击的年龄变化趋势，幼儿园教室里可能会有更多的攻击性事件，比如佩顿为了得到气球而推卢克。相比之下，中学教室里的攻击事件可能会较少。回想一下，在学生向中学过渡期间，欺凌行为短暂激增，这倒是攻击性行为呈下降趋势的一个例外。

大多数欺凌事件（80%～90%）被其他学生所目击（Polanin，Espelage，& Pigott，2012）。目击者往往没有主动干预帮助受害者。他们可能会觉得这不是他们的事，或者担心自己可能成为目标，或者不关心，或者只是不知道该怎么办（Saarento & Salmivalli，2015）。与消极的关心相比，20%～25%的保护受害者的亲社会学生往往有更好的情绪调节能力、安全依恋、同情心、亲社会取向和强烈的自尊，并且属于一个重视保护他人的同伴群体（Espelage et al.，2012；Nickerson，Mele，& Princiotta，2008；Vlachou et al.，2011）。教师往往没有采取阻止攻击的干预措施。例如，教师没有采取任何行动来阻止凯的攻击（Xie et al.，2003）。因此，攻击者的不当行为往往在学校得逞。

攻击性因学校和课堂而千差万别。在一些课堂里，只有1%的互动是攻击性的，但在另一些课堂里，多达 20％的互动是攻击性的（Cairns & Cairns，1994；Kuppens, Grietens, Onghena, Michiels, & Subramanian, 2008）。你可能会认为规模较大的学校有更多的欺凌行为，但研究并不支持这一点。有更多低社会经济地位学生的学校往往有更多的欺凌和身体攻击（Bowes et al.，2009；Klein & Cornell, 2010）。然而，一些学校尽管在贫穷社区，但由于教职员工和学生之间的关爱关系，仍然是和平的绿洲（Astor, Benbenishty, & Estrada, 2009）。

> **思考**
>
> 当孩子在学校被欺负时，许多父母赞成他们反击。但是，大多数学校禁止反击。学校是否应将其价值观强加给父母和学生？这种做法合适吗？根据你在本章中学到的内容，论证你的答案。

减少欺凌和攻击

如何才能阻止欺凌、减少攻击，创造一个和平的绿洲？在前面的章节中，你已经学到了部分答案，即通过提高学生的情绪能力、学业能力和激励亲社会行为等来解决问题。这包括：

（1）避免保持现状（见第五章）。一些老师认为，如果给具有攻击性的学生多一年的时间成长，使其变得更成熟，他们就会表现得更好。然而，保持现状与学校攻击性行为的增加有关（Pagani et al.，2001）。

（2）消除饥饿和疲劳（见第二章）。饥饿和疲劳会助长攻击性（Anderson, 2001）。例如，如果学生必须等很长时间才能吃午饭，那么请允许他们吃一些零食。让家长知道，学生何时会在你的课堂上过度疲劳。

（3）想想你强化了什么行为（见第三章）。具有攻击性的学生能通过攻击得到他们想要的东西时，会强化其攻击性。目击者可能会通过成为他们的观众，不经意间强化欺凌。相反，要想办法强化攻击性学生的亲社会行为（Ellis, Volk, Gonzalez, & Embry, 2015）。

（4）培养学业技能（见第三章至第五章）。之前你已经了解到，攻击性和成绩低是双向互动的；其中的每一个都会导致另一个。随着时间的推移，成绩提高的学生会变得不那么有攻击性（Romano et al.，2010）。事实上，针对学业技能的干预措施可能与专门针对攻击性行为的干预措施一样，能有效地削弱攻击性（McEvoy & Welker, 2000；Wilson, Lipsey, & Derzon, 2003）。

（5）建立和谐的师生关系（见第六章）。无论学生一开始多么具有攻击性，也无论遗传倾向如何，高质量的师生关系都会使学生不那么有攻击性、实施更积极的行为、更多地参与课堂、更喜欢上学（Brendgen et al.，2012；Meehan et al.，2003；O'Connor, Dearing, & Collins, 2011；Thomas, Bierman, & Powers, 2011）。在课堂上与几位极具攻击性的学生建立积极的关系很难，但如果你能变得敏感和有支持性，他们就很可能会变得不那么具有攻击性（Thomas et al.，2011）。

（6）营造积极的学校和课堂环境（见第六章至第八章）。学校环境会对学校里的攻击性行为产生强烈的影响。积极的学校环境是减少伤害和欺凌的一个保护因素（Harel-Fisch et al.，2011；Kowalski et al.，2014）。

（7）避免权力主张式的管教（见第七章）。权力主张会引起怨恨，并成为攻击性互动的模仿对象。尤其应避免让学生停课，因为这样会妨碍学生获得学业技能，并可能导致辍学。

从现在开始，你应该熟悉这些因素。它们是影响许多儿童最终成长结果的强大因素。

另外五项准则仅适用于制止欺凌和其他形式的攻击：

（1）让所有学生参与课堂。教师想和亲社会的学生进行更多互动是很自然的。然而，当教师不关心更有攻击性的学生，不理他们，或不向他们提供信息时，这些学生在课堂上的参与就更少了（Stipek，2001）。

（2）不要接受欺凌。在校规中明确反对欺凌，并着重加以强调。不要纵容攻击性行为，比如让明星运动员或教师的宠儿的欺凌行为得逞。学校应持续加强管教，并聘任有大量富有爱心的老师。这样的学校欺凌行为发生得最少（Gregory et al.，2010），见图10-8。

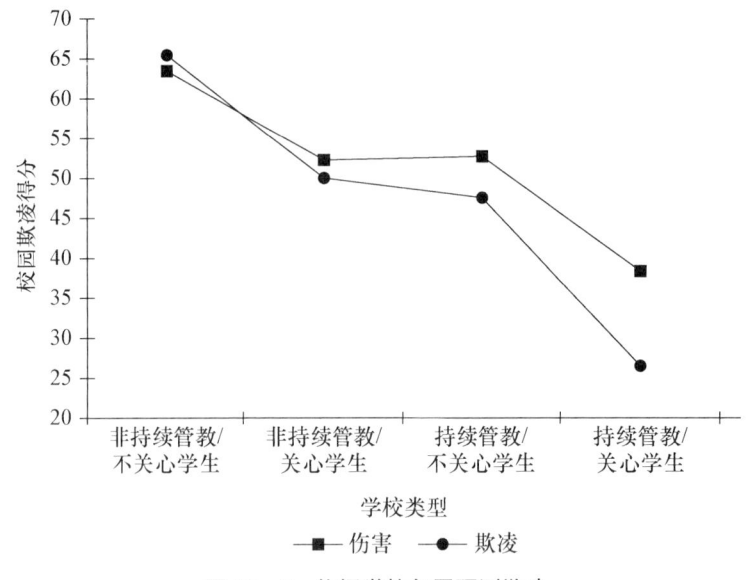

图10-8 依据学校氛围预测欺凌

权威型学校——那些持续管教，拥有热情、有爱心的教师的学校——欺凌和伤害行为发生得最少。持续的管教或关心学生哪个更重要，还是它们必须同时进行？

资料来源：American Educational Research Association（2013）。

（3）教育目击者与受害者站在一起，或举报欺凌行为，而不是被动地旁观或用关注鼓励欺凌者（Saarento & Salmivalli，2015）。你可以通过鼓励学生开展移情（见第八章）、进行道德判断（见第九章）和实施亲社会行为达到上述目的。一些学校项目也通过角色扮演和反馈来做到这一点。这类项目从1年级到12年级都是有效的，但在高中时效果可能会更好（Polanin et al.，2012）。

（4）提供监督。大多数攻击性行为发生在教师监督较少的地方。在幼儿园，它更多地发生在小隔间、沙/水区和积木区（Vlachou et al.，2011）。在小学，当学生像格雷琴和凯那样独自学习或做小组活动时，攻击性行为会发生在操场或课堂上，但很少发生在教师主导的活动中。在中学，这种情况更多地发生在走廊、楼梯间或教室（Robers et al.，2014）。

（5）及早筛查行为问题，最好在8岁之前。攻击性在儿童很小的时候就变得稳定，很难改变，尽管有青少年可以从干预中受益。早在学生3岁时就可以确定其是否在行为问题方面有高风险，因为在3岁时，他们是冲动、易怒、不服从的。学前教师应特别关注消极行为比积极行为比例更高的学生。

这些准则能帮助你减少学生（甚至像凯那样的欺凌者）的攻击性行为。让我们来看看乔希的生物老师温茨老师采用的策略：

当乔希从3天的停课中回来时,一位同学对乔希的回来发表了不敬的言论。温茨老师停止了上课,并就这样的言论会让乔希有什么感觉进行了即兴讨论。她说,他们不应只看彼此犯的错误,而应塑造更好的行为,互相帮助。

温茨老师开始和乔希谈论他感兴趣的事情。他开始在她的教室里闲逛,有时摆正椅子,喂宠物。温茨老师说他"受到了积极的关注",然而他却会突然用不当行为来考验她,好像想让她对他大喊大叫。温茨老师没有投降,她代之以诱导的方式。乔希是温茨老师25年来最难教的孩子。然而,她知道,在他找她帮助解决他与同学的冲突的那天,他已经有了改变——放弃了用他的方式通过打架来解决。

大多数学生并不像乔希那样好斗,是少数人实施了学校的大部分攻击性行为。许多学校都有对反社会行为的分层干预制度。普遍性(一级)干预措施能促进所有学生提高社交能力,由遵循上述准则的合格教师负责。选择性(二级)干预措施关注有问题迹象并由辅导员指导的学生。指导性(三级)干预措施关注需求集中且需要专业治疗师的学生(Merrell, Levitt, & Gueldner, 2010)。让我们来看看基于学校的干预措施。

基于学校的干预措施

选择性干预措施通常侧重于促进亲子之间开展更积极的互动,减少学生的敌意归因偏见,并提高学生的情绪调节能力、增加亲社会行为和提高解决冲突的技能(Connell et al., 2007; Hudley, Graham, & Taylor, 2007; Juvonen & Graham, 2014)。欺凌现象严重的学校可能会实施普遍的或全校范围内的反欺凌项目。挪威在全国范围内实施了一个著名的项目,使反社会行为减少了50%(Olweus, 1994)。它们是如何减少欺凌的?就是通过执行前述指导准则。

加拿大、英国、美国和欧洲都实施了类似挪威的项目,然而,大多数反欺凌项目并不像挪威那样成功。一项研究综述发现,有些项目可以减少20%左右的欺凌行为,但一些项目收效甚微或产生了负面的影响(Ttofi & Farrington, 2011)。为什么会产生负面影响?以不认真的方式实施干预措施,或让脱离正轨的青少年聚集在一起(他们之后会传播彼此的问题),实际上是有害的(Juvonen & Graham, 2014)。有效的干预措施可能减少攻击性行为,但通常不能完全消除攻击性行为。尽管存在失败的案例,一些以学校为基础的干预措施仍然获得了成功(Ansary, Elias, Greene, & Green, 2013; Bradshaw, 2015)。让我们接下来谈谈如何解决攻击性行为的一个起因:**冲突**[①]。

三、冲突解决

两名拉美裔高中生在用西班牙语交谈。一位非裔美国女孩要求他们不要使用西班牙语,他们同意了。然而,另外两名非裔美国学生站出来捍卫拉美人说西班牙语的权利。在一名老师介入争端之前,一场争斗即将爆发。于是,老师便在大厅里和每个学生单独谈话,以平息彼此间的冲突(Lustig, 1997, p.583)。

这几名女孩刚经历了一场冲突。当一个人的行为干扰了另一个人的目标,而后者又抵

[①] 冲突(conflict):一个人的行为对抵制或抗议这种行为的人的目标形成了干扰。冲突和攻击是不同的。

制或抗议这种行为时，冲突便发生了。冲突在所有的社会关系中是固有的现象。冲突可能是无害的，就像两个孩子在玩什么游戏上意见不一致，但也可能导致严重的攻击性行为。冲突和攻击是不同的，因为攻击涉及伤害的意图，但冲突不是。然而，就像这些女孩一样，也如同2岁的佩顿想要回他的气球一般，冲突可能成为攻击的结果或原因。

你是否认为冲突就是不好的？实际上，非攻击性的日常冲突（比如对于在休息时间是踢足球还是玩躲避球意见不一致）对学生来说可能是件好事，因为它有助于孩子们学会谈判和解决问题。冲突可以帮助他们理解正义、公平和平等。它也有助于孩子们改善社交技巧和调节情绪。非攻击性的冲突不会过多地干扰彼此的关系甚至活动；冲突结束后，孩子们仍然会一起玩耍。然而，如果冲突不能很好地解决，它可能就是破坏性的。

1. 冲突应如何解决？

解决冲突的方式主要有三种：（1）妥协，即在双方都做出让步时谈判、分享或采用轮流行动的方式；（2）脱离，即走开，停止讨论，改变活动或话题；（3）胁迫，这意味着命令或攻击，使一方服从（Laursen, Finkelstein, & Betts, 2001）。

对于大多数冲突而言，冲突解决的目标是：（1）实现自己的目的；（2）维持关系。解决冲突的最佳方法取决于每个目标的重要性。当每个人都对结果感到满意时，建设性的冲突解决方案就会产生，彼此之间的关系就会得到改善，其解决未来冲突的能力也会有所提高。

2. 冲突解决的年龄趋势

随着年龄的增长，孩子之间冲突的数量、来源，以及解决冲突的方式都会发生变化。

婴儿期与学步期（0~2岁）

在生命的早期冲突就出现了。8个月大时，婴儿会抗议他人的行为。在蹒跚学步的孩子中，冲突是短暂的，主要是关于物品的冲突，比如佩顿与卢克争夺气球。初学走路的孩子倾向于以一种非输即赢的方式解决冲突——要么坚持，要么让步，很少会妥协（Ashby & Neilsen-Hewett, 2012）。他们解决冲突的能力迅速提高。2岁的孩子比1岁的孩子更会用语言解决争端，也会使用更多的亲社会解决方案，比如用一个玩具换另一个玩具（Caplan, Vespo, Pederson, & Hay, 1991）。

儿童早期（3~5岁）

在1~7岁，儿童可能每3~12分钟就会发生一次冲突，这取决于儿童的年龄和所处的环境（Chen, Fein, Killen, & Tam, 2001; Miller, Danaher, & Forbes, 1986）。因此，如果你认为小孩子间经常发生冲突，那么你是对的。

在学龄前儿童中，冲突的来源往往是社会控制，比如谁必须在游戏中扮演婴儿，谁可以加入某个群体（Chen et al., 2001）。当一个孩子试图加入一个正在进行游戏的小组时，该小组大约有一半的可能性会拒绝其加入（Shantz, 1987）。对于学龄前儿童来说，他们比幼儿更擅长解决这些冲突。4岁的儿童大约有一半能解决自身的冲突，但仅有1/4的2岁儿童能做到。4岁的孩子会使用更复杂的冲突解决策略，比如他们会说"我们一起吃怎么样"，而不是简单地说"不！这是我的！"。

儿童中期与青春期（6~19岁）

作为一种彼此妥协的形式，轮流行动对于美国孩子而言，在儿童中期就已经根深蒂固了（French et al., 2011）。在该阶段，孩子们对"强迫法"的使用比学龄前儿童要少，而对"脱离法"的使用要多一些。即使是青少年,解决冲突的方式也往往是脱离接触,而不是妥协或胁迫。直到成年早期,冲突才更容易通过妥协得到解决。因此,儿童解决冲突的能力在整个成长期都在不断提高(Laursen et al., 2001)。

总而言之,从蹒跚学步到成年早期,强迫行为有所减少,其首先被脱离接触所取代,最后被妥协所取代。对于所有年龄段的学生来说,他们在假想的情况下更倾向于妥协,但在实际的冲突中,他们可能会诉诸胁迫。因此,除了在年龄更小时会出现的轮流行动的解决方式,对妥协的偏好直到成年早期才会转化为实际的行为。

3. 冲突解决的个体差异

有些孩子在很小的时候就学会了妥协,而有些成年人仍然依赖强迫来解决冲突。在本节中,我们将讨论这些个体差异的含义以及差异是如何产生的。

冲突解决技巧预示着什么?

拥有良好冲突解决能力的孩子在实现个人目标的同时也能保持健康的人际关系。毫不奇怪,这样的孩子比冲突解决能力差的学生更受同龄人的喜爱。从幼儿园时期开始,受欢迎的孩子在同伴冲突中更多地使用妥协,而被排斥的孩子则更多地使用胁迫(McElwain, Olson, & Volling, 2002)。

那些能够在不屈服的情况下解决冲突的孩子往往是最具社交能力的(French et al., 2011)。例如,在一项经典的研究中,当自己的东西被同伴拿走时,受欢迎的4年级和5年级学生最可能用语言解决冲突,而非诉诸肢体冲突。他们说自己不会去分享,但会礼貌地要求对方归还物品(Asher & Hopmeyer, 1997)。好的冲突解决方式固然不是向另一方屈服,但也不意味着使冲突升级。

什么可以预知解决冲突的能力?

家庭是解决冲突的训练场。第六章到第九章中讨论的一些教养因素与解决冲突的技能有关。具体而言,权威型的父母是协商和妥协的典范。此外,具有安全依恋的孩子的父母能在不激怒对方的情况下进行妥协,并证明自己的观点是正确的(Laible, Panfile, & Makariev, 2008)。除此之外,有利于增强同情心,提高情绪调节、心理理论和道德判断能力的教养方式也能提升解决冲突的技能,因为同情心和上述能力都是建设性地解决冲突所必需的。在第八章中,你已经了解到兄弟姐妹之间的相处提供了提高情绪能力的机会,同时也提供了学习解决冲突技能的机会。兄弟姐妹之间的冲突往往比其他关系中的冲突更加频繁和激烈,但也往往涉及更多的悔恨和道德反思(Recchia, Wainryb, & Pasupathi, 2013)。

兄弟姐妹之间发生冲突的主要原因是什么?大多数兄弟姐妹之间的冲突是关于分享个人物品,比如一个孩子骑了另一个孩子的自行车。冲突的另一个很普遍的原因是身体攻击和兄弟姐妹间的常见摩擦(McGuire, Manke, Eftekhari, & Dunn, 2000; Recchia et al., 2013)。与通常的观念相反,尽管兄弟姐妹会非常清楚地意识到并提醒父母其行为中的任何不公平,但关心父母对谁更好却是最不常见的冲突根源。据报告,只有9%的孩子有竞争意识。同胞竞争可能仅存在于父母处理不当或对兄弟姐妹有偏袒行为的家庭。

当兄弟姐妹争吵时会发生什么?其中的年长者和年幼者都说是对方挑起了冲突,但年长者往往是赢家(McGuire et al., 2000)。当兄弟姐妹关系良好时,妥协比胁迫更容易发生(Recchia & Howe, 2009)。然而,他们在发生冲突后很少会自发地妥协,大约有一半的情况是在父母的干预下结束冲突的（Ross, Ross, Stein, & Trabasso, 2006）。在父母的干预下，孩子更有可能妥协。因此，有经验的父母会在兄弟姐妹之间发生冲突时培养其解决冲突的能力。然而，那些自己解决问题的能力有限的父母却不能做到这一点。缺乏技巧的父母在调解孩子间的冲突方面接受适当的训练后，他们的孩子会发展心理理论，更好地理解他人的情绪，更有建设性地解决冲突（Smith & Ross, 2007）。

4. 冲突解决的课堂启示

学校里经常发生大大小小的冲突。如果你的学生学会了快速有效地解决冲突，那么他在社会性和学业发展上都会得到回报。具有良好冲突解决能力的学生更受欢迎，他们可以花更多的时间在课堂学习任务上，取得更高的成绩。那么，你该如何帮助学生培养解决冲突的能力？

提升解决冲突的能力

前几章我们讨论了帮助学生发展解决冲突能力的一些方法：

（1）做权威型的教师（如第七章所示）。权威型的教师会对协商、互让、公平和尊重他人的观点等行为有示范作用。

（2）提升学生的情绪能力（如第八章所示）。能控制自己的情绪、不做出冲动反应、能读懂他人情绪的学生会更有建设性地解决冲突。

（3）提高学生的社会认知能力（如第九章所示）。具有较强的解读他人的能力、高度的幽默感和较强道德判断能力的学生会更有建设性地解决冲突。与学生讨论移情（即关心他人的观点）和公平的目标都很重要。仅仅促进移情可能会缓和争端，但会造成带来更多冲突的不公正行为（Zaki & Cikara, 2015）。

此外，你可能需要直接教授解决冲突的技巧。许多教师对处理冲突没有信心，可能会选择见效快但持续时间短的解决方案来实现和平，而不是专注于培养学生解决冲突的长期能力（Jenkins, Ritblatt, & McDonald, 2008）。在之前的案例中，面对拉美裔和非裔美国女孩之间的种族冲突，虽然老师能够有效地维持秩序，但他没有帮助学生以尊重对方的方式解决种族问题、语言问题和感觉被排斥的问题，也没有帮助她们培养更好的解决冲突的能力。他提倡以脱离接触的方式来解决，但如果他提倡妥协，那么他的学生可能会受益更多。如果你遵循以下原则，就可能会在解决冲突上更有效：

（1）仔细观察你的学生解决冲突的能力。学生可能不会告诉你他们之间的冲突，年龄大的学生比年龄小的学生更不可能在与同伴发生冲突时寻求老师的帮助（Newman, Murray, & Lussier, 2001）。通常情况下，学生在去见老师之前会试图用强迫的手段解决冲突，而仅仅把老师的帮助当作一种备用策略。只有当他们的目标是实现正义，或者攻击者比自己强大时，他们才更有可能去找老师。

（2）除非有必要或已有人受害，否则不要干涉学生之间的冲突。让学生有机会学习解决冲突的技巧。

（3）当干预显得必要时，应支持妥协和谈判，而不是脱离接触。

你也可能想要采用一个特定的设计项目来提高你的学生解决冲突的能力。接下来，我们将会讨论这样的项目。

冲突解决教育

学校的冲突解决教育可以是课程的一部分，旨在培养预防冲突的能力；也可以涉及同伴调解，旨在帮助学生处理现有的冲突。这样的项目既可以针对整个学生群体，也可以只

针对只是一部分特定的学生。

冲突解决教育可以代替惩罚。类似停课、休学的所谓的惩罚效果不大。事实证明，大多数被停课的学生都是惯犯。就像前面提到的乔希一样，休学会让学生面临更大的学业落后和退学的风险。学生不会从这样的惩罚中习得能力。在芝加哥地区的一所高中，学生可以选择减少停课，以换取参加一个关于如何解决冲突的项目进行学习的机会。与对照组相比，那些选择加入这个项目的人在以后的冲突中不太可能再次被停课（Breunlin, Bryant-Edwards, Hetherington, & Cimmarusti, 2002）。该项目包括4次课，每次课90分钟，内容涉及谈判、倾听、愤怒管理和问题解决。

其他项目也产生了类似的结果。研究表明，冲突解决教育有助于学生使用更具建设性的策略，减少转移管教和停课。它还与更高的学业成绩和改善了的学校环境有关。此外，高风险学生（和他们的老师）在学校提高了解决冲突的技能后，会感到更少的沮丧、更少的焦虑和更强的自尊。对于青少年而言，其影响可能是最大的，但是儿童也可以从类似的学前项目中受益（Garrard & Lipsey, 2007; Johnson & Johnson, 2006）。一个有效的项目案例是"我能解决问题"计划（I Can Problem Solve program，ICPS）。

"我能解决问题"计划

这个项目旨在帮助从幼儿园到中学的小孩解决日常社会问题。它的重点是：（1）考虑备选解决方案；（2）考虑这些解决方案的后果。在每天20分钟的课程中，教师讨论诸如"一名小孩被其他人排除在游戏之外"等假想的冲突。教师要求全班同学针对其中存在的问题和该小孩的感受进行思考，并集思广益想出备选解决方案，同时问如果该小孩使用这些解决方案会发生什么。当学生在课堂上表现不好时，教师也会采用类似的步骤进行提问。

这类似你在第七章中学过的诱导法，"我能解决问题"的对话不仅仅是诱导（Shure, 2001）。管教质量有四个层次（从差到好），只有第四层构成了一组"我能解决问题"的对话，第三层构成了诱导：

（1）要求、威胁、贬低、惩罚（例如，你想要被转移管教吗？）；
（2）不加解释地提出建议（例如，你为什么不问他呢？）；
（3）解释和推理（例如，如果你抓住他，那么他会生气的）；
（4）以解决问题为主的对话（例如，问题是什么？当……的时候，你认为她感觉如何？你能想出一个不同的方法来解决这个问题吗？）。

当问题发生时，学生如果通过与成年人交谈来思考冲突，就能学会更好地解决问题。让我们悄悄听听1年级教室里老师和学生都说了什么。

> 艾伦（Allen）抱怨说："马克斯（Max）一直想抢我们的球。我叫他住手，他踢了我一脚。"王老师问马克斯那边的情况。马克斯说："我想和他们一起玩，但他们不理我。"王老师问："如果艾伦拿着你的球踢你，你会有什么感觉？"马克斯承认："我想我会疯掉的。"王老师向全班同学征求关于如何解决该问题的建议。大家给出了三个建议：（1）艾伦应该也踢马克斯；（2）马克斯应该告诉艾伦他的感受；（3）马克斯应该在他想要踢人的时候走开。王老师转向马克斯，对他说："好的，你下次会用这些建议中的哪一条？"马克斯决定试着走开。

在一项研究中，"我能解决问题"计划实施仅仅三个月后，低社会经济地位家庭的幼儿园孩子比对照组的孩子更不那么冲动了，也更愿意合作了，并有更多的分享行为（Shure, 2001）。在另一项研究中，6年级学生的暴力事件发生率是对照组的一半，停课率是对照组

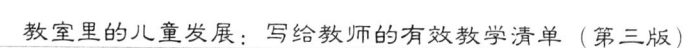

的 1/6（Farrell，Meyer，& White，2001）。参加"我能解决问题"计划的年龄较大的学生，其学习能力和考试成绩也有所提高，但取得这种效果需要耗费更多的时间。

类似的技能也可以在高中阶段教授。事实上，心理咨询、文学和社会研究的课堂上经常会有关于如何解决冲突的讨论。例如，阅读《仲夏夜之梦》时就可以讨论解决冲突的不同方法。而解决冲突的另一种方法是同伴调解。

> **思考**
> 在马克斯的小故事中，其他学生提供的解决方案中，哪个是胁迫？哪个是脱离？哪个是妥协？在他这个年龄阶段，马克斯的偏好是典型的表现吗？他真的会使用这个方案吗？请加以解释。

同伴调解

调解[①]往往发生在中立的第三方希望促成冲突双方彼此妥协的情况下。调解包含四个步骤（Johnson & Johnson，2006）：

（1）制定基本规则，比如不允许敌意升级；
（2）识别冲突事件并定义问题；
（3）让每个学生的信念、观点或情绪都明晰；
（4）找到一个让双方都满意的解决方案。

你会发现，它类似"我能解决问题"计划的组成部分。在学校的同伴调解中，不是小部分学生干部被训练成为同伴调解人，就是整个学生群体都接受训练。支持者喜欢同伴调解，因为它代替了惩罚；惩罚可以阻止不当行为，但不能教给学生积极的社交技能。

同伴调解的成功之处在于，接受同伴调解的大多数问题都得到了建设性的解决。被训练成调解员的学生能够更好地提出积极的冲突解决方案。在学校实施同伴调解计划后，转移管教（将其送进其他管教机构）和停课的情况有时会减少。此外，教学时间可能会有所增加，因为教师不必在管教学生上花那么多时间（Garrard & Lipsey，2007；Smith，Daunic，Miller，& Robinson，2002）。然而，同伴调解计划必须得到良好的执行，调解员必须得到良好的培训，否则这一计划将会被视为消极的监管举措。

在这一章中，你已经学习了如何帮助学生变得更具有亲社会性，控制他们的攻击性行为，并建设性地解决冲突。你已经听过乔希和阿达拉的故事，他们都很难相处，但他们都学会了在学校少些攻击性行为、多些亲社会行为。由于教师有意地将这一章中的指导方案付诸实践，他们每个人都和教师建立了积极的关系。发展出更积极的社会行为的学生拥有更好的人际关系，这是下一章的主题。

对实践的反思

我的教学

你可以做很多事情来增加学生的亲社会行为，减少反社会行为，提高他们解决冲突的能力。其中有一些在前几章中已经讨论过，你可以回顾其他章节中的"对实践的反思"部分。它们包括：

- 建立安全的师生依恋关系（如第六章所示）。
- 做权威型教师（如第七章所示）。

---

① 调解（mediation）：当两名学生发生冲突时，中立的、不偏不倚的第三方帮助冲突双方进行协商。

- 使用诱导的管教方式，特别是以受害者为中心的诱导（如第七章所示）。
- 提高学生的情绪能力（如第八章所示）。
- 促进学生的社会认知（如第九章所示）。

此外，定期问自己如下问题：

(1) 我的学生是否以一种亲社会的方式对待彼此？我是否让他们觉得需要对他人的幸福负责？

(2) 我是否为学生提供了实践亲社会行为的机会？是否即使对我来说不方便，我也会接受他们的帮助？当为同学或老师服务的机会被提供给学生时，这些机会是否有意义？是否有时间进行集体反思？

(3) 我是否清楚地传达了亲社会的价值观？我是否会成为善良和礼貌行为的榜样（教师将温暖、重视和示范亲社会行为结合起来是最有效的）？我的学生认为我是一个有爱心的老师吗？

(4) 我是否避免对亲社会行为使用外部奖励（如贴小红花），而是采用表扬的方式？我强调并表扬亲社会行为而不是惩罚反社会行为吗？

(5) 我是否意识到我的学生中存在着攻击性行为和恃强凌弱的行为（这对幼儿园教师尤其重要，因为早期干预非常重要）？我是否意识到哪些学生正在成为受害者？

(6) 我的学校是反欺凌的吗？地位高的学生是否在欺凌他人后能轻易逃脱惩罚？我是否教导学生如何支持受害者并与他们成为朋友？学校的所有区域（包括我自己的教室）都得到了很好的管理吗？

(7) 我是否通过让每个人都参与课堂学习来提高有攻击性的学生的学习能力？

(8) 我是否只在有必要时才介入冲突？当我进行干预时，我是否提倡妥协，而不是仅仅建议脱离接触（如离开冲突区域）？

(9) 我的学校是否为不守规矩的学生提供了除停课之外的关于解决冲突的技能的训练？我的学校能从同伴调解计划中受益吗？

社会行为发展的年龄趋势总结

	亲社会行为	攻击行为	冲突解决
婴儿期与学步期（0~2岁）	• 8个月后，分享的普遍趋势很明显。在12个月大时，缺乏分享意味着严重的发育迟缓。 • 18个月大时，幼儿会自发地帮助父母和实验者完成任务。 • 初学走路的孩子会富有同情心地试着让别人开心起来，包括在实验中陌生的成年人。 • 从婴儿期到蹒跚学步期，随着利己主义日益明显，分享在减少。 • 到2岁时，孩子们将亲社会行为作为社交互动的工具。 • 2岁的孩子会表现出各种各样的亲社会行为，比如安慰、帮助和分享。 • 亲社会行为的个体差异在2~3岁时是明显而稳定的	• 4个月大时，婴儿就会发怒。愤怒的不同类型预示着后来的攻击性。 • 对同伴的攻击性行为可以在12个月时观察到。幼儿表现出其他反社会行为，如反抗和发脾气。 • 身体攻击在2岁时达到顶峰。 • 攻击性行为最有可能是工具性的。 • 高压的家庭循环从孩子蹒跚学步时便可形成	• 8个月大的婴儿会对他人的行为提出抗议。 • 学步期儿童的冲突是短暂的。 • 学步期儿童的冲突大多是关于物品的。 • 2岁的孩子用语言解决争端，跟1岁的孩子相比，他们会使用更多亲社会的解决方案

续表

	亲社会行为	攻击行为	冲突解决
儿童早期(3~5岁)	● 学龄前儿童比学步期儿童更有辨别能力,他们会将亲社会行为导向家人和朋友。 ● 到3岁时,大多数孩子在分享食物方面都是公正的。 ● 到4岁时,孩子们就有了广泛的亲社会倾向。高度亲社会的学龄前儿童也经常有攻击性行为。 ● 亲社会行为的性别差异开始显现	● 2~4岁的学龄前儿童是所有年龄段中攻击性最强的。 ● 身体攻击会随着语言攻击的增加而减少(但不会消失)。 ● 年幼儿童在伤害别人的时候,往往会表现出快乐。 ● 有严重行为问题的儿童可能被诊断为存在对立违抗性障碍	● 较大的学龄前儿童倾向于为集体游戏活动而争吵。 ● 4岁的孩子比2岁的孩子更能解决自己的冲突问题,并使用更好的策略
儿童中期(6~12岁)	● 孩子们变得更善于抚慰他人的痛苦,使他们振作起来。他们可以在口头上而不是身体上这么做。 ● 6~8岁的孩子通常被赋予照看更小的孩子的责任。 ● 他们能更好地理解什么是亲社会行为,并在实验室研究中为匿名慈善机构捐款	● 身体攻击继续减少。 ● 攻击性行为更有可能是敌意的而不是工具性的。 ● 社会攻击变得显而易见。 ● 欺凌出现,然后逐渐下降。 ● 如果孩子在8岁以后仍有身体攻击行为,他们就可能会被诊断为存在行为障碍。 ● 有行为障碍的儿童会有儿童期-开端反社会行为	● 解决冲突的能力提高。与幼儿相比,胁迫策略的使用较少,妥协和脱离策略的使用较多,尽管它们仍然不常见。 ● 孩子们能够在小学担任同伴调解员。 ● 随着年龄的增长,他们不太可能寻求老师的帮助来解决冲突
青春期(13~19岁)	● 青少年比小孩子更有能力帮助别人。 ● 他们在家庭中没有那么有爱心且乐于助人,但在青春期后期,乐于助人的程度会上升。为家人提供所需帮助的青少年往往更快乐。 ● 青少年并不比儿童更亲社会,也许是因为他们更善于抑制帮助他人的冲动。他们被自我利益驱使,从反社会的模式中学习,被训练得不去帮助别人。 ● 亲社会行为与其说是一种冲动,不如说是一种可控的选择	● 尽管大多数青少年偶尔会有轻微的攻击性,但青少年的攻击性整体在下降。 ● 欺凌行为可能会在中学期间短暂激增。在小学时,欺负他人的人不受欢迎,但中学时可能地位更高。 ● 少数青少年可能会出现反社会行为的暂时激增,即青春期-开端反社会行为。这通常包括犯罪,而不仅仅是攻击。 ● 在青春期,攻击性行为变得更加危险。第一次犯罪一般开始于青春期或之前。犯罪高峰期出现在17岁左右	● 青少年的冲突比学龄前儿童少。 ● 冲突最多的是与兄弟姐妹的关系。 ● 青少年比年幼儿童更少采取胁迫策略解决冲突,通常采取脱离策略。 ● 成年早期通常比青春期更容易妥协,包括对其兄弟姐妹亦是如此

本章总结

1. 亲社会行为

● 亲社会行为是有益于他人的行为。利他主义是一种涉及个人成本的亲社会行为。
● 亲社会行为的个体差异在学步期就显现出来,并且是稳定的。在不同的文化中,亲社会的学生更受老师和同龄人的喜爱,他们有更高的成绩。然而,过度的亲社会行为可能也预示着一些问题。

- 女孩往往比男孩更具有亲社会性。
- 父母可以通过倡导亲社会价值观，使用以受害者为中心的诱导式管教，做温暖的、权威型父母，使孩子形成安全依恋等方式增加儿童的亲社会行为。有形的奖励会破坏长期的亲社会行为，但表扬会增加这种行为。提供实践的机会可以增加亲社会行为。
- 教师可以通过做与学生父母同样的事情促进学生亲社会行为的发展。此外，教师可以通过使学生感到对他人的幸福负责，并为他人提供高质量服务，来增加学生的亲社会行为。关怀型学校社群计划增加了学生的亲社会行为，提高了学生的学业成绩，让学校成为一个更有爱心的地方。

2. 反社会行为和攻击

- 反社会行为是扰乱社会功能的行为。它与多动症和行为内化障碍并存。攻击是伤害他人的反社会行为的子集。
- 攻击性行为可以是身体上的、语言上的或社交上的。使用一种攻击性行为的学生可能会使用其他类型的攻击性行为。攻击可以是工具性的，也可以是有敌意的。攻击性行为可以是主动的，也可以是被动的。
- 欺凌是一种主动的、有敌意的攻击性行为。
- 在过去的几十年里，儿童的不良行为增加了。
- 个体在攻击性上的差异是长期稳定的。具有儿童期-开端攻击性行为的学生会产生最坏的结果，包括成年时的犯罪。有严重行为问题的学生会被诊断为存在行为障碍或对立违抗性障碍。
- 正如社会信息处理模型所解释的那样，有攻击性的学生具有扭曲的社会认知，如敌意归因偏差。
- 攻击性行为表现出的个体差异可能有遗传因素，但是基因的表达亦受环境的影响。
- 有几个教养因素与攻击性行为有关。当消极的教养因素同时发生时，家庭便可能形成相互作用的强迫循环。
- 反社会行为与低学业成绩和社会排斥均有关系，但不一定表现为自卑。
- 偶尔的受害很常见，但有些学生是攻击性行为的长期受害者。长期受害者自己可能有攻击性，也可能没有。他们可能有过度保护他们的父母，也可能有充满敌意、咄咄逼人的父母。他们也可能没有朋友。
- 男孩比女孩更具有攻击性。性别差异在身体攻击方面较大，而在社会攻击方面较小。男孩比女孩更容易出现行为障碍，成为攻击性行为的受害者。低社会经济地位的学生更容易表现出反社会行为。
- 教师通过以下做法可以减少学生攻击性行为的产生：与学生建立良好的师生关系，避免使用权力主张式管教方式，提高学生的学习能力，开展督导活动，避免保持现状和强化攻击性行为。

3. 冲突解决

- 当一个学生的行为干扰了另一个学生的目标时，冲突就发生了。冲突可以通过妥协、脱离或胁迫来解决。
- 具有良好冲突解决技能的学生更有可能有权威型的家长，他们可以提升孩子的情绪能力和社会认知能力。

- 兄弟姐妹之间经常会发生冲突，主要是因为争夺物品，很少是因为父母的爱。兄弟姐妹之间的冲突通常是通过胁迫来解决的，除非父母介入并支持妥协。
- 具有良好冲突解决能力的学生更受同龄人的欢迎。
- 学生通常不会寻求老师的帮助来解决冲突，而且随着年龄的增长，这种可能性越来越小。如果教师介入冲突，那么他们应该促成学生间的妥协。
- 有效的冲突解决方案可以提高学生的学业成绩、改善学校环境。这样的项目可以有效地代替停课。

第十一章
同伴、朋友和游戏

你应该为你教室里一个看起来没有朋友的学生担心吗？你应该为一个不参加游戏的学生担心吗？对于你的学生来说，游戏重要吗？这一章我们将通过讨论社会行为的三个方面——同伴地位、友谊、游戏——来回答这些问题。读完这章后，你将能够：

（1）评估你的学生在同伴中的受欢迎程度，分析这对于他们在教室中的成功意味着什么，帮助那些不受欢迎的学生。

（2）理解友谊的重要性，判断哪些学生有朋友，帮助那些没有朋友的学生。

（3）解释游戏所扮演的角色，并且在你的教室里促进游戏性学习。

一、同伴地位

在3年级的一间教室里，保罗推搡其他学生，折断他们的铅笔，踩踏他们的作业，并且骂他们愚蠢。当他坐在桌子旁时，孩子们便走开以避免挨着他坐。一天，保罗说："我要开一个生日派对，每个人都很想来，因为我是这个班里最受欢迎的。"一个坐在旁边的女孩说："保罗，没人喜欢你。你说脏话，你还打架。"保罗回答说："你这是嫉妒。"他那膨胀的自尊心似乎是真实的。

相反，他的同学纳迪娅（Nadya）广受喜爱。当老师忙的时候，学生们就找纳迪娅帮忙。她总是停下自己正在做的事去帮助同学，并且非常有耐心。班里好几个孩子都把纳迪娅视为他们"最好的朋友"，她总是令人感到愉悦和快乐。

另两个学生，莉迪娅（Lydia）和埃莉诺（Eleanor），是最好的朋友。一个新来的女孩问了莉迪娅一个问题，莉迪娅说"我们不和新来的说话"，并转过身去。她对埃莉诺耳语了几句，然后她们咯咯咯笑起来。纳迪娅对新来的女孩说："别难过，她们对谁都不好。"莉迪娅和埃莉诺控制了教室的一片区域，这片区域只有经过她们的准许才能进来。一些女孩处处跟随着她们，模仿埃莉诺说话。然而，这些女孩和莉迪娅、埃莉诺并没有实质性的交往。埃莉诺说，她和莉迪娅是受欢迎的。一个女孩说："很多女孩想成为她们的朋友，但也有很多女孩不喜欢她们，还有一些孩子害怕她们。我不明白为什么会有人想成为她们的朋友，她们很粗鲁。"

这四个孩子共处于一间教室中，然而他们有着非常不同的同伴经历。为什么有些学生受欢迎，有些却被排斥？这将对他们产生什么影响？在这章你将看到，同伴对学生的福祉有着持续的影响。首先，我们将集中讨论学生在同伴群体中的地位（同伴地位）和他们的

友谊。然后，我们将讨论游戏——一种朋友间的主要活动。

保罗、纳迪娅、莉迪娅和埃莉诺有着不同的同伴地位。**同伴地位**[①]指儿童被社会群体所接纳的情况。科学家评估这一点的一种方法是，询问儿童他们喜欢哪位同学，更愿意和谁一起玩耍或合作，不喜欢谁。这就是著名的社会测量法。这种方法适用于从幼儿园到高中的孩子。如图11-1所示，这种方法揭示了五类同伴地位：

（1）受欢迎的儿童（约15%）大多数同伴都喜欢，几乎没有同伴不喜欢；
（2）被排斥的儿童（约15%）大多数同伴都不喜欢，几乎没有同伴喜欢；
（3）被忽视的儿童（约10%）被大多数儿童忽视，几乎没有收到喜欢或不喜欢的投票；
（4）有争议的儿童（约6%）接收到很多喜欢和不喜欢的投票；
（5）普通儿童（40%～60%）适度地被喜欢和不喜欢。

请注意，排斥包括来自同伴的厌恶、回避和拒绝，而不仅仅是忽视。绝大多数孩子是普通型，比例最小的是有争议型（DeRosier & Thomas，2003）。

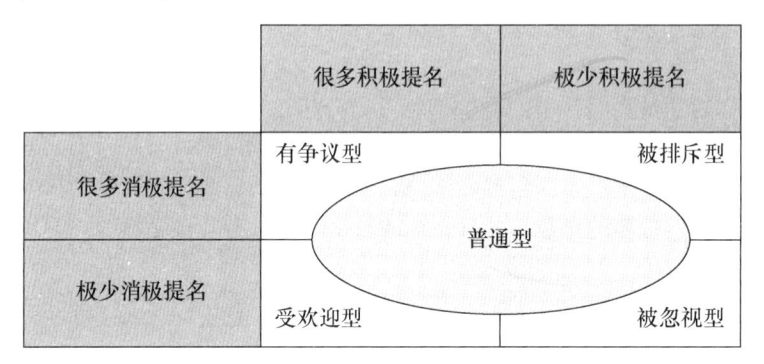

	很多积极提名	极少积极提名
很多消极提名	有争议型	被排斥型
极少消极提名	受欢迎型	被忽视型

图11-1　同伴地位的类型

大多数学生是普通型，有争议型是最少的。想想你熟悉的教室，你知道你班上的孩子属于哪种类型吗？

> **思考**
> 开篇故事中保罗、纳迪娅、莉迪娅和埃莉诺的同伴地位分别属于哪种类型？请论证你的结论。

同伴地位也可以用教室中的社会关系图或社交地图来衡量。图11-2是3年级一间教室社交地图的例子。观察者描绘出了哪些学生在一起互动或闲逛。2%～10%的学生被他们教室中的社交网络所孤立（Cairns & Cairns，1994），你能在图11-2中找到被孤立者吗？

受欢迎的学生拥有较高的**社交受欢迎度**[②]。与此相对的是，当老师或学生被问到谁受欢迎的时候，他们提名了一些不受欢迎的学生，比如莉迪娅和埃莉诺。这些学生拥有较高的**感觉受欢迎度**[③]。尽管他们比普通学生更不受欢迎，但他们努力想要拥有高的社会影响和声望。

如果你认为感觉受欢迎的学生在高中比小学更普遍，那么你是对的。在更小的孩子当中，社会测量与感觉受欢迎度是有相关性的，但是随着时间推移这种相关性会减弱，并且到高中时在女孩身上呈现负相关，即拥有较高的感觉受欢迎度的高中女孩通常不被很多人

---

① 同伴地位（peer status）：对儿童在同伴群体中被接受程度的一种衡量方式。
② 社交受欢迎度（sociometric popularity）：被同伴喜欢和接受，又叫作社会偏好（social preference）。
③ 感觉受欢迎度（perceived popularity）：具有高的社会影响力和声望。

喜爱。还有，不被喜欢但有较高地位的学生一般在 2 年级时显现出来，有时早至幼儿时期（Farmer et al., 2010; Vlachou, Andreou, Botsoglou, & Didaskalou, 2011）。

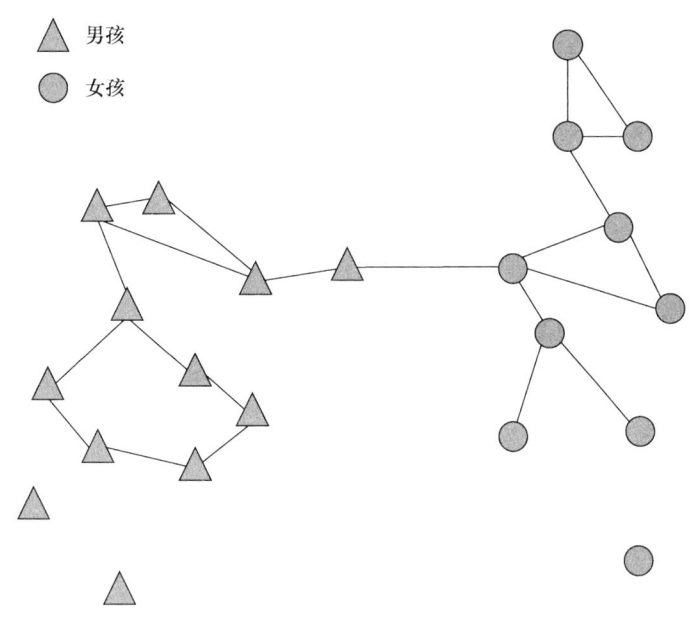

图 11-2 一个 3 年级教室的社会关系图

线条代表着学生之间的规律性互动。请注意，只有一个女孩与男孩有互动。哪个学生与他人的联系最多？

根据社会测量法，感觉受欢迎的儿童实际上可能是引起争议的儿童（尤其是女孩）或者是被排斥的儿童（尤其是男孩）。在这章我们将用"受欢迎"这个词去描述社交受欢迎度。

1. 同伴地位的个体差异

对于很多孩子来说，同伴关系是稳定的。**有争议的儿童**[①]和**被忽视的儿童**[②]最有可能改变同伴关系，被排斥的儿童改变同伴关系的可能性最小。因此，随着时间的推移，受欢迎的儿童保持受欢迎，被排斥的儿童保持被排斥，这种情况早在幼儿园时期就开始了[③]。然而，如果一些被排斥的儿童的行为有所改善的话，随着时间的推移，他们也有可能逐渐被接受。孩子越大，这种改善就越难发生。因为排斥是有消极结果的，所以后续我们将讨论你可以如何帮助被排斥的儿童。

同伴排斥会带来什么影响？

暂时的同伴排斥并不预示着长期的问题。然而，如果儿童被排斥了一个学年或者更长时间，就可能有严重的后果，比如低学业成绩、心理困扰或攻击性行为增加。这取决于这个被排斥的孩子是否是攻击性的。**被排斥的攻击性儿童**[④]占被排斥的儿童的 25%～50%，

---

① 有争议的儿童（controversial children）：被很多人喜欢，也被很多人不喜欢的儿童，他们的社会影响力高。
② 被忽视的儿童（neglected children）：既没有很多人喜欢，也没有很多人不喜欢的儿童，他们的社会影响力低。
③ 许多研究支持这个结论，部分列举如下：Cillessen 和 Mayeux（2004）；Hymel, Vaillancourt, McDougall 和 Renshaw（2002）；Ladd, Ettekal, Kochenderfer-Ladd, Rudolph 和 Andrews（2014）；Santos, Vaughn, Peceguina, Daniel 和 Shin（2014）。
④ 被排斥的攻击性儿童（rejected-aggressive children）：被很多同龄人讨厌，并且有高攻击性的儿童。

被排斥的退缩性儿童[①]占10%~25%（Hymel et al.，2002；Ladd et al.，2014）。被排斥的退缩性儿童认为他们自己是社交无能的，这与他们的同伴关系是相匹配的，但被排斥的攻击性儿童则高估自己的受欢迎度。在开篇的故事中，保罗错误地认为他是班里最受欢迎的男孩。相反，普通儿童或受欢迎的儿童倾向于低估他们的社交能力（Cillessen & Bellmore，2002）。

低学业成绩

被排斥的儿童的平均学分绩点、智力和测试分数都比受欢迎的儿童低（Buhs & Ladd，2001；Zettergren，2003）。这是为什么？一个可能的原因是，被排斥的儿童的自尊心不强导致他们容易放弃具有挑战性的学校作业（Flook, Repetti, & Ullman, 2005）。另一个可能的原因是，焦虑沮丧的感受和问题行为干扰了他们的学习。还有一个可能的原因是，来自同伴的排斥导致他们脱离课堂活动。

被同伴排斥的儿童，就算他们是因为行为不当而遭到排斥的，也往往趋向于不喜欢和逃避学校，有一些最终辍学。你愿意每天去一个你不被喜欢的地方吗？被排斥的攻击性儿童尤其有这个风险，其辍学率高达50%（French & Conrad, 2001；Hymel et al., 2002）。

心理困扰

被排斥的儿童比一般的儿童更容易受欺负，感到孤独、自卑和抑郁（Burt, Obradovic, Long, & Masten, 2008；Ladd, 2006；Putallaz et al., 2007；Spilt, van Lier, Leflot, Onghena, & Colpin, 2014）。他们把同伴视为不那么亲社会的人（Ladd et al., 2014）。被排斥的退缩性儿童比被排斥的攻击性儿童感受到更强烈的孤独；他们会预期到来自朋友的排斥，并对温和的排斥感到无助和压力（Asher & Paquette, 2003；Gazelle & Druhen, 2009）。在学校时他们有较高水平的皮质醇（压力激素），这会影响学习（Peters, Riksen-Walraven, Cillessen, & de Weerth, 2011）。

虽然一开始并不明显，但"感觉受欢迎"也是有代价的。这些儿童可能会做出伪成熟行为，如未成年人犯罪和早恋，这使他们在青春期早期在短期内建立某种同伴关系和受到同伴的欢迎。但在青春期，他们的地位会下降（如图11-3所示），并且在成年早期，他们和其他年轻人相比更容易酗酒、吸毒、犯罪，并有人际关系方面的问题（Allen, Schad, Oudekerk, & Chango, 2014；Choukas-Bradley, Giletta, Neblett, & Prinstein, 2015）。

受欢迎的儿童可能发展得最好。然而，即使是不受欢迎的儿童，只要他们在与同伴相处过程中感到自信和舒服，他们也能发展很好（McElhaney, Antonishak, & Allen, 2008）。也就是说，除学生的实际地位外，他们对自己同伴地位的感受也很重要。

攻击性行为

被排斥可能导致学生变得有攻击性、在课堂上捣乱、过度活跃和分心，以及违法乱纪（Stenseng, Belsky, Skalicka, & Wichstrøm, 2016；Sturaro, van Lier, Cuijpers, & Koot, 2011）。被排斥的学生经常密切关注别人是否有敌意（敌意归因偏见）。当认为排斥快要发生时，他们会迅速对他们所认为的排斥产生过度反应，而不管是否真的有排斥。他们可能以攻击性行为进行回应，而这将导致更多的排斥。因此，他们创造了一个排斥的自我实现的预言（如图11-4所示）。

[①] 被排斥的退缩性儿童（rejected-withdrawn children）：被很多同龄人讨厌，没有攻击性，但是倾向于避免社交的儿童。

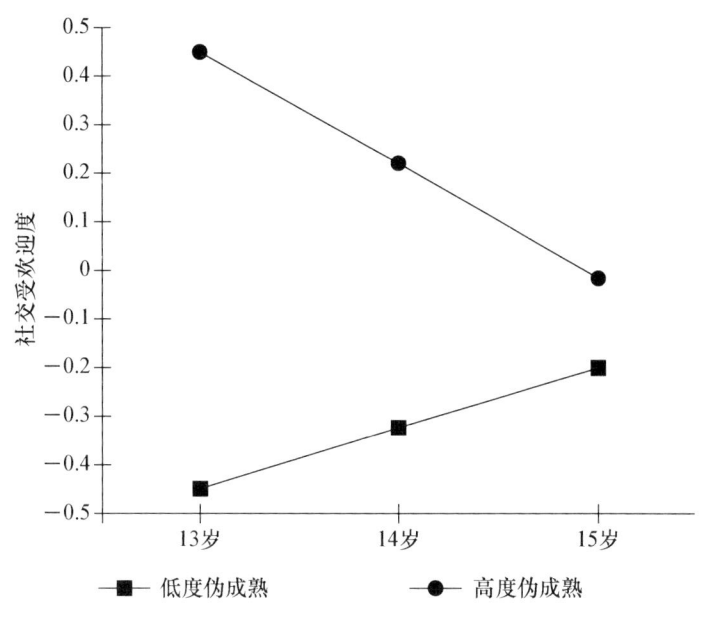

图 11-3　伪成熟与青少年受欢迎度的关系

伪成熟行为包括未成年人犯罪（如不付钱偷偷溜进电影院）、拥有有吸引力的朋友、早恋。社交受欢迎度是基于一定数量的同伴提名确定的，他们会被问道："最想和谁共度周六的晚上？"

资料来源：Allen 等（2014）。

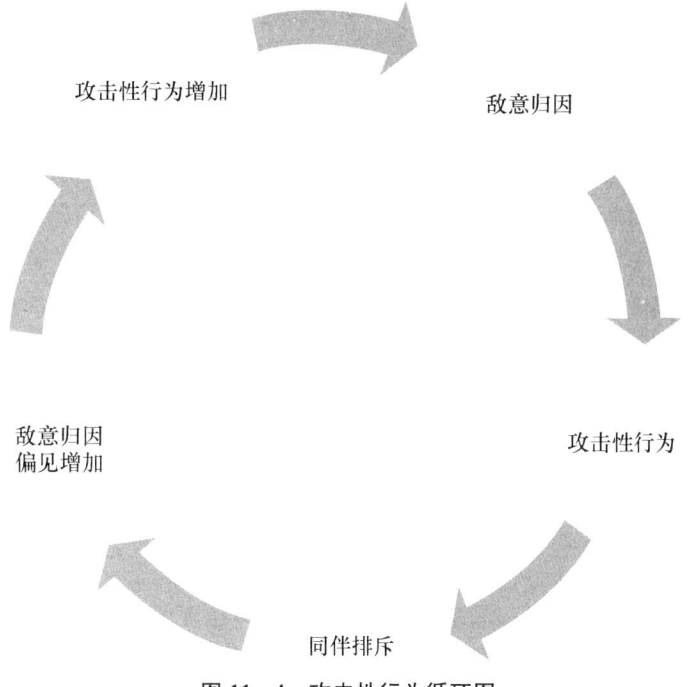

图 11-4　攻击性行为循环图

敌意归因偏见导致攻击性行为增加，攻击性行为增加导致同伴排斥，同伴排斥导致敌意归因偏见进一步增加，从而形成一个消极循环。

如果儿童在小学阶段被排斥长达 1 年，那么可以据以预测其 5 年后的反社会行为（Dodge et al.，2003）。在 2 年级之前已被排斥 2~3 年的孩子有 50% 的可能性会在青春期前

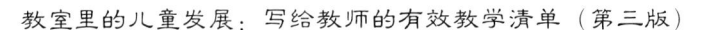

出现严重的行为问题；相比之下，没被排斥的孩子这一可能性只有9%。被排斥的程度很重要。高度被排斥和高度有争议的儿童比轻度被排斥的儿童更易发展出更多的问题行为（DeRosier & Thomas，2003）。

> **大脑研究**
>
> **社会排斥伤害**
>
> 当第二次约会没有发生时，你感觉如何？或者当你的朋友抛下你时，你有什么感觉？被排斥的感觉是痛苦的。实际上，大脑处理它就像处理生理上的疼痛一般。在一项研究中，研究者让一些经历过分手的成年人注视他们前任的照片并回忆他们的分手经历，同时扫描他们的大脑（功能性磁共振成像）。然后用高温物体刺激他们的手臂，并扫描他们的大脑。在这两种情况下，他们大脑中相同的区域被激活。类似的研究发现，如果一个人在玩电子游戏的时候受到排斥，也会激活大脑中"疼痛矩阵"的一部分。而且，止痛药（如泰诺）可以减轻社会排斥的痛苦（Eisenberger，2012）。虽然这项研究还没有把重点放在学校里的排斥上，但它表明被排斥的儿童可能会感到真正的痛苦。

什么因素会导致同伴排斥？

儿童被接受或被排斥总是有原因的——通常是因为他们的社交能力。我们首先讨论社交能力的四个方面：亲社会行为、攻击性行为、社交退缩和社交技能。然后我们将讨论对社交能力和同伴地位都起作用的教养因素。

亲社会行为

亲社会儿童几乎受到每个人的喜爱，有很多朋友，也容易交到新朋友，别人愿意听他们的话，他们也很容易成为领导者。从幼儿园到高中，亲社会行为都预示着受欢迎度（Rodkin, Ryan, Jamison, & Wilson, 2013）。即使小至3个月大的婴幼儿，在他们理解什么是"好行为"什么是"坏行为"之前，他们就更喜欢看具有亲社会行为的皮影小人而不是做出反社会行为的皮影小人（Hamlin, Wynn, & Bloom, 2010）。

攻击性行为

之前你已了解到，被排斥可能导致儿童有攻击性行为，反过来同样如此，即攻击性行为会导致被排斥。具有攻击性的儿童从幼儿园到高中都很容易被他的同伴排斥[①]，因为儿童不喜欢攻击他、抢他东西或者侮辱他的同伴。攻击性行为越严重，被排斥就越厉害。被排斥和有争议的儿童比普通儿童更加具有攻击性，而普通儿童比被喜欢的、受欢迎的儿童更有攻击性（Putallaz et al., 2007）。图11-5展示了亲社会行为、攻击性行为和同伴地位之间的关系。

尽管大多数具有攻击性的儿童被排斥，但正如我们在前面所讨论的，仍有一部分具有攻击性的儿童具有很强的社会影响力或被认为是受欢迎的。为什么他们虽然有攻击性，但仍然有高的社交地位呢？他们可能拥有一些可以弥补攻击性的属性，比如个人魅力、酷酷的衣服、运动才能（尤其是男孩）、在课外活动中的表现等（Borch, Hyde, & Cillessen, 2011; Farmer, Estell, Bishop, O'Neal, & Cairns, 2003）。他们的行为也不是那么烦人，比如较少争论、较少干扰和破坏、较轻的多动症和注意力比较集中，并且他们

[①] 许多研究支持这个结论，部分列举如下：Ettekal 和 Ladd（2015）；French 和 Conrad（2001）；Pedersen, Vitaro, Barker 和 Borge（2007）；Xie, Drabick 和 Chen（2011）。

的攻击性行为更加隐蔽。他们可能使用社会攻击，比如为了维持他们的社会地位故意排斥一些孩子，而不是公然地进行身体攻击。莉迪娅排斥那个新来的女孩时就是这样。

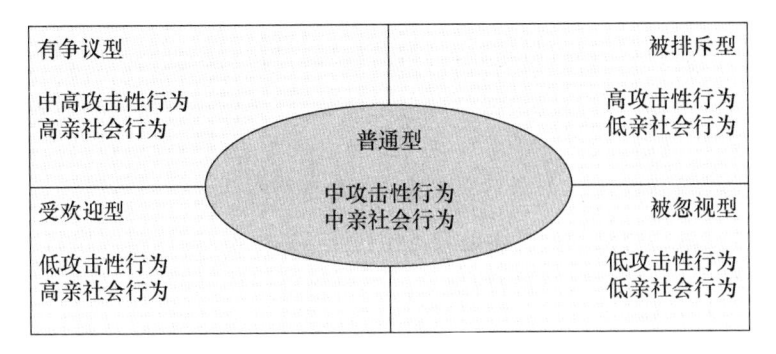

有争议型 中高攻击性行为 高亲社会行为	普通型 中攻击性行为 中亲社会行为	被排斥型 高攻击性行为 低亲社会行为
受欢迎型 低攻击性行为 高亲社会行为		被忽视型 低攻击性行为 低亲社会行为

图 11-5　同伴地位与社交行为之间的关系

攻击性行为和亲社会行为与同伴地位有何关系？

相比被排斥的儿童，那些高地位的具有攻击性的儿童在适当的时候更加亲社会，他们策略性地使用亲社会行为和攻击性行为来获得社会支配地位。他们能很好地解读别人，在对自己有利时遵守规则，但几乎没有愧疚感、羞耻感和移情，还能说服老师不要因为行为不当而惩罚他们（Hawley, 2014）。尽管在道德上值得谴责，但攻击性行为有时对他们来说很实用（Rodkin, Espelage, & Hanish, 2015）。他们可能在中学时期特别有影响力（Ettekal & Ladd, 2015）。然而，尽管他们社交能力突出，但很多同龄人还是不愿意和他们接触（Lansu, Cillessen, & Karremans, 2011）。

社会退缩

一些被排斥的儿童并不具有攻击性，这意味着被排斥还有其他原因（French & Conrad, 2001）。被排斥的退缩性儿童在社会互动中是退缩的。他们即使在熟悉的同伴环境（见第六章）中也会感到沮丧（见第八章）或特别害羞。因被排斥而退缩的儿童可能会伤心，独自玩耍，看同伴们玩，很少说话，容易有受伤的感受，并且交友困难。比如，塔拉（Tata）在被虐待后来到了寄养中心，刚刚转到一个新班。她的行为导致她被排斥。

> 塔拉很少说话，不认识字母，喜欢依赖成年人。一开始，其他孩子都很照顾她。他们对待她就像对待一个小孩子。比如，一个女孩说："嗨，塔拉，你能找到塔拉（Tara）的T吗？我们来看看在你的书里能不能找到。"塔拉不理会这些主动友好的行为，她什么也不说，也没有眼神交流。过了一段时间，她的同伴们对待她的方式发生了很大变化，他们排斥她而不再照顾她。在做一项课堂作业时，一些孩子藏起了她的纸和剪刀，塔拉说："这不好玩！"他们便模仿她的讲话嘲笑她。塔拉离开学习区，当老师试图让她回来时，她踢打老师并且自己缩成一团。

孩子们早在学前时期就会排斥社会退缩的同伴，尤其是有极度焦虑不安行为的同伴，比如塔拉。年幼的儿童对退缩表现不是很严重的同伴是相当宽容的。从3年级到高中，社会退缩的学生更容易被同学排斥（Avant, Gazelle, & Faldowski, 2011; Coplan et al., 2013）。然而，重要的是要明白，对于那些有时更喜欢独处（不是因为被排斥、社交障碍或焦虑）的有朋友的孩子来说，他们可能会有"刚好足够"的社交互动来维持良好的生活（Coplan, Ooi, & Nocita, 2015）。

社交技能

最后一个导致同伴排斥的因素是古怪的行为和拙劣的社交技巧。比如,安吉(Angie)想加入一个正在聊天的 4 年级女孩的团体,她想给她们讲个故事。

> "我想跟你们说件事!"女孩们没理她,继续她们的聊天。安吉并没有试着去弄清楚她们在谈论什么。相反,她说:"我有话要说!"但是女孩们仍然没理她。她更大声了:"别说了!听我说!"一些女孩瞥了瞥她,但是仍然在谈话。她双手叉腰,大吼道:"听我说!"其他女孩们仍然没理她,她跺着脚离开了。

加入一个已经在进行活动的团体是需要社交技巧的,很多人进入时都会被冷漠对待或排斥。学生进入一个团体的技能影响他们的同伴接受度。受欢迎的、被喜欢的孩子在进入一个团体时会倾听团体中大家的发言,弄清楚他们在做什么,发表一些和正在进行的活动相关的评论。不受欢迎的孩子则呼吁团体注意自己,试图去控制其他人,或者诉诸成年人的权威。像安吉一样,他们在进入团体时采取破坏性的、自我中心的方式。他们对心理理论(见第九章)知之甚少,被排斥使得他们被孤立,没有机会习得这些技巧(Banerjee, Watling, & Caputi, 2011;Slaughter, Imuta, Peterson, & Henry, 2015)。很不幸,安吉几乎没朋友。

儿童也可能因为别的原因被排斥,比如身体缺陷或多动症(Hymel et al., 2002;Stormshak et al., 1999)。他们可能行为古怪,比如发出奇怪的噪声、自言自语或者做古怪的表情。

教养因素

影响儿童亲社会或反社会行为的教养因素,在第十章中曾讨论过,也影响同伴地位。可能导致孩子被排斥的教养风险因素包括:(1)婚姻矛盾或离婚;(2)严厉或权力主张式的管教方式;(3)父亲的消极影响,比如当他和孩子一起玩时表现出来的生气、沮丧或易怒;(4)身体上的虐待和语言上的侮辱。可以降低孩子被排斥的可能性的教养保护因素包括权威型教养方式和安全依恋。

父母也可以通过为孩子选择同伴群体来影响孩子的同伴地位。父母会在一定范围内为他们的孩子选择邻居、学校、儿童养育中心、课程和社区活动。相比每栋房子都是一座城堡的富有街区、没有熟悉的邻里的乡村环境或者人们不敢外出的危险城市街区,那些有人行道、操场、房屋之间间隔较小的安全街区为同伴交往提供了更多机会。

父母还可以直接影响孩子的社交技巧。受欢迎的孩子的父母在孩子蹒跚学步时就指导他们如何与同伴交往,在幼儿园时则只在有需要时指导他们,相比之下,有些父母是过度介入的。那父母又该如何教会孩子社交技巧呢?和你在第十章中学习到的一样,他们可以阻止孩子的攻击性行为;向孩子展示如何轮流参与一项活动或游戏;在孩子进入一个正在玩游戏的团体时指导他如何提出建议;教孩子用积极的方式化解矛盾,比如"他并不是故意要把你的塔撞倒";鼓励恢复和复原,比如"你可以再盖一个"(Colwell, Mize, Petit, & Laird, 2002)。到儿童中期或青春期,广受喜爱和欢迎的孩子的父母绝大多数会监督他们孩子与同伴的交往,而不是直接干预。

2. 同伴地位的群体差异

到目前为止你已经了解到,一般而言,亲社会学生会受欢迎,具有攻击性或退缩性的学生会被排斥。然而,只有当学生比他们所在团体的标准水平更有攻击性或更退缩时,他

们才会被同龄人排斥。也就是说,具有攻击性的学生在一个具有攻击性的教室时可能不会像他们在别的教室里那样被排斥(Powers, Bierman, & The Conduct Problems Prevention Research Group, 2013),具有退缩性的学生在一个充满独自游戏、几乎没有社交互动的学生的教室里可能也不会被排斥。孩子越适应所在团体的标准,他就会越少受到排斥(Mikami, Lerner, & Lun, 2010)。一个例外是,不论班级标准如何,亲社会行为总是和受欢迎联系在一起,因为亲社会行为几乎在所有文化和团体中都很有价值(Chang, 2004)。

性别

在同伴地位方面可能存在微弱的性别差异。通常,学生会被教室里的男孩或女孩同时接受或排斥,尽管学生可能更喜欢同性同伴(Hymel et al., 2002)。尽管男孩比女孩更有攻击性,但研究并未发现他们更易受排斥,这可能是因为攻击性对于男孩来说更加正常。

社会经济地位

一般而言,来自社会经济地位较低的家庭的学生不如来自社会经济地位中等的家庭的学生受欢迎。这可能是因为前者往往更有攻击性且更易在课堂上表现出来(Avant et al., 2011)。除此之外,来自社会经济地位较低的家庭的学生有更多与同伴排斥相关的风险因素。在一项有上千名小学生参与的经典研究中,被排斥的学生中只有8%是没有风险因素的;在有若干项风险因素(如母亲缺位、父亲失业、父母离婚、收入低下、近期转学)的学生中,高达75%的学生被排斥(Patterson, Vaden, & Kupersmidt, 1991)。当然,还有25%的有若干风险因素的学生没有被排斥。

种族

不同种族群体中,可用以预测同伴地位的特征都是相似的——学生们更喜欢亲社会行为多、攻击性行为少的同伴。因此,同伴地位是基于个人特征的。然而,随着时间的推移,群体的成员构成可能导致排斥。比如,一个亚洲小孩在一个以黑人为主的学校就可能会在许多场合下被排除在外,进而对社交互动产生退缩,最终导致被排斥(Killen, Mulvey, & Hitti, 2013)。然而,大多数研究发现,在不同的学校里,成为单一种族团体中的一员和成为多元种族团体中的一员对同伴地位的影响不大。

3. 同伴地位的课堂启示

同伴地位影响学生在学校能否获得成功。你可能认为,受欢迎的学生在教室中是最理想的,但实际上受忽视的学生经常受到老师的偏爱,因为老师觉得他们顺从而好管理(Wentzel & Asher, 1995)。被同伴忽视却被老师喜爱的学生可能在学业上表现得很好。

广受喜爱和欢迎的学生往往有最高的学业成绩。注意,这与社交受欢迎度而不是感觉受欢迎度有关。实际上,直到中学以前,自认为不受欢迎的学生可能在学业上更出色(Bellmore, 2011)。

相反,正如你之前所了解到的,从幼儿园到高中,被排斥都预示着学业成绩的下降(Bellmore, 2011; Vitaro, Bovin, Brendgen, Girard, & Dionne, 2012)。被排斥的学生往往考试分数低,有攻击性,较少参加课堂活动,并且逃避去学校——这都使得他们更难管理。他们因被排斥而难过和焦虑,这干扰了他们在课堂上的注意力。即使是暂时被排斥的学生,在被排斥的时间段内也会更少地参与课堂活动。排斥停止后,他们的课堂参与程度就会上升(Ladd, Herald-Brown, & Reiser, 2008)。

你该如何帮助教室里被孤立的学生呢？首先，你必须确定这个学生是被忽视还是被排斥。被忽视的学生并不一定缺少社交技巧，可能不需要干预。被排斥的学生则明显不被同伴喜欢，需要加以干预。你可以通过发展积极的师生关系（见第六章）来帮助被排斥的学生。支持性教师可以帮助学生在被排斥的状态中得到缓冲，使他们不那么焦虑和沮丧（Spilt et al.，2014），如图 11-6 所示。你也可以通过营造积极的情绪氛围（见第八章）和积极的学生间关系（见第十章）来帮助他们，运用良好的课堂管理，避免过度控制（见第七章）。在积极的教室环境中，学生被排斥或被攻击的可能性会更小（Avant et al.，2011；Gazelle，2006）。

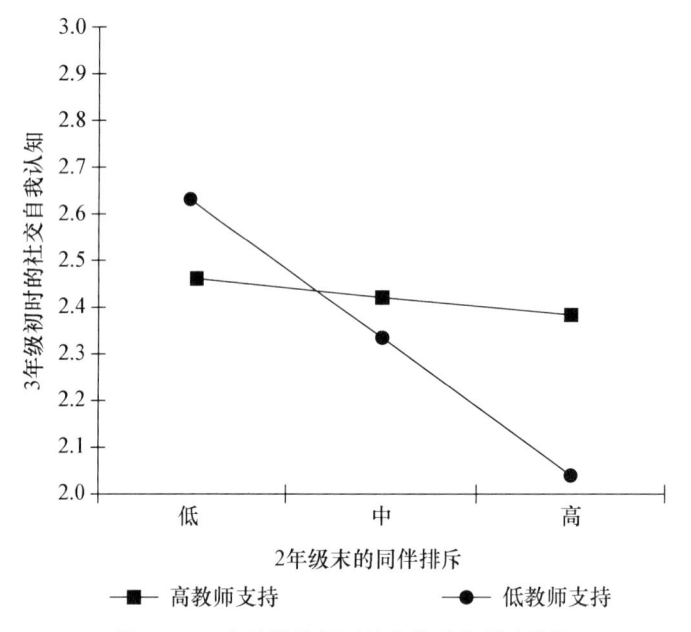

图 11-6　支持性教师对社交排斥的缓冲作用

有支持性教师的被排斥儿童，产生低社交能力自我认知的可能性更低。低社交能力自我认知即感觉自己没有能力去交新朋友或他们的大多数同伴都不喜欢他们。

资料来源：Spilt 等（2014）。

提高学生同伴地位的另外三条途径是：（1）改善他们的行为；（2）影响他们的声誉；（3）提供更多的同伴互动机会，比如合作学习。

改善行为

你可能认为，把一个受排斥的学生换到一个新团体中可能会帮到这个学生。不幸的是，除非这个学生的行为有所改善，否则他仍然会很快被新团体排斥。比如，在一项经典研究中，互不认识的 1 年级和 3 年级非裔美国男孩在时长 45 分钟的一堂课上一起玩（Dodge，Coie, Pettit, & Price，1990）。在一堂课内，被排斥的男孩们不被喜欢；在三堂课内，他们在新的小组中同样被排斥了，就像在他们原来的教室中那样。与其将被排斥的学生换到新团体中，不如遵循以下指导方针：

（1）帮助学生减少攻击性行为、增加亲社会行为（见第十章）。攻击性较为突出的儿童（如莉迪娅），可能会营造攻击性的课堂氛围。在高攻击性的教室里，孩子们会随着时间的推移变得更加有攻击性（Powers et al.，2013）。为了避免这种情况，要确保做出欺凌行为的人不能得到奖赏，并增强亲社会学生的带头作用，还要帮助孩子对排斥做出反应，引导他们更努力地亲社会而不是用攻击性行为来报复。

（2）帮助学生发展更好的情绪调节能力。具体措施见第八章。

（3）提升学生的学业技能。在教室里，学业更成功的学生攻击性更弱且更被喜爱（Véronneau et al.，2010）。除此之外，在重视学业成绩的教室里有攻击性的儿童的影响力会更小（Garandeau，Ahn，& Rodkin，2011）。

（4）充分利用学生的长处。拥有让人钦慕的技能或天赋会促进学生被接受。比如，2年级的鲁迪（Rudy）很少和其他人玩，并且阅读技能落后。要不是他有很棒的绘画能力，他很可能会成为一个被排斥的退缩性学生。一个同学说："鲁迪画得真好！他什么都能画，画得像真的一样，他还会画伶盗龙！"

（5）给学生搭个伙伴。要求教室里一个亲社会的、受欢迎的、同性的学生与某个受排斥的学生成为朋友并接纳他。这将帮助受排斥的学生习得社交技巧，变得更加被接受，远离那些偏离正轨的同伴（Farmer，Hall，Leung，Estell，& Brooks，2011）。在有需要时你应该做些事来支持这个过程。

（6）安排被排斥的学生同更小的学生一起工作或玩耍。与年龄更小的学生一对一的活动不同于与同龄人的课堂互动，因为它可以促使退缩性学生大声发言和指导活动，这可以提升他们的社交技巧。

2年级的马塞尔（Marcel）具有攻击性并且学业成绩低于年级平均水平，经常受到纪律处分，但这显然不起作用。他穿着脏衣服，并且有反复发作的传染病。特殊教育教师为他设计了一项干预措施，即将儿童保护性服务介入他的家庭生活。这项干预措施如何实施？结果如何？

> 在教室里，马塞尔每完成一项学业任务就会得到一颗星星。当他赢得了足够多的星星时，他就可以去幼儿园教室做助手。开始很艰难，因为马塞尔用他的攻击性行为威胁幼儿园的小朋友。在一点一点的引导下，马塞尔学着去真正帮助幼儿园的孩子。他给一些孩子读绘本，这是他每天早晨练习过的。他的阅读技能提升了。马塞尔的乐于助人受到了老师的表扬。老师给马塞尔的妈妈打电话，告诉她马塞尔做得多么棒。在此之后，他妈妈第一次参加了个性化教育项目。马塞尔开始认真写作业，攻击性行为有了明显的减少。他的同学开始把他看作一个有价值的人，他开始喜欢自己所在的班级。

这项干预措施将先前提到的一些因素和行为矫正结合了起来，它也改变了马塞尔在同伴中间的声誉，以下将针对声誉进行讨论。

影响学生的声誉

学生能够敏锐地感受到他人在教室中的地位。比如，图11-7展示了一个4年级女孩和她的朋友们给同学评定的"社交等级"。学生对待同伴的态度受老师的态度影响。一个学生和老师关系好的话就会更受同学的欢迎（Jennings & Greenberg，2009；Mikami et al.，2010）。如果有老师的支持，那么不管学生的行为是否有改变，他们受欢迎的程度会随着时间上升（De Laet et al.，2014）。学生对一个同学的判断取决于老师的公开表扬和学生的自律。这意味着你可以通过引导学生把注意力集中在不良行为上来降低一个学生的地位，比如说"马塞尔，你总是制造麻烦"。你也可以通过引导学生关注积极行为来提高一个学生的地位，比如说"马塞尔，谢谢你来幼儿园帮忙"。通过社会参照，孩子们基于你的行为来建立对同学的看法。

为同伴互动提供机会

改善学生同伴地位的另一个方法是提供学习社交技巧的机会。可能使你感到惊讶的是,年龄大些的学生几乎没有机会在他们的班级里进行社交。比如,在郊区的一所高中,中级班的学生平均每 50 分钟与同龄人互动 1.5 次,高级班为 1.8 次(Osterman,2000)。你可以通过策略性的座位安排和基于小组的学习活动来为被排斥的学生提供学习社交技巧的机会。

图 11-7 给同学们"评级"

并非只有心理学家清楚社交评级。这个自信的 4 年级女孩给了她自己什么等级?哪些因素导致一些同学得到了 A、C 或 F?

座位安排

教室里,学生座位的安排决定了该学生与他人合作互动的机会。小学生们彼此坐得更近,就会更喜欢彼此,并认为彼此更受欢迎(Neal,Neal,& Cappella,2014;van den Berg & Cillessen,2015)。坐在靠近教室中心位置的学生更受欢迎。当被排斥的学生被调到广受欢迎的同学旁边时,他们在几个月的时间里会变得更受欢迎。仔细考虑你的学生的座位,特别是在学年初关系刚刚发展的时候。

合作学习

合作学习①指的是学生们以结对或小组的形式一起学习,共享同一个学习目标,结对成员或小组中的成员必须一起工作以实现目标。合作学习包括你可能听说过的一些方法,比如同伴媒介学习、同伴辅导等。合作学习背后的主要动力是它可以促进学业成绩提高。合

---

① 合作学习(cooperative learning):以结对或小组的形式学习,其中,小组有着共同的学习目标,且相互依存是实现目标的必要条件。

作学习可以预测不同水平学生不同科目的成绩，在小学和高中阶段的整体效应量分别为 0.23 和 0.85（Igel，2015）。有些人担心，与成绩低的学生一起学习会阻碍成绩高的学生的发展，但实际上成绩高的学生会从合作学习中获得更多的好处，因为他们会做更多的解释。除了能促进学业成绩提高之外，合作学习还能促进社会交往互动、建立良好的同伴关系和增强学习动机（Roseth et al.，2008）。学生们报告说，合作学习比传统的教室学习更加有趣，他们在合作学习中更加喜欢对方（Gillies，2003）。

尽管许多老师报告说采用了合作学习的方式，但在不同班级中实施的效果是不一样的。有的老师在活动中随意地说，"如果你们喜欢，那么你们可以合作"；有的老师则组织正式的小组，使学生一起花几天甚至几周的时间致力于某项任务，比如为过山车建一个机械模型，或者提交一份读书报告。为了进行有效的合作学习，请遵循以下指导方针：

（1）要求个人和团体承担一定的任务。比如，每个学生都会被要求交作业或参加测验，并根据每个人的成绩对小组进行评估，比如根据每个小组成员的测验平均分给小组一个成绩。这就使得成绩高者全部包揽而成绩低者无所事事的情况不易发生。

（2）积极监控小组活动并提供反馈。在小组之间走动，倾听他们的互动，向他们提问或给予提示（Emmer & Gerwels，2002）。

（3）2～5人为一个小组。结对会带来更多合作，但是小组会产生更多的讨论（Fuchs et al.，2000）。更大的组（如约14人的）可能更适合在电子平台上进行讨论。

（4）采用开放式或劣构任务。这意味着学生不能只是循序渐进地得到一个正确答案。开放式任务可以培养更好的共同思维能力（Kuhn，2015）。

（5）确保每个学生都能扮演一个角色。使学生相信这项任务的完成需要每个学生有价值的、不同的能力，并指出每个学生必须做的贡献。如果没有这项措施，受排斥的学生和成绩低者就可能会被忽视或基本不参与。

（6）训练学生解释的能力。被指定解释答案的学生——不是仅仅陈述正确答案的学生——在合作学习中更成功（Watkins & Wentzel，2008）。

不要以为你所有的学生都有足够的社交技能，可以从和别人一起工作中受益。能够处理矛盾、做出亲社会行为（比如赞扬和鼓励别人）、控制自己的情绪、站到他人的视角考虑问题并做出自己贡献的学生，才能在合作学习中更有收获。你可能需要对不太擅长社交的学生进行训练，这样他们也能从中受益。一项研究发现，大约37%的小学生在这些社交技能上有较高水平，其他学生更喜欢和他们一起合作（Ladd et al.，2014）。同时他们也是成绩高者。你在第八章到第十章中已经学过如何帮助你的学生发展这些技能。

总之，为提升你教室里所有学生的同伴接受度，你可以尝试以上措施。如果一个学生受到很严重的排斥，并且他不对任何课堂干预做回应，那么你可能需要向专家求助。接下来我们来谈谈友谊和同伴网络的问题。

二、友谊和同伴网络

> 3个小学生回答了一个关于什么是朋友的问题。马克（Mark）说："朋友是那种认为你很酷，和你一起嘲笑1年级学生的人。你可以和他们一起炫耀。"乔伊（Joey）说："朋友是跟你一起交流、一起做事的人，我没有很多朋友。"尼克（Nick）说："朋友是友好的人。我很友好，我的朋友也很友好。我们在一起很快乐，我们从不打架。"

你能根据他们对朋友的理解来推测每个男孩的同伴地位吗？他们的回答揭示了他们的社交能力。其中马克被排斥，乔伊被忽视，尼克很受欢迎。然而，同伴地位和友谊不是一回事。一般来说，受欢迎的孩子和普通的孩子最可能有朋友，但被排斥的孩子也可能有朋友。拥有一个朋友可以缓冲因为被排斥而产生的一些负面影响（Laursen, Bukowski, Aunola, & Nurmi, 2007）。不幸的是，被排斥的孩子有时会有对他们很刻薄的朋友。这就引出了一个问题：什么是朋友？

朋友是孩子最喜欢一起玩或共度时光的同龄人，即使在学龄前儿童中，也能很容易认出谁和谁是朋友。当两个孩子互相提名对方为朋友时，就是一种**双向友谊**①。孩子也可以有**单向友谊**②，即其中一个孩子提名另一个孩子为朋友，但前者没有被后者提名。虽然你可能认为双向友谊才是真正的友谊，但许多友谊不是互惠的。在一项对 7 年级学生的研究中，发现只有一半学生的友谊是双向的（Ryan, 2001）。

通常，由相同性别和年龄的 2~10 个朋友紧密结合组成的群体被称为**小圈子**③。大多数学生（70%~85%）属于某个小圈子，5%~15% 的学生有单向友谊，10% 的学生可能是没有朋友的孤立者（Espelage, Holt, & Henkel, 2003; Ryan, 2001）。甚至被排斥的学生也都属于某个地位低下的小圈子（Bagwell, Coie, Terry, & Lochman, 2000）。你能说出 16 岁的乔治属于哪一类吗？

> 乔治独自吃午饭。他刚刚结束因逃学而导致的停课。他说他在学校没有朋友。他声称有年纪大一些的朋友，他们对那些在学校里左右逢源者和身强体壮的运动员不屑一顾。"他们都是像我这样的局外人，我们一起嘲笑书呆子。"乔治说。

乔治是一个孤立的人，但他敏锐地意识到学校里的小圈子，甚至给它们起了名字。他不愿上学，辍学风险很高，因为学校对他来说不是一个友好的地方。

1. 物以类聚

这是一句古老的谚语，意思是相似的人倾向于彼此交往。心理学家称之为**同辈群体相似性**④。朋友在许多方面趋向于相似：种族、宗教、同伴地位、身体成熟度、运动能力、吸引力、学业成绩、亲社会行为、幸福感、抑郁、犯罪和辍学。相较于儿童，朋友之间吸引力和学业成绩的相似性在青少年中影响更大。例如，高中生更有可能受朋友的影响去上很难的数学课（Crosnoe, Riegle-Crumb, Field, Frank, & Muller, 2008）。最强的群体相似性之一是攻击性，即具有攻击性的孩子形成一个小圈子。另一个强烈的相似之处是性别。

性别隔离⑤是指男孩与男孩交往，女孩与女孩交往。性别隔离早在儿童 30~36 个月大时就出现了。性别隔离在世界各地的文化中都存在，它是由儿童而不是成年人驱动的，在不受成年人控制时发生得更多。这表明性别隔离可能是先天的，发生的原因是儿童更喜欢以同性的同龄人为玩伴（Martin et al., 2013）。

---

① 双向友谊（reciprocated friendship）：两个孩子都提名对方为朋友。
② 单向友谊（unilateral friendship）：一个孩子提名另一个孩子为朋友，但反过来并非如此。
③ 小圈子（clique）：由 2~10 个朋友组成的紧密结合的群体，通常具有相同的性别和年龄。
④ 同辈群体相似性（homophily）：喜欢并同与自己相似的人联系的倾向。
⑤ 性别隔离（gender segregation）：当有选择时，男孩会与男孩交往，女孩会与女孩交往。

2. 同伴压力：是好还是坏？

朋友是相似的，因为人们会选择与自己相似的人做朋友，而不去选择那些与自己不同的人（Martin et al., 2013；Van Zalk, Kerr, Branje, Stattin, & Meeus, 2010）。例如，在同卵双胞胎中，14岁时反社会的那个，相比其孪生兄弟（姐妹），在17岁时倾向于选择更具对抗性的人做朋友（Burt, McGue, & Iacono, 2009）。相反，亲社会的孩子倾向于选择亲社会的人做朋友。随着时间的推移，互为朋友的人会因为彼此交往或相互影响变得越来越相似。这种效应发生在从幼儿园到高中整个阶段（Dijkstra, Cillessen, & Borch, 2013；Martin et al., 2013）。互为朋友的人通过强化、模仿、戏弄/开玩笑和小圈子内部的八卦等将彼此社会化，以符合小圈子的标准（Ryan, 2001）。这个社会化过程就是人们所说的**同伴压力**①。让我们来看看8年级学生贾斯汀（Justin）关于同伴压力的经验：

> 在代数课上，当考试结果出来时，学生聚集在得高分者周围。有几个学生称赞贾斯汀得了99分。后来在西班牙语课上，一位代课老师说："请拿出家庭作业。"一些学生试图欺骗代课老师，说他们没有家庭作业。然而贾斯汀说他们有家庭作业。一个女孩训斥道："贾斯汀！可不可以聪明一点?!"

同伴压力通常被认为是负面的。这是具有误导性的。事实上，它可以是正面的，也可以是负面的。同伴压力更可能是正面的，但这取决于同伴网络。例如，在第二章中你了解到，虽然大多数同龄人不会鼓励他们的朋友吸毒，但吸毒团伙中的年轻人却鼓励彼此吸毒。类似地，大多数同龄人不会鼓励他们的朋友进行危险的性行为，但是大约5%的同龄人会产生消极的影响（Henry, Schoeny, Deptula, & Slavick, 2007）。大多数同龄人都像贾斯汀的同学一样被鼓励努力学习取得更好的成绩，但是有些学生因为害怕被称作"书呆子"、"聪明人"或"老师的宠物"而成绩不佳（Fordham, 1996；Tyson, Darity, & Castellino, 2005）。

有些孩子善于施加同伴压力，而有些孩子更容易感受到同伴压力的影响。高社会经济地位的孩子和显而易见的小圈子在影响普通同龄人方面尤其有效（Prinstein, Brechwald, &Cohen, 2011；Ellis & Zarbatany, 2007）。最有可能屈服于负面的同伴压力的孩子倾向于：（1）对父母有不安全依恋；（2）被较大的同伴群体拒绝，但有品行欠佳的朋友；（3）涉嫌犯罪，但尚未完全致力于犯罪；（4）认为轻微犯罪是很普遍的，比如他们会认为"每个人"都会尝试不付钱喝酒或者偷偷溜进电影院（Allen, Porter, McFarland, McElhaney, & Marsh, 2007；Dodge, 2008）。深受欢迎的孩子们则不相信每个人都有违法的经历，对待同伴压力更为积极。接下来我们谈谈友谊和同伴压力随着年龄增长的变化。

3. 友谊和同伴网络的年龄趋势

学生对朋友的选择、朋友的数量以及与朋友相处的时间都随着年龄的变化而变化。

婴儿期与学步期（0～2岁）

虽然婴儿显然喜欢和特定的依恋对象一起玩（见第六章），但关于同伴友谊如何适用于婴儿尚不清楚。然而，1岁的孩子在他们的社会群体中显然有固定的玩伴。这种关系是有

---

① 同伴压力（peer pressure）：朋友们互相施加压力，以遵守群体规范。它通常是正面的，但也可能是负面的。

意义的友谊吗？还是说他们彼此仅仅是玩伴？这种关系具有与年长孩子的友谊相同的性质——更喜欢彼此、共同享受和互相安慰时，就被认为是友谊（Howes & Lee, 2006）。如果社会群体保持不变，那么学龄前儿童的友谊在几年间趋于稳定。年幼的蹒跚学步的孩子往往只有一个朋友，这个朋友可能是同性也可能是异性，而年长一些的儿童则会有更多的朋友。

儿童早期（3~5岁）

孩子们在3~4岁时就开始使用"朋友"这个词。即便如此，他们可能并不真正了解朋友是什么（Hartup & Abecassis, 2002）。一个年迈的邻居经常在我们家附近慢条斯理地走来走去。我们3岁的儿子会跑去和他并肩而行，不停地叽叽喳喳地说话。邻居失聪，从来没有回应过他，但这并没有让我儿子烦恼。他会跑回家，大声喊道："他是我的朋友！"在这个年纪，孩子们通常会将任何一个与他们一起玩的人称为朋友，比如隔壁的邻居或者父母朋友的孩子。一起相处或位置邻近是所有年龄的人建立友谊的基础，但是对于小孩子来说尤其如此。

从2岁半开始，当他们可以选择玩伴的时候，孩子们更喜欢同性伙伴。有社交能力的学龄前儿童与男孩和女孩都能成为朋友，但在儿童期稍晚的阶段，是否同时拥有男孩和女孩的友谊与儿童的社交能力有关。通常，学龄前儿童最好的朋友是同性朋友，其次是异性朋友（Vaughn, Colvin, Azria, Caya, & Krzysik, 2001）。

3~7岁的孩子中大概有30%的人有假想的朋友（Taylor, Carlson, Maring, Gerow, & Charley, 2004）。假想的朋友可以是看不见的人，也可以是拟人化的物体，比如我们女儿的玩具羊羔"咩咩"。长子和独生子女更有可能创造假想的朋友，也许因为在家庭中社交机会比较少（Gleason, Sebanc, & Hartup, 2000）。有假想的朋友的孩子在学龄前阶段往往更有想象力、更快乐、更乐于合作，会讲高质量的故事（Trionfi & Reese, 2009）。因此，假想的朋友是一种财富，而不是引起儿童早期焦虑的原因。

你可能会认为同伴压力存在于青春期，但其实学龄前儿童也会感受到同伴压力。例如，在一项研究中，4岁的孩子被问到书中的动物是大的、中等的还是小的。尽管他们知道正确的答案，但是如果其他孩子给出不同的答案，他们就会同意错误的答案（Haun & Tomasello, 2011）。这样的社会从众（social conformity）已经在2岁儿童身上出现（Haun, Rekers, & Tomasello, 2014）。社会从众有助于孩子适应他们的文化和群体规范。

儿童中期（6~12岁）

大多数学龄前儿童（75%）有朋友，更多的学龄儿童（85%）有朋友。学龄儿童平均有3~8个朋友。这些朋友形成网络或群体，平均有5~13个孩子，最多可达40个（Espelage, Green, & Polanin, 2012; Farmer et al., 2003; Hartup & Abecassis, 2002; Ryan, 2001）。随着孩子年龄的增长，他们课余与同龄人在一起的时间比与成年人在一起的时间多得多。

在儿童中期，朋友的同质化比儿童早期更显著，因为这个时期的孩子们可以像选择商品一样选择朋友（Hartup & Abecassis, 2002）。在小学阶段，孩子们更积极地选择在学业上与他们相似的朋友（Véronneau, Vitaro, Brendgen, Dishion, & Tremblay, 2010）。此外，具有攻击性的孩子愿意选择彼此作为朋友（Bukowski, Sippola, & Newcomb, 2000; Poulin & Boivin, 2000）。在第十章中，你了解到一些孩子在遗传方面具有攻击倾向，但是只有当他们拥有同样具有攻击性的朋友时，这些孩子才会变得具有攻击性（Brendgen et al., 2008）。具有攻击性的儿童通常是支持攻击性行为的同伴网络中的一部分。

在儿童中期，同伴网络会产生高度的性别隔离。从学龄前阶段到青春期初期，儿童变得越来越喜欢与同性交往。在4岁时，儿童与同性同龄人玩耍的时间要比与异性同龄人玩耍的时间多3倍。在6岁的时候，儿童与同性同龄人玩耍的时间要比与异性同龄人玩耍的时间多10倍。4年级时，儿童95%的好朋友是同性。在中学，90%～95%的团体是同性组成的（Espelage et al., 2003; Ryan, 2001）。相对于与异性同龄人交往，青少年对自己与同性同龄人交往的能力更有信心（Zosuls, Field, Martin, Andrews, & England, 2014）。

儿童不仅喜欢同性同龄人，而且十分回避异性同龄人。一项针对参加日间野外生存营的9～11岁儿童的经典研究发现，没有一个孩子在日常活动中与异性儿童进行联系，但他们偶尔也在某些场合有所接触（Sroufe, Bennett, Englund, Urban, & Shulman, 1993）。他们似乎坚持着接触异性的一些规则，比如"你可以对某个性别不同的人说'把水递过来'，但是不要对他们表示出兴趣"或者"只要是出言不逊或路过时向异性同龄人扔东西，就可以和他们讲话"。违反这些规则的人朋友较少且同伴地位较低。

在图11-8中，你将发现，到4年级时，一些学生（主要是女孩）开始分配一部分时间处在混合性别环境中（Zosuls et al., 2014）。一些教师错误地认为，小时候跨越性别界限——比如调情——的孩子存在社会性成熟的可能。相反，在青春期前保持清晰的性别界限是具有社会交往能力的儿童的特点，而过早表现出对异性的兴趣和过早约会（假成熟）可能预示着某种问题。请注意，在家里，这可能不适用，因为孩子们和任何有空的人玩耍，包括异性同龄人，因为他们在附近只有限的玩伴。然而，在学校里，有更多的玩伴可供选择，同性偏好很强。

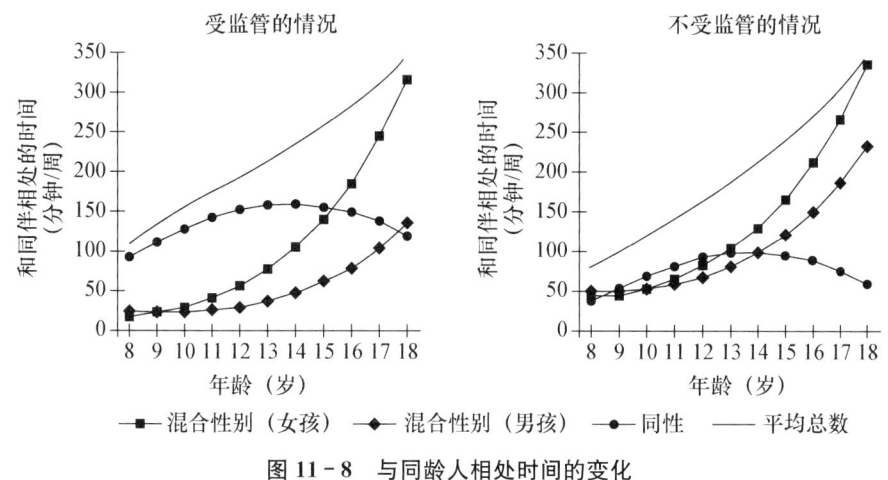

图11-8 与同龄人相处时间的变化

来自一项研究的图显示了16个学区8～18岁的青少年与同龄人一起度过无人监管和有人监管的时间的变化情况。与同性同龄人在一起的时间持续增加，到14岁时开始下降，此后与异性互动的时间急剧增加。请注意，两幅图中的总体模式是相同的，但是在儿童中期，在没有监管的情况下，年轻人花更多的时间与同性同伴相处。你还发现其他什么有趣的模式？这和你的个人经历有什么关系？

资料来源：Lam等（2014）。

青春期（13～19岁）

16岁的埃里森（Allison）坐在拥挤的午餐桌旁。其他学生正在想方设法地挤进她的桌子。埃里森说，她的朋友里没有一个人有男朋友，但是她们有很多男性朋友，他们"一起看电影，一起玩游戏等等"。她说，青少年通常有"2～3个亲密朋友和15～20个休闲朋友"。

埃里森的情况在青少年中是典型的吗？研究表明，大多数（80%～90%）青少年都有互惠的朋友，通常有2～4个亲密的朋友（Martin-Storey，Cheadle，Skalamera，&Crosnoe，2015）。青少年朋友之间交换东西（例如衣服或CD），分享活动（例如一起看电影），经常在手机上发短信或聊天。

青少年和朋友在一起的时间比年幼一些的孩子多，他们与朋友在一起的平均总时间从8岁到18岁稳步增加（见图11-8）。

此外，与同性同龄人相处的时间会逐渐被与异性或混合性别的同龄人相处的时间代替（Lam，McHale，& Crouter，2014）。女孩（8岁）比男孩（10岁）更早地开始这一转变。青少年与异性同伴交往的信心要比小学生强（Zouls et al.，2014）。与异性相处的时间是否被监管很重要，因为年轻人在没有监管的环境中，与异性同龄人相处的时间越多，就越有可能出现行为问题，以及学业成绩低和抑郁情绪更多等问题（Lam et al.，2014）。

谁是青少年的朋友？一般来说，那些与他们分享课外活动的人就是他们的朋友，如体育、艺术和学术俱乐部中的朋友。青少年可能参加他们朋友参与的活动，并且参加这些活动会建立更多的友谊（Schaefer，Simpkins，Vest，&Price，2011）。基于共同活动来选择朋友常常发生在较年幼的孩子中，但在高中这种情况更多。同龄人这种同质化的交友方式在青春期也比儿童中期更显著。彼此互为朋友的人在学业成绩和犯罪方面尤其相似，一个有组织的犯罪少年群体可能成为"帮派"。

帮派

美国成千上万的青少年卷入帮派，约18%的青少年报告他们的学校存在帮派（Robers，Kemp，Rathbun，& Morgan，2014）。大城市和贫困社区有更多的帮派，但事实上帮派存在于所有类型的社区中。帮派成员大约2/3是男性，1/3是女性，年龄在15岁至24岁之间。帮派成员的种族反映了他们社区的种族（O'Brien，Daffern，Chu，& Thomas，2013）。

加入帮派的年轻人往往社会地位低下，居住在混乱的社区。帮派满足了他们归属的需要，提供了庇护，并可能取代功能失调的家庭，但帮派也施加负面的同伴压力。帮派成员倾向于彼此交往，而不关心学业成绩。年长的帮派成员对学校教育不屑一顾，而年轻人则模仿他们。加入帮派的年轻人更可能使用毒品、犯罪和滥交（O'Brien et al.，2013）。

帮派中的一些年轻人可能只是暂时参与其中（1～2年）。他们到高中时，一旦在学校里感到舒适，就会离开帮派（O'Brien et al.，2013）。这些临时的帮派成员穿代表本帮派颜色的衣服或与帮派成员外出，但这并不涉及犯罪或暴力。离开帮派对大多数人来说是一个渐进或平缓的过程，但许多学校会为需要帮助的人提供离开帮派的计划。

浪漫

性别隔离一直持续到青春期，这意味着青少年的朋友和同龄人圈子主要是同性别的。然而，随着青少年开始跨越性别界限，一些人会浪漫地参与其中。他们开始时倾向于参加一些男女混合的活动（例如学校舞蹈），接着是群体约会（例如一起去看电影，或短暂的结对活动），接着是建立浪漫关系（例如约会）（Connolly，Nguyen，Pepler，Craig，& Jiang，2013）。早熟者在12岁左右开始这一过程，准时者在13岁左右开始这一过程，而晚熟者在15岁或更晚开始这一过程。如前所述，早熟者（即假成熟者）更可能违法（Connolly et al.，2013）。大约2/3的12年级学生、1/3的8年级学生报告说在过去的18个月里有过一段恋情（Collins，Welsh，& Furman，2009）。一般来说，约会的青少年倾向于选择与其在受欢迎程度和吸引力方面较为相似的伴侣，但与更受欢迎的伴侣约会的青少年随着时间的推移会变得更受欢迎（Simon，Aikins，& Prinstein，2008）。

> **思考**
>
> 低学业成绩和约会之间的相关性是否意味着青少年约会是因为他们没有上学？或者，约会是否会导致青少年成绩不佳？根据第一章中对相关性的讨论来解释这一点。你的个人经历表明了什么？

年轻人会从浪漫中获益吗？浪漫可能是压力和冲突的根源。约会的8~12年级学生往往平均学分绩点和测试成绩较低，学习动机较弱，抑郁风险较高（Quatman，Sampson，Robinson，& Watson，2001）。浪漫可能是导致身体或性伤害，以及药物滥用的风险因素（Collins et al.，2009）。大约有10%的高中生报告在过去一年的某一天受到过身体攻击，有25%的人受到过心理虐待（Foshee et al.，2009；Grunbaum et al.，2002）。霸道的人在他们的浪漫关系中可能更具有攻击性。

伴侣可以成为社会支持的源泉，就像一种依恋关系。浪漫的爱情可以提供安全感，会给人带来关怀和舒适。浪漫关系的这种有益效果在成年期早期更有可能发生，那时浪漫关系往往更具有支持性也更长久。因此，虽然浪漫常常是青少年犯罪的一个风险因素，但它如果是一种高质量的关系，则也可以成为青少年的保护因素（Collibee & Furman，2015）。

性行为

性吸引可能早在10岁就开始了，但是性行为通常不会这么早开始（Ruble，Martin，& Berenbaum，2006）。大约40%的高中生至少有过一次性行为（American Academy of Pediatrics，2014）。另外15%的高中生有过不规律的性行为，可能与多个伴侣进行无保护的性行为。另外一半的青少年从未有过性生活。相比女孩，男孩更容易开始性行为，并有更多的同伴。女孩更有可能经历不想要的性行为：11%的少女报告她们的第一次性经历是不想要的（American Academy of Pediatrics，2014）。

哪些青少年最可能性活跃？表11-1列举了青少年性行为的保护因素和风险因素。如果青少年有多种风险因素，他们就更有可能发生早期性行为。早期性行为是包括药物滥用在内的越轨行为的一部分，它也会导致低学业成绩（Busch et al.，2014；Meier，2007）。研究有力地证明，非裔美国青少年的性萌发更早，伴侣更多。这可能是因为其有更多的风险因素，也可能是由于种族歧视。也就是说，10岁或11岁以前（即性活跃之前）经历更多种族主义事件的非裔美国青少年会感到更多的抑郁和焦虑，这预示着，随着时间的推移，他们会与犯罪的朋友交往，并最终在18岁前进行更危险的性行为。温暖的父母的监管可以保护非裔美国青年不受这一趋势的影响（Roberts et al.，2012）。

表11-1 青少年性行为的风险和保护因素

保护因素	风险因素
父母不赞成婚前性行为	允许性行为的态度
已婚的父母	不可预知的童年家庭
适当的父母监管	父亲缺席
父母与孩子关系亲密	母亲早育
宗教归属感	青春期发育过早
参与课外活动	过早地约会
较高的教育目标	性活跃和越轨的朋友

续表

保护因素	风险因素
高智力	犯罪
	失落
	低自尊
	低平均学分绩点
	非裔美国种族
	住在贫穷的社区

资料来源：支持保护因素的研究：Crockett 等 (2003)；Harden 和 Mendle (2011)；Morales-Campos, Markham, Peskin 和 Fernandez (2012)；Tinsley, Lees 和 Sumartojo (2004)。支持风险因素的研究：Delpriore 和 Hill (2013)；Dupere, Lacourse, Willms, Leventhal 和 Tremblay (2008)；Hipwell, Keenan, Loeber 和 Battista (2010)；Kincaid, Jones, Sterrett 和 McKee (2012)；Lansford 等 (2010)；Moilanen, Crockett, Raffaelli 和 Jones (2010)；Xie, Drabick 和 Chen (2011)；Zimmer-Gembeck 和 Helfand (2008)。

注：不可预知的童年家庭是指频繁搬家、父母失业以及母亲频繁更换男朋友的家庭 (Simpson, Griskevicius, Kuo, Sung, & Collins, 2012)。

性活动可能导致怀孕和性传播感染 (STIs)。1990 年以来，青少年性行为和怀孕率有所下降；2011 年，美国大约有 4% 的少女生育（美国儿科学会，2014）。其他发达国家，如加拿大和德国，少女生育率是美国的 1/4~1/3 (Martinez, Copen, & Abma, 2011)。在美国，青少年怀孕率因种族而异：非裔和西班牙裔少女的怀孕率是亚裔和白人少女的 3 倍 (Basch, 2011c)。因为早期的两性关系是短暂的，性活跃的青少年可能有几个伴侣，这增加了性传播感染的风险。随着症状的恶化，感染可能演变成性传播疾病 (STDs)。在有过性行为的少女中，患有性病的人数达到 40% (Hampton, 2008)。

性少数（青年）

大多数年轻人会发展出异性恋的倾向。然而，有 5%~7% 的人认为自己是女同性恋、男同性恋、双性恋、跨性别者或存疑者 (lesbian, gay, biasexual, transgender, or questioning, LGBTQ)，这意味着他们要么被同性吸引，要么既被同性又被异性吸引 (Martin-Storey et al., 2015；Norris, Marcus, & Green, 2015；Robinson & Espelage, 2011)。同性恋和异性恋之间的区别并不明确；性少数群体中，大约一半的女孩和大多数性男孩坦言曾与异性发生性行为 (American Academy of Pediatrics, 2013c；Collins, Welsh, & Furman, 2009)。一项研究发现，性少数男孩通常平均在 13 岁时就意识到同性吸引力，后来自我认同为 GBT（大约 17 岁），之后有第一次同性性经历（大约 18 岁），最终在大约 21 岁时出柜 (Calzo, Antonucci, Mays, & Cochran, 2011)。性少数女孩开始这一过程的时间晚于性少数男孩，并且随着时间推移，其性取向比男性更有可能发生改变（由对女性转变为对男性）(Calzo et al., 2011；Diamond, 2007)。

科学家们还不知道性少数取向的所有前因。孕期激素暴露可能与儿童性别不典型行为和成年人性少数取向有关 (Hines, 2011)。儿童的性别不典型行为，如男孩对打闹游戏缺乏兴趣，可能会预示着一些人的性少数取向，但这并不意味着性别不典型游戏会导致同性吸引 (Rieger, Linsenmeier, Gygax, & Bailey, 2008)。一些性少数成年人具有性别典型的童年，同时许多性别不典型的儿童也没有发展出性少数取向。男生的性取向可能有中等程度的遗传性，但没有明确的证据，女生的性取向更是如此 (Mustanski et al., 2005；Sanders et al., 2015)。因此，性少数取向没有单一的发展路径，最有可能是多种生物和环境因素导致的。

有些性少数青年有段时间难以建立起健康的友谊。他们可能会经历同龄人的排斥，并在学校感到被疏远——即使在他们已经确定为性少数之前（Bos, Sandfort, de Bruyn, & Hakvoort, 2008）。他们可能很难约会，因为他们不知道还有谁会感受到同性魅力。如果他们向错误的人表白，或者他们的性取向被暴露，就可能会导致抑郁（Toomey, Ryan, Diaz, Card, & Russell, 2010）。虽然大多数人调整得较好，但是他们更有可能经历药物滥用、危险的性行为、暴力、低成绩、旷课、紧张的亲子关系（American Academy of Pediatrics, 2013c; Robinson & Espelage, 2011）。

你如何给予他们支持？一些老师错误地建议性少数青年隐藏性取向，以避免骚扰。然而，尽管受到骚扰，公开自己性取向的学生可能有更强的自尊和更少的抑郁（Russell, Toomey, Ryan, & Diaz, 2014）。同性恋-异性恋联盟是以年轻人为导向的群体，旨在创造一个支持性的环境，以培养性少数青年的适应力（Poteat et al., 2015）。性少数青年能更好地融入大型的、文化多元的学校，而不是小型同质学校（Martin-Storey et al., 2015）。学校工作人员应预防和解决骚扰问题，并提供社会支持，使学校在所有青年中都是受欢迎的。让我们来看看孩子之间朋友关系的差异。

4. 友谊和同伴网络的个体差异

你从幼儿园到12年级，最好的朋友都是同一位吗？许多成年人在童年时都有着最好的朋友，但这可能是错误的记忆。在学龄前儿童中，只有不到10%的朋友在下一学年仍然是朋友，即使当朋友们一起进入同一个新的班级时也是如此（Vaughn et al., 2001）。大约有一半的中学友谊不会持续到第二年。青少年的友谊更稳定，但即使在青春期，最好的朋友也会逐年变化（Dishion & Owen, 2002）。非常相似的朋友（例如，在成绩、攻击性、受欢迎程度等方面相似）最有可能拥有更持久的友谊（Hartl, Laursen, & Cillessen, 2015）。

团体的组成也会发生变化。从一个学年到下一个学年，最稳定的团体只保留约50%的成员，其他团体则会解散。随着儿童年龄的增长，团体的稳定性略有增强，因此7年级的团体比4年级的团体更稳定，4年级的团体比1年级的团体更稳定（Estell, Farmer, Cairns, & Cairns, 2002）。

虽然朋友的固定性可能随着年龄而变化，但是在一个年龄段有朋友的孩子在晚些时候更可能会有朋友。也就是说，一个孩子有朋友或者没有朋友是相当稳定的（Hartup & Abacassis, 2002），友谊的质量也是稳定的。在幼儿园有高质量友谊的孩子长大以后更可能有高质量的友谊（Howes & Tonyon, 2000）。这里所说的高质量是指感情亲密和互相帮助。

友谊方面的个体差异会带来什么影响？

一些学生比其他人有更多的朋友和更高质量的友谊。友谊可以促进学生健康发展，也可以成为风险的来源，让我们讨论与友谊有关的四个结果。

学业成绩

朋友会影响儿童在学校的成功。有低质量友谊的学生倾向于较少参与课堂活动，更具破坏性（Berndt, 2002）。相比之下，拥有高质量友谊并且其朋友也重视学习的学生更有动力在课堂上取得好成绩（Nelson & DeBacker, 2008）。由于朋友的选择有限，因此相似的情况较少发生在小型的私立学校和农村学校。

从1年级到12年级，学生倾向于在学年之初选择在学业上相似的朋友，然后在学年中期选择在成绩和动机上更相似的同龄人圈子（Estell et al., 2002; Flashman, 2012; Kindermann，2007）。如果随着时间的推移，朋友的成绩有所改变，他们之间的友谊就可能终止（Flashman，2012）。因此，学业成绩的相似性或同质性能最大程度地决定友谊的变化。由于具体的友谊会随着时间而变化，而团体则倾向于更加稳定，因此更广泛的团体能更好地预测学生的学业成绩。

情感福祉

有朋友的孩子比没有朋友的孩子更快乐，自尊水平也更高。亲社会的朋友可以缓解孩子由于被排斥、受伤害、孤独、沮丧和父母离婚而感受到的压力（Asher & Paquette，2003；Bukowski，Laursen，& Hoza，2010；Ladd，Kochenderfer-Ladd，Eggum，Kochel，& McConnell，2011）。被排斥的孩子的失落情绪的变化见图11-9。

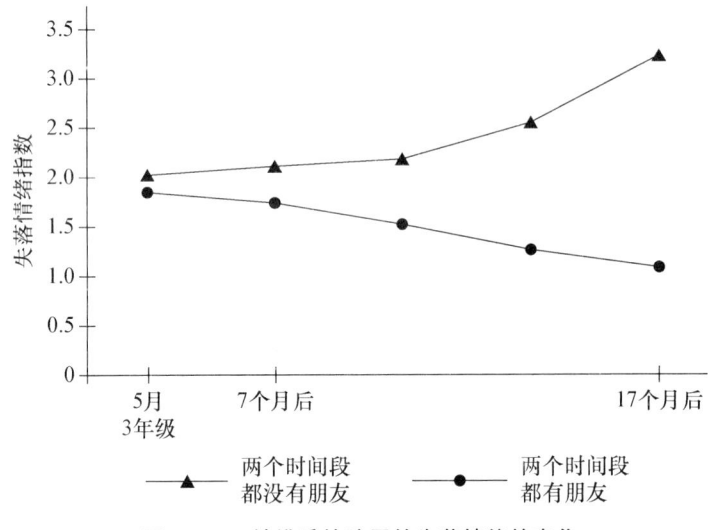

图11-9 被排斥的孩子的失落情绪的变化

有朋友和没有朋友的被排斥的孩子从3年级到5年级，抑郁是如何改变的？这些是相关数据。你可以用两种方式来解释这幅图中导致抑郁和排斥的原因吗？（提示：这两组是否从一开始就有区别？）
资料来源：Bukowski，Laursen 和 Hoza（2010）。

他们是如何做到这一点的？朋友相互分享愉快的活动，并肯定对方的价值。朋友帮助彼此管理、理解和谈论情绪（Burgess，Wojslawowica，Rubin，Rose-Krasnor，& Booth-LaForce，2006）。朋友也能帮助彼此减少压力激素，例如，一项研究测量了5年级和6年级学生的皮质醇水平。研究报告显示，在测量前20分钟发生的消极事件会导致较高的皮质醇水平。然而，如果他们和最好的朋友在一起，他们的皮质醇水平就不会上升（Adams，Santo，& Bukowski，2011）。因此，朋友是情感幸福的保护因素。然而，值得注意的是，并非所有的朋友都是积极的。抑郁的学生也可能通过情绪传染使他们的朋友陷入社交抑郁状态（Giletta et al.，2011）。

社会福祉

朋友们提供学习和实践社交技能的机会。例如，想象一下，你最好的朋友正在做课堂展示，做得不好。班上有几个学生在窃笑，你会怎么做？你是善意地对你的朋友说我们都会在某些时刻把事情搞砸，还是恶意骂你的朋友，甚至选择不再理你的朋友？在一项研究中，随着时间推移，拥有更多朋友的3~9年级学生更有可能选择建设性策略，而不是敌对性策略（Glick & Rose，2011）。他们学会了更加亲社会。在另一项研究中，6年级的学生如果有一个亲社会的朋友，到8年级时就变得更亲社会（Wentzel，Barry，& Caldwell，

2004)。也就是说，一个朋友的社交行为预示着另一个人两年后行为的改变。

当一个孩子没有朋友的时候会发生什么？一个朋友很少的 6 年级男孩说："我没有朋友，但我不在乎。当我很好的时候，他们仍然不会和我一起玩。所以我忽略了他们。没有人会照顾你的，你得照顾好自己。所以我需要的只是我自己。是他们需要改变，而不是我。"这个男孩几乎没有社会支持来帮他处理情绪，也没有机会发展更好的社交技能。

违法犯罪

> **思考**
>
> 假设你有一个朋友，他 15 岁的孩子"进入了错误的群体"，并且正在吸毒。你的朋友决定把孩子送到另一所学校。这是个好主意吗？根据我们的研究，你会给这位朋友什么建议？

学生可能有破坏性的友谊。朋友会一起伤害其他人，甚至策划和实施犯罪。选择反社会的朋友的学生会变得更加反社会。早发型的反社会儿童尤其如此。反社会行为始于年龄较大时，且青春期的年轻人更有可能拥有这种类型的友谊（Piehler & Dishion，2007）。

友谊的这种消极面是如何起作用的？反社会的学生选择彼此作为朋友，然后互相进行偏离社会的行为训练。在一项经典的研究中，视频记录下时长为 25 分钟的青少年与他们的同龄人互动的过程（Dishion，McCord，& Poulin，1999）。当男孩们谈论违反规则时，不守规矩的朋友们笑了，而守规矩的朋友们则停下来或者改变话题。因此，一些朋友通过关注不当行为加强了犯罪倾向，这导致了两年后这些男孩有更多的吸毒、犯罪和暴力行为。不要认为偏离社会的行为训练只适用于青少年，它也发生在幼儿园（Snyder et al.，2008）。然而，反社会的朋友产生的影响在小学早期可能不如在幼儿时期那么大（Sturaro et al.，2011）。

什么因素会影响友谊的数量和质量？

有几个因素可以预测孩子是否会有有益的（或破坏性的）友谊。儿童的社交能力是一个关键的预测因素，父母也是影响儿童社交能力的因素。

社交能力

亲社会、善于交际、善于融入群体的孩子更可能有一个好朋友。亲社会的孩子尤其可能拥有互惠和长期的友谊（Gest，Graham-Bermann，& Hartup，2001；Ladd et al.，2011）。孩子们想和比自己更加亲社会的人交朋友，这有助于解释单方面的友谊。

害羞的不爱交际的孩子（见第六章）拥有较少的朋友且友谊不稳定。这些孤独、焦虑的孩子想和别人交往，但他们害怕。他们被排斥和攻击，并且很容易被伤害感情。相比之下，喜欢独自玩耍但又不急于与他人互动的儿童，则没有这些相同的问题（Coplan et al.，2013；Ladd et al.，2011）。

有攻击性的孩子也倾向于朋友较少，但不一定是没有朋友（Ladd & Troop-Gordon，2003）。恃强凌弱者有朋友。帮派成员有朋友。然而，好斗的孩子往往与好斗或处于社会边缘的同龄人有着低质量、充满冲突的友谊（Ladd，Buhs，& Troop，2002）。

请记住，有两种攻击性儿童，其中大多数都属于图 10-3 所示的类型。也就是说，他们被吸引到异常的同伴群体中是因为他们被非攻击性的同龄人拒之门外。另一种不太常见的攻击性儿童认为自己很受欢迎，并且在课堂社交网络中地位较高（Farmer et al.，2010；Vlachou et al.，2011）。他们有一些没有攻击性的朋友，因为他们偶尔做出亲社会行为，具有一些有价值的特点（Farmer et al.，2010）。不过，本章开始所举例子中的亲社会的纳迪娅，不太可能和具有攻击性的埃莉诺成为朋友。

父母教养因素

亲子依恋可以预测友谊质量。有安全依恋的孩子往往有高质量的友谊和更大的同伴网络。从学龄前阶段到青春期，不同种族的儿童都有这种效应①。依恋关系为一般的社会关系——尤其是友谊——奠定了基础。这是怎么发生的？具有安全依恋的孩子可以公开地交流情感，发展更好的语言技能，并且具有较少的敌意归因偏见（McElwain，Booth-LaForce，Lansford，Wu，&Dyer，2008）。他们的母亲使用更多的"心理谈话"，这有助于他们发展更好的心理理论，从而促进获得高质量的友谊（McElwain，Booth-LaForce，& Wu，2011）。

其他一些与孩子的社交能力相关的父母因素（见第十章）也与他们的友谊有关。这些因素包括：

- 榜样作用。如果父母拥有高质量的友谊和高质量的婚姻，那么孩子往往也会拥有高质量的友谊（Allen & Loeb，2015；Simpkins & Parke，2001）。
- 教授友谊技巧。那些和孩子谈论在与朋友发生冲突时如何修复关系而不只是说"我们总是分享！"或者简单地结束冲突的父母，可以让孩子拥有更融洽的友谊（Putallaz，Costanzo，Grimes，& Sherman，1998）。
- 监控友谊。如果父母认识孩子的朋友，并指导孩子择友，那么孩子往往拥有高质量的友谊。这些指导包括去了解孩子朋友的父母，告诉孩子小心选择朋友，以及帮助孩子识别朋友的不良行为（Ladd & Pettit，2002；Mounts，2001）。
- 监督。虽然朋友是有益的，但是在不受监督的情况下与同伴相处过多的年轻人比那些受到监督的同龄人有更低的成绩和更多的行为问题（Goldstein，Davis-Kean，& Eccles，2005；Updegraff，Whiteman，McHale，Thayer，&Crouter，2006）。
- 使用有效的管教。不幸的是，对于其父母常常进行心理控制的孩子，他们的友谊质量较低，并且更容易受到偏离正轨的同龄人的影响（Allen & Loeb，2015；Oudekerk，Allen，Hessel，&Molloy，2015）。亲子关系中的冲突对朋友的冲突具有"溢出效应"（Chung，Flook，& Fuligni，2011）。

青少年必须在与同龄人维持牢固的联系（这可以提升他们的幸福程度）和对同伴的影响保持适当的自主之间建立平衡。他们在权威型家庭中学会了这样做。在这种家庭中，牢固的联系和个人自主是平衡的。然后，孩子们将这种平衡带到与同伴的关系中（Allen & Loeb，2015）。

5. 友谊和同伴网络的群体差异

同伴网络和友谊存在性别和种族差异。

性别

相比于男生，女生在教室里有更多的朋友，但派系的作用对于幼儿园直至小学低年级的女孩来说较弱（Estell et al.，2002；Hartup & Abecassis，2002）。年轻的男孩倾向于和一大群朋友混在一起。然而，在初中阶段，男孩和女孩的同伴网络规模相似，而高中女孩的同伴网络规模稍大，不像男孩那么具有排他性（Farmer et al.，2003；Lee，Howes & Chamberlain，2007）。

---

① 很多研究都表明了这一点，这里只列举一部分：Hartup 和 Abecassis（2002）；Howes 和 Tonyon（2000）；Ladd 和 Pettit（2002）；Schneider，Atkinson 和 Tardif（2001）。

性别隔离导致男孩和女孩在不同的同伴文化中成长（Rose & Rudolph, 2006）。男孩的友谊往往是基于共同的活动和兴趣，如体育和电子游戏。女孩的友谊往往建立在关系亲密和分享情感、个人信息的基础上。女孩往往期待从友谊中获得更多的帮助、情感慰藉，建立更亲密的关系。也许是因为持有更大的期望，女孩可能会对朋友的背叛或不支持感到更加愤怒和悲伤（MacEvoy & Asher, 2012）。这也许可以解释为什么从小学到高中，对于女孩而言，朋友间的冲突和友谊的破裂和男孩一样多——如果不是更多的话（Benenson & Christakos, 2003; Ladd, Kochenderfer, & Coleman, 1996）。

种族

学生的种族隔离不像性别隔离那样显著（Lee et al., 2007）。然而，如果你在一所多种族学校上学，那么你可能已经观察到种族相同的学生往往彼此交往（Chen & Graham, 2015; Neal et al., 2014）。同种族学生交往的情况在高中比在小学更多。就像教室里的亲社会领袖一样，男孩比女孩更可能形成跨种族的友谊（Kawabata & Crick, 2011）。亲社会的孩子不管种族如何，都更受别人的喜爱（Wilson & Rodkin, 2011）。

并非所有的教室都是多种族的，这限制了以种族为基础发展友谊的机会。基于种族的友谊和学校的种族多样性之间的关系是复杂的。在单一种族的学校中，白人学生最不可能有跨种族的友谊（McGill, Way, & Hughes, 2012）。然而，在多种族的学校中，白人学生比非裔或拉美裔学生更可能拥有跨种族的友谊，非裔美国儿童最不可能拥有跨种族的友谊（Kawabata & Crick, 2011; Wilson & Rodkin, 2011）。在高中阶段，非裔美国学生和白人学生最不可能成为朋友（Quillian & Campbell, 2003）。亚裔学生更可能与白人，而不是拉美裔或黑人学生建立跨种族的友谊（Chen & Graham, 2015）。

在你的学校里，少数族裔学生的学习情况如何？这些学生是否特别倾向于选择同种族朋友，就像是少数人捆绑在一起一样（Lee et al., 2007; Wilson & Rodkin, 2011）？在某些情况下，这可能是有益的。在纽约市的一项研究中，只有同种族的友谊的黑人和亚洲学生具有较强的自尊心和较低的抑郁水平（McGill et.al, 2012）。一些教育家提倡把少数族裔学生聚集在同一个教室里，这样他们就可以建立同种族的友谊，而不是把他们分散到不同的教室或学校里，强迫他们孤独地生活。然而，也有人认为，这样做是相当于在学校恢复种族隔离，并会导致学业成绩竞争，因为成绩因种族而异，而实施成绩跟踪措施的学校的跨种族友谊最少（Stearns, 2004）。他们提倡把不同种族的学生分组在一起。这可以增加跨种族友谊，但也会强化种族间的紧张关系。因此，教育工作者在由特定种族组成的教室和学校中必须权衡上述各种考虑。

6. 友谊和同伴网络的课堂启示

你已经知道友谊和同伴网络会影响学生的学业成绩。在学校有更多朋友（而不是在学校以外）的青少年倾向于有更高的成绩，并且更愿意去上学（Witkou & Fuligni, 2010）。在课堂上有着良好友谊的学生乐于学习，积极参与课堂活动，这会促进学业成绩的提高。相反，没有朋友的学生在学校参与度低，在社交场合感觉不适，并成绩更低（Thorkildsen, Reese, & Corsino, 2002）。理想情况下，在你的教室里每个孩子都应该至少有一个好朋友。通过遵循以下原则，你可以帮助学生形成高质量的友谊。

（1）帮助学生发展亲社会行为。在第十章中，你学会了如何做到这一点。

（2）增进学生对学校的依恋。充满关爱的师生关系保护青少年免受不良朋友的负面影响（Crosnoe & Needham, 2004）。在第六章中，你学会了如何做到这一点。另一种方法是使用相似之处来发挥你的优势。当教师发现他们与特定的高危学生有相似之处时，他们便会发展出更好的师生关系，并且那些学生会获得更高的分数，从而缩小成绩差距（Gehlbach et al.，2016）。

（3）如果友谊没有偏离正轨，便可以让这些友谊一年又一年地保持下去。因为学生会从同班同学中选择朋友，所以当学校一年又一年地让学生在课堂上聚在一起时，即使老师换了，同班同学的友谊也会更加稳定。在班上有好朋友的学生会更加顺利地适应幼儿园、小学和初中（Berndt, Hawkins, & Jiao, 1999; Wentzel et al.，2004）。

（4）在组建合作学习小组时将彼此互为朋友的学生放到一起，或者为下一学年安排好座位。在班上没有好朋友的学生比有好朋友的学生要孤独，不管他们的同伴地位如何或他们是否在学校的其他班上有朋友（Parker & Asher, 1993）。一些教师误以为学生与朋友在一起会耽误学习任务，但研究表明，在大多数情况下是相反的。与没有朋友的学生相比，有朋友的学生会以更多的时间、较高的认知水平投入学习任务和工作中（Hartup & Abecassis, 2002）。朋友们一起交流思想，一起探索、记忆、写作，互相帮助，并且在共同工作时有更积极的情绪。与没有朋友的学生相比，他们的冲突更少，较多地进行建设性的活动（Strough, Berg, & Meegan, 2001）。如果这些事情经常发生，这些短期效应就可能会产生长期效果。

（5）提供机会形成友谊，尤其是在学年开始时。废除限制学生课外交流的学校政策，例如，一些学校要求，从学校到公交车站的路上，学生要在单行线上行走且保持安静；有些学校对学生在午餐时间和朋友聊天的行为进行惩罚。这样的政策限制了友谊，破坏了学生的幸福。

（6）招聘学校辅导员，为无朋友的学生提供帮助。可以在课堂上传授建立友谊的技巧。有些活动比其他活动更有效（January, Casey, & Paulson, 2011）。你的学校辅导员应该知道有效的计划。

一个重要警告是不要把有攻击性或偏离正轨的学生分到一组。当学校通过能力分层、让成绩低的学生留级、进行团体辅导、设立针对不守规矩的学生的特殊教室以及实施校内停课（Dodge, Dishion, & Lansford, 2006）等方式将这些学生聚集在一起时，学校实际上是在助长犯罪行为。在第七章，保罗被送到学校停课中心，在那里也可以经常找到他的朋友。在学校停课中心，男孩们有机会强化这种偏离正轨的友谊。这也导致他们与那些行为在正轨之内的同龄人分离。

在充满有攻击性的同学的教室里，学生会随着时间的推移变得越来越咄咄逼人（Werner & Hill, 2010）。在这样的教室里，教师发现很难营造积极的课堂气氛和建立牢固的师生关系。然而，如果教师努力做到反应及时，时刻释放善意并具有支持性，那么除去偶然情况，学生们就很可能会逐渐变得不那么有攻击性（Thomas, Bierman, & Powers, 2011）。

你可以有所作为。一项全国性的大型研究发现，教师对学生社交技能的影响大于其对学生学业成绩的影响（Jennings & DiPrete, 2010）。此外，提高学生的社交技能有助于提高他们的学业成绩。这显然是一个双赢的局面。有些教师在促进学生提高社交技能方面表现得更好。这些明星教师是谁？是那些受过良好教育、认真学习这本教科书的人！在另一项研究中，教师通过训练成功地扭转了消极的同伴文化——在这种文化中，学生们以学业成绩来相互施压。这些教师应该怎么做呢？和你在这本书中学到的一样——了解同伴文化并在课堂中营造积极的氛围（Hamm, Farmer, Lambert, & Gravelle, 2014）。

不友好和同伴排斥是有害的，其中一个原因是其限制了学生玩游戏的机会。一起玩游戏是从童年到青春期友谊的核心特征，接下来我们讨论游戏①。

三、游戏

> 在一堂9年级的科学课上，学生们被告知如何进行实验，然后被要求戴上保障安全的护目镜。一个男孩戴上三副护目镜，看起来像一个潜水员。他喊道，"嘿，嘿！戴水下呼吸器的怪物要开始攻击了"，并用他的尺子戳他的实验伙伴。他的实验伙伴用他们的尺子模拟剑进行战斗。老师让孩子们"安静下来并开始工作"，他们遵照执行，伴随着不时的玩笑和热烈的欢笑声完成了实验任务。

当儿童聚在一起时，就算是在科学课上，游戏也是不可避免的。游戏是儿童生活的一部分，因此经常被用来定义童年。你是否应该提倡将游戏引入课堂呢？答案取决于你对游戏的理解。

游戏很容易识别，但很难定义。游戏以积极的情绪（微笑或大笑）、幻想、自发性和灵活性为特征。它没有直接的目的，也不涉及竞争。但是，游戏也可能不同时具有上述特征。例如，规则游戏，如体育运动，可能被视为游戏，也可能不会被视为游戏，因为它们通常具有竞争性，缺乏自发性，并且可能涉及负面情绪。

1. 游戏的类型

了解儿童游戏的方式有助于理解儿童的发展，因此让我们来看看游戏的分类。可以从两个维度对游戏进行区分：（1）由低到高的认知参与度；（2）由低到高的社会参与度。表11-2显示了不同类型的游戏。

表11-2　游戏从最不成熟到最成熟的认知和社会维度

最不成熟				→最成熟
游戏的认知维度				
机能游戏	身体游戏	结构游戏	假装游戏	规则游戏
简单的动作或重复进行的、类似练习的行为，如摇动并发出嘎嘎声	以大动作为运动的乐趣，如攀爬、跑步或追逐	在头脑中有清晰目标的情况下创建或构建某物，例如堆建积木或用蜡笔绘画	转换对象和身份。把想象中的朋友作为扮演对象	儿童必须使自己的行为符合预先制定的明确规则，如跳房子或跳棋
游戏的社会维度				
旁观行为	独自游戏	平行游戏	联合游戏	合作游戏
跟随他人或观看其他人游戏，即使与他人交谈，也不参与游戏	即使有玩伴时也独自玩，而不考虑其他人在做什么	在他人附近玩相同的玩具，但不寻求互动，也就是说，孩子在别人附近玩而不是与他们一起做游戏	儿童互借玩具或者跟着别人游戏，但是各自想做什么就做什么	围绕一个目标或一个正式的游戏形成团体，并分配角色（例如，"我是妈妈，你是小狗"），可以很明显看出谁属于这个团体，谁不属于这个团体

---

① 游戏（play）：没有直接功能的、愉悦的、自发的、灵活的和内部控制的行为。

这些不同类型的游戏是分层分级的。在认知领域，机能游戏是最不成熟的，规则游戏是最成熟的。然而，就算是青少年也会参与机能游戏，比如仅仅弹起一个球。在社会领域，更高级的游戏形式包含更多的社会合作。最高级的游戏形式是假装游戏和规则游戏，其涉及多个孩子之间的合作。当假装游戏涉及与其他孩子的合作时，它被称为社会表演游戏。

另一种游戏，**打闹游戏**[①]或者打仗游戏，将假装游戏和**身体游戏**[②]结合起来，比如前述科学课堂上的"剑斗"（Pellegrini，2002）。它不是攻击。这是一个重要的区别，因为游戏对孩子有益，但攻击性行为则不然。打闹游戏是男孩们彼此表达喜爱的一种方式（Reed & Brown，2001）。表11-3显示了打闹游戏与攻击性行为的区别。尽管打闹游戏在游乐场很常见，然而它也会在教室里出现。接下来我们来看看游戏类型随着儿童年龄发展而变化的趋势。

表11-3 打闹游戏与攻击性行为的特征对比

	打闹游戏	攻击性行为
行为	温和地张开手进行打、推、追、戏弄、摔跤。儿童会去帮助那些貌似受伤的人	重击、推挤、踢
情感	微笑或大笑	皱眉或怒视
结果	有进一步的共享活动，参与者会聚在一起	参与者分开
意图	好玩、表达爱意	伤害

2. 游戏中的年龄趋势

你认为哪个年龄段的儿童最爱玩？游戏的频率在儿童早期到中期达到高峰，并且通常呈倒U形。也就是说，游戏的频率在婴儿期和学步期较低，在儿童中期变得很高，然后在青春期再次变得较低（Pellegrini&Smith，1998）。游戏的类型也随着年龄的增长而变化。

婴儿期与学步期（0~2岁）

婴儿主要进行机能游戏（见表11-2的定义）（比如，一遍又一遍地敲打一个盆子）或身体游戏（如踢腿）。只有在得到其他人的帮助时，他们才能参与社交、合作游戏，例如躲猫猫游戏。如果其他人在游戏中没有给予回应，那么婴儿会通过声音和手势进行提醒，这表明婴儿心理上关注着游戏的进度。

幼儿经常参与身体游戏（例如，攀爬或追逐）和结构游戏（如堆积木或填色）。他们可以单独或在其他人帮助下做这件事。最早在10~12个月大时，他们就可以与熟悉的朋友合作，比如分享积木或轮流互相追逐（Howes & Lee，2006）。在15~24个月期间，独自进行的假装游戏开始出现（Göncü, Patt, & Kouba，2002）。例如，幼儿可能会假装喂毛绒动物。

儿童早期（3~5岁）

身体游戏和结构游戏在学龄前儿童中仍然很普遍，但是机能游戏却逐渐减少并在4~5

---

① 打闹游戏（rough-and-tumble play）：一种涉及充沛的体力、类似但不等同于攻击性行为的社交和假装游戏。

② 身体游戏（physical play）：孩子们为了运动的愉悦感而移动的游戏，例如攀爬、跑步或者追逐。

岁时变得罕见。2~5岁期间的另外两个剧烈变化是：（1）假装游戏增加；（2）从平行游戏向完全合作游戏转变（Göncü, Patt, & Kouba, 2002）。相比学步期儿童，3岁的儿童可以更好地与一个陌生同伴玩游戏，5岁的孩子则更加擅长。相比学步期儿童，幼儿园儿童的假装游戏包含更多步骤、更加复杂和具有更多想象。例如，游戏可能会从幼儿简单地喂养玩偶，转变为5岁的孩子精心地为女巫酿造啤酒。随着年龄的增长，孩子们对游戏中的角色、规则和主题也有了更多的共识。这些变化可能是儿童换位思考能力（见第八章）和心理理论能力（见第九章）提高的结果。假装游戏的频率在五六岁时达到峰值。

儿童可以将任何物体变成玩具（例如护目镜和尺子），但你应该在教室里提供适龄的、安全的玩具。美国国家青少年教育协会的网站列出了从出生到6岁的适龄玩具。

儿童中期（6~12岁）

学龄前儿童的每种游戏都会持续到儿童中期，但是，不同游戏的流行程度发生了变化。其中有三种游戏变得更加常见：打闹游戏、结构游戏和规则游戏。打闹游戏占学龄前儿童游戏的5%左右，占小学生游戏的10%~17%，占中学生游戏的5%左右（Pellegrini, 2002）。学龄前儿童很少参与规则游戏，但小学生经常参加，比如休息时打扑克牌。相比之下，假装游戏在儿童中期变得不那么常见，但仍然存在。例如，一群6年级男生在休息时在雪地上画出了一串大圆圈，用来代表不明飞行物的降落地点，另一组人扮演"绝地武士"。因此，你可以观察到小学的假装游戏，但它不会像幼儿园那样常见。

随着年龄的增长，游戏越来越复杂。结构游戏变得更加复杂，如用整套积木建造摩天轮。简单的运动类活动被投篮等复杂活动取代，简单的互相追逐的游戏被更复杂的互动游戏取代，如足球、篮球或跳绳（Pellegrini, Blatchford, Kato, & Baines, 2004）。让我们把目光对准小学操场，观察儿童的游戏的变化情况。

> 威尔（Will）是一个幼儿园的孩子，休息时总是从一个地方跑到另一个地方，在秋千、沙坑或者跷跷板之间跑来跑去。他既和男孩玩，也和女孩玩。他的老师试图将幼儿园的孩子们组织起来进行足球比赛，但是发现孩子们很难理解规则，在游戏时跑来跑去。相比之下，5年级的学生在没有成年人指导的情况下，迅速独立组织了三场比赛（橄榄球、足球和四方游戏）。威尔的哥哥伊万（Ivan）在整个休息时间都沉迷在一场比赛中（足球），大多数其他5年级学生也是如此。伊万的比赛里只有男生参加。几个女孩则玩着规则复杂、伴有节奏和歌曲的跳绳游戏。

青春期（13~19岁）

青少年很有意思！他们可以很快把工作变成游戏，正如本书开篇案例中9年级学生所做的那样。在高中课堂上，你会看到各种各样的游戏，包括"提问题干扰老师"的游戏。在青春期，游戏可以纯粹是精神上的。在青少年的游戏中，各种各样的想法就像年幼的儿童玩游戏时的玩具——可以以各种新的方式进行组合，也可以相互替换。因此，把心灵当作游乐场，可以培养创造能力，促进新的发现。

大多数种类的游戏在青春期继续存在。例如，当青少年制造遥控车时，就会出现独自结构游戏。当一群男孩在一所高中的储藏室里偶然发现两把带轮子的旧椅子时，便在走廊里假装是"纳斯卡"（NASCAR）司机——直到他们被抓住，这是在进行社会表演游戏。另一个小组被指派为他们的德语班级写一个小品，后来逐渐演变成了假装的国家之间复杂的"剑斗"。

尽管频率较低，但在青春期，打闹游戏仍在继续，这至少出于两个目的：

（1）跨越性别界限。由于性别隔离根深蒂固，跨越性别界限具有社会风险，因此青少年利用打闹游戏来跨越性别界限。如果女孩拒绝男孩的提议，男孩就可能会顽皮地偷女孩的帽子，这样他就可以"挽回面子"。这被称为"推搡式关系"。

（2）控制或伪装攻击。在青春期早期，参与打闹游戏的男孩也会更有攻击倾向（Pellegrini，2003）。但是，年幼的孩子并不是这样。

规则游戏，如棋盘游戏或者木头人游戏在青春期会减少，但不会完全消失。青少年更喜欢与朋友闲逛，而不是玩规则游戏（Blatchford，1998；Hughes，1999）。

3. 游戏中的个体差异

你认识那些看似非常喜欢玩游戏的学生吗？有些学生一直比其他人更爱玩游戏，而且玩得更高级。游戏中表现出的个体差异为我们了解孩子的认知能力和社交能力提供了一个窗口，让我们来考察学生在游戏中的差异。

游戏中的个体差异会带来什么影响？

经常玩适龄游戏的学生认知能力和学业成绩会更好。他们具有更高的智力、语言能力、视觉空间能力、问题解决能力、创造力、读写能力和数学成绩[1]。经常玩适龄游戏的学生也具有更好的社交和情感能力。他们有更强的自控力、心理理论能力、情绪调控能力，有更多的亲社会行为，更善于从情感角度考虑问题，更有幸福感，并且具有较弱的攻击性[2]。这些积极结果与儿童玩游戏有关。这一点适用于所有儿童，涵盖学龄前儿童到青少年。这些好处在低社会经济地位的学生中尤为明显。

游戏会带来这些好结果吗？似乎是肯定的。维果茨基（1978）认为，游戏可促进发展，因为其可提供机会让儿童练习和掌握超出其现有水平的技能，拓展他们的最近发展区。例如，一个3岁的孩子不能倒一壶真正的热茶或者骑马，但可以用一个假装的壶倒茶或者将木棒当作马。电子游戏具有类似的功能，因为它们可以使青少年成为虚拟世界中的"理想自我"（Przybylski，Weinstein，Murayama，Lynch，& Ryan，2012）。一个18岁的人可能不是王国的捍卫者，但可以在电子游戏中想象自己是。尽管如此，你仍可能争论说，游戏是社会和认知能力的结果，而不是其原因。也就是说，一些学生之所以会参与更高级的游戏，是因为他们已经更具社交技能和智力，这是皮亚杰（1962）的观点。你如何回答这一关于因果关系的问题？方法之一是实验（见第一章）。如果技能较差的学生接受更多的训练后技能得到了提高，那么就可以得出这样的结论：游戏可能会带来技能提升。让我们看看实验的结果。

曾经在印度特蕾莎修女的孤儿院发生过一个非常具有说服力的田野实验案例。儿童的生理需求基本得到满足，但过度劳累的看护人员不愿意让孩子玩耍，因为他们认为这会增加他们的工作量。孩子们呈现出显著的发育不良，很像第六章描述的患有住院症的儿童。研究人员说服看护人员每天给孩子90分钟的游戏时间。在3个月内，孩子的运动、认知和

---

[1] 很多研究支持这一结论，这里仅列举少量：Cheah，Nelson 和 Rubin（2001）；Dunn 和 Hughes（2001）；Fantuzzo，Sekino 和 Cohen（2004）；Jirout 和 Newcombe（2015）；Lloyd 和 Howe（2003）；Wolfgang，Stannard 和 Jones（2003）。

[2] 很多研究支持这一结论，这里仅列举少量：Bulotsky-Shearer 等（2012）、Cheah 等（2001）、Dunn 和 Hughes（2001）、Elias 和 Berk（2002）、Fantuzzo 等（2004）、Lillard（2002）、Pellegrini 等（2004）。

社交技能都得到了巨大提高。那些以前无法说话或自己吃饭的孩子，现在能够做到了。孩子们更加活跃、活泼，更富回应性，更独立，这实际上减少了看护人员的工作量（Taneja et al.，2002）。

这是一个戏剧性的案例，但当处境不利的儿童在幼儿园或托儿所参加角色扮演游戏时也会出现类似的现象（Roopnarine, Shin, Donovan, & Suppal, 2000）。你怎么教孩子做游戏？一种方法是阅读童话故事书，如《三只小猪》，然后帮助孩子们把故事演出来。另一种方法是帮助孩子们玩他们自发的游戏，比如"让我们开杂货店吧"，然后退出（取消帮助），只有在孩子们需要帮助时才参与并引导他们继续游戏，接着问如下问题，如"你们在做什么？你和谁说了什么？"（Craig-Unkefer & Kaiser, 2002）。对这些干预措施的研究表明，游戏可以提高孩子的语言能力，但目前还没有明确证据表明游戏能够促进其他领域能力（例如智力、创造力、心理理论、执行功能或社交技能）的提升，需要开展更严谨的研究来确定游戏是否会产生积极结果（Lillard et al., 2013）。不论如何，游戏具有明显的价值：它有趣，充满活力，并有助于巩固关系。

什么因素会导致儿童在游戏中出现个体差异？

儿童自身的因素可以影响他们玩游戏的情况。幽默的、富有想象力的、好奇的、富有表现力的、爱社交的、言语多的、积极的和主动探索的学生比其他学生玩的游戏更多。相比之下，情绪调节不良的、不成熟的、冲动的、有攻击性的和被同伴排斥的学生游戏玩得较少。有身体或精神缺陷的学生可能不那么爱玩游戏。例如，有视力障碍的学生往往不太擅长玩成熟的假装游戏（Lewis, Norgate, Collis, & Reynolds, 2000）。他们的游戏可能受到限制，因为他们无法在游戏中观察同伴，并且他们不会在视觉上集中注意力。患有自闭症的学生倾向于进行没有创造性的机能游戏和假装游戏。游戏是儿童的典型特点，因此非典型游戏通常用于诊断儿童发育是否迟缓。

父母也可以影响孩子是否爱玩游戏。父母通过提供游戏机会，以及构建与孩子的关系模式来影响孩子的游戏质量与数量。权力主张型父母的孩子更有可能远离社交游戏，而权威型父母的孩子更有可能参加合作游戏。具有安全依恋的儿童会发起更多的游戏，拥有更丰富、更有创意、更具社交复杂性的游戏体验。具有回避型依恋的孩子更有可能玩没有他人参与的游戏（Cassibba, Van IJzendoorn, & D'Odorico, 2000; Sroufe, 1996）。

关于独自游戏的警示

在表 11-2 中，你了解到独自游戏是一种不太成熟的游戏形式。独自游戏也许是一个需要注意的现象，但这取决于具体情境以及游戏是主动还是被动的。**独自主动游戏**[①]涉及机能游戏或者假装游戏。如果学生在有其他人可以一起玩的时候选择独自玩耍，那么这对于社交技能不佳的人来说是一个危险信号。例如，学生可能会在附近有几个人玩球时独自玩球。独自主动游戏可能是社交退缩和同伴排斥的原因和（或）结果。

相比之下，**独自被动游戏**[②]不一定是需要特别关注现象。它涉及结构游戏，如拼图、绘画、填色或堆建积木。这些活动通常是独自完成的，尽管玩伴很多。独自被动游戏与较高的学业成绩和较强的社交能力有关。你之前已了解到，那些具有较强社交能力和拥有朋友的孩子即使独自游戏也可以发展得很好（Coplan et al., 2013）。但是，因社交焦虑而以被

[①] 独自主动游戏（solitary-active play）：独自进行机能游戏和假装游戏。
[②] 独自被动游戏（solitary-passive play）：独自进行结构游戏或者探索物体。

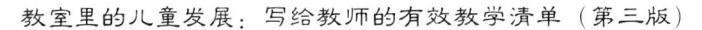

动独自方式玩耍的学生可能会有低成绩和内化障碍问题（Burgess，Rubin，Cheah，& Nelson，2005）。因此，独自被动游戏需要仔细观察，因为缺少社交游戏帮助的学生可能会出现社交和学业技能落后等问题。请记住，独自游戏只在有众多玩伴的教室中会成为一个问题，而在没有其他人可以一起玩的时候，例如家里，独自游戏并无不妥之处。

运动

关于运动是否属于游戏是有争议的，因为运动是有组织的、有竞争性的和有规则的。但是，就像年轻人纯粹为了娱乐而参与游戏那样，事实上，许多年轻人说运动是他们生活中最愉快的部分（Larson & Verma，1999）。参与运动的人数随着年龄增长而增加。一项权威的全国性研究表明，大约25%的幼儿园到3年级学生，40%的4～8年级学生和60%的10年级学生参与运动（Broh，2002；Federal Interagency Forum on Child and Family Statistic，2008）。对于学生而言，运动是仅次于宗教活动的最常见的有组织的课余活动。

参加运动对孩子有益吗？可能有。益处包括增进友谊、促进心理健康、提升运动者的自尊、改善睡眠质量、健身以及密切和学校的联系（Perkins，Jacobs，Barber，& Eccles，2004）。与非运动员学生相比，青少年运动员的成绩更高，出勤率更高，辍学的可能性更小（Broh，2002；Busch et al.，2014）。然而，他们需要付出的代价包括受伤、过度训练、过度劳累、更少参与其他重要活动以及吸毒，因为一些运动圈子里有吸毒文化（Fauth，Roth，& Brooks-Gunn，2007；Gardner，Roth，& Brooks-Gunn，2009）。因此，参与运动是否对学生有利要视情况而定。参与各种课外活动的孩子比仅仅参加运动的孩子表现得更好（Linver，Roth，& Brooks-Gunn，2009；Simpkins，Eccles，& Becnel，2008）。

4. 游戏中的群体差异

不同性别和社会经济地位的儿童在游戏中会表现出差异，接下来让我们具体加以分析。

性别

游戏中的性别隔离发生在整个儿童期。男孩和男孩一起玩，女孩和女孩一起玩，不同的游戏文化就出现了。学龄前女孩更多地在室内、在成年人附近玩耍。她们玩跳房子和需要口头互动的游戏。她们通常只和其他两三个人玩。她们的游戏涉及合作、讨论、支持和鼓励，主题以家庭或浪漫剧本以及维护秩序和安全为中心（Maccoby，2002）。男孩的游戏涉及统治、竞争、冲突和冒险，主题包括危险、破坏和英雄主义。男孩参与更多的打闹游戏（Pellegrini，2003），例如，一位照看2～3岁儿童的老师描述了班上儿童的游戏：

> 女孩们通常会画画或者和玩偶玩耍，而男孩们通常会"驾驶"玩具卡车。男孩和女孩都玩拼图和绘本。当我拿出木偶时，男孩们立刻开始让他们的木偶咆哮，并试图互相撕咬。这很有趣，因为木偶是一只乌龟和一只长颈鹿——它们都不是以咆哮而闻名的。女孩们让她们的木偶喵喵叫、哭泣、互相亲吻。

在小学初期，男孩们更喜欢玩足球、篮球和橄榄球等球类游戏；女孩们玩得更多的是涉及歌曲、童谣和韵律的游戏，比如跳绳，正如在之前的示例中威尔和伊万在学校所做的那样（Pellegrini et al.，2004）。经过对游戏近一个世纪的研究，人们发现了男孩与女孩在游戏中的差异（Harper & Huie，1998）。

这些性别差异来自哪里？也许是父母通过提供按性别分类的游戏和玩具造成的，比如提供橄榄球给小男孩。也许父母只是顺应了孩子天生的性别差异，而不是导致了这种差异。是同伴群体而不是父母更有力地维持了游戏中的性别差异。跨越边界的学生，特别是以女孩的方式玩耍的男孩，往往被同伴群体排斥（Rubin，Bukowski，& Parker，1998）。

游戏的选择和社交都在同伴群体中发挥作用。孩子们在学校同时接触男孩和女孩的游戏模式，但他们会选择与自己有相似游戏模式的玩伴。由于儿童在同性游戏群体中相互交往，因此性别差异随着时间推移变得更加明显（Martin et al.，2013）。这意味着在学年开始时，学前班和小学阶段的教师看到的性别差异要小于学年末。因此，性别隔离可能既是男孩和女孩游戏模式产生差异的原因，又是其结果。

社会经济地位

社会经济地位会影响可供选择的游戏空间和游戏范围，也会影响游戏质量。与中等社会经济地位的儿童相比，较低社会经济地位的儿童玩得往往不那么精致。也就是说，在假装游戏中，他们的剧集更短，角色更少，对道具的想象力更弱，攻击性更强，讨论也更少。与较高社会经济地位的儿童相比，他们的游戏涉及较少的阅读和写作（Roskos，2000）。社会经济地位的差异促成了之前讨论过的游戏干预研究。科学家们假设，如果较低社会经济地位的儿童能够接受更高级的游戏训练，他们就会提升语言能力——或许还有认知和社交能力。这些科学家们似乎是正确的。

5. 游戏的课堂启示

游戏对课堂的重要性体现在两个方面。首先，游戏与儿童在学校的成功和成绩息息相关。它促进认知发展和提升创造力，还促进社交能力和动作技能的提高，如书写。喜欢合作游戏的学生更受同伴群体的欢迎，这也反过来促进他们对学校的喜爱，提升他们的课堂积极性（Fantuzzo et al.，2004）。其次，游戏是一种合规的课堂活动，因为学生可以通过游戏来学习（McCune & Zanes，2001）。利用精心设计的具有挑战性的趣味游戏进行学习是一种强有力的教学方法（Lillard et al.，2013）。

在课堂中使用游戏来促进学习

作为一名教师，你面临两个艰难的挑战：
（1）让学生参与你的课程安排；
（2）在维持兴趣的同时提供技能发展练习。

游戏有助于应对这两个挑战。游戏提供练习、保持清醒头脑或唤醒身体的机会，使学生能够更加集中注意力在学校学习。游戏可以提升创造力，因为学生的思维会变得更加灵敏，更加放松，更有动力，更具探索性。因此，你可能希望在课堂上推广游戏，特别是在需要发挥创造力的活动开始之前。要在课堂上推广游戏，请遵循以下指导原则：

（1）提供假装游戏的道具、空间和时间。这主要适用于幼儿园。当学龄前儿童假装成购物者或服务员接受订单时，这种游戏可以促进读写能力的提升（Roskos & Christie，2001）。

（2）在适当的时候提供棋盘游戏和拼图游戏。玩有挑战性的拼图游戏有助于幼儿提升空间想象能力，这对于他们的数学和科学能力发展十分重要（Levine，Ratliff，Huttenlocher，& Cannon，2012）。在第四章中，你了解到玩棋盘游戏有助于培养学龄前儿童的数感。其他游戏，如拼字游戏，有助于扩大和巩固年龄较大学生的词汇量和拼写技巧。比如像跳

棋和**大富翁***这样的游戏可以训练学生的数学能力、解决问题的能力、战略思维能力和社交技能。

（3）使用游戏进行"操作与练习"。像**宾果****这样的游戏可以用来复习关于历史、生理学或其他主题的知识。例如，用宾果练习操作顺序，写出正确计算的表达式（例如，$2x+3=7$），而不是直接喊出数字。

（4）使用游戏中心。如果游戏中心设有书籍、纸张、蜡笔和信件等道具，就可以帮助学生提高读写能力。游戏中心在幼儿园很常见，也可以应用在小学教室。关于数学和科学的游戏中心可能包括修理店、杂货店或博物馆。以下是两个例子：

在一节化学课中，6年级学生进入犯罪实验室。在那里他们假装是侦探，分析在信封和脚印上发现的神秘物质，以确定谁在犯罪现场（Jarrett，1997）。

在关于早期探险家的课堂（例如，哥伦布、德索托）上，5年级学生可以进入一台时间机器——它是用文件柜封闭而成一个区域。在时间机器内，他们可以利用指南针、护目镜、量角器、地图、期刊、旅游手册和参考书。学生更喜欢实物，而不是在讲课中听到这些东西。有些人选择在时间机器上做工作表，但表示"感觉不像做社会研究"（Romeo & Young，1999）。

（5）将思维游戏融入你的课程中（Conklin，2014）。这主要适用于小学和中学高年级的课堂。思维游戏包括讲故事和想象。例如，在历史课中，你可以进行角色扮演游戏（例如，重演战斗）或玩"假如……会怎么样"的游戏，其中与事实相反的陈述被认为是真实的，并且要求学生想象结果（例如，如果拿破仑没有将路易斯安那州卖给美国那么将会如何）。在科学课上，你可以问一下，如果太阳分成两半么会怎么样，或者让学生假设自己身处在原子中并描述会看到什么、会发生什么。这种思维方式可以促进批判性思维发展，并使学生在获得乐趣的同时获取和应用知识。

> **思考**
>
> 由于公交调度的原因，许多学生提前半小时到校。学生必须在体育馆的地板上一排排安静地坐着。教师在体育馆巡视以便打消学生想要玩闹的想法。这是个好的举措吗？你认为学校的基本原则是什么？如果学生被鼓励做游戏，那么会发生什么？使用这里讨论的研究去支撑你的回答。

游戏不仅适用于学龄前儿童，而且即使对青少年来说，类似游戏的课堂活动也更加有趣和吸引人（Conklin，2014）。大多数人常常将游戏时间视为青少年学习之外的休息时间，而不是将其视为学习的时间。游戏在你的课堂中占有一席之地，也在课外时间中占有一席之地。下面让我们讨论教育游戏和课间休息。

考虑使用教育性的电子游戏

教育游戏[①]是基于技术、旨在在课堂内外教授和学校课程相关的内容的游戏。游戏通常涉及在多用户虚拟环境中扮演某一角色。例如，在《没有石油的世界》这一游戏中，学生们一起努力探讨全球石油危机可能会怎样影响他们的社区。在教育游戏中，玩家可以是科

---

* 大富翁（Monopoly）：一种数字游戏，具有默认的财富地图，按所掷骰子点数前进，并有多种道具、卡片可供使用，通过触发一些特别事件来进行财产计算。——译者注

** 宾果（Bingo）：也可以译为"答对了"。——译者注

① 教育游戏（serious games）：为教给孩子与学校相关的内容而专门设计的电子游戏。它们可能在课堂内外被使用。

学家、作家和独裁者。他们可以尝试着解决现实世界的问题，即使他们还没有真正的专业知识。在为幼儿园的孩子设计的可以扮演一定角色的虚拟世界中，孩子可以学习如何照顾宠物（Marsh，2010）。

教育游戏是否能像传统教学那样促进学习？目前还没有足够的研究来回答这个问题。到目前为止，通过教育游戏学习语言和体育比学习历史、数学或科学更有效。当通过良好的指导将虚拟世界与现实世界联系起来进行反馈时，教育游戏可能是最有效的（Young et al.，2012）。它们可能比传统教学更具吸引力，学生们经常自愿做"功课"以在游戏中取得进步（Barab，Gresalfi，& Ingram-Goble，2010）。

增加休息

美国儿科学会的政策提出，不允许因惩罚或学习原因剥夺儿童的休息时间，因为休息对他们的健康至关重要（American Academy of Pediatrics，2013b）。休息是进行身体活动、社交互动和游戏的机会——所有这些都是有益的（Pellegrini & Bohn，2005）。休息有助于集中注意力：当学生在休息之前已经学习了很长的时间时，他们的注意力会下降，但是在休息之后，他们会更加专注。回想一下图2-11，它表明在轻度运动后大脑更加活跃。在年龄较大的学生中，运动和体育可能具有相同的效果。事实上，更多地参加运动和体育活动的青少年比那些没有参加运动和体育活动的青少年更可能获得较高成绩（Robert Wood Johnson Foundation，2009）。

缺乏休息可能与当前的两种流行症状有关：近视和多动症。在外面玩耍的孩子，他们专注于远处的物体，在休息期间不太可能近视（Wu，Tsai，Wu，Yang，& Kuo，2013）。儿童多动症患病率上升也可能部分是由于休息不足。患有多动症的学生在学校需要更多的游戏时间。即使没有多动症的学生每天也需要几个小时的游戏时间。接受多动症药物治疗的学生会提高他们的注意力，但要以牺牲游戏时间为代价，因为促进注意力集中的药物会削弱他们做游戏的渴望（Panksepp，1998）。

男孩尤其可能需要更多地在学校玩打闹游戏。打闹游戏是男孩们彼此之间发生身体接触的少数几个情境之一。这是一个展示关怀和友谊以及享受乐趣的机会。当教育工作者禁止在校进行打闹游戏时，他们是在禁止男孩彼此表达关怀，而这对于男孩的发展至关重要（Reed & Brown，2001）。

近几十年来，有一种趋势是休息和体育活动的时间不断减少，但美国各学区的差异很大。非裔美国学生和社会经济地位较低的学生比起其他学生来说休息时间更少（Barros，Silver，& Stein，2009）。学业成绩高于美国的国家中的学生在校期间会有更多的游戏时间。例如，芬兰的教育系统是世界上成就最高的教育系统之一。芬兰学生通常在每45分钟课程后休息15分钟（Alvarez，2004）。不幸的是，美国学生在在校期间游戏时间不断减少的同时，校外的游戏时间也逐渐减少。例如，他们更有可能被带到学校学习而不是与朋友一起散步。他们更有可能看电视，而不是和邻居玩游戏。因此，在游戏越来越被忽视或遭到禁止的情况下，在学校让孩子玩游戏就变得更重要了（Ginsburg，2007；Singer & Lythcott，2002）。

总而言之，在这一关于儿童社交的部分中，你已经了解了学生的社交能力对于其在学校取得成功的重要性，以及你作为教师可以做些什么来提升他们的能力。在第九章，你学习了如何提高学生解读他人的能力、道德品质和幽默感。在第十章，你学习了如何促进学生增加亲社会行为、减少攻击性行为，并帮助学生解决冲突。在本章中，你学习了如何提高他们在同伴群体中的接纳度、增进彼此间的友谊以及增加他们在学校的游戏时间。在第五部分"儿童的整体性"中，你将了解身体、认知、情感和社交因素如何共同影响你的学生。

对实践的反思

我的教学

与学生的同伴地位、友谊和游戏相关的重要因素已在其他章节中讨论过。回顾其他章节中的"对实践的反思"部分,了解如何执行以下操作:

- 提升学业能力。具有更高能力的学生在课堂上更容易被接纳(见第五章)。
- 建立安全的师生关系,加强学校联系。安全的师生关系可以保护学生免受排斥和让更多的学生有更多的时间参与游戏(见第六章)。
- 使用有效的管教和权威的教学风格。接受严厉、惩罚性管教的儿童往往受到同伴排斥。权威性教学有助于促进表现不佳的学生发展成熟的游戏能力(见第七章)。
- 提升情绪能力。有情绪能力的学生更容易被同伴接受并且能以更成熟的方式参与游戏(见第八章)。
- 促进社会认知。心理理论的发展可促进友谊的形成并扩大游戏的参与度。幽默是一种与受欢迎程度相关的游戏形式(见第九章)。
- 提升社交能力。亲社会行为可以提高同伴地位,促进形成高质量的友谊(见第十章)。

此外,为了确保你能提高学生的同伴地位、增进其彼此间的友谊和扩大游戏的参与度,请定期问问自己:

(1) 我是否了解课堂上每个学生的同伴地位?我是否知道哪些学生被忽视以及哪些学生被排斥?

(2) 我是否帮助学生发展社交和学业能力?我需要教授学生促进友谊的技巧吗?辅导员可以帮助我与被排斥的学生更好地相处吗?

(3) 我的行为是否对每个学生在同伴中的声誉产生负面或正面的影响?我是否赞扬被排斥的学生的积极行为或特殊才能?

(4) 我是否知道教室的座位安排如何影响学生的同伴地位和友谊?

(5) 我在课堂上使用合作学习吗?如果是这样,那么我是否要求个人和小组都负起责来?我教学生如何合作了吗?

(6) 我是否了解教室里学生之间的友谊?我可以画出我学生的社会关系图吗?我的每个学生都在班上有一个好朋友吗?

(7) 我的学校是否会努力让互为朋友的学生在不同学年都待在一起?我鼓励互为朋友的学生一起工作吗?学生在上学期间是否有足够的机会进行社交活动?

(8) 我的课堂上是否存在消极或积极的同伴压力?我的学校是否不必要地将违规学生组成小组?

(9) 我的学校是否制定了有效的性传播感染或艾滋病毒/艾滋病预防方案?

(10) 我是否促进了在课堂上对游戏的使用?我在课堂上使用了思维游戏吗?

(11) 我的学校是否给学生提供了足够的课间与课余休息时间?我班上的多动症学生是否有足够的身体游戏时间?

同伴地位、友谊和游戏发展的年龄趋势总结

	同伴地位	友谊	游戏
婴儿期与学步期(0~2岁)	● 同伴地位不适用于婴幼儿	● 幼儿最早在10~12个月大时拥有一个可识别的朋友。 ● 幼儿通常只有一个朋友。 ● 友谊中的性别隔离还不明显	● 单独的机能游戏是婴儿期最常见的游戏类型。 ● 社交性假装游戏在2岁左右开始

续表

	同伴地位	友谊	游戏
儿童早期（3~5岁）	● 学龄前儿童在课堂上很容易辨别出他们喜欢和不喜欢的人。 ● 儿童不会排斥退缩的同伴，除非他们的行为很极端。 ● 被认为受欢迎的儿童（好强的领导者）可能早在幼儿园就被识别出来	● 孩子们在3~4岁时使用"朋友"这个词，可以轻而易举地识别他们的朋友。 ● 友谊的基础主要是邻近。 ● 学龄前儿童受到同伴压力的影响。 ● 性别隔离现象3岁时已明显。但学龄前儿童有男性朋友和女性朋友，这是正常的。 ● 学龄前儿童和同伴在一起的时间开始比和成年人在一起的时间更长	● 社交性假装游戏在5~6岁时大幅增加。 ● 游戏变得越来越复杂、社会化，也越来越不真实
儿童中期（6~12岁）	● 直到3年级，社交能力（尤其是攻击性）才与同伴地位密切相关，此后变得相当重要。 ● 在1年级至4年级，社会退缩与被拒绝的联系更加紧密。 ● 同伴地位在小学期间更加稳固	● 大多数儿童有3~8个朋友，从而平均而言形成5~13个社交关系网络。 ● 友谊变得更加稳固。 ● 同伴群体相似性变得更强，尤其是在攻击性方面。 ● 性别隔离达到顶峰。同时有男性朋友和女性朋友是不多见的。 ● 跨越性别界限的朋友较少。6岁时女生的友谊比男生的更亲密。 ● 女孩的社交网络比男孩的社交网络小，而且比男孩的社交网络更具排他性，但后来他们的社交范围却变得相似	● 游戏的频率在儿童中期达到顶峰。玩打闹游戏、结构游戏和规则游戏的频率都在增加。 ● 开始参加体育运动。 ● 假装游戏减少了，但仍然存在。 ● 游戏变得更加复杂和更重视规则
青春期（13~19岁）	● 随着青少年进入高中，同伴地位趋于稳定。 ● 易受消极同伴压力影响的青少年往往来自专制型或放任型家庭。 ● 相比年幼的儿童，教师对青春期学生声誉的影响更小	● 青少年比年幼的儿童花费更多的时间与朋友相处。 ● 女生的社交网络变得比男生更大。 ● 在青春期，同伴群体相似性更强。 ● 犯罪青年可能组成帮派。有些青少年可能会在升入高中初期时暂时加入帮派，但会随后离开。 ● 性别隔离仍然存在于友谊中，但性别界限的跨越更加频繁。 ● 许多青少年在12年级时就有了一段浪漫的关系。 ● 大约一半的年轻人在高中结束前发生过性行为。 ● 有些年轻人认为自己是女同性恋、同性恋、双性恋或存疑者。 ● 性病是青春期最常见的疾病之一	● 青少年经常将工作转化为游戏。 ● 青少年经常玩"心理游戏"。 ● 打闹游戏可能会用来跨越性别界限或掩饰攻击性。 ● 独自的结构游戏和假装游戏仍在继续，但是规则游戏（如棋盘游戏）会减少（但仍然存在）。一个例外是运动的参与人数增加了

本章总结

1. 同伴地位

● 同伴地位是指学生在小组中的被接受程度，通常分为受欢迎型、被忽视型、被排斥

型、有争议型或普通型。
- 同伴地位相当稳定。被排斥的状态是最稳定的。
- 亲社会行为与社交受欢迎度有关。攻击和退缩与排斥有关。自我感觉受欢迎的学生可能具有攻击性——他们不是很受欢迎，但有很高的地位。
- 与同伴接纳相关的教养因素有促进亲社会行为、为同伴互动提供机会以及直接指导。
- 排斥可能导致攻击、抑郁、回避上学和学业成绩低下。
- 同伴地位通常没有性别差异。社会经济地位较低的学生更有可能被排斥。
- 教师可以通过改善学生行为、改变学生声誉，通过有意的座位安排和合作学习来增加社交互动，从而促进学生互相接纳。

2. 友谊和同伴网络

- 大多数学生，包括被排斥的学生，都有朋友。友谊的质量各不相同。由朋友组成的小团体都是小圈子。
- 学生选择与自己相似的朋友，然后朋友变得更加相似。
- 性别隔离在儿童期逐渐增加，但在青春期，性别界限开始交叉。恋爱会对青少年产生积极或消极的影响。
- 大约一半的青少年没有性行为；那些早期开始性活动并且有多个伴侣的人有患性传播疾病的风险。包括艾滋病毒/艾滋病在内的性传播感染在青少年中变得更加普遍。艾滋病与一些学生的心理、行为、认知和运动问题有关。
- 在一个年龄段拥有高质量友谊的学生可能还会在更大的年龄段仍然如此，但他们的朋友不太可能是同样一群人。
- 亲社会学生比反社会学生更有可能拥有高质量的友谊，但反社会学生不一定是没有朋友的。拥有低质量的朋友与犯罪率上升有关。
- 女孩们有更多情感亲密的友谊，但朋友数量、朋友之间的冲突与男孩一样多。
- 与没有朋友的学生相比，在教室里与朋友一起学习的学生在学习任务上投入的时间更多，投入度也更高，更喜欢学校。
- 教师可以通过以下几种方式帮助学生在课堂上建立友谊：常年在课堂上鼓励亲社会行为，加强学生与学校的联系，长时间把互为朋友的学生分在同一个班，提供社交机会，并为有需要的学生招募辅导员。教师不应该将有攻击性的或偏离正轨的青少年聚集在一起。

3. 游戏

- 游戏是一种没有直接功能的、愉快的、自愿的、自发的和灵活的行为。它会影响学生的认知、社交、身体和语言能力。
- 不同类型的游戏反映了不同程度的社交和认知成熟度。具有更强情绪能力和社交能力的学生会玩更成熟的游戏。
- 大多数学生积极参与运动。运动有许多好处，但也有一些要视情况而定。
- 课堂中的游戏，包括教育电子游戏，能激励学生并促进其能力的发展。课间休息则通过为学生提供游戏机会来提高其学业成绩。

第五部分　儿童的整体性

第十二章
语言和读写

儿童应如何掌握好语言并学会阅读和写作？在得知许多教师在教授学生这些技能时感到准备不足时，你是否会吃惊？即使你不是英语教师，没有接受过读写方面的专门培训，你也需具备教授这些技能的能力。本章我们将讨论学生如何习得语言和发展读写技能。当你阅读完这一章，你将能够：

（1）描述语言如何随着儿童的年龄增长而发展，以及如何促进儿童的语言发展。

（2）说明读写技能如何随着儿童年龄增长而发展以及如何促进儿童掌握良好的阅读和写作技能。

（3）把主要的学习认知理论应用于读写教学。

一、语言发展

> 沙弗（Shafer）老师将迎来一位4年级的学生麦卡（Micah）。她有些失望，因为在3年级整个学年，她经常看到麦卡在过道上被老师责骂；她不希望班里再多一个"问题"学生。果不其然，自从麦卡进入4年级后，他常有不良表现，如总是上学迟到。沙弗老师希望尽快改变这种状况，因为上课后再进入教室会让麦卡很难跟上进度。沙弗老师为麦卡买了一个闹钟，这样他就按时到校了。几周后，麦卡对老师说："我能一直留着……呃……那个计时的东西吗？"这个简单的问题表明麦卡不知道表示钟表的单词。受此启发，沙弗老师开始关注麦卡语言不足的其他表现。她专门安排麦卡与语言专家见面。随着麦卡口语表达能力的提高和单词量的增加，他的行为也得到了改善。现在，麦卡9年级了，他的成绩发生了根本性转变，平均学分绩点成绩提升到B-，只是偶尔行为失当。

麦卡的语言问题阻碍了他在学校的发展。他为什么会出现语言问题？原因可能是多方面的，如儿童的身体、认知、情感和社会性都会影响复杂技能（如语言）的获得。文化也会影响语言。我们将在本章讨论这些问题，不过先让我们从语言的定义开始。**语言**①是以系统方式运用、使人们彼此交流的单词或符号的集合。语言包括言语、符号语言和手势语。因此，语言可以分为非言语性语言和言语性语言。

---

① 语言（language）：可系统运用、使人们彼此交流的单词或符号的集合。语言可分为言语性语言和非言语性语言。

1. 语言类型：非言语性语言和言语性语言

非言语性语言①是指不需要文字，而是借助姿态、手势和面部表情等沟通方式的语言形式。手势语可能是与生俱来的语言，是形成言语和思想的基础。言语和手势语常常如影随形。儿童 7 个月时，它们便"形影不离"，一直到成年时期也没分开——尽管婴儿的呢喃之语并非真正的语言（Iverson & Fagan, 2004）。事实上，当你限制住成年人的手时，他们的语言便开始变得不太流畅了。

与非言语性语言相对应，**言语性语言**②包含文字和口语。通常情况下可以分为接受性言语和表达性言语。接受性言语通常是指理解他人的言语，表达性言语通常是指用言语表达自己的思想让别人理解。表达性言语的发展通常落后于接受性言语的发展。例如，一个 1 岁的儿童可能会服从"把你的鞋拿过来"这一指令，但未必能说出这句话。因此，你班级里的那些语言能力发展不良的学生更有可能存在表达性言语障碍，而不是接受性言语障碍。

言语性语言包含五个构成要素：（1）音素；（2）词素；（3）语义；（4）句法；（5）语用。最基础的层次是**音素**③或者语音。单词"dog"有三个音素 /d/、/ɔ/、/g/。字母 g 包含两个音素，硬音和软音。前者如单词 get，后者如单词 gin。语言中的音素是有限的，英语中大约有 50 个音素，其他语言中有 100～800 个不等的音素（Beatty, 2001; Gibbs, 2002）。**语音意识**④是指辨别音素或语言声音结构的能力。这项能力对于学会阅读非常重要（Hulme & Snowling, 2013）。如果学生能完成以下任务，则表明他们具备语音意识：既能说出 plig，又能说出 pig，或者辨别出 bat、pad、bad 中哪个单词没有押韵，或者用手指数出单词 mat 音素数量，这个单词包含 /m/、/æ/、/t/ 三个音素。

语言的下一个层次是**词素**⑤，词素是语言中最小的语义单位。词素是最小的语义单位而不是语音单位。词素通常包括词根、前缀和后缀。单词 dogs 有两个词素，/dog/ 和 /s/。/s/ 表达复数的含义。单词 unhelpful 包括三个词素：/un/、/help/ 和 /ful/。如果你改变单词 dog 的一个音素，将单词变为 fog，就会变成另一个词素。词素意识对学会阅读通常是重要的。如果学生能够了解单词的构造，并且能掌握它们，那么就说明他们具有很好的词素意识，比如从单词的现在时态（John feeds the fish）转变为单词的过去时态（John fed the fish）。

语义⑥指创造意义，或者说使用单词或单词组合表达意义。当你教词汇时，你提升的是学生的语义能力。**句法**⑦是指用单词构成短语和句子的方式，比如动词后面跟名词，副词放在动词的前面。"He reads the book"是英语中一个典型的句法，但是"The book he reads"是土耳其语中一个典型的句法。**语用**⑧是指根据社会文化的规则恰当地使用语言。例如，你会根据是在请求对方还是在命令对方，或者是在跟一个孩子说话还是在跟一个老板说话调

---

① 非言语性语言（non-verbal language）：不需要文字，而是借助姿态、手势和面部表情等沟通方式的语言形式。
② 言语性语言（verbal language）：与非言语性语言相对应，包含文字和言语的交流形式。
③ 音素（phoneme）：说话中的一个声音，是语言的最基础单位。
④ 语音意识（phonological awareness）：辨别音素或语言声音结构的能力。
⑤ 词素（morphemes）：最小的语义单位，包括词根、前缀和后缀。
⑥ 语义（semantics）：语言的意义。
⑦ 句法（syntax）：单词组织成短语或句子的方式。
⑧ 语用（pragmatics）：语言在社会情景中是如何被使用的。

整你的语言。为了理解一个口语句子,你必须辨别出音素,将这些音素串成单词,解释它的词义,分析句法,使用语用规则(Trout,2003)。你的大脑能够在一瞬间处理你母语中所有这些构成要素。让我们来看看这一超乎寻常的能力是如何发展的。

2. 语言发展的年龄趋势

语言在人生的前五年发展迅猛。到儿童中期,发展则相对缓慢,但是语言发展的重要阶段会持续到成年。

婴儿期与学步期(0~2岁)

儿童的先天喜好与能力可以帮助他们发展语言能力。例如,婴儿更喜欢听与他们交流的人类声音,而不是单纯的背景性声音或者是类似的复杂而非人类的声音(Shultz & Vouloumanos,2010)。当看护人与儿童互动时,儿童能学会轮流说话(Bornstein, Putnick, Cote, Haynes, & Suwalsky, 2015)。轮流说话是交流必要的构成部分。幼儿也更希望成年人用儿童的语言与其沟通(Kinzler, Dupoux, & Spelke, 2012)。

婴儿的非语言交流首先是借助情感表达、音调和手势来实现的。幼儿像使用单词一样使用手势。例如,他们做出一个"抓"的动作,想要表达的是"把那个给我"。他们举起双手,则意味着"把我抱起来"。用手示意是非常重要的,婴幼儿都会朝着成年人指向的地方看。他们也会用手指吸引成年人的注意力(Tomasello, Carpenter, & Liszkowski, 2007)。用手指分享对某件事情的兴趣是人类特有的能力。例如,一个儿童指着鸭子可能是因为他希望他的爸爸看这些鸭子。

幼儿开始学会将手势和单词结合起来使用。当你与幼儿交谈时,借助手势会帮助幼儿理解你的语言。例如,你指着一本书时可能会说"把那本书给我"。如果你的手势和语言不匹配,比如指着一块黏土说"把那本书给我",幼儿就会顺着你手指的方向,把黏土递给你。而大一些的儿童会理解你的语言,把"那本书"递给你。大一些的儿童会把语言放在首位(见第三章)。

大脑研究

高效的大脑让语言学习更困难

刚出生时,你可以区分英语、汉语、契维语(TWi)或任何一门语言的所有语音。但是,当你到1岁的时候,你可能就无法信心十足地辨别出非母语语言的语音了。以汉语为母语的婴幼儿更能辨别出汉语中的细微差别,对英语则不会那么敏感。反过来也是成立的。一个婴儿,咿呀学语时,可能使用很多语言中的音素,但是,1岁后,就只能使用母语中的音素了(Gervain & Mehler,2010)。

这意味着,与出生时相比,现在的你很难分辨出另一种语言中的细微差别。作为一个孩子,你在学习其他语言时,可以发展出与本族人一样的口音、节奏和语法,但是现在的你很难熟练掌握一门语言和地道的发音(Fox, Levitt, & Nelson, 2010)。

这是否意味着婴儿时期的你更聪明呢?通常不是。相反,现在你的大脑效率更高了。回忆一下第二章的内容,你的大脑会修剪没有使用的突触。剩余的回路会更高效、更协调(Blakemore & Choudhury, 2006)。任何时候通过学习像掌握母语一样掌握另一种语言都不晚吗?答案是没有明显的截止时间,但儿童早期往后,将会变得越来越困难。

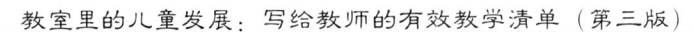

儿童早期（3~5岁）

在出生后的三年里，言语会替代手势（Iverson & Goldin-Meadow，2005）。新生儿是不会讲话的，但学龄前儿童几乎都可以流利地讲话。表12-1列出了这一巨大的变化。这种变化的顺序不受文化和语言的影响，是放之四海而皆准的，即使是仅接触符号语言的失聪儿童也是如此。2~6岁的儿童，即使他们到其他国家，学习语言的顺序也是如此，比如从俄罗斯到美国，尽管他们要比婴儿快一些（Snedeker, Geren, & Shafto, 2007）。表12-1描述的是大致的情形，这是因为某些变易是正常的。

表12-1　0~3岁儿童语言能力的发展

年龄	出现的能力
出生时	与其他更复杂的声音相比，更喜欢人的声音。 与男人的声音相比，更喜欢女人的声音。 与其他女人的声音相比，更喜欢母亲的声音。 不同的哭声具有不同的特质，传递不同的意义
1~4个月	开始咕咕叫，这意味着婴儿能发出类似元音的音，如"ooh"或"ahhh"
3~8个月	开始咿呀学语，婴儿能发出一连串的辅音-元音音节（例如Ma-ma-ma）。这种咿呀学语为孩子口语的发展提供了练习的机会。6个月时，咿呀声中包含很多不是母语的音素。失聪的儿童也能咿呀学语。 婴儿能区分世界上各种语言的大部分语音。 能够分辨出家庭成员的名字。6个月时，婴儿能够辨别出自己的名字，知道"爸爸"是指他们自己的爸爸，而不是妈妈，或者其他男人。 7~8个月大时，婴儿能够从流利的言语中划分出每一个单词
9~10个月	指示物体的接受性语言开始发展。当有人说"blankie"时，婴儿能够看着这个东西。婴儿开始理解"no（不）"，婴儿能够理解大约50个单词，但是几乎不会说。 失聪的婴儿停止咿呀学语。 早期的手势开始出现，并用来沟通交流，但主要用来指示东西
10~15个月	接受性语言增长很快。 大约12个月大时，婴儿开始使用单词。婴儿首先使用的单词是高社交性的，比如"再见"、"喂"以及最喜欢的人的名字。通常情况下，婴儿用一个重复的声音来指代某个东西，例如用"baba"来指"bottle"。 能够区分外国语言音素的能力消失了
15~18个月	婴幼儿能够理解简单指令，例如"把你的鞋拿过来"。 幼儿能够说长句子，这些句子虽然从语调上听起来有意义，但实际上并没有什么含义。所以尽管你不能理解儿童在问什么，但你能意识到他在问你一个问题。 言语中开始出现表达多个含义的单词，例如"cookie"可能是指"我想要饼干"，也可能是指"看，那儿有一块饼干"。 幼儿已经可以使用50个单词，这可以说是一个里程碑。单词的学习开始的时候比较慢，每周大约2个单词。在这一阶段的某个时候，当儿童每天能学习9个单词时，词汇学习的爆发期就开始了
18~24个月	第一批句子出现了，换言之，开始将多个单词组合起来表达意义。这种情况只有在儿童能认知50~200个单词时才开始出现。 讲话的平均长度为两个单词。这是句法和电报言语的开始，这主要是因为这种语言和电报一样，没有功能词汇。例如说"想要饼干"，而不是"我想要饼干"。一个幼儿以下面的顺序问"妈妈去哪里了"，从中可以看出如何从一个单词变成电报言语，最终变成一个完整的句子。12个月："妈妈？" 14个月："妈妈去？" 21个月："妈妈去哪里了？" 通常情况下会把常用的短语当作一个长单词来处理，例如谢谢或住手。 快速记忆非常明显（通过一次展示就能学习一个单词），但是儿童可能需要多次使用单词才能掌握得比较牢固

续表

年龄	出现的能力
24~30个月	平均词汇量在 500 个至 600 个之间。 说完整句子时，开始使用语法词汇，如 of 或 the 等。24 个月大的儿童中，只有 10%~15%可以使用单词 the 和 these。但是 30 个月大的儿童中，这一比例可以提高到 50%~60%。

资料来源：摘自 Bion，Borovsky 和 Fernald（2013）；Bornstein 等（2015）；Conboy 和 Thal（2006）；Gervain 和 Mehler（2010）；Graham，Nayer 和 Gelman（2011）；Jusczyk（2002）；Kucker 等（2015）；Snedeker 等（2007）。

当你和儿童说话时，你的语调可能比较高，比较夸张地使用抑扬顿挫，节奏比较慢，词汇量比较小，比正常的语言更重视节奏。这就是所谓的**儿童导向的语言**①（也被称为妈妈语）。不同文化中的成年人都会使用这种儿童导向的语言。甚至学龄前儿童对更小一点的孩子也会使用这种语言讲话。只有几天的婴儿更喜欢听儿童导向的语言而不是成年人导向的语言（Eaves，Feldman，Griffiths，& Shafto，2016）。儿童导向的语言能激活儿童的大脑，与成年人导向的语言相比，更有助于他们的学习（Golinkoff，Can，Soderstrom，& Hirsh-Pasek，2015）。

儿童中期（6~12 岁）

1 年级前，儿童通常能掌握其母语的音素或者发音规律。他们也掌握了词素和句法的基本知识，或者将句子拼放在一起的语言规则。1 年级的儿童对语言的掌握如此好，以至于他们开始用语言做游戏。他们的大部分幽默都集中在语言上，诸如"敲门，敲门"的笑话（见第九章）。同时，他们的语义能力发展迅速，尤其是词汇量。

小学生会经历一个比幼儿更显著的词汇量剧增。例如，一项经典的研究表明，1 年级孩子的词汇量大约是 1 万个，3 年级约 2 万个，5 年级会达到 4 万个（Anglin，1993）。这些估计是比较保守的，但是即便如此，这也意味着小学生每天要学习 20 个单词。你认为你现在能学习这么多吗？

儿童一年间通过直接教学学习几百个单词，而不是几千个。儿童是通过推理来学习大部分词汇的。例如，如果知道"piglet"是指一头小猪的话，那么儿童能推测出"treelet"是指一棵小树。尽管 1 年级的孩子具有这种推论的能力，但他们不像年龄较大的孩子那样热衷于此（Anglin，1993；Carlisle & Fleming，2003）。

青春期（13~19 岁）

在青春期，孩子的词汇量继续增加。一些比较小的青少年通过推理学习单词，这种方法通常很有效，但有时会出错。一个 9 年级的学生会将"vocational education"（职业培训）理解为"声音训练"，因为她根据"voca"猜测这个单词可能与声音（vocal）有关。但是，几天之后，她听到一个成年人夸赞社区的职业电脑编程班。"啊，这就是 vocational*的含义吗？"她问道。不难发现，她通过记忆和解决问题进行了自我纠正。

儿童的句法能力也会持续增强。从幼儿园到 12 年级期间，句子会变得越来越长、越来越复杂。比如，一个 3 年级的学生可能会说"我从图书馆借了一本书"（I got a book from the library），但一个 11 年级的学生则可能会说"当我到图书馆时，我借了一本琳达推荐的

---

① 儿童导向的语言（child-directed speech）：一种与儿童说话的风格，通常语调较高，起伏较大，语速较慢，也被称为妈妈语。

* "vocational"的意思是"职业的"。——译者注

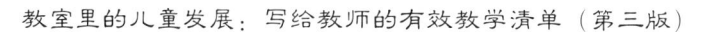

书"(When I went to the library, I got the book Linda recommended.)(Nippold, Hesketh, Duthie, & Mansfield, 2005)。

随着青少年对听众的把控能力的增强,他们的语用能力也在持续发展。他们心里清楚向朋友八卦自己没做作业的理由和向老师解释作业没做的理由是不同的。与小学生相比,青少年加工语言的速度会更快。他们会使用比较复杂的单词游戏,例如双关,来制造幽默。

非凡的语言学习能力

为了掌握语言,青少年必须将单词与具体的物体或事件联系起来;必须掌握一些抽象的单词,例如 truth,或者纯粹的语法词,例如 the、a 或 that;要在语流中分割单词,需要区分名词、动词、介词,并把它们按正确顺序放在一个句子中。这是一项多么复杂的任务呀!此外,词汇的数量之巨又加大了这一复杂程度——一个 2 岁的孩子一天通常会听到 2 万~4 万个单词!(Kuhl, 2000)。但是,一个咿呀学语的儿童不需要正规的培训,仅仅依靠日常的互动便能掌握他们的母语。这是如何成为可能的?因为非常小的孩子已经具备如下学习语言的能力:

● 在子宫中可以听到语言。从妊娠 30 周起,婴儿就能辨别男性与女性的声音,能够区分母亲的声音和其他女人的声音,能区别不同的辅音和元音(Kisilevsky et al., 2003)。

● 区分语法词汇和表意词汇(Shi, 2014)。表意词汇是指名词和动词,比如咀嚼、躲藏、椅子等。语法词汇通常为句子提供支架性结构,比如 the, a, and, you, that 等。

● 记忆与学习能力(参见第三、四章)。幼儿只要与一个新词接触一次,就很可能记住这个词(Jaswal & Markman, 2001)。这种能力被称为**快速记忆**①。有一个著名的实验可以说明这种情况。成年人问学龄前儿童:"你们看,那里有一个托盘,把铬色的给我,而不是红色的那个,记得是铬色的"。学龄前儿童知道红色,但从未接触过"铬色"这个单词。仅仅是这样的一次接触,一周后,这些儿童就能够正确地分辨铬色,即实验中的橄榄绿(Carey & Barlett, 1978)。但是,深度理解一个单词则需要儿童用多种方式与单词接触(Kucker, et al., 2015)。

● 无须直接指导而建构规则的能力(参见第三章)。如果你告诉儿童一只鸟是"wug",那么儿童会告诉你两只鸟是"wugs",这说明他们已经建立了基本的句法规则(Gleason, 1958)。但他们也可能会将这一规则用在不规则变化的单词上。比如他们会说"goed",而不是"went"。"goed"是符合用 ed 来标识过去的行为这一语法规则的。这样的错误被称作过度规则化。

● 推理能力(参见第四章)。快速记忆是推理能力的体现。在上文的铬色实验中,学龄前儿童推理出不是红色的那个托盘一定是铬色的。另外,儿童能根据句法规则推论出单词的含义。比如你说"she blicked the baby",他们会推断出 blick 是你对某个东西做的某个动作(Yuan & Fisher, 2009)。这种根据句法推理单词含义的能力被称为句法引导②。

即便儿童具有这些能力,一些学者还是说语言太过复杂,儿童在这个年龄段是难以掌握的,他们认为语言在大脑中早已存在。儿童究竟是如何学会语言的,目前还是一个争论较大的问题(见专栏 12-1)。的确,每一个儿童都会使用语言,但儿童在学习语言上是存

---

① 快速记忆(fast mapping):在没有刻意指导或纠错式反馈的情况下,儿童仅仅凭借一次或最低限度的接触就能学习到一个新词的能力。

② 句法引导(syntactic bootstrapping):儿童在没有明显指导的情况下,仅仅根据单词在句法结构中的运用推断其意义的过程。

在个体差异的。这是我们下一部分将要讨论的话题。

3. 语言发展的个体差异

你已经了解了儿童语言发展的一般年龄趋势。对于一些儿童，其语言发展可能会推迟，落后于一般儿童语言发展的年龄趋势。语言发展推迟的原因众多，有生理、认知、情感或社会等方面的原因，具体而言，如听力障碍、认知障碍、自闭症、紊乱型依恋、基因错位等（Bishop，2006）。

另外，即使没有语言发展推迟的现象，一些儿童的语言能力也可能会弱于其他儿童。在儿童20个月到14岁的这段时间，其语言能力发展明显不同，但是在4岁后，儿童语言发展的稳定性要高一些（Bornstein，Hahn，Putnick，& Suwalsky，2014）。这意味着最好的语言干预期是在4岁以前。然而，我们很难辨别儿童究竟是说话搞笑还是语言发展推迟。通常情况下，1年级的儿童只要能够清晰地说出单词，即便说话有点搞笑，也无须担忧（Bishop & Snowling，2004）。说话稍微晚一些的幼儿通常情况下在5～6岁时也能发展出正常的语言能力。回顾一下第六章中那个害羞的埃里克，他虽然说话晚，但后来的学业表现仍然很优异。然而，一些24～30个月大时才开始说话的儿童可能直到青春期都存在语法能力弱、词汇和阅读理解表现不佳的问题（Rescorla，2005）。如果你关注到某个特殊的儿童，那么可以向语言专家寻求帮助。联邦政府的《残疾人教育法》规定必须兼顾每一个儿童。

专栏 12-1　　　　　理论与理论家

作为核心知识的语言：一场大辩论

孩子是如何在短短的几年内学会语言的？历史上存在截然不同的观点，如环境主义者的观点（后天）和先天论者的观点（天生）。斯金纳是环境主义者观点的代表人物。根据行为主义者的观点，所有的行为都是环境塑造的（参见第三章）。儿童的行为是当前和过去行为不断强化的结果。成千上万的研究证明强化塑造了人类和动物各种各样的行为。言语行为为什么会不同呢？儿童是在他们的咿呀学语得到强化后学会说话的。儿童学会像他们周围的人一样说话。日本的小孩学习日语，而不是芬兰语。斯金纳在1957年出版的一本让人着迷的书就是关于这个话题的，书的名字是"言语行为"（Verbal Behavior）。

诺曼·乔姆斯基是先天论的代表人物。他认为把单词放在一起组成句子，这是先天的，或者是由生物性决定的，而不是习得的（Chomsky，2006）。因此，句法是核心知识（参见第五章），他将其称为普遍语法。乔姆斯基认为它是人类新生儿伴随自然选择进化的基因型的一部分。但是，每个人都会学习母语的具体词汇。在1959年，他写了一本著名的评论斯金纳的书，引发了一场大讨论（Chomsky，1959）。这场大讨论至今还在继续。乔姆斯基认为行为主义可以解释其他方面的行为，但不能解释语言。

先天论者的证据是什么？第一，孩子不仅模仿他听到的，还能够借助既定的词汇，使用语法生成一系列他们之前从未听到过的句子。这些句子不是通过条件反射学会的。第二，全世界的儿童几乎以相同的顺序在相近的时间学习语言，正如在表12-1中列举的那样。第三，语言在不同的种族之间惊人地相似。词汇和语音在不同的语言之间变化很大，但是句法的变化不大。乔姆斯基认为所有的人类似乎拥有一种语言，只不过彼此之间存在小小的变体而已。第四，低等的动物有一个由生物性决定的机制，这一机制

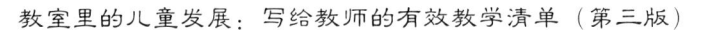

可促进它们的交流，为什么人类就没有呢？第五，或许最有力的证据是学习语言对于儿童来说是如此艰难的一个任务，不可能通过操作性条件反射学会。乔姆斯基写道："所有正常的儿童能够以相同的速度学习相当复杂的语法，这一事实表明人类天生可以做这件事情……"（Chomsky，1959，p.57）。

语法有抽象的规则，因此是复杂的。没有人专门教孩子这些规则。实际上，你可能无法说明你所使用的语言的语法规则，但是一个3岁的儿童可以使用它们。为什么不将它归功于人类数百万年的进化，而仅仅归功于几年的学习呢（Chomsky，2006）？

斯金纳认为乔姆斯基的观点是没有逻辑的。任何不可学习的东西都不可能经过进化遗传，因为任何对个体没有影响的东西都不可能获得进化选择的优势。正如一个理论家所说的，"进化和强化理论都认同只有增大生存概率的行为才能存在下去，或者大体可以说，它是强化的结果"（MacCorquodale，1970，p.94）。如果语法对人有影响，那么，它就可以被学习。

当代的观点是什么？当下，行为主义者认为词汇量的扩充取决于练习和示范，这种观点已经得到了普遍认可。但是，行为主义者认为儿童是被动的学习者，这一观点是不被接受的。相反，有学者认为儿童是主动的学习者，他们指出语言取决于信息加工能力。他们将其归因于类比推理（Ninio，2006）。例如，幼儿学习单词组合的特定形态如动宾结构"get blankie"之后，就会将学过的结构应用在新的组合上，如"want cookie"（Bannard & Matthews，2008）。他们也会根据听到的一组声音的频率来统计哪些单词更有可能放在一起（Aslin & Newport，2012）。例如，当一个婴儿听到"whataprettybaby"时，他们如何知道"pretty"和"baby"是单词，而"tyba"不是？为什么它不是单词？因为"pre"作为单词的第一个音节比"ty"作为单词的第一个音节更常见。从统计的角度看，"tyba"不可能是一个单词（Pelucchi，hay & Safffran，2009）。婴儿注意到/nt/经常出现在单词的结尾（如went，want，point，plant），如果听到/nt/，就会预测一个单词的开头要出现了（Gervain & Mehler，2010）。你不会认为8个月的儿童是一个统计员，但他们能够在一种新的语言中根据频率来辨别出语流中的单词。一个婴儿听到"Mommylovesherlittlegirlareyoumommyslittlegirl"时，可能会意识到mommy是重复出现的。

一个婴儿一旦能够辨别出语流中的单词，就能够将单词和意义联系起来（Estes，Evans，Alibali，& Saffran，2007）。他们确实会使用统计原理。尽管儿童在将单词和物体清晰地联结在一起时，能够快速地记住它们的关系，但通常情况下单词和物体的联结是不清晰的。他们通常情况下先学习具体的名词，再学习动词，如go。婴儿认为经常和物体配对的词是该物体的名称（Yu & Smith，2007）。婴儿会主动将他们听到的语言中的模式找出来，以此来学习词汇和语法（Gentner & Namy，2006）。

这种统计学习不仅仅发生在婴儿期。例如，6~8岁的儿童学会主动语态"一个小男孩正在推一个小女孩"的时间要比学会被动语态"一个小女孩正在被一个小男孩推"的时间更早，因为主动结构在英语中更常见（Kidd & Arciuli，2016）。你会发现小一点的孩子在理解被动句上可能有点困难。

通过统计和类比进行学习的能力，以及儿童其他超乎想象的学习能力，更加支持环境主义者的观点，而不是先天论者的观点。换言之，语言学习的大部分都可以用学习的一般过程加以解释（Gentner & Namy，2006）。然而，这并不排除生物性先天遗传的可能性，这种可能性和学习一起推动人类语言能力的发展（Spencer et al.，2009；Toro，Nespor，Mehler，& Bonatti，2008）。

儿童语言能力的个体差异会带来什么影响？

语言能力低会影响儿童的学业成绩，正如本章开头案例中的麦卡。班里的同学难以理解他的话，他的谈话方式古怪。比如，描述他的狗时，他会说："很多情况下，它对着小孩吠叫，有时，它吃吃喝喝。"麦卡交流不畅，表达不清晰，同伴们都疏远他，所以休息时，他常常一个人独自玩耍。他阅读时也很吃力。在接受干预以前，他的语言问题明显影响了他的学习能力和社交能力。

学业成绩

非语言能力低可能预示着儿童学业成绩也低。那些不能理解他人非语言信息的学生在标准化考试中的分数比较低（Nowicki & Duke, 1992）。同样，语言能力低也预示着存在学业问题和学习障碍。语言能力和数学能力密切相关，这可能是由于它们所涉及的大脑区域是相同的（Gelman & Butterworth, 2005）；也有可能是因为语言能力低意味着执行功能弱（Kuhn et al., 2014）和处理速度慢，而处理速度稍慢也意味着学业成绩低（参见第四章）。

词汇量是语言能力的重要方面，因为它会影响阅读能力。一个词汇量稍大的2岁儿童在幼儿园的阅读和数学成绩可能会比其他词汇量小的儿童好（Morgan, Farkas, Hillemeier, Hammer, & Maczuga, 2015）。词汇量与儿童处理信息的速度密切相关，甚至可以精确到毫秒（Marchman & Fernald, 2008），而这一点对快速阅读很有帮助。学生词汇量大，阅读就会更容易，就越享受阅读，因此阅读量就会变大，反过来又会增加词汇量。想象一下，你是麦卡，如果你不知道"clock"这个单词，那么你如何阅读4年级的书？

社交能力

无论是语言能力还是非语言能力都可以预测社交能力。一个学生如果不能读懂他人的非言语信息，就可能会没有朋友，甚至被同辈群体排斥。同样，一个用语言表达自己想法有困难的儿童可能会出现行为问题，比如麦卡（Dionne, Boivin, Tremblay, Laplante, & Perusse, 2003）。你可以看看4岁的基根（Keegan）：

> 基根正在用他身边的五支蜡笔涂色。另一个男孩拿起其中一支蓝色的蜡笔。基根想告诉他将蜡笔放回去，但是他讲话有点口吃，说不出话来。他感到有些挫败，于是打了小男孩一拳，并把画笔夺了回来。

有些儿童如果语言交流存在困难，就很有可能用暴力的方式沟通。有一些儿童可能不会攻击，但可能会退缩。相较而言，语言能力比较好的儿童可能会相互合作，共同玩耍，化解冲突，更有效地与同伴沟通（NICHD Early Child Care Research Network, 2001a; Morgan et al., 2015）。

什么因素会导致儿童语言能力的个体差异？

基因可以预测儿童语言能力的个体差异（Christopher et al., 2015）。信息加工技能也可预测儿童语言能力的个体差异。记忆力和问题解决能力好的儿童语言能力会更强，相反，信息加工慢、执行功能弱、工作记忆能力弱的儿童可能会有语言障碍（Im-Bolter, Johnson, & Pascual-Leone, 2006; Rose, Feldman, & Jankowski, 2009）。

失聪或听力受损的儿童发展符号语言的模式与听力正常的儿童发展口语的模式非常相似，但是前者可能会出现语言推迟现象。这一点在语法上表现得尤为明显（Lederberg, Schick, & Spencer, 2013）。他们可以从干预中获益，干预越早越好。除了基因、认知、生理等因素外，社会认知能力也可预测语言发展情况。

社会认知

儿童可以通过社会认知学习语言。实际上，有些科学家认为共同注意对语言学习至关重要（Tomasello et al.，2007）。这是因为儿童弄清楚其他人正在看什么的能力有助于他们学习新词汇。想象一个幼儿指着池塘里的鸭子，这时突然有一只鸭子飞了起来。爸爸看着鸭子说："看，鸭子飞走了。再见，鸭子。"这个孩子看到爸爸注视着鸭子，于是她也注视着鸭子，学着爸爸说："再见"。在共同注意中，她把单词和具体的事物联系了起来。研究表明，使用共同注意的儿童语言技能发展更好（Munday et al.，2007）。与儿童聊天时，使用共同注意的父母能更好地发展儿童的语言能力（Tomasello et al.，2007）。

儿童的心理理论可以帮助他们超越共同注意，推断出一个成年人正在讨论什么。幼儿听到妈妈在打电话时使用到一个新词，他们不会将这个词和妈妈正在看的东西联系起来。然而，如果他们发现妈妈摸、观看、使用某个物体时用了一个新词，那么幼儿会将这个词用在这个物体上（Golinkoff & Hirsh-Pasek，2006）。没有心理理论，他们是做不到这一点的，即不知道他们的妈妈在想什么。社会认知能力强，尤其是共同注意和心理理论发展好的儿童，一般有更好的语言能力。那么，什么能促进心理理论能力的发展呢？如果你学习过第九章，那么，你就会了解到其中的一个答案是与他人互动，包括与同伴和成年人互动。

社会互动

在之前的章节中，你已经了解到社会活动如何促进儿童语言发展：

- 在第六章，你了解到依恋和儿童语言能力发展关系密切。感到安全的儿童语言能力可能会更强。儿童的父母更敏感、更懂得回应儿童，而不是直接命令儿童，儿童学习语言会更快（Pungello, Iruka, Dotterer, Mills-Koonce, & Reznick, 2009）。当一个幼儿说"ba ba in wa wa"时，回应性的语言是："好，我会把泡泡放在你的洗澡水中"。如果幼儿的母亲抑郁，缺乏回应，那么儿童的词汇将比较有限（Pan, Rowe, Singer, & Snow, 2005）。例如，如图12-1所示，在一项研究中，几乎所有妈妈具备高回应性的幼儿在13个月时会掌握50个单词，但妈妈的回应性低的幼儿中只有20%能达到这一水平。

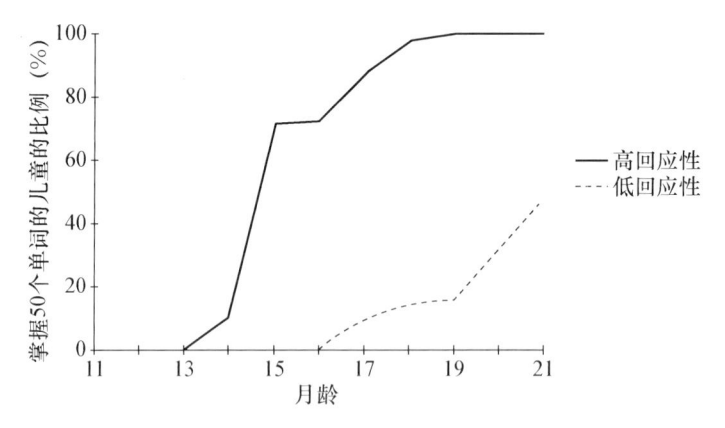

图12-1 母亲的回应能预测婴儿的语言能力

如果母亲对孩子的游戏和发声回应性比较高，那么，孩子掌握50个单词的时间会比母亲回应性低的孩子早。掌握50个单词标志着以后单词量的爆发式增长和开始使用句子。有高回应性母亲的孩子中，40%的孩子在多大月龄可以掌握50个单词呢？有低回应性母亲的孩子中，40%的孩子会在何时掌握50个单词？

资料来源：Tamis-LeMonda, Cristofaro, Rodriguez 和 Bornstein（2006）。

- 在第七章中，你已经了解到如果父母采用诱导的管教方式，儿童的交流能力就会更强，可能主要是因为父母在管教时会和儿童协商讨论。而且，如果父母培养孩子的自我控

制能力，那么儿童的语言能力会发展得更好（Lunkenheimer et al.，2009）。

- 在第八章，你了解到儿童的情绪调节能力越强，他们的语言能力越好。在充满负面情绪和缺乏回应的环境中，儿童的语言发展会失调。
- 在第十一章，你了解到经常参与适龄的社会性假装游戏的儿童的语言能力发展得更好。如果语言能力弱的儿童多参加游戏活动，他们的语言能力就会得到发展。游戏为孩子用语言与同伴交流提供了动力，也为他们向同伴学习语言提供了机会。你也了解到如果儿童所在的学校的同伴语言水平高，那么，他们自身的语言能力也会更好（Mashburn, Justice, Downer, & Pianta, 2009）。

除此之外，在之前的章节中你也了解到，两种类型的社会互动对儿童的语言发展尤为重要，即言语互动和共同阅读。

言语互动

儿童是通过与成年人的言语互动学习语言的（Warlaumont, Richards, Gilkerson, & Oller, 2014）。语言学习不是被动地听，而是在互动中进行。只看电视或在家里无意间听人讲话对儿童语言发展的作用很小（Schneidman, Arroyo, Levine, & Goldin-Meadow, 2013; Weisleder & Fernald, 2013）。如果是带有眼神交流、包括互动式问答的对话，那么视频聊天可能会有帮助（Roseberry, Hirsh-Pasek, & Golinkoff, 2014）。

言语互动的数量和质量都很重要。尽管在婴儿期数量很重要，但到2岁时，质量则更重要（Hirsh-Pasek et al., 2015; Rowe, 2012）。质量是指使用不同的单词、复杂的单词和复杂的语法。例如，研究发现，母亲健谈并不能预测儿童的词汇量，相反，母亲使用的直接针对儿童的单词数量和单词的多样性，则可预测儿童的词汇量（Hirsh-Pasek et al., 2015; Pan et al., 2005）。使用不常见词汇的父母，其孩子的词汇量会更大。通常情况下，成年人的词汇量为40 000～100 000个，但只有3 000个经常使用的词。一项研究发现，社会经济地位低的父母与学龄前孩子之间99%的谈话只用3 000个最常见的词（Weizman & Snow, 2001）。一些儿童没听过那些不常见的词汇，但另一些儿童却经常听。对学龄前儿童而言，如果他们的父母倾向于使用不常见的单词，那么，他们在2年级会有更丰富的词汇。

共同阅读

另一个可以预测儿童词汇能力的因素是共同阅读。读书给孩子听，孩子的词汇和认知能力会比没有听过书的孩子好（Raikes et al., 2006）。读书不完全是由父母推动的。孩子语言能力强，就会主动要求父母为其读书。这会有一个层叠式的效应，即父母读书给孩子听，会扩大孩子的词汇量；孩子词汇量扩大会促使他们找书来读，这反过来又会增加孩子的词汇和知识。对风险家庭而言，需要训练父母与孩子共同阅读故事书，促进父母与孩子互动，并最终提升孩子的学习能力（Landry et al., 2012）。

4. 语言发展的群体差异

语言能力和非语言能力都存在群体差异，但是不同群体间的差异小于群体内的个体差异。例如，之前讨论过的研究发现，语言能力在低社会经济地位群体中存在相当大的不同。当你阅读到有关组间差异的论述时，记住需要考虑组内的差异。

性别

与男生相比，女生具有更大的语言优势（Morgan et al., 2015）。女生更能准确阅读非语言信息（Ambady, Bernieri, & Richeson, 2000）。她们在语言发展方面会更早一些达到掌握50个单词这一具有里程碑意义的水平。例如，一项研究指出，学步期的女孩平均比男孩早一

个月掌握50个口语单词（Tamis-LeMonda，Bornstein，& Baumwell，2001）。这类不同性别之间语言能力的差异未必总能找到，但如果发现了，就往往会是女孩更有优势（Halpern，2011）。

社会经济地位

与社会经济地位高的儿童相比，社会经济地位低的儿童语言能力会相对弱一点（Morgan et al.，2015）。母亲高中没毕业的儿童常会出现语言推迟发展的情况（Campbell et al.，2003）。3岁时，家庭领取社会福利金的儿童的词汇量仅是那些家庭相对较富裕的同伴的一半，这个差距会在整个儿童期延续（Pungello et al.，2009）。

为何社会经济地位会导致语言能力的差异呢？一种可能的解释是儿童在学校和家庭中学习语言的机会是不同的（见第一章）。在学校中，社会经济地位低的学生与同伴接触的机会比较少，他们加入开端计划，因此接触到的是社会经济地位比较低的儿童（Mashburn et al.，2009）。在幼儿园中，社会经济地位低的学生接触到的词汇相对较少（Wright，2012）。在社会经济地位低的家庭中，父母往往说话少，使用的句式不复杂，词汇量少，使用的不常见词汇更少，对儿童语言的回应比较少（Golinkoff et al.，2015；Hirsh-Pasek et al.，2015）。相较而言，受过教育的父母，则常常会为孩子读书，或者和孩子一起沟通交流。比如，一项研究提到，与工人阶级的母亲相比，墨西哥裔的美国中产家庭的母亲与孩子讨论做饭的过程时，更多地使用复杂的概念（如，为什么我们需要这种面粉？），并且给出积极的反馈（例如，做得很棒！）（Eisenberg，2002）。一项经典的研究提出，到3岁时，中产及以上社会经济地位的孩子大约听到过4 000万个单词，而社会经济地位低的孩子听到过的词仅有2 000万个，贫困家庭的孩子听到过的词大约有1 000万个（Hart & Risley，1995）。高社会经济地位的儿童与低社会经济地位的儿童可接触到的词汇量之差有时被称为"3 000万词差"。

非裔美式英语

美国课堂和教科书中处于主导地位的语言是**标准英语**①，有时，也被称为学校英语或正式英语。大部分学生在家庭中多使用非正式英语，在学校中使用正式英语，因此两者很容易出现不匹配的情况。这种不匹配在一些语言中会更显著，**非裔美式英语**②就是其中的一个典型例子，有时也被称为黑人英语。不习惯使用非裔美式英语的教师需要避免形成对使用非裔美式英语的孩子的负面期待（Pearson，Conner，& Jackson，2013）。

非裔美式英语作为一种方言，有自己的规则。许多标准语言中不正确的形式在非裔美式英语中是可以接受的。非裔美式英语有不同的版本，但有如下一些共性（Champion，2003）：

- 用 ax, bidness, posedto 代替 ask, business 和 supposed to；
- 强调单词中的第一个重音，如 PO-lice, DE-troit；
- 省去所有格中的 /s/，例如 That man hat is on the table，而标准的用法是 The man's hat is on the table；
- 省略过去式最后的 /ed/，例如 They talk yesterday，而标准英语的说法是 They talked yesterday。
- 省略缩写，如 she done well，标准英语应为 she's done well；
- 省略最后的辅音，如 las，标准英语为 last；
- done 的独特使用方式，例如 I done did her hair 或 I done her hair，标准英语中的说法

---

① 标准英语（standard English）：在学校或教科书中使用的英语，也被称为学校英语。
② 非裔美式英语（African American English）：最早被非裔美国人所说的英语，也被称为黑人英语。

为 I did her hair。
- be 的使用比较独特，例如 He be happy。
- 用 f 替代 th，如用 toof 代替 tooth。

所以，当一个使用非裔美式英语的学生说"My dog name Lady"，与其说他们是用错了标准英语，还不如说他们在正确地使用家庭中的方言。

作为教师，你需要强制要求你的学生在学校中使用标准英语吗？你应该尊重孩子使用自己方言的权利，然而，为了能够在学校、商场和社会中更充分地参与其中，孩子们必须学习标准英语。

那么，你应当如何教授标准英语呢？仅仅纠正非正式用法并不奏效。相反，让学生意识到语码转换是非常有帮助的。所谓**语码转换**①是指理解在不同的情境中使用不同的语言，比如在学校中使用标准英语，在家里使用非裔美式英语。你可以告诉学生他们在不同的情境下进行语码转换时，就像从教室到操场或体育场一样。让学生知晓语言的不同形式而不是告诉他们有些是正确的，有些是错误的。教学时，邀请学生进行语码转换，并把他们语言中与标准英语不同的方面教给你。这会让他们和你一起去发现他们语言中特有的结构。另外，你还可以列一个表，把标准英语和非正式英语做对照。这个对照表可以在上课时使用（见表 12-2）。

表 12-2 教学语码转换范例

	非裔美式英语	标准英语
所属关系	"Yes," said Annie mom. My dog name is Caesar.	"Yes," said Annie's mom. My dog's name is Caesar.
主谓一致	She work hard.	She works hard.
be 的使用	She my best friend. Jesse be goin' to the store.	She is my best friend. Jesse is going to the store.
过去式的使用	Yesterday I turn on the TV.	Yesterday I turned on the TV.

资料来源：Wheeler 和 Swords（2010）。

这种方法可以用在不同的方言中，或者不同移民的语言教学中。例如，一个阿巴拉契亚人可能会说"we have 20 mile to go"，而不是"20 miles to go"。当学生能够在家庭语言和学校语言中基于合适的原则进行语码转换时，他们将会受益。

移民学生与双语主义

根据美国 2010 年的统计，超过 1/5 的学生是移民，这就意味着孩子，或者至少是孩子的父亲或母亲在美国之外出生。移民学生在家庭中可能不说英语。现在大约有一半的移民学生说西班牙语，另一个比较大的移民群体是华人。然而，移民的孩子可能具有不同的原生语言，例如俄语或阿拉伯语。

大部分的美国移民学生都是双语者，他们能流利地说英语和原生语言。一些学生是英语学习者②，但他们并不精通英语。对于一个英语学习者而言，大学生要花 3~7 年的时

---

① 语码转换（code switch）：在不同的场合使用不同的语言，如在学校使用标准英语，在家使用黑人英语。
② 你可能会听到的其他术语是："少数族裔的语言学习者"或"掌握其他语言的英语学习者"。无论他们的英语是否流利，他们在家都不会使用英语。英语学习者或有限的英语熟练者是指英语不太流畅，而且在家里也不会使用英语的学习者。双语学习者通常是指那些同时学习两门语言，包括他们父母的语言和英语的学龄前儿童。

间才能精通一门语言，年龄小一点的学生可能需要花费更长的时间（Dixon et al.，2012）。在2013年，公立学校中大约有9%的学生是英语学习者。加州的英语学习者大约占全美的一半。在加州的一些地区，英语学习者的比例占60%~70%。

英语学习者未必全部都是移民。许多英语学习者出生在美国，但他们的父母出生在非美国地区。一项研究发现，9年级的英语学习者中，60%在美国出生，这就意味着他们需要在学校中花费大量的时间才能成为英语的精通者。而有一些学生达到中等水平后，就举步维艰，难以进步。国外出生的英语学习者到高中时才可能追上美国出生的英语学习者（Slama，2012）。

英语技能很重要，因为它和学业成绩密切相关（Parker, O'Dwyer, & Irwin, 2014）。一项在波士顿和旧金山进行的研究发现，与低学业成绩的英语学习者相比，高学业成绩的英语学习者的英语往往更加娴熟（Suárez-Orozco et al.，2010）。移民青少年学业成绩的变化有五种模式（见图12-2）。五年中，2/3的学生的学业成绩较低或呈现下滑的趋势，只有1/3的青少年学业成绩较高或有提高。一些低学业成绩的学生认为他们的现状会影响他们上大学，并影响他们对学校的态度。几乎每一个提高者都有的保护因素是拥有良师（见第一章），这是你在你的移民学生面前可以扮演的角色。

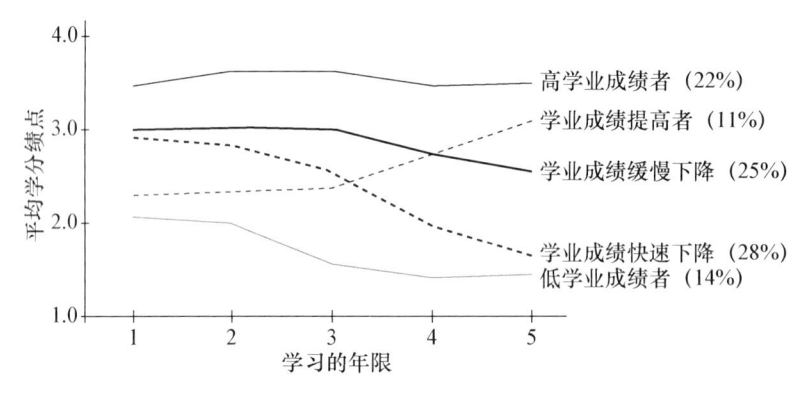

图12-2 移民青少年学业成绩的模式

9~14岁的学生学习时间为一年。多少组移民青少年的学业成绩在五年内呈现下滑趋势？
资料来源：Suárez-Orozco, Gaytán, Bang, Pakes, O'Connor和Rhodes（2010）。

当开始浸泡在第二语言中时，儿童常常会有一个短暂的沉默期，短则持续数周，长则持续数月，这一时期他们主要集中在听力和理解上。实际上，同时掌握两门语言会稍微推迟儿童的语言学习，这是很正常的。很多孩子在3岁之前都使用家庭语言，但进入学校后，家庭中使用语言的发展慢下来，而新的语言发展迅速。不必担心暂时的延迟，从长远来看，双语比单语更能促进一个人语言能力的发展。

双语还具有认知优势。双语学生在关于执行功能、工作记忆、抑制控制、数学技能和心理理论的测试中都比单语学生表现更好。在3岁之前，类似的结论可以在几种语言的发展中得到证明（Adesope, Lavin, Thompson, & Ungerleider, 2010; Bialystok, 2015）。他们更少以自我为中心，能更好地理解讲话者的主旨和视角（Fan, Liberman, Keysar, & Kinzler, 2015）。语码转换能提升人的信息加工技能，尽管不是所有的研究都支持这一观点（de Bruin, Trecani, & Della Sala, 2014）。

5. 语言发展的课堂启示

> 在一个幼儿园班级中，教师请当天的"天气播报员"杰瑞德（Jared）报告天气情况。杰瑞德说天气干冷（brisk）。当观察员问他为什么选用一个如此不常见的单词来描述天气时，他说："哦，今天比凉爽要冷，但还远没有到寒冷（frigid）的程度。"（Lane & Allen，2010，p. 363.）

很多高中教师都希望自己的学生能拥有这个 5 岁儿童的词汇。这个孩子是如何实现语言的超前发展的？

他的老师巴克在班级里会有意识地提高学生的语言能力。巴克老师会在学生熟悉的班级常规活动中选用新词，以便为学生的语言能力发展提供帮助。比如，需要分发试卷时，巴克老师用"distributed"（分发）而不是"passed out"；让学生在墙边排成一队时，用"adjacent"（邻近）而不是"next to"；喂仓鼠时，说"provided nutritional substance to our rodent friend"（提供营养物质给我们的啮齿类动物朋友）而不是"fed the hamsters"（喂仓鼠）。巴克虽然在一所贫困的学校里教书，但是她要求学生掌握不常见的词汇，并为学生提供支持来让他们完全掌握这些词汇。这一点很重要，因为语言能力强与学业成绩高、适当的班级行为是密切关联的（Forget-Dubois et al.，2009）。为了帮助学生发展更好的语言能力，可遵循如下指导：

- 回应学生的谈话。如果教的是婴儿，则鼓励他们发出声音。如果教学前儿童，则在他们讲的话的基础上加以拓展。如一个孩子讲"sock on"（袜子穿上），你可以说，"Do you want your sock on?"（你想穿上你的袜子吗？）。这就是精细加工。精细加工也可以帮助标准英语能力有限的青少年。
- 尊重孩子的原生语言或方言，但鼓励孩子使用标准英语。不要只问用"是或否"来回答的问题。课堂上可以暂停下来，让学生致力于课堂讨论。帮助学生说标准英语。一所非常贫穷的高中让学生用没有俚语的完整句子来回答问题，并因此缩小了学生之间的成绩差距。青少年开始的时候很抵制，但他们使用标准英语的能力提高得很快。
- 为孩子读书，或鼓励他们自己阅读。阅读能增加孩子的单词量和拓展其背景知识，这有助于语言发展。非虚构类的书更能促进孩子的语言发展（Mol, Bus, & de Jong, 2009）。
- 明确地教词汇。对学龄前儿童来讲，这意味着需要演示语言，并解释单词的含义。对读写能力强的孩子来讲，这意味着记忆词汇。帮助学生运用记忆策略来记单词，这一点可以参考第四章的内容。例如，为了帮助 9 年级的学生运用关键词方法记住"archaic"，可以让他们想象一座古老的风化了的拱门（arch）。
- 帮助学生用多种方法使用新词。给出一个单词的定义，并学会在一个情景中使用它，这样就能够让单词的意思更清晰。学生需要不断与单词接触，并增加在适当的语境中使用它们的机会。
- 使用学术语言。很多学习者，包括英语学习者，会使用日常语言。他们在使用技术术语或复杂语言方面存在更大的困难，比如推论、假设、总结、类比、比较与对比等（DiCerbo, Anstrom, Baker, & Rivera, 2014）。

让我们看看一个教师是如何使用这些指南教授学龄前儿童单词的。

迈耶老师：当蝴蝶还没有孵化时（指着蝴蝶），它的翅膀是在一起的。一旦孵化出来，它就展开了（splay）——也就是张开了（spread out）它的翅膀。

阿奎拉：呀！

迈耶老师：展开的意思就是张开。

阿奎拉：耶，就像花生酱，用一把刀子铺开。

迈耶老师：是的，但是花生酱不会真正展开，因为它没有各个部分。展开的意思是拥有很多部分的东西铺开了。你的身体由一些部分构成，因此你可以展开身体。你也可以展开双臂、双腿，像这样完全张开（姿势）。

阿奎拉：（张开双臂），是这样展开吗？

迈耶老师：是的，你展开了你的双臂。

阿奎拉：（面向另一个孩子），你展开了你的整个身体。（Collins，2012，p. 68.）

解释单词的含义，或将学生所说的话精细加工的策略看起来容易做到。但是一些研究发现，接受训练试图使用这些指南的老师并没有很好地使用这些指南（Dickinson，2011；Justice, Mashburn, Hamre, & Piata, 2008; Piasta, Justice, McGinty, & Kaderavek, 2012）。一项研究发现，幼儿园教师每天只有8个片段时间来教学生词汇，社会经济地位低的学生接受词汇教学的次数更少，这也可以解释社会经济地位低和社会经济地位高的学生为何词汇量存在如此大的差异（Wright，2012）。因此，你可能需要专门训练来提升教室中学生的语言技能。

教室中的非言语性语言

在与学龄前儿童沟通时，使用手势更多的父母能更好地发展孩子的词汇量，也更能预测孩子在学校的学业成绩（Rowe & Goldin-Meadow，2009）。非言语性语言在教室中的作用很重要，主要体现在两个方面：一是手势能帮助学生学习、帮助教师教学；二是教师通过非言语性语言能无意识地传递期待。

手势与教学

手势能帮助学生学习、理解和解决问题（Goldin-Meadow & Alibali，2013）。手势包括倾斜手臂来指示倾斜度不同的线，指着一系列物体数数，或用两只手指着等式两边的数字（见图 12-3）。手势有助于学习，因为它可以减轻认知负担，尤其是在儿童还不能完全清晰地表达概念时。手势可以作为具体经验和抽象概念之间的桥梁。随着学生变得越来越熟练，他们在谈论抽象概念时，将使用较少的手势。

图 12-3　手势帮助儿童理解数学中的等式概念

手势能够告诉我们学生在课堂上的准备情况。手势能够展示出他们虽然语言表达不准确，但是思维积极。例如，一个男孩在解释等式问题"7＋6＋5＝＿＿＿＋5"时，解释的情况如下：

"我加了13又加10，等于23。"（这是一个不正确的策略，因为他将所有的数字都加起来了。）此时，他的整只手放在7和6的下面，指着空白处，然后指着7和6（一个纠正问题的策略）。

从语言角度看，这个男孩传递了这样的信息，即他不理解等号将问题分成了两个部分。但是，他的手势则表明，在某种程度上，他是理解的。他处在改变的边缘，他已经为学习做好了准备。他的老师注意到他的手势，努力使他注意到等号左右两边各有一个5。

我会把这部分盖上（用手盖住7和6），现在你会看到等号左右两边还剩什么？5和5，对吗（Goldin-Meadow & Singer, 2003, p.516）？

教师通过手势传递信息。例如，教7～10岁的儿童等式符号左右两边的相等关系（例如，8＋6＋2＝＿＿＿＋2）时，使用手势的小组学到的更多（Cook，Duffy，& Fenn，2013），见图12-4。当教师上课时同时使用手势和言语时，学生学习到的内容会更多——从教学龄前儿童数数到教高中生学习物理概念，都是如此（Ping & Goldin-Meadow，2008）。例如，在之前教等式问题时，你可以指着7和6，5秒之后再把手拿开。

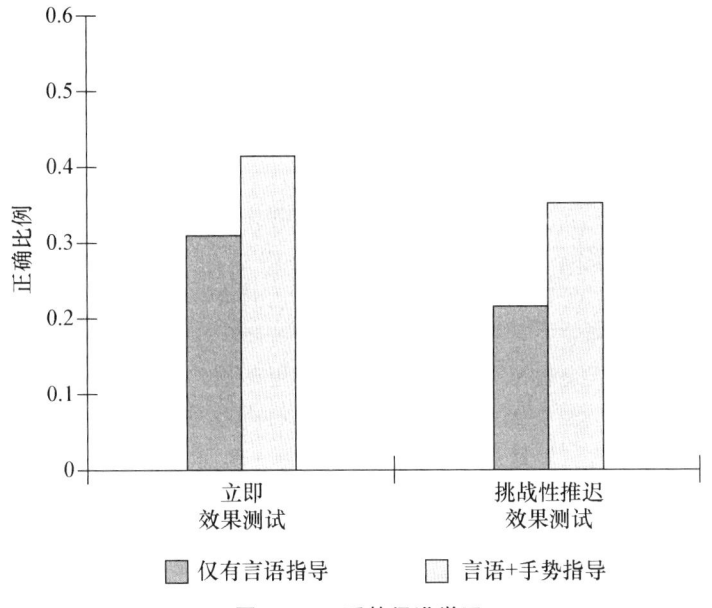

图 12-4 手势促进学习

教室中的皮格马利翁效应

当教师对孩子有高期待时，孩子会学到更多。这就是皮格马利翁效应（名称来自希腊神话），或教师期待效应（Rosenthal & Jacobson, 1966）。很多研究中都提到了这一效应[1]。在

---

[1] 很多研究支持这一结论，在此列出一些供读者参考：de Boer, Bosker 和 van der Werf (2010); Friedrich, Flunger, Nagengast, Jonkmann 和 Trautwein (2015); Rosenthal (2002); Rubie-Davies 等 (2014)。

一个实验中,教师们记录自己的课堂,并分析自己如何运用非言语行为来表达他们对学生的期待。在一年的时间里,与控制组相比,学生的数学成绩因干预而明显提高了(Rubie-Davies,Peterson,Sibley,& Rosenthal,2015)。

教师的期待是如何影响学生的学业成绩的?其中的一个解释是教师通过非语言交流无意识地传达了他们对学生的期待。即使教师试图隐藏他们的低期待,伪装他们的情感,他们真正的期待也会在身体语言和行为中表现出来(Porter & ten Brinke,2008)。教师们通常通过如下做法表达他们对学生的高期待,例如表达善意、微笑、召唤、教学、等待答案,以及给出有信息量的反馈(Rosenthal,2003)。相反,当教师对学生的期待比较低时,他们会问一些容易的问题,把学生放在低能力组,使用竞争性活动和评分策略导致失败者很容易显现出来,并对某些学生做出负面评价(Bohlmann & Weinstein,2013)。

非言语性语言对课堂教学的启发

基于研究,非言语性语言对课堂教学的启示主要体现在如下方面:

● 鼓励学生在解释或解决问题时使用手势。在活动后,鼓励学生描述他们使用手势的经验,而不是仅仅要求学生将某些东西记下来。这可以加深他们的理解,并提供机会澄清他们的错误理解。

● 在教学时使用手势。你可以通过将言语和手势结合起来向你的学生传达解决问题的策略。

● 表达对每一个学生的高期待。展示温情,要求更好的答案,为所有学生提供大量的反馈,尤其是社会经济地位低的学生以及少数族裔学生,教师对他们是最容易形成低期待的(Hinnant,O'Brien,& Ghazarian,2009)。

上面谈到的每一个策略都适合所有学生,无论他们是否以英语为母语。然而,教英语学习者却需要更多的考量。

双语教育

想象一下用契维语或其他你不会说的语言上一节化学课。你的收获不会像使用英语作为课堂语言那么多。在美国,**双语教育**[①]是指用原生语言为英语学习者上课。双语教育具有不同的模式。第一种模式是用原生语言做出课堂教学的指令,然后慢慢过渡到全部使用英语进行课堂教学。第二种模式是教授学科内容时以英语为主,而在辅导同样的内容时,使用原生语言。第三种模式是教授学术内容时仅仅使用英语,并且将英语作为第二外语。第四种模式是使学生完全沉浸在英语的课堂中。前两种模式在小的学区不是一种好的选择,主要是很少有教师能够流利地使用其他语言,但是在一些大的学区,尤其是在讲原生语言的人比较集中的情况下,如亚利桑那州的西班牙人,这两种模式是可行的。

哪一种方法是最好的?这个带有强烈的政治意味的问题,很难获得一个完全清晰的答案。一些研究认为双语教育比浸入式会好一些,但另一些研究显示它们并没有太大差别。几乎没有研究显示浸入式是有优势的。研究支持如下的学习策略(Baker et al.,2014;Dixon et al.,2012):

● 投入时间教英语(参见第五章有关刻意练习的讨论)。这可以提供训练口语表达能力的机会。确保所有学生在回应中能够使用完整的句子表达他们的想法,尽管他们可能会反对。有一点可能会让你大吃一惊:在很多英语学习者的课堂上,学生很少有说英语的机会。

● 把英语口语和书面语的教学整合到教学内容中。让学生参与到关于课程内容的学术

[①] 双语教育(bilingual educaiton):在课堂上使用一种以上语言的教学。

讨论中，比如语言艺术、科学或数学。你可以通过合作学习或者看短视频的方式开展课堂讨论。

- 直接教词汇。包括日常词汇和数学、科学、历史等领域的学术词汇（Jansen，2008）。例如，学生可能会比较纠结于意思非常接近的词汇，如"可能"（probably）与"非常可能"（very likely）、"差不多"（almost）与"确定的"（certain），或者数学词汇，如"估计"（estimate）。

- 直观地教授标准英语语法和句法。如果你教数学、社会研究或其他学科，那么不要指望学生能够凭运气就学好英语。针对语法和句法提供清晰、频繁的反馈。

- 尽可能早地教语言技能。进入幼儿园时英语技能好的学生，也能表现得像以英语为母语的学生一样好；如果语言不好，那么整个小学期间学生的学业成绩都有可能落后（Kieffer，2008）。

- 儿童要在上学前掌握自己的原生语言。打好第一语言坚实的基础能够帮助学生发展在英语——他们的第二语言——方面的能力，并且这种能力会更快地转化到只使用英语的课堂上（Proctor，August，Carlo，& Snow，2006）。

- 鼓励学生在学校的非正式场合使用英语。在走廊里、咖啡厅，或者在和朋友一起时使用英语，学习英语的效果会更好（Carhill，Suárez-Orozco，& Paez，2008）。

- 请记住儿童标准英语的发展是落后于口语发展的。那些可以用英语流利地与你会话或者看上去英语非常娴熟的人，可能在理解学术内容或标准化考试方面表现不佳。如果可能，那么用他们的优势语言测试他们。对英语学习者而言，如果不需要用英语展示，那么他们可能会了解更多的数学、科学、历史等领域的知识（Abedi，2004）。

- 支持**增效性双语主义**①，当学生在原生语言上表现娴熟时，他们在英语上也可能表现得非常娴熟。**减效性双语主义**②是指学生仅仅重视第二外语的学习，而忽视他们的原生语言，这样的话，他们的原生语言最终可能会消失。英语和原生语言都很流利的学生，学业和情绪都更好。

那些不得不跨越文化边界的学生倾向于选择一种文化而忽视另一种文化。你可以鼓励他们适应美国的英语文化，但不要抛弃自己的文化。他们能学会对两种文化都抱有积极的态度。英语学习者更喜欢参与让他们感到舒服的课堂，或者他们可以使用原生语言的课堂（Yoon，2008）。

这些议题同样可以推广到非移民的学生身上，他们也可能在家庭语言和学校语言之间存在不匹配的问题。你已经看到方言，如非裔美式英语，它们和标准英语之间有着极大的不同。另外，很多学生，比如本章开头小故事中所提到的麦卡，学习学校语言的能力很有限。而且学生在学校里使用语言的方式和在家里使用语言的方式是不同的（Hemphill & Snow，1996）。在家里，家人可以提供支持，随时插入，帮助小孩澄清正在讲的内容。当孩子有话想讲时，他们就会自主地说出来。相较而言，在学校，教师会控制谁可以讲话以及讲话的内容。课堂中的讲话通常包含仅有一个单词的评论，很少有精细加工。课堂上常使用**说明性话语**③，而不是对话。说明性话语是正式的、准确的，主要是为了呈现信息，比

---

① 增效性双语主义（additive bilingualism）：在掌握第二语言的情况下，仍然保留和重视原生语言。
② 减效性双语主义（subtractive bilingualism）：掌握第二语言，或主流语言，但原生语言逐渐被削弱。
③ 说明性话语（expository talk）：与会话性话语相对应，说明性话语的目的是传递信息，语言风格正式而精确。

如，让一个学生总结一篇文章。你可能需要帮助学生进行说明性的探讨。这可以通过直接教学来实现，或者直接采用阅读和写作的方法来实现。下面，让我们转入关于读写能力的讨论。

二、读写

图12-5是6岁的诺拉（Nora）在幼儿园毕业时写下的温馨祝福。在这个年龄，诺拉认识所有的字母，并且能够正确地书写其中一些字母。在本节中，我们将沿着诺拉读写能力的发展轨迹，即从学前班的萌芽到12年级的完全掌握，来讨论学生是如何学会读写的。但是，首先让我们明确什么是读写能力。

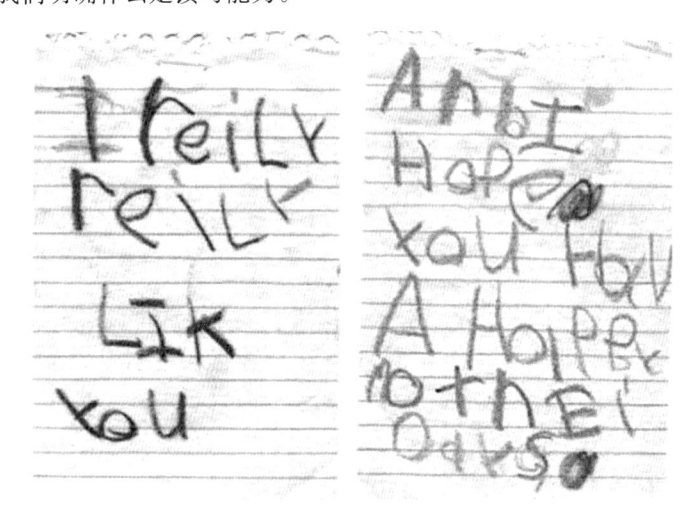

图12-5　诺拉暖心的笔记

诺拉写道："我真的，真的喜欢你！我希望你度过一个快乐的母亲节。"

读写可以被广义地定义为任何一种交流形式，也可以被狭义地定义为以印刷语言交流的形式。我们将在本章中使用更窄的定义，并且将重点放在学校的阅读和写作上。然而，这并不是唯一一种读写方式。在学校以外的环境中，儿童可以有多种读写方式。例如，在解码非正式信息或发表情符号和缩写信息时，你的一些学生可能比你更擅长，比如:)、(:、BBL、L8R（分别代表微笑、悲伤、晚点回来、晚一点）。

阅读技能有五个组成部分：（1）语音意识；（2）词汇；（3）解码；（4）流利性；（5）理解。前文曾经提到，语音意识是区分音素或语言中的声音的能力。词汇是你知道的单词数。理解单词的意思有助于阅读它们（Taylor，Duff，Woollams，Monaghan，& Ricketts，2015）。解码是识别你从未见过的单词的能力。你通过运用拼读技巧来解码，包括识别字母，知道它们的发音，以及正确地读出一串字母。在英语中，不规则的词，如合唱团（choir）或游艇（yacht），不遵循拼读规则，只能死记硬背。流利性是指对新词的快速、自动解码或对已记忆单词的识别。它通常是以每分钟精确读取的单词量来测量的，缩写为wpm。理解是理解文本的能力。理解是阅读的最终目的。接下来，我们将研究这些构成要素以及写作是如何随着年龄的增长而发展的。

1. 读写的年龄趋势

读写能力的发展始于婴儿期，并贯穿一生。最显著的提升发生在生命早期，这种提升在青少年掌握阅读和书写复杂的说明文的技能之后仍然存在（Hill, Bloom, Black, & Lipsey, 2008; Quinn, Wagner, Petscher, & Lopez, 2015），见图12-6。

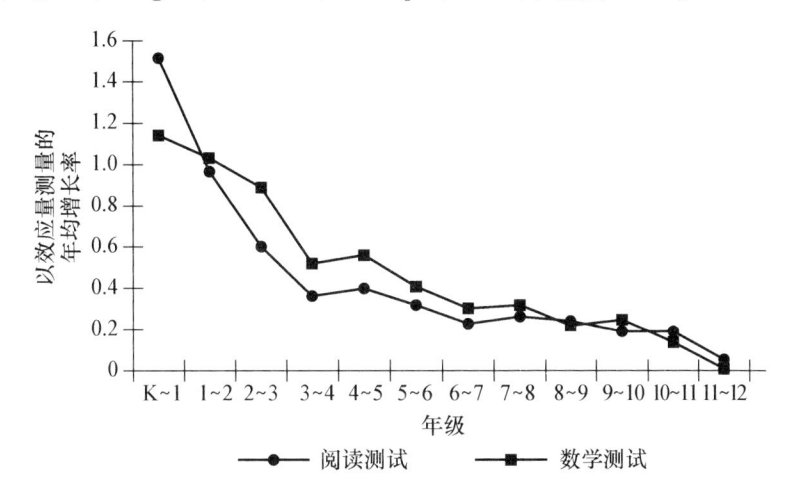

图12-6 从幼儿园到12年级阅读和数学能力的年均增长率

这幅图代表了整个学年的阅读能力和数学能力的变化。不同年龄段增长率是如何变化的？阅读能力和数学能力的增长率如何比较？如果该图显示的是每年关于阅读和数学的知识总量而不是阅读能力和数学能力每年的增长率，那么它看起来会有什么不同呢？

资料来源：Hill 等（2008）。

婴儿期与学步期（0~2岁）

幼儿的读写能力随着他们阅读和写作的前导性技能的发展而出现。到了3岁，大多数孩子都掌握了几种**读写萌发技能**①，他们可以说字母，给字母起名字，说出它的发音，给你讲一个故事，写自己的名字，以及识别环境中熟悉的单词（比如停止标志）。他们了解印刷的字符是如何表示语言的，具有了一定的**印刷概念**②（或印刷知识）。当孩子们知道书是从左往右阅读，书有书名，单词之间有空格，图片不同于印刷品时，他们就有了印刷概念。蹒跚学步的孩子的"书写"是潦草或不可辨认的。读写萌发技能为儿童学习阅读和书写做准备，它们出现在正式的读写教学开始之前。

儿童早期（3~5岁）

在儿童早期，大多数孩子还难以自己阅读。然而，随着家长或老师为他们朗读，他们的阅读能力不断提高。在18个月到3岁之间，父母们会从对图片的评论转到给他们讲故事，再过渡到实际阅读文本。若以每天一本书的速度计算，那么学龄前儿童一年内会从书中听到超过219 000个单词（Montag, Jones, & Smith, 2015）。然而，有些孩子每天听不止一本书，而另一些孩子在一年中可能连一本书都没有读。书本中的词语比日常语言更加多样和复杂，所以读书给孩子听会使孩子接触到的语言数量和质量都得到提高。

大约3岁时，孩子们的书写可能还不包括真正的字母，但是它开始看起来像字母并且是从左到右书写的。孩子们相信他们在写作，但是没有人能读得懂（Levin & Bus, 2003）。

---

① 读写萌发技能（emergent literacy）：读写的前置性能力，如具有良好的言语能力、知道字母的名称、具有语音意识和印刷概念。

② 印刷概念（print concepts）：即印刷知识，关于书面文字的基本常识，如书应该从左往右读、单词之间用空格分开等。这是读写萌发的关键部分。

例如，图12-7显示了4岁的诺拉写的"购物清单"。她有一些印刷概念，即书面文字可转换成口语，从左到右排列成行，形态像草书，但她的书写还不能构成单词。孩子们写的第一个真正的单词通常是他们自己的名字。在幼儿园，大多数孩子学习如何正确地书写字母，并将声音和字母配对。他们开始用真正的字母书写，使用自己发明的拼读法和图片。一个5岁的小孩写道："THER WOS WONS AN INVIZUBOOL HONTID HOUS"（正确拼法为"There was once an invisible haunted house，意为"那里曾经有一个隐形的鬼屋"）。你能在图12-8中诺拉的幼儿园书写样本中找出这些特征吗？

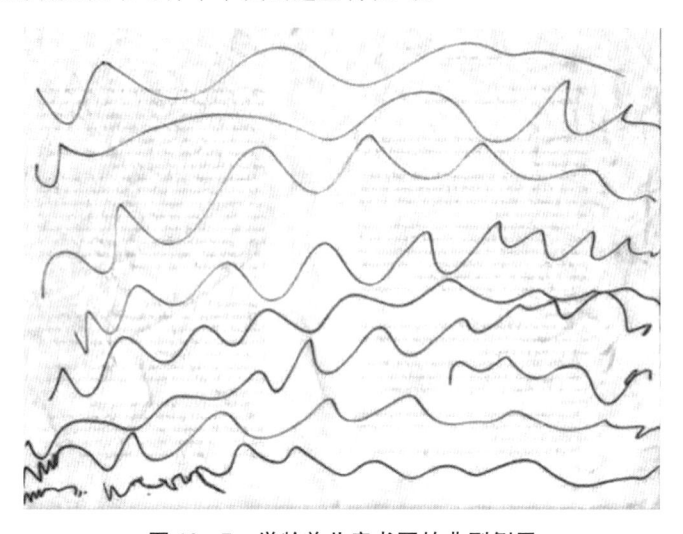

图12-7　学龄前儿童书写的典型例子

图中显示的是诺拉4岁时写的购物清单。如果妈妈把错误的东西放在购物车上，诺拉会说："那东西不在我的购物清单上！"请注意，尽管清单上没有任何字母，但从左到右书写的线和草书很像。这体现出了儿童的印刷概念。

图12-8　幼儿园孩子的书写例子

"爸爸、妈妈、姐姐、哥哥、宝宝。"在刚入幼儿园时，5岁半的诺拉能正确书写一些字母和常见的单词。她会颠倒一些字母，能根据读音拼写单词。例如，"brother"在第一行是倒着写的，但在第二行是顺着写的。书写是简洁的，绘画是讲"故事"的主要手段。

儿童中期（6~12岁）

当儿童进入1年级开始阅读时，"读写萌发"被"常规读写"所取代。共同阅读故事书的活动有所改变：孩子负责阅读，父母则仔细观察他们是否犯错（Bergin，2001）。3年级以后，随着孩子们成为独立的阅读者，共同阅读故事书变得罕见。1年级的主要任务是学习读写。图12-9和图12-10显示了诺拉1年级从开始到结束写作技能的发展情况。这项任务在4年级左右转变为用读写来学习其他东西。起初，孩子们被要求通过写一些个人故事来练习写作，但是到了小学毕业时，孩子们被要求写一些说明性的文字，比如报告，以展示他们的知识储备。说明文比故事更难写。

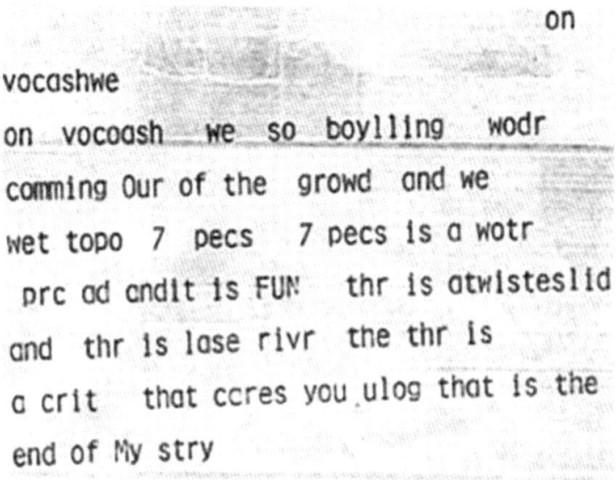

```
                                          on
        vocashwe
on  vocoash  we  so  boylling  wodr
comming Our of the  growd  and we
wet topo  7  pecs   7 pecs is a wotr
   prc ad andit is FUN   thr is atwisteslid
and  thr is lase  rivr  the thr is
a crit  that ccres you ulog that is the
end of My stry
```

图12-9　开始上1年级的儿童写作的典型例子

"度假。度假时，我们看到地上冒出滚烫的水，我们去了七峰（Seven Peaks）。七峰是一个水上公园，很有趣。有一条曲折的滑道，还有一条懒惰的河流。有一股水流带着你前进。"（On vacation. On vacation we saw boiling water coming out of the ground and we went to Seven Peaks. Seven Peaks is a water park and it is FUN. There is a twisty slide and there is a lazy river. There is a current that carries you along. That is the end of my story.）从幼儿园到1年级，诺拉的写作有了很大的进步。她现在有了读者意识（她向读者阐明了"7 pecs"是什么）。她还像传统讲故事那样，有一个标题和一个结尾。然而，她没有使用标点符号，只是像原来一样仍根据音节拼写单词，但中间的元音被省略了。

```
Dear Jary thaks for the potery I reille like it.
I in joid it.
My cllas is going for a felldtrip.
My tetres is going for a felldtrip.
My tetres name this yire is miss bollin.
My cllas is starting the mad minit.
In the madninit you hav to do 30 math.
poroblims the hiiste scor I got was 29.
```

图12-10　儿童1年级结束时写作的典型例子

1年级是儿童读写能力提高非常显著的一年。由于拼写能力的提高，你现在可以不用翻译就能阅读诺拉的大部分作品。最后一行写着"在疯狂的时刻，你必须做30道数学题。我得到的最高分数是29分"。她已经开始使用标点符号，用句号和新起行来表示句子。诺拉使用的是用文字处理器打字的程序，这让儿童能集中精力写作，而不必关注字母的书写。

孩子们在整个小学阶段拼写能力都变强了。当孩子们开始写作时，他们的拼写错误是有意义的，比如在本节开头的"lik"。他们使用字母名来拼写单词，例如"b"代表 bee，或"yn"代表 when（McCutchen，2006）。首先，他们省略了单词的内部音素，并可能把 stamps（邮票）写成"staps"。4 年级之后，他们在常规拼写方面变得更加熟练。图 12-11 显示，诺拉在 5 年级时掌握了常规的拼写能力。

图 12-11　5 年级写作的典型例子

在小学结束时，诺拉的写作技巧已经足够成熟，她可以通过押韵和调皮地颠倒常规的句法来"自成一体"（例如，"宝贝糖"）。她能用标点符号作为控制读者阅读节奏的工具。她的说明文写作现在完全符合规则。

青春期（13～19 岁）

阅读的流畅度在青春期有很大提高。事实上，阅读变得如此自动和迅速，以至于在像斯特鲁普测试这样的任务中很难"关掉"它——在这个测试中，你必须说出一个单词的颜色，而不是读这个单词。在青春期，词汇能力和理解能力也有所提高。青少年越来越理解出现在课本中的抽象词汇，如"联邦制"或"假设"。例如，图 12-12 给出了诺拉在 12 年级的科学博览会上写的一篇摘要。请注意和早期的写作相比，诺拉在词汇方面有明显进步。青少年能够使用特定领域的词汇进行科学、历史和艺术等方面的阅读和写作。

青春期的写作质量在其他方面也有所提高（Nippold, Ward-Lonergan, & Fanning, 2005）。2 年级学生的作文读起来就像是"意识流"，比较杂乱，他们想到什么就写什么；但青少年可以写一篇有组织、有说服力的论文。在青春期，他们写的文章和句子都更长，副词、连接词（例如，然而、最后、因此）和抽象名词（例如，真理、自由、欺骗）使用得更多。

> Title: "High School Athletes and Enhancing Substances"
>
> Abstract:
> Athletes have been using enhancing substances for hundreds of years to improve their performance. Currently athletes still use substances to give them an edge over their competitors. With modern advances, there are many more products on the market. High school athletes have started taking advantage of such products. The hypothesis is that performance enhancing substances for student athletes are prevalent in high school. The rationale is that many students see professional athletes boosting their performance by taking such substances and the students assume that they would also improve. A survey will be administered to a sample population of students at a mid-west suburban high school. The survey will deal with sports, drugs, and performance enhancers.

图 12 - 12 12 年级写作的典型例子

这是诺拉在科学博览会上写的摘要。不仅诺拉的写作达到了日常写作的要求，而且她还学会了以专业的学术风格为科学读者写作。她已准备好进入大学接受专业训练。回首她最早的作品，你会发现，12 年的变化真大！

有些人担心，发短信可能会削弱年轻人的读写能力，因为发短信会使用缩写词、首字母缩写词和不寻常的标点符号，如：

Marta:	wat u doin?
Liz:	nadda u?
Marta:	i saw ur bf 2 day
Liz:	hes NOT my bf！！！！
Marta:	hahahaha lol

然而，能够熟练使用手机发短信的年轻人可能有更高的读写测试分数。因此，发短信似乎不会削弱传统的读写能力，但是过度地发短信则有可能。

2. 读写的个体差异

有些学习者写得很好，而有些则不然。一些学习者需要很努力才能阅读一本他们的同龄人能够轻松阅读的书。阅读流利度排名前 1/4 的学生每分钟的阅读量是排名后 1/4 的学生的两倍。学生之间的这种差异是否稳定？图 12 - 13 显示了 2 年级至 12 年级学生在阅读流利性方面的差异（Spichtig et al., 2016）。这一研究及其他研究均显示，阅读能力非常稳定。这意味着好的阅读者倾向于保持优势，而差的阅读者很难取得进步。

尽管读写能力相对稳定，但异常勤奋的阅读者还是可以提高的。在一项研究中，1 年级感到识字困难的社会经济地位低的儿童，大约有 2/3 在 4 年级时仍在挣扎中，但有 1/3 的儿童有显著提高，并在 4 年级时达到平均水平（Spira, Bracken, & Fischel, 2005）。哪些非常努力的阅读者会有所改善？是那些具有更好的语音意识、读写萌发能力和课堂行为的儿童。

读写能力的个体差异会产生什么影响？

读写预示着学校各科的学业成绩。这一影响在幼儿园时期或更早的时候以读写萌发技能的形式表现出来，并随着常规读写能力的发展而持续（Duncan et al., 2007）。这并不奇怪，因为读写有助于儿童学习。阅读让孩子们从文本中获取信息；写作提高其思考能力，帮助他们把模糊

的想法转变成清晰的概念。读写可以让儿童完成作业,参加考试,理解任务。然而,你可能会惊讶的是,早在 2 年级孩子做数学应用题之前,读写能力就能预测其数学成绩了(Lee,Ng,& Ng,2009;Swanson,Jerman,& Zheng,2008)。这也许是因为读写和数学技能有相同的影响因素,例如一般智力或家庭熏陶(Hart,Petrill,Thompson,& Plomin,2008)。

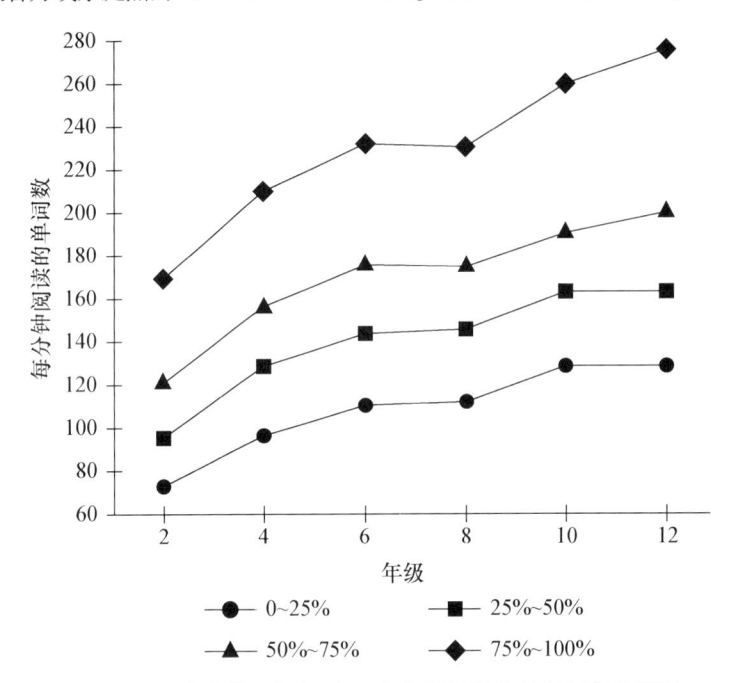

图 12-13 学生从 2 年级到 12 年级平均每分钟阅读的单词数

这幅图显示了学生每分钟能读懂的单词数。四个四分位数等级的学生每分钟读懂的单词数有何区别?
资料来源:Spichtig 等(2016)。

读写也能预测儿童的情绪和社交能力。5 年级时,阅读困难的孩子会感到愤怒、羞愧、焦虑和悲伤(Ackerman,Izard,Kobak,Brown,& Smith,2007)。这些情绪降低了儿童上学的乐趣和承担挑战性任务的意愿。这可以解释为什么在读写方面有困难的学生会更容易行为失当,并且随着时间的推移越来越不受同学欢迎。不幸的是,不当行为妨碍了他们的读写能力的发展。相比之下,行为良好的学生随着时间的推移变得具有更强的读写能力(Miles & Stipek,2006)。

什么影响着读写能力的个体差异?

学习读写同时需要几项技能。因此,一些孩子比其他孩子更擅长读写的原因有很多。学习阅读异常困难的学生可能有读写障碍(见专栏 12-2)。接下来,我们将讨论儿童的特点和有助于读写的环境。

| 专栏 12-2 | 发展中的挑战 |

特定阅读障碍[①]

在 3 年级,维罗妮卡(Veronica)属于最差的阅读群体。她的同班同学正在读章节

---

① 特定阅读障碍(specific reading disability):学习障碍中的一种,具体表现为虽然儿童智力正常,也能正常接触印刷品,但他们仍然很难学会阅读。其典型特征是不能准确和/或流畅地解码和识别单词,也被称为阅读困难症。

书，但她仍是一个有很多问题的初读者。在学校图书馆，孩子们挑选一本书后，图书管理员要求他们随机阅读一页，学生每遇到一个不会读的单词图书管理员就会竖起一个手指。如果有五根手指竖起，孩子们就会被要求选择一本更容易的书。5年级时，维罗妮卡仍在使用五指法，但她的同学已不再需要。维罗妮卡读不懂社会研究的课本，所以一个助手读给她听。她的父母都受过大学教育，对这个问题感到很困惑。绝望中，她的母亲买了一个用于进行拼读训练的程序，并训练维罗妮卡把单词读出来。这种方法起了作用。在10年级，维罗妮卡就读于英语荣誉班，但她仍然尽量避免阅读。

维罗妮卡的情况并不罕见，多达40%的儿童存在大部分家庭都存在的阅读问题（Snowling & MelbyLervåg, 2016）。阅读问题可能是低智力、神经系统问题、低动机、词汇量不足或拼读教学不充分造成的（Ferrer, Shaywitz, Holahan, Marchione, & Shaywitz, 2010）。当这些问题被排除后，儿童仍然难以学会阅读时，就可能存在特定阅读障碍，通常称为阅读困难症或阅读功能失调。5%~15%的儿童有阅读障碍。维罗妮卡从未接受过阅读干预，尽管她有这方面的需要。

什么是特定阅读障碍？这是最常见的学习障碍。它主要是由不良的口语能力，特别是词汇量不足和语音意识弱造成的（Hulme, Nash, Gooch, Lervåg, & Snowling, 2015; Melby-Lervåg, Lyster, & Hulme, 2012）。有阅读障碍的学生很难把字母和声音联系起来，把不同语音结合起来，或者判断两个词是否押韵。这些语音问题导致解码困难、单词识别能力差和拼写能力差。

正如其他学习障碍一样，关于对阅读障碍的识别也存在争议。回想一下，学习障碍有时是由智力测试分数差异定义的（见第五章）。一些教育工作者之所以不同意关于读写困难的矛盾定义，是因为三个原因：

（1）低智力的学生或低水平的英语学习者，以及那些缺乏学习机会的学生，都不具备接受干预的资格。

（2）这意味着要么你有阅读障碍，要么你没有，但在现实中，困难是连续下降的。定义阅读障碍的截止日期是任意的（Snowling & Melby-Lervåg, 2016）。

（3）诊断太晚。另一种识别阅读障碍的方法是使用考试分数来测试阅读能力或语音意识，分数排在最后10%~25%的人即存在阅读障碍。

尽管存在阅读障碍的儿童智力正常，但他们可能存在一些信息处理问题，特别是处理速度慢、执行功能差和工作记忆有限（Im-Bolter et al., 2006; Sexton, Gelhorn, Bell, & Classi, 2012; Swanson & Jerman, 2006）。

科学家认为，这可能解释了阅读障碍与其他问题（如数学障碍、多动症和语言发展滞后）共存的原因，这些问题都可能是潜在的信息处理问题造成的（Bishop & Snowling, 2004; Sexton, Gelhorn, Bell, & Classi, 2012）。这意味着阅读困难的学生可以充分学习概念，但要求同时快速处理多个信息片段的任务对他们而言却很难。

有阅读障碍的儿童和无阅读障碍的儿童的大脑存在一些差异。后来出现阅读障碍的婴儿在早期就表现出语言处理缺陷和大脑功能异常（van zuijen, Plakas, Maassen, Maurits, & van der Leij, 2013）。然而，回想一下，大脑是由经验改变的。经过长时间的干预，有阅读障碍的儿童的大脑会变得更接近优秀阅读者的大脑（Shaywitz & Shaywitz, 2005）。

关于阅读障碍能做些什么？首先在于要让有阅读障碍的学生能得到和所有学生一样的高质量的阅读指导，但又不止于此。干预措施侧重于字母知识、语音意识、解码和单词识别策略。单词识别策略包括简单地记住常用单词,能够通过类比(like 类似于 bike)或者去掉后缀(looked 改为 look)等方式学习新词。干预措施还侧重于有反馈的引导性口头阅读。实验表明,这些干预措施有助于阅读困难的学生阅读得更顺畅。不幸的是,并不是所有的学生都能对干预做出反应。对有阅读困难家庭风险的儿童进行的早期干预没有显示出明显的效果(Snowling & Melby Lervåg, 2016)。除了干预,你还可以通过以下三种方式帮助阅读困难的学生:(1)为涉及阅读的任务提供额外的时间;(2)使用有辅助信息的书籍;(3)允许口试(Shaywitz, Morris, & Shaywitz, 2008)。

职业橄榄球运动员肯尼·洛根(Kenny Logan)说,作为一个年轻的成年人,他不能读或写,"如果有一次团队会议涉及阅读,那么我会迟到 15 分钟,躲在厕所里。……我没有勇气告诉任何人我的秘密"(Rooke, 2016)。洛根说:"学校很糟糕。多年来,我为此而内心隐隐作痛。……我外表自信,内心恐惧。从小学开始到高中结束,字母和单词都让我困惑。我看到其他孩子进步了,但我仍然被文字淹没,犹如溺水一样。"后来,他未来的妻子意识到了他的障碍,并为他寻求帮助。作为一名教师,你可以识别和帮助有特定阅读障碍的学生。

语言能力

语言能力好的孩子比同龄人更容易学会阅读。良好的语言能力包括大量的词汇、连贯地复述故事的能力、字母发音知识以及语音和词素意识。这些能力有助于儿童成为更好的阅读者和拼写者(Bowers, Kirby, & Deacon, 2010; Caravolas, Lervåg, Mousikou et al., 2012; Kieffer & Lesaux, 2012; Melby-Lervåg, Lyster, & Hulme, 2012; Quinn et al., 2015)。词汇贫乏、语音和词素相关知识不足的儿童往往有阅读问题。

生理因素

大脑结构的差异与读写有关。如专栏 12-2 所示,对于有读写障碍的学生,连接口语和书面文字的神经系统是不同的。这些大脑差异可能是遗传的,并可能解释为什么阅读能力具有遗传成分(Logan et al., 2013)。基因可能通过对一般认知能力如处理速度、工作记忆和注意力控制的影响来影响读写能力。又或者,基因可能通过儿童的阅读量来影响其读写能力。这一部分取决于遗传,一部分取决于共享环境(Oliver, Dale, & Plomin, 2005)。孩子们是如何继承阅读能力的?遗传倾向可能会导致一些幼儿对书反应更大,表现出更大的兴趣,所以父母会给他们读更多的书。

大脑差异也可能是由经验造成的。经验改变了大脑的回路(见第二章)。专栏 12-2 还解释了阅读困难的儿童之所以能够变得更流利,是因为高强度的教学改变了他们的大脑。此外,通过上音乐课、听汉语和英语等不同语言以及语音教学(Kraus & Banai, 2007),大脑中处理声音的区域也会发生变化。这一点很重要,因为大脑处理声音缓慢的儿童难以学习阅读。

认知因素

阅读和写作需要一般的认知能力,如工作记忆、知识、推理和处理速度。具有良好认知能力的学生能更早、更轻松地成为流利的阅读者。然而,读写还需要特定的语言认知能力,如语音意识、印刷知识、词汇和解码能力。

情绪因素

与缺乏安全依恋的儿童相比,具有安全依恋的儿童倾向于发展出更好的读写能力和阅读态度。感到安全的孩子可以与印刷品愉快地接触,因为他们的父母是敏感的,是更好的读写训练教练（Clingenpeel & Pianta，2007）。故事书亲子阅读过程中的愉快互动预示着孩子开始自己阅读时的阅读流畅性和积极态度（Bergin，2001）。相反，诸如愤怒或焦虑之类的消极情绪会干扰阅读和写作所需的信息处理过程（见第八章）。这可能发生在孩子正在学习阅读而父母却强烈命令他们"大声读出来"时。

社会因素

读写是社会性的，它通过社会互动获得，用来与他人进行联系。具有社会技能和合作精神的学龄前儿童的语言和读写能力往往比不具有社会技能和合作精神的儿童更强（Arnold，Kupersmidt，Voegler-Leel，& Marshall，2012）。

共同阅读故事书（也称为共享阅读）是预测读写能力的重要社会因素。共同阅读故事书最初是把书当作一种交流的工具；幼儿通常看图片，而不是书上的文字。那么它是如何帮助发展儿童的读写能力的呢？它帮助儿童建立口头语言、印刷概念、语音意识和拓展词汇。早在18个月大时，阅读的幼儿就比其他儿童的词汇量更大。随着年龄的增长，他们的阅读能力往往更强（Fletcher & Reese，2005）。当孩子们开始自己阅读时，父母可通过倾听他们的阅读并提供反馈来提高他们的读写能力（Sénéchal & Young，2008）。

游戏是预测读写能力的另一个重要社会因素。在游戏中使用读写能力的学龄前儿童，如给洋娃娃念书、写购物清单、把信放进邮箱等，会发展出更好的读写能力。小学生也一样，他们自己写书，为木偶写剧本，为自己编游戏规则，或者在坐汽车旅行时在广告牌上寻找字母。对于那些玩涉及读写的拼字游戏的青少年来说也是如此。

游戏之所以有益，是因为它提供了阅读或写作的实践和真实理由。**真实的读写活动**[①]是指为了获得或提供信息而进行的阅读或写作（Duke，Purcell Gates，Hall，& Tower，2006）。非真实的读写任务的目的是学习读写，或只是完成一项作业。除了游戏，真实的任务可能包括发短信给朋友和阅读报纸的体育版，看看你的球队是如何取得大胜的。

3. 读写的群体差异

平均而言，学生的读写能力因性别、阶级和种族而异。接下来我们来看看这些差异。

性别

在第五章中，我们已经知道，女孩的读写成绩往往比男孩高。这种性别差异始于学前阶段，那时女孩的读写萌发能力稍高，这种情况一直持续到高中。性别差异具有国际性：在35个国家，4年级女孩的表现都优于男孩（Baer，Baldi，Ayotte，& Green，2007）。然而，在美国，到了高中，男孩和女孩的阅读能力差异很小，但写作能力差异则越来越大。研究始终表明，女孩比男孩更喜欢阅读（McKenna，Conradi，Lawrence，Jang，& Meyer，2012）。

社会经济地位

社会经济地位低的学习者的读写能力往往低于其他学习者。父母的教育作为社会经济地位的重要组成部分，尤其重要。父母的受教育年限较长，孩子的阅读能力也会相应较高。即使在低收入家庭中，母亲受教育程度较高的儿童的读写能力也可以达到很高的水平（Dickinson，McCabe，Anastasopoulos，Peisner-Feinberg，& Poe，2003）。这对于网络读写

---

① 真实的读写活动（authentic literacy activity）：即阅读是为了获取个人想要的信息，写作是为了向读者传递信息，和为了学会读、学会写或者为了完成一项任务的读写活动相对应。

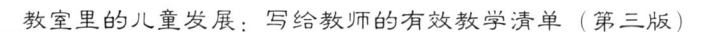

同样适用。在一项研究中，社会经济地位高的学习者对基于互联网的文本有更强的理解能力（效应量为1.5），而且他们在常规文本上也有很大的优势（效应量为1.9）（Leu et al.，2015）。

> **思考**
> 与社会经济地位相关的语言能力和读写能力差异与你在第一章中读到的关于贫困的家庭投资模型或者家庭压力模型契合吗？它们是如何与生物生态学模型契合的？

社会经济地位的不同之所以会导致读写方面的差异，可能是因为不同社会经济地位的儿童可获得的学习机会的不同。有些家庭有几十本儿童读物，有些家庭则一本也没有。有些学龄前儿童一天要读几次书，入学前的阅读总时长达到几千个小时，而另一些则完全没有阅读任何书籍。受过大学教育的父母更有可能给孩子读书，在读故事书时与他们交谈，并带他们去公共图书馆（Aikens & Barbarin，2008；Raikes et al.，2006）。例如，一份全国性报告发现，74%的受过大学教育的母亲每天给学龄前儿童读书，相比之下，只有40%的受过高中教育的母亲和生活在贫困中的母亲会做这件事（Federal Interagency Forum on Child and Family Statistics，2009）。因此，社会经济地位不同，儿童在印刷品接触方面也不同。印刷品接触是指与印刷品和阅读相关的活动。印刷品接触可预测阅读理解能力、拼写水平和学业成绩（Mol & Bus，2011）。由于社会经济地位高的学生比社会经济地位低的学生课外阅读时间更多，因此印刷品接触的差异将持续到青春期（Larson & Verma，1999）。但是，如果你的社会经济地位低的学生喜欢阅读并接受了好的指导，他们就会拥有更强的读写能力。

种族

在美国国家教育进步评估中，白人和亚裔美国学生在4年级、8年级和12年级的阅读成绩始终高于黑人或拉美裔学生。在第五章中，我们已经看到造成这种成绩差异的可能原因。此外，种族差异可能是由在家中的阅读习惯造成的。与黑人（48%）或拉美裔（42%）儿童相比，白人儿童（64%）更可能坚持每天阅读（Raikes et al.，2006）。

种族差异也可能是源于语言不匹配。例如，操非裔美式英语的学生可能会听到与标准英语不同的字母语音配对。要理解这一点，假设一个学生正在读一句话——"他们的手很冷"（Their hands are cold），在非裔美式英语中，这听起来像"他瘦了"（Deir han'a'co）。学生必须学习字母组合 th 可以发 d 的音，比如在"their"中。学生还必须学习用 d 拼写单词"hand"（手），即便在读的时候，这个字母并没有发音（Charity，Scarborough，& Griffin，2004）。学习字母语音配对，对于使用标准英语的学生或使用可以很容易地将代码转换为标准英语的操非裔美式英语的学生来说更简单。

语言不匹配的另一个方面是一些语言，如非裔美式英语和亚洲语言，不像标准英语那样用动词时态表示时间。例如，一个操非裔美式英语的讲话者可能会说"我去学校看德文"（I be going to school and seen Devin）。在标准英语中，这句话本身是意思模糊的，它到底是"我去过学校看德文"，还是"我将去学校看德文"，或"我每天去学校看德文"？不清楚。有些学生需要学习动词的词形变化来掌握标准英语。

例如，洪是一个在美国出生的9年级学生，她的父母是越南人，他们住在一个说越南语和非裔美式英语的社区。

洪不能流利地说或者写标准英语。她成绩差，但在书面考试中能拿到及格分，因为她有朋友帮助她编辑校订试卷。她显然不能通过高中毕业考试，有人推荐了一位语言老师帮助她。科尔老师发现了一个关键问题：洪不能辨别动词的不同形式，例如 walk，walks，walked 和 walking。当科尔老师教授动词的词形变化时，她让洪举起一张带有正确结尾（如 ed，ing，s）的卡片。通过这种方式，科尔老师帮助洪学会了正确使用动词的各种形式。

经过四次训练后，洪在她的演讲和写作中都能正确地用动词遣词造句。尽管所有的学生都经历了口语和书面的正式英语之间的语言不匹配，但口语与正式英语更不匹配的学生在学校里在读写方面可能有更大的困难。

种族差异也可能是文化不匹配造成的。第一章中介绍的文化不匹配的一个方面是，不同文化对好故事的定义可能不同。非裔美国儿童写的故事可能在其他文化中显得不那么连贯，但其中包含的多样化叙述方式、生动的想象、复杂性和节奏感使他们能以不同的风格获得良好的成绩（Gardner-Neblett，Pungello，& Iruka，2012）。

此外，在学校读写困难的学生可能相比校外同龄人具有更强的读写能力。例如，在盐湖城的黑帮中，有色人种女孩写的便条遵循复杂的规则，比如划掉字母"O"，因为一个敌对帮派的名字以"O"开头（见图12-14）。这些女孩中的一些人对学校的写作漠不关心，但在给朋友们写便条时却一丝不苟（Moje，2000）。也有些青少年可以跨越文化边界，在校内和校外读写方面都很熟练。例如，美籍墨西哥人玛丽亚（Maria）是一个涂鸦作家，她正在学习大学预备课程；她认为《老人与海》是最受欢迎的书（MacGillivray & Curwen，2007）。教师面临的挑战是如何培养这些才华横溢的青少年的能力。

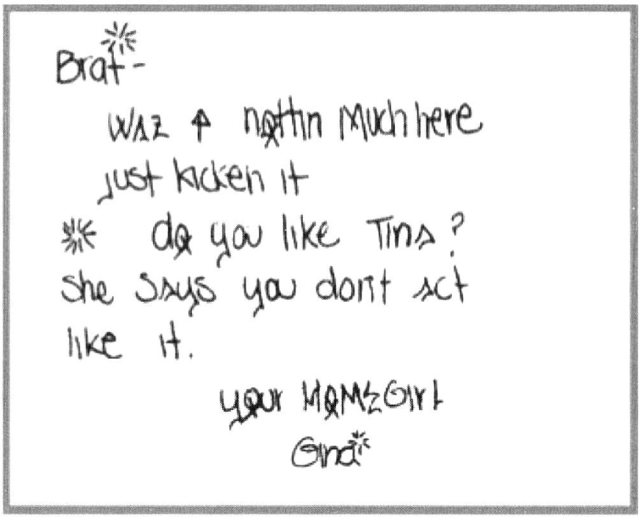

图 12-14　来自一个黑帮成员的写作的典型案例
青少年的校外读写可以得到很好的发展。
资料来源：Moje（2000）。

4. 读写发展的课堂启示

你已经了解到，读写会影响其他科目的成绩。正因为如此，在美国，读写技能在早期阶段就被强调。有些学校在促进读写方面成效显著（见图12-15）。是什么使它们更有效？

这与你在前几章中读到的策略基本相同——紧密联系实际的实践、积极的师生关系、鼓励参与讨论而不是单独工作、深思熟虑的练习等。

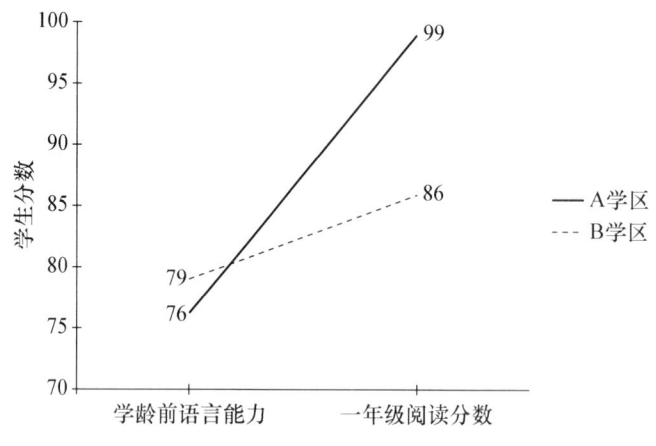

图 12-15　学校在读写能力发展中的作用

这幅图显示了两组来自同一学龄前开端计划的学生的阅读分数。A 学区的学生 1 年级的阅读能力比 B 学区的学生强。A 学区的学生处于该年级正常水平，并且显著高于 B 学区的同龄人。

资料来源：Whitehurst 和 Lonigan（1998）。

全球教师奖获得者南希·阿特威尔写道："在我作为中学英语教师的 40 年职业生涯中，最简单和最有力的创新是给我的学生时间和让他们选择是成为作家还是成为读者"（Atwell，2015）。赋予学生选择的权力使得学生能够跟随自己的兴趣进行广泛的实践。学生们读他们喜欢的书，写诗歌、回忆录、短篇小说、仿作和小传。她以前的一个学生在一所法学院学习时写道："在春天，我们被要求写一份上诉摘要，这个过程包括同伴评议。我惊讶地看到我的写作和我的同学之间的巨大差距——错误不断、条理紊乱。我从小就被教导过……热爱写作，经常充满激情地练习。"

让我们看看读写练习如何提高所有学生的阅读能力和写作能力。然后，我们将讨论跨文化和跨语言的学生。

通常，从幼儿园到 2 年级，学校强调语音意识、解码技能并且开始写作。从 3 年级到高中，重点转向阅读的流利性、理解能力和高级写作技能。因此，以下指导原则的重要性将根据你所教学生的年龄而有所不同。

提高语音意识和解码技能

语音意识是阅读能力的基础（Dickinson et al.，2003），为提升学生的语音意识和解码技能，你可以这样做：

（1）直接教学生字母的名称及对应的语音（Hulme, Bowyer-Crane, Carroll, Duff, & Snowling, 2012）。记住给那些名称和发音不匹配的字母更多的时间。

（2）通过游戏和童谣使学生对音素变得敏感。例如，在一个游戏中，学生轮流说出以前一个孩子所说的单词的尾音开头的单词：apple—lion—nap—pepper。学习童谣与语音意识有关，这可能是因为童谣与声音有关（Snowling, Gallagher, & Frith, 2003; Williams & Rask, 2003）。

（3）给学生布置单词拼写任务。学会正确拼写单词的年幼学生更容易解码单词（Conrad，2008）。

（4）读给学生听。在小组内（3～4个学生）进行阅读活动。注意，是阅读而不是讲述故事，一周阅读4～5次，可能最有效（Adams，Treiman，& Pressley，1998）。阅读的其他方面也很重要：

- 谈论一本书。简单的是/否问题和指认图片任务等适用于幼儿。对于大一点的学生，可以让他们在阅读前后预测事件或分析人物，但是在阅读的过程中不要去谈，比如可以问"你觉得他怎么样？"这样的问题。在阅读时可以讨论新词汇。
- 熟悉的篇目和陌生的篇目应保持平衡。当你读同一个故事几遍（第二遍后效果会减弱）后，学生们会对这个故事有更多的评论，尤其是低能力的学生。然而，新书会让学生接触到新的词汇。
- 阅读信息类书籍，如关于天气或动物的书籍。说明性的文本往往比故事书更容易引起儿童的聊天兴趣（Fletcher & Reese，2005）。

强调印刷概念

当你给尚不识字的孩子读书的时候，可以通过指着单词问"你知道这个词吗？"等方式，引起他们对书上的单词的注意。一项随机实验发现，当幼儿园教师在共同阅读过程中强调印刷概念时，2年后儿童的阅读技能更好（Piasta et al.，2012）。以下是强调印刷概念的例子（Piasta et al.，2012）：

（1）这是一盒谷类食品，上面写着"玉米片"。
（2）我先看这一页，然后再看下一页。
（3）这是页面的顶部。这是我开始阅读的地方。
（4）你能找到你名字中的一个字母吗？
（5）这是字母K。K在单词"kangaroo"（袋鼠）和"kick"（踢）中都出现过。

提高流利性

即使学生能解码单词，他们也可能读不流利。然而，教师可能对阅读的流利性不够重视。以下几个措施可以帮助你的学生在阅读方面更加流利：

（1）提供指导性口头阅读。当学生大声朗读时，提供即时反馈可以提高所有年龄段学生的读写能力（Rasinski et al.，2005）。反馈最好是一对一的。为了实现这一点，一些学校让老年人辅导有困难的学生。

（2）经常练习阅读。你可以在每个教学日安排专门的阅读时段，或者要求学生在提前完成作业后阅读，或者要求学生每天在家阅读。

一些教育者提倡独立的无声阅读，有时被称为持续无声阅读（SSR）或放下所有东西阅读（DEAR）。然而，仅仅让学生读得更多并不一定会促进读写能力的提升，因为学生可能无法理解（Kim，2007）。独立默读的一个主要缺点是没有反馈。

拓展词汇和促进理解

阅读的最终目的是理解。较大的词汇量对理解至关重要。在学生读懂了他们所读的单词后，他们会理解得更深入。在前面关于语言的部分中，你学习了如何构建学生的词汇表。它包括让学生接触文学、在课堂上使用不常见的单词以及教授词汇。增加学生的词汇量可以提高他们的理解力。此外，还有一些有用的措施：

（1）通过培养语音意识，以及教授关于字母发音的知识来教授解码技能（Melby-Lervåg & Lervåg，2014）。解码和了解相关的音素是阅读理解的基础。

（2）直接教授词汇，尤其是针对6岁以下来自低收入家庭的学生（Hadley，Dickinson，

Hirsh-Pasek, Golinkoff, & Nesbitt, 2016; Marulis & Neuman, 2013; Quinn et al., 2015)。贫困是一个风险因素,它强烈地预示着词汇知识的贫乏。

(3) 直接教授理解策略(Edmonds et al, 2009),包括阅读前的导读,鼓励学生做出预测,询问作者想要表达的思想及其原因、核心观点,时不时停下来为学生答疑解惑(例如,通过在阅读中进行回顾、总结和应用 KWL 方法。善于总结的学生更能判断出他们是否理解了课文并为考试做好准备(Dunlosky & Lipko, 2007)。

(4) 讨论课文。当学生在小组讨论中评论和质疑课文时,他们会有更多的理解并且发展更好的推理能力(Murphy, Wilkinson, Soter, Hennessey, & Alexander, 2009)。然而,你需要积极引导讨论,才能使其富有成效;仅仅有学生发表观点不一定会带来深入思考。

有证据表明,理解策略最好在科学和社会研究等领域嵌入(Kamil et al., 2008)。例如,那些使用多个相互冲突的文本来学习历史的高中生,以及那些被教导进行深入思考以及经常写作的学生,会学习更多的内容,并学会更多地像历史学家那样思考(Nokes, Dole, & Hacker, 2007)。也就是说,这些指导方针并非仅仅适用于语言艺术教师。

强化写作技能

要成为有能力的写作者,学生需要具有许多先前讨论过的技能:良好的语言能力、语音意识、拼写能力、足够多的词汇并且要接触印刷品。因此,当你遵循前面的指导方针时,你将帮助你的学生成为更好的写作者。但是,你还需要提供写作指导。你可以尝试以下方法:

(1) 提供书写指导。书写教学有助于提升学生写作的质量、篇幅和流畅性(Santangelo & Graham, 2015)。不易辨认的书面作品得分要低得多(Graham, Harris, & Hebert, 2011)。使用文字处理软件也有助于提高写作质量(Graham, Harris, & Santangelo, 2015)。

(2) 提供写作策略方面的指导,例如如何在落笔前提出论点和组织语言,以及如何为有说服力的文章提供支持性论据。一种已经被证实有效的方法是,让学生修改草稿并添加至少三个新想法,然后用三个或更多的理由来支持自己的观点,并且至少从反对方的角度提出两个理由(Graham et al., 2015)。

(3) 讲授写作的具体步骤,给出反馈,指导修改。写作能力较差的学生会得益于循序渐进的写作指导。然而,已经能够把控自己写作过程的学生可能不会获得太大的帮助(Pritchard & Honeycutt, 2006)。

(4) 提供写作的机会,尤其是开展真正的写作活动。例如,在上完一堂关于火山的课后,3 年级学生对熔岩的来源和温度有很多疑问,因此他们的老师安排了学生们组成小组以书面形式向全班报告答案。又如,在另一堂课上,学生们被要求为一本将在自然中心使用的小册子上创作关于池塘生物的内容。接受这一真正的写作任务的学生可以培养更好的写作技能(Purcell-Gates, Duke, & Martineau, 2007)。仅仅是增加写作时间也可以提高写作技巧(Graham, McKeown, Kiuhara, & Harris, 2012)。

即使有良好的教学,一些学生也还是会感到困难。应该为这些学生寻求语言干预专家的帮助。针对 1~12 年级的在读写方面有困难的学生,已经有有效的干预措施(Connor et al., 2013)。许多"学困生"正在跨越文化边界,他们是英语学习者。下面让我们来看看课堂对他们的影响。

跨越文化边界

跨越文化边界的一种方法是使用多元文化文学。例如,一个 5 年级黑人男孩一直尽可

能地逃避读写作业，直到他发现了非裔美国人民权斗士哈迈尔的传记。突然间，他对非裔美国人传记怎么也读不够（Smith，1995）。一位美籍华裔高中生写到，读《喜福会》(*The Joy Luck Club*)让她为自己的文化感到骄傲（Athanases，1998）。同时，应鼓励学生与其他性别、种族和时代的人交往。例如，一个白人青少年读《德雷尔之家》(*House of Dies Drear*)时说，当一个名叫托马斯的逃亡奴隶把他的灯丢进一个山洞里时，她感同身受。文学有助于学生理解不同的人（Mar & Oateley，2008）。因此，学生应该接触各种各样的文学，文学也有助于陶冶性情。

教师也可以通过在教学过程中融入学生的民族文化来跨越文化边界。例如，李女士是一位教师，她会用象征的方式教非裔美国高中生进行文学分析。象征是运用双关语进行有讽刺意味的言语嘲弄，带有巧妙的转折和惊喜（Smitherman，2000）。例如，一位孕妇对她姐姐说："是的，我想我有点胖了（putting on a little weight）。"作为回应，她姐姐对她说："现在看这里，姑娘，我们站在这里都湿透了（soaking wet），而你仍然试图告诉我没有下雨"（Gates，1988，p. 83）。象征在说唱和嘻哈音乐中是很明显的。象征也是推特上使用文字的一种方式，黑人在推文中用象征来标识自己的身份。有一些团体会使用特定的黑人艺术家的作品，例如，下面的推文就使用了R&B和说唱歌手德瑞克的歌词："@Charles_star：I got ride like a bicycle. Huffy. Am I the world worst rapper? Puffy. fakedrakelyrics（Florini，2014）"。

象征是比喻性的解释，而不是字面意思。李女士要求学生对象征进行举例、加以解释，并为他们的解释提供支持。然后，她要求他们解释用非裔英语写作的、描述黑人社区的短篇故事和两部小说［《他们眼望上苍》(*Their eyes were watching God*) 和《紫色》(*The Color Purple*)］。学生们学会了反讽和比喻。他们在文学考试中的表现比同一所学校接受传统教学的学生要好（Lee，1995）。

当跨越文化边界时，重要的是避免突出学习者语言和读写能力的缺陷；相反，应强调他们从传统文化中获得的优势和背景知识。根据他们的背景，学生可能对农业、建筑业、发动机维修、方言和音乐等主题有广泛的了解。充分利用他们的知识储备，可以激发他们的兴趣，发现他们拥有突出能力的领域（Rios-Aguilar，Kiyama，Gravitt，& Moll，2011）。

为培养擅长双语读写的学生提供支持

对于一些学生来说，跨越文化边界需要学习使用完全不同的语言。像母语为越南语或阿拉伯语，同时又能流利地说英语的学生，他们通常比单语学生有更好的读写能力，因此，双语并不一定会成为读写的障碍。幼儿园阶段的移民学生只是英语学习者，还不是双语者，一开始可能会有困难，但大多数人会在4年级时成功地学会用英语阅读（Lesaux，Lipka，& Siegel，2006）。事实上，许多移民学生的阅读和数学成绩比土生土长的学生高，尤其是在同龄人成绩优异的学校（Han，2008）。你能做些什么来帮助你的作为英语学习者的学生成为双语学生？

相关研究建议进行以下操作：

（1）帮助所有学生发展他们原生语言方面的读写能力。在使用字母的语言中，一些技能如语音意识、印刷概念和作文的重要性是相似的（Caravolas，Lervåg，Defior，Seidlová Málková，& Hulme，2013；Fitzgerald，2006）。请注意，语音意识对于原生语言为西班牙语的学习者来说可能不那么重要，因为西班牙语中声音和字母始终匹配（Goldenberg et al.，2014）。良好的第一语言读写能力有助于学生掌握第二语言并在学校取得好成绩（Guglielmi，2008；Sparks，Patton，Ganshow，Humbach，& Javorsky，2008）。

(2) 在可能的情况下，教作为英语学习者的学生在双语环境中读写（Farver，Lonigan，& Eppe，2009）。学生可以同时学习两种文字，但不一定会混淆它们。然而，没必要等他们在自己的母语体系中成为精通以后才开始学英语。美国教育部建议从幼儿园到5年级的学生从入学的第一天开始就学习英语，而不必考虑他们是否正在学习母语阅读。

在小学阶段，作为英语学习者的学生获得了基本的读写能力后，他们可能仍会在高年级的读写任务中遇到困难（Merino & Hammond，2002）。高级读写能力①包括总结课文、评判论点和写作有说服力的论文。它被用于撰写科学实验报告或文学分析等任务中。例如，一位母语为西班牙语的大学生写了一份科学实验报告，该报告的开头写道："不同溶剂在不同温度下的扩散率是通过使用 SDT 实验确定的"（Schleppegrell，2002）。她是一个英语说得很好的理科学生，但她在高级写作方面还有困难。之前讨论过，高级读写与学术语言有关。为了帮助英语学习者发展高级读写能力，请遵循以下准则：

（1）认识到那些能够理解日常标准英语的有能力的英语学习者有时会因为与学校有关的高级阅读、写作和学术语言而苦恼。

（2）提供明确的语法指导，在课堂上练习正式写作，提供必要的纠错反馈。

（3）要求英语学习者和其他学生一样多地写作。即使他们理解一个主题，英语学习者也可能会尽量少地写作，以避免因写作不好而被扣分。不幸的是，这阻碍了他们读书能力的发展。相反，应鼓励学生写得更长，但他们要有足够的帮助和指导才能成功。

所有这些关于教好英语学习者的指导方针都可能适用于其他学习成绩差的学生。因此，本章既不是仅仅针对幼儿园或小学教师，也不是仅仅针对英语教师。

当将这些指导方针应用于整个学校的综合项目时，学生所有科目的成绩都会提高。例如，在加利福尼亚州的一所高中里所有教师（即不仅仅是英语教师）都使用学术语言，如讨论、评估、摘录和分析。学校的每一个班都在学生完成作业后的空余时间进行独立阅读。全体教师要求每个学生用完整的句子回答问题。虽然这只是一些干预措施，但该学区由此提高了少数民族学生、英语学习者和低社会经济地位学生的成绩，并因此而获奖。接下来，让我们看看关于如何教授读写的不同理论建议。

> **思考**
>
> 想象一下，你在教一个英语学习者科学，他写了一份满是语法错误的报告。即使学生正确地做了实验并且理解了概念，你是否也应该因他低质量的写作而扣分？在这种情况下，你最好的解决办法是什么？

三、理论付诸实践：读写案例

基本的语言技能一般无须通过正式教学习得，在早期即能掌握，但读写能力必须通过正式传授。那么，读写能力该如何传授？这一问题相当重要。因为美国国家教育进步评估的结果表明，8年级学生中只有1/3的人能熟练地阅读课文，12年级学生中只有1/4的人读写能力达到熟练或以上水平（NCES，2010）。那么，应如何教授读写呢？

---

① 高级读写能力（advanced literacy）：即特定领域正式的、带有学术风格的读写能力，例如科学实验报告——它是包含文本分析、论证评估以及写作扩展的推理性文本。

1. 不同理论对教师的影响

像数学教学（第四章）一样，关于该如何教授读写的观点会根据教师所掌握的学生发展理论而各有不同。让我们通过一些主要的理论来理解读写的意涵。

行为主义与读写

行为主义者认为，学习（或条件反射）源于行为及其结果的共同作用。持行为主义观点的教师强调直接指导，会明确地教授每一项技能，而不依赖发现学习。教师为学生设定目标，关注他们可观察的行为（如在写作中使用正确的标点符号），然后强化有利于目标达成的行为。教师会进行大量的训练和实践，提供频繁及时的反馈。持行为主义观点的教师会按照分级顺序教授技能。学生首先掌握必要的低水平技能，然后转向更复杂的高级技能。比如，先教儿童字母的拼写与读音。一旦儿童掌握了这些基本技能，他们就会逐渐用所掌握的技能朗读和拼写一些简单的单词，接着发展为读写句子。同样，对于青少年读者，也可从培养基本技能开始。

行为主义者赞成用拼读的方法进行读写教学。**拼读方法**①包括通过直接教导培养学生的语音意识、拼读结合、把声音混合在一起解码单词，以及把单词拆开拼写。拼读教学包括各种方法，如学习童谣、玩游戏、使用活页练习单。

研究证实了行为主义方法的可行性。具有良好的语音意识和解码能力的学生比基本技能薄弱的学生读写能力强（Christopher et al., 2015; Graham, 2000; Spichtig et al., 2016）。研究还表明，直接指导可能是教授解码、词汇、阅读理解策略、写作策略和句式结构的最有效的方法（Graham & Perin, 2007）。但是，许多教育工作者并不认同行为主义的方法，因为它把学生视为被动的。他们更喜欢建构主义的观点——皮亚杰或维果茨基的观点，或是两者的结合。

皮亚杰的认知发展理论与读写

与行为主义者相比，皮亚杰认为儿童是活跃的思想家，是他们自身知识的建构者。儿童吸收新的经验，并结合已知的知识，创造独特的语言，如自创拼写（如用 lik 替代 like）和语法（如 footses 替代 feet）。认同皮亚杰的认知发展理论的教师通过为儿童提供拥有丰富印刷品的环境来教授读写。教师会鼓励儿童开始自己的读写活动，比如给爸爸写一张便条，或者给编辑写信。教师可引导儿童朗读生词，鼓励用他们已知的知识读出单词，而非直接告诉其发音。教师也可用实物开展动手实践活动，允许儿童自己重新探索读写，而非直接教授基本技能。例如，教师可鼓励儿童玩带磁性的卡片、蜡笔、纸和书。然而，研究也对在缺乏指导的情况下通过实物操作进行读写学习的有效性提出了质疑。实物活动会导致儿童更多地关注实物本身，而非其所指的意涵（Uttal, Liu, & DeLoache, 2006）。

儿童自身不能重建读写系统。一些儿童在没有接受正规学校教育的情况下学习阅读，但他们并非在彻底重建读写系统。相反，他们不断内化在社会交流中获得的读写经验。这是维果茨基建构主义和皮亚杰建构主义的一个关键区别。社会文化建构主义者更加重视社会互动和文化传播。

维果茨基的社会文化理论与读写

社会文化理论认为，读写是通过文化活动中的社会互动习得的。印刷品是一种文化工

---

① 拼读方法（phonics）：一种强调语音意识和解码训练的读写教学方法。

具。如果想具备读写能力，学生就必须从外在心理（人与人交互）转向内在心理（个人内心）。这可通过学徒制实现。在学徒期，专家或教师通过逐步赋予儿童更多的责任来建构儿童的读写能力。专家先进行认知活动，儿童则作为旁观者。随着课程的推进，儿童更多地参与认知活动，并最终成为活动主体，而专家则成为积极的旁观者。建构的程度取决于儿童的最近发展区。有经验的教师会根据学生最近发展区的变化，在学校各个学习阶段，为同样的学生提供不同类型的教学（Connor et al., 2009）。

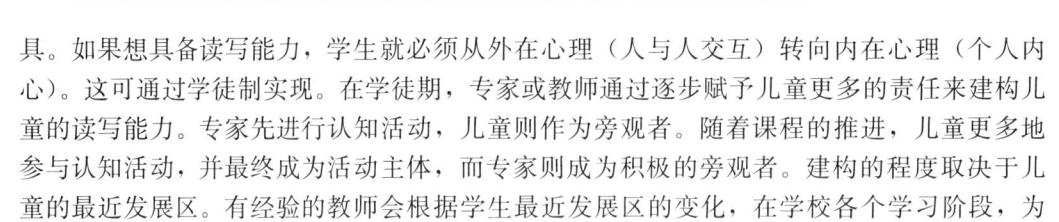

学生可通过合作学习或小组工作完成建构。例如，学生可结对阅读，修改对方的习作，共同记单词或讨论文本的含义。互惠教学对理解策略的制定是有效的。接下来，我们来看看科尔（Cole）女士是如何为倍感苦恼的高中生提升写作能力提供帮助的。

> 第一，我们列出详细的提纲。我的学生对写什么以及如何写还没有成熟的认识。所以，在第一稿开始前就应详细考虑写作内容。第二，每次写一个段落。我会提醒学生每段内容应有的基本要素。例如，导言部分应有引人入胜的开场白，接下来是作者姓名、作品标题以及一个简短的内容摘要。段落应以主题句收尾，主题句以正确的次序列出文章的主要观点。这种做法似乎过于规范，但我的学生正是运用这种方法学会写作的。第三，我们采用同伴修改的方式，也是一次一段地带领学生进行。两名同学读同一段落——第一名学生的修改针对内容，第二名学生的修改侧重语法错误。学生的文章最终由10位不同的学生修改。学生未出现因为一名同伴的修改能力弱而被卡住的情况，因为学生可以读到10种不同的写作修改样本。这对于苦苦挣扎的高中生作者而言的确是大开眼界。而后，学生们继续读改下一篇文章的初稿。我们再次采用同伴修改的方式，以达到真正润色文本的目的。我对学生所做的修改给予严格指导，因为只有这样，效果方能显著。

研究肯定了提供写作模式与和学生们一起计划、编辑和修改他们的习作的有效性，这是科尔女士使用的社会文化理论的两大原则（Graham & Perin, 2007）。

信息处理模式与读写

信息处理模式涉及信息的处理方式，不管信息是通过直接指令获得的，还是通过建设性思考或是社会互动获得的。具备以下信息处理技能的学生往往是更优秀的阅读者（Carretti, Borella, Cornoldi, & De Beni, 2009；Fenesi, Sana, Kim, & Shore, 2015）：

- 更快的处理速度，特别是命名字母和识别单词的速度。
- 更大的工作记忆容量。这有助于学生应对所有阅读或写作任务，并在学生阅读时帮助他们学习新词汇。
- 更强的执行功能，或过滤无关信息、集中注意力的能力。从幼儿园的小朋友到大一些的学生，莫不如此。这有助于写作者在选择合适的词汇、正确拼写、遵守语法规则时牢记论点，并防止其他无关想法的干扰（例如，午餐吃什么）。
- 更强的元认知，或在阅读或写作时进行监测的能力。这有助于学生暂停下来，进行反思与自我监控。
- 更大的长期记忆容量或更多的先验知识。学生懂得更多，尤其是掌握更多的词汇，就能更好地理解他们所读的文本。

如果学生有更好的记忆和问题解决策略，他们就能成为更优秀的阅读者，因为读写需要使用一定的策略，如记忆词汇或思考如何拼写单词。就像数学一样，检索是最有效的策略。

信息处理模式对教师有三大重要启示。第一，应帮助学生获得更多的知识，包括读写

知识，如字母发音匹配规律、词汇知识以及一般知识。学生对话题了解更多时，就能更好地理解阅读的内容，也能写得更好（Graham & Perin，2007；McCutchen，2006）。第二，帮助学生掌握解码等基本的读写技能，如果形成了条件反射，则工作记忆无须承受重荷。当苦苦挣扎的阅读者用他们所有的工作记忆来解码单词时，他们就无法理解所读的内容。写作尤其会增加工作记忆的负担。第三，帮助学生掌握高效完成读写任务（从解码到编写科学摘要）的策略。一种帮助学生从低效走上高效的策略是让学生解释有利于促进元认知的策略。策略可通过建模、直接指导、分开练习和频繁的反馈测试来教给学生。

2. 理论比较

正如第一章所述，不同的儿童发展理论并无太大冲突，因为它们分别解释了发展的不同部分。但有时，不同理论间会产生矛盾。从历史上看，读写教学的两种理论存在分歧。行为主义者赞成使用拼读方法。结构主义者赞成全语言方法——强调阅读和写作的目的是理解其含义，不赞成对拼读、语法等进行机械操练。拼读方法应根据需要个别教授，而不是面向群体讲授。为了专注于让儿童自由地表达心中所想，建构主义者鼓励以真实的理由写作而忽略自创拼写和非标准标点符号。哪种方法最好？许多研究集中在这样的概念上，即教授拼读至关重要，特别是对苦苦挣扎的社会经济地位低的学生及中学生而言（McArthur et al.，2012；National Reading Panel，2000；Suggate，2010）。缺乏早期读写萌发技能或语音技能的学生，比普通阅读者需要接受更多的拼读教学（Connor et al.，2009）。而具有较强读写萌发技能的学生可通过全语言或拼读方法获得成功（Xue & Meisels，2004）。

虽然拼读技能是必要的，但这些技能不足以使儿童成为流利熟练的阅读者。此时注重意义、使用真实的读写任务的全语言技术显得尤为重要。理想的情况是，教师采用二者相结合的方法（Connor et al.，2009；Steubing，Barth，Cirino，Francis，& Fletcher，2008）。

每一种理论在某种程度上都是正确的，可在课堂中加以应用。例如，可通过直接教学（行为主义），技能更娴熟者的示范（社会认知理论），以及在儿童最近发展区搭建支架并指导学生的实践（社会文化建构主义）开展关于理解策略的有效教学。有效的教学善于利用每种理论的精华。

对实践的反思

我的教学

你可采用前几章中的一些方法提高学生的语言和读写技能。回顾这些章节中"对实践的反思"部分。其中包括：

- 在进行读写任务时，在儿童的最近发展区提供支架。使用指导性练习和反馈来教授策略。拓展儿童的一般知识，使儿童运用知识写作，理解他们所读的内容。帮助儿童学习更多的基本技能，使他们的工作记忆得到释放，以掌握更复杂的技能（见第三、四、五章）。
- 与学生建立安全稳定的关系。帮助儿童发展良好的自我控制和情绪调节能力，使他们能受益于读写教学（见第六、七、八章）。

● 鼓励对幼儿采用寓教于乐的读写教学方式。对年龄稍长的儿童，建议使用合作学习的方式，如同伴修改（见第十一章）。此外，定期问问自己：

（1）我有语言能力差的学生吗？当一个孩子行为不当或表现得比我想象的更糟时，我会寻找语言层面的问题吗？

（2）当我和学生交谈时，我会有效地使用不寻常的词吗？我直接教授词汇吗？我是给学生读书，还是鼓励他们自己阅读？

（3）我的学生有机会在教室里表达观点吗？我坚持要求句式完整的答案吗？

（4）我学生的母语和在学校使用的语言不匹配吗？我如何帮助他们跨越语言边界？我支持他们的原生语言，鼓励双语和代码转换吗？

（5）我是否提供了多元文化阅读资源？我开展的读写活动是否以学生现有的读写水平为基础，而非仅限于以学校教学为基础？

（6）作为一名学前教育教师，我是否以寓教于乐的方式促进儿童进行读写，并提高儿童对音素及印刷概念的敏感性？作为一名小学教师，我是否提供了有效的读写教学？作为一名中学教师，我是否帮助学生在我所任教的学科领域学习高级读写技能和学术语言？

（7）我是否了解有阅读困难的学生——既有女孩，也有男孩？我是否为他们的阅读任务提供额外的时间，或给予他们口头测试的机会？我所在的学校对此有哪些干预措施？

（8）我是否教授了有效的写作策略？

（9）我知道非言语交流吗？我和学生在进行解释时用手势吗？

（10）我是否向我的学生传达了很高的期望？

语言和读写发展的年龄趋势总结

	语言	读写
婴儿期与学步期（0～2岁）	● 婴儿进行非言语交流。 ● 学步期儿童首先学习母语的发声方式，接着是单个词的发音，然后是多词句（不含功能词，如of、the），而后学会使用完整的句子。 ● 更多细节见表12-1。 ● 成年人对婴儿和学龄前儿童使用儿童导向的语言	● 成年人给婴儿和学步期儿童读书，通常是图画书。婴儿和学步期儿童能拿着书看图片。 ● 他们在开始学习印刷概念时，试着涂鸦，尝试写字。 ● 他们开始形成一个故事的概念，包括开始、中间、结尾
儿童早期（3～5岁）	● 5岁时，语音的发展近乎完成。 ● 词汇量继续增加。 ● 发音不断改善。 ● 语法结构更为复杂、正确。 ● 儿童能表达完整的句子，使用"the"（这个）和"these"（这些）等语法词	● 在3岁的时候，就可以看出他们的读写萌发技能和写作能力。 ● 儿童首先学习自己名字中有的字母；他们学会的第一个真正的单词通常是他们的名字。孩子们先学会与发音匹配的字母（如v、k），而后才是与发音不匹配的字母（如h、w）。 ● 阅读开始于指着书籍谈论书籍，逐渐变得更加注重文字阅读。印刷概念逐步发展，比如理解英语单词的读写为由左至右。 ● 读写方面出现性别差异。 ● 大多数幼儿园的孩子都会按发音写字母和单词，但还未能学会独立阅读

续表

	语言	读写
儿童中期（6～12岁）	● 1年级学生掌握了基本语法。 ● 儿童能用语言游戏，并能幽默地运用语言。 ● 1年级时词汇量大约是1万个。 ● 词汇量在1～5年级时迅速增加。词汇通常通过推理学习，当然也应直接讲授	● 儿童发展常规的读写能力。他们一开始会因为发音问题导致拼错单词，但大多数人在4年级时就具有常规的拼写能力。 ● 到4年级时，学习阅读转变为阅读学习。 ● 儿童开始写较易读的更长、更复杂的作品。他们构思和修改习作的能力更强了。 ● 读写方面滞后的儿童，如在3年级到5年级间能追赶上，也可能成为较好的阅读者；否则，不佳的读写状况有可能成为常态
青春期（13～19岁）	● 语言处理更迅捷。 ● 句子更长且更复杂。 ● 词汇量继续增加。 ● 对自己听众的把握力增强。 ● 幽默包括复杂的文字游戏	● 阅读流利程度提高。 ● 掌握抽象和专业词汇，理解力提高。 ● 写作更有组织、更长、更有说服力。更多地使用复杂的句子结构，但是很少有学生具备高级写作的能力。 ● 阅读方面的性别差异减少，特别体现在大学生群体中。 ● 英语学习者即便熟悉标准英语，也依然面临高级读写技能的挑战

本章总结

1. 语言发展

● 非言语性语言的发展先于言语性语言的发展，并贯穿于整个儿童期。表达性语言的发展落后于接受性语言。

● 有些先天论心理学家认为语言是与生俱来的核心知识。而研究表明，一般的认知能力，如推理和记忆可用来学习语言。

● 有些儿童的语言能力低，这与行为不当和低学业成绩有关。

● 语言能力可通过以下因素预测，如基因、认知能力、社会认知（共同注意和心理理论）、安全依恋、情绪调节、社会角色扮演、使用语言的社会互动和共同阅读。

● 女孩的语言能力往往比男孩强。来自社会经济地位较高的家庭的学生往往有更强的语言能力。

● 大多数儿童的母语与学校语言不同。对于说标准英语以外的方言——非裔美式英语或非英语语言——的儿童而言，不匹配的情况更为严重。这些儿童直接受益于标准英语教学，能学习代码转换。

● 教师可以通过以下方式提高儿童的语言能力，如在谈话中对孩子的语言进行精加工、使用不寻常的单词、鼓励在课堂上使用语言、给学生读书、讲授词汇等。

● 教师的期望可以以非言语的方式传达，并且可影响学生的学业成绩。

2. 读写

● 阅读和写作能力都取决于词汇、语音意识，以及解码技巧。阅读也取决于流利度和理解力。

- 早期苦苦挣扎的阅读者往往以后仍是如此，但有些儿童会发生变化。阅读能力差与情绪困扰、行为不当和低学业成绩相关。
- 阅读障碍是一种学习障碍。干预注重语音意识和流利度。阅读障碍往往与其他信息处理困难共存。
- 读写能力可通过以下因素预测，如语言能力，大脑结构（这可能是由于基因或经验），信息处理能力，情绪健康和通过趣味阅读、共同阅读而得到的关于印刷的社会经验。
- 女孩的读写能力通常比男孩更强，来自社会经济地位较高的家庭的学生比来自社会经济地位较低的家庭的学生读写水平更高，白人和亚裔学生的读写表现常比黑人或拉美裔儿童更佳。出现这些群体差异的原因包括校内外学习机会不同，及文化的不匹配。
- 教师可以通过以下方式提高幼儿的读写能力，如发展幼儿的语言能力、教授字母、使用童谣和音素游戏、引起儿童对印刷概念的注意、给儿童读书。对于稍年长的学生，教师可通过提供经常性的真实读写机会、反馈并讲授阅读和写作策略等方式给予帮助。
- 儿童即使还没有掌握原生语言的读写，也可以学习多语种的读写。具备基本英语能力、可双语读写的学生仍可能面临高级读写技能的挑战。

3. 理论付诸实践：读写案例

- 行为主义者强调直接指导，并主张通过操练、实训提升基本读写技能。行为主义理论支持拼读方法。
- 皮亚杰学派强调儿童是积极的学习者，他们在具有丰富印刷品的环境中通过实践活动建构自身的读写能力。
- 社会文化建构主义者强调在最近发展区提供支架、示范、指导性实践和合作学习。
- 信息处理模式强调在读写发展中以下因素的重要性：知识、工作记忆、元认知、使用策略、记忆策略和处理速度。
- 每一种理论都有助于开展有效的课堂实践。拼读方法是有效读写教学中必要的部分，但仅有拼读方法是不够的。直接教学、教师引导下的实践和真实场景的读写活动也非常重要。

第十三章
自我系统和动机

在前面的章节中,我们知道,孩子在学校表现不佳的原因有很多,除了智力低下,还有缺乏自控力或具有攻击性等。在这一章中,我们将讨论影响学生在校表现的另外两个因素:一是自我概念,它包括性别认同和种族认同;二是动机。读完这一章后,你将能够:

(1) 描述自我系统是如何运作并促进学生形成积极的自我概念的。

(2) 讨论性别认同和种族认同如何影响学生的在校表现,如何构建性别和种族歧视最小化的教室环境。

(3) 运用激励原则提高学生的动机水平。

一、自我系统

萨迪(Sadie)是一个活跃的 3 年级学生。她的老师赫克(Heck)女士分发了一份学习单,上面有几个关于清教徒的句子。题目要求把句子排列好,组成通顺的段落。不一会儿,萨迪举起手说:"赫克女士,我不明白,我没有把它们整理好。"

赫克女士说:"嗯,你需要集中注意力。"因为赫克女士没有直接回答萨迪的问题,所以萨迪又试了一次,她边做边说:"赫克女士,我们是写句子还是写数字编号?"赫克看了看萨迪,并没有回答她的问题,之后便看向别处。萨迪写了一个句子,随后便嘟囔着:"那么第二句呢?"

赫克女士说道:"如果你仔细读的话,可能就会明白。"

萨迪说道:"是这个吗?这是继詹姆士镇(Jamestown)之后的第二个殖民地。"赫克女士开始鼓掌,班里其他同学也跟着鼓掌,她讽刺地说道:"太好了!它是关于时间的,也许你也能推测出下一个。"之后,萨迪问他们应该用钢笔还是铅笔。赫克女士说道:"我们在学习单上使用钢笔吗?当然不会。"几分钟后,萨迪要求削铅笔。当萨迪削完铅笔回到座位上时,她又举起了手。赫克女士看向萨迪,但并没有理会她,萨迪便开始向其他同学求助。

赫克女士建议萨迪明年留级,因为她不能胜任 4 年级的功课,她不是一个好学生,而且无法集中注意力。然而,事实是她不希望萨迪明年还在她的班里。

赫克女士对萨迪的态度非常糟糕,但她对其他学生却不这样。萨迪在学校表现不佳,但她的表现并没有差到足以证明让她留级是合理的(见第一章)。你认为赫克女士是如何

影响萨迪的自我概念的？你的答案取决于什么是自我概念以及什么影响了它的形成。**自我**①是你持有的一系列关于自己的看法（Harter，2006）。这些看法包括"我值得被爱吗？"和"我擅长什么？"在赫克老师的教室里，萨迪会如何回答这些问题呢？

心理学家之所以使用自我系统（self-system）这个术语，是因为自我有多个方面。其中一部分是自我认同（personal identity），爱利克·埃里克森（Erik Erikson）是普及这一概念的最重要的理论家（专栏13-1会讨论他的成果）。关于自我，我们听得最多的应该是自尊。此外，与课堂相关的自我系统还包括自我概念和自我效能。

1. 自尊、自我概念和自我效能

自尊②（self-esteem）是对自身价值的总体感受，它是一个宽泛的概念。**自我概念**③（self-concept）既指对自己的整体评价，也指对自己在特定领域的评价。你可以在学业、社交技能、体育、外貌、同伴关系、异性吸引力（romantic appeal）、语言技能和数学技能等领域有不同的自我概念（Cole et al.，2001；Marsh，Ellis，& Craven，2002）。整体的自我概念和自尊通常被认为是等同的。

自我效能（self-efficacy）甚至比自我概念更具体，尽管两者都是关于某一领域的能力的。自我效能指的是个体对自己能够完成某一特定行为的信心，它是面向未来的，指的是个体对自己未来能够做的事情的信心。也许你有积极的社会自我概念，但在陌生的环境中结识新朋友时，你的自我效能却很低，比如第六章中害羞的埃里克。自尊、自我概念和自我效能这三个关于自我的术语是个体对自身价值和能力的感知，而不是实际的价值或能力。在这一部分，我们将主要讨论自尊和自我概念，自我效能则放到本章的后半部分讨论。

专栏 13-1　　　　　　　　　　**理论与理论家**

埃里克森的心理社会理论

埃里克森于1902年出生于德国。在他的童年时期，他认为陪他长大的那个人是他的父亲。然而，成年后，他才发现自己是母亲在前一段婚姻中与别人所生的孩子（Hopkins，1995）。直到68岁，埃里克森才公开这一事实。请你继续读下去，并思考埃里克森的生命历程是如何影响他的思想的。

埃里克森提出了与弗洛伊德的性心理理论相平行的心理社会发展理论。他们的理论在很多方面是相似的，如对各个发展阶段的概括。此外，他们的理论也有许多差异，具体如下：

（1）埃里克森强调每个阶段都有一个危机；（2）他的理论涵盖了整个生命历程，而不只是从出生到青春期；（3）他强调文化和社会的影响。表13-1概述了埃里克森的发展阶段理论（Erikson，1959，1963）。

个体在每个阶段都会经历内在冲突，其中一些冲突便集中在性行为、排便和哺乳上。例如，埃里克森认为：第二个发展阶段（自主性vs羞怯和疑虑）的孩子害怕成年人"破坏自己的自主性，还害怕成年人觉得自己认为好的事物有害"（1963，p.254）。每一对冲突

---

① 自我（self）：人们持有的一系列关于自己的看法。
② 自尊（self-esteem）：一个人对自我价值的感受。
③ 自我概念（self-concept）：细分的自我概念包括许多范畴，如学业自我概念、社会自我概念、运动自我概念等，而整体的自我概念有时候等同于自尊。

的解决，无论是积极的还是消极的，都为下一阶段冲突的解决奠定了基础。

表 13-1 埃里克森和弗洛伊德发展阶段的比较

心理社会发展阶段	年龄段	埃里克森的阶段描述	弗洛伊德的相应阶段
基本信任 vs 不信任	0～1岁	婴儿根据自己被对待的方式来理解这个世界是值得信赖的、安全的，还是危险的、不安全的。信任来自被关心	口腔期
自主性 vs 羞怯和疑虑	1～3岁	学步期孩子想对环境和他们的选择有一定的自主权或控制力。同时，他们也需要受到严格而合理的控制。孩子需要感受到自我控制，否则他们会感到羞愧，产生摆脱不良行为的欲望	肛门期
主动性 vs 内疚感	3～6岁	幼儿试图获得母亲的爱，渴望与同龄人合作。如果父母要求过度的自我控制，幼儿就会变得过度控制，失去自我同一性	性器期
勤奋 vs 自卑	6～11岁	儿童开始"工作"，并通过"生产"获得认可。这与学校的系统教学有关。如果不成功，儿童就会感到自卑、胜任感低。这一阶段是青春期风暴来临之前的平静	潜伏期
同一性 vs 角色混乱	青春期	青少年在寻求一种身份、专业或职业。他们可能会经历角色混淆（包括性别认同），也可能会形成排他性的小圈子	生殖期
亲密 vs 孤独	成年早期	年轻人寻求亲密的友谊，如果失去友谊，他们就会感到孤立或专注于自我	
繁殖 vs 停滞	成年期	成年人渴望被需要。他们希望引导下一代（通常是自己的孩子）。否则，他们可能需要虚假的亲密，也可能会陷入迟钝和贫困的状态	
圆满 vs 失望	老年期	有的老年人觉得他们的生命是有价值的，有的则害怕死亡。毕竟，开始另一种生活已经太晚了	

身份危机是埃里克森提出的最著名的一个概念，它指的是一个人在决定成为什么样的人以及在寻找生活和工作中的意义时遇到的困难。埃里克森认为，身份危机始于青春期——这是一段风暴期。如果"我是谁？"这一危机已经得到解决，那么青少年就要准备好迎接下一阶段的挑战。

埃里克森之所以对身份危机感兴趣，也许是因为他也在与自己的身份作斗争。他生得金发碧眼，他的继父是犹太人，而亲生父母却是丹麦人。那么，他究竟是犹太人还是北欧人？他的姓从萨蒙森（Salmonsen）变为霍姆伯格（Homburger），又变为埃里克森（Erikson），总共改了三次。他在职业选择方面也遇到了很大的困难。他学习艺术、尝试教学、学习精神分析，在他是心理医生时，他实地调查了苏族（Sioux）和尤洛克（Yurok）的土著美国人，调查了匹兹堡（Pittsburgh）贫穷的移民家庭，撰写了关于甘地（Gandhi）和马丁·路德（Martin Luther）的书籍。

2. 自我的年龄趋势

一位父亲看见自己女儿身上溅满了泥巴。他说:"天哪,你真脏!"女孩回答说:"是的,但我相当干净了。"你能猜到这个有较强身体自我概念的孩子只有 4 岁吗?让我们看看自我发展的年龄趋势。

婴儿期与学步期(0~2 岁)

一些婴儿知道他们可以影响环境。例如,他们知道使劲踢婴儿床和哭泣能引来父亲。觉得自己有能力影响其他人和其他事情能提高婴儿的自尊水平。

第六章提到,当父母做出回应时,他们的孩子会形成安全依恋和内部工作模式,即"我值得爱"和"我有能力让重要的人(我的父母)对我做出回应",这是高自尊的基础。

儿童早期(3~5 岁)

幼儿往往对自己的能力过于乐观(Davis-Kean, Jager, & Collins, 2009)。足球队里的每一个学龄前儿童都可能认为自己是最好的球员,教室里的每一个学龄前儿童都可能认为自己是最聪明的。这种夸大的自我评定是好的,因为它可以防止学龄前儿童放弃。如果他们知道自己有多无能,他们就可能会放弃。

小孩子自我评价过高的一个原因是他们还不擅长社会比较。他们很难把自己的能力与别人进行比较。他们也不太可能理解,如果其他人做事很不费力,这意味着他们有更好的技能(Nicholls, 1989)。例如,他们不明白,如果一个男孩只有通过大量的练习才能阅读,那么他的阅读技能就不如另一个通过很少的练习就能阅读的男孩。

儿童中期(6~12 岁)

在儿童中期,当儿童将自己的能力与其他人进行比较时,他们乐观的自我评价会被更现实的自我概念所取代(Harter, 2006)。孩子们开始明白如何从社会经济地位、体重和学业能力等方面与他人进行比较,而这种不断增强的社会比较能力会影响幸福感(Davis-Kean et al., 2009)。总体而言,孩子们对自我能力的认知在儿童中期趋于下降。

青春期(13~19 岁)

青少年对能力的自我认知继续呈下降趋势(见图 13-1)。究其原因,可能是他们对自己能力的评估变得更加准确,也可能是学校的评分和竞争性课外活动使青少年更可能被拿来与其他人做比较。如果青少年对自身过于挑剔,他们就可能会患抑郁症(Kopala-Sibley, Zuroff, Hankin, & Abela, 2015)。而与此相矛盾的是,尽管整体呈下降趋势,青少年仍然偏向对自己有积极的评价。

3. 自我的个体差异

有些孩子比别人有更强的自尊心。这一差异是相当稳定的,这意味着自尊心较强的儿童可能会在一段时间里保持这种状态,并在青春期变得更加稳定(Donnellan, Kenny, Trzesniewski, Lucas, & Conger, 2012; Kuster & Orth, 2013)。接下来,让我们看看这一差异是如何影响儿童的。

自我会带来什么影响?

自尊心强的学生往往成绩更好。这种影响虽小,却是一直存在的(Baumeister, Campbell, Krueger, & Vohs, 2003; Marsh & Hau, 2003)。特定领域的自我概念和该领域的学业成绩关系密切。例如，学生的数学自我概念与数学成绩的相关性较强，而整体的自我概念与数学成绩的相关性则较弱（Swann, Chang-Schneider, & McClarty, 2007）。

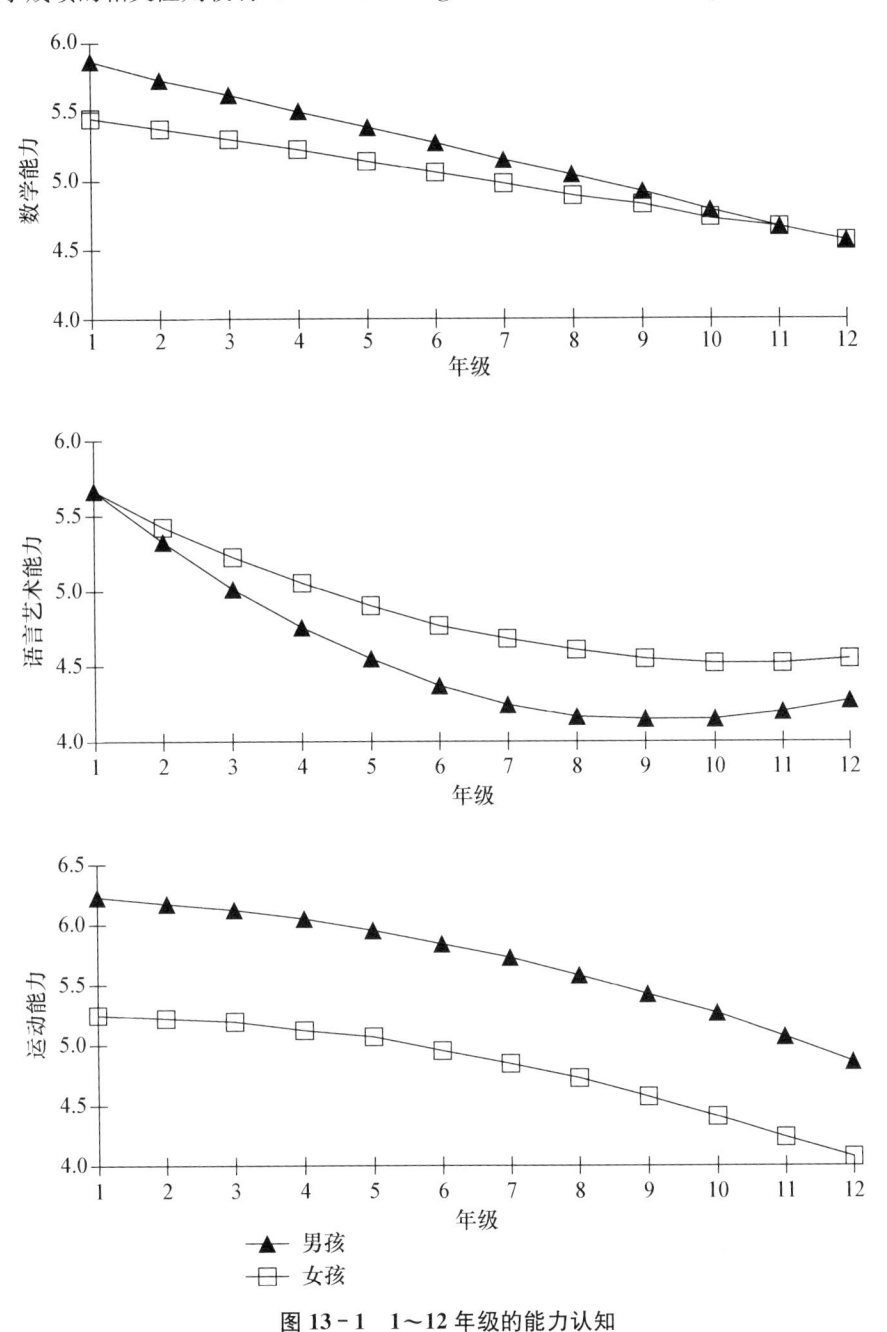

图 13-1　1～12 年级的能力认知

这幅图说明男孩和女孩在总体自我概念以及特定领域自我概念发展上的年龄趋势是怎样的？
资料来源：Jacobs, Lanza, Osgood, Eccles 和 Wigfield (2002)。

高自尊水平的学生往往在情感和社交方面表现得更好。与高自尊密切相关的是较强的幸福感、较低的犯罪率、更高的大学毕业率和更稳定的就业（Baumeister et al., 2003;

Cheng & Furnham，2002；Gerard & Buehler，2004）。相反，自尊水平较低的学生则更容易抑郁和焦虑（Orth，Robins，& Meier，2009；Sowislo & Orth，2013）。

什么因素会导致我们对自我的看法？

图 13-2 是一篇 2 年级小学生的作文，内容是什么让她觉得自己很重要。她的自我反省与我们的研究相符吗？自尊受很多因素影响，如依恋、学生对他人看法的认知、学生能力与他人能力对比的情况。

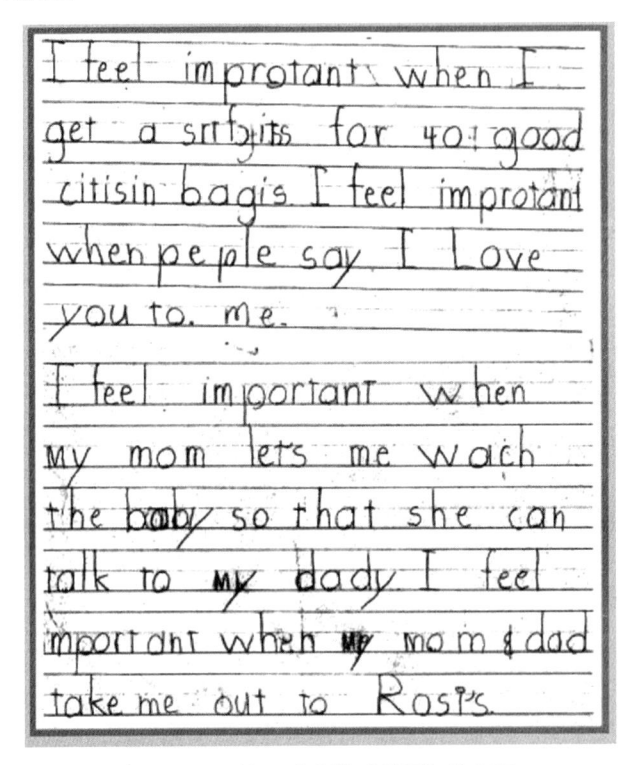

图 13-2 关于"感觉到重要"的文章

这个孩子关于是什么形成了自尊的观点与研究一致吗？翻译："当我获得 40 个好公民徽章的证书时，我觉得自己很重要。当人们对我说'我爱你'时，我觉得自己很重要。当妈妈让我照看孩子方便她和爸爸谈话时，我觉得自己很重要。当爸爸、妈妈带我去罗西（Rosie）餐馆吃饭时，我觉得自己很重要。"

依恋

依恋图形（attachment figures）在塑造孩子的自我概念方面尤其有效。具有安全依恋的儿童的内部工作模式是，自我是有价值的、有能力的。这样的儿童往往有积极的自我概念（Verschueren，Marcoen，& Schoefs，1996）。具有反抗型依恋的孩子（他们的父母可能是不稳定的或挑剔的）往往有低自我概念。他们试图取悦父母，但很少成功（Mayseless，1996）。相反，具有回避型和混乱型依恋的孩子都有中等到高水平的自我概念。具有回避型依恋的儿童可能会表现出自给自足，认为自己不需要别人。他们认为自己可以通过在一个有价值的领域（如学业、运动、财富）取得很高的成就来赢得父母的尊重。因为这种尊重不是无条件的，所以他们通过成为工作狂、完美主义者或物质主义者来捍卫自己的自尊。具有混乱型依恋的孩子可能会通过过度地取悦他人来保护自尊。

别人的尊重

学生的自我认知在很大程度上取决于他们认为别人如何看待自己，如："我的老师认为我能胜任这项活动吗？""我的父母认为我值得被爱吗？""我的朋友们认为我擅长什么？"当学生被他人接受和重视时，他们往往会感到高度的自尊。

从3年级开始，学生的自我概念（尤其是学业自我概念）会受同伴和老师的看法的影响。拥有良好学校声誉的学生在学业上的自我概念更高，成绩也更好，并且会付出更多的努力（Gest，Domitrovich，& Welsh，2005）。在第十二章中，你了解了皮格马利翁效应——教师对学生能力的信念可以改变学生的表现。萨迪很可能在课堂上变得自卑，因为赫克女士告诉学生，萨迪既没有能力，也不重要。

在第十一章，你了解到同伴的接纳和友谊能帮助学生形成良好的自我感觉。如果他们有几个好朋友，那么情感健康的学生在儿童期就不再需要得到同龄人的广泛认可。然而，一些学生仍然过于容易受到同伴的影响。也就是说，如果不为其他同学所喜欢，那么其中一些学生可能只是耸耸肩，而另一些学生则会感到羞耻并认为自己没有价值。这些学生感到更多的是焦虑和抑郁（Rudolph，Caldwell，& Conley，2005）。依恋在这一过程中扮演着重要角色，因为它影响着与学生共度时光的同辈群体。具有安全依恋的学生倾向于寻求那些提供积极反馈的人。具有不安全依恋或抑郁的学生可能会选择认同同样有着消极的自我概念的同伴（Cassidy，Aikins，& Chernoff，2003；Cassidy，Ziv，Mehta，& Feeney，2003）。

能力

学生的实际成就也会影响他们的自我概念。如果经验表明他们擅长特定的活动，那么他们往往对这些活动有较高的自我概念（Guay，Marsh，& Boivin，2003）。

  辅导员：哇！你入学考试得了30分，太好了。
  学生：不，不是，我们班上每个人都差不多。

正如这段简短的对话所体现的，自我概念取决于学生所观察到的周围其他人的能力水平。这个学生在一所成绩优异的学校里属于一般水平。如果这名学生在成绩较差的学校里是最好的学生，那会怎样呢？存在所谓的**大鱼小池效应**①，即学生在低成绩学校比在高成绩学校有更高的学业自我概念（Marsh，Köller，& Baumert，2001）。因此，在大多数学生标准化考试成绩较高的学校就读和上名牌大学都会降低学生的学业自信。世界上许多国家都发现了这一规律（Marsh et al.，2015；Seaton，Marsh，& Craven，2009）。

4. 自我的群体差异

群体效应是群体多样性的一种类型。如今的年轻人是否比过去的年轻人更加自恋和自我膨胀？一些研究表明，自20世纪80年代以来，自恋的人数有显著增长（Twenge & Campbell，2010；Twenge，Miller，& Campbell，2014）。自恋是指感觉自己比别人更重要，应该享有特权，更值得别人的赞赏。在第十章中，你了解到自恋会导致攻击或欺凌（Pauletti，Menon，Menon，Tobin，& Perry，2012），所以自恋的人数的增加令人担忧。在一年的课堂学习中，你将不会看到群体效应，但你可能会看到性别和种族差异对自我概念的影响。

性别

在全球范围内，男孩可能比女孩有更高的自尊水平，但性别差异很小（Robins & Trz-

---

 ① 大鱼小池效应（big-fish-little-pond effect）：当周围是学业成绩较低的同辈群体时，人们更容易产生较高的学业自我概念。

esniewski，2005），效应量（见第一章）约为0.21。然而，在某些领域，性别差异是很大的。男孩往往在外貌、运动能力和自我满意度（自己的幸福）方面有更高的自我概念，参见图13-3。女孩往往在语言和社交方面有更高的自我概念（Cole et al.，2001；Marsh，Trautwein，Lüdtke，Koller，& Baumert，2005）。

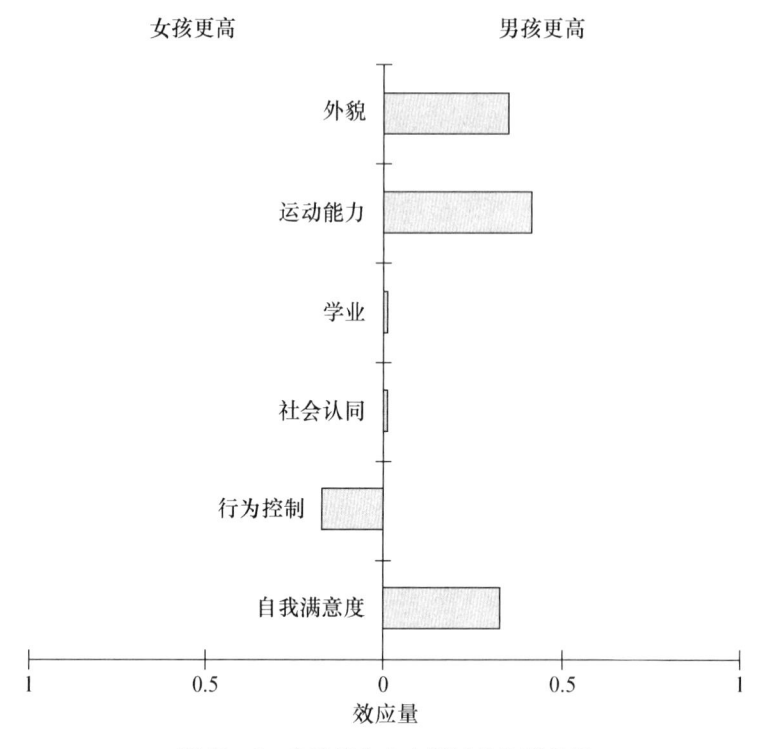

图13-3 自我概念六个领域的性别差异

右边的条形表示男生更高，左边的条形表示女生更高。在社会认同和学业自我概念方面，男生和女生没有差异。

> **思考**
> 你认为自尊的性别差异可能与青春期有关吗？复习第二章来检验你的答案是否正确。还有什么其他因素可能会导致这种情况？它们是否真实地反映了各个领域能力的性别差异？请根据前几章对性别差异的论述给出你的答案。

种族

一个一致的发现是：非裔美国人的自尊水平略高于白人（Adams，2010；Twenge & Crocker，2002）。也有证据表明：非裔美国人对他们生活中的风险因素更不敏感，高危非裔美国青年往往比高危白人青年有更高的自尊水平（Gerard & Buehler，2004）。外貌自我概念也因种族而异，黑人儿童的平均自我概念最高，亚裔美国儿童的自我概念最低（Crain，1996）。

5. 自我的课堂启示

我有一个学生，3岁的米格尔（Miguel），带他比带其他孩子要费劲得多。他从不参与课堂活动，也从不与其他孩子合作。如果另一个孩子只是拿了他想要的蜡笔，他就会尖叫哭泣。

> 他妈妈知道自己的孩子有行为问题。有一天，他妈妈问我他做得怎么样。米格尔就站在我们旁边，可以听见我的回答，所以，我撒谎了。我转向米格尔说："米格尔正在学着友好地和其他孩子分享他的蜡笔，耐心地排队等待，在分享时间安静地坐在椅子上。米格尔，你是个好孩子，是不是？"米格尔一开始看起来很困惑（他很可能是在猜我说的是谁），但随后他骄傲地笑了。我猜他想到了我说的是他，因为在接下来的一个星期里，他发生了转变。他确实会分享，排队等待的时候，静静地坐着（有时）。一天下午，他把一支蜡笔递给另一个孩子，自言自语地说："我很好。我分享。嗯嗯。"

在老师的帮助下，米格尔正在构建一个积极的社交自我概念。这一点很重要，因为高自我概念与课堂成功相关。但哪个是因哪个是果呢？（在第一章你已经学到，相关并不代表因果关系。）是高的自我概念更容易得到同伴的认可和高分数，或者高自我概念激励学生在面对挑战时更加努力，还是被接纳、获得技能和高分数造成了高的自我概念？答案似乎是两者兼而有之；研究表明，这种效应是双向的（Guay et al.，2003；Marsh & Craven，2006）。研究还表明，你可以通过遵循以下准则来提高学生的自尊：

（1）提高学生在体育、学业或社交方面的能力。关注在学生群体文化中更有价值的技能。关于提高运动、认知、情感和社交等方面技能的方法，请回顾前面的章节。

（2）改善学生与他人和你（教师）的关系，与老师关系良好和得到同学的认可可以让学生觉得自己是有价值的。回顾第六、十和十一章，了解如何做到这一点。

（3）认识到自我概念是多方面的。在一个特定领域的能力更有可能影响该领域的自我概念，而不是影响整体的自尊水平。自我概念越具体，联系就越紧密。例如，数学成绩与数学自我概念的联系比其与语言自我概念的联系更紧密。擅长数学的学生往往也会有良好的语言能力，但他们可能会因为"内部"比较而降低语言方面的自我概念——"我不擅长英语，因为它需要更多的努力。比起英语，我更可能在数学上获得高成绩"（Marsh & Craven，2006）。然而，每一方面自我概念的建构都会为整体自我概念的建构做出贡献。

（4）诚实对待学业成绩。不要试图通过告诉学生他们做得很好来保护他们的自尊。相反，你应该指出他们是如何进步的，并就如何进一步提高给出支持性反馈。

想象一下，一个缺乏耐心、吹毛求疵的老师会有多大的害处。让我们看一节三角函数课：

> 基尔罗伊（Kilroy）女士经常会对她的学生失去耐心。有一天，她想让一个女孩说 x 的正切等于 1 除以 x 的余切。而这个女孩一直说 x 的正切等于 1 除以 x 的正切。基尔罗伊女士提高了嗓门，粗暴地从女孩桌上抓起一张纸，告诉她这是错误的，然后继续问这个问题。一个男孩给出了正确的答案，但比基尔罗伊女士要求的要详细，这时，基尔罗伊女士说："你不需要告诉我们那些多余的东西——我们已经知道了。"

你可以看到，当基尔罗伊女士和她的学生们说话时，学生们会受到打击，这和本章开始时赫克女士在课上对萨迪做的一样。作为一名教师，你可以通过提高学生的能力和表达你重视他们来影响他们的自我概念。

二、社会认同：性别和种族

孩子们的自我意识部分来自群体身份。每个孩子都是基于性别、社会地位、种族、社

区和宗教等因素的多个社会群体的成员。接下来我们将讨论两个方面的**社会认同**①：性别认同和民族认同。

1. 性别认同

孩子出生时，人们问的第一个问题是："女孩还是男孩？"男孩和女孩在发型、衣服、声音、走路方式和体形等方面通常是不同的，所以你首先会注意到别人的性别。性别伴随着你的一生，它影响着你的名字、游戏、友谊和活动。

简单地说，**性别认同**②指的是能够准确标注自己性别的能力，即你是男孩还是女孩。性别认同还包括更复杂的方面，即你觉得自己的性别有多典型，你对你的性别有多满意，以及你是否觉得自己的性别是最好的（Corby，Hodges，& Perry，2007）。这些问题会随着年龄而变化。

婴儿期与学步期（0~2岁）

从第五章可知，婴儿能自发形成类别的概念，性别就是其中一种。仅仅几个月大的婴儿就能区分男性和女性的脸（Ramsey-Rennels & Langlois，2006）。到2岁时，孩子们开始给人们贴上男性或女性的标签。女孩比男孩更早发展出这种能力（Zosuls et al.，2009）。然而，他们只根据外表来给人们贴上标签——如果一个男孩戴着发夹、穿着裙子，那他就是一个女孩。

一旦孩子们知道了自己的性别，他们就会成为"性别侦探"，主动尝试着弄清楚男孩和女孩有什么不同，以及男孩和女孩的活动是什么（Martin & Ruble，2004）。然后，他们会更多地关注那些他们认为属于自己性别而不是另一种性别的物体和活动。

这种"侦探工作"的代价之一是形成性别刻板印象。早在18个月大的时候，孩子们就会判断哪些玩具是男孩的，哪些玩具是女孩的。在21个月前，男孩更喜欢玩卡车，女孩更喜欢玩洋娃娃（Zosuls et al.，2009）。如果你告诉小孩子一个玩具是给女孩的，那么女孩更有可能接近这个玩具。家长和老师有时会对2岁的孩子说一些不恰当的、宽泛的话，比如"男孩子擅长数学"。小孩会从这些话中演绎出不易改变的刻板印象（Cimpian & Markman，2011）。

儿童早期（3~5岁）

性别恒定性出现在3~4岁之间，但它可能要到7岁或更晚才能完全形成（Golombok & Hines，2002）。性别恒定性是指理解性别不会因为男孩穿裙子而改变，男孩永远是男孩。20世纪70年代，我们给3岁的女儿看了一张我丈夫的照片，当时他留着卷曲的长发。几天后，她要求看"爸爸还是个女孩时的照片"。

在儿童早期，儿童在外表和游戏方面变得性别分明。女孩更喜欢玩洋娃娃，男孩更喜欢玩卡车，他们越来越抗拒跨越这些性别界限（Halim，Ruble，Tamis-LeMonda，& Shrout，2013；Zosuls，Ruble，& Tamis-LeMonda，2014）。父亲推动年幼的孩子从事这些性别分明的活动：他们与儿子进行更多的身体游戏，与女儿进行更多的读写活动（Leavell，Tamis-LeMonda，Ruble，Zosuls，& Cabrera，2012）。学龄前儿童比学步期儿童的性别成见更强，他们用很友好、穿带褶边的衣服、喜欢洋娃娃描述女孩，而他们用短头发、玩活

---

① 社会认同（social identity）：学生自我概念的一部分，它来自某个群体的成员身份，如性别、民族、宗教、国家或其他群体。

② 性别认同（gender identity）：自我概念的一部分，它指的是准确地标注性别和感知自身性别的能力。

跃的游戏、举止粗野来描述男孩（Martin & Ruble, 2010）。

到了幼儿园，孩子们已经完全了解了性别刻板印象，比如哪个职业和特征更男性化或女性化（Miller, Trautner, & Ruble, 2006）。在这个年龄，他们的性别刻板印象相当稳定，比如说，"只有女孩才能和洋娃娃玩"。他们倾向于认为自己的性别是最好的。孩子们在应用他们刚刚习得的知识时表现得刻板也是很正常的。

极少数儿童存在性别变异、性别不一致和不符合传统性别认定的现象。例如，跨性别儿童在生理上属于一种性别，但在心理上认同另一种性别。从幼儿园开始，他们就可能认为自己属于另一种性别（Olson, Key, & Eaton, 2015）。尽管这种跨性别现象出现的频率可能在上升，但关于其原因或结果，几乎没有准确的研究（Olson, 2016）。

儿童中期（6~12岁）

在上学的早期，孩子们就明白了性别的稳定性，性别是一个人身份的基本组成部分，在任何时间和环境下都是恒定的（Golombok & Hines, 2002）。孩子们明白，即使有人想成为另一种性别，穿异性服装，表现得像另一种性别，他也不会变成另一种性别。

在小学早期，随着性别刻板印象的巩固，孩子们在某些方面性别意识更强。儿童开始对不同性别的能力形成刻板印象，而不仅仅是玩具和活动，如"数学是属于男孩的"和女孩认同数学的可能性更小（Cvencek, Meltzoff, & Greenwald, 2011）。

此外，正如你在第十一章中了解到的，性别隔离在儿童中期达到顶峰，因为孩子们寻求明确的性别界限，并惩罚那些越过界限的人。例如，幼儿园某个班正在学校图书馆里，一个男孩选择了一本改编自《美女与野兽》的书。当他们排队准备离开时：

> 站在他后面的那个男孩发现了他手里的书，开始发出呕吐的声音。其他男孩很快也加入了进来："哦，你要读一本女生的书吗？"然后嘲讽道："哈哈，他是个女孩，他是个女孩。"被嘲讽的孩子便快速地溜出了队伍，跑到附近的书架上更换了他的书（Dutro, 2002, p.376）。

这种性别界限对男孩来说往往比女孩更严格。如果男孩做"女孩做的事"，那么他们会比女孩做"男孩做的事"受到更多的批评（Martin & Ruble, 2010; Mulvey & Killen, 2015）。随着时间的推移，女孩对"女孩"活动的关注越来越少，而男孩仍然更喜欢"男孩"的活动。例如，一位教师列出了一定数量的书籍可供选择（Dutro, 2002）。尽管有女生选择了篮球书，但却没有男生自愿选择育儿书——令男生沮丧的是，他们不得不拿剩下的育儿书。

在小学即将结束的时候，尽管孩子们仍然偏爱自己的性别，并且存在着强烈的性别隔离，但他们的性别刻板印象变得不那么强烈了。他们对典型的女性活动和男性活动的兴趣也在下降（Crouter, Whiteman, McHale, & Osgood, 2007; McHale, Kim, Dotterer, Crouter, & Booth, 2009）。同时，他们正试着理解性别刻板印象在成年人世界中可能意味着什么。从7岁到15岁，孩子们越来越相信，男性会比女性获得更多的权力和尊重（Martin & Ruble, 2010）。

青春期（13~19岁）

在青春期，对自己的性别满意和感觉到自己性别的典型性与更好的生活适应能力密切相关（Corby et al., 2007）。例如，乳房提前发育的女孩往往会出现抑郁症状（Yuan,

2012)。另一项研究发现,在遵从性别刻板印象时没有感受到过大压力时,那些更喜欢与性别刻板印象相符的活动的4~8年级学生适应能力更强(Egan & Perry,2001)。然而,适应能力强的年轻人也愿意尝试自己感兴趣的异性的典型活动。

2. 民族认同

民族认同①是自我概念的一部分,它指的是人在一个民族群体中的成员意识,以及自己作为成员的态度和感受(Phinney,1996)。民族和种族不同。民族是指一群具有共同祖先、语言和文化的人,而种族是指一群具有共同的生理特征(如肤色)的人。然而,这些术语是存在争议的(Markus,2008)。许多社会科学家认为民族不是生物学意义上的,而是社会给群体贴上的标签(Richeson & Sommers,2016)。第一章我们介绍了美国人口普查局承认的最大的少数民族群体——ALANA。请注意,拉美裔或西班牙裔,不是一个种族。拉美裔可以是黑人、白人、亚裔或印第安人。一般来说,民族身份对于白人青年可能不如其对于ALANA青年。事实上,许多白人青年甚至无法想象拥有民族身份,除非他们注意自己的家庭原籍国,如爱尔兰或意大利(Phinney,1989)。

在美国,越来越多的孩子是多种族的,比如巴拉克·奥巴马(Barack Obama)和女演员卡梅隆·迪亚兹(Cameron Diaz)。一个多种族的人会自我认同两个或两个以上的种族。多种族儿童的身份可能取决于肤色、父母、社会规范和个人选择。黑人与白人混血的年轻人倾向于认为自己是黑人(Doyle & Kao,2007)。一些多种族的年轻人迫于压力"选择一方",即宣布他们是其中的某个种族(Gaither,2015)。然而,许多人有灵活的身份,这样他们可以根据情况在不同种族身份之间进行转换。这种灵活性使他们能够在少数民族和主体民族之间有效地发挥作用。对于多种族儿童来说,认同其中一种种族身份是具有挑战性的,但大多数儿童会认同一种更有利的身份(Herman,2004)。

民族认同的年龄趋势

到9个月大时,婴儿更能分清自己种族的面孔,他们更喜欢并更注意同种族的面孔(Pauker,Williams,& Steele,2016)。他们对同种族面孔的偏好会因为看到其他种族的面孔而减弱,即使这些面孔只是从照片上看到的(Anzures et al.,2013)。

在2~4岁时,儿童与同种族和其他种族的同龄人平等地分享玩具,在选择玩伴时没有表现出任何偏好(Anzures et al.,2013)。然而,4~5岁时,儿童明显表现出对自己民族或种族的偏好。在这个年龄段,大多数学龄前儿童都能够给自己的种族贴上正确的标签,但他们可能并不理解这些标签,且他们的理解可能有些混乱(Bernal,Knight,Garza,Ocampo,& Cota,1990)。我们来听听4岁的多种族孩子科琳(Corrine)是如何谈论班上的小兔子的:

> 萨拉(Sarah)问科琳:"有多少个兔宝宝?"
> 科琳回答道:"六个!三个男孩和三个女孩。"
> 萨拉问道:"你怎么知道它们是男孩还是女孩的?"
> 科琳开始说道:"我爸爸是白人,所以白人是男孩。我妈妈是黑人,所以黑人是女孩。"

---

① 民族认同(Ethnic Identity):自我概念的一部分,它指的是人在一个民族群体中的成员意识,以及自己作为成员的态度和感受。

萨拉数了数说："只有5个。"（剩下的那只兔子是黑白相间的。）

她抓起那只黑白相间的兔子说："看，这只兔子和我一样，又有黑又有白！"（Van Ausdale & Feagin，1996，p.784.）

因此，到儿童早期，婴儿对同种族人面孔的偏好发展为玩伴偏好和民族认同。这可以为种族主义的经验奠定基础。

6岁左右的儿童会利用种族特征对人进行分类（Pauker et al.，2016）。这使他们能够浅显地理解种族主义。例如，墨西哥裔美国儿童可能认为，有些人不喜欢墨西哥裔美国人是因为他们不喜欢墨西哥。在10岁左右，他们有了更成熟的理解，例如，一些人可能会因为种族成见而不喜欢墨西哥裔美国人。在这个年龄，80%～90%的儿童会意识到广泛存在的种族刻板印象（McKown & Strambler，2009；McKown & Weinstein，2003；Quintana & Vera，1999）。例如，9～10岁的孩子知道亚洲人被认为更擅长数学（Cvencek，Nasir，O'Connor，Wischnia，& Meltzoff，2015）。

一旦孩子们明白某些群体受到了歧视，他们就会明白自己也会受到歧视。**耻辱感**[①]是指感觉自己不一样，在群体中不受重视。关于种族歧视的耻辱感在小学里并不常见。例如，一项针对波士顿的波多黎各（Puerto Rican）儿童的研究发现，只有12%的1年级、2年级和3年级学生察觉到了歧视（Szalacha et al.，2003）。然而，随着高中的结束，孩子们对耻辱感的认知增加（Brody et al.，2006；Seaton，Caldwell，Sellers，& Jackson，2008）。高中往往比小学更加多样化，这使得高中生的民族认同更加突出，也为种族主义的发展提供了更多的机会。

民族认同的个体差异

同一民族的人有相似的民族认同吗？不一定。例如，一项研究发现，一些非裔美国高中生认为非裔美国人是他们的核心身份，他们为自己是非裔美国人而自豪；而另一些人并没有强烈地认同非裔美国人的身份，他们甚至对自己的民族感到反感（Chavous et al.，2003）。这种民族认同的差异会影响学生的幸福感。

对 ALANA 青年来说，积极的民族认同与学业上的成功息息相关（Caldwell，Zimmerman，Bernat，Sellers，& Notaro，2002；Smith & Lalonde，2003）。具有积极的民族认同感的青年往往更喜欢学校，他们觉得学校有趣、有价值，并感到与学校关系密切（Fuligni，Witkow，& Garcia，2005）。他们完成高中学业和上大学的可能性也比那些民族认同感不强或消极的人大，而且他们的成绩也可能更高（Altschul，Oyserman，& Bybee，2006；Chavous et al.，2003）。学生所认同的民族本身并不能预测其学习成绩或学习动机，但一种强烈的、积极的认同却能预测其学习成绩与学习动机。当学生对自己的民族感到满意，认为自己的民族取得了重大成就，感到从自己所在的民族中获得了力量时，他们就会有积极的民族认同感。

民族认同也与健康的情绪有关。拥有强烈而积极的民族认同感的 ALANA 青年更有可能拥有高自尊，也更快乐，更少抑郁、焦虑或吸毒（Kiang，Yip，Gonzales-Backen，Witkow，& Fuligni，2006；Mandara，Gaylord-Harden，Richards，& Ragsdale，2009；Marsiglia，Kulis，& Hecht，2001；Rogers，Scott，& Way，2015）。对于"自己是谁"感到羞耻或矛盾是不健康的心理，民族认同是有色青年自我概念的一个重要组成部分。

[①] 耻辱感（Stigma）：感觉自己不一样，在群体中不受重视。

那么双文化青年呢？一些研究表明，双文化主义（即既认同少数群体又认同主导群体）与适应性和幸福感是正相关的（Nguyen & Benet-Martinez，2013）。对于移民儿童来说，他们的原生语言是民族认同的关键组成部分。在第十二章中，你了解到了附加性双语现象，即保留原生语言预示着双语学生未来的幸福。

3. 性别歧视和种族歧视

强烈认同一个群体的潜在成本是对其他群体产生偏见。偏见是指对某一群体的消极信念或情感。人类的天性是将其他人分为内团体（与我相似的群体）和外团体（与我不同的群体），并更喜欢内团体，夸大外团体成员之间的相似性。你的内团体可能基于性别、民族、宗教或其他因素而形成。以积极的态度来看待内团体并不一定会导致偏见，但这种可能性也存在。

当人们不喜欢并将负面刻板印象附加于外团体时，偏见就会出现。性别歧视和种族歧视是指对基于性别和种族形成的内团体和外团体的判断，即内团体优于外团体。种族歧视还体现在想当然地认为，肤色、头发质地或面部特征等身体差异会导致行为、人格或智力方面的差异。在下面的案例中，赖利（Riley）表达了他的种族偏见：

> 赖利今年因为第三次在班上使用种族侮辱性词语而被叫到办公室。他没有受到惩罚，但被警告再也不许这样做并被送回课堂。他还被指控在图书馆的书籍上写种族侮辱性句子，但没有证据，他否认了这一点。赖利并不受欢迎，但他是一位出色的双项目运动员，这使得他有一定的社交地位。赖利喜欢炫耀他的种族歧视。当他的英语老师开始阅读《哈克贝利·费恩历险记》时，赖利和他的朋友们每次听到"n-word"都会嗤之以鼻。他们喜欢这个词在课堂上的用法。赖利说，他的父母定期使用这个词，针对其他种族的笑话在他家的餐桌上很常见。他说种族歧视是对的，因为这是他父母所相信的。

像赖利这样的偏见被内团体接受时会得到发展。当内团体受到外团体的威胁时（无论威胁是真实的还是想象的），二者间的竞争会被强调，人们会对内团体产生更加强烈的认同感（Nesdale，Maass，Durkin，& Griffiths，2005）。

在北美，歧视在社会和法律上是不可接受的。高地位群体不希望被察觉到持有偏见，低地位群体不希望成为偏见的受害者。这有助于解释为什么随着年龄增长儿童的偏见会减少。年仅3岁的学龄前儿童将人们分为内团体与外团体，并对群体赋予刻板印象。儿童的偏见开始于3～6岁，高峰期为5～7岁，然后略有减少（Raabe & Beelmann，2011）。到10岁时，一些人会小心地避免谈论种族（Aboud，2008；Apfelbaum，Pauer，Ambady，Sommers，& Norton，2008）。很少有青少年和成年人像赖利一样明显地支持种族偏见。然而，一些成年人保留了隐性的偏见或对外团体的负面情绪。这些情感不一定是有意识的，也可能是无意识的和隐藏的（Baron & Banaji，2006）。那些隐藏着偏见的人可能会利用互联网的匿名性来表达性别歧视和种族歧视（Daniels，2013；Tynes，Umaña-Taylor，Rose，Lin，& Anderson，2012）。

儿童可能成为偏见的受害者。例如，对非裔美国青年的调查显示，到13岁时，大多数人都遭遇过种族侮辱和歧视性对待，例如在商店购物时（Martin et al.，2011）。经历歧视会影响孩子在学校的学习动机、同伴关系和成绩。当儿童遭受种族歧视或其他歧视时，他们会面临更大的抑郁、自尊低、焦虑、疾病和低成绩的风险。他们也有更大的风险出现行为问题、犯罪或吸烟①。歧视的负面影响是跨代的：非裔美国父母的受歧视的经历预示着他们孩子在青春期的抑郁症（Ford，Hurd，Jagers，& Sellers，2013）。

儿童是否察觉到歧视取决于至少三个因素：

（1）社会认知能力，如心理理论、情绪采择、层次分类（即人们可以属于多个群体）和道德判断（Brown&Bigler，2005）。到6岁或7岁时，儿童的社会认知能力通常足以感知到歧视，但正如之前所提到的那样，年龄较大的儿童往往会感受到更多的歧视。

（2）歧视的显而易见性。幼儿能够将不善的称谓、种族辱骂或如"女孩不擅长电脑游戏"这类直接的评论视作歧视。年龄较大的青少年则能察觉更微妙的歧视形式，如不公平的评分、更严厉的纪律、不鼓励他们参加更高级别的课程。

（3）对歧视的个人警惕性。有些预期自己会成为偏见的目标的人，认为社会成员间存在偏见，他们往往对微妙的偏见迹象更加警惕（Kaiser，Vick，& Major，2006）。处于被羞辱的群体中的人对偏见更加警惕，例如，与非裔美国人相比，白人青年较小可能感受到微妙的歧视。

父母可以帮助孩子避免将歧视内化，同时提高民族自豪感。父母可以和孩子一起讨论种族歧视这一社会现实以及应对歧视的方法，让孩子了解社区中本种族的成功人士，并使他们为本种族的遗产感到自豪，从而促进孩子们适应能力的提高（Hernández，Conger，Robins，Bacher，& Widaman，2014；Murry，Berkel，Brody，Miller，& Chen，2009）。

教师当然也可以提供帮助。然而，教师常常对讨论种族问题感到不安，因为他们担心这种讨论可能导致偏见和刻板印象（Markus，2008）。然而，如果讨论能够引起对外团体更多的理解和共情并帮助纠正不公平现象，那么讨论可能是积极的。在这一小节中，你已经了解了学生之间存在的潜在的种族差异。在下一小节中，我们将重点介绍如何在不同学生中促进积极的社会认同。

> **思考**
>
> 在本书中，我们主张尊重儿童的原生文化。然而，当你的学生支持与你相反的价值观时（比如，种族主义、性别歧视、暴力、酗酒等），你该如何履行你的教师职责？如果文化不匹配涉及道德问题而不是社会习俗，那么你又该怎么办？

4. 性别和种族认同的课堂启示

赖利是白人，在一所种族差异很小的农村高中上学，似乎他的种族偏见有其来源，但事实上在ALANA学生和多元化的城市学校中也可以发现偏见。作为一名教师，你希望消除偏见，同时也鼓励学生培养强烈、积极的社会认同感。一种不起作用的策略是声称"无视肤色"（color-blindness）。有些人认为这令人惊讶，因为他们错误地认为忽视差异并同样地对待每个人就会使种族差异不再重要。研究表明，我们不到一秒钟就能注意到种族差异，这会影响我们对他人的看法及我们对待他们的行为。假装忽视种族差异会产生不利于某些群体的态度和政策。具有讽刺意味的是，看起来无视种族差异的白人被认为比谈论种族差异的白人对非裔美国人更有偏见（Apfelbaum，Norton，& Sommers，2012）。让我们讨论如何在不增强对外团体的偏见的情况下发展健康的社会认同，但首先

---

① 有许多研究支持这一结论，其中一些列在此处：Benner 和 Kim（2009）；Martin 等（2011）；Schmitt，Branscombe，Postmes 和 Garcia（2014）；Sirin 等（2015）；Stein，Supple，Huq，Dunbar 和 Prinstein（2016）。

让我们看一个可能会影响处于被污名化的群体中的学生的问题——刻板印象威胁。

刻板印象威胁

众所周知的刻板印象可能会使被污名化的群体的成员担心别人会根据刻板印象来评判他们，以及他们的表现会证实负面的刻板印象。这被称为**刻板印象威胁**[①]（Steele & Aronson，1995）。在学校中，非裔和拉美裔学生在进行标准化测试时可能会感到刻板印象威胁，因为标准化测试成绩的种族差异广为人知。女孩可能会在面对数学和科学考试时感受到刻板印象威胁。

科学家通过随机地将学生置于有威胁或无威胁的条件下来研究刻板印象威胁。在有威胁的条件下，学生被告知关于他们所在小组的刻板印象，然后他们会接受考试。例如，对6年级和7年级的学生进行测试，要求他们记住简单的线条画。一半的学生被告知这是对几何能力的考验，另一半被告知这是对记忆能力的考验。当被告知测试的是数学（几何）能力时，女孩得分较低（Huguet & Regner，2007）（见图13-4）。刻板印象威胁可能有助于解释为什么女孩在被告知测试的是记忆能力时获得更高分，却在被告知测试的是几何能力时成绩相对较低（Kenney-Benson，Pomerantz，Ryan，& Patrick，2006）。刻板印象威胁在大学运动员中也存在，尤其是男性运动员，他们会在被提醒是运动员之后取得较低的测试成绩（Dee，2014）。

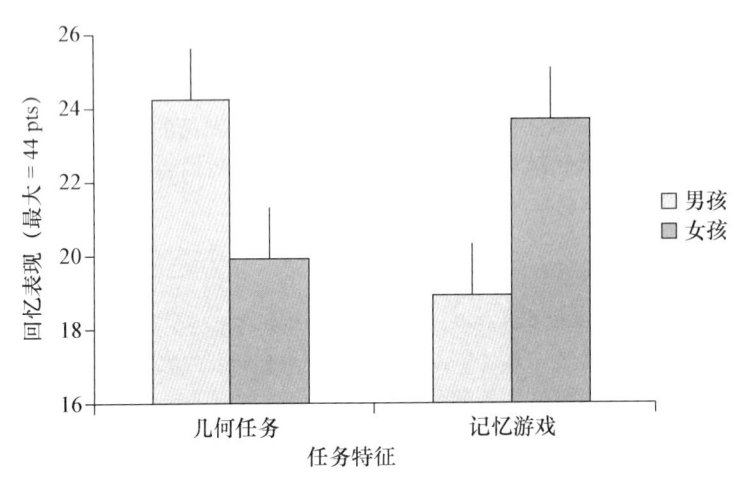

图13-4　女孩的表现和刻板印象威胁

女孩和男孩被要求根据记忆复原一个复杂的几何图形，一些人被告知这是记忆游戏，而另一些人则被告知是几何任务。正确复原一个部分就会获得相应的分数。女孩什么时候做得更好？为什么会这样？

资料来源：Huguet 和 Régner（2007）。

刻板印象威胁是如何起作用的？努力克服对刻板印象影响的担忧可能会妨碍信息处理并干扰工作记忆（Hutchison，Smith，& Ferris，2013）。由于学习者担心自己的行为会使刻板印象得到证实，因此"这些数学问题对我来说太难"和"我不擅长数学"之类的想法开始消耗学生的工作记忆空间，削弱执行功能，并降低测试的表现（Inzlicht，McKay，& Aronson，2006；Spencer，Logel，& Davies，2016）。对刻板印象威胁的研究表明，你可以遵循以下准则来帮助你的学生：

[①] 刻板印象威胁（stereotype threat）：担心个人的表现是对关于所在群体的负面刻板印象的证实。

(1) 告诉学习者智力是可变的，他们可以通过努力提高智力（Spencer et al.，2016）。在一项关于这种策略的影响的研究中，被试被鼓励将智力视为可变的，此后 7 年级女生在数学测试中得分提高了，而低社会经济地位和少数民族学生在阅读测试中得分提高了（Good，Aronson，& Inzlicht，2003）。我们将在下一部分讨论关于智力的其他观点。

(2) 教导年龄较长的学生关于刻板印象威胁的知识。对大学生的研究发现，对其开展简短的关于刻板印象威胁的课程，并提醒他们，他们在测试期间感到焦虑，可能是由于负面的刻板印象，而与他们的实际能力无关。这减小了刻板印象威胁的影响（Johns，Schmader，& Martens，2005）。这对青少年可能会产生同样的效果。

(3) 作为教师，注意不要表达你的焦虑。在针对 1 年级和 2 年级课堂的一项研究中，女教师的数学焦虑一定程度上预测了她班级上女生在学年结束时的数学成绩，无论她们在学年开始时的数学能力如何。这些女孩也更可能赞同男孩擅长数学、女孩擅长阅读的刻板印象（Beilock，Gunderson，Ramirez，& Levine，2010）。

尽管许多西方国家都有悠久的对所有儿童提供免费教育的历史，但是这却在过去的学校里促进了歧视的发生。回想一下第九章年幼的鲁比在学校废除种族隔离过程中的经历。今天，反对学校中的不公平和歧视已得到法律保护，但仍有进步的空间。现在让我们来看看如何提高学生的社会认同感。

促进积极的社会认同

你可以通过重视学生所属的群体培养学生强烈而积极的社会认同感。相反，如果你不重视学生所属的社会群体，则可能促进学校的异化；美国非裔著名研究员克劳德·斯蒂尔（Claude Steele，1992）写道："对于太多的黑人学生来说，学校只是比社会上任何其他地方更加协调、持久和权威的地方，他们知道自己的价值是多么地被低估"。要避免产生这种看法，请遵循以下准则：

(1) 使用多元文化课程。选择描述不同群体的书籍、软件、海报和工作样本，并评论不同群体对当前主题的贡献。要在整个学年中以积极的方式描述每个群体，而不是仅仅在黑人月（Black History Month）和五月五日节（Cinco de Mayo）等带有种族孤立性质的庆祝活动中才这样做。要清楚地表达对所有文化的欣赏，包括他们的语言、音乐、历史和时事。

(2) 避免在课堂上使用性别分类材料。研究表明，儿童图画书和涂色书中的性别刻板印象已经减少，但仍然存在（Beilock et al.，2010）。

(3) 帮助每个学生在课堂上体验到自身的价值。要传达这样一种观念，即所有的学生都是有价值的，无论他们的背景如何（Spencer et al.，2016）。当学生感到被贬低或受到侮辱时，他们会对自己是否被认为有价值感到压力、沮丧和焦虑。当学生花费精力去控制这些感受时，他们对其他行为的自我控制会减少，例如注意力（Salvatore&Shelton，2007）。回想一下，像控制肌肉这样的自我控制会让人疲劳。相反，当学生在心理上感到安全时，他们会更多地参与课堂活动。

(4) 让所有学习者达到很高但合理的标准。在向被污名化的群体的学生提供反馈时，提供尽可能详细的反馈，明确表明教师的高标准，并相信学生可以达到这些标准（Cohen，Steele，&Ross，1999）。教师对某些群体的刻板印象，可能会导致其对此类群体抱有较低的期望，推荐他们参与挑战较少的课程，或忽视学生的才能，如对女孩数学能力的刻板印象，因而要加以避免。因为不可能使用群体成员的特征来准确地推断学习者本人的能力，所以对待学习者应认为他们个人本身可能在任何事情上都有天赋，而不考虑群体，从而为所有学习者提供平等的成功机会。

（5）避免让学生代表他们所属的种族、性别或民族。例如，一名黑人男学生写道："我觉得我承担了所有黑人的名声，无论何时我张开嘴，我都会在这里为所有黑人说话……我是白人学生看到的黑人男性观点的代表之一"（Gere, Buehler, Dallavis, & Haviland, 2009, p.828）。你能意识到这与刻板印象威胁之间的关系吗？

（6）避免微攻击行为——一些传达偏见的微妙行为（Suárez-Orozco et al., 2015）。比如，假定一个看起来像外国人的人不会说英语，对有色人种获得高成绩或女性擅长数学表示惊奇。当被提醒这些是微攻击行为时，人们常常会否认他们有任何冒犯的意图，甚至可能没有意识到他们在冒犯他人，这使得微攻击行为发生后进行补救更加困难。

（7）反省你对其他群体的态度。在一项调查中，1/4 的黑人青年觉得他们的老师对他们的尊重较少，或者认为他们没有其他学生那么聪明（Seaton et al., 2008）。在另一项调查中，女孩报告说，一些教师对她们的数学、科学或计算机能力做出了负面评论（Leaper & Brown, 2008）。

减少偏见

自从 1954 年布朗案（Brown v. Board of Education）* 裁定推翻学校"隔离但平等"（separate but equal）的原则以来，很明显，仅仅取消实施种族隔离的学校是不足以减少偏见的。你能做些什么来帮助像赖利这样的学生减少偏见？不幸的是，对数千项研究的仔细考察发现，告诉人们如何成功地减少偏见的严谨的实验性研究相当少见（Paluck & Green, 2009；Aboud et al., 2012）。因此，基于研究结果对教师提出的指导有限。然而，当你拥有之前章节中所讨论的培养学生的同理心（见第八章）、提高其道德判断能力（见第九章）和增加其亲社会行为（第十章）的技能时，你就可以减少学生的偏见。此外，使用多元文化课程往往会促进不同文化的同学之间相互尊重。多元文化课程并不能始终如一地减少偏见，但它可能会做出一点贡献（Pfeifer, Brown, & Juvonen, 2007）。其他一些有证据表明可靠的干预措施包括：

（1）使用反偏见训练。有一些特定的课程旨在帮助你讨论偏见，例如"超越眼睛"，学生可以通过学习识别他们群体内部的差异以及内团体与外团体之间的相似之处。从幼儿园到高中，这样的课程都是有效的（Pfeifer et al., 2007）。此外，明确表示你不能容忍性骚扰、种族辱骂或其他形式的贬损言论。

（2）教给学生关于种族关系和种族歧视的历史。这些课程可能很难，因为它们可能使被污名化的学习者感到愤怒，而使"特权学习者"感觉受到威胁（Bigler & Wright, 2014）。然而，一项研究发现，那些了解非裔美国名人及其所遭受的歧视的白人学生，比不了解这些的学生，对非裔美国人有更积极的看法（Hughes, Bigler, & Levy, 2007）。

（3）鼓励学生参加包括体育在内的课外活动。当参与者具有同等地位时，不同种族的学生之间的关系会更好，而唱诗班和体育等课外活动可以为学习者提供更平等的场所（Holland, 2012）。

（4）使用合作学习，实施良好时可以提高成绩。如何做到这一点已在第十一章中讨论过。如果组织良好，合作学习就可以比多元文化课程更有效地减少偏见（Pfeifer et al.,

---

* 关于布朗案的裁决被认为是美国历史上意义最重大的裁决之一。它宣布州法律关于公立学校实行种族隔离的规定侵犯了黑人学生平等接受教育的机会，推翻了 1896 年普莱西案（Plessy v. Ferguson）确定的"隔离但平等"（separate but equal）的原则。——译者注

2007；Slavin & Cooper，1999）。

研究表明，不同群体之间的接触可以将偏见减少到一个适度的水平。然而，学生在同一间教室或同一所学校学习并不意味着他们有交流，仅仅接触是不够的（Pettigrew & Tropp，2006）。与黑人学生一起上课不会让赖利减少偏见，甚至与外团体其他人的友谊也不一定能减少隐性的偏见（Henry & Hardin，2006）。为减少偏见，交流应发生在如下环境中的不同群体间：

- 在所处环境中具有平等地位。
- 共享目标，这有助于创建一个超越本群体的身份认同。
- 通过合作致力于实现目标。
- 感受来自权威人士的支持（Fiske，2002；Pettigrew & Tropp，2006）。

除了在课堂上进行合作学习外，田径运动和课外活动经常满足这些条件。

> **思考**
>
> 请反思你自己的性别偏见。你是否只为女孩分配特定的任务，比如在合作学习活动中做笔记？在分发跳绳、足球和篮球时，你是否只向男生提供特定的物品？你是否还有其他方式可能传达了性别刻板印象？

你是课堂上的权威，你的学生可能会相信你告诉他们的关于各社会群体的价值。例如，在一个实验中，小学生被安排在学术团队中。一名成年人告诉一些学生"要喜欢两个组的学生"，但告诉其他人"跟着自己的组"。后一组表现出比较不喜欢其他团队的人（Nesdale et al.，2005）。你可以利用自己的力量帮助学生对自己的内团体身份以及外团体身份感到满意。

你已经了解到自我概念和社会认同可以影响课堂上的成功。自我概念对于理解动机很重要，因为自我概念会影响学生愿意做的任务以及他们为任务付出的努力。下面让我们转向动机问题。

三、动机

> 文尼（Vinnie）是一名大二的学生，他需要在历史/英语课上写一篇关于霍桑的《红字》(*The Scarlet Letter*) 的文章。他不认同老师对霍桑的狂热推荐。他认为读这本书是浪费时间，而且这一任务"干扰了他的生活"。他正在组装一台计算机。于是，他花费尽可能少的时间在《红字》上。后来，在同一个班级，他写了一篇关于亚历山大大帝的文章《亚历山大很酷》。他的成绩，一个C一个A，反映了他对每项任务的看法。

文尼的成绩比他的能力更能衡量他的动机。有些学生总是尽力完成作业，就像是班级的毕业代表，而其他学生从不让学校作业干扰他们的生活。像文尼一样，大多数人都处于中间状态，只是努力完成他们认为有趣或重要的任务。你在教学中的挑战就是正面地影响学生们的这些观点，以便你的学生更有动力去学习。**动机**①是指影响致力于实现一个目标的行为的能量水平、方向、活力和持久性的内部状态（Pintrich，2003）。

---

① 动机（motivation）：影响致力于实现一个目标的行为的能量水平、方向、活力和持久性的内部状态。

在理想状态下,每项活动本身都是有回报的,所以学生将会参与到课堂学习活动之中。这被称为**内在动机**①。与之相比,**外在动机**②是指参与活动的动力是活动本身以外的结果,比如拿到奖学金、赚钱、逃避惩罚、得到高分、讨好父母、给朋友留下深刻印象。正如你所注意到的,这不是一个理想的世界;在任何时候增强每个学生的内在动机几乎是不可能的。你的学生可能会感受到内在动机和外在动机的某种混合。

基于动机的定义,本书中讨论的几乎每个主题——强化、背景知识、刻板印象威胁、情绪调节、延迟满足、自我控制等——都会影响动机,因为每个主题都会影响在学校里活动的能量水平、方向、活力和持久性。但是,在本章中,我们将集中讨论关于动机的两个关键问题:"我能完成这项任务吗?""我想完成这项任务吗?"

1. 我能完成这项任务吗?

在课堂上,学生对这个问题的回答取决于他们的自我效能感、对智力等能力的看法,以及他们对学业成绩的归因。

自我效能感会影响学生对"我能完成这项任务吗?"的回答

自我效能感是指你对自己可以完成某些行为的信心。这是你对自身能力的判断。自我效能感涉及特定领域。这些领域可以是相当广泛的,例如对一般学校事务的自我效能感;也可以是比较狭隘的,例如对长期分工的自我效能感。学业自我效能感高的学生认为,他们可以掌握学校的学习主题,可以规划自己的学习,并可以让同伴和老师在需要时帮助他们。自我效能是社会认知理论的一个关键组成部分,如前面专栏3-2所述(见第三章)。

为什么自我效能感很重要?许多研究(Bandura,1997)表明,当你感觉自我效能感很高时,你更有可能:

- 感受到兴趣。
- 努力工作。
- 表现良好。
- 在面对困难更能坚持。
- 制定改进策略。

例如,一个对数学有很高自我效能感的女孩可能会选择在高中学习微积分,开始上课时焦虑少,学习勤奋,并在她第一次测试分数低时加倍努力。另一个数学自我效能感低的女孩可能一开始就避免上课。如果被迫接受,她就可能会高度焦虑,并在第一个低测试分数出现时放弃。这两个女孩的技能水平相似,但她们的自我效能感会影响她们对这些技能的态度。你可能认为自我效能感仅适用于年龄较大的学习者,但即使是3岁儿童,其行为也会受到自我效能感的影响(Williamson,Meltzoff,& Markman,2008)。

自我效能感来自哪里?有四个主要来源(Bandura,1997;Usher&Pajares,2008):

(1)以前的经验。如果你在某方面有过成功的历史,你就会期望在未来取得成功;如果你有失败的历史,则你会预期遭遇失败。这可能是对自我效能感影响最大的因素,你可以帮助你的学生体验成功。

---

① 内在动机(intrinsic motivation):因为一项活动自身的缘故而参与其中,而不是由于外部的原因。
② 外在动机(extrinsic motivation):出于活动之外的原因而进行活动,例如获得奖励、避免惩罚或获得好成绩。

(2) 通过观察其他人来借鉴榜样的经验。你观察到的其他人的成功或失败，会影响你的自我效能感。例如，我6岁的儿子因为不停地摔倒而放弃尝试骑自行车。后来，他看到邻居比他还小的孩子骑自行车时，他似乎在想："如果那个小孩可以，那么我也可以。"于是我儿子又开始学习自行车，并且很快就学会了。他的技术水平没有改变，但他相信自己可以学习骑行。重要的一点是，相似年龄的榜样或同伴的榜样效果特别显著。我儿子的自我效能感并没有因为看到成年人骑自行车而增强。然而，儿童有时也会受到成年人榜样的影响。这可能部分解释了为什么父母具有高学业自我效能感时，他们的孩子倾向于具有较高的学业自我效能感。你可以仔细选择榜样供学生观察。

(3) 言语劝说。其他人可以说服你，使你对自己的能力更有信心。说服者可能会提醒你以前的成功，或指出你的优势以及它们如何适用于当前的情况。受人尊敬的专家往往具有更强的说服力。你可以成为受学生尊敬的专家。

(4) 生理反应。情绪唤醒，如紧张的心跳，可以在一定程度上向自己传达有关成功概率的信息。例如，如果你在考试期间感到手掌出汗，那么你可能会将汗湿的手掌归因于无能，这会削弱自我效能感。你已经在第八章学到了如何帮助你的学生调节情绪。

自我效能感是动机的重要组成部分，但当你问自己"我能完成这项任务吗？"时，你也会受到对你自己能力的看法的影响。

> **思考**
>
> 那些父母对育儿有较高的自我效能感，并且相信孩子的成长结果取决于父母的优秀程度的家庭，有着更加顺从和自我调节能力更强的孩子（Feldman & Klein，2003）。为什么会这样？你认为这适用于教师吗？

能力观会影响学生对"我能完成这项任务吗？"的回答

能力指的是智力以及其他形式的才能或技能，如艺术才能和运动技能。如果你认为能力是不可改变的，你就有**固定心态**①：你有一定数量的天赋，这就是全部了。相反，如果你相信能力是可变的并且可以发展，那么你就有了**成长心态**②。哪种观点会引导你提高技能？对学业能力持成长心态可以带来更高的成绩、面对困难时的坚持不懈和强大的内在动机（Paunesku et al.，2015；Yeager & Dweck，2012）。如果学习者持有固定心态而不是成长心态，那么失败对人会产生更大的打击。当父母赞美过程而不是孩子本身时（例如，"你很努力！"或"你小心翼翼地做到了！"而不是"你真聪明！"），则是将重点转向成长心态。父母习惯于赞美过程的幼儿更可能成长为具有成长心态的青年（Gunderson et al.，2013）。

心态如何影响成绩？你的心态可以从"我能做到这一点吗？"变为"我怎样才能改善这一点？"。比如说，以下哪种想法对学习更有利？是"我的化学考试失败了，因为我不够聪明，永远不会"（固定心态），还是"我会更多地学习化学，所以我可以变得更聪明"（成长心态）？以下哪些想法可能会提高运动能力？是"我协调性不好"（固定式心态），还是"如果练习得足够多，我的协调性就可以提高"（成长心态）？能力观影响着学习者和教师如何思考他们成功或失败的原因。学习者有一种寻找行为原因的自然倾向，这是归因的基础。让我们进入下一个主题。

---

① 固定心态（fixed mindset）：相信能力是不可改变的，也称为实体心态。
② 成长心态（growth mindset）：相信能力是可变的并且可以发展，也称为增量思维。

归因会影响学生对"我能完成这项任务吗?"的回答

归因①是你认为自己和学生成功或失败的原因。人们为过去的行为做出的归因会激发未来的行为(Weiner,1985)。例如,如果文尼将他关于《红字》的文章的糟糕表现归因于低能力而非低投入度,那么他的行为就会有所不同。不同的想法——他认为"我不擅长写作,还不如不尝试",或者认为"我做得很差,因为我没有努力"——会使他产生不同的动机。

归因于努力程度对于大多数学业情况而言是理想的。当你将成功和失败归因于努力程度时,这意味着你可以控制原因,因为你可以控制自己的努力程度;因此,当面对失败时,你就可能会更加努力而不是放弃。相反,当你将成功归因于能力时,你可能会为自己的能力感到骄傲;但如果你失败了,你就可能会怀疑自己的能力并放弃。当学生将学业的失败归因于自己内部稳定的缺陷时,他们更有可能获得低分并感到沮丧(Foersterling & Binser,2002)。他们可能会逃避困难的课程或有挑战性任务,因为他们不希望失败;他们可能会付出很少的努力,因为他们不相信努力会得到回报。

幸运的是,幼儿可能会忘记这种归因效果。想想幼儿学走路。他们平均每小时走2 368步且摔倒17次,但是他们仍会爬起来并继续尝试(Adolph et al.,2012)。想象一下,如果学习者将这种努力投入数学、艺术、科学、音乐或体育中,那么会怎样呢?归因的影响早在5岁就开始出现,并在11~12岁时发展完全(Heyman, Gee, & Giles, 2003; Normandeau & Gobeil, 1998)。

有些孩子会感受到**习得性无助**②,他们相信无论有多努力,有些事情也无法完成。习得性无助可能是一种无回应的环境导致的结果,也就是说,无论他们做什么,他们都无法改变或改进。当学习者无法从环境中获得回应时,他们可能会将其归因于自身的不足,认为其他人是可以成功的,但自己不能成功。这会削弱动机和自尊,形成一个永久性的失败循环。在一项研究中,早在幼儿园时,孩子就可能获得比较稳定的无助感,孩子在幼儿园时期的这种感觉预示着在他们5年级后期的无助感(Ziegert, Kistner, Castro, & Robertson, 2001)。低社会经济地位的学生在学校比高社会经济地位的学生更容易感受到无助(Evans, Gonnella, Marcynyszyn, Gentile, & Salpekar, 2005)。

你能看出自我效能感、能力观和归因是如何联系起来的吗?自我效能感高的学习者可能会将失败归咎于其他因素而不是缺乏能力。例如,如果文尼在撰写论文时具有很高的自我效能感,他就可能将他论文只得到C归因于运气不好、休息日、努力不够或老师不公平。他希望下次能做得更好。如果文尼自我效能感低下,他就很可能将失败归因于与自我形象密切相关的缺乏能力一类的因素。他可能将成绩C归因于他是一个无法进步的平庸写作者。如果文尼拥有成长心态,他就很可能将自己的失败归咎于可以变化的因素,并相信他可以通过努力来提高。

2. 关于"我能完成这项任务吗?"的课堂指导

你的学生对"我能完成这个任务?"这个问题的回答将影响他们坚持不懈和接受挑战的意愿,这将影响到他们在你课堂上是否能够获得成功。你可以遵循以下准则帮助你的学生提升自我效能感:

---

① 归因(attributions):人们所认为的自己和他人行为的原因。
② 习得性无助(learned helplessness):通过经验形成的在某一领域,无论你怎么做,都无济于事的感觉。

(1) 提供成功的榜样。榜样可以是现实情境中的，也可以是视频、书籍、杂志上的，还可以是口头描述的。通过展示针对一项活动有效的策略，你自己也可以成为孩子的榜样。你甚至可以进行"有声思考"从而示范思考过程。这有助于学习者理解成功解答数学题等活动背后的思维逻辑。有些榜样比其他榜样更有效：

- 同伴榜样往往在增强自我效能感方面特别有效。如果一些学生在你的帮助下成功了，其他学习者就更有可能相信他们自己也能成功。
- 多个榜样比单个榜样更有效。多个榜样更可能让学生看到一个以上与之相似的人，并且想："如果他们能做到，那么我也能做到。"
- 展现问题解决过程的榜样比观察专家如何轻松完成任务更有效（Zimmerman & Kitsantas，2002）。看一位著名的数学家很容易地证明一个定理可能不会让你觉得你也能做同样的事情。相比之下，当一个榜样向你展示其应对困难并超越失败的过程时，你更可能相信你也能成功。

(2) 促进形成成长心态。在一项实验中，当7年级学生被教导大脑就像随着使用而变得更强壮的肌肉，并且每当学习发生时大脑会形成新的连接时，他们的动机和成绩与对照组相比有所改善（Blackwell，Trzesniewski，& Dweck，2007）。在另一项实验中，高风险学校里的学生阅读了一篇关于大脑如何因努力而发生变化的文章，然后写了一篇文章，向一位认为自己很难在学校取得成功的虚构的学生提供建议（Paunesku et al.，2015）。他们后来获得了更高的成绩，并且比对照组通过了更多课程的考试。相反，告诉学生男孩（或女孩）擅长某事会同时削弱男孩和女孩做事的动力，因为这样做显然导致了一种关于能力的固定心态（Cimpian，Mu，& Erickson，2012）。

(3) 把成功归因于努力而不是能力。你的归因可能会影响学习者对自己的信念。如果学习者做得不好，你说"没关系，数学也不是我擅长的事"，那么你这是把他们的失败归咎于低能力。这样的话，每个学生都会想："如果老师认为我不擅长数学，那么也许我真的是这样。"当你把他们的成功归功于努力时，你的学生更有可能形成一种能力可变的观点（成长心态），但前提是他们确定自己是在努力学习（Dweck，2010）。请确保你赞扬的一定是具体的努力，而不是普遍性的能力。例如，你可以说，"你的努力学习得到了回报"，而不是"你是如此聪明"。当学习者因能力而被称赞时，他们往往更喜欢没有挑战性的任务，以降低失败的可能性（Dweck，2006）。

(4) 改变学习者的归因风格。你可以"重新培训"学习者，使其归因于有益的而不是有害的因素。一项名为"最好的食物"（Best Foot Forward）的干预措施帮助非裔和拉美裔小学生将失败归因于缺乏努力而不是无能或教学不良。在干预之后，他们在学业上更有动力并更加执着（Hudley，Graham，& Taylor，2007）。你可以在以下情况下改善学习者的归因：

- 告诉学习者他们是具备足够能力的；也就是说，利用你作为知识权威的地位来说服他们（但不要说谎）。
- 告诉学习者他们需要更加努力，除非他们已经非常努力。
- 帮助他们使用更好的策略并对策略进行示范。

即使是相信自己能够学习某项技能或某一主题的学习者，也想知道他们是否想要学习这项技能或这一主题。这也是动机的另一半内容。

3. 我想完成这项任务吗？

文尼写了一篇题为《亚历山大很酷》的好文章，但他不想好好写关于《红字》的文章。

是什么让学生想投入努力去完成学校的学习任务？让我们关注三个主要因素：目标、自我决定和兴趣。

目标会影响学生对"我想完成这项任务吗？"的回答

目标设定适用于从体育、学术到艺术的各种活动。许多研究表明，目标设定可以增强动力和提高成绩（Locke & Latham，2002）。例如，在一项实验中，小学生和中学生被要求针对标准测试设定一个高于前一年的"个人最佳"目标——前提是他们还有时间学习（Martin & Elliot，2016）。他们的得分要高于对照组（见图13-5）。

为什么目标设定可以提高成绩？有以下几个原因：

- 目标会直接引导学习者的注意力的投向和相关的行动。它们帮助学生专注于他们想要完成的事情，从而减少分心。
- 目标有助于激发能量。当学生感到疲倦或注意力有些分散时，致力于一个目标使他们更可能产生和聚集能量。
- 目标可以使努力更持久。当学生为了完成学习任务而设定特定目标时，他们比没有特定目标时更容易坚持下去。
- 目标可促进问题获得解决。例如，当学生解答数学问题遇到困难时，如果他们致力于达到数学能力的某个目标，或者想要成为一个工程师，那么他们更有可能努力找出解决问题的策略。他们可能会制定新的学习策略，例如解决多重问题、参加辅导，以及与有能力的朋友一起学习。

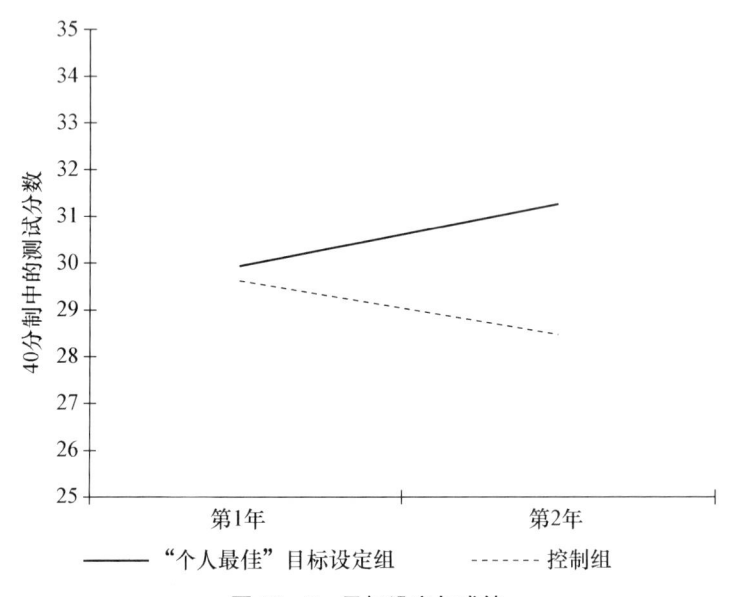

图13-5 目标设定与成绩

一个小组中的小学生和中学生被要求设定一个目标，以在标准化考试中取得比过去一年更高的分数。在第2年，与对照组相比，他们的表现如何？

资料来源：martin 和 elliot（2016）。

并非所有目标都同样有效。表13-2给出了有效目标的属性（Gollwitzer & Oettingen，2012；Locke & Latham，2002；Harkin et al.，2016）。在一项研究中，当西班牙裔高中生遵循其中一些指导设定目标时，他们的语言学习在几年内有所改善（Moeller, Theiler, & Wu，2012）。

表 13-2 有效目标的属性

有效的目标属性	示例
具体	我将在本周每天学习拍贝多芬奏鸣曲的三个小节。 诸如"尽我所能"或"努力"等模糊目标没有效
有挑战性	下一次数学考试成绩要超过这次。 目标应该具有挑战性,但也应该在一个人的能力范围内
分解为子目标	我将在本周选择一个主题,在星期六之前找到参考文献并撰写参考文献的摘要,并在星期二之前写一篇综述。 子目标应标明实现长期目标的进展
过程被监控	3 个月间我会在图表上记录我做杠铃推举锻炼的次数。 理想情况下,应该记录监控数据
全面承诺	我会告诉我的俄语老师,我本周将学习 10 个新单词。 公开承诺,例如在同学或队友面前,比没有说出口的承诺更有效。
伴随着反馈	我会问老师我的焊缝是否均匀且足够厚实
伴随着实施计划	在我学习的时候,我会将手机放在另一个房间,所以我不会想要发短信。 计划对克服障碍很重要

除了目标设定,成绩目标在你的课堂中也很重要。当学习者进入像教室或体育赛场一样以成绩为导向的环境中时,他们倾向于选择一到两种比较宽泛的成绩目标:**掌握性目标**[①]**和绩效目标(表现目标)**[②]。如果你选择掌握性目标,你的目标就是培养自己的能力;这让你更喜欢挑战,即使很难也想要学习新事物,会专注于与自己比较,而不是与其他人比较——例如,"我做得比过去好吗?"。如果你持有绩效目标(表现目标),你的广泛目标就是展示你的能力,并做得比别人更好。绩效目标(表现目标)可以分为表现趋向目标和表现回避目标。表现趋向目标是希望比其他人表现更好,或者成为团队中最好的人;表现回避目标是避免比其他人做得更糟,避免看起来愚蠢或无能。因此,学生可能会认为,"我做历史作业是因为我想提高自己的技能"(掌握性目标),或"因为我想获得比其他同学更高的成绩"(表现趋向目标),或"因为我希望避免看起来愚蠢"(表现回避目标)。

掌握性目标往往比绩效目标(表现目标)更具适应性。当学生持有掌握性目标时,他们更有可能使用有效的学习策略,深入学习过程,增强内在动机和自我效能感,寻求适当的帮助,减少破坏性,感到乐观,减少对错误的恐惧——每个因素都能促进更好地学习[③]。表现趋向目标的效果是混合的。它可以是适应性的,特别是如果与掌握性目标相结合的话(Hulleman, Durik, Schweigert, & Harackiewicz, 2008; Senko, Hulleman, & Harackiewicz, 2011);然而,它们也可以是破坏性的,特别是对于能力不足的学生。与之相比,表现回避目标经常与不太积极的态度和较低的成绩密切相关。

---

① 掌握性目标(mastery goals):掌握技能或主题的目标。
② 绩效目标(表现目标)(performance goals):通过比其他人表现更好来展示能力的目标。
③ 很多研究证明了这一点,此处仅列举少量:Friedel, Cortina, Turner 和 Midgley (2010); Kaplan, Gheen 和 Midgley (2002); Pintrich 和 Schunk (2002); Senko, Hulleman 和 Harackiewicz (2011); Shim, Ryan 和 Anderson (2008); Turner 等 (2002)。

自我决定会影响学生对"我想要完成这项任务吗?"的回答

学生对自我决定有一种内在的需要——一种感觉可以部分控制自己行为的需要(Deci & Ryan, 2000)。你可能已经注意到坚持自己进食的婴儿,或者想要自己选择阅读哪些书籍的高中生。在第六章,你了解到学生成绩下降的一个原因是学生从小学到初中的过渡中被给予了较少的自主权,即便他们想要更多的自主权。你还了解到,如果教师尽可能地为学生提供选择和自主权,他们就会认为教师更有爱心。

当你觉得你是在自己选择完成任务而不是被迫完成强加给你的任务时,你更有可能感受到完成这项任务的内在动力。想象一下,萨莉(Sally)和科林(Korin)都在做代数题。萨莉喜欢解决数学问题并且会完成额外的数学问题。相比之下,科林只做了被布置的问题——而且只是因为她想要一个好成绩。萨莉具有内在动力,而科林则具有外在动机。科林并不是按照自己的自由意志来解决数学问题,所以她很可能只是肤浅地进行数学学习。

教师可能会拒绝让学生自主决定,因为他们会感受到来自校长、家长和环境的压力,以及他们对"控制"学生的期望(Reeve, 2009)。他们认为,没有一定的框架,学生就无法自己取得较高的成绩。然而,框架和控制是不同的。框架是指明确的期待(例如,高质量论文的定义)、课程中的指导、有必要的逐步指导,以及帮助学生从一项活动到另一项活动的过渡(Jang, Reeve, & Deci, 2010)。框架与自主支持相结合,可以使学生更多地参与课堂学习(Jang et al., 2010)。

兴趣会影响学生对"我想完成这项任务吗?"的回答

兴趣可分为两种(Renninger & Hidi, 2011)。**情境兴趣**[①]是指在某种情境下产生的兴趣,如教室。它受到环境的激发。相反,**个人兴趣**[②]指的是学生对某些活动或知识领域的持久偏好。这些活动会引发个人的兴趣。让我们看一位老师对在课堂情境中的幼儿的描述。

> 当我播放古典音乐时,我将CD播放器放在地板上。斯图尔特(Stuart),其中最吵闹的蹒跚学步的孩子,立即趴在地板上,用鼻子贴着CD播放器,专注地听。相比之下,当我拿出书籍时,斯图尔特并不感兴趣,但罗恩(Rowan)则会完全放下他正在做的任何事情,爬到我腿上进行阅读。

这些2岁的孩子有不同的个人兴趣。个人兴趣和情境兴趣都与你的课堂相关,但你可以更好地控制情境兴趣。情境兴趣很重要,因为它能吸引学生的注意力并促进他们的学习,如果重复,则可以激发持久的个人兴趣。

当学生对某事感兴趣时,他们会更加努力地学习,遇到挑战时也坚持不懈,能记得更好,信息加工更深入,并获得更好的成绩(Silvia, 2008)。例如,在一项研究中,9年级的学生在做代数题时,一些学生的题目是用普通单词编写的,而其他人的题目则采用个性化的方式编写,以适应他们在体育、音乐和电影方面的个人兴趣。拿到个性化题目的学生在解题时表现更好,尤其是能力较低的学生(Walkington, 2013)。兴趣也影响学生在高中的选课及后来的职业选择。兴趣还会影响学生对教科书的理解和学习。学生会对与他们的个人兴趣相契合、他们认为有价值、符合他们的学习目标并且与其先前知识有关联的文本更感兴趣(Fox, 2009)。

---

① 情境兴趣(situational interest):在特定情况下由条件产生的短暂注意力或好奇心。
② 个人兴趣(individual interest):个人对活动或知识领域的持久兴趣。

什么引起了兴趣？兴趣部分源于你的社会身份。你会对与内团体内部价值观相符的事物感兴趣。兴趣也可能基于你的宗教、性别或社会经济地位（Bergin，2016）。它还可能基于你的地理位置，例如在农村地区会喜欢狩猎鹿群，而生活在沿海地区会喜欢冲浪。兴趣也可能是由于家庭价值观，比如斯图尔特的母亲是一位重视音乐的音乐老师。这还可能是由于朋友：如果你的朋友喜欢汽车，那么你可能也会对汽车机械力学感兴趣。兴趣也可能是基于特殊的经历：如果你发现一个壮观的晶洞，那么你可能会对矿石产生毕生的兴趣。

兴趣也来自相关性。学生会对与其掌握性目标相关的主题感兴趣。你可以告诉学生为什么课堂主题与他们相关，但是让学生自己思考出为什么这个主题与他们相关也是有效的（Hulleman & Barron，2015）。在一项研究中，9 年级学生在每次考试前一两天被要求写一段关于他们科学课程中的主题如何与他们或他们认识的人相关的文字（Hulleman & Harackiewicz，2009）。低能力的学生会因此在课程中产生更大的兴趣，并获得更高的成绩。

你能看出目标、自我决定和兴趣是如何联系起来的吗？对某个主题产生原始兴趣的学生倾向于建立掌握性目标，然后在课程中发展出越来越浓厚的兴趣（Harackiewicz，Durik，Barron，Linnenbrink-Garcia，& Tauer，2008）。兴趣也与自我决定有关。当学生没有外部压力时，他们往往会变得更感兴趣（Ciani，Ferguson，Bergin，& Hilpert，2010）。如果文尼能够选择他在课堂上写哪个历史人物，那么他将对这项任务更感兴趣。这将使他设定一个掌握性目标，既可以更多地了解历史人物，也可以撰写一篇精心设计的文章。

你能理解"我能够完成这项任务吗？"与"我想要完成这项任务吗？"这两个问题的答案之间的关系吗？以下因素可以解决第一个问题——自我效能感、心态和归因。它们决定你是否相信自己可以通过努力来提高。解决第二个问题的因素——目标、自我决定和兴趣——决定了你选择参与哪些活动。总之，这些可以预测，当这项学习活动需要付出努力时，你是否会坚持应对挑战。你已经了解了如何影响对"我能够完成这项任务吗？"的回答。现在让我们看看课堂指导如何影响对"我想完成这项任务吗？"的回答。

4. 关于"我想要完成这项任务吗？"的课堂指导

通过遵循以下准则，你可以在一定程度上影响学生的目标、自我决定和兴趣：

（1）促进学生设定掌握性目标而不是绩效目标（表现目标），尤其是具有低自我效能感的学生。当你强调学习新技能、努力工作以及将错误视为学习过程中的重要部分时，你可以促进学生设定掌握性目标。你还可以通过向学生展示他们如何随着时间的推移而提高来促进掌握性目标的达成。相反，当你强调学生之间的比较、展示（而不是发展）能力和批评错误时，你会提升学生对绩效目标（表现目标）的重视程度。

（2）帮助学生设定高质量的目标。请使用表 13-2 中列出的属性。图 13-6 提供了一个遵循此要求的 6 年级数学教师所做的示例。再举一个例子，在一个著名的实验中，那些在任务中有一系列子目标的低能力小学生在算术技能、自我效能感和对算术的兴趣方面有所提高。与只有长期目标或没有目标的学生相比，他们甚至会在课堂外做更多的算术题，而并非仅仅是为了提高成绩（Bandura & Schunk，1981）。

（3）帮助学生感受到自我决定（Jang，2008；Skinner et al.，2008）。为了达到这一目标，你可以与学生讨论为什么任务与他们自身相关。你可以通过在适当的时候给学生选择、做决定和形成自己的目标的机会，让学生自由地完成自己计划。你可以了解学生的观点，回应他们的需求和兴趣，并提供最佳挑战（Jang et al.，2010）。相反，当你使用过于严格的截止日期和监督，强调"应该"和"必须"时，你会破坏学生自主的感觉。

姓名：			
平面图形的镶嵌			
我的模拟测试分数：			
我的单元测试目标分数：			
练习活动	如果完成，则请打钩	未完成	分数
		为什么	
		为什么	
		为什么	
		为什么	
		为什么	

单元测试分数：_____ 我是否达到了我的预期目标？是/否
是什么帮助我达到了目标？或者是什么妨碍了我达成目标？我计划将如何在下次克服这个障碍？
_____
_____
_____

图 13-6　6 年级教师用来帮助学生设定几何学习目标的表格

（4）让学生的个人兴趣发挥作用。学生由此将更加努力地参与他们感兴趣的活动。例如，文尼的老师可以让他阅读更多的历史读物并通过关注历史上的战士撰写更好的文章。同样地，斯图尔特的老师可以让他通过歌曲学习字母表，但让罗恩通过图画书来学习它。

一些学生对你所教授的主题不会有个人兴趣，这看起来令人难以置信。文尼的老师非常失望，因为他不喜欢《红字》。作为一名老师，你对情境兴趣的影响要大得多。让我们看一下新生的英语课。他们正在研究词性，毫无疑问，这不会是每个人都最感兴趣的主题。

几个学生抱怨道："这真是太无聊了！"他们的老师格雷女士（Gray）说："我想你们可以用一种有趣的方式教它？"学生们回答说："是的！"格雷女士说："好吧，你们可以教比喻单元。"格雷女士将班级分成每五六名学生为一组，并为每组提供具体的概念和学习指南。给他们一个星期的时间来上课。她说会对他们做一个小测试，并根据他们对演示文稿的贡献和同伴评估给予他们小组评分和个人评分。

演讲内容包括关键概念的短剧和流行音乐示例。每个小组都设计了首字母缩略词或歌曲，以帮助他们的同学记住这些概念。学生们很专注，很投入。测试中班级平均分为百分制的 94 分，高于全年其他任何测试。

格雷女士是一名硕士生导师，为了提高学生的兴趣，她做了许多事情。她并不是唯一一个这样做的老师。对 3 年级课堂的研究发现，一位有经验的教师进行了 43 种不同的激发学生动机的实践（例如，选择有趣的话题、使用游戏、使用赞美），并且没有做任何破坏学生动机的事情（例如，使用批评或公开惩罚）。另一位教师则使用了 4 种不同的激发学生动机的策略和高达 11 种倾向于破坏学生动机的策略（Dolezal, Welsh, Pressley, & Vincent, 2003）。你可以猜到谁的班级会更多地参与学习。教师可以通过多种方式激发学生的情境兴趣（Bergin，2016；Renninger & Bachrach，2015）。表 13-3 讨论了几种方法，它们将为你提供一个坚实的基础，以促进学生对学习任务的兴趣。

表 13-3　提高情境兴趣的方法

方法	阐释
建立能力和信心	学生会对他们认为自己拥有相关能力的领域更感兴趣——无论是英语、数学、科学、体育，还是音乐（Denissen，Zarrett，& Eccles，2007；Marsh & Craven，2006）。 高成绩导致高自我概念，从而激发强烈的兴趣、激励更多的努力，进而又产生更高的成绩
以背景知识为基础	学生往往对他们已经有所了解的事情感兴趣，他们对某事的了解越多，就越感兴趣（Alexander，Jetton，& Kulikowich，1995）。了解学生的背景知识并将其激活，以便他们意识到自己对某个主题已有一定了解。例如，他们可能会认为自己对第二次世界大战一无所知，直到你指出他们可能已经看过的以第二次世界大战为背景的电影，如《赎罪》《珍珠港》《拯救大兵瑞恩》《兄弟之王》《国王的演讲》《愤怒》《红尾》
使用主动学习，让学习者做点什么	学生们喜欢实践活动、课堂抢答系统（按答题器）和解决问题的活动。儿童（和成年人）喜欢建造、倾倒、切割、黏合和锤打。实践活动通常需要集中注意力。但是，请确保活动与学习相关。装扮成猫王并不能真正帮助学生更好地理解 20 世纪 50 年代。 积极学习也需要注意力集中，让学生仔细思考要学习的主题（Bergin，1999；Prince，2004；Rotgans & Schmidt，2011）
使用奖励，但要谨慎	如果先前没有兴趣，则奖励可能会吸引学生的兴趣。有时，当学生参与有奖励的任务时，他们会培养能力和内在兴趣。然而，正如你在第七章中所学到的，如果学生已经对某个主题感兴趣，那么奖励将会破坏他们内在的兴趣（Lepper，Keavney，& Drake，1996）
差异化教学	当被告知他们认为真实的东西实际上是假的时，学生的好奇心就会被激发起来。他们有动力解决这种反差。例如，向班级展示一幅看起来像树枝的动物图片，并问："它是动物还是植物？"学生们在讨论它到底是动物还是植物时，就会对动物的定义感到好奇。好奇心引导学生注意并记住他们学到的东西（Kang et al.，2009）
利用学习者的社会目标	在与朋友共同参与的活动中，学生往往更感兴趣，并且学得更多（Bergin，2016）。这是合作学习经常成功的原因之一，就像格雷女士的课堂一样
讲一个好的故事	学生发现叙述性话语或故事比分析性、说明性话语更有趣（Hidi & Anderson，1992；Slater，Johnson，Cohen，Comello，& Ewoldsen，2014）。请使用故事来描述关键点。悬疑故事特别引人入胜，也许因为它们也存在反转。例如，向学生展示土星环的惊人图片，并询问它们是由什么构成的。讲述科学家如何论证并试图确定它们到底是由气体、尘埃颗粒还是冰晶构成的故事（Cialdini，2005）。但是，不要使用会影响学生学习的无关故事
设置悬念	学生想知道故事是如何结束的。例如，科学家们发现土星环的绝大部分覆盖着尘埃而不是冰。一位老师会在课堂上读一本书，然后在一个关键事件发生时戛然而止。学生们必须自己阅读，以了解会发生什么。老师说："我在午餐时看到他们看书，并和他们的朋友谈论这件事。"

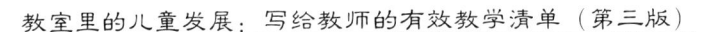

续表

方法	阐释
帮助学生找到一项学习任务的目标	学生有动力制作他们关心的"产品"。这可能是抽象的东西,比如问题的解决方案,也可能是具体的东西,如电机(Ainley, Pratt, & Hansen, 2006)。一种激发学生动机的方法是为观众表演
解释活动的价值或相关性	学生想知道他们如何才能从学习任务中受益,也许是以新的方式看待事物或发展一项新技能,而不仅仅是应付考试。例如,一位老师鼓励中国移民亚历克斯(Alex)继续提高他的中文技能,这样他就可以成为一名双语专业人士。她鼓励所有学生努力提高写作能力,指出他们追求的高水平工作需要写作技巧。

让我们以高中生朱丽叶·吉拉德(Juliet Girard)鼓舞人心的故事结束本章。朱丽叶与她的同学罗珊·普拉布(Roshan Prabhu)一起赢得了西门子西屋(Siemens Westinghouse)科技竞赛——这是世界上最负盛名的学术竞赛之一。她是第一位获胜的非裔美国人。她和罗珊的研究成果可以帮助鉴定水稻基因和控制其开花时间。这一发现有助于为贫困地区的人提供更多食物。

赢得这项比赛通常需要200~800小时的课外作业。朱丽叶每天早上7点到学校——比上学时间提前90分钟,以便在上课前进行他们的项目研究。是什么激发了这种强烈的动机?朱丽叶的父母不是科学家,他们是UPS司机和收银员。朱丽叶是一个高成绩、积极主动的学生,并像大多数参加科学博览会的学生一样,也参与了其他课外活动,她负责编辑学校的报纸,并参加戏剧俱乐部。然而,朱丽叶在科科伦先生(Corcoran)的科学研究课程中表现出强烈的动力。

科科伦先生的课程涉及什么?你刚刚阅读了许多指南。在他的课堂上,学生为研究项目制定明确、具体的目标。他们了解到该领域的研究者已经取得了哪些成功的研究进展。他们也有自我决定权,可以根据个人兴趣选择自己的研究项目。他们看到了学习的目的,并参与实践活动,这同时也进一步增强了他们的兴趣。科科伦先生允许学生"按照自己的鼓点节奏跳舞",并且"在一个有时令人沮丧的"城市学区里成为"一线希望"。学校还奖励给朱丽叶和罗珊一件"字母"夹克,就像其他学校给运动员的奖励一样。朱丽叶和罗珊都参加了美国国家航空航天局(NASA)的ALANA学生暑期研究项目。该计划有助于建立学生的科学自我概念,为学生提供社会支持,并提高他们的科学能力。当这么多因素共同作用时,学生更有可能积极主动。朱丽叶还因为她早期对科学的兴趣而在电视上观看科学家比尔·奈的节目。我们将在下一章讨论媒体的力量。

对实践的反思

我的教学

具有积极的自我概念和社会认同感的学生会有更强的动力。教师可以通过前面章节中讨论的指导原则来影响学生的自我概念和动机。它们包括:

- 通过操作性条件反射,提供支持以提高认知能力和拓展专业知识(见第三章、第四章和第五章)。
- 通过安全的师生关系、应对技巧和自我控制促进情绪健康(见第六章、第七章和第八章)。

● 促进社会认知、亲社会行为和同伴接纳（见第九章、第十章和第十一章）。

此外，定期问自己以下问题：

（1）我是否表达了我对每个人的重视？我是否指出了学生的成绩或优势，但没有以高人一等的姿态让学生过度学习？

（2）我自己的社会认同（如性别认同和种族认同）如何影响我评价学生的方式？我学生的社会身份如何影响他们体验学校和课堂的方式？

（3）我是否避免促进学生的性别典型行为？我是否避免对女孩在数学、科学、计算机或体育方面的能力做出消极评论？

（4）我是否避免了基于种族的刻板印象？我是否使用包含来自不同种族、民族和收入群体的人的材料和示例？

（5）我是否避免给予某一小组比其他组更多的关注？我是否避免向一个群体提出比其他群体更难、更复杂的问题？我是否竭尽全力抵制在我的小组中可能存在的刻板印象？

（6）我是否努力学习和谈论我的学生的社会团体？例如，我是否积极讨论所在社区中少数群体当前和历史上的杰出人物，例如，托莱多的阿特·塔图姆（Art Tatum in Toledo）和尤马的恺撒·查韦斯（Cesar Chavez in Yuma）？

（7）我是否营造了一种所有学生都感到安全的课堂氛围？我在课堂上谈论种族和民族是否很自在？

（8）我是否使用榜样和说服的方法来提高学生的自我效能感？

（9）我是否帮助学生在课堂上设定高质量的学习目标？我是否鼓励制定掌握性目标并规避表现回避目标？我是否避免在课堂上进行个人竞争，例如为阅读最多书籍的人提供奖励？

（10）我是否帮助学生将他们的成功和失败归因于努力程度和策略的好坏而不是天生的能力？我是否告诉学生能力是可以改变的？

（11）我是否尽可能地让学生可以自主选择？

（12）我是否尽可能多地开展有趣的活动？我是否试图让大多数课程激发学生的情境兴趣？我是否在促进学生的个人兴趣？

自我系统和动机的年龄趋势总结

	自我概念	性别认同	种族认同	动机
婴儿期与学步期（0～2岁）	● 婴儿基于自身能力发展自我概念，从而影响环境	● 婴儿能够辨别男女的声音和面孔。 ● 学步期儿童会将人们标记为男孩或女孩。 ● 学步期儿童会成为"性别侦探"。 ● 性别刻板印象产生——学步期儿童的游戏是具备刻板印象的，他们很容易将玩具识别为男孩的玩具或女孩的玩具	● 婴儿能区分不同种族的面孔，并且更喜爱同种族的面孔。 ● 幼儿会和同种族的，以及不同种族的同伴一起玩耍	● 婴儿和学步期儿童天生拥有探索世界和学习复杂技能（如语言）的动机。 ● 学步期儿童不会被失败所阻止（如他们即便经历了多次的失败仍会持续尝试走路）。 ● 对过程的赞美会促进学步期儿童成长心态的发展

续表

	自我概念	性别认同	种族认同	动机
儿童早期（3~5岁）	● 儿童对自己的能力认识过度积极，一定程度上是因为他们相对较弱的社会比较技能	● 孩子们到3岁的时候，会知道他们是男孩还是女孩。 ● 开始理解性别恒定性。 ● 性别刻板印象是强大的——认为一些事情或活动是针对男孩的，另一些则针对女孩	● 学龄前儿童更倾向于和同种族的伙伴一起玩。 ● 学龄前儿童可以对种族进行标签化，但是他们对于种族的理解还没有得到很好的发展。 ● 学龄前儿童会将周边的人划分为内团体和外团体	● 自我效能感对动机的影响在3岁就出现了。 ● 孩子们通常不会将努力和能力区分开。到了5岁，归因开始影响动机。 ● 习得性无助在5岁时出现
儿童中期（6~12岁）	● 自我概念相比学步期开始下降。 ● 更加现实的自我感知和自我能力感知得到发展	● 对性别恒定性的理解已经发展完全。 ● 性别刻板印象得到强化，之后开始变弱。 ● 性别隔离在此阶段达到峰值	● 大部分孩子可以识别出人们广泛持有的种族刻板印象，对种族歧视的理解在加强。 ● 大部分处在潜在的被污名化的群体中的儿童不会遭遇到针对他们的诋毁。 ● 刻板印象威胁会影响成绩	● 学习的内部动机减弱。 ● 区分掌握性目标和绩效目标（表现目标）开始变得有可能
青春期（13~19岁）	● 自我概念继续下降，但青少年对自己的能力有正面偏见。 ● 可根据不同的领域（如学术、运动和社交）对自我概念加以区分。 ● 埃里克森认为这是一个产生同一性危机的年龄	● 个人对性别认同感到舒适预示着更好的适应性。 ● 大多数人都遵循性别刻板印象的活动，但可能会尝试性别非典型的活动	● 青少年偏好他们自己的种族群体。 ● 对于偏见的理解已经发展完全了。 ● 对于污蔑的理解和感知力在青少年时期得到发展。 ● 刻板印象威胁继续影响着成绩	● 学习的内部动机继续减弱。 ● 从初中到高中的过渡对动机产生消极影响。 ● 青少年逐渐发展出设定掌握性目标或绩效目标（表现目标）的倾向

本章总结

1. 自我系统

● 自我系统包括自尊、自我概念和自我效能感，它们彼此相关但不完全相同。

● 自尊随着时间的推移相对稳定。学业成绩只能通过自尊进行微弱的预测，但是可以被该领域中的自我概念显著预测。自尊也可以预测社交能力和情绪能力。

● 与重要他人建立的安全依恋、受到重要他人的重视，以及掌握重要技能的能力预示着高度的自尊。

● 除了儿童早期，女孩的自尊往往略低于男孩。这因领域而异。在自尊方面的种族差异很小，但非裔美国人的自尊往往略高于欧裔美国人。

- 教师可以通过提高学生的社交能力和学业能力，建立积极的关系，以及现实地指出他们的成绩来提升学生的自尊。

2. 社会认同：性别和种族

- 学生的自我概念与他们所属的社会群体有关，包括他们的性别和种族。
- 学生寻求与其性别相符的活动。对自己性别感到满意的学生往往适应能力更强。在遵从性别刻板印象方面，男孩可能比女孩更有压力。
- 种族认同对少数群体更为重要。具有积极的民族认同感的学生在学业和社交方面表现更好。
- 将人们分为内团体和外团体是很常见的。这可能会导致歧视。感到受歧视的学生更容易出现社交、情感和学业问题。
- 刻板印象威胁可以降低考试成绩。教师可以通过教导它是什么以及能力是可变的来减少刻板印象威胁。
- 教师可以通过评估每个学生、对所有学生都保持高标准的要求、使用多元文化课程并使用结构合理的合作学习帮助减少歧视并促进所有学生形成积极的社会认同。简单地声称忽视种族差异是无效的。

3. 动机

- 学生的动机受到他们对"我能完成这项任务吗？"这一问题的回答的影响。对这个问题的回答取决于自我效能感、能力观和归因。
- 自我效能感可预测目标、持久性、战略发展、成绩和兴趣。自我效能感有四个主要影响因素：过去的经验、替代经验（模型）、言语说服和生理经验。
- 对于智力和运动能力等具有成长心态而不是固定心态的学生具有更强的持久性和内在动力，并且更少受到失败的伤害。
- 学生对自身能力的看法会影响他们成功或失败的归因。当学生将成功归因于努力时，他们在情感上和学业上都表现得更好，并且在失败时不太可能放弃。
- 教师可以通过提供成功模式、鼓励成长心态、将成功归因于努力而不是能力来培养学生的动力，并训练学生做同样的事情。
- 学生的动机也受到他们对"我想完成这项任务吗？"这一问题的回答的影响。对这个问题的回答取决于他们的目标、自我决定和兴趣。
- 目标设定可以提高绩效。高质量的目标是具体的、具有挑战性的，一般被分解为若干子目标，涉及过程监控、全面承诺，并附有反馈和实施计划。
- 掌握性目标是一种学习新事物和偏好挑战的目标。绩效目标是一种展示能力并力求做到比其他人表现更好的目标。在大多数情况下，掌握性目标都更具适应性。绩效目标可以分为表现趋向目标（有时具有适应性）和表现回避目标（这些目标适应性较差）。
- 学生天生就需要自我决定。对于有一定选择权的任务，他们感受到更大的内在动机和更强的兴趣。
- 兴趣可预测学校的成绩。兴趣可以是个人兴趣或情境兴趣。兴趣与掌握性目标有关。
- 教师可以通过鼓励设定掌握性目标、帮助学生制定高质量的目标、培养自我决定感、挖掘学生的个人兴趣提高学生的学习动机。教师可以通过多种方式创造情境兴趣，例如使用实践活动、提供有反差的信息以及与学生的背景知识联系起来。

第十四章

儿童生活的环境：家庭结构、儿童保育和媒体

在你小时候，什么因素对你的成长影响最大？根据生物生态学模型，你的答案应该是"我与家人的互动"。在本章中，你将了解家庭互动（例如，依恋、教养方式以及与孩子的交谈）是如何影响孩子的。当然，正如你在其他章节中所学到的，你的童年也受到了其他因素的影响（例如，性别、文化和学校）。在本章中，我们将讨论儿童生活环境中的另外三个方面——家庭结构、儿童保育和媒体。为什么是这三个方面呢？因为它们无处不在，对儿童意义重大。读完本章后，你将能够：

（1）阐明家庭结构如何影响儿童，创建能够支持所有家庭结构中的学生学习的课堂，并促进家长的参与。

（2）区分不同学生在母亲就业和儿童保育方面的复杂经历与结果。

（3）评估媒体对学生的正面与负面影响，并分析如何帮助学生将负面影响降至最低。

一、家庭结构

> 学前班的里根（Reagan）不停地用手戳其他孩子，让其他孩子很恼怒。他注意力总是不集中。他不是用积木去盖房子，而是用脚踢、用手乱扔积木，直到地上一片凌乱。他的老师不得不一直在他身边，反复要求他清理整齐。相反，他的同学肖恩（K'Shawn）则很听话，专心致志地做智力游戏，而且态度温和。
>
> 自从母亲因父亲家暴将父亲"赶出去"之后，里根就很少见到父亲。里根的母亲有一份全职工作，并利用业余时间去上学。里根的母亲以能够养活自己和儿子为荣。但是，她说她很少见到里根，以致她并不了解自己的儿子。相比之下，肖恩则与他的父母以及1年级的姐姐住在一起。

里根和肖恩的老师认为，是他们的家庭结构造成了他们的差异。这个假设合理吗？让我们来看看研究的发现。但首先，我们将讨论他们的家庭结构是多么地典型。

家庭结构①是指儿童家庭成员的组成。根据美国2010年人口普查结果，33%的家庭有18岁以下的子女（如图14-1所示）。在有子女的家庭中，生活在已婚双亲家庭中的子女（66%）比所有生活在其他家庭结构中的子女的总和还要多。在已婚双亲家庭中，有些孩子

---

① 家庭结构（family structure）：儿童家庭成员的组成。

第十四章 儿童生活的环境：家庭结构、儿童保育和媒体

与父母没有血缘关系，但90%是有血缘关系的。他们多数生活在**核心家庭**①中，即家庭中只有他们的兄弟姐妹和初婚父母（FIFCFS，2009）。

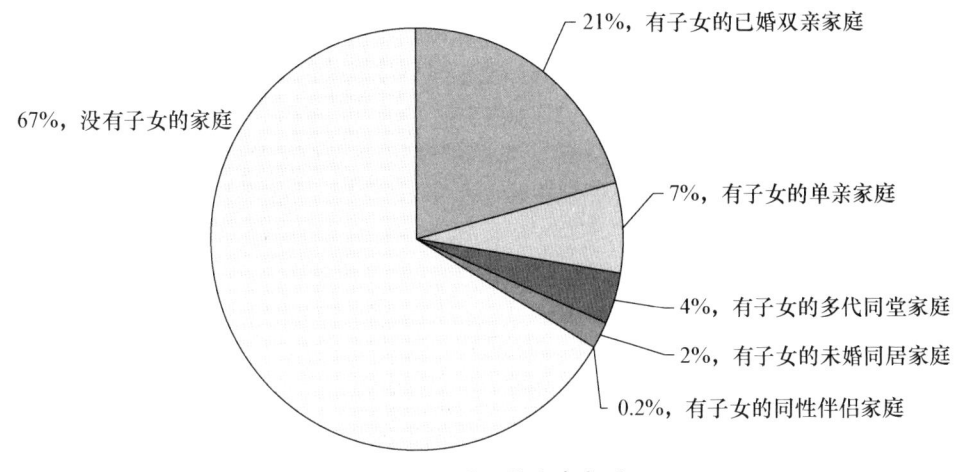

图 14-1 美国的家庭类型

- 21%，有子女的已婚双亲家庭
- 67%，没有子女的家庭
- 7%，有子女的单亲家庭
- 4%，有子女的多代同堂家庭
- 2%，有子女的未婚同居家庭
- 0.2%，有子女的同性伴侣家庭

根据美国2010年人口普查，该图显示了不同类型家庭的百分比。你的家庭结构在这张图的什么位置？

第二种最常见的家庭结构是单亲母亲家庭。有些是离异的单亲母亲，有些是未婚的单亲母亲，比如里根的妈妈。在过去，未婚妈妈往往是未成年的少女，但是现在，她们通常是20岁左右的女性。婚育年龄的推迟是造成这种现象的原因之一。20世纪50年代，女性的平均婚育年龄为20岁，男性为23岁；而现在女性的平均婚育年龄为26岁，男性为28岁②。

目前美国未成年少女怀孕率处于历史最低水平，特别是非裔美国少女（Ventura，Hamilton, & Mathews，2014）。然而，在某些地区，少女怀孕率仍然很高。如新墨西哥州（New Mexico）15~19岁的少女怀孕率为48‰，而在新罕布什尔州（New Hampshire），这一比例只有14‰。此外，美国的出生率在西方工业化国家中也是最高的。

在美国，其他不太常见的家庭结构包括多代同堂家庭（与祖父母住在一起）和同居家庭（父母未结婚）。大多数同居父母是异性夫妇，但也有少数是同性伴侣。同性伴侣的子女通常是在父亲或母亲确定自己是同性恋或双性恋之前与异性结合而生下的。当然，也有一些子女是通过收养、捐精或者代孕进入同性伴侣家庭中的。这些儿童在生物学上可能只与同性伴侣一方有血缘关系，或者与同性伴侣任何一方都没有血缘关系。在美国，有子女的同性伴侣家庭很少，约占所有家庭的0.2%（Vespa，Lewis, & Kreider，2013）。在美国，一项针对12 000名青少年进行的全国性研究表明，只有44人与同性恋母亲生活在一起，6人与同性恋父亲生活在一起（Wainright & Patterson，2008）。

1. 家庭结构意味着什么？

尽管目前美国有2/3的儿童生活在核心家庭，但是仍有许多儿童并没有生活在核心家庭之中。研究者将生活在其他家庭结构中的儿童与生活在核心家庭结构中的儿童的表现进行了比较，发现儿童的最佳行为表现与和已婚亲生父母一起生活有关。让我们从离婚开

---

① 核心家庭（nuclear family）：由父亲、母亲及其亲生子女组成的家庭。有时被称为传统家庭。
② 这些统计数据来自美国2010年人口普查，网址为 www.cenus.gov。

始讨论这项研究。

离婚

离婚并不是单一事件，而是由一系列事件导致的法律结果。这一系列事件从父母的争吵开始，然后父母中的一方搬出去，也许还会搬回来，然后再搬出去；随后父母会去找咨询师和律师，他们会带着愤怒或者悲伤的情绪，为了监护权、住房和金钱等问题而争吵。这些争吵并不会随着离婚而结束。随着儿童需求的变化，关于监护权和金钱的争吵还会持续下去。离婚还会带来转变，如果儿童经历过多次转变，他们就不再会感到幸福。离婚会对儿童造成以下影响[①]：

- 不安全的依恋关系。
- 外在不良行为，如攻击性强、容易冲动、吸毒、性滥交以及未成年怀孕。
- 内在问题，如沮丧、焦虑和自卑。
- 医疗问题与疾病、学业问题，诸如成绩差、出勤率低以及辍学。
- 成年以后会有人际交往问题，如离婚、与父母关系差。

离婚可能会产生代际影响。祖父母离婚虽然通常发生在孙辈出生之前，但依然会产生受教育程度低、婚姻问题较多、子女和孙辈的亲子关系恶化等问题（Amato & Cheadle, 2005）。你可能会假设，在离婚的过程中，如果没有产生冲突就不会对儿童造成负面影响。但研究表明它依然会产生负面影响（Amato, Kane, & James, 2011）。

离婚时孩子的年龄重要吗？离婚对所有年龄阶段的儿童都会产生影响，但是离婚对学龄前儿童的不良行为和青少年的低成绩方面的影响更为突出（Lansford, 2009；Lewis, Feiring, & Rosenthal, 2000；Woodward, Fergusson, & Belsky, 2000）。一些研究表明，总的来说，离婚对5岁以下的儿童产生的负面影响最大（Ryan, Claessens, & Markowitz, 2015）。

离婚总会导致问题的产生吗？对生活在离婚家庭的儿童的研究表明，离婚确实与这些问题有很牢固的联系。但是，这种影响是比较小的，这意味着许多儿童能够充分适应父母离婚后的生活（Amato, 2001）。但这种小的影响会导致外在行为问题。离婚家庭的男孩与核心家庭的男孩相比，出现反社会行为的可能性提高了300%（Pagani, Boulerice, Vitaro, & Tremblay, 1999）。如果父母具有以下特点，孩子们就更有可能在父母离婚之后进行适当的调整：(1) 父母具有权威性；(2) 尽量减少冲突；(3) 提供经济保障（Emery, Otto, & O'Donohue, 2005；Lansford, 2009）。

> **思考**
>
> 有些人可以从童年时期父母离婚的经历中走出来，并成长得很好，但另一些人却没有。比较一下他们面临的风险因素和保护因素（如第一章所示），分析哪些因素可以解释这种差异。

单亲家庭与再婚家庭

单亲家庭和再婚家庭的儿童通常与离婚家庭的儿童相似。他们也经历了更多的转变，往往具有较低的学业成绩、毕业率以及大学升学率（Sun & Li, 2001）。他们往往更咄咄逼人，有更多的情绪问题，如焦虑或者抑郁（Boyle et al., 2004；Ho, Bluestein, & Jenkins, 2008；Ryan et al., 2015；Turner, Finkelhor, Hamby, & Shattuck, 2013；Xie, Drabick, &

[①] 有许多研究支持这些结论，这里只列出了其中的一些：Amato（2001）；Amato 等（2011）；Burt, Barnes, McGue 和 Iacono（2008）；Joussemet 等（2008）；Kelly（2000）；Lansford（2009）；Macmillan, McMorris 和 Kruttschnitt（2004）；Ryan 等（2015）。

Chen, 2011)。然而，只有存在其他风险因素的情况下，再婚家庭的儿童才会有这些问题，例如，抑郁的母亲或消极的家庭（Dunn et al., 1998）。如果再婚家庭中的父母相处融洽、家庭和睦，那么再婚家庭中的儿童也可能会做得更好。

未婚妈妈

母亲仅有十几岁对于孩子来说是一个风险因素。未成年母亲的子女相比其他孩子更容易产生行为问题，如酗酒、吸毒、失业、入狱（特别是男孩），或成为未成年父母（Miller, Bayley, Christensen, Leavitt, & Coyl, 2003）。他们也更有可能接受特殊教育、留级、退学、考试分数较低。如图14-2所示，随着年龄的增长，他们在学业上可能会落后得更多（Tang, Davis-Kean, Chen, & Sexton, 2016）。但是，这些都是群体趋势。一些未成年母亲的孩子也发展得很好。一项研究发现，大多数年轻母亲的孩子无论是社交能力还是学业成绩都表现良好，20%的孩子在这两个方面都表现得很出色（Rhule, McMahon, Spieker, & Munson, 2006）。

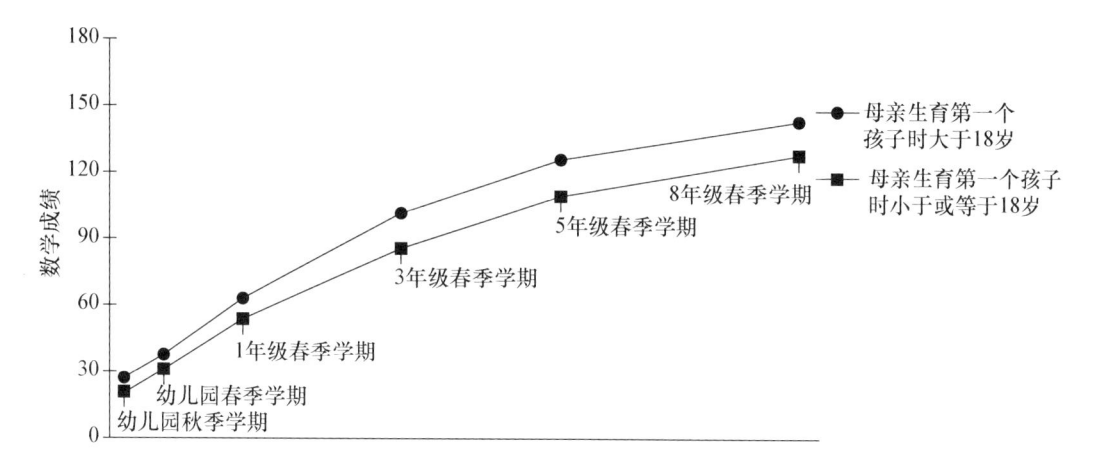

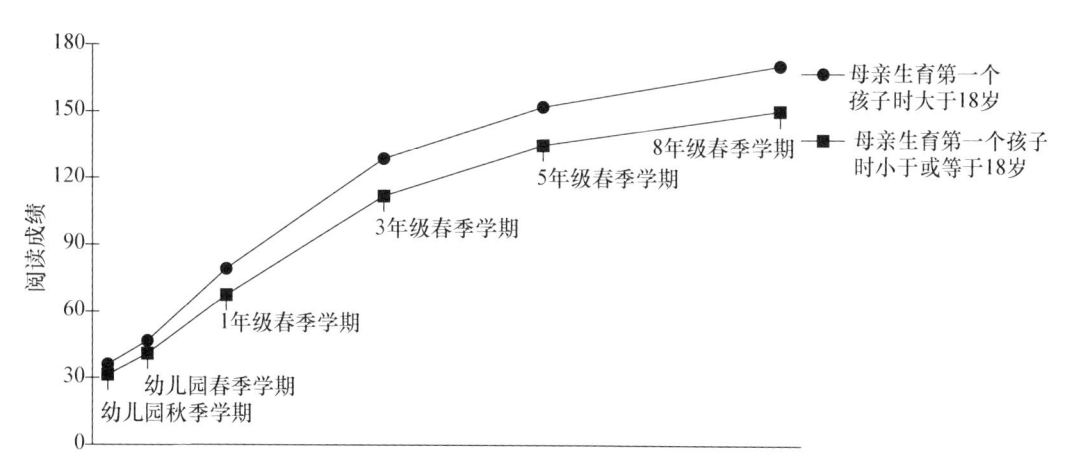

图14-2 未成年母亲与成年母亲的子女在数学与阅读成绩方面的差异

未成年母亲和成年母亲的子女在学业成绩方面存在怎样的差异？数学和阅读的模式不同吗？
资料来源：Tang 等（2016）。

为什么未成年母亲的孩子会面临这些问题？也许是因为他们的母亲受教育程度比较低——早育往往会限制她们的受教育程度；也许与母亲在生孩子之前的境遇有关——未成

年母亲通常来自贫穷、单亲、不稳定的家庭，经常搬家。未成年母亲会有犯罪倾向，很难就业，这就导致她们的孩子有学业和社会问题，如逃学、在学校打架以及过早发生性行为（Levine，Pollack，& Confort，2001；Turley，2003）。

许多未成年母亲都会早产，在医学上早产婴儿非常脆弱，出生时体重过轻，这很可能会导致很多问题（如第二章所述）。30岁以上的大龄母亲的婴儿更健康。然而，30岁以上的母亲的孩子和十几岁的母亲的孩子都有相似的医学风险。年龄大的母亲更成熟是否有助于消除了这些医学风险呢？也许并没有。两项针对15～45岁母亲的大型研究发现，最佳生育年龄是27～30岁，在这一年龄段，年龄越大，养育子女的情况越好，但30岁以后养育子女的情况并不会继续改善（Bornstein & Putnick，2007；Bornstein，Putnick，Suwalsky，& Gini，2006）。因此，20多岁时生育可能是追求健康生育和高质量育儿的理想选择。在美国，20岁以下的生育率正处于历史最低点，30岁以上的生育率正处于创纪录的最高水平（Mathews & Hamilton，2016）。

同居家庭

未婚同居的父母越来越多。同居形成的往往是不稳定的家庭结构，同居的伴侣比已婚夫妇更容易分开（Lundberg，Pollak，& Stearns，2016；Raley & Wildsmith，2004），其中，婚前同居的已婚夫妇也更有可能分手。因此，未婚同居的父母的子女往往与离婚家庭中的子女一样，面临失去父母的高风险。

同居家庭中的儿童在学龄前阶段可能发展得比较正常。但是，到了学龄阶段，他们的认知能力、社会交往能力和学业成绩通常会比较低，而且他们的攻击性比较强，有健康问题，酗酒和滥用药物的可能性更大（Brown，2004；Lundberg et al.，2016；Manning & Lamb，2003；Turner et al.，2013）。

同性家庭

一些研究发现，同性伴侣的子女在同伴关系、分性别的游戏、自尊、抑郁、学校问题行为、犯罪、受欺凌以及学业成绩等方面与其他儿童相似（Golombok et al.，2014；Patterson，2009；Rivers，Poteat，& Noret，2008；Wainright & Patterson，2008）。根据相关研究，同性伴侣的育儿质量与同等社会经济地位的异性父母的育儿质量相似，存在类似婚姻关系的同性伴侣相比单亲父母育儿质量更高（Golombok et al.，2003；Wainright Russell，& Patterson，2004）。例如，在一项全国性的大样本研究中，同性伴侣抚养的子女在健康和福祉方面与稳定家庭结构中的子女情况相似（Bos，Knox，van Rijn-van Gelderen，& Gartrell，2016）。（在调查中男同性家庭由于数量太少而没有被纳入研究之中。）许多关于同性家庭的研究都是基于小的、非代表性样本进行的（Marks，2012）。到目前为止，相关研究还不足以让我们对这种家庭结构中的儿童做出完全可靠的结论。

总之，家庭结构与儿童的身体、认知、情感和社会行为都有关。孩子在任何家庭结构中都有可能过得很好。但是，离婚、未婚、再婚或者同居父母是一个风险因素；婚姻幸福的父母是一个保护因素。接下来，让我们探究一下为什么会这样。

2. 家庭结构是如何影响儿童的？

家庭结构可能通过多种途径影响儿童。与其他家庭结构相比，核心家庭往往有：（1）较高的受教育程度（父母）；（2）较小的经济压力（如图14-3所示）；（3）较弱的流动性；（4）更密切的亲子交流，特别是对于青少年而言；（5）较少的虐待行为（FIFCFS，

2009; Gruman, Harachi, Abbott, Catalano, & Fleming, 2008; Lundberg et al., 2016; Ryan, 2012)。与继父母或同居成年人生活在一起是儿童受虐待的最大风险因素之一（Daly & Wilson, 2005）。然而，大多数继父母并没有虐待儿童，他们大多数情况下是不在场的。让我们来讨论另外三种可能的影响途径：父亲在场、婚姻冲突以及养育质量。

> **思考**
>
> 有一句老话说：“一个父亲能为他的孩子做的最好的事情就是爱他们的母亲。”对家庭结构的研究支持这句谚语吗？你如何理解这句话？请用研究来支持你的论点。

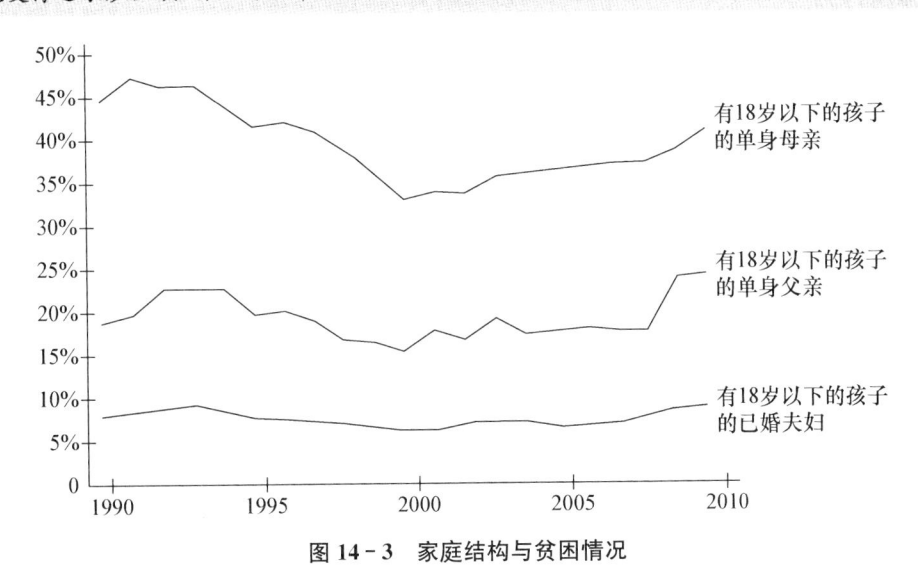

图 14-3　家庭结构与贫困情况

这幅图显示了生活在贫困线以下的家庭的百分比。单身母亲比单身父亲或已婚夫妇更有可能生活在贫困之中。
资料来源：美国人口普查局。

父亲在场

家庭结构会影响父亲扮演的角色。在核心家庭，像肖恩一样的儿童与父母亲生活在一起。在单亲家庭中，儿童通常与母亲生活在一起，只有大约24%的孩子与单亲父亲生活在一起（Livingston, 2013）。许多离婚的父亲打算继续参与对孩子的教育，但是随着时间的推移，他们的联系逐渐减少。大约40%的非同居父亲在一年内没有与他们的子女接触（Emery et al., 2005）。像里根父亲那样的未婚父亲是最不可能见到他们子女的。

当父亲缺位时，他们的子女就会失去经济来源以及父亲的管教、监督和养育。他们的子女更容易感到苦恼、吸毒以及中断高中学业，成年以后，心理健康状况更差，并且有就业问题（King, Harris, & Heard, 2004; McLanahan, Tach, & Schneider, 2013）。在父亲缺位的情况下，儿童会面临过早发生性行为和早孕的风险（Mendle et al., 2009）。

如果父母分开以后父亲继续参与对孩子的教育，那么会怎样呢？那些仅仅带着子女去看电影的父亲可能不会对子女的健康有帮助，但是那些具有权威性、会监督孩子、设立规矩、与子女讨论问题，并帮助子女完成家庭作业的非同居父亲确实能够帮助孩子健康成长。如果父亲能够在离婚以后继续关心子女的学业，那么在父母离婚以后儿童的学业表现依然会很好（Kelly, 2000）。

其他成年人有时也可以扮演父亲的角色。对于有父亲替代者的儿童，特别是非裔美国儿童，如果替代者对儿童热情并管教儿童，儿童就会发展得很好（Coley，1998）。遗憾的是，继父和同居伴侣与亲生父亲相比花在儿童身上的时间比较少（Smolensky & Gootman，2003）。

有时孩子会受益于父亲的离开。如果虐待儿童的父亲搬走，儿童就可能会松一口气。当父亲是个虐待者、吸毒者或罪犯时，父亲不在可能对儿童更有好处。如果儿童与一个反社会的父亲生活在一起，他们就更容易出现行为问题（DeGarmo，2010；Jaffee，Moffitt，Caspi，& Taylor，2003）。

婚姻冲突

父母之间的冲突会伤害孩子。冲突会降低孩子的情绪安全感并增加心理问题（Davies & Martin，2014；Davies，Struge-Apple，Bascoe，& Cummings，2014）。事实上，儿童因父母离婚产生的问题可能是由于离婚前父母的冲突所导致的（Lansford，2009）。即使父母没有离婚，他们的冲突也可能会导致孩子产生问题，而孩子的问题又会引发父母之间的冲突。青少年犯罪、对抗和抑郁的可能性随着父母冲突的增加而上升，随着冲突的减少而下降（Cui，Conger，& Lorenz，2005）；而儿童的行为问题又会加剧父母间的冲突，形成恶性循环（Cui，Donnellan，& Conger，2007；Schermerhorn，Chow，& Cummings，2010）。当父母因抚养子女问题而起冲突时尤其会对孩子造成伤害。遗憾的是，父母最具敌意的争吵通常是缘于子女抚养的问题。

如果冲突不止，那么离婚对于家庭成员来说是否是件好事呢？对于生活在冲突严重的家庭的儿童来说，离婚之后如果冲突停止，那么离婚对于儿童来说是有好处的；但是对于处于中等程度冲突的家庭的孩子来说，离婚后不会有更好的表现。此外，离婚并不意味着冲突的结束，尤其是当父母共同监护儿童时，冲突可能会继续（Emery et al.，2005）。如果父母为了金钱、监护权和探视权而争吵，冲突就会升级。如果离婚后父母之间的冲突继续激烈而频繁，儿童的处境就会更加糟糕（Amato，2010；Kelly，2000）。

夫妻冲突对于兄弟姐妹来说是一个共享的环境吗？（如第一章所示），有些儿童与他们的兄弟姐妹相比在父母冲突中遭受的冲击更大。争吵的父母倾向于以不同的方式对待他们的孩子（Jenkins，Simpson，Dunn，Rasbash，& O'Connor，2005）。愤怒的父母可能会对一个孩子大发雷霆，批评他，同时又亲切地安慰另一个孩子。因此，父母之间的冲突通常是一种非共享的环境。此外，这种影响因孩子的性格不同而有所不同。与其他儿童相比，具有消极情绪的儿童（如第六章所示）在父母发生冲突时更容易产生行为问题（Hentges，Davies，& Cicchetti，2015）。

为什么父母冲突对孩子不好？原因如下：首先，冲突会降低情绪安全感，或者引起儿童无法控制的恐惧、悲伤和愤怒。其次，冲突可能会使儿童自责或者令儿童感到无助。它可能会改变儿童对压力的生理反应，导致儿童睡眠不足或注意力不集中。这会降低养育孩子的质量①。最后，父母对彼此生气时，他们往往对孩子不那么敏感，不那么疼爱孩子，也不太支持他们的孩子。这些因素中的每一个都可能导致孩子的情绪障碍和行为问题（Rhoades，2008）。

---

① 有许多研究支持这些结论，这里列出的只有几项：Buehler，Lange 和 Franck（2007）；Davies，Sturge-Apple，Cicchetti 和 Cummings（2007，2008）；El-Sheikh 等（2009）；Mannering 等（2011）；Sturge-Apple 等（2006）。

养育质量

任何家庭结构中的父母都可以是敏感而权威的。然而，许多研究发现，与核心家庭中的父母相比，未婚父母、离婚父母、继父母和未成年父母的养育质量往往较低（Hay & Nash，2002，Ho et al.，2008；Jenkins，Rasbash，& O'Connor，2003）。一项大型的全国性研究表明，即使没有结婚的父母住在一起，母亲对子女的态度也通常更为消极（Gibson-Davis & Gassman-Pines，2010）。家庭结构是如何影响父母的养育质量的？因经济拮据、婚姻冲突、情感缺乏支持或其他挑战而感到痛苦的父母，不太可能会使用有效的教养方式，也很难对孩子抱有热情、具有权威性以及为子女设定规则并对子女进行监督。

无论家庭结构如何，如果父母能维持高质量的教养方式，那么子女的生活会更好（Rhule et al.，2006）。例如，一项研究发现，如果未成年母亲对子女反应灵敏、饱含热情、与子女保持沟通、为子女设定规则并为子女阅读，她们的子女就会发展出良好的认知能力（Luster，Bates，Fitzgerald，Vandenbelt，& Key，2000）。当父母离婚时，如果父母采取权威型的教养方式，孩子的情况就会更好（Hay & Nash，2002）。如果他们继续监督孩子并执行家庭规则，比如在家吃晚饭或者限制看电视，那么他们的孩子就不太可能会出现行为问题。帮助离异父母保持积极心态和实施有效教养的干预措施会使儿童在学校有更好的行为、更强的应对技能（coping skills）和更好的成绩（Forgatch & DeGarmo，2002；Vélez，Wolchik，Tein，& Sandler，2011）。总的来说，父母的养育质量比家庭结构更重要，但家庭结构会影响父母的养育质量。

重新审视风险与重新振作

之前讨论的因素，如父亲缺位和婚姻冲突，增加了非核心家庭中儿童出现问题的风险。但是，在第一章中，你了解到保护因素可以降低风险，从而使儿童重新振作起来。例如，科林（Collin）像本章开篇小故事中的里根一样，在他3岁的时候也经历了风险因素——他的妈妈与虐待她的父亲离婚了。他现在读7年级，让我们来看看他现在的情况。

> 科林的母亲成了一名护士，并能够在经济上确保她和孩子两个人的生活。科林8岁时，他母亲嫁给了一个有两个女儿的男人。从那以后，家里又多了两个孩子。科林的母亲现在是个家庭主妇，这个大家庭勉强维持生计。然而，家庭井然有序，父母都充满爱。他们设定了明确的规则，比如上学期间每天只能玩1个小时电子游戏。科林的继父会带他去钓鱼和露营，科林很喜欢。

科林拥有几个保护因素：一个受过教育的母亲，充足（但不富裕）的资金，以及有限的媒体接触。婚姻冲突随着离婚而结束。科林很少见到他反社会的父亲，同时他有了一个继父。更重要的是，他的母亲和继父都是权威型的。那么，科林现在如何？他在学校的成绩高于平均水平，擅长体育运动，是个亲社会的人，但他有点抑郁的倾向。总的来说，他是个很有韧性的孩子。

3. 家庭结构的群体差异

儿童对家庭结构的反应存在性别差异。不同的家庭结构也存在社会经济地位和种族的差异。

性别

与单亲家庭、离异家庭和再婚家庭相比，生活在核心家庭中的儿童，无论男孩还是女孩都有着更高的成绩和较少的问题（Sun & Li，2001）。在非核心家庭中，男孩比女孩更有可能将问题外部化，如攻击他人和犯罪（Dunn et al.，1998）。

相反，在父母离婚后，女孩可能比男孩更容易产生抑郁、焦虑和自卑等心理问题。此外，随着时间的推移，女孩可能出现更多问题，这可能是因为非同居父亲更倾向于和男孩交往。然而，一小部分女孩在父母离婚后接手承担起父母的责任，会发展出非凡的能力。但这是需要付出代价的，因为尽管很能干，但她们时常会感到焦虑和自卑（Hetherington & Stanely-Hagan，1999）。

社会经济地位

社会经济地位与家庭结构有关。受过大学教育的夫妇离婚的可能性小于受教育程度低的夫妇（Aughinbaugh, Robles, & Sun, 2013；Martin, 2006），如图14-4所示。单亲母亲的收入通常比较低，并且在低收入家庭中长大的女孩更容易成为单亲的、未婚的或离婚的母亲（Bramlett & Mosher, 2002）。社会经济地位比较高的未婚少女怀孕后，更倾向于放弃孩子给别人收养，特别是当她们渴望接受大学教育的时候（Miller et al., 2003）。专栏14-1讨论了与领养相关的主题。因此，社会经济地位会影响儿童所生活的家庭的结构。

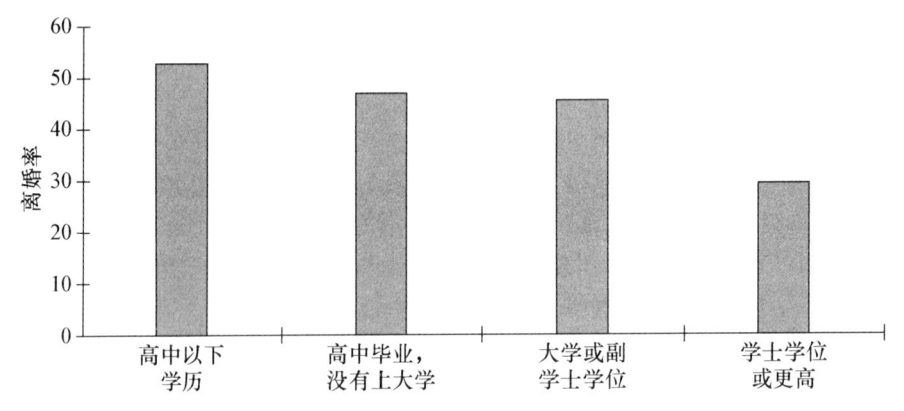

图14-4 不同受教育程度群体的离婚率

这幅图显示了1978—2010年不同受教育程度群体的离婚率。请注意，没有获得学士学位的三个群体的离婚率差别并不大，但对于获得学士学位的群体来说，其离婚率要低得多。为什么会这样？你属于哪一群体？

资料来源：Aughinbaugh, Robles 和 Sun（2013）。

专栏 14-1	发展中的挑战

孤儿院、家庭寄养和领养

有些时候父母不能抚养自己的孩子。在过去，儿童会因父母的死亡、监禁、遗弃或者贫穷而被送到孤儿院。孤儿院是个大型机构，在那里照料者轮流照料儿童，这样儿童就不会"过于依恋"。这样做是为了使儿童免受分离的创伤（Rutter，1995）。现在我们知道，从来没有产生过依恋比失去一个依恋对象要糟糕得多。正如坦尼森（Tennyson）所言："宁可爱而复失，也比从来没有爱过要好。"孤儿院在一些国家仍然很常见，但是在美国，孤儿院基本上已经被寄养和领养所取代。

寄养。在2014年大约有653 000名美国儿童生活在寄养家庭（U. S. Children's Bureau，2015）。通常是由于父母犯罪或吸毒，使得儿童在违背父母意愿的情况下被安置在寄养家庭里。许多寄养家庭的父母非常有爱心。然而，15%～20%的寄养家庭的照料质量

第十四章 儿童生活的环境：家庭结构、儿童保育和媒体

可能与孩子的原生家庭一样糟糕（Orme & Buehler，2001）。这样的寄养家庭社会经济地位比较低，位于高风险社区，照料者通常处于单身或同居状态（O'Hare，2008）。被寄养的儿童通常会不断地从一个寄养家庭辗转到另一个寄养家庭，这对被寄养的儿童来说是一种痛苦，也是一个风险因素（Pears，Kim，Buchanan，& Fisher，2015）。一个曾在五个寄养家庭中生活过的 6 岁孩子被告知"你是一个很好很特别的女孩"时，她的回答是："那为什么每个人都会离开我？"（Adam，2004，p. 211）

被寄养的儿童通常学业成绩低，有健康和行为问题（Font，2014）。为了让儿童更加安全而把儿童从原生家庭中带走会产生更多的行为问题吗？一项全国性的研究没有发现行为问题增加或减少的证据（Berger，Bruch，Johnson，James，& Rubin，2009）。然而，要让儿童远离潜在有害的父母是极其困难的。依恋需要可能与人身安全需要相冲突。例如，在一家诊所有一个寄养不到一个月的幼儿：

> 他无精打采地玩着，不理会寄养母亲试图吸引他的玩具。寄养母亲示意他过来，他却转过身去。当寄养母亲离开房间时，他尖叫起来。当寄养母亲回来时，他朝寄养母亲走过去，但是在四英尺之外停了下来。当寄养母亲试图和他玩玩具时，他转身离开，在几英尺之外玩耍。当他的亲生母亲走进来时，他马上去迎接她，和她拥抱在一起。他开始积极自信地玩耍，偶尔也会微笑。然而，他对母亲接他回家的提议置若罔闻（Gaensbauer，Mrazek，& Harmon，1981）。

这个蹒跚学步的孩子情绪低落。与母亲分离是痛苦的，但是他在家里并不安全。他最终会形成依恋吗？如果在寄养家庭生活几个月，幼儿可能会安全地依恋寄养者。然而，寄养儿童很难安全地依恋寄养者。如果儿童能够被领养，而不是寄养，情况就会好很多（Brand & Brinich，1999）。

领养。 领养有三条途径（Grotevant & McDermott，2014）：（1）当亲生父母认为其他人更适合抚养孩子从而放弃孩子时，可从私营机构领养孩子。（2）当儿童在原生家庭受到虐待而无法返回家庭时，可以通过公共福利系统领养他们，这些儿童平均年龄为 7 岁。（3）从其他国家的原生家庭、孤儿院或寄养家庭中收养（例如埃塞俄比亚、俄罗斯或者其他国家，这取决于地缘政治因素）。

被领养的儿童通常会经历可能在短期内造成消极后果的逆境。长期跟踪研究表明，被领养的儿童除了头围之外，在身体发育的其他方面通常都可以赶上来。他们的依恋行为会得到改善，但不安全的回避型依恋出现的可能性较高（Palacios，Román，Moreno，León，& Peñarrubia，2014）。他们中大多数智商正常，在学校的表现和没有领养经历的同龄人一样好。只有很少一部分（12%）被领养的孩子有严重的行为问题，如有攻击性、犯罪和心理不健康（Brand & Brinich，1999；Deater-Deckard & Plomin，1999）。一些儿童在语言发展方面也有轻微的延迟，接受特殊教育的比例也略高，尤其是，如果幼儿是 1 岁后才被领养的，或者他们曾经受过虐待、被忽视或营养不良——如可怕的罗马尼亚孤儿院中的儿童所经历的（McCall，Van IJzendoorn，Juffer，Groark，& Groza，2011）。

罗马尼亚孤儿院。 当 1989 年罗马尼亚的齐奥塞斯库政权垮台时，成千上万的儿童因为父母太穷无法养活他们而被安置在孤儿院里。这些孤儿被忽视，营养不良。许多美国和欧洲家庭被他们的困境所触动，因而领养了他们。

他们过得怎么样呢？小于 6 个月被领养的儿童形成了正常依恋。在被领养的时候，他们的身体发育、社交能力和精神上都有延迟，但是在入学时，他们只是体重比一般儿童略

低，社交能力正常。只有18%的儿童思维仍有一些迟缓。年龄在6个月以上的被领养的儿童也取得了显著进步，但仍有一些问题，如注意力难以集中、易情绪失控、有行为问题和类似自闭症的行为等（Beckett et al.，2006；Kreppner et al.，2007）。他们在孤儿院的时间越长，大脑发育就越糟糕（Stamoulis, Vanderwert, Zeanahm, Fox, & Nelson, 2015）。

在15个月大时被寄养的儿童语言技能发展正常，但留在孤儿院的儿童语言发展延迟（Windsor et al.，2011）。到12岁时，被寄养的儿童的状况好于仍然留在孤儿院的儿童，但比从没有进过孤儿院儿童的情况差（Humphreys et al.，2015）。对教师来说，值得注意的是，在良好的环境中，哪怕是经历过严重贫困的儿童即使不能完全康复，也能迎头赶上。

种族

家庭结构因种族而异。亚裔美国儿童更有可能生活在核心家庭之中（Vespa et al.，2013）。大约16%的亚裔/太平洋岛民的子女是由未婚妈妈所生，相比之下，白人的这一比例为36%，西班牙裔的这一比例为53%（Hamilton, Martin, Osterman, Curtin, & Mathews, 2015）。非裔美国人结婚的可能性比白人或西班牙裔美国人低得多，大多数（71%）非裔美国人的孩子都是未婚女性所生（Aughinbaugh et al.，2013）。他们的祖父母和婶婶很可能会积极参与到孩子的养育活动中，并提供稳定的家庭环境。

家庭结构中的这些种族差异与在接受未成年父母和同居方面的文化差异有关。拉美裔和非裔未成年父母比亚裔美国未成年父母多得多。尽管他们被接受，但是未成年父母和同居仍然是拉美裔和非裔美国儿童的风险因素。

这些种族和社会经济地位的差异可能反映了地理亚文化。在城市地区结婚的可能性比较低，在华盛顿特区和纽约市，结婚的可能性最小。在西部地区，犹他州（Utah）、爱达荷州（Idaho）、菲尼克斯（Phoenix）和沃思堡（Fort Worth），结婚的可能性最大（Leonhardt & Quealy, 2015）。有趣的是，年轻人的结婚概率会随着迁移的地点或增高或降低。矛盾的是，宗教上保守的县离婚率高于不那么保守的县（Glass & Levchak, 2014）。

大脑研究

环境匮乏（deprivation）伤害大脑

在第二章中，你已经了解到丰富的环境对促进大脑的生长有重要作用。匮乏的环境（情感上、社会上、身体上）也会影响大脑发育。罗马尼亚孤儿院就是一个极端的例子。被转移到高质量护理中心的儿童在发育方面取得了巨大进步。然而，尽管在领养家庭中生活了许多年，特别是那些1岁以后被领养的儿童，他们中的许多人仍然存在难以消除的问题。生命最初几年的环境匮乏可能会对儿童产生终身影响（Nelson, Bos, Gunnar, & Sonuga-Barke, 2011）。

怎么会这样呢？神经学测试表明，被孤儿院抚养的儿童前额叶皮层的发育可能延迟，并与其他大脑区域连接不良（Pollak et al.，2010）。参与高级思维的大脑回路依赖来自低级回路的信息质量，这些信息是由早期体验的质量决定的（Fox, Levitt, & Nelson, 2010）。刺激较少的孤儿院环境使儿童的大脑活动减少，这可能导致太多的突触被修剪（Nelson, 2007）。这并不意味着只有早期的经验是重要的，早期经验可能奠定了大脑结构的基础，但丰富的经验必须持续到幼年以后，儿童的大脑才能充分发挥其遗传潜力。

4. 家庭结构与父母参与的课堂启示

> 我过去的成绩经常是A或B，因为我想让我的父母以我为傲。我很快乐，同时我家人也很幸福。但是，13岁时，有一天我从学校回到家，我妈妈在哭。我弟弟说我父母吵架了，我爸爸离开了。我很伤心，因为我所有的事情都是和爸爸一起做的。我非常想念他。我不想做任何事，也不再关心我的功课。接下来的两年，我都得了D。现在我正试着振作起来，向我爸爸证明没有他我也能够活下去。

这是一个高中生讲述的感人故事，它展示了家庭结构是如何影响她的学业的。研究证实了她的说法：家庭结构与学生的考试分数、出勤情况、留级情况、特殊教育安排、毕业率、教育理想和作业完成情况，以及你先前读到的社会和情感问题等都有关。当学生所在家庭存在婚姻冲突时，老师会发现学生变得不那么亲社会，学习能力下降，也不那么爱参与课堂活动了（Sturge-Apple et al.，2006）。

生活在离婚家庭、单亲家庭或者同居家庭对学生来说是一个风险因素，但是这种因素的影响很小。这意味着许多来自非核心家庭的学生比如科林，在学校里都很成功。认识到这一点很重要，因为如果你预期你的学生表现不佳或行为不端，你的这一预期就会通过皮格马利翁效应变成现实（如第十二章所示）。当你的学生出现家庭问题时，你可以通过采取以下措施：

（1）帮助他们在学校发展较强的学业能力，以使他们在你的课堂上体验成功（如第四、五和十二章所示）。

（2）为他们提供一个可依赖的对象（如第五章所示）。

（3）教会他们如何处理消极情绪和舒缓压力（如第八章所示）。

（4）使用权威的课堂管理方式而不是压制（如第七章所示），鼓励父母也使用权威型的教养方式。

（5）帮助学生用亲社会行为来替代攻击性行为，这样他们的同伴就会接受他们。朋友可以缓解父母离婚所带来的负面影响（如第十、十一章所示）。

（6）鼓励学生继续出现在课堂上，即使家人搬离上学地点，也要为学生提供稳定的学校环境。搬家会产生压力，因为它扰乱了学生的学业发展和社会联系（Adam，2004；Gruman et al.，2008）。

你也可以向学校辅导员求助，他们可以提供帮助。以学校为基础的干预措施旨在加大对离婚家庭儿童的社会支持力度、教授应对消极情绪的技巧以及改善亲子关系。通常情况下，学生们会在学校里分成几个小组参加相关课程。这些干预措施在某些方面取得了成功，例如帮助学生更好地社交、减少沮丧和焦虑的情绪、提高成绩、减少犯罪（Abel, Chung-Canine, & Broussard, 2013；Pedro-Carroll, 2005；Pelleboer-Gunnink, Van der Valk. Branje, Van Doorn, & Deković, 2015；Wolchik et al.，2002；Wolchik et al.，2013）。尽管他们的父母几年前就离婚了，但学生还是从高质量的干预项目中受益，因为父母离婚带来的压力往往是持续的。

如果父母具有权威性、经济稳定，尽量减少冲突，且非同居的父亲继续参与子女的教育，儿童就能够经受住家庭破裂的考验。让我们关注最后一个因素——父母参与。

父母参与

虽然你不能影响学生的家庭结构，但你可以影响家长参与学校教育的程度。家长可以在学校或家庭里面参与对孩子的教育。学校参与包括家长会——约70%的父母都会参与其中，并且40%的父母都会在学校做志愿者（Noel, Stark, & Redford, 2013）。家庭参与包括监督孩子做家庭作业，带孩子去图书馆，给孩子读书，为孩子提供学习空间，并与孩子谈论理想。在学校中父母可能不会参与很多，但在家庭中父母可能会很重视孩子的教育并参与其中。举个例子，一个没有绿卡的拉美裔移民父亲从未去过他儿子的学校，因为他从事建筑工作，也害怕被驱逐出境。然而，晚饭后，他四个儿子都坐在厨房的餐桌旁，他看着他们写家庭作业。即使他无法帮助孩子完成家庭作业，但是他认为父母的在场对于教育是十分重要的（Carreón, Drake, & Barton, 2005; Cruz et al., 2011）。

社会经济地位高的白人和亚裔父母相比其他群体的父母更容易参与孩子的学校教育（Lareau & Calarco, 2012）。他们倾向于积极地管理孩子的教育，比如选择班级。他们往往认为自己是子女教育的合作者并且有权参与学校教育。相反，教师更容易忽视社会经济地位低的父母在学校的参与度（Green, Walker, Hoover-Dempsey, & Sandler, 2007; Hill et al., 2004）。

参与学校教育的父母的孩子往往事业有成，成绩好，很少抑郁，并且有较高的成就（El Nokali, Bachman, & Votruba-Drzal, 2010; Hill & Tyson, 2009; Kim & Hill, 2015; Ma, Shen, Krenn, Hu, & Yuan, 2015; Wang, Hill, & Hofkens, 2014; Wang & Sheikh-Khalil, 2014）。这项研究是相关性研究，所以不清楚是父母因为孩子在学校表现良好而更加积极地参与学校教育，还是他们的孩子因为父母参与而更成功。

虽然家长参与通常是受学校欢迎的，但它也具有侵入性。例如，在一所小学里，家长认为学校的行政助理不友好，希望学校解雇她，但校长拒绝了，说她需要的是效率和责任感，而不是热情（Lareau & Muñoz, 2012）。家长们还想举办一个成年人的筹款舞会，校长担心会将低收入家庭排除在外，但是他们的舞会还是举办了。因此，家长对学校教育会过度参与或者参与不足。他们可能需要你的指导才能达到最佳平衡。

当父母在家参与对孩子的教育时，他们也可能采取积极的方式，也可能采取消极的方式。例如，父母"帮助"孩子做家庭作业可能引起混乱和紧张（Patall, Cooper, & Robinson, 2008）。一项针对1年级和2年级学生的研究发现，家长如果经常辅导儿童做数学作业，就会把他们的数学焦虑传递给儿童（Maloney, Ramirez, Gunderson, Levine, & Beilock, 2015）。除了传递焦虑之外，父母的专横和过度控制可能会使孩子不喜欢上学和讨厌家庭作业。让我们来看看上1年级的埃琳娜（Elena）在家的情况：

> 当他们读故事书时，埃琳娜的父亲坚持让她把每一个字都念出来。她的父亲并不喜欢一起阅读，而是把阅读时间看作是"练习"阅读的时间。当埃琳娜看着图片猜难懂的词时——就像1年级学生们通常做的那样——她的父亲就会盖住图片，说她在作弊。埃琳娜不喜欢阅读。

当父母过度控制或像埃琳娜的父亲那样消极参与时，他们的孩子的成就感就比较低，特别是当他们已经在学习上感到困惑时。回顾第十三章，支持孩子的自主性对于增强学习动机是很重要的。因此，当父母允许孩子主动解决自己的问题，只在需要帮助的时候提供帮助，并让孩子专注于学习的乐趣时，他们的孩子就会有更高的成绩（Pomerantz, Moorman, & Litwack, 2007）。一个例外是，一些亚裔父母可能控制欲很强，在家里对孩子严格要求，但他们的孩子成绩也很好，并且喜欢上学（Cheung & Pomerantz, 2011; Huntsinger & Jose, 2009）。例如，他们可能会要求学龄前的子女每天花一个小时做数学练

第十四章 儿童生活的环境：家庭结构、儿童保育和媒体

习或拼读练习，因为他们不赞成学校的整体语言教学方式（whole-language approach）。

> **思考**
> 教师往往认为，参与学校教育的家长更重视孩子的教育，他们的孩子学习能力更强（Hill & Taylor，2004）。这与第十二章描述的皮格马利翁效应有何关系？

家长参与对孩子的教育的一种有效形式就是在家与孩子讨论有关学校的话题，比如学校活动、课堂学习、选修课程和孩子的志向。这样的**学业社会化**①预示着学生在学校的成功程度（Kim & Hill，2015；Wang et al.，2014）。一项针对 8 年级学生的全国性研究发现，在家里讨论这类学校问题的家长，其孩子的学业成绩要比那些父母没有这样做的孩子更高（Ream & Palardy，2008）。

父母参与是如何帮助孩子的？可能是通过提高技能与增强动力。父母积极参与的儿童可能在学校表现得更加积极，做更多的家庭作业，并更可能获得成为一个好学生的自我认同感（Oyserman，Brickman，& Rhodes，2007）。如果父母更强调学习的乐趣和坚持的重要性，那么与父母强调外在的刺激方式——如成绩好奖励钱，成绩不好就禁足——相比，孩子们更有动力（Gottfried，Marcoulides，Gottfried，& Oliver，2009）。此外，积极参与对孩子的教育的父母会发展文化资本（如第一章所示），他们学习如何与学校协商孩子未来的发展道路。父母和老师会交流彼此对孩子的期望，这会促进文化匹配，使孩子们从家庭和学校得到同样的信息。

为什么有些父母没有参与呢？可能存在一些参与的障碍，如交通问题、工作时间不灵活，以及他们自己失败的学校经历，害怕被老师认为不称职以及语言的差异。他们的信仰也可能是一个障碍。有人认为父母的工作是送孩子上学，保障学生的穿衣吃饭，以适当的方式说"是的，老师"，并把教学留给教师（Doucet，2011）。这类父母最大的障碍可能是缺乏自信，不知道他们是否能够帮助孩子在学校取得成功（Green et al.，2007）。

当老师努力让家长参与对儿童的教育时，家长就会在家庭和学校中参与更多（Seitsinger，Felner，Brand，& Burns，2008）。以下是提高家长参与学校活动的水平所要遵循的指导原则：

（1）亲自邀请父母参与，这是一种十分有效的策略（Walker，Ice，Hoover-Dempsey，& Sandler，2011）。是通过便条、电子邮件还是电话来完成，取决于你学生的年龄、他们父母的文化水平以及他们的家庭是否有电话或与互联网相连接的电脑。相比于更年幼的儿童，青少年可能不会将老师的便条带回家。

（2）建立一个定期交流的论坛。幼儿园和小学可以使用家长资料夹。中学可以使用热线电话或网站以及电子邮件进行沟通。

（3）开展欢迎活动，例如在学校早餐前举办"给妈妈的小松饼"和"给爸爸的甜甜圈"活动。邀请学龄前儿童的家长参观幼儿园，或邀请 8 年级的孩子和他们的父母一起去参观中学。

（4）避免强迫。如果强制要求父母参与对孩子的教育，那么，父母的参与并不会导致儿童成绩的上升。应该通过信任、支持和相互尊重发展家长与教师间的稳固关系。

（5）当父母参与时，帮助他们保持积极的心态。强调掌握性目标而不是绩效目标（如

---

① 学业社会化（academic socialization）：父母向他们的孩子传达教育目标和期望，并将学业与孩子未来的成功联系起来。

第十三章所示)。这样父母就不会感到需要让孩子表现好而过度控制孩子。确保他们有能力帮助自己的孩子。当要求父母做一些具体的事情比如教他们的孩子阅读时，你可能需要直接训练父母如何成功地完成这些事（Senechal & Young，2008）。

总体来说，幼儿园和小学的家长比中学的家长参与度高，但是父母的参与对于青少年来说仍然很重要（Hill & Taylor，2004）。由于到了中学，学校更大、更缺乏人情味、更官僚化等原因，家长的参与度可能会下降。当学校让家长感到自己受欢迎，并提供参与机会时，学生的成绩会提升，社会经济地位比较低的学生尤其如此。不幸的是，学校很少向社会经济地位较低的家长伸出援助之手（Schulting，Malone，& Dodge，2005）。因此，如果你在社会经济地位处于中等或较低的学校教学，你可能需要督促你的学校让家长参与学生的教育。

家庭结构影响儿童的其他情况，如母亲是否工作，以及儿童是否在托儿所。里根的家庭结构意味着他和保姆在一起的时间很长，但是肖恩则不是这样。科林的家庭结构从已婚家庭变成离婚家庭再到再婚家庭，每一次变化都会改变他母亲的就业情况以及他的保育情况。接下来我们将讨论这些问题。

二、母亲就业与儿童保育

> 埃莉诺（Eleanor）的母亲是一名全职的行政人员，她的父亲是一名医生，家庭年收入50万美元。尽管她父母都需要工作很长时间，但父母双方都会请假参加学校举办的活动。埃莉诺和她姐姐从婴儿期起保姆就没有变过，只要埃莉诺需要，她随时都能有私人教师和教练。
>
> 经过几个月的寻找，卡西（Cassie）的母亲终于找到了一份工作，工作内容是作为一个临时工照顾残疾人吃饭穿衣。她每小时挣12美元，没有福利。她的工作时间不固定，有时候周末也上班。当钱花完的时候，他们偶尔会在救济站吃饭。卡西的父母离婚了，她的父亲既不探望孩子，也不给孩子抚养费。卡西有时会陪母亲去上班，但大部分时间都是独自待在家里看电视。随着母亲被雇用、解雇到重新就业，卡西一直被安排在收费较低的托儿机构中。很多年来，卡西的梦想就是上钢琴课，但是她的妈妈负担不起。
>
> 自从珍娜（Jenna）出生后，她的母亲就没有在外面工作了。当珍娜高中毕业后，她的母亲打算回到学校重新当一名老师。她的父亲是一个商店的经理。经济总是很紧张，特别是现在两个兄弟都在上大学，但是珍娜有充足的食物和衣服。她妈妈放学后会带她去上声乐课和踢足球。珍娜很少独自在家。

埃莉诺、卡西、珍娜都是9年级的学生，但是她们在母亲就业与儿童保育方面有着完全不同的经历。珍娜的经历在美国已经不常见了，因为越来越多的母亲进入职场。一半以上有子女的妇女至少从事非全职工作：45%的有婴儿的母亲，64%的有6岁以下子女的母亲，77%的有6~17岁子女的母亲都有工作（U.S Bureau of Labor Statistics，2009）。大多数上班的母亲更喜欢做兼职工作，只有20%的人认为全职工作是理想的选择（Pew Research Center，2007）。不同收入层次的妇女或从事全职工作，或做兼职工作，或待在家里陪孩子。例如，一个拉美裔家庭选择放弃他们的移动房屋赎回权，搬到祖父母家，而不是让母亲出门工作。因此，这些习俗对许多家庭意义深远。母亲就业和儿童保育对埃莉诺、卡西、珍娜这样的孩子会有怎样的影响？

第十四章　儿童生活的环境：家庭结构、儿童保育和媒体

1. 母亲就业

有关母亲就业的研究表明，儿童发展的结果视具体情况而定。母亲就业可能导致积极的结果，如儿童语言能力好；也可能导致消极的结果，如行为问题和肥胖；一些研究则显示结果是中性的（Cawley & Liu, 2012；Lombardi & Coley, 2014；Ziol-Guest, Dunifon, & Kalil, 2013）。为什么结果会不同呢？在第一章中，你已经了解了用来解释贫困的影响的两个模型。这些模型同样可以被用来解释母亲就业的影响。根据家庭投资模型，如果母亲就业可以增加对子女的投资，那么母亲就业对孩子会产生积极影响；如果母亲就业会减少对子女的时间投入，那么母亲就业对孩子会产生消极影响。根据家庭压力模型，如果母亲工作能够提高母亲的幸福感，那么母亲就业就会产生积极影响；如果母亲工作会导致养育质量降低，那么母亲就业就会产生消极的影响。研究支持每种可能性，但家庭情况不同，影响也不一样。

当发生以下情况时，对儿童的影响将是消极的：

● 母亲在孩子处于婴儿期时工作。母亲在婴儿出生的第一年全职工作可能会导致孩子以后的学业问题与行为问题（Brooks-Gunn, Han, & Waldfogel, 2010；Lucas-Thompson, Goldberg, & Prause, 2010）。

● 母亲每周工作超过 30 小时（Goldberg, Prause, Lucas-Thompson, & Himsel, 2008；Hill, Waldfogel, Brooks-Gunn, & Han, 2005；Weiss et al., 2003）。然而，值得注意的是，许多母亲都是兼职工作而不是全职工作，她们经常进出劳动力市场。兼职就业往往与更高质量的育儿和积极的儿童养育结果联系在一起（Brooks-Gunn et al., 2010；Buehler & O'Brien, 2011）。

● 母亲必须值夜班或工作时间不规律，像卡西的母亲一样。不规律的工作时间会导致父母出现抑郁、困倦、离婚、健康状况不佳、家庭活动较少（如一起吃饭），以及对儿童教养的敏感度低等问题（Han, Miller, & Waldfogel, 2010；Hsueh & Yoshikawa, 2007）。

● 母亲的工资低、没有福利保障。母亲低质量、没有保障的工作会导致孩子焦虑、抑郁、成绩波动、辍学和自卑（Dunifon, Kalil, & Bajracharya, 2005；Kalil & Ziol-Guest, 2005）。

当以下情况发生时，母亲就业对儿童的影响是积极的：

● 母亲的收入帮助家庭脱贫，比如卡西的家庭。母亲工作时，低收入家庭的孩子会有较高的学业成绩，情绪与行为也会得到较好的改善（Coley & Lombardi, 2013；Lucas-Thompson et al., 2010）。脱贫的母亲会感到更加自信，并且感觉自己是社会的一分子（London, Scott, Edin, & Hunter, 2004）。

● 母亲是单身时。工作的单亲母亲的孩子比不工作的单亲母亲的孩子拥有更多的词汇量（Brooks-Gunn et al., 2002；Goldberg et al., 2008）。

● 与那些工作但并不享受工作或不工作但希望工作的母亲相比，母亲更享受工作，并且相信自己的职业对孩子有好处（Harrison & Ungerer, 2002）。

● 母亲保证在工作以外花时间陪伴孩子。工作的母亲与孩子相处的时间比不工作的母亲要少。但是这种不同对孩子所造成的影响并没有你想象的那么大（Huston & Aronson, 2005）。

总体来说，母亲就业有利有弊。在低收入家庭，母亲就业倾向于产生积极的结果，特别是当母亲的工作有固定的时间并在一定程度上受尊重，并且她也发现了这一点时。母

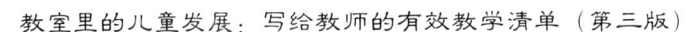

亲就业与儿童保育是齐头并进的，尽管并非所有在保育机构的儿童的母亲都有工作，也不是所有工作的母亲都会把儿童送到保育机构。接下来让我们讨论一下儿童保育。

> **思考**
> 你能将这些发现应用到家庭投资模型和家庭压力模型中来解释与母亲就业相关的结果吗？

2. 儿童保育

儿童保育会产生什么影响？就像母亲就业一样，这取决于实际情况。为了弄清真相，你需要通过儿童保育的三个方面来分析：(1) 类型；(2) 数量；(3) 质量。第一，儿童保育的类型包括托儿所、儿童之家以及私人看护。儿童保育可以是集体的，也可以是一对一的；可以是亲戚提供免费的保育，也可以是花钱请陌生人照顾。超过一半的学龄前儿童由亲戚照顾（FIFCFS，2015），另外有13%的儿童由非亲属的基于家庭的保育服务提供者看护（家庭托儿所、保姆或临时工）。尽管人们在想到儿童保育时，倾向于选择托儿所，但只有大约24%的学龄前儿童在托儿所（儿童保育机构、幼儿园、学期班）。儿童可能有不止一种保育的方式，可能是去幼儿园几个小时，然后去奶奶家几个小时。

第二，儿童保育的数量各不相同。一些儿童每周有60个小时在托儿所，而其他孩子在托儿所可能只待4个小时。一项全国性研究发现，4岁前的儿童平均每周有20个小时在儿童保育机构，4～6岁的儿童和小学1年级的学生平均每周有8～9个小时在儿童保育机构（McCartney et al.，2010；NICHD Early Child Care Research Network，2004）。

第三，儿童保育的质量有高有低。一项人种志研究这样描述托儿所：拥有相当大的空间、充足的玩具和足够的保育人员。然而，成年人常常忙于工作而没有时间和孩子交流，孩子们被告知"去玩吧"。每天都用电影代替成年人来陪伴儿童（Nelson & Shutz，2007）。这样的儿童保育是否是高质量的呢？

儿童保育是高质量的，如果看护者：(1) 敏感而热情；(2) 使用丰富的语言；(3) 以不过度组织化的方式直接指导儿童的语言萌发与数学思维的发展；(4) 稳定，以便能建立安全感（Burchinal et al.，2008a；Howes & James，2002）。看护者如果需照顾的儿童不多，且接受过有关儿童发展的教育，就更有可能做到这一点（de Schipper，Riksen-Walraven，& Geurts，2006；Marshall，2004）。在美国，婴儿与看护者的比例建议是3∶1，4岁儿童与看护者的比例建议是8∶1。

为什么父母会把孩子送到低质量的儿童保育机构呢？他们有可能负担不起高昂的保育费用。然而，令人惊讶的是，收入与保育质量之间并没有很强的联系（Sosinsky 和 Kim，2013）。相反，父母可能会把方便放在首位，他们对此可能也不是很了解。例如，在一项经典研究中，父母对最差的和最好的儿童保育方案同样感到满意，他们并没有意识到质量上的差异（Miller，1990）。此外，美国缺乏高质量的保育；研究表明，只有10%～17%的保育环境是高质量的（Burchinal et al.，2000；NICHD Early Child Care Research Network，2006a；Vandell et al.，2010）。每周保持40小时高质量并且负担得起的儿童保育尤其困难。

在儿童保育方面存在**选择偏见**[①]。也就是说，受教育程度低、较少与子女相处的父母倾向于将子女置于低质量的保育中。受教育程度高、身心健康、结婚的、敏感、权威，并有

[①] 选择偏见（selection bias）：儿童和父母的选择及选择类型是基于他们固有的特征的，这使得很难确定经验的效果。

良好口语表达能力的父母更倾向于将子女置于高质量的保育中（NICHD Early Child Care Research Network，2006a）。因此，接受高质量保育的儿童具有业已存在的优势。研究必须从这些业已存在的差异中找出影响儿童保育质量的因素。许多研究试图控制选择偏见，但是当你读到关于儿童保育的相关内容时，你应该记住选择偏见的存在。

3. 儿童保育的年龄趋势

儿童保育的类型、数量和质量因年龄而异，与儿童保育相关的结果也是如此。你已经知道了在生命的第一年里，儿童保育对婴儿来说是一个风险因素。早期儿童保育到底有多常见呢？

婴儿期至儿童早期（0~5岁）

在那些将要接受儿童保育服务的孩子中，大约有1/4在5个月内进入儿童保育机构。大约有50%的儿童2岁半时进入儿童保育机构。这些婴儿和学步期儿童更倾向于接受兼职保育服务，而不是全职保育服务。他们更有可能在家接受照看。然而，当孩子满3岁时，他们更有可能被安置在保育中心接受照料（FIFCFS，2009）。在进入学校之前，83%的儿童在一些机构中接受保育服务，这些机构既包括全职的保育机构，也包括每个星期待几个小时的幼儿园。

儿童中期和青春期（6~19岁）

学校是6岁以上儿童保育服务的主要来源。对于许多家庭来说，学校已经足够了，因为母亲只做兼职工作，或者因为孩子放学后父亲在家里。然而，许多学龄儿童在上学前或放学后仍然需要儿童保育机构。只有14%的托儿中心的名额分给了学龄儿童（FIFCFS，2015）。这意味着许多学龄儿童都参加了课外项目或由自己的哥哥姐姐照顾，这将在接下来进行讨论。

课后活动

课后活动是多种多样的，它们可能由学校、教堂、男孩和女孩俱乐部等组织或市政娱乐办公厅来管理。它们有着不同的动机，比如让孩子远离街头、提供学业支持，或者增加身体活动（Craig et al.，2013；Schuna，Lauersdorf，Behrens，Liguori，& Liebert，2013）。一个高质量的活动项目会聘请热情的、具有支持性的员工，能为儿童提供多种活动以及积极社交的机会。一些机构使用计算机代替接受过培训的教师来教孩子学习，以降低成本（Craig et al.，2013）。大约有20%的学龄儿童参加了课后活动和进修计划（FIFCFS，2015）。更多的孩子由哥哥姐姐照顾。

兄弟姐妹相互照顾

兄弟姐妹相互照顾①是指学龄儿童独自在家或与18岁以下的兄弟姐妹一起。为了充实课后时间，这种相互照顾每天都会持续最长可达2个小时的时间。孩子们到什么年龄才能照顾好自己呢？在一些州，让13岁以下的孩子独自待在家里是违法的，但是9~11岁的孩子们可以在一起相互照顾，这表明一些父母认为孩子在这个年龄可以照顾好自己的兄弟姐妹。

除了父母的照顾，兄弟姐妹相互照顾成为学龄儿童第二类最常见的保育形式，涉及上百万名孩子。一项全国性的调查显示，大约不到10%的小学生、30%的初中生和50%的高

---

① 兄弟姐妹相互照顾（self-sibling care）：对学龄儿童的一种普遍的非母性照料形式，指儿童独自在家或与18岁以下的兄弟姐妹一起。

中生，在父母工作时有一定的自我照顾能力（见图14-5）。在社会经济状况比较好的郊区、低风险的社区，孩子更有可能具有自我照顾能力，然而，对于生活在贫困中的年轻人来说，长时间自我照顾的可能性更大（Mathoney & Parente，2009）。

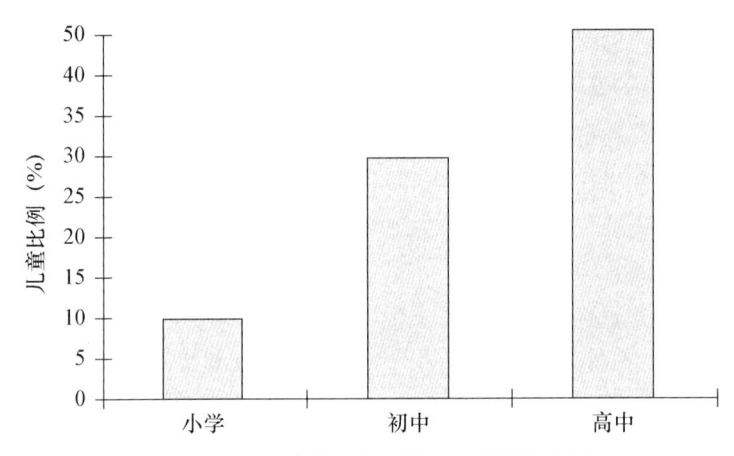

图14-5 儿童中兄弟姐妹互相照顾的比例

一半的孩子在上高中的时候都自己照顾自己。上述比例与你所认识的孩子的情况相符吗？
资料来源：Mahoney，Parente（2009）。

兄弟姐妹相互照顾涉及安全问题。父母告诉孩子，当独自在家时不要和陌生人说话，也不要让陌生人进入屋子。

然而，在一项经典的研究中，研究人员给小学生打电话说要给他们送包裹。除了两个孩子以外，所有的孩子在电话交谈中都很乐意说出自己的名字，并且说了他们独自在家，让陌生人来送包裹（Kraizer，Witte，Fryer，& Miyoshi，1990）。每个父母都相信他们的孩子既不会说出自己的姓名，也不会让陌生人送包裹，因为他们已经训练过孩子。然而，当孩子们独自留在家里的时候，他们无法执行安全指示。接下来让我们看看儿童保育所预测的儿童发展结果。

4. 儿童保育意味着什么？

在第一章中已经说过长时间的儿童保育是一个风险因素，但是教育性的儿童保育被视为一个保护因素。这是矛盾的吗？让我们看看。

语言与认知发展

照料的类型和语言与认知发展有关。在保育中心的儿童语言与认知发展得最好，在家庭型保育机构和课外活动机构的儿童语言与认知发展次之，兄弟姐妹相互照顾的儿童语言与认知发展最差。但前提是机构拥有受过良好教育的工作人员并且重视儿童的学业（Belsky，Bakermans-Kranenburg，& Van IJzendoorn，2007；Fredricks & Simpkins，2012；Laurer et al.，2006；Mahoney，Lord，& Carryl，2005）。

保育质量也和语言与认知发展有关。与接受低质量保育服务的儿童相比，接受高质量保育服务、参加高质量课外活动的儿童有更好的语言技能、更充分的入学准备和更高的考试分数（Burchinal et al.，2000；Burchinal，Lowe Vandell，& Belsky，2014；Granger，2008；NICHD Early Child Care Research Network，2006a）。高质量的保育意味着照料者会与孩子交谈，孩子会有所回应，就像你在第十二章中学到的关于促进儿童语言能力发展的内容一样。值得注意的是，这种影响是在儿童离开保育机构整整十年以后发现的，这表明儿童保育的影响是长期的（Vandell et al.，2010）。

依恋

所有儿童都会接受多个依恋对象的照顾。通常情况下，依恋对象是稳定且容易获得的。如果最初的依恋对象长时间不在，或者看护者经常变换，那么会发生什么呢？安斯沃思（Ainsworth）说："母亲如果离开自己的孩子超过十个小时，就很难对儿童有敏感的回应"（Karen，1994，p.69）。然而，一些心理学家认为儿童如果能灵活地适应保育机构就不会存在依恋问题。研究到底支持哪种观点呢？

儿童保育的类型并没有那么重要，但是保育的质量和数量与孩子的依恋是联系在一起的。如果处于低质量、不稳定的保育机构中，并且被保育的时间每周超过10小时，那么儿童更容易产生不安全感。然而，不安全依恋主要发生在母亲不敏感的时候；如果他们的母亲保持敏感，那么孩子在儿童保育机构中仍然会产生安全感。也许，不太敏感的母亲无法减轻孩子在儿童保育机构中感受到的压力或者需要更多的时间来建立安全的依恋。此外，当具有安全感的儿童进入儿童保育机构时，他们可能会失去安全感，尤其是当他们的母亲没有很敏锐地察觉到并帮助他们时（Ahnert，Gunnar，Lamb，& Barthel，2004；Erel，Obermran，& Yirmiya，2000；NICHD Early Child Care Research Network，2000b）。

儿童保育导致儿童不安全依恋的原因可能有以下三个：

（1）许多孩子恳求父母不要把他们送到儿童保育机构，但是母亲无论如何也要离开，让儿童感觉到是被拒绝了。

（2）母亲往往比照顾者更敏感；母亲会安抚儿童，留在孩子附近，与孩子进行交流，并与孩子分享自己的感情。有些国家，母亲比照顾者更加敏感，比如德国，德国的儿童保育质量比美国要高（Ahnert，Rickert，& Lamb，2000）。

（3）母亲可能不够敏感。长时间的分离会导致母亲没有发展出作为母亲的技能（Furman，1989）。在孩子出生的第一年就全职工作的母亲不会那么敏感（Brooks-Gunn et al.，2002；NICHD Early Child Care Research Network，1997）。

压力

鲍尔比（Bowlby）认为，不管婴儿被照顾得有多好，婴儿在与母亲分离时都会感到压力。研究显示，在托儿所的孩子有高水平的皮质醇——一种应激激素（参见第八章）。一般来说，儿童体内的皮质醇含量在早晨起床时达到最高，在白天慢慢下降，在晚上睡觉时达到最低。但是，如图14-6所示，对于大多数在托儿所的儿童来说，即使受到了较高质量的照顾，他们的皮质醇在白天也一直处于上升的状态（Badanes，Dmitrieva，& Watamura，2012；Bernard，Peloso，Laurenceau，Zhang & Dozier，2015；Watamura，Donzella，Alwin，& Gunnar，2003）。以下情况出现时，在托儿所的儿童的皮质醇水平会比较高：（1）保育质量较低；（2）保育儿童数量较多；（3）儿童与照顾者有冲突；（4）照顾者具有攻击性与过度控制（Gunnar，Kryzer，Van Ryzin，& Phillips，2011；Lisonbee，Mize，Payne，& Granger，2008；Rappolt-Schlictmann et al.，2009）。贫困儿童可能是个例外，他们的皮质醇水平在保育机构时会比在家时低。

当儿童适应了保育机构的生活时，压力水平是否会下降？事实上，即使过了几个月，仍然有一部分孩子会感到有压力（Ahnert et al.，2004；Bernard et al.，2015；Gunnar et al., 2011）。皮质醇水平与婴幼儿时期的儿童保育有关，这种关系在儿童蹒跚学步的时候最为紧密。在3～5岁时开始下降，在7岁时消失（Bernard et al., 2015）。因此，与蹒跚学步的孩子相比，大一点的孩子在儿童保育机构中感到的压力较小。

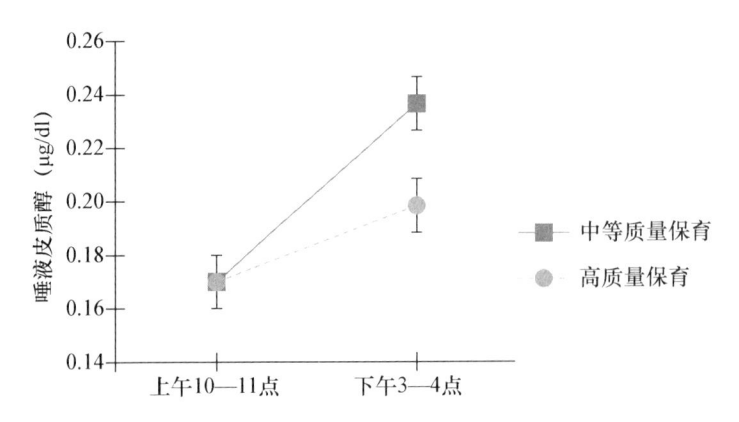

图14-6 儿童保育中的皮质醇水平

与接受中等质量保育的儿童相比，接受高质量保育的儿童白天皮质醇的上升幅度较小。皮质醇水平代表着压力。没有接受儿童保育的儿童的皮质醇白天呈下降而不是上升趋势（Gunnar, 2000）。
资料来源：Tout, de Haan, Campbell 和 Gunnar（1998）。

这对儿童来说意味着什么呢？儿童保育的经历可能会重塑调节负面情绪的神经回路。这也许可以解释为什么一些婴儿期和学步期在保育机构待过的青少年直到15岁的时候皮质醇水平仍会异常（Roisman et al., 2009）。正如第八章所讲的，皮质醇水平会影响工作记忆容量与功能（Blair, Granger, & Razza, 2005）。此外，异常的皮质醇水平导致在儿童保育机构中的儿童产生内部问题（如焦虑、行为拖沓和抑郁），并且具有攻击性。这是我们接下来要讨论的内容（Tout, de Haan, Campbell, & Gunnar, 1998）。

社交能力

在保育机构的儿童是否会因为有机会与同伴一起玩耍而具有更强的社交能力呢？一项全国性的大型研究发现了相反的结果。在3岁之后，也许早在2岁以后，接受保育的儿童往往会有更多的行为问题，如与照料者产生冲突、多动、具有攻击性、冲动和注意力不集中；他们独立工作、合理利用时间以及及时完成工作的能力更差（NICHD Early Child Care Research Network, 2006a）。保育机构和非亲属提供的照看都与幼儿更多的行为问题有关。

保育数量与行为问题有关，有人称之为数量效应。研究人员回顾了许多研究，认为"数量效应是真实存在的。如果儿童在入学之前经历了较长时间的儿童保育——尤其是在保育机构，那么老师们会认为他们相比他们的同伴存在着更多的外在行为问题，更容易与老师发生冲突，更自卑"（Huston, Bobbitt, & Bentley, 2015, p. 628）。儿童早期长时间的儿童保育经历与6年级乃至中年时的行为问题有关（Belsky et al., 2007；Vandell et al., 2010）。自我感觉受欢迎的学生有社交技巧但攻击性强（参见第十一章），他们与同龄人相比可能在学龄前有更长时间的儿童保育经历（Rodkin & Roisman, 2010）。儿童在高质量的保育机构和课外活动机构中依然会产生行为问题，但是这种影响要小很多（Howes & James, 2002；Huston et al., 2015；McCartney et al., 2010）。当儿童保育的人群规模比较小——2岁儿童少于4个，4岁儿童少于8个——时，这种负面影响也比较小。此外，当母亲保持敏感的时候，这种影响也会比较小（Burchinal et al.，2014）。

并不是所有的研究都发现儿童保育与更多的问题行为有关（Gormley，Phillips，Newmark，Welti，& Adelstein，2011）。一种解释是，儿童对保育的反应不同（Phillips，Fox，& Gunnar，2011）。性格随和或个性活泼的儿童更容易适应保育，而且不为其质量所影响。相反，性格内向的儿童的皮质醇水平比较高，长期处于这种状态就会导致行为问题（Gunnar et al.，2011；Pluess & Belsky，2010）。儿童保育的质量对儿童的影响程度是不同的。例如，一项研究发现，具有特定等位基因（即DRD4基因）的儿童与其他儿童相比，更容易受到低质量保育的影响，从而更容易产生外显问题，导致社交能力低下（Belsky & Pluess，2013）。

经历过自我照顾的儿童在长大以后是否更有责任感并拥有更强的自理能力？研究表明，自我照顾与焦虑和行为问题有关。处于自我照顾状态下的青少年更有可能犯罪、吸毒，更易发生性行为且更易患性传染疾病。青少年犯罪率在下午3点到4点达到高峰，即放学后父母通常还在工作的时间段。就像更年幼的孩子一样，影响程度取决于自我照顾的时间。当自我照顾的时间每周超过10小时，或者自我照顾开始于小学低年级且时间持续较长时，风险将会上升（Mahoney & Parente，2009）。如果年轻人花费更多的时间与同伴在一起，那么风险会更大（Lee & Vandell，2015）。因此，长期的自我照顾是青少年犯罪的一个风险因素。如果父母具有权威性（而不是放任的），监控孩子，让孩子生活在一个安全的社区，且孩子之前没有问题行为，那么这种影响就会比较小（Mahoney & Parente，2009）。

游戏

保育的类型、质量与游戏有关。接受高质量保育的儿童比接受低质量保育的儿童更可能以高级的方式游戏（Raspa，McWilliam，& Maher-Ridley，2001）。在保育中心与同伴同处的儿童比在家庭型保育机构中的儿童更有可能以高级的方式游戏（NICHD Early Child Care Research Network，2001a）。这很重要，因为高级的游戏能够促进儿童的社交、认知和语言技能的发展（见第十一章）。儿童保育机构中的儿童在幼儿园入学时可能比在家里长大的儿童具有优势，但是在家里长大的儿童很容易赶上他们的同班同学（NICHD Early Child Care Research Network，2005a）。

总之，儿童保育既是一种风险因素，也是一种保护因素，取决于儿童保育的类型、数量和质量，以及你是否考虑到儿童认知、情感或社会等方面的结果。表14-1提供了一个组织这些因素的框架。可以采取哪些措施降低与儿童保育有关的风险？你可能已经注意到了这项研究中反复出现的一个主题：当儿童保育质量高，且儿童保育时间较短时，他们的情况可能会更好。这里有三个重要结论需要加以补充：

（1）当婴儿期就经历儿童保育时，消极的结果最为强烈。

（2）早期儿童保育的影响可能是长期的。婴儿期的儿童保育与儿童从小学到高中阶段的行为和学习问题有关联（Burchinal et al.，2014；Campbell，Lamb，& Hwant，2000；NICHD Early Child Care Research Network，2003a，2005a，2005b，2006a）。

（3）影响取决于社会经济地位。儿童保育对于社会经济地位比较低的儿童来说是一种保护因素。我们将在以后讨论这个问题。

表 14-1　关于儿童保育研究的总结

儿童发展的结果	儿童保育的影响		
	质量	数量	类型
语言与认知能力	高质量的儿童保育比低质量的儿童保育更有利于儿童的发展。对于社会经济地位较低的儿童而言，影响最为明显		相比家庭型保育机构，保育中心对3岁以上孩子的积极作用更大。丰富多彩的高质量课后活动有利于学龄前儿童能力的发展。对于社会经济地位比较低的儿童而言，作用尤为突出
依恋	低质量且不稳定的儿童保育会造成不安全依恋，尤其是当母亲缺乏敏感性的时候	每周保育时间超过10小时会导致不安全依恋，尤其是当母亲缺乏敏感性的时候	没有一种类型的保育可以提供与家庭保育相似的保育质量。家庭保育可能对婴儿来说质量更高
压力	即使在高质量的保育机构中，儿童的皮质醇水平也很高，但是低质量的保育会使儿童的皮质醇的水平达到最高		当保育群体较大时，儿童的皮质醇水平比较高
社交能力	低质量的儿童保育会导致长期的行为问题。高质量的儿童保育也会导致行为问题，但是这种影响会小得多。相比低质量的儿童保育机构中的儿童，在高质量儿童保育机构中的儿童的社交能力发展得更好	保育时间每周超过10个小时，会导致更差的社交能力以及更多的行为问题，尤其是当儿童在婴儿时期就接受保育时	保育中心的儿童保育与儿童的行为问题有关系。每周超过10个小时的自我照顾可能会导致儿童产生反社会行为
游戏	在高质量的儿童保育机构中的孩子相比于在低质量保育机构中的孩子有更多元的同伴一起玩耍		在保育中心中的儿童相比在家庭型保育机构中的孩子有更多元的同伴一起玩耍

教养方式和儿童保育哪个的影响大？

你可能认为教养方式比儿童保育更重要。为厘清事实，科学家比较了父母教养质量与儿童保育质量二者影响的大小。这项研究揭示了什么？在语言和认知能力方面，父母教养可能比儿童保育的作用更大。儿童保育的效应量比教养方式的效应量小25%~80%。相反，对于行为问题，教养方式可能没有儿童保育的影响大。儿童保育的效应量是父母教养的两倍。因此，儿童保育相比父母教养来说对儿童行为问题的影响更大，对语言与认知能力的影响则较小（NICHD Early Child Care Research Network，2006a；Peisner-Feinberg et al.，2001）。

儿童保育可能会削弱父母教养的影响。也就是说，当儿童在保育机构待的时间比较短时，父母教养对儿童未来发展的影响更大（Adi-Japha & Klein，2009；Howes，1990；

NICHD Early Child Care Research Network，1998b）。孩子从父母教养中受到的影响是积极还是消极的取决于家庭教养的质量。消极的一面是，如果孩子全天候地处于儿童保育机构中，那么即使父母保持敏感且具有权威，孩子依然不能受益。积极的一面是，儿童保育可以帮助孩子从富有挑战性的家庭中解脱出来。事实上，政府为提高社会经济地位较低的儿童的成就而制定的方案通常会促进儿童保育的发展。出现这种情况的原因会在下一节中做出解释。

5. 儿童保育的群体差异

对于男孩和女孩而言，对于具有不同社会经济地位的儿童而言，母亲就业和儿童保育的影响可能各不相同。接下来我们来讨论这些差异。

性别

大多数研究发现，关于母亲就业对男孩和女孩的影响的预测结果相似，但是当出现性别差异时，往往对女孩更有利（Goldberg et al.，2008）。例如，一些研究发现，有工作的母亲的女儿往往有更高的理想，而儿子的学业成绩往往较低（Brooks-Gunn et al.，2002；Smolensky & Gootman，2003）。

同样，儿童保育的影响的性别差异并不总会出现（Vandell et al.，2010），但是出现性别差异时，这种差异也通常偏向女孩（Bornstein, Hahn, Gist, & Haynes，2006）。对于男孩，保育与不安全依恋和行为问题的关系更大。但有一个例外，青少年时期的女孩在自我照顾中犯罪的风险可能高于男孩（Mahoney & Parente，2009）。

社会经济地位

社会经济地位以两种方式与儿童保育相关。首先，在美国，儿童保育往往在经济上出现分化。社会经济地位高的儿童更可能接受高质量的保育，参加更丰富的课外活动。社会经济地位中等的家庭往往无法负担高质量的医疗服务（NICHD Early Child Care Research Network，2006a；Smolensky & Gootman，2003）。贫困儿童可以获得高质量的政府补贴的保育，但他们的家人可能不会将他们送进高质量保育机构（Johnson, Ryan, & Brooks-Gunn，2012）。在1 200万接受儿童保育的孩子中，约有200万人获得补贴。

其次，儿童保育对社会经济地位低的儿童比对社会经济地位高的儿童更有益。社会经济地位低的儿童中，在保育机构接受高质量保育的儿童往往比接受家庭保育的儿童具有更好的语言能力、更充分的入学准备、更高的学业成绩和较少的行为问题（Loeb, Fuller, Kagan, & Carrol，2004；NICHD Early Child Care Research Network & Duncan，2003c；Votruba-Drzal, Coley, Maldonado-Carreño, Li-Grinning, & Chase-Lansdale，2010）。例如，一项研究发现，4岁以前在高质量儿童保育上花费更多时间的低社会经济地位儿童在3年级和5年级时，数学和阅读成绩会高于接受低质量儿童保育的儿童，并且得分几乎与更高社会经济地位的学生一样（Dearing, McCartney, & Taylor，2009）。也就是说，来自家庭教育少、书籍少、图书馆使用率低、电视观看率高、阅读率低的家庭的儿童可以从儿童保育中受益，而母亲受过良好教育的孩子可能不会（Bornstein et al.，2006；Cote, Borge, Geoffroy, Rutter, & Tremblay，2008；Peisner-Feinberg et al.，2001），如图14-7所示。

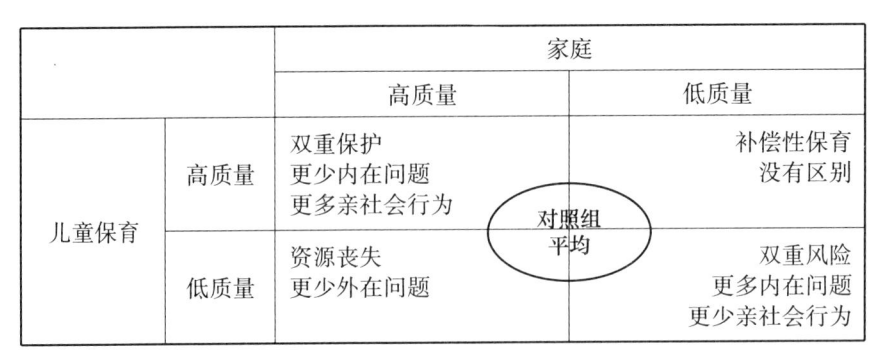

		家庭	
		高质量	低质量
儿童保育	高质量	双重保护 更少内在问题 更多亲社会行为	补偿性保育 没有区别
	低质量	资源丧失 更少外在问题	双重风险 更多内在问题 更少亲社会行为

（中间为"对照组 平均"）

图 14-7　不同家庭和保育质量对儿童社会成就的影响

家庭的质量是指母亲的敏感程度和家庭环境。高质量指的是最好的 1/3，低质量指的是最差的 1/3。对照组是中间 1/3，即中等质量的儿童保育和中等质量的家庭。与该对照组进行比较。结果基于教师对儿童的评分。

资料来源：Watamura，Phillips，Morrissey，McCartney 等 Bub（2011）。

事实上，许多入学准备项目将儿童保育作为对因贫困或出生体重太低而处于风险中的儿童的干预措施，因为高质量的保育对他们来说是一个保护因素。但请记住，只有高质量保育才有效。处于低质量家庭和接受低质量儿童保育的儿童在行为问题上会遇到"双重风险"（Watamura，Phillips，Morrissey，McCartney，& Bub，2011）。因此，卡西比珍娜更有可能从参加高质量的儿童保育中受益。珍娜拥有来自老师和母亲的双重关注，这是高质量的儿童保育也比不上的优势。

6. 母亲就业与儿童保育的课堂启示

母亲就业会影响父母对课堂的参与。从事兼职工作的母亲往往比从事全职工作或根本不工作的母亲更多地参与孩子的学校教育（Buehler & O'Brien，2011）。从事兼职工作的母亲更可能谈论学校，检查家庭作业，限制孩子看电视，促使学生学习课外课程，参与家长教师联谊会或体育俱乐部，并在学校担任志愿者。教师可以按照以下准则帮助学生：

（1）通过创造性的、灵活的解决方案帮助在职父母参与对子女的教育。教师可以建议祖父母与老师会面，或建议父母将孩子带到可以监督家庭作业完成情况的工作场所，或者将午餐休息时间放在下午晚些时候，以便在放学后照看孩子（Weiss et al.，2003）。

（2）倡导相关政策，为有需要的母亲提供兼职工作和婴儿期的假期。加利福尼亚州一群富有创造力的教师为自己做了这样一件事：他们安排两名教师共同承担一个教学岗位，这样每个人都可用一半时间工作，也能更多地陪伴孩子。

（3）倡导高质量的儿童保育。这对学龄期和早期儿童保育都很重要。

思考

一位母亲搬到了一个免费提供保育服务的州。她的第二个孩子 4 岁，她计划让孩子在家一直待到上幼儿园。这位母亲是一位建筑师，刚刚结束全职母亲阶段。她的丈夫是研究生。家庭收入很低。这位母亲问你是否应该让孩子参加幼儿园的保育计划。基于相关研究，你会提出什么建议？你还想要哪些信息？为什么？

母亲就业对儿童保育机构教师及从幼儿园到针对 12 岁以下幼儿的教育机构的教师都有其他影响，我们将先探讨对儿童保育教师的影响。

对于儿童保育教师而言，师生关系质量可能比教学质量更重要。师生关系可以影响儿童的社交能力和学业能力,但教学实践只能影响学龄前儿童的学业能力(NICHD Early Child Care Research Network,2000a;Peisner-Feinberg et al.,2001)。在保育机构中,儿童积极的情感互动和对教师的安全依恋尤为重要。可能是因为对教师有安全依恋的孩子更有可能与同龄人熟练地游戏,这有利于促进其发展。

对儿童保育者的安全依恋有多常见?通常,与照顾自己的父母相比,较少有儿童对保育人员产生安全依恋。不同文化背景下的许多研究表明,大约40%的学龄前儿童会对他们的照料者产生安全依恋,而大约60%的儿童则对父母产生安全依恋(Ahnert, Pinquart, & Lamb, 2006; Commodari, 2013)。然而,对父母双方都不能产生安全依恋的孩子可以通过保育者获得安全感。在早期阶段,埃莉诺更关注她的保姆,而不是她的父母,更加热切地与保姆分享成功,并在疲倦或生病时向她求助。

是什么影响了安全关系的发展?在第六章中,我们了解到敏感的、反应及时的教师能够与学生建立安全的关系。此外,儿童保育体系也可有所作为。如果儿童多年来与同一个看护人住在一起,并且如果他们是在家里而不是在保育机构,那么儿童更有可能与看护人建立安全关系(Ahnert et al., 2006)。这可能是因为当看护人需要照顾的孩子较少,照顾孩子的时间较长时,他们可以更多地与孩子交谈并玩耍(Elicker, Fortner-Wood, & Noppe, 1999)。

对于从幼儿园到中学的教师而言,母亲就业和儿童保育对课堂的影响既可能是积极的,也可能是消极的。从积极方面来说,接受高质量保育的社会经济地位低的学生可能具有更好的语言和认知技能。从消极方面来说,婴儿期的儿童保育与从小学到高中的行为问题有关。在教室里,接受保育服务的学生越多,整个教室的攻击性就越强(Dmitrieva, Steinberg, & Belsky, 2007)。这可能会增加教师花在管理纪律上的时间。当许多学生参与课堂时,即使小的影响也很重要。如果学生遇到行为问题,请遵循前面章节中有关帮助学生的指导原则。

总之,儿童保育的影响取决于保育的类型、数量和质量,以及儿童的性别和社会经济地位。高质量的保育可以提高低社会经济地位儿童的认知能力,但低质量的保育可能导致儿童具有攻击性。因为涉及的儿童很多,所以有的影响虽然很小,但对课堂和社会的影响可能会很大。著名的心理学家呼吁改善儿童保育质量,并采取允许更多父母留在家中或兼职工作的政策(Greenspan, 2003; Maccoby & Lewis, 2003)。开展了最大规模的全国儿童保育研究的科学家小组得出结论:"我们的研究结果为减少儿童待在保育机构的时间的政策提供支持"(NICHD Early Child Care Research Network, 2006a, P.114)。接下来让我们转向媒体,这是另一个强有力地影响儿童成长的背景因素。

三、电视与其他媒体

科林(Collin)是一个7年级学生,他有一台Wii和一台电脑,每天被父母限制玩一个小时的游戏。他只能玩运动类型的、健康的、平淡无味的、类似马里奥兄弟(Mario brothers)冒险闯关的电子游戏。他有一个翻盖手机,但不是智能手机,没有iPod也没有Mp3,上学日也不能看电视。

瑞奇(Ricky)是科林的同学,他违反规定将iPod带到学校,里面的歌曲多是关于谋杀、家庭暴力、强暴、毒品和色情的低俗歌曲。他说他最喜欢的歌词是"他勒死他的妻子,

> 将她扔在卡车上，然后驾车冲进了湖里"。他在家经常玩类似致命格斗（Mortal Kombat）* 的电子游戏，并且可以无限制地看电视。

就像瑞奇和科林一样，大部分学生都会接触到各种各样的媒体。尽管学生们更多地使用新科技产品，电视依然是他们使用的最主要的媒体（Hofferth，2010）。电视在19世纪50年代进入美国民众家庭中，19世纪60年代就占领了市场，拥有独特的市场地位，难以被新媒体代替。今天美国98%的家庭至少拥有一台电视机。大部分家庭也拥有电子游戏机、电脑和其他媒体设备。

其他学生是否像瑞奇那样过多地接触暴力媒体？或者他们更像科林？据同学说，瑞奇非常不友好，他在学校没有任何朋友，总是独自一个人坐在公交上并且爱取笑别人。如果少使用暴力媒体，瑞奇是否同样被同伴排斥？这些问题反映了关于媒体使用的两个关注点：时间和内容。让我们一起来看这两个重点。

1. 时间问题

学生们通常花大量时间使用媒体。当添置了各种各样的媒体设备——电视、智能手机、平板电脑、电脑——后，年轻消费者平均每天花费7.5小时在媒体上（Rideout, Foehr, & Roberts，2010）。媒体使用替代了其他潜在的更重要的活动。1～12岁的儿童花费在看电视、玩电脑游戏上的时间越多，他们用来睡觉、玩耍、阅读和学习的时间就越少（Hofferth，2010）。使用电脑和平板的时间情况要复杂一些，因为它们可能被用来学习。

2. 内容问题

一些电视和电脑节目是教育性的或者亲社会性的。类似《芝麻街》（Sesame Street）** 的节目可用来提高学习能力，类似《亚瑟秀》（Arthur）的节目主要教授社交技巧，例如解决冲突与友好待人。但不幸的是，孩子们花费大量的时间在反社会的媒体上。

反社会媒体通常涉及暴力内容。孩子在电视上看到暴力行为的平均概率为10‰。电视上的暴力行为通常被描绘得十分炫酷并且令人毫发无伤，施暴者通常是毫无悔意也不会受到任何惩罚的英雄，并且受害人也总是会奇迹般地快速痊愈。而电子游戏通常会比电视节目更加暴力。有人反驳说媒体上的暴力只是对社会现实的反映，但这种暴力是虚构的。哪怕是在一个充满暴力的社区，我们的学生也很少会独自成为一场谋杀的目击者，但他们却在媒体上看到成千上万场血腥暴力事件。一家媒体曾指出，如果电视上的暴力事件都是真实的话，那么在50天内所有的美国公民都将被杀死，而最后一个人可以选择关掉电视（Medved，1995）。

反社会媒体包含色情内容。大约84%的网站含有色情内容（Lorch，2007）。电视节目上每小时平均有5个涉及色情的语句，包括在主要时间段播出的儿童节目。从20世纪70年代起，电视上的色情内容增加了将近10倍，而在1998—2005年间更是将近翻倍增长（Kunkel, Eyal, Finnerty, Biely, & Donnerstein，2005）。学生们平均每年暴露在10 000～15 000条涉及色情内容的媒体信息中。女性通常被描绘成性玩物。性行为被描述得十分肤

---

* 以血腥暴力著称的格斗类游戏。——译者注

** 芝麻街（Sesame Street）是美国公共广播协会（PBS）制作播出的儿童教育电视节目，1969年11月首次播出，截至2019年已播出27季。——译者注

浅而无风险，不用承担感染传染性性病或者怀孕等身体和心理的后果。

3. 媒体使用的年龄趋势

大部分年轻人能够使用多样化的媒体技术。大约87%的人拥有电脑，81%的人有游戏设备，73%的人拥有智能手机（Lenhart and Pew Research Center，2015）。那么，不同年龄阶段的孩子使用媒体的频率如何？使用媒体接触到的内容的年龄特征又如何呢？

婴儿期和学步期（0～2岁）

小孩子通常会看很多电视节目。大约40%的儿童生活在家里成天开着电视作为"背景"的环境中。幼儿每天平均主动看电视2小时（Courage & Setliff，2009；Foster & Watkins，2010）。一个婴儿是怎么学会观看电子屏幕的？请回顾本书第九章，幼儿是受成年人注意力的影响关注电子屏幕的。1岁幼儿会跟随父母的视线观看电子屏幕，这个过程实际上是在训练他们关注电子屏幕（Demers，Hanson，Kirkorian，Pempek，& Anderson，2013）。

有些专门为2岁以下幼儿设计的视频声称可以开发幼儿的天赋。好奇的科学家决定测试这些视频的效果是否真的如其所言，他们随机安排几个1岁幼儿连续4周每天观看教育性视频。结果发现，不论是否和家长一起看视频，这些幼儿都并没有比不看视频的幼儿学到了更多的单词（Deloache et al.，2010）。但是在另外一项研究中发现，幼儿通过视频学到了更多的美国手势语言，尽管他们更多的是通过与父母的共同观看和指令学到的（Dayanim & Namy，2015）。因此，真实互动是更有效的。幼儿不可能对视频做出如现实一样的互动。例如，一个视频里的成年人告诉一个2岁幼儿，她将一个小猪玩偶藏在了沙发下面，幼儿不会去寻找玩偶。但是当这个成年人面对面地告诉幼儿时，幼儿就会去寻找玩偶（Troseth，Saylor，& Archer，2006）。在一份政策说明中，美国儿科学会（The American Academy of Pediatrics，2013a）建议父母不要让2岁以下的幼儿接触任何电子屏幕。

儿童早期（3～5岁）

学龄前儿童每天大约看1.5小时电视（Rideout，2014）。他们看的大部分节目都是给成年人看的。然而，学龄前幼儿比其他年龄段幼儿更多地观看儿童导向的教育类视频和亲社会类视频，更喜欢玩教育类视频游戏（Wartella，Caplovitz，& Lee，2004）。表14-2表明，2～10岁幼儿随着年龄增长看视频的时间越来越长，但看教育类视频的时间越来越短。

表14-2 各年龄段的媒体视频使用情况

		2～10岁（全部）	2～4岁	5～7岁	8～10岁
平均每天使用屏幕媒体的时间（分钟）	电视	81	80	78	84
	视频游戏	17	3	20	27
	电脑	14	2	15	25
	移动设备	14	10	14	18
	所有屏幕媒体	126	95	127	154
平均每天在所有屏幕媒体上花费的时间（分钟）		127	157	128	156
平均每天在所有教育类视频上花费的时间（分钟）		56	76	50	42
教育类视频观看时间所占比例		44%	78%	39%	27%

注意，2～10岁幼儿随着年龄增长看视频的时间越来越长，但看教育类媒体的时间越来越短。
资料来源：Rideout（2014）。

儿童中期（6～12岁）

小学期间儿童使用媒体的时间逐渐增加。在6～10岁，儿童比小时候更多地使用电脑或者玩电子游戏。儿童10多岁或者11～14岁时，看电视和玩电子游戏的时间达到顶峰（Hofferth & Moon, 2011; Rideout et al., 2010）。

小学阶段儿童比学龄前儿童更多地看娱乐类电视节目，更少看教育类节目（Huston, Bickham, Lee, & Wright, 2007）。电视上的娱乐节目往往是暴力的。看完媒体上的暴力内容后，小学生比青少年变得更富有攻击性（Anderson et al., 2003）。

青春期（13～19岁）

青少年平均每天看电视1～2.5小时（Larson, 2001）。他们每周看电视的时间和每个月课后阅读的时间一样多，他们还花费大量的时间在电脑和社交媒体上。比起小时候，青少年更多地在家上网。绝大多数美国青少年（93%）使用互联网，大多数拥有一个e-mail账号和社交网站账号（Lenhart, Purcell, Smith, & Zickuhr, 2010）。青少年主要通过电脑访问网站、交流沟通、学习或是完成课业任务（Hofferth & Moon, 2011）。大多数青少年也都拥有自己的智能手机，有报告称他们平均每天花1.5小时发短信（Lenhart et al., 2010）。研究发现，15岁的青少年每天收发大约110条信息（Underwood, Rosen, More, Erenreich, & Gentsch, 2012）。从2015年起，大约71%的青少年使用Facebook（见图14-8），但最流行的内容总是变化很快，新平台相继崛起并能迅速俘获用户的兴趣。因此，如果你在高中任教，那么你的学生可能比你更多地使用电脑，但如果你教的是幼儿园的孩子和小学生，那么情况就不一样了。

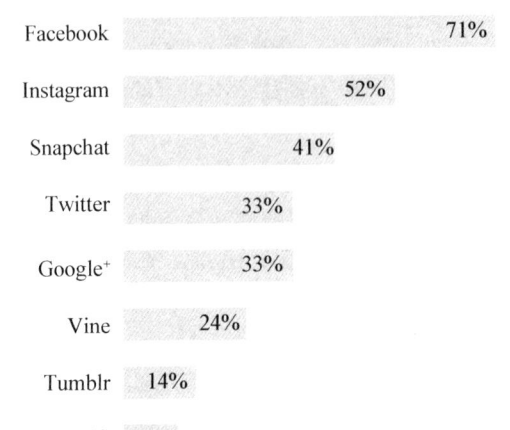

社交媒体	比例
Facebook	71%
Instagram	52%
Snapchat	41%
Twitter	33%
Google+	33%
Vine	24%
Tumblr	14%
其他社交媒体网站	11%

图14-8 青少年使用的社交媒体

自2015年起，Facebook、Instagram、Snapchat成为十几岁青少年最常用的社交媒体平台。这是否符合你最近的现实经历？

资料来源：Lenhart and Pew Research Center (2015).

4. 媒体使用的个体差异

整体的年龄趋势会掩盖巨大的个体差异，例如瑞奇和科林。儿童会延续幼年看电视的习惯——正因为如此，沉迷于电视的人会继续沉迷于电视（Huston et al., 2007）。一些儿童很少玩电子游戏，另一些儿童每天（甚至是晚上）都玩几个小时游戏，还有一些儿童经常发信息和浏览 Facebook。

不同的媒体使用意味着什么？

使用媒体的频率和媒体的内容会影响儿童的各个方面——身体、认知、情感、社会性。例如，美国心理协会（2007）认为，媒体中情色化女性的行为的泛滥可能与认知功能损伤、压力增加、饮食无序、不健康的性发育有关。然而，与媒体使用相关的结果可能是消极的也可能是积极的，关键在于使用媒体的时间和媒体的内容。接下来我们看具体的研究结果。

身体发展

媒体使用通过四种方式逐渐影响身体：

（1）媒体使用代替身体活动。沉迷于媒体的人容易超重，尤其是女孩（Lorch，2007）。

（2）媒体使用促成不良饮食习惯。电视广告售卖高热量食物，年轻人在看电视时吃下更多高热量食物，并且看电视时代谢比睡觉时慢（Kaiser Family Foundation，2004）。

（3）媒体使用影响睡眠。许多年轻人睡觉时还捧着自己的移动设备，这会导致睡眠时间减少，并且感觉更困乏（George & Odgers，2015）。

（4）媒体美化药物的使用，将吸烟和喝酒描述得平常、和谐、毫无风险。沉迷于媒体的人更多地使用酒精和烟草，即使他们没有其他沾染毒品的风险（Heatherton & Sargent，2009；Hull，Brunelle，Prescott，& Sargent，2014），见图 14-9。

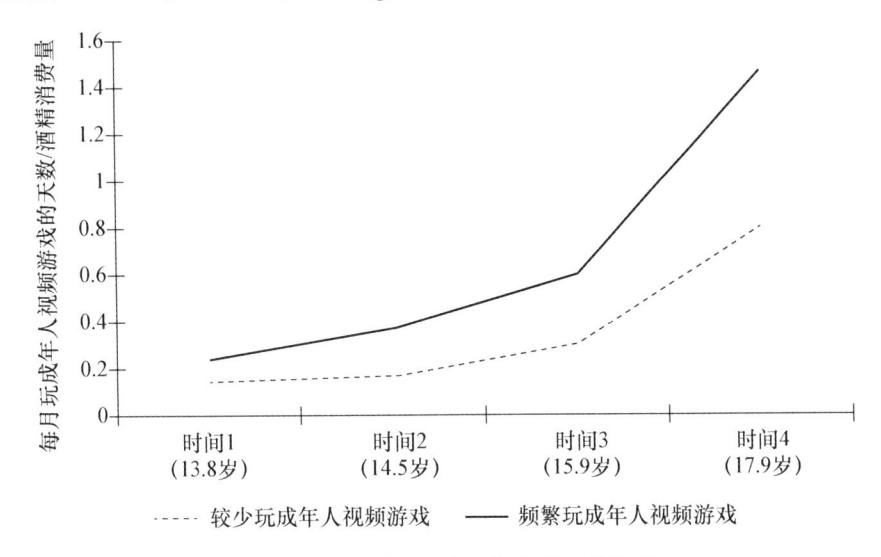

图 14-9　酒精和成年人视频游戏的使用

相对于频繁玩成年人视频游戏者而言，酒精使用量在 4 年内增长得比较少玩成年人视频游戏者更快。
资料来源：Hull 等（2014）。

从积极的方面看，玩电子游戏有助于发展良好的手眼协调能力、更好的视觉处理能力，提高心理旋转技能，增强快速集中注意力的能力（Dye，Green，& Bavelier，2009；Granic，Lobel，& Engels，2013）。在实验中，不玩游戏的人实际操作电子游戏后提高了视觉处理能力（Green & Bavelier，2007）。另外，运动游戏有助于控制肥胖，促进身体健康。事实上，一些学校在体育课上使用了运动游戏（Staiano & Calvert，2011）。

认知发展和学业成绩

媒体使用可能悄然损伤认知能力。阿曼达（Amanda）的母亲告诉她的老师："阿曼达不看报纸,她从电视上获知新闻,这可是一件每月要花 65 美元有线电视费的'好事情'!"像阿曼达这样重度沉迷于电视的人,极少阅读,也极少与父母交谈。他们的口语和阅读能力、学业成绩通常较低,还有注意力问题,在学习上用时较少。这种影响贯穿幼儿园至高中(Busch et al., 2014; Ennemoser & Schneider, 2007; Fuligni & Stevenson, 1995; Wright et al., 2001)。例如,一项研究发现,每天看电视一小时及以上的青少年比不看电视的学生学业成绩要低(Busch et al., 2014)。

一个值得关注的问题是,看电视可能会导致儿童注意力集中时间短,想象能力发展受限,主动性不足,因为电视节目节奏快且总是被中断。一些研究认为,每天看上几个小时的电视,儿童更容易出现多动症之类的问题,但适度看电视就不会(Foster & Watkins, 2010)。一项实验研究发现,仅仅看几分钟快节奏的动画片就会导致短时间内的执行力下降(如图 14-10 所示)。

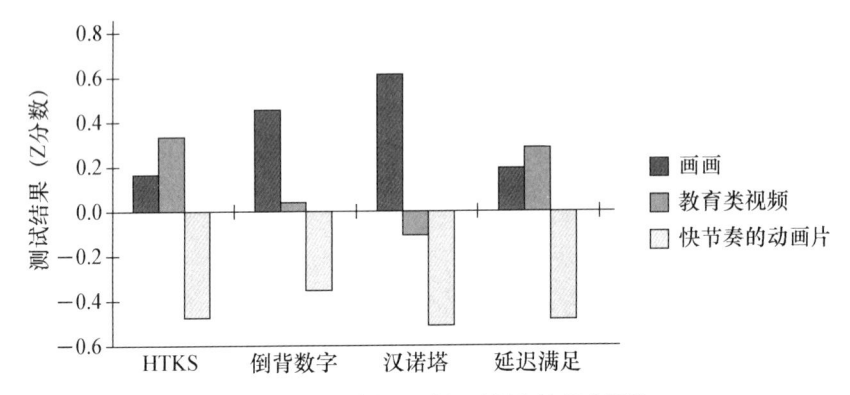

图 14-10 看电视导致短时间内执行力下降

实验中,随机指派若干 4 岁孩子观看快节奏的卡通片,观看节奏较慢的教育视频,或者画 9 分钟的画。然后对他们进行三项执行力测试,并用棉花糖和饼干进行延迟满足测试。(HTKS 测试让儿童在被要求摸头时摸脚趾,反之亦然;并以同样的方式摸肩膀和膝盖。倒背数字测试要求儿童以相反的顺序重复一系列数字,例如 4-3-1。) Z 分数代表高于或低于均值的标准差的个数。
资料来源:Lillard 和 Peterson(2011)。

对于玩电子游戏者也出现了相同的结果。在一项实验中,研究人员给没有游戏机的 1~3 岁小男孩每人一台游戏机,其中随机抽取一半立即发放游戏机,另一半 4 个月以后才能收到游戏机。4 个月以后,已收到游戏机的孩子跟没有收到游戏机的孩子相比,阅读和写作分数都比较低,并且有更多的学习问题。他们在阅读、听故事、写作和做家庭作业上花的时间较少(Weis & Cerankosky, 2010)。

从积极的方面看,观看教育类媒体的学生比观看娱乐性媒体的学生阅读量更大,拥有更好的阅读能力、更高的数学成绩和词汇测试成绩(Schmidt & Anderson, 2007)。看《芝麻街》和其他教育类视频可以帮助低社会经济地位的 3 岁儿童提高在校阅读能力(Huston et al., 2007; Li & Atkins, 2004)。如本书第十一章所述,在读学生玩严肃游戏①可以促进学习(Merchant, Goetz, Cifuentes, Keeney-Kennicutt, & Davis, 2014)。甚至娱乐媒体也可能在某些方面提高玩家的水平,例如阅读、批判性思维以及在多人游戏中与他人合作的能力等(Busch et al., 2014)。

---

① 通过电脑游戏、模仿、3D 虚拟现实实现教学。

第十四章 儿童生活的环境：家庭结构、儿童保育和媒体

> **思考**
>
> 美国儿科学会建议，任何年龄段的儿童在所有电子屏幕前都不要超过2小时，而2岁以下的孩子应该不接触电子屏幕。他们关注的是大脑。根据第二章、第四章中关于大脑和多动症的研究，试着解释为什么他们会有这样的担忧。

使用电脑的情况与看电视或者玩电子游戏不同。使用电脑通常与高学业成绩有关，但只是在某种程度上是如此。在青少年中，高频率和低频率的电脑使用者成绩都较低，只有适度用电脑（可能是每天1~2小时）才能获得高成绩（Willoughby，2008）。在一项研究中，给处于低社会经济地位的学生配备一台电脑和网络，他们就能发展出较好的阅读能力，获得较高的成绩（Jackson et al.，2006）。当然，效果取决于如何使用电脑（Hofferth & Moon，2011）。使用正确的语法发邮件有助于获得高成绩，而上网冲浪就不会（Busch et al.，2014）。

情感发展

媒体暴力会导致焦虑和恐惧。沉迷于媒体的人容易形成一种消极的世界观。他们认为，这个世界充满暴力，自己更容易成为受害者；而事实并非如此。媒体暴力使孩子们对暴力行为脱敏，因此，他们面对他人的痛苦时较少做出反应，对攻击性行为也更加容忍（Bushman & Anderson，2009）。我家拥有第一台电视机时我女儿还刚开始学步，电视里第一次演到演员打架并且相互开枪射击时，她迈开她的小短腿用最快的速度跑到楼上躲进了没有水的浴缸里，然后蜷缩在浴帘后面，直到我们把她哄出来（尽量不要笑）。现在，20年之后，她可以毫不在意地观看暴力程度很高的电视节目。她可能像你一样，已经脱敏了。

另外，让人上瘾从而难以停止的游戏和上网也会影响情感发展。2015年，台湾一位32岁的游戏玩家在一家网吧里连续打了3天游戏之后死亡。即使没有那么极端，上网也可能至少通过减少睡眠导致心理健康问题（Ciarrochi et al.，2016）（见第二章）。

社会性发展

使用电脑会替代现场互动，从而导致孩子们相互孤立、感到孤单吗？恰恰相反——许多儿童在线上与白天相见的朋友们聊天，这能使他们的关系更加亲密（Reich，Subrhmanyam，& Espinoza，2012）。然而，如果是独自使用电脑与陌生人聊天，或者是过度使用电脑（每天超过3小时），这样的益处就不会发生（Rosen，Cheever，& Carrier，2008；Valkenburg & Peter，2009）。另外，孩子们之间面对面的交流比通过网络交流更可能获得社会性的良好发展（Pea et al.，2010）。媒体既能促进亲社会行为，也能促进反社会行为。

亲社会行为

有这样一个学生，他的童年十分艰辛，父亲缺位，母亲因吸毒经常被拘留，有时和男性朋友们一起消失好几天。现在他成了一位温和的父亲和丈夫，他认为这是因为小时候看了一部电视剧《爸爸最知道》(*Father Knows Best*)。他为自己设了一个目标，他长大要学习电视里的父亲而不是他自己的母亲。研究结果也支持他的经历。看亲社会类型的电视节目、玩亲社会游戏的孩子更愿意分享，更倾向于帮助和安慰别人，比起其他孩子较少出现攻击性行为（Gentile et al.，2009；Padilla-Walker，Coyne，Collier，& Nielson，2015）。这种效应并非仅仅是相关性的。在实验研究中，实验对象被随机分派玩亲社会、中立和反社会电子游戏。结果显示，在玩了亲社会电子游戏后，人们更倾向于帮助他人（Greitemeyer & Osswald，2010）。

反社会行为

不幸的是，孩子们接触的许多媒体内容都是反社会的。美国卫生署署长（The Surgeon General of the United States）在报告中称，媒体暴力导致儿童具有攻击性（Anderson et al.，2003；Wartella et al.，2004）。以下是该报告的几个要点：

- 不同类型的研究都证明，观看暴力内容提升了儿童的攻击性和对暴力的容忍度。例如，儿童在与同伴一起玩耍之前如果看了暴力电影的话，就更容易在一起玩的时候表现出攻击性。
- 看视频、听歌、玩电子游戏也有相似的效果。对有些学生来说，玩游戏比看电视更有害，因为在游戏中，玩家会因为向他人射击、做出暴力行为而获得奖赏。
- 绝大多数儿童都受到电视上暴力内容的影响，但有些学生受到的影响更大一些。

> **大脑研究**
>
> **暴力视频游戏改变了大脑对暴力的反应**
>
> 媒体是如何使学生对暴力行为不敏感的？一种解释是，大脑不再容易对暴力做出反应是因为媒体暴力激活了处理情绪的大脑区域（Murray，2007）。在一项实验中，大学生被随机分配观看暴力或非暴力视频游戏25分钟。之后再让他们看暴力照片，比如一个男人把枪塞进另一个男人的嘴里。与其他人相比，观看暴力游戏的人的反应较小。那些面对暴力照片大脑反应较少的人在竞争中也更可能表现得更好斗。有趣的是，无论是否在实验前玩过暴力游戏，那些经常玩暴力游戏的人对暴力照片的大脑反应都较少，这表明他们的大脑不敏感了（Engelhardt，Bartholow，Kerr，& Bushman，2011）。

相同的效应也出现在跨国研究中，包括荷兰、芬兰、德国、日本、英国和加拿大。因此，媒体暴力是导致攻击性的引人注目的风险因素。许多新近的研究也支持这一结论（Andersonet al.，2010；Hull et al.，2014；Verlinden et al.，2012），并且将研究领域从身体攻击扩展到了社会攻击。媒体往往将迷人的女孩所实施的社会攻击行为描绘得既平常、有趣又有效。观看电视上的关系型攻击预示着儿童几年后的相关行为（Coyne，2016）。

性行为和性态度

许多研究显示，接触和使用色情媒体会诱发过早的性行为，但并非所有的研究都支持这一结论（Collins，Martino，Elliott，& Miu，2011；Steinberg & Monahan，2011）。出于道德要求，实验研究不能在年轻人中间开展，因此因果关系很难确定。另外，选择偏见也使得因果关系很难建立，因其他原因而导致性活跃的年轻人可能也喜欢使用色情媒体。然而，确实有年轻人报告声称受电视和音乐影响而变得性活跃。许多人报告说他们的性态度来自媒体。经常接触媒体的儿童通常对性持冷漠态度并认为人人如此，他们也更可能陷入性混乱（Lorch，2007；Polacek，Rojas，Levitt，& Mika，2006；Ward，2003）。

青少年在网络上能轻易获取色情内容。事实上，许多年轻人是偶然间才发现了原本并不需要的色情内容（Peter & Valkenburg，2016；Wolak，Mitchell，& Finkelhor，2007）。这种暴露的影响尚不清楚，但是反复寻找色情内容的年轻人会逐渐降低对强奸和虐待儿童的关注，对爱情持玩世不恭的态度，不希望一夫一妻制，接受爱与性欲分离，并且将婚姻视作是对性的限制（Zillmann，2001）。他们有丰富的性交经历，对待性持更宽容的态度，有更多随意性交的经历，更可能成为性侵害的施暴者或者受害者（Peter & Valkenburg，2016）。观看色情内容的青少年多数是寻求刺激的男性，他们通常有较早的性交经历，一般

第十四章 儿童生活的环境：家庭结构、儿童保育和媒体

来自问题家庭。

总之，使用媒体的时间和媒体内容关系到儿童的身体、认知、情感和社会生活。但有些心理学家认为媒体暴力只是单纯的娱乐，对儿童无利无害（Ferguson & Kilburn，2010）。他们认为本章讨论的科学证据并不具有说服力，因为：（1）效应量很小；（2）大多数研究都是相关性研究。

像科学家一样思考

这些批评同样适用于大多数关于儿童发展的研究。在本书的第一章，我们了解到今天的教师应当擅长解释研究。现在，让我们花几分钟时间通过检验这些批评来提升你的科学技能。

效应量

如表14-3所示，不同结果的效应量与媒体使用相关。以攻击性为例，媒体暴力的效应量（0.13～0.31）从小到中等，就像儿童保育一样（Anderson et al.，2010；Wartella et al.，2004）。这就意味着不是每一个接触媒体暴力的儿童都会做出攻击性行为。在第一章中，我们了解到，不会有任何一个风险因素会单独产生很大的影响，因为儿童同时受到很多因素的影响。任何一个单一因素0.30的效应量可能跟多因素导致的复杂行为的效应量一样高，这种情况被科学家称为"0.30障碍"。在医学中也是如此（Meyer et al.，2001）。

表14-3 媒体使用预测各种结果的效应量

媒体使用类型	结果	效应量
身体发展		
看电视	肥胖	0.08
电子游戏	肥胖	0.13
看电视	身体活动	−0.13
电子游戏	身体活动	−0.14
媒体中的烟草使用	对吸烟的态度	0.11
媒体中的烟草使用	主动吸烟	0.22
媒体使用	男性身体满足	−0.10
认知发展		
媒体暴力	多动症	0.12
情感发展		
Facebook	孤独	0.17
接触恐怖的电视内容	恐惧、焦虑	0.18
社会性发展		
媒体暴力	反社会行为	0.31
媒体暴力	攻击性	0.13
暴力色情	攻击性	0.22
电子游戏	攻击性	0.19
暴力电子游戏	攻击性	0.15
电子游戏	亲社会行为	−0.16
儿童使用积极的媒体	良性互动	0.24
儿童使用积极的媒体	减少刻板印象	0.20

注：每行代表不同的整合分析，每个整合分析下包含许多不同的研究。负数表示结果与媒体使用负相关（例如，玩电子游戏越多，亲社会行为就越少，攻击性就越强）。

资料来源：Valkenburg，Peter 和 Walther（2016）。

那么为何要关注小的效应量？在大量人口中，小的效应量也能产生实际意义，它可能改变社会。此外，尽管媒体暴力对大多数儿童来说效应量较小，但对于容易受影响的儿童来说，它则是一个大的效应因素。即便仅有25%的美国儿童受到媒体暴力的影响，也有1 000万人变得更加暴力。为了正确看待媒体的影响，研究认为电视暴力比低智商、离婚、虐待和反社会的朋友对儿童的影响都大（Bushman, Rothstein, & Anderson, 2010）。儿童受到媒体暴力影响的效应量已经等同于吸烟、石棉导致癌症的效应量。政府已经就吸烟等问题采取行动，但并未采取措施保护儿童免受媒体暴力的侵害。

相关性与实验研究

在第一章我们了解到，只有严格进行控制，随机实验才能获得关于媒体暴力导致攻击性的可靠证据。大部分父母都拒绝科学家随机安排自己的孩子长年接触媒体暴力以考察这会不会导致他们具有攻击性。因此科学家采取短期的人工实验，例如，儿童被随机分配观看暴力或非暴力电影，然后给他们机会与同伴一起玩，统计他们的攻击性行为，比如喊叫或辱骂。但这些研究无法告诉我们，长期稳定接触媒体暴力是否会导致现实生活中长期具有攻击性。相关性研究可以告诉我们看暴力电视节目是否与儿童在现实生活中的攻击性有关，但无法证明二者间的因果关系，因为已经具有攻击性的孩子可能会选择观看更多的暴力电视节目。纵向研究显示，当前看的暴力电视节目与多年后的攻击性有关，但反过来并不成立——当前的攻击性行为与多年后看的电视节目并不相关。这有助于说明因果关系。

每种研究方法都有缺点，但当使用多种研究方法都指向同一个结论时，我们可以对这个结论有信心。当有基于证据的理论支持这个结论的时候，我们应该更有信心，例如社会认知理论侧重于榜样的影响（见第十三章），媒体暴力导致攻击性的观点就属于这种情况。

> **思考**
>
> 现有法律已经限制向未成年人出售暴力或色情视频游戏。一些法院认为，第一修正案中保护生产者的权利比保护儿童更重要，并且媒体使用与儿童的反社会行为之间没有因果关系。如果你要为此向法庭提交一份简短的材料，那么你会如何论证这个问题？这是否与禁止向儿童出售酒精有相似之处？教育或亲社会类的电视节目应该被授权吗？

媒体使用的个体差异会带来什么影响？

儿童看多少电视、看什么媒体内容都取决于父母。孩子们通常跟着父母看他们看的内容。父母给孩子们设定规则，示范如何使用，并且提供替代性活动。如果父母鼓励孩子游戏、阅读，或是进行课外活动，这些孩子就没有时间看电视了。

> **思考**
>
> 加瓦尔（Javall）的妈妈针对看电视制定了三条规则：每天不超过一个小时，暑假不看电视，每天8:30关电视睡觉。加瓦尔在他4年级的班级很受欢迎。他已经是一个善于运动、友善的小明星，他还是小说和《男孩生活》杂志的狂热读者。

加瓦尔的妈妈关于看电视的规则是她权威型教养方式的一部分。就像加瓦尔，如果家长限制孩子看电视或者玩电子游戏，孩子就较少表现出攻击性（Gentile et al., 2004）。然而，在3~6年级的学生中只有一半在家使用媒体时受到规则的限制（Rideout et al., 2010）。如果加瓦尔的妈妈一直保持权威性，那么他在青少年时期也不太可能用有风险的方式使用互联网，例如在网上暴露个人信息或浏览色情网站（Rosen et al., 2008；Wolak et al., 2007)。

让孩子在家里在受到监控的情况下使用电脑能防止其接触互联网色情内容（Wolak et al., 2007）。这也同样适用于学校，有报告称学生会在老师看不见的地方偷偷查看色情内容："每个人都到了电脑后面，那是老师看不见的地方，就像在最后一台电脑的后面……这时他们开始解除对色情网站的封锁"（Rothman, Kaczmarsky, Burke, Jansen, & Baughman, 2015, p.740）。女生的报告称，在学校里，男生看了色情内容后会对她们实施性骚扰，并试图使用不当的方式触摸她们。

父母的权威管制和对媒体使用的监控有赖于如前所述的具体情况：家庭结构和儿童保育。接下来让我们一起来看媒体使用的群体差异。

5. 媒体使用的群体差异

下面探讨媒体使用在性别、社会经济地位和种族上的差异。

性别

从性别上看，女孩们通常喜欢使用社交媒体，而男孩子们更喜欢玩电子游戏（Hofferth & Moon, 2012; Lenhart and Pew Research Center, 2015）。如图 14-11 所示，电子游戏往往以运动、竞速和暴力为主题，因而更吸引男孩子们。大约 12% 的 8~18 岁的男孩子重度沉迷于电子游戏，而只有 3% 的女孩子重度沉迷于社交媒体（Gentile, 2009）。更多的女孩子将电脑用于沟通，这也是男孩子们的常见用途，另一个常用功能是在网上下载音乐。在发信息给朋友方面，男生女生不存在性别差异（Hofferth & Moon, 2011）。

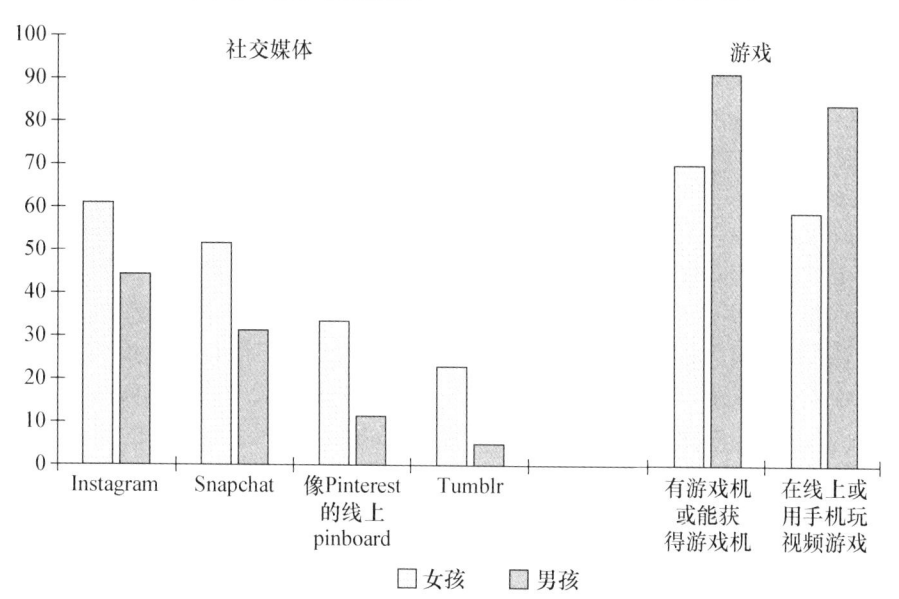

图 14-11 媒体使用的性别差异

女孩们通常喜欢使用社交媒体，而男孩子们更喜欢玩电子游戏。这与你的经验相符吗？
资料来源：Lenhart and Pew Research Center (2015)。

社会经济地位

教育工作者一直以来十分关注数字鸿沟，这意味着社会经济地位高的学生更有可能使用类似互联网的新科技产品，这可以增强他们的文化资本。然而，互联网已经像电视那样充斥市场，大多数社会经济地位低的青年也可以用手机上互联网。

相反，数字鸿沟似乎在于使用时间。也就是说，社会经济地位低的年轻人会花更多时间看电视、玩游戏（Hofferth，2010）。有研究者得出结论称："（技术）并不是在缩小成绩差距，而是在扩大差距。"一个低社会经济地位的12岁少年说："我熬夜到早上7点，这就是周一我太累的原因"（Richtel，2012，p. A1）。相比之下，一个有受过良好教育的母亲和中高收入家庭的学生在体育、个人爱好和阅读上花费的时间更多。而低社会经济地位的学生通常更倾向于看暴力电视节目而非教育类电视节目，他们的卧室里有电视，也有电子游戏设备（Barr-Anderson，van den Berg，Neumark-Sztainer，& Story，2008；Ennemoser & Schneider，2007；Willoughby，2008）。不论社会经济地位如何，大多数在校学生都大量地使用媒体，只是在具有相同社会经济地位的群体内部存在较大差异。一些低社会经济地位儿童如加瓦尔，也很少看电视。

种族

非裔美国儿童和拉美裔儿童，尤其是青少年，每天花费4.5小时以上的时间看电视、玩游戏、听音乐。他们比亚裔儿童和白人儿童花费的时间更多（Hofferth & Moon，2011；Rideout et al.，2010）。即使在统计上控制社会经济地位这一变量，结果仍是这样。媒体使用的这种差距在2004—2009年间扩大了一倍（Rideout et al.，2010）。与白人儿童相比，非裔和拉美裔青少年可能花更少的时间用网络学习、发电子邮件或玩游戏，更有可能通过手机而不是电脑上网（Hofferth & Moon，2011；Rideout et al.，2010）。

6. 媒体使用的课堂启示

无论好坏，媒体使用都会关系到学生的学业成绩，如前所述，沉迷于电视和游戏者通常有较低的读写能力和测试成绩，对电视、游戏的痴迷也就意味着有利于提高成绩的活动减少了。但使用教育类电视节目和电子游戏将产生积极效应。此外，一些电视节目的网站旨在促进学生在家学习以及在校进行讨论，例如为6～16岁儿童设计的数学节目 *Cyberchase*。

使用网络也可能产生多种效应。它既可能是学习的资源，也可能是分心的缘由。一些人错误地认为"数字原生代"意味着年轻人手中拿着智能手机和平板电脑长大，就可以同时进行多重任务（Kirschner & van Merriënboer，2013）。然而，在学习、浏览Facebook、发信息间来回跳跃的"多重任务学生"的成绩不如专注学习直到完成的学生（Altmann，Trafton，& Hambrick，2014；George & Odgers，2015）。他们可能认为自己能够同时处理多项任务，然而并非如此。实际上，那些声称自己可以"多线程运行"的人，在任务转换时的表现并不如更为专注的人（Ophir，Nass，& Wagner，2009）。

媒体使用还与学生的在校行为有关。教室里，被限制使用媒体的学生（就像加瓦尔和科林）可能比重度沉迷于媒体的学生表现更好。接下来我们先一起来看教师应该如何减少这些影响，然后讨论教室里电脑的使用。

减少媒体暴力的负面影响

研究人员开发了课堂干预措施来减少媒体暴力的负面影响。例如，在一项经典实验中，观看暴力电视节目的3年级学生被随机分配到控制组或对照组（Huesmann，Eron，Klein，Brice，& Fischer，1983）。给控制组看三个展示电视节目如何不真实的课程——现实中的人不能同时与四个男人打架而不受伤，现实生活中的人怎样用非暴力手段解决冲突。然后，孩子们制作了一个视频向其他"被电视欺骗"的孩子们解释这一点。由此，控制组的学生变得不那么好斗了。在另一所学校里，要求3年级和4年级学生关闭电视10天，还限制他们每周只能接触媒体7小时。随着时间的推移，这些学生也变得不那么肥胖而且不那么具有攻击性了（Robinson, Wilde, Navracruz, Haydel, & Varady, 2001）。老师们可以在学校实施类似的干预措施。此外，遵循以下准则，可以帮助学生避免媒体暴力的负面影响：

（1）教给学生处理冲突的非暴力方法，增加他们的亲社会行为（见第十章）。

（2）树立一个好榜样。不要模仿使用媒体暴力，引导学生了解正面的媒体。当学生们讨论反社会的媒体的时候，可以告诉他们老师不使用这样的媒体的理由。

（3）向学生家长宣传媒体使用的影响。告诉家长们，当他们观看未受到批判的暴力内容时，他们的孩子将学会接受这种攻击性行为。发现学生的游戏中出现与媒体相关的暴力主题时，及时告知家长。

（4）让学生理解媒体使用的影响。即便只是简单地统计节目中反社会行为的数量，也会让人震惊。

教室里的电脑使用

基本上美国所有的教室都有电脑并接入了网络（Gray, Lewis, & Tice, 2009）。教室里的电脑有许多用途，例如发布成绩、布置任务、访问信息、使用电子课程代替教科书，还有促进学习。现在有些州强制进行计算机考试。在某些方面，电脑只是教室里的一种工具，就像是纸张或白板。但它们也有独特的用途，例如让学生在全球范围进行虚拟考察，帮助学生在校外做家庭作业、进行模拟实验，或是制作电子书、维护博客和更新维基百科。

学生在使用新技术的教室中真的学到了更多东西吗？通常情况下是的，其效应量中等，为0.30～0.35（Slavin &Lake, 2008; Tamim, Bernard, Borokhovski, Abrami, & Schmid, 2011）。然而，研究发现结果差异很大，因为使用技术的方式可能有效也可能不那么有效。下面有一些可靠的资源可以帮助老师们有效地使用新技术设备。国际教育技术学会（International Society for Technology in Education, ISTE）是一个受到广泛信任的组织，该组织的宗旨是为在教室里有效使用数字媒体提供指导。此外，有效教学策略网提供了对多种基于计算机的教育方案的介绍，旨在帮助老师们决定采用何种具体方案。

研究人员提供了一些关于如何选择有效应用程序的指南（Hirsh-Pasek et al., 2015）。首先确定是否有总体学习目标，然后询问四个关键问题：（1）应用程序是否要求学生积极参与，例如说或写？只是刷屏不算。（2）应用程序要求学生在认知上参与学习目标吗？应用程序应该提供反馈以提高学生参与的积极性。注意外在的动画或声音不应分散注意力。（3）应用程序是否支持与个人目的相关的有意义的学习？应用程序应该激活先前的知识，让学生超越死记硬背的学习方式。（4）应用程序是否支持社交互动，例如让参与类似活动的学生进行视频会话或是共享屏幕？这些问题是为了解决前面章节中了解到的社会建构、信息处理和动机原则问题。实际上，这些问题适用于任何教育干预手段。

四、结语

本书到这里，关于儿童发展的全部内容就结束了。在本书的前四部分中，我们了解了学生在身体、认知、情感和社会领域的发展。在本部分，我们了解了所有领域如何共同影响儿童的读写能力、自我认知和动机，以及家庭结构、儿童保育和媒体等环境是如何影响儿童发展的。

专栏14-2将带你回顾第一章中首次介绍的生物生态学模型,帮助你了解在所有时间点每个孩子发展的多重影响因素。我们已经在本书中学到了很多,比在单一课堂上可以掌握的内容还要多。今后请参阅本书,来改善你的教学,或解决学生中出现的问题。如果能在未来几年定期回顾每章的"对实践的反思"部分,那么你将成为一名更好的老师。

专栏 14-2　　　　　　理论与理论家

生物生态学模型再探

在第一章中我们已经介绍了生物生态学模型,在这里简要回顾这个模型会帮助我们对儿童发展了解更多。根据这个模型,儿童的发展受到系统层次结构的影响。模型的核心是儿童的生物学特征。儿童带着这些生物学特征与环境中的每一个人互动,尤其是与家人互动。这些互动可能会发展成为儿童的一部分和关系系统的一个组成部分——这一关系系统已嵌入了更大的文化系统。让我们以攻击性为例来了解一下生物生态学模型的运行原理。

生物核心。生物学赋予的特征包括性别和气质。女孩往往没有男孩那么好斗。情绪积极的孩子往往不那么具有攻击性。

微系统。这个层次是儿童的身体所在场所,例如家庭、教室和儿童保育场所。家庭结构与攻击性有关,父母是权威型并且很少争吵的核心家庭的孩子不太可能具有攻击性。

中间系统。这个层次是指微系统之间的联系,比如家庭、学校和儿童保育机构之间的联系。家庭结构影响父母是否参与学校教育以及是否将孩子放在儿童保育机构照顾。如果父母参与其中,儿童的攻击性就会较低。如果保育机构的保育质量较高并且孩子在儿童保育中心的时间较少,他们的攻击性就会较低。

外系统。这一层次是指中间系统之间的联结,但孩子的身体并不在场。外系统包括父母的工作场所、媒体公司、提供儿童保育者培训的机构,还有规范儿童保育的政府机构,或促使母亲工作的福利政策。良好的工作条件——比如,稳定的高薪工作、高标准但时间灵活的工作——可以促进父母参与学校教育,并且只有很少时间将子女安置在高质量的儿童保育机构。这里的每一个因素都与较低的攻击性有关。

宏系统。这一层次指的是更广泛的文化环境。文化影响以下内容:未婚生子的接受度、对暴力和色情媒体的偏好、离婚后父亲对儿童教育的参与度、学校是否邀请家长参与学校教育、父母是否支付子女抚养费、产假政策的宽松程度。反过来,文化中的每一个方面都会影响家庭结构、托儿安置、育儿质量和媒体使用,这些都与儿童的攻击性有关。

时间系统。"Chrono"指的是时间或儿童生命历程中的变化。许多孩子的家庭结构随着时间发生变化,就像科林那样。例如,科林的父母离婚,他与单身的母亲生活在一起,后来他的母亲再婚。随着时间的推移,他与父亲的联系越来越少。即使父母没有离婚,这种改变也可能由新的兄弟姐妹、父母失业或就业等因素带来。

时间系统也指社会历史变化。如今的父母们越来越不愿意把育儿与婚姻绑在一起,电视变得越来越多暴力,女性越来越多地进入职场,接受福利的母亲越来越多地被要求去上班。这些都是巨大的社会变革。所有这些变化都会影响孩子的攻击性。

生物生态学模型的主要观点是,儿童的发展受到他们生活的多层次背景的影响。然而,近端因素(家庭互动)比更远的宏系统更有影响力(Bronfenbrenner & Ceci, 1994)。家庭互动的影响很显著,因为它会在很长一段时间内定期发生。但是,远端的因素会影响亲子互动的质量。

第十四章 儿童生活的环境：家庭结构、儿童保育和媒体

对实践的反思

我的教学

儿童的生活环境影响他们在学校的表现。在积极的环境中成长的儿童更容易在教室里获得成功。不幸的是，有些儿童在低质量的儿童保育机构度过了很长时间，长期接触媒体暴力，或者居无定所，生活在充满暴力冲突的家庭里。通过以前各章的知识，你可以学会如何帮助这些学生：

- 培养安全的师生依恋关系，这可以帮助弥补亲子关系的缺失（见第六章）。
- 帮助儿童养成良好的情绪调节能力，这样他们就能应付来自家庭破裂、儿童保育或媒体暴力的压力（见第八章）。
- 帮助儿童之间建立友谊，学习解决冲突的技能，以处理在家里或者电视上的负面事例（见第十章和第十一章）。

此外，定期问自己以下问题：

(1) 我是否了解学生的家庭结构？（注意，虽然这有助于了解学生，但也可能导致刻板的期望。）我的学生是否因为家庭问题而行为不当、焦虑或沮丧？我的教室是他们的安全避风港吗？

(2) 我知道学生父母在家参与教育的情况吗？父母面临的参与学校教育的障碍有哪些？我是否积极邀请家长参与教育？我会布置作业吗？儿童可以在没有支持的情况下在家独立完成吗？

(3) 如果我在幼儿保育项目工作，那么我们是否提供了高质量的照料？是否有稳定的员工和较低的师幼比例？我们是否受过关于儿童发展的教育？我们和孩子之间是否有和谐的关系？能否与孩子友好交谈？

(4) 如果我的学校有课后计划，那么儿童是否有机会与成年人和同龄人进行积极的社交活动？我们学校可以提供更多的课前和课后的照料吗？

(5) 我是否知道我的学生使用媒体的时间和种类？我是否表达了对负面媒体的反对意见并向学生解释负面媒体的消极影响？

(6) 我是否树立了良好的媒体消费榜样？我是否为学生推荐好的电视节目或互联网网站来补充课堂活动？

(7) 我是否有效地使用数字媒体来促进课堂教学？我是否仔细考虑了我选择在课堂上使用的应用程序和软件的教学潜力？

环境中的儿童的年龄趋势总结

	家庭结构	母亲就业与儿童保育	电视与其他媒体
婴儿期与学步期（0~2岁）	● 通常情况下，儿童在核心家庭中表现最佳。 ● 儿童在不到6个月时被领养比在更大时被领养表现更好，但不管如何领养都比留在恶劣的环境中要好	● 在1岁之前，母亲就业和儿童保育的负面影响最大。 ● 在儿童保育期间，幼儿的皮质醇水平最高，这表明幼儿有压力	● 幼儿平均每天看1~2小时电视。幼儿可以从电视演示中学习，但不能像现实生活中学得那么好

续表

	家庭结构	母亲就业与儿童保育	电视与其他媒体
儿童早期(3～5岁)	● 离婚对各个年龄段的儿童都有类似的影响，但对学龄前儿童的影响可能更大。 ● 学龄前的女孩子缺失父亲的话，长大后更可能变得滥交	● 大约一半幼儿的母亲至少兼职工作。大多数在儿童保育机构的儿童只是部分时间去。 ● 对于婴儿，家庭护理质量更高，但对于学龄前儿童来说，保育机构照料质量更高。 ● 学龄前儿童在保育期间皮质醇水平较高，但开始下降。 ● 到3岁时，保育机构中的儿童往往会有更多的行为问题	● 学龄前儿童观看教育类节目的比例高于年龄较大的儿童。 ● 教育类媒体与儿童的读写萌发及后来的学业成绩有关。 ● 过多的媒体观看可能与后来的多动症有关
儿童中期(6～12岁)	● 同居家庭中的儿童存在社会和学业问题，但并不像学龄前儿童那样明显。 ● 离婚父亲参与教育的程度随时间逐渐下降。 ● 在小学期间，家长们比之后更多地参与学校教育	● 大约2/3的小学生母亲至少是兼职工作。 ● 参与保育的小学生在课后大约每周有10个小时在儿童保育机构。 ● 到了入学年龄，孩子在保育期间不再有高皮质醇水平。 ● 儿童保育中有一半孩子都是自我照顾	● 小学生比学龄前儿童观看更多暴力媒体内容。学龄前儿童观看暴力媒体内容后比年龄较大的孩子更易产生攻击性。 ● 接触更多娱乐类媒体的儿童在1年级时读写能力较低，且随着年龄增长进一步落后。 ● 使用教育类媒体与成绩有关，但与学龄前儿童的关系不大。 ● 使用媒体和玩电子游戏的时间逐渐增加，13岁时达到顶峰
青春期（13～19岁）	● 平均而言，核心家庭中孩子的表现仍然更好。孩子与父母的关系在离婚时比在核心家庭中更疏远。 ● 家长对学校教育的参与程度有所下降，但仍然很重要	● 大约3/4的青少年的母亲在外工作。 ● 青少年自我照顾的时间越长，犯罪率更高	● 青少年减少媒体观看时间，平均每天看1～2小时。观看时间长的青少年成绩较低并更少做功课。 ● 社会经济地位和种族在媒体观看上的差异很明显。 ● 大多数青少年经常使用电脑。学校和家庭作业更多地依赖计算机完成。 ● 使用暴力媒体内容和色情制品与青少年犯罪有关

本章总结

1. 家庭结构

● 儿童在各种家庭结构中成长，2/3的儿童生活在核心家庭中。第二种最常见的家庭结构是单身母亲和孩子。

● 离婚是一个过程而不是一个事件，与儿童外化问题密切相关，特别是对男孩来说。

离婚还与所有年龄段儿童的医疗、依恋、内化和学业问题有关。类似的问题还与单亲、未成年母亲、同居、寄养以及重组家庭有关。如果父母的教养质量保持高水平且非同住父亲以权威的方式参与儿童的教育，那么儿童的表现会更好。

- 家庭结构可能通过几个因素影响儿童的发展，包括父母的受教育水平、经济压力、亲子关系、虐待、流动率、父亲在场、婚姻冲突和教养质量。家庭教养质量比家庭结构更重要，但教养质量受到家庭结构的影响。
- 家庭结构因社会经济地位和种族而异。拥有较高的社会经济地位的亚裔美国家庭最有可能拥有核心家庭结构。
- 教师可以通过建立安全的师生关系以及教授学业、情感和社交技能来帮助家庭陷入困境的学生。教师可以通过定期与家长沟通和欢迎家长参与学校教育来促进家长参与儿童教育。
- 领养儿童的情况要好于没有被领养的处于困境的儿童。被领养的儿童可能发展出与非领养者相似的安全依恋和认知能力。早期身处恶劣环境中的儿童可能会在被领养后赶上来。
- 从困境中解脱的孩子年龄越小，发展结果越好。

2. 母亲就业与儿童保育

- 母亲就业对儿童的影响很复杂。如果家庭不享受政府福利，母亲是单身，那么母亲就业的影响较为积极。母亲认为这对孩子有好处，而且她们在孩子身上花费更多的非工作时间。但如果母亲是中产阶级，在孩子3岁之前工作时间过长，或是找不到工作，又或者工作质量低，那么负面影响就更大。
- 保育服务对孩子的影响因类型、数量和质量而异。大约一半的学龄前儿童由亲属照顾。自我照顾是学龄儿童最常见的情况。
- 每周在低质量儿童保育机构度过超过10小时与儿童的不安全依恋和攻击性有关。而长时间的自我照顾也与犯罪有关。在美国，大多数儿童保育服务都是低质量的。
- 儿童保育与高水平的压力应激激素有关。这种压力的影响可能是长期的。
- 低社会经济地位的学生在享受高质量的儿童保育后，可以具备更好的入学准备技能。接受高质量保育服务的儿童比接受低质量保育服务的儿童有更好的语言和认知能力；学龄前儿童中，保育机构护理的儿童比家庭护理的儿童有更好的语言和认知能力；学龄儿童中，参加课后项目的学生比自我照顾的学生有更好的语言和认知能力。
- 儿童可能更依赖照料者而不是父母。
- 与女孩相比，男孩更容易受到儿童保育服务和母亲就业的负面影响。

3. 电视与其他媒体

- 媒体，特别是电视，主导着儿童的空闲时间。虽然有亲社会的、教育类媒体，但很多媒体内容都强调暴力和色情。
- 观看电视过多与超重、睡眠不足、学业成绩降低、对暴力脱敏、性活跃以及悲观的世界观相关。许多类型的研究表明，观看暴力电视节目会导致攻击性。这种影响对大多数儿童来说很小，但对于容易受影响的儿童来说很大。其他媒体也会出现类似的影响，例如音乐和电子游戏。
- 接触色情内容与一些消极后果有关，例如随意性行为以及成为性侵犯的犯罪者或受害者。媒体使用也有积极的影响。教育类电视节目与在校阅读能力和学业成绩有关，特别是对学龄前儿童而言。亲社会的电视节目和电子游戏与亲社会行为有关，电子游戏可能与更好的视觉处理能力有关。

- 父母的育儿方式和媒体使用情况会影响儿童使用媒体的数量和类型。与中高社会经济地位家庭的儿童相比，低社会经济地位家庭的儿童接触的娱乐媒体更多。男孩看电视、打电子游戏往往比女孩更多，女孩往往使用更多的社交媒体。
- 教师可以通过告诉儿童媒体的影响、示范积极的媒体使用方式、表达对负面媒体的反对意见，以及要求儿童减少使用媒体来保护儿童免受媒体的负面影响。
- 在教室里，媒体可以促进学习。

Child and Adolescent Development in Your Classroom: Topical Approach, 3e
Christi Crosby Bergin, David Allen Bergin
Copyright © 2018，2015 Cengage Learning

Original edition published by Cengage Learning. All Rights reserved. 本书原版由圣智学习出版公司出版。版权所有,盗印必究。

China Renmin University Press is authorized by Cengage Learning to publish and distribute exclusively this simplified Chinese edition. This edition is authorized for sale in the People's Republic of China only (excluding Hong Kong，Macao SAR and Taiwan). Unauthorized export of this edition is a violation of the Copyright Act. No part of this publication may be reproduced or distributed by any means，or stored in a database or retrieval system，without the prior written permission of the publisher.
本书中文简体字翻译版由圣智学习出版公司授权中国人民大学出版社独家出版发行。此版本仅限在中华人民共和国境内（不包括中国香港、澳门特别行政区及中国台湾）销售。未经授权的本书出口将被视为违反版权法的行为。未经出版者预先书面许可，不得以任何方式复制或发行本书的任何部分。

Cengage Learning Asia Pte. Ltd.
151 Lorong Chuan，#02 - 08 New Tech Park，Singapore 556741

本书封面贴有 Cengage Learning 防伪标签，无标签者不得销售。

北京市版权局著作权合同登记号 图字：01 - 2018 - 4080 号

图书在版编目（CIP）数据

教室里的儿童发展：写给教师的有效教学清单：第三版／（美）克里斯蒂·伯金，（美）戴维·伯金著；朱旭东，袁丽，刘梦婷等译. --北京：中国人民大学出版社，2023.1
（教育新视野）
ISBN 978-7-300-31220-0

Ⅰ.①教… Ⅱ.①克…②戴…③朱…④袁…⑤刘… Ⅲ.①儿童心理学-发展心理学 Ⅳ.①B844.1

中国版本图书馆CIP数据核字（2022）第221432号

教育新视野

教室里的儿童发展：写给教师的有效教学清单（第三版）

（美）克里斯蒂·伯金（Christi Crosby Bergin） 著
　　　戴维·伯金（David Allen Bergin）

朱旭东　袁丽　刘梦婷　等译

Jiaoshi li de Ertong Fazhan：Xiegei Jiaoshi de Youxiao Jiaoxue Qingdan

出版发行	中国人民大学出版社			
社　　址	北京中关村大街31号		邮政编码	100080
电　　话	010-62511242（总编室）		010-62511398（质管部）	
	010-82501766（邮购部）		010-62514148（门市部）	
	010-62515195（发行公司）		010-62515275（盗版举报）	
网　　址	http://www.crup.com.cn			
经　　销	新华书店			
印　　刷	涿州市星河印刷有限公司			
规　　格	185 mm×260 mm　16开本		版　次	2023年1月第1版
印　　张	35.5　插页1		印　次	2023年1月第1次印刷
字　　数	876 000		定　价	168.00元

版权所有　侵权必究　　印装差错　负责调换